Decker/Kabus

Maschinenelemente Aufgaben

Maschinenelemente – Aufgaben

von Karl-Heinz Decker (†) und Karlheinz Kabus

10., überarbeitete und erweiterte Auflage

Mit 587 Aufgaben und 430 Bildern

HANSER

Studiendirektor i. R. Karl-Heinz Decker (†) war Fachbereichsleiter an der Staatlichen Technikerschule Berlin
Studiendirektor i. R. Dipl.-Ing. Karlheinz Kabus war Abteilungsleiter an der Staatlichen Technikerschule Berlin

Die vorliegende Aufgabensammlung ist vollkommen abgestimmt auf das im gleichen Verlag erschienene Lehrbuch **Decker, Maschinenelemente**, 15., neu bearbeitete und erweiterte Auflage.
(Siehe hierzu auch Hinweise zur Benutzung des Buches)

Die Deutsche Bibliothek – CIP-Einheitsaufnahme

Ein Titeldatensatz für diese Publikation
ist bei Der Deutschen Bibliothek erhältlich.

ISBN 3-446-21517-4

http://www.hanser.de
Umschlag: MCP · Agentur für Marketing – Communications – Production, Holzkirchen
Satz, Druck und Bindung: Druckhaus „Thomas Müntzer“ GmbH, Bad Langensalza
Printed in Germany

Vorwort

Mit dieser Aufgabensammlung über das Berechnen von Maschinenelementen kamen die Verfasser einem Bedürfnis der technischen Fach- und Fachhochschulen nach. Die gute Aufnahme, die das Buch in den vergangenen Jahren bei Dozenten und Studierenden ebenso wie bei Ingenieuren und Technikern im Berufsleben fand, machte abermals eine Neuauflage erforderlich. Diese Auflage wurde überarbeitet und durch neue Aufgaben erweitert entsprechend der 15. Auflage des im gleichen Verlag erschienenen Buches „Decker, Maschinenelemente". Wegen vieler die Berechnung beeinflussender Normänderungen mußten zahlreiche Aufgaben umgerechnet oder neu konzipiert werden.
Das Buch will die praktische Anwendung der Theorie vermitteln und mit den üblichen Lösungsgängen bei der Berechnung von Maschinenelementen vertraut machen. In der Regel werden für eine Konstruktionsaufgabe verschiedene Lösungen erwogen, von denen dann die wirtschaftlichste ausgewählt wird. Derartige Untersuchungen konnten im Rahmen dieses Buches naturgemäß nicht vorgesehen werden, und es sei deshalb hervorgehoben, daß es keine grundsätzliche Gebrauchsanweisung für den Einsatz bestimmter Maschinenelemente sein kann, sondern ein Wegweiser, um das Verständnis für technische Berechnungen zu vertiefen. Es ist ferner gedacht zur Intensivierung und Rationalisierung des Unterrichts an den maschinenbautechnischen Bildungseinrichtungen. Das gilt besonders in Verbindung mit der dem oben genannten Lehrbuch beigefügten CD-ROM. Sie enthält Berechnungssoftware in Form von Excel-Arbeitsblättern, womit viele der Aufgaben in diesem Buch in kurzer Zeit durchgerechnet werden können.
Der erste Teil des Buches enthält die Aufgabenstellungen, zu deren Verständnis zahlreiche Zeichnungen als Berechnungsskizzen beitragen. Im zweiten Teil befinden sich die Ergebnisse der Berechnungen geordnet zusammengestellt und gegebenenfalls auch Zwischenergebnisse und die verwendeten Tabellenwerte. Im dritten Teil werden Erläuterungen und Hinweise zum Lösungsweg jeder Aufgabe gegeben. Damit wird Studienanfängern und auch Praktikern, die nur hin und wieder bestimmte Maschinenelemente zu berechnen haben, eine Möglichkeit zur schnellen Einarbeitung angeboten. Ein separates Lösungsbuch wird somit überflüssig, da jede Lösung nach der gegebenen Anleitung sicher nachvollzogen werden kann. Selbstverständlich führen in vielen Fällen auch andere Lösungswege zu einem richtigen Ergebnis.
Verlag und Verfasser hoffen, daß die 10. Auflage ebenso wohlwollend aufgenommen wird wie die vorangegangenen und sowohl den Dozenten als auch den in der Ausbildung stehenden und den bereits in der Praxis tätigen Ingenieuren und Technikern eine wertvolle Hilfe sein wird. An dieser Stelle sei allen Kollegen und Benutzern der bisherigen Auflagen herzlich gedankt, die durch Zuschriften zur Verbesserung beigetragen haben. Besonders danke ich Frau Dipl.-Ing. *Bettina Baumgart*, Herrn Dipl.-Ing. *Bernd Kretschmer* und Herrn Dr.-Ing. *Peter Möhler* für das Nachrechnen der Aufgaben. Sollten sich trotz intensiver Bemühungen um Korrektheit einige Fehler eingeschlichen haben, so wird um Nachsicht gebeten. Auch weiterhin werden Hinweise und Anregungen stets dankbar entgegengenommen.

Berlin, im Mai 2000 *Karlheinz Kabus*

Hinweise zur Benutzung des Buches

Die folgenden Aufgaben entsprechen in ihrer Gliederung, den Bezeichnungen der Elemente und deren Berechnungsweise vollkommen dem im gleichen Verlag in der **15. Auflage** erschienenen Buch **Decker, Maschinenelemente**. Sie stellen also eine Ergänzung des genannten Werkes dar. Alle angezogenen Gleichungen und Tabellen sind in diesem Werk zu finden; ferner beziehen sich auch alle Hinweise auf Bilder oder Buchseiten, die durch ein vorangestelltes **„ME“** gekennzeichnet sind, auf das Lehrbuch „Maschinenelemente“.
Jeder Abschnitt beginnt in der Regel mit relativ einfachen Einführungsaufgaben, deren Lösungsgang sich an die Beispiele im Lehrbuch anlehnt. Das Erkennen des Lösungsganges ist auch durch gegliederte Fragestellung erleichtert. Danach folgen Aufgabenstellungen zunehmenden Schwierigkeitsgrades und unter Verzicht auf Fragestellungen nach Zwischenergebnissen.
Bei den Bildern zu den Aufgaben handelt es sich nicht um Konstruktionszeichnungen, sondern um Berechnungsskizzen, die in Anlehnung an die Normen für technische Zeichnungen angefertigt wurden. Die Bildnummern sind identisch mit den zugehörigen und den Kapiteln zugeordneten Aufgabennummern. Den Bildern im Ergebnisteil ist der Buchstabe **„E“** vorangestellt, z. B. gehört Bild E 15.2 zum Ergebnis der Aufgabe 15.2. Sinngemäß erhielten die Bildnummern im Hinweisteil zu den Lösungen ein vorangestelltes **„L“**. Dabei handelt es sich vorzugsweise um Berechnungsskizzen, die das Verständnis des Lösungsganges erleichtern sollen.
Die Richtigkeit der vom Leser ausgeführten Berechnungen kann anhand der im zweiten Teil des Buches zusammengestellten Ergebnisse und Zwischenergebnisse (in Klammern angegeben) kontrolliert werden. Die angegebenen Ergebnisse sind im allgemeinen sinnvoll gerundet, falls nicht besonders genaue Abmessungen errechnet werden müssen, wie bei Kettenrädern, Zahnrädern und Zahnriemen. Es ist wenig sinnvoll, ein auf mehrere Stellen genaues Rechenergebnis anzustreben, wenn der Rechnungsansatz und die als zulässig angegebenen Beanspruchungen nur eine für die Praxis ausreichende Näherung darstellen. Innerhalb der Berechnungen wurde jeweils mit den angegebenen Zwischenergebnissen weitergerechnet, d. h. diese Werte wurden in den elektronischen Rechner immer neu eingegeben. Beim Weiterrechnen mit den vom Rechner angezeigten ungerundeten Werten ergeben sich teilweise geringfügig von den angegebenen Werten abweichende Endergebnisse. Das ist besonders zu beachten beim Anwenden der Berechnungssoftware auf der dem Lehrbuch beigefügten CD-ROM, wo stets mit den ungerundeten Zwischenergebnissen gerechnet wird!
Für die im Lehrbuch enthaltenen Kapitel **„3 Gestaltabweichungen der Oberflächen“**, **„16 Reibung und Schmierstoffe“**, **„19 Lager- und Wellendichtungen“** sowie **„30 Armaturen“** wurden keine speziellen Aufgabenstellungen erarbeitet. Problemstellungen aus diesen Gebieten sind in die Aufgaben anderer Kapitel an geeigneter Stelle einbezogen.

Inhaltsverzeichnis

A = Aufgaben **E** = Ergebnisse **L** = Erläuterungen und Hinweise zu den Lösungen

Aufgaben

1 Konstruktionstechnik

Festigkeitsberechnung

1.1 Bild 1.1 zeigt einen Flachstab aus Baustahl S235JR mit der Breite $b = 30$ mm, der Dicke $s = 8$ mm und $d = 10$ mm Bohrungsdurchmesser. Die Bohrung ist geschruppt. Es wirkt eine wechselnde Kraft $F_N = 5$ kN. Wegen möglicher Stöße ist mit einem Anwendungsfaktor $K_A = 1{,}6$ zu rechnen. Für den gefährdeten Querschnitt A sind zu ermitteln:
1. Die Oberspannung σ_o,
2. Die Kerbwirkungszahl β_k und die Gestalt-Ausschlagsfestigkeit σ_{AG},
3. Wird die erforderliche Sicherheit gegen Durchbruch $S_{Derf} = 1{,}3$ erreicht?

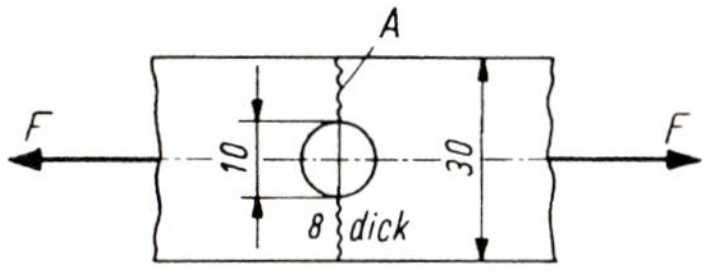

Bild 1.1 Flachstahl mit Bohrung

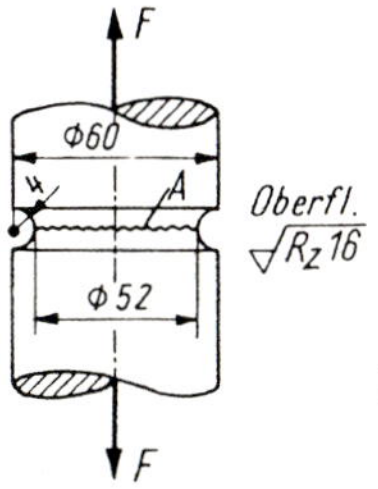

Bild 1.2 Zugstange mit Ringrille

1.2 Im Bild 1.2 ist der gefährdete Querschnitt A einer Zugstange aus Stahl E295 angegeben. Die Belastungskraft schwingt zwischen der Unterkraft $F_u = 240$ kN und der Nennoberkraft $F_{oN} = 280$ kN, die bis auf das 1,5fache ansteigen kann (Betriebs- oder Anwendungsfaktor $K_A = 1{,}5$). Es ist ein Festigkeitsnachweis wie folgt durchzuführen:
1. Berechnung der Nennspannungen σ_o, σ_u, σ_a, σ_m und des Ruhegrades R,
2. Ermittlung der Kerbwirkungszahl β_k und der Gestalt-Ausschlagsfestigkeit σ_{AG},
3. Sind die Sicherheiten $S_D = 1{,}5$ gegen Dauerbruch und $S_F = 1{,}4$ gegen Fließen gewährleistet?

1.3 Die Belastungskraft F des in Bild 1.3 skizzierten Kettengliedes schwankt zwischen 1000 N und 2250 N. Wegen der auftretenden Stöße ist mit einem Anwendungsfaktor von 1,6 zu rechnen. Es ist durch einen rechnerischen Festigkeitsnachweis zu prüfen, ob die Sicherheiten gegen Dauerbruch und gegen Fließen im Querschnitt A der Laschen aus Vergütungsstahl C60 (vergütet) mindestens 1,8 betragen.

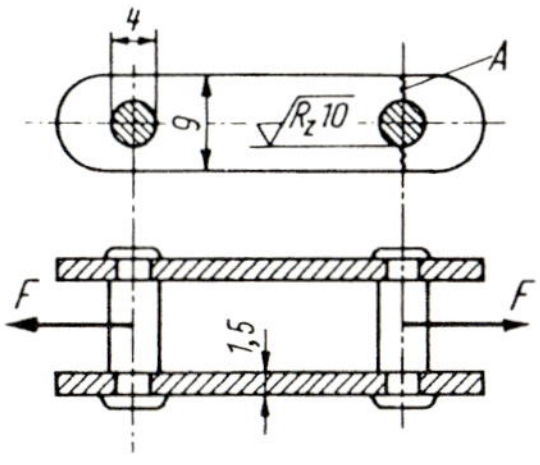

Bild 1.3 Kettenglied

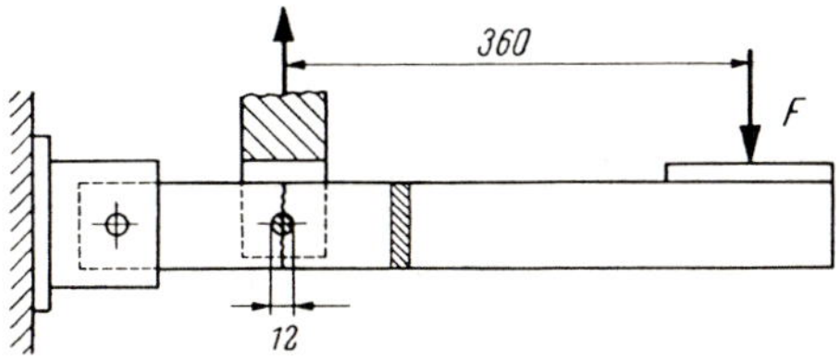

Bild 1.4 Fußschalthebel

1.4 Der in Bild 1.4 skizzierte Fußschalthebel wird durch eine schwellende Kraft von 600 N belastet, die bis zu 25 % höher liegen kann. Es ist die Sicherheit gegen Dauerbruch im gefährdeten Querschnitt des Hebels aus gewalztem Flachstahl Fl DIN 1017 – 40 × 8 – S235JR wie folgt zu überprüfen:

1. Größtes Biegemoment M_{bo} und größte Biegespannung σ_{bo},
2. Kerbwirkungszahl β_{kb} und Gestalt-Ausschlagsfestigkeit σ_{bAG},
3. Sicherheit S_D gegen Dauerbruch verglichen mit $S_{Derf} = 1{,}8$.

1.5 Bild 1.5 zeigt den Ausschnitt einer Hohlwelle aus S275JR, deren Querschnitt A nur durch ein Drehmoment belastet wird, das zwischen dem Unterwert $T_u = 1{,}6$ kNm und dem maximalen Oberwert $T_o = 7{,}0$ kNm schwingt. Zu ermitteln sind:

1. Die Torsionsspannungen τ_{to} und τ_{ta} und der Ruhegrad R,
2. Die Kerbwirkungszahl β_{kt} (mit α_{kt} wie bei Vollwellen) und die Gestalt-Ausschlagsfestigkeit τ_{tAG},
3. Genügen die Sicherheiten S_D gegen Dauerbruch und S_F gegen Fließen, wenn diese mindestens 1,8 betragen sollen?

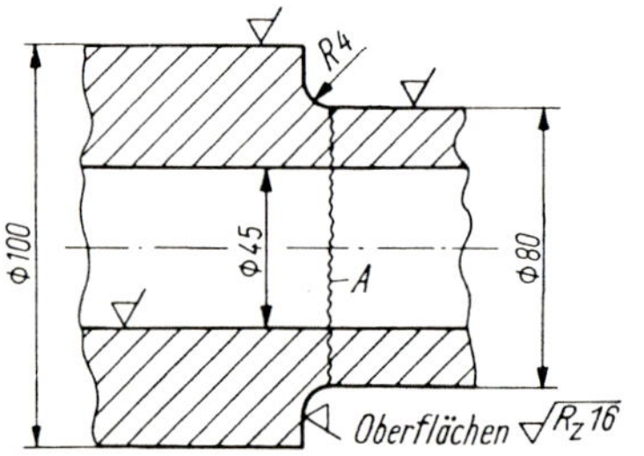

Bild 1.5 Hohlwellenausschnitt

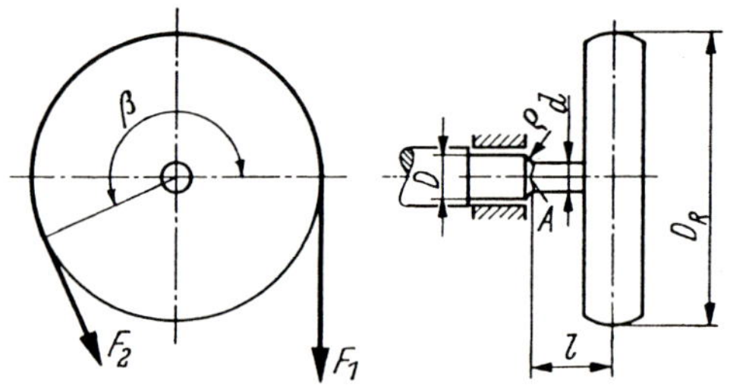

Bild 1.6 Getriebewelle mit Riemenscheibe

1.6 An der Riemenscheibe mit $D_R = 500$ mm Durchmesser nach Bild 1.6 wirken die gleichbleibenden Riemenkräfte $F_1 = 5{,}2$ kN und $F_2 = 1{,}38$ kN. Der Umschlingungswinkel beträgt $\beta = 200°$, der Lagerzapfendurchmesser $D = 70$ mm und der Übergangsradius $\varrho = 5$ mm. Die Oberflächen sind geschlichtet, Werkstoff: Stahl E295. Gesucht sind:

1. Die im Wellenquerschnitt A mit dem Durchmesser $d = 60$ mm durch die im Abstand $l = 200$ mm wirkende resultierende Riemenkraft F hervorgerufene Biegespannung σ_b,
2. Die durch das Torsionsmoment T in diesem Querschnitt erzeugte Torsionsspannung τ_t,
3. Die Kerbwirkungszahl β_{kb} und die Gestalt-Ausschlagsfestigkeit σ_{bAG},
4. Der Ausschlag der Vergleichsspannung σ_{va} und die Sicherheit S_D gegen Dauerbruch.

2 Maße, Toleranzen und Passungen

Normzahlen und Normmaße

2.1 Die Gehäusehöhen einer Schaltgeräte-Baureihe sind von 50 bis 500 mm nach der abgeleiteten Normzahlreihe R 20/5 gestuft. Es sind der Stufensprung q und die Höhen h aller Gehäuse der Baureihe anzugeben.

2.2 Für nachstehende Normzahlreihen sind das Reihenkurzzeichen nach DIN 323 anzugeben und der Stufensprung q zu bestimmen:

1.	1	1,4	2	2,8	4
2.	1,25	2,5	5	10	20
3.	120	180	260	400	600

2.3 Für eine Typenreihe von Bremsen sind die Durchmesser D nach der Normzahlreihe R 10 von 50 bis 400 mm und die Stufung der zugehörigen Bremsmomente T_b festzulegen, wenn für die erste Baugröße der Reihe das Verhältnis $D/T_b = 50$ mm/Nm betragen soll. Es sind zu ermitteln:
1. Die Stufung der Durchmesser D,
2. Die Stufung der Bremsmomente T_b mit Angaben der Normzahlreihe,
3. Die Stufung und die Normzahlreihe für das Verhältnis D/T_b.

2.4 In einer Getriebe-Baureihe mit 6 Baugrößen sollen die Drehmomente der Abtriebswelle nach der abgeleiteten Normzahlreihe R 10/3 zunehmend und die Drehzahlen nach R 10 abnehmend gestuft sein. Die kleinste Baugröße hat das Drehmoment 100 Nm und die Drehzahl 500 min^{-1}. Es sind zu ermitteln:
1. Die Stufung der Drehmomente M in Nm,
2. Die Stufung der Drehzahlen n in min^{-1}.

2.5 Eine Typenreihe zylindrischer Druckbehälter (Bild 2.5) für einen größten Überdruck $p = 25$ bar soll 5 Baugrößen enthalten, bei denen das Volumen eines Behälters jeweils etwa das doppelte des nächst kleineren beträgt. Die kleinste Größe Nr. 1 soll ein Nennvolumen von 0,1 m^3 haben. Es sind die Nennvolumen V in m^3, die Außendurchmesser D_a in mm, die Außenlängen L_a in mm und die Wanddicken s in mm nach Normzahlreihen festzulegen, wobei das Verhältnis $L_a/D_a = 2$ betragen und eine zulässige Spannung $\sigma_{zul} \approx$ 125 N/mm^2 zugrunde gelegt werden soll. Hierbei ist näherungsweise als Nennvolumen $V \approx (D_a^2 \cdot \pi/4) \cdot L_a$ zu setzen. Die Wanddicke ist nach der Näherungsgleichung $s \approx 0{,}5 D_a \cdot p/\sigma_{zul}$ zu errechnen. Die Krempenrundungen mit dem Radius r sind zu vernachlässigen. Um Normmaße für D_a und

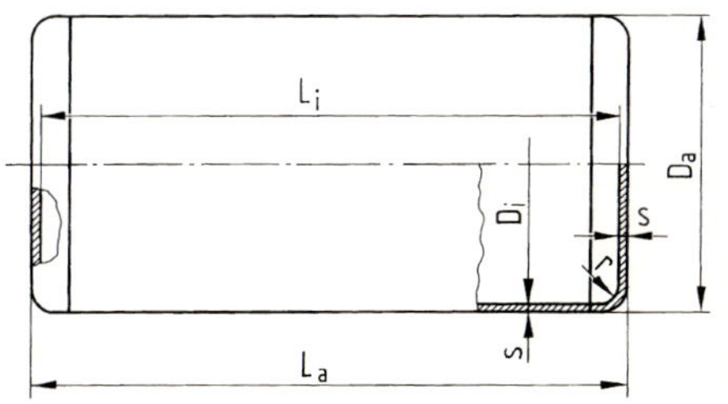

Bild 2.5 Maßbild eines Druckbehälters

L_a anwenden zu können, dürfen die tatsächlichen Volumen bis ±8 % von den Nennvolumen abweichen. Die Blechdicken sind auf volle oder 0,5 mm aufzurunden. In einer tabellarischen Zusammenstellung sind V, D_a, L_a und s sowie das Kurzzeichen der jeweils zutreffenden Normzahlreihe anzugeben. Außerdem ist bei jeder Behältergröße die Abweichung ΔV in % vom Nennvolumen V einzutragen.

Toleranzen und Passungen

2.6 Für den Nennmaßbereich über 400 bis 500 mm ist die Grundtoleranz des Toleranzgrades 10 zu ermitteln und mit dem Normwert (Tab. 2.2) zu vergleichen.

2.7 Es ist die Grundtoleranz des Toleranzgrades 8 für den Nennmaßbereich über 800 bis 900 m zu errechnen.

2.8 Für folgende tolerierte Maße sind die Abmaße zu bestimmen: 16 m6, 30 x8, 80 h9, 200 c11, 24 G7, 120 F8, 210 E9, 320 R6, 12 ZA7.

2.9 Es sind das Höchstspiel S_g, das Mindestspiel S_k und die Passtoleranz T_p folgender Passungen zu ermitteln:

1. Bohrung $85^{+0,2}_{0}$ mm mit Welle $85^{-0,05}_{-0,2}$ mm,
2. Bohrung $120^{+0,25}_{+0,1}$ mm mit Welle $120^{0}_{-0,12}$ mm.

2.10 Für die Passungen 60 H8/f7, 20 H7/k6 und 180 S7/h6 sind zu ermitteln:
1. Das Passsystem (EB oder EW).
2. Höchst- und Mindestspiel S_g und S_k oder Höchst- und Mindestübermaß U_g und U_k und die Passtoleranz T_p.
3. Handelt es sich bei diesen Passungen jeweils um eine Spiel-, Übergangs- oder Übermaßpassung?

2.11 Der Durchmesser einer Welle hat das tolerierte Maß 40 h9. Es ist das tolerierte Maß mit ISO-Toleranzkurzzeichen für eine Bohrung des Toleranzgrades 9 zu ermitteln, die mit der Welle eine Spielpassung bildet, wobei ein zulässiges Höchstspiel $S_{g\,zul} = 0{,}18$ mm möglichst erreicht, aber nicht überschritten wird.

2.12 Eine Bohrung mit dem tolerierten Maß 250 H7 soll mit einer Welle des Toleranzgrades 6 eine Übermaßpassung ergeben, bei der ein erforderliches Mindestübermaß $U_{k\,erf} = 0{,}09$ mm nicht unterschritten wird. Es sind zu ermitteln:
1. Das tolerierte Maß der Welle mit ISO-Toleranzkurzzeichen und mit Abmaßen,
2. Die Übermaße U_k und U_g.

2.13 Die Verbindung einer Kupplungsnabe mit einer Welle von 100 mm Durchmesser soll als Pressverbindung ausgeführt werden, wobei ein Höchstübermaß von 0,15 mm zulässig und ein Mindestübermaß von 0,085 mm erforderlich ist. Die Bohrung ist in dem Toleranzgrad 7, die Passung nach dem System Einheitsbohrung auszuführen. Das tolerierte Maß mit ISO-Toleranzkurzzeichen für Bohrung und Welle und die Übermaße U_g und U_k sind zu ermitteln.

2.14 Der Griff einer Handkurbel nach Bild 2.14 enthält eine Hülse aus Pressstoff, die auf dem Distanzrohr leicht drehbar sein soll und reichliches Axialspiel haben darf. Der Schaft der Sechskantschraube ist mit h 13 toleriert, der Innendurchmesser des Rohres mit H 11. Die Rohrlänge hat ein unteres Abmaß von −0,5 mm, sein Außendurchmesser und die Länge der Pressstoffhülse sind nicht toleriert. Es sind zu ermitteln:

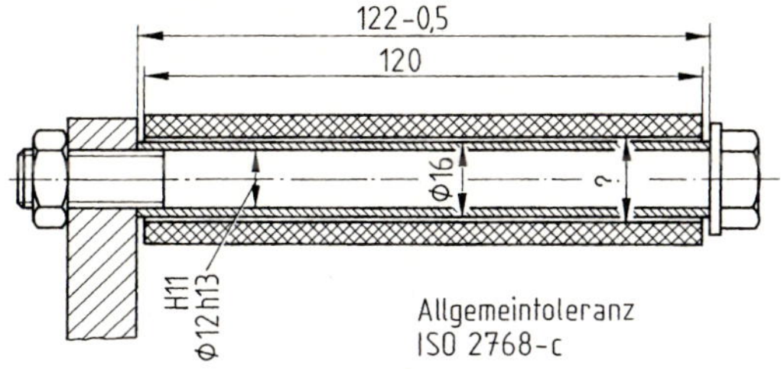

Bild 2.14 Abmessungen an einem Kurbelhandgriff

1. Das Höchst- und Mindestspiel zwischen Schraubenschaft und Rohrinnendurchmesser,
2. Das Höchst- und Mindestspiel zwischen Rohr- und Hülsenlänge,
3. Das tolerierte Maß für den Hülseninnendurchmesser mit Abmaßen, wenn das untere Abmaß $A_u = 0$, das Mindestspiel $S_k = 0{,}5$ mm und das Höchstspiel $S_g = 2$ mm betragen sollen.

2.15 Das Kettenrad einer Kettenspanneinrichtung ist entsprechend Bild 2.15 auf einem Bolzen gelagert, dessen Schaftdurchmesser das tolerierte Maß 20 h9 hat. Für die Maßeintragung sind zu ermitteln:

1. Das tolerierte Maß für die Lagerbohrung, sodass reichlich Spiel vorhanden ist, sowie das Höchst- und Mindestmaß der gewählten Passung,
2. Das tolerierte Maß für die Bohrung im Hebel zur Aufnahme des Bolzens, wenn hier ein Haftsitz erforderlich ist, sowie Höchstspiel und -übermaß,
3. Eine geeignete Übermaßpassung des Systems EB für einen mittleren Presssitz zwischen Lagerbuchse und Kettenradbohrung mit dem Nennmaß 26 mm. Es sind das tolerierte Maß, das Höchst- und Mindestübermaß anzugeben.
4. Das Nennmaß mit Abmaßen für die Schaftlänge L des Bolzens, wenn die Bohrungstiefe $b = 15{,}5$ mm im Hebel mit $+0{,}2$ mm und die Buchsenbreite $B = 20$ mm mit $-0{,}2$ mm toleriert sind und das Axialspiel S zwischen 0,1 und 0,7 mm schwanken darf.

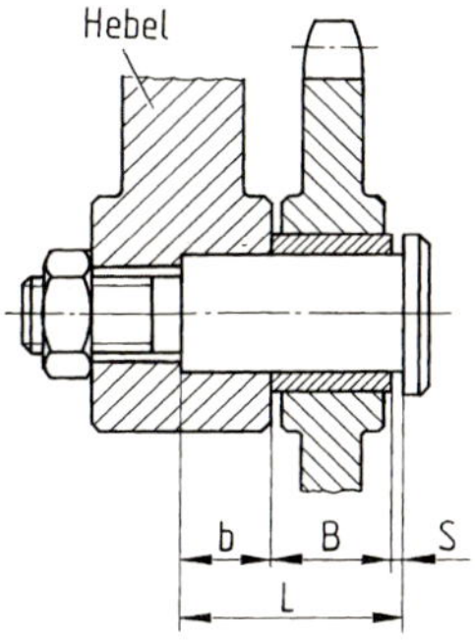

Bild 2.15 Kettenradlagerung

4 Schmelzschweißverbindungen

Maschinenbau

4.1 In der Verstelleinrichtung einer Baggerschaufel befindet sich die in Bild 4.1 skizzierte Schubstange aus Baustahl S235JR. Sie hat eine wechselnd wirkende größte Kraft $F = 46$ kN zu übertragen. Wird die zulässige Schweißnahtspannung für die Bewertungsgruppe B überschritten?

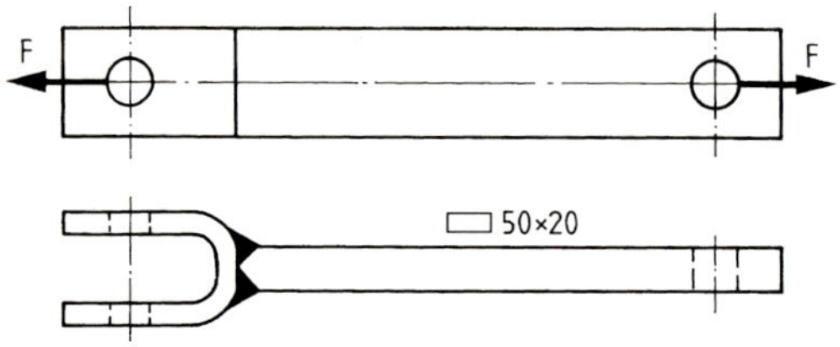

Bild 4.1 Geschweißte Schubstange

4.2 Zur Aufhängung eines Elektroseilzuges sind an der in Bild 4.2 gezeigten Traverse zwei Flachstahlösen 1 und 2 angeschweißt, Werkstoff S355JO. Der Elektrozug hat ein Eigengewicht von 400 kg und ist für eine größte Last von 3 t ausgelegt. Wegen der häufigen Be- und Entlastung mit verschieden großen Lasten liegt schwellende Beanspruchung vor. Welche Länge l müssen die Schweißnähte für die Bewertungsgruppe C mindestens erhalten?

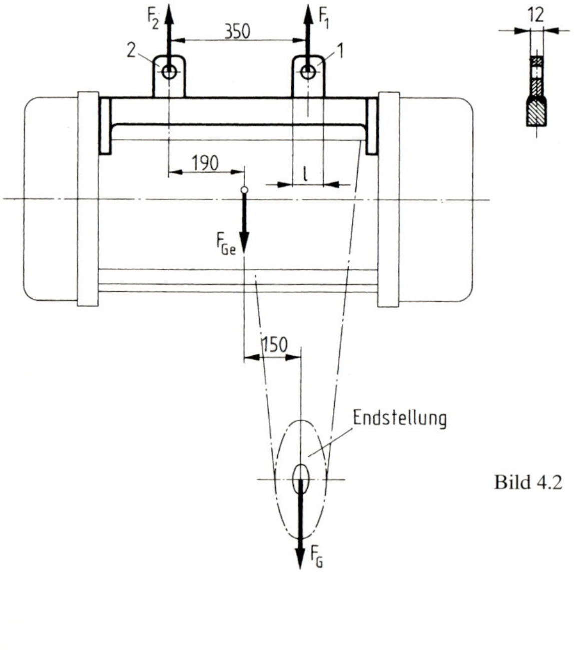

Bild 4.2 Geschweißte Ösen an einem Elektroseilzug

4.3 Der in Bild 4.3 dargestellte Kopf einer Kranbremsen-Zugstange wird mit der Kraft $F = 12$ kN schwellend beansprucht, Werkstoff S235JR.

1. Ist die Schweißnaht ausreichend bemessen?
2. Genügt der Bauteil-Anschlußquerschnitt den Anforderungen?
3. Würde ggf. eine $a = 3$ mm dicke Naht ausreichen?

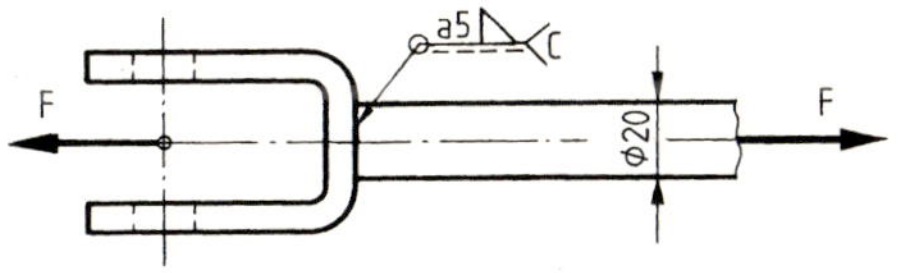

Bild 4.3 Geschweißter Zugstangenkopf

4.4 Ein mit der Masse $m = 500$ kg belastetes Seil wird nach Bild 4.4 über eine Seilrolle geführt, die an einer geschweißten Pendelstange befestigt ist. Der Stangendurchmesser und die Schweißnahtdicke sind für die Bewertungsgruppe D und schwellende Beanspruchung zu berechnen. Unter Vernachlässigung der Reibung an der Seilrolle sind zu ermitteln:

1. Die in der Stange wirkende Kraft F,
2. Der für den Werkstoff S235JRG2 erforderliche Stangendurchmesser d, auf volle mm aufgerundet,
3. Die erforderliche Nahtdicke a, auf volle mm aufgerundet.

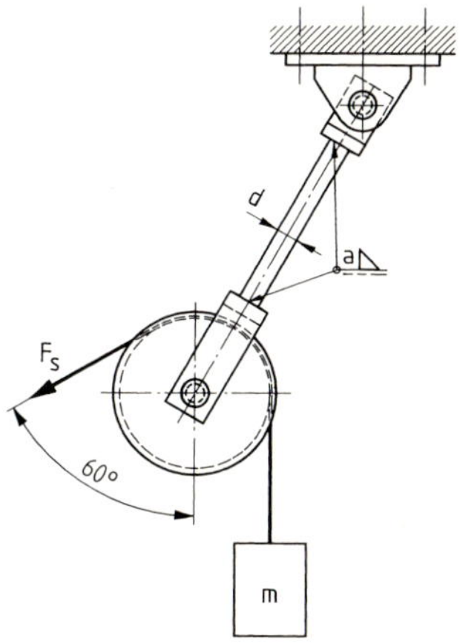

Bild 4.4 Geschweißte Pendelstange

4.5 Von den in eine Seilrolle nach Bild 4.5 eingeschweißten Speichen aus S235JO hat jeweils eine Speiche die resultierende Kraft F aus den Seilkräften $F_S = 25$ kN aufzunehmen. Für die Berechnung denkt man sich den auf eine Speiche entfallenden Kranzanteil herausgeschnitten und freigemacht (siehe die Wellenlinien a und b). Genügen die Nähte 1 und die Bauteil-Anschlussquerschnitte der durch die Drehbewegung hervorgerufenen schwellenden Beanspruchung, wenn die Nahtdicke $a = 6$ mm beträgt und die Bewertungsgruppe C vorgesehen ist?

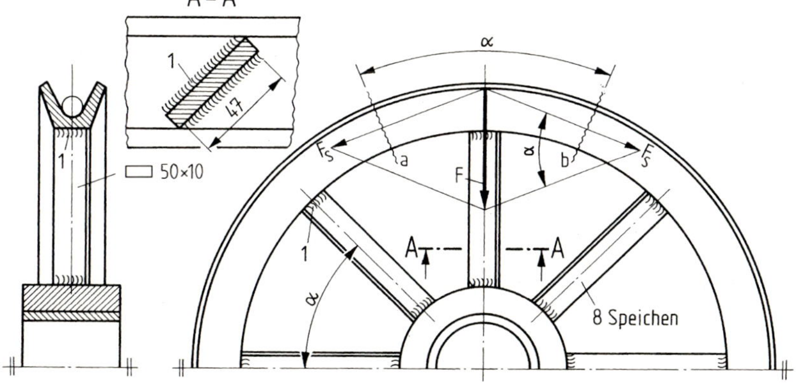

Bild 4.5 Seilrolle mit eingeschweißten Speichen

4.6 Für die in Bild 4.6 dargestellte geschweißte Tragöse aus S355JO ist die zulässige schwellend wirkende Belastungskraft F wie folgt zu ermitteln:

1. wenn nur mit der Stumpfnaht gerechnet wird,
2. wenn Stumpf- und Kehlnaht berücksichtigt werden,
3. Ist der Bauteil-Anschlussquerschnitt S an der Kehlnaht für die unter 2. errechnete Kraft ausreichend bemessen?

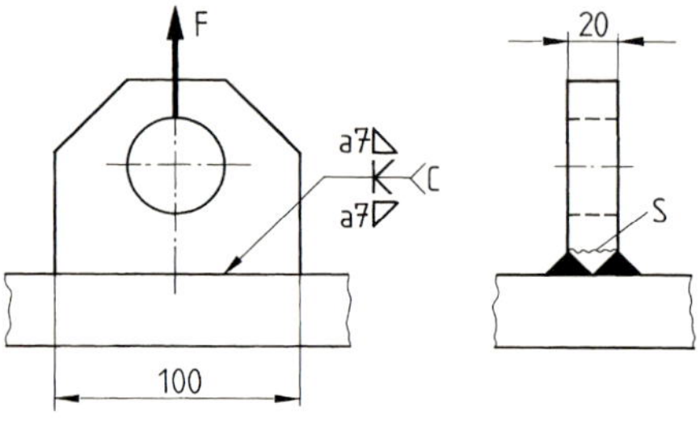

Bild 4.6 Angeschweißte Tragöse

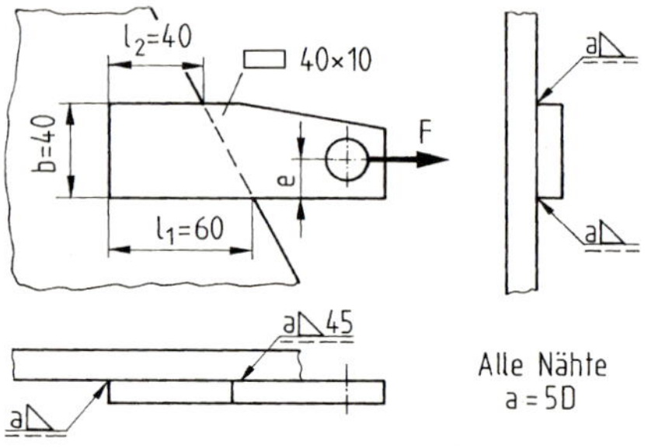

Bild 4.7 Schweißverbindung eines Flachstahls

4.7 In einer Landmaschine ist ein Flachstahl aus S235JR entsprechend Bild 4.7 mit rundum laufenden Kehlnähten angeschweißt. Es ist eine wechselnd wirkende Kraft $F = 15$ kN zu übertragen.

1. Genügen die Schweißnähte den Anforderungen?
2. Mit welchem Betrag ist das Maß e auszuführen, wenn die Wirkungslinie der Kraft F in der Schwerlinie der Flankenkehlnähte liegen soll?

4.8 Der in Bild 4.8 gezeigte Gabelkopf der Zugstange einer Doppelbackenbremse ist durch zwei eingeschweißte Flachstähle gebildet, Werkstoff S235JR. Sind die Flankenkehlnähte und die Bauteil-Anschlussquerschnitte für die größte, schwellend wirkende Zugkraft $F = 25$ kN ausreichend bemessen?

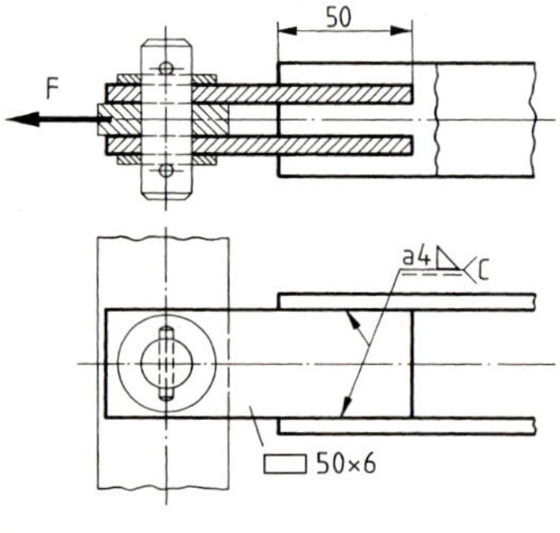

Bild 4.8 Geschweißter Gabelkopf einer Zugstange

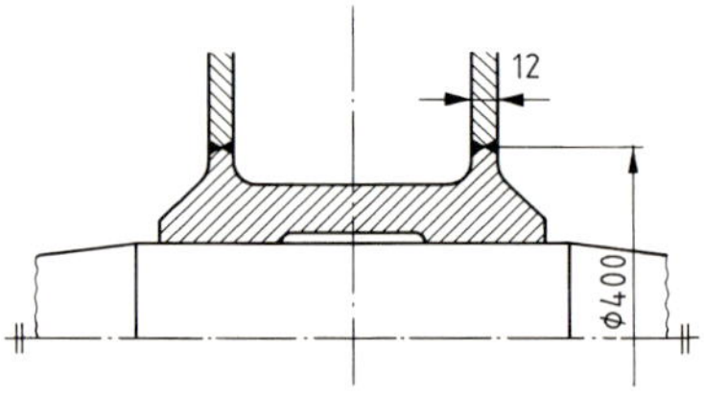

Bild 4.9 Ausschnitt eines Elektromotorläufers in Verbundkonstruktion

4.9 In Bild 4.9 ist der Ausschnitt eines in Verbundkonstruktion ausgeführten Läufers eines Elektromotors dargestellt, Nabenwerkstoff Stahlguss GS-38, Stegbleche aus Baustahl S235JR. Für welches wechselnde Drehmoment ist die Schweißverbindung geeignet, wenn die DV-Nähte (Bewertungsgruppe B) ringsum geschweißt sind?

4.10 Das in Bild 4.10 gezeigte geschweißte Kettenrad hat ein schwellend wirkendes Spitzendrehmoment von 920 Nm zu übertragen. Die in den Ringschweißnähten auftretenden Spannungen sind rechnerisch zu überprüfen mit der Annahme, daß jede Naht das halbe Drehmoment aufnimmt. Ferner sind die Bauteilquerschnitte an der Kehlnaht nachzurechnen. Es sind zu ermitteln:

1. Die Spannungen in den Nähten 1 und 2,
2. Die Bauteilspannungen an der Kehlnaht im Kettenrad aus S355JO und in der Nabe aus S235JO,
3. Werden die zulässigen Spannungen der Bewertungsgruppe C überschritten?

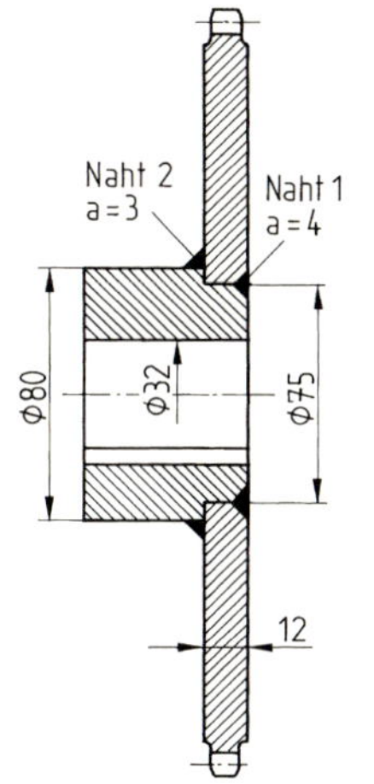

Bild 4.10 Geschweißtes Kettenrad

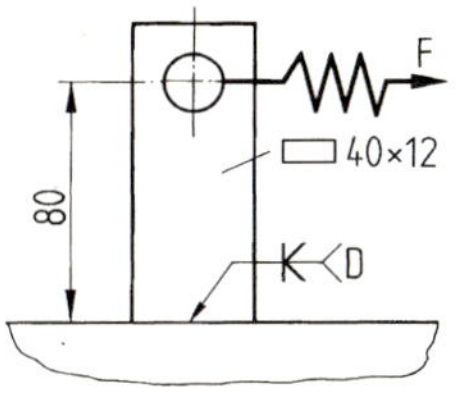

Bild 4.11 Schweißverbindung eines Flachstahls für Zugfederaufnahme

4.11 In einer Vorrichtung ist ein Flachstahl aus S235JR zur Aufnahme einer Zugfeder entsprechend Bild 4.11 angeschweißt.

1. Welche schwellend wirkende Federkraft F ist höchstens zulässig?
2. Welche Nahtdicke a ist für eine gleichlange Doppelflachkehlnaht der Bewertungsgruppe D anstelle der DHV-Naht zur Übertragung der unter 1. errechneten Kraft erforderlich, und ist der Bauteil-Anschlussquerschnitt hierfür ausreichend bemessen?

4.12 Für ein Steuergestänge ist ein Winkelhebel nach Bild 4.12 als Schweißteil ausgebildet, Werkstoff S235JR. Die angreifenden Kräfte $F_1 = 600$ N und F_2 wirken wechselnd. Genügen die Schweißnähte und die Bauteil-Anschlussquerschnitte den Anforderungen? Es sind zu ermitteln:

1. Die Kraft F_2 und die von den Schweißnähten aufzunehmenden Biegemomente M_{wb1} und M_{wb2}.
2. Die Vergleichsspannung σ_{wv} in der höher beanspruchten Schweißnaht und die Biegespannung σ_b im Bauteil-Anschlußquerschnitt,
3. Die Antwort auf die gestellte Frage und erforderlichenfalls eine andere Flachstahlbreite unter Beibehaltung der Dicke von 8 mm sowie ggf. auch eine andere Nahtdicke.

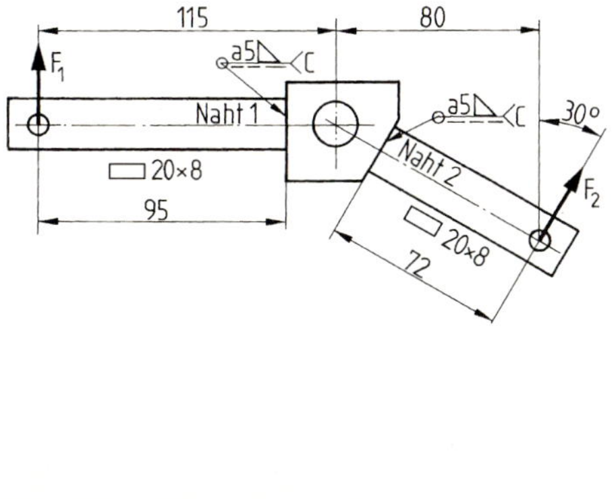

Bild 4.12 Geschweißter Winkelhebel

4.13 In die mit Bild 4.13 gezeigte Bremsscheibe einer Doppelbackenbremse ist eine elastische Kupplung eingebaut. Zur Aufnahme der Bindeglieder sind an den Steg gleichmäßig verteilt drei Rohrstutzen aus S235JR angeschweißt, die das wechselseitige Nenndrehmoment $T_{KN} = 1400$ Nm zu übertragen haben. Es ist mit einem Stoßfaktor $S_S = 2$ zu rechnen (bei Kupplungen S_S, sonst K_A). Die um die Rohrstutzen gelegten ringförmigen Kehlnähte genügen der Bewertungsgruppe C. Der Einfluss der Versteifungsrippen ist zu vernachlässigen. Werden in den Schweißnähten und in den Anschlussquerschnitten der Rohrstutzen die zulässigen Spannungen überschritten?

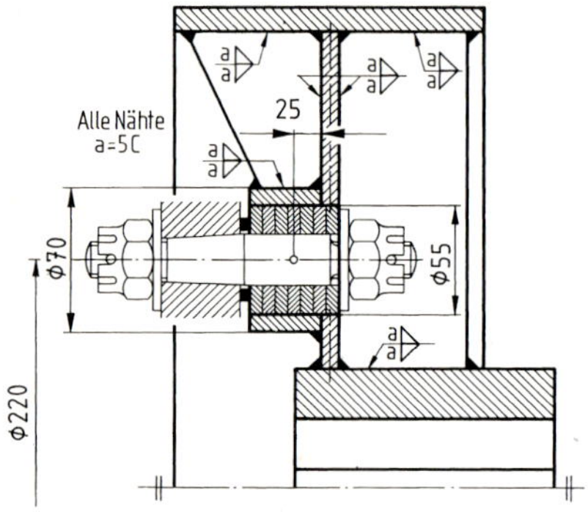

Bild 4.13 Bremsscheibe mit angeschweißten Rohrstutzen

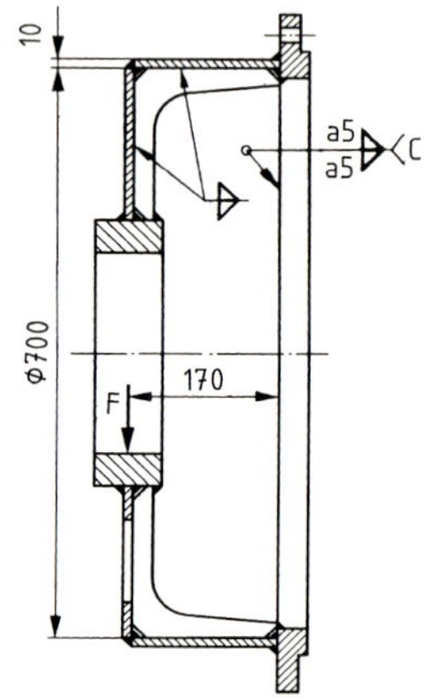

Bild 4.14 Geschweißtes Lagerschild

4.14 Das geschweißte Lagerschild aus S235JR einer elektrischen Maschine ist in Bild 4.14 gezeigt. Durch die Eigengewichtskraft des Läufers und die Betriebskräfte (einschließlich Riemenzug am Wellenende) kann eine größte, schwellend wirkende Kraft $F = 140$ kN an der Lagerstelle auftreten. Die umlaufende Doppel-Flachkehlnaht am Flansch und der Bauteil-Anschlussquerschnitt im 10 mm dicken Blech sind unter Vernachlässigung der Versteifungsrippen rechnerisch auf Festigkeit zu überprüfen. Ist eine Verringerung der Naht- und Bauteildicken ratsam?

4.15 An einen Tragbalken (Lasttraverse) sind zwei Tragösen aus S235JR angeschweißt (Bild 4.15). Durch die Anordnung der Tragketten greift die Kraft F unter 45° an. Sie wird in die Horizontalkomponente F_H und die Vertikalkomponente F_V zerlegt. Genügen

Bild 4.15 Tragbalken mit angeschweißten Ösen

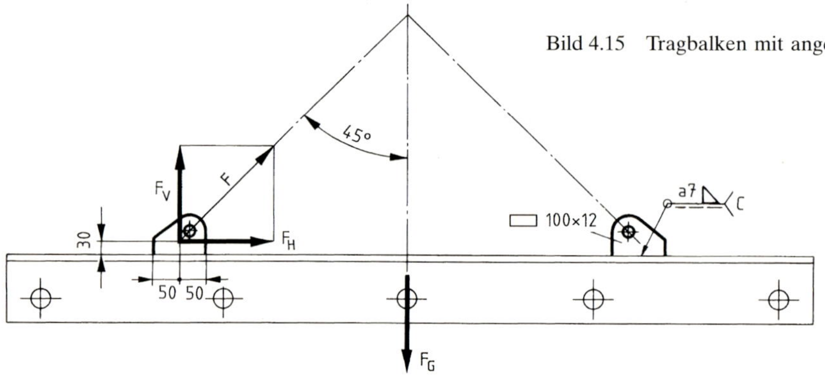

die Schweißanschlüsse und die Bauteil-Anschlussquerschnitte für eine Belastung mit 10,5 t einschließlich Eigengewicht der Traverse? Wegen der häufigen Be- und Entlastung liegt schwellende Beanspruchung vor. Es sind zu ermitteln:

1. Die Kaftkomponenten F_H und F_V und das eine Schweißnaht beanspruchende Biegemoment M_{wb},
2. Die Nahtoberfläche A_w und deren Flächenmoment 2. Grades I_w,
3. Die größte resultierende Normalspannung σ_{wr}, die Schubspannung τ_w und die Vergleichsspannung σ_{wv} für die Schweißnaht,
4. Die größte resultierende Normalspannung σ im Bauteil-Anschlussquerschnitt,
5. Sind die Spannungen zulässig?
6. Falls nein, genügt eine Nahtdicke $a = 8$ mm oder muß für die Öse ein breiterer Flachstahl vorgesehen werden?

4.16 In Bild 4.16 ist der geschweißte Lagerbock für die Pendelstange nach Bild 4.4 dargestellt, Werkstoff S235JR. Die von der Stange zu übertragende Kraft $F = 8{,}5$ kN wirkt schwellend. Sind die Schweißnähte und der Bauteil-Anschlussquerschnitt hierfür ausreichend bemessen?

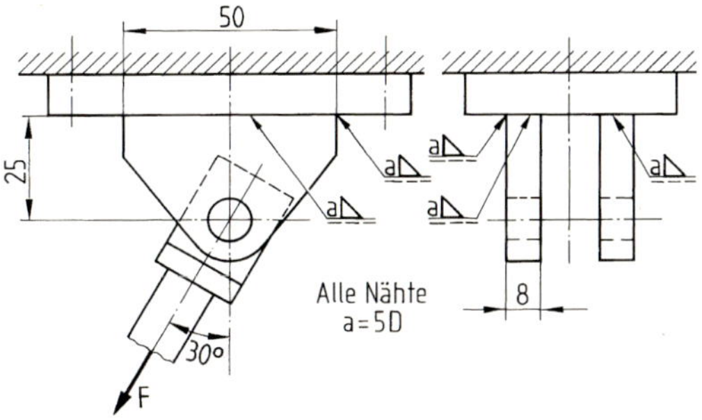

Bild 4.16 Geschweißter Lagerbock

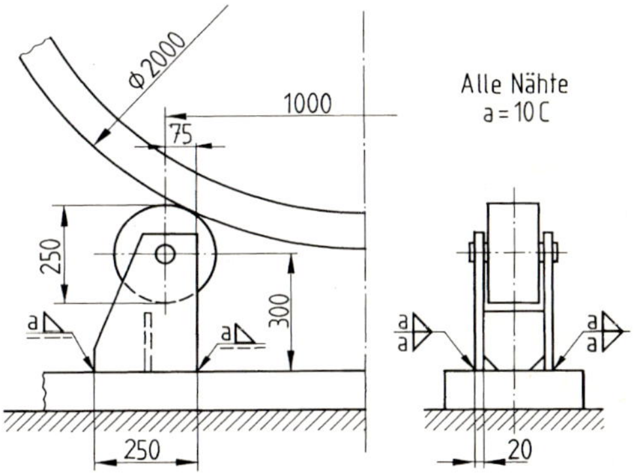

Bild 4.17 Geschweißter Rollenbock in einer Vorrichtung

4.17 Eine Schweißvorrichtung für Behältermäntel enthält vier gleichartig belastete geschweißte Rollenböcke aus S355JO. Die größte Belastung tritt bei der in Bild 4.17 dargestellten Anordnung und einem maximalen Behältergewicht von 40 t auf. Das Rollengewicht ist zu vernachlässigen, ebenfalls die Nähte an der Mittelrippe wegen ihres geringen Einflusses auf den Schweißanschluß. Genügen die Doppel-Flachkehlnähte und die Bauteil-Anschlußquerschnitte den Anforderungen einer schwellenden Beanspruchung? Wegen der Gefahr von harten Stößen beim Aufsetzen des Mantels auf die Rollen ist mit einem Anwendungsfaktor K_A =2,5 zu rechnen.

4.18 Ein Ritzel aus C22 ist nach Bild 4.18 auf eine Welle aus S275JR geschweißt. Es ist ein einseitig und gleichbleibend wirkendes Drehmoment von 500 Nm zu übertragen.

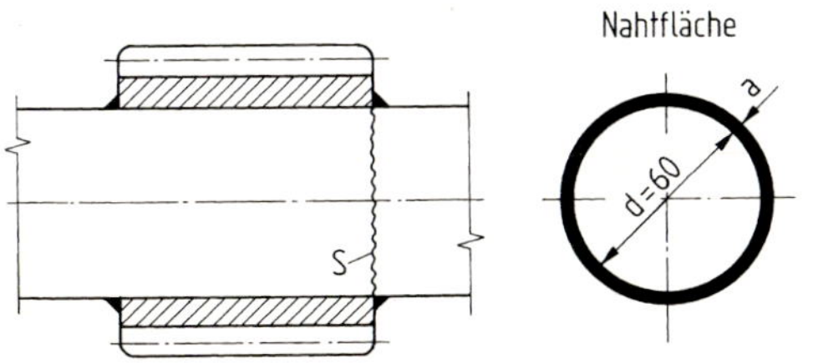

Bild 4.18 Aufgeschweißtes Ritzel

Im Wellenquerschnitt S wirkt außerdem ein Biegemoment von 600 Nm. Welche Nahtdicke a ist mindestens erforderlich, wenn die Bewertungsgruppe B in Frage kommt? Es sind zu ermitteln:

1. Die Normalspannung σ_w in der Schweißnaht,

2. Die zulässige Schubspannung $\tau_{w\,zul}$ an der Nahtwurzel (mit der zulässigen Vergleichsspannung errechnet)

3. Die erforderliche Nahtdicke a, auf volle mm gerundet.

4.19 In der automatischen Zubringeeinrichtung einer Transferstraße (Fertigungsmaschinenstraße) sind zwei Flachstähle zur Aufnahme einer Schubstange angeschweißt, wie in Bild 4.19 skizziert. Die Stangenkraft von 15 kN wirkt wechselnd. Werkstoff der Bauteile: S235JR. Für die Flachkehlnähte und die Bauteil-Anschlußquerschnitte ist der Spannungsnachweis durchzuführen.

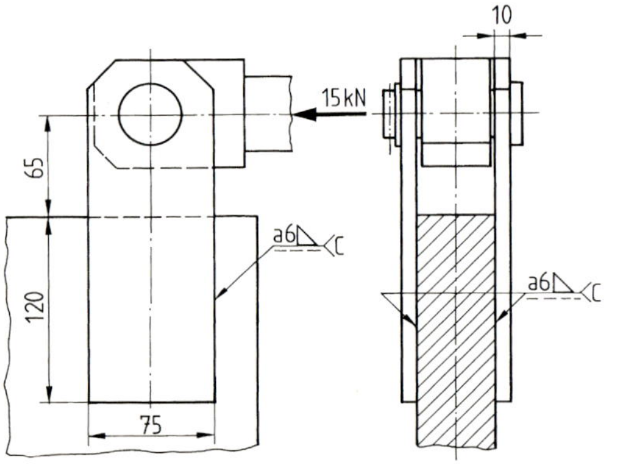

Bild 4.19 Flachstähle mit verdrehbeanspruchtem Kehlnahtanschluß

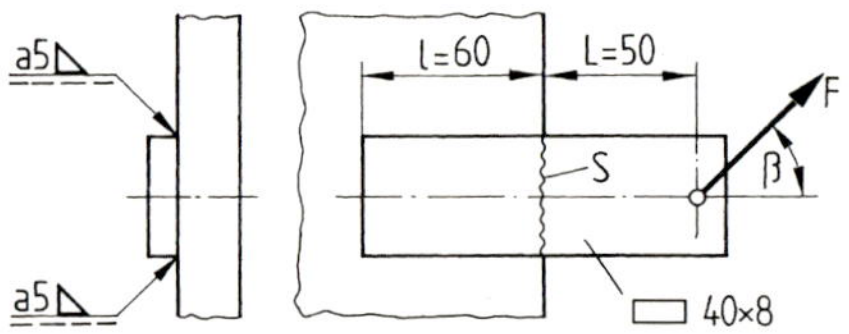

Bild 4.20 Flankenkehlnähte mit zusammengesetzter Schubbeanspruchung an einem Flachstahl

4.20 Der entsprechend Bild 4.20 mit zwei Flankenkehlnähten in der Bewertungsgruppe C angeschweißte Flachstahl aus S235JR hat eine unter dem Winkel $\beta = 45°$ angreifende wechselnd wirkende Kraft $F = 2{,}5$ kN zu übertragen. Sind die Schweißnähte mit der Dicke $a = 5$ mm und der Bauteil-Anschlussquerschnitt S ausreichend bemessen? Es sind zu ermitteln:

1. Die Komponenten F_x und F_y und das von der Schweißnaht aufzunehmende Drehmoment M_w,

2. Die Schubspannungen τ_{wt}, τ_{wq}, τ_{wl} und die resultierende Schubspannung τ_w in der Schweißnaht,

3. Die Zugspannung σ_z, die Biegespannung σ_b und die resultierende Normalspannung σ im Bauteil-Anschlussquerschnitt S.

4. Die Antwort auf die gestellte Frage.

4.21 Bild 4.21 zeigt die Anordnung zweier Seilrollen in einem medizinischen Gerät. Die Seilrollenachse ist in zwei Haltern aus S235JR gelagert, die an einem Gestell angeschweißt sind. In jedem Seilstrang wirkt eine schwellende Kraft $F = 800$ N. Auf einer Seite der Rollen schwankt mit dem Seil die Richtung der Kraft zwischen den Stellungen I und II, wie im Bild angedeutet. Für beide Stellungen ist zu prüfen, ob in den Schweißnähten und in den Bauteil-Anschlussquerschnitten die zulässigen Spannungen überschritten werden. Dafür sind zu ermitteln:

1. Die Schubspannung τ_w in den Schweißnähten und die Zugspannung σ_z in den Bauteil-Anschlussquerschnitten bei der Stellung I.

2. Die größte resultierende Schubspannung τ_w in den Schweißnähten bei der Seilstellung II,

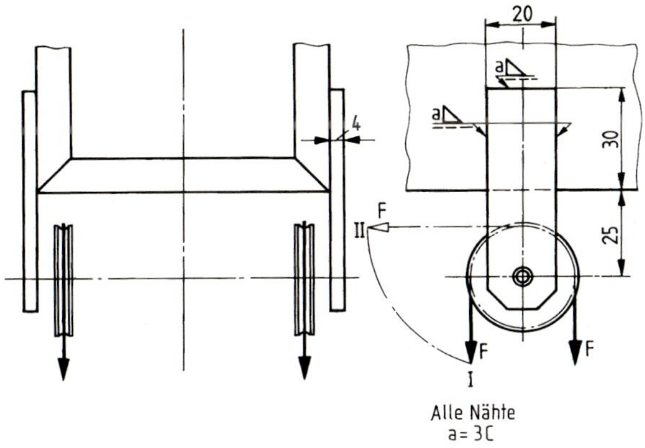

Bild 4.21 Anordnung zweier Seilrollen mit geschweißten Haltern

3. Die größte resultierende Normalspannung σ in den Bauteil-Anschlussquerschnitten bei der Seilstellung II,
4. Werden die zulässigen Spannungen überschritten?

4.22

Die in Bild 4.22 dargestellte geschweißte Konsole aus S355JO hat am Hebelarm $L = 220$ mm eine ruhend wirkende Kraft $F = 70$ kN zu übertragen. Für die Festigkeitskontrolle sind zu ermitteln:

1. Die Nahtfläche A_w der Anschlussschweißnähte, deren Schwerpunktabstand e_{wd} von der Stegunterkante und das Flächenmoment I_w zweiten Grades,
2. Die größte Biegespannung σ_{wbd}, die Schubspannung τ_w und Vergleichsspannung σ_{wv} für die Anschlußschweißnaht,
3. Die Schubspannung τ_w in der Längsnaht (Halsnaht) nahe am Schweißanschluß,
4. Die größte Biegespannung σ_{bd} im Bauteilquerschnitt an der Anschlussschweißnaht,
5. Sind die Spannungen in den Schweißnähten und im Bauteil-Anschlussquerschnitt zulässig?

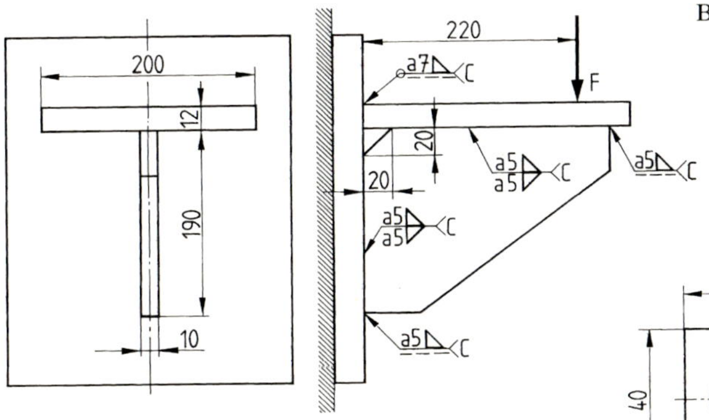

Bild 4.22 Geschweißte Konsole

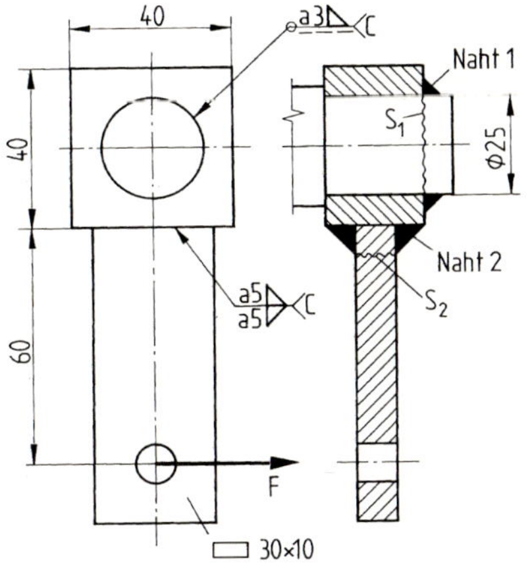

Bild 4.23 Geschweißter Hebel

4.23

An einem geschweißten Hebel wirkt in der skizzierten Stellung (Bild 4.23) eine schwellende maximale Kraft $F = 1{,}6$ kN. Werden in den Kehlnähten 1 und 2 und in den Bauteil-Anschlussquerschnitten S_1 und S_2 die zulässigen Spannungen überschritten? Werkstoff der Bauteile: S355JO.

4.24 In einer Steuereinrichtung ist ein Flachstahlhebel aus S355JO nach Bild 4.24 an eine Schaltwelle aus gleichem Werkstoff geschweißt und über einen Bolzen mit der geschweißten Gabel aus S235JR einer Schubstange verbunden. Die Welle hat in der gezeichneten Stellung ein wechselnd wirkendes Drehmoment von 1000 Nm zu übertragen, gleichzeitig tritt im Querschnitt S_1 der Welle ein Biegemoment von 120 Nm auf. Genügen die Schweißnähte der Verbindungen 1 und 2 und deren Bauteil-Anschlussquerschnitte S_1 und S_2 den Anforderungen im Maschinenbau? Biege- und Torsionsspannung im Querschnitt S_1 sind zur Vergleichsspannung $\sigma_v = \sqrt{\sigma_b^2 + 3\tau_t^2}$ zusammenzufassen.

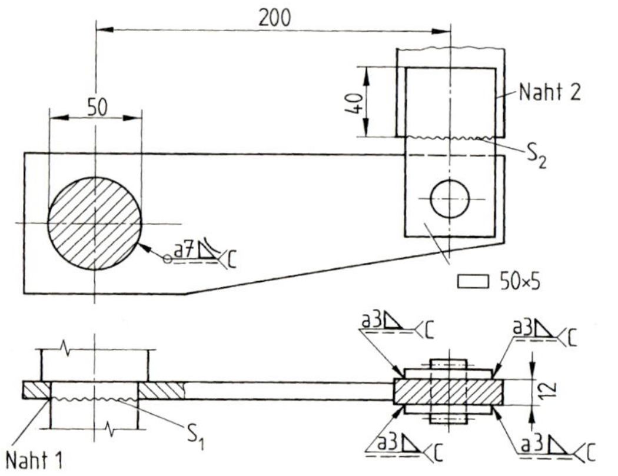

Bild 4.24 An Welle geschweißter Hebel mit geschweißtem Schubstangen-Gabelkopf

4.25 An einem Transportgerät befinden sich vier Räder in der Anordnung nach Bild 4.25. Die sich aus der zulässigen Belastung ergebende Radkraft beträgt $F_r = 36$ kN je Rad, für den Fahrwiderstand F_f die Fahrwiderstandszahl $\mu_F = 0{,}02$. Die beim Anfahren und Anhalten möglichen Stöße sind mit einem Anwendungsfaktor $K_A = 2{,}5$ zu berücksichtigen. Genügen die Anschlussschweißnähte und die Bauteilquerschnitte am Schweißanschluss einer schwellenden Belastung? Für alle Nähte gilt die Bewertungsgruppe C, Werkstoff S235JR.

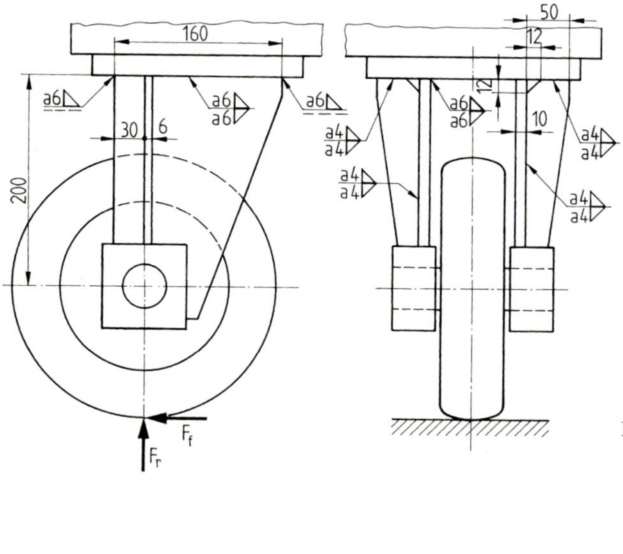

Bild 4.25 Geschweißter Radlagerbock

Stahlbau und Kranbau

4.26 Am Knoten einer Stahlhochbau-Konstruktion (Bild 4.26) soll ein ungleichschenkliger Winkelstahl DIN 1029 — 90 × 60 × 8 einseitig angeschweißt werden, mit dem breiten Schenkel anliegend, Werkstoff der Bauteile: S235JR. Für die Übertragung einer Zugkraft $F = 162$ kN, die im Lastfall HZ auftritt, sind zu ermitteln:

1. Die Nahtdicke a in der üblicherweise größten Dicke, auf volle mm abgerundet,
2. Die erforderlichen Längen l_1 und l_2 der Flankenkehlnähte, so daß deren Schwerachse mit der des Stabes übereinstimmt, wenn für l_2 die zulässige Mindestlänge angenommen wird,
3. Der Allgemeine Spannungsnachweis für den Schweißanschluß und den Stab.

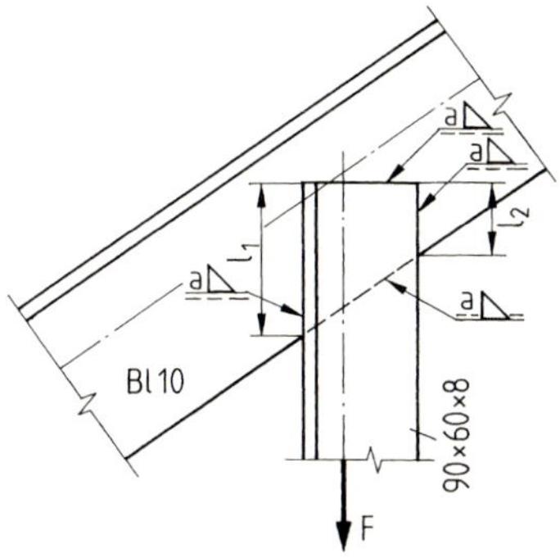

Bild 4.26 Einseitiger Schweißanschluss eines Winkelstahls

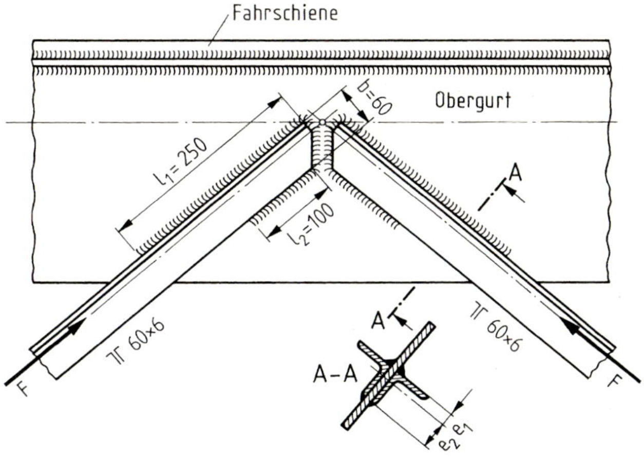

Bild 4.27 Knoten eines Krantragwerks

4.27 Am Steg des Obergurtes eines Krantragwerkes aus S235JR sind zwei Diagonalstäbe wie in Bild 4.27 skizziert mit Kehlnähten angeschlossen, die eine Dicke $a = 3$ mm haben. Jeder Stab besteht aus zwei gleichschenkligen Winkelstählen DIN 1028 — 60 × 6 und hat eine Druckkraft $F = 121$ kN im Lastfall H zu übertragen. Die Schweißnähte und die Stabquerschnitte sind auf Festigkeit nachzurechnen (Allgemeiner Spannungsnachweis und Stabilitätsnachweis):

1. Genügen die Längen der Flankenkehlnähte den Vorschriften für die maximalen und minimalen Nahtlängen und entsprechen sie der Empfehlung, dass die Schwerachsen der Nahtflächen mit denen der Stäbe übereinstimmen sollen?
2. Wird in den Schweißnähten die zulässige Schubspannung $\tau_{w\,zul}$ überschritten?
3. Wird in den Stäben die zulässige Druckspannung überschritten, wenn mit einer Knickzahl $\omega = 1{,}5$ zu rechnen ist?

4.28 Bild 4.28 zeigt den geschweißten Knoten einer Stahlkonstruktion aus dem Hochbau. Für die Untergurtstäbe U_2 und U_2 und die Diagonalstäbe D_1 und D_2 einschließlich der dazugehörigen Schweißnähte ist der Allgemeine Spannungs- und der Stabilitätsnachweis durchzuführen. Die Länge der Flankenkehlnähte am Anschluss des Druckstabes D_2 ist außerdem auf Zulässigkeit zu überprüfen. Für diesen Stab beträgt die Knickzahl $\omega = 1{,}8$. Die einzelnen Stabkräfte betragen im Lastfall HZ: $F_{U1} = 93$ kN, $F_{U2} = 225$ kN, $F_{D1} = 99$ kN, $F_{D2} = 127$ kN. Werkstoff der Bauteile: S355JO. Ein Nachweis der Nahtgüte ist nicht vorgesehen.

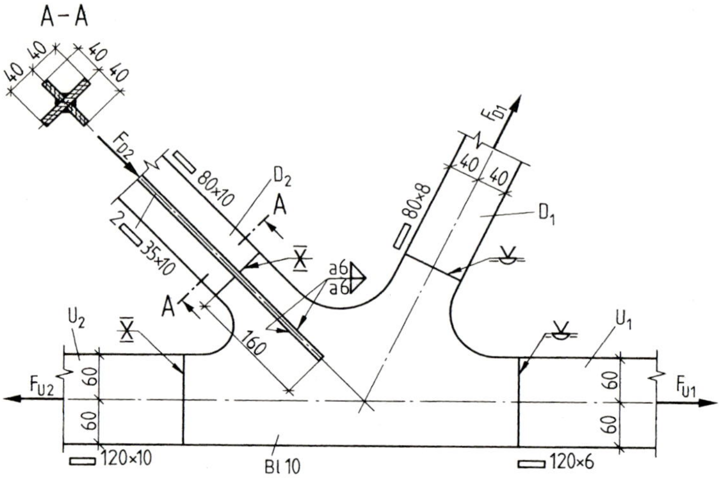

Bild 4.28 Knoten einer Stahlkonstruktion

4.29 Am Obergurt eines Fachwerks in einer Stahlhochbau-Konstruktion aus S355JO ist ein Zugstab nach Bild 4.29 angeschlossen. Welche Stabkraft F ist zulässig, wenn die Kehlnähte vernachlässigt werden und nur mit der Stumpfnaht gerechnet wird, die mit nachgewiesener Nahtgüte anzunehmen ist, und welche Kraft ist zulässig, wenn die Kehlnähte in der Berechnung berücksichtigt werden? Für die Lastfälle H und HZ sind zu ermitteln:

1. Die für den Schweißanschluss zulässigen Kräfte,
2. Die für den Stabquerschnitt zulässigen Kräfte,
3. Welche der errechneten Kräfte dürfen zugelassen werden?

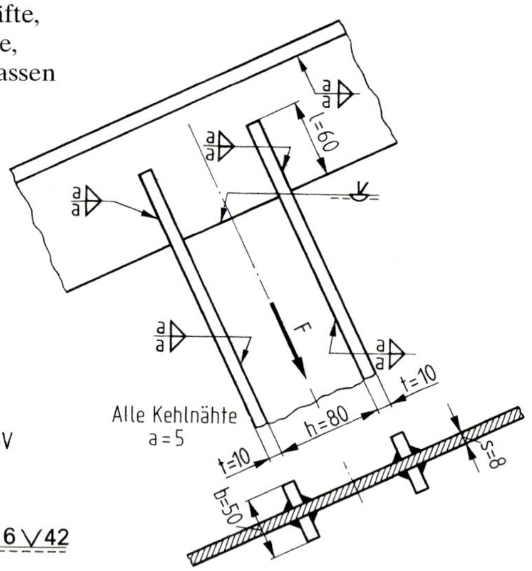

Bild 4.29 Geschweißter Stabanschluß

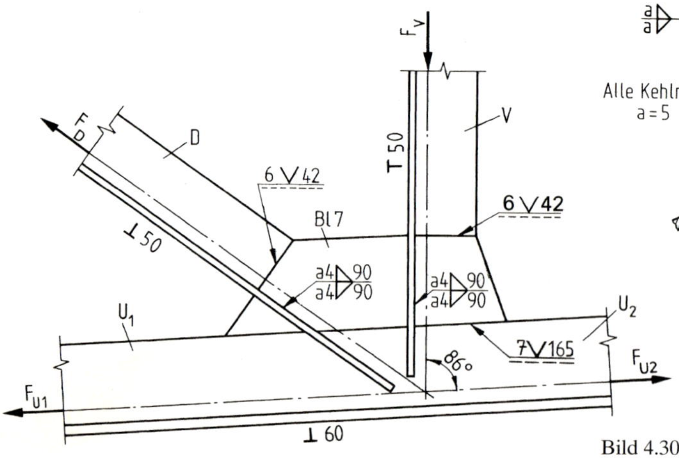

Bild 4.30 Knoten eines Fachwerkträgers

4.30 Bild 4.30 zeigt einen Knoten am Untergurt eines Fachwerkträgers aus dem Stahlhochbau. Er besteht aus miteinander verschweißten Profilen EN 10055 – Stahl EN 10025 – S235JR. Die im Lastfall H auftretenden Stabkräfte betragen; $F_V = 45{,}5$ kN, $F_{U1} = 63{,}5$ kN, $F_{U2} = 125$ kN. Zusatzkräfte sind nicht vorhanden. Es ist die Kraft F_D im Diagonal-Stab D zu bestimmen und für die Stäbe sowie für die Schweißnähte der Allgemeine Spannungsnachweis durchzuführen (Doppelkehlnähte beidseitig). Die Kontrolle des vertikalen Druckstabes V auf Knickung wird in der Aufgabe nicht verlangt.

4.31 Die Schweißnähte einer Konsole aus S355JO im Stahlhochbau (Bild 4.31) werden durch Hauptlasten beansprucht, die zusammen eine Belastungskraft $F = 200$ kN ergeben (Lastfall H). Für den Schweißanschluß und die Längsnähte sind zu ermitteln:

1. Die Nahtfläche A_w der Anschlußschweißnähte, deren Schwerachsenabstand e_{wd} von der Stegunterkante und das Flächenmoment I_w zweiten Grades,
2. Wird in den Anschlussschweißnähten der zulässige Vergleichswert $\sigma_{wv\ zul}$ überschritten?
3. Wird in den Längsnähten (Halsnähten) nahe am Schweißanschluss die zulässige Schubspannung $\tau_{w\ zul}$ überschritten?

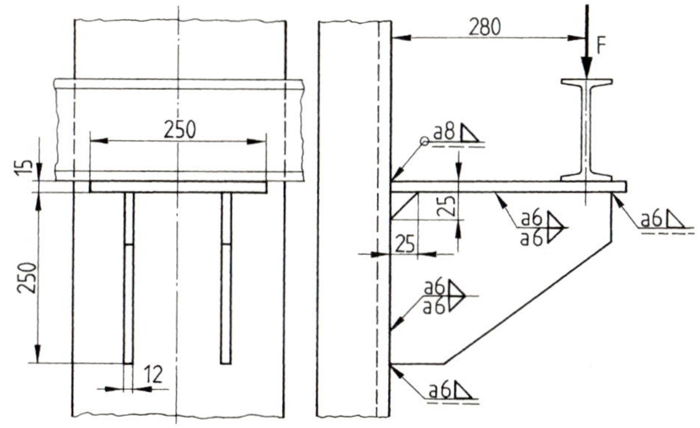

Bild 4.31 Geschweißte Konsole in einer Stahlbaukonstruktion

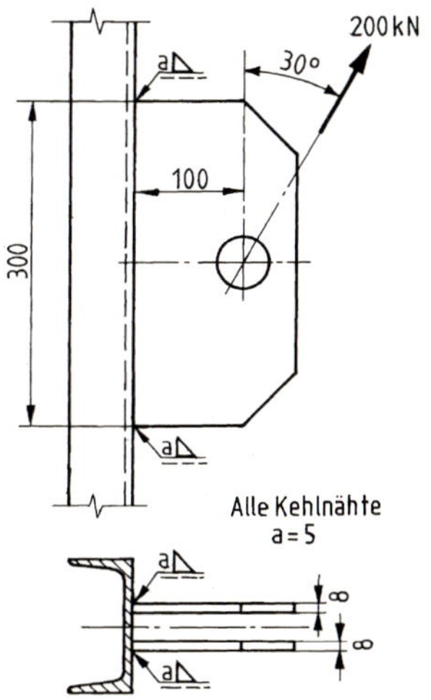

Bild 4.32 Schweißanschluss zweier Bleche für eine Spannseilbefestigung

4.32 Bild 4.32 zeigt den Schweißanschluss zweier Bleche aus S235JR zur Aufnahme eines Abspannseiles im Stahlhochbau. Die zur Nahtfläche unter dem Winkel $\alpha = 30°$ wirkende Seilkraft $F = 200$ kN tritt im Lastfall HZ auf. Für den Allgemeinen Spannungsnachweis der Schweißnähte sind zu ermitteln:

1. Die Zugspannung σ_{wz}, die Biegespannung σ_{wb} und die größte resultierende Normalspannung σ_{wr},
2. Die Schubspannung τ_w,
3. Wird der zulässige Vergleichswert $\sigma_{wv\ zul}$ überschritten?

4.33 Der in Bild 4.33 dargestellte biegefeste Trägeranschluss einer Stahlhochbaukonstruktion aus S355JO hat im Lastfall H ein Biegemoment $M_{wb} = M_b = 79$ kNm, eine Querkraft $F_q = 110$ kN und eine Längskraft $F_l = F = 86$ kN zu übertragen. Für die Schweißnähte ist der Allgemeine Spannungsnachweis zu erbringen. Dafür sind folgende Spannungen zu ermitteln und mit den jeweils zulässigen zu vergleichen:

1. Die Biegespannung σ_{wb}, wenn das Biegemoment M_{wb} rechnerisch allein von den Flanschnähten aufgenommen werden soll,

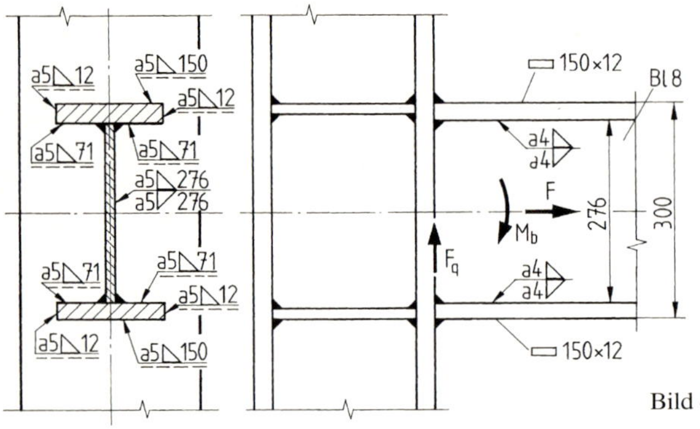

Bild 4.33 Biegefester Anschluss eines I-Träger

2. Die Schubspannung τ_w in den Stegnähten,
3. Die Zugspannung σ_{wz} im Schweißanschluss,
4. Falls eine der unter 1. bis 3. errechneten Spannungen die betreffende zulässige überschreitet, die resultierende Normalspannung σ_{wr} in den äußeren Flanschnähten und an den Stegnahtenden sowie erforderlichenfalls der Vergleichswert σ_{wv} an den Stegnahtenden,
5. Die Schubspannung τ_w in den Halsnähten zwischen dem Steg und den Gurten.

4.34 Für den in Bild 4.34a schematisch dargestellten Wandschwenkkran ist der biegefeste Schweißanschluss des Horizontalträgers im Knoten I rechnerisch auf Festigkeit

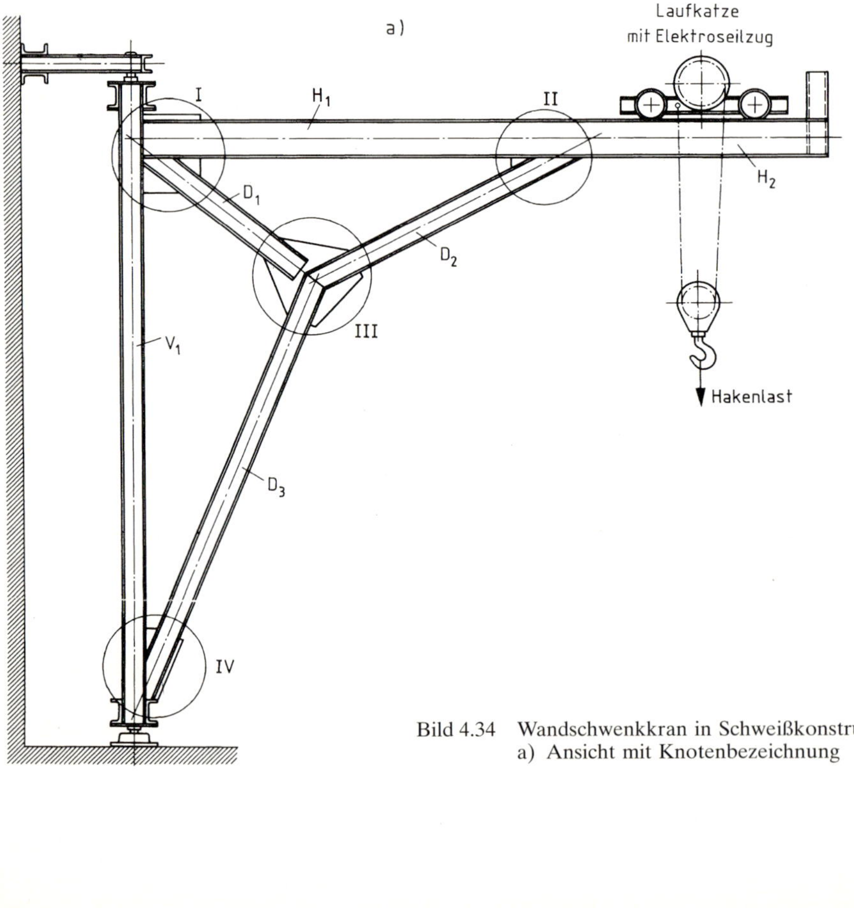

Bild 4.34 Wandschwenkkran in Schweißkonstruktion
a) Ansicht mit Knotenbezeichnung

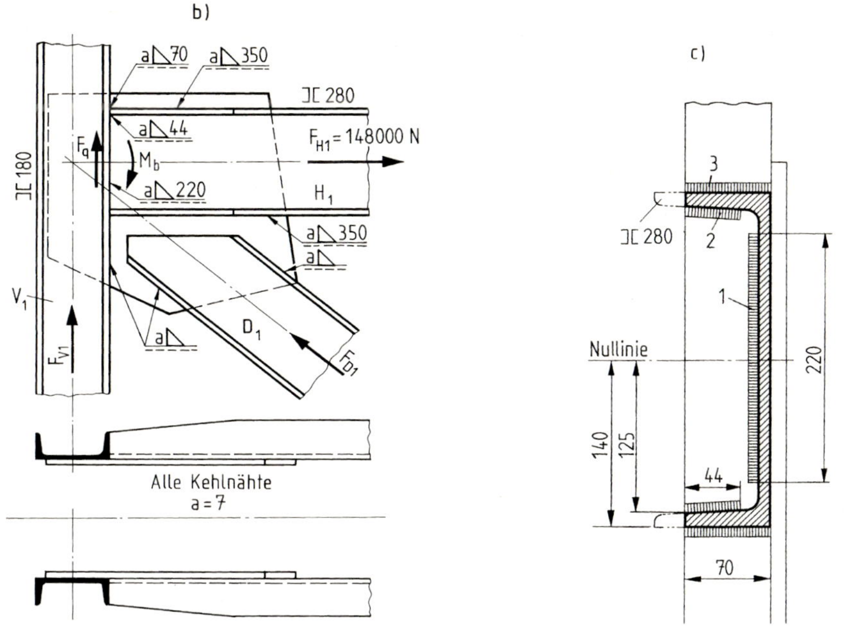

Bild 4.34 Wandschwenkkran in Schweißkonstruktion
b) Schweißnähte am Knoten I, c) Nahtfläche des biegefesten Schweißanschlusses einer Trägerhälfte

zu kontrollieren und der Träger $H_1 - H_2$ auf seine Querschnittsbemessung zu untersuchen (Allgemeiner Spannungsnachweis). Der Knoten ist in Bild 4.34b als Einzelheit herausgezeichnet, die in die Anschlussebene geklappte Nahtfläche einer Trägerhälfte zeigt Bild 4.34c. Der Schweißanschluss hat bei den ungünstigsten Stellungen der Verkehrslast (Laufkatze mit Hakenlast) entweder das größte Biegemoment $M_{\text{b max}} = 18$ kNm und eine Querkraft $F_{\text{q}} = 33$ kN oder die größte Querkraft $F_{\text{q max}} = 82$ kN und ein Biegemoment $M_{\text{b}} = 4$ kNm zu übertragen. Im Trägerabschnitt H_1 treten bei entsprechender Stellung der Verkehrslast ein größeres Biegemoment $M_{\text{b1}} = 42{,}5$ kNm und eine Zugkraft $F_{\text{H1}} = 148$ kN auf. Am Knoten II hat der Träger bei Endstellung der Verkehrslast ein Biegemoment $M_{\text{b2}} = 83$ kNm aufzunehmen. Da keine Zusatzlasten auftreten, ist nur mit dem Lastfall H zu rechnen, Werkstoff der Bauteile: S235JR:

1. Wird in der Anschlußschweißnaht die zulässige Biegespannung $\sigma_{\text{wb zul}}$ überschritten, wenn anzunehmen ist, dass die Stabzugkraft F_{H1} von den Flankenkehlnähten am Knotenblech aufgenommen wird?

2. Wird in den Stegnähten der zulässige Vergleichswert $\sigma_{\text{wv zul}}$ überschritten?
Bei Krantragwerken ist nach DIN 15018 für den vorliegenden Fall, bei dem keine Normal-Längsbeanspruchung in der Naht auftritt, zu rechnen mit dem

$$\textit{Vergleichswert} \quad \sigma_{\text{wv}} = \sqrt{(\sigma_{\text{w}} \cdot \sigma_{\text{z zul}}/\sigma_{\text{wz zul}})^2 + 2\tau_{\text{w}}^2}$$

(Diese Gleichung ist im Lehrbuch nicht angegeben).

3. Wird in den Flankenkehlnähten am Träger H_1 im Knoten I durch die Zugkraft F_{H1} die zulässige Schubspannung $\tau_{\text{w zul}}$ überschritten?

4. Ist der Trägerabschnitt H_1 ausreichend bemessen?

5. Ist der Trägerabschnitt H_2 ausreichend bemessen?

4.35 Im Bild 4.35 ist der Knoten III des in Bild 4.34 dargestellten Wandschwenkkrans als Einzelheit herausgezeichnet. Die Diagonalstäbe D_1, D_2 und D_3 bestehen aus je zwei U-Profilen DIN 1026 – S235JR. Sie werden durch Hauptlasten (Lastfall H) auf Druck beansprucht. Die Stabkräfte und die Schlankhkeitsgrade der einzelnen Stäbe betragen: $F_{D1} = 176$ kN, $\lambda_1 = 35$, $F_{D2} = 61$ kN, $\lambda_2 = 115$, $F_{D3} = 256$ kN, $\lambda_3 = 60$. Es sind der Allgemeine Spannungsnachweis für die Stabanschlüsse am Knoten III und der Stabilitätsnachweis für die Druckstäbe D_1, D_2 und D_3 durchzuführen. Die Verlängerung der Nähte über 220 mm bzw. 260 mm hinaus ist zu vernachlässigen.

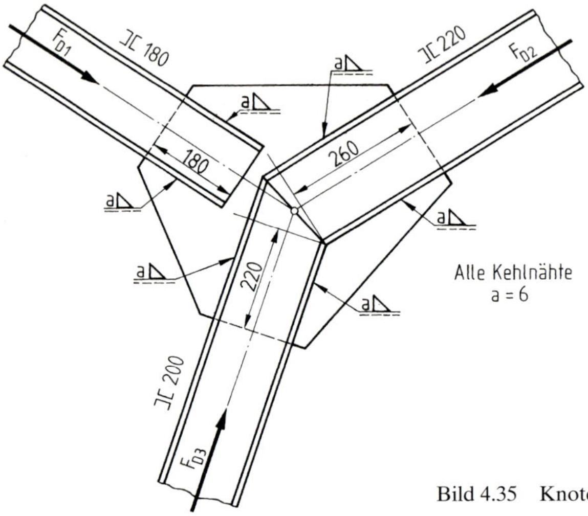

Bild 4.35 Knoten III des Wandschwenkkrans nach Bild 4.34

4.36 Für die Schweißanschlüsse ohne Nahtgütenachweis der Untergurtstäbe U_1 und U_2 im Knoten einer Stahlkonstruktion aus S355JO nach Bild 4.28 ist der Tragsicherheitsnachweis gemäß DIN 18800-1:1990-11 durchzuführen. Die Kräfte betragen $F_{U1} = 93$ kN und $F_{U2} = 225$ kN.

4.37 Es ist der Tragsicherheitsnachweis nach DIN 18800-1:1990-11 zu erbringen für den im Bild 4.32 dargestellten Schweißanschluß zweier Bleche aus S235JR zur Aufnahme eines Spannseils im Stahlhochbau.

4.38 Bild 4.38 zeigt den stumpfgeschweißten Stoß eines Trägers aus I-Profil DIN 1025 – IPB 300 – S235JR. Die Hohlkehlen sind ausgespart, damit in den Steigerungszonen des Ausrundungsbereichs keine Schweißnähte liegen, dadurch Querschnittsminderung von 10 cm². Die Grenzzugkraft $F_{R,d}$ ist zu errechnen.

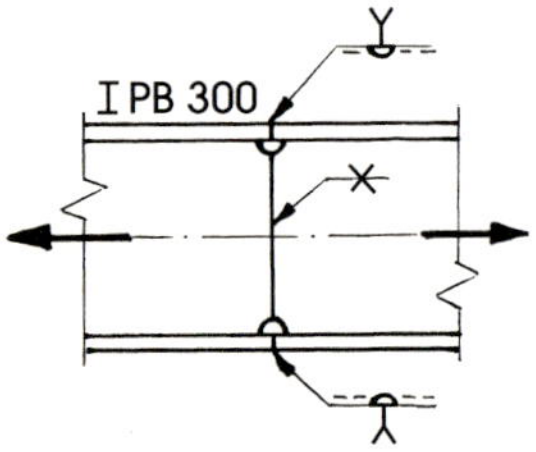

Bild 4.38 Geschweißter Stumpfstoß eines Breitflanschträgers

4.39 Für den Schweißanschluss des Diagonalstabes D_2 am Knoten III (Bild 4.35) des Wandschwenkkrans nach Bild 4.34 soll der Betriebsfestigkeitsnachweis erbracht werden für den Einsatz als Handkran (Beanspruchungsgruppe B 2). Die Stabkraft F_{D2} schwankt zwischen 146,5 kN und 261 kN, Länge einer Naht $l = 260$ mm, Nahtdicke $a = 6$ mm, Bauteilwerkstoff: S235JR. Es sind zu ermitteln:

1. Die Schubspannungen $\tau_{w\,min}$ und $\tau_{w\,max}$ sowie das Grenzspannungsverhältnis $\varkappa$,
2. Die zulässige Schubspannung $\tau_{wD(\varkappa)\,zul}$,
3. Ist die Betriebsfestigkeit gewährleistet?

4.40 Eine 20 mm dicke und 300 mm lange geprüfte X-Naht in Normalgüte hat in einem Krantragwerk quer zur Nahtrichtung eine zwischen 85 kN und 760 kN schwellende Zugkraft zu übertragen, Werkstoff der Bauteile: S235JR. Die kleinste Oberspannung des idealisierten Spannungskollektivs kann mit 60 % der größten angenommen werden. Für maximal $6 \cdot 10^5$ Spannungsspiele ist der Betriebsfestigkeitsnachweis durchzuführen.

Stahlbau mit Hohlprofilen

4.41 Bild 4.41 zeigt den Knoten eines Fachwerkträgers in Stahlrohrbauweise aus einer Gurtförderanlage. Die Rohre nach DIN 2448 sind aus S355JO gefertigt. Im maßgebenden Lastfall HZ betragen die Stabkräfte $F_{U1} = 140$ kN, $F_V = 50$ kN, $F_D = 70{,}7$ kN, $F_{U2} = 90$ kN. Es ist der Allgemeine Spannungsnachweis durchzuführen:

1. für den Untergurt U,
2. für den Vertikalstab V, der eine Knicklänge $l_K = 800$ mm hat, und seinen Schweißanschluss,
3. für den Diagonalstab D mit Schweißanschluss.

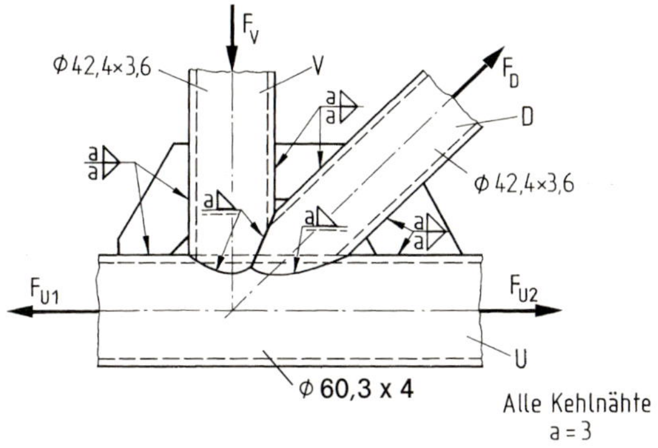

Bild 4.41 Geschweißter Knoten eines Fachwerkträgers in Stahlrohrbauweise

4.42 Der in Bild 4.42 schematisch dargestellte Wandschwenkkran zum Einhängen eines Elektro-Kettenzuges mit einer Tragfähigkeit von 1 t enthält drei Rohre aus S355JO, die unmittelbar miteinander verschweißt sind. Infolge der größten Last und des Eigengewichts des Kettenzuges wirkt am Auslegerende eine Belastungskraft $F = 11$ kN. Es ist mit dem Lastfall H zu rechnen. Für die **Strebe** sind zu ermitteln:

1. Die Stabkraft F_S,
2. Die erforderlichen Rohrabmessungen nach DIN 2458, wenn die Wanddicke 3,2 mm betragen soll,
3. Die Schweißnahtdicke a.

4.43 Die Stäbe eines Rohrbinders aus dem Stahlhochbau sind durch Schweißnähte unmittelbar miteinander verbunden, wie in Bild 4.43 gezeigt. Es handelt sich um Rohre nach DIN 2458 aus S235JR. Für die Rohrstäbe 2, 3, 4, 5 und 7 und die Schweißanschlüsse

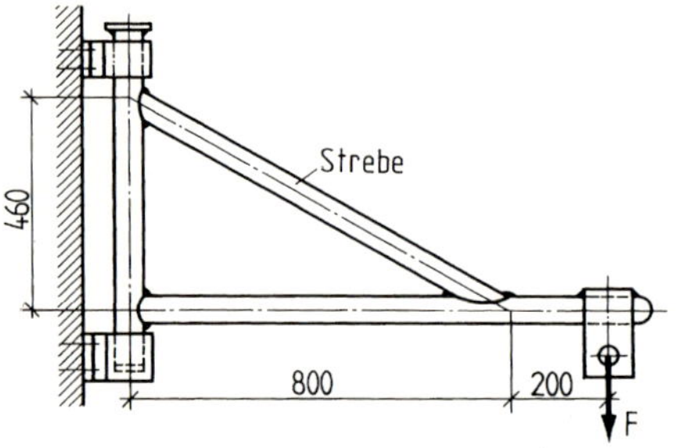

Bild 4.42 Kleiner Wandschwenkkran in Stahlrohrbauweise

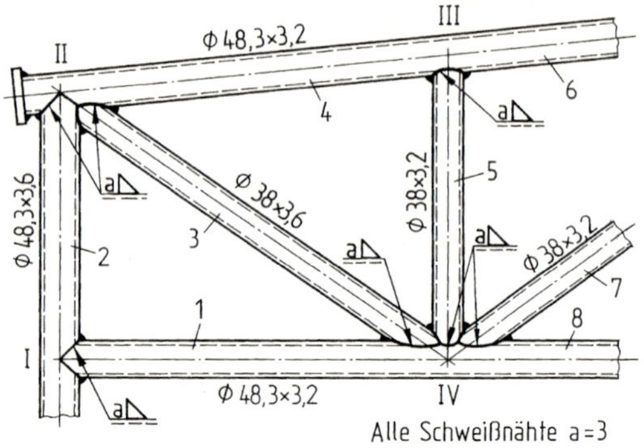

Bild 4.43 Teil eines Rohrbinders

an den Knoten II, III und IV ist der Spannungsnachweis durchzuführen. Aus dem Cremonaplan ergaben sich beim maßgebenden Lastfall H folgende Stabkräfte: $F_2 = -40$ kN, $F_3 = +37$ kN $F_4 = -25$ kN, $F_5 = -20$ kN, $F_7 = -13$ kN. Die Knicklängen betragen: $l_{K2} = 448$ mm, $l_{K4} = 635$ mm, $l_{K5} = 512$ mm, $l_{K7} = 960$ mm.

4.44 Bild 4.44 zeigt den Anschluss eines Füllstabes in einem Stahlbau-Fachwerk aus Hohlprofilen DIN 59411 — S355J2G3. Für den Stab und dessen Schweißanschluss sind die bei den Lastfällen H und HZ zulässigen Kräfte $F_{H\,zul}l$ und $F_{HZ\,zul}$ zu errechnen.

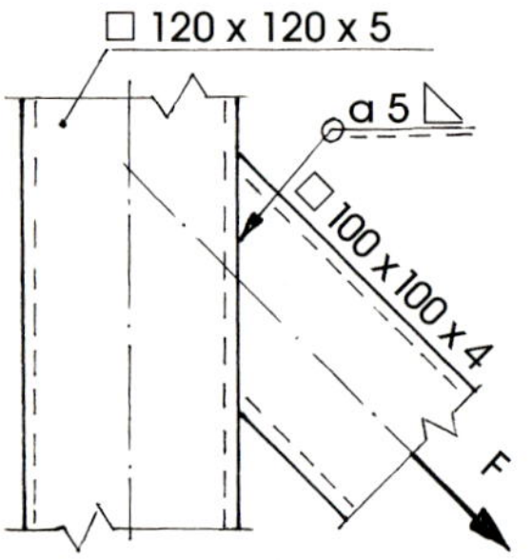

Bild 4.44 Stabanschluss mit Hohlprofilen

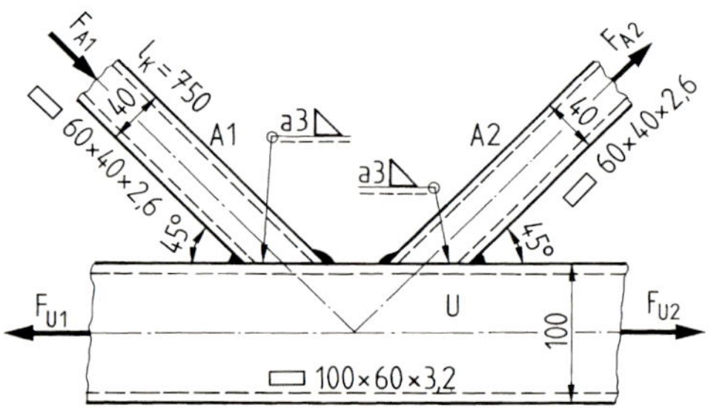

Bild 4.45 Knoten eines Fachwerks mit Hohlprofilen

4.45 Der mit Bild 4.45 dargestellte Knoten eines Fachwerks aus Hohlprofilen im Stahlbau besteht aus drei Rechteckrohren DIN 59411 — S235JR. Beim Lastfall H treten folgende Belastungskräfte auf: $F_{U1} = 120$ kN, $F_{U2} = 40$ kN, $F_{A1} = 56$ kN (Druck), $F_{A2} = 56$ kN (Zug). Sind die Stäbe und die Schweißnähte ausreichend bemessen?

Druckbehälter und Kesselbau

4.46 Der mit einer DV-Naht längsgeschweißte zylindrische Mantel eines Dampfkessels hat einen Innendurchmesser $D_i = 1600$ mm. Die Berechnungstemperatur beträgt $t = 200\,°C$, der Betriebsüberdruck $p = 10$ bar. Zu ermitteln sind:

1. Die erforderliche Mindestwanddicke s und die auf volle mm gerundete auszuführende Wanddicke s_e, wenn Blech der Klasse A nach DIN EN 10029 aus Stahl EN 10028 — P265GH verwendet wird,

2. Ist bei der unter 1. errechneten Wanddicke die Sicherheit S' bei der Wasserdruckprüfung ausreichend?

3. Wäre für diesen Kesselmantel auch Baustahl S355J2G3 nach DIN EN 10025 zulässig?

4.47 Ein kugelförmiger Druckbehälter mit einem Außendurchmesser $D_a = 5$ m und der Wanddicke $s_e = 8$ mm soll aus Stahlblech geschweißt werden. Der Behälterinhalt, ein Gas, wird mit einem größten Druck $p = 4$ bar $= 0{,}4$ N/mm^2 gespeichert. Die Berechnungstemperatur beträgt $t = 120$ °C. Zu ermitteln sind:

1. Die Normbezeichnung eines geeigneten Stahlblechs der Klasse A nach DIN EN 10029 aus Baustahl nach DIN EN 10025.

2. Ist mit der gewählten Stahlsorte die erforderliche Sicherheit S' bei einer Druckprüfung mit einem Prüfdruck von $1{,}5p$ und 120 °C Prüftemperatur gewährleistet?

4.48 Der in Bild 4.48 gezeigte Heißdampfverteiler ist für einen größten Betriebsüberdruck $p = 40$ bar $= 4$ N/mm^2 und eine Berechnungstemperatur $t = 400$ °C auszulegen. Dazu sind für die nachfolgend genannten Bauteile die erforderlichen Mindestwanddicken s zu errechnen und die auf volle mm gerundeten auszuführenden Blechdicken s_e anzugeben sowie die Sicherheit S' bei der Wasserdruckprüfung nachzuweisen:

1. Die längsgeschweißten Schüsse 1 aus Blech EN 10029 — A — Stahl EN 10028 — P295GH,

2. Der längsgeschweißte Reduzierstutzen 2 an der engsten Stelle, der aus dem gleichen Werkstoff wie die Schüsse 1 hergestellt und in der Blechdicke zur Verjüngung hin ausgeschmiedet werden soll, um Werkstoff und Gewicht zu sparen,

3. Der einteilige Vollboden 3 aus Blech EN 10029 — A — Stahl EN 10028 — P295GH mit demselben Außendurchmesser wie die Schüsse 1 und im Kalottenbereich mit geringerer Blechdicke als in der Krempe,

4. Die längsgeschweißten Anschlussstutzen 4 bis 9 aus Blech wie die Schüsse 1.

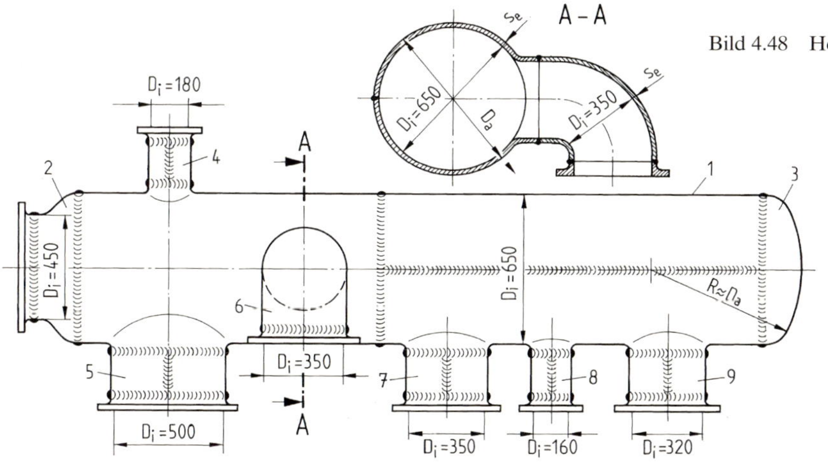

Bild 4.48 Heißdampfverteiler

4.49 In Bild 4.49 ist der Wasserabscheider einer Dampferzeugungsanlage dargestellt für einen größten Betriebsüberdruck von 16 bar $= 1{,}6$ N/mm^2 und eine Berechnungstemperatur von 400 °C. Für die nachstehend bezeichneten Bauteile dieses Apparates sind die auszuführenden Blechdicken zu ermitteln, und zwar auf volle mm gerundet, bei den Stutzen jedoch die Wanddicken nach DIN 2448, ferner die Sicherheiten S' bei der Wasserdruckprüfung zu kontrollieren:

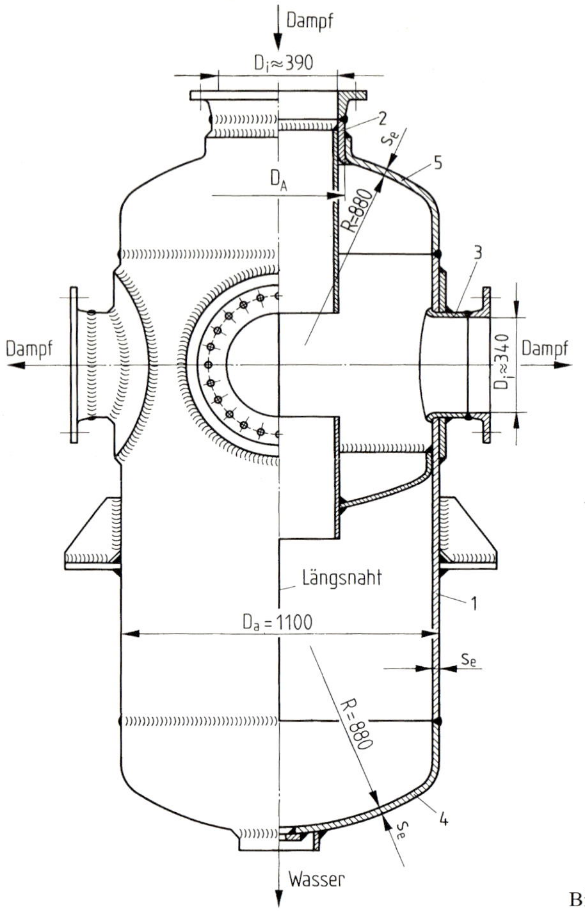

Bild 4.49 Wasserabscheider

1. Der längsgeschweißte Mantel 1 aus Blech EN 10029 – A – Stahl EN 10028 – P295GH, wenn mit einem vereinbarten Schweißfaktor $v = 0{,}9$ gerechnet wird (Nähte doppelseitig geschweißt, geglüht und unter besonderen Anordnungen geprüft),
2. Der Stutzen 2 aus St 35.8-III DIN 17175 (Gütestufe III) als nahtloses Stahlrohr nach DIN 2488 (die Normbezeichnung des in Frage kommenden Rohres ist anzugeben), wenn ein Abnutzungszuschlag $c_2 = 2$ mm vereinbart wird,
3. Die Stutzen 3 mit denselben Voraussetzungen wie für den Stutzen 2,
4. Der einteilige Vollboden 4 aus dem gleichen Werkstoff wie der Mantel 1, wenn Krempe und Kalotte gleich dick ausgeführt werden (das Wasserablassloch ist zu vernachlässigen),
5. Der einteilige Boden 5 aus Blech EN 10029 – A – Stahl EN 10028 – P265GH mit einem Ausschnittsdurchmesser d_i = Außendurchmesser D_A des Stutzens 2.

4.50 Bild 4.50 zeigt einen Druckbehälter als Warmwasserbereiter nach DIN 4801 mit abschraubbarem Deckel. Er darf bis zu einem Überdruck von 10 bar = 1 N/mm^2 bei einer Temperatur bis 95 °C (Berechnungstemperatur) betrieben werden und enthält einen nicht gezeichneten, aus Rohrschlangen bestehenden Inneneinbau, durch den Heißdampf strömt. Aus welchem Baustahl müssen die Bleche nach DIN EN 10025 für den längsgeschweißten Mantel 1 und die einteiligen Vollböden 2 des Behälters mindestens hergestellt sein?

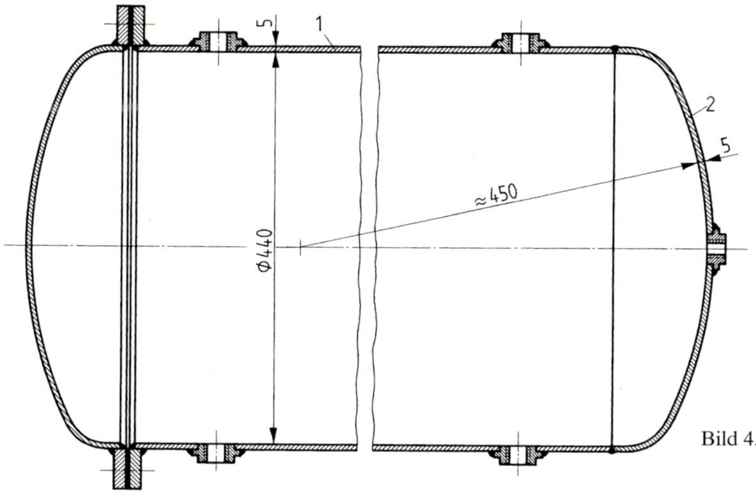

Bild 4.50 Druckbehälter eines Warmwasserbereiters

4.51 Der in Bild 4.51 dargestellte geschweißte Druckbehälter für Wasserversorgungsanlagen in den Abmessungen nach DIN 4810 wird mit 6 bar Überdruck betrieben, Berechnungstemperatur 20 °C. Der längsgeschweißte zylindrische Mantel und die beiden einteiligen Vollböden dieses Behälters sollen aus 3 mm dickem Stahlblech der Klasse A nach DIN EN 10029 hergestellt werden, Werkstoff: Austenitischer Stahl X 5 CrNiMo 17-12-2 DIN 17440 mit $K = 220\ \text{N/mm}^2$ (0,2 %-Dehngrenze). Genügt die genannte Wanddicke?

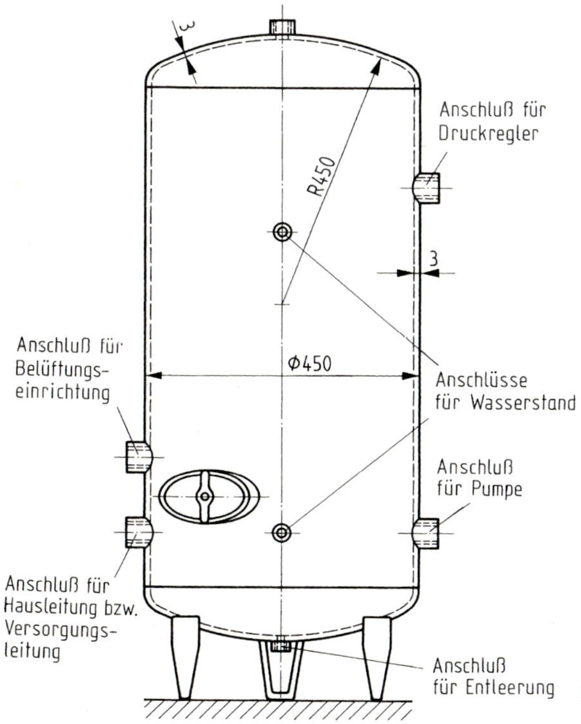

Bild 4.51 Druckbehälter für Wasserversorgungsanlagen

4.52 In Bild 4.52 ist der gewölbte Boden mit eingeschweißtem Rohrstutzen aus Rohr DIN 2448 – 355,6 × 10 DIN 17175 – St 45.8 eines Druckbehälters für einen größten Betriebsüberdruck von 50 bar und eine Berechnungstemperatur von 200 °C dargestellt. Der Boden ist aus zwei Krempenteilen und einem Kalottenteil zusammengeschweißt, beide aus Blech EN 10029 – 50A – Stahl EN 10028 – P355GH.

1. Ist die Wanddicke des Bodens ausreichend bemessen?
2. Wie müssen die Maße h_2 und r ausgeführt werden?
3. Genügt der Abstand x den Vorschriften?
4. Ist die Wanddicke des Rohrstutzens ausreichend?
5. Sind die Schweißnähte am Aufschweißflansch zulässig?

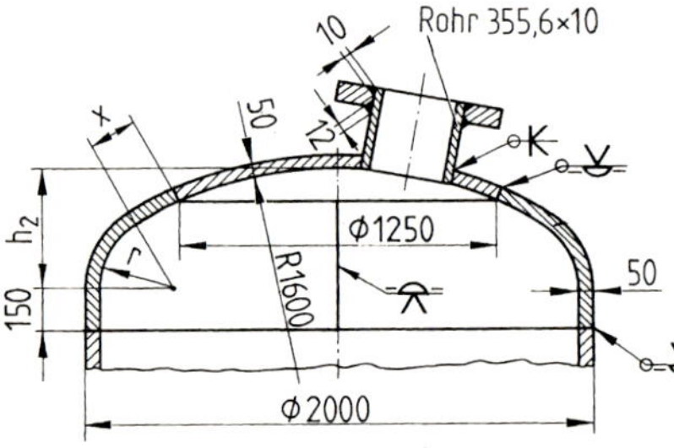

Bild 4.52 Gewölbter Boden mit eingeschweißtem Rohrstutzen

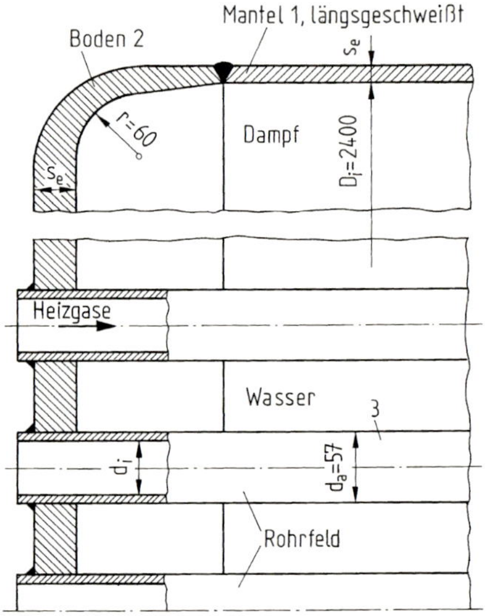

Bild 4.53 Ausschnitt eines Rauchrohr-Abhitzekessels

4.53 In Bild 4.53 ist der Ausschnitt eines Rauchrohr-Abhitzedampfkessels gezeigt, der für einen höchstzulässigen Betriebsüberdruck von 7 bar und eine Berechnungstemperatur von 250 °C ausgelegt werden soll. Es ist zu errechnen, welche Wanddicke die längsgeschweißten Schüsse 1 mindestens haben müssen (auf volle mm gerundet), wenn Blech der Klasse A nach DIN EN 10029 aus Stahl EN 10028 – P235GH verwendet wird und als Schweißnahtfaktor $v = 0{,}9$ gesetzt werden kann (doppelseitig geschweißte Nähte, geglüht, mit besonderen Prüfanordnungen). Für den ebenen Boden 2 aus dem gleichen Blech ist die Wanddicke lediglich als **Konstruktionsanhalt** derart zu bestimmen, daß die Hälfte des errechneten Wertes angenommen wird, weil der Boden durch die Rohre und ggf. durch Anker versteift ist. Hierzu ist bei der Form U2 nach ME Bild 4.73 mit $D_1 \approx D_i - 1{,}1r$ zu rechnen. Die Rauchrohre 3 sollen aus nahtlosen Stahlrohren DIN 2448 gefertigt werden, Werkstoff: St 35.8 DIN 17175. Da die Wandungen der Rohre von den Heizgasen berührt werden, beträgt hier die Berechnungstemperatur 300 °C, und wegen der erhöhten Korrosionsgefahr durch die Gase und das Wasser wurde ein Korrosionszuschlag von 3 mm vereinbart. Die erforderliche Rohrwanddicke bei äußerem Überdruck ist zu ermitteln, und die Normbezeichnung des in Frage kommenden Rohres ist anzugeben.

5 Pressschweißverbindungen

Punktschweißverbindungen im Stahlleichtbau

5.1 Bild 5.1 zeigt eine Punktschweißverbindung aus dem Stahlleichtbau.

1. Für welche maximale Kraft F (Lastfälle H und HZ) ist die Verbindung der Teile aus S235JR geeignet?
2. Mit welchen Abmessungen (übliche Mittelwerte) sind der Punktabstand e und das Vormaß v für $d = 6$ mm auszuführen?

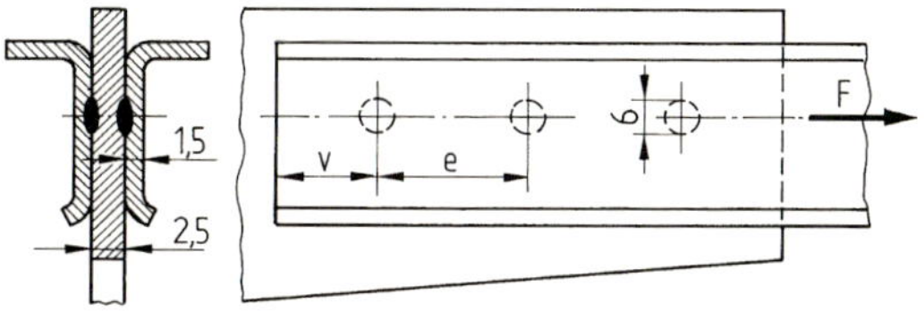

Bild 5.1 Punktschweißverbindung aus dem Stahlleichtbau

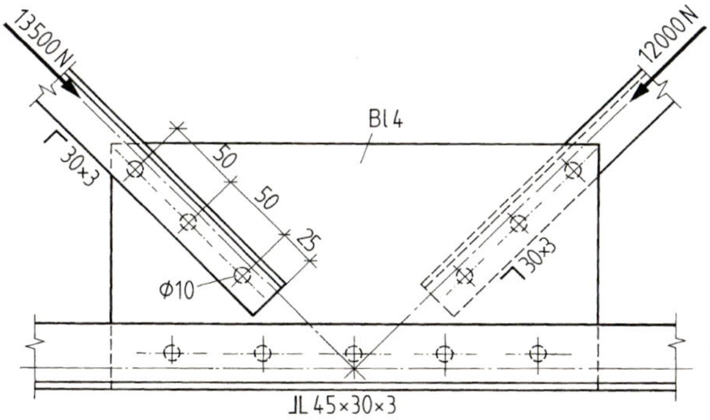

Bild 5.2 Punktgeschweißter Knoten einer Stahlleichtbau-Konstruktion

5.2 Die Diagonalstäbe am Knoten einer punktgeschweißten Stahlleichtbaukonstruktion aus S235JR werden im Lastfall H mit den in der Skizze (Bild 5.2) angegebenen Kräften auf Druck beansprucht. Sind die Punktschweißverbindungen mit dem Punktdurchmesser $d = 10$ mm der Stabanschlüsse am Knotenblech richtig bemessen?

5.3 In einer Leichtbaukonstruktion aus Stahlprofilen ist ein Winkel zur Aufnahme eines Trägers an eine Stütze mittels 4 Schweißpunkten mit $d = 8$ mm entsprechend Bild 5.3 befestigt. Ist die Verbindung für die Übertragung einer Kraft $F = 20$ kN im Lastfall HZ ausreichend bemessen? Werkstoff: S235JR, zulässige Spannungen unter Berücksichtigung der Kippgefahr.

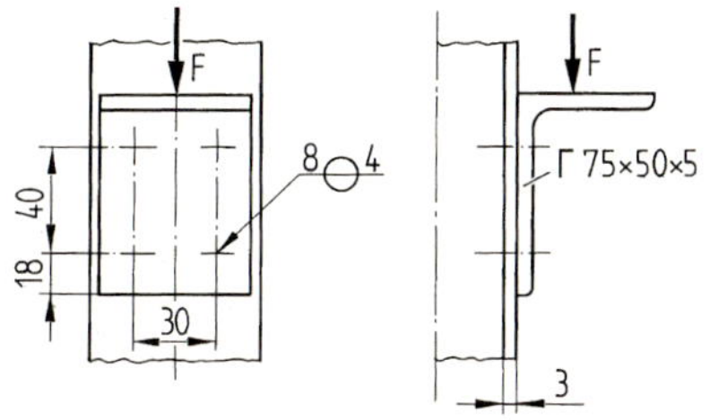

Bild 5.3 Punktgeschweißter Winkelstahl

Punktschweißverbindungen im Maschinen- und Gerätebau

5.4 Nach Bild 5.4 ist die Stahlscheibe aus E295 des Reibbelagträgers einer Zweiflächenkupplung durch Schweißpunkte mit der Nabe verbunden. Das zu übertragende wechselnde Drehmoment kann bis 120 Nm ansteigen. Genügt die Verbindung den Anforderungen, wenn zur Erhöhung der Sicherheit nur $^2/_3$ der Punkte als tragend gerechnet werden?

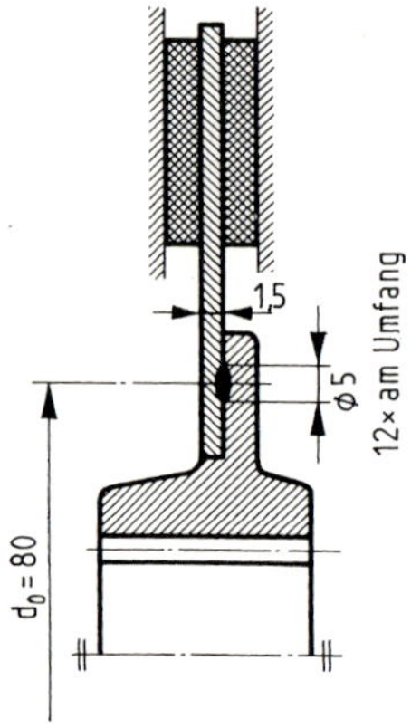

Bild 5.4 Punktgeschweißter Reibbelagträger einer Kupplung

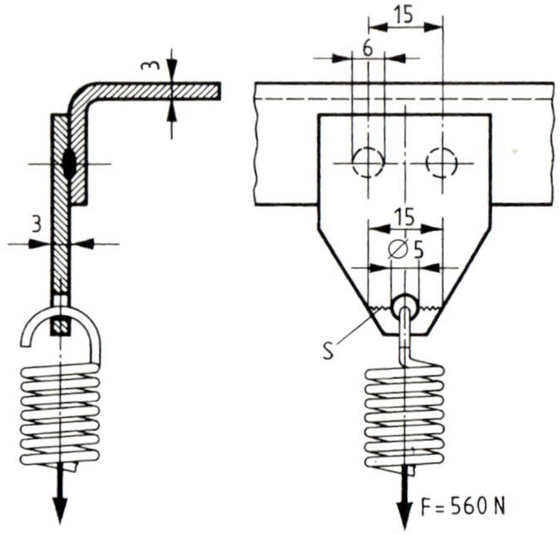

Bild 5.5 Durch Schweißpunkte befestigte Öse

5.5 An einen Winkel ist eine Blechöse zum Einhängen einer Zugfeder gemäß Bild 5.5 punktgeschweißt, Werkstoff der Bauteile: S235JRG2.

1. Sind die Schweißpunkte zur Übertragung der angegebenen, schwellend wirkenden Kraft ausreichend bemessen?
2. Haben sie annähernd die gleiche Bruchkraft wie der gefährdete Querschnitt *S* der Blechöse?

5.6 Bild 5.6 zeigt das Gelenk eines Steuergestänges. Der Gabelkopf ist durch ein Flachstahlstück gebildet, das an den gekröpften Flachstahlhebel punktgeschweißt ist, Werkstoff: S355J2G3. Die in die Gabel eingehängte Zugstange aus S235JR wird mit einer größten

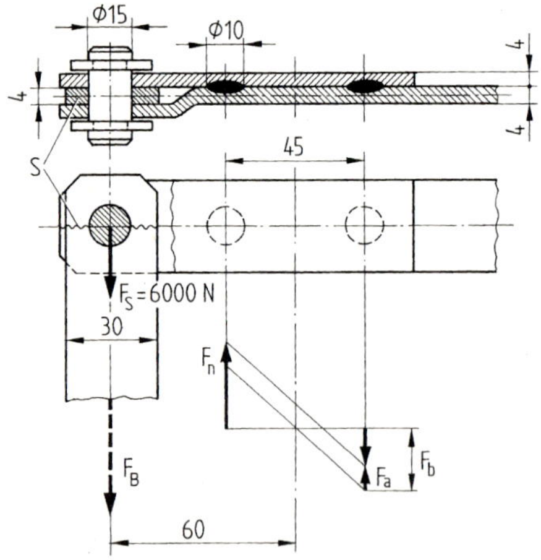

Bild 5.6 Punktgeschweißter Gabelkopf

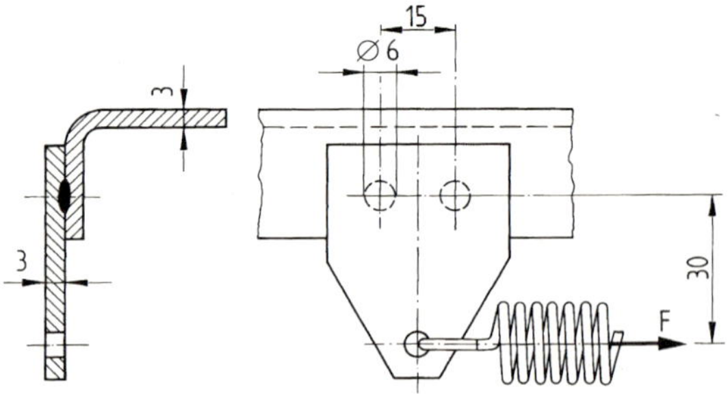

Bild 5.7 Punktgeschweißte Blechöse

schwellenden Kraft $F_S = 6$ kN betätigt. Für die rechnerische Festigkeitskontrolle der Punktschweißverbindung sind zu ermitteln:

1. Die von einem Schweißpunkt aufzunehmende größte resultierende Kraft F_n,
2. Werden in den Schweißpunkten die zulässige Scherspannung $\tau_{wa\ zul}$ und die zulässige Leibungsspannung $\sigma_{wl\ zul}$ überschritten?
3. Die im gefährdeten Stangenquerschnitt S zum Bruch führende Kraft F_B und die dabei auf einen Schweißpunkt ausgeübte größte resultierende Kraft F_{Bn},
4. Würde die Kraft F_{Bn} den Schweißpunkt abscheren?

5.7 Tritt in der Punktschweißverbindung nach Bild 5.7 eine Überschreitung der zulässigen Beanspruchung auf, wenn die Kraft $F = 560$ N schwellend wirkt und die Bauteile aus S235JR hergestellt sind?

5.8 In der Spannvorrichtung für ein Förderband sind zwei Seilrollen entsprechend Bild 5.8 in einem U-Profil gelagert, das an ein Winkelprofil punktgeschweißt ist. An jeder Rolle beträgt die größte ruhend wirkende Seilkraft $F_S = 2$ kN. Die Punktschweißverbindung ist rechnerisch wie folgt auf Festigkeit zu überprüfen:

1. Die in einem Schweißpunkt auftretende größte Zugkraft F_1,
2. Die durch F_1 hervorgerufene Schubspannung τ_{ws},
3. Die Scherspannung τ_{wa} und die Leibungsspannung σ_{wl},
4. Werden die zulässigen Spannungen überschritten?

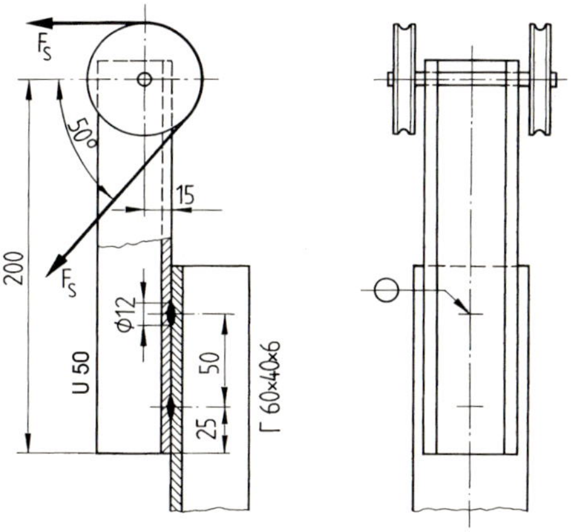

Bild 5.8 Punktschweißverbindung in einer Spannvorrichtung

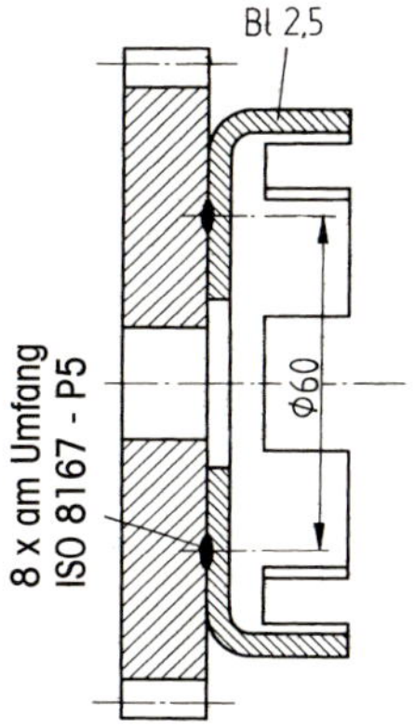

Bild 5.9 Zahnrad mit buckelgeschweißtem Lamellen-Aufnahmekörper

Buckelschweißverbindungen

5.9 An ein Zahnrad ist der Aufnahmekörper für die Lamellen einer Kupplung entsprechend Bild 5.9 mit Rundbuckeln angeschweißt. Das Kupplungsteil ist aus 2,5 mm dickem Stahlblech St 14 mit 270 N/mm² Zugfestigkeit hergestellt. Genügt die Verbindung den Anforderungen, wenn ein wechselndes Drehmoment von 100 Nm zu übertragen ist?

5.10 An einer gepanzerten Stahltür mit einem Gewicht von 100 kg sind zwei Scharnierbänder durch Buckelschweißen mit Rundbuckeln befestigt. Bild 5.10 zeigt die Anordnung der Tür und das höher beanspruchte Band als Einzelheit mit den angreifenden Kräften. Es soll berechnet werden, ob in der Schweißverbindung eine mindestens dreifache Bruchsicherheit vorhanden ist, wenn für die Schweißbuckel eine Scherfestigkeit $\tau_{wB} \approx 300$ N/mm² durch Versuch festgestellt wurde. Im Einzelnen sind zu ermitteln:

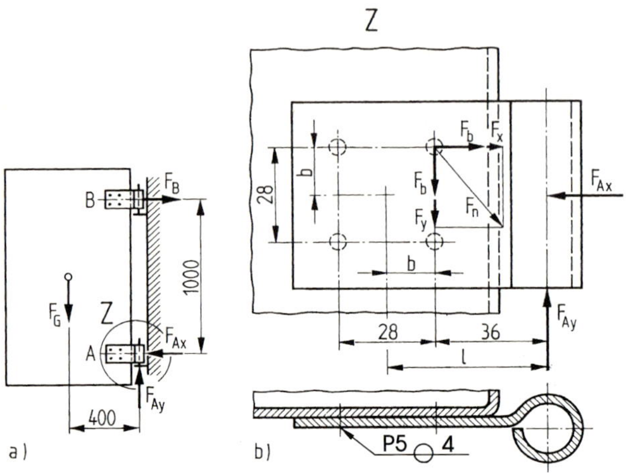

Bild 5.10 Stahltür mit buckelgeschweißten Scharnierbändern
a) Anordnung der Bänder,
b) das höher beanspruchte Scharnierband A

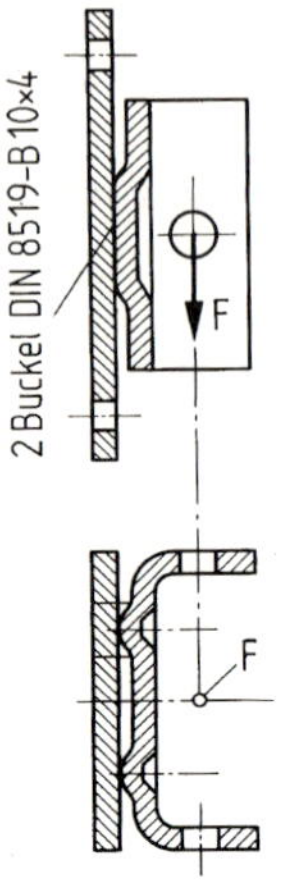

Bild 5.11 Zum Buckelschweißen vorbereitete Teile eines Geräteträgers

1. Die von den Scharnierbändern A und B aufzunehmenden Kräfte F_{Ax}, F_{Ay} und F_B,
2. Die von einem Schweißbuckel aufzunehmende größte resultierende Kraft F_n,
3. Ist im höchstbeanspruchten Schweißbuckel die verlangte Bruchsicherheit S_B gewährleistet?

5.11 Bild 5.11 zeigt zwei Teile eines Geräteträgers, die durch Buckelschweißen verbunden werden sollen. Auf Grund von Versuchen mit ähnlichen Teilen ist für die verschweißten Langbuckel eine Scherfestigkeit von 240 N/mm^2 anzunehmen, wovon die zulässige Scherspannung 20 % betragen soll. Welche größte Kraft F kann die Schweißverbindung aufnehmen? Eine Berechnung auf Leibung ist nicht erforderlich.

5.12 In einer automatischen Förderanlage sind an jedem Behälter vier nach Bild 5.12 geformte Aufhängungen mit Ringbuckeln angeschweißt. Das Gesamtgewicht eines Behälters beträgt 1,6 t und belastet die Aufhängungen gleichmäßig. Der angewendete Werkstoff EN AW-5754 (AlMg3) hat nach DIN EN 485-2 (Ers. für DIN 1745-1) eine Zugfestigkeit von 265 N/mm^2 (siehe Tab. 8.11). Welche Bruchsicherheit ist in der Schweißverbindung vorhanden, und wieviel Ringbuckel wären je Aufhängung erforderlich, wenn die Bruchkraft einer Verbindung etwa so groß sein soll wie die des Bauteils?

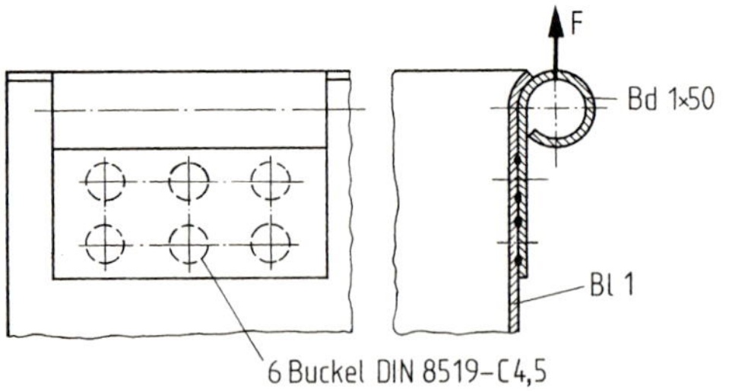

Bild 5.12 Buckelschweißverbindung mit Ringbuckeln

6 Lötverbindungen

6.1 In einem Schalter ist ein Federteller nach Bild 6.1 mittels Kupferlot L-Cu an einen Rundstab mit dem Durchmesser $d = 6$ mm hart gelötet. Mit den Kleinstwerten der Tab. 6.2 ist die erforderliche Fugenlänge l zu ermitteln, und zwar,

1. wenn eine schwellend wirkende Kraft mit dem Größtwert $F = 2{,}8$ kN auftritt,

2. wenn die Lötverbindung etwa die gleiche Bruchkraft haben soll wie der Rundstab aus E295.

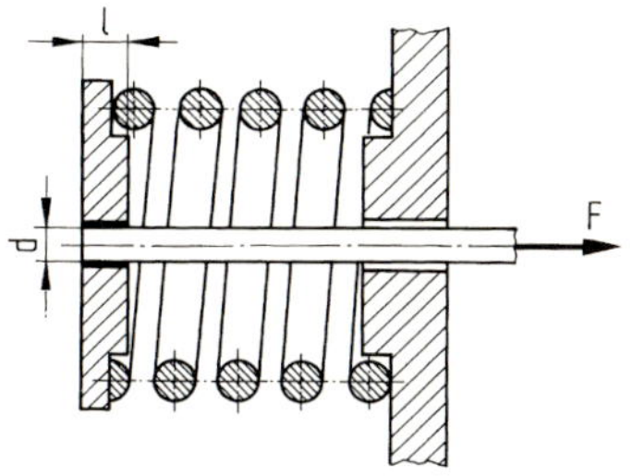

Bild 6.1 An Rundstab gelöteter Federteller

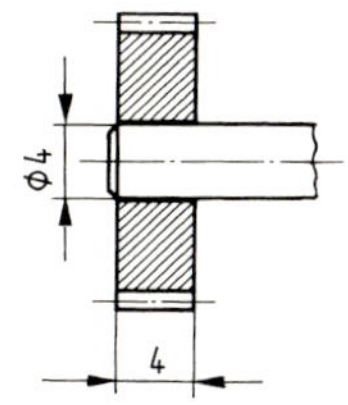

Bild 6.2 Aufgelötetes Ritzel

6.2 Auf die Welle aus S235JR eines Wählermotors ist das Antriebsritzel aus C10 nach Bild 6.2 mit Messinglot L-Cu Zn 40 hart aufgelötet. Die Verbindung hat ein Spitzendrehmoment von 80 Nmm zu übertragen.

1. Welche Bruchsicherheit $S_B = \tau_{lB}/\tau_l$ ist für die Lötfuge mindestens vorhanden, d. h. wenn für τ_{lB} mit dem Kleinstwert der Tab. 6.2 gerechnet wird?

2. Wie lang müßte die Lötfuge ausgeführt werden, wenn sie etwa das gleiche Bruchdrehmoment haben soll wie die Welle? Hierbei kann $\tau_{tB} \approx 0{,}7 R_m$ für den Wellenwerkstoff angenommen werden.

6.3 Zur Montage einer Gelenkstange ist eine Blechöse entsprechend Bild 6.3 zwischen zwei Winkel hart eingelötet. Welche Breite b muß die Öse mindestens erhalten (unabhängig von der praktischen Ausführungsmöglichkeit), wenn die wechselnd wirkende Kraft $F = 2700$ N beträgt? Hierzu den Kleinstwert der Tab. 6.2 einsetzen.

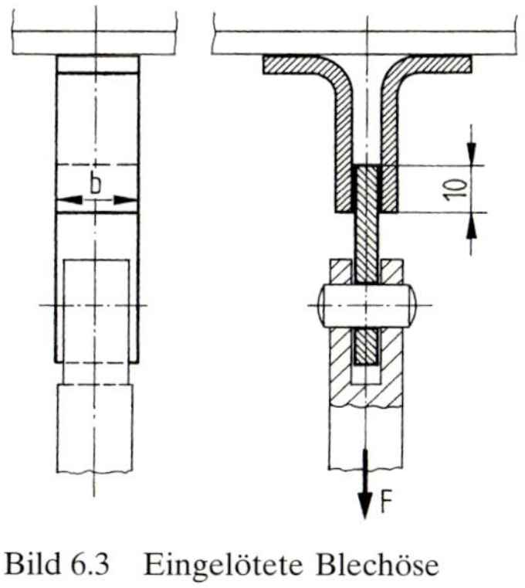

Bild 6.3 Eingelötete Blechöse

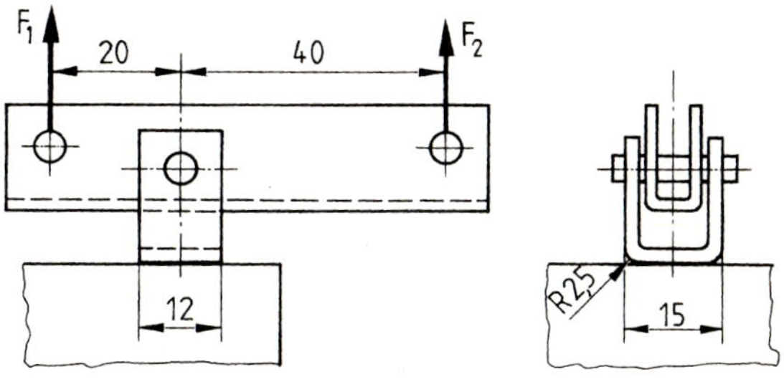

Bild 6.4 Angelöteter Lagerbock

6.4 An einem Hebel (Bild 6.4) wirken zwei Kräfte F_1 und F_2 schwellend. Bei der skizzierten Hebelstellung erreicht die Kraft F_1 mit 2 kN ihren größten Betrag. Der U-förmige Lagerbock ist am Gehäuse mittels Kupferlot hart angelötet. Ist die Verbindung ausreichend bemessen, wenn mit $\sigma_{l\,zul} \approx 0{,}18\ \sigma_{lB}$ als Kleinstwert der Tab. 6.2 gerechnet wird?

6.5 Zwei Blechstreifen aus Aluminium sollen durch Doppellaschen (Bild 6.5) mittels Weichlöten miteinander verbunden werden. Genügt die Verbindung zur Übertragung einer ruhend wirkenden Kraft $F = 5200$ N, wenn die Überlappungslänge l mit dem üblicherweise zweckmäßigen Mittelwert ausgeführt wird?

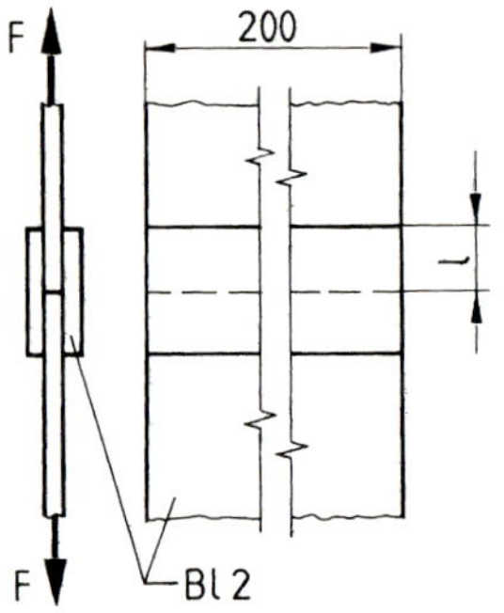

Bild 6.5 Weichgelötete Doppellaschenverbindung

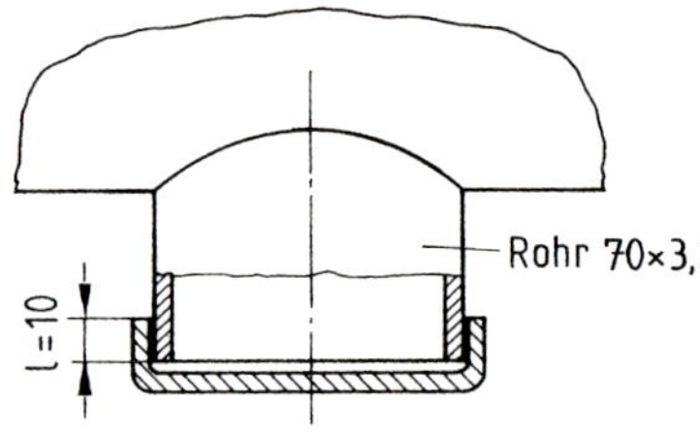

Bild 6.6 Aufgelötete Verschlusskappe

6.6 Der Rohrstutzen aus Stahl St37.0 ($R_m = 350$ N/mm²) an einem Behälter soll durch eine mit Kupferlot hart aufgelötete Kappe verschlossen werden, wie in Bild 6.6 dargestellt. Im Betriebszustand wirkt ein gleichbleibender Druck von 6 bar = 0,6 N/mm². Mit dem Kleinstwert der Tab. 6.2 sind zu ermitteln:

1. Wird in der Lötfuge die zulässige Spannung überschritten?
2. Die Länge l der Fuge, wenn sie ebenso fest sein soll wie der Rohrquerschnitt?

6.7 Durch eine weichgelötete Verbindung von zwei Rohren (Bild 6.7) aus Kupfer SF – Cu F22 ($R_m = 220$ N/mm²) strömt verdampftes Kältemittel mit einem Überdruck $p = 12$ bar $= 1{,}2$ N/mm². Das Weichlot hat eine Scherfestigkeit $\tau_{lB} = 20$ N/mm². Welche Fugenlänge l muß mindestens vorgesehen werden, wenn

1. die zulässige Scherspannung $\tau_{l\,zul} = 3$ N/mm² beträgt?
2. die Lötfuge etwa die gleiche Bruchkraft haben soll wie das Rohr?
3. die Ausführung nach den AD-Merkblättern erfolgen soll?

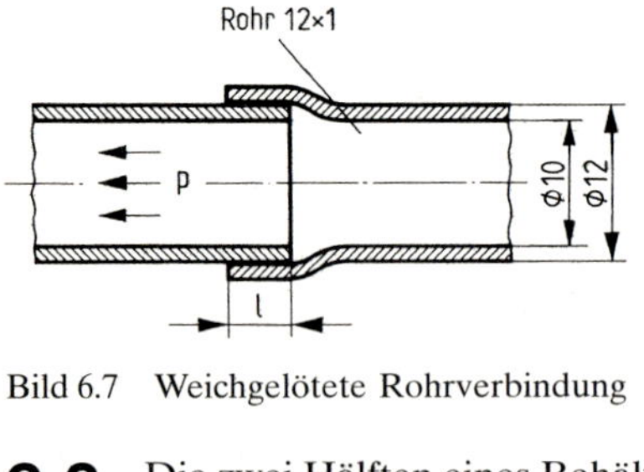

Bild 6.7 Weichgelötete Rohrverbindung

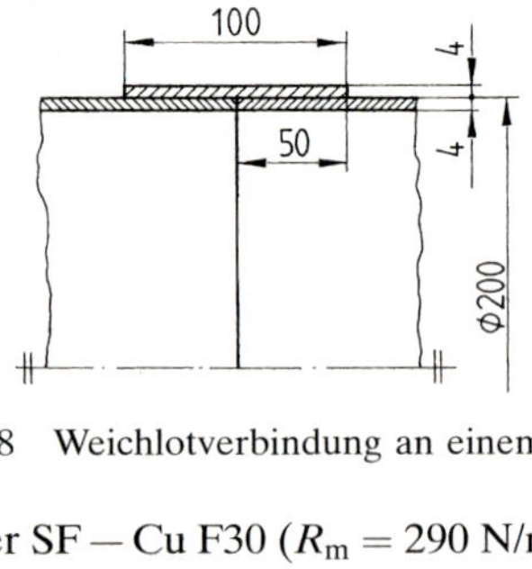

Bild 6.8 Weichlotverbindung an einem Kupferbehälter

6.8 Die zwei Hälften eines Behälters aus Kupfer SF – Cu F30 ($R_m = 290$ N/mm²) mit einem inneren Überdruck von 10 bar = 1 N/mm² sind durch Weichlöten miteinander verbunden, wie in Bild 6.8 gezeigt. Die Scherfestigkeit des verwendeten Lot beträgt 15 N/mm².

1. Wie groß ist die Bruchsicherheit in der Lötfuge?
2. Genügt die Ausführung den Vorschriften der AD-Merkblätter?

7 Klebverbindungen

7.1 An einem Fahrzeugrahmen sollen zwei Stahlrohre aus St37.0 ($R_m = 350$ N/mm^2) nach Bild 7.1 miteinander verklebt werden. Als Klebstoff ist Agomet M vorgesehen. Für eine mittlere Bindefestigkeit bis $\tau_{kB} = 10$ N/mm^2 sind die Klebflächen geschmirgelt. Betriebstemperatur maximal 60 °C. Es sind zu ermitteln:

1. Die erforderliche Kleblänge l, wenn die Zugscherbruchkraft F_{kB} der Klebschicht etwa gleich der Zugbruchkraft F_B des inneren Rohres sein soll und mit $\tau_{kB} = 10$ N/mm^2 gerechnet wird.
2. Die günstigste Kleblänge l.
3. Die erforderliche Mindestlänge l, wenn eine größte schwellende Betriebskraft $F = 6$ kN zu übertragen ist

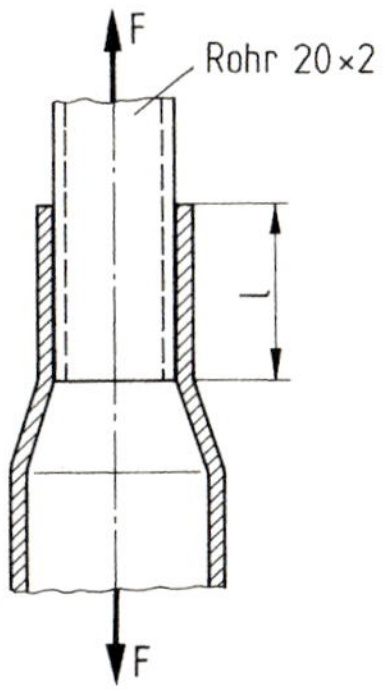

Bild 7.1 Klebverbindung zweier Stahlrohre

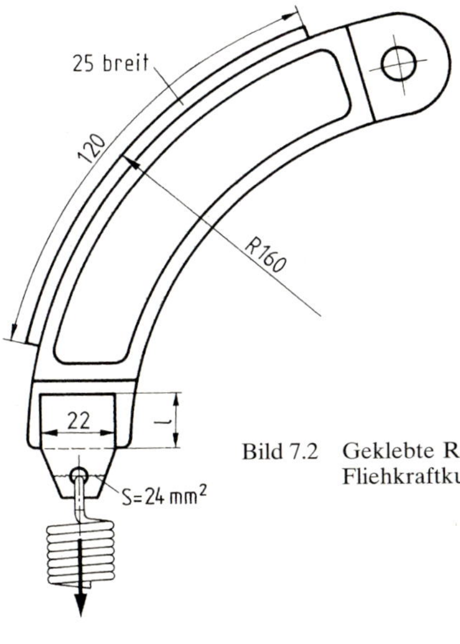

Bild 7.2 Geklebte Reibbeläge einer Fliehkraftkupplung

7.2 Eine Fliehkraftkupplung für ein maximales wechselndes Drehmoment $T_K = 2{,}5$ kNm enthält 4 der in Bild 7.2 dargestellten Graugussbacken mit aufgeklebten Reibbelägen, die eine Breite $B = 25$ mm und eine Länge $L = 120$ mm haben. Zum Einhängen der Rückzugsfedern ist an jede Backe eine Blechöse aus S235JR geklebt. Alle Klebflächen sind entfettet und sandgestrahlt, verwendeter Klebstoff: Gupalon normal.

1. Welche Länge l muß die Klebfläche an jeder Blechöse erhalten, wenn die Klebschicht und der gefährdete Querschnitt S der Öse bei einer Betriebstemperatur von ca. 50 °C eine etwa gleich große Bruchkraft aufweisen sollen?
2. Sind die Klebflächen der Reibbeläge ausreichend bemessen, wenn hier mit einer Temperatur von 80 °C zu rechnen ist?

7.3 Die im Bild 7.3 dargestellte Blechöse zur Montage einer Gelenkstange soll zwischen die Winkel geklebt werden. Es ist eine wechselnde Kraft $F = 2{,}7$ kN zu übertragen, die Betriebstemperatur beträgt 20 °C und die Klebflächen werden für eine hohe Bindefestigkeit vorbereitet. Genügt der Klebstoff Agomet P76 den Anforderungen?

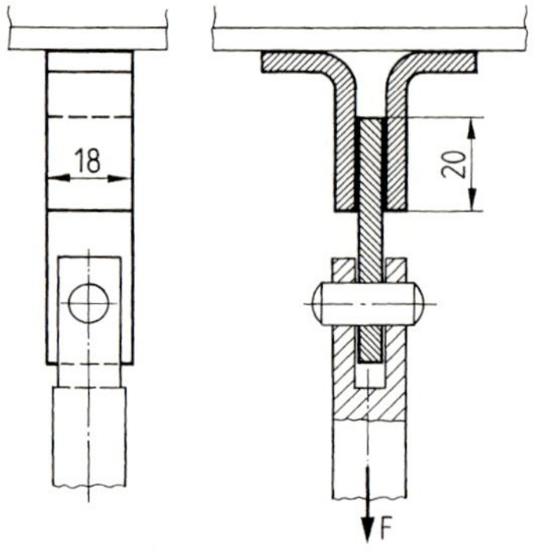

Bild 7.3 Eingeklebte Blechöse

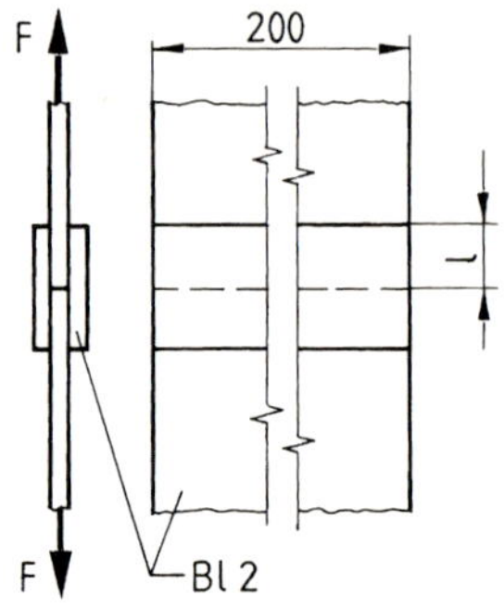

Bild 7.4 Geklebte Doppellaschenverbindung

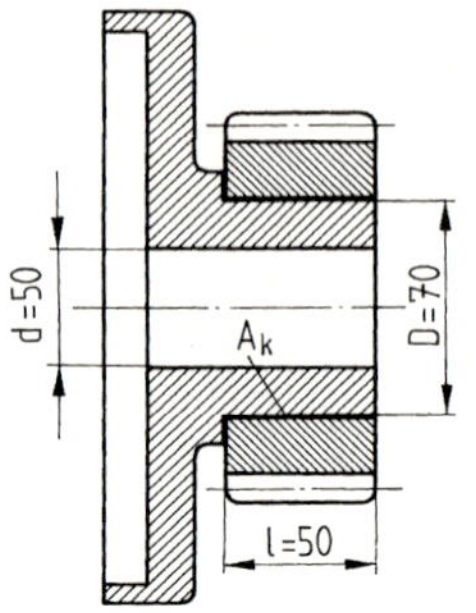

Bild 7.5 Auf eine Schaltmuffe geklebtes Ritzel

7.4 Die in Bild 7.4 skizzierten Blechstreifen aus Aluminium sollen durch Doppellaschen miteinander verklebt werden. Als Klebstoff ist Pattex vorgesehen. Die Klebflächen werden nicht besonders vorbehandelt. Genügt die Verbindung zur Übertragung einer ruhend wirkenden Kraft $F = 5{,}2$ kN bei 20 °C, wenn die Überlappungslänge l mit dem üblichen Kleinstwert für die Kleblänge ausgeführt wird? Wegen der niedrigen Bindefestigkeit ist mit $\tau_{kB} \approx 4\ \text{N/mm}^2$ zu rechnen.

7.5 Auf die in Bild 7.5 gezeigte Schaltmuffe aus Grauguss ($\tau_{tB} \approx 0{,}6 R_m$) ist ein Stahlritzel mit dem Klebstoff Araldit AW 142 geklebt. Die Klebflächen sind geschmirgelt bzw. geschliffen (Bindefestigkeit $\tau_{kB} = 10\ \text{N/mm}^2$), Betriebstemperatur 25 °C.

1. Welches schwellend wirkende Drehmoment M kann die Verbindung übertragen, wenn die Klebung an der Stirnfläche zu vernachlässigen ist?

2. Welche Kleblänge l ist erforderlich, wenn die Klebschicht und der kleinste Muffenquerschnitt gleich große Bruchdrehmomente aufweisen sollen ($R_m = 250\ \text{N/mm}^2$)? Wäre diese Länge sinnvoll?

7.6 Die mit Bild 7.5 gezeigte Schaltmuffe hat ein schwellendes Drehmoment $M = 500$ Nm zu übertragen. Als Klebstoff wurde Loctite Nr. 639 gewählt, Aushärtung bei Raumtemperatur. Klebschichtdicke 0,07 mm, Rautiefen: Welle $R_z = 16\ \mu\text{m}$, Nabenbohrung $R_z = 30\ \mu\text{m}$, Betriebstemperatur 25 °C. Die Klebflächen sind geschmirgelt. Wie hoch ist die Sicherheit gegen Bruch? Hierbei ist die Klebung der Stirnfläche zu vernachlässigen.

7.7 Bild 7.7 zeigt eine duroplastischen Isolierkörper mit zwei aufgeklebten Messingschleifringen, die bei einer Umgebungstemperatur von 80 °C umlaufen. Es wurde mit dem Klebstoff Araldit AW 116 geklebt. Die Schleifringe sind geschliffen. Jede Kohlebürste übt eine Kontaktkraft $F_N = 10$ N auf die Kohlebürste aus, Gleitreibungszahl $\mu = 0{,}08$. Für die

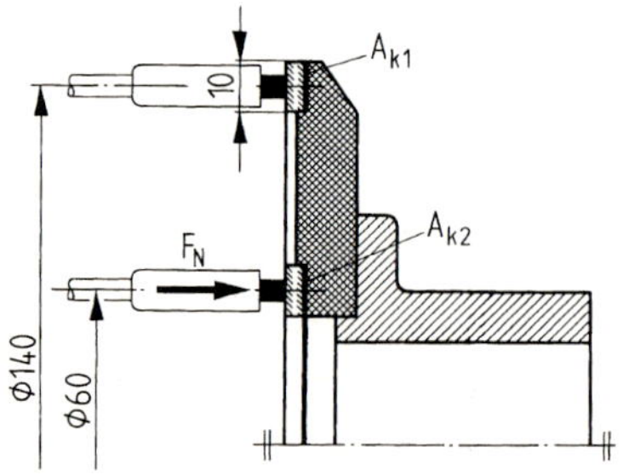

Bild 7.7 Auf Isolierkörper geklebte Schleifringe

Klebflächen A_{k1} und A_{k2} sind die Bruchsicherheiten S_{B1} und S_{B2} in den Klebschichten zu errechnen. Würde es genügen, die Schleifringe nur stellenweise anzukleben?

7.8 Bild 7.8 zeigt den Anschluss eines Bremsbandes. Die Verbindung des Bandes mit der Schlaufe für das Gelenk soll durch 3 Halbrundniete DIN 660 — 4×8 St ($R_m = 290$ N/mm^2) und zusätzliches Kleben erfolgen. Welche Zugscherfestigkeit τ_{kB} muß die Klebschicht aufweisen, wenn die Gesamtbruchkraft F_{gB} der kombinierten Verbindung etwa so groß sein soll wie die Zugbruchkraft F_B des Bremsbandes aus Stahl S235JR?

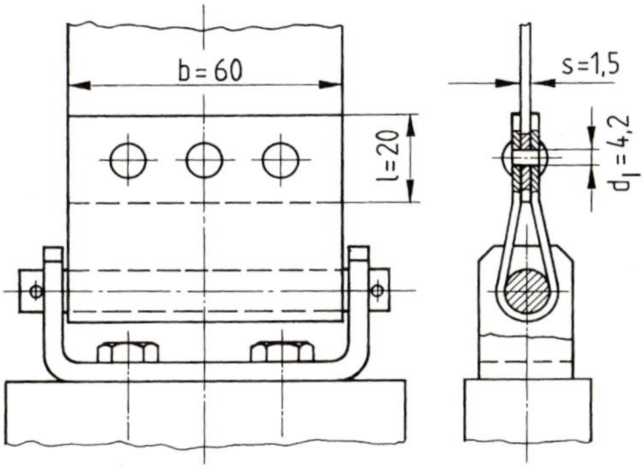

Bild 7.8 Genieteter und geklebter Anschluss eines Bremsbandes

7.9 Der in Bild 7.9 skizzierte Schalthebel aus S235JR ist durch Kleben und 3 Schweißpunkte mit einem Steuernocken aus C15 verbunden, der mittels Passfeder auf einem Wellenzapfen befestigt ist. Verwendet wurde der Klebstoff Metallon E 2602, die Klebflächen sind nach dem Entfetten nicht weiterbehandelt worden. Es ist die schwellend wirkende Kraft F zu errechnen, die bei der dargestellten kombinierten Klebverbindung und einer Umgebungstemperatur von ca. 50 °C am Hebelende im Abstand $L = 100$ mm übertragen werden kann. Wegen der starken Stöße beim Schalten ist ein Anwendungsfaktor $K_A = 1{,}8$ zu berücksichtigen.

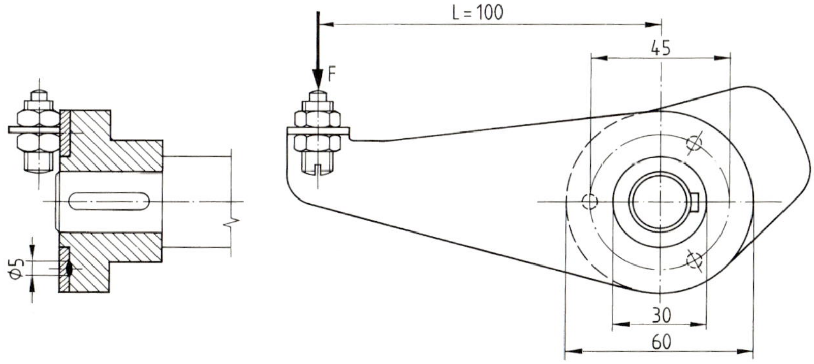

Bild 7.9 Mittels Kleben und Punktschweißen befestigter Schalthebel

8 Nietverbindungen

Maschinen- und Gerätebau

8.1 Zur Einsparung von Werkstoff und Zerspanungsarbeit wurde ein Kettenrad gemäß Bild 8.1 aus einer Scheibe und einer Nabe mit Flansch zusammengesetzt und durch Halbrundniete DIN 660 — 8×40 — St miteinander verbunden, Werkstoffe: Kettenrad aus E335, Nabe aus S235JO. Es ist eine Leistung $P = 9$ kW bei der Drehzahl $n = 100\,\text{min}^{-1}$ zu übertragen. Für die Festigkeitskontrolle der Nietverbindung sind zu ermitteln:

1. Die von den Nieten zu übertragende Kraft F, wenn wegen der Stöße beim Anfahren und während des Betriebes mit einem Stoßfaktor $f_1 = 2{,}5$ (Betriebsfaktor nach Tab. 25.4) zu rechnen ist,

2. Die Scherspannung τ_a und der Leibungsdruck σ_l,

3. Genügt die Verbindung den Anforderungen einer schwellenden Belastung?

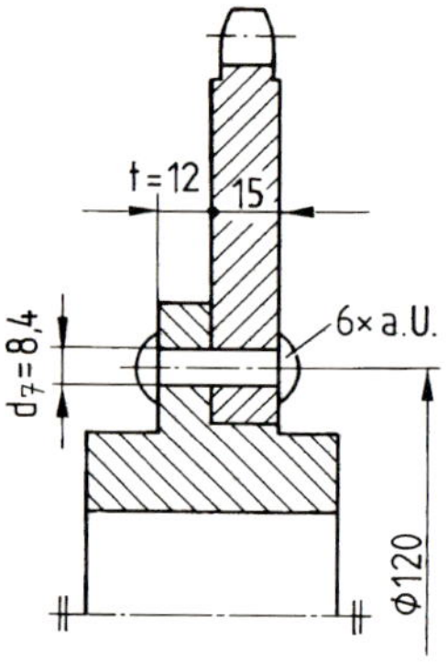

Bild 8.1 Genietetes Kettenrad

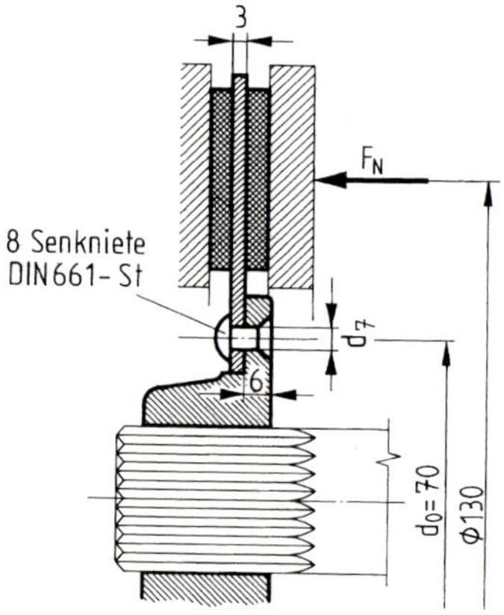

Bild 8.2 An einen Nabenflansch genietete Reibscheibe

8.2 Die in Bild 8.2 gezeigte, mit zwei Reibbelägen bestückte Bremsscheibe aus Stahl E295 wird mit einer Normalkraft $F_N = 7700$ N gepreßt. Hierbei wird die Welle, die sich abwechselnd links- und rechtsherum dreht, aus der Drehbewegung heraus abgebremst. Die Reibzahl an den Belägen beträgt $\mu = 0{,}3$. Welcher Nietdurchmesser ist zur Befestigung der Scheibe an der Nabe aus S235JO mindestens erforderlich? Der Senkkopf ist nicht in Betracht zu ziehen, d. h., es wird wie bei Halbrundnieten gerechnet. Zu ermitteln sind:

1. Das aufzunehmende Bremsmoment T_b,

2. Die nach der zulässigen Scherspannung erforderlichen Nietdurchmesser d_1 und d_7,

3. Die Kontrolle des Leibungsdruckes σ_l.

8.3 Für den Anschluß eines Bremsbandes sollen 5 Halbrundniete DIN 660 aus Stahlt (St) in der Anordnung nach Bild 8.3 vor-

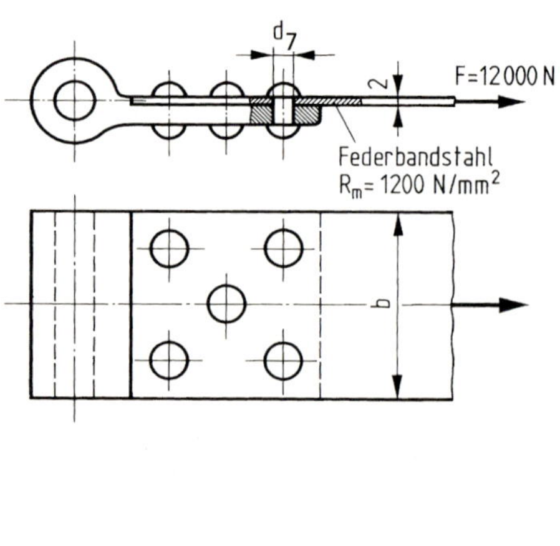

Bild 8.3 Genieteter Bremsbandanschluss

gesehen werden. Welche Nietdurchmesser d_1 und d_7 sind bei Schwellbelastung erforderlich? Welche Breite b muss das Band mindestens erhalten, wenn für den Werkstoff $\sigma_{zul} = 200$ N/mm² beträgt?

8.4 Ein Lüfterrad läuft mit einer Drehzahl bis 4000 min^{-1}. Seine Blechflügel wiegen je 300 g und sind an eine dickere Blechnabe genietet (Bild 8.4), Nabe und Flügel aus S275J2G3. Durch die Fliehkraft eines Flügels werden die 4 Stahlnieten auf Abscheren beansprucht. Da sich innerhalb des Drehzahlbereichs die Drehzahl des Lüfters oft ändert, ist schwellende Belastung vorauszusetzen. Genügt die Verbindung den Anforderungen, wenn wegen des von den Nieten noch mit zu übertragenden Drehmoments und wegen der Gefährlichkeit eines Bruches nur mit der Hälfte der üblichen zulässigen Spannungen zu rechnen ist? Welche Mindestbreiten b_1 und b_2 müssen die Lappen der Nabe und die Flügel in der gezeigten Schnittstelle haben, wenn aus den genannten Gründen die Anhaltswerte für die zulässigen Spannungen um 40 % verringert werden?

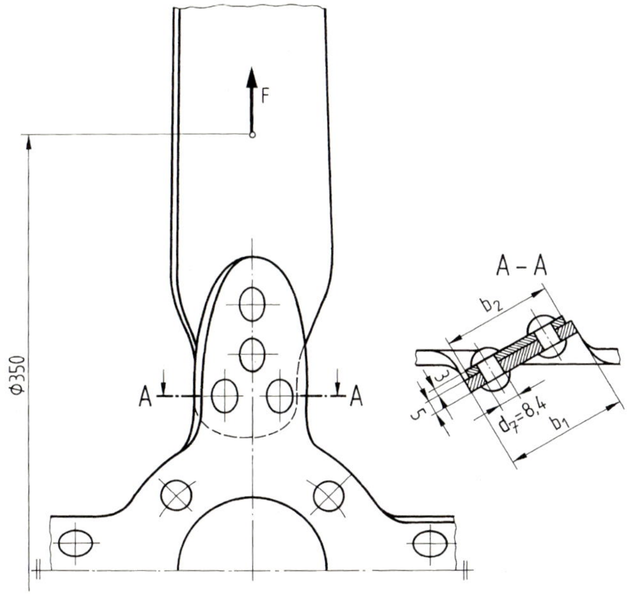

Bild 8.4 Ausschnitt eines genieteten Lüfterrades

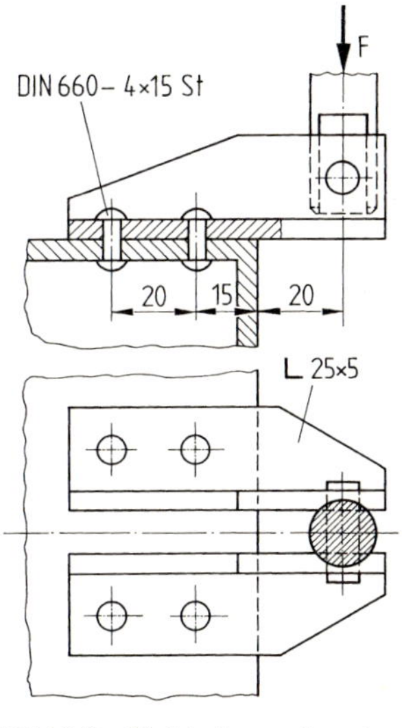

Bild 8.5 Verbindung mit zugbeanspruchten Nieten

8.5 Zur Aufnahme eines Hydraulikzylinders sind zwei Winkel aus S235JR an einen Maschinenrahmen genietet, wie in Bild 8.5 dargestellt. Genügen die 4 Niete zur Übertragung der schwellend wirkenden Kolbenkraft, die den Größtwert $F = 2$ kN erreichen kann?

8.6 Elektromagnetische Bremsen, die beim Einschalten des elektrischen Stromes durch Anzug des Ankers lüften und nach Abschalten des Stromes durch Federkraft bremsen, werden oft für den Fall des Stromausfalls mit einer Handlüfteinrichtung ausgestattet, um beispielsweise schwebende Lasten absenken zu können. In der mit Bild 8.6 gezeigten Bremse wird das Handlüften über einen eingenieteten Bolzen aus S235JRG2 vorgenommen. Die auszuübende Kraft $F = 1100$ N muß die Federkraft überwinden, damit der Anker an den Magneten gezogen wird. Sind die Querschnitte 1 und 2 der Verbindung ausreichend bemessen, wenn wegen der seltenen Benutzung ruhende Belastung und wegen der ungünstigen Verhältnisse nur 30 % der üblichen zulässigen Scherspannung angenommen werden?

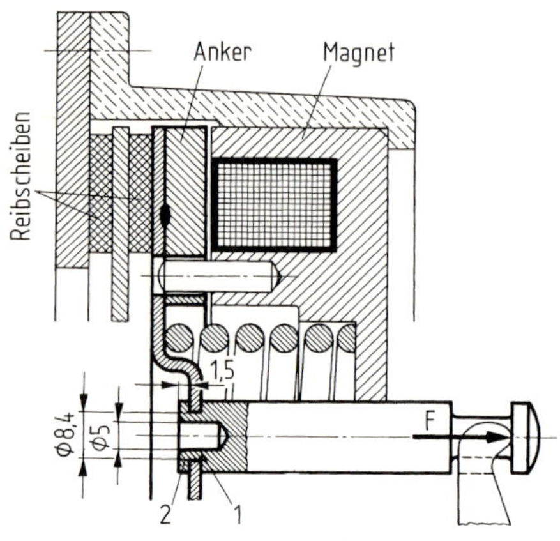

Bild 8.6 Nietbolzen an einem Ankerteller

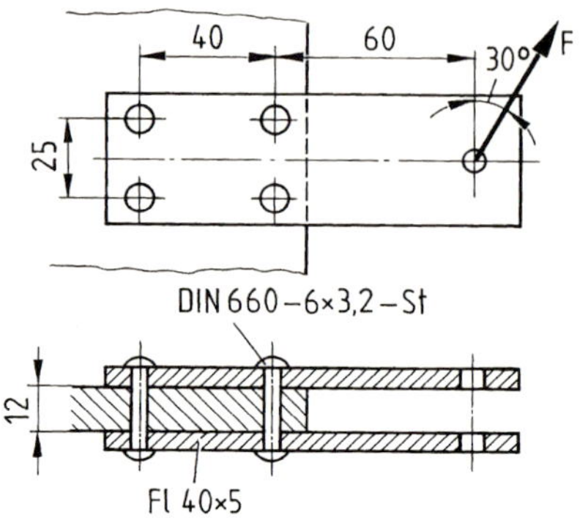

Bild 8.7 Außermittig beanspruchte Nietverbindung

8.7 Bild 8.7 zeigt zwei Flachstähle, die zur Aufnahme eines Spannhebels mit 4 Nieten an einer Vorrichtung befestigt sind, Bauteilwerkstoff E355. Die vom Hebel auf die Flachstähle ausgeübte größte Kraft $F = 5$ kN wirkt unter dem angegebenen Winkel von 30°. Für die Festigkeitskontrolle sind zu ermitteln:

1. Die von einem Niet aufzunehmende größte Kraft F_n,
2. Sind die Niete für schwellende Belastung ausreichend bemessen?
3. Ist die Beanspruchung der Flachstähle zulässig?

8.8 Für einen Prüfstand soll an den Flansch einer bereits vorhandenen Nabe aus Temperguss EN1562 – GJMW – 400 – 5 ein Blechhebel aus St235JR entsprechend Bild 8.8 genietet werden. In der skizzierten ungünstigsten Stellung beträgt die größte schwellend wirkende Kraft $F = 2000$ N.

1. Welcher Nietdurchmesser d_1 nach DIN 661 ist erforderlich, wenn 6 Niete aus Stahl vorgesehen sind?
2. Würden 4 derartige, auf dem Achsenkreuz angeordnete Niete mit dem nächst größeren Durchmesser als unter 1. errechnet ebenfalls ausreichen?
3. Ergeben sich andere Nietdurchmesser, wenn vereinfacht nur mit der Beanspruchung durch das Drehmoment unter Vernachlässigung der Quer- und Längskraft in den beiden Fällen gerechnet wird?

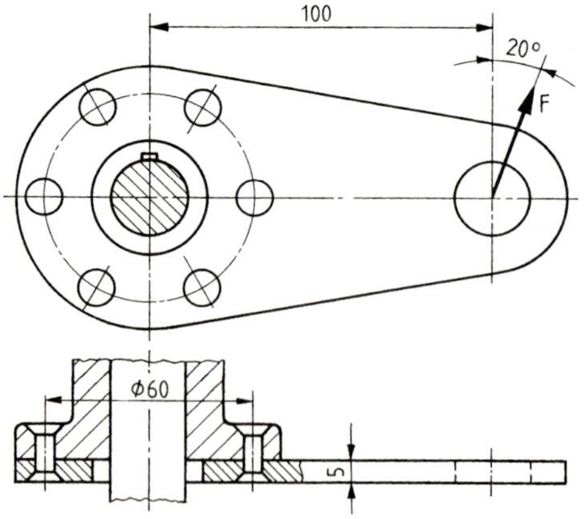

Bild 8.8 An einen Nabenflansch genieteter Hebel

Stahlbau und Kranbau

8.9 In Bild 8.9 ist eine Doppellaschennietverbindung aus dem Kranbau dargestellt, die im Lastfall HZ mit der Kraft $F = 132$ kN beansprucht wird; Werkstoff der Bauteile: S235JR. Sind die Scherspannung, der Leibungsdruck und die Zugspannung der Bauteile zulässig?

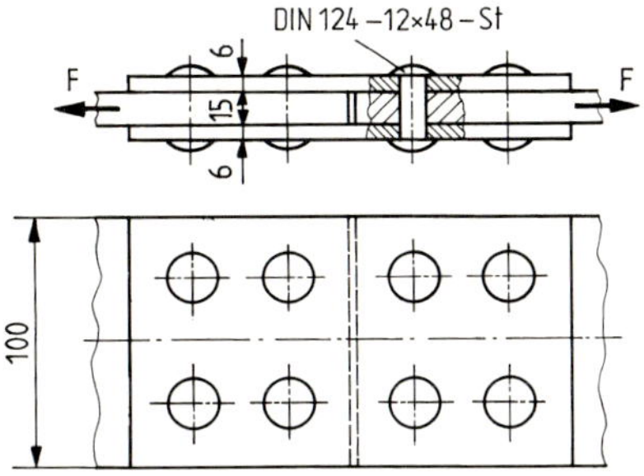

Bild 8.9 Doppellaschennietverbindung

8.10 Der in Bild 8.10 gezeigte Knoten eines Hochbau-Tragwerks aus S235JR hat beim Lastfall HZ folgende Stabkräfte aufzunehmen: $F_{D1} = 447$ kN, $F_{V1} = 508$ kN, $F_{D2} = 187$ kN. Die freie Knicklänge des mehrfach ausgefütterten Druckstabes D_2 beträgt 1,71 m. Sind die Nietdurchmesser zulässig und genügen die Stabanschlüsse sowie die Profile den Anforderungen?

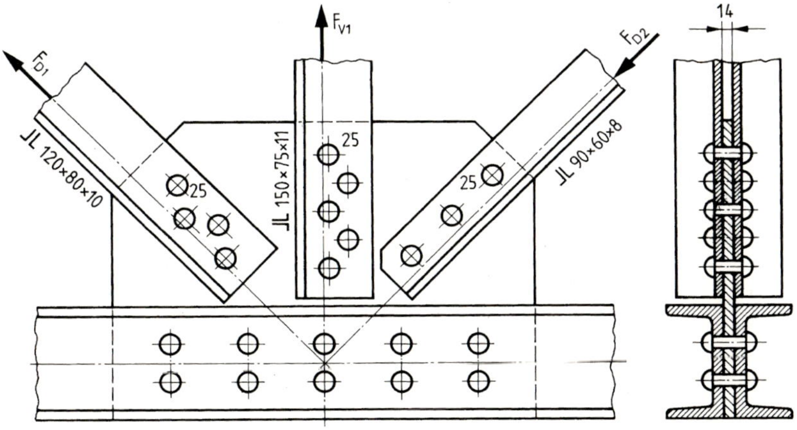

Bild 8.10 Genieteter Knoten eines Tragwerks im Stahlhochbau

8.11 An den Untergurt eines Stahlbau-Fachwerks aus S355JO ist ein aus zwei Winkelstählen bestehender Zugstab mit Beiwinkeln gemäß Bild 8.11 genietet. Verwendet wurden Halbrundniete DIN 124 — 18 × 62 — St. Es sind jeweils für die Lastfälle H und HZ zu ermitteln:

1. Die kleinst- und größtzulässigen Rand- und Lochabstände e_1, e_2, w und die zulässige Klemmlänge Σ,
2. Die zulässige Stabkraft F für die Niete (Abscheren),
3. Die zulässige Stabkraft F für die Nietlöcher (Leibung),
4. Die zulässige Stabkraft F für die Winkelstähle (Zug).

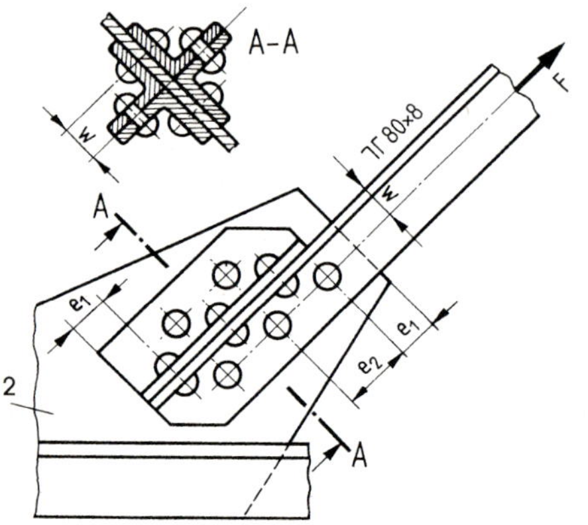

Bild 8.11 Genieteter Knoten im Stahlhochbau

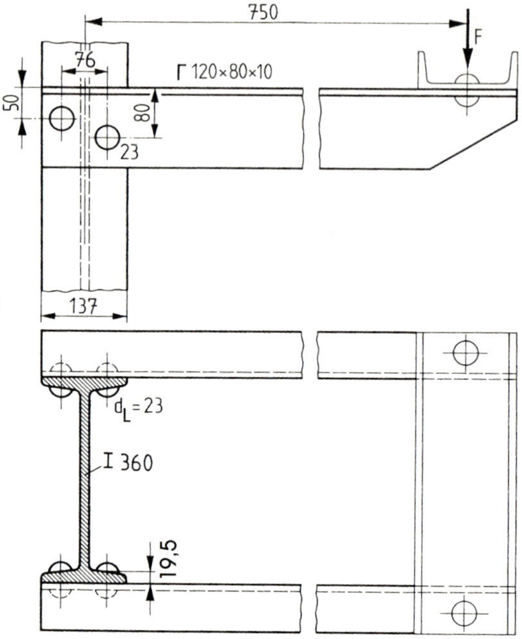

Bild 8.12 Genieteter Kragträger im Hochbau

8.12 Ein Kragträger im Hochbau (Bild 8.12) hat unter Einbeziehung seines Eigengewichts beim Lastfall H eine Kraft $F = 8$ kN aufzunehmen, Bauteilwerkstoff: S235JR. Ist die Nietverbindung ausreichend bemessen?

8.13 Im Bild 8.13 ist ein Momentenanschluss aus einer Konstruktion des Stahlhochbaus dargestellt. Die aus 14 Halbrundnieten DIN 124 – 22 × 58 – St bestehende Nietgruppe am Steganschluß hat ein Moment $M_1 = 96$ kNm und eine Querkraft $F_{q1} = 47{,}5$ kN aufzunehmen. Die Nietgruppe am Gurtanschluss enthält 12 Niete gleicher Größe und hat ein Moment $M_2 = 120$ kNm und eine Querkraft $F_{q2} = 48$ kN zu übertragen. Beide Momente und Kräfte treten im Lastfall HZ auf. Werkstoff der Bauteile: S355JO.

Es ist der Allgemeine Spannungsnachweis durchzuführen

1. für die Nietgruppe am Steganschluss,
2. für die Nietgruppe am Gurtanschluss.

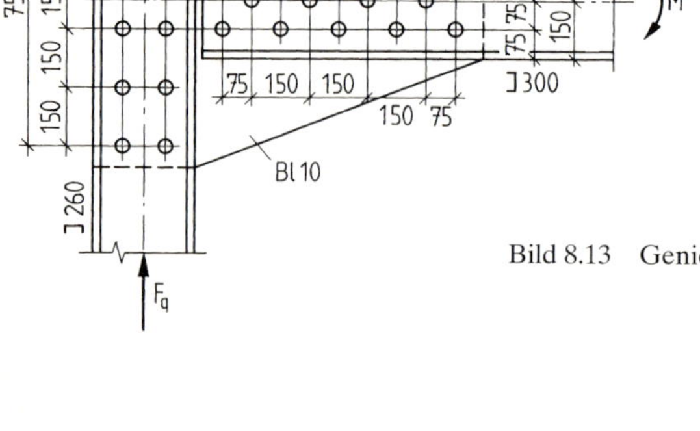

Bild 8.13 Genieteter Momentenanschluß

Leichtmetallbau

8.14 Für den in Bild 8.14 dargestellten Stabanschluss eines Leichtmetall-Fachwerkes soll ermittelt werden, welche Kräfte in den Lastfällen H und HZ übertragen werden können. Das Sonderprofil aus AlMgSi 1 F 32 hat eine Querschnittsfläche von 5,15 cm². Es ist am Knotenblech aus dem gleichen Werkstoff mit zwei Halbrundnieten DIN 660 — 8 × 18 — AlMgSi 1 F 21 befestigt. Zu errechnen sind:

1. Die zulässigen Zugkräfte für den Stab, wenn durch das Einfräsen des Schlitzes zur Aufnahme des Knotenbleches von der Stabquerschnittsfläche 0,4 cm² verloren gehen,
2. Die zulässigen Druckkräfte für den Stab, wenn dessen Schlankheitsgrad $\lambda = 115$ beträgt und ω nach Tab. 8.10 für den Werkstoff A gewählt wird.
3. Die zulässigen Zug- oder Druckkräfte für die Nietverbindung.

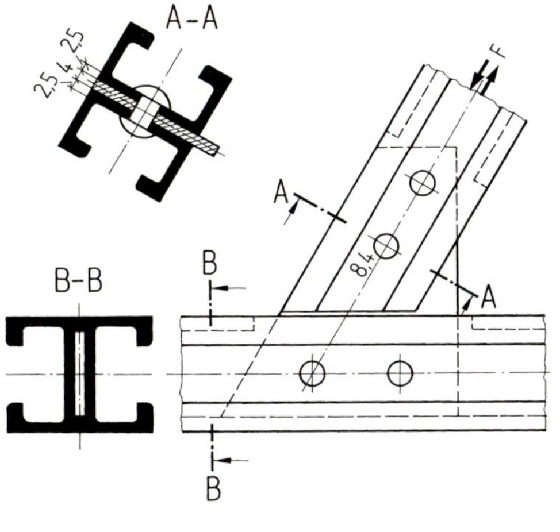

Bild 8.14 Stabanschluss eines Leichtmetall-Fachwerks

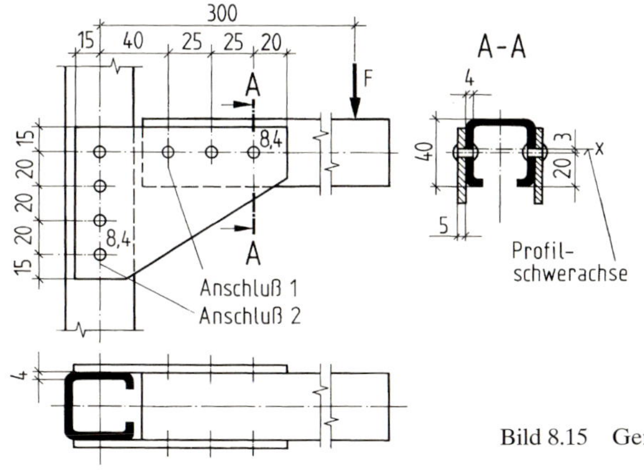

Bild 8.15 Genieteter Momentenanschluss aus Leichtmetall

8.15 In einer Leichtmetallbau-Konstruktion sind zwei Aluminiumprofile entsprechend Bild 8.15 durch beidseitig angenietete Knotenbleche miteinander verbunden. Verwendet wurden Niete DIN 660 — 6 × 18 — AlMgSi 1 F 25, Werkstoff der Profile: AlMgSi 1 F 32, der Knotenbleche: AlMg 4,5 Mn G 31. Die Belastungskraft $F = 1{,}5$ kN tritt im Lastfall HZ auf. Das Flächenmoment zweiten Grades der ungeschwächten Profilquerschnittsfläche beträgt $I_x = 5{,}98$ cm⁴. Sind die Nietverbindungen in den Anschlüssen 1 und 2 sowie der gefährdete Profilquerschnitt am Anschluss 1 und das Knotenblech am Anschluss 2 ausreichend bemessen?

9 Pressverbände

9.1 Auf eine Getriebewelle aus Vergütungsstahl C30 ist ein Ritzel aus Einsatzstahl 17CrNiMo7 ($R_e = 600\,N/mm^2$) nach Bild 9.1 unter Ölschmierung kalt aufgepreßt (Längspreßverband). Es ist ein ruhend wirkendes Drehmoment $M = 500\,Nm$ zu übertragen. Für rein elastische Beanspruchung ist eine geeignete Übermaßpassung wie folgt zu ermitteln:

1. Erforderliche kleinste Fugenpressung p_F,
2. Erforderliches bezogenes wirksames Übermaß Z_w,
3. Erforderliches Mindestübermaß U_{min},
4. Zulässiges bezogenes wirksames Übermaß $Z_{w\,zul}$,
5. Zulässiges Höchstübermaß U_{max} und Passungswahl.

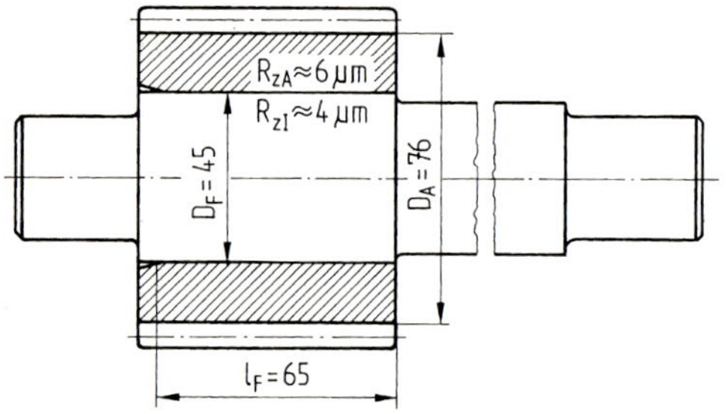

Bild 9.1 Längsaufgepresstes Ritzel

9.2 Der Längspressverband nach Aufgabe 9.1 und Bild 9.1 soll mit der Passung H7/x6 ausgeführt werden. Welches kleinste wechselnd wirkende Drehmoment kann diese Verbindung übertragen, wenn beim Höchstübermaß nur rein elastische Beanspruchung auftreten darf?

9.3 Im Antrieb eines Mähdreschers ist ein Zahnkranz aus C40E ($R_e = 330\,N/mm^2$) entsprechend Bild 9.3 auf eine Hohlwelle aus C335 ($R_e = 260\,N/mm^2$) zu schrumpfen (Schrumpfverband, Erwärmung des Außenteils im Elektroofen). Die Verbindung hat ein schwellend wirkendes Drehmoment von 25 kNm zu übertragen. Zur Bestimmung der erforderlichen Übermaßpassung sind zu ermitteln:

1. Das erforderliche Mindestübermaß U_{min},

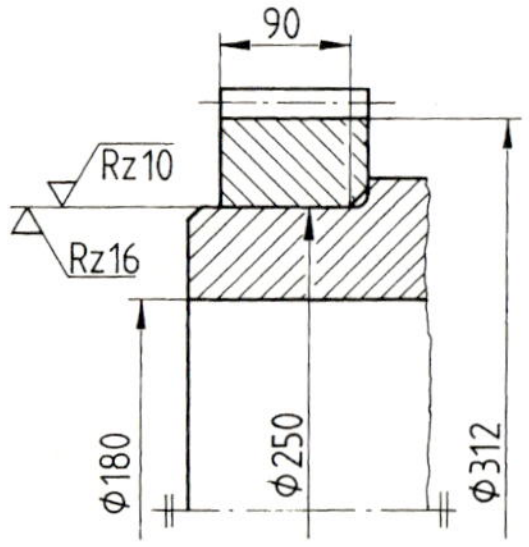

Bild 9.3 Aufgeschrumpfter Zahnkranz

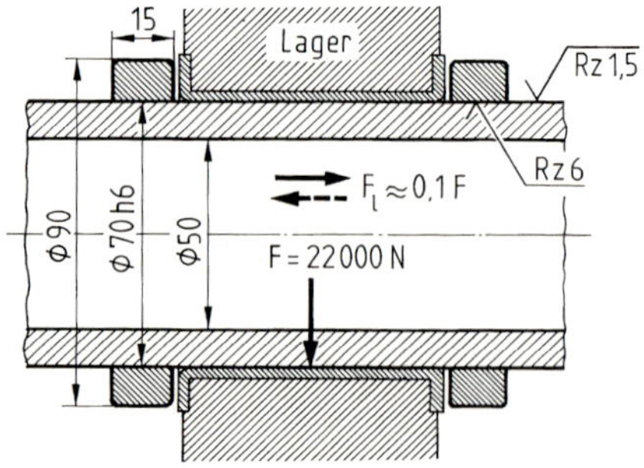

Bild 9.4 Aufgeschrumpfte Ringe als Wellenbunde

2. Eine geeignete Übermaßpassung des Systems Einheitsbohrung, Toleranzklasse H7, die eine elastisch-plastische Beanspruchung der Fügeteile beim Höchstübermaß U_g ausschließt,
3. Die erforderliche Erwärmungstemperatur t_A bei $t = 20\,°C$ mit $U_i = U_g$ als möglichem Istübermaß.

9.4 An einer Getriebe-Hohlwelle aus C40 sollen durch Aufschrumpfen von Ringen aus E335 Bunde geschaffen werden, welche die Welle am Lager gegen Längsverschiebungen sichern, wie in Bild 9.4 dargestellt. Durch Längspendelungen der Welle kann an jedem Ring eine Längskraft von 10 % der radialen Lagerkraft F auftreten. Die Toleranzklasse mit dem Toleranzgrad 7 für die Bohrung der Ringe ist festzulegen (Haftbeiwert $\nu = 0{,}08$). Außerdem ist zu ermitteln, ob bei U_g rein elastische Beanspruchung zu erwarten und welche Erwärmungstemperatur bei $U_i = U_g$ für die Schrumpfringe erforderlich ist, die im Ölbad erwärmt werden sollen.

9.5 Für die aufgeschrumpften Ringe nach Aufgabe 9.4 (Bild 9.4) wird eine Übermaßpassung 70 H8/t7 vorgesehen. Ist bei dem Höchstübermaß U_g noch eine rein elastische Beanspruchung zu erwarten? Es sind gegeben: $Q_A = 0{,}78$, $Q_I = 0{,}71$, $Q_v = 6\,\mu m$. Werkstoffe: Außenteil E335, Innenteil C40.

9.6 Bild 9.6 zeigt die als Querpreßverband ausgeführte Verbindung einer Stahlwelle mit dem Grauguss-Nabenflansch einer Kupplung. Es soll das wechselnd wirkende Stoßdrehmoment errechnet werden, das die Verbindung sicher übertragen kann. Außerdem ist festzustellen, ob Überbeanspruchung des Außenteils ausgeschlossen und das Fügen allein durch Unterkühlen der Welle (als Dehnpressverband) möglich ist. Werkstoffe: Außenteil EN — GJL — 250, Innenteil S275JR. Hierfür sind zu ermitteln:
1. Die durch das Mindestübermaß U_k bedingten kleinstmöglichen Fugenpressungen p_{Fk1} und p_{Fk2},
2. Die kleinste Haftkraft F_{Fk} bei einem Haftbeiwert $\nu = 0{,}1$ und das mit der erforderlichen Haftsicherheit bei wechselnder Drehrichtung übertragbare Drehmoment M,
3. Ist beim Höchstmaß U_g eine Überbeanspruchung der Nabe ausgeschlossen?
4. Ist bei einer Raumtemperatur $t = 20\,°C$ die erforderliche Unterkühlungstemperatur t_I erreichbar?

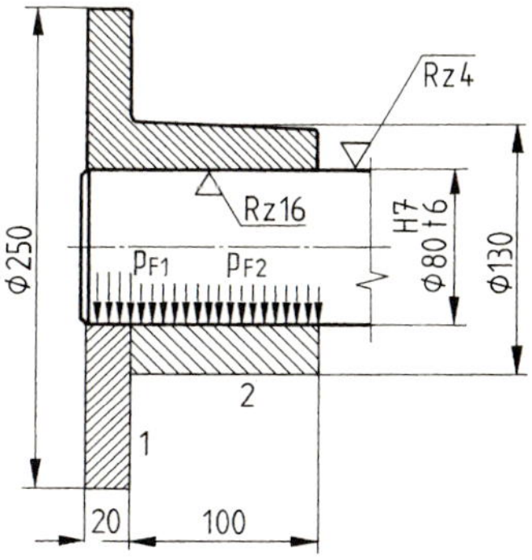

Bild 9.6 Aufgepresster Kupplungsflansch

9.7 Auf das Ende der Kurbelwelle aus C35 eines Verbrennungsmotors ist nach Bild 9.7 ein Schwungrad aus EN — GJL — 250 gepresst (Dehnpressverband). Es ist ein maximales Betriebsdrehmoment von 500 Nm mit einer Haftsicherheit von 2,2 zu übertragen, Rautiefen: $R_{zA} \approx 10\,\mu m$, $R_{zI} \approx 4\,\mu m$.

1. Welches Mindestübermaß U_{min} ist erforderlich, wenn mit einem Haftbeiwert $\nu = 0{,}09$ zu rechnen ist?
2. Welches Höchstübermaß U_{max} darf nicht überschritten werden, wenn die Unterkühlungstemperatur für das Innenteil den mit flüssigem Stickstoff erreichbaren Tiefstwert bei einer Raumtemperatur von 20 °C nicht überschreiten soll? Ist bei diesem Übermaß eine Überbeanspruchung der Nabe zu befürchten?
3. Welche Toleranzklasse für die Bohrung ist zu empfehlen, wenn $U_g \approx U_{max}$ nach 2. angenommen wird?

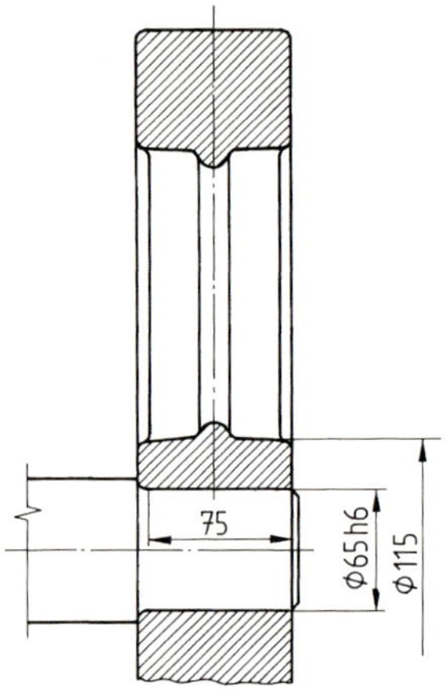

Bild 9.7 Aufgepresstes Schwungrad

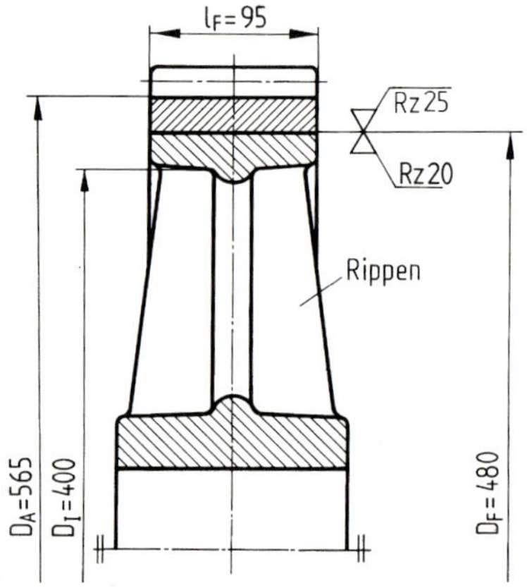

Bild 9.8 Auf Radkörper geschrumpfter Zahnkranz

9.8 Zur Einsparung von hochwertigem Stahlwerkstoff soll der Kranz eines Schrägzahnrades nach Bild 9.8 auf einen Grauguss-Radkörper geschrumpft werden. Die Verbindung hat ein Drehmoment von 7900 Nm und eine Längskraft von 5800 N zu übertragen. Da es sich um das Rad eines Getriebes handelt, das im Dauerbetrieb läuft und bei dem nur geringe Stöße auftreten, genügt eine Haftsicherheit für ruhende Belastung. Hierfür ist eine Übermaßpassung nach dem System Einheitsbohrung im Toleranzgrad 7 festzulegen, bei der nur elastische Beanspruchung auftritt. Werkstoffe: Außenteil aus 20 MnCr 5 ($R_e = 450$ N/mm^2), Innenteil aus EN – GJL – 200. Zu ermitteln sind:

1. Das erforderliche Mindestübermaß U_{min}, wenn mit einem Haftbeiwert $\nu = 0{,}07$ gerechnet wird,
2. Das zulässige Höchstübermaß U_{max}, bei dem noch rein elastische Beanspruchung gewährleistet ist, und Wahl einer geeigneten Passung,
3. Die erforderliche Erwärmungstemperatur t_A für den Zahnkranz bei 20 °C Raumtemperatur und $U_i = U_g$.

9.9 Die Verbindung nach Aufgabe 9.8 soll mit der Übermaßpassung H8/u8 versehen werden. Es ist zu ermitteln, ob beim Höchstübermaß U_g noch eine elastische Beanspruchung gewährleistet ist. Gegeben sind: $Q_A = 0{,}85$, $U_v = 36$ µm, $K = 14{,}64$.

9.10 Auf den in Bild 9.10 dargestellten Steuerhebel aus der Aluminium-Gusslegierung EN AC-AlSi9Mg ST6 ($R_{p0,2} = 190$ N/mm^2 nach Tab. 1.6) wird eine größte schwellend wirkende Kraft $F = 112$ N ausgeübt. Der Hebel ist mit seiner Nabe auf das Ende einer Stahlwelle aus S235JRG2 ($R_e = 225$ N/mm^2) kalt aufgepresst (Längspressverband).

1. Kann die Kraft F sicher übertragen werden, wenn das Fügen ohne Schmierung ($\nu = 0{,}06$) erfolgt?

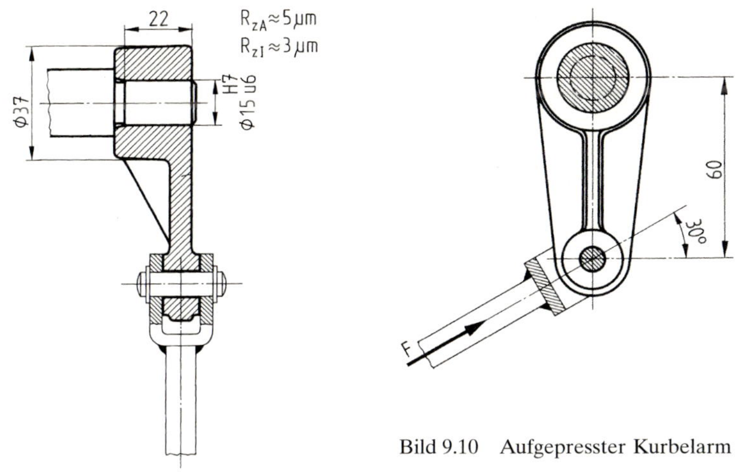

Bild 9.10 Aufgepresster Kurbelarm

2. Ist beim Höchstübermaß U_g elastische Beanspruchung zu erwarten? Falls nicht, welches Übermaß U_{max} darf bei der Fertigung nicht überschritten werden, damit rein elastische Beanspruchung gewährleistet ist?
3. Welche Einpresskraft F_e ist bei U_{max} erforderlich?

9.11 Für den in Bild 9.11 gezeigten Querpressverband (normaler Schrumpfverband, Erwärmung des Außenteils im Elektroofen) des Kurbelarms einer Einzylinder-Kolbenmaschine mit Kurbelwelle ist die Passung Bohrung/Welle nach dem System Einheitsbohrung, Toleranzgrad 7 festzulegen. Das größte schwellend wirkende Drehmoment beträgt 5460 Nm. Der Wellenzapfen ist mittelfein geschliffen mit der Rautiefe $R_{zI} = 6\,\mu m$, die Bohrung feingeschlichtet mit $R_{zA} = 10\,\mu m$. Elastisch-plastische Beanspruchung des Außenteils bei U_g ist zulässig. Außerdem ist die erforderliche Erwärmungstemperatur bei U_g und 20 °C Raumtemperatur zu ermitteln. Werkstoffe: Außenteil aus S275JR ($R_e = 235$ N/mm^2), Innenteil aus C295 ($R_e = 235$ N/mm^2).

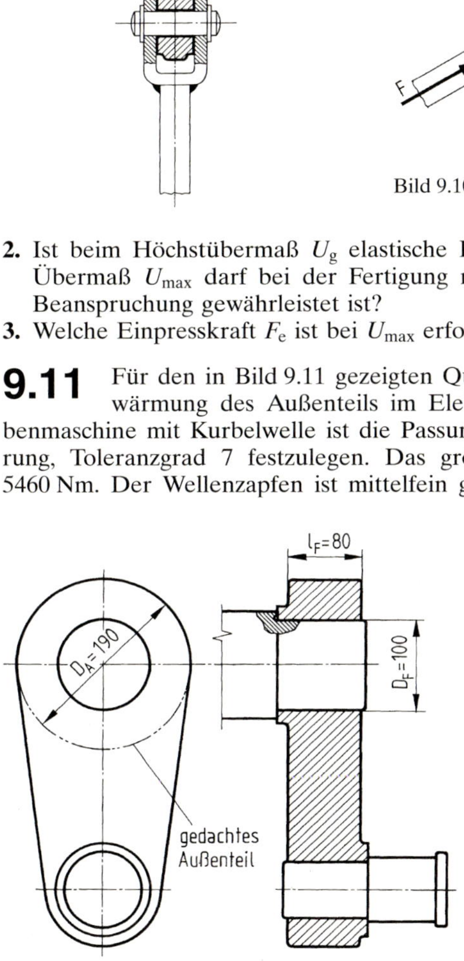

Bild 9.11 Längsaufgepresster Steuerhebel

9.12 Ein normaler Schrumpfverband (Erwärmung des Außenteils im Elektroofen) soll ein Drehmoment von 2160 Nm und eine Längskraft von 157 kN bei wechselnder Belastung übertragen, volles Innenteil aus 50CrMo4 mit 60 mm Durchmesser, Außendurchmesser des Außenteils 120 mm, Werkstoff C55 ($R_e = 410$ N/mm^2), Fugenlänge 70 mm, Rautiefen $R_{zA} = 12\,\mu m$, $R_{zI} = 8\,\mu m$. Für eine elastisch-plastische Beanspruchung des Außenteils ist eine geeignete Übermaßpassung zu bestimmen.

10 Befestigungsschrauben

Längsbeanspruchte Befestigungsschrauben

10.1 Eine Zylinderschraube mit Innensechskant ISO 4762 — M 16 × 1,5 — 8,8, Gewinde gewalzt, schwarzvergütet, geölt, wird in ein Bauteil aus Stahl (blank) mittels Drehschrauber mit Abschaltkupplung eingeschraubt. Die Gegenlage (das Bauteil) ist geschliffen, der Schraubenkopf gepreßt, schwarz und geölt. Durchgangsloch nach DIN EN 20273 mittel. Wie groß sind:

1. Die maximale Montagevorspannkraft $F_{\mathrm{M\,max}}$?

2. Das zulässige Schraubenanziehmoment $K_{\mathrm{A\,zul}}$?

3. Die minimale Vorspannkraft $F_{\mathrm{M\,min}}$ bei einem mittleren Anziehfaktor α_{A}?

10.2 Auf welche maximale Vorspannkraft muß eine mit $\mathrm{MoS_2}$ geschmierte Sechskantschraube ISO 4014 — M 36 × 120 — 5,6 ($P = 4$ mm, $D_{\mathrm{K}} = 51{,}5$ mm, Durchgangsloch $D_{\mathrm{l}} = 39$ mm) angezogen werden, wenn die Vergleichsspannung 90 % der Streckgrenze betragen soll, und welches Schraubenanziehmoment $M_{\mathrm{A}} = M_{\mathrm{A\,max}}$ ist hierfür erforderlich.

10.3 Die in Bild 10.3 dargestellte galvanisch cadmierte Taillenschraube (Dehnschraube) der Festigkeitsklasse 12.9 soll auf eine Spannung im Taillenquerschnitt von 80 % der 0,2 %-Dehngrenze trocken angezogen werden. Die Vorspannung wird durch Verlängerungsmessung kontrolliert. Gegenlage Stahl blank. Es sind zu ermitteln:

1. Die Montagevorspannkraft F_{M},

2. Das Schraubenanziehmoment M_{A},

3. Die Verlängerung f_{SM} der Schraube.

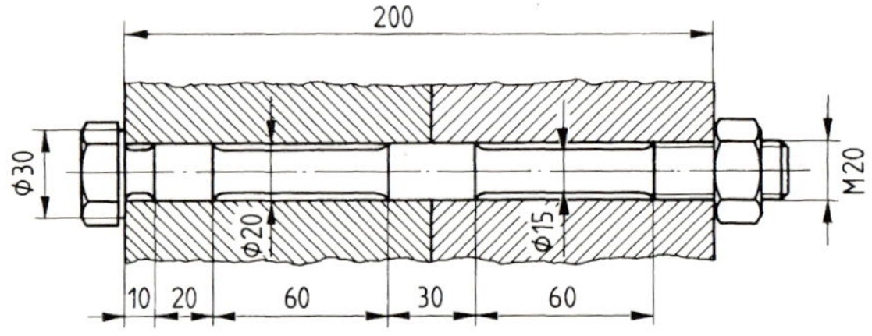

Bild 10.3 Taillenschraube (Dehnschraube)

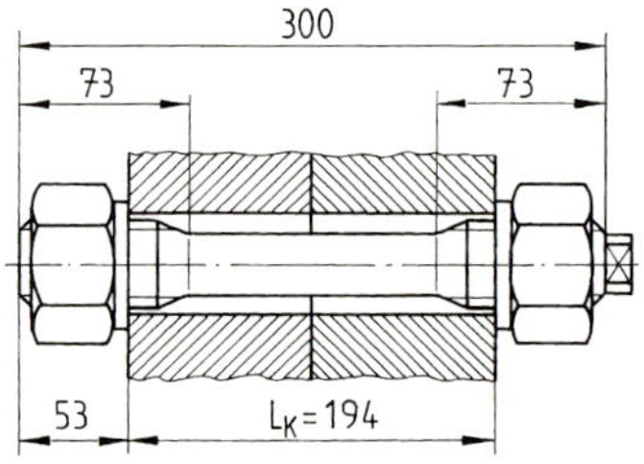

Bild 10.4 Schraubenverbindung mit Dehnschaft

10.4 Eine Schraubenverbindung mit Dehnschaft nach DIN 2510 ist entsprechend Bild 10.4 ausgeführt und enthält einen Schraubenbolzen DIN 2510 — LM 48 × 300 — 8.8 sowie zwei Sechskantmuttern DIN 2510 — NF M 48 — 8, Abmessungen nach DIN 2510: $P = 5$ mm, $d_2 = 44{,}487$ mm, $d_3 = 40{,}991$ mm, $d_{\mathrm{T}} = 37{,}5$ mm, $D_{\mathrm{K}} = 73{,}5$ mm; Durchgangsloch nach DIN EN 20273 mittel. Das Anziehen der Verbindung erfolgt von Hand mit Streckgrenzenkontrolle, Reibzahl $\mu_{\mathrm{G}} \approx \mu_{\mathrm{K}} \approx 0{,}14$. Zu ermitteln sind:

1. Die Montagevorspannkraft F_{M} und das Anziehmoment M_{A}, wenn im Dehnschaft 90 % der 0,2 %-Dehngrenze $R_{\mathrm{p0,2}}$ erreicht werden, wobei zu beachten ist, daß beim Anziehen dieser Schraubenart kein Drehmoment auf den Schraubenschaft ausgeübt wird,

2. Die Nachgiebigkeit d_{S} der Schraube,

3. Die Nachgiebigkeit δ_B der Bauteile aus Stahl E295 bei einem Außendurchmesser $D_A = 250$ mm,
4. Das Kraftverhältnis Φ_K,
5. Die Vorspannkraft F_V.

10.5 Mit einer Sechskantschraube DIN 931 — M 80 × 6 × 400 — 5,6 (Schraubenlänge $l = 400$ mm, Gewindelänge $b = 185$ mm) soll bei einer Klemmlänge $L_K = 320$ mm eine Vorspannkraft $F_V = 1{,}2$ MN erzeugt werden. Dazu wird die Schraube erwärmt, im erwärmten Zustand in das Durchgangsloch der zu verbindenden Bauteile eingeführt und eine Sechskantmutter DIN 934 — M 80 × 6 — 5 (s. Hinweis zur Lösung dieser Aufgabe) bis zur Anlage aufgeschraubt. Beim Erkalten zieht sich die Schraube zusammen und erzeugt so die Vorspannkraft.
1. Um welche Verlängerung f_{SM} muß die Schraubenlänge durch die Erwärmung zunehmen, wenn die Nachgiebigkeit δ_B der Bauteile ca. 30 % der Nachgiebigkeit δ_S der Schraube beträgt?
2. Auf welche Temperatur t_S muß die Schraube erwärmt werden, damit bei einer Umgebungstemperatur $t = 20$ °C die verlangte Vorspannkraft erreicht wird?

10.6 Zur Befestigung eines Maschinenteils (Bild 10.6) aus Temperguß EN-GJMB-650-2 an einer Stahlplatte werden gepreßte Zylinderschrauben mit Innensechskant ISO 4762 — M 12 × 60 — 8.8 verwendet, die schwarzvergütet und geölt sind, die Bauteile blank (spanend bearbeitet). Das Anziehen soll von Hand mittels Drehmomentenschlüssel erfolgen. Es ist eine ruhende Betriebskraft $F_A = 25$ kN zu übertragen. Zu ermitteln sind:
1. Die Nachgiebigkeit δ_S der Schraube und δ_B des Bauteils und das Kraftverhältnis Φ_K,
2. Die maximale Vorspannkraft $F_{V\,max}$ und die minimale $F_{V\,min}$ sowie das vorzuschreibende Anziehmoment M_A, wobei $F_{V\,min}$ mit dem Kleinstwert von α_A in Tab. 10.6 zu ermitteln ist.
3. Die Spannungsdifferenz σ_{sa} und ihr zulässiger Wert,
4. Die Größtkraft F_S in der Schraube und die verbleibende Mindestklemmkraft F_K der Bauteile,
5. Die Kontrolle der Flächenpressung p_B an der Schraubenkopf-Auflagefläche unter Berücksichtigung einer Lochfase von 0,5 × 45°.

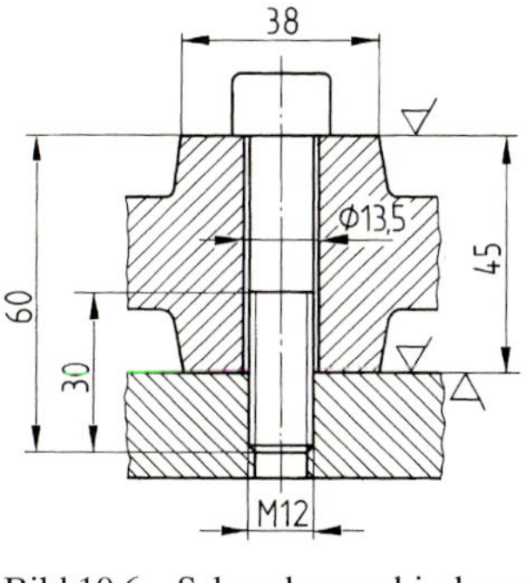

Bild 10.6 Schraubenverbindung mit Innensechskant-Zylinderschraube

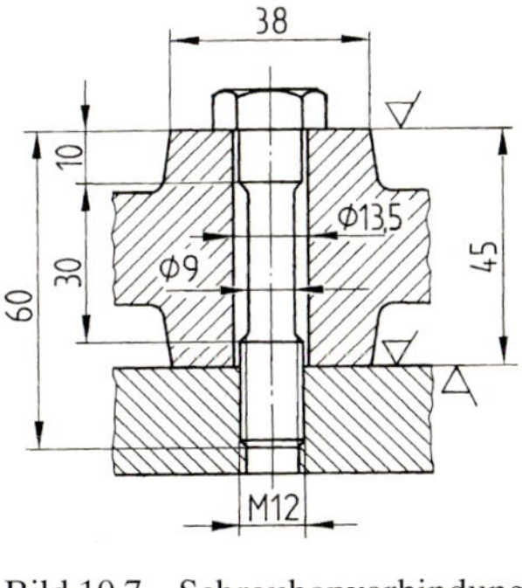

Bild 10.7 Schraubenverbindung mit Taillenschraube (Dehnschraube)

10.7 Anstelle der in Bild 10.6 gezeigten Zylinderschraube ISO 4762 (Schaftschraube) soll eine Taillenschraube (Dehnschraube) eingesetzt werden, die aus einer Sechskantschraube ISO 4014 — M 12 × 60 — 8.8 gefertigt wird (Bild 10.7).
1. Welche Werte ergeben sich unter sonst gleichen Bedingungen für die in Aufgabe 10.6 errechneten Größen?
2. Welche Größen ändern sich gegenüber 1., wenn für die Taillenschraube die Festigkeitsklasse 10.9 gewählt wird?

10.8 Die Hälften einer großen geteilten Riemenscheibe aus Grauguss EN-GJL-250 sind durch vier Schraubenbolzen der Festigkeitsklasse 8.8 miteinander verbunden. In Bild 10.8 ist die Kranzverbindung als Einzelheit herausgezeichnet, Unterlegscheiben nach DIN 125 — 200HV (Härte etwa wie Stahl S355). Bei der Drehbewegung entsteht je Scheibenhälfte eine Fliehkraft $F = 240$ kN. Diese will die Hälften voneinander abheben, was die Schrauben verhindern müssen. Es ist mit gleichbleibender Drehzahl zu rechnen. Das Anziehen soll mittels Drehmomentschlüssel (drehmomentgesteuert) erfolgen. Die Schrauben sind schwarzvergütet und mit MoS_2 geschmiert. Für die Bestimmung des Gewindes und des Anziehmomentes sind zu ermitteln:

1. Die Betriebslängskraft F_A je Schraube und Wahl eines geeigneten metrischen Regelgewindes der Reihe 1, wenn zunächst $F_{M\,max} = F_{M\,zul} \geq 2{,}5 F_A$ angenommen wird,
2. Der Anziehfaktor a_A (Mittelwert) und die kleinste Montagevorspannkraft $F_{M\,min}$,
3. Das Kraftverhältnis Φ_K bei einer Klemmlänge $L_K = 85$ mm, einer Schraubenlänge $l = L_K + 2{,}5d$ und einer Gewindelänge $b = 1{,}5d$, wenn ein Nachgiebigkeitsverhältnis $\delta_B/\sigma_S \approx 0{,}7$ angenommen wird,
4. Der Vorspannkraftverlust F_Z,
5. Die Differenzkraft F_{SA} in der Schraube, wenn der Krafteinleitungsfaktor $n \approx 0{,}7$ geschätzt wird,
6. Die Restklemmkraft F_K der Bauteile,
7. Die Spannungsdifferenz σ_{sa} und die Flächenpressung p_B,
8. Ist das unter 1. gewählte Gewinde geeignet, und welches Anziehmoment M_A ist bei $\mu_K = 0{,}1$ vorzuschreiben?

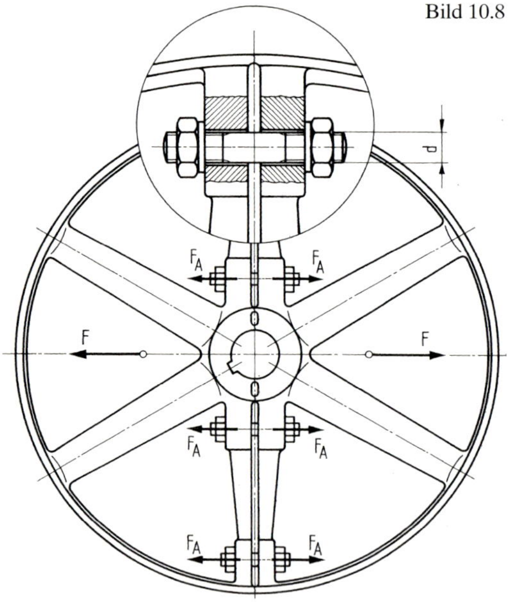

Bild 10.8 Mit Schraubenbolzen verbundene Riemenscheibenhälften

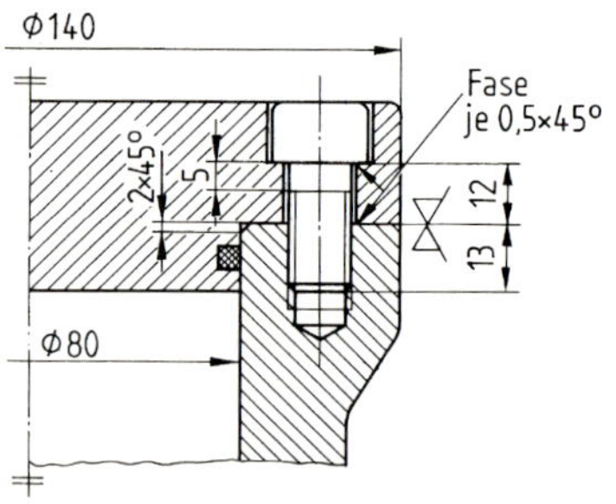

Bild 10.9 Deckelverschraubung

10.9 In Bild 10.9 ist der Ausschnitt einer Deckelverschraubung dargestellt. Es sind 8 gepreßte, phosphatierte und mit Klebstoff beschichtete Zylinderschrauben ISO 4762 der Festigkeitsklasse 8.8 vorgesehen, die mittels Präzisionsdrehschrauber angezogen werden sollen, Durchgangsloch DIN EN 20273 fein. Auf den Deckel aus E295 wirkt der Überdruck im Zylinder (Werkstoff GS-52), der zwischen Null und $p_{max} = 200$ bar schwanken kann. Beim Höchstdruck soll an der Deckel-Auflagefläche noch eine Mindestpressung

$p_D = 2\ \text{N/mm}^2$ vorhanden sein. Wegen der großen Steifigkeit des Deckels braucht der exzentrische Kraftangriff nicht berücksichtigt zu werden. Für die Bemessung der Schraubenverbindung sind zu ermitteln:

1. Die Betriebslängskraft F_A je Schraube und Wahl eines geeigneten metrischen Regelgewindes der Reihe 1 mit $F_{M\,max} \approx 3\,F_A$ oder etwas kleiner,
2. Der Anziehfaktor α_A (Tabellenkleinstwert),
3. Die erforderliche Mindestklemmkraft F_K je Schraube,
4. Das Kraftverhältnis Φ_K,
5. Der Vorspannkraftverlust F_Z,
6. Die nach der erforderlichen Mindestklemmkraft notwendige Montagevorspannkraft $F_{M\,max}$, wenn $n \approx 0{,}5$ geschätzt wird,
7. Das für $F_{M\,max}$ mit $\mu_K = 0{,}12$ vorzuschreibende Anziehmoment M_A und das zulässige nach Tab. 10.8,
8. Sind die Spannungsdifferenz σ_{sa}, der Spannungsausschlag σ_a und die Flächenpressung p_B, zulässig?
9. Sind nach den unter 8. ermittelten Ergebnissen Änderungen notwendig?
10. Wird die Mindesteinschraubtiefe m eingehalten?

10.10 Bild 10.10 zeigt die Deckelverschraubung eines Schubstangenkopfes mit zwei Taillenschrauben der Festigkeitsklasse 10.9, Bauteilwerkstoff: C 45 mit $p_{B\,zul} = 600\ \text{N/mm}^2$, Ausgleichscheiben aus gehärtetem Stahl. Der Schraubenkopf wird durch eine Anflächung gegen Drehung gesichert (Kopfauflagefläche $A_P \approx 150\ \text{mm}^2$), die Zugmutter (mittlerer Auflageradius $r_m \approx 10\ \text{mm}$) durch Anblockung an eine Anflächung des Zapfenendes der Schraube. Die schwellend wirkende Stangenkraft $F = 28\ \text{kN}$ (Zugkraft) ist von beiden Schrauben aufzunehmen. Das Anziehen soll mittels Drehmomentschlüssel erfolgen (Reibzahl $\mu_G \approx \mu_K \approx 0{,}12$, $\alpha_A = 1{,}4$). Wegen des exzentrischen Kraftangriffs, der bei der Berechnung außer Betracht bleibt, sollen beim Anziehen 80 % und bei der Größtkraft in der Schraube 90 % der Streckgrenze nicht überschritten werden. Unter Annahme des Ersatzquerschnittes $A_B \approx 200\ \text{mm}^2$ für die Bauteile und des Krafteinleitungsfaktors $n \approx 0{,}3$ sind zu ermitteln:

1. Die Montagevorspannkraft $F_{M\,max}$ und das vorzuschreibende Anziehmoment M_A,
2. Wird durch die Restklemmkraft F_K ein Abheben der Bauteile verhindert?
3. Sind die auftretenden Spannungen zulässig?

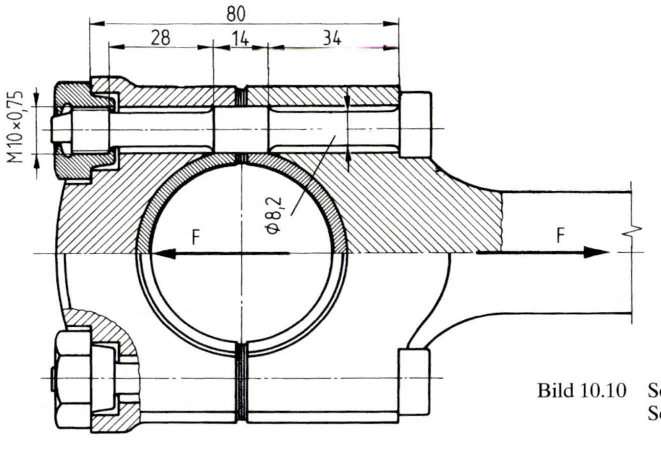

Bild 10.10 Schraubenverbindung eines Schubstangenkopfes

10.11 Zur Verschraubung des Deckels aus EN-GJL-250 für das Festlager der Schneckenwelle eines Schneckengetriebes sind entsprechend Bild 10.11 sechs Zylinderschrauben DIN 7984 – M 5 × 10 – 8.8 vorgesehen (Kopfdurchmesser D_K wie DIN EN ISO 4762, Durchgangsloch DIN EN 20273 mittel, Lochfase 0,5 × 45°). Die Schrauben werden von Hand mit einem Schraubendreher (Stiftschlüssel) DIN 911 angezogen, wobei eine größte Montagevorspannung $\sigma_M = 0{,}7 R_{p0,2}$ erreicht werden kann (lt. DIN 7984), hierbei Anziehfaktor $\alpha_A \approx 4$. Wegen der Gefahr einer zusätzlichen Biegebeanspruchung infolge der Nachgiebigkeit des Deckelflansches sollen bei der Größtkraft 80 % der Streckgrenze in den Schrauben nicht überschritten werden. Die vom Lager zu übertragende ruhende Axialkraft $F_{as} = 4{,}2$ kN muß von den Schrauben aufgenommen werden. Sie sind hierfür ausreichend bemessen, wenn schätzungsweise ein Krafteinleitungsfaktor $n \approx 1$, ein Kraftverhältnis $\Phi_K \approx 0{,}4$ und ein Vorspannkraftverlust $F_Z \approx 0{,}6$ kN angenommen werden?

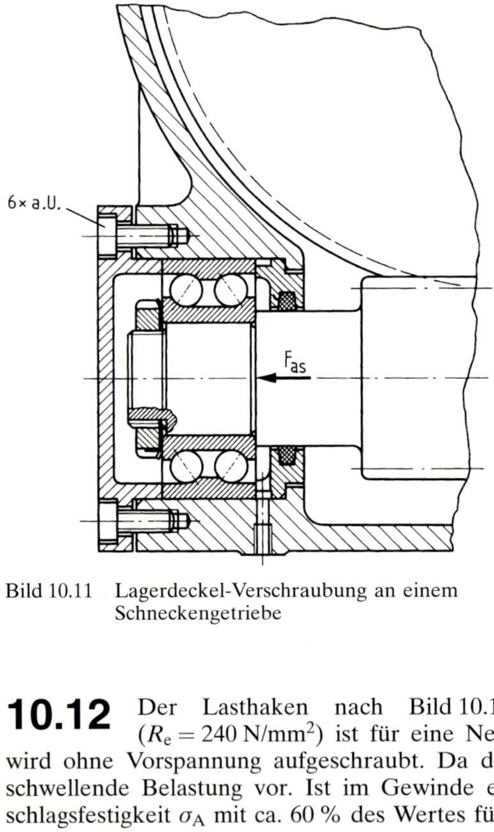

Bild 10.11 Lagerdeckel-Verschraubung an einem Schneckengetriebe

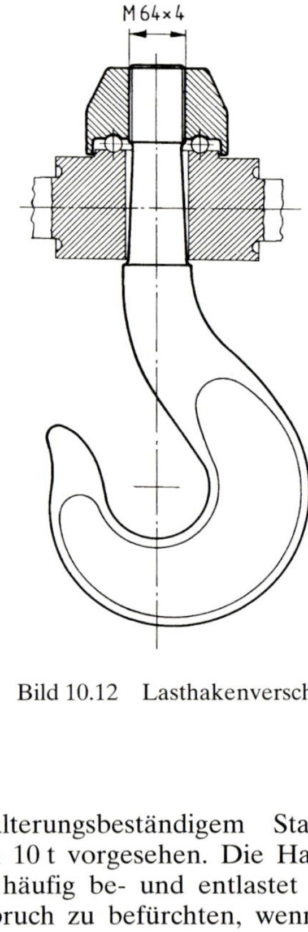

Bild 10.12 Lasthakenverschraubung

10.12 Der Lasthaken nach Bild 10.12 aus alterungsbeständigem Stahl ASt41 ($R_e = 240$ N/mm²) ist für eine Nennlast von 10 t vorgesehen. Die Hakenmutter wird ohne Vorspannung aufgeschraubt. Da der Haken häufig be- und entlastet wird, liegt schwellende Belastung vor. Ist im Gewinde ein Dauerbruch zu befürchten, wenn die Ausschlagsfestigkeit σ_A mit ca. 60 % des Wertes für Schrauben über M 20 angenommen wird?

10.13 Die in Bild 10.13 gezeigte Schalenkupplung aus EN-GJL-300 wird mit 8 Sechskantschrauben nach DIN EN 24014 der Festigkeitsklasse 5.6 und Sechskantmuttern nach DIN EN 24032 auf die beiden zu verbindenden Wellenenden geklemmt ($\mu_G \approx \mu_K \approx 0{,}12$, Durchgangsloch mittel). Um das Drehmoment durch den erzeugten Kraftschluss (Reibschluss) übertragen zu können, muss auf jedes Wellenende eine Normalkraft $F_N = 120$ kN ausgeübt werden.

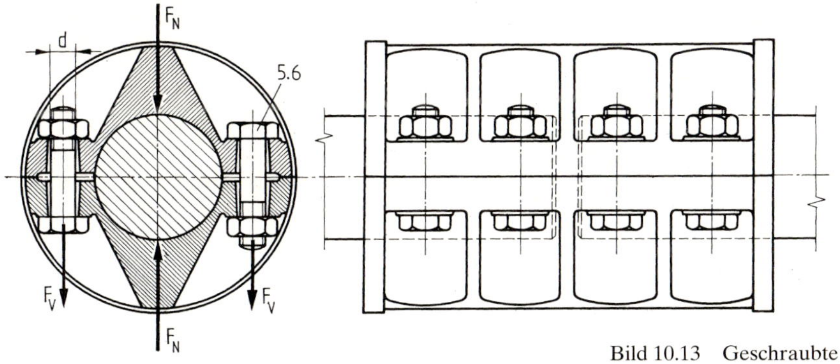

Bild 10.13 Geschraubte Schalenkupplung

1. Welches Regelgewinde (Reihe 1) ist vorzusehen, wenn ein gleichmäßiges Anziehen der Schrauben mit messendem Drehmomentschlüssel vorgeschrieben wird (Mittelwert von α_A), wobei eine Beanspruchung bis 90 % der Streckgrenze zugelassen werden darf und ein Vorspannkraftverlust $F_Z \approx 3$ kN anzunehmen ist?

2. Welches Anziehmoment M_A ist vorzuschreiben?

Überschlagsberechnungen

10.14 Eine Sechskantschraube nach DIN EN 24014, Festigkeitsklasse 5.6, soll eine ruhend wirkende Längskraft $F_A = 3$ kN übertragen. Durch eine Überschlagsrechnung ist das erforderliche metrische Regelgewinde Reihe 1 zu bestimmen und ggf. eine geeignete Fertigkeitsklasse zu wählen.

10.15 Ein Spannschloß (Bild 10.15), das zum Ein- und Nachstellen einer Bandbremse dient, wird schwellend mit der Zugkraft $F_A = 7$ kN belastet. Das Schloß besitzt an dem einen Ende Rechts-, am anderen Ende Linksgewinde, um durch Drehen des Schlosses je nach Drehrichtung spannen oder entspannen zu können. Durch eine Überschlagsrechnung ist festzustellen, ob das vorgesehene Feingewinde M 14 × 1,5 bei der Festigkeitsklasse 4.8 ausreicht.

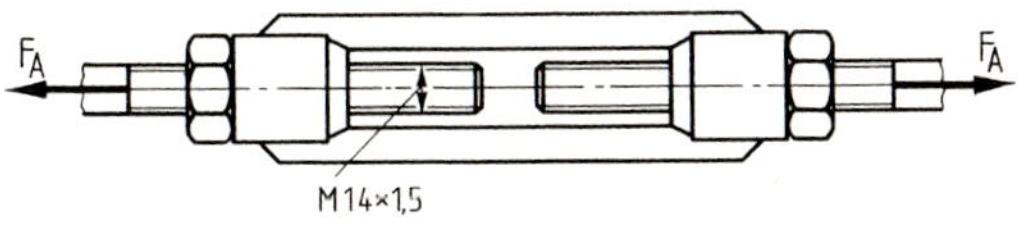

Bild 10.15 Spannschloß

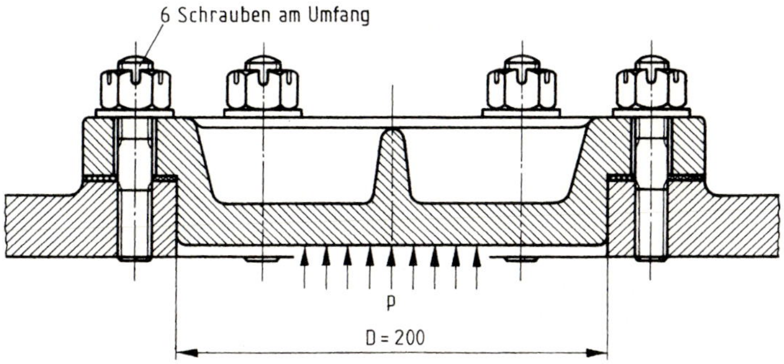

Bild 10.16 Angeschrauber Verschlußdeckel

10.16 Der Verschlußdeckel eines Pumpengehäuses soll nach Bild 10.16 mit 6 Stiftschrauben DIN 939 befestigt werden, Festigkeitsklasse 6.8. Vom Deckel ist ein schwellend wirkender Überdruck $p = 40$ bar aufzunehmen. Die Kronenmuttern DIN 935 werden gefühlsmäßig von Hand angezogen. Das erforderliche Regelgewinde (Reihe 1) soll wie folgt bestimmt werden, wobei eine Differenzkraft $F_{SA} \approx 0{,}4\,F_A$ anzunehmen ist:

1. Die Betriebslängskraft F_A je Schraube und Wahl eines geeigneten Gewindes,
2. Die zu erwartende durchschnittliche Vorspannkraft F_V,
3. Die Größtkraft F_S in einer Schraube und die Klemmkraft F_K der Bauteile durch eine Schraube,
4. Sind die Schrauben ausreichend bemessen?

10.17 Die in Bild 10.17 dargestellte Flanschverschraubung einer Druckluft-Rohrleitung enthält 8 Sechskantschrauben M 16 nach DIN EN 24014, die gefühlsmäßig von Hand angezogen werden sollen. Für einen Überdruck $p = 16$ bar soll die Verbindung durch eine Überschlagsrechnung überprüft werden. Unter der Voraussetzung ungünstigster Verhältnisse sind zu ermitteln:

1. Die Betriebslängskraft F_A je Schraube, wenn mit einem zeitweiligen Ansteigen des Überdrucks auf $1{,}3p$ (den Probedruck) gerechnet wird und dieser bis zum mittleren Dichtungsdurchmesser wirksam ist,
2. ist bei der Klemmkraft F_K die für die Dichtwirkung mindestens erforderliche Pressung der Dichtung $p_D = 10\,\text{N/mm}^2$ vorhanden, wenn die Differenzkraft F_{BA} der Bauteile schätzungsweise 75 % von F_A beträgt?
3. Welche Festigkeitsklasse ist für die Schrauben mindestens erforderlich, wenn bei der Größtkraft F_S wegen der exzentrischen Belastung und der zusätzlichen Biegebeanspruchung durch die Nachgiebigkeit der Flansche 50 % der Streckgrenze im Spannungsquerschnitt des Gewindes nicht überschritten werden sollen?

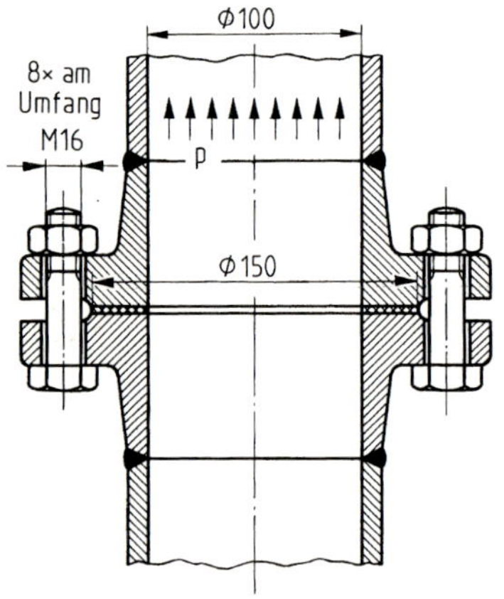

Bild 10.17 Flanschverschraubung einer Rohrleitung

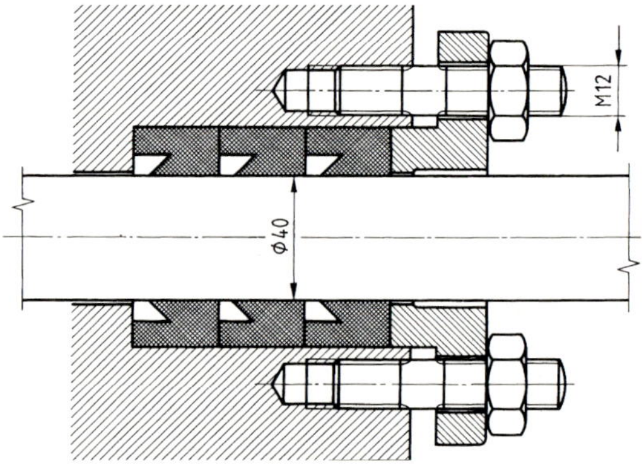

Bild 10.18 Stopfbuchsverschraubung

10.18 Die in Bild 10.18 gezeigte Stopfbuchse soll auf die Packung eine Kraft $F = 23$ kN ausüben. Diese wird durch Anziehen der Muttern auf den beiden Stiftschrauben DIN 939 — M 12 — 5.6 aufgebracht. Da die Schrauben durch elastisches Verbiegen des Brillenflansches zusätzlich biegebeansprucht werden, soll beim gefühlsmäßigen Anziehen die Vorspannung σ_V im Spannungsquerschnitt die 0,6fache Streckgrenze, beim Anziehen mit Drehmomentenschlüssel die Vergleichsspannung σ_V die 0,7fache Streckgrenze nicht überschreiten.

1. Ist durch gefühlsmäßiges Anziehen der Schraubenverbindung die erforderliche Vorspannkraft $F_{V\,erf}$ erreichbar?
2. Wird dabei die zulässige Vorspannung $\sigma_{V\,zul}$ überschritten?
3. Welche Festigkeitsklasse wäre ggf. für die Schrauben bei gefühlsmäßigem Anziehen mindestens zu wählen?
4. Welches Anziehmoment M_A ist beim Anziehen mit einem Drehmomentenschlüssel einzustellen, wenn für $F_M = F_{Verf}$ gesetzt wird und mit einer Reibzahl $\mu_G \approx \mu_K \approx 0{,}14$ zu rechnen ist (der Setzbetrag wird hier nicht berücksichtigt, Durchgangsloch mittel)?
5. Wird in diesem Falle die zulässige Vergleichsspannung $\sigma_{v\,zul}$ für die Festigkeitsklasse 5.6 überschritten?

Querbeanspruchte Befestigungsschrauben

10.19 Die in Bild 10.19 dargestellte Scheibenkupplung DIN 116 – A 120 aus EN-GJL-200 enthält zur Verbindung der beiden Hälften 10 Passschrauben DIN 609 – M 16 × 85 – 5.6 und ist für ein übertragbares wechselndes Drehmoment $M = 12{,}5$ kNm geeignet. Für die Festigkeitskontrolle der Schrauben sind zu ermitteln:
1. Die Betriebsquerkraft F_Q je Schraube,
2. Die Scherspannung τ_a und die Leibungsspannung σ_l,
3. Sind die Schrauben ausreichend bemessen?

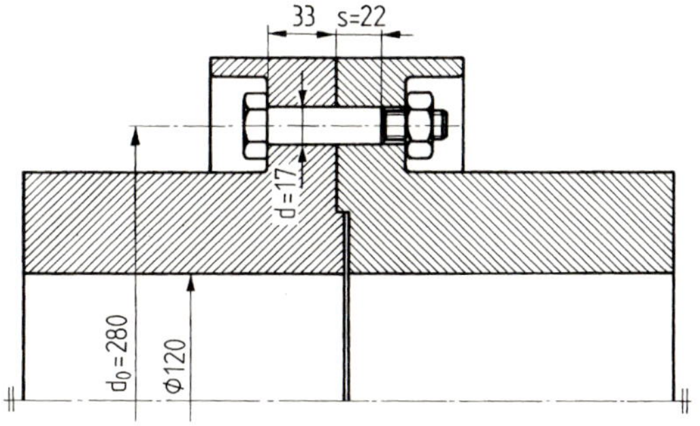

Bild 10.19 Scheibenkupplung mit Passschrauben

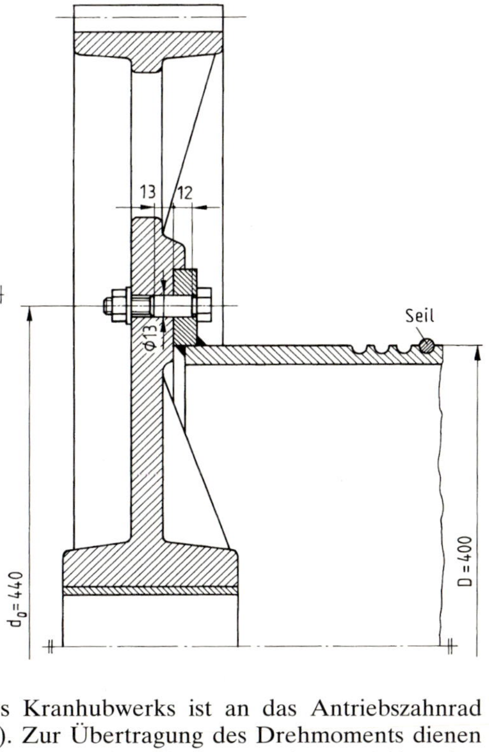

Bild 10.20 Mit Paßschrauben an einer Seiltrommel befestigtes Zahnrad

10.20 Die Seiltrommel aus S235JR eines Kranhubwerks ist an das Antriebszahnrad aus GS-38 angeflanscht (Bild 10.20). Zur Übertragung des Drehmoments dienen 8 Passschrauben DIN 609 – M 12 × 50 – 5.6. Am Seil wirkt eine Zugkraft $F_Z = 25$ kN. Genügen die Schrauben den Anforderungen, wenn wegen der Be- und Entlastungen schwellende Beanspruchung vorliegt und die beim Anheben der Last auftretenden Stöße mit einem Betriebsfaktor (Anwendungsfaktor) $K_A = 1{,}3$ berücksichtigt werden?

10.21 Das in Bild 10.21 dargestellte Schneckenrad hat ein schwellendes Drehmoment $M = 3850$ Nm zu übertragen. Die Verbindung des Schneckenradkranzes aus GS-CuSn12Ni2-C mit der Radfelge aus EN-GJL-200 soll mit 6 Spannstiften (Spannhülsen) ISO 13337 — 13 × 50 (Wanddicke $w = 1{,}25$ mm) und Sechskantschrauben ISO 4014 — M 10 × 70 — 5.6 mit Sechskantmuttern ISO 4032 — M 10 — 5 sowie Scheiben DIN 125 — 10,5 — 140 HV ausgeführt werden.

1. Genügt die Verbindung den Anforderungen?
2. Würden 6 Passschrauben DIN 609 — M 8 × 65 — 5.6 mit einem Schaftdurchmesser von 9 mm und einer tragenden Länge von 19 mm im Schneckenradkranz ebenfalls ausreichen?

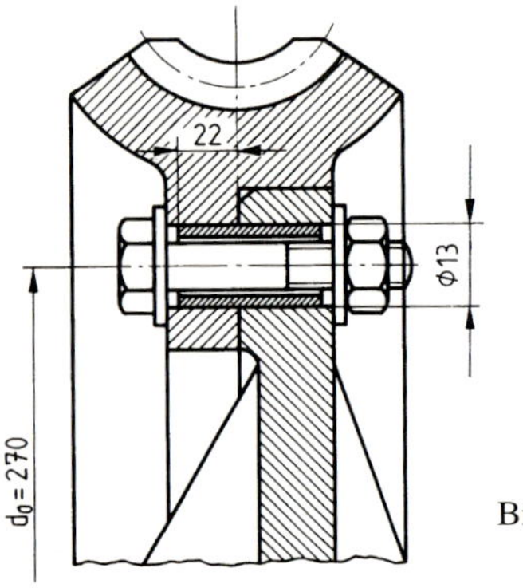

Bild 10.21 Schraubenverbindung mit Spannstiften an einem Schneckenradkranz

10.22 Das in Bild 10.22 gezeigte Kranlaufrad wird von einem Zahnrad aus GS-38 angetrieben. Beide sind mit 6 Scherbuchsen aus E295 und Sechskantschrauben M 12 nach DIN EN 24014 verbunden. Bei der Höchstlast ist an der Lauffläche des Radkranzes ein Fahrwiderstand (Reibwiderstand) von 9,5 kN zu überwinden. Ist die Verbindung unter Berücksichtigung des Drehrichtungswechsels und der Stöße beim Anfahren und Bremsen durch einen Betriebsfaktor (Anwendungsfaktor) $K_A = 1{,}3$ ausreichend bemessen?

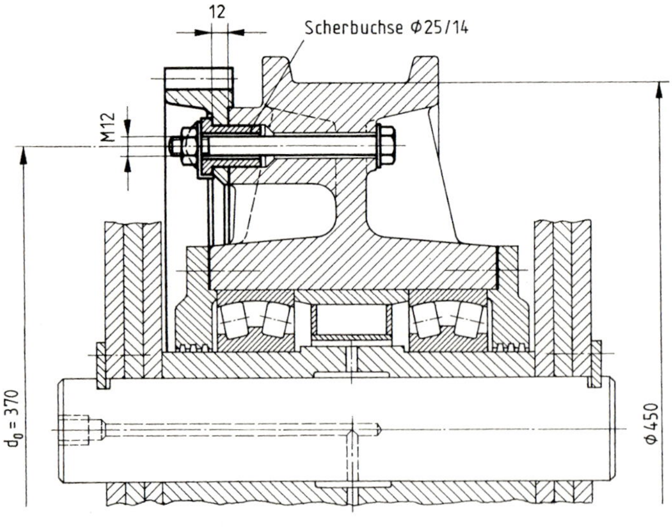

Bild 10.22 Schraubenverbindung mit Scherbuchsen am Zahnkranz eines Kranlaufrades

10.23 Der Zahnkranz eines Schneckenrades aus der Aluminiumlegierung EN AC-Al-Cu4MgTi soll nach Bild 10.23 am Radkörper aus Stahl S275JR mit 12 Zylinderschrauben nach DIN EN ISO 4762 gleitsicher befestigt werden. Das Anziehen der Schrauben ist von Hand mit Drehmomentschlüssel vorgesehen ($\alpha_A = 1{,}6$). Es ist ein schwellendes Drehmoment von 12,5 kNm zu übertragen. Das erforderliche Regelgewinde (Reihe 1) der schwarzvergüteten und geölten Schrauben sowie das vorzuschreibende Anziehmoment sind wie folgt zu ermitteln:

1. Die Querkraft F_Q je Schraube,
2. Die erforderliche Vorspannkraft $F_{V\,min}$ bei einer Haftreibzahl $\mu \approx 0{,}18$.
3. Wahl der Schraubengröße in der Festigkeitsklasse 8.8, wenn ein Vorspannkraftverlust $F_Z \approx 12$ kN und $\mu_G \approx \mu_K \approx 0{,}1$ angenommen werden,
4. Das vorzuschreibende Anziehmoment M_A,
5. Ist die Flächenpressung p_B am Schraubenkopf zulässig (Durchgangsloch mittel, Lochfase $0{,}5 \times 45°$)?

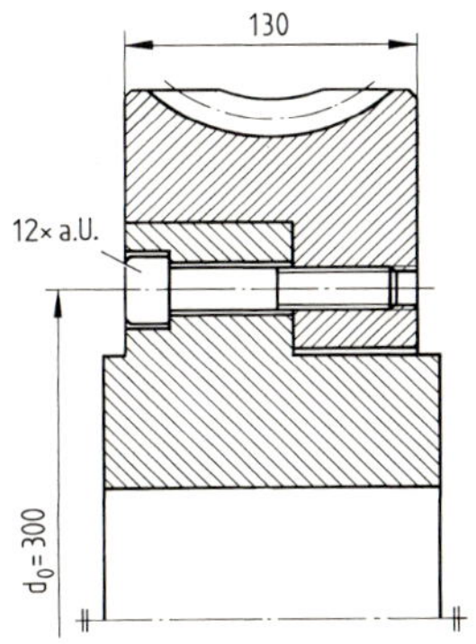

Bild 10.23 Schraubenverbindung eines Schneckenradkranzes

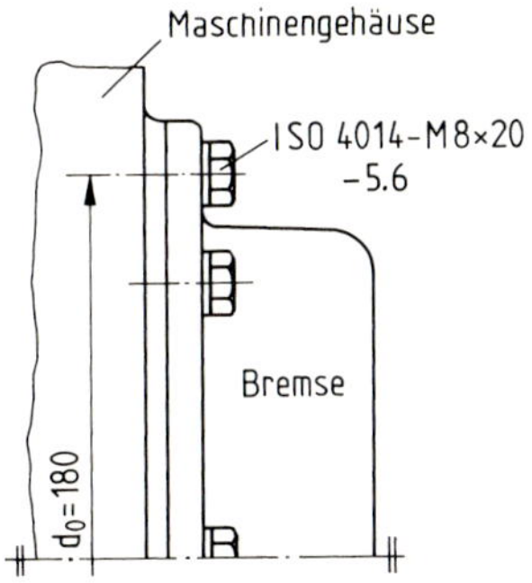

Bild 10.24 Angeschraubte Bremse

10.24 Die in Bild 10.24 skizzierte Bremse mit einem Gehäuse aus EN-GJL-200 soll mit Sechskantschrauben ISO 4014 – M 8 × 20 – 5.6 an ein Maschinengehäuse aus Stahlguß GS-38 angeflanscht werden. Das von der Schraubenverbindung gleitsicher durch Reibhemmung zu übertragende schwellend wirkende Bremsmoment beträgt $M = 280$ Nm. Als Haftreibzahl an den Klemmflächen kann $\mu \approx 0{,}2$ angenommen werden. Die Schrauben sind galvanisch cadmiert. Der Vorspannkraftverlust wird auf $F_Z \approx 2$ kN geschätzt, die Reibzahl $\mu_G = 0{,}12$. Wieviel der angegebenen Schrauben sind erforderlich, wenn sie mittels Präzisionsdrehschrauber ($\alpha_A = 1{,}6$) bis zur zulässigen Grenze angezogen werden, und welches Anziehmoment ist mindestens vorzuschreiben?

10.25 Die in Bild 10.25 gezeigte Reibscheibe einer elektromagnetischen Einflächenkupplung hat ein schwellendes Drehmoment $M = 500$ Nm zu übertragen. Um den Luftspalt zwischen Reibscheibe und Reibbelag nachstellen zu können, sind zwischen dem Spulenkörperflansch aus Stahlguss und der Reibscheibe aus Grauguss geschlitzte, nach außen herausziehbare Hartpapierscheiben beigelegt. Es sind 8 Sechskantschrauben M 12 nach DIN EN 24014 vorgesehen, die gefühlsmäßig von Hand angezogen werden.

1. Genügt der erzielte Kraftschluss zur gleitsicheren Drehmomentübertragung, wenn für Stahlguss/Hartpapier die Haftreibzahl $\mu \approx 0{,}08$ beträgt und eine Haftsicherheit $S_H \geq 1{,}8$ verlangt wird?
2. Welche Festigkeitsklasse ist für die Schrauben erforderlich?

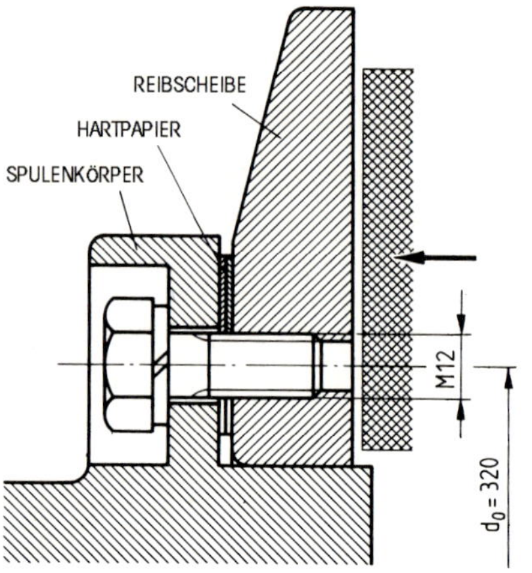

Bild 10.25 Angeschraubte Reibscheibe

10.26 In Bild 10.26 sind drei 120 mm breite Flachstähle aus E295 skizziert, die von drei Durchsteckschrauben zusammengehalten werden. Es ist die ruhend wirkende Kraft F zu bestimmen, die von der Verbindung gleitsicher durch Reibhemmung übertragen werden kann, wenn die Schrauben mit Drehmomentschlüssel von Hand ($\alpha_A = 1{,}6$) bis zur zulässigen Grenze angezogen und mittels Klebstoff gesichert werden sollen. Im einzelnen sind zu ermitteln:

1. Das Kraftverhältnis Φ_K,
2. Der Vorspannkraftverlust F_Z,
3. Die erreichbare Mindestvorspannkraft $F_{V\,min}$,
4. Die übertragbare Kraft F bei einer Haftreibzahl $\mu \approx 0{,}15$ an den Klemmflächen,
5. Das vorzuschreibende Anziehmoment M_A bei $\mu_K \approx 0{,}1$.

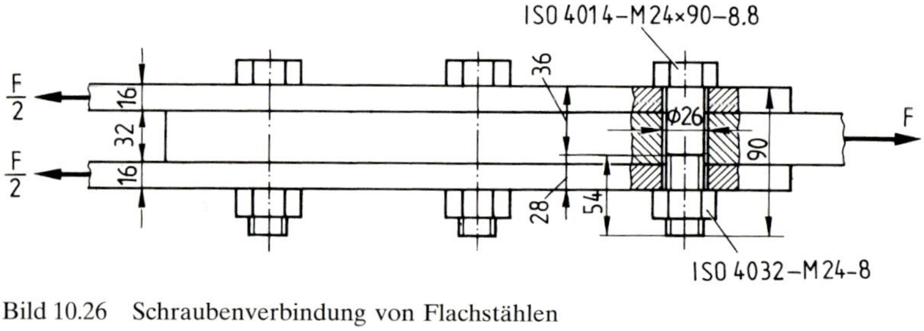

Bild 10.26 Schraubenverbindung von Flachstählen

10.27 Für die in Bild 10.27 dargestellte Spannvorrichtung soll aus Montagegründen anstelle der Punktschweißverbindung (siehe Bild 5.8) eine Schraubenverbindung vorgesehen werden, und zwar zwei Sechskantschrauben ISO 4017 ($\mu_G \approx \mu_K = 0{,}12$, Durchgangsloch mittel, Lochfase $0{,}5 \times 45°$) mit Sechskantmuttern ISO 4032, die mittels Drehmomentschlüssel von Hand angezogen werden ($\alpha_A = 1.6$). Aus Aufgabe 5.8 sind bekannt: ruhend wirkende Längskraft $F_A = 16{,}3$ kN der höher belasteten Schraube, Querkraft $F_Q = 1{,}53$ kN je Schraube, Bauteilwerkstoff: S235JR. Das erforderliche Regelgewinde (Reihe 1) ist wie folgt zu bestimmen:

1. Überschlägliche Wahl des Gewindes mit $F_{M\,max} = 3\,F_A$ in der Festigkeitsklasse 10.9 mit F_{Mzul} etwas größer als $F_{M\,max}$,
2. Errechnung des Kraftverhältnisses Φ_K und des Vorspannkraftverlustes F_Z, wenn die Klemmlänge $L_K = 11$ mm beträgt und das Schraubengewinde annähernd bis an den Kopf reicht.

3. Ist die Montagevorspannkraft $F_{M\,max}$ ausreichend für die Mindestklemmkraft F_K (Haftreibzahl $\mu \approx 0{,}15$), wenn $n = 0{,}5$ angenommen wird? Falls nein, welche Festigkeitsklasse muß dann unter Beibehaltung der Schraubengröße gewählt werden?
4. Ist die Spannungsdifferenz σ_{sa} in der höher belasteten Schraube zulässig?
5. Wird bei $F_{M\,max}$ die zulässige Flächenpressung $p_{B\,zul}$ an den Kopf- und Mutternauflageflächen überschritten?
6. Welches Anziehmoment M_A ist vorzuschreiben?

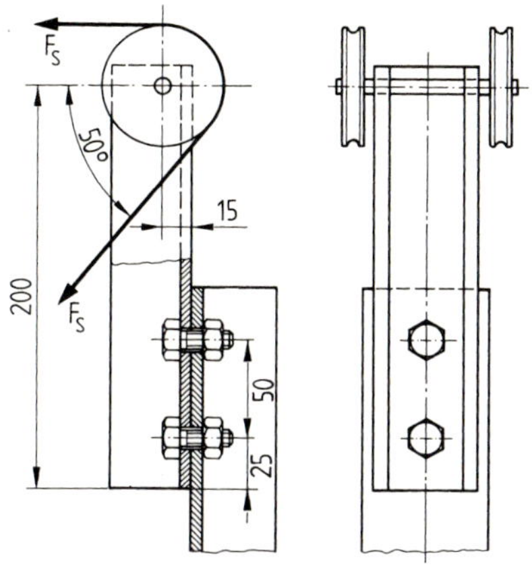

Bild 10.27 Schraubenverbindung in einer Spannvorrichtung

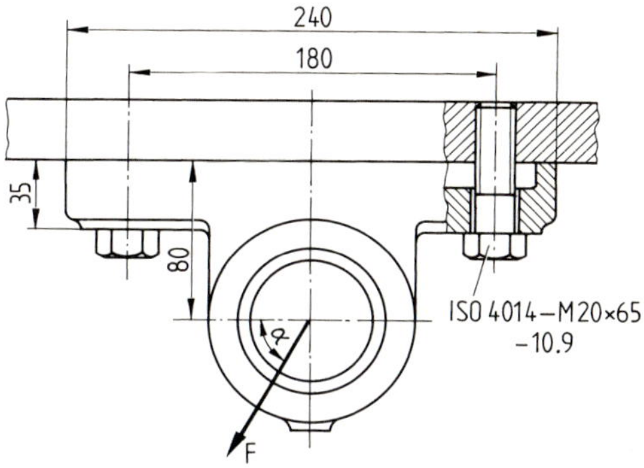

Bild 10.28 Angeschraubtes Augenlager

10.28 Das in Bild 10.28 dargestellte Augenlager DIN 504 — A 60 aus EN-GJL-200 hat unter dem Winkel $\alpha = 60°$ eine schwellend wirkende Lagerkraft $F = 22$ kN zu übertragen. Es ist mit zwei Sechskantschrauben ISO 4014 — M 20 × 65 — 10.9 befestigt, die galvanisch cadmiert und geölt sind und mittels Drehschrauber ($\alpha_A = 2{,}5$) angezogen werden. Die Schraubenverbindung ist rechnerisch zu überprüfen, und zwar auf Übertragungsfähigkeit, d. h. gleitsichere Übertragung der Querkraft bei $\mu = 0{,}18$, sowie auf Haltbarkeit. Außerdem ist das vorzuschreibende Anziehmoment anzugeben. Folgende Werte sind der Berechnung zu Grunde zu legen: Krafteinleitungsfaktor $n \approx 0{,}6$, Kraftverhältnis $\Phi_K \approx 0{,}4$, Nachgiebigkeit des Bauteils $\delta_B \approx 0{,}6 \cdot 10^{-3}$ mm/kN, Setzbetrag $f_Z \approx 4$ µm, zulässige Flächenpressung des Bauteils an der Schraubenauflagefläche $p_{B\,zul} \approx 750$ N/mm² (Durchgangsloch mittel, Lochfase 0,5 × 45°).

Schraubenverbindungen im Stahlbau

10.29 Die in Bild 10.29 gezeigte Doppellaschenverbindung aus dem Stahlbau, Werkstoff S235, soll mit 8 Sechskant-Passschrauben DIN 7968 — M 12 × 50 Mu — 4.6 (Schaftdurchmesser $d = 13$ mm) und Scheiben DIN 7989 — B 14 ausgeführt werden (SLP-Verbindung). Im Lastfall HZ ist eine Kraft $F = 132$ kN zu übertragen.
1. Genügen die Passschrauben den Anforderungen?
2. Wieviel Sechskantschrauben DIN 7990 — M 12 × 50 Mu — 4.6 mit Scheiben DIN 7989 — A 14 wären für eine SL-Verbindung erforderlich?

10.30 Der in Bild 10.30 gezeigte Träger aus U-Stahl DIN 1026 — U 120 dient zur Aufnahme einer Plattform im Stahlhochbau. Er wird von zwei Sechskantschrauben DIN 7990 — M 16 × 45 Mu — 4.6 am Hauptträger gehalten, der aus zwei U-Stählen DIN 1026 — U 200 besteht.

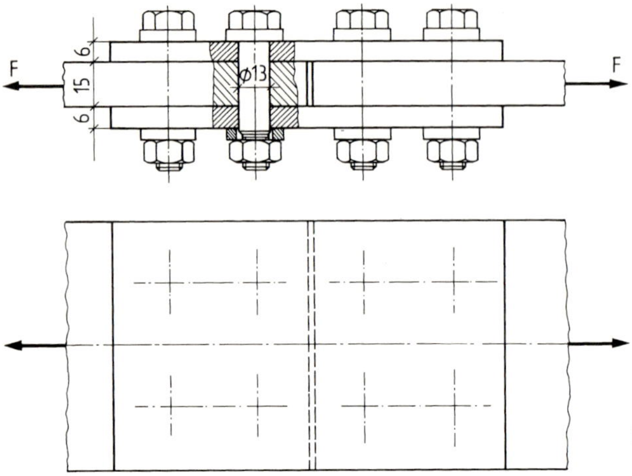

Bild 10.29 Doppellaschenverbindung mit Passschrauben

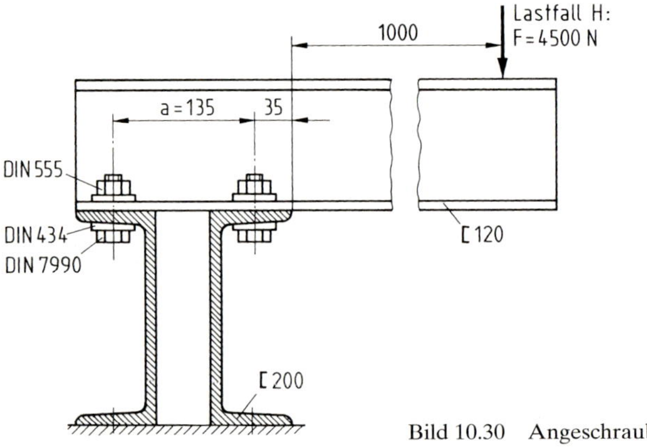

Bild 10.30 Angeschraubter Kragträger

1. Wird die höher belastete Schraube überbeansprucht?
2. Auf welches Maß müßte ggf. der Abstand a gebracht werden, um eine Überbeanspruchung zu vermeiden?
3. Ist es ggf. möglich, eine Überbeanspruchung durch Anwendung größerer Schrauben zu vermeiden?

10.31 Für den in Bild 8.12 dargestellten Kragträger einer Hochbaukonstruktion soll festgestellt werden, welche Schraubengröße erforderlich ist, wenn anstelle der Nietverbindung eine HV-Schraubenverbindung mit nicht planmäßig vorgespannten Sechskant-Passschrauben DIN 7968 der Festigkeitsklasse 10.9 vorgesehen wird (SLP-Verbindung). Die Belastungskraft $F = 8$ kN wirkt beim Lastfall H, $F_n = F_Q \approx 38{,}6$ kN wie bei Aufg. 8.12. Der Schrauben-Schaftdurchmesser d ist 1 mm größer als der Gewinde-Nenndurchmesser.

10.32 Die in Bild 10.32 skizzierte Blechöse dient zur Befestigung eines Spannseils in einer Stahlkonstruktion. Zur Verbindung mit den U-Stählen sind zwei Sechskantschrauben DIN 6914 – M 24 × 75 – 10.9 angeordnet, die leicht geölt sind und auf mindestens 50 % der Vorspannkraft nach DIN 18800 und DASt-Richtlinie 010 angezogen werden (SL-Verbindung). Die beim Lastfall H auftretende Seilkraft $F = 125$ kN wirkt überwiegend ruhend unter dem Winkel $\alpha = 45°$. Für die Schraubenverbindung ist der Spannungsnachweis

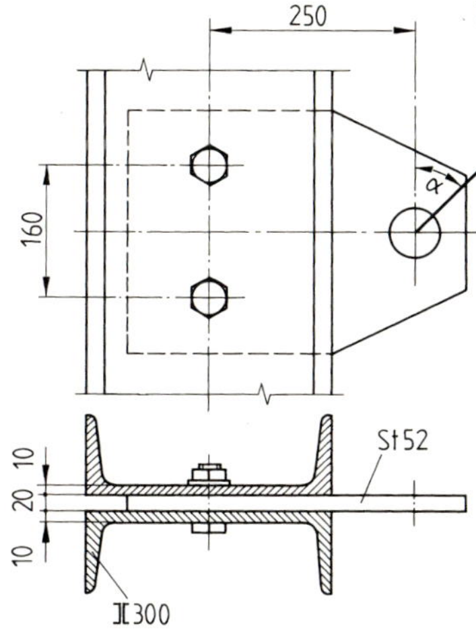

Bild 10.32 Angeschraubte Blechöse für Spannseilbefestigung

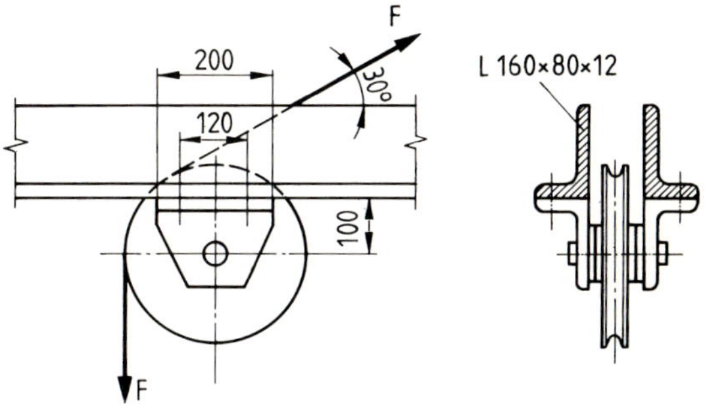

Bild 10.33 Angeschraubte Lagerböcke einer Seilrolle

durchzuführen, Bauteilwerkstoff S355. Ferner ist anzugeben, mit welchem Anziehmoment M_A mindestens angezogen werden muss.

10.33 In Bild 10.33 ist die Befestigung einer Seilrolle in einer Stahlkonstruktion dargestellt. Die Lagerböcke sind mit je zwei Sechskantschrauben DIN 6914 — M 22 × 60 — 10.9 angeschraubt. An den Berührungsflächen der Bauteile aus S235 ist ein gleitfester Anstrich vorgesehen. Im Seil wirkt beim Lastfall H eine Kraft $F = 160$ kN. Es ist der allgemeine Spannungsnachweis für die Schraubenverbindung durchzuführen (GV-Verbindung). Außerdem ist das Anziehmoment M_A anzugeben, mit dem die MoS_2-geschmierten Schrauben anzuziehen sind.

10.34 Die in Bild 10.34 gezeigte geschweißte Konsole hat in einer Hochbaukonstruktion eine ruhend wirkende Kraft $F = 250$ kN beim Lastfall HZ zu übertragen. Sie ist an einer Stütze mit 4 Sechskant-Passschrauben DIN 7968 — M 20 × 60 — 10.9 befestigt, die mit Drehmomentenschlüssel bis zur vorgeschriebenen Vorspannkraft F_V angezogen werden, Schaftdurchmesser der Passschrauben $d = 21$ mm. Für die Schraubenverbindung (GVP-Verbindung mit Zugkraft = GVPZ) ist der allgemeine Spannungsnachweis durchzuführen unter der Voraussetzung, daß die Klemmflächen der Bauteile aus S355 durch Sandstrahlen vorbehandelt werden.

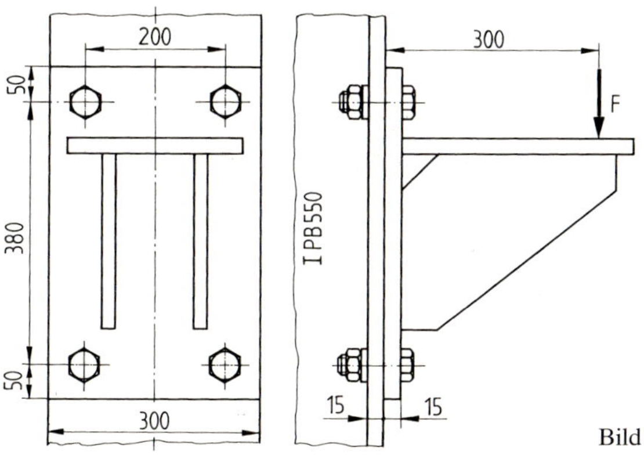

Bild 10.34 Konsolenbefestigung mit Passschrauben

11 Bewegungsschrauben

11.1 Die in Bild 11.1 im ausgefahrenen Zustand dargestellte Schraubenwinde ist zum Heben einer Last von maximal 3 t vorgesehen. Es sind der Wirkungsgrad und die erforderlichen Handkräfte am Knebel für den Arbeits- und den Rückhub zu bestimmen. Außerdem ist eine Berechnung auf Haltbarkeit und Stabilität durchzuführen, Spindelwerkstoff S235JR, Mutter aus Zinnbronze. Wegen mangelhafter Schmierung ist im Gewinde und auch zwischen Stützklaue und Spindelbund mit einer Reibzahl $\mu_G \approx \mu_L \approx 0{,}1$ zu rechnen. Im Einzelnen sind zu ermitteln:

1. Die Wirkungsgrade η_A beim Arbeitshub und η_R beim Rückhub sowie der Gesamtwirkungsgrad η,
2. Ist die erforderliche Selbsthemmung gegeben?
3. Die erforderlichen Handkräfte F_{hA} beim Arbeitshub und F_{hR} beim Rückhub,
4. Wird in der Spindel die zulässige Vergleichsspannung $\sigma_{v\,zul}$ überschritten?
5. Ist die Stabilität der Spindel gewährleistet, wenn die Knicksicherheit $S_K \geq 3$ nach Euler bzw. ≥ 2 nach Tetmajer betragen soll?
6. Ist die Mutterhöhe m ausreichend, wobei von seltener Betätigung ausgegangen werden kann?

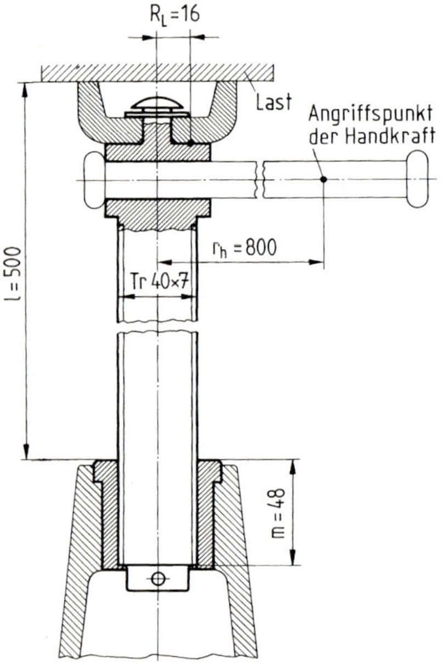

Bild 11.1 Schraubenwinde

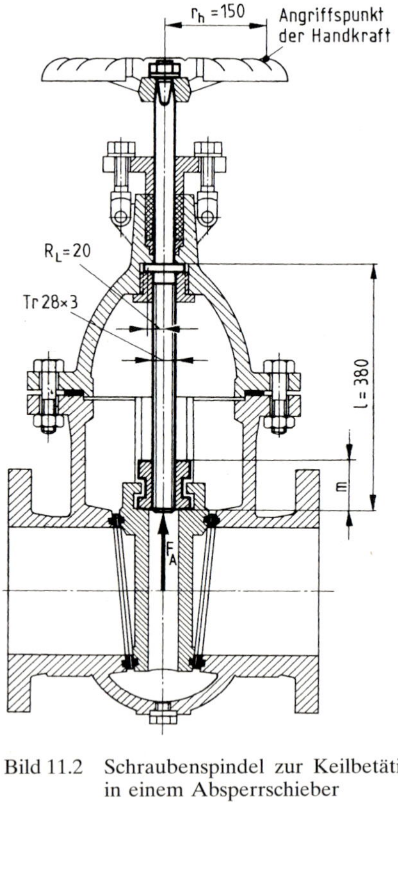

Bild 11.2 Schraubenspindel zur Keilbetätigung in einem Absperrschieber

11.2 Das in Bild 11.2 gezeigte Absperrventil enthält eine Spindel mit Trapezgewinde Tr 28 × 3 nach DIN 103 zum Schließen und Öffnen des Keilschiebers. Am Handrad greift eine Handkraft von maximal 500 N an. Das Gewinde ist sorgfältig bearbeitet, jedoch weniger gut geschmiert, sodass eine Reibzahl $\mu_G \approx 0{,}08$ angenommen werden kann. Am Spindelbund im Ventiloberteil beträgt die Reibzahl $\mu_L \approx 0{,}1$. Der Spindelwerkstoff C 35 hat eine Zugfestigkeit $R_m = 520\ \text{N/mm}^2$. Die Spindelmutter besteht aus CuSn12-C (Zinnbronze). Wegen der seltenen Betätigung genügt eine Knicksicherheit $S_K = 2{,}6$ nach Euler bzw. 1,7 nach Tetmajer. Zu ermitteln sind:

1. Die mögliche Spindellängskraft F_A,
2. Ist die Spindel selbsthemmend und ausreichend bemessen?
3. Welche Mutterhöhe m ist mindestens erforderlich?
4. Wie groß ist die erforderliche Lösekraft F_{hR} am Handrad?

11.3 Für den Vorschubantrieb des Tisches einer Universal-Fräsmaschine soll eine Gewindespindel entworfen werden, die entsprechend Bild 11.3 wälzgelagert ist. Bei einer Spindeldrehzahl von 63 min^{-1} wird eine Vorschubgeschwindigkeit von 0,63 m/min verlangt. Die $l = 0{,}8$ m lange Spindel aus E335 hat eine wechselnd wirkende größte Längskraft $F_A = 32$ kN zu übertragen. Die Entwurfsberechnung ist wie folgt durchzuführen:

1. Überschlägliche Wahl eines eingängigen Trapezgewindes nach DIN 103 mit $\sigma_{zul} \approx 0{,}1\ R_m$ unter Vernachlässigung der Torsionsbeanspruchung,
2. Überprüfung auf Haltbarkeit und Stabilität unter Zugrundelegung einer Gewinde-Reibzahl $\mu_G \approx 0{,}06$,
3. Erforderliche Höhe m der Bronzemutter mit dem üblichen Wert für p_{zul} bei Aussetzbetrieb,
4. Gesamtwirkungsgrad η der Spindel bei einem mittleren Lagerdurchmesser $D_L = d + 2$ mm,
5. Erforderliche Motorleistung P_{Mot} bei einem Wirkungsgrad $\eta_V \approx 0{,}75$ des Vorschubgetriebes.

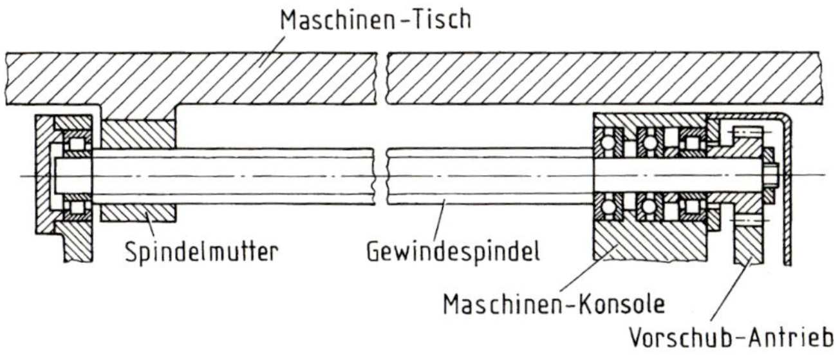

Bild 11.3 Gewindespindel im Vorschubantrieb einer Universal-Fräsmaschine

11.4 Die $l = 80$ mm lange Druckspindel aus E295 einer kleinen Handspindelpresse hat Sägengewinde S 20 × 16 P 4 und ist in einer $m = 25$ mm hohen Bronzemutter geführt. Am Spindelkopf befindet sich ein $r_h = 0{,}25$ m langer Handhebel, an dessen Ende mit einer maximalen Handkraft $F_h = 100$ N zu rechnen ist. An der Druckfläche am Spindelende beträgt das Reibmoment M_L etwa 20 % des Antriebsmoments M_A. Sind Spindel und Spindelmutter bei Aussetzbetrieb ausreichend bemessen, wenn gute Schmierung ($\mu_G \approx 0{,}08$) vorausgesetzt wird? Es liegt Knickfall 1 vor.

11.5 Die Spindel einer Schraubenzwinge aus Grauguss (Bild 11.5) hat metrisches Feingewinde M 20 × 2, Spindelwerkstoff: Stahl der Festigkeitsklasse 5.6, Mittels Schraubenschlüssel wird ein Anziehmoment von ca. 40 Nm ausgeübt. Es sind zu ermitteln:

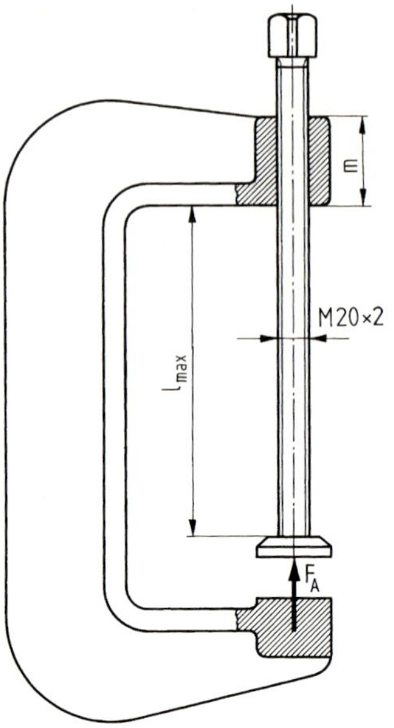

1. Welche Spannkraft F_A wird erzeugt, wenn etwa 40 % des Anziehmoments durch Reibung am Stützfuß verloren gehen und im Gewinde eine Reibzahl $\mu_G \approx 0{,}12$ anzunehmen ist?
2. Wird bei dieser Kraft die zulässige Vergleichsspannung $\sigma_{v\,zul}$ im Spindelkern überschritten?
3. Welche maximale Länge l_{max} darf die Spindel höchstens erhalten, wenn die Mindestknicksicherheit nach Euler gewährleistet sein soll?
4. Welche Mutternhöhe m ist erforderlich bei einer zulässigen Flankenpressung $p_{zul} = 15\ \text{N/mm}^2$?

Bild 11.5 Spindel in einer Schraubenzwinge

12 Welle-Nabe-Verbindungen

Längskeilverbindungen

12.1 Ein Steuerhebel aus Temperguss EN-GJMW-400-5 ist entsprechend Bild 12.1 auf der Welle aus Stahl E295 mittels Einlegekeil befestigt. Am Hebelende ist mit einer wechselnd wirkenden größten Kraft $F_h = 250$ N zu rechnen. Es treten leichte Stöße auf. Zu ermitteln sind:

1. Das ausgeübte Drehmoment M und die Umfangskraft F_u an der Welle,
2. Die Flankenpressung p,
3. Wird die zulässige Flankenpressung p_{zul} überschritten?

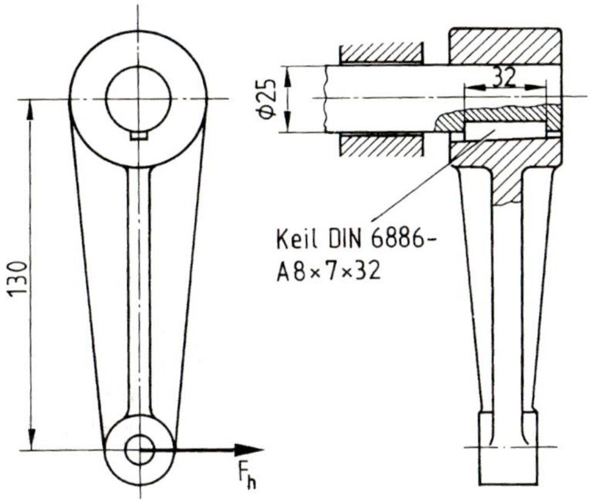

Bild 12.1 Mit Einlegekeil befestigter Hebel

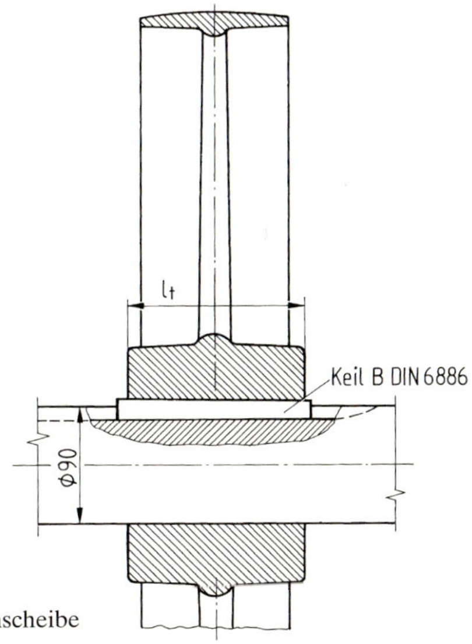

Bild 12.2 Mit Treibkeil befestigte Riemenscheibe

12.2 In einer Transmission ist eine Grauguss-Riemenscheibe durch einen Treibkeil mit der Welle aus Stahl verbunden (Bild 12.2). Bei stark stoßhaftem Betrieb ist eine maximale Leistung $P = 25$ kW zu übertragen. Die Drehzahl beträgt $n = 400 \text{ min}^{-1}$ bei gleichbleibender Drehrichtung. Es sind die Keilabmessungen $b \times h$ und die mindestens erforderliche tragende Länge l_t des Keils zu ermitteln.

12.3 Eine in Umfangsrichtung verstellbare Kurvenscheibe ist mit einem Hohlkeil DIN 6881 – 8 × 3,5 × 25 nach Bild 12.3 auf der Welle befestigt. An der Scheibe aus Stahl läuft eine Rolle, die in der ungünstigsten Stellung mit einer Normalkraft $F_N = 550$ N gegen die Scheibe drückt. Die Scheibe dreht sich nur in einer Richtung, Stöße treten nicht auf. Genügt der Keil zur Kraftübertragung, wenn $p_{zul} = 15 \text{ N/mm}^2$ beträgt?

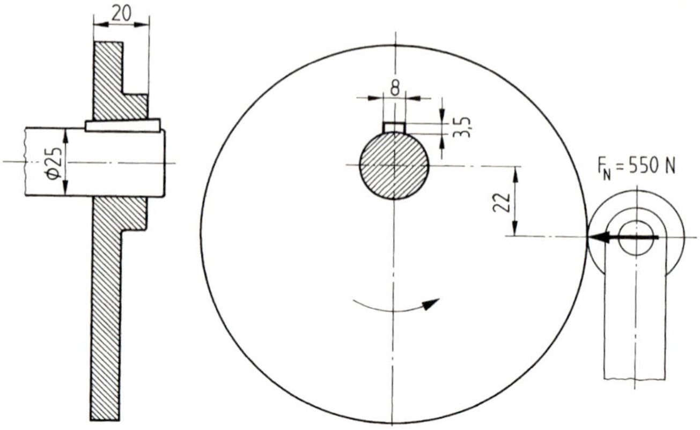

Bild 12.3 Mit Hohlkeil befestigte Steuerscheibe

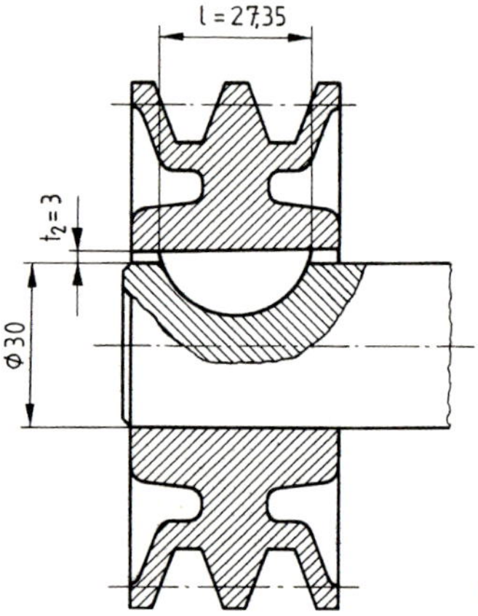

12.4 Zum Antrieb der Hilfsaggregate einer Baumaschine ist eine Keilriemenscheibe aus Grauguss nach Bild 12.4 mit einem Scheibenkeil (Scheibenfeder DIN 6888 — 8×11) auf der Welle befestigt.

1. Welches einseitige Drehmoment M kann bei leichten Stößen übertragen werden?
2. Kann die Verbindung bei $n = 1400\ \text{min}^{-1}$ eine Leistung $P = 3{,}7$ kW sicher übertragen?

Bild 12.4 Mit Scheibenkeil befestigte Keilriemenscheibe

12.5 An einer Straßenbaumaschine ist ein großes Stahlguss-Zahnrad, das drehrichtungswechselnd mit starken Stößen arbeitet, nach Bild 12.5 mit Tangentkeilen DIN 268 — $30 \times 10 \times 200$ auf der Welle befestigt. Es tritt ein größtes Drehmoment $M = 4$ kNm auf. Genügt die Verbindung den Anforderungen?

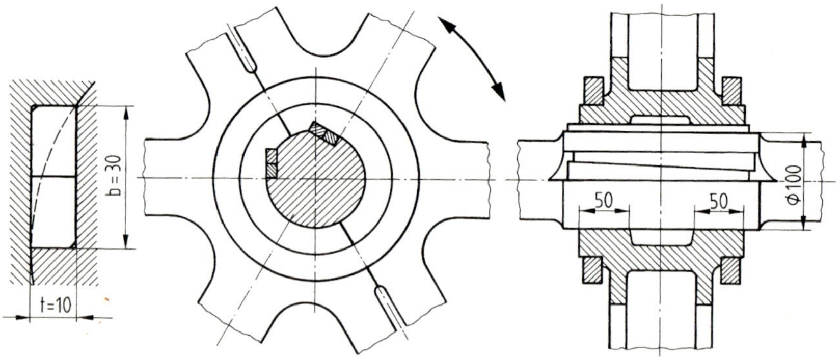

Bild 12.5 Mit Tangentenkeilen befestigtes Zahnrad aus Stahlguss

12.6 Das geteilte Grauguss-Zahnrad einer Landmaschine soll nach Bild 12.6 mit Tangentkeilen DIN 271 — $24 \times 8 \times 180$ auf der Welle befestigt werden. Das wechselnde, mit leichten Stößen wirkende Drehmoment beträgt 1200 Nm. Welche gleich langen tragenden Nabenlängen l_1 und l_2 müssen mindestens vorgesehen werden?

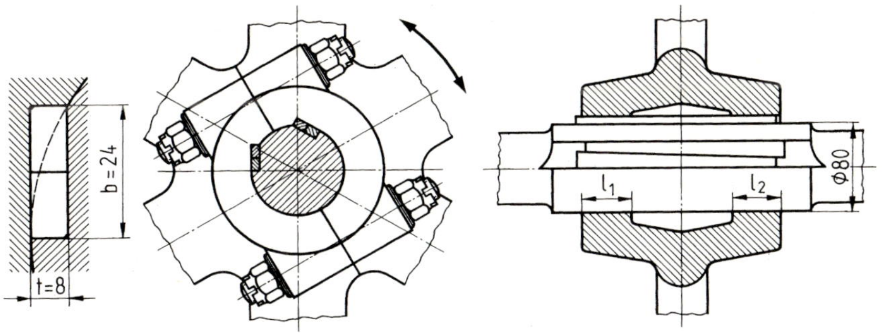

Bild 12.6 Mit Tangentenkeilen befestigtes Grauguss-Zahnrad

Passfederverbindungen

12.7 Das Schaufelrad einer Kreiselpumpe besteht aus Stahlguss und ist nach Bild 12.7 mit einer Passfeder A DIN 6885 (hohe Form) auf der Welle befestigt. Es ist ein Drehmoment $M = 1350$ Nm bei leichten Stößen zu übertragen. Es sind zu ermitteln:

1. Die Abmessungen $b \times h$ und die tragende Länge l_t der Passfeder,
2. Wird die zulässige Flankenpressung p_{zul} überschritten?
3. Welche Länge l ist ggf. für die Passfeder zu wählen?

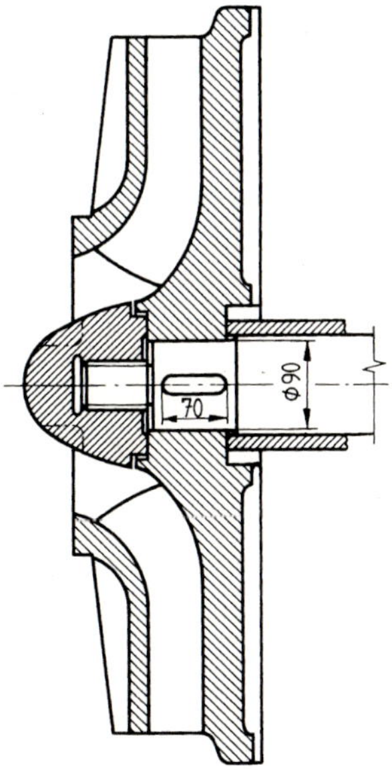

Bild 12.7 Mit Passfeder befestigtes Schaufelrad

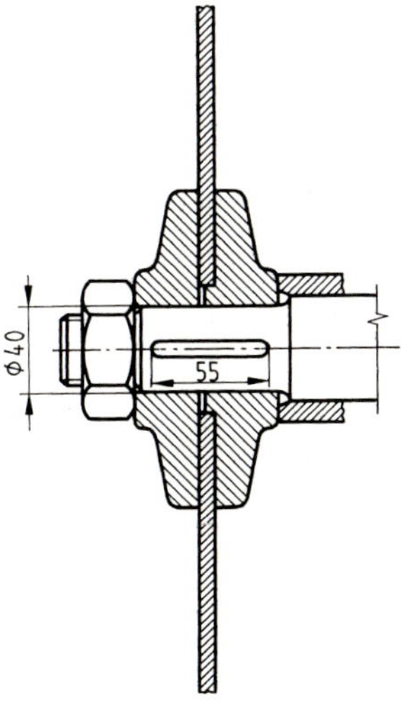

Bild 12.8 Passfederverbindung der Nabe einer Kreissäge

12.8 Die Grauguss-Nabe einer Kreissäge ist über eine Passfeder A DIN 6885 (niedrige Form) mit der Welle verbunden (Bild 12.8). Der Spalt zwischen den Nabenhälften ist 3 mm breit. Es ist ein Drehmoment von 100 Nm mit leichten Stößen zu übertragen. Wird die zulässige Flankenpressung überschritten?

12.9 Die nach Bild 12.9 mittels Passfeder A DIN 6885 (hohe Form) auf einer Welle befestigte Riemenscheibe aus Grauguss dienst zum Antrieb einer Werkzeugmaschine. Bei starken Stößen hat sie ein einseitiges Drehmoment von 200 Nm zu übertragen. Ist die auftretende Flankenpressung zulässig?

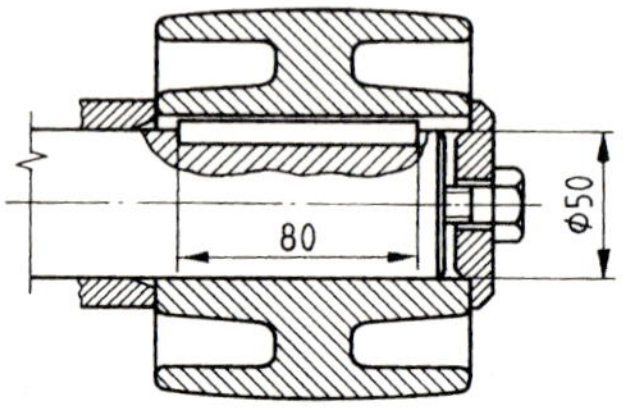

Bild 12.9 Passfederverbindung mit einer Riemenscheibe

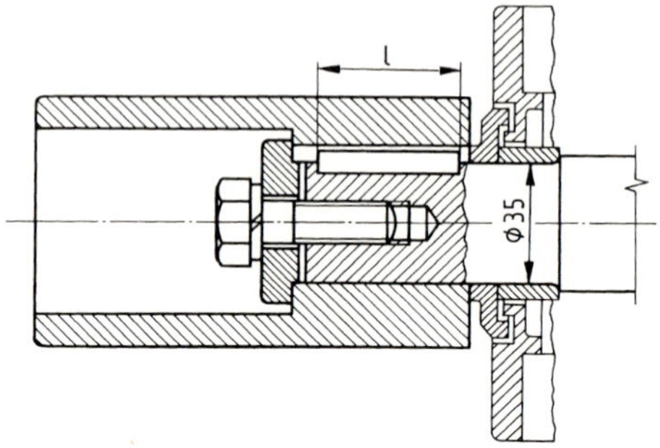

Bild 12.10 Passfederverbindung mit einer Riemenrolle

12.10 Eine Holzfräse wird über eine Riemenrolle aus Grauguß angetrieben, die mit einer Passfeder auf der Welle befestigt ist (Bild 12.10). Unter leichten Stößen ist ein einseitiges Drehmoment von maximal 60 Nm zu übertragen.

1. Welche Länge l muß eine Passfeder A DIN 6885 (hohe Form) mindestens erhalten?

2. Würde auch eine Scheibenfeder DIN 6888 – 10 × 11 (Reihe A) genügen)?

Keilwellenverbindungen

12.11 In einem Pkw-Schaltgetriebe besitzt die Abtriebswelle aus Vergütungsstahl 34Cr4 entsprechend Bild 12.11 ein Keilwellenprofil DIN 5464 – 10 × 23 × 29 mit Flankenzentrierung. Die Nabe aus Stahlguss GS-52 mit dem Flansch zur Befestigung der Kardanwelle hat eine tragende Profillänge $l_t = 20$ mm. Es ist ein größtes Drehmoment $M = 175$ Nm zu übertragen. Genügt die Verbindung den Anforderungen, wenn wechselnde Beanspruchung und starke Stöße anzunehmen sind?

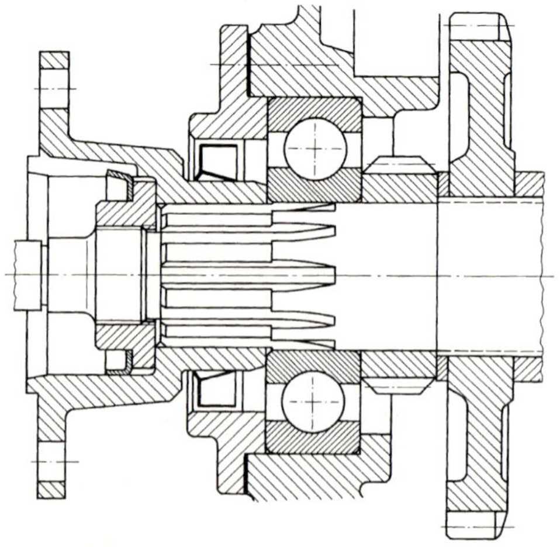

Bild 12.11 Keilwelle in einem Pkw-Schaltgetriebe

12.12 In einem Werkzeugmaschinengetriebe ist die Stahlnabe eines Zahnrades mit Keilnabenprofil auf der Hauptspindel mit Keilwellenprofil drehsicher befestigt (Bild 12.12). Es ist ein einseitiges Spitzendrehmoment von 160 Nm zu übertragen, wobei mit starken Stößen gerechnet werden muss. Genügt die tragende Länge von 40 mm?

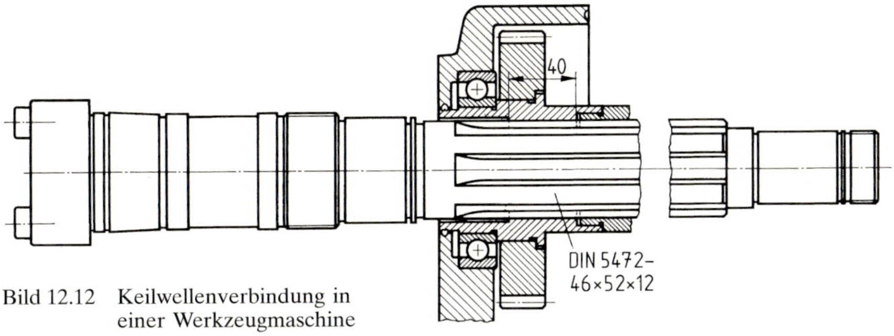

Bild 12.12 Keilwellenverbindung in einer Werkzeugmaschine

12.13 Auf der Keilwelle eines Schleppertriebwerks sitzen nach Bild 12.13 drei verschiebbare Zahnradpaare aus Stahl, die je nach Gangschaltung in Eingriff gebracht werden. An den Zahnrädern sind die jeweils zu übertragenden Drehmomente in Nm angegeben (Zahlen über den einzelnen Rädern). Die Drehmomente wirken stark stoßhaft bei gleichbleibender Drehrichtung. Wegen des besonders rauen Betriebes sind für die zulässige Flankenpressung nur 50 % des üblichen Erfahrungswertes anzunehmen. Welche tragenden Längen l_{t1}, l_{t2} und l_{t3} müssen die Naben bei Innenzentrierung mindestens erhalten?

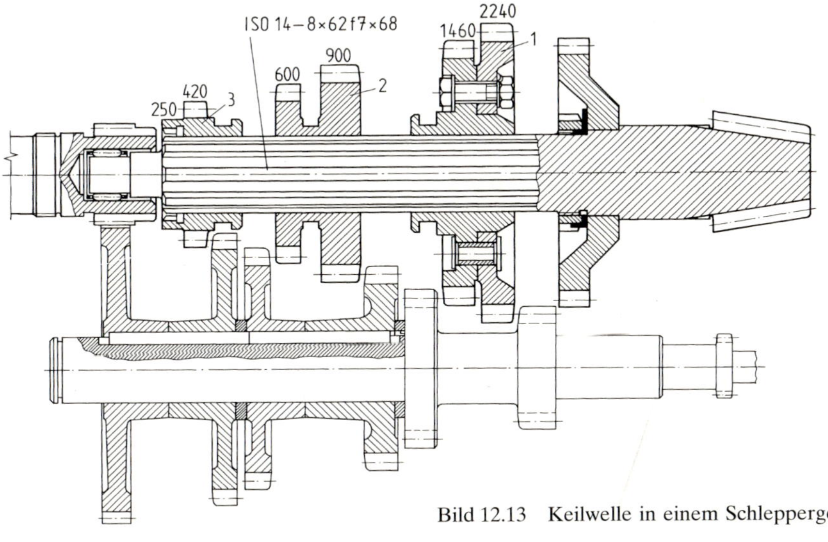

Bild 12.13 Keilwelle in einem Schleppergetriebe

Zahnwellenverbindungen

12.14 In einer Lamellenbremse sind die Innenlamellen aus Stahlblech durch eine Zahnwellen-Verbindung DIN 5480 – 100 × 3 mit der Nabe drehsicher und axialbeweglich verbunden (Bild 12.14). Nabenwerkstoff: E335. Die Bremse ist für ein Bremsmoment $M = 800$ Nm ausgelegt. Es ist mit wechselnder Drehrichtung und starken Stößen zu rechnen. Wird die zulässige Flankenpressung p_{zul} überschritten?

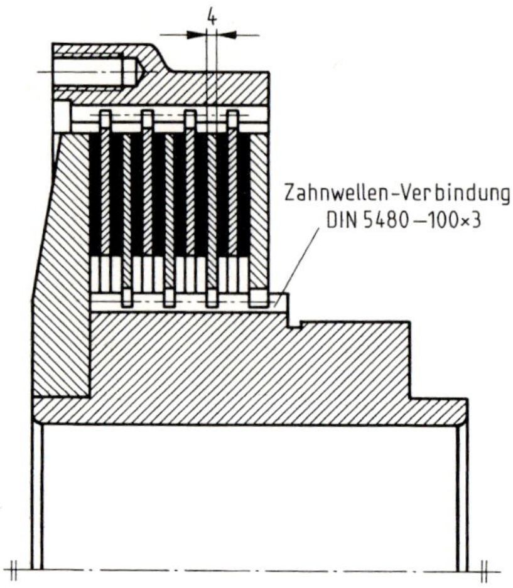

Bild 12.14 Zahnwellenverbindung in einer Lamellenbremse

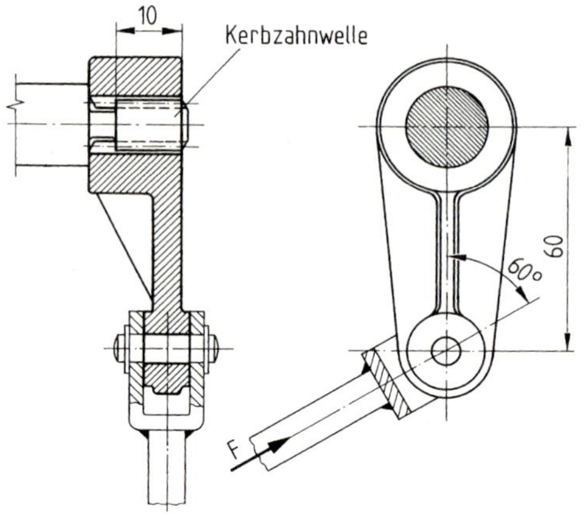

Bild 12.18 Kerbzahnwellen-Verbindung eines Steuerhebels

12.15 Anstelle des Evolventen-Zahnprofils zur Aufnahme der Innenlamellen in einer Lamellenbremse entsprechend Aufgabe 12.14 wird eine Kerbverzahnung DIN 5481 — 95 × 100 angewendet. Ist die Flankenpressung zulässig?

12.16 Die Nabe des Leichtmetall-Lüfters, Werkstoff: EN AC-AlSi10Mg(b) eines Omnibus-Motors ist mit der Lüfterwelle durch eine Zahnwellen-Verbindung DIN 5480 — 22 × 1,25 verbunden. Das maximal zu übertragende Drehmoment von 50 Nm wirkt einseitig mit starken Stößen. Die erforderliche Mindesttraglänge l_t ist zu errechnen.

12.17 Anstelle der genieteten Reibscheibe einer Zweiflächen-Bremse (siehe Aufgabe 8.2) soll eine Leichtmetallausführung aus EN AC-AlMg5(Si)T6 eingesetzt werden. Die Nabe sitzt drehsicher und axialbeweglich auf einer Kerbzahnwelle DIN 5481 — 26 × 30. Sie hat ein wechselndes Bremsmoment von 300 Nm mit starken Stößen zu übertragen. Zu ermitteln sind:

1. Welche tragende Profillänge l_t ist mindestens vorzusehen?

2. Ist diese Profillänge auch für eine Zahnwelle DIN 5480 — 30 × 1,25 ausreichend?

12.18 Die Nabe eines 60 mm langen Hebels aus EN AC-AlSi12(b) nach Bild 12.18 soll zwecks Einstellbarkeit auf einer Kerbzahnwelle DIN 5481 — 15 × 17 gesetzt werden. Aus Fertigungsgründen ist nur eine tragende Profillänge von 10 mm möglich. Welche unter 60° zur Hebellängsachse wechselnd wirkende Kraft F kann am Hebelende bei leichten Stößen übertragen werden?

Polygonwellenverbindungen

12.19 Bei einer Konstruktionsänderung soll die Keilwellenverbindung in einem Werkzeugmaschinengetriebe (Aufgabe 12.12) nach Bild 12.19 durch eine Polygonwellenverbindung mit dem Profil DIN 32711 — P 3 G 50 ersetzt werden. Die tragende Länge der Stahlnabe des Zahnrades wird dabei auf 25 mm gekürzt. Es ist ein einseitiges Drehmoment von 160 Nm mit starken Stößen zu übertragen. Genügt die vorgesehene Traglänge des Polygonprofils?

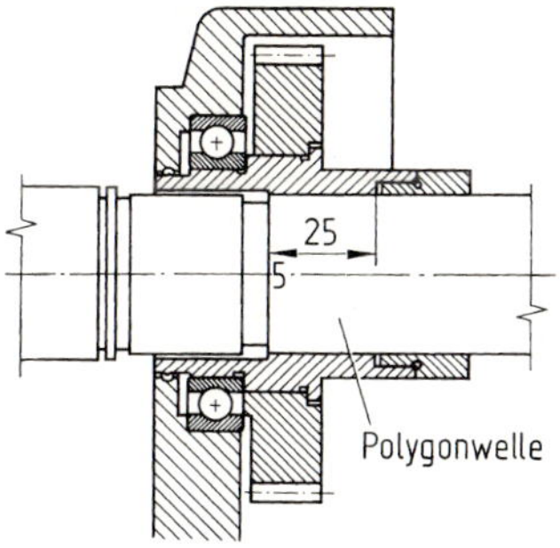

Bild 12.19 Polygonwellenverbindung in einer Werkzeugmaschine

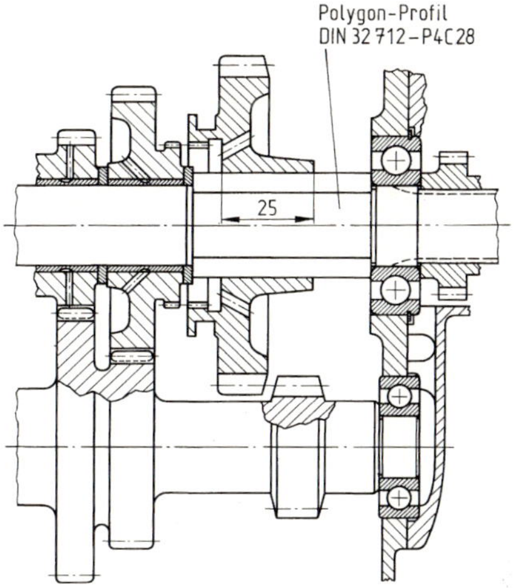

Bild 12.20 Polygonwellenverbindung in einem Schaltgetriebe

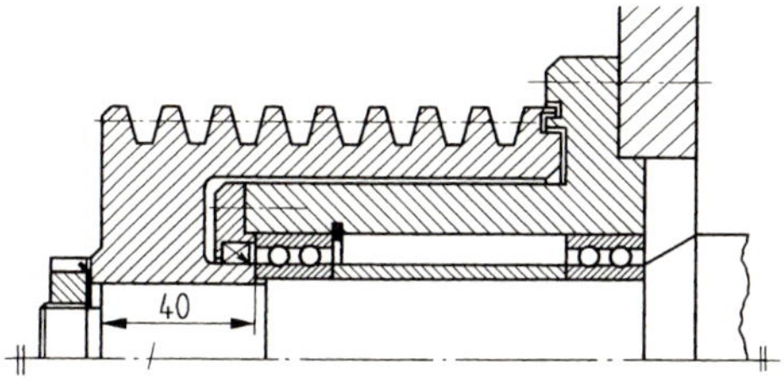

Bild 12.21 Befestigung einer Keilriemenscheibe mittels Polygonprofil

12.20 In einem Schaltgetriebe ist ein Schiebe-Zahnrad aus Einsatzstahl C 15 auf einer Polygonprofilwelle drehsicher und axialbeweglich angeordnet, wie in Bild 12.20 dargestellt.

1. Kann damit ein wechselndes Drehmoment von 320 Nm sicher übertragen werden, wenn leichte Stöße auftreten?
2. Welche tragende Nabenlänge l_t ist mindestens erforderlich bei starken Stößen?

12.21 Der Antrieb einer Revolverdrehmaschine erfolgt entsprechend Bild 12.21 über eine Keilriemenscheibe aus Grauguss EN-GJL-250, deren Nabe auf einem Wellenende mit Polygonprofil befestigt ist. Bei $n = 900\,\text{min}^{-1} = 15\,\text{s}^{-1}$ ist eine Leistung $P = 15\,\text{kW}$ zu übertragen. Für gleichbleibende Drehrichtung und starke Stöße ist zu ermitteln, ob die Nabenlänge von 40 mm als tragende Profillänge ausreicht.

Kegelverbindungen

12.22 Die nach Bild 12.22 auf einem kegligen Wellenende aus E295 sitzende Keilriemenscheibe aus S275JR dient zum Antrieb einer Schmierpumpe. Die Mutter soll gefühlsmäßig angezogen werden. Es sind zu ermitteln:

1. Die Fugenpressung p_F, wenn mit einem Haftbeiwert $\nu \approx 0{,}08$ gerechnet wird (Fugenfläche leicht geölt, Winkel auf ein Zehntel Grad runden),
2. Das Drehmoment M, das die Kegelverbindung mit einer Haftsicherheit $S_H = 1{,}8$ übertragen kann,
3. Liegen die Beanspruchungen des Außen- und des Innenteils im elastischen Bereich?

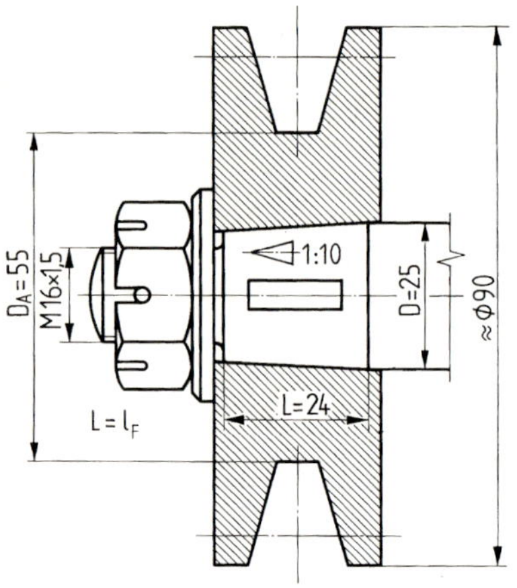

Bild 12.22 Kegelverbindung einer Keilriemenscheibe

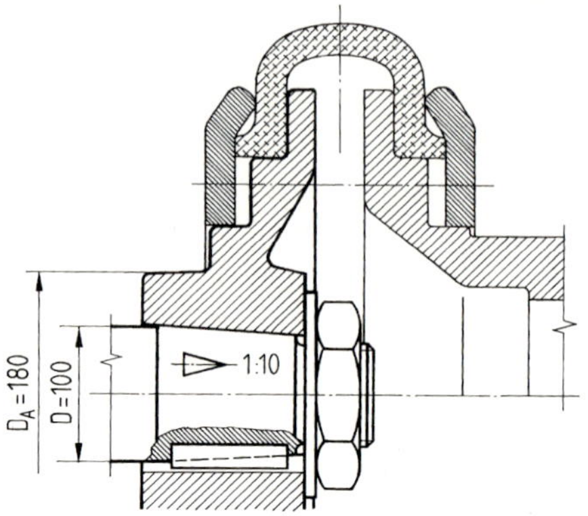

Bild 12.23 Kegelverbindung in einer elastischen Kupplung

12.23 Die in Bild 12.23 gezeigte Kegelverbindung mit dem Flansch einer elastischen Kupplung hat ein größtes Drehmoment $M = 6$ kNm zu übertragen, wobei eine Haftsicherheit von mindestens 1,5 vorhanden sein soll, Wellenwerkstoff: E295, Nabenwerkstoff: GS-45. Für das Anziehen der Mutter mittels Drehmomentschlüssel ist ein Anziehmoment $M_A = 6700$ Nm vorgeschrieben (mittlerer Radius an der Mutterauflagefläche $r_m \approx 46$ mm, Reibzahl $\mu_K \approx \mu_G \approx 0{,}12$, Anziehfaktor $\alpha_A = 1{,}6$). Zu ermitteln sind:

1. Die Fugenpressung p_F bei einem Reibwinkel $\varrho \approx 6°$ und der Annahme, daß der Vorspannkraftverlust F_Z etwa 3 % der Montage-Vorspannkraft $F_{M\,min}$ beträgt,
2. Genügt die vorhandene Haftsicherheit S_H?
3. Ist bei der errechneten Fugenpressung elastische Beanspruchung des Außen- und des Innenteils gegeben?
4. Ist bei der maximalen Montagevorspannkraft plastische Beanspruchung zu erwarten?

12.24 Die mit Bild 12.24 dargestellte Kegelverbindung im Hauptgetriebe einer Werkzeugmaschine hat unter Belastung ein Drehmoment von 400 Nm zu übertragen. Die Mutter (mittlerer Radius an der Auflagefläche $r_m \approx 28$ mm) soll mittels Drehmoment-

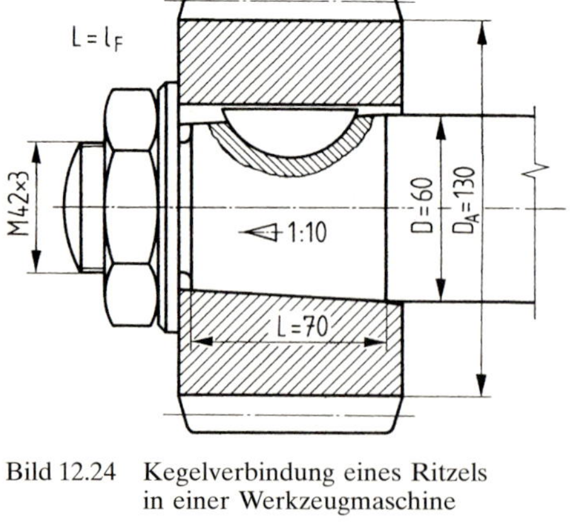

Bild 12.24 Kegelverbindung eines Ritzels in einer Werkzeugmaschine

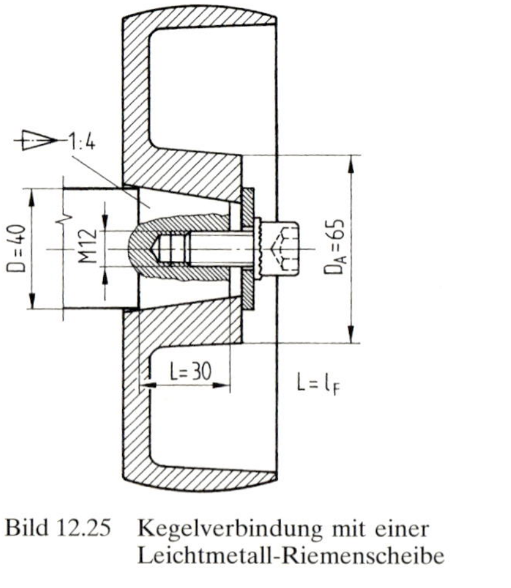

Bild 12.25 Kegelverbindung mit einer Leichtmetall-Riemenscheibe

schlüssel angezogen werden ($\alpha_A = 1{,}6$). Es ist das vorzuschreibende Anziehmoment M_A für eine Mindesthaftsicherheit von 1,8 zu ermitteln und zu prüfen, ob bei der maximalen Montagevorspannkraft die Beanspruchungen der Bauteile noch im elastischen Bereich liegen. Der Vorspannkraftverlust ist mit 10 % der Montage-Vorspannkraft $F_{M\,min}$ anzunehmen, Reibwinkel und Reibzahlen: $\varrho \approx 6°$, $\mu_G \approx \mu_K \approx$ 0,1, Zahnrad aus C45 ($R_e = 350$ N/mm²), Welle aus E295.

12.25 Auf ein Wellenende aus S275 mit Kegel 1 : 4 ist nach Bild 12.25 eine Leichtmetall-Riemenscheibe aus EN AC-AlSi12 aufgesetzt. Bei $n = 2800$ min^{-1} hat die Kegelverbindung eine Leistung $P = 4$ kW zu übertragen. Die Zylinderschraube mit Innensechskant wird mit einem Stiftschlüssel gefühlsmäßig von Hand angezogen. Es ist festzustellen, ob bei der erfahrungsgemäß mittleren Vorspannkraft F_V eine Haftsicherheit $S_H = 1{,}8$ gewährleistet und bei einer größtmöglichen Fugenpressung $p_{F\,max} = 1{,}5 p_F$ plastische Beanspruchung des Außenteils ausgeschlossen ist. Als Haftbeiwert ist $\nu \approx 0{,}05$ anzunehmen.

Spannelementverbindungen

12.26 Die in Bild 12.26 gezeigten Zahnräder aus 25CrMo4 sind mit je zwei RINGFEDER-Spannelementen 60 × 68 auf der Welle aus E295 befestigt. Sie sind abwechselnd im Eingriff und haben ein maximales Drehmoment $M = 560$ Nm zu übertragen. Es sind 4 Zylinderschrauben DIN ISO 3762 der Festigkeitsklasse 8.8 vorgesehen, die mittels Drehmomentenschlüssel angezogen werden.

1. Welches metrische Regelgewinde ist für die Schraube zu wählen?
2. Welches Anziehmoment $M_A = M_{A\,zul}$ ist vorzuschreiben?
3. Liegen die Beanspruchungen der Welle und der Zahnräder im elastischen Bereich, wenn die Vorspannkraft $F_V \approx 0{,}9 F_{M\,zul}$ beträgt?

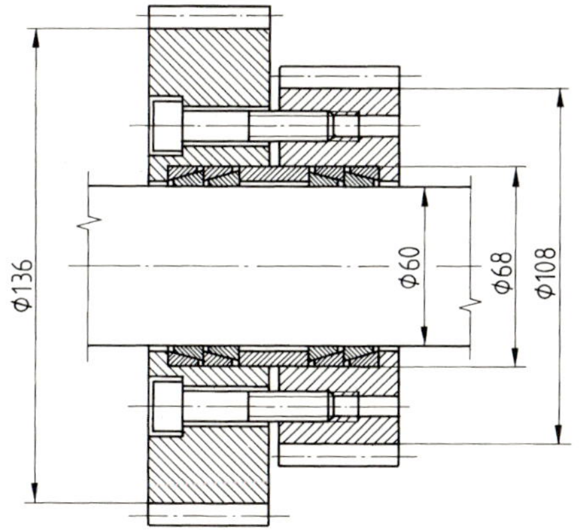

Bild 12.26 Spannelement-Verbindung zweier Zahnräder

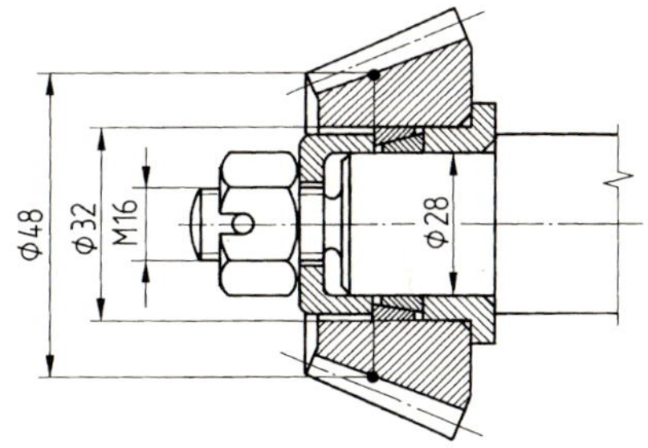

Bild 12.27 Mit RINGFEDER-Spannelement befestigtes Kegelrad

12.27 Das Kegelrad nach Bild 12.27 ist mit einem RINGFEDER-Spannelement 28 × 32 auf dem Wellenzapfen aus E335 befestigt. Die Mutter wird mittels Drehmomentenschlüssel angezogen, sodass im Querschnitt am Gewindefreistich die Vergleichsspannung $\sigma_V = 90$ % der Streckgrenze des Wellenwerkstoffs erreicht (Freistichdurchmesser = Schaftdurchmesser bei Taillenschrauben). Es sind zu ermitteln:

1. Das vorzuschreibende Anziehmoment M_A bei $r_m = 10{,}5$ mm,
2. Das zulässige übertragbare Drehmoment M, wobei $F_V \approx 0{,}9 F_M$ zu setzen ist,
3. Ist die Beanspruchung der Welle rein elastisch?
4. Welche Mindeststreckgrenze R_{eA} ist für den Kegelradwerkstoff erforderlich, wenn nur elastische Beanspruchung auftreten soll.

12.28 Die in Bild 12.28 dargestellte Welle aus S275 ist über zwei RINGFEDER-Spannelemente mit der Nabe einer Riemenscheibe aus EN-GJL-350 verbunden. Zum Festspannen der Verbindung dienen 6 Sechskantschrauben ISO 4014 — M 10 × 40 — 8.8, die mit einem Drehmomentenschlüssel angezogen werden. Bei einer Drehzahl von 1000 min^{-1} ist eine Leistung von 75 kW zu übertragen. Es sind die Abmessungen D und L der Elemente anzugeben und festzustellen, ob die Verbindung für eine sichere Übertragung der Leistung ausreicht, sowie zu überprüfen, ob die Beanspruchungen der Welle und der Nabe zulässig (elastisch) sind.

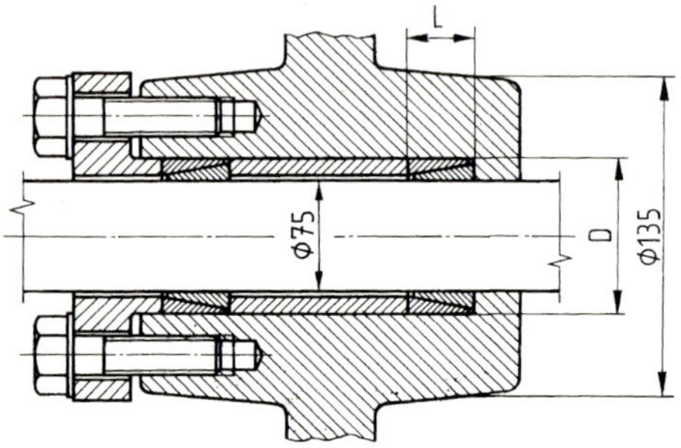

Bild 12.28 Mit RINGFEDER-Spannelementen befestigte Nabe einer Grauguss-Riemenscheibe

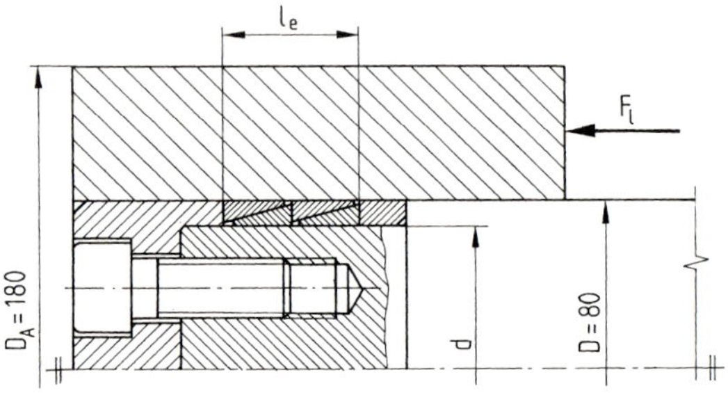

Bild 12.29 An einem Wellenende mit Spannelementen befestigter Ring

12.29 Am Ende einer Welle soll durch Aufsetzen eines Ringes entsprechend Bild 12.29 ein Anschlag gebildet werden, der eine Längskraft $F_l = 45$ kN aufzunehmen hat. Die Verbindung des Wellenzapfens mit dem Ring erfolgt durch RINGFEDER-Spannelemente, die mit 3 Zylinderschraubenm DIN 912 — M 16 × 50 — 10.9 festgespannt werden, das Anziehen der Schrauben mit einem Drehmomentenschlüssel. Bauteile aus E335 ($R_{eA} = 265$ N/mm^2). Es sind zu ermitteln:

1. Die erforderliche Anzahl a der Spannelemente, wenn die Vorspannkraft der Schrauben $F_V \approx 0{,}9 F_{M\,zul}$ beträgt.
2. Das vorzuschreibende Anziehmoment $M_A = M_{A\,zul}$ und die Beanspruchungskontrolle der Welle,
3. Der Zapfendurchmesser d und die Einbaulänge l_e der Elemente im ungespannten Zustand,
4. Ist im Außenteil elastisch-plastische Beanspruchung zu erwarten?

12.30 Ein Kettenrad aus Stahlguss GS-60 soll nach Bild 12.30 auf einer Welle aus E335 mit RINGSPANN-Sternscheiben befestigt werden. Zum Spannen der Verbindung sind 4 Sechskantschrauben ISO 4014 — M 12 × 50 — 8.8 vorgesehen, die mittels Drehmomentenschlüssel angezogen werden sollen. Für die Übertragung eines Betriebsdrehmoments von 1 kNm sind zu ermitteln:

1. Die Durchmesser d und D der Sternscheiben sowie die Spannkraft F_1 und das Haftmoment M_1 je Sternscheibe,
2. Die erforderliche Anzahl a der Sternscheiben,
3. Das für die Schrauben vorzuschreibende Anziehmoment M_A.

12.31 Das in Bild 12.31 gezeigte Kegelrad hat ein Drehmoment von 125 Nm zu übertragen. Es ist mit RINGSPANN-Sternscheiben an einem Wellenende befestigt. Die Spannschraube wird mit einem Drehmomentenschlüssel angezogen. Wieviel Sternscheiben sind vorzusehen, welches metrische Regelgewinde der Reihe 1 ist für die Schraube der Festigkeitsklasse 8.8 erforderlich, und wie groß ist das vorzuschreibende Anziehmoment?

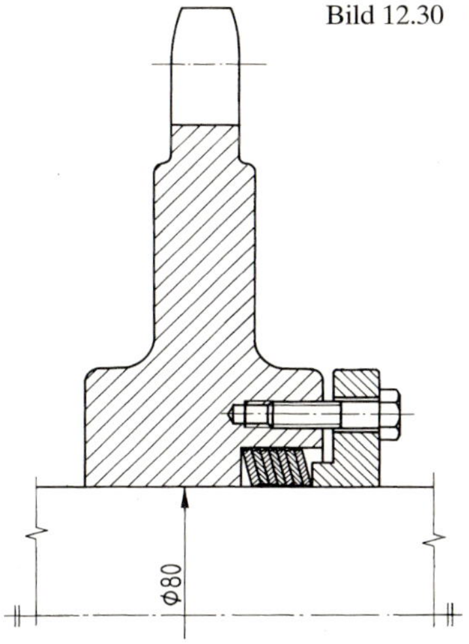

Bild 12.30 RINGSPANN-Sternscheiben-Verbindung eines Kettenrades

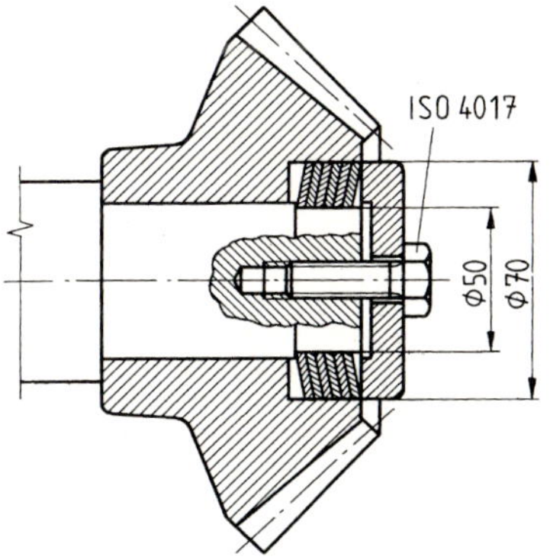

Bild 12.31 Mit RINGSPANN-Sternscheiben befestigtes Kegelrad

12.32 Der Exzenter für eine Spannvorrichtung wird mit einem Handrad eingestellt und in der eingestellten Länge durch Drehen einer Rändelmutter festgesetzt (Bild 12.32). Die kraftschlüssige Verbindung zum Halten entsteht durch vier RINGSPANN-Sternscheiben und die beim Anziehen der Rändelmutter über die Handradnabe ausgeübte axiale Spannkraft.

1. Welche tangentiale Handkraft F_H wäre am Umfang der Rändelmutter aufzubringen, wenn das mögliche Haftmoment M_F der Sternscheiben erreicht werden soll, der mittlere Radius an der Berührungsfläche mit der Handradnabe $r_m \approx 12$ mm beträgt und mit $\mu_G \approx \mu_K \approx 0{,}12$ zu rechnen ist?

2. Ist diese Kraft zumutbar, wenn als zulässiger oberer Grenzwert $F_{H\,zul} = 250$ N gilt?

Bild 12.32 Exzentereinstellung in einer Spannvorrichtung

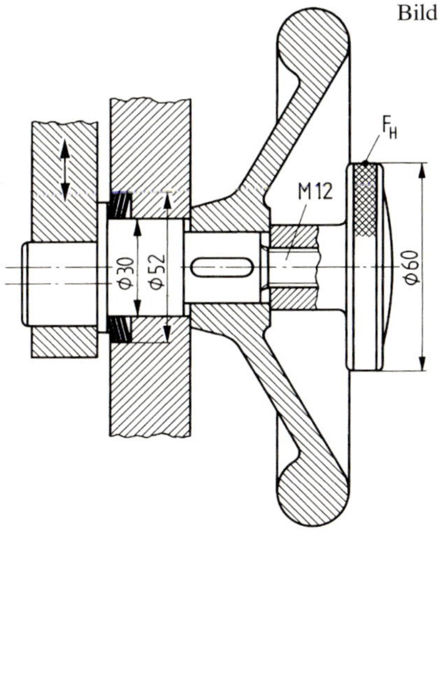

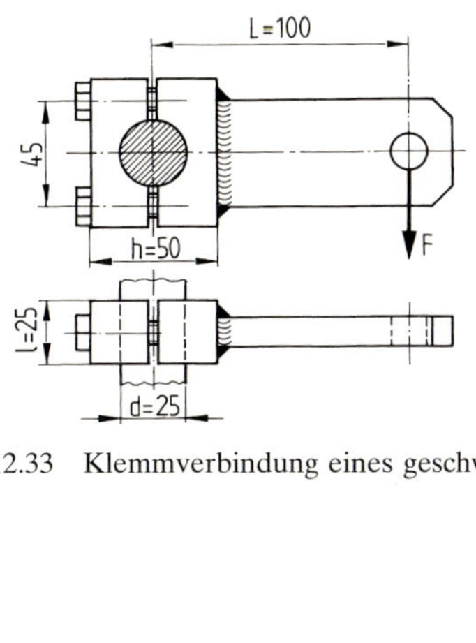

Bild 12.33 Klemmverbindung eines geschweißten Hebels

Klemmverbindungen

12.33 Ein geschweißter Hebel wird aus Montagegründen mit geteilter Nabe ausgeführt und mit zwei Schrauben auf die Welle geklemmt (Bild 12.33). Für die Übertragung der am Hebelende angreifenden Kraft $F = 800$ N durch die Klemmverbindung soll eine Haftsicherheit $S_H = 1{,}5$ gewährleistet sein. Als Haftbeiwert ist $\nu \approx 0{,}14$ anzunehmen. Es sind zu ermitteln:

1. Die erforderliche Fugenpressung p_F,
2. Die bei gefühlsmäßigem Anziehen der Schrauben vorzusehende Schraubengröße (metrisches Regelgewinde),
3. Ist die Biegespannung σ_b in der Nabe aus S235 zulässig?

12.34 Auf eine Transmissionswelle aus E295 wird nach Bild 12.34 eine geteilte Riemenscheibe aus EN-GJL-250 geklemmt. Es ist ein Drehmoment von 450 Nm zu übertragen. Wegen der Fliehkräfte, die die Scheibenhälften voneinander trennen wollen, soll die Haftsicherheit mindestens $S_H = 1{,}8$ betragen bei einem Haftbeiwert $\nu \approx 0{,}12$.

1. Ist mit 4 gefühlsmäßig angezogenen Sechskantschrauben ISO 4014 – M 12 × 110 – 6.8 die verlangte Haftsicherheit gewährleistet?
2. Falls die Schrauben nach 1. ausreichen: Ist die damit in der Nabe auftretende Biegespannung zulässig?
3. Würden M 10-Schrauben in der Festigkeitsklasse 8.8 genügen, wenn sie mit einem Drehmomentenschlüssel bis zur zulässigen Vorspannkraft $F_V \approx 0{,}9\,F_{M\,zul}$ angezogen werden? Ist die Biegespannung in der Nabe dann noch zulässig? Welches Anziehmoment M_A ist in diesem Falle vorzuschreiben

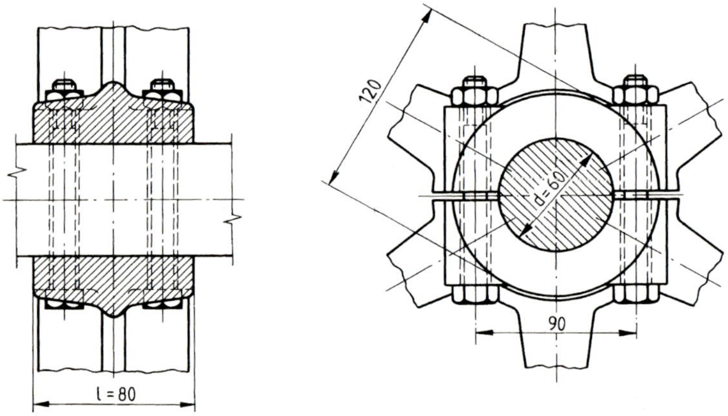

Bild 12.34 Auf eine Welle geklemmte Nabe einer Riemenscheibe

12.35 Ein zweiarmiger Grauguss-Hebel betätigt unter Pendelbewegungen abwechselnd mit seinen Enden Ventilfedern, sodass in den Endstellungen bei leichter Schräglage die Kräfte $F_1 = 520$ N und $F_2 = 140$ N wirken (Bild 12.35). Der Hebel besteht aus zwei Hälften, die mit 4 Sechskantschrauben ISO 4014 – M 6 × 60 – 8.8 auf die Welle geklemmt werden. Die Haftsicherheit soll mindestens 1,8 betragen bei einem angenommenen Haftbeiwert von 0,1. Das Anziehen der Schrauben erfolgt mit einem Drehmomentenschlüssel bis zur zulässigen Vorspannkraft $F_V \approx 0{,}9\,F_{M\,zul}$. Genügt die Klemmverbindung den Anforderungen, und welches Anziehmoment M_A ist vorzuschreiben? Die Biegespannung braucht nicht nachgerechnet zu werden.

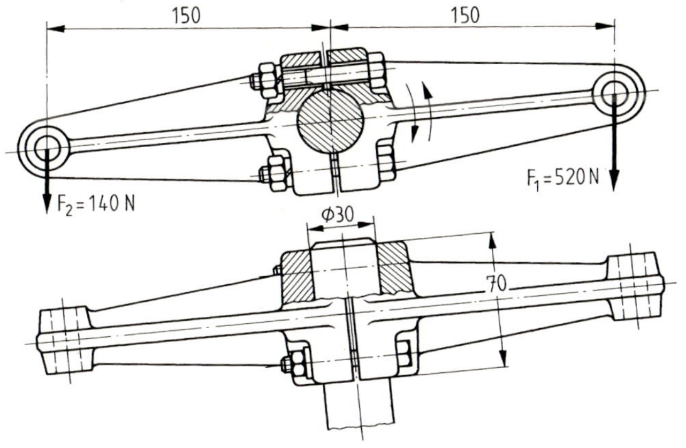

Bild 12.35 Aufgeklemmter zweiarmiger Hebel

12.36 Der in Bild 12.36 gezeigte Steuerhebel aus S235 wird mit einer Schraube auf die Welle geklemmt. Die Verbindung hat ein maximales Drehmoment $M = 30$ Nm aufzunehmen, wobei die Haftsicherheit mindestens $S_H = 1{,}8$ erreichen soll. Der Haftbeiwert ist mit $\nu = 0{,}14$ anzunehmen. Welche Schraubengröße (metrisches Regelgewinde) ist erforderlich, wenn gefühlsmäßiges Anziehen von Hand vorgesehen ist und keine Überbeanspruchung der Nabe auftreten darf?

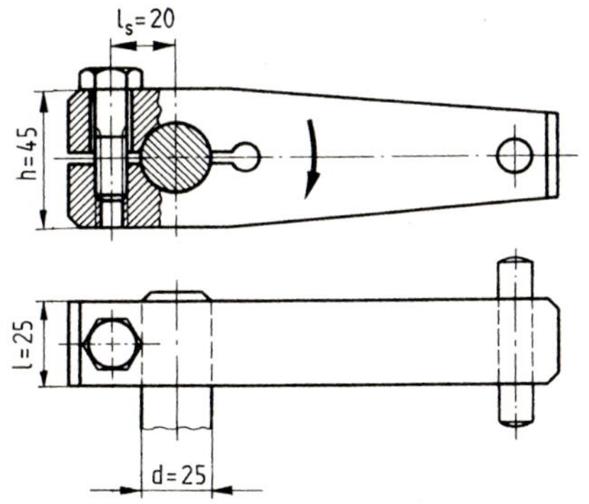

Bild 12.36 Aufgeklemmter einarmiger Hebel

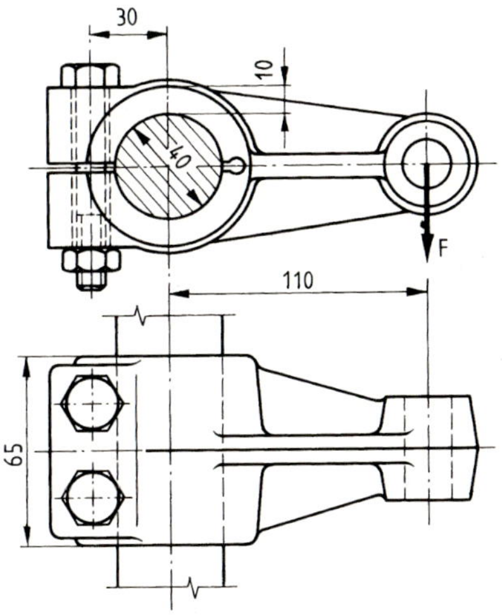

Bild 12.37 Klemmhebel aus Stahlguss

12.37 Zum Bewegen der Schaltwelle eines Hochspannungs-Leistungsschalters, die von einer Druckluft-Hubvorrichtung über eine Zugstange betätigt wird, dient der in Bild 12.37 dargestellte Klemmhebel aus Stahlguss GS-52. An dem Hebel greift in der Endstellung eine größte Kraft $F = 830$ N an. Zur Erzeugung der erforderlichen Klemmkraft dienen 2 Sechskantschrauben ISO 4014 – M 8 × 75 – 5.8, die gefühlsmäßig von Hand angezogen werden. Es ist zu ermitteln, ob die Klemmverbindung ausreicht, wenn eine Haftsicherheit von mindestens 1,8 verlangt wird und mit einem Haftbeiwert von 0,14 gerechnet werden kann. Ferner ist die Biegebeanspruchung der Nabe auf Zulässigkeit zu überprüfen.

Stirnzahnverbindungen

12.38 Eine nach Bild 12.38 als Zahnkupplung ausgebildete Elektromagnet-Kupplung soll ein maximales Drehmoment $M = 200$ Nm bei wechselnder Drehrichtung und starken Stößen sicher übertragen. Die Zugkraft des Magneten auf den Anker, beide aus S235, bringt die Zähne in Eingriff, wobei zusätzlich eine Federkraft $F = 300$ N zu überwinden ist. Die nicht eingezeichneten Federn drücken den Anker nach Abschalten des elektrischen Stromes vom Magneten ab und bringen die Zähne außer Eingriff. Es sind zu ermitteln:

1. Welche Längsspannkraft F_A muß der Magnet mindestens aufbringen?

2. Ist die Flankenpressung p zulässig?

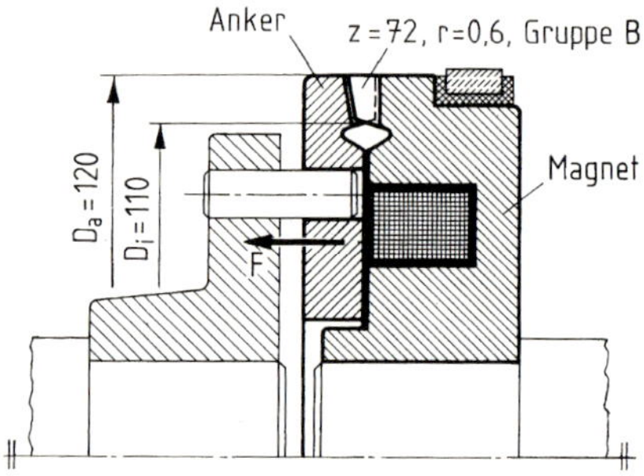

Bild 12.38 Stirnverzahnung in einer Elektromagnet-Kupplung

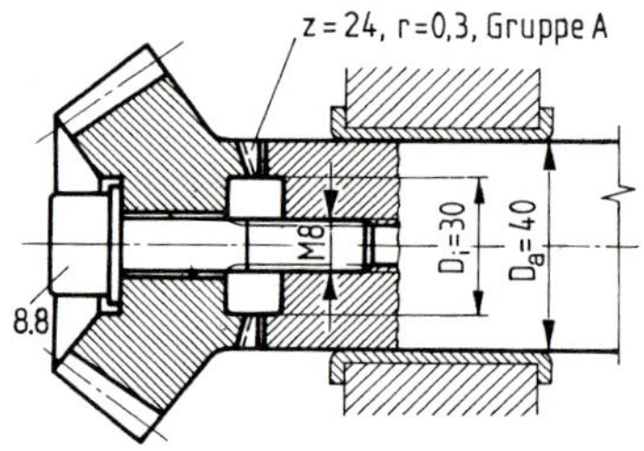

Bild 12.39 Mittels Stirnverzahnung befestigtes Kegelrad

12.39 Ein Kegelrad aus E360 ist entsprechend Bild 12.39 durch eine Stirnverzahnung mit dem Wellenende aus E335 verbunden. Die Längsspannkraft wird durch eine Zylinderschraube DIN 912 — M 8 × 40 — 8.8 erzeugt, die mit einem Drehmomentenschlüssel bis zur zulässigen Montagevorspannkraft $F_{M\,zul}$ angezogen werden soll. Für diese Verbindung sind zu ermitteln:

1. Welches gleichbleibende Drehmoment M könnte bei der möglichen Längsspannkraft F_A von der Stirnverzahnung übertragen werden, ohne daß die zulässige Flankenpressung überschritten wird?

2. Welches wechselnde Drehmoment mit leichten Stößen kann übertragen werden?

3. Welches Schraubenanziehmoment M_A ist für die Montagevorspannkraft $F_{M\,zul}$ vorzuschreiben?

12.40 In einem Hochleistungsgetriebe sind zwei Zahnräder aus 15CrNi6 nach Bild 12.40 durch Stirnverzahnung miteinander verbunden. Die Verbindung hat ein einseitiges Drehmoment von 170 Nm zu übertragen. Es ist festzustellen, ob die erforderliche Längsspannkraft durch gefühlsmäßiges Anziehen der Schraube erreicht werden kann und ob die Flankenpressung zulässig ist, wenn starke Stöße auftreten.

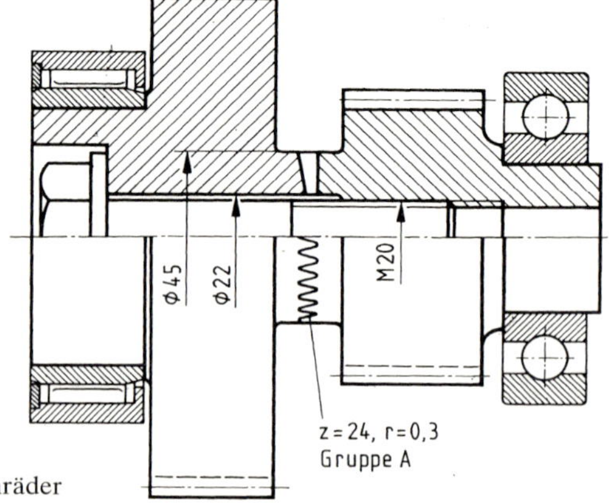

Bild 12.40 Mittels Stirnverzahnung verbundene Zahnräder

13 Stift- und Bolzenverbindungen

Gelenkstifte und Bolzen

13.1 Das Schaltgestänge aus S235 für eine mechanisch betätigte Kupplung enthält ein Gelenk (Bild 13.1), das eine schwellend wirkende Kraft von 400 N zu übertragen hat. Ist die Verbindung mit einem Knebelkerbstift von $d = 5$ mm Durchmesser ausreichend bemessen?

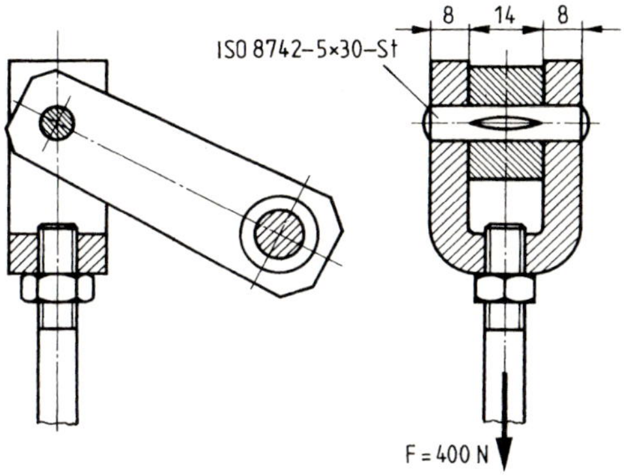

Bild 13.1 Gelenk eines Schaltgestänges

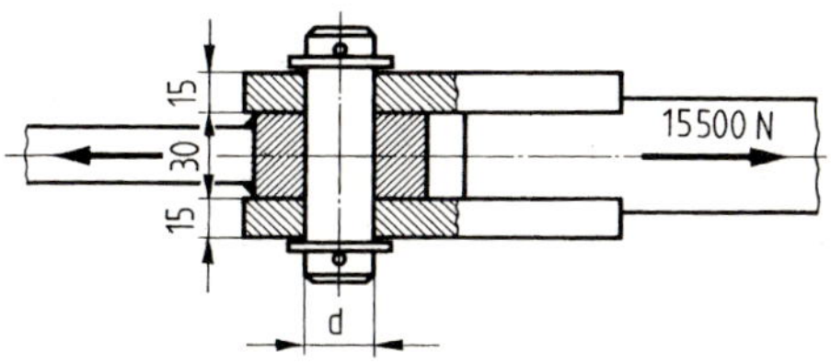

Bild 13.2 Gelenk eines Bremsgestänges

13.2 Das Bild 13.2 zeigt ein Gelenk aus dem Gestänge einer Doppelbackenbremse. Es ist eine schwellend wirkende Kraft $F = 15{,}5$ kN zu übertragen. Für einen Bolzen nach DIN EN 22340 aus Stahl ist der Durchmesser wie folgt zu bestimmen:

1. Der erforderliche genormte Bolzendurchmesser d nach der zulässigen Flächenpressung für den Bauteilwerkstoff S235,
2. Werden bei dem gewählten Bolzen die zulässige Scherspannung $\tau_{a\,zul}$ und die zulässige Biegespannung $\sigma_{b\,zul}$ überschritten?

13.3 Die in Bild 13.3 gezeigte einfache Backenbremse wird durch eine Handkraft $F_H = 200$ N am Handgriff des Hebels betätigt. Die Reibzahl an der Bremsbacke beträgt $\mu \approx 0{,}3$. Für die rechnerische Festigkeitskontrolle der Bolzenverbindung, Bauteilwerkstoff S235, sind zu ermitteln:

1. Die den Bolzen schwellend beanspruchende Kraft F,
2. Sind die größte Flächenpressung p, die Scherspannung τ_a und die Biegespannung σ_b zulässig?
3. Dürfte ein dünnerer Bolzen verwendet werden? Falls ja, welchen Durchmesser d müsste er dann haben?

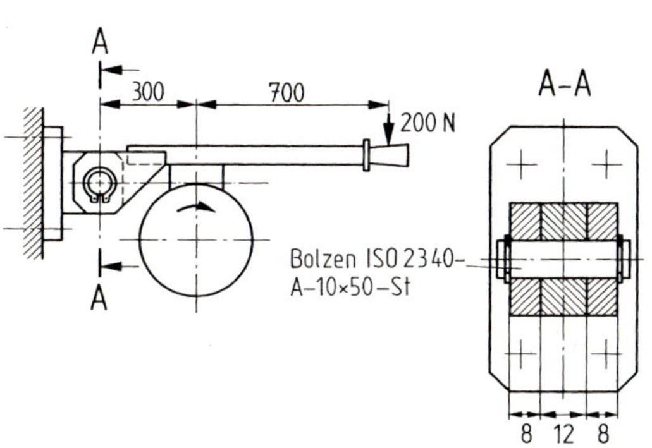

Bild 13.3 Backenbremse

13.4 Der skizzierte Fußhebel aus E295 zur Betätigung einer Presse ist bei A mit einem Bolzen drehbar gelagert und bei B durch einen weiteren Bolzen mit der Gabel einer Zugstange verbunden (Bild 13.4). Bei C ist in der gezeigten Stellung mit einer schwellend wirkenden maximalen Kraft $F_C = 500$ N zu rechnen. Beide Bolzen sollen gleich ausgeführt werden. Die Bauteildicken bei A und B sind gleich, Werkstoff S235. Welcher genormte Bolzendurchmesser d ist zu wählen?

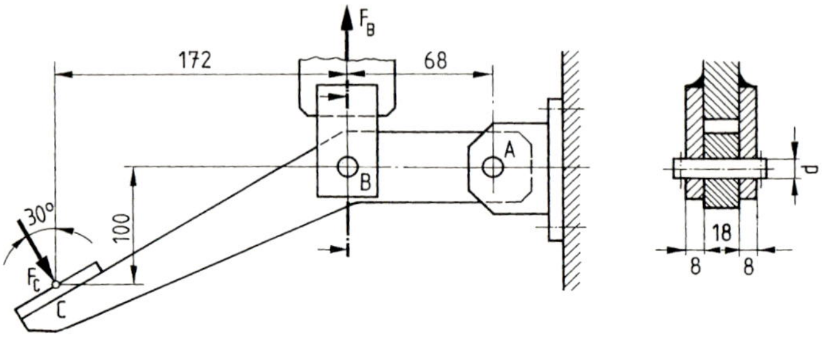

Bild 13.4 Fußhebel

13.5 Zum Verschließen eines Deckels an einem Gehäuse aus Stahlguss sind mehrere Augenschrauben DIN 444 – A M 8 × 45 – 5.6 mit Flügelmuttern DIN 315 – M 8 – 5 entsprechend Bild 13.5 angeordnet. Die gelenkige Verbindung erfolgt mittels Doppelkerbstift S 11, Festigkeitsklasse 6.8. Welche Vorspannkraft F_V darf in jeder Schraube höchstens erzeugt werden, ohne daß die Stiftverbindung überbeansprucht wird, wobei seltene Betätigung anzunehmen ist?

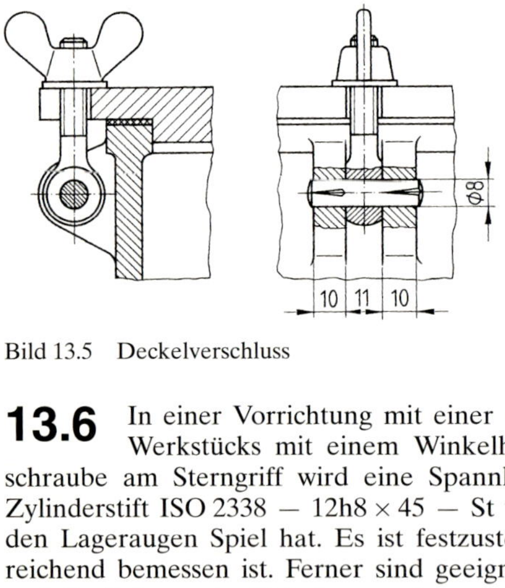

Bild 13.5 Deckelverschluss

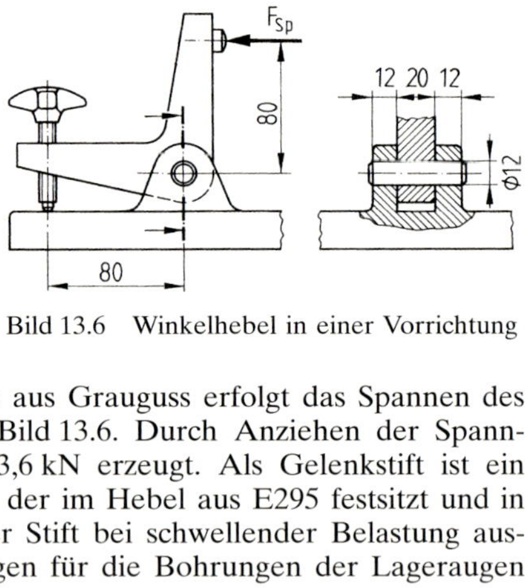

Bild 13.6 Winkelhebel in einer Vorrichtung

13.6 In einer Vorrichtung mit einer Grundplatte aus Grauguss erfolgt das Spannen des Werkstücks mit einem Winkelhebel nach Bild 13.6. Durch Anziehen der Spannschraube am Sterngriff wird eine Spannkraft $F_{Sp} \approx 3{,}6$ kN erzeugt. Als Gelenkstift ist ein Zylinderstift ISO 2338 – 12h8 × 45 – St vorgesehen, der im Hebel aus E295 festsitzt und in den Lageraugen Spiel hat. Es ist festzustellen, ob der Stift bei schwellender Belastung ausreichend bemessen ist. Ferner sind geeignete Passungen für die Bohrungen der Lageraugen und die Bohrung im Hebel anzugeben.

Steckstifte unter Biegekraft

13.7 Für die Laufrollen eines Transporttisches sind Steckkerbstifte mit Hals S7 (Festigkeitsklasse 6.8) als Achsstifte nach Bild 13.7 angeordnet. Die von einer Rolle aus Grauguss aufzunehmende Kraft F wirkt schwellend, da häufiges Be- und Entladen stattfindet. Sind die Flächenpressung p im Bauteil aus Grauguss und die Biegespannung σ_b im Stift zulässig?

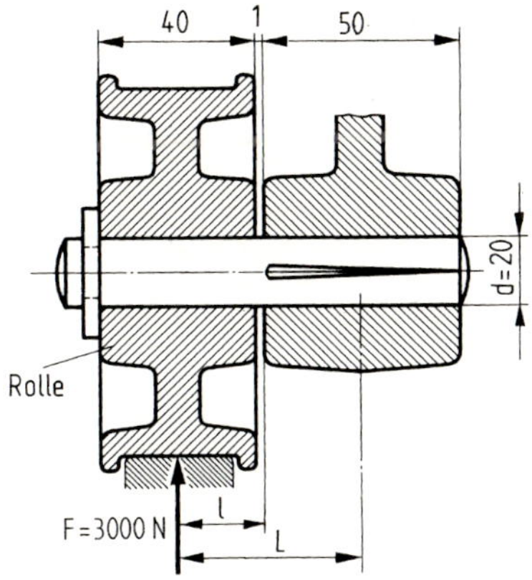

Bild 13.7 Achsstift einer Laufrolle

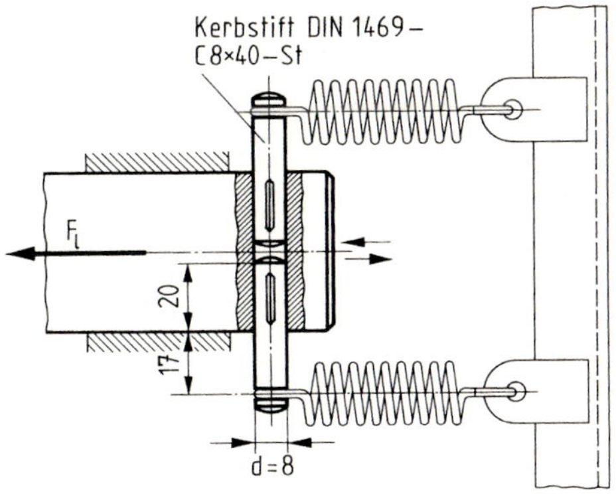

Bild 13.8 Passkerbstifte mit Hals an einem Schieber

13.8 Für die Rückführung eines hin- und hergehenden Schiebers dienen zwei Zugfedern, die in Passkerbstifte mit Hals und gerundeter Nut nach DIN 1469 eingehängt sind (Bild 13.8). Der Schieber aus S275 spannt die Federn mit einer größten Längskraft $F_l = 920$ N.

1. Sind die Stifte ausreichend bemessen?

2. Falls nicht, genügen Stifte mit einem Durchmesser $d = 10$ mm?

13.9 In einer elastischen Kupplung sind zur Aufnahme von Gummiringen gemäß Bild 13.9 acht Passkerbstifte nach DIN 1469 angeordnet, die eine Nut für Sicherungsscheiben DIN 6799 besitzen. Die Kupplung muß bei Drehrichtungswechsel ein Stoßmoment von 600 Nm übertragen. Zu ermitteln sind:

1. Die einen Stift biegende Kraft F,

2. Die Flächenpressung p im Kupplungsflansch aus Grauguss und die Biegespannung σ_b im Stift,

3. Sind diese Beanspruchungen zulässig?

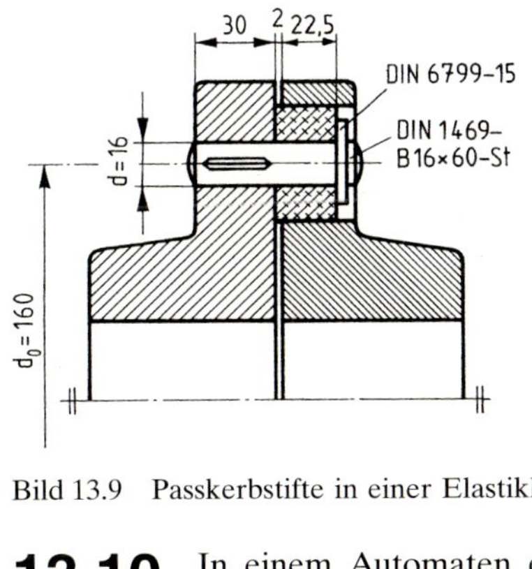

Bild 13.9 Passkerbstifte in einer Elastikkupplung

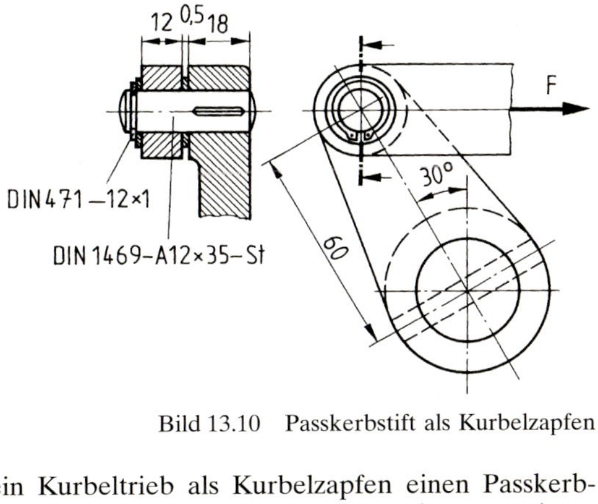

Bild 13.10 Passkerbstift als Kurbelzapfen

13.10 In einem Automaten enthält ein Kurbeltrieb als Kurbelzapfen einen Passkerbstift mit Hals DIN 1469 und Nut für Sicherungsringe DIN 471 (Bild 13.10). In der gezeigten Stellung höchster Belastung übt die Kraft F auf den Hebel aus GS-38 ein Drehmoment von 70 Nm aus. Genügt der gewählte Stiftdurchmesser $d = 12$ mm für schwellende Beanspruchung?

13.11 Der Anker aus S235 der in Bild 13.11 gezeigten elektromagnetischen Zahnkupplung wird auf Zylinderstiften geführt, die in den Nabenflansch aus Grauguss der abtriebsseitigen Kupplungshälfte fest eingepresst sind, Flanschdicke $s = 15$ mm, Abstand $l = 10$ mm. Wieviel Zylinderstifte ISO 2238 – 10h8 × 30 – St müssen am Teilkreis mit dem Durchmesser $d_0 = 86$ mm angeordnet werden, wenn die Kupplung ein wechselnd wirkendes Drehmoment von 200 Nm zu übertragen hat? Wegen der Teilungstoleranzen ist davon auszugehen, daß nur ca. 80 % der Stifte tragen.

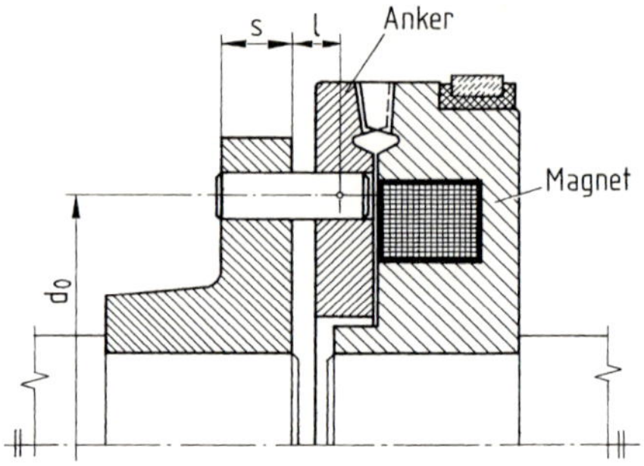

Bild 13.11 Zylinderstifte zur Führung des Ankers einer Elektromagnet-Zahnkupplung

Querstifte unter Drehmoment

13.12 Die Nabe des in Bild 13.10 gezeigten Kurbelarms aus Stahlguss ist auf der Welle aus E295 mit einem Zylinderkerbstift befestigt, Nabendurchmesser $D_a = 50$ mm, Wellendurchmesser $D_i = 32$ mm. Verwendet wurde ein Kerbstift ISO 8739 – 8 × 50 – St. Ist die Verbindung für die Übertragung des schwellend wirkenden Drehmoments $M = 70$ Nm ausreichend bemessen?

13.13 Würde für die in Aufgabe 13.12 beschriebene Querstiftverbindung auch ein Spannstift ISO 8752 – 6 × 50 – St genügen? Dieser Stift (Spannhülse) hat eine Wanddicke $s = 1{,}2$ mm.

13.14 Ein Kettenrad aus C45E ist nach Bild 13.14 mit einem unter 70° schräg zur Wellenmitte sitzenden Zylinderstift auf der Welle aus S275 befestigt. Das Kettenrad hat ein wechselnd wirkendes Drehmoment von 50 Nm zu übertragen. Welchen Durchmesser d muß der Stift aus St 50K erhalten, und wie lautet die vollständige Normbezeichnung des gewählten Stiftes?

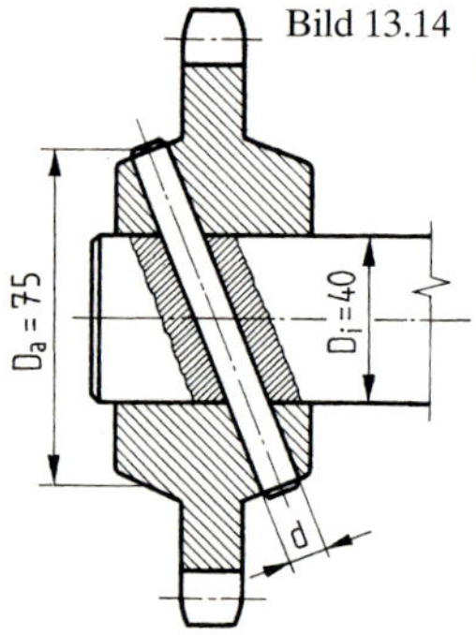

Bild 13.14 Mit einem Querstift befestigtes Kettenrad

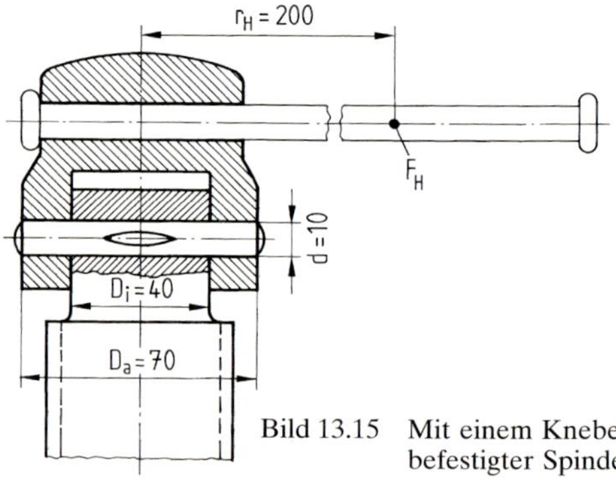

Bild 13.15 Mit einem Knebelstift befestigter Spindelkopf

13.15 Zur Befestigung eines Spindelkopfes aus S235 wird ein Knebelkerbstift verwendet (Bild 13.15), und zwar ein Kerbstift ISO 8742 – 10 × 70 – St, Spindelwerkstoff E295. Für eine maximale Handkraft $F_H = 250$ N sind zu ermitteln:

1. Genügt der Stift den Anforderungen, wenn wegen seltener Betätigung mit ruhender Beanspruchung gerechnet werden kann?
2. Auf welchen Durchmesser könnte der Stift ggf. geändert werden?

13.16 Auf einer Getriebewelle aus S235 sitzt entsprechend Bild 13.16 das mit einem Knebelkerbstift befestigte Kegelrad aus E295. Es hat ein gleichbleibendes Drehmoment von 28 Nm zu übertragen. Die vom Kegelrad erzeugte Längskraft F_l wird vom Wellenbund aufgenommen und beansprucht den Stift nicht zusätzlich. Genügt die Verbindung mit einem Kerbstift ISO 8742 — 6 × 35 — St den Anforderungen?

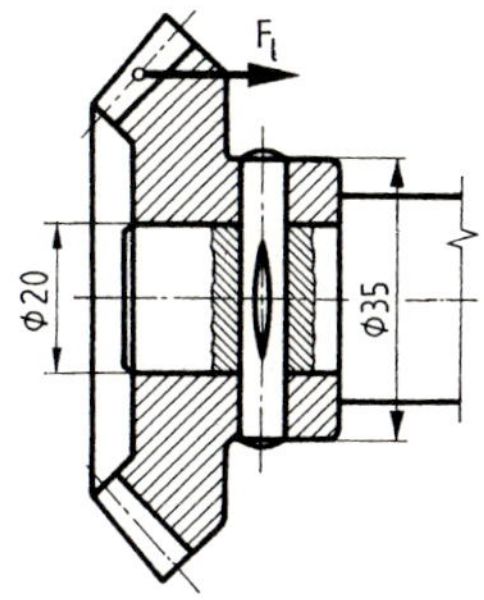

Bild 13.16 Mit einem Knebelstift befestigtes Kegelrad

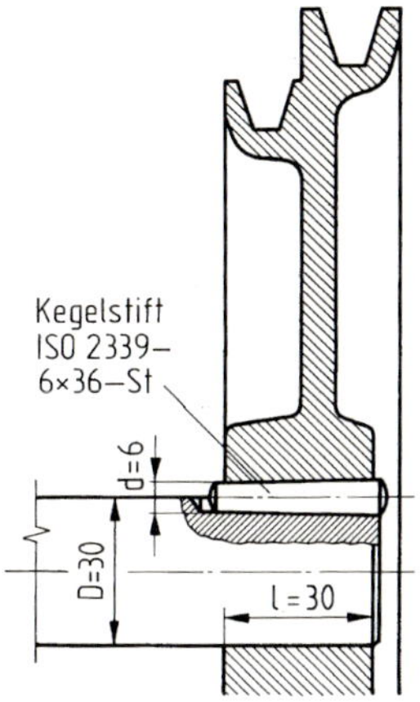

Bild 13.18 Rundkeilverbindung

13.17 Anstelle des Knebelkerbstiftes im Bild 13.16 zur Befestigung des Kegelrades nach 13.16 soll ein Spiralspannstift verwendet werden. Außerdem entfällt der Wellenbund, sodass vom Stift auch die Längskraft $F_l = 0{,}3$ kN übertragen werden muss. Diese Kraft und das Drehmoment $M = 28$ Nm wirken ruhend. Würde ein Spannstift ISO 8750 — 6 × 36 für die Verbindung ausreichen? Er hat ca. 2,25 Windungen mit einer Blechdicke $s = 0{,}5$ mm, Scherfläche $S \approx (d - 2s)\, 2s \cdot \pi$.

Längsstifte unter Drehmoment

13.18 Die in Bild 13.18 dargestellte Rundkeilverbindung mit einem Kegelstift hat ein ruhend wirkendes Drehmoment von 35 Nm aufzunehmen, Welle aus C22, Keilriemenscheibe aus Grauguss. Genügt die Verbindung den Anforderungen?

13.19 Würden zur Befestigung der in Bild 13.18 dargestellten Grauguss-Keilriemenscheibe auf der Welle aus C22 drei Zylinderkerbstifte mit $d = 5$ mm Durchmesser (Normbezeichnung: Kerbstift ISO 8739 — 5 × 30 — St) ausreichen, wenn ein schwellendes Drehmoment von 60 Nm zu übertragen ist?

13.20 Ein geschweißter Steuerhebel ist nach Bild 13.20 mit einem Zylinderstift als Längsstift auf der Welle aus S275 befestigt, Nabenwerkstoff S235. Welche größte wechselnde Kraft F kann von der Verbindung ohne Schaden ertragen werden?

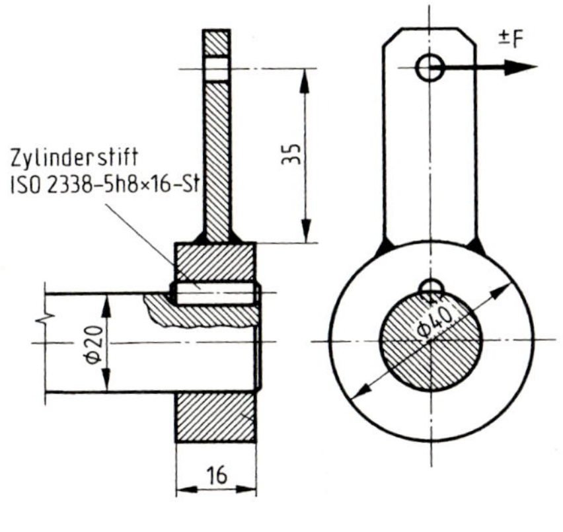

Bild 13.20 Zylinderstift als Längsstift

14 Federn

Zylindrische Schraubendruck- und -zugfedern

14.1 Für eine zylindrische Schraubendruckfeder $6 \times 50 \times 200$ (Drahtdurchmesser $d = 6$ mm, mittlerer Windungsdurchmesser $D = 50$ mm, ungespannte Länge $L_0 = 200$ mm) mit einer Gesamtwindungszahl $n_t = 12{,}5$ und zwei angelegten plangeschliffenen Endwindungen, kaltgeformt als Federstahldraht DIN 17223, Drahtsorte C, Gütegrad 2, sind zu ermitteln:

1. Die Blocklänge L_c und die kleinste zulässige Länge L_n,
2. Die Vergrößerung ΔD_e des äußeren Windungsdurchmessers bei der Länge L_c,
3. Die Federrate R und der Anpressdruck R/D,
4. Die größtzulässige Federkraft F_n und deren zulässige Abweichung A_{Fn},
5. Ist die Schubspannung τ_c bei der Blocklänge L_c zulässig?
6. Besteht für die Feder Knickgefahr im Lagerungsfall 5 bei der Länge L_n?
7. Wie groß ist die Gesamtfederrate R_{ges}, wenn drei dieser Federn in Hintereinanderschaltung eingebaut werden?

14.2 Es ist eine kaltgeformte zylindrische Schraubendruckfeder aus Federstahldraht DIN 17223, Drahtsorte FD kugelgestrahlt, Gütegrad I, zu entwerfen. Bei einem Hub $s_h = s_2 - s_1 = 12$ mm soll die größte Federkraft $F_2 = 645$ N betragen, Vorspann- = Einbaukraft $F_1 \approx 310$ N. Die Feder wird schwingend belastet. Nach den Einbauverhältnissen wird ein mittlerer Windungsdurchmesser $D = 30$ mm angenommen und aufgrund von Erfahrungen ein Drahtdurchmesser $d = 4{,}5$ mm geschätzt. Zu ermitteln sind:

1. Die Anzahl n der federnden Windungen, die Gesamtwindungszahl n_t, die Federrate R und die daraus folgende Kraft F_1,
2. Die Blocklänge L_c und prüfen, ob Schleifen der Federenden möglich, die Federlängen $L_2 = L_n$ und L_1, die ungespannte Länge L_0.
3. Die Spannungen τ_c, τ_{k2} und τ_{kh} sowie Vergleich mit den zulässigen Werten,
4. Sind Abmessungsänderungen erforderlich?
5. Wie groß sind die zulässigen Abweichungen A_{F1} und A_{F2} für die Federkräfte F_1 und F_2?

14.3 Für eine Federkraft $F = 1820$ N bei einer Federlänge $L \approx 105$ mm soll eine genormte Druckfeder nach DIN 2098 ausgewählt werden. An die Feder werden keine besonderen Anforderungen gestellt. Es liegt überwiegend ruhende Belastung vor. Der zur Verfügung stehende Einbauraum hat einen Innendurchmesser $D_h \leq 50$ mm. Anzugeben sind die Normbezeichnungen einer geeigneten Feder und deren Länge L bei der Kraft F. Ferner ist zu prüfen, ob beim Lagerungsfall 5 Knickgefahr besteht.

14.4 Eine Druckfeder DIN 2098 — $8 \times 63 \times 205$ wird durch die Kräfte $F_1 = 0{,}6$ kN und $F_2 = 1{,}6$ kN schwingend beansprucht.

1. Ist diese Normfeder in kugelgestrahlter Ausführung für eine Beanspruchung bis $N = 10^6$ Schwingspiele geeignet?
2. Wie groß sind die zulässigen Abweichungen A_{F1} für die Kraft F_1 und A_{F2} für die Kraft F_2?

14.5 Die Taste eines Schalters für seltene Betätigung wird nach Bild 14.5 durch eine zylindrische Schraubendruckfeder zurückgeführt, die aus Federstahldraht DIN 17223, Drahtsorte D, gewickelt ist. Im gezeichneten Zustand soll sie bei der Länge $L_1 = 20$ mm eine Kraft $F_1 = 1{,}2$ N aufbringen und im zusammengedrückten Zustand nach einem Hub $s_h = 6$ mm eine Kraft $F_2 \approx 1{,}7$ N. Vorgesehen sind ein Drahtdurchmesser $d = 0{,}5$ mm und ein mittlerer Windungsdurchmesser $D = 8$ mm. Es sind zu ermitteln:

1. Die erforderlichen Windungszahlen n und n_t, beide einer auf 0,5 endenden Zahl angepasst, und die damit vorhandene Federrate R.
2. Die ungespannte Federlänge L_0 und die Federkraft F_2,
3. Ist ein Planschleifen der Federenden möglich, und ist bei der Blocklänge L_c unter der Kraft F_c die Schubspannung τ_c zulässig?
4. Ist die kleinstzulässige Federlänge $L_n \leq L_2$?
5. Ist die Feder für diesen Schalter auch geeignet, wenn mit häufiger Betätigung zu rechnen ist?
6. Besteht bei der Federlänge L_2 beim Lagerungsfall 5 Knickgefahr?
7. Wie groß sind die zulässigen Abweichungen A_{F1} und A_{F2} für die Kräfte F_1 und F_2 beim Gütegrad 2?

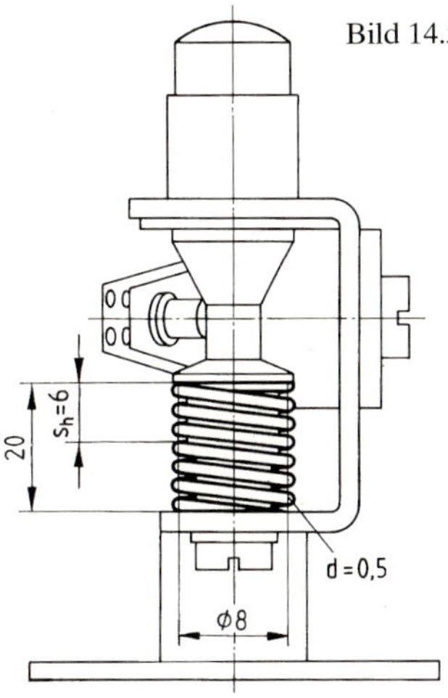

Bild 14.5 Druckfeder in einem Drucktastenschalter

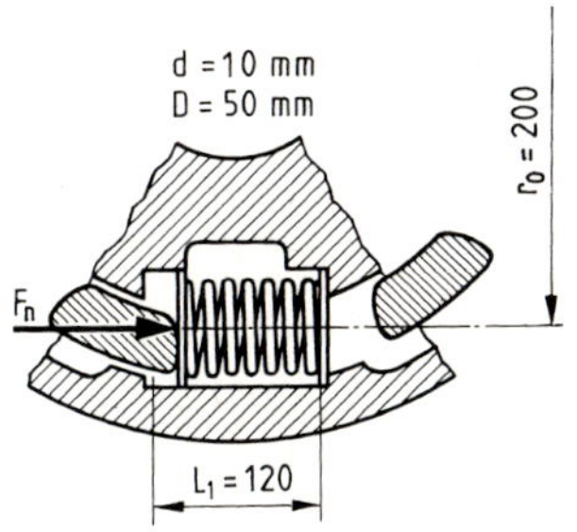

Bild 14.6 Druckfedern in einer elastischen Kupplung

14.6 Für eine elastische Kupplung sind $i = 6$ Druckfedern entspr. Bild 14.6 vorgesehen, die bei unbelasteter Kupplung auf eine Länge von 120 mm vorgespannt sind. Unter der größtzulässigen Betriebskraft F_n soll der Federweg höchstens 40 mm betragen. Die Federn sind kalt gewickelt mit einem mittleren Windungsdurchmesser von 50 mm auf eine ungespannte Länge von 130 mm aus Draht DIN 2076 — C — 10 (Federstahldraht DIN 17223, Drahtsorte C).

1. Wieviel federnde und wieviel Gesamtwindungen (auf 0,5 endend) muß jede Feder erhalten, wenn bei der kleinstzulässigen Länge L_n die Schubspannung $\tau_n = 0{,}5\, R_m$ nicht überschritten werden soll und bei der Blocklänge L_c keine Überbeanspruchung auftritt?
2. Bei welchem Drehmoment M_1 beginnen die Federn zu arbeiten, und welches größte Drehmoment M_{max} nimmt die Kupplung auf, wenn die Federn auf die kleinstzulässige Länge L_n zusammengedrückt sind?
3. Welches größte wechselnd wirkende Drehmoment M_W kann die Kupplung mit den Federn in nicht kugelgestrahlter Ausführung dauernd übertragen, ohne dass die Hubfestigkeit überschritten wird?

14.7 In die elastische Kupplung nach Bild 14.6 sollen 6 genormte zylindrische Schraubenfedern unter Vorspannung mit der Länge $L_1 = 120$ mm eingebaut werden, und zwar: Druckfedern DIN 2098 — 8 × 50 × 160.

1. Welches gleichbleibende größte Drehmoment kann die Kupplung mit diesen Federn übertragen?
2. Für welches wechselnde Drehmoment wären die Federn in kugelgestrahlter Ausführung geeignet?

14.8 In einer elektromagnetisch lüftbaren Lamellenbremse nach Bild 14.8 drücken 12 Schraubenfedern den Anker gegen die Reibscheiben (Lamellen) und erzeugen den zum Bremsen erforderlichen Druck. Da die Federkraft durch Abnutzung der Reibbeläge nachläßt (Entspannen durch Größerwerden des Luftspaltes a), ist eine kleine Federsteife anzustreben, um den Kraftunterschied zwischen den Grenzbeträgen des Luftspaltes möglichst niedrig zu halten (anzustreben ist eine Federrate $R \approx 10$ N/mm). Wenn der Anker angezogen, der Luftspalt a also Null ist, müssen die Federn noch den erforderlichen Mindestabstand zwischen den Windungen aufweisen. Im Magneten steht eine Einbaulänge von maximal 33 mm zur Verfügung. Der Lochdurchmesser darf nicht größer als 14 mm sein. Wenn der Luftspalt vom Nennbetrag $a = 1$ mm in Folge Abnutzung der Reibbeläge um $\Delta a = 1$ mm auf 2 mm größer geworden ist, müssen die Federn zur Gewährleistung des Bremsmoments zusammen noch eine Kraft $F_{1\,\text{ges}} = 1500 \pm 150$ N aufbringen. Die Federabmessungen sind festzulegen, wenn Federstahldraht DIN 17223 der Drahtsorte D verwendet wird und der Gütegrad I vorgesehen ist. Im Einzelnen sind zu ermitteln:

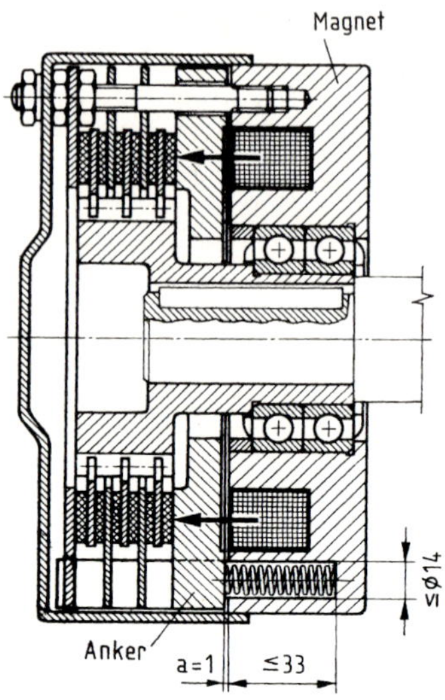

Bild 14.8 Druckfedern in einer Lamellenbremse

1. Die erforderliche Anzahl n der federnden Windungen und n_t der Gesamtwindungen (auf 0,5 endend), wenn überschläglich $D = 11$ mm, $d = 2$ mm und $R = 10$ N/mm angenommen werden, sowie die bei der gewählten Windungszahl vorhandene Federrate R,
2. Die Blocklänge L_c, die kleinste Federlänge $L_n = L_3 =$ Lochlänge (überprüft auf Ausführbarkeit), die Federlängen L_2 und L_1 und die ungespannte Länge L_0,
3. Überprüfung auf Zulässigkeit der Schubspannung τ_c bei der Blockkraft F_c und der größten im Betrieb bei der Kraft F_3 auftretenden Schubspannung τ_{k3}, wenn in diesem Fall $\tau_{k\,zul} = 0{,}35 R_m$ sein soll und wegen des geringen Hubes von 1 bis 2 mm auf eine Kontrolle der Hubspannung τ_{kh} verzichtet werden kann,
4. Sind Abmessungsänderungen für die Federn erforderlich oder zweckmäßig, um eine kleinere Federrate zu erreichen?
5. Die prozentuale Abnahme der Federkraft F_2 auf F_1 durch Vergrößerung des Luftspaltes $a = 1$ mm auf 2 mm infolge Abnutzung der Reibbeläge,
6. Die zulässige Abweichung A_{F2} für die Kraft F_2,
7. Ist die Bedingung $F_{1\,\text{ges}} = 1500 \pm 150$ N eingehalten?

14.9 Das Ventil einer Kolbenpumpe nach Bild 14.9 wird von einer kaltgewickelten Druckfeder, Gütegrad 1, aus Draht EN 12166 – CuBe2 – R580 – RND5,0 betätigt. Dieser Federdraht hat nach DIN EN 12166 (DIN 17682) den Drahtdurchmesser $d = 5$ mm

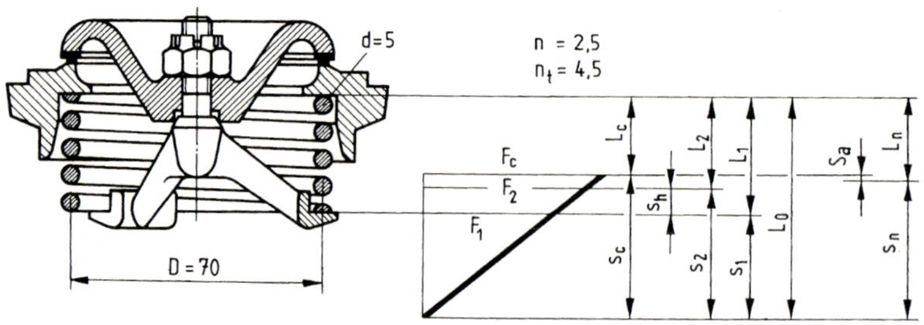

Bild 14.9 Druckfeder in einem Kolbenpumpenventil

und eine Zugfestigkeit $R_m = 580\,N/mm^2$. Die Feder hat angelegte, geschliffene Endwindungen und eine ungespannte Länge $L_0 = 52\,mm$. Bei geschlossenem Ventil beträgt die Federlänge $L_1 = 42\,mm$, im geöffneten Zustand die Federkraft $F_2 = 68\,N$. Diese Kraft bestimmt den Ventilhub. Die Feder ist rechnerisch auf Festigkeit zu überprüfen. Folgende zulässige Spannungen sollen nicht überschritten werden: Die Schubspannung $\tau_{c\,zul} = 0{,}45 R_m$ bei der Blocklänge L_c, die zulässige größte Schubspannung $\tau_{k2\ zul} = 0{,}2\,R_m$ und die zulässige Hubspannung $\tau_{kh\,zul} = 0{,}1 R_m$. Ferner sind die Federlänge L_2 bei der Kraft F_2 und der Ventilhub s_h zu ermitteln sowie die kleinstzulässige Länge L_n, die dazugehörige Federkraft F_n als Prüfkraft und deren zulässige Abweichung A_{Fn}.

14.10 Eine warmgeformte zylindrische Schraubendruckfeder aus warmgewalztem Federstahl DIN 2077, Werkstoff: Qualitätsstahl 60SiCr7 nach DIN 17221, mit einem mittleren Windungsdurchmesser von 125 mm soll bei einem Federweg von ca. 100 mm eine überwiegend ruhend wirkende größte Federkraft von 25 kN aufbringen. Die wichtigsten Daten für die Federzeichnung sind wie folgt zu bestimmen:

1. Der erforderliche Drahtdurchmesser d, wenn überschläglich eine zulässige Schubspannung $\tau_{c\ zul} \approx 700\,N/mm^2$ und eine Blockkraft $F_c = 1{,}2 \cdot F_n = 30\,kN$ angenommen werden,
2. Die Anzahl n der federnden Windungen und n_t der Gesamtwindungen und die damit vorhandene Federrate R sowie der Federweg s_n bei der angegebenen größten Federkraft F_n,
3. Die Blocklänge L_c, die Federlänge L_n unter der Kraft $F_n = 25\,kN$ und die Länge L_0 der unbelasteten Feder,
4. Die Schubspannung τ_c bei der Kraft F_c verglichen mit der für den gewählten Stabdurchmesser zulässigen,
5. Die zulässige Abweichung A_{Fn} für die Kraft F_n,
6. Ist die Feder beim Lagerungsfall 2 knicksicher?

14.11 Die Federung einer Diesellokomotive enthält warmgeformte zylindrische Schraubendruckfedern mit folgenden Daten: $D = 120\,mm$, $n = 6$, $n_t = 7{,}5$, $d = 22\,mm$, geschliffener Stabstahl, Werkstoff: 50CrV4 nach DIN 17221. Jede Feder hat eine größte statische Kraft $F = 16\,kN$ aufzunehmen. Wegen der Schwingungen während der Fahrt werden die Federn schwellend beansprucht, jedoch mit relativ geringem Hub. Sie sind ausreichend bemessen, wenn unter der angegebenen Kraft F die Schubspannung τ_k ca. 70 % der zulässigen Spannung $\tau_{c\ zul}$ und bei der Blocklänge L_c die zulässige Schubspannung $\tau_{c\,zul}$ nicht überschritten werden.

1. Wird bei der Kraft F die angegebene zulässige Spannung überschritten?
2. Wie groß sind die Blocklänge L_c und die Länge L_0 der ungespannten Feder, ausgelegt nach $\tau_{c\ zul}$?
3. Wie groß ist die unter der Kraft F vorhandene Summe S_{aF} der Abstände zwischen den Windungen, die wegen der Schwingungen doppelt so groß sein sollen wie die Mindestsumme S_a?
4. Wie groß sind die Prüflänge L_n und die Prüfkraft F_n sowie deren zulässige Abweichung A_{Fn}?

14.12 Eine kugelgestrahlte warmgeformte zylindrische Schraubendruckfeder aus geschliffenem Stabstahl, Werkstoff: 51CrMoV4 nach DIN 17221, wird schwingend mit einer größten Kraft von 52 kN belastet. Sie soll mit einer Vorspannkraft von 32 kN eingebaut werden. Vorgesehen sind ein Hub von ca. 100 mm und ein Stabdurchmesser von 40 mm bei einem mittleren Windungsdurchmesser von 250 mm. Folgende Daten der Feder sind zu ermitteln: Die Windungszahlen n und n_t, die Federrate R, der Federhub s_h, die Blocklänge L_c, die kleinste Federlänge $L_2 = L_n$, die ungespannte Länge L_0, die Einbaulänge L_1, die Spannungen τ_c, τ_{k2} und τ_{kh} sowie Vergleich mit den zulässigen Werten, und zwar τ_{kH} bei $2 \cdot 10^6$ Schwingspielen, die zulässigen Kraftabweichungen A_{F1} und A_{F2}, die Überprüfung auf Knicksicherheit beim Lagerungsfall 4.

14.13 Die in Bild 14.13 dargestellte, ohne innere Vorspannkraft mit aneinanderliegenden Windungen gewickelte zylindrische Schraubenzugfeder mit Hakenösen ($k_H = 1$) dient zur Rückführung einer unter Drehpendelung arbeitenden Schaltwelle. Der Feder ist ein Hub $s_h = 12$ mm aufgezwungen. Während dieses Hubes soll ihre Zugkraft von $F_1 \approx 25$ N auf $F_2 \approx 34$ N steigen. Es liegt schwingende Belastung vor. Gewählt wird ein mittlerer Windungsdurchmesser $D = 10$ mm und Draht DIN 2076 — D — 1,2 (Drahtdurchmesser $d = 1{,}2$ mm, Federstahldraht DIN 17223 Drahtsorte D). Zu ermitteln sind:

1. Die erforderliche Anzahl der Windungen $n = n_t$, auf 0,25 oder 0,75 endend, und die vorhandene Federrate R,
2. Die Länge L_0 der ungespannten Feder, auf volle mm aufgerundet, und die Federlängen L_1 und L_2,
3. Die Schubspannungen τ_{k1} und τ_{k2} bei den Federkräften F_1 und F_2 sowie die Hubspannung τ_{kh}, verglichen mit den zulässigen Werten, wenn wegen der Kerbwirkungen an der Abbiegung vom Federkörper zum Haken mit $\tau_{kh\,zul} \approx 0{,}6\,\tau_{kH}$ gerechnet wird,
4. Die Prüfkraft F_n, deren zulässige Abweichung A_{Fn} (Gütegrad 2) und die Prüflänge L_n.

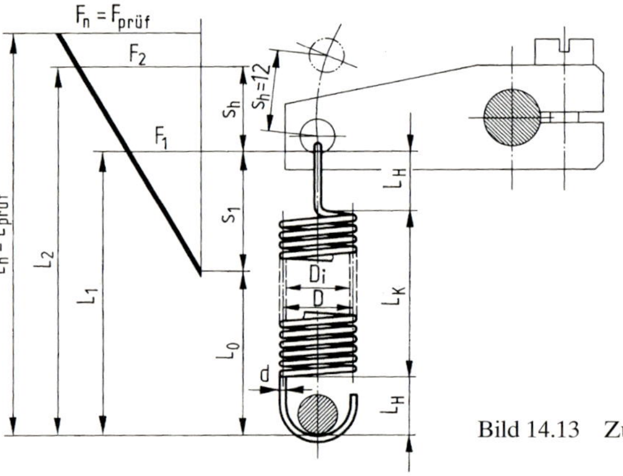

Bild 14.13 Zugfeder zur Rückführung einer Schaltwelle

14.14 Würde für die Zugfeder nach Bild 14.13 auch ein Drahtdurchmesser $d = 1{,}1$ mm ausreichen, wenn sonst gleiche Verhältnisse vorliegen wie nach Aufgabe 14.13?

14.15 Zur Rückführung einer selten betätigten Klappe in einer Förderanlage ist eine Zugfeder vorgesehen, die eine Federkraft $F_1 = 350$ N aufbringen soll. Nach einem Hub $s_h = 40$ mm soll die Federkraft $F_2 \leq 700$ N sein. Der zur Verfügung stehende Einbauraum gestattet einen Außendurchmesser $D_e \leq 50$ mm. Die Feder ist mit um 180° versetzten englischen Ösen und innerer Vorspannung aus Federstahldraht B nach DIN 17223 auf einer Wickelbank zu wickeln, Gütegrad 3. Es sind die wichtigsten Federdaten wie folgt zu bestimmen:

1. Der Drahtdurchmesser d, der Außendurchmesser D_e und der Innendurchmesser D_i, wenn ein mittlerer Windungsdurchmesser $D = 42$ mm und eine zulässige Schubspannung $\tau_{2\,zul} \approx 600$ N/mm^2 angenommen werden.
2. Die Federrate R mit $F_2 = 700$ N und die Anzahl n_t der Windungen, aufgerundet auf 0,5 endend,
3. Die Länge L_K des Federkörpers und die Länge L_0 der ungespannten Feder,
4. Die Vorspannkraft F_0 mit $\tau_{0\,lim}$ und die Federlängen L_1 und L_2,
5. Die größte Federkraft F_2 und die zulässigen Abweichungen A_{F1} und A_{F2} der Federkräfte.

14.16 Die Backen einer Fliehkraftkupplung werden durch eine Zugfeder auf die Nabe gedrückt, wie in Bild 14.16 dargestellt. Erst wenn die Drehzahl der Kupplung $n_1 = 200$ min^{-1} erreicht, soll die Bewegung der Backen um ihren Drehpunkt beginnen, bis sie bei $n_2 \approx 250$ min^{-1} mit ihrem Reibbelag kraftlos die Trommel berühren. Bei weiterer

Steigerung der Drehzahl erfolgt dann ein Anpressen und die Drehmomentübertragung durch Kraftschluß. Bis zur Berührung mit der Trommel führt die Feder einen Gesamthub von 3 mm aus (1,5 mm nach jeder Seite). Die Feder soll aus Federstahldraht D nach DIN 17223 mit innerer Vorspannkraft auf einem Federwindeautomaten gewickelt und mit ganzer deutscher Öse im Gütegrad 2 ausgeführt werden. Für den Entwurf der Feder sind zu ermitteln:

1. Die Federkräfte F_1 und F_2 und die erforderliche Federrate R_{erf},
2. Die Windungszahl $n = n_t$, auf 0,5 endend, wenn $d = 2$ mm und $D = 12$ mm angenommen werden,
3. Die Länge L_0 der ungespannten Feder mit $k_H \approx 1$, auf volle 5 mm gerundet, und die vorhandene Federrate R,
4. Die innere Vorspannkraft F_0 nach der erreichbaren inneren Vorspannung $\tau_{0\,lim}$ sowie die damit vorzuschreibende Federlänge L_1 und die sich daraus ergebende Federlänge L_2,
5. Die Prüfkraft F_n bei $\tau_{n\,zul}$ und deren zulässige Abweichung A_{Fn} sowie die Prüflänge L_n.

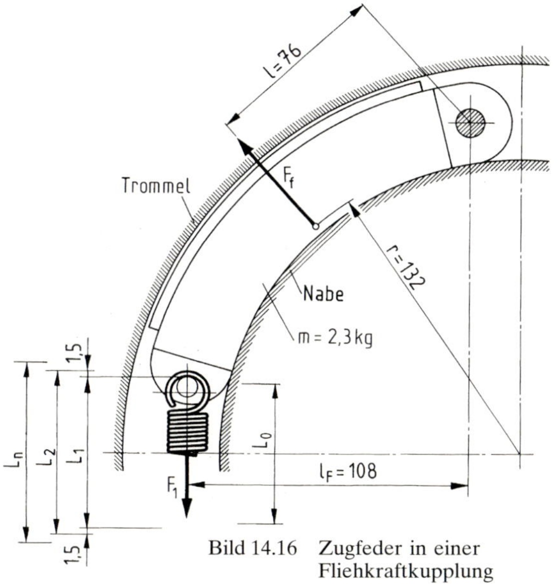

Bild 14.16 Zugfeder in einer Fliehkraftkupplung

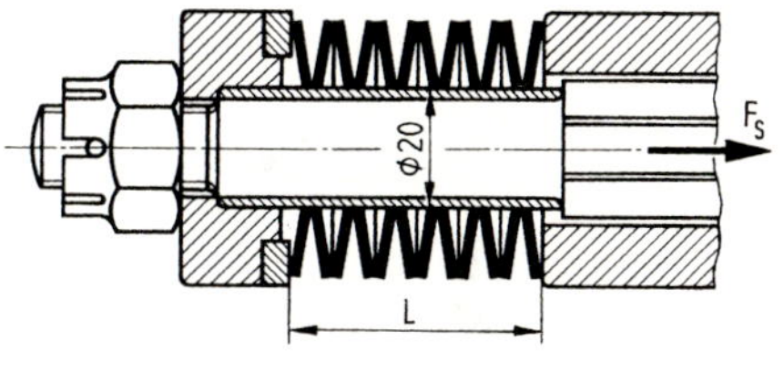

Bild 14.18 Tellerfedersatz zum Anpressen von Walzen

Tellerfedern

14.17 Eine Tellerfeder DIN 2093 — C 25 soll mit einer Kraft $F = 300$ N dauernd belastet und selten mit der größtmöglichen Kraft F_n bis auf die kleinstzulässige Höhe zusammengedrückt werden.

1. Wie groß ist der Federweg s bei der Kraft F, und zwischen welchen Beträgen darf F auf Grund der zulässigen Abweichung A_F liegen?
2. Wie groß sind der Federweg s_n (auf 0,010 mm genau) bei der Kraft F_n, die Federrate R_n, die Federarbeit W_n und die Druck- bzw. Zugspannungen σ_{nI}, σ_{nII}, σ_{nIII} an den Stellen I, II, III des Federtellers?

14.18 Der in Bild 14.18 gezeigte Tellerfedersatz dient zum Anpressen von Walzen. Die Säule wird maximal um $S = 6$ mm durchgefedert. Es sind $i = 12$ Tellerfedern DIN 2093 — B 40 eingesetzt. Zu ermitteln sind:

1. Die Länge L_0 der unbelasteten Säule und die Säulenlänge L im gespannten Zustand,
2. Die Säulenkraft F_S und die Säulensteife R_S,
3. Ist die Beanspruchung der Teller unter der statisch wirkenden Kraft F_S zulässig?

14.19 Bild 14.19 zeigt eine Sicherheits-Rutschkupplung mit einem Kettenrad auf dem Wellenende eines Elektromotors. Die Kupplung enthält zwei Tellerfedern DIN 2093 – B 100 zur Erzeugung der Anpresskraft an den Reibbelägen. Um die Arbeitsmaschine vor Überlastung zu schützen, soll das Kettenrad bei Überschreitung des Drehmoments $M = 600$ Nm durchrutschen und an den Reibflächen gleiten. Die Reibzahl beträgt $\mu = 0{,}3$. Zur Einstellung der Kupplung auf das angegebene Drehmoment durch Spannen der Tellerfedern mittels einer Nutmutter sind zu ermitteln:

1. Die Umfangskraft F_u am mittleren Reibflächenradius r_m, die Normalkraft F_N und die auf einen Teller entfallende theoretische Kraft F ohne Berücksichtigung der Reibung zwischen den Tellern,
2. Die Länge L_0 der unbelasteten Säule, der Federweg S der Säule und deren Länge L im gespannten Zustand,
3. Mit welcher Kraft F_{SB} wird die Säule belastet, um auch die Reibung zwischen den Tellern zu überwinden?
4. Werden die Teller überbeansprucht?

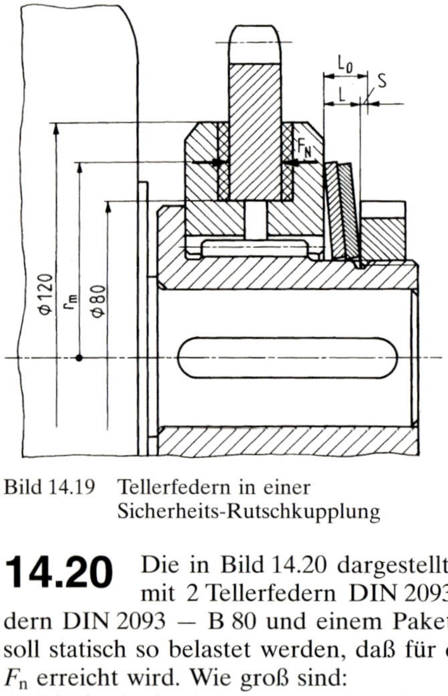

Bild 14.19 Tellerfedern in einer Sicherheits-Rutschkupplung

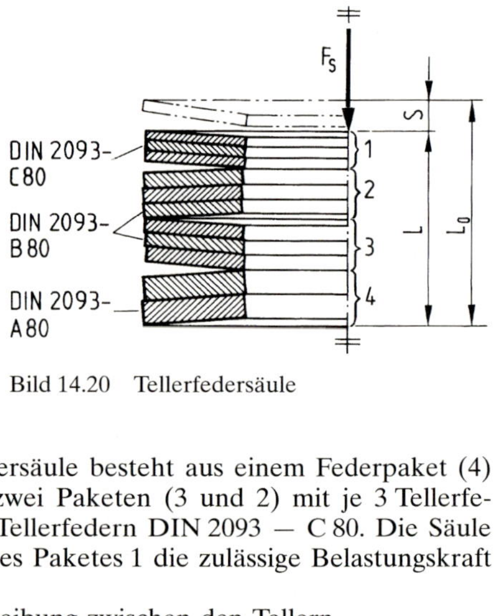

Bild 14.20 Tellerfedersäule

14.20 Die in Bild 14.20 dargestellte Tellerfedersäule besteht aus einem Federpaket (4) mit 2 Tellerfedern DIN 2093 – A 80, zwei Paketen (3 und 2) mit je 3 Tellerfedern DIN 2093 – B 80 und einem Paket (1) mit 3 Tellerfedern DIN 2093 – C 80. Die Säule soll statisch so belastet werden, daß für die Teller des Paketes 1 die zulässige Belastungskraft F_n erreicht wird. Wie groß sind:

1. Die Säulenkraft F_S unter Vernachlässigung der Reibung zwischen den Tellern,
2. Die Belastungskräfte F_{SB} und F_{SE} beim Be- und Entlasten der Säule unter Berücksichtigung der Reibung in den Federpaketen,
3. Die Länge L_0 der unbelasteten Säule,
4. Der Federweg S zum Spannen und die Länge L der belasteten Säule?

14.21 Zur elastischen Abstützung einer Stahlkonstruktion sollen Federsäulen aus Tellerfedern DIN 2093 – A 160 eingesetzt werden. Jede Säule hat ein maximales Gewicht von 20 t aufzunehmen, wobei der Säulenfederweg $S \leq 3$ mm betragen darf. Welche Schichtung ist zu wählen, und welche Länge haben die unbelasteten und die belasteten Säulen? Unter Vernachlässigung der Reibung zwischen den Tellern sind zu ermitteln:

1. Die Anzahl n der Tellerfedern, die gleichsinnig zu einem Paket zu schichten sind, und die Belastungskraft F eines Federtellers,

2. Die Anzahl i der Federpakete, die wechselseitig zu einer Säule aneinanderzureihen sind, und der Federweg S einer Säule,
3. Die erforderliche Telleranzahl z je Säule, die Länge L_0 der unbelasteten und die Länge L der belasteten Säule,
4. Wie groß wird die Länge L, wenn die Reibung in den Federpaketen berücksichtigt wird?

14.22 Eine Tellerfeder DIN 2093 — A 100 soll mit einem Vorspannweg $s_1 = 0{,}2h_0$ in einen Automaten eingebaut und während des Betriebes bei einem Hub $s_h = 0{,}6$ mm dauernd schwingend belastet werden.
1. Wie groß sind die Vorspannkraft F_1 und die größte Federkraft F_2?
2. Sind die auftretenden Spannungen zulässig?

14.23 Ein Überdruckventil nach Bild 14.23 soll durch Tellerfedern mit einer Kraft $F_{S1} \approx 800$ N geschlossen gehalten werden. Im geöffneten Zustand (bei Überdruck) ist mit einer maximalen Säulenkraft $F_{S2} \approx 600$ N zu rechnen. Hierbei soll die Ventilkugel um den Hub $H \approx 4$ mm gehoben worden sein. Der Führungsbolzen hat einen Durchmesser von 12 mm. Es sind Tellerfedern der Reihe A nach DIN 2093 vorgesehen. Obwohl die Federn in dem Überdruckventil überwiegend ruhend und nur selten schwingend belastet werden, soll hier aus Sicherheitsgründen mit schwingender Belastung gerechnet werden. Zu ermitteln sind:
1. Die Normbezeichnung einer für die Säule geeigneten Tellerfeder und ihre Abmessungen D_e, D_i, t, h_0 und l_0,
2. Die Federwege s_1 und s_2 eines Federtellers und die Überprüfung, ob der Vorspannfederweg dem üblichen Erfahrungswert entspricht,
3. Die erforderliche Anzahl i der Tellerfedern und der endgültige Säulenhub H,
4. Werden die Obergrenze $\sigma_{O\,max}$ der Dauerfestigkeit und die Hubfestigkeit σ_H überschritten?
5. Die Länge L_0 der unbelasteten Säule und die Längen L_1 sowie L_2 der vorgespannten bzw. der belasteten Säule.

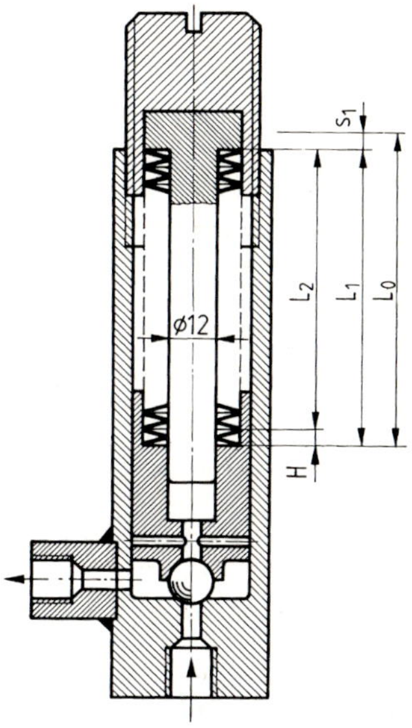

Bild 14.23 Überdruckventil mit Tellerfedern

14.24 In einer Vorrichtung werden zwei Tellerfedersäulen schwingend belastet, und zwar jede mit $F_1 = 2{,}4$ kN und $F_2 = 3{,}2$ kN. Eine Säule besteht jeweils aus $i = 12$ Tellerfedern DIN 2093 — C 63, die wechselsinnig aneinandergereiht sind.
1. Werden die zulässigen Spannungen überschritten, wenn wegen ungleichmäßiger Schwingungen und $i > 6$ sicherheitshalber mit $\sigma_{2\,zul} \approx 0{,}8\,\sigma_{O\,max}$ und $\sigma_{h\,zul} \approx 0{,}7\,\sigma_H$ zu rechnen ist?
2. Welche Längen L_0, L_1 und L_2 haben die Säulen?

14.25 In einem Schnittwerkzeug sollen entsprechend Bild 14.25 zwei Tellerfedersäulen zur Betätigung des Abstreifers eingesetzt werden. Es sind ein Vorspannweg $s_1 = 0{,}2h_0$ je Feder und ein Durchmesser $d = 16$ mm für die Führungsbolzen (Zylinderschrauben) vorgesehen. Der Säulenhub während des Betriebes beträgt $H \approx 2{,}4$ mm, wobei im durchgefederten Zustand beide Säulen zusammen eine Kraft von ca. 4,8 kN aufbringen sollen. Es sind geeignete Tellerfedern nach DIN 2093 und die Abmessungen der Federsäulen im ungespannten, vorgespannten und durchgefederten Zustand zu ermitteln. Außerdem ist der Spannungsnachweis durchzuführen. Wegen des stark stoßhaften Betriebes und bei einer Federanzahl $i > 6$ sind die zulässigen Spannungen aus Sicherheitsgründen mit 90 % der Dauerfestigkeitswerte anzusetzen.

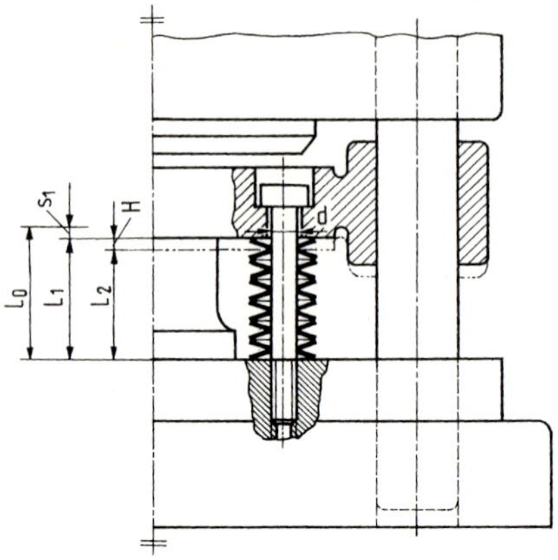

Bild 14.25 Tellerfedersäulen in einem Schnittwerkzeug

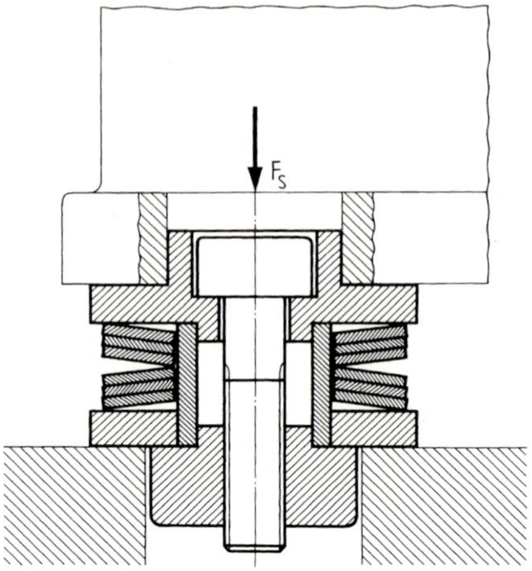

Bild 14.26 Tellerfedersatz zur Dämpfung von Maschinenschwingungen

14.26 Eine stoßhaft arbeitende Maschine ist zur Schwingungsdämpfung auf Tellerfedersäulen abgestützt. Jede Säule besteht aus 6 Tellerfedern DIN 2093 – B 80, die nach Bild 14.26 geschichtet sind. Die statische Belastungskraft einer Säule durch das Gewicht der Maschine beträgt $F_S = 15{,}45$ kN. Damit das Federsystem nicht mit der Maschine, die bei einer Drehzahl von 1420 min^{-1} arbeitet, in Resonanzschwingungen gerät, soll die Eigenfrequenz 20 Hz nicht übersteigen. Es sind die vorhandene Eigenfrequenz f_e zu errechnen und zu prüfen, ob die genannte Bedingung erfüllt ist.

Gewundene Schenkelfedern

14.27 Eine gewundene Schenkelfeder nach Bild 14.27 mit zwei gleich langen tangentialen Schenkeln wird als Drehfeder zum Spannen einer Klemmvorrichtung durch eine Kraft $F \approx 40$ N am Radius $R = 24$ mm im Wickelsinn überwiegend ruhend belastet. Sie hat einen mittleren Windungsdurchmesser $D = 30$ mm und wird hergestellt aus Federstahldraht der Sorte A nach DIN 17223 mit einem Drahtdurchmesser $d = 2{,}5$ mm. Der Drehwinkel beträgt $\alpha = 120°$. Im ungespannten Zustand stehen die Schenkel um $\delta_0 = 270°$ zueinander, sodass die Windungszahl n auf 0,75 enden muss. Folgende Daten sind für diese Feder zu ermitteln:

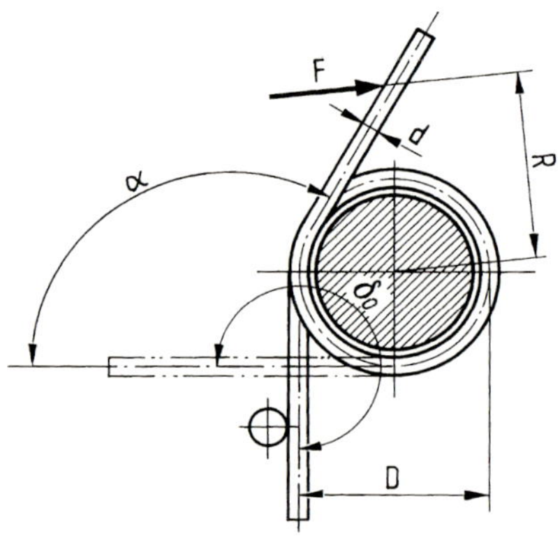

Bild 14.27 Gewundene Schenkelfeder

1. Die erforderliche Anzahl n der federnden Windungen, wenn diese ohne Spannung aneinanderliegen, und die Länge L_K des unbelasteten Federkörpers,
2. Die endgültige Federkraft F, die sich bei $\alpha = 120°$ einstellt,
3. Der Innendurchmesser $D_{i\alpha}$ der gespannten Feder und der Dorndurchmesser D_d, auf einen ganzzahligen Wert gerundet, sodass ein Durchmesserspiel von mindestens 2 mm verbleibt,
4. Die Biegespannung σ, verglichen mit der zulässigen Spannung σ_{zul}.

14.28 Der in Bild 14.28 dargestellte Deckel mit einem Gewicht von 5 kg wird durch Magnetverschlüsse (nicht eingezeichnet) geschlossen gehalten. Damit er sich nach Abschalten der Magnete selbsttätig öffnet und in vertikaler Lage stehen bleibt, sind zwei Schenkelfedern aus Federstahldraht der Drahtsorte C nach DIN 17223 vorgesehen. Folgende Abmessungen sind gegeben: Durchmesser der Scharnierachse $D_d = 18$ mm, Abstand $l_2 = 200$ mm. Um das Öffnen zu gewährleisten, muß das Federdrehmoment M_2 bei geschlossenem Deckel etwa 30 % größer sein als das Moment M_G der Gewichtskraft F_G. Zum Festhalten des Deckels in geöffneter Stellung sollen die Federn mit dem Drehwinkel $\alpha_1 \approx 10°$ vorgespannt werden, so daß die Schenkel im ungespannten Zustand der Feder unter dem Winkel $\delta_0 = 170°$ zueinander stehen. Da nur selten geöffnet wird, liegt ruhende Belastung vor. Für den Entwurf der Federn mit spannungsfrei aneinanderliegenden Windungen sind unter Vernachlässigung der Reibung zu ermitteln:

1. Der Drahtdurchmesser d, ausgehend von einer geschätzten zulässigen Spannung $\sigma_{zul} \approx 1000$ N/mm², sowie die Durchmesser D_i, D und D_e nach dem Verhältnis $D_d/D_i = 0{,}9$,
2. Die Überprüfung der größten Biegespannung σ_d, wenn an den Schenkeln der Abbiegeradius $r = 10$ mm beträgt,
3. Die Anzahl n der federnden Windungen und die Länge L_K des Federkörpers,
4. Der Innendurchmesser $D_{i\alpha}$ der im Windungssinn gespannten Federn,
5. Das größte Federdrehmoment M_2 bei geschlossenem Deckel und das Verhältnis M_2/M_G.

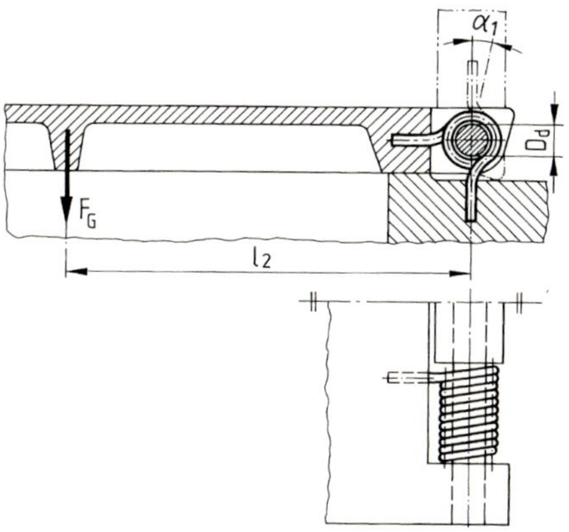

Bild 14.28 Schenkelfedern zum selbsttätigen Öffnen eines Deckels

14.29 In einer Kurvensteuerung soll mittels einer gewundenen Schenkelfeder ein Steuerhebel mit einer Rolle gegen eine Kurvenscheibe gedrückt werden. Dabei wird die Feder zwischen den Winkeln $\alpha_{S1} = 20°$ und $\alpha_{S2} = 75°$ schwingend belastet. Sie ist in kugelgestrahlter Ausführung hergestellt aus Federstahldraht C DIN 17223 mit dem Drahtdurchmesser $d = 2{,}5$ mm, einem mittleren Windungsdurchmesser $D = 25$ mm, einem Abstand $a = 4$ mm zwischen den Windungen, $n = 3{,}75$ federnden Windungen und hat tangentiale Schenkel mit dem Radius $R = 60$ mm. Die Feder wird im Windungssinn betätigt.

1. Ist die Beanspruchung zulässig?
2. Welche Länge L_{K0} hat der unbelastete Federkörper?
3. Auf welchen Durchmesser $D_{i\alpha}$ nimmt der Innendurchmesser D_i der Feder beim größten Betätigungswinkel ab?

14.30 Die Schenkelfeder nach Bild 14.30 dient zum Andrücken einer Sperrklinke. Im ungespannten Zustand hat sie einen mittleren Windungsdurchmesser $D = 18$ mm, eine federnde Windungszahl $n = 4{,}5$ und einen lichten Abstand $a = 0{,}5$ mm zwischen den Windungen. Der Drahtdurchmesser beträgt $d = 2$ mm, Werkstoff: Federstahldraht D DIN 17223. Im gezeichneten Zustand soll die Klinke durch die Feder mit einer Kraft $F_1 = 20$ N gegen das Klinkenrad gedrückt werden.

1. Um welchen Winkel α_1 muß die Feder dafür vorgespannt werden?
2. Ist eine Überbeanspruchung zu befürchten, wenn bei Drehung des Klinkenrades ein weiteres Spannen der Feder um 5° erfolgt und wegen häufiger Betätigung mit schwingender Belastung zu rechnen ist?
3. Welche Länge L_{K0} hat der ungespannte Federkörper?
4. Ist sein Festklemmen der Feder auf der Achse möglich?

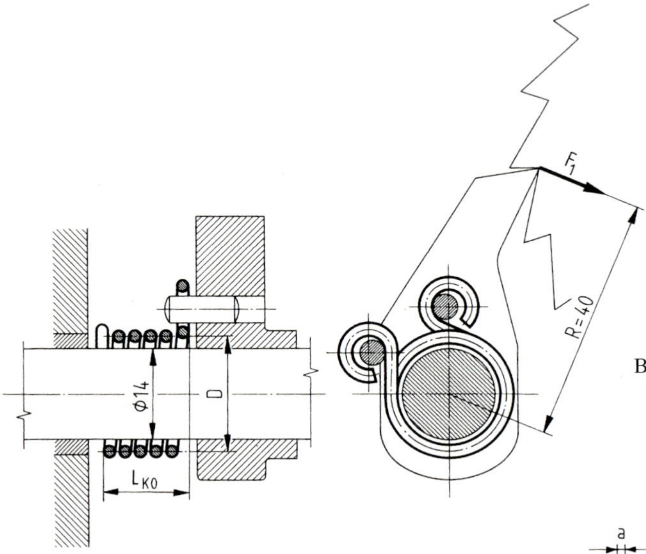

Bild 14.30 Schenkelfeder zum Andrücken einer Klinke

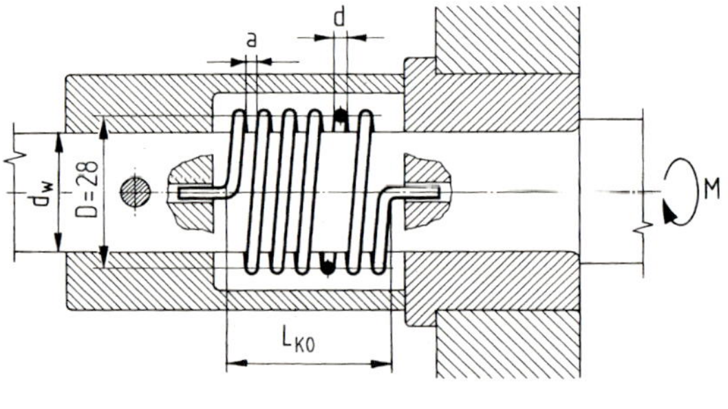

Bild 14.31 Schenkelfeder zur Rückführung einer Schaltwelle

14.31 Die Schenkelfeder nach Bild 14.31 hat die Aufgabe, eine Schaltwelle, die von einem Hebel um 45° gedreht wird, in ihre Ausgangslage zurückzuführen. In der Ausgangslage, also im vorgespannten Zustand, muß die Feder mit einem Moment $M_1 \approx 1{,}2$ Nm gespannt sein. In der Endlage soll sie ein Moment $M_2 \approx 2$ Nm aufbringen. Die Abmessungen der Feder aus Federstahldraht D DIN 17223 sind für schwingende Belastung wie folgt festzulegen:

1. Der Drahtdurchmesser d, wenn die Feder im Wickelsinn gespannt wird und zunächst $\sigma_{2\,zul} \approx 1200$ N/mm^2 angenommen wird,
2. Die erforderliche Federrate R_t und die Drehwinkel α_1 und α_2 bei den Federdrehmomenten M_1 und M_2,
3. Die erforderliche gestreckte Länge l der federnden Windungen ohne Endschenkel, die erforderliche Anzahl n der federnden Windungen (nach Bild 14.31 eine ganze Zahl) und die Länge L_{K0} des unbelasteten Federkörpers mit einem Abstand $a = 0{,}25\ d$ zwischen den Windungen,
4. Der kleinste Innendurchmesser $D_{i\alpha}$ der gespannten Feder und der auf volle mm gerundete Wellendurchmesser $d_w = D_d$, wenn im gespannten Zustand ein Durchmesserunterschied von mindestens 1 mm vorhanden sein soll.

14.32 Auf welchen Drehwinkel α darf eine Schenkelfeder aus Federstahldraht A DIN 17223 mit einem Drahtdurchmesser $d = 2{,}5$ mm, einem mittleren Windungsdurchmesser $D = 25$ mm, einem lichten Abstand $a = 0{,}5$ mm zwischen den Windungen und einer federnden Windungszahl $n = 6{,}5$ gegen ihren Wickelsinn gespannt werden, ohne dass die zulässige Spannung bei ruhender Belastung überschritten wird, und welchen Außendurchmesser $D_{e\alpha}$ hat die so gespannte Feder?

Drehstabfeder

14.33 In einem Ackerschlepper mit Raupenfahrwerk soll die Federung der an Schwinghebeln befestigten Laufrollen mittels vorgesetzten Drehstabfedern erfolgen. Vorgesehen ist je Rolle eine Feder aus Edelstahl 51 CrMoV4 mit $d = 20$ mm Schaftdurchmesser und $L_f = 250$ mm Schaftlänge: Zu ermitteln sind:

1. Die Federrate R_t,
2. Das zulässige Federdrehmoment T bei schwellender Belastung $\tau_1 = 0$, $\tau_2 = \tau_h = \tau$ und $N > 2 \cdot 10^6$ Schwingspielen, Staboberfläche verdichtet,
3. Der zulässige Federwinkel α.

14.34 In Bild 14.34 ist die Drehstabfederung eines Kraftfahrzeugs im Prinzip dargestellt. Um eine Überbeanspruchung der Feder zu vermeiden, ist für den Schwinghebel mit der Länge $R = 350$ mm ein Anschlag vorgesehen. Im Leerzustand wirkt in Folge des Fahrzeuggewichts an einem Rad die Radkraft $F_1 = 2$ kN. Bis zum Anschlag beträgt die vertikale Durchfederung $\Delta s' = 50$ mm. Die Einspannenden der runden Drehstabfeder aus Federstahl 50 CrV4 haben Kerbverzahnung. Es sind zu ermitteln:

1. Die Federrate R_t,
2. Die Federwinkel α_1 und α_2 und die dazugehörigen Federwege s_1 und s_2 am Radius R (mit genügender Genauigkeit können $\Delta s' = \Delta s$ und $R_1 = R$ gesetzt werden),
3. Die von der Feder aufzunehmende größte Kraft F_2,
4. Die Federarbeit W beim Rückstellen um den Federweg Δs,
5. Ist die schwingende Beanspruchung der vorgesetzten Feder mit verdichteter Oberfläche bei $N > 2 \cdot 10^6$ Schwingspielen zulässig?

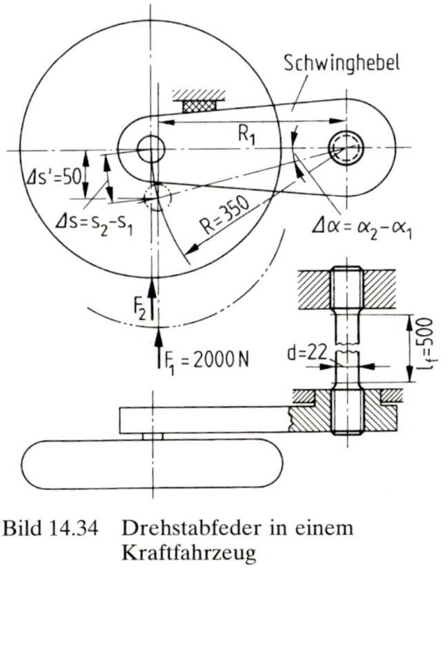

Bild 14.34 Drehstabfeder in einem Kraftfahrzeug

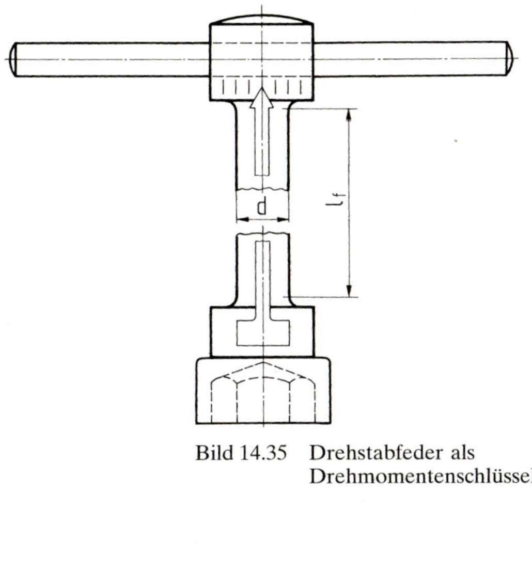

Bild 14.35 Drehstabfeder als Drehmomentenschlüssel

14.35 Zur Kraftmessung soll eine runde Drehstabfeder nach Bild 14.35 in einem Drehmomentschlüssel bis zu einem maximalen Anziehdrehmoment $M_{an} = T = 100$ Nm benutzt werden. Um eine ausreichende Ablesegenauigkeit an der Skala zu erhalten, soll der Federwinkel $\alpha = 30°$ betragen. Welchen Durchmesser d und welche federnde Schaftlänge l_f muß die Feder aus Federstahl 50 CrV4 erhalten, wenn die zulässige Schubspannung $\tau_{zul} = 700$ N/mm^2 beträgt?

Spiralfedern

14.36 Eine Spiralfeder nach Bild 14.36 mit $n = 40$ Windungen soll mit 10 Umdrehungen = 3600° aufgezogen werden. Abmessungen: $r_i = 10$ mm, $r_e = 50$ mm, Flachband $10 \times 0{,}3$ — 50 CrV4 DIN 17221.

1. Wie hoch wird das Drehmoment M?
2. Ist die Biegespannung σ bei quasistatischer Beanspruchung zulässig?
3. Wie groß ist der Windungsabstand a nach dem Aufziehen?

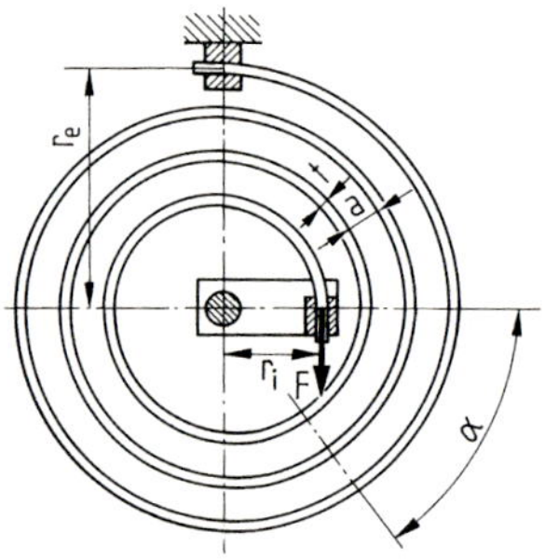

Bild 14.36 Spiralfeder

14.37 Eine Spiralfeder aus Runddraht entspr. Bild 14.36 besitzt 12,5 Windungen aus 2 mm Stahldraht Sorte D DIN 17223, innerer Radius $r_i = 25$ mm, Abstand der Windungen im ungespannten Zustand $a = 1$ mm. Die Feder wird ständig zwischen den Kräften $F_1 = 8$ N und $F_2 = 20$ N bewegt. Sind die auftretenden Spannungen zulässig, und wie groß sind die Drehwinkel α_1 und α_2?

Blattfedern

14.38 Eine einfache Blattfeder aus Qualitätsstahl C 60 nach DIN 17222 wird im Abstand $l = 400$ mm von der Einspannstelle mit einer Kraft $F = 100$ N wechselnd belastet.

1. Wie groß ist der Federweg s der Kraft F und wird dabei die zulässige Biegespannung $\sigma_{b\,zul}$ überschritten, wenn die Feder als Rechteckfeder mit der Breite $B = 80$ mm und der Dicke $t = 4$ mm ausgeführt wird?
2. Wie groß wird s bei einer Trapezfeder mit den Abmessungen $B = 80$ mm, $b = 40$ mm und $t = 4$ mm?

14.39 Zur Rückführung der Klinke eines Schrittschaltwerks nach Bild 14.39 dient die Blattfeder a (Rechteckfeder), deren Vorspannung durch die Schraube b verändert werden kann. Beim Einschalten des Magneten c zieht dieser den Anker d an, der sich um die Achse e dreht und dadurch die mit ihm verbundene Klinke f nach oben drückt, also das Klinkenrad g um eine Teilung weiterdreht. Sobald der Elektromagnet abgeschaltet wird, bewirkt die Feder a den Rückhub. Wenn der Anker angezogen ist, bringt der Magnet eine Kraft $F_m = 22$ N auf. Dabei beträgt der Federweg $s_2 = 2{,}4$ mm. Im vorgespannten Zustand ist

$s_1 = 0{,}9$ mm unter der Federkraft F_1. Die aus Edelstahl 67 SiCr5 hergestellte Blattfeder hat die Breite $B = 7$ mm und die Dicke $t = 0{,}4$ mm. Unter Vernachlässigung von Reibkräften sind zu ermitteln:

1. Die Vorspannkraft F_1 und die größte Federkraft F_2,

2. Wird die zulässige Biegespannung $\sigma_{\text{b zul}}$ für schwellende Belastung überschritten?

3. Die höchstzulässige Klinkenkraft F_{kl} am Ende des Ankeranzugs,

4. Die Rückstellarbeit W der Feder.

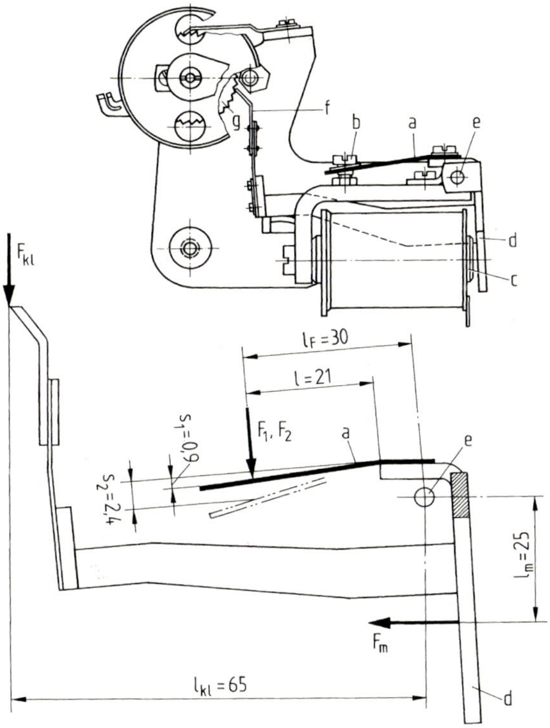

Bild 14.39 Blattfeder zur Rückführung einer Klinke

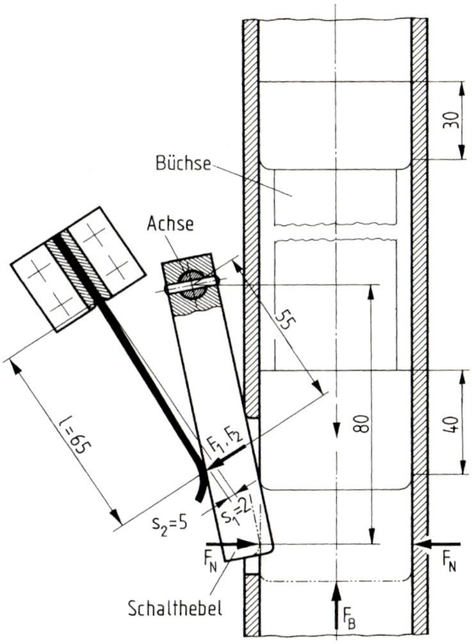

Bild 14.40 Kontaktgebende Blattfeder in einem Fahrrohr für Rohrpostbüchsen

14.40 Die in Bild 14.40 in vereinfachter Darstellung gezeigte Vorrichtung hat die Aufgabe, beim Ankommen von Rohrpostbüchsen durch Betätigen eines elektrischen Kontaktes Steuer- und Regelvorgänge einzuleiten. Der Schalthebel wird durch die Büchse aus dem Rohr herausgedrückt und bewegt dadurch die Achse, die über ein Schaltstück den Kontakt schließt. Die Blattfeder, eine Rechteckfeder aus Stahl Ck60 nach DIN 17222 mit der Breite $B = 20$ mm und der Dicke $t = 1{,}6$ mm, bewirkt die Rückstellung. Im gezeichneten Zustand ist die Feder um $s_1 = 2$ mm vorgespannt, im eingerückten Zustand des Hebels ist $s_2 = 5$ mm. Diese Schaltvorrichtung bremst die mit $v_1 = 7$ m/s ankommende, 300 g schwere Büchse etwas ab. Zwischen Büchse und Hebel bzw. Fahrrohr beträgt die Reibzahl $\mu \approx 0{,}15$. Zu ermitteln sind:

1. Die Vorspannkraft F_1 und die größte Betriebskraft F_2 der Blattfeder,

2. Die größte Biegespannung σ_b, verglichen mit der zulässigen $\sigma_{\text{b zul}}$,

3. Die auf die Büchse ausgeübte Normalkraft F_N und die Bremskraft F_B,

4. Die Federarbeit W während eines Schaltvorgangs,

5. Die gesamte Bremsarbeit $W_{B\,ges}$ während des Durchlaufs der Büchse durch die Schaltvorrichtung,

6. Die Geschwindigkeit v_2 der Büchse beim Verlassen der Schaltvorrichtung.

14.41 Die Federung eines zweiachsigen Anhängers für eine Nutzlast von 2,5 t und mit einem Eigengewicht von 350 kg besteht aus 4 gleichbelasteten geschichteten Blattfedern mit Bügelhalterung und Augen an beiden Enden (entsprechend der Darstellung in Bild 14.42). Jede Feder hat $i = 8$ Federblätter aus Federstahl DIN 4620 – 50 × 7 – 55 Cr3. Es betragen die Halblänge $l = 375$ mm, die Krümmungshöhe $h_0 = 80$ mm und die gestreckte Länge des Hauptblattes ohne die eingerollten Ösen $L = 780$ mm. Zu ermitteln sind:

1. Die gestreckten Längen L_1 bis L_8 der Federblätter mit $a = 40$ mm (Länge L_8 auf volle 10 mm gerundet),

2. Ist die größte Biegespannung σ_b zulässig?

3. Um welchen Federweg s wird jede Feder durch das voll beladene Fahrzeug statisch durchgebogen, und wie groß ist das Verhältnis s/h_0?

4. Welche Federrate R haben die Federn?

5. Wie groß ist die Eigenfrequenz f_e bei voll beladenem Fahrzeug?

14.42 Die geschichtete Blattfeder der Hinterachse eines Kraftwagens hat nach Bild 14.42 sieben Blätter von 50 mm Breite und 7 mm Dicke aus Kaltbandstahl 50CrV4. Das zweite Federblatt ist so lang wie das Hauptblatt. Die Feder wird bei leerem Fahrzeug mit dem anteiligen Gewicht von 320 kg belastet, bei voll beladenem Fahrzeug mit 480 kg. Es ist zu überprüfen, ob die Beanspruchung der Feder erfahrungsgemäß zulässig ist. Ferner ist festzustellen, wie weit sie unter beiden Belastungen durchfedert und welche Eigenfrequenzen sich in beiden Fällen einstellen.

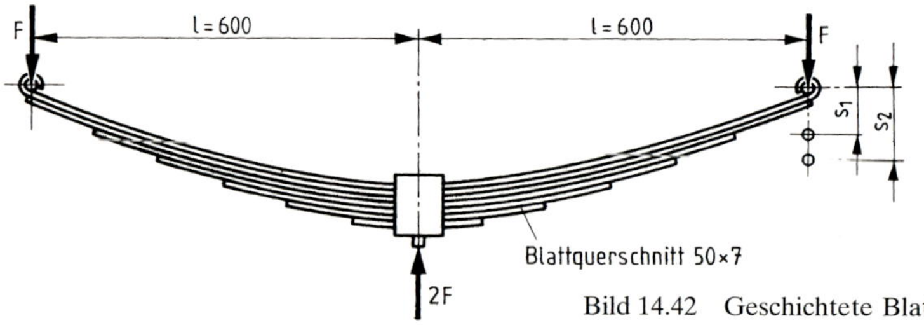

Bild 14.42 Geschichtete Blattfeder für ein Kraftfahrzeug

14.43 Die geschichtete Blattfeder für eine Lokomotive besitzt acht Blätter aus Federstahl 54 SiCr7 mit den Querschnittsmaßen $b = 100$ mm und $t = 12$ mm (Bild 14.43).

1. Welche größte Masse m kann mit dieser Feder abgefedert werden?

2. Wie groß ist dabei die Durchfederung s?

3. Welchen Betrag hat die bei dieser Belastung auftretende Eigenfrequenz f_e?

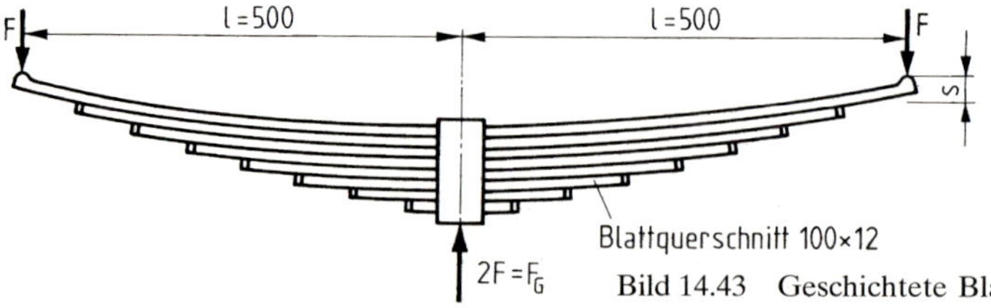

Bild 14.43 Geschichtete Blattfeder für ein Schienenfahrzeug

Gummifedern

14.44 Eine runde Druckfeder (Form RD nach Tab. 14.25) mit dem Durchmesser $d = 60$ mm und der Höhe $h = 40$ mm aus Gummi mit einer Härte von ca. 60 Shore A wird bei zeitweisen Stößen statisch mit der Kraft $F = 3{,}2$ kN belastet. Wie groß ist dabei die Federsteife R, und sind der Federweg s sowie die Druckspannung σ zulässig?

14.45 Ein Gummipuffer nach Bild 14.45 mit dem Durchmesser $d = 30$ mm und der Höhe $h = 30$ mm hat ein Maschinenteil mit einer Masse von 25 kg abzufangen, das mit einer Geschwindigkeit von 0,158 m/s auftrifft. Es liegt schwingende Dauerbelastung vor. Die Härte des Gummis beträgt ca. 72 Shore A. Zu errechnen sind:

1. Die Verformungsarbeit W des Puffers während des Abbremsens der Masse als die kinetische Energie E_k und die potentielle Energie E_p (zunächst ist E_p mit ca. $1{,}5\ E_k$ anzunehmen, sodass $W \approx 2{,}5\ E_k$),
2. Die Durchfederung s (die Gleichungen für runde Druckfedern der Form RD nach Tab. 14.25 sind näherungsweise anwendbar),
3. Kontrolle der Verformungsarbeit W (ggf. neue Annahme),
4. Die Druckspannung σ und ihr zulässiger Betrag.

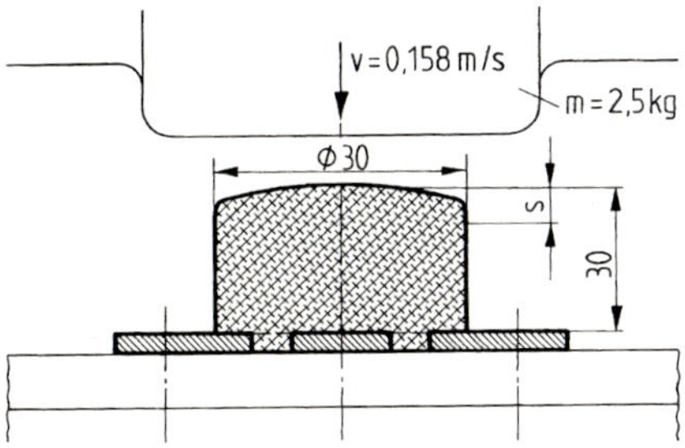

Bild 14.45 Gummipuffer

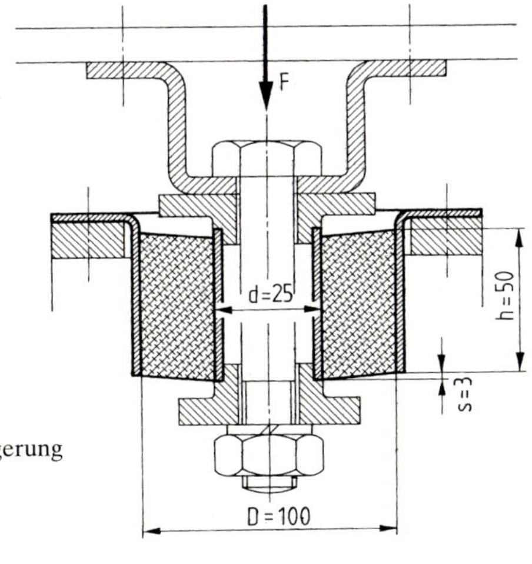

Bild 14.46 Schubhülsenfeder zur Lagerung einer Maschine

14.46 Eine Kolbenkraftmaschine soll auf Schubhülsenfedern nach Bild 14.46 abgestützt werden (Form SH nach Tab. 14.25). Die Federn bestehen aus Gummi mit einer Härte von 40 Shore A.

1. Welche statische Kraft F kann von einem Federelement übertragen werden, wenn eine maximale Durchfederung $s = 3$ mm auftreten darf?
2. Wie groß ist bei dieser Kraft die Schubspannung τ?
3. Wie groß sind beim Federweg $s = 3$ mm die Kraft F bei schwingender Belastung und die dabei auftretende Schubspannung τ?

14.47 Ein Schaltgerätekasten ist in einem Mobilkran an Schubscheibenfedern (Form SS nach Tab. 14.25) befestigt. Jede Feder hat eine Länge $l = 25$ mm, eine Höhe $h = 60$ mm und eine Breite $b = 40$ mm und wird mit einer Kraft $F = 240$ N schwingend belastet. Die Härte des Gummis beträgt 50 Shore A. Sind die Beanspruchung und der Federweg zulässig? Wie groß ist die Federsteife bei dieser Belastung?

14.48 Bild 14.48 zeigt eine Drehschub-Scheibenfeder (Form DSS nach Tab. 14.25) als elastische Kupplung. Der Gummi hat eine Härte von 60 Shore A. Die Kupplung soll ein Drehmoment bei schwingender Dauerbelastung übertragen.

1. Für welches größte Drehmoment M ist die Kupplung geeignet?

2. Ist der bei diesem Drehmoment auftretende Drehwinkel α zulässig?

3. Welche dynamische Federsteife $R_{t\,dyn}$ hat die Feder bei dieser Belastung?

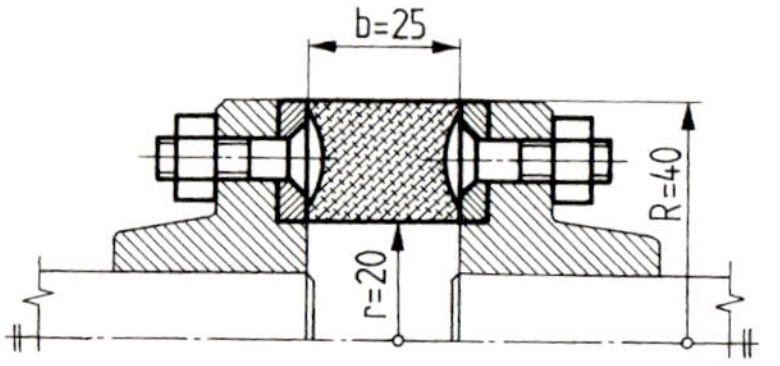

Bild 14.48 Drehschub-Scheibenfeder als elastische Kupplung

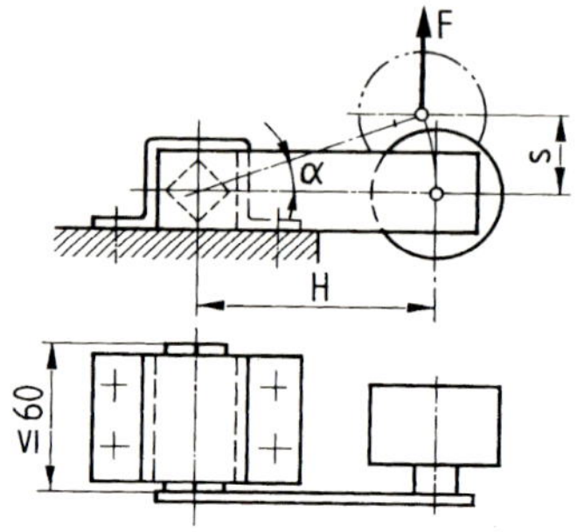

Bild 14.49 Riemenspanner mit ROSTA-Gummifederelement

14.49 Der in Bild 14.49 dargestellte Riemenspanner mit einem ROSTA-Gummifederelement soll bei einem Spannweg $s \approx 35$ mm die Spannkraft $F \approx 160$ N aufbringen. Der Hebel, an dem die Spannrolle befestigt ist, hat die Länge $H = 100$ mm. Die Baulänge des Federelements darf 60 mm nicht überschreiten: Es ist ein geeignetes Federelement auszuwählen und das Kurzzeichen anzugeben (Tab. 14.27).

15 Achsen und Wellen

Kräfte-, Momenten- und Überschlagsberechnung

15.1 Für die in Bild 15.1 dargestellte Achse aus E295 sind die Lagerstützkräfte und die Biegemomente in den gefährdeten Querschnitten 1 bis 4 zu errechnen. Außerdem ist eine überschlägliche Kontrolle auf Biegefestigkeit durchzuführen: Es betragen die Belastungskraft $F = 50$ kN, die Längenmaße: $L = 600$ mm, $L_F = 420$ mm, $l_1 = l_4 = 50$ mm, $l_2 = 180$ mm, $l_3 = 290$ mm, die Durchmesser der gefährdeten Querschnitte: $d_1 = d_4 = 70$ mm, $d_2 = 125$ mm, $d_3 = 100$ mm. Im Einzelnen sind zu ermitteln:

1. Die Stützkräfte F_A und F_B,

2. Die Biegemomente M_{b1} und M_{b4} und der Biegemomentenverlauf,

3. Die Biegespannungen σ_{b1} bis σ_{b4},

4. Wird die zulässige Biegespannung $\sigma_{b\,zul}$ überschritten, und bei welchen Durchmessern sind ggf. Änderungen notwendig bzw. zweckmäßig?

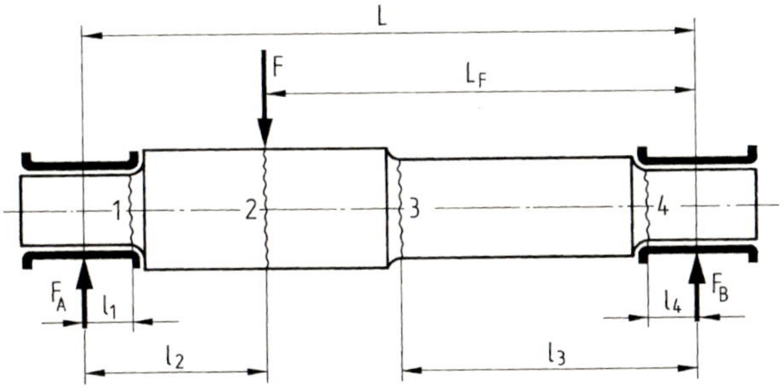

Bild 15.1 Mit einer Kraft belastete Achse

15.2 Eine Getriebewelle aus E335 nach Bild 15.2 wird durch zwei in einer Ebene wirkende Kräfte $F_1 = 46$ kN und $F_2 = 42$ kN auf Biegung beansprucht. Sie hat bei einer Drehzahl $n = 600\ \text{min}^{-1} = 10\ \text{s}^{-1}$ eine Leistung $P = 180$ kW zu übertragen. Das Drehmoment wird am linken Zapfen mit dem Querschnitt 1 eingeleitet und am rechten Zapfen mit dem Querschnitt 5 ausgeleitet. Folgende Abmessungen sind gegeben: Durchmesser $d_1 = d_5 = 80$ mm, $d_2 = d_3 = d_4 = 100$ mm, Abstände: $L = 380$ mm, $L_1 = 510$ mm, $L_2 = 110$ mm, $l_1 = 50$ mm, $l_2 = 130$ mm, $l_3 = 190$ mm, $l_4 = L_2$, $l_5 = 30$ mm, $l_A = 60$ mm. Es sind zu ermitteln:

1. Die Lagerstützkräfte F_A und F_B,

2. Die Biegemomente M_{b1} bis M_{b5} in den Querschnitten 1 bis 5,

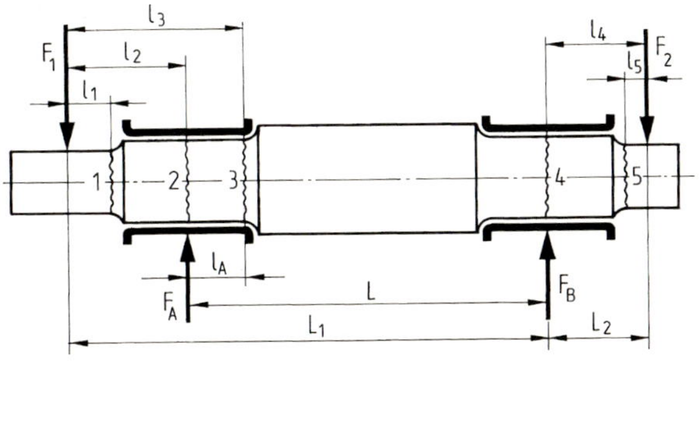

Bild 15.2 Mit zwei Kräften belastete Welle

3. Das Torsionsmoment T,
4. Der Biegemomenten- und der Torsionsmomentenverlauf,
5. Sind die Durchmesser d_1 und d_5 für die Übertragung des Torsionsmomentes ausreichend bemessen?
6. Sind die Biegespannungen σ_{b1} bis σ_{b5} zulässig?

15.3 Ein Zwischenrad im Vorschubgetriebe eines Bohrwerks ist entsprechend Bild 15.3a gelagert. Für die gefährdeten Querschnitte ist eine Überschlagsberechnung auf Biegung vorzunehmen. Die aus den Zahnkräften der beiden Räder, die in das Zwischenrad eingreifen, resultierende Kraft beträgt 1500 N. Die Achse ist aus S275JR gefertigt. Nach der Berechnungsskizze (Bild 15.3b) sind die Biegemomente M_{b1} bis M_{b5} und die Biegespannungen σ_{b1} bis σ_{b5} in den gefährdeten Querschnitten 1 bis 5 zu ermitteln und aus den Ergebnissen Schlussfolgerungen in Bezug auf evtl. Abmessungsänderungen der Durchmesser anzugeben.

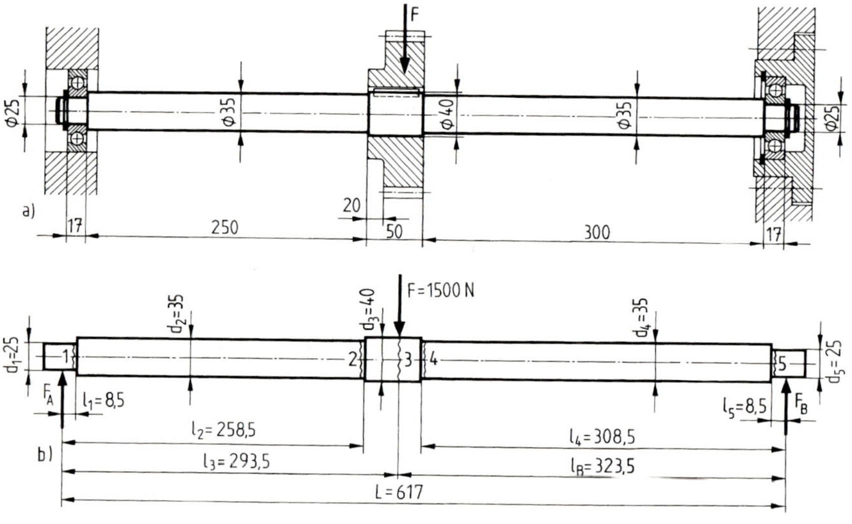

Bild 15.3 Zwischenradachse in einem Vorschubgetriebe
a) Darstellung, b) Berechnungsskizze

15.4 Für den Entwurf der in Bild 15.4 skizzierten Getriebewelle aus E335 ist der Durchmesser des Antriebszapfens, der die Riemenscheibe trägt, überschläglich zu errechnen. Gegeben sind: Leistung und Drehzahl des Antriebsmotors $P = 50\,\text{kW}$ und $n_a = 1500\,\text{min}^{-1} = 25\,\text{s}^{-1}$, Übersetzung des Flachriementriebes $i = 2$. Zu ermitteln sind:
1. Das zu übertragende Torsionsmoment T,
2. Der erforderliche Mindestdurchmesser d_{min},
3. Ein für den Antriebszapfen geeignetes Polygonwellen-Profil P4C nach DIN 31712.

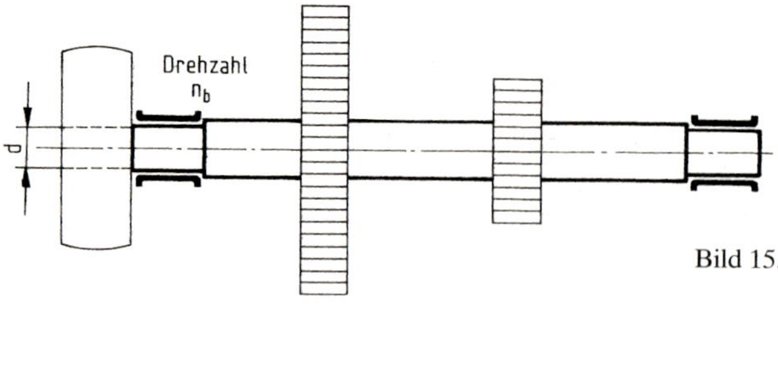

Bild 15.4 Entwurfsskizze einer Getriebewelle mit Riemenscheibe und Zahnrädern

15.5 Die Verbindung eines Verdichterlaufrades mit der Antriebswelle aus E295 soll mittels Polygon-Profil P3G nach DIN 32711 erfolgen. Es ist ein Drehmoment von 1500 Nm zu übertragen. Welches Profil ist zu wählen, wenn überschläglich der erforderliche Mindestdurchmesser $d_{min} = d_{3\,min}$ (siehe ME Bild 12.16) gesetzt wird?

15.6 Bild 15.6a zeigt eine Unterflasche (Seilrolle mit Lasthaken) für eine Tragfähigkeit von 5 t. Für die gefährdeten Querschnitte 1 und 2 der Seilrollenachse (Bild 15.6b) aus S235JRG sind die erforderlichen Mindestdurchmesser durch Überschlagsberechnung zu bestimmen und auf Volle 10 mm zu runden. Es handelt sich um eine feststehende Achse (deshalb ist mit einer um ca. 50 % höheren zulässigen Biegespannung zu rechnen, als in Tab. 15.1 angegeben).

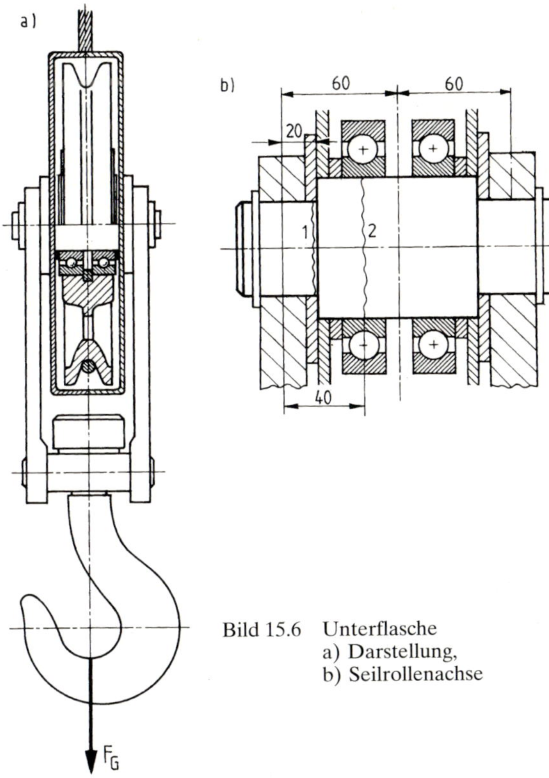

Bild 15.6 Unterflasche
a) Darstellung,
b) Seilrollenachse

15.7 Für die Zwischenwelle eines Krangetriebes liegt der Entwurf nach Bild 15.7 vor. Die Radien der Rundungen an den Querschnittsübergängen betragen $r_1 = r_5 = 4$ mm und $r_3 = 5$ mm. Die Welle soll aus Vergütungsstahl 25CrMO4 hergestellt werden und ein maximales Drehmoment von 1400 Nm über-

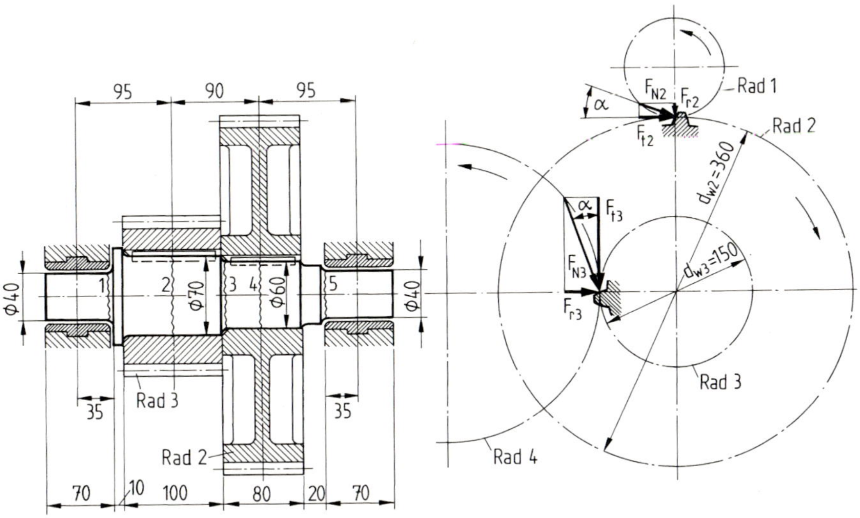

Bild 15.7 Zwischenwelle eines Krangetriebes mit Geradzahnrädern

tragen. Der Zahneingriff erfolgt unter dem Winkel $\alpha = 20°$. Vor einer Berechnung auf Gestaltfestigkeit (siehe Aufgabe 15.20) ist eine Überschlagsberechnung auf Biegung und Torsion durchzuführen. Dafür sind im Einzelnen zu ermitteln:

1. Die äußeren Belastungskräfte F_{t2}, F_{r2}, F_{t3} und F_{r3} durch die Zahnkräfte F_{N2} und F_{N3} sowie die Horizontal- und Vertikalkomponenten F_{Ax}, F_{Bx}, F_{Ay} und F_{By} der Auflagerkräfte F_A und F_B, jeweils auf volle 10N gerundet,
2. Die Biegemomente M_{x1} bis M_{x5} in der Horizontalebene, M_{y1} bis M_{y5} in der Vertikalebene und die resultierenden Biegemomente M_{b1} bis M_{b5}, sowie eine grafische Darstellung des Verlaufs der Biegemomente und des Torsionsmoments T,
3. Die Biegespannungen σ_{b1} bis σ_{b5} in den Querschnitten 1 bis 5,
4. Wird die zulässige Biegespannung $\sigma_{b\,zul}$ überschritten?
5. Ist der auf Torsion am höchsten beanspruchte Querschnitt 3 für das Torsionsmoment T ausreichend bemessen?

15.8 Die Antriebswelle eines Pendelbecherwerks soll als glatte Welle ausgeführt werden mit zwei aufgekeilten Kettenrädern und einem Zahnrad in der Anordnung entsprechend Bild 15.8. An jedem Kettenrad mit dem Teilkreisdurchmesser $d_K = 710$ mm wirkt eine horizontale Kettenzugkraft $F_H = 5$ kN und eine vertikale $F_V = 500$ N. Der Eingriffswinkel der Zahnkraft F_N am Zahnrad mit dem Teilkreisdurchmesser $d_w = 800$ mm beträgt $\alpha = 20°$. Für den Entwurf der Welle aus S275JR ist durch eine Überschlagsberechnung der erforderliche Mindestdurchmesser zu bestimmen. Dafür sind im Einzelnen zu ermitteln:

1. Die Tangentialkraft F_t und die Radialkraft F_r am Zahnrad,
2. Die Vertikal- und die Horizontalkomponenten F_{Ay}, F_{By}, F_{Ax} und F_{Bx} der Lagerkräfte F_A und F_B,
3. In den gekennzeichneten Querschnitten 1, 2 und 3 die Biegemomente M_{y1}, M_{y2}, M_{y3} in der Vertikalebene und M_{x1}, M_{x2}, M_{x3} in der Horizontalebene sowie eine Darstellung des Verlaufs der Momente in beiden Ebenen,
4. Die resultierenden Biegemomente M_{b1}, M_{b2} und M_{b3},
5. Der auf volle mm gerundete erforderliche Mindestdurchmesser d_{min} mit dem am Zahnrad eingeleiteten Torsionsmoment T,
6. Genügt der unter 5. errechnete Durchmesser auch für das größte Biegemoment?

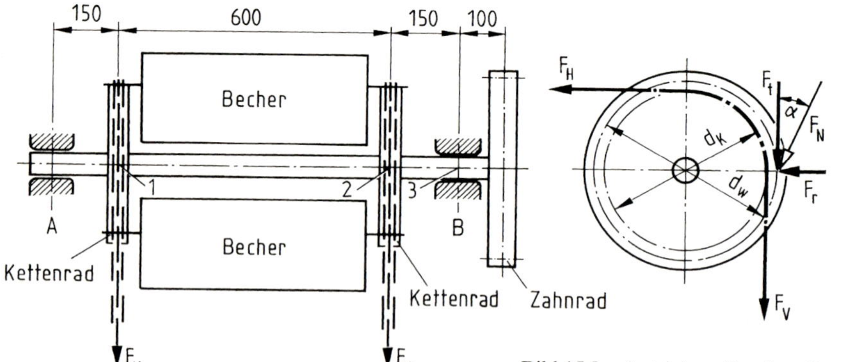

Bild 15.8 Antriebswelle eines Pendelbecherwerks

15.9 Bild 15.9 zeigt die feststehende Achse der Seiltrommel einer Winde. Am Seil wirkt eine Zugkraft $F_S = 30$ kN lotrecht nach unten. Es betragen der mittlere Seiltrommeldurchmesser $D = 400$ mm (auf Seilmitte bezogener Windungsdurchmesser), der Teilkreisdurchmesser des Zahnrades $d_w = 750$ mm, der Eingriffswinkel der Geradverzahnung $\alpha = 20°$. Für eine Überschlagsberechnung des Achsendurchmessers $d = 70$ mm sind zu ermitteln:

1. Die Umfangskraft F_t aus dem durch die Seilzugskraft F_s hervorgerufenen Drehmoment M und die Zahnkraft F_N sowie deren Horizontalkomponente F_x und die Vertikalkomponente F_y,
2. Die nur durch die Seilkraft F_s bei den Seilstellungen I und II in den Lagern C und D der Seiltrommel auftretenden Lagerkräfte F_C und F_D,
3. Die sich aus der vertikalen Zahnkraftkomponente F_y und den Lagerkräften F_C und F_D in der vertikalen Ebene bei den Seilstellungen I und II in den Achsstützen ergebenden Stützkraftkomponenten F_{Ay} und F_{By} und die durch die horizontale Zahnkraftkomponente F_x hervorgerufenen horizontalen Komponenten F_{Ax} und F_{Bx},
4. Die resultierenden Biegemomente M_{bC} und M_{bD} in den Achsquerschnitten der Lagerstellen C und D bei den Seilstellungen I und II,
5. Ist die in der Achse aus E295 auftretende größte Biegespannung σ_b zulässig? Da es sich um eine feststehende Achse handelt, ist mit einer um 50 % höheren zulässigen Biegespannung zu rechnen, als in Tab. 15.1 angegeben.

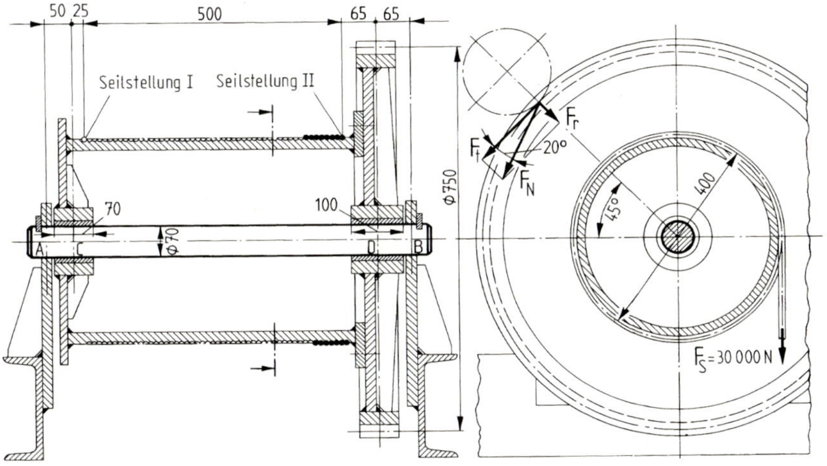

Bild 15.9 Achse mit Seiltrommel und Zahnrad

15.10

Für den Entwurf der Abtriebswelle eines Kegelradgetriebes entsprechend Bild 15.10 liegen folgende Längenmaße vor: Lagerabstände $l_A = 140$ mm, $l_B = 85$ mm, Nabenlänge $l_N = 50$ mm, Zapfenlänge $l_Z = 60$ mm sowie $l_1 = 55$ mm und $l_2 = 25$ mm. Am mittleren Durchmesser $d_m = 160$ mm des Kegelrades wirken die Tangentialkraft $F_t = 1820$ N (senkrecht zur Zeichnungsebene), die Radialkraft $F_r = 250$ N und die Axialkraft $F_a = 615$ N. Das Torsionsmoment wird am Abtriebszapfen über eine Kupplung ausgeleitet. Zur Ausarbeitung des Entwurfs dieser Welle aus S275JR ist der Mindestdurchmesser wie folgt zu ermitteln:

1. Der für das Torsionsmoment T erforderliche Mindestdurchmesser d_{min} und der danach auf volle 5 oder 10 mm gerundete Durchmesser d,
2. Die Lagerkraftkomponenten F_{Ay} und F_{By} in der Vertikalebene (Zeichnungsebene) sowie F_{Ax} und F_{Bx} in der dazu senkrechten Horizontalebene,
3. Die größten Biegemomente M_y in der Vertikal- und M_x in der Horizontalebene und eine grafische Darstellung des Momentenverlaufs in beiden Ebenen sowie des Torsionsmomentenverlaufs,
4. Genügt der unter 1. ermittelte Durchmesser d auch für das größte resultierende Biegemoment M_b?

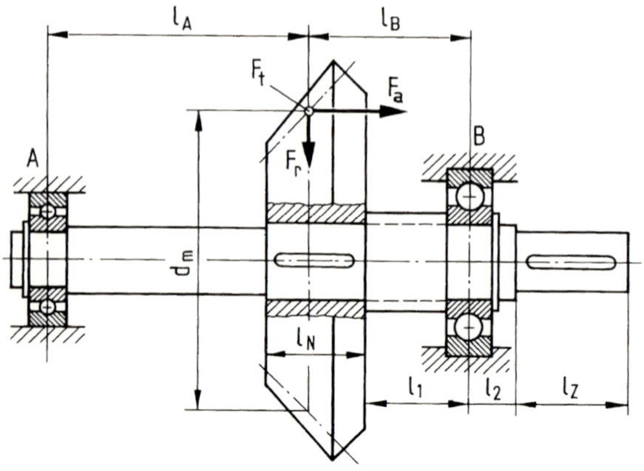

Bild 15.10 Abtriebswelle eines Kegelradgetriebes

15.11 Die in Bild 15.11 gezeigte Zwischenwelle eines zweistufigen Stirnradgetriebes mit Schrägzahnrädern hat ein Drehmoment = Torsionsmoment $T = 1$ kNm zu übertragen. Die Eingriffswinkel der Schrägverzahnungen betragen $\alpha_{w2} = 21{,}2°$ beim Rad 2 und $\alpha_{w3} = 20{,}6°$ beim Rad 3, die Schrägungswinkel $\beta_2 = 20°$ und $\beta_3 = 15°$. Das zu übertragende Drehmoment bewirkt an den Zahnrädern die Tangentialkräfte F_t, die Radialkräfte $F_r = F_t \cdot \tan \alpha_w$

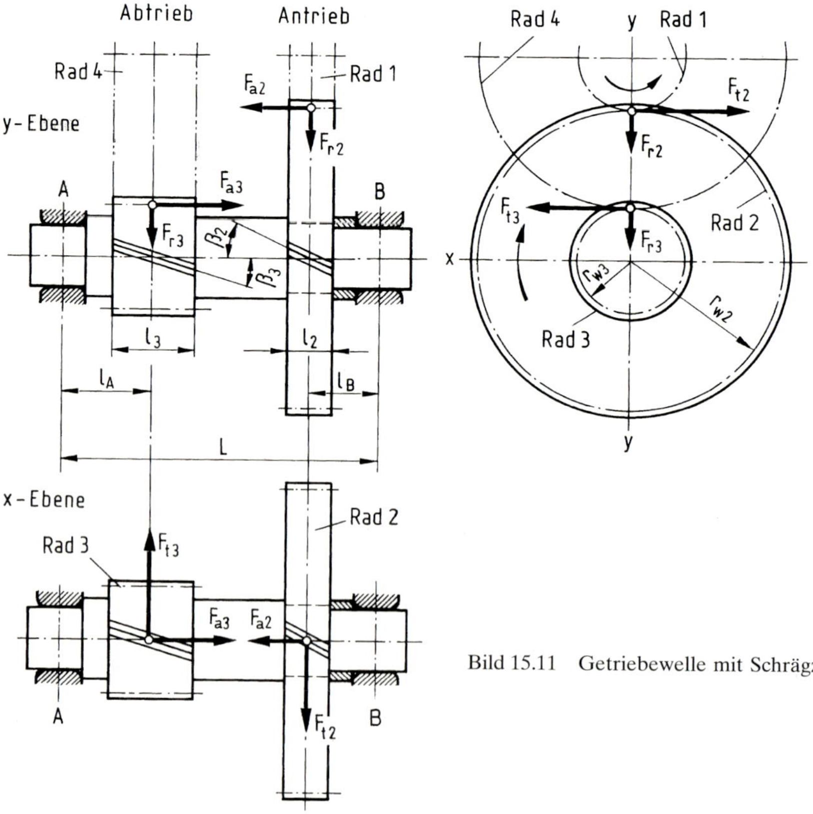

Bild 15.11 Getriebewelle mit Schrägzahnrädern

und die Axialkräfte $F_a = F_t \cdot \tan\beta$. Die Wälzkreisradien der Räder betragen: $r_{w2} = 335$ mm, $r_{w3} = 115$ mm, die Längen: $L = 680$ mm, $l_A = 200$ mm, $l_B = 130$ mm, $l_2 = 60$ mm, $l_3 = 120$ mm. Das Rad 2 wird auf die Welle aufgesetzt, das Rad 3 mit der Welle aus einem Stück gefertigt (Schmiedeteil), Werkstoff: E295. Es ist eine Überschlagsberechnung der Welle durchzuführen. Dafür sind zu ermitteln:

1. Die Tangential-, Radial- und Axialkräfte an den Rädern 2 und 3,
2. Die Komponenten der Lagerkräfte in der y- und in der x-Ebene und die Längskraft im Festlager B,
3. Die Biegemomente in der Mitte der Zahnräder für beide Ebenen und eine grafische Darstellung des Biegemomentenverlaufs über dem Lagerabstand L sowie des Torsionsmomenten- und des Längskraftverlaufs,
4. Den erforderlichen Mindestdurchmesser für den auf Torsion beanspruchten Wellenstrang, auf volle 10 mm gerundet,
5. Welcher Querschnitt der Welle an den inneren Nabenstirnflächen der Zahnräder wird auf Biegung am höchsten beansprucht? Ist dieser Querschnitt mit einem um 10 mm größeren Durchmesser, als unter 4. ermittelt, für das resultierende Biegemoment ausreichend bemessen?

15.12 Bild 15.12 zeigt die Skizze einer Getriebewelle mit zwei Schrägzahnrädern. Die Welle aus Vergütungsstahl 34CrNiMo6 hat eine Leistung $P = 1{,}25$ kW bei $n = 150\ \text{min}^{-1} = 2{,}5\ \text{s}^{-1}$ zu übertragen. Es ist mit Rechts- und Linkslauf zu rechnen. Die Schrägungswinkel der Schrägverzahnungen betragen $\beta_2 = 25°$ beim Rad 2 und $\beta_3 = 30°$ beim Rad 3, die Eingriffswinkel $\alpha_{w2} = 21{,}9°$ und $\alpha_{w3} = 21{,}2°$. Die Wellenmittellinien liegen in einer Ebene. Der für das Drehmoment erforderliche Mindestdurchmesser d_{min} ist durch eine Überschlagsberechnung zu ermitteln. Ferner ist zu überprüfen, ob dieser Durchmesser auch für das größte Biegemoment ausreicht, ggf. ist der dafür erforderliche Durchmesser d_{erf} ebenfalls überschläglich zu errechnen. Zur besseren Übersicht sind der Torsionsmoment-, der Biegemomenten- und der Längskraftverlauf für beide Drehrichtungen darzustellen. Sind die errechneten Durchmesser ausführbar?

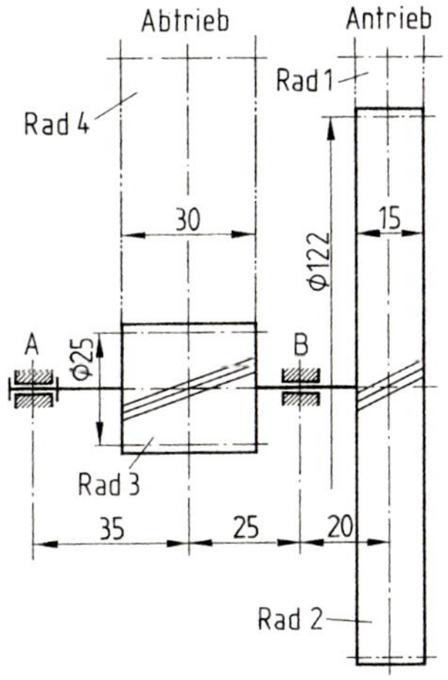

Bild 15.12 Skizze einer Getriebewelle mit Schrägzahnrädern

Achsen und Wellen gleicher Biegebeanspruchung

15.13 Für die in Bild 15.13 skizzierte Achse mit aufgesetzter Seilrolle sind zur Anfertigung einer Entwurfszeichnung die erforderlichen Durchmesser der Querschnitte 1 bis 5 überschläglich zu bestimmen. Es betragen die Seilkraft $F_s = 60$ kN, die Gewichtskraft der Seilrolle $F_G = 12$ kN. Als Achsenwerkstoff ist E295 vorgesehen. Zu ermitteln sind:

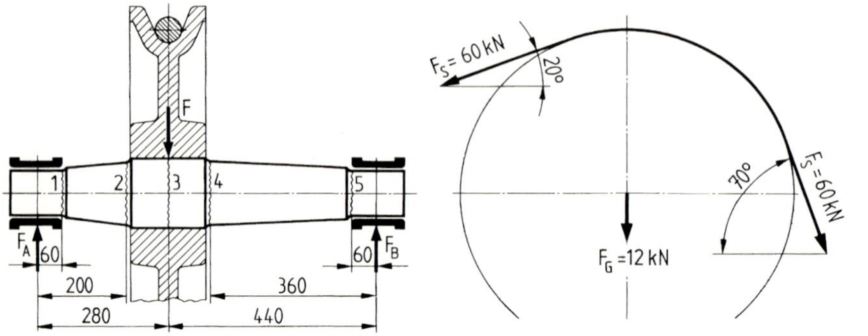

Bild 15.13 Achse mit Seilscheibe

1. Die resultierende Belastungskraft F,
2. Die Lagerstützkräfte F_A und F_B und die Biegemomente M_{b1} bis M_{b5},
3. Die erforderlichen Durchmesser d_1 bis d_5 auf volle 10 mm gerundet.

15.14 Für den Entwurf der in Bild 15.14 dargestellten Kettenradwelle aus E235 sind die erforderlichen Durchmesser der Querschnitte 1 bis 4 durch eine Überschlagsberechnung zu ermitteln und auf volle 10 mm zu runden. Die Zahnkraft $F_1 = 20$ kN und die Belastungskraft $F_2 = 57{,}5$ kN am Teilkreisradius $r_0 = d_0/2 = 125$ mm des Kettenrades wirken in gleicher Richtung.

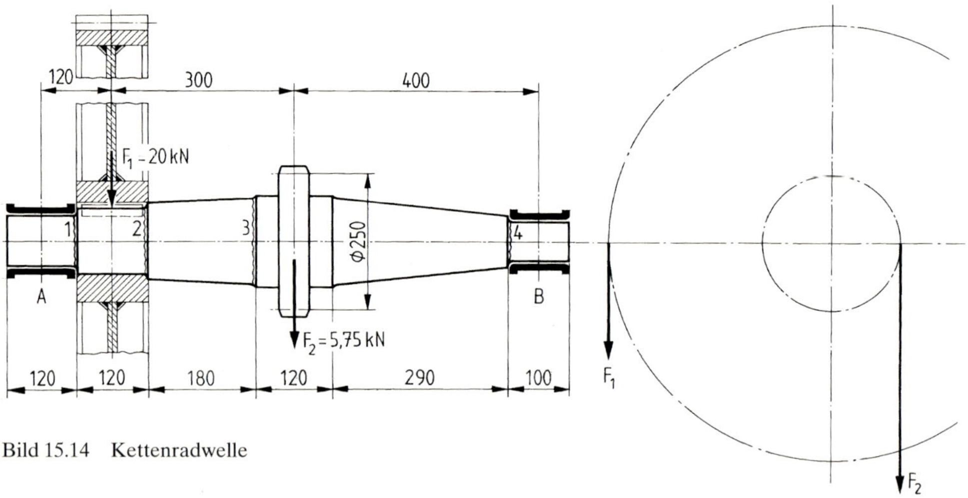

Bild 15.14 Kettenradwelle

Berechnung auf Gestaltfestigkeit

15.15 Bild 15.15 zeigt den Ausschnitt einer Hohlwelle aus E295 mit den Durchmessern $D = 50$ mm, $d_a = 40$ mm, $d_i = 20$ mm und dem Übergangsradius $\varrho = 4$ mm. Im angegebenen Querschnitt S sind ein wechselndes Biegemoment $M_b = 250$ Nm, eine ruhend wirkende Längskraft $F_1 = 12$ kN und ein gleichbleibendes Torsionsmoment $T = 160$ Nm zu übertragen. Für den Querschnitt S ist eine Berechnung auf Dauerhaltbarkeit durchzuführen. Dafür sind zu ermitteln:

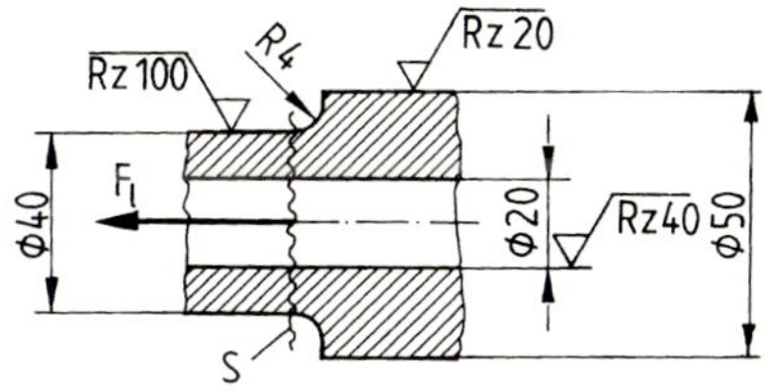

Bild 15.15 Ausschnitt einer Hohlwelle

1. Die Biegespannung σ_b, die Zugspannung σ_z und die Torsionsspannung τ_t,
2. Die Oberspannung σ_o und der Ruhegrad R,
3. Die Vergleichsoberspannung σ_{vo} und der Ausschlag der Vergleichsspannung σ_{va},
4. Die Kerbwirkungszahl β_{kb}, der Oberflächenbeiwert b_o und der Dickenbeiwert b_d für Rundstahl 60 mm,
5. Ist die Sicherheit S_D gegen Dauerbruch ausreichend?
6. Genügt die Sicherheit S_F gegen Fließen?

15.16 Der Querschnitt einer Keilwelle DIN 5464 – 10 × 32 × 40 aus Vergütungsstahl C35E hat ein wechselndes Biegemoment $M_b = 125$ Nm und ein wechselnd wirkendes Torsionsmoment $T = 100$ Nm zu übertragen. Für die Oberflächen ist eine Rautiefe $R_z = 16$ µm vorgesehen. Zu ermitteln sind:
1. Die Vergleichsoberspannung σ_{vo} und der Ausschlag der Vergleichsspannung σ_{va},
2. Sind die Sicherheiten S_D gegen Dauerbruch bei $b_d = 1$ und S_F gegen Fließen ausreichend?

15.17 In den skizzierten Antriebszapfen einer Welle (Bild 15.17) aus S275JR wird über eine Kupplung ein Drehmoment eingeleitet, das bei gleichbleibender Drehrichtung zwischen einem Oberwert von 80 Nm und einem Unterwert von 30 Nm schwankt. Für den gefährdeten Wellenquerschnitt mit der Stiftbohrung ist eine Berechnung auf Gestaltfestigkeit durchzuführen. Halbzeug: blanker Rundstahl 25 mm. Genügen die Sicherheiten S_D gegen Dauerbruch und S_F gegen Fließen?

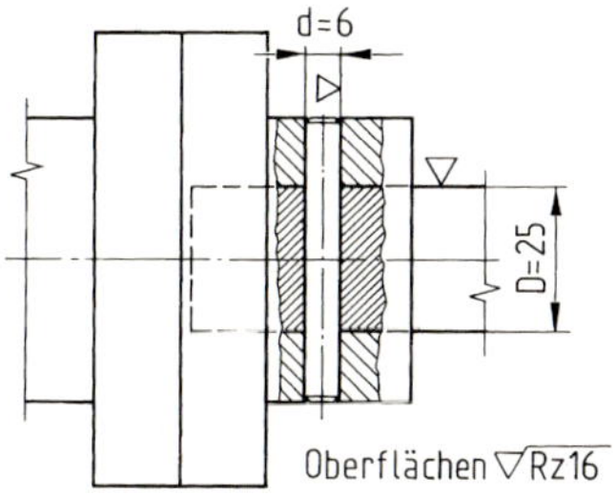

Bild 15.17 Antriebszapfen einer Welle mit Kupplung

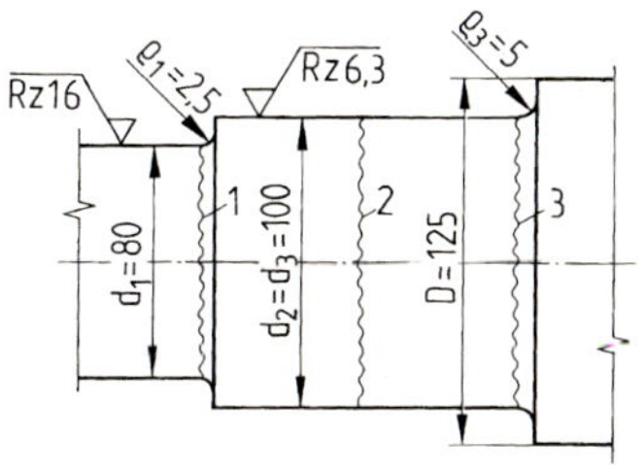

Bild 15.19 Ausschnitt einer Getriebewelle

15.18 Die feststehende glatte Achse aus E295 mit dem Durchmesser $d = 70$ mm für eine Seiltrommel nach Bild 15.9 hat eine Oberfläche mit dem Rauheitswert $R_a = 1{,}6$ µm ($R_z = 16$ µm) nach DIN ISO 1302. In Aufgabe 15.9 wurde eine größte Biegespannung $\sigma_b \approx 74$ N/mm^2 errechnet, die schwellend wirkt (Ruhegrad $R = 0{,}5$). Die Achse ist auf Gestaltfestigkeit nachzurechnen. Könnte sie dünner ausgeführt werden und ggf. mit welchem Durchmesser?

15.19 Bild 15.19 zeigt einen Ausschnitt der Getriebewelle nach Bild 15.2. Die Welle aus E335 hat ein ruhendes Torsionsmoment $T = 2865$ Nm zu übertragen. In Aufgabe 15.2 wurden für die Querschnitte 1, 2 und 3 folgende Biegespannungen errechnet:

$\sigma_{b1} = 45$ N/mm², $\sigma_{b2} \approx 60$ N/mm², $\sigma_{b3} \approx 58$ N/mm². Die drei Querschnitte sind auf Gestaltfestigkeit nachzurechnen. Dafür sind zu ermitteln:

1. Die Vergleichs-Ausschlagspannungen σ_{va1}, σ_{va2} und σ_{va3},

2. Die Gestalt-Ausschlagsfestigkeiten σ_{AG1}, σ_{AG2} und σ_{AG3},

3. Genügen die Sicherheiten S_{D1}, S_{D2} und S_{D3} gegen Dauerbruch?

15.20 In Bild 15.20 ist die Zwischenwelle eines Krangetriebes dargestellt (vgl. Bild 15.7), für die in Aufgabe 15.7 eine Überschlagsberechnung durchgeführt wurde. Die gefährdeten Querschnitte 1, 3 und 5 sollen auf Gestaltfestigkeit nachgerechnet werden. Die Welle aus Vergütungsstahl 25 CrMo4 hat ein wechselnd wirkendes Torsionsmoment $T = 1{,}4$ kNm zu übertragen, das nur im Querschnitt 3 auftritt. Es ergaben sich folgende Biegespannungen: $\sigma_{b1} = 73{,}1$ N/mm², $\sigma_{b3} = 55{,}2$ N/mm², $\sigma_{b5} = 53{,}7$ N/mm². Sind Durchmesseränderungen angebracht, wobei davon auszugehen ist, dass die Lagerzapfendurchmesser d_1 und d_5 gleich bleiben sollen? Halbzeug: Rd 100.

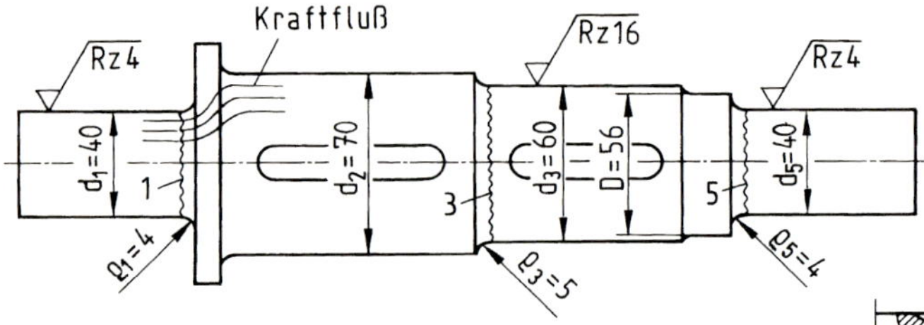

Bild 15.20 Zwischenwelle eines Krangetriebes

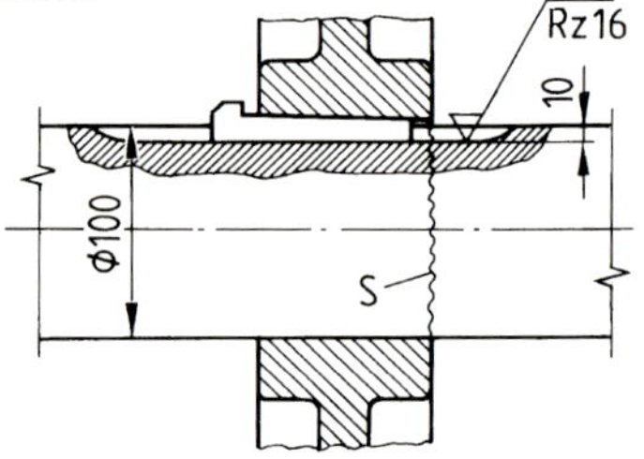

Bild 15.21 Ausschnitt der Antriebswelle eines Pendelbecherwerks nach Bild 15.8

15.21 Der in Bild 15.21 dargestellte gefährdete Querschnitt S der Antriebswelle eines Pendelbecherwerks nach Bild 15.8 soll auf Sicherheit gegen Dauerbruch nachgerechnet werden. Er hat ein Biegemoment von 782 Nm und ein schwellendes Torsionsmoment von 3200 Nm zu übertragen. Halbzeug: Rd 100, Werkstoff: S275JR.

15.22 Eine Getriebewelle aus E335 mit aufgesetztem Zahnrad (Bild 15.22) wird durch eine Zahnkraft von 10 kN beansprucht und hat ein schwellendes Drehmoment von 625 Nm zu übertragen, das am Antriebszapfen über eine Kupplung eingeleitet wird. Die Querschnitte 1 bis 3 sind auf Gestaltfestigkeit nachzurechnen. Die größtzulässige Rautiefe an allen Querschnitten beträgt $R_z = 16$ µm. Halbzeug: Rd 80. Es sind zu ermitteln:

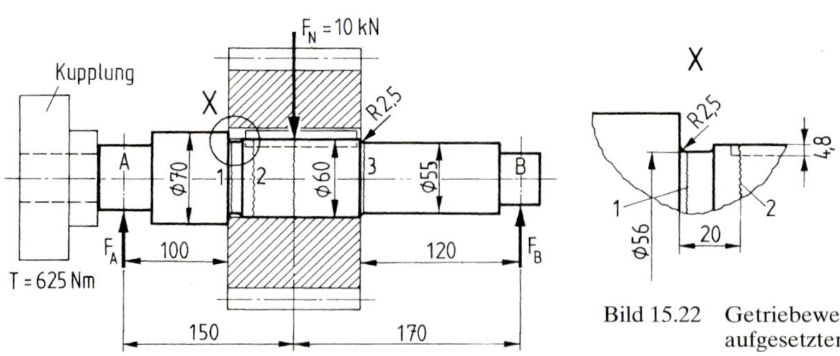

Bild 15.22 Getriebewelle mit Kupplung und aufgesetztem Zahnrad

1. Die Lagerkräfte F_A und F_B und die Biegemomente M_{b1} bis M_{b3},
2. Die Vergleichs-Ausschlagsspannungen σ_{va1} bis σ_{va3},
3. Sind die Sicherheiten gegen Dauerbruch S_{D1}, S_{D2} und S_{D3} groß genug?

15.23 Für die Getriebewelle aus E335 nach Bild 15.22 ist die Ausführung des Antriebszapfens und der Lagerzapfen A und B in Bild 15.23 dargestellt. Für alle Zapfen ist die größtzulässige Rautiefe $R_z = 16\ \mu m$. Das angegebene Torsionsmoment wirkt schwellend und wird über eine Kupplung eingeleitet. Halbzeug: Rd 80. Es sind zu ermitteln:
1. Die Sicherheit gegen Dauerbruch im Antriebszapfen,
2. Die Sicherheit gegen Dauerbruch im gefährdeten Querschnitt des Lagerzapfens A,
3. Die Sicherheit gegen Dauerbruch im gefährdeten Querschnitt des Lagerzapfens B,
4. Sind die Zapfen ausreichend bemessen?

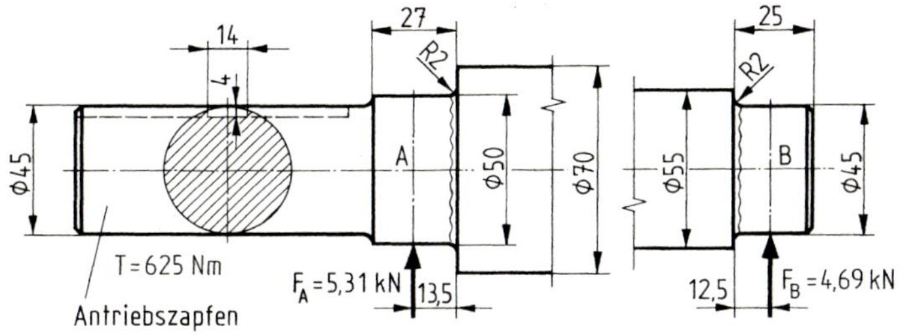

Bild 15.23 Zapfen der Getriebewelle nach Bild 15.22

15.24 Der in Bild 15.23 gezeigte Antriebszapfen einer Getriebewelle aus E335 soll als Zahnwelle DIN 5480 – W 42 × 2 ($D = 41{,}6$ mm, $d = 37{,}6$ mm, siehe Tab. 12.9) mit Oberflächen nach Rauheitswert $R_a = 1{,}6\ \mu m$ ($R_z = 16\ \mu m$) ausgeführt werden, Halbzeug: Rd 80. Es ist ein schwellendes Drehmoment von 625 Nm zu übertragen, Biegebeanspruchung tritt nicht auf. Ist die Sicherheit gegen Dauerbruch ausreichend?

15.25 Die nach den in Aufgabe 15.13 errechneten Durchmessern entworfene Seilrollenachse ist in Bild 15.25 dargestellt. Die Durchmesser $d_1 = 90$ mm, $D_1 = 110$ mm, $d_2 = d_4 = 138$ mm (zeichnerisch ermittelt), $D_2 = D_4 = d_3 = 160$ mm, $d_5 = 80$ mm, $D_5 = 100$ mm, die Radien $\varrho_1 = \varrho_5 = 6$ mm, $\varrho_2 = \varrho_4 = 10$ mm an den Querschnittsübergängen und die Oberflächenangaben gehen aus der Zeichnung hervor, Werkstoff E295. Für die Nachrechnung der Querschnitte 1, 2, 4 und 5 auf Gestaltfestigkeit sind zu ermitteln:
1. Die Biegespannungen (mit den Biegemomenten aus Aufgabe 15.13: $M_{b1} = 3522$ Nm, $M_{b2} = 11740$ Nm, $M_{b4} = 13428$ Nm, $M_{b5} = 2238$ Nm) und die Vergleichs-Ausschlagsspannungen,
2. Die Gestalt-Ausschlagsfestigkeiten,
3. Sind die Sicherheiten gegen Dauerbruch ausreichend?

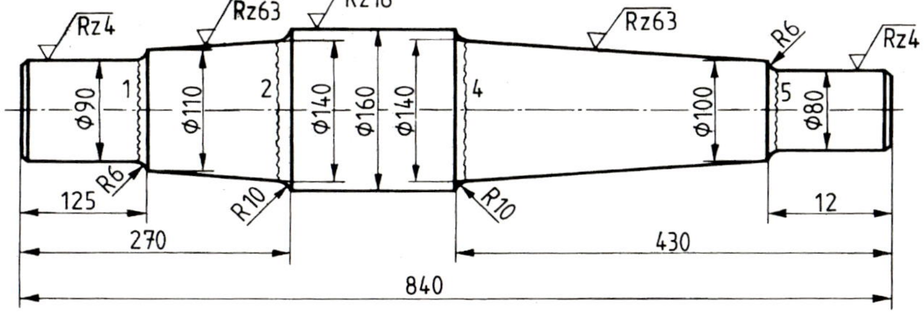

Bild 15.25 Seilrollenachse als Achse gleicher Biegebeanspruchung

15.26 Die in Bild 15.26 dargestellte Laufradachse eines Schienenfahrzeugs ist auf Festigkeit nachzurechnen. Die größte Radkraft beträgt $F = 82$ kN. Werkstoff der Achse: E295. Die Räder sind aufgepreßt, die Nabensitze fein geschlichtet (Rautiefe $R_z = 16$ µm), die Lagerzapfen fein geschliffen ($R_z = 4$ µm), Übergangsradien $\varrho = 10$ mm. Es sind zu ermitteln:

1. Die Biegespannungen σ_{b1} und σ_{b2} in den Querschnitten 1 und 2,
2. Werden die Erfahrungswerte für die zulässige Biegespannung $\sigma_{b\,zul}$ bei Überschlagsberechnungen überschritten?
3. Wie groß sind die Gestalt-Ausschlagsfestigkeiten σ_{AG1} und σ_{AG2}?
4. Genügen die Sicherheiten S_{D1} und S_{D2} gegen Dauerbruch?

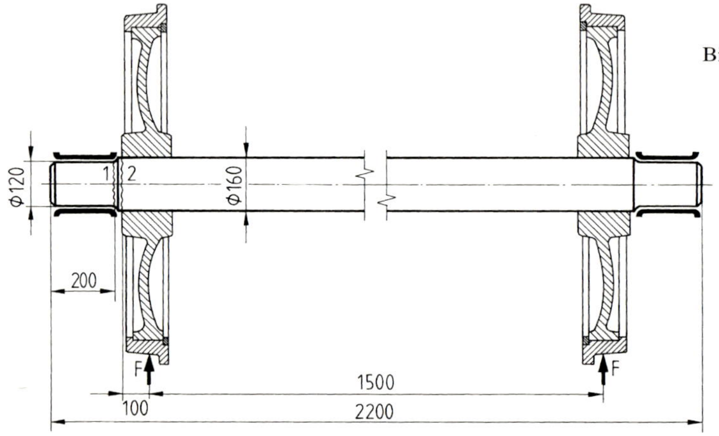

Bild 15.26 Laufradachse eines Schienenfahrzeugs

15.27 Die in Bild 15.27 gezeigte Welle aus dem Antrieb einer Revolverdrehmaschine wird durch die Zahnkräfte $F_{N1} = 700$ N und $F_{N3} = 1300$ N sowie die resultierende Kettenkraft $F_{W2} = 850$ N auf Biegung beansprucht. Die drei Kräfte wirken in einer Ebene. Durch das rechte Zahnrad wird mit der Kraft F_{N3} ein schwellendes Drehmoment von 70 Nm eingeleitet, von dem über das Kettenrad 70 % ausgeleitet werden. Die Welle wird aus E295 gefertigt, Halbzeug: Rd 30. Die Querschnitte 1 bis 3 sind auf Gestaltfestigkeit nachzurechnen. Es ist festzustellen, ob ausreichende Sicherheiten gegen Dauerbruch vorhanden sind. Zur besseren Übersicht ist der Momentenverlauf über der Wellenlänge grafisch darzustellen.

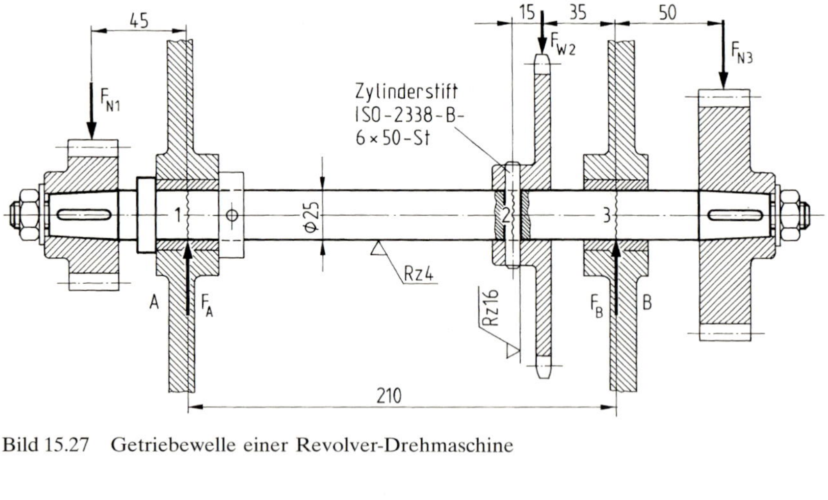

Bild 15.27 Getriebewelle einer Revolver-Drehmaschine

15.28 Über das in Bild 15.28 gezeigte Kegelrad wird ein Drehmoment = Torsionsmoment $T = 61$ Nm in die Welle aus C35E geleitet. Außerdem ist die am Kegelrad wirkende Axialkraft $F_a = 800$ N zu übertragen. Die Biegemomente, in denen die am Kegelrad ebenfalls wirkende Radialkraft und die Tangentialkraft berücksichtigt sind, betragen $M_{b1} = 118$ Nm im Querschnitt 1 und $M_{b2} = 85$ Nm im Querschnitt 2. Das Drehmoment und die Axialkraft wirken ruhend. Beide Querschnitte sind auf Gestaltfestigkeit nachzurechnen, Halbzeug: Rd 40. Falls $S_D < 1{,}7$ wird, ist anzugeben, wie eine ausreichende Sicherheit gegen Dauerbruch erreicht werden kann.

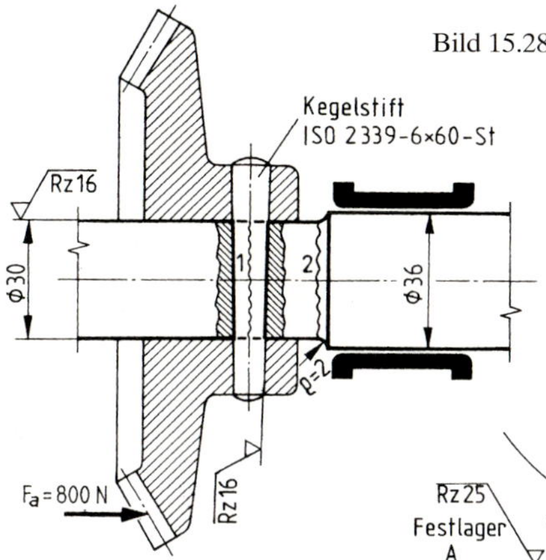

Bild 15.28 Welle mit Kegelrad

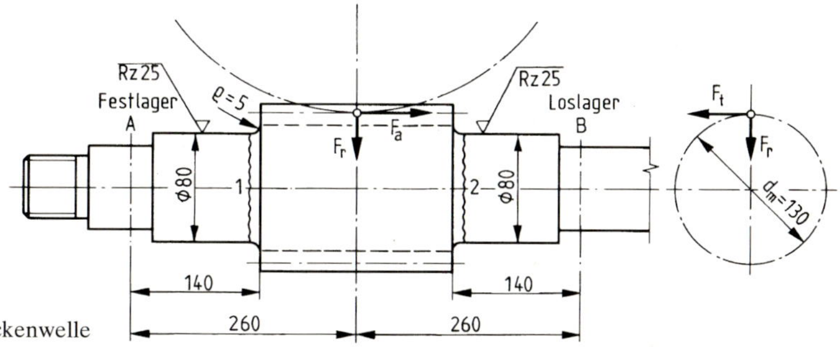

Bild 15.29 Schneckenwelle

15.29 Die in Bild 15.29 dargestellte Schneckenwelle hat ein gleichbleibendes Drehmoment von 900 Nm zu übertragen, das über eine elastische Kupplung am Antriebszapfen auf der Loslagerseite eingeleitet wird. Am Mittenkreisdurchmesser $d_m = 130$ mm der Schnecke greifen folgende Kräfte an: Tangentialkraft $F_t = 13{,}85$ kN, Axialkraft $F_a = 60$ kN, Radialkraft $F_r = 21{,}85$ kN. Die Welle besteht aus Vergütungsstahl C45E. In den gefährdeten Querschnitten 1 und 2 sind die Sicherheiten gegen Dauerbruch rechnerisch zu überprüfen. Dafür sind zu ermitteln:

1. Die resultierenden Biegemomente M_{b1} und M_{b2},
2. Die Vergleichs-Ausschlagsspannungen σ_{va1} und σ_{va2},
3. Sind die Sicherheiten S_{D1} und S_{D2} gegen Dauerbruch ausreichend?

Durchbiegung

15.30 Für die in Bild 15.3 dargestellte Zwischenradachse eines Vorschubgetriebes sind die Neigungswinkel der Lagerzapfen und die Durchbiegung zu errechnen und mit den zulässigen Beträgen zu vergleichen. Sämtliche für die Berechnung erforderlichen Abmessungen und die Stelle, an der wegen möglicher Funktionsstörungen die Durchbiegung zu errechnen ist, sind im Bild 15.30 angegeben. Die Auflagerkräfte betragen $F_A = 786$ N und $F_B = 714$ N, Drehzahl der Achse $n = 630\ \text{min}^{-1}$. Im Einzelnen sind zu ermitteln:

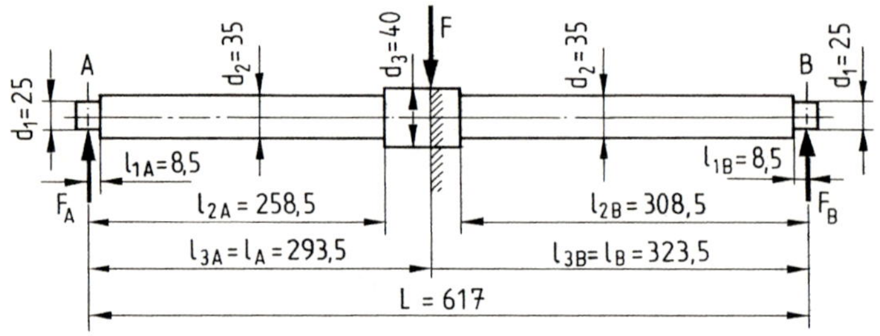

Bild 15.30 Berechnungsskizze zur Durchbiegung der Zwischenradachse nach Bild 15.3

1. Der Neigungswinkel β_A und die Durchbiegung f_A an der Lagerstelle A,
2. Der Neigungswinkel β_B und die Durchbiegung f_B an der Lagerstelle B,
3. Die Neigungswinkel β_{LA} und β_{LB} der Lagerzapfen A und B und Durchbiegung f unter der Kraft F,
4. Werden die Erfahrungswerte für $\beta_{LA\,zul}$ und $\beta_{LB\,zul}$ sowie für f_{zul} überschritten?
5. Sind Abmessungsänderungen notwendig?

15.31 Die Neigungswinkel der Lagerzapfen und die Durchbiegung der Zwischenradachse aus einem Vorschubgetriebe nach Aufgabe 15.30 haben sich als zu groß herausgestellt. Deshalb werden die Durchmesser sämtlicher Querschnitte vergrößert, und zwar auf $d_1 = 30$ mm, $d_2 = 40$ mm und $d_3 = 45$ mm. Die Längen nach Bild 15.30 bleiben unverändert, desgleichen die Auflagerkräfte $F_A = 786$ N und $F_B = 714$ N und die Drehzahl $n = 630\ \text{min}^{-1}$. Werden mit den geänderten Durchmessern die Erfahrungswerte für die zulässigen Neigungswinkel $\beta_{LA\ zul}$ und $\beta_{LB\ zul}$ und für die zulässige Durchbiegung f_{zul} nunmehr unterschritten?

15.32 Bild 15.32 zeigt die Getriebewelle nach den Aufgaben 15.22 und 15.23 in vereinfachter Form unter Vernachlässigung der Übergangsrundungen, der Passfedernuten und der Ringrille am Nabensitz. Die Kräfte betragen: $F_N = 10$ kN, $F_A = 5{,}31$ kN, $F_B = 4{,}69$ kN. Die Welle läuft mit der Drehzahl $n = 1000\ \text{min}^{-1}$. Es sind die Neigungswinkel der Lagerzapfen und die Durchbiegung am Ende des Nabensitzes (Stufe vom ∅ 60 zum ∅ 70) zu errechnen und auf Zulässigkeit zu prüfen. Zu ermitteln sind:
1. Der Neigungswinkel β_A und die Durchbiegung f_A,
2. Der Neigungswinkel β_B und die Durchbiegung f_B,
3. Werden die zulässigen Neigungswinkel $\beta_{LA\,zul}$ und $\beta_{LB\,zul}$ überschritten?
4. Wird die zulässige Durchbiegung f_{zul} überschritten?

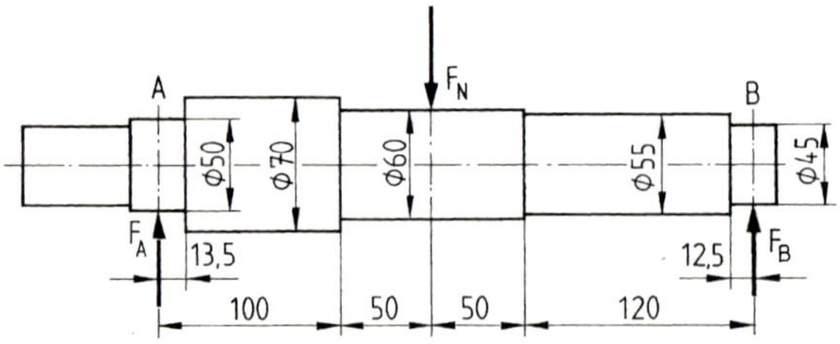

Bild 15.32 Berechnungsskizze zur Durchbiegung der Getriebewelle nach Bild 15.22

15.33 Die in Bild; 15.33 gezeigte Berechnungsskizze zur Überprüfung der Durchbiegung der Abtriebswelle eines Kegelradgetriebes ist nach den Ergebnissen der Überschlagsberechnung entsprechend Aufgabe 15.10 angefertigt. Die Skizze enthält alle erforderlichen Längenangaben und die axialen Flächenmomente der Wellenquerschnitte. Die Kräfte betragen: $F_{Ay} = 124{,}2\ \text{N} \approx 0{,}124$ kN, $F_{By} = 374{,}2\ \text{N} \approx 0{,}374$ kN, $F_{Ax} = 687{,}6\ \text{N} \approx 0{,}688$ kN,

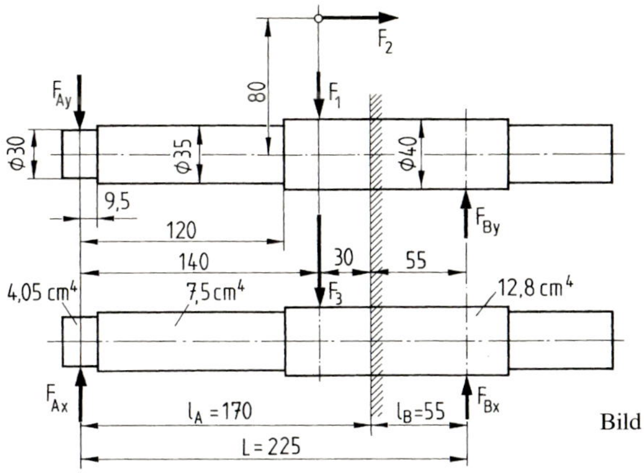

Bild 15.33 Berechnungsskizze zur Durchbiegung der Kegelradwelle nach Bild 15.10

$F_{Bx} = 1132{,}4\ \text{N} \approx 1{,}132\ \text{kN}$, $F_1 = F_r = 0{,}25\ \text{kN}$, $F_2 = F_a = 0{,}615\ \text{kN}$, $F_3 = F_t = 1{,}82\ \text{kN}$, die Drehzahl: $n = 1800\ \text{min}^{-1}$. Die Stelle der kritischen Durchbiegung (rechts von der Kegelradnabe) ist durch Schraffur markiert. Es sind zu ermitteln:

1. Der Neigungswinkel β_{Ay} und die Durchbiegung f_{Ay} in der y-Ebene,
2. Der Neigungswinkel β_{By} und die Durchbiegung f_{By} in der y-Ebene,
3. Die Neigungswinkel β_{LAy} und β_{LBy} und die Durchbiegung f_y in der y-Ebene,
4. Der Neigungswinkel β_{Ax} und die Durchbiegung f_{Ax} in der x-Ebene,
5. Der Neigungswinkel β_{Bx} und die Durchbiegung f_{Bx} in der x-Ebene,
6. Die Neigungswinkel β_{LAx} und β_{LBx} die Durchbiegung f_x in der x-Ebene,
7. Sind die Gesamtneigungswinkel β_{LA} und β_{LB} zulässig?
8. Ist die Gesamtdurchbiegung f zulässig?

15.34 Die Zwischenwelle eines zweistufigen Stirnradgetriebes mit Schrägzahnrädern nach Bild 15.11 soll auf Durchbiegung rechnerisch überprüft werden. Dafür ist die in Bild 15.34 gezeigte Berechnungsskizze nach den Ergebnissen der Überschlagsberechnung (Aufgabe 15.11) angefertigt worden. Sie enthält außer den Längenangaben auch die axialen Flächenmomente der Wellenquerschnitte und die durch Schraffur gekennzeichnete Stelle der maßgebenden Durchbiegung. Bei dem mit der Welle aus einem Stück gefertigten Zahnrad wurde das axiale Flächenmoment mit dem Teilkreisdurchmesser errechnet.

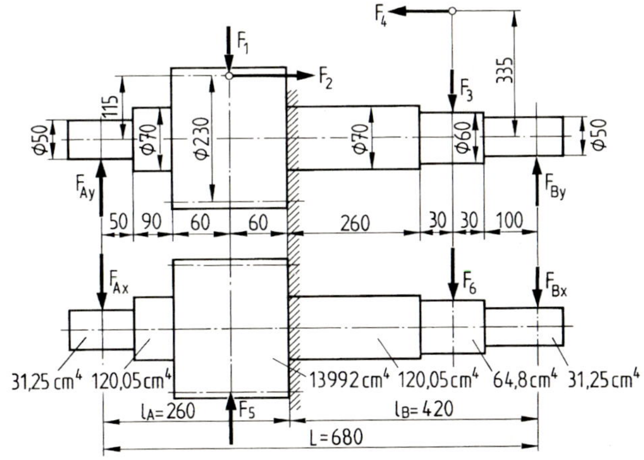

Bild 15.34 Berechnungsskizze zur Durchbiegung der Getriebewelle nach Bild 15.11

Die Kräfte betragen: $F_{Ay} = 2{,}67\ \text{kN}$, $F_{By} = 1{,}757\ \text{kN}$, $F_{Ax} = 5{,}568\ \text{kN}$, $F_{Bx} = 0{,}143\ \text{kN}$, $F_1 = F_{r3} = 3{,}269\ \text{kN}$, $F_2 = F_{a3} = 2{,}33\ \text{kN}$, $F_3 = F_{r2} = 1{,}158\ \text{kN}$, $F_4 = F_{a2} = 1{,}086\ \text{kN}$, $F_5 = F_{t3} = 8{,}696\ \text{kN}$, $F_6 = F_{t2} = 2{,}985\ \text{kN}$. Es ist festzustellen, ob die Gesamtneigungswinkel β_{LA} und β_{LB} und die Gesamtdurchbiegung f zulässig sind, wenn folgende Werte nicht überschritten werden sollen: $\beta_{LA\,zul} = \beta_{LB\,zul} = 0{,}0015\ \text{rad}$, $f_{zul} = 0{,}0004L$.

Verdrehwinkel

15.35 Die in Bild 15.35 schematisch dargestellte glatte Triebwerkswelle aus S275JR mit zwei aufgekeilten Riemenscheiben soll eine Leistung $P = 10{,}7$ kW bei der Drehzahl $n = 125\ \text{min}^{-1}$ übertragen. Die Abstände betragen $l = 650$ mm und $L_T = 800$ mm. Für den Entwurf dieser Welle sind zu ermitteln:

1. Der für das zu übertragende Torsionsmoment T erforderliche Durchmesser d, auf volle 10 mm gerundet (Überschlagsberechnung),

2. Ist der Verdrehwinkel α zulässig, wenn die Welle mit dem unter 1. errechneten Durchmesser d ausgeführt wird?

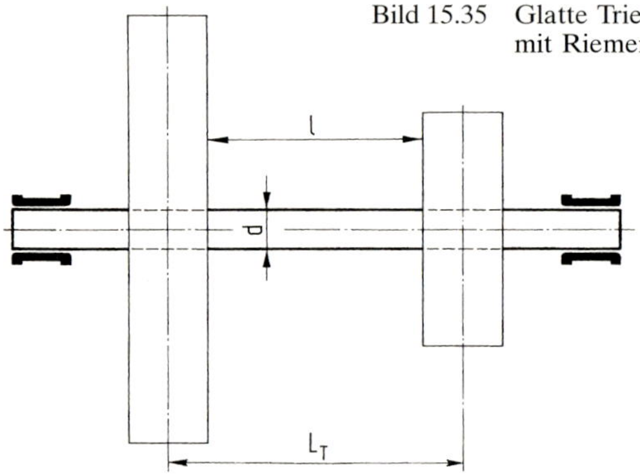

Bild 15.35 Glatte Triebwerkswelle mit Riemenscheiben

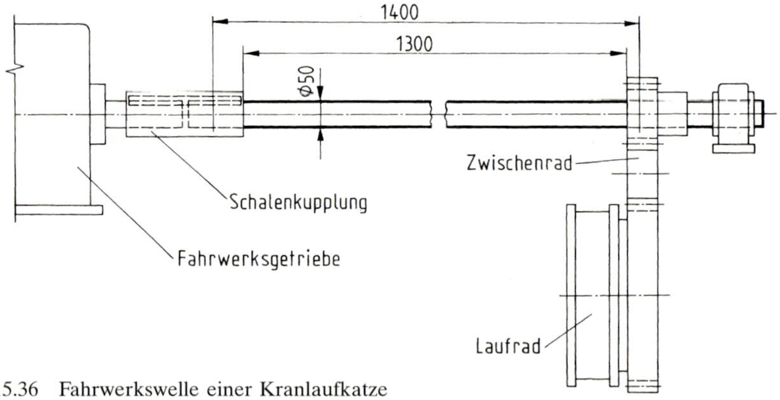

Bild 15.36 Fahrwerkswelle einer Kranlaufkatze

15.36 Die Fahrwerkswelle einer Kranlaufkatze nach Bild 15.36 hat unter Volllast ein maximales Drehmoment von 210 Nm zu übertragen. Es ist zu überprüfen, ob der Verdrehwinkel in zulässigen Grenzen bleibt.

15.37 Die Zwischenwelle eines zweistufigen Stirnradgetriebes nach den Aufgaben 15.11 und 15.34 wird durch ein Torsionsmoment $T = 1$ kNm beansprucht. Der torsionsbeanspruchte Wellenstrang zwischen den Zahnrädern ist $l = 260$ mm lang und hat einen Durchmesser $d = 70$ mm (siehe Bild 15.34). Der Mittelabstand der beiden Zahnräder beträgt $L_T = 350$ mm ($= l_M$ im Bild L 15.11). Ist der Verdrehwinkel zulässig?

15.38 Für die nach den Aufgaben 15.22 und 15.23 auf Gestaltfestigkeit und nach Aufgabe 15.32 auf Durchbiegung berechnete Getriebewelle ist eine Kontrolle auf Zulässigkeit des Verdrehwinkels vorzunehmen. Das zu übertragende Drehmoment beträgt 625 Nm. Die Welle ist mit den für die Berechnung des Verdrehwinkels erforderlichen Abmessungen und dem Verlauf des Torsionsmomentes in Bild 15.38 dargestellt. Wird der zulässige Verdrehwinkel überschritten?

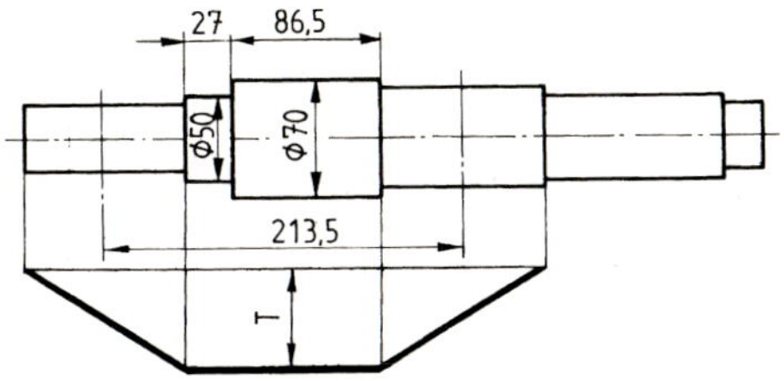

Bild 15.38 Berechnungsskizze zum Verdrehwinkel der Getriebewelle nach Bild 15.22

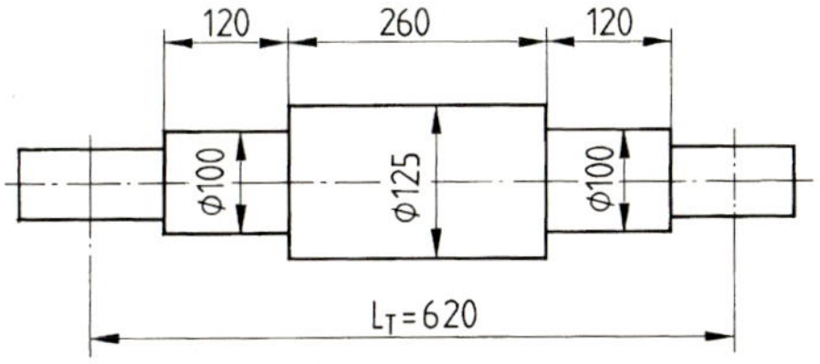

Bild 15.39 Berechnungsskizze zum Verdrehwinkel der Getriebewelle nach Bild 15.2

15.39 Die nach Aufgabe 15.2 überschläglich berechnete Getriebewelle hat ein Drehmoment von 2865 Nm zu übertragen. Bild 15.39 zeigt diese Welle mit den für die Berechnung des Verdrehwinkels erforderliche Abmessungen. Ist der Verdrehwinkel zulässig, wenn in diesem Falle ein Wert von 0,006 rad/m nicht überschritten werden soll?

Kritische Drehzahlen

15.40 Die nach Aufgabe 15.35 berechnete glatte Triebwerkswelle mit zwei aufgekeilten Riemenscheiben ist in Bild 15.40 dargestellt mit den Abmessungen für die Berechnung der biegekritischen Drehzahl. Es betragen: $d = 60$ mm, $L = 1460$ mm, $l_{A1} = l_{B2} = 330$ mm, $l_{A2} = l_{B1} = 1130$ mm. Die Riemenscheiben wiegen: $m_1 = 160$ kg, $m_2 = 80$ kg. Es sind zu ermitteln:

1. Die Durchbiegung F_{G1} durch die Gewichtskraft F_{G1} der Masse m_1 im Schwerpunkt S_1,
2. Die Durchbiegung F_{G2} durch die Gewichtskraft F_{G2} der Masse m_2 im Schwerpunkt S_2,
3. Die biegekritischen Drehzahlen n_{K1} und n_{K2} durch die jeweiligen Massen m_1 und m_2,
4. Besteht die Gefahr, daß die biegekritische Drehzahl n_K des Gesamtsystems in der Nähe der Betriebsdrehzahl $n = 125\ \text{min}^{-1}$ liegt?

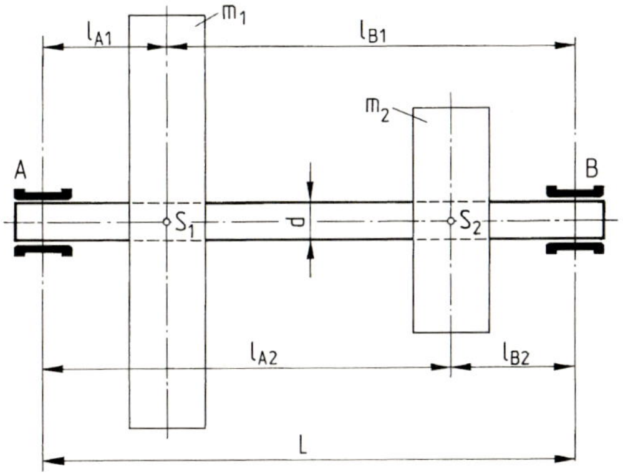

Bild 15.40 Berechnungsskizze zur biegekritischen Drehzahl der Triebwerkswelle nach Bild 15.35

15.41 Bild 15.41 zeigt die Welle des Hubmotors eines Elektroseilzuges. Die Motordrehzahl beträgt $n = 1450\,\text{min}^{-1}$, das Gewicht des Läuferblechpaketes $m = 20{,}3$ kg. Es ist die biegekritische Drehzahl unter Vernachlässigung des Eigengewichts der Welle zu errechnen. Die für diese Berechnung erforderlichen Abmessungen sind der Berechnungsskizze (Bild 15.41b) zu entnehmen. Im Einzelnen sind zu ermitteln:

1. Die Auflagerkräfte F_A und F_B durch die Gewichtskraft F_G,
2. Die Durchbiegungen f_A und f_B an den Lagerstellen A und B,
3. Die Durchbiegung f_G unter der Gewichtskraft F_G,
4. Ist die biegekritische Drehzahl n_K genügend weit von der Betriebsdrehzahl n entfernt?

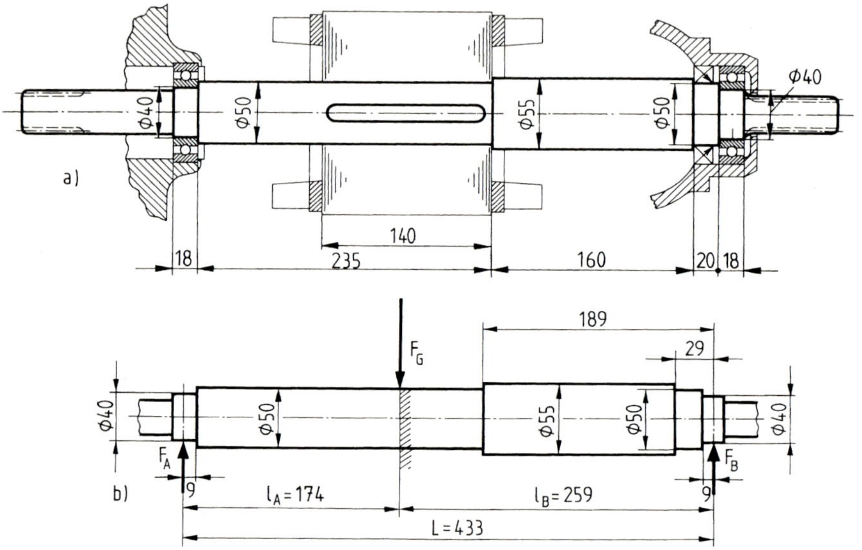

Bild 15.41 Hubmotorwelle eines Elektroseilzuges a) Darstellung, b) Berechnungsskizze

15.42 In Bild 15.42 ist die Welle eines Elektromotors dargestellt. Die Gewichtskraft des Läuferblechpaketes beträgt $F_G = 3{,}2$ kN. Es ist die biegekritische Drehzahl n_K zu errechnen. Das Eigengewicht der Welle und das Gewicht der auf den Antriebszapfen aufzusetzenden Kupplungshälfte, Riemenscheibe oder dgl. sind zu vernachlässigen. Ferner ist der Drehzahlbereich angegeben, der vermieden werden muß, wenn der Motor aus Sicherheitsgründen mindestens 30 % unter oder über der errechneten kritischen Drehzahl laufen soll.

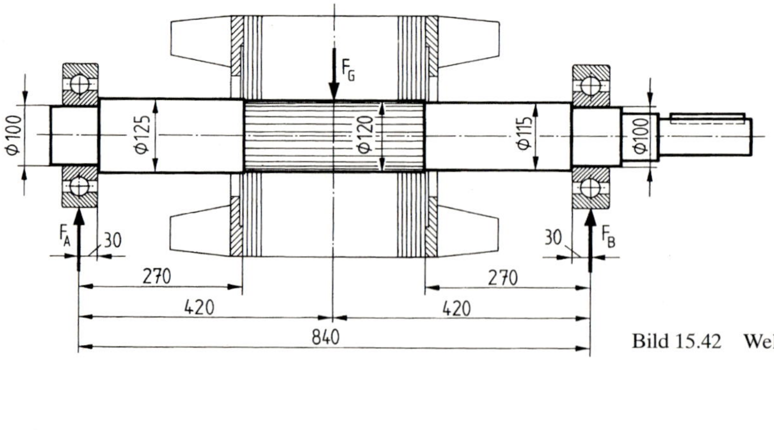

Bild 15.42 Welle eines Elektromotors

17 Gleitlager

Berechnung von Radiallagern

17.1 Ein fettgeschmiertes Radiallager, ausgeführt als Augenlager DIN 504 — B 100 entsprechend Bild 17.1 aus Grauguss EN-GJL-200 ohne Buchse, hat einen Lagerdurchmesser $D = 100$ mm und eine Lagerbreite $B = 120$ mm. Es wird bei einer Drehzahl $n = 180\ \text{min}^{-1} = 3\ \text{s}^{-1}$ mit der Kraft $F = 4$ kN belastet. Die Reibzahl beträgt erfahrungsgemäß $\mu \approx 0{,}08$.

1. Werden die zulässigen Werte für die spezifische Lagerbelastung $\bar{p}$ und die Gleitgeschwindigkeit u überschritten?
2. Welche ISO-Spielpassung im System Einheitsbohrung ist für einen leichten Laufsitz zu wählen, und welches mittlere relative Lagerspiel ψ_m ist zu erwarten?
3. Wie groß ist die Reibleistung P_f?
4. Ist die sich einstellende Lagertemperatur t_B zulässig, wenn mit einer Umgebungstemperatur $t_a \approx 25$ °C zu rechnen ist, die wärmeabgebende Oberfläche $A \approx 0{,}35\ \text{m}^2$ beträgt und die Wärmeübergangszahl $k \approx 20\ \text{W/(m}^2 \cdot \text{K)}$?
5. Welches Schmierfett ist geeignet?

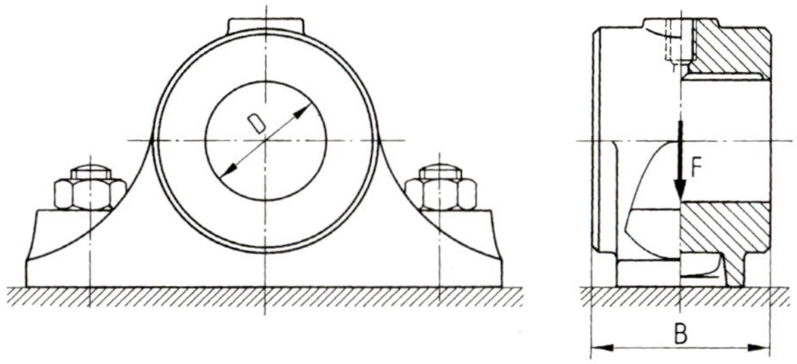

Bild 17.1 Augenlager

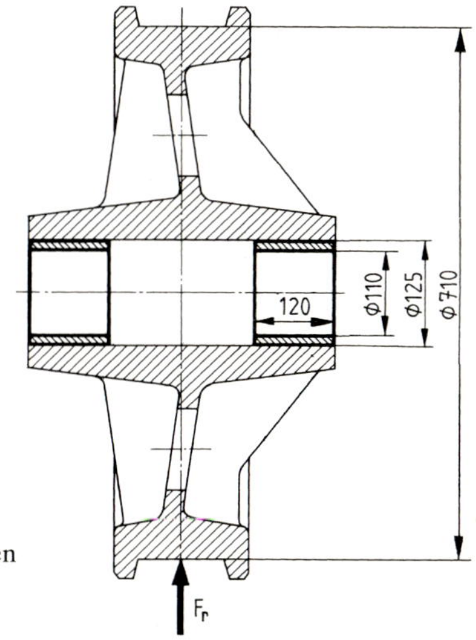

Bild 17.2 Kranlaufrad mit Gleitlagerbuchsen

17.2 In die Nabenbohrung des in Bild 17.2 dargestellten Kranlaufrades sind zwei Lagerbuchsen eingepreßt, und zwar Buchsen ISO 4379 — C 110 × 125 × 120 — GZ-CuSn11P62-C ($d_1 \times d_2 \times b_1$, siehe ME Bild 17.28 und Tab. 17.9, Form C). Als Schmiermittel dient Fett ($\mu \approx 0{,}08$), das über Staufferbuchsen durch die Achse hindurch zugeführt wird. Das Rad hat einen Laufflächendurchmesser $D_r = 710$ mm und ist für das Fahrwerk eines 20 t-Kranes bestimmt, der mit einer Geschwindigkeit $v_F = 80$ m/min gefahren wird. Die größte Radkraft beträgt $F_r = 86$ kN. Es sind zu ermitteln:

1. Die spezifische Lagerbelastung $\bar{p}$ und die Gleitgeschwindigkeit u.
2. Die ISO-Passung für einen weiten Laufsitz (Einheitswelle).
3. Die Reibleistung P_f.

4. Die Lagertemperatur t_B, wenn wegen des Aussetzbetriebes (Zeit zum Abkühlen) und der Luftbewegung während des Kranfahrens mit einer Wärmeübergangszahl $k \approx 25\ \mathrm{W/(m^2 \cdot K)}$ gerechnet werden kann. Die wärmeabgebende Oberfläche des Lagers kann wegen der besonderen Größe als doppelter Höchstwert wie im Maschinenverband angenommen werden.

17.3 Die Bronze-Lagerbuchsen der Seiltrommel (Bild 17.3) nach Aufgabe 15.9 sollen auf Belastung und Erwärmung kontrolliert werden. Es ist Fettschmierung vorgesehen, für die erfahrungsgemäß mit einer Reibzahl $\mu \approx 0{,}08$ gerechnet werden kann (siehe auch Tab. 17.13). Die Trommel dreht sich mit $n = 50\ \mathrm{min}^{-1} = 0{,}835\ \mathrm{s}^{-1}$. Beide Lager haben einen Durchmesser $D = 70$ mm. Das Lager C hat eine Breite $B_C = 70$ mm und wird mit $F_C = 28{,}73$ kN belastet, beim Lager D sind $B_D = 100$ mm und $F_D = 42{,}74$ kN. Für die Lager C und D sind jeweils zu ermitteln:

1. Die spezifischen Lagerbelastungen $\bar{p}_C$ und $\bar{p}_D$ sowie die Gleitgeschwindigkeit u.
2. Das mittlere relative Lagerspiel ψ_m bei der ISO-Passung E9/h9.
3. Die Reibleistungen P_{fC} und P_{fD}.
4. Die Betriebstemperatur an beiden Lagern, wenn als wärmeabgebende Oberflächen $A_C \approx 0{,}32\ \mathrm{m^2}$ und $A_D \approx 0{,}46\ \mathrm{m^2}$ anzunehmen sind. Wärmeübergangszahl $k \approx 25\ \mathrm{W/(m^2 \cdot K)}$, Umgebungstemperatur $t_a \approx 25\ °\mathrm{C}$.

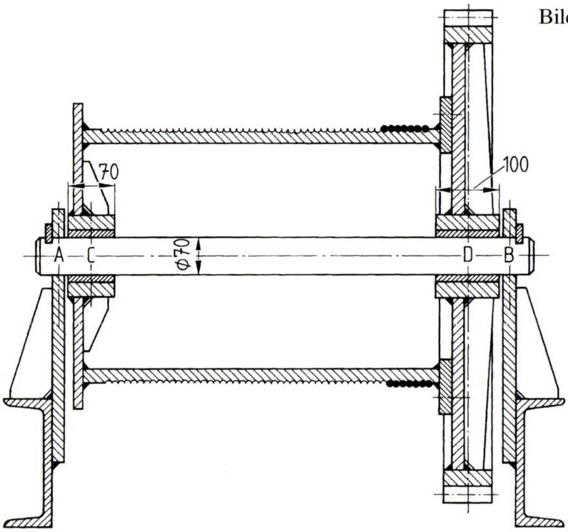

Bild 17.3 Gleitlagerung der Seiltrommel nach Bild 15.9

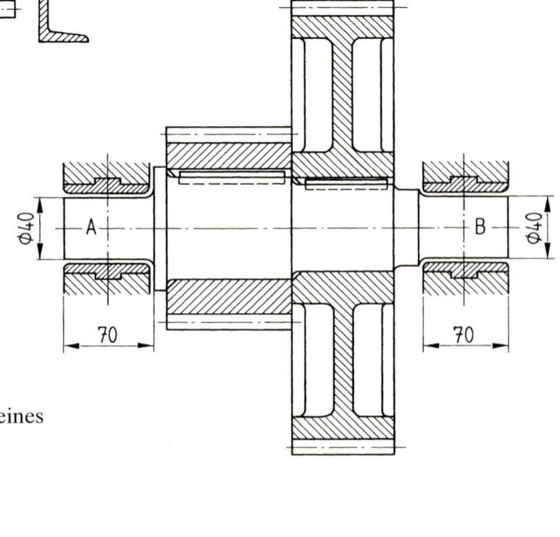

Bild 17.4 Gleitlager der Zwischenwelle eines Krangetriebes nach Bild 15.7

17.4 Für die Zwischenwelle eines Krangetriebes (Bild 17.4) nach den Aufgaben 15.7 und 15.20 sind die Gleitlager zu berechnen. Beide Lager sind gleich ausgeführt mit $D = 40$ mm und $B = 70$ mm. Sie enthalten Buchsen aus CuSn10Pb10-C und werden mit Fett aus Staufferbuchsen geschmiert ($\mu \approx 0{,}07$). Die Drehzahl der Welle beträgt $n = 65\ \text{min}^{-1} = 1{,}08\ \text{s}^{-1}$. Es ergaben sich folgende Auflagerkraftkomponenten: $F_{Ax} = 7{,}13$ kN, $F_{Ay} = 13{,}3$ kN, $F_{Bx} = 7{,}45$ kN, $F_{By} = 8{,}2$ kN. Zu ermitteln sind:

1. Die größte Lagerkraft F,
2. Die spezifische Lagerbelastung $\bar{p}$ des höher belasteten Lagers und die Gleitgeschwindigkeit u.
3. Die Reibleistung P_f des höher belasteten Lagers.
4. Die erforderliche Passung im System Einheitsbohrung bei leichtem Laufsitz und das mittlere relative Lagerspiel ψ_m.
5. Die sich am höher belasteten Lager einstellende Betriebstemperatur t_B und deren Zulässigkeit, wenn die wärmeabgebende Oberfläche A wegen des Aussetzbetriebes mit dem doppelten Höchstwert für Lager im Maschinenverband angenommen wird und die Wärmeübergangszahl $k \approx 20\ \text{W/(m}^2 \cdot \text{K)}$ beträgt.

17.5 Die Gleitlager einer Pumpenwelle sollen mit Lagermetall PbSb14Sn9CuAs DIN ISO 4381 ausgeführt werden. Es ist reichlich Tropfölschmierung vorgesehen. Jedes Lager wird mit einer Kraft von 600 N bei einer Drehzahl von $960\ \text{min}^{-1} = 16\ \text{s}^{-1}$ belastet. Die Lagerzapfen haben 50 mm Durchmesser, relative Lagerbreite $B/D = 1$. Es ist festzustellen, ob die Lagerbelastung und die Lagertemperatur zulässig sind, wenn mit einer Reibzahl $\mu \approx 0{,}008$ zu rechnen ist und die Umgebungstemperatur ca. 35 °C beträgt, $k \approx 17\ \text{W/(m}^2 \cdot \text{K)}$. Ferner ist eine geeignete Passung für Laufsitz (Einheitsbohrung) anzugeben mit dem dazugehörigen mittleren relativen Lagerspiel. Die Lager befinden sich in zylindrischen Gehäusen mit dem Durchmesser $D_H = 150$ mm und der Breite $B_H = 80$ mm.

17.6 Die Wellen im Getriebe einer Haushaltsmaschine sollen in Lagerbuchsen aus ölgetränktem Sintermetall laufen (Abmessungen nach DIN 1850-3, Form J, siehe ME Bild 17.28, Abmessungen Tab. 17.9 wie Form C). Unter der einmaligen Schmierung (Öltränkung) stellt sich erfahrungsgemäß eine Reibzahl $\mu \approx 0{,}01$ ein. Die Welle läuft mit $1200\ \text{min}^{-1} = 20\ \text{s}^{-1}$ um. An der Lagerstelle A ist ein Zapfendurchmesser von 15 mm, an der Lagerstelle B von 10 mm vorgesehen, beide $B/D = 1$. Die Lagerkräfte betragen 220 N bei A und 100 N bei B. Die Gehäuseoberflächen sind für Lager im Maschinenverband mit den Mittelwerten zu errechnen. Die Lagerbelastung und die Lagertemperatur sind auf Zulässigkeit zu überprüfen. Die Betriebstemperatur der Lager soll 60 °C nicht überschreiten ($k = 17{,}5\ \text{W/(m}^2 \cdot \text{K)}$, Umgebungstemperatur ≈ 25 °C).

17.7 Ein Gleitlager mit Festring-Ölschmierung und wassergekühltem Schmieröl nach Bild 17.7 für einen Lagerdurchmesser $D = 60$ mm und mit einer Lagerbreite $B = 60$ mm soll bei einer Drehzahl $n = 1000\ \text{min}^{-1} = 16{,}7\ \text{s}^{-1}$ eine Kraft $F = 40$ kN übertra-

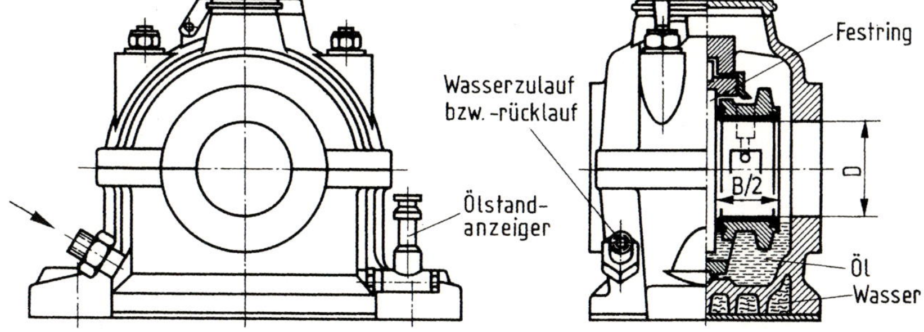

Bild 17.7 Ringschmierlager mit festem Schmierring und wassergekühltem Ölbad

gen. Die Lagerschalen sind mit Lagermetall (Weißmetall) ausgegossen. Durch den mit dem Lagerzapfen umlaufenden Schmierring ist eine einwandfreie Schmierstoffversorgung der Gleitflächen und somit Flüssigkeitsreibung gewährleistet, so daß mit einer Reibzahl $\mu \approx 0{,}003$ gerechnet werden kann (s. Tab. 17.13). Welcher Kühlwasserdurchsatz in l/min ist erforderlich, wenn die Lagertemperatur t_B nicht größer als 80 °C werden soll und die Umgebungstemperatur $t_\mathrm{a} = 25$ °C beträgt, wenn

1. damit gerechnet wird, daß das Kühlwasser die Wärme allein abführt, die Konvektion also unberücksichtigt bleibt,

2. die Konvektion mit berücksichtigt wird? Wärmeübergangszahl $k = 15\ \mathrm{W/(m^2 \cdot K)}$, Stehlagerhöhe $H = 200$ m, Gehäusebreite $B_\mathrm{H} = 140$ mm.

17.8 Ein Steh-Gleitlager mit Festring-Ölschmierung und gleichen Abmessungen sowie gleicher Ausführung wie Bild 17.7, jedoch ohne Wasserkühlung, soll wie nach Aufgabe 17.7 belastet werden. Damit bei der Raumtemperatur von 25 °C eine Lagertemperatur von 80 °C nicht überschritten wird, ist Luftkühlung mit einem Gebläse vorgesehen. Welche Geschwindigkeit w_a muß die Kühlluft haben, wenn die wärmeabgebende Oberfläche $A = 0{,}15\ \mathrm{m^2}$ und der Wärmestrom $P_\mathrm{A} = P_\mathrm{f} = 378$ W betragen?

17.9 Einem hydrodynamischen Radiallager mit einem Lagerdurchmesser von 120 mm und einer Lagerbreite von 80 mm wird in einem Getriebe mittels Umlauf-Spülschmierung ein Ölvolumenstrom von 2,8 l/min zugeführt, der ständig durch das Lager fließt und dabei auch Reibwärme abführt. Es wirkt eine Belastungskraft von 16 kN bei einer Drehzahl von $3000\ \mathrm{min^{-1}} = 50\ \mathrm{s^{-1}}$. Als Reibzahl wurde 0,005 ermittelt. Genügt der Schmieröldurchsatz allein zur Kühlung der Gleitflächen?

Berechnung hydrodynamischer Radiallager

17.10 Ein vollumschlossenes Turbinengleitlager mit $D = 200$ mm und $B = 140$ mm soll mit $F = 120$ kN belastet werden, Drehzahl $n = 2000\ \mathrm{min^{-1}} = 33{,}3\ \mathrm{s^{-1}}$. Lagerwerkstoff: SnSb12Cu6Pb nach DIN ISO 4381, wärmeabgebende Oberfläche $A \approx 0{,}8\ \mathrm{m^2}$, Wärmedehnungsbeiwerte: Welle $\alpha_\mathrm{S} = 11 \cdot 10^{-6}\ \mathrm{K^{-1}}$, Lagerschale $\alpha_\mathrm{B} = 9 \cdot 10^{-6}\ \mathrm{K^{-1}}$ für Temperguss mit eingegossener Lagermetallauflage unter Berücksichtigung der Dehnungsbehinderung durch das Gehäuse. Die Ölversorgung erfolgt über zwei Bohrungen von je 8 mm Durchmesser entspr. Fall 3 nach Tab. 17.19.

Zunächst soll untersucht werden, ob das im Maschinenverbund befindliche Lager ohne Druckumlaufschmierung auskommt, also mit druckloser Ölumlaufschmierung, d. h. mit Wärmeabführung durch Konvektion. Die Umgebungstemperatur beträgt $t_\mathrm{a} = 25$ °C, die höchstzulässige Lagertemperatur $t_\mathrm{B\,lim} = 100$ °C. Falls $t_\mathrm{B\,lim}$ überschritten wird, ist Druckschmierung mit externer Ölrückführung vorzusehen. Hierbei ist anzunehmen, daß das Schmieröl mit einem Überdruck $p_\mathrm{E} = 0{,}5$ MPa und einer Temperatur $t_1 = 50$ °C zugeführt wird. Vorausgesetzt wird ein Schmieröl ISO VG 100. Es sind zu berechnen:

1. Die Gleitgeschwindigkeit u und die Winkelgeschwindigkeit ω.

2. Das empfohlene mittlere relative Lagerspiel ψ_m und Wahl der nächstliegenden, ggf. größeren Passung nach Tab. 17.10 und das sich durch die Erwärmung verändernde effektive relative Lagerspiel ψ_eff (Annahme $t_\mathrm{B.0} = 45$ °C) und absolute Lagerspiel $S \approx \psi_\mathrm{eff} \cdot D$.

3. Die spezifische Belastung $\bar{p}$ und deren Zulässigkeit.

4. Die Reynolds-Zahl Re und deren Zulässigkeit.

5. Die Wärmeabfuhr durch Konvektion (mit $k = 20\ \mathrm{W/(m^2 \cdot K)}$.

1. Rechenschritt: Die Sommerfeldzahl So, die relative Exzentrizität ε, die kleinste Schmierfilmdicke h_0 und deren Zulässigkeit, das Verhältnis μ/ψ_eff und damit die Reibzahl μ den Wärmestrom $P_\mathrm{A} = P_\mathrm{f}$, die Lagertemperatur $t_\mathrm{B.1}$. Falls $t_\mathrm{B.1} \neq t_\mathrm{B.0}$ wird, so muß mit neuer Lagertemperatur t_eff als Mittelwert aus den beiden der 2. Rechenschritt erfolgen. Wenn sich jedoch für den 2. Schritt $t_\mathrm{eff} = t_\mathrm{B.0} > 160$ °C ergibt (Größtwert in Diagr. 16.1), so ist die Berechnung als undurchführbar abzubrechen.

6. Die Wärmeabfuhr durch das Schmieröl
1. Rechenschritt: Zuführtemperatur $t_1 = 50\,°\mathrm{C}$, damit $t_{2.0} = t_1 + 20\,\mathrm{K}$, somit effektive Lagertemperatur $t_{\mathrm{eff}} = t_{\mathrm{B.0}} = 60\,°\mathrm{C}$, die dynamische Viskosität η bei t_{eff}, das effektive relative Lagerspiel ψ_{eff}, die Sommerfeldzahl *So*, die relative Exzentrizität ε, die kleinste Schmierfilmdicke h_0 und deren Zulässigkeit, das Verhältnis μ/ψ_{eff} und die Reibzahl μ, den Wärmestrom $P_{\mathrm{Q}} = P_{\mathrm{f}}$, den Schmieröldurchsatz Q, die Austrittstemperatur $t_{2.1}$. Wenn $t_{2.1} \neq t_{2.0}$, so muss sinngemäß der nächste Rechenschritt erfolgen.

17.11 Bei dem Turbinenlager nach Aufg. 17.10 ergab sich eine recht große Schmierfilmdicke h_0. Deshalb soll untersucht werden, ob das Lager auch mit einem Schmieröl ISO VG 68 laufen kann. Alle übrigen Daten bleiben dieselben, eine Wärmeabführung durch Konvektion ist nicht in Betracht zu ziehen. Gegeben sind außerdem: $u = 20{,}9\,\mathrm{m/s}$, $\omega = 209{,}2\,\mathrm{s}^{-1}$, $\psi_{\mathrm{m}} = 1{,}9 \cdot 10^{-3}$, $\bar{p} = 4{,}3\,\mathrm{N/mm}^2$. Es ist von $t_{\mathrm{B.0}} = 60\,°\mathrm{C}$, $t_{1.0} = 50\,°\mathrm{C}$, $t_{2.0} = 70\,°\mathrm{C}$, $\eta = 26\,\mathrm{mPa \cdot s}$ und $\psi_{\mathrm{eff}} = 1{,}82 \cdot 10^{-3}$ auszugehen.

17.12 Für das hydrodynamische Radial-Gleitlager nach Aufg. 17.11 wurden errechnet bzw. sind bekannt: Lagernenndurchmesser $D = 200\,\mathrm{mm}$, relative Lagerbreite $B/D = 0{,}7$, spezifische Lagerbelastung $\bar{p} = 4{,}3 \cdot 10^6\,\mathrm{Pa}$, Winkelgeschwindigkeit $\omega = 209{,}2\,\mathrm{s}^{-1}$, Betriebsdrehzahl $n = 2000\,\mathrm{min}^{-1} = 33{,}33\,\mathrm{s}^{-1}$, Schmieröl ISO VG 68, mittleres relatives Lagerspiel $\psi_{\mathrm{m}} = 1{,}9 \cdot 10^{-3}$, Grenzschmierfilmdicke $h_{0\,\mathrm{lim}} = 11\,\mu\mathrm{m}$ nach Tab. 17.20, Wärmedehnungsbeiwerte: Welle $\alpha_{\mathrm{S}} = 11 \cdot 10^{-6}\,\mathrm{K}^{-1}$, Lagerschale $\alpha_{\mathrm{B}} = 9 \cdot 10^{-6}\,\mathrm{K}^{-1}$. Während des stationären Betriebes beträgt die Schmieröleintrittstemperatur $t_1 \approx 48\,°\mathrm{C}$, die Austrittstemperatur $t_2 \approx 68\,°\mathrm{C}$.
Wie hoch ist die Übergangsdrehzahl $n_{\mathrm{ü}}$, wenn die Welle **1.** bei $t_{\mathrm{a}} = 25\,°\mathrm{C}$ unter Last anläuft und **2.** wenn sie unter Last aus dem betriebswarmen Zustand unter Last ausläuft und durch Aufrechterhaltung der Kühlung kein Wärmestau entsteht.

17.13 Bild 17.13 zeigt ein Ringschmierlager mit Kugelgelenk-Lagerschalen und losem Schmierring, das mit 12 kN belastet werden soll. Die Lagerzapfen müssen einen Durchmesser $D = 50\,\mathrm{mm}$ erhalten. Da das Lager durch die Schmierringöffnung unterbrochen ist, ist näherungsweise so zu rechnen, als handele es sich um zwei Einzellager mit je $B = 50\,\mathrm{mm}$ Breite ($B/D = 1$). Es wird vorausgesetzt, daß der Schmierring genügend Öl für eine hydrodynamische Schmierung liefert. Die Wärmeabführung ist nur durch Konvektion möglich. Wärmeabgebende Oberfläche einer Lagerhälfte $A \approx 0{,}15\,\mathrm{m}^2$. Das Lager wird mit $n = 1440\,\mathrm{min}^{-1} = 24\,\mathrm{s}^{-1}$ betrieben. Umgebungstemperatur $t_{\mathrm{a}} = 20\,°\mathrm{C}$, mittleres relatives Lagerspiel $\psi_{\mathrm{m}} = 1{,}12 \cdot 10^{-3}$. Die Wärmedehnungsbeiwerte von Welle und Lagerschale sind nahezu gleich, sodass sich das Lagerspiel durch Wärmeeinwirkung nicht verändert. Es betragen: $t_{\mathrm{B\,lim}} = 100\,°\mathrm{C}$ und $\bar{p}_{\mathrm{zul}} = 5\,\mathrm{N/mm}^2$ für das Lagermetall PbSb15SnAs nach DIN ISO 4381. Schmieröl: ISO VG 46. Es sind zu ermitteln:

1. Die spezifische Lagerbelastung $\bar{p}$ und deren Zulässigkeit, die Gleitgeschwindigkeit u und die Winkelgeschwindigkeit ω.
2. Die Reynolds-Zahl *Re* bei $t_{\mathrm{B}} = 40\,°\mathrm{C}$ und deren Zulässigkeit.
3. Die kleinste Schmierfilmdicke h_0 und deren Zulässigkeit.
4. Die Lagertemperatur beim Wärmegleichgewicht mittels Iteration mit dem 1. Rechenschritt bei $t_{\mathrm{B.0}} = 40\,°\mathrm{C}$, d. h. $t_{\mathrm{B}} - t_{\mathrm{a}} = 20\,\mathrm{K}$, und $k = 20\,\mathrm{W/(m^2 \cdot K)}$.

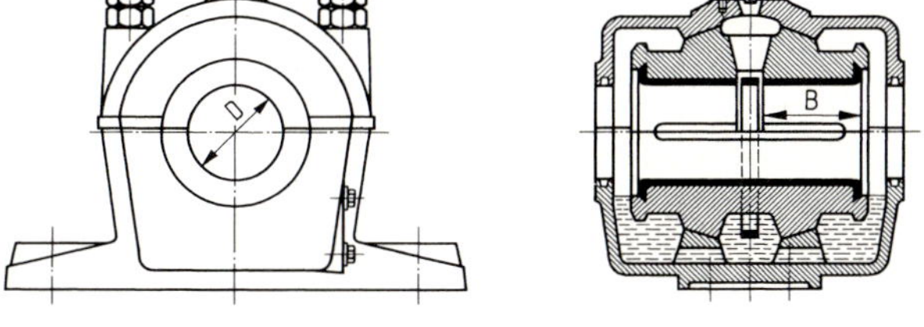

Bild 17.13 Ringschmierlager mit losem Schmierring

17.14 Für die Lagerung einer beheizten Walze in einer Maschine zur Verarbeitung von Kunststoffen sollen Gleitlager mit wassergekühlten Lagerschalen und losem Schmierring eingesetzt werden (Bild 17.14). Die Lagerschalen sind mit GS-CuSn5Pb20-C nach DIN EN 1982 ausgegossen. Lagerdurchmesser $D = 80$ mm, Lagerbreite zweimal $B = 40$ mm ($B/D = 0{,}5$). Auf ein Lager wirkt eine Kraft von 38,4 kN (auf jede Hälfte $F = 19{,}2$ kN). Die Welle dreht sich mit $n = 600\ \text{min}^{-1} = 10\ \text{s}^{-1}$. Mittleres relatives Lagerspiel $\psi_m = 1 \cdot 10^{-3}$, das temperaturunabhängig konstant bleibt. Das Lager wird mit Öl ISO VG 220 geschmiert.
Es soll der Wasserstrom errechnet werden, der die Lagertemperatur $t_B = 80$ °C konstant hält, und zwar unter Berücksichtigung der Konvektion bei einer wärmeabgebenden Oberfläche $A \approx 0{,}3\ \text{m}^3$ des gesamten Lagers. Durch die Beheizung der Walzen beträgt die Umgebungstemperatur $t_a \approx 40$ °C, außerdem werden über die Welle $P_w \approx 500$ W zugeführt, die vom Lager mit abzuführen sind. Beim Durchfließen erwärmt sich das Kühlwasser um 10 K. Es sind zu errechnen:

1. die spezifische Lagerbelastung $\overline{p}$ und deren Zulässigkeit,
2. die Gleitgeschwindigkeit u und die Winkelgeschwindigkeit ω,
3. die Sommerfeldzahl So,
4. die kleinste Schmierfilmdicke h_0 und deren Zulässigkeit,
5. die Reibleistung P_f,
6. der Wärmestrom P_A durch die Konvention mit $k \approx 15\ \text{W/(m}^2 \cdot \text{K)}$,
7. der Wärmestrom P_Q über das Kühlmittel (Wasser),
8. der Wasserdurchsatz Q mit $t_2 - t_1 = 10$ K.

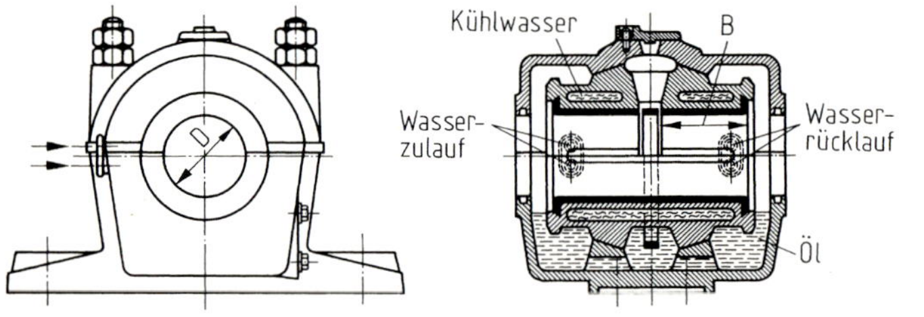

Bild 17.14 Ringschmierlager mit losem Schmierring und wassergekühlten Lagerschalen

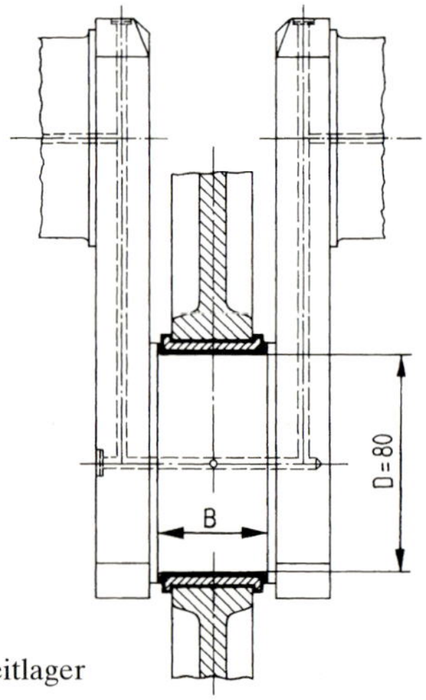

Bild 17.15 Kurbelwellengleitlager

17.15 Für einen Dieselmotor ist das in Bild 17.15 dargestellte Kurbelwellenlager zu berechnen. Lagernenndurchmesser $D = 80$ mm, Lagerbreite $B = 40$ mm, Lagerkraft $F = 22500$ N. Die Lagerschalen sind mit CuPb24Sn4 nach DIN ISO 4383 ausgefüttert. Drehzahl $n = 2000\ \text{min}^{-1} = \text{s}^{-1}$. Zu ermitteln sind:

1. Die spezifische Lagerbelastung $\overline{p}$, die Umfangsgeschwindigkeit u und die Winkelgeschwindigkeit ω.
2. Ein geeignetes mittleres relatives Lagerspiel (das höhere nach Tab. 17.10). Es kann angenommen werden, daß sich das Spiel durch die Erwärmung nicht verändert.
3. Die Reynolds-Zahl Re und deren Zulässigkeit. Als dynamische Viskosität η ist die des Öls ISO VG 220 bei 80 °C einzusetzen.

4. Der Schmieröldurchsatz Q, wenn die Ölzufuhr nach Fall 8 der Tab. 17.19 erfolgt, die Breite der Zuführungsnut $b_P = 20$ mm und der Zuführungsdruck $p_E = 0{,}5$ MPa beträgt.
5. Die kleinste Schmierfilmdicke h_0 und deren Zulässigkeit.
6. Die Lagertemperatur soll $t_B \approx 80\,°C$ betragen, und zwar so, dass das Öl mit $t_1 \approx 70\,°C$ zufließt und mit $t_2 \approx 90\,°C$ abfließt. Sind diese Temperaturgrenzen möglich, wenn die Wärmeabführung durch Konvektion nicht in Betracht gezogen wird?

Kunststoff-Gleitlager und Verbundlager mit Kunststoff-Laufschicht

17.16 Ein Kunststoff-Radiallager mit eingepresster Buchse DIN 1850 — S40A60 — PA 12 wird bei der Drehzahl $n = 30\,\text{min}^{-1} = 0{,}5\,\text{s}^{-1}$ mit einer Kraft $F = 420$ N belastet. Die Buchse aus Polyamid 12 hat einen Bohrungsdurchmesser $D = 40$ mm, eine Wanddicke $s = 5$ mm und eine Breite $B = 60$ mm. Es ist keine Schmierung vorgesehen, sodass Trockenlauf vorliegt.
1. Ist die Pressungsgeschwindigkeit $\overline{p} \cdot u$ zulässig (zulässiger Wert wie bei 3 mm Wanddicke)?
2. Ist die Lagertemperatur t_B zulässig?
3. Welche Lebensdauer L_h in h wird bei einem zulässigen Verschleiß von 0,2 mm erreicht?

17.17 Für das Kunststoff-Gleitlager mit eingepresster Buchse nach Aufgabe 17.16 sind die tolerierten Maße für die Bohrung bzw. den Wellenzapfen unter Berücksichtigung des Fertigungsspiels S_F festzulegen. Es wurde eine Lagertemperatur $t_B = 59\,°C$ bei einer Umgebungstemperatur $t_a = 20\,°C$ errechnet. Die Buchse aus Polyamid 12 hat einen Außendurchmesser $d_2 = 50$ mm und eine Wanddicke $s = 5$ mm. Zu ermitteln sind:
1. Das erforderliche Mindestmaß G_{uB} und das Höchstmaß G_{oB} der Buchsenbohrung mit dem Toleranzgrad 8 vor dem Einpressen, wenn der Wellenzapfen das tolerierte Maß $d = 40$ h7 hat,
2. Das Höchstmaß G_{oW} und das Mindestmaß G_{uW} des Wellenzapfens mit dem Toleranzgrad 6, wenn die Buchsenbohrung vor dem Einpressen das tolerierte Maß $d_1 = 40$ H7 hat.

17.18 Die Kunststoff-Gleitlager für die Welle einer Säurepumpe sollen als Folienlager (geschlitzte Buchsen) ausgeführt werden mit den Abmessungen: Lagerdurchmesser $D = 16$ mm, Lagerbreite $B = 20$ mm, Buchsenwanddicke $s = 1$ mm, Werkstoff: Polytetrafluoräthylen mit Glasfasern (GF-PTFE). Ein Lager wird bei der Drehzahl $n = 960\,\text{min}^{-1} = 16\,\text{s}^{-1}$ mit der Kraft $F = 25$ N belastet. Für Trockenlauf sind zu ermitteln:
1. Ist die Pressungsgeschwindigkeit $\overline{p} \cdot u$ zulässig?
2. Ist die Lagertemperatur t_B zulässig bei einer Umgebungstemperatur $t_a = 30\,°C$?
3. Welches tolerierte Maß mit dem Toleranzgrad 7 ist für die Gehäusebohrung zu wählen, wenn die Lagerzapfen mit dem tolerierten Maß 16h7 ausgeführt werden, d. h., wie groß sind das Mindcstmaß G_{uB} und das Höchstmaß G_{oB} der Gehäusebohrung?

17.19 Die Antriebswelle im Getriebe einer Haushaltswaschmaschine (Bild 17.19) ist in zwei Nyliners-Kunststoffgleitlagern Typ 1320-520-00 aus PA 66 gelagert (Abmessungen nach Tab. 17.28). Jedes Lager wird mit einer Kraft $F = 85$ N bei der Drehzahl $n = 1380\,\text{min}^{-1} = 23\,\text{s}^{-1}$ belastet. Die Schmierung erfolgt über ein Schmierfettdepot, das beide Lager auf Lebensdauer mit Fett versorgt. Es sind die Lagerbelastung und

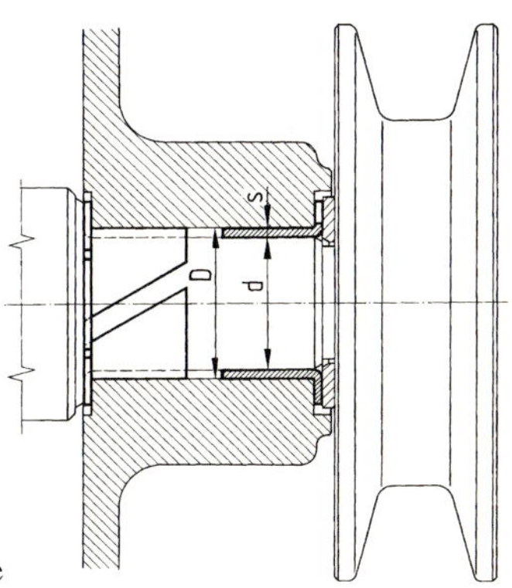

Bild 17.19 Kunststoffgleitlager in einer Waschmaschine

die Lagertemperatur auf Zulässigkeit zu überprüfen, wobei eine Umgebungstemperatur von 25 °C anzunehmen ist. Außerdem ist das erforderliche tolerierte Maß für die Gehäusebohrung mit dem Toleranzgrad 7 anzugeben, wenn die Welle an den Lagerstellen das tolerierte Maß 20h7 hat.

17.20 Im Getriebe des Druckers einer EDV-Anlage ist die Abtriebswelle in gerollten Stahlbuchsen nach DIN 1494 ohne Schmiertaschen mit einer $s = 0{,}4$ mm dicken Kunststoff-Laufschicht aus PA 6 (Werkstoff Nr. 3 nach Tab. 17.27) gelagert. Abmessungen einer Buchse: Innendurchmesser $d_1 = 30$ mm = Lagerdurchmesser D, Außendurchmesser $d_2 = 34$ mm, Breite $B = 20$ mm, Normbezeichnung: Buchse DIN 1494 — 30 A 34 × 20 — P2. Die Buchsen werden mit einer einmaligen Fettschmierung eingebaut. Das Gehäuse hat eine wärmeabgebende Oberfläche $A \approx 0{,}03\ \text{m}^2$ je Lager. Es betragen die Belastungskraft $F = 1500$ N und die Drehzahl $n = 60\ \text{min}^{-1} = \text{s}^{-1}$.

1. Ist die Pressungsgeschwindigkeit $\overline{p} \cdot u$ zulässig?
2. Ist die Lagertemperatur zulässig?
3. Welche Lebensdauer ist für die Laufschicht zu erwarten, wenn wegen der Initialschmierung mit etwa der zehnfachen Lebensdauer gegenüber Trockenlauf zu rechnen ist?

17.21 Der in Bild 17.21 skizzierte Kipphebel aus dem Stößelantrieb eines Stanzautomaten soll wartungsfrei gelagert werden. Vorgesehen sind zwei Lagerbuchsen als Verbundlager aus Stahl mit 0,6 mm dicker Kunststoff-Laufschicht aus PTFE mit Glasfaser (Werkstoff Nr. 7 nach Tab. 17.27). Der Kipphebel führt je Minute $z = 600$ Schwenkungen um den Winkel $\alpha = 10°$ aus. Beim Stanzvorgang tritt eine maximale Kraft $F_1 = 20$ kN auf. Da diese Kraft nicht während der gesamten Bewegung wirkt, ist für die Bestimmung der Reibleistung nur der halbe Betrag einzusetzen. Es betragen die Abmessungen der Lager: $D = 60$ mm, $B = 50$ mm, die Hebellängen: $l_1 = 125$ mm, $l_2 = 100$ mm. Die wärmeabstrahlende Oberfläche kann mit $A \approx 0{,}06\ \text{m}^2$ je Lager angenommen werden. Sind die Pressungsgeschwindigkeit und die Lagertemperatur zulässig, und welche Lebensdauer ist für die Laufschicht zu erwarten?

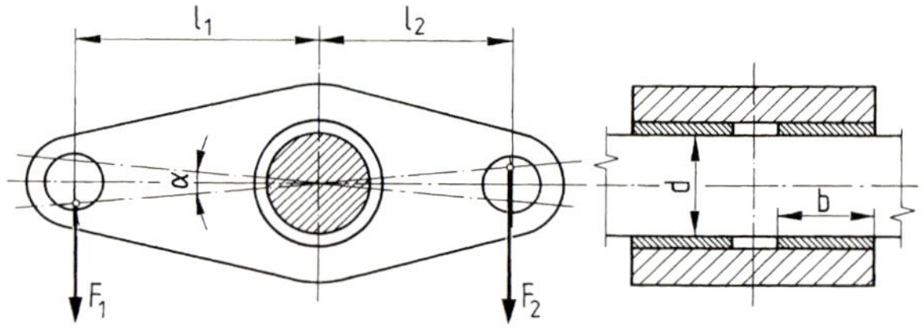

Bild 17.21 Kipphebellager in einem Stanzautomaten

Gleitlager mit Festschmierstoffen

17.22 Ein wartungsfreies Radiallager mit Festschmierstoff wird bei der geringen Drehzahl $n = 1{,}2\ \text{min}^{-1} = 0{,}02\ \text{s}^{-1}$ mit einer Kraft $F = 400$ kN belastet. Es ist als gerollte Buchse 160 × 155 × 100 ($d_1 \times d_2 \times l$ nach Tab. 17.30) aus Deva-Metall Nr. 8.00 (Tab. 17.31) hergestellt und wird ohne Schmierung betrieben. Das Gehäuse hat eine wärmeabgebende Oberfläche $A \approx 0{,}5\ \text{m}^2$. Die Umgebungstemperatur beträgt $t_a = 120$ °C.

1. Ist die Pressungsgeschwindigkeit $\overline{p} \cdot u$ zulässig?
2. Wird die zulässige Lagertemperatur $t_{B\ zul}$ überschritten, wenn mit einer Reibzahl $\mu \approx 0{,}1$ zu rechnen ist?
3. Welche Lebensdauer L_h in h wird erreicht, wenn die zulässige Verschleißtiefe $s_{v\ zul} = 0{,}6$ mm betragen darf?

17.23 Die Lager einer Kippvorrichtung zum Entleeren von Müllcontainern sollen aus dem selbstschmierenden Gleitlagerwerkstoff Devagleit Nr. 20975 (Tab. 17.31) hergestellt werden, da eine sehr hohe Belastung bei sehr geringer Gleitgeschwindigkeit vorliegt. Vorgesehen sind Buchsen DIN 1850 — F 60 × 75 × 40 ($d_1 \times d_2 \times b_1$, Form F nach ME

Bild 17.28b und Tab. 17.9). Beim Kippen wird innerhalb von 10 s eine Schwenkbewegung von 120° ausgeführt, wobei eine Buchse maximal mit 125 kN radial belastet wird. Es liegt Aussetzbetrieb vor bei einer Umgebungstemperatur von ca. 25 °C. Sind die Buchsen für diese Belastung und die zu erwartende Lagertemperatur geeignet (Reibzahl $\mu \approx 0{,}1$), wenn jedes Lagergehäuse eine wärmeabgebende Oberfläche $A \approx 0{,}12\ \mathrm{m}^2$ hat?

17.24 Die Oberwalze einer Dreiwalzen-Blechrundbiegemaschine zum Rundwalzen von Kessel- und Behältermänteln ist in zwei selbstschmierenden Gleitlager-Buchsen aus Deva-Metall Nr. 37.00 (Tab. 17.31) gelagert, die einen Bohrungsdurchmesser $D = 500$ mm, eine Breite $B = 260$ mm und eine wärmeabstrahlende Gehäusefläche $A = 2{,}8\ \mathrm{m}^2$ haben. Jedes Lager wird mit einer radialen Kraft $F = 1{,}55$ MN belastet bei der geringen Drehzahl $n = 1{,}8\ \mathrm{min}^{-1} = 0{,}03\ \mathrm{s}^{-1}$, Reibzahl $\mu \approx 0{,}1$. Wegen der Warmformgebung der Bleche beträgt in Lagernähe die Umgebungstemperatur $t_a \approx 80$ °C.

1. Sind die Pressungsgeschwindigkeit und die Lagertemperatur für den genannten Werkstoff zulässig?
2. Nach wieviel Jahren müßten die Lagerbuchsen ausgewechselt werden, wenn die Verschleißtiefe ca. 1 mm betragen darf und das Rundbiegen bis zu zweimal stündlich für jeweils 15 Minuten erfolgt bei 5 Arbeitstagen pro Woche mit je 8 Stunden, wobei 4 Wochen im Jahr als Betriebsferien zu berücksichtigen sind?

Berechnung von Axiallagern

17.25 Das Ringspurlager einer stehend angeordneten Welle ist nach Bild 17.25 ausgeführt. Die von der Spurplatte aus Grauguss mit dem Außendurchmesser $d_a = 160$ mm und dem Innendurchmesser $d_i = 60$ mm aufzunehmende Axialkraft beträgt $F = 8{,}5$ kN, Wellendrehzahl $n = 200\ \mathrm{min}^{-1} = 3{,}33\ \mathrm{s}^{-1}$. Als wärmeabgebende Lageroberfläche wurde $A \approx 0{,}5\ \mathrm{m}^2$ errechnet.

1. Sind die spezifische Lagerbelastung $\overline{p}$, die mittlere Gleitgeschwindigkeit u und die Pressungsgeschwindigkeit $\overline{p} \cdot u$ zulässig (zulässige Werte nach Tab. 17.11, reichliche Tropfölschmierung?
2. Überschreitet die Lagertemperatur t_B den normalerweise zulässigen Betrag (Reibzahl $\mu \approx 0{,}03$)?

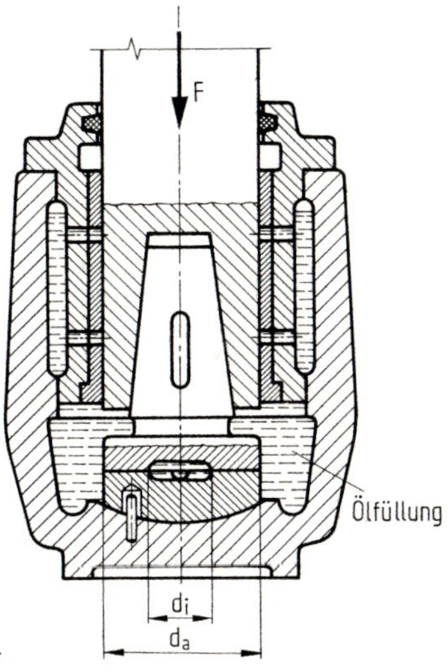

Bild 17.25 Ringspur-Stützlager

17.26 An einer Förderschnecke für Schüttgut, die mit der Drehzahl $n = 30\ \mathrm{min}^{-1} = 0{,}5\ \mathrm{s}^{-1}$ angetrieben wird, tritt eine Axialkraft $F = 2750$ N auf. Als Axiallager ist ein fettgeschmiertes Ringspurlager mit einer Spurplatte aus GS-CuSn7Zn4Pb7-c nach DIN EN 1982 (Rotguß) vorgesehen (Reibzahl $\mu \approx 0{,}1$ nach Tab. 17.13), Abmessungen der Gleitfläche: Außendurchmesser $d_a = 100$ mm, Innendurchmesser $d_i = 50$ mm, Lageroberfläche $A \approx 0{,}1\ \mathrm{m}^2$. Ist das Lager bei einer Umgebungstemperatur $t_a = 25$ °C für diese Betriebsverhältnisse geeignet?

17.27 Das Drucklager zur Abstützung der Kransäule eines Borddrehkranes auf einem Hochseeschiff soll seewasserfest und wartungsfrei ausgeführt werden. Gewählt wird ein Ringspurlager mit einer Spurplatte aus dem Lagermetall Devagleit mit der Werkstoff-Nr. 21052 (Tab. 17.31). Die Gleitfläche hat einen Außendurchmesser $d_a = 80$ mm und den Innendurchmesser $d_i = 40$ mm, Lageroberfläche $A \approx 0{,}06$ m^2. Aus dem Eigengewicht und der Tragfähigkeit des Kranes ergibt sich für das Lager eine Axialkraft $F = 96$ kN. Der Ausleger kann mit einer Winkelgeschwindigkeit bis $\omega = 0{,}4$ rad/s um die Kransäule gedreht werden. Unter Annahme ungünstigster Verhältnisse (Dauerbetrieb, obwohl normalerweise Aussetzbetrieb vorliegt; Reibzahl $\mu \approx 0{,}15$, Umgebungstemperatur $t_a = 40$ °C) ist zu prüfen, ob das Lager für diese Betriebsverhältnisse geeignet ist. Es sind zu ermitteln und mit den zulässigen Werten (Tab. 17.31) zu vergleichen:

1. Die spezifische Lagerbelastung $\overline{p}$ (wegen des Festschmierstoffs sinngemäß wie bei Radiallagern mit $A_L \approx 0{,}65\, d_m \cdot \pi \cdot b$),
2. Die Pressungsgeschwindigkeit $\overline{p} \cdot u$,
3. Die Lagertemperatur t_B, die 200 °C nicht überschreiten soll.

17.28 In einer Zentrifuge hat das Drucklager für die vertikal angeordnete Welle eine Axialkraft $F = 50$ kN aufzunehmen. Es besteht aus einem oberflächengehärteten Stahl-Laufring und einem Tragring mit Festsegmenten aus GS-CuSn11Pb2-C nach DIN EN 1982. Der Bronzering hat einen mittleren Durchmesser $d_m = 200$ mm und eine Breite $b = 50$ mm. Er ist in $z = 8$ Segmente unterteilt mit der Keilspaltlänge $l = 60$ mm und der Keilhöhe $H = 35$ µm. Das Lagergehäuse hat die Oberfläche $A \approx 0{,}25$ m^2. Die Drehzahl beträgt $n = 480$ min^{-1} = 8 s^{-1}. Es sind zu ermitteln:

1. Die spezifische Lagerbelastung $\overline{p}$ und die mittlere Gleitgeschwindigkeit u,
2. Die ISO-Viskositätsklasse und die dynamische Viskosität η eines geeigneten Schmieröls bei der Betriebstemperatur $t_B = 60$ °C, ausgehend von einer relativen Schmierfilmdicke $\delta = 0{,}8$,
3. Die Übergangsdrehzahl $n_ü$ und die Mindestdrehzahl n_{min},
4. Der zur Aufrechterhaltung der Flüssigkeitsreibung erforderliche Schmieröldurchsatz $Q1$,
5. Die Reibleistung P_f,
6. Der erforderliche Kühlöldurchsatz Q mit $t_a = 20$ °C, $t_2 - t_B = 10$ K und $k = 20$ W/(m$^2 \cdot$ K).

17.29 Das Stützlager für eine vertikal angeordnete Welle, die mit wechselnder Drehrichtung angetrieben wird, hat bei einer Drehzahl von 2850 min^{-1} = 47,5 s^{-1} eine Axialkraft von 106 kN aufzunehmen. Vorgesehen ist ein Segment-Spurlager mit eingearbeiteten Keilflächen für beide Drehrichtungen und den Abmessungen: Außendurchmesser $d_a = 160$ mm, Innendurchmesser $d_i = 100$ mm, Keilspaltlänge $l = 35$ mm, Keillänge $K = 27$ mm, Nutbreite $N = 6$ mm. Die Gleitfläche besteht aus dem Lagerwerkstoff TEGO V 738 (Verbundguss) der Firma Th. Goldschmidt AG, Essen, und wird mit einem Schmieröl der Viskositätsklasse ISO VG 680 geschmiert sowie gekühlt.

1. Sind die spezifische Lagerbelastung $\overline{p}$, die mittlere Gleitgeschwindigkeit u und die Pressungsgeschwindigkeit $\overline{p} \cdot u$ für den Gleitwerkstoff zulässig, wenn nach Firmenangaben $\overline{p}_{zul} = 18{,}6$ N/mm^2, $u_{zul} = 20$ m/s und $(\overline{p} \cdot u)_{zul} = 372$ W/mm^2 betragen?
2. Wie lang ist die Raststrecke R, und mit welchem Maß muß die Keilhöhe H bei einer relativen Schmierfilmdicke $\delta = 0{,}8$ ausgeführt werden ($t_B = 70$ °C)?
3. Wie groß ist die Reibleistung P_f?
4. Welcher Kühlöldurchsatz Q ist bei $t_2 - t_1 = 15$ K erforderlich, wenn davon ausgegangen wird, daß die gesamte Reibwärme vom Öl abgeführt werden soll?
5. Ist der Kühlöldurchsatz ausreichend als Schmieröldurchsatz Q_1 zur Aufrechterhaltung der Flüssigkeitsreibung?
6. Wie hoch ist die Übergangsdrehzahl $n_ü$ und die Mindestdrehzahl n_{min}?

17.30 Das Stützlager der senkrechten Welle einer Wasserturbine soll als Kippsegment-Spurlager entsprechend Bild 17.30 ausgeführt werden. Die aufzunehmende Axialkraft beträgt $F = 2$ MN, die Wellendrehzahl $n = 320$ min^{-1} = 5,33 s^{-1}. Im Entwurf des Lagers sind 12 kippbewegliche Segmente mit einer Gleitauflage aus Lagermetall

SnSb8Cu4Cd nach DIN ISO 4381 und den Abmessungen $l = 210$ mm, $b = 300$ mm vorgesehen, die auf einem mittleren Durchmesser $d_m = 1000$mm angeordnet sind. Die Schmierung soll als Umlauf-Spülschmierung erfolgen mit einem Schmieröl der Viskositätsklasse ISO VG 68, das gleichzeitig als Kühlmittel wirkt. Durch das Öl soll die entstehende Reibwärme so weit abgeführt werden, daß bei einer Umgebungstemperatur $t_a = 20\,°C$ die Betriebstemperatur $t_B = 60\,°C$ nicht überschritten wird. Das Lagergehäuse hat eine wärmeabgebende Oberfläche $A \approx 5{,}1\ m^2$. Es sind die erforderlichen Berechnungen für das Lager wie folgt durchzuführen:

1. Spezifische Lagerbelastung $\overline{p}$ und mittlere Gleitgeschwindigkeit u,
2. Reibleistung P_f,
3. Schmieröldurchsatz Q_1 und Kühlöldurchsatz Q mit $t_2 - t_B = 7{,}5$ K,
4. Abstand x des Unterstützungspunktes von der ablaufenden Kante eines Segments,
5. Die Übergangsdrehzahl $n_ü$ und die Mindestdrehzahl n_{min}.

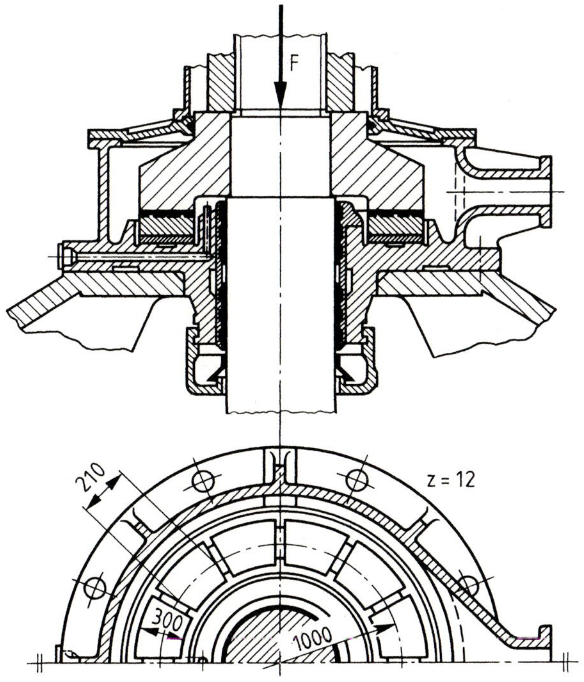

Bild 17.30 Kippsegment-Spurlager als Stützlager einer Wasserturbine

17.31 Die Berechnungen für das Kippsegment-Spurlager der Welle einer Wasserturbine nach Aufgabe 17.30 ergaben, daß die Übergangsdrehzahl $n_ü$ und die Mindestdrehzahl n_{min} sehr niedrig sind. Es könnte also ein Schmieröl mit geringerer Viskosität verwendet werden. Ausgehend von einer Schmierfilmdicke $h_0 \approx 1{,}5\,h_{0\,lim} = 24\,\mu m$ sind die ISO-Viskositätsklasse und die dynamische Viskosität bei $t_B = 60\,°C$ zu bestimmen sowie die genannten Drehzahlen neu zu errechnen. Ferner sind der erforderliche Schmieröldurchsatz und der Kühlöldurchsatz zu ermitteln, wobei davon auszugehen ist, daß die gesamte Reibwärme vom Öl abgeführt werden soll. Nach Aufgabe 17.30 sind gegeben: $So_{ax} = 0{,}063$, $\overline{p} = 2{,}65\ N/mm^2$, $u = 16{,}74$ m/s, $b = 300$ mm, $n = 5{,}33\ s^{-1}$, $z = 12$, $F = 2000$ kN.

18 Wälzlager

Rillenkugellager

18.1 Für die Eingangswelle eines Werkzeugmaschinengetriebes ist als Festlager ein Rillenkugellager DIN 625 – 6305 vorgesehen (Bild 18.1). Durch Riemenzug und Zahnkräfte hat das Lager eine radiale Belastungskraft $F_r = 1{,}8$ kN aufzunehmen, Wellendrehzahl $n = 450\ \text{min}^{-1}$. Während des Stillstands beträgt die radiale Belastungskraft $F_{r0} = 1{,}3$ kN. Eine Axialkraft tritt nicht auf.

1. Entspricht die für dieses Lager zu erwartende nominelle Lebensdauer L_h der üblichen Vollastlebensdauer von Werkzeugmaschinen-Getriebelagern?

2. Genügt die statische Kennzahl f_s für hohe Ansprüche an Laufruhe und Reibverhalten?

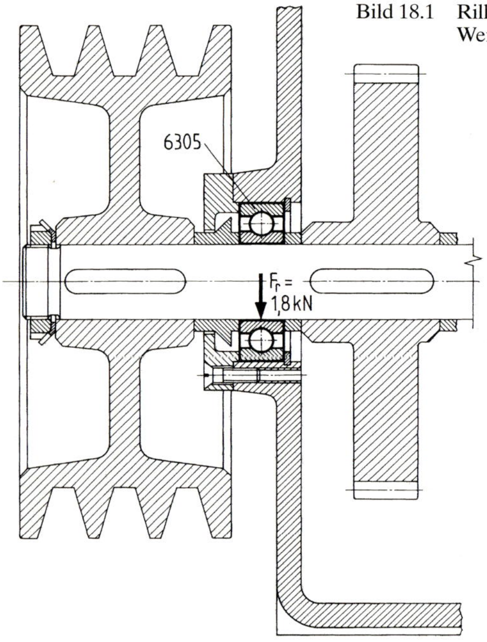

Bild 18.1 Rillenkugellager als Festlager in einem Werkzeugmaschinengetriebe mit Keilriemenantrieb

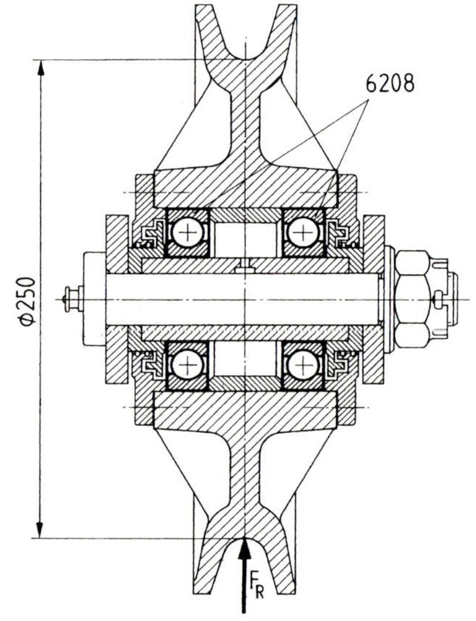

Bild 18.2 Laufradlagerung für eine Seilbahn

18.2 Die Lagerung eines Laufrades nach Bild 18.2 für eine Seilbahn besteht aus zwei Rillenkugellagern DIN 625 – 6208. Auf das Laufrad wirkt eine radiale Radkraft $F_R = 5$ kN. Die geringe Axialkraft infolge Seitenanlaufs kann vernachlässigt werden. Der Laufraddurchmesser beträgt $D_R = 250$ mm, die Fahrgeschwindigkeit $v = 3$ m/s. Ist die Lagerung für diese Belastung geeignet, wenn eine Lebensdauer von 50000 h erwartet wird, und werden bei gleich hoher statischer Belastung noch normale Ansprüche an die Geräuscharmut erfüllt? Im Einzelnen sind zu ermitteln:

1. Die Drehzahl n der Lager,

2. Ist die nominelle Lebensdauer L_h ausreichend?

3. Genügt die statische Kennzahl f_s?

18.3 Eine Förderbandtragrolle (Bild 18.3) mit zwei Rillenkugellagern DIN 625 – 6205 wird durch das Eigengewicht des Fördergutes und das Gewicht des Fördergutes sowohl während des Betriebes als auch beim Stillstand mit der Kraft $F = 3{,}2$ kN belastet. Durch seitliches Verlaufen des Gurtes kann während des Betriebes auf eines der beiden Lager eine Axialkraft bis ca. $0{,}1F$ wirken. Der Tragrollendurchmesser beträgt $D_R = 133$ mm, die Geschwindigkeit des Förderbandes $v = 2{,}1$ m/s. Es ist die Lebensdauer der Lager zu errechnen und zu prüfen, ob noch normale Ansprüche an die Laufruhe erfüllt werden. Zu ermitteln sind:

1. Die dynamisch äquivalente Belastung P für ein Lager,
2. Die nominelle Lebensdauer L_h,
3. Ist die statische Kennzahl f_s ausreichend?

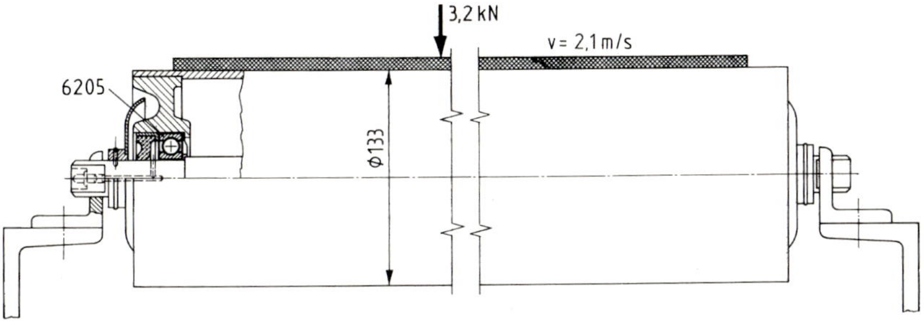

Bild 18.3 Förderbandtragrolle mit Rillenkugellagern

18.4 Die Getriebewelle nach Bild 18.4 (siehe auch die Bilder 15.22 und 15.23) für ein Universalgetriebe soll in Rillenkugellagern DIN 625 aufgenommen werden. Der Lagerzapfen an der Stelle A hat einen Durchmesser $d = 50$ mm, an der Lagerstelle B ist $d = 45$ mm. Die Lagerkräfte betragen unter Berücksichtigung betriebsbedingter Stöße: $F_{rA} = 7{,}45$ kN, $F_{rB} = 6{,}55$ kN, Wellendrehzahl $n = 1000\ \text{min}^{-1}$. Während des Stillstands treten keine nennenswerten Kräfte auf. Vorgesehen sind Lager der Reihe 63. Für die Lagerstellen A und B sind zu ermitteln:

1. Die Kurzzeichen, die Abmessungen D und B und die dynamischen Tragzahlen C beider Lager,
2. Die nominellen Lebensdauern L_h,
3. Genügen die Lebensdauern L_h den üblichen Volllastlebensdauern für Universalgetriebe?

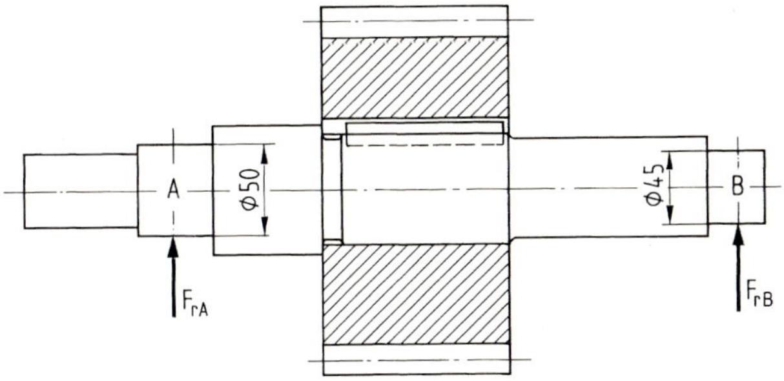

Bild 18.4 Getriebewelle

18.5 Die Radachsen eines Förderwagens sind nach Bild 18.5 in Rillenkugellagern aufgenommen. Für die Achsbelastungskraft $F = 27$ kN soll die Lagergröße bestimmt werden, wobei von einer für derartige Achslager üblichen Lebensdauer auszugehen ist. Als Zapfendurchmesser ist $d = 55$ mm vorgesehen. Die Raddrehzahl beträgt $n = 140\ \text{min}^{-1}$. We-

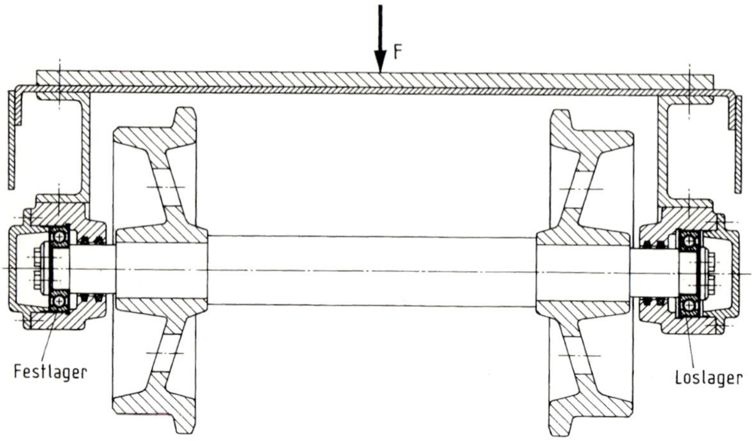

Bild 18.5 Lagerung einer Förderwagenachse

gen des seitlichen Anlaufens der Radspurkränze am Schienenkopf hat das Festlager eine Axialkraft aufzunehmen, die erfahrungsgemäß mit 10 % der radialen Radkraft angenommen wird. Beide Lager sollen in gleicher Größe ausgeführt werden. Da die Belastung auch im Stillstand auftritt, ist zu prüfen, ob normale Ansprüche an die Laufruhe erfüllt werden. Welche Lagergröße muß gewählt werden?

18.6 Als Loslager für die Welle des Abgasturboladers eines Dieselmotors soll ein Rillenkugellager mit dem Bohrungsdurchmesser $d = 40$ mm eingesetzt werden, das bei einer Betriebstemperatur $t \approx 200$ °C eine größte Belastungskraft von 2,6 kN aufzunehmen hat. Das Lager wird mit hochtemperaturbeständigem Silikonöl geschmiert. Die Wellendrehzahl beträgt $n = 18000\ \text{min}^{-1}$. Es ist die erforderliche Lagergröße für eine Lebensdauer $L_h = 5000$ h zu ermitteln (Nachsetzzeichen S1 für Wärmebeständigkeit bis 200 °C). Ferner ist zu prüfen, ob ein Lager mit erhöhter Laufgenauigkeit verwendet werden muss und eine zusätzliche Kühlung erforderlich ist.

18.7 Ein Rillenkugellager DIN 625 — 6214 S2 wird bei der Drehzahl $n = 2400\ \text{min}^{-1}$ axial mit einer Kraft $F_a = 1{,}2$ kN belastet. Das Lager arbeitet bei einer Betriebstemperatur $t = 250$ °C und soll eine Lebensdauer $L_h = 10000$ h haben. Es sind zu ermitteln:

1. Die dynamisch äquivalente Belastung P, die das Lager bei der genannten nominellen Lebensdauer vertragen kann,
2. Die größte radiale Belastungskraft F_r, die das Lager außer der Axialkraft F_a aufnehmen kann,
3. Liegt die Drehzahl unter der Grenzdrehzahl n_g des Lagers mit normaler Laufgenauigkeit bei kombinierter Belastung mit $F_a/F_r = 0{,}8$ und bei Ölschmierung?

18.8 Ein Winkelhebel in der Steuereinrichtung einer Presse führt mit geringer Geschwindigkeit eine Schwenkbewegung von ca. 45° aus. Das Hebellager wird radial mit 28 kN beansprucht. Die Auslegung des Lagers erfolgt ausschließlich nach der statischen Belastung mit der statischen Kennzahl f_s für normale Ansprüche an die Laufruhe. Vorgesehen ist ein Rillenkugellager mit Fettschmierung und Dichtscheibe an beiden Seiten. Für den ersten Entwurf der Lagerung ist festzustellen, welche Lagergrößen im Bereich $d = 30 \ldots 40$ mm für den Einbau geeignet wären. Hierfür sind zu ermitteln:

1. Die erforderliche statische Tragzahl C_0,
2. Die Kurzzeichen geeigneter Rillenkugellager, deren Abmessungen d, D und B sowie die statischen Tragzahlen C_0.

18.9 Bild 18.9 zeigt ein fettgeschmiertes Rillenkugellager der Lagerreihe 60 mit zwei Deckscheiben aus der Lagerung einer Hebelwelle in einer Straßenbaumaschine. Der Hebel führt eine Schwenkbewegung von 20° aus, wobei das Lager mit einer Radialkraft von 18,5 kN und einer Axialkraft von 4,2 kN belastet wird. Es ist die genormte Bezeichnung des Lagers anzugeben und zu prüfen, ob dieses Lager geringen Ansprüchen an die Laufruhe genügt.

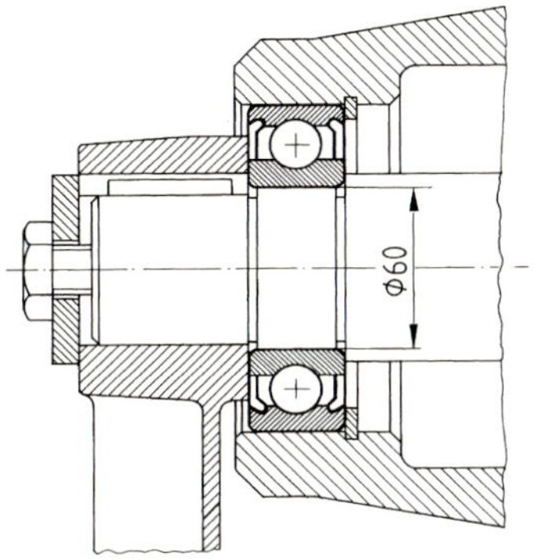

Bild 18.9 Rillenkugellager mit Deckscheiben

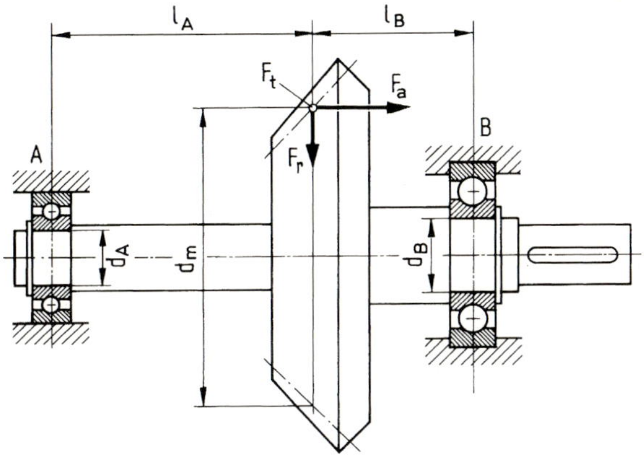

Bild 18.10 Lagerung einer Kegelradwelle

18.10 Für die Abtriebswelle eines Kegelradgetriebes nach Bild 18.10 (aus Aufgabe 15.10) sind die Rillenkugellager zu bestimmen sowie deren Außendurchmesser und Breiten anzugeben. Die Zapfendurchmesser betragen $d_A = 30$ mm beim Loslager A und $d_B = 40$ mm beim Festlager B, das die Axialkraft $F_a = 615$ N aufzunehmen hat. Als Komponenten der radialen Lagerkräfte wurden in Aufgabe 15.10 errechnet: $F_{Ax} = 687{,}6$ N, $F_{Ay} = 124{,}2$ N, $F_{Bx} = 1132{,}4$ N, $F_{By} = 374{,}2$ N. Die Wellendrehzahl beträgt $n = 1000\ \text{min}^{-1}$. Welche Lagergrößen sind erforderlich, wenn eine Lebensdauer von mindestens 70000 h verlangt wird?

Axial-Rillenkugellager

18.11 Bei der in Bild 18.11 dargestellten schleifringlosen Elektromagnet-Lamellenkupplung wird die in axialer Richtung wirkende Zugkraft des Magneten von einem Axial-Rillenkugellager DIN 711 – 51110 aufgenommen. Die Kupplung ist für eine maximale Drehzahl $n = 2200\ \text{min}^{-1}$ ausgelegt. Beim kleinsten zulässigen Luftspalt zieht der Magnet auch bei Stillstand der Welle mit der Kraft $F = 1{,}2$ kN. Es sind zu ermitteln:

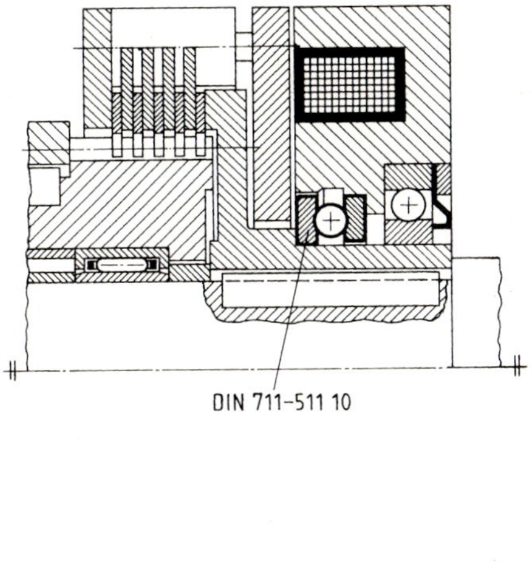

Bild 18.11 Axialrillenkugellager in der Spulenkörperlagerung einer schleifringlosen Elektromagnet-Lamellenkupplung

1. Die nominelle Lebensdauer L_h des Lagers unter ungünstigsten Bedingungen, d. h. bei maximaler Drehzahl und größter Magnetkraft,
2. Genügt die statische Kennzahl f_s hohen Ansprüchen an die Laufruhe?
3. Ist die Drehzahl bei Fettschmierung zulässig?

18.12 Die Lagerung der senkrechten Welle einer Zentrifuge soll zur Aufnahme einer während des Betriebes wirkenden Axialkraft $F_a = 5$ kN ein fettgeschmiertes Axial-Rillenkugellager erhalten. Für die Wellenscheibe des Lagers ist ein Innendurchmesser $d_w = 70$ mm vorgesehen, Wellendrehzahl $n = 1450\ \text{min}^{-1}$. Welches Lager darf eingebaut werden, wenn bei einer täglichen Laufzeit von 2,5 h eine Lebensdauer von 15 Jahren bei 365 Tagen/Jahr verlangt wird und die Drehzahl unter der Grenzdrehzahl für Normallager liegen soll?

18.13 Der Lasthaken in der Unterflasche eines Elektroseilzuges für eine Tragkraft von 50 kN ist nach Bild 18.13 mit einem Axial-Rillenkugellager DIN 711 — 51205 drehbar gelagert. Die Höchstlast tritt selten auf, und der Haken wird selten gedreht; es handelt sich dann um eine geringfügige Schwenkbewegung ohne Last zum Einhängen des Hakens in eine Öse oder Schlaufe oder mit Last zum Ausrichten derselben. Somit liegt statische Belastung vor. Genügt die statische Kennzahl f_s geringen Ansprüchen?

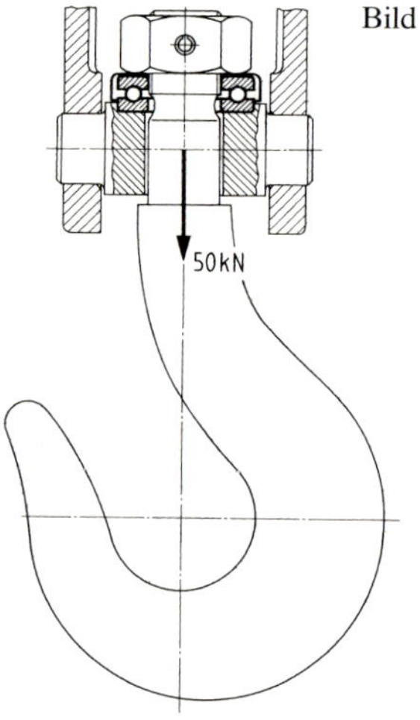

Bild 18.13 Lasthakenlagerung in einer Unterflasche

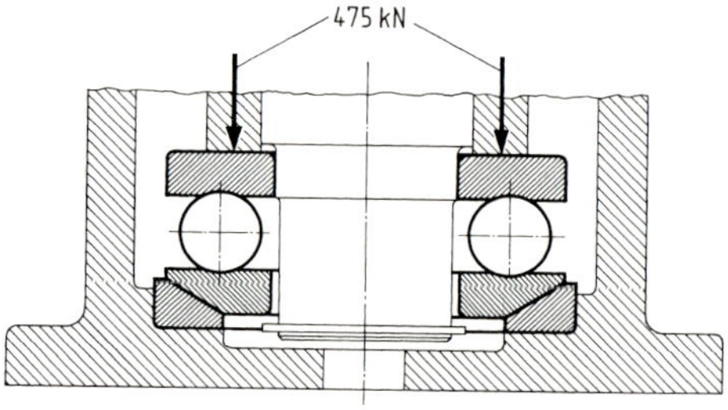

Bild 18.14 Axial-Rillenkugellager mit kugliger Gehäusescheibe und Unterlagscheibe im Fuß einer drehbaren Kransäule

18.14 Die in einer drehbaren Kransäule auftretende Axialkraft $F_{a0} = 475$ kN soll von einem Axial-Rillenkugellager mit balliger (kugeliger) Gehäusescheibe und Unterlagscheibe nach DIN 711 entsprechend Bild 18.14 aufgenommen werden. Für den Entwurf des Säulenfußes ist festzustellen, welche Lagergröße infrage kommt, wenn von dem Mittelwert der statischen Kennzahl f_s für normale Ansprüche an die Laufruhe ausgegangen und das Lager mit dem kleinsten Volumen $V = D_g^2 \cdot \pi/4 \cdot H$ (D_g und H nach Tab. 18.10) gewählt werden soll. Wie lautet die vollständige Normbezeichnung des betreffenden Lagers? Hierfür ist die Benutzung eines Wälzlagerkataloges zweckmäßig (siehe auch Lösungshinweis zu dieser Aufgabe).

18.15 In Bild 18.15 ist die Lagerung der Schneckenwelle eines Schneckengetriebes für wechselnde Drehrichtung dargestellt. Die Welle wird mit einer Drehzahl $n = 1000\ \text{min}^{-1}$ angetrieben. Das zweiseitig wirkende Axial-Rillenkugellager DIN 715 hat die Axialkraft $F_a = 16{,}3$ kN aufzunehmen, die mit dem Drehrichtungswechsel ihre Richtung ändert. Für den Lagerzapfen ist ein Durchmesser $d_A = 60$ mm vorgesehen. Die mindestens erforderliche Lebensdauer beträgt $L_h = 12000$ h. Es ist die Bezeichnung des infrage kommen-

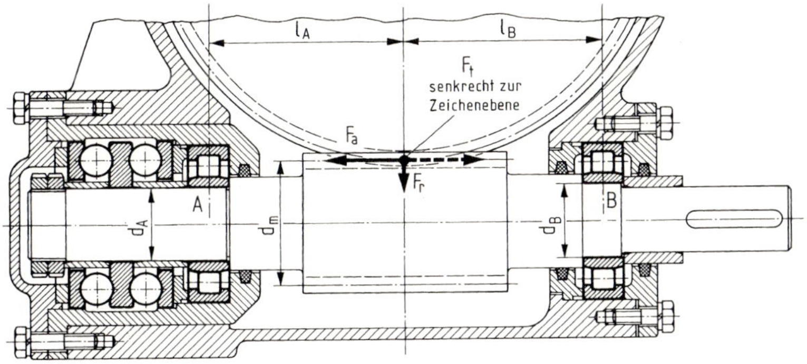

Bild 18.15 Lagerung einer Schneckenwelle

den Lagers anzugeben (Benutzung eines Wälzlagerkatalogs zweckmäßig) und die Drehzahl auf Zulässigkeit für Fettschmierung zu überprüfen. Die Berechnung der Zylinderrollenlager erfolgt in Aufgabe 18.16.

Zylinderrollen- und Nadellager

18.16 Für die Lagerung der Schneckenwelle nach Bild 18.15 sind die Zylinderrollenlager zur Aufnahme der radialen Lagerkräfte zu bestimmen. Die Durchmesser der Lagerzapfen betragen $d_A = d_B = 60$ mm, die Lagerabstände $l_A = l_B = 170$ mm, Drehzahl der Welle $n = 1000\,\text{min}^{-1}$. Aus der Getriebeberechnung ergaben sich am Mittenkreisdurchmesser der Schnecke $d_m = 105$ mm die Tangentialkraft $F_t = 4{,}5$ kN (senkrecht zur Bildebene), die Radialkraft $F_r = 6{,}2$ kN und die Axialkraft $F_a = 16{,}3$ kN, die bei Drehrichtungswechsel ihre Richtung ändert, entweder zum Festlager A (Darstellung mit Volllinie) oder zum Loslager B (Darstellung mit Strichlinie). Verlangt wird mindestens eine Volllastlebensdauer $L_h = 12\,000$ h. Es sind zu ermitteln:

1. Die radialen Lagerkräfte F_{rA} und F_{rB} sowie die dynamisch äquivalente Belastung P des höher beanspruchten Lagers,
2. Die Normbezeichnung der geeigneten Lagergröße,
3. Mit welcher Lebensdauer ist zu rechnen, wenn das Getriebe zu 50 % rechtsherum und zu 50 % linksherum läuft?
4. Liegt die Drehzahl n unter der Grenzdrehzahl n_g bei Fettschmierung?

18.17 Bild 18.17 zeigt die Lagerung einer Kreiselpumpenwelle mit einem Zylinderrollenlager als Loslager A und zwei Schrägkugellagern als Festlager B. Die Pumpenwelle läuft mit einer Drehzahl von $1440\,\text{min}^{-1}$. Das angegebene Zylinderrollenlager hat eine radiale Belastungskraft von 12 kN aufzunehmen. Es sind die nominelle Lebensdauer L_h dieses Lagers zu errechnen und die Grenzdrehzahl n_g zu überprüfen. Die Berechnung der Schrägkugellager erfolgt in Aufgabe 18.23.

18.18 Die Hauptspindellagerung einer Drehmaschine enthält als Loslager ein ölgeschmiertes Zylinderrollenlager DIN 5412 — NN 3020 K entsprechend Bild 18.18 mit einer dynamischen Tragzahl $C = 146$ kN und dem Außendurchmesser $D = 150$ mm. Aus der maximalen Schnittkraft ergibt sich eine radiale Belastungskraft von 10 kN. Der Drehzahlbereich liegt zwischen 25 und $3000\,\text{min}^{-1}$. Da Drehmaschinen nicht ständig mit der höchsten Drehzahl und der größten Schnittkraft laufen, sind bei der Lebensdauerberechnung 20 % der Überrollungen mit 10 kN, 60 % der Überrollungen mit 7 kN und 20 % der Überrollungen mit 3 kN bei 80 % der maximalen Drehzahl einzusetzen.

1. Wie groß ist die nominelle Lebensdauer L_h des Lagers?
2. Liegt die Grenzdrehzahl n_g über der höchsten Drehzahl?

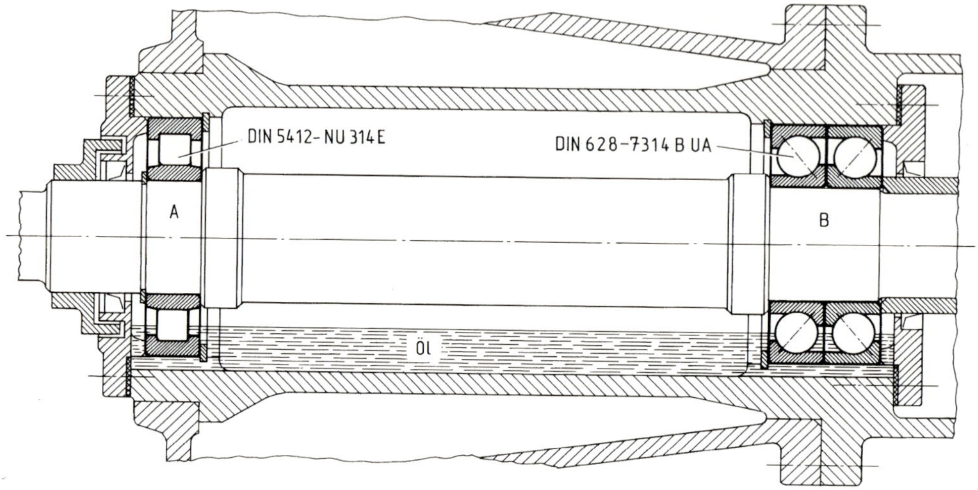

Bild 18.17 Lagerung einer Kreiselpumpenwelle

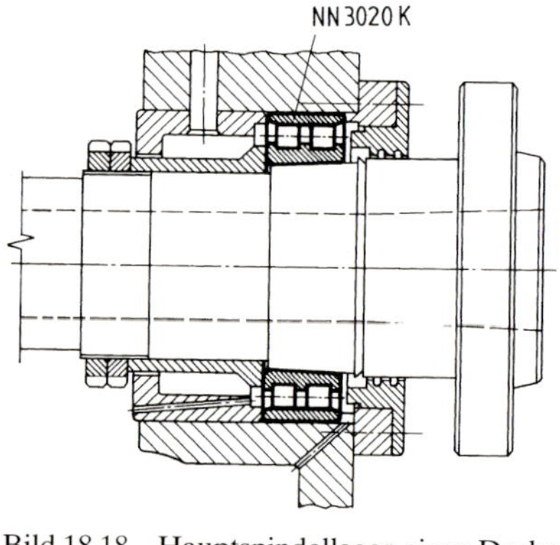

Bild 18.18 Hauptspindellager einer Drehmaschine

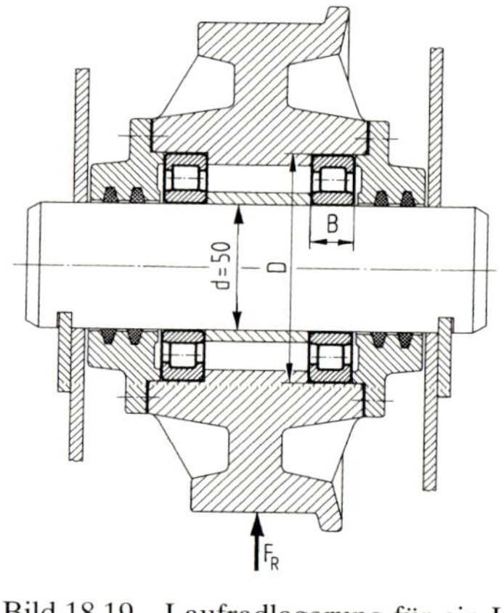

Bild 18.19 Laufradlagerung für ein Hallentor

18.19 Die Laufräder eines großen Hallentores sollen auf je zwei Zylinderrollenlagern gelagert werden (Bild 18.19). Für ein Rad beträgt die maximale Radkraft $F_R = 60$ kN. Da das Tor nicht ständig bewegt wird und bei einer Bewegung nur wenige Umdrehungen der Räder stattfinden, liegt statische Beanspruchung vor. Welche Lagergröße kommt in Frage, wenn normale bis geringe Ansprüche an die Laufruhe genügen? Es sind die Normbezeichnung und für den Entwurf die Abmessungen D und B anzugeben.

18.20 In die Kegelradwelle nach der schematischen Darstellung Bild 18.20 wird über eine elastische Kupplung eine durchschnittliche Leistung von 11 kW bei einer Drehzahl $n = 800\ \text{min}^{-1}$ eingeleitet. Die am mittleren Durchmesser $d_m = 52{,}6$ mm des Kegelrades unter Berücksichtigung betriebsbedingter Stöße wirkenden Kräfte betragen: Tangentialkraft $F_t = 6{,}1$ kN, Radialkraft $F_r = 2{,}1$ kN, Axialkraft $F_a = 0{,}75$ kN. Von den Lagern wird die für Universalgetriebe übliche Mindest-Volllastlebensdauer erwartet. Für die Festlegung der Lagergrößen sind die radialen Lagerkräfte zu errechnen. Zwecks leichter Montage soll als

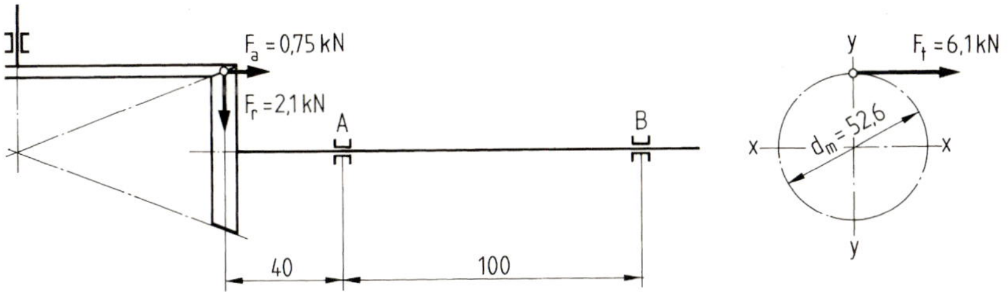

Bild 18.20 Schema einer Kegelradwelle

Loslager an der Lagerstelle A mit dem Wellendurchmesser $d = 40$ mm ein Zylinderrollenlager mit Innenborden (Bauform N) eingesetzt werden. Es sind zu ermitteln:

1. Die radialen Lagerkräfte F_{rA} und F_{rB},

2. Die Bezeichnung des in Frage kommenden Loslagers A.

Die Berechnung des Festlagers B erfolgt in Aufgabe 18.24.

18.21 In einer Handschleifmaschine mit Druckluftantrieb ist die Schleifspindel entsprechend Bild 18.21 im vorderen Gehäuseteil mit einem Nadellager DIN 617 – NA 4900 abgestützt. Das Lager ist fettgeschmiert und hat eine größte radiale Belastungskraft von 500 N aufzunehmen. Die Wellendrehzahl beträgt 16000 min^{-1}.

1. Welche nominelle Lebensdauer in h hat dieses Lager?

2. Ist die Drehzahl für ein Lager in normaler Ausführung zulässig?

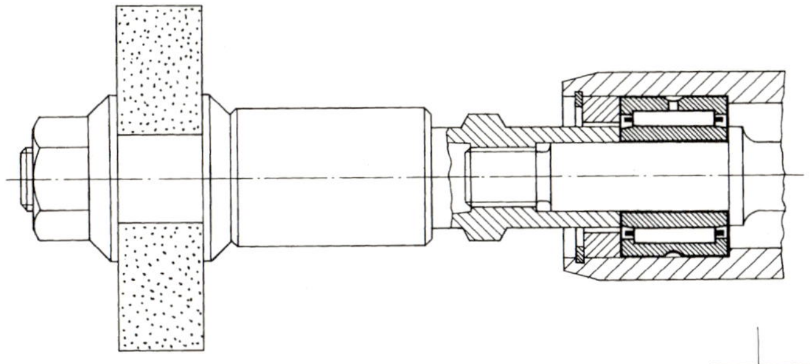

Bild 18.21 Nadellager in der Spindellagerung einer Handschleifmaschine

18.22 Bild 18.22 zeigt die Seilrollenlagerung mittels Nadellagern DIN 617 in einer zweirolligen Unterflasche. Die Seilrolle übt auf beide Lager eine maximale Achskraft $F_A = 20$ kN aus. Es betragen der Achsdurchmesser $d = 45$ mm, der Seilrollendurchmesser $D_R = 300$ mm und die Umfangsgeschwindigkeit $v = 18$ m/min am Rillengrund. Von den Nadellagern, die nur geringen Ansprüchen an die Laufruhe genügen müssen, wird eine nominelle Lebensdauer von 10000 h verlangt. Welche Lagergröße ist vorzusehen?

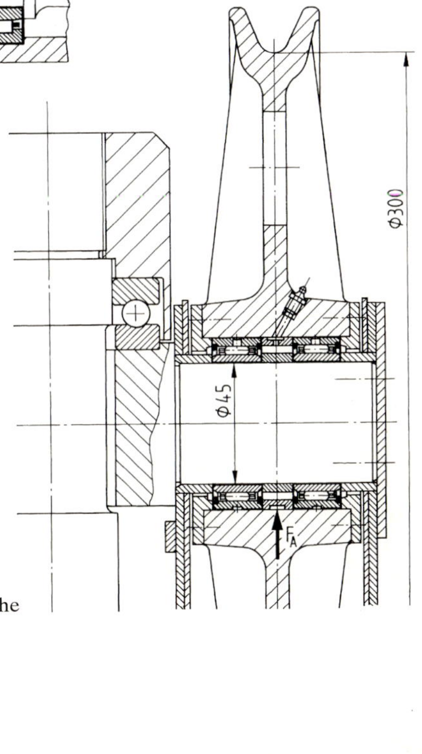

Bild 18.22 Seilrollenlagerung in einer zweirolligen Unterflasche

Schrägkugellager und Kegelrollenlager

18.23 Für die Lagerung einer Kreiselpumpenwelle nach Bild 18.23 sind zwei Universal-Schrägkugellager in X-Anordnung als Festlager vorgesehen. Die Lagerstelle hat eine Radialkraft $F_r = 6$ kN und eine Axialkraft $F_a = 8$ kN zu übertragen, Wellendrehzahl $n = 1440$ min^{-1}.

1. Welche nominelle Lebensdauer L_h hat das Lagerpaar?

2. Wird die Grenzdrehzahl n_g überschritten?

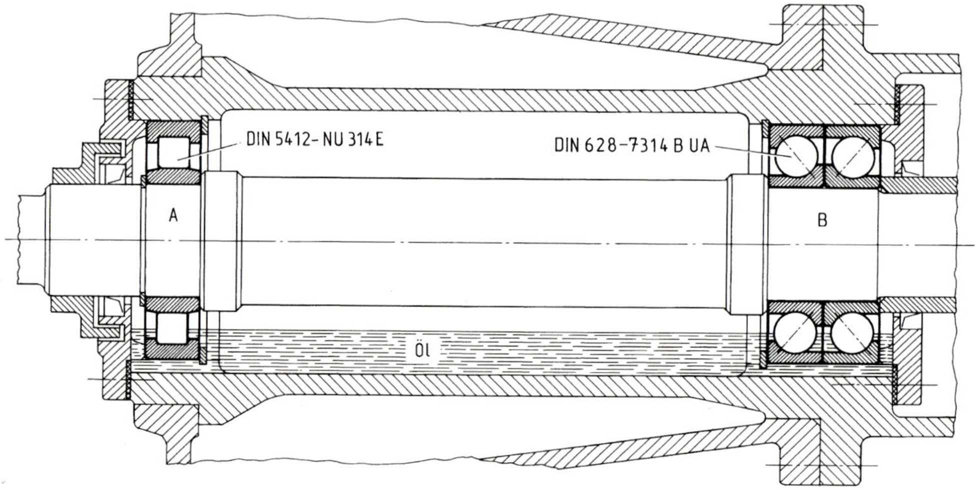

Bild 18.23 Lagerung einer Kreiselpumpenwelle

18.24 Für die Kegelradwelle nach der schematischen Darstellung in Bild 18.20 soll als Festlager B ein zweireihiges Schrägkugellager DIN 628 eingesetzt werden (Bild 18.24). Wie an der Lagerstelle A beträgt der Wellendurchmesser $d = 40$ mm, Wellendrehzahl $n = 800$ min^{-1}. In Aufgabe 18.20 wurden bereits errechnet: Radialkraft $F_{rB} = 2{,}52$ kN, Axialkraft $F_{aB} = 0{,}75$ kN. Welche Lagergröße ist zu wählen, wenn die für Universalgetriebe übliche Mindest-Volllastlebensdauer verlangt wird?

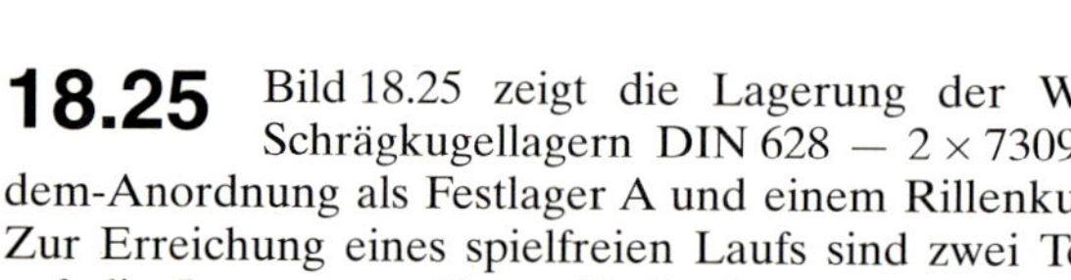

Bild 18.24 Lagerung der Kegelradwelle nach Bild 18.20

18.25 Bild 18.25 zeigt die Lagerung der Welle einer Axialkolbenpumpe mit zwei Schrägkugellagern DIN 628 — 2 × 7309 B UA in Universalausführung und Tandem-Anordnung als Festlager A und einem Rillenkugellager DIN 625 — 6208 als Loslager B. Zur Erreichung eines spielfreien Laufs sind zwei Tellerfedern eingebaut. Die von der Welle auf die Lager ausgeübten Kräfte betragen: $F_{aA} = 17$ kN, $F_{rA} = 9$ kN, $F_{rB} = 4$ kN, Drehzahl $n = 2000$ min^{-1}. Jedes Lager soll eine nominelle Lebensdauer von mindestens 1500 h aufweisen. Wird diese Lebensdauer erreicht?

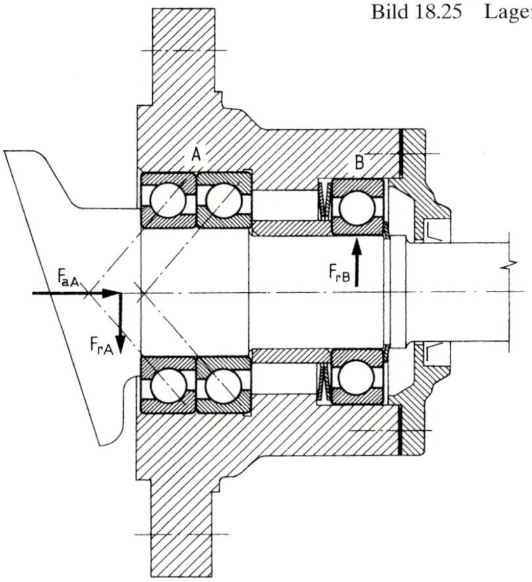

Bild 18.25 Lagerung einer Axialkolbenpumpenwelle

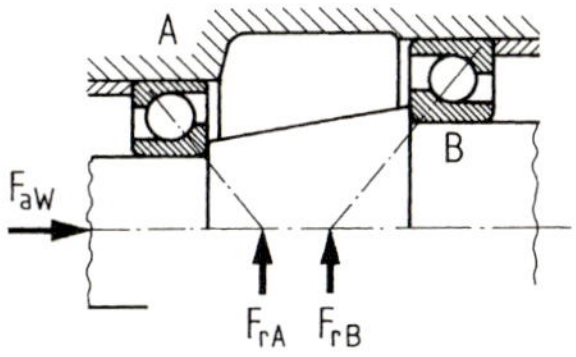

Bild 18.26 Wellenlagerung mit Schrägkugellagern

18.26 Eine Welle ist nach Bild 18.26 in zwei Schrägkugellagern DIN 628 – 7208 B (Lager A) und – 7211 B (Lager B) aufgenommen. Es betragen die radialen Belastungskräfte $F_{rA} = 7$ kN, $F_{rB} = 6$ kN, die axiale Belastungskraft $F_{aW} = 4$ kN, die Wellendrehzahl $n = 500 \text{ min}^{-1}$. Zu ermitteln sind:

1. Die Axialbelastungen F_{aA} und F_{aB} der Lager A und B,
2. Die nominelle Lebensdauer L_h des Lagers A,
3. Die nominelle Lebensdauer L_h des Lagers B.

18.27 Die in Bild 18.27 gezeigte Eingangswelle eines zweistufigen Schrägstirnräder-Getriebes ist in zwei Kegelrollenlagern DIN 720 – 32224 A aufgenommen. Am Antriebszapfen wird über eine Kupplung eine maximale Leistung $P = 1000$ kW bei $n = 1500 \text{ min}^{-1}$ eingeleitet. Die Verzahnung des Ritzels hat einen Wälzkreisdurchmesser $d_w = 210$ mm, den Eingriffswinkel $\alpha_w = 21{,}2°$ und einen Schrägungswinkel $\beta = 20°$ Abstände von Zahnradmitte zu den Lageraußenkanten: $L_A = 160$ mm, $L_B = 130$ mm. Es handelt sich um ein Universalgetriebe für Links- und Rechtslauf. Die Lebensdauer der Lager ist wie folgt zu ermitteln:

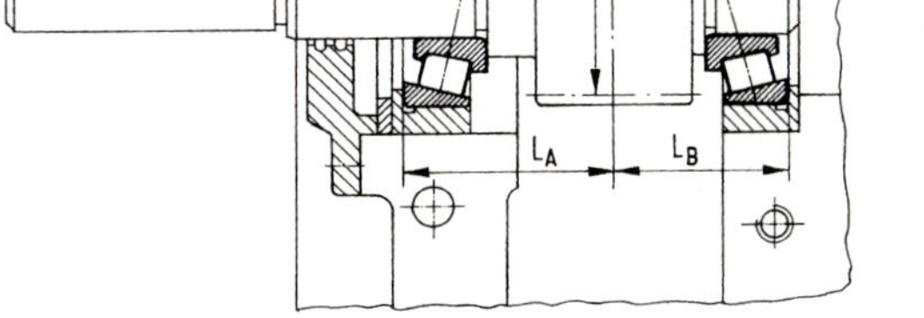

Bild 18.27 Lagerung einer Getriebewelle mit Schrägstirnrad

1. Die in der Mitte der Verzahnung am Wälzkreisdurchmesser d_w des Ritzels angreifenden Kräfte, und zwar die Tangentialkraft F_t, die Radialkraft F_r und die Axialkraft F_a,
2. Die bei Rechts- und bei Linkslauf im Schnittpunkt der Drucklinien der Lager A und B auftretenden radialen Lagerkraftkomponenten F_{Ax} und F_{Ay} sowie F_{Bx} und F_{By} (die Axialkraft F_a wirkt bei Rechtslauf in Richtung auf A, bei Linkslauf in Richtung auf B),

3. Die radialen Lagerkräfte F_{rA} und F_{rB} bei Rechts- und bei Linkslauf und die Axialkraft F_{aW},
4. Die nominellen Lebensdauern L_{hA} und L_{hB} der Lager A und B, wenn die Welle ständig im Rechtslauf betrieben wird,
5. Die nominellen Lebensdauern L_{hA} und L_{hB} bei ständigem Linkslauf der Welle.

18.28 Bild 18.15 zeigt die Lagerung der Schneckenwelle eines Schneckengetriebes für wechselnde Drehrichtung mit einem zweiseitig wirkenden Axial-Rillenkugellager (Berechnung nach Aufgabe 18.15) und zwei Zylinderrollenlagern (Aufgabe 18.16). Für diese Schneckenwelle, deren Drehzahl $n = 1000\ \text{min}^{-1}$ beträgt, sollen weitere Lagerungsmöglichkeiten untersucht werden. Es wird eine nominelle Lebensdauer von mindestens 12000 h verlangt. Von den Lagern sind aufzunehmen die radialen Belastungskräfte $F_{rA} = 6{,}05$ kN, $F_{rB} = 2{,}32$ kN und die Axialkraft $F_a = F_{aW} = 16{,}3$ kN. Bei Drehrichtungswechsel ändert F_{aW} seine Richtung und es werden $F_{rA} = 2{,}32$ kN, $F_{rB} = 6{,}05$ kN. Beide Lagerzapfen haben gleiche Durchmesser $d_A = d_B = 60$ mm.
1. Welche Lagergrößen sind mindestens erforderlich, wenn als Festlager A ein zweireihiges Schrägkugellager DIN 628 eingesetzt werden soll, und als Loslager B ein Rillenkugellager DIN 625 (Lageranordnung siehe Bild 24.15)?
2. Würden zwei Kegelrollenlager DIN 720 — 32312 A ausreichen (Anordnung entsprechend Bild 18.27)?

Pendelkugellager und Pendelrollenlager

Zur Lösung der folgenden Aufgaben ist die Benutzung eines Wälzlagerkatalogs erforderlich. Die Ergebnisse basieren auf den Angaben im Katalog der Fa. FAG Kugelfischer, Schweinfurt.

18.29 Im Antrieb eines Lastenaufzuges soll eine Welle mit zwei Pendelkugellagern DIN 630 in Stehlagergehäusen entsprechend Bild 18.29 gelagert werden. Der Aufzug ist durchschnittlich 4 h täglich in Betrieb. Auf jedes Lager wirkt einschließlich möglicher Stöße eine radiale Belastungskraft $F_r = 8{,}5$ kN, axiale Kräfte treten nicht auf. Die Wellendrehzahl beträgt $n = 200\ \text{min}^{-1}$. Welche Lagergröße ist zu wählen, wenn eine Lebensdauer von 8 Jahren gefordert wird bei jährlich 300 Betriebstagen? Es ist die genormte Lagerbezeichnung anzugeben und zu kontrollieren, ob bei der statischen Belastungskraft $F_{r0} = 7{,}5$ kN noch hohe Ansprüche an die Laufruhe gewährleistet sind.

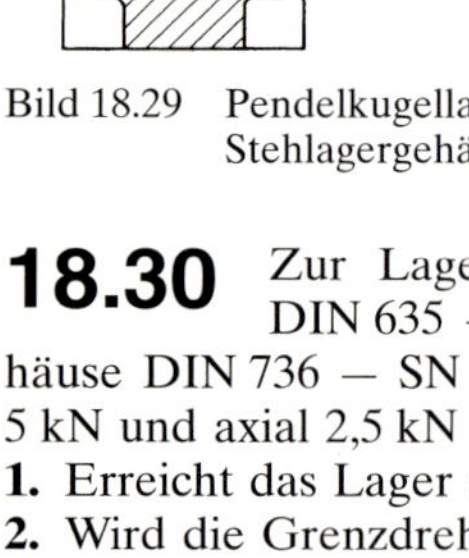

Bild 18.29 Pendelkugellager in einem Stehlagergehäuse

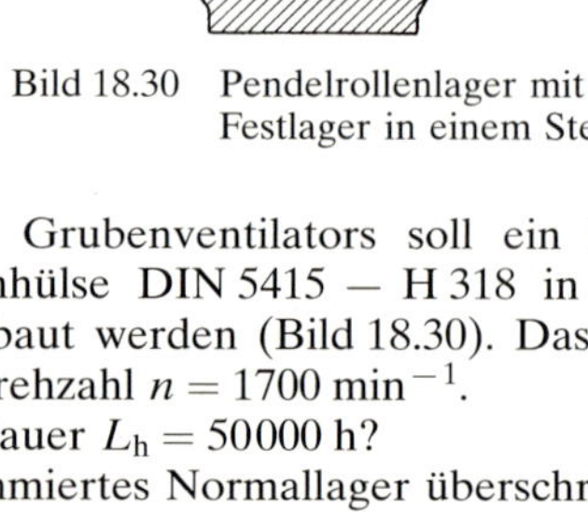

Bild 18.30 Pendelrollenlager mit Spannhülse als Festlager in einem Stehlagergehäuse

18.30 Zur Lagerung der Welle eines Grubenventilators soll ein Pendelrollenlager DIN 635 — 22218 EK mit Spannhülse DIN 5415 — H 318 in ein Stehlagergehäuse DIN 736 — SN 518 als Festlager eingebaut werden (Bild 18.30). Das Lager hat radial 5 kN und axial 2,5 kN zu übertragen, Wellendrehzahl $n = 1700\ \text{min}^{-1}$.
1. Erreicht das Lager eine nominelle Lebensdauer $L_h = 50000$ h?
2. Wird die Grenzdrehzahl n_g für ein fettgeschmiertes Normallager überschritten?

18.31 Eine Förderbandtrommel mit $D = 630$ mm Durchmesser soll auf Pendelrollenlagern DIN 635 umlaufen, die auf einer feststehenden glatten Achse mit dem Durchmesser $d_1 = 110$ mm mittels Spannhülsen DIN 5415 befestigt sind. Das Förderband hat eine Geschwindigkeit $v = 3$ m/s. Auf jedes Lager wirkt eine maximale Radialkraft $F_r = 45$ kN. Die Axialkraft durch seitliches Verlaufen des Bandes ist mit $F_a = 0{,}2\,F_r$ anzunehmen. Die Lebensdauer soll $L_h = 30000$ h betragen. Es sind zu ermitteln:

1. Wahl einer Lagergröße, ausgehend von reiner Radialbelastung durch F_r, und Angabe der Normbezeichnung,
2. Die dynamisch äquivalente Belastung P,
3. Erreicht das unter 1. gewählte Lager die verlangte Lebensdauer, oder muss eine andere Lagerreihe gewählt werden, ggf. welche?

18.32 Bild 18.32 zeigt ein Axial-Pendelrollenlager DIN 728 — 29448 E mit $C_0 = 8500$ kN als oberes Stütz- und Halslager eines Greiferdrehkranes. Das Kranoberteil wird mit geringer Geschwindigkeit um eine feststehende Säule gedreht bzw. geschwenkt, sodass mit statischer Belastung zu rechnen ist. Aus der größten Last, den Eigengewichten und dem Winddruck ergeben sich die im Bild eingetragenen Belastungskräfte des Lagers. Genügt das Lager normalen Ansprüchen an die Laufruhe?

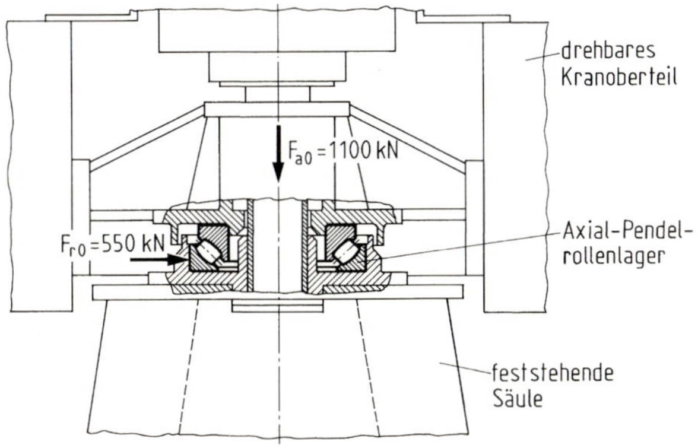

Bild 18.32 Oberes Stütz- und Halslager eines Greiferdrehkrans

20 Wellenkupplungen und -bremsen

20.1 Eine Kupplung soll zwei lange Wellen in einer Produktionsmaschine miteinander verbinden und gleichzeitig zentrieren. Da nur geringe Belastungsschwankungen auftreten, wird eine Scheibenkupplung nach Bild 20.1 gewählt. Bei $n = 200\ \text{min}^{-1} = 3{,}33\ \text{s}^{-1}$ ist eine Nennleistung $P_{LN} = 4$ kW zu übertragen. Welche Kupplungsgröße kommt in Betracht, wenn mit einem Kupplungsbeiwert $K = 1{,}1$ zu rechnen ist? Folgende Kupplungsgrößen stehen zur Auswahl:

Größe	A	B	C	D	E
$T_{K\,max} =$	90	140	220	320	450 Nm
$d_{max} =$	40	45	50	55	60 mm
$D =$	110	120	130	150	150 mm

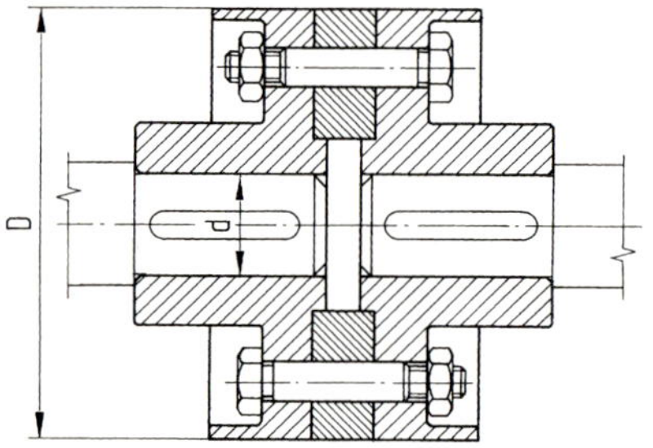

Bild 20.1 Scheibenkupplung B DIN 116

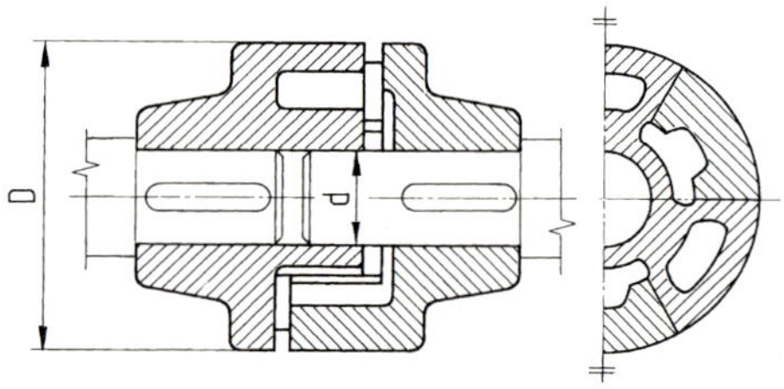

Bild 20.2 Klauenkupplung

20.2 Als starre Kupplung, die Längsdehnungen und Längentoleranzen der Wellen ausgleichen soll, wurde eine Klauenkupplung nach Bild 20.2 mit einem zulässigen Maximaldrehmoment $T_{K\,max} = 1000$ Nm gewählt. Bei $n = 700\ \text{min}^{-1} = 11{,}67\ \text{s}^{-1}$ sollen $P_{LN} = 60$ kW übertragen werden. Ist die gewählte Kupplungsgröße ausreichend, wenn mit einem Kupplungsbeiwert $K = 1{,}2$ zu rechnen ist?

20.3 Bild 20.3 zeigt die in die Seiltrommel einer Krananlage eingebaute Bogenzahnkupplung. Während des gleichförmigen Hebens der Last beträgt das auf die Kupplung wirkende Trommel-Nenndrehmoment $T_{LN} = 100$ kNm. Das vorgeschaltete Zahnradge-

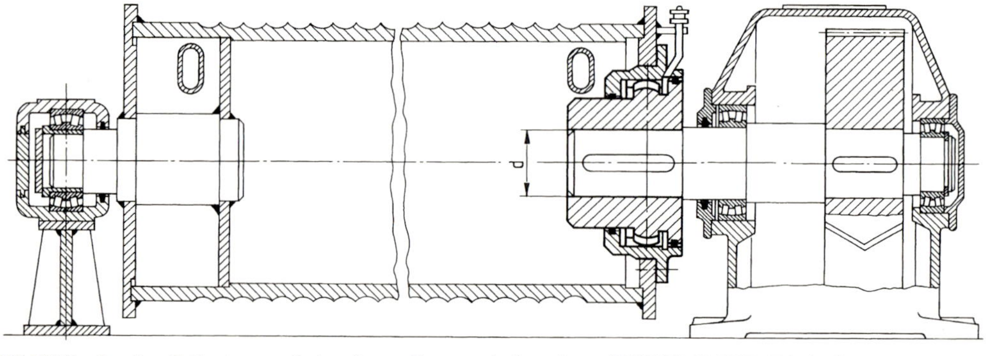

Bild 20.3 In eine Seitentrommel eingebaute Bogenzahnkupplung (RENK TACKE, Rheine)

triebe wird von einem Elektromotor angetrieben. Es ist mit einer täglichen Betriebsdauer von 8 h, bis 20 Schaltungen/h und einer Winkelverlagerung von 1° zu rechnen. Welche der nachstehend aufgeführten Kupplungsgrößen kommt in Betracht, wenn als Betriebsfaktor K_1 der Kleinstwert nach Tab. 20.1 eingesetzt wird?

Größe	A	B	C	D	E
T_{KN} =	60	100	145	160	220 kNm
$T_{K\,max}$ =	90	150	225	240	330 kNm
d_{min} =	80	110	110	150	150 mm
d_{max} =	230	270	290	310	355 mm

20.4 Zwischen einem 4-Zylinder-Diesel-Motor und dem Getriebe einer Dreschmaschine soll eine Lamex-Kupplung in verstärkter Ausführung (Bild 20.4) eingesetzt werden. Die Drehmaschine erfordert eine Antriebsleistung $P_{LN} \approx 50$ kW, der Motor läuft mit $n = 2000\ \text{min}^{-1} = 33{,}33\ \text{s}^{-1}$. Die Schalthäufigkeit ist unbedeutend, die Betriebsdauer bis 12 h täglich, die Winkelverlagerung darf 1° betragen. Welche Kupplungsgröße ist zu wählen, wenn der Mittelwert von K_1 in Tab. 20.1 angenommen wird? Es stehen folgende Kupplungen zur Auswahl:

Größe	A	B	C	D	E
T_{KN} =	120	200	280	400	560 Nm
$T_{K\,max}$ =	320	380	590	700	900 Nm
d_{min} =	12	14	15	20	22 mm
d_{max} =	38	42	48	55	65 mm
D =	122	145	160	185	205 mm

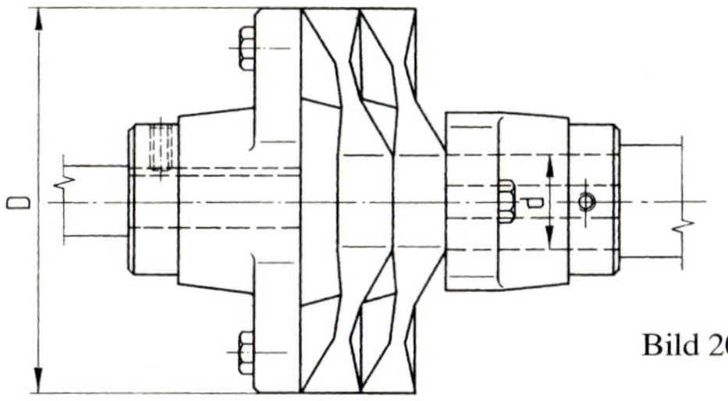

Bild 20.4 Lamex-Kupplung (Kupplungstechnik, Rheine)

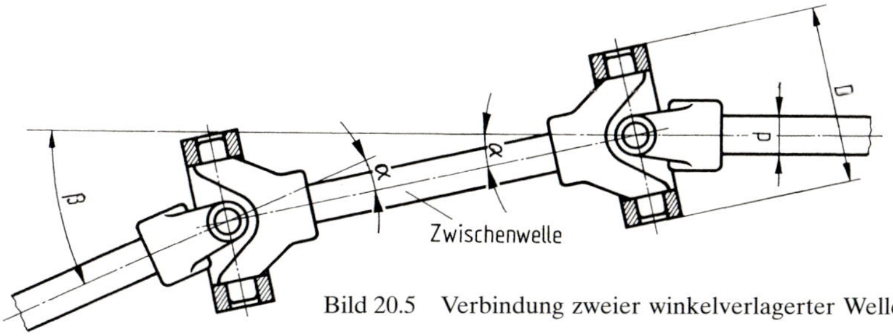

Bild 20.5 Verbindung zweier winkelverlagerter Wellen mit Kardangelenken

20.5 In den Antrieb einer Straßenbaumaschine sollen zwei mit $\beta = 30°$ winkelverlagerte Wellen über eine Zwischenwelle mit Kardan- oder Kreuzgelenken entspr. Bild 20.5 verbunden werden. Die treibende Welle läuft mit $n = 1600\ \text{min}^{-1} = 26{,}67\ \text{s}^{-1}$. Bei dieser Drehzahl ist eine Nennleistung $P_{LN} = 30$ kW zu übertragen. Vorgesehen sind Kreuzgelenk-Kupplungen mit folgenden Daten: Zulässiges Nenndrehmoment $T_{KN} = 210$ Nm, zulässiges Maximaldrehmoment $T_{K\,max} = 540$ Nm, zulässige Drehzahl $n_{zul} = 330\ \text{min}^{-1}$, Außendurchmesser $D = 97$ mm, Wellendurchmesser $d = 32$ mm.

Der Kupplungsbeiwert K_1 ist als Kleinstwert nach der Gruppe D der Arbeitsmaschinen aus Tab. 20.1 festzulegen. Antrieb mit einem 4-zylindrigen Otto-Motor. Anstelle des Sicherheitsfaktors K_4 für Verlagerungen ist der Beugungsbeiwert b nach Tab. 20.4 einzusetzen. Tägliche Betriebsdauer bis 16 h, Schalthäufigkeit ca. 20 pro Stunde. Zu ermitteln sind:

1. Ist die vorgesehene Kupplungsgröße ausreichend?

2. Wie groß sind n_{max} und n_{min} beim ungleichförmigen Umlauf der Zwischenwelle?

20.6 Zwei im Abstand von 80 mm parallel liegende Wellen sollen nach Bild 20.6 durch eine Zwischenwelle über Kugelgelenke verbunden werden. Die Wellen laufen mit $n = 950\,\text{min}^{-1} = 15{,}83\,\text{s}^{-1}$ und haben eine Nennleistung $P_{LN} = 2{,}5$ kW zu übertragen. Wie groß sind die Beugungswinkel α und die Grenzdrehzahlen n_{max} und n_{min}? Welche Gelenkgröße nach Tab. 20.4 kommt in Betracht?

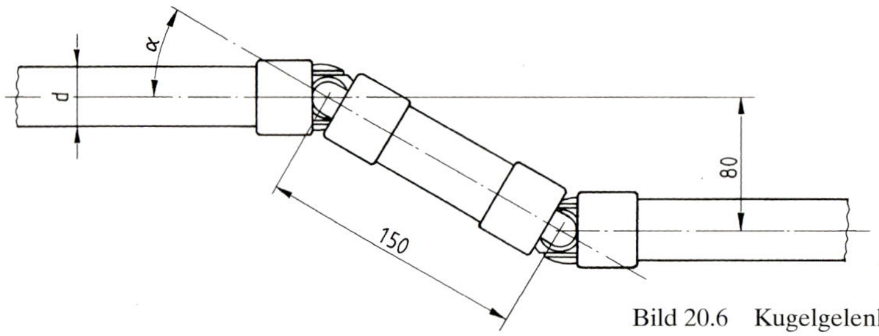

Bild 20.6 Kugelgelenkwellen mit Zwischenwellen

20.7 Der Antrieb eines Steinbrechers (Hartzerkleinerungsmaschine) soll zur Stoßmilderung über eine Bibby-Kupplung (Bild 20.7) von einem Elektromotor erfolgen. Die Nennleistung beträgt 75 KW, Motordrehzahl $1500\,\text{min}^{-1} = 25\,\text{s}^{-1}$, Anfahrhäufigkeit ≈ 10 pro Stunde. Welche Kupplungsgröße kommt in Betracht, wenn mit dem Größtwert des Stoßfaktors nach Tab. 20.3 gerechnet wird? Es stehen folgende Kupplungen zur Auswahl:

Größe	A	B	C	D	E	F
$T_{K\,max} =$	573	825	1075	1790	2685	3580 Nm
$d_{max} =$	75	80	90	90	100	110 mm
$D =$	195	230	265	265	300	330 mm
$n_{zul} =$	2500	2200	1900	1850	1700	1500 min^{-1}

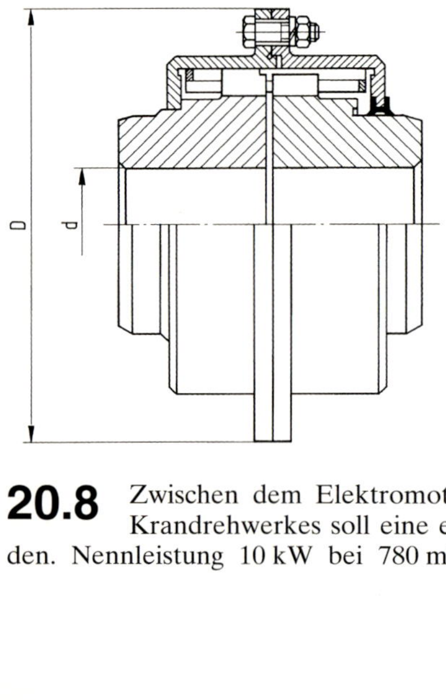

Bild 20.7 Bibby-Kupplung Bauart BK (Malmedie u. Co., Düsseldorf)

20.8 Zwischen dem Elektromotor und dem Schneckengetriebe für den Antrieb eines Krandrehwerkes soll eine elastische Cardeflex-Kupplung (Bild 20.8) eingebaut werden. Nennleistung 10 kW bei $780\,\text{min}^{-1} = 13\,\text{s}^{-1}$. Welche Kupplungsgröße ist zu wählen, wenn mit einem dreifachen Anlaufmoment (Stoßfaktor $S_S = 3$) zu rechnen ist? Die Schalthäufigkeit ist kleiner als 120 je Stunde. Es stehen folgende Kupplungen zur Auswahl:

Größe	A	B	C	D	E	F	G
$T_{K\,max} =$	135	180	260	375	550	790	1090 Nm
$d_{max} =$	35	40	45	50	55	65	75 mm
$D =$	140	160	180	200	225	250	280 mm
$n_{zul} =$	3200	2900	2600	2300	2100	1950	1800 min^{-1}

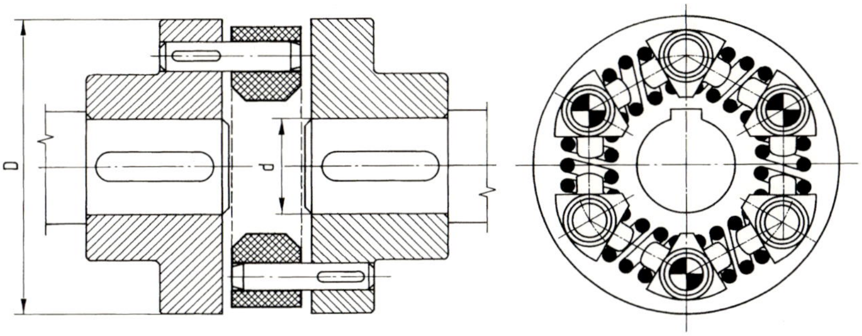

Bild 20.8 Cardeflex-Kupplung (Hochreuter & Baum, Ansbach)

20.9 Der Fahrmotor und das Fahrwerksgetriebe eines Laufkranes sind nach Bild 20.9 durch eine elastische Periflex-Kupplung mit angebauter Bremsscheibe zu verbinden. Bei $n = 750\ min^{-1} = 12{,}5\ s^{-1}$ ist eine Nennleistung $P_{LN} = 15$ kW erforderlich (Stoßfaktor S_S als Mittelwert für Krane). Welche Kupplungsgröße kommt in Betracht, wenn der Gummireifen aus PUR besteht, die Umgebungstemperatur bis +40 °C betragen kann und nicht mehr als 20 Anläufe in der Stunde erfolgen? Zur Auswahl stehen folgende Kupplungen:

Größe	A	B	C	D	E
$T_{KN} =$	30	70	150	300	600 Nm
$T_{K\,max} =$	80	200	450	900	1750 Nm
$d_{max} =$	32	38	50	60	80 mm
$D =$	136	178	210	263	310 mm
$n_{zul} =$	3000	3000	2500	2000	2000 min^{-1}

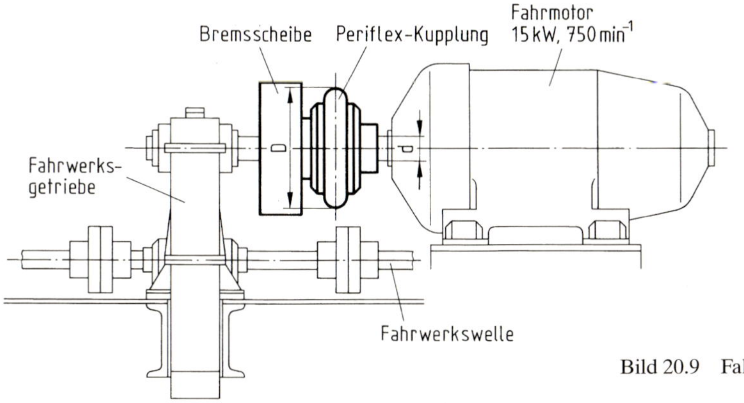

Bild 20.9 Fahrantrieb eines Laufkranes

20.10 In Bild 20.10 ist der Hubwerksantrieb für die Laufkatze eines 10 t-Werkstattkranes schematisch dargestellt. Auf die Seiltrommel mit dem Durchmesser $D_T = 400$ mm laufen zwei Seilstränge mit einer Zugkraft von je 25,5 kN auf. Das Trommelvorgelege (Übersetzung $i_{\mathrm{I}} = -6{,}25$) und das Hubwerksgetriebe (Übersetzung $i_{\mathrm{II}} = -6$) haben zusammen einen Wirkungsgrad $\eta_{\mathrm{ges}} = 0{,}8$. Es soll die vorgesehene Größe der elastischen Gummiring-Kupplung mit $T_{\mathrm{KN}} = 400$ Nm und $T_{\mathrm{K\,max}} = 1100$ Nm wie folgt überprüft werden:

1. Die Gesamtübersetzung i_{ges},

2. Das Nenndrehmoment T_{LN} der Lastseite der Kupplung unter Berücksichtigung des Gesamtwirkungsgrades,

3. Das erforderliche Nenndrehmoment T_{KN} der Kupplung, wenn es sich um Bindeglieder aus Perbunan handelt und die Umgebungstemperatur 30 °C nicht überschreitet,

4. Das erforderliche Stoßdrehmoment $T_{\mathrm{K\,max}}$ der Kupplung, wenn der Stoßfaktor als Höchstwert für Winden nach Tab. 20.3 angenommen wird und weniger als 40 Anläufe je Stunde erfolgen. Danach Kontrolle, ob die gewählte Kupplung ausreicht.

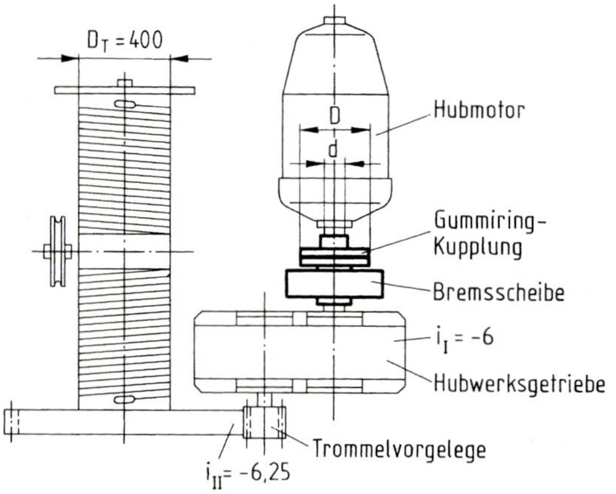

Bild 20.10 Hubwerk eines Werkstattkranes

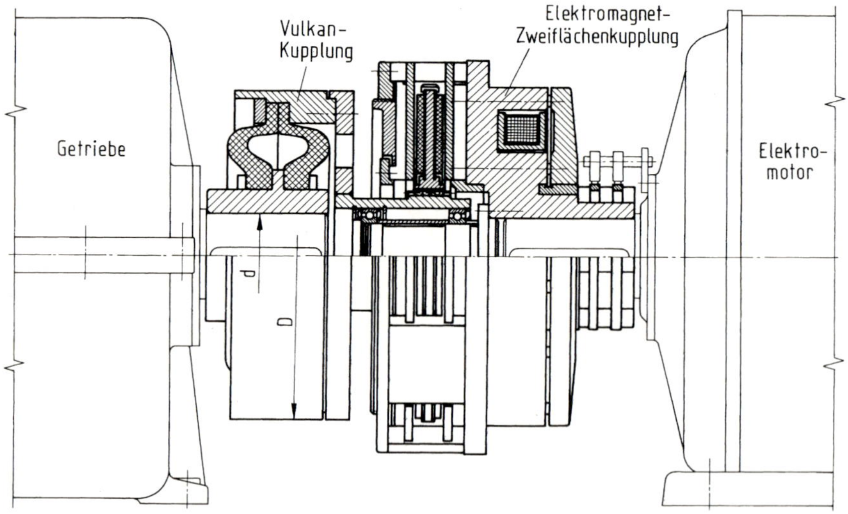

Bild 20.11 Elektromagnet-Zweiflächenkupplung in Verbindung mit einer hochelastischen Vulkan-EZS-Kupplung

20.11 In den Antrieb einer Schere soll zwischen dem Elektromotor und dem Getriebe eine Elektromagnet-Zweiflächenkupplung in Verbindung mit einer hochelastischen Vulkan-EZS-Kupplung nach Bild 20.11 eingebaut werden. Bei $n = 480\,\text{min}^{-1} = 8\,\text{s}^{-1}$ sind $P_{LN} = 78$ kW zu übertragen. Die Elektromagnet-Zweiflächenkupplung dient dazu, die Arbeitsgänge bei durchlaufendem Motor ein- und auszuschalten. Welche Größe der elastischen Kupplung nach Tab. 20.5 ist zu wählen, wenn ihre Bindeglieder aus Polyurethan bestehen, die Umgebungstemperatur bis 30 °C betragen kann und mit 200 Schaltungen je Stunde zu rechnen ist? Als Stoßfaktor S_S ist der Größtwert für Scheren nach Tab. 20.3 anzunehmen.

20.12 Zur Verbindung eines Vierzylinder-Ottomotors, Drehzahl $n = 3000\,\text{min}^{-1} = 50\,\text{s}^{-1}$, mit einem Drehstromgenerator in einem Notstromaggregat für $P_{LN} = 100$ kW soll nach Bild 20.12 eine Vulkan-EZS-Kupplung mit dem Nenndrehmoment $T_{KN} = 539$ Nm (Daten siehe Tab. 20.5) eingebaut werden, Massenträgheitsmoment der Lastseite $J_L \approx 1{,}2\,\text{kgm}^2$ (einschl. J_{KL} der Kupplung), der Antriebsseite $J_A \approx 2{,}3\,\text{kgm}^2$ (einschl. J_{KA} der Kupplung). Die Ordnungszahl beträgt $i = 2$. Das Wechseldrehmoment kann mit $T_W \approx 400$ Nm angenommen werden. Die Bindeglieder bestehen aus Perbunan, die Umgebungstemperatur ist kleiner als 30 °C. Es sind zu ermitteln:

1. Ob Nenndrehmoment T_{KN} und Stoßdrehmoment $T_{K\,max}$ der gewählten Kupplung ausreichen, wenn die Anfahrhäufigkeit gering ist (nur seltener Anlauf, Stoßfaktor S_S als Größtwert nach Tab. 20.3 für Generatoren mit leicht ungleichmäßiger Kraftabnahme),
2. Ob das Stoßmoment $T_{K\,max}$ der Kupplung beim Durchfahren der Resonanzdrehzahl n_R groß genug ist,
3. Ob das Dauerwechseldrehmoment T_{KW} der Kupplung ausreicht.

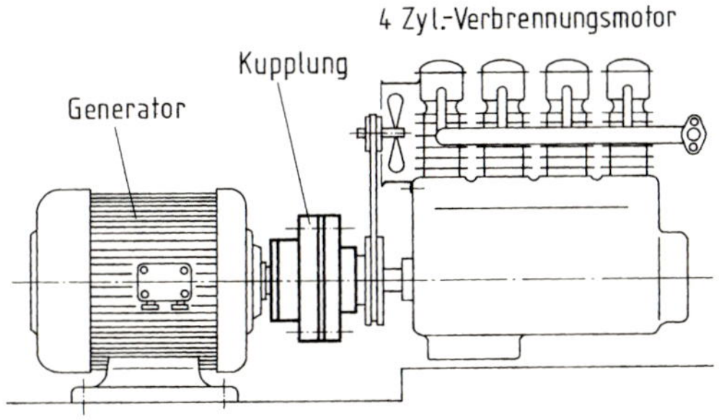

Bild 20.12 Vulkan-EZS-Kupplung zwischen Otto-Motor und Generator

20.13 Bild 20.13 zeigt einen Schiffspropellerantrieb mit zwei Dieselmotoren. Jeder Motor besitzt zwei Reihen mit je 7 Zylindern (Ordnungszahl $i = 7$). Bei $n = 1000\,\text{min}^{-1} = 16{,}67\,\text{s}^{-1}$ kann jeder Motor 1000 kW leisten. Zwischen jedem Motor und dem Untersetzungsgetriebe (Übersetzung ins Langsame) soll eine Vulkan-EZS-Kupplung mit dem Nenndrehmoment $T_{KN} = 11\,500$ Nm eingebaut werden (Daten der Kupplung siehe Tab. 20.5). Es betragen das Massenträgheitsmoment jeder Lastseite $J_L = 38\,\text{kgm}^2$ (das sind die auf eine Motorwelle reduzierten anteiligen Massenträgheitsmomente der Getrieberäder und des Propellers) und das Massenträgheitsmoment jeder Antriebsseite $J_A = 165\,\text{kgm}^2$. J_L und J_A gelten jeweils unter Einschluß der Kupplungsteile. Das Wechseldrehmoment beträgt $T_W \approx 4800$ Nm.

Die Bindeglieder bestehen aus Perbunan, die Umgebungstemperatur kann bis 50 °C betragen, die Anfahrhäufigkeit ist gering. Als Stoßfaktor S_S ist der Größtwert aus Tab. 20.3 anzunehmen.

Es ist zu ermitteln, ob die gewählten Kupplungen ausreichen. Bei dieser Berechnung ist zu vernachlässigen, dass sich die Motoren gegenseitig beeinflussen, sodass die Ordnungszahl noch größer werden kann, daß sich durch den Ausfall eines Zylinders die Ordnungszahl während des Betriebes ändert und daß eine Verdoppelung der Massenträgheitsmomente der Lastseite eintritt, wenn nur ein Motor treibt.

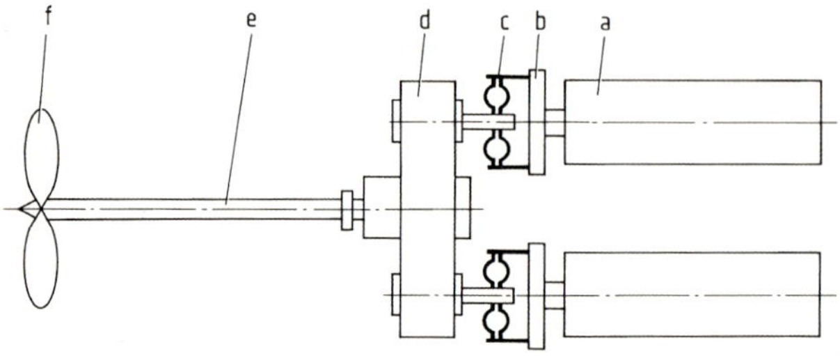

Bild 20.13 Propellerantrieb mit hochelastischen Vulkan-Kupplungen
a Dieselmotor,
b Schwungrad,
c Kupplung,
d Untersetzungsgetriebe,
e Propellerwelle,
f Propeller

20.14 Eine Wasserturbine soll mit einem Generator gekuppelt werden. Zur Verbindung beider Wellenenden ist eine der elastischen Elco-Kupplung (Bild 20.14) entsprechende Kupplung vorgesehen, die den Anfahrstoß dämpft. Aus Sicherheitsgründen soll die Eigenfrequenz n_e des Zweimassen-Schwingsystems um mindestens 30 % von der Betriebsdrehzahl n entfernt liegen, damit nicht womöglich Resonanz auftritt, wenn durch ungleichmäßige Belastung in Folge der Zahnradtoleranzen während des Betriebes Stöße in Drehzahlfolge wirksam werden, d. h. wenn mit einer Ordnungszahl $i = 1$ zu rechnen ist. Bei $n = 1500\ \text{min}^{-1} = 25\ \text{s}^{-1}$ ist eine Nennleistung $P_{LN} = 300$ kW zu übertragen, Massenträgheitsmoment der Antriebsseite $J_{WA} = 57{,}5\ \text{kgm}^2$, der Lastseite $J_{WL} = 11\ \text{kgm}^2$.
Es stehen Kupplungen mit folgenden Daten zur Auswahl:

Größe	A	B	C	D	E	F	G
$T_{K\,max} =$	1400	2100	3150	4700	7000	10500	15500 Nm
$D =$	225	270	300	340	380	440	500 mm
$d_{max} =$	90	100	110	120	145	165	170 mm
$T_{t\,dyn}$ bei $T_{LN} =$							
0,25 $T_{K\,max}$	2,3	3,5	5,7	7,6	13	22	$36 \cdot 10^4$ Nm/rad
0,50 $T_{K\,max}$	3,2	4,9	8,1	11	18	30	$50 \cdot 10^4$ Nm/rad
0,75 $T_{K\,max}$	4	6,1	10	14	23	38	$63 \cdot 10^4$ Nm/rad
1,00 $T_{K\,max}$	6,4	9,9	16	22	35	60	$100 \cdot 10^4$ Nm/rad
J_{KA} –	0,052	0,133	0,2	0,41	0,63	1,38	2,3 kgm^2
$J_{KL} =$	0,095	0,22	0,36	0,70	1,08	2,23	2,8 kgm^2

Zu ermitteln sind:
1. Das Nenndrehmoment T_{LN} der Lastseite,
2. Das erforderliche Maximaldrehmoment $T_{K\,max}$ der Kupplung mit dem Stoßfaktor S_S als Größtwert der Tab. 20.3 (Generatoren mit leicht ungleichmäßiger Kraftabnahme) und den Faktoren $S_Z = 1$ und $S_t = 1$, danach Wahl einer geeigneten Größe,
3. Die Eigenfrequenz f_e des Schwingsystems und Kontrolle, ob die Drehzahl n um mindestens 30 % über oder unter der Eigenfrequenz liegt.

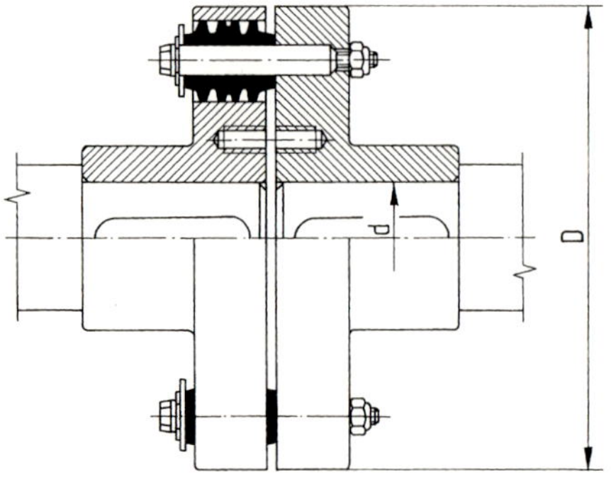

Bild 20.14 Elco-Kupplung (RENK, Hannover)

Bemerkungen zu den kraftschlüssigen Schaltkupplungen:
Die Reibarbeit der kraftschlüssigen Schaltkupplungen setzt sich in Wärme um, die abgeführt werden muß. Die abführbare Wärmemenge hängt von vielen Einflüssen ab, wie Bauart und Größe der Kupplung, deren Umfangsgeschwindigkeit (damit Geschwindigkeit der Kühlluft, ggf. des Öldurchlaufs) und ihrem Einbau (offen oder gekapselt). Es ist deshalb nicht möglich, allgemein gültige zulässige Reibleistungen anzugeben, zumal auch die Hersteller mit derartigen Angaben zurückhalten. Die folgenden Aufgaben können deshalb nur grobe Überschlagslösungen liefern. Die Kupplungshersteller fügen ihren Prospekten Fragebogen bei, nach denen sie die geeignete Kupplung errechnen. Man sollte sich deshalb stets von den Herstellern beraten lassen.
Die Schaltzeit t_s als Zeit vom Betätigen des Schalters bis zum Erreichen des schaltbaren Drehmoments T_s wird von den Kupplungsherstellern meistens nicht angegeben. Deshalb konnte diese Schaltzeit in einigen Aufgaben nicht berücksichtigt werden, sodass nur mit der Beschleunigungszeit $t_b \approx t - t_s$ zu rechnen ist. Falls die Schaltzeit t_s wichtig oder ausschlaggebend sein sollte, sind ebenfalls die Kupplungshersteller zu Rate zu ziehen, insbesondere bei elektromagnetischen Kupplungen oder Bremsen, deren Schaltzeiten sich durch besondere Schaltungen verändern lassen.

20.15 Für den Antrieb einer Kniehebelpresse ist eine pneumatisch schaltbare Lamellenkupplung nach Bild 20.15 einzubauen. Die Antriebsseite läuft ununterbrochen, während die Lastseite mit der Pressenwelle jeweils zugeschaltet wird. Das auf die Kupplungswelle reduzierte Massenträgheitsmoment beträgt $J_{WL} = 80\,\text{kgm}^2$, das Reibmoment in den Lagern und an den Zahnrädern $T_R = 320\,\text{Nm}$. Die Massen sollen nach dem Anpressen der Lamellen in $t_b \leq 0{,}5\,\text{s}$ aus dem Stillstand hochgefahren werden. Welche Kupplungsgröße kommt in Betracht, wenn bei $n_A = 350\,\text{min}^{-1} = 5{,}83\,\text{s}^{-1}$ ein Nenndrehmoment $T_{LN} = 7000\,\text{Nm}$ übertragen und mit einem Stoßfaktor $S_S \approx 2{,}2$ gerechnet werden muss? Beim Schalten der Kupplung sind $n_L = 0$ und $T_L = T_R$. Ist die Reibleistung der Kupplung zulässig, wenn $Z = 150$ Schaltungen je Stunde erfolgen?
Zur Auswahl stehen folgende Kupplungen:

Größe	A	B	C	D	E	F
$T_s =$	3750	5600	8800	16000	27000	46000 Nm
$D =$	315	370	485	570	680	775 mm
$d_{max} =$	100	115	150	170	200	240 mm
$n_{zul} =$	2500	2000	1500	1200	1000	800 min^{-1}
$J_{KL} =$	0,35	0,85	1,85	4,5	5,5	11,8 kgm^2
$P_{R\,zul} =$	3000	4200	7000	10000	14000	18000 kJ/h

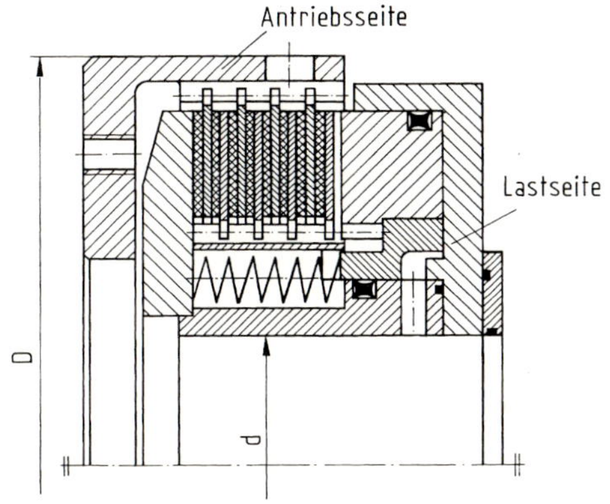

Bild 20.15 Druckluftgeschaltete Lamellenkupplung (Stromag, Unna/Westf.)

20.16 Bild 20.16 zeigt die in eine Kunststoffschneckenpresse eingebaute hydraulisch betätigte Ortlinghaus-Lamellenkupplung. Die Antriebsseite läuft ununterbrochen mit $n_A = 750\,\text{min}^{-1} = 12{,}5\,\text{s}^{-1}$. Die Presse erfordert an der Kupplungswelle eine Nennleistung $P_{LN} = 10$ kW. Die Lastseite wird jeweils aus dem Stillstand ($n_L = 0$) auf die Drehzahl n_A beschleunigt. Das Reibmoment in den Lagern und an den Zahnrädern ist mit ≈ 20 % des Nenndrehmomentes in Rechnung zu setzen. Die auf die Lastseite reduzierten Massen besitzen ein Trägheitsmoment $J_{WL} = 0{,}062\,\text{kgm}^2$.

1. Welche Kupplungsgröße nach Tab. 20.6 kommt in Betracht, wenn mit einem Stoßfaktor $S_S = 2{,}3$ zu rechnen ist?
2. Wie groß wird die Beschleunigungszeit t_b?
3. Wie viele Schaltungen Z sind je Stunde möglich, wenn wegen des gekapselten Einbaus die zulässige Reibleistung 50 % des Tabellenwertes beträgt?

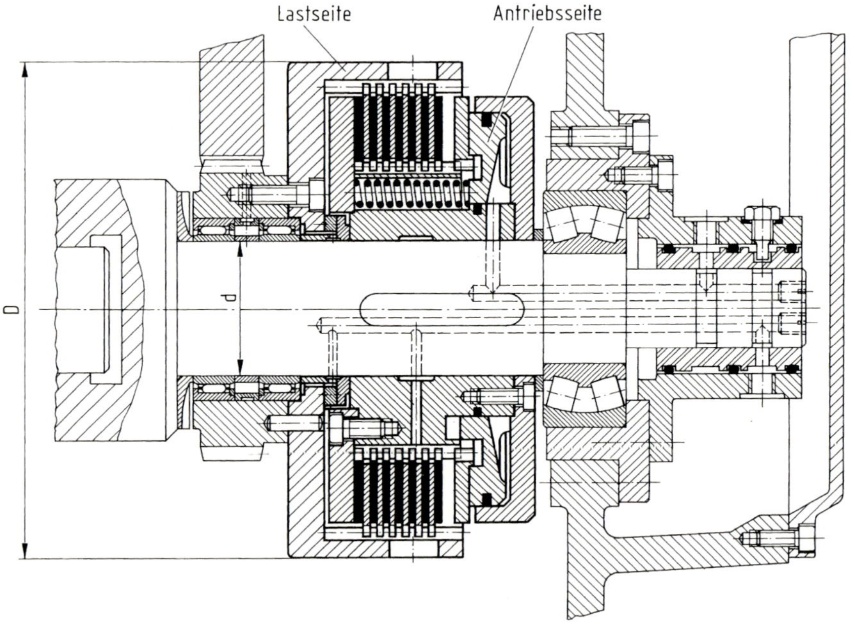

Bild 20.16 Hydraulisch geschaltete Ortlinghaus-Lamellenkupplung in einer Kunststoffschneckenpresse

20.17 In das Getriebe einer Schiffsladewinde, die durch einen Dreizylinder-Dieselmotor angetrieben wird, soll eine hydraulisch geschaltete Lamellenkupplung in der Ausführung nach Bild 20.16 eingebaut werden. Die Trommel-Nennleistung beträgt $P_{Tr} = 12$ kW. Der Dieselmotor läuft mit $n = 2400\,\text{min}^{-1} = 40\,\text{s}^{-1}$, Motor- und Kupplungswelle sind mit $|\,i\,| = 2{,}8$ ins Langsame übersetzt. Bezogen auf die Kupplungswelle sind Massen mit einem Trägheitsmoment $J_{WL} = 1{,}2\,\text{kgm}^2$ zu beschleunigen. Nach dem Einkuppeln wird eine Beschleunigungszeit $t_b \leq 0{,}3$ s verlangt. Das Beschleunigen aus dem Stillstand heraus erfolgt unter der Betriebslast, die wegen der Reibung in den Lagern, an den Zahnrädern und an der Trommel mit 115 % der Trommel-Nennleistung anzunehmen ist (Stoßfaktor S_S als Höchstwert der Tab. 20.3 für Winden). Von den in der Tab. 20.6 aufgeführten Kupplungen ist die geeignete zu wählen und zu kontrollieren, ob ihre Reibleistung zulässig ist (gekapselter Einbau), wenn mit maximal 40 Schaltungen je Stunde gerechnet werden muss.

20.18 Im Antrieb einer Werkzeugmaschine soll eine elektromagnetische Lamellenkupplung für Öllauf nach ME Bild 20.55a eingesetzt werden. Als Antriebsmaschine dient ein Elektromotor mit einer Drehzahl $n_A = 1440\ \text{min}^{-1} = 24\ \text{s}^{-1}$. Die Nennleistung der Lastseite beträgt $P_{LN} = 10\ \text{kW}$, das lastseitige, auf die Welle reduzierte Trägheitsmoment $J_{WL} = 0{,}25\ \text{kgm}^2$ (ohne Kupplungsanteil). Beim Beschleunigen ist ein auf die Kupplungswelle bezogenes Reibmoment $T_R = 20\ \text{Nm}$ zu überwinden, Anzahl der Schaltungen $Z = 90\ \text{h}^{-1}$, Stoßfaktor $S_S = 1{,}8$. Die Anfahrzeit soll $t = 1\ \text{s}$ nicht überschreiten. Wegen des Einbaus in ein Gehäuse ist nur mit 50 % der zulässigen Reibarbeit und Reibleistung der gewählten Kupplung zu rechnen. Es ist die erforderliche Kupplungsgröße nach Tab. 20.7 wie folgt zu bestimmen:

1. Wahl der Kupplungsgröße,
2. Überprüfung der Schaltzeit t,
3. Kontrolle der Reibarbeit W_R und der Reibleistung P_R.

20.19 Eine elektromagnetische Lamellenkupplung ist entspr. Bild 20.19 in einen Haspelantrieb einzubauen. Die Kupplung wird mit einer elastischen Vulkan-Kupplung verbunden und gegen Schmutzeinwirkung teilweise gekapselt. Die lastseitige Nennleistung beträgt $P_{LN} = 3{,}2\ \text{kW}$, der Antriebszapfen läuft mit $n = 20\ \text{min}^{-1} = 0{,}33\ \text{s}^{-1}$. Das auf die Kupplungswelle reduzierte Massenträgheitsmoment ist $J_{WL} = 97{,}85\ \text{kgm}^2$ (einschl. der Vulkan-Kupplung). Als Anfahrzeit sind $t \leq 1{,}5\ \text{s}$ erwünscht. Stündlich werden maximal $Z = 30$ Schaltungen vorgenommen. Es ist die erforderliche Kupplungsgröße für Trockenlauf mit den Daten der Tab. 20.7 zu ermitteln und zu prüfen, ob sie in Bezug auf Anfahrzeit, Schaltarbeit und Reibleistung den Anforderungen genügt, wenn im Leerlauf aus dem Stillstand angefahren wird und das Reibmoment $T_R \approx 150\ \text{Nm}$ beträgt. Als zulässige Reibarbeit und zulässige Reibleistung sind jeweils 70 % der in Tab. 20.7 angegebenen Werte einzusetzen. Als Stoßfaktor S_S ist der Kleinstwert nach Tab. 20.3 anzunehmen.

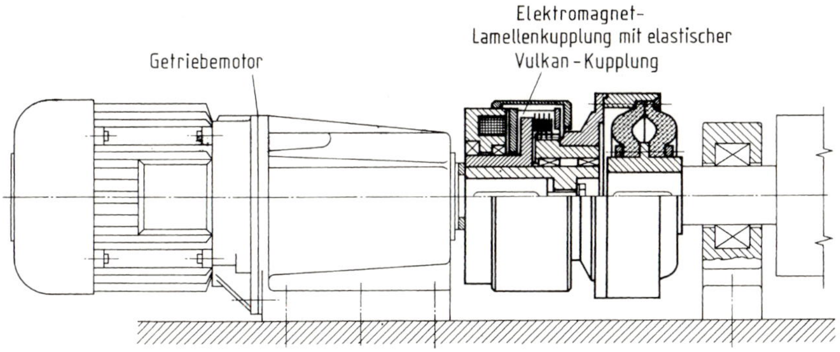

Bild 20.19 Elektromagnet-Lamellenkupplung mit elastischer Vulkan-Kupplung in einem Haspelantrieb

20.20 Der Antrieb eines Vibrators soll nach Bild 20.20 durch einen 750 W-Elektromotor mit $n = 950\ \text{min}^{-1} = 15{,}83\ \text{s}^{-1}$ und ausreichend hohem Anlaufmoment unter Zwischenschaltung einer ungekapselten elektromagnetischen Lamellenkupplung der Größe 09 für Trockenlauf nach Tab. 20.7 und einer elektromagnetischen Lamellenbremse erfolgen (siehe Aufgabe 20.28).

Die lastseitigen Massen mit dem Massenträgheitsmoment $J_{WL} = 0{,}00737\ \text{kgm}^2$ sollen möglichst in $t \leq 0{,}2\ \text{s}$ aus dem Stillstand ($n_L = 0$) auf die Betriebsdrehzahl $n_A = n$ gebracht werden. Das auf die Kupplungswelle bezogene Reibmoment in den Lagern beträgt $T_R = 70\ \text{Ncm}$. Die Kupplungsgröße ist zu überprüfen (Stoßfaktor $S_S = 2$) und festzustellen, welche Anfahrzeit t zu erwarten ist. Die Nennleistung P_{LN} ist gleich der Motorleistung zu setzen. Darf eine Schaltzahl $Z = 20\ \text{h}^{-1}$ zugelassen werden?

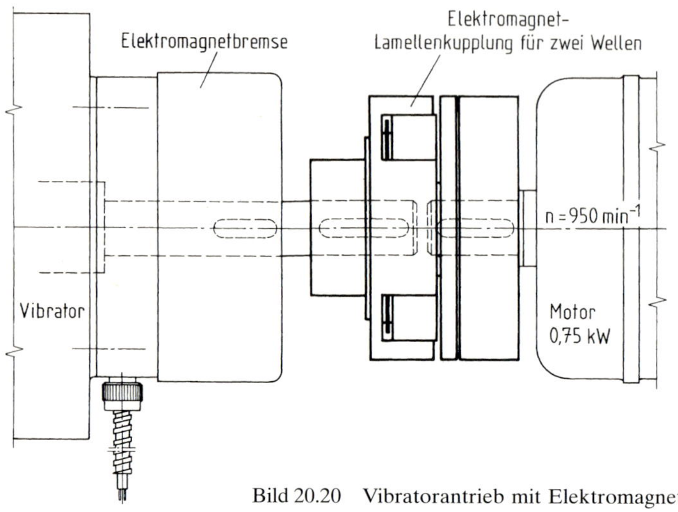

Bild 20.20 Vibratorantrieb mit Elektromagnet-Lamellenkupplung und -Bremse

20.21 Auf den Antriebszapfen einer Drehkolbenpumpe soll nach Bild 20.21 eine schleifringlose Elektromagnet-Lamellenkupplung mit Keilriemenscheibe gesetzt werden. Die Pumpe erfordert eine Nennleistung $P_{LN} = 15$ kW. Der treibende Elektromotor läuft mit $n_M = 2850\ min^{-1} = 47{,}5\ s^{-1}$. Der Keilriementrieb ist mit $i = 3{,}5$ ins Langsame übersetzt. Das Massenträgheitsmoment der hochzufahrenden Massen, reduziert auf die Kupplungswelle, beträgt $J_{WL} = 0{,}91$ kgm^2. Verlangt wird eine Anfahrzeit $t \leq 1$ s. Maximal sind $Z = 110$ Schaltungen je Stunde zu erwarten. Das Anfahren erfolgt unter Betriebslast, Stoßfaktor $S_S = 2{,}2$. Ist für diesen Fall eine Kupplung mit folgenden Daten geeignet: $T_s = 630$ Nm, $t_s = 0{,}5$ s, $J_{KL} = 0{,}075$ kgm^2, $W_{R\,zul} = 70$ kJ, $P_{R\,zul} = 1100$ kJ/h, $n_{zul} = 1200\ min^{-1}$, $D = 205$ mm, $d = 70$ mm?

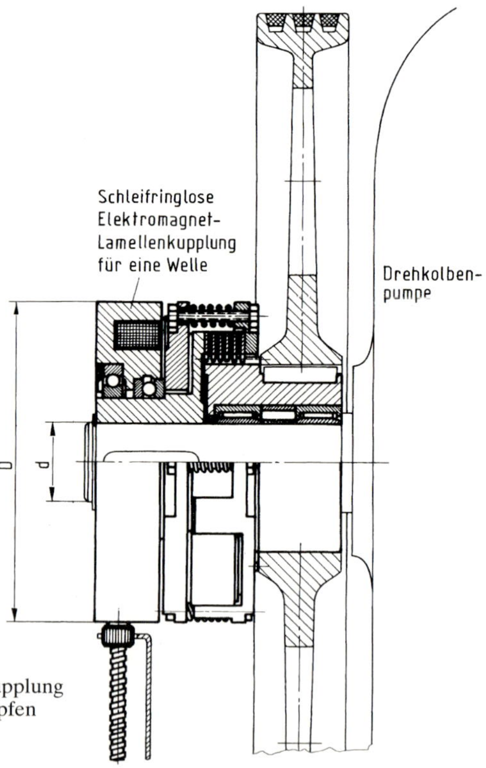

Bild 20.21 Schleifringlose Elektromagnet-Lamellenkupplung mit Keilriemenscheibe auf dem Antriebszapfen einer Drehkolbenpumpe

20.22 In einer Portionierungsmaschine soll die elektromagnetische Zweiflächenkupplung mit der Schalthäufigkeit $Z = 2000\ h^{-1}$ betrieben werden (Ausführung entspr. Bild 20.23 in der nachfolgenden Aufgabe). Das auf die Kupplungswelle bezogene Massenträgheitsmoment aller zu beschleunigenden Maschinenteile wurde zu $J_L = 0{,}1$ kgm^2

(einschl. Kupplung) ermittelt, das Reibmoment in den Lagern, an den Zahnrädern usw. zu $T_R = 12$ Nm. Die Kupplung läuft mit $n_A = 1100\ \text{min}^{-1} = 18{,}33\ \text{s}^{-1}$ und beschleunigt aus dem Stillstand heraus im Leerlauf. Die Beschleunigungszeit darf $t_b = 0{,}2$ s nicht überschreiten.
Die Daten der Kupplung sind: $T_s = 100$ Nm, $n_{zul} = 2200\ \text{min}^{-1}$, $J_{KL} = 0{,}0012\ \text{kgm}^2$, $D = 175$ mm, $d_{max} = 45$ mm, $P_{R\ zul} = 4600$ kJ/h.

1. Genügt das schaltbare Drehmoment der Kupplung?
2. Wie groß wird die Beschleunigungszeit tatsächlich?
3. Ist die Reibleistung zulässig, wenn wegen des gekapselten Einbaus mit 0,5 $P_{R\ zul}$ zu rechnen ist?

20.23 Für einen Scherenantrieb nach Bild 20.23 ist die Größe der Elektromagnet-Zweiflächenkupplung zu ermitteln. Sie steht in Verbindung mit einer hochelastischen Vulkan-Kupplung, die in Aufgabe 20.11 berechnet wurde. Bei $n_A = 480\ \text{min}^{-1} = 8\ \text{s}^{-1}$ sind $P_{LN} = 78$ kW zu übertragen, Stoßfaktor $S_S = 2$. Die auf die Kupplungswelle reduzierten Massen besitzen ein Trägheitsmoment $J_{WL} \approx 37\ \text{kgm}^2$ (einschl. Vulkan-Kupplung). Das geringe Massenträgheitsmoment der Reibscheibe der Zweiflächenkupplung kann vernachlässigt werden. Das Lager-Reibmoment beträgt $T_R = 30$ Nm. Es sollen $Z = 200$ Schaltungen je Stunde ausgeführt werden. Die Beschleunigungszeit soll $t_b = 1$ s nicht überschreiten.
Folgende Kupplungen stehen zur Auswahl:

Größe	A	B	C	D	E
$T_s =$	1000	1600	2500	4000	6300 Nm
$n_{zul} =$	1500	1500	1500	1500	1500 min^{-1}
$D =$	313	372	445	511	540 mm
$d_{max} =$	75	95	110	125	140 mm
$W_{R\ zul} =$	240	300	370	450	550 kJ
$P_{R\ zul} =$	6000	8000	10400	14000	24000 kJ/h

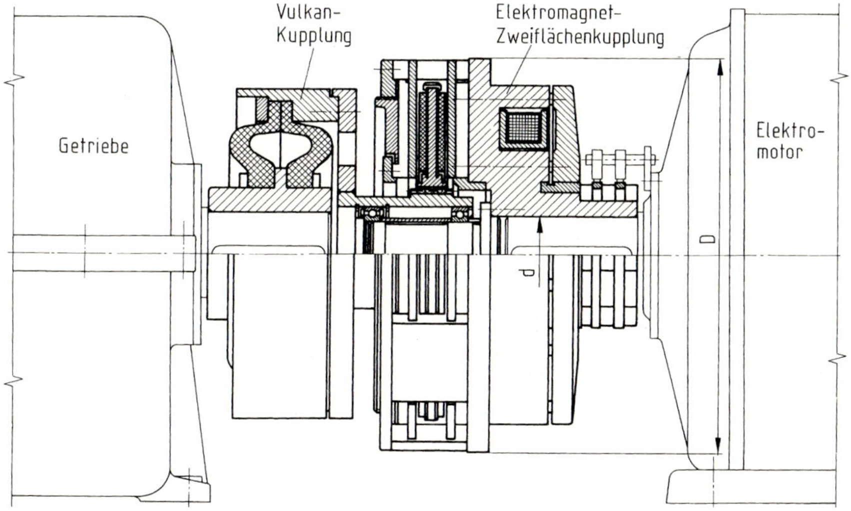

Bild 20.23 Elektromagnet-Zweiflächenkupplung mit einer elastischen Vulkan-Kupplung

20.24 In ein Wendegetriebe sollen nach Bild 20.24 zwei Elektromagnet-Einflächenkupplungen eingebaut werden (Ausführung einer Kupplung entspr. ME Bild 20.49). Für die Arbeitsperioden wird die rechte Kupplung mit $n_A = 400\ \text{min}^{-1} = 6{,}67\ \text{s}^{-1}$, für die Leerlaufperioden die linke in entgegengesetzter Richtung mit $n_L = 600\ \text{min}^{-1} = 10\ \text{s}^{-1}$ angetrieben. Die Arbeitsperiode erfordert eine Leistung $P_{LN} = 3{,}5$ kW. Die mit der Kupplungs-

welle verbundenen Massen werden ohne Betriebslast (im Leerlauf) reversiert. Hierbei werden die Kupplungen wechselweise ein- und ausgeschaltet. Das Massenträgheitsmoment der zu beschleunigenden (zu reversierenden) Massen, reduziert auf die Kupplungswelle, beträgt $J_{WL} = 0{,}52\ \text{kgm}^2$. Verlangt wird eine Umsteuerzeit (Beschleunigungszeit) $t_b \leq 0{,}2$ s. Die Reibung in den Lagern und an den Zahnrädern wirkt sich auf die Kupplungswelle mit einem Reibmoment $T_R = 13$ Nm aus.
Welche der folgenden Kupplungsgrößen kommt in Betracht, wenn wegen des Reversierbetriebes mit einem Stoßfaktor $S_S = 3$ zu rechnen ist und $Z = 400$ Schaltungen je Stunde erfolgen sollen? Da sich die Kupplungen in einem geschlossenen Getriebekasten befinden, sind als zulässige Reibarbeit und -leistung nur 50 % der nachfolgend angegebenen anzunehmen.

Größe	A	B	C	D	E	F
$T_s =$	100	160	250	400	630	1000 Nm
$n_{zul} =$	3400	3300	3300	3300	3000	3000 min^{-1}
$D =$	205	255	285	315	365	420 mm
$d_{max} =$	45	50	55	60	70	80 mm
$J_{KL} =$	0,028	0,05	0,063	0,125	0,25	0,5 kgm^2
$W_{R\ zul} =$	55	60	70	80	100	115 kJ
$P_{R\ zul} =$	1100	1400	2400	3200	4800	6800 kJ/h

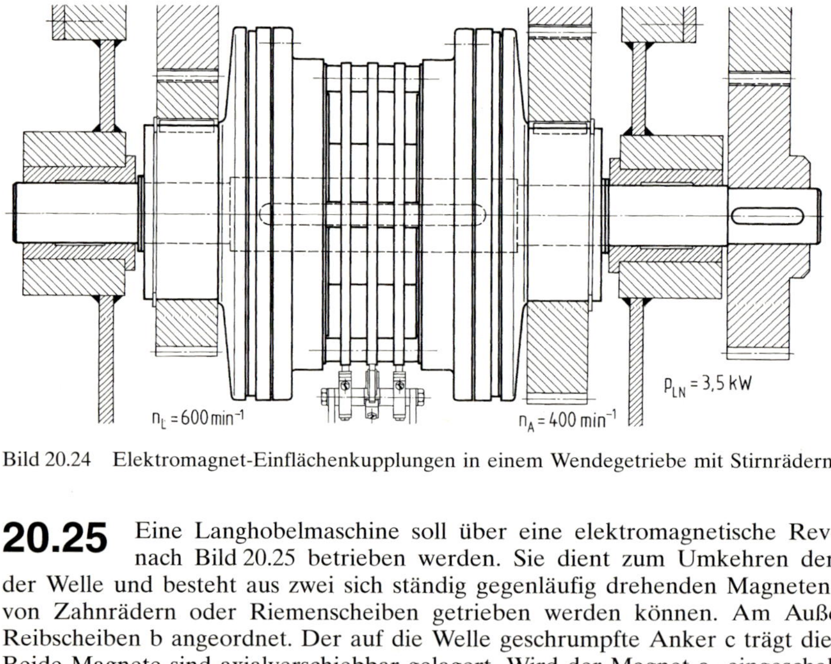

Bild 20.24 Elektromagnet-Einflächenkupplungen in einem Wendegetriebe mit Stirnrädern

20.25 Eine Langhobelmaschine soll über eine elektromagnetische Reversierkupplung nach Bild 20.25 betrieben werden. Sie dient zum Umkehren der Drehrichtung der Welle und besteht aus zwei sich ständig gegenläufig drehenden Magneten a_1 und a_2, die von Zahnrädern oder Riemenscheiben getrieben werden können. Am Außenumfang sind Reibscheiben b angeordnet. Der auf die Welle geschrumpfte Anker c trägt die Reibbeläge d. Beide Magnete sind axialverschiebbar gelagert. Wird der Magnet a_1 eingeschaltet, so zieht er sich an den Anker c und preßt Reibbelag d_1 und Reibscheibe b_1 gegeneinander. Durch den Kraftschluss wird die Welle in Drehrichtung I mitgenommen. Federn drücken den Magneten nach Stromabschaltung vom Anker ab. Nach Einschalten des Magneten a_2 wird die Welle in Drehrichtung II mitgenommen, also reversiert. Bei jedem Umschalten von der einen in die andere Drehrichtung muss die Kupplung die Wellen- und Ankermasse sowie die von der Welle angetriebenen Massen aus der Rotation verzögern und anschließend gegenläufig beschleunigen.
Die Daten der Kupplung sind: $T_s = 2500$ Nm, $P_{Rzul} = 12000$ kJ/h, $D = 545$ mm, $d_{max} = 100$ mm, $n_{zul} = 2500\ \text{min}^{-1}$.

In Drehrichtung I beträgt die größte Drehzahl $n_I = 150\ \text{min}^{-1} = 2{,}5\ \text{s}^{-1}$ und in Drehrichtung II $n_{II} = 225\ \text{min}^{-1} = 3{,}75\ \text{s}^{-1}$. Sämtliche auf die Kupplungswelle bezogenen Massen (einschl. der Ankerscheibe c) haben zusammen ein Trägheitsmoment $J_L = 19\ \text{kgm}^2$. Das Reibmoment an den Zahnrädern und in den Lagern beträgt an der Kupplungswelle $T_R = 35\ \text{Nm}$. Die Kupplung ist ungekapselt eingebaut. Es sind zu ermitteln:

1. Die mit der Kupplung erreichbare Reversierzeit t_u (Umsteuerzeit), wenn wegen der Verzögerung beim Umschalten der Magneten diese Zeit als 1,3faches der Beschleunigungszeit t_b angenommen wird,

2. Die mögliche Anzahl Z der Schaltungen je Stunde.

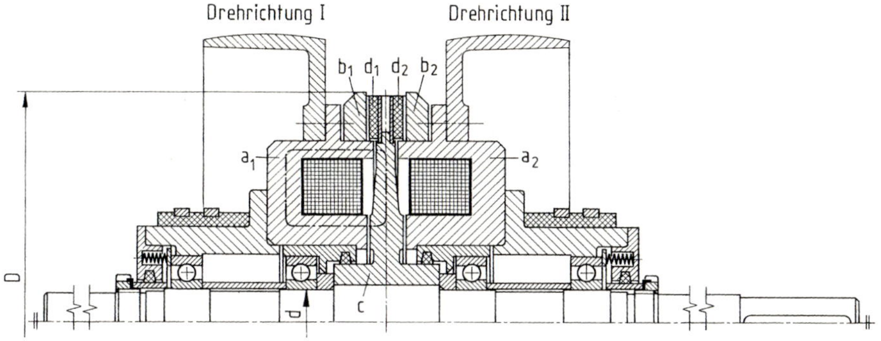

Bild 20.25 Elektromagnetische Reversierkupplung

20.26 Für die Umsteuerung der Tischbewegung einer Hobelmaschine sind zwei Elektromagnet-Lamellenkupplungen mit Bremse entspr. Bild 20.26 vorgesehen. Die Nennleistung während des Arbeitshubes beträgt $P_{LN} = 4{,}7\ \text{kW}$. Die kleinste Drehzahl der Kupplungswelle (in der ersten Geschwindigkeitsstufe der Maschine) beträgt $n = 60\ \text{min}^{-1} = 1\ \text{s}^{-1}$. Bei den maximalen Drehzahlen in der letzten, höchsten Geschwindigkeitsstufe von $n_I = 200\ \text{min}^{-1} = 3{,}33\ \text{s}^{-1}$ im Vorlauf und $n_{II} = 300\ \text{min}^{-1} = 5\ \text{s}^{-1}$ im Rücklauf werden eine Umsteuerzeit $t_u \leq 0{,}1\ \text{s}$ und $Z = 900$ Schaltungen je Stunde verlangt. Das auf die Kupplungswelle reduzierte Massenträgheitsmoment einschl. Tisch, Werkstück und Getrieberäder, jedoch ohne Kupplungs- und Bremsanteil $(J_{KL} + J_{BL})$, beträgt $J_{WL} = 1{,}1\ \text{kgm}^2$. Reibmoment in den Lagerungen und an den Zahnrädern $T_R = 105\ \text{Nm}$. Das Umsteuern erfolgt im Leerlauf.

Im Massenträgheitsmoment J_{KL} sind die lastseitigen Massen beider Kupplungen und des mittleren Trägers erfaßt.

Zu ermitteln sind:

1. Das erforderliche schaltbare Drehmoment T_s und Wahl der Kupplungsgröße, wenn mit einem Stoßfaktor $S_S = 3$ gerechnet wird,

2. Die Umsteuerzeit t_u, wenn diese wegen der Verzögerung beim Umschalten der Magneten 1,3 t_b gesetzt wird, und Kontrolle, ob $t_u \leq 0{,}1$ s,

3. Die Reibleistung P_R und Kontrolle, ob wegen des gekapselten Einbaus $P_R \leq 0{,}5\ P_{R\ zul.}$

Es stehen folgende Kupplungsgrößen zur Auswahl:

Größe	A	B	C	D	E
$T_s =$	630	1000	1600	2500	4000 Nm
$D =$	235	270	310	360	420 mm
$d_{max} =$	70	80	90	110	120 mm
$n_{zul} =$	1750	1600	1350	1200	1000 min^{-1}
$J_{KL} =$	0,128	0,255	0,54	1,125	2,55 kgm^2
$J_{BL} =$	0,076	0,153	0,324	0,675	1,53 kgm^2
$P_{R\ zul} =$	4000	6000	7000	9000	15000 kJ/h

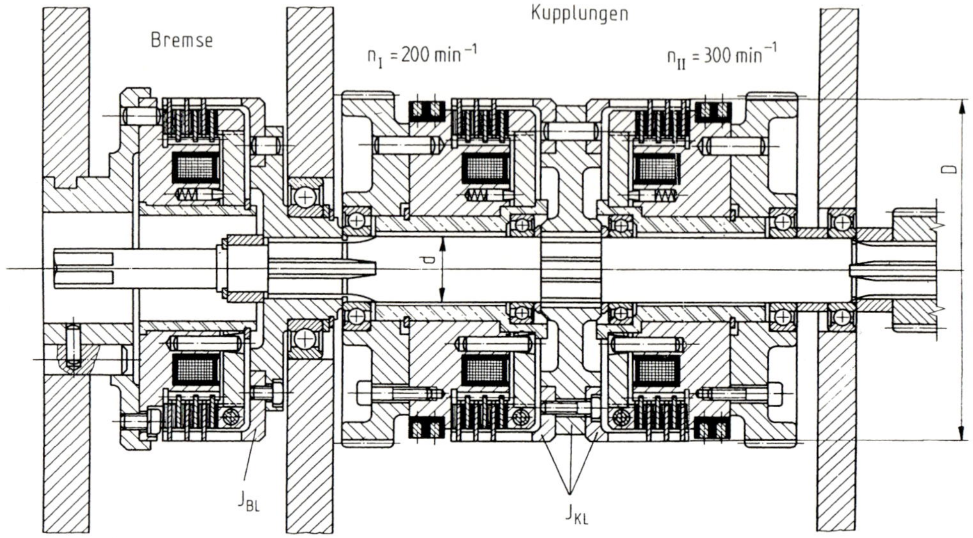

Bild 20.26 Ausschnitt eines Hobelmaschinen-Getriebes mit zwei Elektromagnet-Lamellenkupplungen zum Umsteuern der Tischbewegung in Verbindung mit einer Bremse

20.27 In das Hobelmaschinengetriebe nach Aufgabe 20.26 ist eine Elektromagnet-Lamellenbremse einzubauen, die zur Arbeitsunterbrechung die bewegten Massen nach Einschalten des Stromes in $t \approx 0{,}65$ s abbremsen soll. Die vorgesehene Bremse hat folgende Daten: $T_s = 2500$ Nm, $D = 360$ mm, $t_s = 0{,}6$ s, $W_{R\ zul} = 400$ kJ, $P_{R\ zul} = 9000$ kJ/h.
Das Reibmoment in den Lagerungen und an den Zahnrädern beträgt $T_R = 105$ Nm. Die auf die Bremswelle reduzierten Massen haben ein Trägheitsmoment $J_L = 2{,}9\ kgm^2$ (cinschl. der Kupplungen und der Bremse). Es ist mit maximal $Z = 15$ Bremsungen je Stunde zu rechnen, und zwar aus $n = 300\ min^{-1} = 5\ s^{-1}$. Genügt die Bremse den Anforderungen, wenn wegen des gekapselten Einbaus $W_R \leq 0{,}5\ W_{R\ zul}$ und $P_R \leq 0{,}5\ P_{R\ zul}$ sein sollen?

20.28 Bild 20.20 zeigt einen Vibratorantrieb mit Elektromagnet-Lamellenkupplung und -Bremse (siehe Aufgabe 20.20). Die Elektromagnetbremse besitzt ein schaltbares Drehmoment $T_s = 20$ Nm. Die Massen mit dem Trägheitsmoment $J_L = 0{,}00802\ kgm^2$ (einschl. Bremsscheibe und mitabzubremsende Kupplungsteile) sollen aus $n_L = 950\ min^{-1} = 15{,}9\ s^{-1}$ nach Ausschalten der Kupplung (Motor läuft weiter) bis zum Stillstand abgebremst werden. Das Reibmoment in den Lagern beträgt $T_R = 70$ Ncm. Nach welcher Zeit kommen die Massen vom Einschalten des elektrischen Stromes der Bremse zum Stillstand, wenn die Schaltzeit $t_s = 0{,}12$ s beträgt? Da nur selten gebremst wird, braucht eine Wärmeberechnung nicht vorgenommen zu werden.

20.29 In einer Kupplungs-Brems-Kombination nach ME Bild 20.82 hat die Elektromagnet-Einflächenbremse ein schaltbares Drehmoment $T_s = 60$ Nm, mit dem rotierende Massen aus der Drehzahl $n_L = 625\ min^{-1} = 10{,}42\ s^{-1}$ stillgesetzt werden sollen, während der Antriebsmotor nach Abschalten der Kupplung weiter läuft. Es betragen das auf die Bremswelle bezogene Trägheitsmoment der abzubremsenden Massen $J_{WL} = 280\ kgcm^2$, das der Bremsscheibe $J_{BL} = 21\ kgcm^2$ (einschl. Kupplungsanteil), die Schaltzeit $t_s = 110$ ms und das Reibmoment in den Lagern $T_R = 200$ Ncm. Die Zeit t vom Einschalten der Bremse bis zum Stillstand der Massen ist zu errechnen.

20.30 Bild 20.30 zeigt die Klemmrollen-Rücklaufsperre (Freilaufkupplung) am Getriebe eines Mischers. Bei $n = 570\,\text{min}^{-1} = 9{,}5\,\text{s}^{-1}$ sind $P = 9{,}6\,\text{kW}$ zu übertragen, Stoßfaktor $S_S = 2{,}3$. Welche Kupplungsgröße kommt von den folgenden in Betracht, wenn während der gesamten Lebensdauer etwa $Z = 10^6$ Sperrungen erfolgen?

Größe	A	B	C	D	E
$T_K =$	210	350	400	920	1000 Nm
$D =$	55	68	75	90	95 mm
$d =$	20	25	28	35	40 mm
$n_{zul} =$	2400	1700	1350	1100	900 min^{-1}

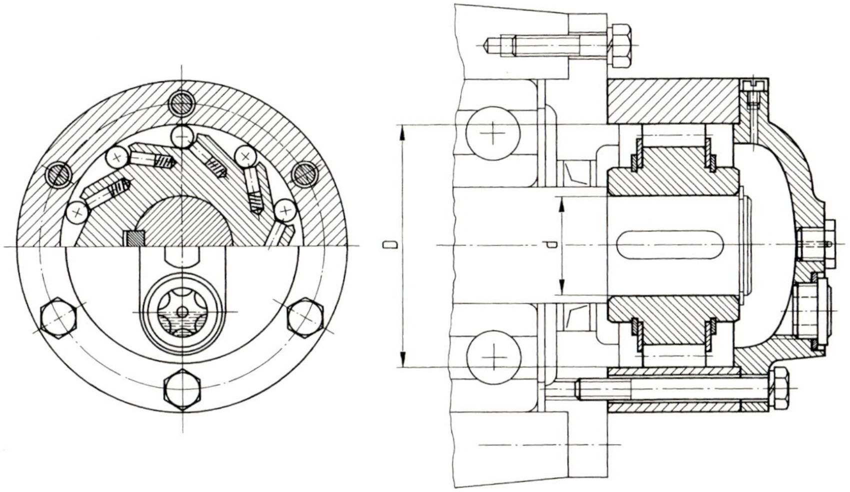

Bild 20.30 Klemmrollen-Rücklaufsperre an einem Getriebe (Rexnord Antriebstechnik, Dortmund)

21 Grundlagen für Zahnräder und Getriebe

Evolventenverzahnung

21.1 Ein Evolventenzahn hat bei dem Eingriffswinkel $\alpha = 20°$ am Wälzkreis = Teilkreis mit dem Durchmesser $d_w = d = 156$ mm eine Dicke $s = 4{,}71$ mm.

1. Welche Dicke $s_y = s_{an}$ (siehe ME Bild 22.12) besitzt er am Durchmesser d_y = Kopfkreisdurchmesser $d_a = 159$ mm?

2. Welche Dicke s_y besitzt er am Durchmesser d_y = Grundkreisdurchmessser $d_b = 146{,}59$ mm, an dem $\alpha_y = 0$ ist?

21.2 Welche Dicke hat ein Evolventenzahn am Durchmesser von 142 mm, wenn bei einem Eingriffswinkel von 25° am Wälzkreisdurchmesser von 132 mm seine Dicke 17,28 mm beträgt?

21.3 Wie groß ist das spezifische Gleiten ζ_1 und ζ_2 für die Berührpunkte eines Evolventen-Radpaares mit dem Eingriffswinkel $\alpha = 20°$, den Zähnezahlen $z_1 = 18$, $z_2 = 103$ und dem Wälzkreisradius $r_{w1} = r_1 = 13{,}5$ mm des Kleinrades, wenn sich der Berührpunkt B im Abstand $b = 3$ mm vom Wälzpunkt C auf der Eingriffsstrecke befindet?

21.4 Der Berührpunkt eines Evolventen-Radpaares mit einem Eingriffswinkel von 25° liegt auf der Eingriffsstrecke um $b = -2$ mm vom Wälzpunkt entfernt (nach ME Bild 21.17 also um 2 mm rechts vom Wälzpunkt C). Das Ritzel hat 12 Zähne und einen Wälzkreisradius von 66 mm, Zähnezahlverhältnis $u = 3$. Wie groß ist das spezifische Gleiten für die Berührpunkte beider Räder?

22 Abmessungen und Geometrie der Stirn- und Kegelräder

Stirnradpaare

22.1 Für die Nullräder eines Außenradpaares mit dem Norm-Eingriffswinkel $\alpha = 20°$, dem Modul $m = 10$ mm, den Zähnezahlen $z_1 = 19$ und $z_2 = 77$ sind zu ermitteln:

1. Die Teilkreisdurchmesser d_1 und d_2,
2. Die Kopfkreisdurchmesser d_{a1}, d_{a2} und die Fußkreisdurchmesser d_{f1}, d_{f2} mit dem ISO-Standardwert für das Kopfspiel c,
3. Die Grundkreisdurchmesser d_{b1} und d_{b2},
4. Die Teilung p und die Eingriffsteilung p_e,
5. Der Null-Achsabstand a_d,
6. Das Zähnezahlverhältnis u,
7. Die Profilüberdeckung ε_α.

22.2 Das Laufradvorgelege im Fahrantrieb eines Kranes (Bild 22.2) ist ein Gestirnradpaar mit Nullrädern und der Übersetzung $|i| = 5{,}067$. Die Räder haben 20°-Normverzahnung mit dem Modul $m = 12$ mm. Das Ritzel hat $z_1 = 15$ Zähne. Es sind die wichtigsten Abmessungen der Räder und die Profilüberdeckung zu errechnen, und zwar:

1. Die Zähnezahl z_2 des Rades,
2. Die Teilkreisdurchmesser d_1 und d_2,
3. Die Kopfkreisdurchmesser d_{a1}, d_{a2} und die Fußkreisdurchmesser d_{f1}, d_{f2},
4. Die Grundkreisdurchmesser d_{b1} und d_{b2},
5. Der Achsabstand a als Null-Achsabstand a_d,
6. Die Profilüberdeckung ε_α.

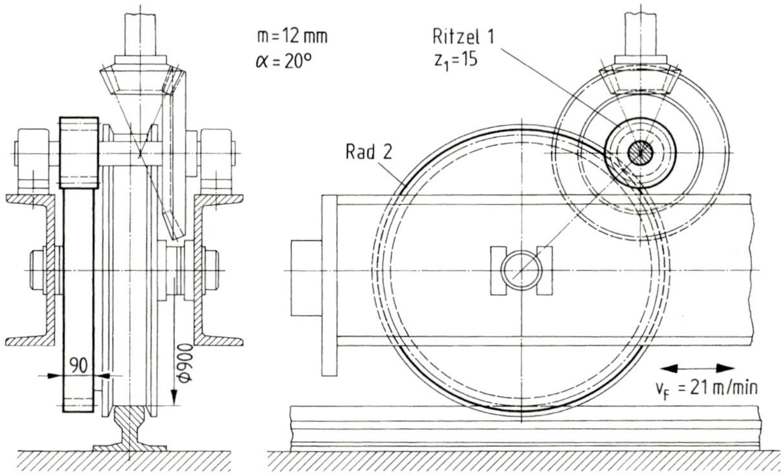

Bild 22.2 Laufradvorgelege im Fahrantrieb eines Kranes

22.3 Die in Bild 22.3 dargestellte Bockwinde hat Gusszahnräder mit unbearbeiteten Flanken und einen Eingriffswinkel $\alpha = 25°$ sowie einem Modul $m = 11$ mm. Die erste Stufe hat ein Zähnezahlverhältnis $u_1 = 3$, Zähnezahl des Ritzels $z_1 = 12$. Es sind zu ermitteln:

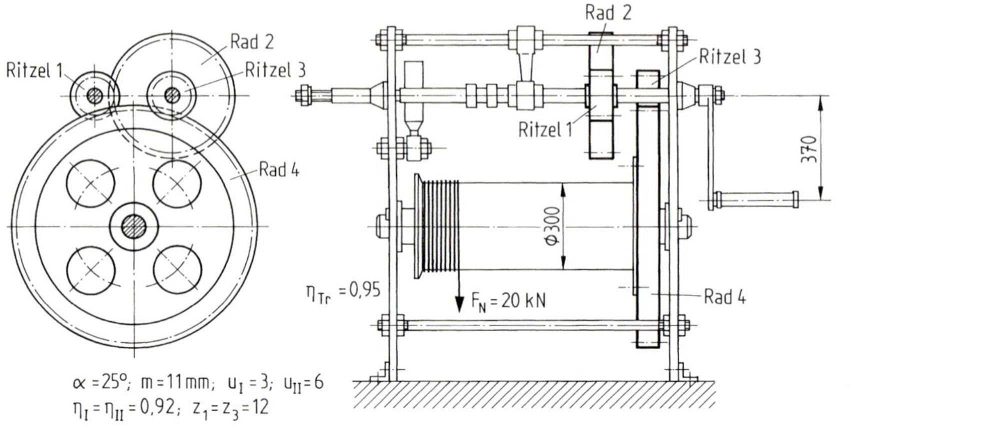

Bild 22.3 Bockwinde mit gegossenen Zahnrädern

1. Die Zähnezahl z_2 des Rades 2,
2. Die Teilkreisdurchmesser d_1 und d_2,
3. Die Kopf- und Fußkreisdurchmesser d_{a1}, d_{a2} und d_{f1}, d_{f2} mit einem Kopfspiel $c = 0{,}3\,m$,
4. Der Null-Achsabstand a_d,
5. Genügt die Profilüberdeckung ε_α?

22.4 Für die zweite Stufe der Bockwinde nach Bild 22.3 mit gegossenen Nullrädern sind die Hauptabmessungen des Rades 4 mit der Zähnezahl $z_4 = 72$ und die Eingriffsverhältnisse zu berechnen. Das Ritzel 3 erhält die gleichen Abmessungen wie das Ritzel 1 der ersten Stufe (Aufgabe 22.3). Somit sind gegeben: Zähnezahl $z_3 = 12$, Teilkreisdurchmesser $d_3 = 132$ mm, Kopfkreisdurchmesser $d_{a3} = 154$ mm, Grundkreisdurchmesser $d_{b3} = 119{,}6$ mm, Modul $m = 11$ mm, Eingriffswinkel $\alpha = 25°$, Eingriffsteilung $p_e = 31{,}3$ mm, Kopfspiel $c = 3{,}3$ mm. Zu ermitteln sind:
1. Der Teilkreisdurchmesser d_4, der Kopfkreisdurchmesser d_{a4} und der Fußkreisdurchmesser d_{f4},
2. Der Null-Achsabstand a_d,
3. Genügt die Profilüberdeckung ε_α?

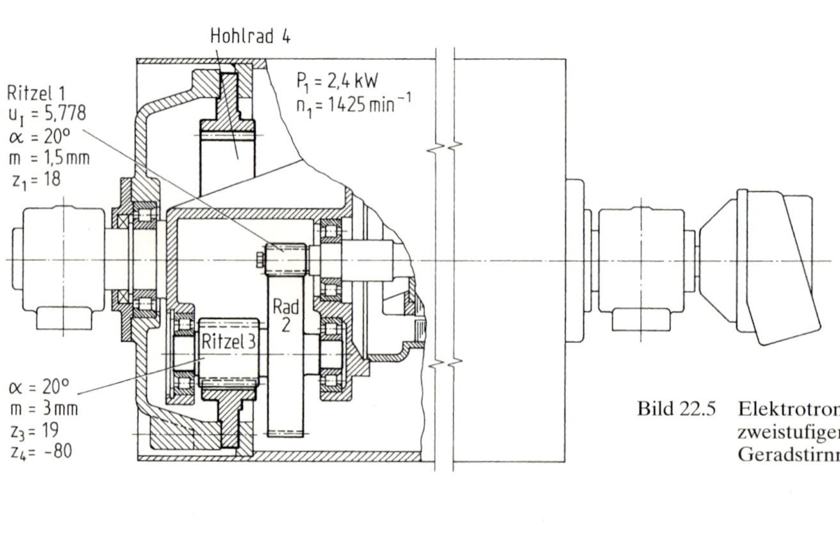

Bild 22.5 Elektrotrommelmotor mit zweistufigem Geradstirnrad-Nullgetriebe

22.5 Der in Bild 22.5 dargestellte Elektro-Trommelmotor für den Antrieb von Gurtförderern enthält ein zweistufiges Geradstirnräder-Nullgetriebe. Die erste Stufe ist ein Außenradpaar mit dem Zähnezahlverhältnis $u_1 = 5{,}778$ und genormter Evolventenverzahnung mit dem Modul $m = 1{,}5$ mm. Das Ritzel 1 hat 18 Zähne. Es sind die Hauptabmessungen des Ritzels 1 und des Rades 2 sowie der Null-Achsabstand zu berechnen und die Profilüberdeckung zu kontrollieren.

22.6 Bei der zweiten Stufe des Elektro-Trommelmotorgetriebes nach Bild 22.5 handelt es sich um ein evolventenverzahntes Null-Innenradpaar mit dem genormten Eingriffswinkel $\alpha = 20°$, Modul $m = 3$ mm, Zähnezahl des Ritzels $z_3 = 19$, des Hohlrades $z_4 = -80$. Es sind zu ermitteln:

1. Das Zähnezahlverhältnis u_{II};
2. Die Teilkreisdurchmesser d_3 und d_4,
3. Die Kopf- und Fußkreisdurchmesser d_{a3}, d_{a4} und d_{f3}, d_{f4} mit einem Kopfspiel $c = 0{,}25m$,
4. Nach Bild 22.5 müssen die Achsabstände beider Getriebestufen gleich sein; ist diese Bedingung erfüllt?
5. Ist beim Hohlrad eine Kopfkürzung erforderlich? Falls ja, wie groß muss d_{a4} ausgeführt werden?
6. Ist die Profilüberdeckung ε_α ausreichend?

22.7 Der Tisch einer Langhobelmaschine wird über ein Zahnstangen-Nullradpaar (Bild 22.7) in eine hin- und hergehende Bewegung versetzt. Die Geradverzahnung hat den genormten Eingriffswinkel $\alpha = 20°$ und einen Modul $m = 4$ mm. Bei einer Drehzahl $n_1 = 15\ \text{min}^{-1}$ des treibenden Zahnrades soll sich der Tisch mit einer Geschwindigkeit $v = 10$ m/min bewegen. Die Hauptabmessungen des Zahnrades und die Profilüberdeckung sind zu errechnen. Das Kopfspiel soll als ISO-Standardwert ausgeführt werden.

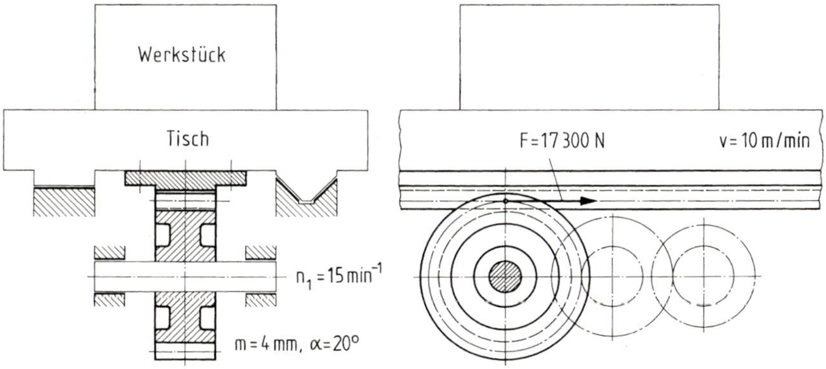

Bild 22.7 Zahnstangen-Nullradpaar für den Tischantrieb einer Langhobelmaschine

22.8 In Bild 22.8 ist das dreistufige Hubwerksgetriebe eines Elektroseilzuges schematisch dargestellt. Es enthält Geradzahnräder mit genormter Evolventenverzahnung. Die erste Stufe ist ein V_{plus}-Radpaar mit dem Modul $m = 1{,}5$ mm, einem Achsabstand $a = 70{,}75$ mm, den Profilverschiebungsfaktoren $x_1 = +2/3 = +0{,}667$ und $x_2 = 0$ und den Zähnezahlen $z_1 = 16$, $z_2 = 77$. Für diese Stufe sind zu ermitteln:

1. Das Zähnezahlverhältnis u_1 und die Übersetzung i_I,
2. Die Teilkreisdurchmesser d_1 des Ritzels 1 und d_2 des Rades 2,
3. Die V-Kreis-Durchmesser d_{v1} und d_{v2},
4. Die Kopf- und Fußkreisdurchmesser d_{a1}, d_{a2} und d_{f1}, d_{f2},
5. Wie wird der Achsabstand a ausgeführt, als V-Achsabstand a_v mit zusätzlichem Flankenspiel oder als W-Achsabstand a_w ohne zusätzliches Flankenspiel?

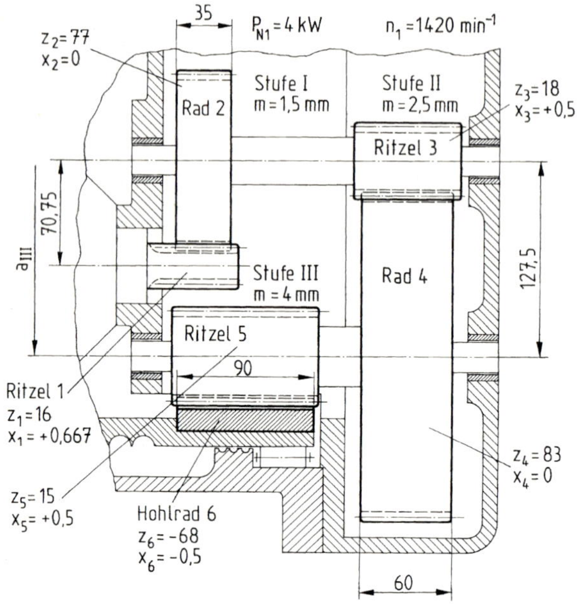

Bild 22.8 Dreistufiges Hubwerksgetriebe eines Elektroseilzuges

6. Wie groß ist der Betriebs-Eingriffswinkel α_w beim gegebenen Achsabstand a?
7. Welche Durchmesser d_{w1} und d_{w2} haben die Betriebswälzkreise?
8. Ist die Profilüberdeckung ε_α ausreichend?

22.9 Die zweite Stufe des in Bild 22.8 gezeigten Hubwerksgetriebes eines Elektroseilzuges ist wie die erste ein V_{plus}-Radpaar mit Geradstirnrädern und genormter Evolventenverzahnung. Gegeben sind: Modul $m = 2{,}5$ mm, Zähnezahlen $z_3 = 18$ und $z_4 = 83$, Profilverschiebungsfaktoren $x_3 = +0{,}5$ und $x_4 = 0$, Achsabstand $a = 127{,}5$ mm. Es sind die gleichen Berechnungen wie für die erste Getriebestufe durchzuführen (siehe Aufgabe 22.8).

22.10 Die dritte Stufe des in Bild 22.8 schematisch dargestellten Hubwerksgetriebes eines Elektroseilzuges ist ein geradverzahntes V_{null}-Innenradpaar mit dem Modul $m = 4$ mm, den Profilverschiebungsfaktoren $x_5 = +0{,}5$ und $x_6 = -0{,}5$ sowie den Zähnezahlen $z_5 = 15$ beim Ritzel 5 und $z_6 = -68$ beim Hohlrad 6. Es sind zu ermitteln:
1. Das Zähnezahlverhältnis u_{III} und die Übersetzung i_{III},
2. Die Teil- und die V-Kreis-Durchmesser d_5, d_6 und d_{v5}, d_{v6},
3. Die Kopf- und Fußkreisdurchmesser d_{a5}, d_{a6} und d_{f5}, d_{f6},
4. Die Grundkreisdurchmesser d_{b5} und d_{b6},
5. Der Betriebs-Eingriffswinkel α_w, der Achsabstand $a = a_w$ und die Betriebs-Wälzkreisdurchmesser d_{w5} und d_{w6},
6. Hat die Zahndicke am Kopfkreis des Ritzels 5 mindestens den üblichen Kleinstwert $s_a = 0{,}2m$?
7. Ist beim Hohlrad 6 die Zahnlücke am Fußkreis mindestens $e_f = 0{,}2m$, wird die Bedingung $|d_b| \leq |d_a|$ erfüllt und ist eine Kopfkürzung erforderlich?
8. Genügt die Profilüberdeckung ε_α?

22.11 Das in Bild 22.11 gezeigte zweistufige Universal-Getriebe hat als erste Stufe ein schrägverzahntes Null-Außenradpaar (Bild 22.11b) mit genormter Evolventenverzahnung und dem Schrägungswinkel $\beta = 20°$. Die Übersetzung dieser Stufe soll nicht mehr als $|i_I| \approx 6$ betragen. Das Ritzel 1 ist mit $z_1 = 16$ Zähnen und einem Bohrungsdurchmesser $d_B = 40$ mm auszuführen. Es sind folgende Verzahnungsangaben für das Ritzel 1 und das Rad 2 zu ermitteln:

1. Die Zähnezahl z_2 als ungerade Zahl, das sich damit ergebende Zähnezahlverhältnis u_I und die tatsächliche Übersetzung i_I,
2. Der genormte Normalmodul m_n (nach Tab. 22.1), wenn das Ritzel wegen der vorgegebenen Bohrung schätzungsweise einen Teilkreisdurchmesser von mindestens 75 mm erhalten muss,
3. Der Stirneingriffswinkel α_t,
4. Die Teilkreisdurchmesser d_1 und d_2,
5. Die Kopf- und Fußkreisdurchmesser d_{a1}, d_{a2} und d_{f1}, d_{f2},
6. Die Grundkreisdurchmesser d_{b1} und d_{b2},
7. Die Normalteilung p_n und die Normaleingriffsteilung p_{en},
8. Die Stirnteilung p_t und die Stirneingriffsteilung p_{et},
9. Die Ersatzzähnezahlen z_{n1} und z_{n2},
10. Der Null-Achsabstand a_d.

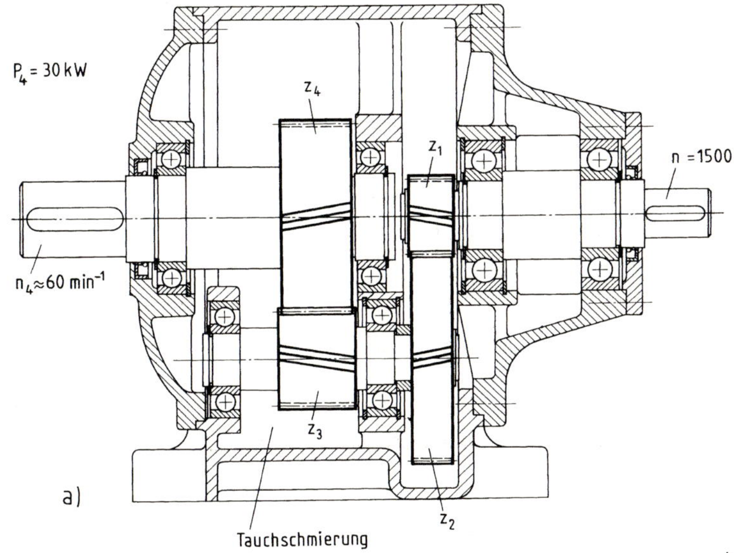

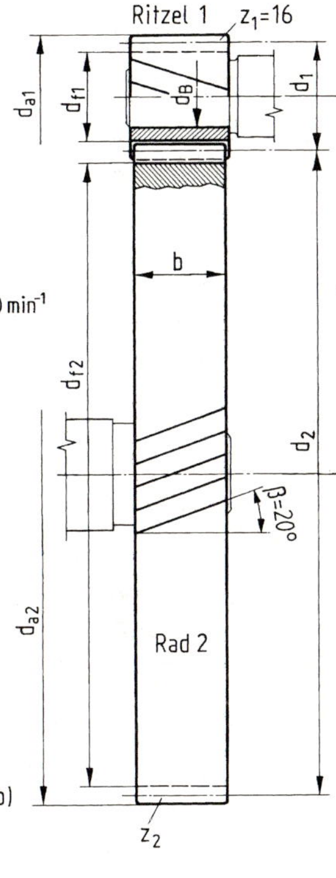

Bild 22.11 Zweistufiges Universal-Getriebe mit Schrägzahnrädern
a) Schnittdarstellung, b) Radpaar der ersten Stufe

22.12 Für das schrägverzahnte Null-Außenradpaar nach Bild 22.11b mit dem Normalmodul $m_n = 4{,}5$ mm und dem Schrägungswinkel $\beta = 20°$ sind die Eingriffsverhältnisse zu überprüfen. Nach Aufgabe 22.11 wurden errechnet: $d_{a1} = 85{,}62$ mm, $d_{b1} = 71{,}45$ mm, $d_{a2} = 463{,}94$ mm, $d_{b2} = 424{,}24$ mm, $a = a_d = 265{,}78$ mm, $a_{wt} = a_t = 21{,}17°$ $p_{et} = 14{,}02$ mm.

1. Ist die Profilüberdeckung ε_α ausreichend?
2. Welche Sprungüberdeckung ε_β ergibt sich bei einer Zahnbreite $b = 10m_n$?
3. Wie groß ist die Gesamtüberdeckung ε_γ?

22.13 Die zweite Stufe des in Bild 22.11 gezeigten Universal-Getriebes ist in ihren Abmessungen festzulegen unter der Voraussetzung, daß der Achsabstand mit dem ersten Stufe übereinstimmt. Um diesen Achsabstand zu erreichen, ist das Ritzel 3 mit der Zähnezahl $z_3 = 14$ im Profil positiv zu verschieben. Somit handelt es sich um ein schrägverzahntes V_{plus}-Radpaar (Bild 22.13), das mit einem Schrägungswinkel $\beta = 15°$, einer Übersetzung $|i_{II}| \approx 4{,}2$ und dem W-Achsabstand $a_w = 265{,}78$ mm ausgeführt werden soll. Im Einzelnen sind zu ermitteln:

1. Die Zähnezahl z_4 des Rades 4 als ungerade Zahl, das Zähnezahlverhältnis u_{II} und die Übersetzung i_{II},
2. Die Betriebs-Wälzkreisdurchmesser d_{w3} und d_{w4},
3. Der Normalmodul m_n, ausgehend von der angenommenen Näherung $d_3 = d_{w3}$,
4. Die Teilkreisdurchmesser d_3 und d_4 und der Null-Achsabstand a_d,
5. Der Stirneingriffswinkel α_t und der Betriebs-Eingriffswinkel α_{wt},
6. Der Profilverschiebungsfaktor x_1 bei $x_4 = 0$,
7. Die Kopf- und Fußkreisdurchmesser d_{a3}, d_{a4} und d_{f3}, d_{f4},
8. Die Ersatzzähnezahlen z_{n3} und z_{n4}.

22.14 Für das schrägverzahnte V_{plus}-Radpaar nach Bild 22.13 mit dem Normalmodul $m_n = 7$ mm und dem Schrägungswinkel $\beta = 15°$ sowie dem Achsabstand $a = a_w = 265{,}78$ mm sind die Eingriffsverhältnisse zu berechnen. Nach Aufgabe 22.13 wurden bereits errechnet: $d_3 = 101{,}46$ mm, $d_4 = 427{,}57$ mm, $d_{a3} = 118{,}02$ mm, $d_{a4} = 441{,}57$ mm, $a_d = 264{,}51$ mm, $\alpha_t = 20{,}65°$, $\alpha_{wt} = 21{,}36°$. Die Zahnbreite soll mit $b = 15 m_n$ ausgeführt werden. Es sind zu ermitteln:

1. Die Grundkreisdurchmesser d_{b3} und d_{b4},
2. Die Teilungen p_n, p_{en}, p_t und p_{et},
3. Die Profilüberdeckung ε_α, die Sprungüberdeckung ε_β und die Gesamtüberdeckung ε_γ.

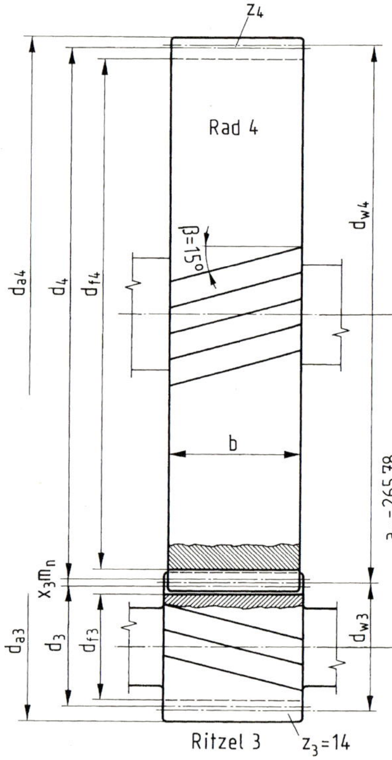

Bild 22.13 Radpaar der zweiten Stufe des Universal-Getriebes nach Bild 22.11

Kegelradpaare

22.15 In Bild 22.15 ist ein geradverzahntes Kegelradpaar mit dem Achsenwinkel $\Sigma = 90°$ aus dem Fahrantrieb eines Kranes dargestellt. Es handelt sich um ein Null-Radpaar mit genormten Bezugsprofil, dem Modul $m = m_e = 10$ mm, einer Zahnbreite $b = 80$ mm und den Zähnezahlen $z_1 = 23$, $z_2 = 55$. Für die Herstellung der Räder sind folgende Daten und Abmessungen zu ermitteln:

1. Das Zähnezahlverhältnis u und die Übersetzung i,
2. Die Teilkegelwinkel δ_1 und δ_2,
3. Die äußeren Teilkreisdurchmesser d_{e1} und d_{e2},
4. Die äußeren Kopf- und Fußkreisdurchmesser d_{ae1}, d_{ae2} und d_{fe1}, d_{fe2} bei normaler Kopf- und Fußhöhe h_{ae} und h_{fe},
5. Die äußere Teilung p_e und die äußere Teilkegellänge R_e = Planradius R_B
6. Der mittlere und der innere Modul m_m und m_i,

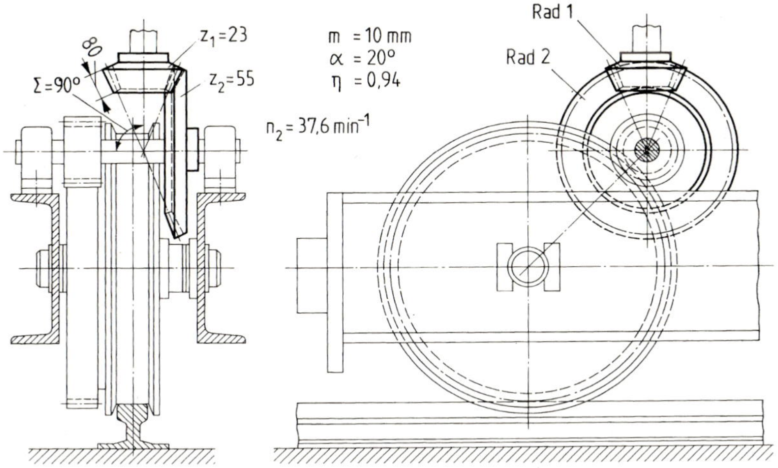

Bild 22.15 Geradzahn-Kegel-Nullradpaar im Fahrantrieb eines Kranes

7. Die mittleren und die inneren Teilkreisdurchmesser d_{m1}, d_{m2} und d_{i1}, d_{i2},

8. Der Kopf- und der Fußwinkel ϑ_a und ϑ_f,

9. Die Kopf- und die Fußkegelwinkel δ_{a1}, δ_{a2} und δ_{f1} und δ_{f2},

10. Ist die Zahnbreite b zulässig?

22.16 Für das in Bild 22.15 gezeigte geradverzahnte Kegel-Nullradpaar mit den Zähnezahlen $z_1 = 23$, $z_2 = 55$ sind die virtuellen Zähnezahlen z_{v1}, z_{v2} und die Profilüberdeckung ε_α (zweckmäßig mit dem Modul $m = 1$ für die Ergänzungsstirnräder) zu errechnen. Nach Aufgabe 22.15 betragen die Teilkegelwinkel $\delta_1 = 22{,}69°$ und $\delta_2 = 67{,}31°$.

22.17 Es ist ein Geradzahn-Kegel-Nullradpaar entsprechend Bild 22.17 mit einem Achsenwinkel $\Sigma = 100°$ und einem Zähnezahlverhältnis $u = 2$ zu entwerfen. Der Teilkreisdurchmesser des Ritzels 1 soll $d_{e1} = 100 \ldots 110$ mm betragen. Zu ermitteln sind:

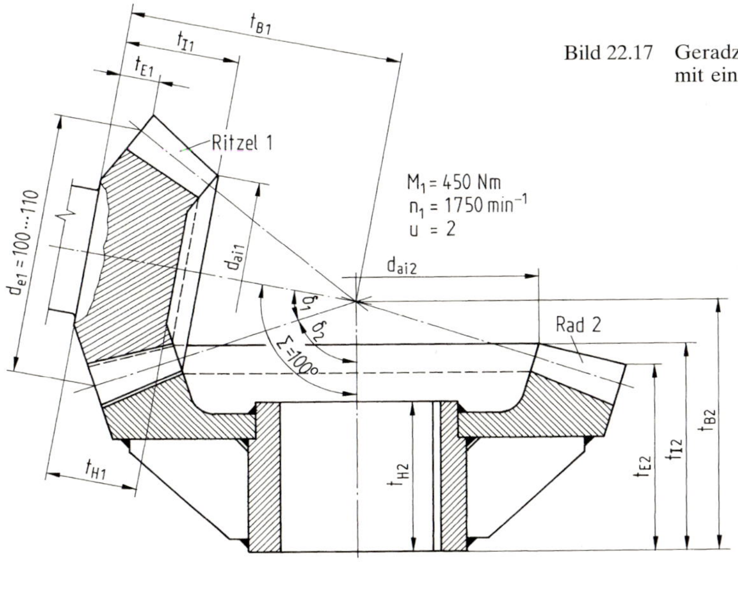

Bild 22.17 Geradzahn-Kegel-Nullradpaar mit einem Achsenwinkel von 100°

1. Die Teilkegelwinkel δ_1 und δ_2,
2. Die Zähnezahlen z_1 und z_2, wobei von einer virtuellen Grenzzähnezahl $z_{v\,min} = 14$ auszugehen ist,
3. Der erforderliche genormte Modul $m = m_e$ nach DIN 780.

22.18 Für das entsprechend Bild 22.17 zu entwerfende Geradzahn-Kegel-Nullradpaar sind die Abmessungen der Räder zu errechnen. Gegeben sind: Modul $m_e = 8$ mm, Zähnezahlen $z_1 = 13$, $z_2 = 26$, Teilkegelwinkel $\delta_1 = 28{,}33°$, $\delta_2 = 71{,}67°$ (siehe Aufgabe 22.17). Es sind zu ermitteln:
1. Die äußeren Teilkreisdurchmesser d_{e1} und d_{e2},
2. Die äußeren Kopf- und Fußkreisdurchmesser d_{ae1}, d_{ae2} und d_{fe1}, d_{fe2} mit $h_{ae} = m_e$ und $h_{fe} = 1{,}25 m_e$,
3. Die äußere Teilung p_e und die Teilkegellänge R_e,
4. Die Zahnbreite b (zulässige Breite auf 5 mm genau nach unten gerundet),
5. Der innere Modul m_i, die inneren Teilkreisdurchmesser d_{i1}, d_{i2} und die inneren Kopfkreisdurchmesser d_{ai1}, d_{ai2} mit $h_{ai} = m_i$,
6. Der Kopf- und der Fußwinkel ϑ_a und ϑ_f,
7. Die Kopf- und die Fußkegelwinkel δ_{a1}, δ_{a2} und δ_{f1}, δ_{f2},
8. Die inneren und die äußeren Kopfkreisabstände t_{I1}, t_{I2} und t_{E1}, t_{E2}, wenn die Einbaumaße $t_{B1} = 110$ mm und $t_{B2} = 100$ mm eingehalten werden sollen.

22.19 Für das entsprechend Bild 22.17 zu entwerfende Kegelradpaar mit geradverzahnten Nullrädern und genormtem Bezugsprofil sind gegeben oder bereits nach den Aufgaben 22.17 und 22.18 errechnet: Modul $m_e = 8$ mm, Zahnbreite $b = 35$ mm, Teilkegellänge $R_e = 109{,}58$ mm, Zähnezahlen $z_1 = 13$, $z_2 = 26$, Teilkegelwinkel $\delta_1 = 28{,}33°$ $\delta_2 = 71{,}67°$. Zu ermitteln sind:
1. Der mittlere Modul m_m und die mittleren Teilkreisdurchmesser d_{m1}, d_{m2},
2. Die virtuellen Zähnezahlen z_{v1} und z_{v2},
3. Die Profilüberdeckung ε_α (zweckmäßig mit dem Modul $m = 1$ für die Ergänzungsstirnräder).

22.20 Ein schrägverzahntes Kegelradpaar dient entsprechend Bild 22.20 zum Antrieb der Vorgelegewelle eines Mehrspindel-Bohrkopfes. Es handelt sich um Nullräder mit genormtem Bezugsprofil, einem mittleren Schrägungswinkel $\beta_m = 30°$, einem mittleren

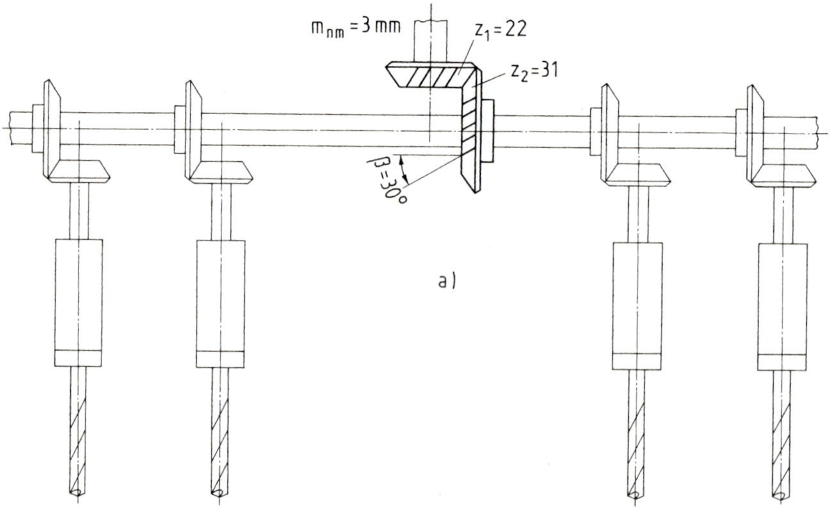

Bild 22.20 Schrägzahn-Kegelradpaar zum Antrieb eines Mehrspindel-Bohrkopfes a) Übersicht

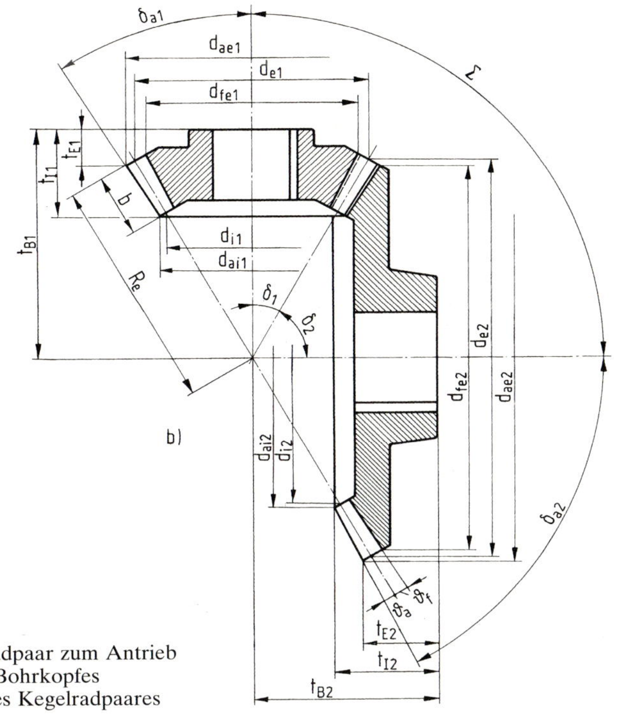

Bild 22.20 Schrägzahn-Kegelradpaar zum Antrieb eines Mehrspindel-Bohrkopfes
b) Abmessungen des Kegelradpaares

Normalmodul $m_{nm} = 3$ mm, der Zahnbreite $b = 20$ mm und den Zähnezahlen $z_1 = 22$, $z_2 = 31$. Der Achsenwinkel beträgt $\Sigma = 90°$. Als Einbaumaße sind $t_{B1} = 75$ mm und $t_{B2} = 60$ mm vorgesehen. Die in Bild 22.20b angegebenen Abmessungen beider Kegelräder sind wie folgt zu berechnen:

1. Das Zähnezahlverhältnis u und die Teilkegelwinkel δ_1 und δ_2,
2. Der mittlere Stirnmodul m_{tm} und die mittlere Stirnteilung p_{tm},
3. Die mittleren Teilkreisdurchmesser d_{m1}, d_{m2} sowie die mittleren Kopf- und Fußkreisdurchmesser d_{am1}, d_{am2} und d_{fm1}, d_{fm2} mit normaler mittlerer Kopf- und Fußhöhe h_{am} und h_{fm},
4. Die mittlere, die äußere und die innere Teilkegellänge R_m, R_e und R_i,
5. Die äußeren Teilkreisdurchmesser d_{e1}, d_{e2} und der äußere Stirnmodul m_{te},
6. Die äußeren Kopf- und Fußkreisdurchmesser d_{ae1}, d_{ae2} und d_{fe1}, d_{fe2},
7. Die inneren Teilkreisdurchmesser d_{i1}, d_{i2} und die inneren Kopfkreisdurchmesser d_{ai1}, d_{ai2},
8. Der Kopf- und der Fußwinkel ϑ_a und ϑ_f sowie die Kopf- und die Fußkegelwinkel δ_{a1}, δ_{a2} und δ_{f1}, δ_{f2},
9. Der äußere Sprungwinkel φ_e und der äußere Schrägungswinkel β_e,
10. Ist die Zahnbreite b zulässig, und wie groß sind die inneren Kopfkreisabstände t_{I1}, t_{I2} und die äußeren Kopfkreisabstände t_{E1}, t_{E2} auszuführen?

22.21 Für das in Bild 22.20 gezeigte Schrägzahn-Kegel-Nullradpaar ist die Profilüberdeckung zu ermitteln. Nach Aufgabe 22.20 sind bekannt: Zähnezahlen $z_1 = 22$, $z_2 = 31$, Teilkegelwinkel $\delta_1 = 35{,}36°$, $\delta_2 = 54{,}64°$, Eingriffswinkel $\alpha = 20°$, mittlerer Schrägungswinkel $\beta_m = 30°$, mittlerer Normalmodul $m_{nm} = 3$ mm. Zu errechnen sind:

1. Die virtuellen Zähnezahlen z_{v1} und z_{v2},
2. Die Profilüberdeckung ε_α,
3. Die Sprungüberdeckung ε_β und die Gesamtüberdeckung ε_γ.

23 Gestaltung und Tragfähigkeit der Stirn- und Kegelräder

Zahnkräfte, Wirkungsgrad, Übersetzungen

Stirnräder

23.1 Für das in Bild 23.1 gezeigte Laufradvorgelege der Aufgabe 22.2 sind die zur Auslegung der Lager und Wellen maßgebenden Zahnkräfte zu errechnen. Infolge des Fahrwiderstandes hat das Rad 2 mit $d_{w2} = d_2 = 912$ mm ein Nenndrehmoment $M_{N2} = 6150$ Nm zu übertragen. Die Fahrgeschwindigkeit beträgt $v_F = 21$ m/min, der Laufraddurchmesser $D = 900$ mm. Das Null-Radpaar mit Geradverzahnung und dem Eingriffswinkel $\alpha = 20°$ hat eine Übersetzung $|i| = 5{,}067$ und einen Wirkungsgrad $\eta = 0{,}94$. Es sind zu ermitteln:

1. Die Leistungsspitze P_b bei einem Anwendungsfaktor $K_A = 1{,}3$,

2. Die Tangentialkräfte F_{t1} und F_{t2} und die Radialkräfte F_{r1} und F_{r2},

3. Wie groß sind die erforderliche Antriebsleistungsspitze P_a und das Nenndrehmoment M_{N1} am Ritzel 1?

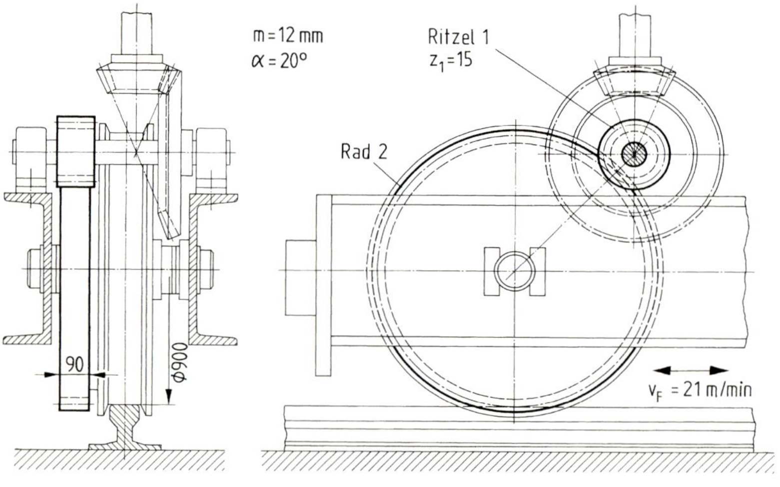

Bild 23.1 Laufradvorgelege eines Kranes

23.2 Für die erste Stufe der in Bild 23.2 dargestellten Bockwinde mit Gusszahnrädern, die unbearbeitete Flanken und einen Eingriffswinkel $\alpha = 25°$ haben (Aufgabe 22.3), sind die Drehmomente und die Zahnkräfte zu errechnen. Gegeben sind: Zähnezahlverhältnis $u_I = 3$, $u_{II} = 6$, Wälzkreisdurchmesser $d_{w2} = d_2 = 396$ mm, Wirkungsgrad der Radpaare $\eta_I = \eta_{II} = 0{,}92$, der Seiltrommel $\eta_{Tr} = 0{,}95$, Seiltrommelradius $R = 300$ mm/2 = 150 mm, Handkurbelradius $r = 370$ mm. Am Seil wirkt eine Nennbelastungskraft $F_N = 20$ kN. Wegen des Handbetriebes ist mit $K_A = 1$ zu rechnen. Zu ermitteln sind:

1. Der Gesamtwirkungsgrad η_{ges} einschl. Seiltrommel und die Gesamtübersetzung $|i_{ges}|$,

2. Das Abtriebsmoment M_b als Nutzdrehmoment an der Trommel und das Antriebsmoment M_a an der Kurbel,

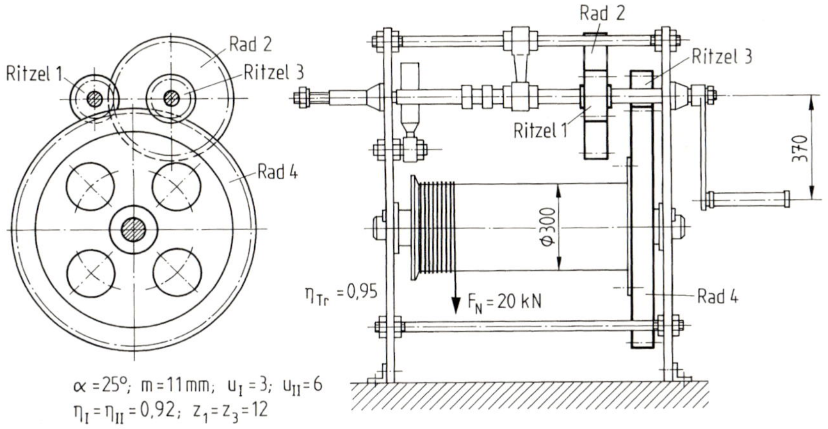

Bild 23.2 Bockwinde mit Gusszahnrädern

3. Die erforderliche Kurbelkraft F,
4. Das Drehmoment M_2 des Rades 2,
5. Die Tangential- und die Radialkräfte F_{t1}, F_{t2} und F_{r1}, F_{r2}.

23.3 Wie groß sind die Tangential- und die Radialkräfte F_{t3}, F_{t4} und F_{r3}, F_{r4} der zweiten Stufe der in Bild 23.2 dargestellten Bockwinde? Gegeben sind: Drehmoment $M_2 \approx 575$ Nm des Rades 2, Wälzkreisdurchmesser $d_{w4} = d_4 = 792$ mm, Eingriffswinkel $\alpha = 25°$, Übersetzung $|i_{II}| = 6$, Wirkungsgrad $\eta_{II} = 0{,}92$ (siehe auch Aufgabe 23.2).

23.4 Der in Bild 22.5 dargestellte Elektro-Trommelmotor dient zum Antrieb von Gurtförderern. Er enthält ein zweistufiges Geradstirnräder-Nullgetriebe mit genormter Evolventenverzahnung und feinbearbeiteten Flanken unter Flüssigkeitsreibung. Die Antriebsleistung beträgt $P_a = P_1 = 2{,}4$ kW bei $n_a = n_1 = 1425\ \text{min}^{-1} = 23{,}8\ \text{s}^{-1}$ ($K_A = 1$). Aus den Aufgaben 22.5 und 22.6 sind bekannt. Zähnezahlverhältnis $u_I = 5{,}777$, $u_{II} = -4{,}21$, Wälzkreisdurchmesser $d_{w1} = d_1 = 27$ mm, $d_{w2} = d_2 = 156$ mm, $d_{w3} = d_3 = 57$ mm, $d_{w4} = d_4 = -240$ mm. Zur Auslegung der Lager und Wellen des Getriebes sind folgende Größen zu errechnen:
1. Die Drehzahlen n_2, n_3 und $n_4 = n_b$,
2. Die Umfangsgeschwindigkeiten $|v_{wI}|$ und $|v_{wII}|$ der Wälzkreise beider Stufen,
3. Die Leistungen P_2, P_3 und die Abtriebsleistung $P_b = P_4$,
4. Die Zahnkräfte F_{t1} bis F_{t4} und F_{r1} bis F_{r4},
5. Die Drehmomente M_1 bis M_4.

23.5 Das in Bild 22.7 gezeigte Zahnstangen-Nullradpaar hat Geradverzahnung mit dem Eingriffswinkel $\alpha = 20°$ und einen Wälzkreisdurchmesser $d_{w1} = d_1 = 212$ mm. Die Nenndurchzugskraft für die Tischbewegung beträgt $F_N = F = 17{,}3$ kN, Tischgeschwindigkeit $v = 10$ m/min, Anwendungsfaktor $K_A = 1{,}25$, Wirkungsgrad $\eta = 0{,}96$. Wie groß sind die Leistungsspitze P_b, die erforderliche Antriebsleistungsspitze P_a am Rad 1, die Zahnkräfte F_{t1} und F_{r1} und das Drehmoment M_1?

23.6 Das in Bild 22.8 schematisch dargestellte dreistufige Hubwerksgetriebe eines Elektroseilzuges enthält Geradzahnräder mit geschlichteten Flanken. Aus den Aufgaben 22.8 bis 22.10 sind bekannt: Übersetzungen $i_I = -4{,}813$, $i_{II} = -4{,}611$, $i_{III} = -4{,}533$, Betriebs-Eingriffswinkel $\alpha_{wI} = 22{,}12°$, $\alpha_{wII} = 21{,}49°$, $\alpha_{wIII} = 20°$, Wälzkreisdurchmesser der Ritzel $d_{w1} = 24{,}34$ mm, $d_{w3} = 45{,}45$ mm, $d_{w5} = 60$ mm. Der Antriebsmotor hat eine Nennleistung $P_{Na} = P_{N1} = 4$ kW, Motordrehzahl $n_a = n_1 = 1420$ min$^{-1} = 23{,}67$ s^{-1}, Anwendungsfaktor $K_A = 1{,}3$, Wirkungsgrad $\eta_I = \eta_{II} = \eta_{III} = 0{,}94$. Zur Auslegung der Wellen und Lager dieses Getriebes sind die Tangential- und Radialkräfte sowie die Drehmomentspitzen und Drehzahlen aller Räder der drei Stufen zu errechnen. Außerdem sind die Gesamtübersetzung, der Gesamtwirkungsgrad und die Nenn-Abtriebsleistung zu ermitteln.

23.7 Für das in Bild 22.11 dargestellte zweistufige Universal-Getriebe mit Schrägzahnrädern (Aufgaben 22.11 bis 22.14) sind die zur Auslegung der Wälzlager und der Wellen maßgebenden Drehzahlen, Zahnkräfte und Drehmomente zu errechnen. Gegeben sind: Nennleistung der Abtriebsseite $P_{Nb} = P_4 = 30$ kW, Anwendungsfaktor $K_A = 1$, Wirkungsgrad $\eta_I = \eta_{II} = 0{,}94$, Antriebsdrehzahl $n_a = n_1 = 1500$ min$^{-1} = 25$ s^{-1}, Zähnezahlverhältnis $u_I = 5{,}938$, $u_{II} = 4{,}214$. Es sind zu ermitteln:

1. Die Antriebsleistung P_a und die Drehzahlen $n_2 = n_3$, $n_4 = n_b$,

2. Die tangentialen, die radialen und die axialen Zahnkräfte F_{t1}, F_{t2}, F_{r1}, F_{r2} , F_{a1}, F_{a2} der Stufe I, einem schrägverzahnten Null-Außenradpaar mit dem Schrägungswinkel $\beta_w \approx \beta = 20°$, einem Betriebs-Eingriffswinkel $\alpha_{wt} = \alpha_t = 21{,}17°$ und dem Wälzkreisdurchmesser $d_{w1} = 76{,}62$ mm des Ritzels 1,

3. Die Zahnkräfte F_{t3}, F_{t4}, F_{r3}, F_{r4}, F_{a3}, F_{a4} der Stufe II, einem schrägverzahnten V_{plus}-Radpaar mit dem Schrägungswinkel $\beta_w \approx \beta = 15°$, einem Betriebs-Eingriffswinkel $\alpha_{wt} = 21{,}36°$ und dem Wälzkreisdurchmesser $d_{w3} = 101{,}95$ mm des Ritzels 3,

4. Die Drehmomente $M_1 = M_a$, $M_2 = M_3$ und $M_4 = M_b$,

5. Mit Hilfe einer Darstellung der Axialkräfte an den Rädern ist festzustellen, ob die in den Bildern 22.11 und 22.13 gezeigten Schrägungsrichtungen der Zähne sinnvoll sind (Ritzel 1 und Ritzel 3 jeweils rechtsteigend).

Kegelräder

23.8 Für das in Bild 22.15 dargestellte geradverzahnte Kegelradpaar, ein Null-Radpaar mit dem Eingriffswinkel $\alpha = 20°$, aus einem Kranfahrantrieb sind die Antriebsleistung und die -drehzahl sowie die Zahnkräfte zu errechnen. Das Rad 2 hat ein Nenndrehmoment $M_{N2} = 1293$ Nm zu übertragen bei der Drehzahl $n_2 = 37{,}6$ min$^{-1} = 0{,}627$ s^{-1}. Aus Aufgabe 22.15 folgen: Übersetzung $|i| = 2{,}391$, Teilkegelwinkel $\delta_1 = 22{,}69°$, $\delta_2 = 67{,}31°$, mittlerer Teilkreisdurchmesser $d_{m2} \approx 476{,}2$ mm. Mit einem Anwendungsfaktor $K_A = 1{,}3$ und dem Wirkungsgrad $\eta = 0{,}94$ sind zu ermitteln:

1. Die Antriebsleistung P_a und die Antriebsdrehzahl n_a,

2. Die Tangentialkräfte F_{t1} und F_{t2},

3. Die Axialkräfte F_{a1} und F_{a2},

4. Die Radialkräfte F_{r1} und F_{r2}.

23.9 In das Geradzahn-Kegel-Null-Radpaar nach Bild 22.17 der Aufgaben 22.17 bis 22.19 wird über das Ritzel 1 ein Drehmoment $M_1 = 450$ Nm bei der Drehzahl $n_1 = 1750$ min$^{-1} = 29{,}17$ s^{-1} eingeleitet, Anwendungsfaktor $K_A = 1$. Die Zahnflanken sind geschliffen und arbeiten unter Flüssigkeitsreibung. Nach Aufgabe 22.18 betragen: Eingriffswinkel $\alpha = 20°$, Teilkegelwinkel $\delta_1 = 28{,}33°$, $\delta_2 = 71{,}67°$, mittlerer Teilkreisdurchmesser $d_{m1} \approx 87{,}4$ mm. Folgende Zahnkräfte sind zu errechnen:

1. Die Tangentialkräfte F_{t1} und F_{t2},

2. Die Axialkräfte F_{a1} und F_{a2},

3. Die Radialkräfte F_{r1} und F_{r2}.

23.10 Für das in Bild 23.10 aus Aufgabe 22.20 gezeigte Schrägzahn-Kegelradpaar aus dem Antrieb eines Mehrspindel-Bohrkopfes (Werkzeugmaschinen-Hauptantrieb mit Elektromotor) sind die zur Auslegung der Lager und Wellen maßgebenden Zahnkräfte, Drehmomente und Drehzahlen zu errechnen. Es handelt sich um Nullräder mit dem Normaleingriffswinkel $\alpha_n = 20°$ und einem mittleren Schrägungswinkel $\beta_m = 30°$, Rad 1 linksstei-

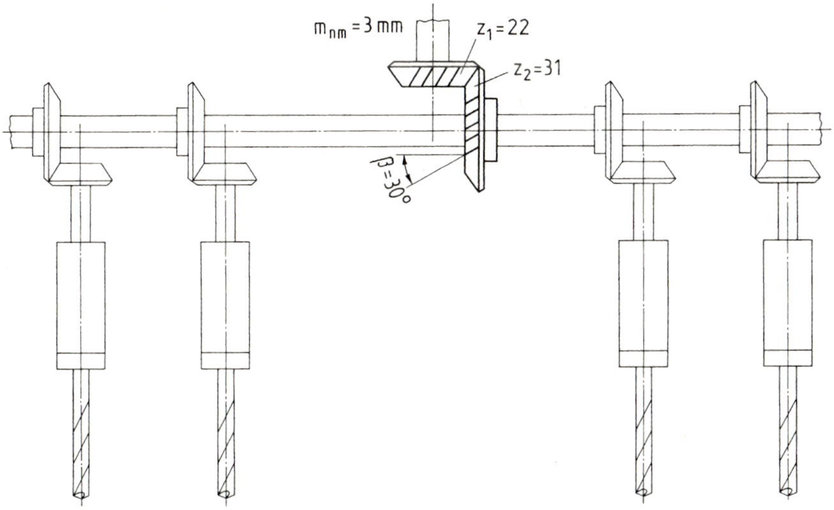

Bild 23.10 Schrägzahn-Kegelradpaar zum Antrieb eines Mehrspindel-Bohrkopfes

gend, Zahnflanken geschlichtet. Nach Aufgabe 22.20 sind bekannt. Zähnezahlverhältnis $u = 1{,}409$, Teilkegelwinkel $\delta_1 = 35{,}36°$, $\delta_2 = 54{,}64°$, mittlerer Teilkreisdurchmesser $d_{m1} \approx 76{,}2$ mm. Es ist eine Nennleistung $P_{Nb} = 11{,}3$ kW zu übertragen (Anwendungsfaktor K_A nach Tab. 23.1), Drehzahl $n_1 = 900\ \text{min}^{-1} = 15\ \text{s}^{-1}$. Zu ermitteln sind:

1. Die Tangentialkräfte F_{t1} und F_{t2},
2. Die Axialkräfte F_{a1} und F_{a2},
3. Die Radialkräfte F_{r1} und F_{r2},
4. Die Antriebsleistung P_a, die Drehmomente M_a und M_b und die Drehzahl $n_b = n_2$.

Gestaltung von Zahnrädern aus Stahl und aus Gusseisen

23.11 Die Arm-, Naben- und Kranzabmessungen eines ungeteilten Zahnrades aus Grauguss EN-GJL-250 mit $R_{p0,1} = 165\ \text{N/mm}^2$ (anstelle von R_e einsetzen) sind festzulegen. Es hat eine Tangentialkraft $F_t = 12$ kN zu übertragen, einen Teilkreisdurchmesser $d = 1680$ mm, einen Modul $m = 16$ mm, eine Zahnbreite $b = 160$ mm und einen Bohrungsdurchmesser $d_B = 180$ mm. Der Armquerschnitt ist mit einer Hauptrippe ausgeführt. Zu ermitteln sind unter Annahme der kleinsten üblichen Erfahrungswerte:

1. Die Anzahl Z der Arme,
2. Die Höhen H und h der Haupt- und Nebenrippen sowie deren Dicken S und s,
3. Die Teilnabenlänge l, die Nabenlänge L und die Nabenwanddicke w, jeweils auf volle 10 mm gerundet,
4. Die auf volle 5 mm gerundete Kranzdicke K und der Außendurchmesser d_a,
5. Ist die Biegespannung σ_b im gefährdeten Armquerschnitt zulässig? Falls die zulässige Biegespannung $\sigma_{b\,zul}$ überschritten wird, wie groß ist die erforderliche Höhe H_{erf} der Hauptrippe?

23.12 Ein großes Zahnrad aus Grauguss EN-GJL-200 mit $R_{p\,0,1} = 130\ \text{N/mm}^2$ (anstelle von R_e einsetzen) mit aufgepreßtem Zahnkranz für den elektrischen Antrieb eines schweren Aufzuges ist zu entwerfen. Folgende Abmessungen sind einzuhalten: Teilkreisdurchmesser $d = 2000$ mm, Modul $m = 20$ mm, Zahnbreite $b = 200$ mm, Bohrungsdurchmesser $d_B = 200$ mm. Es ist ein Nenndrehmoment von 12,5 kNm zu übertragen (Anwendungsfaktor K_A nach Tab. 23.1). Die Abmessungen der Rippen mit je einer Hauptrippe, der Nabe und des Kranzes sind mit den üblichen mittleren Erfahrungswerten zu errechnen und auf volle 5 bzw. 1 mm zu runden. Im einzelnen sind zu ermitteln:

1. Die Armzahl Z (auf eine gerade Zahl abgerundet),
2. Die Höhen H und h und die Dicken S und s der Haupt- und Nebenrippen der Arme,
3. Die Nabenlänge L und die Nabenwanddicke w,
4. Die Zahnkranzdicke K, die Felgenkranzdicke k und der Außendurchmesser d_a,
5. Die Biegespannung σ_b im gefährdeten Armquerschnitt verglichen mit dem zulässigen Wert,
6. Eine Entwurfszeichnung des Rades mit den errechneten Maßen.

23.13 Ein großes geteiltes Zahnrad aus Stahlguss GS-60 für den Antrieb einer Zementmühle liegt im Entwurf nach Bild 23.13 vor. Zu übertragen ist ein Nenndrehmoment von 225 kNm. Gegeben sind folgende Abmessungen: Teilkreisdurchmesser $d = 4500$ mm, Höhe der Hauptrippen $H = 280$ mm, Dicke der Hauptrippen $S = 50$ mm, Abstand der Umfangskraft vom gefährdeten Armquerschnitt $y \approx 1750$ mm. Es sind zu ermitteln:

1. Die erforderliche Armzahl Z,
2. Die Umfangskraft F_t am Teilkreis unter Berücksichtigung eines Anwendungsfaktors $K_A = 1{,}5$
3. Ist die Biegespannung σ_b im gefährdeten Armquerschnitt zulässig?

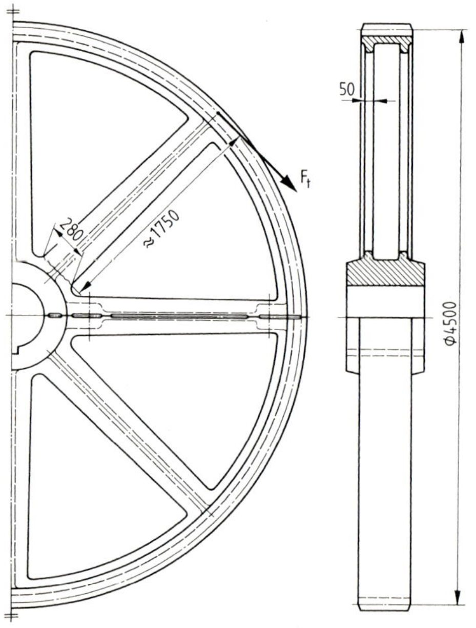

Bild 23.13 Geteiltes Stahlguss-Zahnrad

23.14 Zum Anfertigen der Werkstattzeichnung eines geschweißten Zahnrades entsprechend Bild 23.14 sind die wichtigsten Abmessungen nach Erfahrungswerten festzulegen. Gegeben sind: Modul $m = 15$ mm, Bohrungsdurchmesser $d_B = 140$ mm. Unter Zugrundelegung der üblichen Mittelwerte sind zu errechnen:

1. Die Scheibendicke S und die Rippendicke s, beide auf volle mm gerundet,
2. Die Nabenlänge L und die Nabenwanddicke w,
3. Die Kranzdicke K, auf volle 10 mm gerundet, und die Kranzbreite = Zahnbreite $b = 8m$.

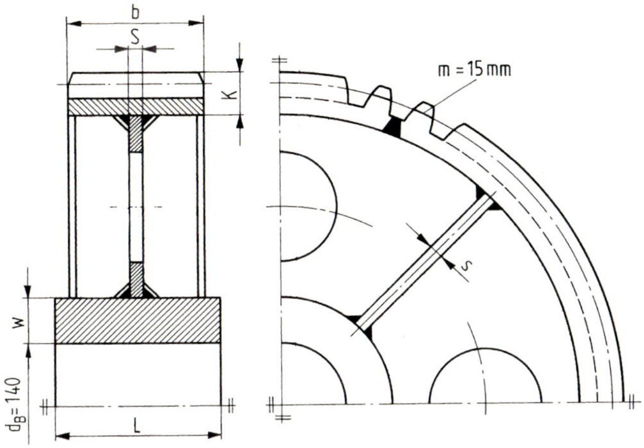

Bild 23.14 Geschweißtes Zahnrad

23.15 Das Großrad des Außenradpaares nach Aufgabe 22.1 mit dem Modul $m = 10$ mm soll als Schweißkonstruktion ausgeführt werden. Vorgesehen ist ein Bohrungsdurchmesser $d_B = 120$ mm. Unter Verwendung der üblichen größten Erfahrungswerte sind zu ermitteln: Die Scheibendicke S, die Rippendicke s, die Nabenlänge L, die Nabenwanddicke w, die Kranzdicke K, die Kranzbreite = Zahnbreite $b = 10m$, außerdem der Nabendurchmesser d_N und der Kranzinnendurchmesser d_K (Kopfkreisdurchmesser $d_{a2} = 790$ mm nach Aufgabe 22.1).

Schmierung, Schmierstoffe

23.16 Für ein schrägverzahntes V_{plus}-Stirnradpaar eines Hochleistungsgetriebes mit gehärteten Zahnflanken und einer Umgebungstemperatur von 40 °C sind die Schmierungsart und das erforderliche Schmieröl zu bestimmen. Folgende Daten sind gegeben: Zähnezahlen $z_1 = 19$, $z_2 = 75$, Profilverschiebungsfaktoren $x_1 = 0{,}5$, $x_2 = 0$, Teilkreisdurchmesser $d_1 = 98{,}35$ mm, $d_2 = 388{,}23$ mm, Kopfkreisdurchmesser $d_{a1} = 113{,}35$ mm, $d_{a2} = 398{,}23$ mm, Grundkreisdurchmesser $d_{b1} = 92{,}03$ mm, $d_{b2} = 363{,}29$ mm, Zahnbreite $b = 80$ mm, Betriebs-Stirneingriffswinkel $\alpha_{wt} = 22{,}14°$, Schrägungswinkel $\beta = 15°$, Normalmodul $m_n = 5$ mm. Am Teilkreis der Räder ist eine Umfangskraft $F_t = 25$ kN zu übertragen, Ritzeldrehzahl $n_1 = 3000\ \text{min}^{-1} = 50\ \text{s}^{-1}$. Es sind die Schmierungsart, die nach dem Schmierungskennwert k_S/v erforderliche kinematische Viskosität ν und eine dafür geeignete ISO-Viskositätsklasse zu ermitteln. Außerdem ist anzugeben, ob ein Schmieröl mit verschleißverringernden Wirkstoffen verwendet werden sollte.

23.17 Für das in Bild 22.5 gezeigte zweistufige Geradstirnräder-Nullgetriebe ist Öl-Tauchschmierung vorgesehen. Die Zahnflanken sind ungehärtet, Umgebungstemperatur ca. 50 °C. Es soll ein für beide Stufen geeignetes Schmieröl bestimmt werden. Die nachfolgend angegebenen Daten betreffen die Radpaare der Aufgaben 22.5, 22.6 und 23.4. Es sind zu ermitteln:

1. Die kinematische Viskosität ν nach der Stufe II mit $v = 0{,}736$ m/s, $u = -4{,}21$, $m = 3$ mm, $d_3 = 5$ mm, $b = 55$ mm, $F_t \approx 3$ kN, Ritzel 3 aus Stahl St 70, Hohlrad 4 aus Stahlguß GS-52,

2. Welche ISO-Viskositätsklasse ist für beide Stufen geeignet?

3. Ist ein Schmieröl mit verschleißverringernden Wirkstoffen zweckmäßig?

23.18 Für das in Bild 22.8 dargestellte dreistufige Hubwerksgetriebe eines Elektroseilzuges soll die ISO-Viskositätsklasse eines geeigneten Schmieröls bestimmt werden. Es ist Öl-Tauchschmierung vorgesehen. Alle Räder haben ungehärtete Zahnflanken. Die Umgebungstemperatur beträgt ca. 25 °C. Es sind gegeben bzw. nach den Aufgaben 22.8 bis 22.10 und 23.6 bereits errechnet: Antriebs-Nennleistung $P_{Na} = 4$ kW, Gesamtwirkungsgrad $\eta_{ges} = 0{,}83$,

Stufe I: Zähnezahlverhältnis $u = 4{,}813$, Teilkreisdurchmesser $d_1 = 24$ mm, Modul $m = 1{,}5$ mm, Zahnbreite $b = 35$ mm, Ritzeldrehzahl $n_1 = 23{,}67\ s^{-1}$, Umfangskraft $F_t \approx 2{,}7$ kN, Ritzel 1 aus 34Cr4, Rad 2 aus E360,

Stufe II: $u = 4{,}611$, $d_3 = 45$ mm, $m = 2{,}5$ mm, $b = 60$ mm, $n_3 = 4{,}92\ s^{-1}$, $F_t \approx 6{,}57$ kN, Ritzel 3 aus E360, Rad 4 aus E335,

Stufe III: $u = -4{,}533$, $d_5 = 60$ mm, $m = 4$ mm, $b = 90$ mm, $n_5 = 1{,}07\ s^{-1}$, $F_t \approx 21{,}6$ kN, Ritzel 5 aus E335, Hohlrad 6 aus E295.

Außer der Schmierölviskosität sind die Zahnbreiten mit den üblichen Richtwerten (Tab. 23.2) zu vergleichen. Für die Gestaltung des Getriebegehäuses ist anzugeben, welche minimale und maximale Ölmenge $V_{öl}$ erforderlich ist.

23.19 Das in Bild 22.11a dargestellte zweistufige Universalgetriebe enthält schrägverzahnte Stirnräder mit gehärteten Zahnflanken. Die Umgebungstemperatur beträgt 25 °C, die eingeleitete Antriebsleistung ca. 34 kW, der Gesamtwirkungsgrad ca. 88 %. Es ist ein geeignetes Schmieröl, die Schmierungsart und die erforderliche minimale und maximale Schmierölmenge zu ermitteln. Nach den Berechnungen der Aufgaben 22.11 bis 22.14 und 23.7 betragen für die

Stufe I, ein Schrägzahn-Null-Außenradpaar: $u = 5{,}938$, $d_1 \approx 76{,}6$ mm, $b = 45$ mm, $n_1 = 25\ s^{-1}$, $F_t \approx 5{,}32$ kN, $d_{a1} = 85{,}62$ mm, $d_{a2} = 463{,}94$ mm, $d_{b1} = 71{,}45$ mm, $d_{b2} = 424{,}24$ mm, $\alpha_{wt} = \alpha_t = 21{,}17°$, $\omega_1 = 157$ rad/s,

Stufe II, ein Schrägzahn-V_{plus}-Radpaar: $u = 4{,}214$, $d_3 \approx 101{,}5$ mm, $b = 105$ mm, $n_3 = 4{,}21\ s^{-1}$, $F_t \approx 22{,}22$ kN, $x_3 = +0{,}183$, $x_4 = 0$, $d_{a3} = 128{,}02$ mm, $d_{a4} = 441{,}57$ mm, $d_{b3} = 94{,}94$ mm, $d_{b4} = 400{,}1$ mm, $\alpha_{wt} = 21{,}36°$.

23.20 Das in Bild 22.17 dargestellte Kegelradpaar, ein Null-Radpaar mit dem Eingriffswinkel $\alpha = 20°$, soll mit gehärteten Zahnflanken ausgeführt werden und bei einer Umgebungstemperatur von 25 °C arbeiten. Es sind das erforderliche Schmieröl und die Schmierungsart zu bestimmen. Nach den Aufgaben 22.18, 22.19 und 23.9 wurden bereits errechnet: Virtuelle Zähnezahlen $z_{v1} \approx 15$, $z_{v2} \approx 83$, mittlerer Teilkreisdurchmesser $d_{m1} \approx 87{,}4$ mm, mittlerer Modul $m_m = 6{,}722$ mm, Zahnbreite $b = 35$ mm, mittlere Umfangsgeschwindigkeit $v_m = 8$ m/s, Umfangskraft $F_t = 9{,}9$ kN. Zu ermitteln sind:

1. Das virtuelle Zähnezahlverhältnis u_v,
2. Die erforderliche kinematische Viskosität ν des Schmieröls und die dafür in Frage kommende nächstliegende ISO-Viskositätsklasse,
3. Die Kopf- und die Grundkreisdurchmesser d_{vma1}, d_{vma2} und d_{vmb1}, d_{vmb2} der mittleren virtuellen Stirnräder,
4. Die größte Gleitgeschwindigkeit v_g der Flanken,
5. Ist ein Schmieröl mit verschleißverringernden Wirkstoffen zweckmäßig? Wenn ein derartiges Öl nicht eingesetzt werden kann, welche ISO-Viskositätsklasse käme dann in Frage?
6. Welche Schmierungsart ist zweckmäßig?

23.21 Für das in Bild 22.20 gezeigte schrägverzahnte Kegelradpaar ist Öl-Tauchschmierung vorgesehen, Umgebungstemperatur ca. 25 °C. Welche ISO-Viskositätsklasse ist zu wählen, wenn beide Räder aus Vergütungsstahl 42CrMo4 hergestellt und badnitriert sind? Gegeben (Aufgaben 22.20, 22.21 und 23.10): Virtuelle Zähnezahlen $z_{v1} = 27$, $z_{v2} = 53{,}6$, mittlerer Teilkreisdurchmesser $d_{m1} \approx 76{,}2$ mm, Zahnbreite $b = 20$ mm, mittlere Umfangsgeschwindigkeit $v \approx 3{,}6$ m/s, Umfangskraft $F_t \approx 3{,}94$ kN.

Berechnung auf Zahnfuß- und Grübchentragfähigkeit

Stirnräder

23.22 Die Zähne des in Bild 22.2 dargestellten Laufradvorgeleges, eines geradverzahnten Null-Radpaares mit Normverzahnung, sind auf Zahnfuß-Tragfähigkeit nachzurechnen. Wegen des Drehrichtungswechsels wirkt die Zahnkraft abwechselnd auf die Links- und Rechtsflanken jedes Rades. Das Ritzel 1 aus Stahl E295 und das Rad 2 aus Stahlguss GS-52 haben an den Zahnfußrundungen eine Rautiefe $R_z = 40\,\mu m$, Verzahnungsqualität 11. Nach den Aufgaben 22.2 und 23.1 sind bekannt. Zähnezahlen $z_1 = 15$, $z_2 = 76$, Modul $m = 12$ mm, Zahnbreite $b = 90$ mm, Teilkreisdurchmesser $d_2 = 912$ mm, Profilüberdeckung $\varepsilon_\alpha = 1{,}65$, Umfangsgeschwindigkeit $v = 0{,}355$ m/s, Nennleistung $P_N = P_{Nb} = 4785$ W, Anwendungsfaktor $K_A = 1{,}3$. Es sind zu ermitteln:

1. Die Linienbelastung w,
2. Der Dynamikfaktor K_v und die Linienbelastung w_t,
3. Der Breitenfaktor $K_{F\beta}$,
4. Der Stirnfaktor $K_{F\alpha}$,
5. Die Zahnfußspannungen σ_{F1} und σ_{F2}. Für $z_1 = 15$ (leicht unterschnitten) ist $y_{FS} \approx 5$ zu setzen,
6. Sind die Sicherheiten gegen Zahn-Dauerbruch S_{F1} und S_{F2} für ein Dauergetriebe ausreichend?

23.23 Für die geradverzahnten Null-Zahnräder des Laufradvorgeleges nach Bild 22.2 mit dem Ritzel 1 aus E295 und dem Rad 2 aus GS-52 ist die Berechnung auf Grübchentragfähigkeit durchzuführen. Gegeben sind (Aufgaben 22.2, 23.1 und 23.33): Nennumfangskraft $F_{Nt} = 13479$ N, Dynamikfaktor $K_v = 1{,}02$, Zähnezahlen $z_1 = 15$, $z_2 = 76$, Zahnbreite $b = 90$ mm, Teilkreisdurchmesser $d_1 = 180$ mm, Modul $m = 12$ mm, Zähnezahlverhältnis $u = 5{,}067$, Profilüberdeckung $\varepsilon_\alpha = 1{,}65$, Umfangsgeschwindigkeit $v = 0{,}355$ m/s, Anwendungsfaktor $K_A = 1{,}3$, Breitenfaktor $K_{F\beta} = 1{,}58$, Nennviskosität des Schmiermittels $\nu_{40} > 500\,mm^2/s$. Zu ermitteln sind:

1. Der Breitenfaktor $K_{H\beta}$ und der Stirnfaktor $K_{H\alpha}$ nach der Grenzbedingung,
2. Die Flankenpressung σ_H,
3. Sind die Sicherheiten gegen Grübchenschäden S_{H1} und S_{H2} für ein Dauergetriebe ausreichend? Wegen der geringen Umfangsgeschwindigkeit kann der Faktor $Z_R = 1$ gesetzt werden.
4. Falls $S_H < 1$ ist, wie groß sind dann bei $S_H = 0{,}7$ für ein Zeitgetriebe die Lastwechselzahlen N_{L1} und N_{L2}, wenn eine gewisse Grübchenbildung zugelassen werden kann?

23.24 Für die gegossenen Zahnräder mit unbearbeitet bleibenden Zähnen der ersten Vorgelegestufe der Bockwinde nach Bild 22.3 ist der Werkstoff, und zwar Gusseisen mit Lamellengraphit nach DIN EN 1561 (Grauguss), nach der Zahnfußbeanspruchung zu bestimmen. Es handelt sich um geradverzahntes Null-Radpaar mit dem Eingriffswinkel $\alpha = 25°$, Verzahnungsqualität 12. Gegeben sind (Aufgaben 22.3 und 23.2): Modul $m = 11$ mm, Teilkreisdurchmesser $d_2 = 396$ mm, Zahnbreite $b = 75$ mm, Profilüberdeckung $\varepsilon_\alpha = 1{,}41$, Nennumfangskraft $F_{Nt} = 2900$ N, Anwendungsfaktor $K_A = 1$. Es sind zu ermitteln, ween wegen des Handbetriebes mit dem Dynamikfaktor $K_v = 1$ und wegen der gegossenen Zähne mit dem Stirnfaktor $K_{F\alpha} = 1/Y_\varepsilon$ gerechnet werden kann:

1. Die Zahnfußspannungen σ_{F1} und σ_{F2} mit den Zahnformfaktoren $Y_{Fa1} = 3{,}4$ und $Y_{Fa2} = 2{,}3$ (nach DIN 3990 errechnet) und mit $Y_{Sa} = 1{,}6$ sowie erfahrungsgemäß mit $K_{F\beta} \approx 1{,}5$.
2. Die Normbezeichnung für das erforderliche Gusseisen, wenn die Mindestsicherheit gegen Zahndauerbruch $S_F \approx 1{,}3$ betragen soll. Rautiefe im Zahngrund $R_z \approx 400\,\mu m$.
3. Entspricht die gewählte Zahnbreite b den Richtwerten? Auf welche Mindestbreite b_{min} könnte sie ggf. auf Grund des gewählten Werkstoffs verringert werden?

23.25 Für die zweite Stufe der Bockwinde nach Bild 22.3 mit Zahnrädern aus EN-GJL-200, deren Zähne unbearbeitet bleiben, ist die Nachrechnung auf Zahnfußtragfähigkeit durchzuführen. Nach den Aufgaben 22.4, 23.3 und 23.24 sind bekannt: Modul $m = 11$ mm, Teilkreisdurchmesser $d_4 = 792$ mm, Zahnbreite $b = 75$ mm, Profilüberdeckung $\varepsilon_\alpha = 1{,}44$, Nennumfangskraft $F_{Nt} \approx 8015$ N, Anwendungsfaktor $K_A = 1$, Dynamikfaktor $K_v = 1$, Zahnformfaktor $Y_{Fa3} = Y_{Fa4} = 3{,}4$, Verzahnungsqualität 12. Es ist zu prüfen, ob die Sicherheit gegen Zahndauerbruch für ein Dauergetriebe ausreicht. Es genügt, die Sicherheit S_{F3} des Rades 3 zu berechnen ($S_F \geq 1{,}3$). Alle fehlenden Angaben siehe Aufgabe 23.24.

23.26 Die erste Stufe des Geradstirnräder-Nullgetriebes eines Elektro-Trommelmotors nach Bild 23.25 und den Aufgaben 22.5, 23.4 und 23.17 ist auf Zahnfußtragfähigkeit nachzurechnen. Gegeben sind: Modul $m = 1{,}5$ mm, Zähnezahlen $z_1 = 18$, $z_2 = 104$, Teilkreisdurchmesser $d_2 = 156$ mm, Zahnbreite $b = 35$ mm, Profilüberdeckung ε_α 1,69, Nennumfangskraft $F_{Nt} = 1{,}14$ kN, Anwendungsfaktor $K_A = 1$, Umfangsgeschwindigkeit $v \approx 2$ m/s, Ritzel 1 aus 42CrMo4 vergütet, Rad 2 aus E360, beide Räder ungehärtet. Es sind zu ermitteln:

1. Die Verzahnungsqualität und der Dynamikfaktor K_v,
2. Der Breitenfaktor $K_{F\beta}$,
3. Der Stirnfaktor $K_{F\alpha}$,
4. Die Zahnfußspannungen σ_{F1} und σ_{F2} sowie die Sicherheiten S_{F1} und S_{F2} gegen Zahndauerbruch bei einer Rautiefe im Zahngrund $R_z \approx 30$ µm.

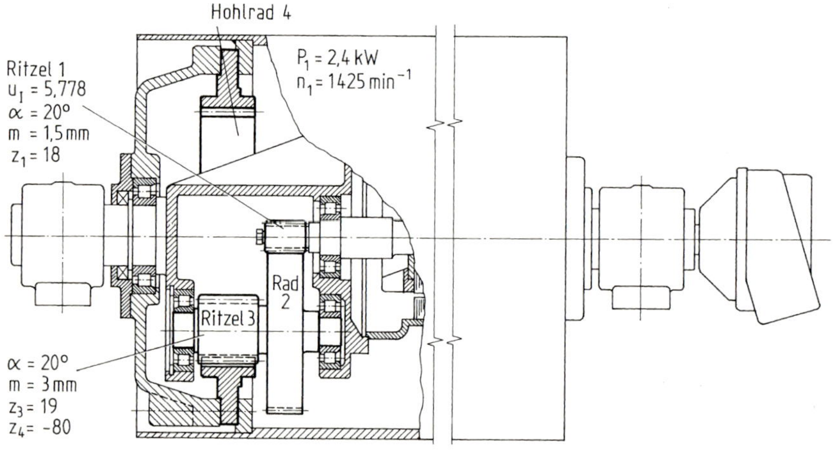

Bild 23.26 Zweistufiges Geradstirnrad-Nullgetriebe in einem Elektrotrommelmotor

23.27 Die nach Aufgabe 23.26 auf Zahnfußtragfähigkeit nachgerechneten Räder der ersten Stufe eines Elektro-Trommelmotor-Getriebes (Bild 23.26) sind auf Grübchentragfähigkeit zu berechnen. Es handelt sich um ein geradverzahntes Null-Radpaar mit Normverzahnung aus Stahl und ungehärteten Flanken. Gegeben sind: $z_1 = 18$, $z_2 = 104$, $d_1 = 27$ mm, $b = 35$ mm, $u = 5{,}778$, $\varepsilon_\alpha = 1{,}69$, $F_{Nt} = 1{,}14$ kN, $K_A = 1$, $K_v = 1{,}125$, $K_{F\beta} = 1{,}3$, $v = 2$ m/s. Zu ermitteln sind:

1. Die maßgebende Flankenpressung σ_H,
2. Die Sicherheiten S_{H1} und S_{H2} für ein Dauergetriebe. Viskosität des Schmieröls $\nu_{40} > 500$ mPa · s, Flankenrauheit $R_z = 14$ µm. Ein Dauergetriebe liegt vor, wenn bei $Z_{NT} = 1$ der Sicherheitsfaktor $S_H \geq 1$ ist.
3. Falls es sich um ein Zeitgetriebe handelt, würde es $N_L = 0{,}5 \cdot 10^6$ Lastspiele erreichen, wenn eine Grübchenbildung zugelassen wird und $S_H \geq 1$ sein soll?

23.28 Die zweite Stufe des Elektro-Trommelmotor-Getriebes nach Bild 23.26 und den Aufgaben 22.6, 23.4 und 23.17 ist auf Zahnfuß-Tragfähigkeit nachzurechnen. Es handelt sich um ein geradverzahntes Null-Innenradpaar mit Normprofil und ungehärteten Flanken. Gegeben sind: Modul $m = 3$ mm, Zähnezahlen $z_3 = 9$, $z_4 = -80$, Teilkreisdurchmesser $d_4 = -240$ mm, Zahnbreite $b = 5$ mm, Profilüberdeckung $\varepsilon_\alpha = 1{,}88$, Nennumfangskraft $F_{Nt} = 3000$ N, Anwendungsfaktor $K_A = 1$, Umfangsgeschwindigkeit $v = 0{,}736$ m/s, Ritzel 3 aus E360, Hohlrad 4 aus GS-52, Verzahnungsqualität 9 (wie in der ersten Stufe). Zu ermitteln ist, ob die Sicherheit S_{F3} gegen Zahn-Dauerbruch für ein Dauergetriebe ausreicht. Rauheit am Zahngrund $R_z = 30$ µm. Die Sicherheit für das Innenrad braucht nicht berechnet zu werden.

23.29 Die nach Aufgabe 23.28 auf Zahnfußtragfähigkeit nachgerechneten Räder der zweiten Stufe (Geradzahn-Null-Innenradpaar) eines Elektro-Trommelmotor-Getriebes (Bild 23.26) sind auf Grübchentragfähigkeit zu berechnen. Gegeben sind. Zähnezahl $z_3 = 19$, Teilkreisdurchmesser $d_3 = 57$ mm, Zähnezahlverhältnis $u = -4{,}21$, Profilüberdeckung $\varepsilon_\alpha = 1{,}88$, Nennumfangskraft $F_{Nt} = 3000$ N, Anwendungsfaktor $K_A = 1$, Dynamikfaktor $K_v = 1{,}05$, Breitenfaktor $K_{F\beta} = 1{,}32$, Modul $m = 3$ mm, Umfangsgeschwindigkeit $v = 0{,}736$ m/s, Zahnbreite $b = 55$ mm. Das Rad 3 besteht aus E360, Rad 4 aus GS-52, beide Räder ungehärtet. Es ist festzustellen, ob die Sicherheiten S_{H3} und S_{H4} gegen Grübchenschäden für ein Dauergetriebe ausreichen. Falls es sich um ein Zeitgetriebe handelt, ist zu errechnen, ob es für eine Schwingspielzahl (Lastspielzahl) $N_L = 0{,}5 \cdot 10^6$ ausreicht (hierbei $S_{H\,erf} \geq 1$, leichte Grübchenbildung zulässig). Rauheit der Flanken $R_z = 14$ µm, Viskosität des Schmieröls $\nu_{40} > 500$ mm²/s.

23.30 Bei der Berechnung auf Grübchentragfähigkeit des zweistufigen Getriebes eines Elektro-Trommelmotors (Bild 23.26) wurde festgestellt, daß es sich in beiden Stufen um ein Zeitgetriebe handelt (Aufgaben 23.27 und 23.29). Dieses Getriebe soll nunmehr als Dauergetriebe ausgelegt werden, ohne die Abmessungen zu ändern. Genügt der Werkstoff 16MnCr5 mit einsatzgehärteten Flanken für die Räder der ersten Stufe und C45 mit nitrocarburierten Flanken für die zweite Stufe, wenn die Sicherheit gegen Grübchenschäden $S_H \geq 1$ sein soll? Es sind gegeben:

1. Für die 1. Stufe: $\sigma_H = 718$ N/mm², $Z_L = 1{,}15$, $Z_v = 0{,}92$, $Z_R = 0{,}8$, $Z_W = 1$, $Z_X = 1$.

2. Für die 2. Stufe: $\sigma_H = 502$ N/mm², $Z_v = 0{,}9$, übrige Z-Werte wie bei der 1. Stufe.

23.31 Für das geradverzahnte Zahnstangen-Nullradpaar im Antrieb einer Langhobelmaschine (Bild 23.31) sind geeignete Stahlwerkstoffe nach der Zahnfuß-Beanspruchung festzulegen und die Zähne auf Flanken-Tragfähigkeit nachzurechnen. Aus den Aufgaben 22.7 und 23.5 sind bekannt: Modul $m = 4$ mm, Zähnezahl $z_1 = 53$, Teilkreisdurchmesser $d_1 = 212$ mm, Profilüberdeckung $\varepsilon_\alpha = 1{,}87$, Nennumfangskraft $F_{Nt} = F = 17{,}3$ kN, Anwendungsfaktor $K_A = 1{,}25$, Umfangsgeschwindigkeit $v = 0{,}167$ m/s. Die Verzahnung soll aus-

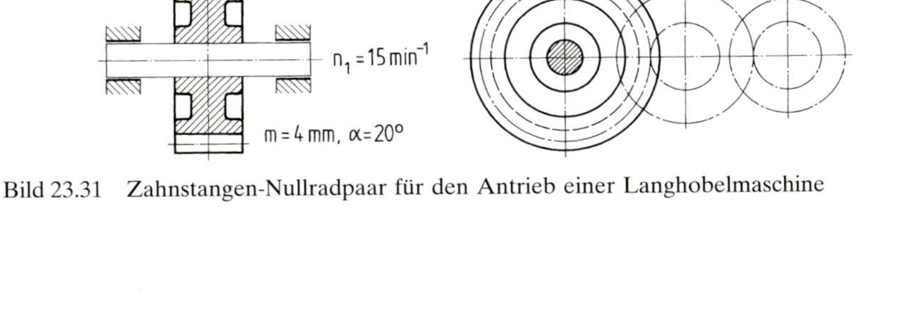

Bild 23.31 Zahnstangen-Nullradpaar für den Antrieb einer Langhobelmaschine

geführt werden mit der Zahnbreite $b = 115$ mm, Verzahnungsqualität 6. Wegen der geringen Umfangsgeschwindigkeit ist der Dynamikfaktor $K_v = 1$ zu setzen. Es sind zu ermitteln:

1. Die Breitenfaktoren $K_{F\beta}$ und $K_{H\beta}$,
2. Die Stirnfaktoren $K_{F\alpha}$ und $K_{H\alpha}$,
3. Die Zahnfußspannungen σ_{F1} und σ_{F2},
4. Die erforderlichen Schwell-Dauerfestigkeiten σ_{FE1} und σ_{FE2}, wenn wegen der Umkehrbewegung wechselnde Beanspruchung vorliegt. Das Getriebe soll als Dauergetriebe ausgelegt werden mit $S_F \geq 1{,}1$. Welche Baustähle sind hierfür geeignet, wenn die Schwellfestigkeit σ_{FE1} mindestens um 50 N/mm^2 größer sein soll als σ_{FE2}. Die Rautiefe im Zahngrund beträgt $R_z = 20$ µm.
5. Die maßgebende Flankenpressung σ_H,
6. Sind die Sicherheiten S_{H1} und S_{H2} gegen Grübchenschäden bei den unter 4. gewählten Werkstoffen für ein Dauergetriebe ausreichend, wenn $S_H \geq 1$ sein soll? Viskosität des Schmieröls $\nu_{40} > 500$ mm^2/s, Flankenrauheit $R_z = 3$ µm.

23.32 Bei der Nachrechnung auf Grübchentragfähigkeit des Geradzahn-Zahnstangen-Nullradpaares einer Langhobelmaschine nach Aufgabe 23.31 zeigte sich, dass die gewählten Werkstoffe für ein Dauergetriebe nicht geeignet sind. Rad und Zahnstange sollen nun aus Vergütungsstahl 42CrMo4 mit gasnitrierten und geschliffenen Zahnflanken ausgeführt werden.

1. Welche Zahnbreite b_{min} muß bei $S_H = 1$ ausgeführt werden (Dauergetriebe)? Die Zahnbreite ist auf volle 5 mm aufzurunden. Nach Aufgabe 23.31 sind bekannt $S_{H2} = 0{,}94$ bei $b = 115$ mm und E335 mit $\sigma_{H\,lim} = 430$ N/mm^2.
2. Ist bei dem gewählten Werkstoff eine ausreichende Sicherheit $S_{F2} \geq 1{,}3$ gegen Zahndauerbruch vorhanden, wenn die unter 1. errechnete Zahnbreite b_{min} ausgeführt wird? Es betragen: $K_A = 1{,}25$, $K_v = 1$, $F_{Nt} = 17{,}3$ kN, $m = 4$ mm, $R_z = 20$ µm, $\varepsilon_\alpha = 1{,}87$, $Y_\varepsilon = 0{,}651$, $Y_{FSZ} = 4{,}63$, Y_{NT}, Y_σ und $Y_X = 1$.

23.33 Die erste Stufe des Hubgetriebes eines Elektroseilzuges nach Bild 23.33 ist auf Zahnfuß-Tragfähigkeit nachzurechnen. Es handelt sich um ein geradverzahntes V_{plus}-Radpaar mit genormter Evolventenverzahnung und gehärteten Zahnflanken, von dem nach den Aufgaben 22.8, 23.6 und 23.18 bekannt sind: Modul $m = 1{,}5$ mm, Teilkreisdurchmesser $d_2 = 115{,}5$ mm, Zähnezahlen $z_1 = 16$, $z_2 = 77$, Zahnbreite $b = 35$ mm, Profilverschiebungsfaktoren $x_1 = 0{,}667$, $x_2 = 0$, Profilüberdeckung $\varepsilon_\alpha \approx 1{,}4$, Nennleistung $P_N = P_{N2} = 3{,}76$ kW, Umfangsgeschwindigkeit $v \approx 1{,}8$ m/s, Anwendungsfaktor $K_A = 1{,}3$, Ritzel 1 aus Vergütungsstahl 42CrMo4, Rad 2 aus E360, Rautiefe im Zahngrund $R_z = 30$ µm. Das Getriebe soll als Zeitgetriebe ausgeführt werden. Zu ermitteln sind:

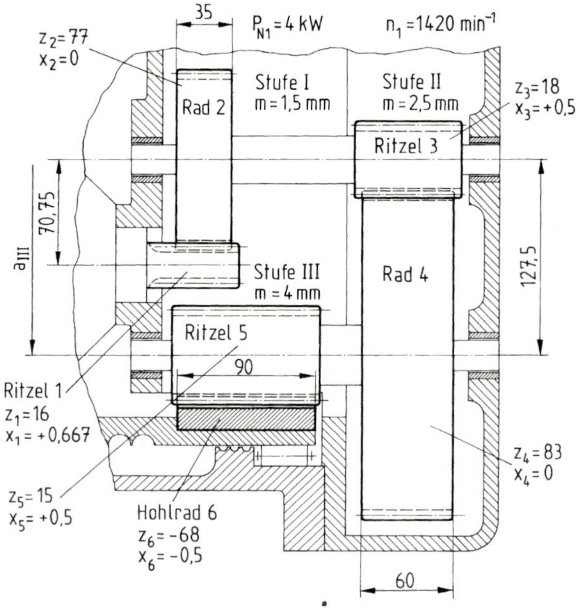

Bild 23.33 Dreistufiges Hubwerksgetriebe eines Elektroseilzuges

1. Die Verzahnungsqualität,
2. Die Nennumfangskraft F_{Nt} und der Dynamikfaktor K_v,
3. Die Zahnfußspannungen σ_{F1} und σ_{F2} sowie die Sicherheiten S_{F1} und S_{F2} gegen Zahn-Dauerbruch bei $N_L = 10^5$.

23.34 Für die nach Aufgabe 23.33 auf Zahnfußtragfähigkeit nachgerechnete erste Stufe des Hubgetriebes nach Bild 23.33 ist die Berechnung auf Grübchentragfähigkeit durchzuführen und festzustellen, ob bei den gewählten Werkstoffen Vergütungsstahl 42CrMo4 (Ritzel 1) und E360 (Rad 2) eine nominelle Lebensdauer $N_L = 10^5$ Volllastspiele erreicht wird. Gegeben sind: Nennumfangskraft $F_{Nt} = 2090$ N, Anwendungsfaktor $K_A = 1{,}3$, Dynamikfaktor $K_v = 1{,}1$, Breitenfaktor $K_{F\beta} = 1{,}3$, Profilüberdeckung $\varepsilon_\alpha = 1{,}4$, Eingriffswinkel $\alpha_t = \alpha = 20°$, Betriebseingriffswinkel $\alpha_{wt} = \alpha_w = 22{,}12°$, Zähnezahl $z_1 = 16$, Zahnbreite $b = 35$ mm, Zähnezahlverhältnis $u = 4{,}81$, Teilkreisdurchmesser $d_1 = 24$ mm, Umfangsgeschwindigkeit $v = 1{,}8$ m/s, Viskosität des Schmieröls $\nu_{40} = 1000$ mm²/s, Rautiefe der Flanken $R_z = 14$ μm.
Sind die Sicherheiten gegen Grübchenschäden ausreichend, wenn eine gewisse Grübchenbildung zugelassen werden kann? Es soll $S_H \geq 1$ sein.

23.35 Die zweite Stufe des in Bild 23.33 schematisch dargestellten Hubgetriebes eines Elektroseilzuges ist wie die erste (Aufgabe 23.33) ein geradverzahntes V_{plus}-Radpaar mit genormter Evolventenverzahnung und ungehärteten Zahnflanken, Verzahnungsqualität 9. Nach den Aufgaben 22.9, 23.6 und 23.18 sind gegeben: Modul $m = 2{,}5$ mm, Teilkreisdurchmesser $d_4 = 207{,}5$ mm, Zähnezahlen $z_3 = 18$, $z_4 = 83$, Zahnbreite $b = 60$ mm, Profilverschiebungsfaktoren $x_3 = 0{,}5$, $x_4 = 0$, Profilüberdeckung $\varepsilon_\alpha = 1{,}5$, Nennleistung $P_N = P_{N4} \approx 3{,}54$ kW, Anwendungsfaktor $K_A = 1{,}3$, Umfangsgeschwindigkeit $v \approx 0{,}7$ m/s, Ritzel 3 aus St 70, Rad 4 aus St 60. Es ist die Nachrechnung auf Zahnfuß-Tragfähigkeit für ein Zeitgetriebe mit $N_L = 10^5$ Lastspielen durchzuführen. Rautiefe am Zahngrund $R_z = 30$ μm.

23.36 Für die nach Aufgabe 23.35 auf Zahnfußtragfähigkeit nachgerechnete zweite Stufe des Hubgetriebes nach Bild 23.33 ist die Berechnung auf Grübchentragfähigkeit durchzuführen und zu prüfen, ob die verlangte Lebensdauer von $N_L = 10^5$ Volllastspielen gewährleistet ist. Gegeben sind: Nennumfangskraft $F_{Nt} = 5057$ N, Anwendungsfaktor $K_A = 1{,}3$, Dynamikfaktor $K_v = 1{,}041$, Breitenfaktor $K_{F\beta} = 1{,}32$, Profilüberdeckung $\varepsilon_\alpha = 1{,}5$, Eingriffswinkel $\alpha_t = \alpha = 20°$ Betriebseingriffswinkel $\alpha_{wt} = \alpha_w = 21{,}49°$ Zähnezahl $z_3 = 18$, Teilkreisdurchmesser $d_3 = 45$ mm, Zahnbreite $b = 60$ mm, Zähnezahlverhältnis $u = 4{,}61$. Viskosität des Schmieröls $\nu_{40} = 1000$ mm²/s, Rautiefe der Flanken $R_z = 14$ μm. Werkstoffe: Ritzel 3 aus E360, Rad 4 aus E335.

23.37 Die dritte Stufe des in Bild 23.33 gezeigten Hubgetriebes eines Elektroseilzuges ist ein geradverzahntes V-Null-Innenradpaar mit dem Modul $m = 4$ mm und den Profilverschiebungsfaktoren $x_5 = +0{,}5$, $x_6 = -0{,}5$. Nach den Aufgaben 22.10, 23.6 und 23.18 sind ferner bekannt. Zähnezahlen $z_5 = 15$, $z_6 = -68$, Zähnezahlverhältnis $u = -4{,}533$, Teilkreisdurchmesser $d_5 = 60$ mm, $d_6 = -272$ mm, Zahnbreite $b = 90$ mm, Profilüberdeckung $\varepsilon_\alpha = 1{,}55$, Verzahnungsqualität 9, Rautiefe der Flanken $R_z = 14$ μm. Betriebseingriffswinkel $\alpha_w = \alpha = 20°$, Nennleistung $P_N = P_{Nb} = P_{N6} = 3{,}32$ kW, Anwendungsfaktor $K_A = 1{,}3$, Dynamikfaktor $K_v \approx 1$ wegen der geringen Umfangsgeschwindigkeit $v \approx 0{,}2$ m/s, Werkstoffe: Ritzel 5 aus E360, Hohlrad 6 aus E335, Zahnflanken beider Räder ungehärtet, Rautiefe am Zahngrund $R_z = 30$ μm, Viskosität des Schmieröls $\nu_{40} = 1000$ mm²/s. Es sind die Berechnungen auf Zahnfuß- und auf Grübchentragfähigkeit für dieses Zeitgetriebe mit einer erforderlichen Volllastspielzahl $N_L = 10^5$ wie folgt durchzuführen:
1. Die Breitenfaktoren $K_{F\beta}$ und $K_{H\beta}$ sowie die Stirnfaktoren $K_{F\alpha}$ und $K_{H\alpha}$,
2. Die Zahnfußspannung σ_{F5} und die Sicherheit S_{F5} gegen Zahndauerbruch,
3. Die Flankenpressung σ_H und die Sicherheiten S_{H5} und S_{H6} gegen Grübchenschäden.

23.38 Für die Räder der ersten Stufe des in Bild 22.11 dargestellten zweistufigen Universalgetriebes sind nach der Grübchentragfähigkeit geeignete Stahlwerkstoffe festzulegen und eine Nachrechnung auf Zahnfußtragfähigkeit durchzuführen. Es handelt sich um ein schrägverzahntes Null-Außenradpaar mit dem Schrägungswinkel $\beta = 20°$, für das nach den Aufgaben 22.11, 22.12, 23.7 und 23.19 bekannt sind: Normalmodul $m_n = 4{,}5$ mm, Zähnezahlen $z_1 = 16$, $z_2 = 95$, Zähnezahlverhältnis $u = 5{,}938$, Ersatzzähnezahlen $z_{n1} \approx 19$, $z_{n2} \approx 113$, Teilkreisdurchmesser $d_1 \approx 76{,}6$ mm, $d_2 \approx 455$ mm, Zahnbreite $b = 45$ mm, Betriebs-Eingriffswinkel $\alpha_{wt} = \alpha_t = 21{,}17°$, Schrägungswinkel am Grundzylinder $\beta_b = 18{,}75°$, Profilüberdeckung $\varepsilon_\alpha = 1{,}53$, Sprungüberdeckung $\varepsilon_\beta = 1{,}09$, Nennumfangskraft $F_{Nt} = 5{,}32$ kN, Anwendungsfaktor $K_A = 1$, Umfangsgeschwindigkeit $v \approx 6$ m/s, Rautiefe an den Flanken $R_z = 3$ m, am Zahngrund $R_z = 18$ µm, Viskosität des Schmieröls ISO VG 460. Das Getriebe soll als Dauergetriebe ausgeführt werden. Zu ermitteln sind:

1. Die Verzahnungsqualität und der Dynamikfaktor K_v,
2. Die Breitenfaktoren $K_{F\beta}$ und $K_{H\beta}$ sowie die Stirnfaktoren $K_{F\alpha}$ und $K_{H\alpha}$,
3. Die erforderlichen Dauerwälzfestigkeiten $\sigma_{H1\,erf}$ und $\sigma_{H2\,erf}$ und dafür geeignete Stahlwerkstoffe, wenn die Differenz der Dauerfestigkeiten $\sigma_{FE1} - \sigma_{FE2} \geq 50$ N/mm² betragen soll,
4. Sind die Sicherheiten S_{F1} und S_{F2} gegen Zahndauerbruch bei den unter 3. gewählten Werkstoffen ausreichend?

23.39 Die zweite Stufe des in Bild 22.11 gezeigten Universalgetriebes ist ein Schrägzahn–V_{plus}-Radpaar mit dem Schrägungswinkel $\beta = 15°$ und den Profilverschiebungsfaktoren $x_3 = +0{,}183$, $x_4 = 0$. Die Räder sollen wie die der ersten Stufe (Aufg. 23.38) aus 42CrMo4 (Ritzel 3) und C45 (Rad 4) hergestellt und nitrocarburiert werden, Verzahnungsqualität 7, Ausführung als Dauergetriebe. Für die Berechnung auf Zahnfuß- und Grübchentragfähigkeit sind nach den Aufgaben 22.13, 22.14 und 23.19 bekannt: Normalmodul $m_n = 7$ mm, Zähnezahlen $z_3 = 14$, $z_4 = 59$, Zähnezahlverhältnis $u = 4{,}214$, Ersatzzähnezahlen $z_{n3} = 15{,}4$, $z_{n4} \approx 65$, Teilkreisdurchmesser $d_3 = 101{,}5$ mm, $d_4 \approx 427{,}6$ mm, Zahnbreite $b = 105$ mm, Stirneingriffswinkel $\alpha_t = 20{,}65°$, Betriebs-Eingriffswinkel $\alpha_{wt} = 21{,}36°$ Schrägungswinkel am Grundzylinder $\beta_b \approx 14{,}08°$ Profilüberdeckung $\varepsilon_\alpha = 1{,}48$, Sprungüberdeckung $\varepsilon_\beta = 1{,}24$, Nennumfangskraft $F_{Nt} \approx 22{,}22$ kN, Anwendungsfaktor $K_A = 1$, Umfangsgeschwindigkeit $v \approx 1{,}35$ m/s, Rauhtiefe an den Flanken $R_z = 3$ µm, am Zahngrund $R_z = 18$ µmm, Viskosität des Schmieröls ISO VG 460.

1. Sind die Sicherheiten S_{F3} und S_{F4} gegen Zahndauerbruch ausreichend?
2. Sind die Sicherheiten S_{H3} und S_{H4} gegen Grübchenschäden ausreichend?
3. Auf welches Maß muß ggf. die Zahnbreite verändert werden?

Kegelräder

23.40 Die Geradzahn-Kegelräder des in Bild 23.40 dargestellten Null-Radpaares im Fahrantrieb eines Kranes sind auf Zahnfußtragfähigkeit für $N = 10^5$ Volllastspiele zu berechnen. Nach den Aufgaben 22.15, 22.16 und 23.8 sind bekannt: Nennumfangskraft $F_{Nt} \approx 5440$ N, Anwendungsfaktor $K_A = 1{,}3$, mittlere Umfangsgeschwindigkeit $v \approx 0{,}94$ m/s, mittlerer Modul $m_m \approx 8{,}66$ mm, mittlerer Teilkreisdurchmesser $d_{m2} \approx 476{,}2$ mm, Zahnbreite $b = 80$ mm, Zähnezahlen $z_1 = 23$, $z_2 = 55$, Profilüberdeckung $\varepsilon_\alpha = 1{,}75$, virtuelle Zähnezahlen $z_{v1} \approx 25$, $z_{v2} \approx 143$. Als Werkstoffe sind vorgesehen: Ritzel 1 aus E335, Rad 2 aus E295, Verzahnungsqualität 9. Zu ermitteln sind:

1. Die Linienbelastung w,
2. Der Dynamikfaktor K_v,
3. Der Stirn-Breitenfaktor $K_{\alpha\beta}$,
4. Die Zahnfußspannungen σ_{F1} und σ_{F2},
5. Die Sicherheiten S_{F1} und S_{F2} gegen Zahndauerbruch.

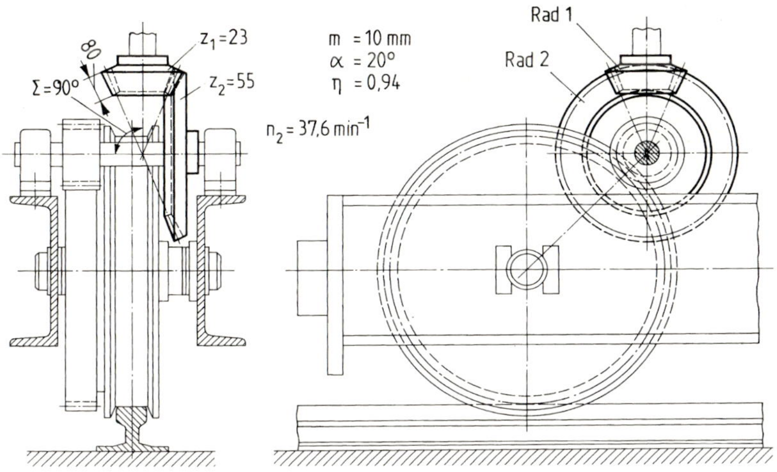

Bild 23.40 Geradzahn-Kegel-Null-Radpaar im Fahrantrieb eines Kranes

23.41 Das nach Aufgabe 23.40 auf Zahnfußtragfähigkeit berechnete geradverzahnte Kegel-Null-Radpaar (Bild 23.40) ist auf Grübchentragfähigkeit nachzurechnen. Gegeben sind: Nennumfangskraft $F_{Nt} = 5440$ N, mittlerer Teilkreisdurchmesser $d_{m1} = 199{,}13$ mm, Zahnbreite $b = 80$ mm, virtuelle Zähnezahl $z_{v1} = 25$, virtuelles Zähnezahlverhältnis $u_v = 5{,}72$, Profilüberdeckung $\varepsilon_\alpha = 1{,}75$, mittlerer Modul $m_m = 8{,}66$ m, Anwendungsfaktor $K_A = 1{,}3$, Dynamikfaktor $K_v = 1{,}07$, Stirn-Breitenfaktor $K_{\alpha\beta} = 2{,}2$, Werkstoffe: Ritzel 1 aus E335, Rad 2 aus E295. Es sind zu ermitteln:

1. Die maßgebende Flankenpressung σ_H,

2. Die Sicherheiten S_{H1} und S_{H2} gegen Grübchenschäden bei einer Volllastspielzahl $N_L = 10^5$.

23.42 Die Geradzahn-Kegelräder des in Bild 22.17 dargestellten Null-Radpaares sind als Dauergetriebe auf Zahnfußtragfähigkeit zu berechnen. Nach den Aufgaben 22.17 bis 22.19 sowie 23.9 und 23.20 sind bekannt: Nennumfangskraft $F_{Nt} = 9{,}9$ kN, Anwendungsfaktor $K_A = 1$, mittlere Umfangsgeschwindigkeit $v_m = 8$ m/s, mittlerer Modul $m_m = 6{,}722$ mm, mittlerer Teilkreisdurchmesser $d_{m2} \approx 174{,}8$ mm, Zahnbreite $b = 35$ mm, Zähnezahlen $z_1 = 13$, $z_2 = 26$, virtuelle Zähnezahlen $z_{v1} \approx 15$, $z_{v2} \approx 83$, Profilüberdeckung $\varepsilon_\alpha = 1{,}65$, beide Räder aus 16MnCr5 einsatzgehärtet. Zu ermitteln sind:

1. Die Verzahnungsqualität,

2. Die Linienbelastung w,

3. Der Dynamikfaktor K_v,

4. Die Zahnfußspannungen σ_{F1} und σ_{F2} mit dem Stirn-Breitenfaktor $K_{\alpha\beta} = 2{,}2$,

5. Die Sicherheiten S_{F1} und S_{F2} gegen Zahndauerbruch.

23.43 Das in Bild 22.17 gezeigte Geradzahn-Kegel-Nullradpaar soll als Dauergetriebe arbeiten. Es sind bekannt: Nennumfangskraft $F_{Nt} = 9{,}9$ kN, Anwendungsfaktor $K_A = 1$, mittlerer Teilkreisdurchmesser $d_{m1} \approx 87{,}4$ mm, Zahnbreite $b = 35$ mm, virtuelles Zähnezahlverhältnis $u_v = 5{,}533$, Dynamikfaktor $K_v = 1{,}071$, Stirn-Breitenfaktor $K_{\alpha\beta} = 2{,}2$, mittlerer Modul $m_m = 6{,}722$ mm, Profilüberdeckung $\varepsilon_\alpha = 1{,}65$, virtuelle Zähnezahl $z_{v1} = 15$. Werkstoff beider Räder 16MnCr5 einsatzgehärtet. Es sind zu ermitteln:

1. Die maßgebende Flankenpressung σ_H,

2. Der Sicherheitsfaktor S_H, der ≥ 1 sein soll.

23.44 Die Schrägzahn-Kegelräder des in Bild 22.20 dargestellten Null-Radpaares sollen aus Vergütungsstahl 42CrMo4 hergestellt und gasnitriert werden. Es ist festzustellen, ob bei diesem Werkstoff eine ausreichende Grübchentragfähigkeit für ein Dauergetriebe gewährleistet ist. Nach den Aufgaben 22.20, 22.21, 23.10 und 23.21 sind bekannt: Nennleistung $P_{Nb} = 11{,}3$ kW, Anwendungsfaktor $K_A = 1{,}25$, mittlere Umfangsgeschwindigkeit $v_m = 3{,}59$ m/s, mittlerer Schrägungswinkel $\beta_m = 30°$, mittlerer Normalmodul $m_{nm} = 3$ mm, Zahnbreite $b = 20$ mm, Stirneingriffswinkel $\alpha_1 = \alpha_{wt} = 22{,}8°$, Profilüberdeckung $\varepsilon_\alpha = 1{,}39$, Sprungüberdeckung $\varepsilon_\beta = 1{,}06$, Zähnezahlen $z_1 = 22$, $z_2 = 31$, virtuelle Zähnezahlen $z_{v1} = 27$, $z_{v2} = 53{,}6$, virtuelles Zähnezahlverhältnis $u_v = 1{,}985$. Im Einzelnen sind zu ermitteln:

1. Die Verzahnungsqualität,

2. Die Nennumfangskraft F_{Nt} und der Dynamikfaktor K_v,

3. Die maßgebende Flankenpressung σ_H mit dem Stirn-Breitenfaktor $K_{\alpha\beta} = 2{,}2$,

4. Ist die Sicherheit S_H gegen Grübchenschäden ausreichend, wenn $S_H \geq 1$ sein soll?

23.45 Das Schrägzahn-Kegel-Null-Radpaar nach Bild 22.20, dessen Grübchentragfähigkeit nach Aufgabe 23.44 überprüft wurde, ist auf Zahnfußtragfähigkeit nachzurechnen. Alle dazu erforderlichen Daten sind der Aufgabe 23.44 zu entnehmen. Bereits errechnet wurden: $K_v = 1{,}072$, $F_{Nt} = 3148$ N. Zu ermitteln sind:

1. Die Zahnfußspannungen σ_{F1} und σ_{F2},

2. Genügen die Sicherheiten S_{F1} und S_{F2} gegen Zahndauerbruch für ein Dauergetriebe? Es soll $S_H \geq 1{,}3$ sein.

Vollständige Berechnung von Radpaaren aus Stahl

Stirnradpaare

23.46 In Bild 23.46 ist ein Drehstrom-Getriebemotor mit einem einstufigen Stirnradgetriebe dargestellt. Dabei handelt es sich um ein geradverzahntes Null-Radpaar mit 20°-Normverzahnung, einem Modul $m = 2{,}5$ mm und einer Zahnbreite $b = 50$ mm. Das Ritzel ist auf der Motorwelle befestigt mittels Passfeder DIN 6885, niedrige Form, Bohrungsdurchmesser $d_B = 28$ mm. Für das Ritzel 1 ist Vergütungsstahl 16MnCr5 vorgesehen und 42CrMo4 für das Rad 2, Zahnflanken gasnitriert. Ferner sind gegeben: Motordrehzahl $n_1 = 2850\ \text{min}^{-1} = 47{,}5\ \text{s}^{-1}$, Abtriebsdrehzahl $n_2 \approx 675\ \text{min}^{-1} = 11{,}25\ \text{s}^{-1}$, Abtriebs-Nennleistung $P_{N2} = 22$ kW, Anwendungsfaktor $K_A = 1{,}75$, Wirkungsgrad $\eta = 0{,}96$. Das Getriebe soll bei einer Umgebungstemperatur von 25 °C als Dauergetriebe geeignet sein. Es sind zu ermitteln:

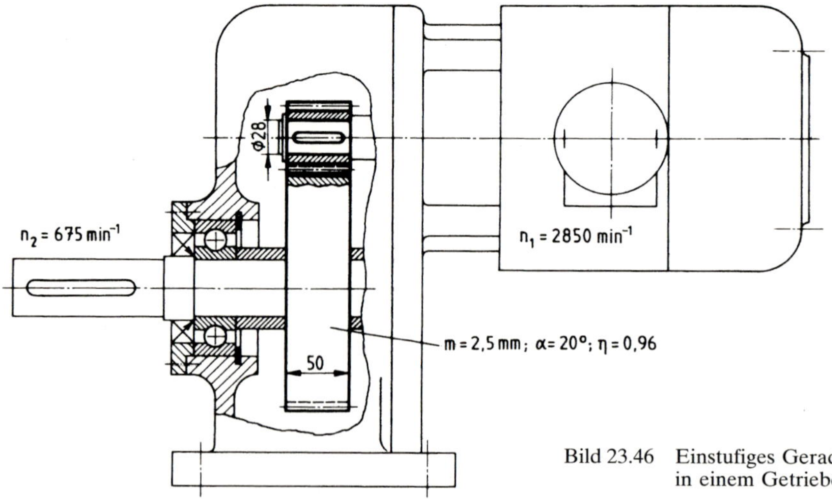

Bild 23.46 Einstufiges Geradstirnradgetriebe in einem Getriebemotor

1. Die nach dem Bohrungsdurchmesser d_B kleinstmögliche Zähnezahl z_1 (ohne Unterschnitt) des Ritzels 1, die Zähnezahl z_2 des Rades 2, das Zähnezahlverhältnis u und der Null-Achsabstand a_d,
2. Die Teilkreisdurchmesser d_1 und d_2, die Kopfkreisdurchmesser d_{a1} und d_{a2}, die Fußkreisdurchmesser d_{f1} und d_{f2},
3. Die Profilüberdeckung ε_α,
4. Die erforderliche Antriebs-Nennleistung P_{Na} sowie die zur Auslegung der Lager und Wellen benötigten Tangentialkräfte F_{t1} und F_{t2}, Radialkräfte F_{r1} und F_{r2} und Drehmomentenspitzen M_a der Antriebswelle und M_b der Abtriebswelle,
5. Die Schmierungsart und bei Ölschmierung eine geeignete ISO-Viskositätsklasse,
6. Die Verzahnungsqualität und ein Vergleich der Zahnbreite mit dem üblichen zulässigen Wert,
7. Die Nachrechnung auf Zahnfußtragfähigkeit, wobei festzustellen ist, ob die Sicherheiten S_{F1} und S_{F2} gegen Zahndauerbruch ausreichen. Für die Rauheit der Flanken ist der Wert nach Tab. 23.3 anzunehmen, für den Zahngrund etwa der fünffache.
8. Die Nachrechnung auf Grübchentragfähigkeit und, falls die Sicherheiten S_{H1} und S_{H2} gegen Grübchenschäden zu gering sind, d. h. <1, Wahl von geeigneten Stahlwerkstoffen.

23.47 Bild 23.47 zeigt ein einstufiges Geradzahn-Stirnrädergetriebe für ein Abtriebs-Nenndrehmoment $M_{Nb} = M_{N2} = 77$ kNm im Antrieb einer Kolbenpumpe mit zwei Zylindern. Der antreibende Elektromotor hat eine Drehzahl $n_1 = 950\ \text{min}^{-1} = 15{,}83\ \text{s}^{-1}$. Die Räder des normverzahnten Null-Radpaares haben einen Modul $m = 10$ mm und Teilkreisdurchmesser $d_1 = 210$ mm (Ritzel 1) und $d_2 = 900$ mm (Rad 2). Das Getriebe soll als Dauergetriebe ausgeführt werden mit einer Zahnbreite $b = 300$ mm, gehärteten und geschliffenen Zahnflanken, die unter Flüssigkeitsreibung arbeiten. Es sind zu ermitteln:

1. Die Abmessungen der Räder, und zwar die Zähnezahlen, die Kopf- und Fußkreisdurchmesser, die Übersetzung, das Zähnezahlverhältnis, der Achsabstand und die Profilüberdeckung,
2. Die zur Berechnung der Lager und Wellen benötigten Tangential- und Radialkräfte sowie die Abtriebsdrehzahl, die Abtriebs- und die Antriebsdrehmomentspitze und die zugehörigen Nennleistungen,

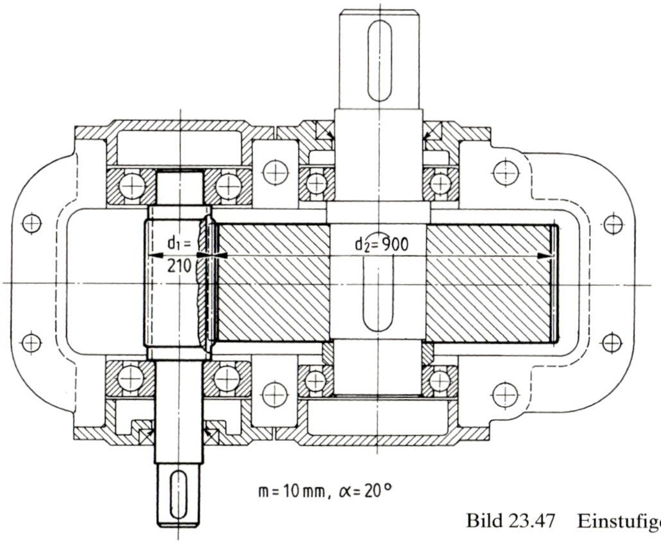

Bild 23.47 Einstufiges Geradzahn-Stirnradgetriebe

3. Die Verzahnungsqualität, die Schmierungsart, eine geeignete ISO-Viskositätsklasse für das Schmieröl mit oder ohne verschleißverringernde Wirkstoffe und die erforderliche Schmierölmenge (Mittelwert mit $P_f = P_{Na} - P_{Nb}$),
4. Geeignete Stahlwerkstoffe, die eine ausreichende Sicherheit gegen Grübchenschäden ($S_{H\,erf} = 1$) und gegen Zahndauerbruch ($S_{F\,erf} = 1{,}3$) gewährleisten. Außerdem soll die Differenz der Dauerfestigkeiten $\sigma_{FE1} - \sigma_{FE2} \geq 50\ \text{N/mm}^2$ betragen. Flankenrauheit R_z nach Tab. 23.3, Rauheit des Zahngrundes $R_z = 10\ \mu\text{m}$.

23.48 Die in Bild 23.48 dargestellte Zahnstangen-Handwinde enthält ein Zahnstangen-Null-Radpaar mit 20°-Normverzahnung einem Modul $m = 5$ mm und einem Wirkungsgrad $\eta \approx 0{,}94$ sowie einen Schneckenradsatz mit der Übersetzung $i_S = 10$ und einem Wirkungsgrad $\eta_S \approx 0{,}42$, Handkurbelradius $R = 300$ mm. Das Geradzahn-Stirnrad soll aus E335 hergestellt werden mit der bei geringem Unterschnitt noch ausführbaren Mindestzähnezahl z_{min}. Werkstoff der Zahnstange: E295, Zahnbreite $b = 50$ mm, Verzahnungsqualität 10. Die größte Nennbelastungskraft beträgt $F = 10$ kN. Wegen des Handbetriebes sind der Anwendungsfaktor $K_A = 1$, der Dynamikfaktor $K_v = 1$ und der Stirnfaktor $K_{F\alpha} = 1/Y_\varepsilon$ zu setzen. Zu ermitteln sind:

1. Die Hauptabmessungen des Ritzels 1, und zwar: Zähnezahl z_1, Teilkreisdurchmesser d_1, Kopfkreisdurchmesser d_{a1}, Fußkreisdurchmesser d_{f1} und die Profilüberdeckung ε_α,
2. Folgende Kräfte und Drehmomente: Tangentialkraft F_t, Radialkraft F_r, Drehmoment M_1, Handkurbelmoment M_K, Kurbelkraft F_K, und der Hub H je Kurbelumdrehung,
3. Sind die Sicherheiten S_{F1} und S_{F2} gegen Zahnfuß-Dauerbruch für ein Zeitgetriebe mit $N_L = 10^5$ ausreichend? Es sind $Y_{FS1} = 5$ und $Y_R = 0{,}95$ anzunehmen.

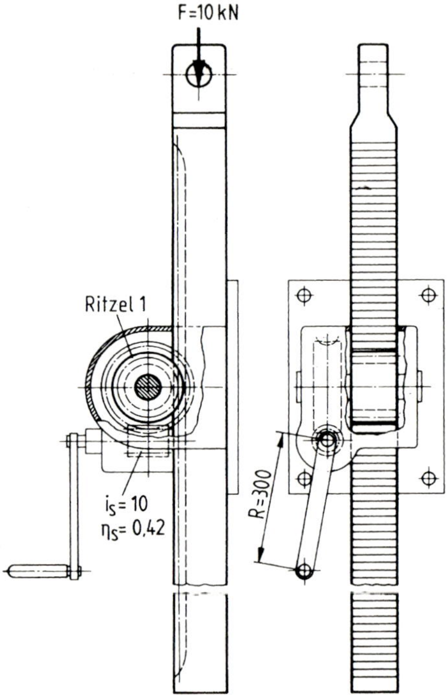

Bild 23.48 Zahnstangen-Handwinde

23.49 Das Vorgelege im Seiltrommelantrieb einer Greiferwinde ist ein geradverzahntes V_{plus}-Außenradpaar mit einem Ritzel aus 15CrNi6 (einsatzgehärtet) und einem gegossenen Großrad aus EN-GJS-600, das $Z = 6$ Arme mit I-förmigem Querschnitt aufweist, Bohrungsdurchmesser $d_B = 125$ mm. Die Übersetzung soll $|i| \approx 8{,}1$ betragen. Vorgesehen sind der Modul $m = 8$ mm, die Ritzelzähnezahl $z_1 = 13$, die Profilverschiebungsfaktoren $x_1 = x_2 = +0{,}5$ (0,5-Verzahnung) und eine Zahnbreite $b = 100$ mm, Achsabstand $a = a_v$, Wirkungsgrad $\eta = 0{,}94$. Die Seilnennkraft am Seiltrommeldurchmesser $D = 625$ mm beträgt $F_S = 40$ kN, Trommelwirkungsgrad $\eta_{Tr} = 0{,}96$, Anwendungsfaktor $K_A = 1{,}6$, Seilgeschwindigkeit am Trommelumfang $v_S = 40$ m/min. Das Radpaar soll als Zeitgetriebe arbeiten mit einer Volllast-Lebensdauer von etwa 500 h. Das erfordert eine Lastspielzeit von $N_{L1} = 5 \cdot 10^6$ und $N_{L2} = 0{,}6 \cdot 10^6$, nämlich $N_{L1} = n_1 \cdot 500\ \text{h} \cdot 60\ \text{min/h}$ bzw. $N_{L2} = n_2 \cdot 500\ \text{h} \cdot 60\ \text{min/h}$ (n in min^{-1}).
Für die Auslegung der Verzahnung, Bemessung der Wellen und Lager, Gestaltung des Großrades und Nachrechnung auf Zahnfuß- und Flanken-Tragfähigkeit sind zu ermitteln:

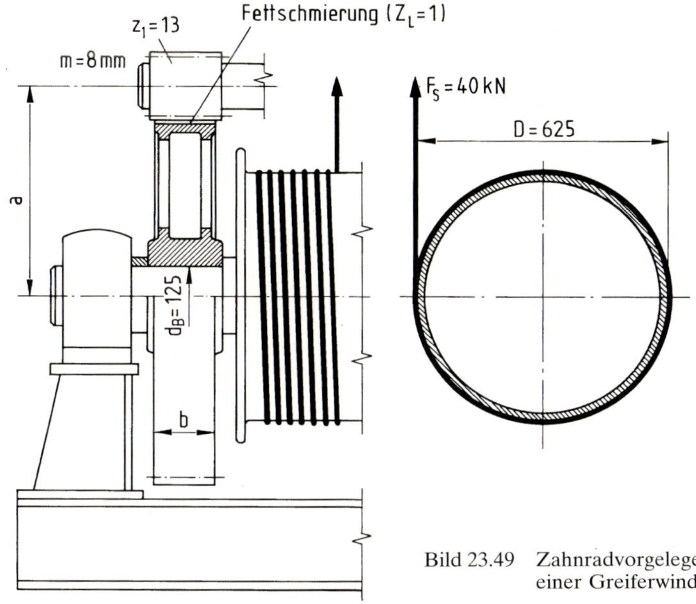

Bild 23.49 Zahnradvorgelege im Seiltrommelantrieb einer Greiferwinde

1. Die Abmessungen der Verzahnung, und zwar die Zähnezahl z_2, die Teilkreisdurchmesser d_1, d_2, die Kopfkreisdurchmesser d_{a1}, d_{a2}, die Fußkreisdurchmesser d_{f1}, d_{f2}, ferner der Achsabstand als V-Achsabstand a_v, das Zähnezahlverhältnis u, die Betriebs-Wälzkreisdurchmesser d_{w1}, d_{w2}, der Betriebseingriffswinkel α_w und die Profilüberdeckung ε_α,
2. Die Nenndrehmomente M_{Nb} und M_{Na}, die Drehzahlen n_2 und n_1, die Tangentialkräfte F_{t1} und F_{t2} und die Radialkräfte F_{r1} und F_{r2},
3. Die wichtigsten Abmessungen des Großrades, und zwar die Höhe H und die Dicke S der Hauptrippen sowie h und s der Nebenrippen, die Nabenlänge L, die Nabenwanddicke w und die Kranzdicke K (jeweils die üblichen Größtwerte), ferner eine Überprüfung der Biegespannung σ_b im gefährdeten Armquerschnitt und die Wahl der Verzahnungsqualität,
4. Sind die Sicherheiten S_{F1} und S_{F2} ausreichend? $S_{F\,erf} = 1{,}1$, Zahngrund $R_z = 30\,\mu m$.
5. Sind die Sicherheiten S_{H1} und S_{H2} bei $Z_L = 1$ ausreichend? $S_{H\,erf} = 0{,}7$, Flankenrautiefe nach Tab. 23.3.

23.50 In Bild 23.50 ist ein einstufiges Schrägzahn-Stirnrädergetriebe mit einem Null-Radpaar dargestellt, das als Dauergetriebe arbeiten soll mit einer Abtriebs-Nennleistung $P_{Nb} = P_{N2} = 150$ kW bei einer Antriebsdrehzahl $n_1 = 3000\ min^{-1} = 50\ s^{-1}$, Anwendungsfaktor $K_A = 1$, Umgebungstemperatur ca. 25 °C. Gegeben sind ferner: Zähnezahlen $z_1 = 21$, $z_2 = 60$, Normalmodul $m_n = 4$ mm, Zahnbreite $b = 60$ mm, Schrägungswinkel $\beta = 18°$, Ritzel 1 aus 34Cr4, Rad 2 aus 16MnCr5, Zahnflanken gehärtet (carbonitriert bzw. gasnitriert) und geschliffen, Flüssigkeitsreibung. Für die Auslegung des Getriebes sind folgende Berechnungen durchzuführen bzw. Daten zu ermitteln:

1. Berechnung der Verzahnungsdaten, und zwar Stirneingriffswinkel α_t, Teilkreisdurchmesser d_1, d_2, Kopfkreisdurchmesser d_{a1}, d_{a2}, Fußkreisdurchmesser d_{f1}, d_{f2}, Grundkreisdurchmesser d_{b1}, d_{b2}, Normalteilung p_n, Normaleingriffsteilung p_{en}, Stirnteilung p_t, Stirneingriffsteilung p_{et}, Ersatzzähnezahlen z_{n1}, z_{n2}, Achsabstand a als Null-Achsabstand a_d, Profilüberdeckung ε_α, Sprungüberdeckung ε_β und Gesamtüberdeckung ε_γ,
2. Berechnung der für Lager- und Wellenauslegung erforderlichen Größen, wie Abtriebsdrehzahl n_2, Tangentialkräfte F_{t1}, F_{t2}, Radialkräfte F_{r1}, F_{r2}, Axialkräfte F_{a1}, F_{a2}, Abtriebsmoment M_b, Antriebsmoment M_a, Antriebsleistung P_a,

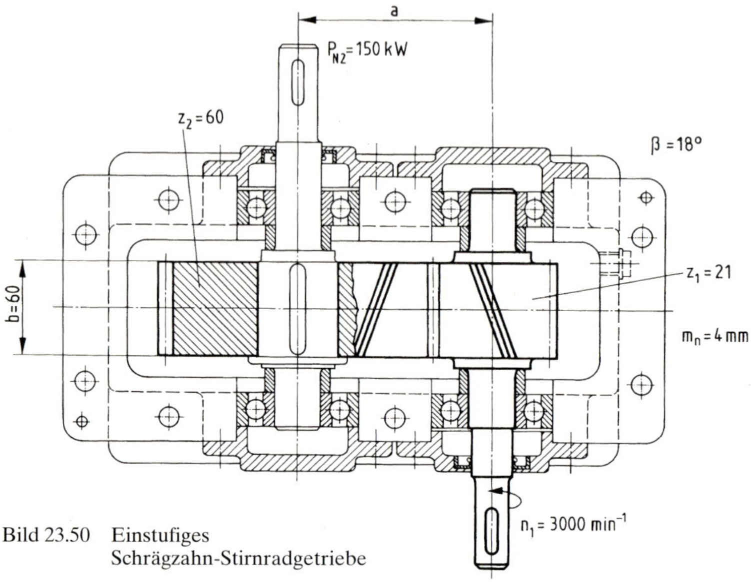

Bild 23.50 Einstufiges Schrägzahn-Stirnradgetriebe

3. Ermittlung der Verzahnungsqualität, der Schmierungsart, der ISO-Viskositätsklasse des Schmieröls (erforderlichenfalls mit verschleißverringernden Wirkstoffen) und der Schmierölmenge,

4. Ermittlung folgender Einflußfaktoren: Linienbelastung w, Dynamikfaktor K_v, Breitenfaktoren $K_{F\beta}$ und $K_{H\beta}$, Linienbelastung w_t, Stirnfaktoren $K_{F\alpha}$ und $K_{H\alpha}$, Überdeckungsfaktoren Y_ε und Z_ε,

5. Berechnung der Zahnfußtragfähigkeit im Einzelnen: Zahnfußspannungen σ_{F01} und σ_{F02}, Zahnfußspannungen σ_{F1} und σ_{F2}, Sicherheitsfaktoren S_{F1} und S_{F2}, wobei $S_{F\,erf} = 1{,}3$ ist. Rauheit des Zahnfußes $R_z = 10\ \mu m$.

6. Berechnung der Grübchentragfähigkeit, im einzelnen: nominelle Flankenpressung σ_{H0}, maßgebende Flankenpressung σ_H, Sicherheitsfaktoren S_{H1} und S_{H2}, wobei $S_{H\,erf} = 1$ ist. Rauheit der Flanken nach Tab. 23.3.

23.51 Das in Bild 23.50 gezeigte einstufige Schrägzahn-Stirnrädergetriebe ist durch eine positive Profilverschiebung beider Räder mit dem Achsabstand $a = a_v = 175$ mm auszuführen. Es hat als Dauergetriebe eine Nennleistung $P_{Nb} = P_{N2} = 150$ kW abzugeben bei einer Antriebsdrehzahl $n_1 = 3000\ \text{min}^{-1} = 50\ \text{s}^{-1}$, Anwendungsfaktor $K_A = 1{,}75$, Umgebungstemperatur ca. 40 °C. Ferner sind gegeben und nach Aufgabe 23.50 bekannt: Normalmodul $m_n = 4$ mm, Schrägungswinkel $\beta = 18°$, Zähnezahlen $z_1 = 21$, $z_2 = 60$, Zahnbreite $b = 60$ mm, Zähnezahlverhältnis $u = 2{,}857$, Teilkreisdurchmesser $d_1 = 88{,}32$ mm, $d_2 = 252{,}35$ mm, Grundkreisdurchmesser $d_{b1} = 82{,}49$ mm, $d_{b2} = 235{,}68$ mm, Stirneingriffsteilung $p_{et} = 12{,}34$ mm, Stirneingriffswinkel $\alpha_t = 20{,}94°$, Schrägungswinkel am Grundzylinder $\beta_b = 16{,}88°$, Ersatzzähnezahlen $z_{n1} = 24{,}1$, $z_{n2} = 68{,}9$, Null-Achsabstand $a_d = 170{,}34$ mm, Sprungüberdeckung $\varepsilon_\beta = 1{,}48$, Wirkungsgrad $\eta = 0{,}96$, Umfangsgeschwindigkeit der Teilkreise $v \approx 13{,}9$ m/s, Abtriebsdrehzahl $n_2 = 1050\ \text{min}^{-1} = 17{,}5\ \text{s}^{-1}$, Verzahnungsqualität 5, Öl-Tauchschmierung, Nennumfangskraft $FNt \approx 10800$ N, Werkstoffe: 34Cr4 (Ritzel 1), 16MnCr5 (Rad 2), Zahnflanken gehärtet (carbonitriert bzw. gasnitriert) und geschliffen. Es sind zu ermitteln:

1. Der für das Ritzel 1 erforderliche Profilverschiebungsfaktor x_1, wenn $x_2 = +0{,}5$ für das Rad 2 gewählt wird, die Kopf- und Fußkreisdurchmesser d_{a1}, d_{a2} und d_{f1}, d_{f2}, die Betriebs-Wälzkreisdurchmesser d_{w1}, d_{w2}, der Betriebseingriffswinkel α_{wt} sowie die Profilüberdeckung ε_α und die Gesamtüberdeckung ε_γ,

2. Die Zahnkräfte F_t, F_r und F_a an beiden Rädern, die Drehmomentspitzen M_b und M_a, die erforderliche Antriebs-Nennleistung P_{Na}, eine geeignete ISO-Viskositätsklasse für das Schmieröl (erforderlichenfalls mit verschleißverringernden Wirkstoffen) und die Schmierölmenge $V_{öl}$,

3. Sind die Sicherheiten S_{F1} und S_{F2} gegen Zahndauerbruch sowie S_{H1} und S_{H2} gegen Grübchenschäden ausreichend? Rautiefen R_z und Sicherheiten $S_{F\,erf}$ und $S_{H\,erf}$ wie bei Aufg. 23.50.

23.52

Das einstufige Schrägzahn-Stirnrädergetriebe nach Bild 23.50 soll unter gleichen Bedingungen eingesetzt werden, wie in Aufgabe 23.51 angegeben, jedoch für wechselnde Drehrichtung. Aus diesem Grunde ist zur Vermeidung des beim V-Achsabstand a_v gegebenen Flankenspiels der Achsabstand $a = a_w = 175$ mm auszuführen. Gegeben sind die in Aufgabe 23.51 genannten Daten, außerdem der Betriebs-Eingriffswinkel $\alpha_{wt} = 24{,}62°$. Zu ermitteln sind:

1. Der für das Ritzel 1 erforderliche Profilverschiebungsfaktor x_1 bei $x_2 = +0{,}5$, eine Überprüfung, ob damit Spitzenbildung an den Zähnen auftritt, ferner der Kopfkreisdurchmesser d_{a1}, der Fußkreisdurchmesser d_{f1} und die Profilüberdeckung ε_α,

2. Sind die Sicherheiten gegen Zahndauerbruch und gegen Grübchenbildung noch ausreichend? Bei $\sigma_{FE1} = 900$ N/mm^2 und $\sigma_{FE2} = 810$ N/mm^2 wurden die Sicherheiten $S_{F1} = 3$ und $S_{F2} = 2{,}7$ errechnet ($S_{F\,erf} = 1{,}3$).

23.53

Das dreistufige anflanschbare Hubwerksgetriebe eines Elektroseilzuges (Bild 23.53a und b) enthält in der ersten und zweiten Stufe schrägverzahnte Stirnräder, in der dritten Stufe ein geradverzahntes Innenradpaar. Es handelt sich um ein

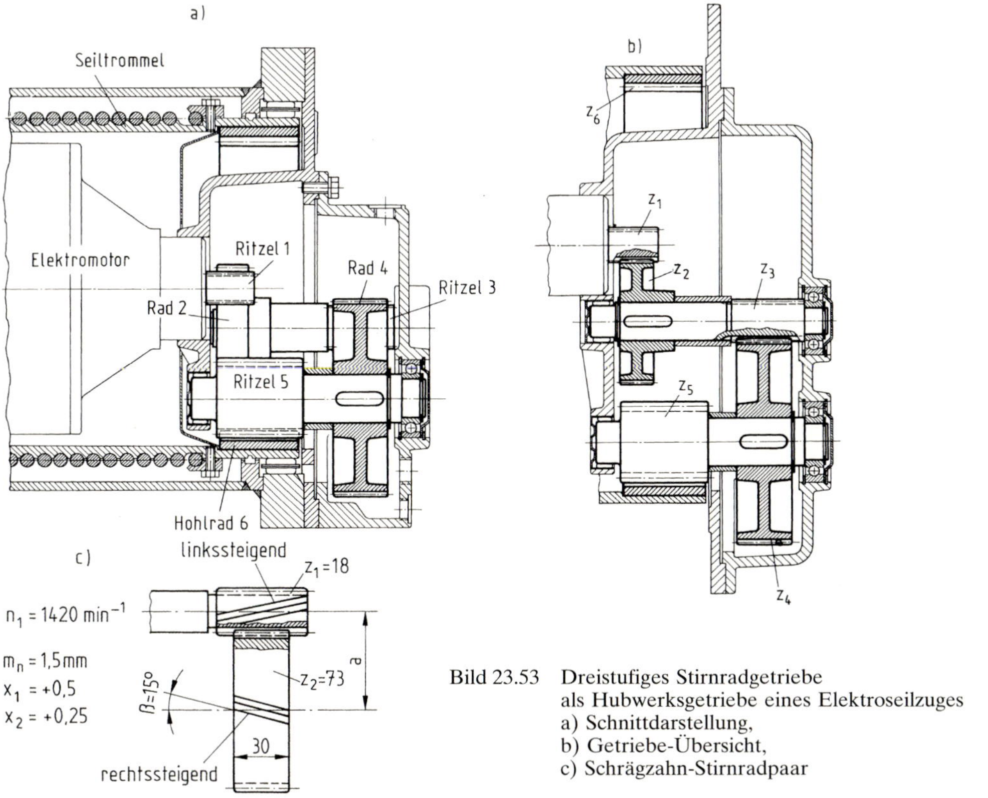

Bild 23.53 Dreistufiges Stirnradgetriebe als Hubwerksgetriebe eines Elektroseilzuges
a) Schnittdarstellung,
b) Getriebe-Übersicht,
c) Schrägzahn-Stirnradpaar

Zeitgetriebe mit einer Antriebsdrehzahl $n_a = n_1 = 1420\,\text{min}^{-1} = 23{,}67\,\text{s}^{-1}$ und einem Abtriebs-Nennmoment $M_{Nb} = M_{N6} = 2500$ Nm bei Volllast, Anwendungsfaktor $K_A = 1{,}3$, Wirkungsgrad $\eta = 0{,}94$ in jeder Stufe, Zähnezahlen $z_1 = 18$, $z_2 = 73$, $z_3 = 14$, $z_4 = 71$, $z_5 = 16$, $z_6 = -68$. Die erste Stufe (Bild 23.53c), ein schrägverzahntes V_{plus}-Radpaar mit dem Normalmodul $m_n = 1{,}5$ mm, den Profilverschiebungsfaktoren $x_1 = +0{,}5$, $x_2 = +0{,}25$, dem Schrägungswinkel $\beta = 15°$ und der Zahnbreite $b = 30$ mm, ist zu berechnen. Gegeben sind ferner: Ritzel 1 aus Vergütungsstahl 34CrNiMo6, Rad 2 aus 42CrMo4, Zahnflanken ungehärtet, Verzahnungsqualität 9. Zu ermitteln sind:

1. Die Abmessungen beider Zahnräder der ersten Stufe (Durchmesser, Teilungen, Winkel), die Ersatzzähnezahlen, der Achsabstand $a = a_w$, die Profilüberdeckung ε_α, die Sprungüberdeckung ε_β und die Gesamtüberdeckung ε_γ,
2. Die erforderliche Antriebs-Nennleistung P_{Na}, die Abtriebsdrehzahl $n_b = n_6$, die Drehzahl n_2 des Rades 2, die Abtriebsdrehmomentspitze M_b, die Antriebsdrehmomentspitze M_a, die Drehmomentspitze M_2 und die Zahnkräfte F_t, F_r, F_a der ersten Stufe.
3. Sind die Sicherheiten S_{F1} und S_{F2} gegen Zahndauerbruch ausreichend, und wird die übliche Volllast-Lebensdauer für Elektrozüge von mindestens 10 h erreicht? Siehe hierzu den Hinweis in der Aufgabe 23.49 zur Lastspielzahl. Rautiefe an den Flanken $R_z = 10\,\mu\text{m}$, am Zahngrund $R_z = 20\,\mu\text{m}$, Viskosität des Schmieröls $\nu_{40} > 500\,\text{mm}^2/\text{s}$, $S_{F\,erf} = 1{,}1$ $S_{H\,erf} = 0{,}7$.

23.54 Die zweite Stufe des in Bild 23.53 gezeigten Hubwerksgetriebes eines Elektroseilzuges ist ein schrägverzahntes Null-Radpaar (Bild 23.54) mit dem Normalmodul $m_n = 2{,}5$ mm, dem Schrägungswinkel $\beta = 15°$ den Zähnezahlen $z_3 = 14$, $z_4 = 71$ und der Zahnbreite $b = 50$ mm, Werkstoffe: 34CrNiMo6 (Ritzel 3), C45 (Rad 4), Zahnflanken ungehärtet, Verzahnungsqualität 9. Aus der Berechnung der ersten Stufe nach Aufgabe 23.53 sind ferner bekannt. Drehzahl $n_3 = n_2 \approx 350\,\text{min}^{-1} = 5{,}83\,\text{s}^{-1}$, Drehmomentspitze $M_3 = M_2 \approx 171$ Nm, Anwendungsfaktor $K_A = 1{,}3$, Wirkungsgrad $\eta = 0{,}94$. Es ist die Berechnung der zweiten Getriebestufe durchzuführen. Zu ermitteln sind:

1. Die Abmessungen der Räder, der Achsabstand, die Ersatzzähnezahlen und die Gesamtüberdeckung,
2. Die Drehzahl n_4, die Drehmomentspitze $_4$ und die Zahnkräfte zur Auslegung der Wellen und Lager,
3. Sind die Sicherheiten gegen Zahn-Dauerbruch ausreichend, und wird eine Volllast-Lebensdauer auch der Grübchentragfähigkeit von mindestens 10 h erreicht? $S_{F\,erf} = 1{,}1$, $S_{H\,erf} = 0{,}7$. Rautiefen und Schmieröl wie in Aufg. 23.53.

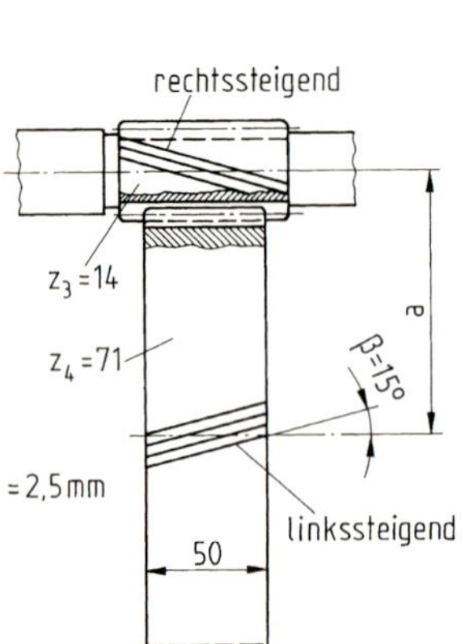

Bild 23.54 Schrägzahn-Stirnradpaar der zweiten Stufe des Hubwerksgetriebes nach Bild 23.53

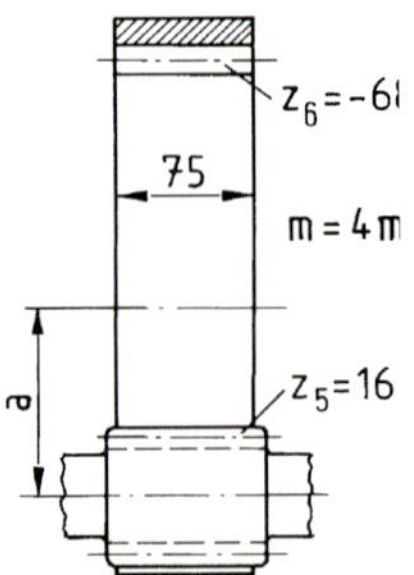

Bild 23.55 Geradzahn-Innenradpaar der dritten Stufe des Hubwerksgetriebes nach Bild 23.53

23.55 Die dritte Stufe des in Bild 23.53 gezeigten dreistufigen Hubwerksgetriebes eines Elektroseilzuges ist ein Geradzahn-Innenradpaar mit dem Modul $m = 4$ mm, der Zahnbreite $b = 75$ mm und den Zähnezahlen $z_5 = 16$, $z_6 = -68$ (Bild 23.55). Es soll als V_{plus}-Radpaar ausgeführt werden mit dem Achsabstand $a = a_w = -102$ mm, Verzahnungsqualität 9, Profilverschiebungsfaktor $x_6 = 0$. Gegeben sind ferner: Zeitgetriebe mit einer Volllast-Lebensdauer von mindestens 10 h, Anwendungsfaktor $K_A = 1{,}3$, Abtriebsdrehmomentspitze $M_b = M_6 = 3250$ Nm, Ritzeldrehzahl $n_3 = n_4 = 69\ \text{min}^{-1} = 1{,}15\ \text{s}^{-1}$, Abtriebsdrehzahl $n_b = n_6 = 16{,}25\ \text{min}^{-1} = 0{,}27\ \text{s}^{-1}$. Wegen der geringen Umfangsgeschwindigkeit ist der Dynamikfaktor $K_v \approx 1$. Werkstoffe: 34CrNiMo6 (Ritzel 5), C45 (Rad 6), Zahnflanken ungehärtet. Zu ermitteln sind:

1. Die Verzahnungs-Abmessungen des Ritzels 5 (einschließlich des erforderlichen Profilverschiebungsfaktors x_5) und des Hohlrades 6 (mit der Angabe, ob eine Kopfkürzung notwendig ist), die Profilüberdeckung und die Zahnkräfte,

2. Eine für alle drei Getriebestufen zu verwendende ISO-Viskositätsklasse des Schmieröls bei einer Umgebungstemperatur von ca. 25 °C und Öl-Tauchschmierung sowie die im Getriebegehäuse erforderliche Ölmenge. Aus den Berechnungen nach den Aufgaben 23.53 und 23.54 können entnommen werden für die zweite Stufe: $F_{t3} = 8{,}87$ kN, $d_3 \approx 36$ mm, $b = 50$ mm, $u = 5{,}071$, $v = 0{,}664$ m/s, Werkstoffe wie III. Stufe, außerdem die Antriebs-Nennleistung $P_{Na} \approx 5{,}1$ kW und der Gesamtwirkungsgrad $\eta_{ges} \approx 0{,}83$. Alle Zahnflanken sind ungehärtet. Es ist nach den errechneten kinematischen Viskositäten der Stufen II und III eine mittlere ISO-Viskositätsklasse auszuwählen (für $k_S/v > 20$ MPa · s/m gilt ν bei $k_S/v = 20$ MPa · s/m).

3. Sind die Sicherheiten gegen Zahndauerbruch und gegen Grübchenschäden ausreichend? S_{Ferf}, S_{Herf} und Rautiefen wie in Aufg. 23.53.

Kegelradpaare

23.56 Bild 23.56 zeigt einen Ausschnitt aus einem mehrstufigen Getriebe, dessen erste Stufe ein geradverzahntes Kegelradpaar mit dem Achsenwinkel $\Sigma = 90°$ ist, und zwar ein Null-Radpaar mit der Ritzel-Zähnezahl $z_1 = 16$ und der Rad-Zähnezahl $z_2 = 40$. Das Getriebe wird von einem Einzylinder-Verbrennungsmotor mit der Nennleistung $P_{N1} = 2{,}5$ kW bei $n_1 = 1500\ \text{min}^{-1} = 25\ \text{s}^{-1}$ angetrieben und ist für den Antrieb eines Gurtförderers vorgesehen. Es handelt sich um ein Dauergetriebe mit Öl-Tauchschmierung, Schmieröl ohne verschleißverringernde Wirkstoffe, Wirkungsgrad der ersten Stufe $\eta \approx 0{,}94$, Ritzel 1 aus Vergütungsstahl 34Cr4 carbonitriert, Rad 2 aus 16MnCr5 gasnitriert. Für das Kegelradpaar sind zu ermitteln:

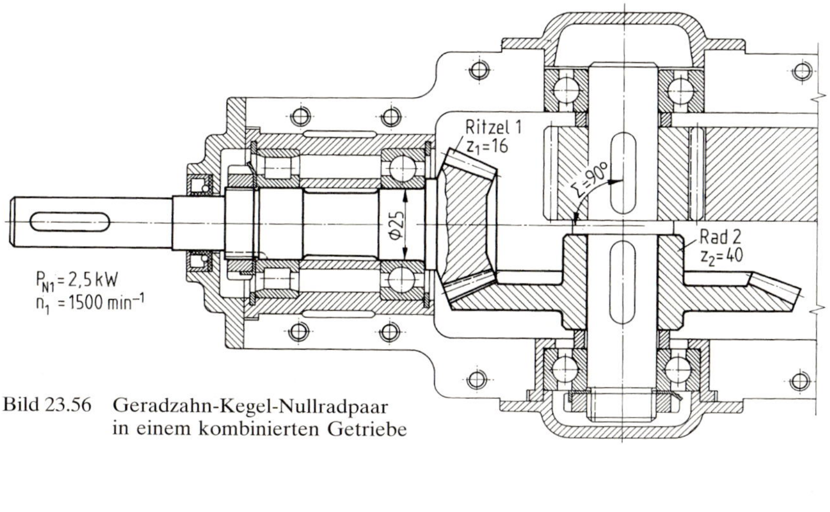

Bild 23.56 Geradzahn-Kegel-Nullradpaar in einem kombinierten Getriebe

1. Verzahnungsdaten: Teilkegelwinkel δ_1 und δ_2, äußerer Modul m_e als Normmodul, ausgehend von einem Teilkreisdurchmesser $d_{e1} \approx 45 \ldots 50$ mm (geschätzt nach dem an das Ritzel anschließenden Lagerzapfendurchmesser von 25 mm), äußere Teilkreisdurchmesser d_{e1}, d_{e2}, äußere Kopf- und Fußkreisdurchmesser d_{ae1}, d_{ae2} und d_{fe1}, d_{fe2}, äußere Teilung p_e, äußere Teilkegellänge R_e = Planrad-Radius R_P, Zahnbreite b (der kleinere Wert für b_{zul} um 3,5 mm vermindert und auf volle mm abgerundet), mittlerer Modul m_m, mittlere Teilkreisdurchmesser d_{m1}, d_{m2}, innerer Modul m_i, innere Teilkreisdurchmesser d_{i1}, d_{i2}, innere Kopfkreisdurchmesser d_{ai1}, d_{ai2}, Kopf- und Fußwinkel ϑ_a und ϑ_f, Kopf- und Fußkegelwinkel δ_a und δ_f, virtuelle Zähnezahlen z_{v1}, z_{v2}, virtuelles Zähnezahlverhältnis u_v, Profilüberdeckung ε_α,
2. Für die Auslegung der Lager und Wellen: Raddrehzahl n_2, Antriebsleistungsspitze P_a, Abtriebsleistungsspitze $P_b = P_2$, Antriebs- und Abtriebsdrehmomentspitzen M_a und $M_b = M_2$, Tangentialkräfte F_{t1}, F_{t2}, Axialkräfte F_{a1}, F_{a2}, Radialkräfte F_{r1}, F_{r2}, außerdem die Verzahnungsqualität und eine geeignete ISO-Viskositätsklasse für das Schmieröl,
3. Sind die Sicherheiten S_{F1} und S_{F2} gegen Zahn-Dauerbruch sowie S_{H1} und S_{H2} gegen Grübchenschäden ausreichend?

23.57 Das in Bild 23.57 dargestellte zweistufige kombinierte Universal-Getriebe soll als Dauergetriebe für eine Antriebsleistungsspitze $P_a = 150$ kW ausgelegt werden, Anwendungsfaktor $K_A = 1$. Die erste Stufe ist ein schrägverzahntes Kegel-Null-Radpaar mit dem Achsenwinkel $\Sigma = 90°$, dem mittleren Schrägungswinkel $\beta_m = 20°$, einem mittleren Normalmodul $m_{nm} = 8$ mm und der Zahnbreite $b = 60$ mm. Die Zahnflanken sind nitrocarburiert und feinbearbeitet, sie laufen unter Flüssigkeitsreibung, Umgebungstemperatur ca. 35 °. Das Ritzel 1 ist linkssteigend, hat $z_1 = 20$ Zähne und die Drehzahl $n_1 = 1420\ \text{min}^{-1} = 23{,}67\ \text{s}^{-1}$, Raddrehzahl $n_2 \approx 675\ \text{min}^{-1} = 11{,}25\ \text{s}^{-1}$. Als Einbaumaße sind $t_{B1} = 220$ mm und $t_{B2} = 120$ mm vorgesehen. Für das Kegelradpaar sind zu ermitteln:

1. Die für die Herstellung der Räder erforderlichen Abmessungen (Durchmesser, Winkel usw., wie in Bild 22.20b eingetragen) und eine Überprüfung der Zahnbreite b auf Zulässigkeit, außerdem der äußere Schrägungswinkel β_e und die Gesamtüberdeckung ε_γ,
2. Die tangentialen, radialen und axialen Zahnkräfte (Drehrichtung wie ME Bild 23.5) sowie die Drehmomente M_a der Ritzelwelle und M_b der Radwelle,
3. Geeignete Stahlwerkstoffe für Ritzel 1 und für Rad 2, gewählt nach der erforderlichen Dauerflankenpressung so, dass die Differenz der Schwellfestigkeiten $\sigma_{FE1} - \sigma_{FE2}$ mindes-

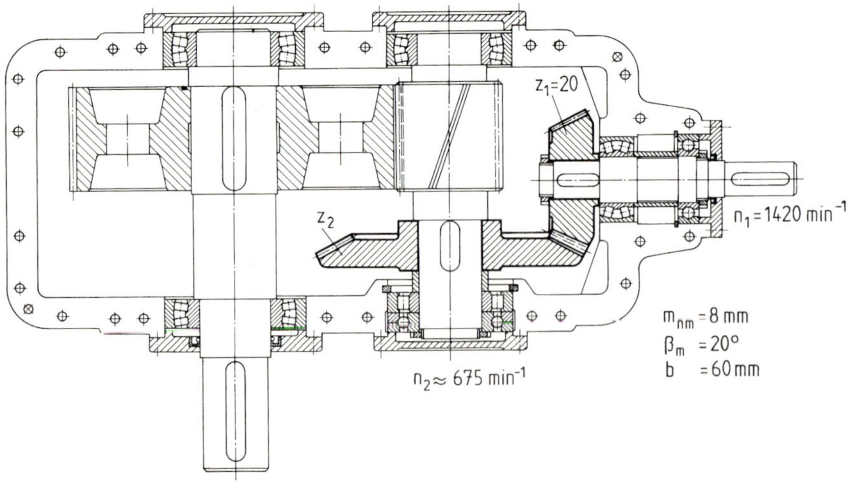

Bild 23.57 Schrägzahn-Kegel-Null-Radpaar in einem kombinierten Getriebe

tens 50 N/mm² beträgt und die für Dauergetriebe übliche Sicherheit gegen Zahndauerbruch $S_F = 1{,}3$ nicht unterschritten wird.

4. Die Schmierungsart und eine geeignete ISO-Viskositätsklasse für das Schmieröl mit oder ohne verschleißverringernde Wirkstoffe.

Zahnräder aus thermoplastischen Kunststoffen

23.58 In einem Werkzeugmaschinengetriebe soll zwecks Geräuschdämpfung ein geradverzahntes Stirnrad aus Kunststoff mit einem Ritzel aus Stahl als Null-Radpaar eingesetzt werden und als Dauergetriebe unter Ölnebelschmierung arbeiten. Es betragen der Modul $m = 6$ mm, die Zahnbreite $b = 80$ mm und die Ritzel-Zähnezahl $z_1 = 25$. Das Kunststoffrad mit $z_2 = 80$ Zähnen hat bei der Drehzahl $n_2 = 240\ \text{min}^{-1} = 4\ \text{s}^{-1}$ eine Nennleistung $P_N = 25$ kW zu übertragen. Ein geeigneter thermoplastischer Kunststoff ist wie folgt zu ermitteln:

1. Nennumfangskraft F_{Nt},

2. Belastungskennwert c,

3. Welcher thermoplastische Kunststoff ist für das Rad 2 geeignet?

23.59 Für das geradverzahnte Nullrad in einem Werkzeugmaschinengetriebe mit geschlossenem Gehäuse ist nach Aufgabe 23.58 als Werkstoff Polyamid PA 12 (Guss) ermittelt worden. Dieses in einem Dauergetriebe als Rad 2 unter Ölnebelschmierung laufende Kunststoffzahnrad ist auf Zahnfuß-Tragfähigkeit nachzurechnen. Gegeben sind: Modul $m = 6$ mm, Zahnbreite $b = 80$ mm, Zähnezahlen $z_1 = 25$, $z_2 = 80$, Teilkreisdurchmesser $d_2 = 480$ mm, Umfangsgeschwindigkeit $v = 6$ m/s, Nennumfangskraft $F_{Nt} = 4167$ N, Nennleistung $P_N = 25$ kW, Anwendungsfaktor $K_A = 1{,}25$, Umgebungstemperatur $t_0 \approx 25\ °\text{C}$, wärmeabführende Oberfläche des Getriebegehäuses $A \approx 0{,}85\ \text{m}^2$. Zu ermitteln sind:

1. Das Zähnezahlverhältnis u und der Überdeckungsgrad ε_α,

2. Die Zahntemperatur t_F,

3. Ist die Sicherheit S_F gegen Zahn-Dauerbruch ausreichend?

23.60 Das geradverzahnte Nullrad aus Polyamid PA 12 nach den Aufgaben 23.58 und 23.59, in einem Dauergetriebe als Rad 2 mit einem Stahlgegenrad unter Ölnebelschmierung arbeitend, ist auf Flanken-Tragfähigkeit nachzurechnen. Gegeben sind: Modul $m = 6$ mm, Zahnbreite $b = 80$ mm, Teilkreisdurchmesser $d_1 = 150$ mm, Zähnezahl $z = z_2 = 80$, Zähnezahlverhältnis $u = 3{,}2$, Profilüberdeckung $\varepsilon_\alpha \approx 1{,}7$, Nennleistung $P_N = 2{,}5$ kW, Anwendungsfaktor $K_A = 1{,}25$, Linienbelastung $w = 65{,}1$ N/mm, Umfangsgeschwindigkeit $v = 6$ m/s, Umgebungstemperatur $t_0 \approx 25\ °\text{C}$, Gehäuseoberfläche $A \approx 0{,}85\ \text{m}^2$ (geschlossenes Getriebegehäuse), Reibzahl $\mu = 0{,}07$. Es sind zu ermitteln:

1. Die Flankentemperatur t_H,

2. Ist die Sicherheit S_H gegen Flankenschäden ausreichend?

23.61 Für das nach den Aufgaben 23.58 bis 23.60 berechnete geradverzahnte Nullrad aus Polyamid PA 12 ist die Zahnverformung rechnerisch zu überprüfen. Bekannt sind: Gegenrad aus Stahl, Modul $m = 6$ mm, Zahnbreite $b = 80$ mm, Zähnezahlen $z_1 = 25$, $z_2 = 80$, Zähnezahlverhältnis $u = 3{,}2$, Nennumfangskraft $F_{Nt} = 4167$ N, Elastizitätsfaktor $Z_E \approx 15{,}7\ \sqrt{\text{N/mm}^2}$. Wird der erfahrungsgemäß zulässige Wert für die Verformung λ überschritten?

23.62 In einem geradverzahnten V_{plus}-Radpaar mit genormter 0,5-Verzahnung ($x_1 = x_2 = +0{,}5$) besteht das Großrad mit $z_2 = 78$ Zähnen aus Polyamid PA 66. Das Stahlritzel hat $z_1 = 17$ Zähne, Modul $m = 3$ mm. Bei der Ritzeldrehzahl $n_1 = 940\ \text{min}^{-1} = 15{,}7\ \text{s}^{-1}$ ist eine Nennleistung $P_{N1} = 1{,}7$ kW zu übertragen. Es handelt sich um ein Zeitgetriebe mit einer erforderlichen Mindest-Volllast-Lebensdauer $L_h = 80$ h. Wird bei Ölschmierung und einer tragenden Zahnbreite $b = 10 = 30$ mm der zulässige Belastungskennwert c_{zul} überschritten?

23.63 Das geradverzahnte V_{plus}-Rad aus Polyamid PA 66 nach Aufgabe 23.62 ist auf Zahnfuß-Tragfähigkeit nachzurechnen. Gegeben sind: Ritzel 1 aus Stahl, Modul $m = 3$ mm, Zähnezahl $z_2 = 78$, Zahnbreite $b = 30$ mm, Profilverschiebungsfaktor $x_2 = +0{,}5$, Profilüberdeckung $\varepsilon_\alpha = 1{,}46$, Umfangsgeschwindigkeit $v \approx 2{,}5$ m/s, Nennumfangskraft $F_{Nt} = 600$ N, Umgebungstemperatur $t_0 \approx 20\,°C$, Lastspielzahl $N = 10^6$, Anwendungsfaktor $K_A = 1{,}5$. Ist die Sicherheit S_F gegen Zahn-Dauerbruch ausreichend?

23.64 Für das geradverzahnte V_{plus}-Rad aus PA 66 nach den Aufgaben 23.62 und 23.63 ist die Berechnung auf Flanken-Tragfähigkeit durchzuführen. Es soll als Rad 2 mit $z_2 = 78$ und $x_2 = +0{,}5$ in einem Zeitgetriebe mit Ölschmierung laufen. Bekannt sind ferner: Stahlritzel mit $z_1 = 17$ Zähnen, Modul $m = 3$ mm, Zähnezahlverhältnis $u = 4{,}588$, Betriebseingriffswinkel $\alpha_w \approx 23°$, Profilüberdeckung $\varepsilon_\alpha = 1{,}46$, Umfangsgeschwindigkeit $v \approx 2{,}5$ m/s, Lastspielzahl $N_L = 10^6$, Flankentemperatur t_H = Umgebungstemperatur $t_0 \approx 20\,°C$, Linienbelastung $w = 30$ N/mm. Genügt die Sicherheit S_H gegen Flankenschäden?

23.65 Das nach den Aufgaben 23.62 bis 23.64 berechnete Geradzahn-V_{plus}-Rad aus PA 66 mit genormter 0,5-Verzahnung ist auf Zahnverformung zu überprüfen. Gegeben sind: Stahlritzel, Zähnezahlen $z_1 = 17$, $z_2 = 78$, Zahnbreite $b = 30$ mm, Zähnezahlverhältnis $u = 4{,}588$, Modul $m = 3$ mm, Profilverschiebungsfaktor $x_2 = +0{,}5$, Nennumfangskraft $F_{Nt} = 600$ N, Elastizitätsfaktor $Z_E = 37\,\sqrt{N/mm^2}$. Ist die Verformung λ zulässig?

23.66 Das nach den Aufgaben 23.62 bis 23.65 auf Tragfähigkeit und Verformung berechnete Geradzahn-V_{plus}-Rad aus PA 66 mit dem Modul $m = 3$ mm und $x_2 = +0{,}5$ soll als Scheibenrad ausgeführt werden (Bild 23.66). Es hat bei der Drehzahl $n_2 \approx 205\,min^{-1} \approx 3{,}4\,s^{-1}$ eine Nennleistung $P_{N2} = 1{,}5$ kW zu übertragen, Anwendungsfaktor $K_A = 1{,}5$, Ritzeldrehzahl $n_1 = 940\,min^{-1} = 15{,}7\,s^{-1}$, Achsabstand $a = 145{,}5$ mm, Zähnezahlverhältnis $u = 4{,}588$, Betriebseingriffswinkel $\alpha_w \approx 23°$, Teilkreisdurchmesser $d_2 = 234$ mm. Für die Wellen- und Lagerberechnung sowie für die Gestaltung des Rades mit einem Bohrungsdurchmesser $d_B = 40$ mm sind zu ermitteln:

1. Die Zahnkräfte F_{t2} und F_{r2},
2. Die Zahnkranzdicke K, die Nabenwanddicke w und die Stegdicke S (jeweils auf volle 5 oder 10 mm gerundet),
3. Der Außendurchmesser = Kopfkreisdurchmesser d_a, der Kranzinnendurchmesser d_K und der Nabenaußendurchmesser d_N,
4. Würde eine rundstirnige Passfeder nach DIN 6885 (hohe Form) von der Länge $l = 45$ mm zur Verbindung des Rades mit der Welle ausreichen?

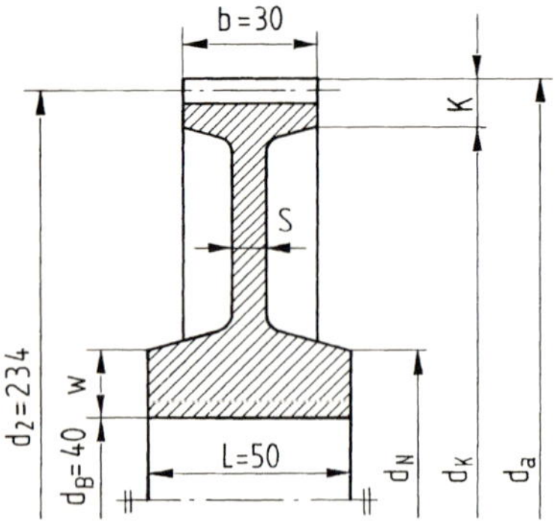

Bild 23.66 Geradzahn-V_{plus}-Rad aus PA 66 als Scheibenrad

23.67 Zwecks Geräuschminderung soll in das Getriebe einer Küchenmaschine ein Geradzahn-Null-Stirnradpaar eingebaut werden, bei dem beide Räder aus Polyamid PA 66 hergestellt sind. Es handelt sich um ein Zeitgetriebe mit Fettschmierung für eine Mindest-Volllastlebensdauer $L_h = 100$ h, Ritzeldrehzahl $n_1 = 1400\ \text{min}^{-1} = 23{,}3\ \text{s}^{-1}$, Abtriebs-Nenndrehmoment $M_{N2} = 2{,}7$ Nm, Anwendungsfaktor $K_A = 1$, Flankentemperatur t_H = Umgebungstemperatur $t_0 = 60\ °\text{C}$. Ferner betragen die Zähnezahlen $z_1 = 28$, $z_2 = 59$, der Modul $m = 1$ mm und die Zahnbreite $b = 10$ mm.

1. Ist der Belastungskennwert c zulässig, wenn c_{zul} für PA 66 bei Ölschmierung angenommen wird?

2. Ist die Sicherheit S_{F1} gegen Zahn-Dauerbruch ausreichend?

3. Genügt die Sicherheit S_{H1} gegen Flankenschäden?

4. Wird die zulässige Verformung λ_{zul} überschritten?

23.68 Der Nockenwellenantrieb eines Viertaktmotors ist in Bild 23.68 schematisch dargestellt. Für diesen ist bei der Kurbelwellendrehzahl $n_1 = 4000\ \text{min}^{-1} = 66{,}67\ \text{s}^{-1}$ eine Nennleistung $P_{N2} = 1{,}9$ kW aufzubringen, Anwendungsfaktor $K_A = 1{,}5$, Übersetzung $i = -2$. Das mit dem Kurbelwellenrad aus Stahl unter Ölumlaufschmierung arbeitende Nockenwellenrad aus glasfaserverstärktem Polyamid GF-PA 12 ist schrägverzahnt mit dem Schrägungswinkel $\beta = 15°$ hat $z_2 = 46$ Zähne mit dem Normalmodul $m_n = 2{,}5$ mm und eine Breite $b = 25$ mm. Die Umgebungstemperatur ist mit $t_0 \approx 80\ °\text{C}$ anzunehmen. Es sind der Belastungskennwert c, die Sicherheit S_F gegen Zahn-Dauerbruch und die Sicherheit S_H gegen Flankenschäden zu ermitteln und festzustellen, ob sie für ein Dauergetriebe ausreichen. Außerdem ist die Zahnverformung λ auf Zuverlässigkeit zu überprüfen.

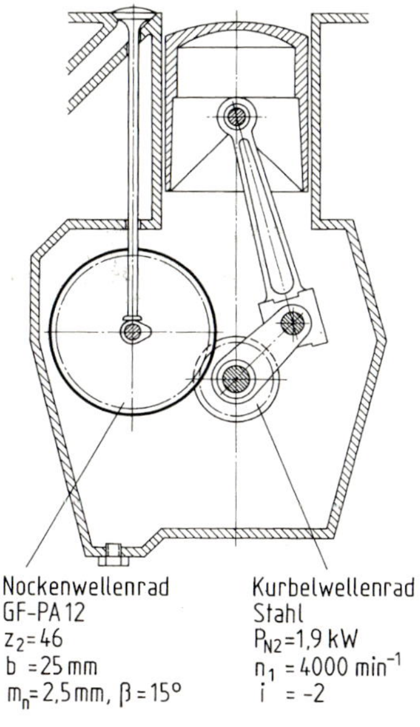

Bild 23.68 Schema des Nockenwellenantriebs eines Viertaktmotors

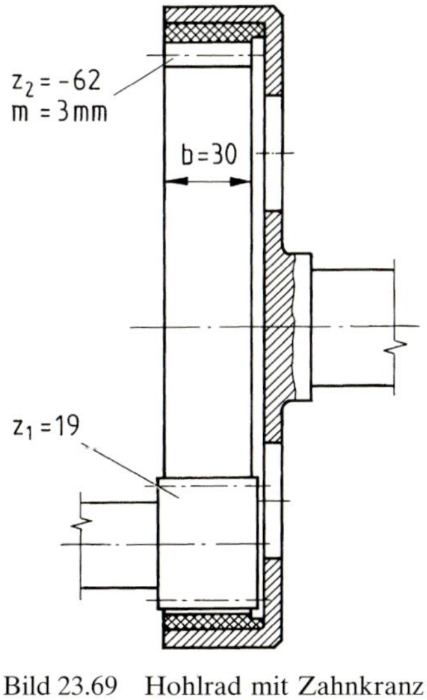

Bild 23.69 Hohlrad mit Zahnkranz aus PA 66 in einem Innenradpaar

23.69 Bei einem einstufigen Getriebe, dessen Großrad zwecks Raumeinsparung mit Innenverzahnung ausgeführt wird, soll das Hohlrad zur Geräuschminderung einen Zahnkranz aus Polyamid PA 66 entsprechend Bild 23.69 erhalten. Es handelt sich um ölgeschmierte Geradzahn-Nullräder mit dem Modul $m = 3$ mm, Zähnezahl des Stahlritzels $z_1 = 19$, Zähnezahl des Hohlrades $z_2 = -62$, Zahnbreite $b = 30$ mm. Die Umgebungstemperatur beträgt 20 °C. Verlangt wird eine Volllast-Lebensdauer von 40 h. Welche Abtriebs-Nennleistung $P_{Nb} = P_{N2}$ kann mit diesem Zeitgetriebe bei einer Antriebsdrehzahl von

$1440\ \text{min}^{-1} = 24\ \text{s}^{-1}$ übertragen werden, wenn mit einem Anwendungsfaktor $K_A = 1{,}25$ zu rechnen ist und weder die Sicherheit $S_F = 1{,}25$ noch $S_H = 1{,}4$ unterschritten werden dürfen? Bei Hohlrädern ist $Y_{Fa} \approx 2$.

23.70 Ein Kegelradpaar im Antrieb eines Kopierautomaten soll aus Polyoxymethylen POM gefertigt werden und bei einer Abtriebszahl $n_2 = 270\ \text{min}^{-1} = 4{,}5\ \text{s}^{-1}$ eine Nennleistung $P_{N2} = 15$ W übertragen. Vorgesehen ist ein geradverzahntes Null-Radpaar mit dem Achsenwinkel $\Sigma = 90°$, dem genormten äußeren Modul $m_e = 1{,}25$ mm, der Ritzelzähnezahl $z_1 = 17$, der Radzähnezahl $z_2 = 51$ und der Zahnbreite $b = 7$ mm. Für dieses unter Trockenlauf arbeitende Dauergetriebe sind zu ermitteln:

1. Die Teilkegelwinkel δ_1, δ_2 und der mittlere Modul m_m,

2. Wird der zulässige Belastungskennwert überschritten, wenn dieser schätzungsweise mit $c_{zul} \approx 2\ \text{N/mm}^2$ angenommen wird (nach Tab. 23.21 etwas kleiner als für POM mod. bei $N_L = 10^8$)?

23.71 Das geradverzahnte Null-Kegelradpaar nach Aufgabe 23.70, dessen Ritzel 1 und Rad 2 aus POM hergestellt werden sollen, ist auf Zahnfuß-Tragfähigkeit zu berechnen. Die Zähnezahlen betragen $z_1 = 17$ und $z_2 = 51$, die Zahnbreite $b = 7$ mm. Es wurden bereits ermittelt: Teilkegelwinkel $\delta_1 = 18{,}435°$ $\delta_2 = 71{,}565°$, mittlerer Modul $m_m = 1{,}12$ mm, Umfangsgeschwindkeit $v_m \approx 0{,}81$ m/s, Nennumfangskraft $F_{Nt} = 18{,}5$ N. Ist die Sicherheit S_{F1} gegen Zahn-Dauerbruch bei Trockenlauf und einer Flankentemperatur t_H = Umgebungstemperatur $t_0 = 40\ °\text{C}$ für ein Dauergetriebe ausreichend, wenn mit einem Anwendungsfaktor $K_A = 1$ gerechnet wird?

23.72 Für das geradverzahnte Null-Kegelradpaar im Antrieb eines Kopierautomaten nach den Aufgaben 23.70 und 23.71 ist die Berechnung auf Flanken-Tragfähigkeit durchzuführen. Als Zeitwälzfestigkeit kann für beide Räder aus POM bei Trockenlauf und der Flankentemperatur t_H = Umgebungstemperatur $t_0 = 40\ °\text{C}$ mit $\sigma_{HN} \approx 40\ \text{N/mm}^2$ gerechnet werden. Gegeben sind ferner: Ritzelzähnezahl $z_1 = 17$, virtuelle Zähnezahlen $z_{v1} \approx 18$, $z_{v2} \approx 161$, mittlerer Modul $m_m = 1{,}12$ mm, Teilkegelwinkel $\sigma_1 = 18{,}435°$, Linienbelastung $w \approx 2{,}64$ N/mm, Anwendungsfaktor $K_A = 1$. Ist die Sicherheit S_H gegen Flankenschäden für ein Dauergetriebe ausreichend, wenn näherungsweise $Z_\varepsilon = 1$ gesetzt wird?

23.73 Das nach den Aufgaben 23.70 bis 23.72 berechnete Geradzahn-Null-Kegelradpaar, bei dem Ritzel 1 und Rad 2 aus POM gefertigt werden sollen, ist auf Zahnverformung nachzurechnen. Gegeben sind: Zähnezahlen $z_1 = 17$, $z_2 = 51$, Zähnezahlverhältnis $u = 3$, mittlerer Modul $m_m = 1{,}12$ mm, Linienbelastung $w \approx 2{,}64$ N/mm, Elastizitätsfaktor $Z_E = 24{,}5\ \sqrt{\text{N/mm}^2}$. Ist die Verformung λ zulässig?

24 Zahnradpaare mit sich kreuzenden Achsen

Schraub-Stirnradpaare

24.1 Für den Antrieb eines Drehtisches in einem Flaschen-Füllautomaten wird ein Getriebe benötigt, dessen Wellen in parallelen Ebenen liegen und sich unter einem Achsenwinkel $\Sigma = 35°$ kreuzen müssen. Vorgesehen wird ein Schraub-Stirnradpaar (Bild 24.1) mit den Zähnezahlen $z_1 = 19$ und $z_2 = 38$, dem Normalmodul $m_n = 1$ mm und dem Normal-Eingriffswinkel $\alpha_n = 20°$. Da gute Schmierung gewährleistet ist, kann mit einem wirksamen Reibwinkel $\varrho = 5°$ gerechnet werden. Es ist eine Abtriebs-Nennleistung $P_{N2} = 220$ W zu übertragen, Anwendungsfaktor $K_A = 1$, Antriebsdrehzahl $n_1 = 1440 \text{ min}^{-1} = 24 \text{ s}^{-1}$. Für dieses Radpaar sind zu ermitteln:

1. Die Schrägungswinkel β_1 und β_2, bei denen der größtmögliche Wirkungsgrad erzielt wird,
2. Die Teilkreisdurchmesser d_1 und d_2 der beiden Schrägstirnräder,
3. Die Profilüberdeckung ε_α,
4. Die Zahnbreiten b_1 und b_2,
5. Die erforderliche Antriebsnennleistung P_{N1},
6. Die für die Wellen-, Lager- und Tragfähigkeitsberechnung benötigten Zahnkräfte F_{t2}, F_{a2} und F_{r2} am Abtriebsrad sowie F_{t1}, F_{a1} und F_{r1} am Antriebsrad.

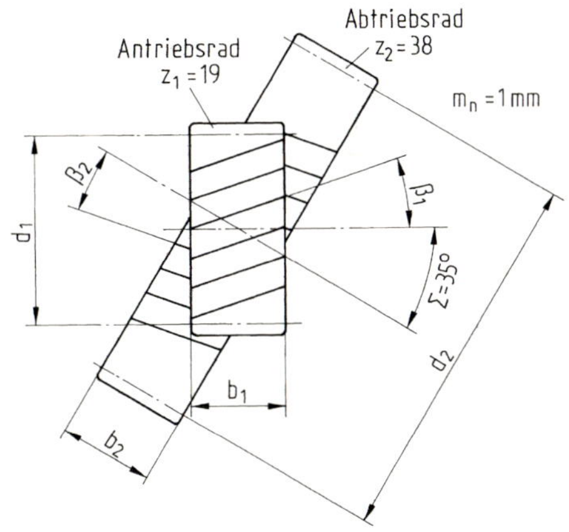

Bild 24.1 Schraub-Stirnradpaar

24.2 Beide Räder des Schraub-Stirnradpaares nach Aufgabe 24.1 sollen aus Stahl hergestellt werden und gehärtete Zahnflanken erhalten. Es ist eine Nachrechnung auf Tragfähigkeit durchzuführen und die Schmierungsart festzulegen. Gegeben und bereits errechnet sind: Achsenwinkel $\Sigma = 35°$, Schrägungswinkel $\beta_2 = 15°$ Normalmodul $m_n = 1$ mm, Teilkreisdurchmesser $d_1 = 20{,}22$ mm, Zahnbreite $b_1 = 10$ mm, Zähnezahlverhältnis $u = 2$, Tangentialkraft $F_{t1} = 153$ N, Antriebsdrehzahl $n_1 = 1440 \text{ min}^{-1} = 24 \text{ s}^{-1}$, Reibleistung $P_f = P_{N1} - P_{N2} = 20$ W, Umgebungstemperatur ca. 25 °C. Im Einzelnen sind zu ermitteln:

1. Ist der Belastungskennwert C zulässig?
2. Ist die Sicherheit S gegen Flankenschäden ausreichend?
3. Welche Schmierungsart ist zu wählen, und welche Ölviskosität kommt ggf. in Frage? Sie soll die für allgemeine Stirnradpaare bei der hier vorliegenden Belastung erforderliche Viskosität nicht unterschreiten, und es ist zu prüfen, ob ein Schmieröl mit verschleißverringernden Wirkstoffen zweckmäßig ist, wenn hierbei als Gleitgeschwindigkeit nur mit der des Längsgleitens gerechnet wird.

24.3 Der Achsenwinkel des Schraub-Stirnradpaares nach Bild 24.1 soll auf $\Sigma = 70°$ verdoppelt und das Antriebsrad als Geradzahn-Stirnrad ausgeführt werden. Es ist festzustellen, auf welchen Wert sich der Gesamtwirkungsgrad η_{ges} dadurch verringert und um wie viel Prozent er schlechter wird. In Aufgabe 24.1 wurde er zu ca. 0,92 errechnet mit dem wirksamen Reibwinkel $\varrho = 5°$.

24.4 Zum Antrieb einer Zusatzeinrichtung an einer Holzbearbeitungsmaschine ist ein unter dem Achsenwinkel $\Sigma = 76°$ arbeitendes Schraub-Stirnradpaar mit der Übersetzung $i = -3{,}75$, dem Normal-Eingriffswinkel $\alpha_n = 20°$ und dem Normalmodul $m_n = 4$ mm vorgesehen (Bezeichnungen wie in Bild 24.1). Die Zähnezahl des Antriebsrades beträgt $z_1 = 16$, seine Drehzahl $n_1 = 375\ \text{min}^{-1} = 6{,}25\ \text{s}^{-1}$. Es ist eine Abtriebsnennleistung $P_{N2} = 675$ W zu übertragen, Anwendungsfaktor $K_A = 1{,}25$. Zu ermitteln sind:

1. Die Schrägungswinkel β_1 und β_2, die einen größtmöglichen Wirkungsgrad ergeben bei einem wirksamen Reibwinkel $\varrho = 6°$,
2. Die Zähnezahl z_2 des Abtriebsrades, die Teilkreisdurchmesser d_1 und d_2, die Zahnbreiten b_1 und b_2,
3. Die Antriebsnennleistung P_{N1},
4. Die Zahnkräfte am Abtriebs- und am Antriebsrad.

24.5 Für das Schraub-Stirnradpaar nach Aufgabe 24.4 ist die Nachrechnung auf Tragfähigkeit durchzuführen. Außerdem sind die Schmierungsart und die Viskosität des Schmieröls zu bestimmen, falls Ölschmierung in Frage kommt. Gegeben sind: Achsenwinkel $\Sigma = 76°$, Schrägungswinkel $\beta_2 = 35°$ Teilkreisdurchmesser $d_1 = 84{,}8$ mm, Zahnbreite $b_1 = 40$ mm, Normalmodul $m_n = 4$ mm, Tangentialkraft $F_{t1} \approx 600$ N, Antriebsdrehzahl $n_1 = 375\ \text{min}^{-1} = 6{,}25\ \text{s}^{-1}$, Antriebsnennleistung $P_{N1} = 823$ W, Abtriebsnennleistung $P_{N2} = 675$ W. Das Antriebsrad 1 besteht aus ungehärtetem Stahl, das Abtriebsrad 2 aus Gusseisen (Grauguss). Ist der Belastungskennwert C zulässig und die Sicherheit S gegen Flankenschäden ausreichend? Welche Schmierungsart ist zu wählen, und welche Ölviskosität kommt ggf. in Betracht?

24.6 Im Tischantrieb einer Werkzeugmaschine befindet sich ein Schraub-Stirnradpaar, dessen Wellen sich entsprechend Bild 24.6 unter dem Achsenwinkel $\Sigma = 90°$ kreuzen. Das Antriebsrad 1 aus ungehärtetem Stahl E295 hat $z_1 = 24$ Zähne, Zähnezahl des Abtriebsrades 2 aus Zinnbronze GZ-CuSn 12-C $z_2 = 17$, Normal-Eingriffswinkel $\alpha_n = 20°$, Normalmodul $m_n = 2$ mm, Profilüberdeckung $\varepsilon_\alpha = 1{,}76$, wirksamer Reibwinkel $\varrho = 6°$, Radbreite $b_1 = b_2 = 20$ mm. Bei $n_2 = 480\ \text{min}^{-1} = 8\ \text{s}^{-1}$ beträgt die Abtriebsnennleistung $P_{N2} = 340$ W, Anwendungsfaktor $K_A = 1$. Es sind die Schrägungswinkel β_1 und β_2, die Teilkreisdurchmesser d_1 und d_2, die Antriebsnennleistung P_{N1}, das Zähnezahlverhältnis u und die Antriebsdrehzahl n_1 zu errechnen und zu ermitteln, ob die Zahnbreiten b_1 und b_2 und der Belastungskennwert C zulässig sind, wenn das Radpaar während des Betriebs der Maschine nur zeitweilig im Einsatz ist. Ferner ist festzustellen, ob die Sicherheit S gegen Flankenschäden ausreicht.

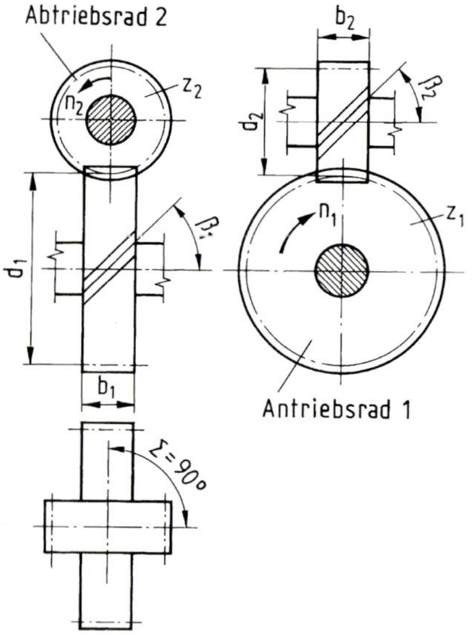

Bild 24.6 Schraub-Stirnradpaar mit einem Achsenwinkel von 90°

Schneckenradsätze

24.7 Bild 24.7 zeigt ein Schneckengetriebe und den eingebauten Schneckenradsatz mit der Übersetzung $i = u = 45$ im Drehwerksantrieb eines Kranes. Die zylindrische Evolventenschnecke mit der Flankenform I hat einen Modul $m = 12{,}5$ mm, einen Mittenkreisdurchmesser $d_{m1} = 140$ mm, Rechtssteigung, die Zähnezahl $z_1 = 1$ und den Erzeugungswinkel $\alpha_0 = 20°$, Normbezeichnung: Schnecke DIN 3976 — ZI 12,5 × 140 R1. Für den Schneckenradsatz sind folgende Abmessungen zu errechnen: Axialteilung p, Formzahl q der Schnecke,

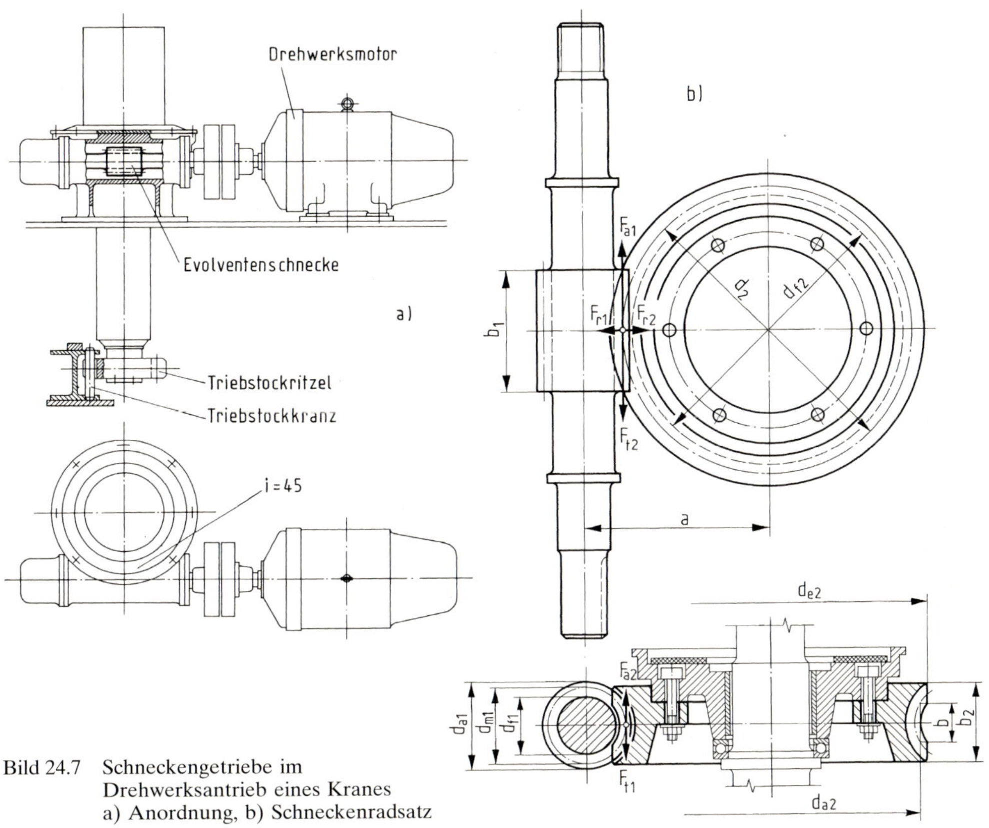

Bild 24.7 Schneckengetriebe im Drehwerksantrieb eines Kranes
a) Anordnung, b) Schneckenradsatz

Zähnezahl z_2 und Teilkreisdurchmesser d_2 des Rades, Achsabstand a, Kopfkreisdurchmesser d_{a1} und d_{a2}, Fußkreisdurchmesser d_{f1} und d_{f2} (mit den Vorzugswerten für Kopf- und Fußhöhe), Mittensteigungswinkel γ_m, Normalteilung p_n, Eingriffswinkel α im Axialschnitt, Grundsteigungswinkel γ_b und Grundkreisdurchmesser d_{b1} der Schnecke?

24.8 Für den Schneckenradsatz nach Aufgabe 24.7 (Bild 24.7b) mit dem Modul $m = 12{,}5$ mm, dem Mittenkreisdurchmesser $d_{m1} = 140$ mm, dem Teilkreisdurchmesser $d_2 = 562{,}5$ mm, dem Kopfkreisdurchmesser $d_{a2} = 587{,}5$ mm, der Axialteilung $p = 39{,}27$ mm, dem Mittensteigungswinkel $\gamma_m = 5{,}102°$ und dem Eingriffswinkel $\alpha = 20{,}073°$ im Axialschnitt sind die Profilüberdeckung ε_α und die Gleitgeschwindigkeit v_g zu errechnen, wenn die Antriebsdrehzahl der Schneckenwelle $n_1 = 945\ \text{min}^{-1} = 15{,}75\ ^{\text{s}-1}$ beträgt.

24.9 Der Schneckenradsatz im Drehwerksantrieb eines Kranes nach den Aufgaben 24.7 und 24.8 hat eine Nennleistung $P_{N2} = 4{,}4$ kW bei $n_1 = 945\ \text{min}^{-1} = 15{,}75\ \text{s}^{-1}$ zu übertragen, Anwendungsfaktor $K_A = 1{,}3$. Gegeben sind ferner: Übersetzung $i = 45$, Teilkreisdurchmesser $d_2 = 562{,}5$ mm, Mittenkreisdurchmesser $d_{m1} = 140$ mm, Eingriffswinkel $\alpha_n = 20°$, Mittensteigungswinkel $\gamma_m = 5{,}102°$, Gleitgeschwindigkeit $v_g \approx 7$ m/s. Die Schnecke ist gedreht und vergütet. Für diesen Schneckenradsatz sind die Antriebsleistung, die Zahnkräfte und die Drehmomente wie folgt zu ermitteln:

1. Erforderliche Antriebsnennleistung P_{N1} und Kontrolle auf Selbsthemmung,
2. Zahnkräfte F_{t2}, F_{a2}, F_{r2} am Schneckenrad und F_{t1}, F_{a1}, F_{r1} an der Schnecke,
3. Drehmoment M_1 an der Schnecke und M_2 am Rad.

24.10 Welche Schneckenbreite b_1 und welche Radbreite b_2 ist für den Schneckenradsatz nach den Aufgaben 24.7 bis 24.9 mit dem Modul $m = 12{,}5$ mm, dem Mittenkreisdurchmesser $d_{m1} = 140$ mm, dem Teilkreisdurchmesser $d_2 = 562{,}5$ mm und den Kopfkreisdurchmessern $d_{a1} = 165$ mm, $d_{a2} = 587{,}5$ mm auszuführen?

24.11 Für den Schneckenradsatz im Drehwerksantrieb eines Kranes nach den Aufgaben 24.7 bis 24.10 sind die Schmierungsart, die Ölviskosität und die Verzahnungsqualität zu bestimmen und eine Berechnung auf Tragfähigkeit durchzuführen. Der Zahnkranz des Schneckenrades ist aus Sandguss-Bronze GS-CuSn12-C hergestellt, die Schnecke aus C45 ist vergütet, die Zahnflanken sind nicht geschliffen. Die Schnecke taucht in den Schmierstoff ein. Außerdem sind gegeben: Mittenkreisdurchmesser $d_{m1} = 140$ mm, Schneckendrehzahl $n_1 = 945\ \text{min}^{-1} = 15{,}75\ \text{s}^{-1}$, Drehmoment $M_2 \approx 2600$ Nm, Achsabstand $a = 351{,}25$ mm, Teilkreisdradius $r_2 = 281{,}2$ mm, Tangentialkraft $F_{t2} = 9{,}23$ kN.

1. Welche Schmierungsart und welche ISO-Viskositätsklasse des Schmieröls sind geeignet?
2. Welche Verzahnungsqualität ist zu wählen?
3. Genügt der Radsatz den Tragfähigkeits-Anforderungen?

24.12 In Bild 24.12 ist der Schneckenradsatz für ein Hochleistungsgetriebe dargestellt, das anstelle eines mehrstufigen Stirnradgetriebes für einen Getriebemotor eingesetzt werden soll. Für die verwendete Normschnecke als rechtsgängige zylindrische Spiralschnecke mit der Flankenform A gehen aus DIN 3976 beim genormten Achsabstand $a = 315$ mm hervor: Modul $m = 16$ mm, Mittenkreisdurchmesser $d_{m1} = 140$ mm, Zähnezahl $z_1 = 2$, Axialteilung $p = 50{,}265$ mm, Formzahl $q = 8{,}75$, Kopfkreisdurchmesser $d_{a1} = 172$ mm, Fußkreisdurchmesser $d_{f1} = 101{,}6$ mm, Mittensteigungswinkel $\gamma_m = 12{,}875°$, Erzeugungswinkel $\alpha_0 = 20°$, Übersetzung $i = 15$, Radzähnezahl $z_2 = 30$, Profilverschiebungsfaktor $x = +0{,}3125$ am Schneckenrad, keine Selbsthemmung. Folgende Abmessungen und die Profilüberdeckung ε_α sind zu ermitteln: Teilkreisdurchmesser d_2, Kopf- und Fußkreisdurchmesser d_{a2} und d_{f2} des Rades (mit normaler Kopf- und Fußhöhe), Normalteilung p_n, Normaleingriffswinkel α_n, Schneckenbreite b_1 und Radbreite b_2.

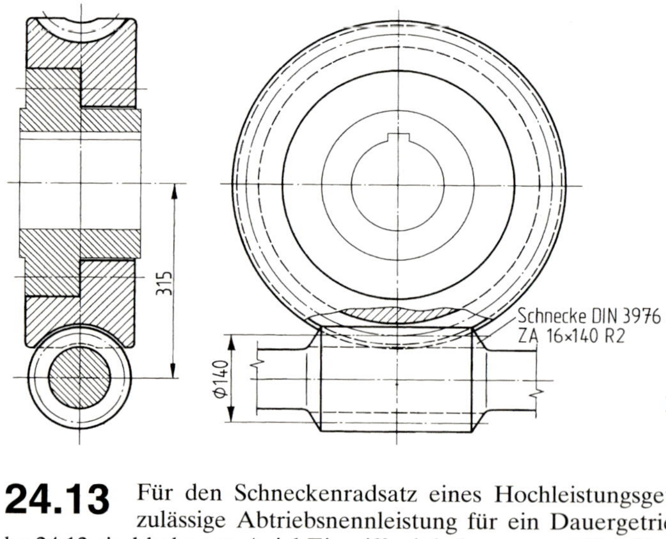

Bild 24.12 Schneckenradsatz eines Hochleistungsgetriebes

24.13 Für den Schneckenradsatz eines Hochleistungsgetriebes nach Bild 24.12 ist die zulässige Abtriebsnennleistung für ein Dauergetriebe zu ermitteln. Nach Aufgabe 24.12 sind bekannt: Axial-Eingriffswinkel $\alpha = \alpha_0 = 20°$ Mittensteigungswinkel $\gamma_m = 12{,}875°$ Mittenkreisdurchmesser $d_{m1} = 140$ mm, Teilkreisdurchmesser $d_2 = 480$ mm, Achsabstand $a = 315$ mm, Übersetzung $i = 15$. Die Schnecke aus Einsatzstahl 16MnCr5 hat einsatzgehärtete, geschliffene und geläppte Flanken, Werkstoff des Rades GZ-CuAl10Fe5Ni5-C. Welche maximale Leistung $P_{N2} = P_{Nb}$ kann am Schneckenrad abgenommen werden bei einer Antriebsdrehzahl $n_1 = 1400\ \text{min}^{-1} = 23{,}33\ \text{s}^{-1}$ der Schneckenradwelle und einem Anwendungsfaktor $K_A = 1{,}3$?

24.14 Der Schneckenradsatz für ein Hochleistungsgetriebe nach den Aufgaben 24.12 und 24.13 ist für eine Abtriebsnennleistung $P_{N2} \approx 200$ kW bei einer Antriebsdrehzahl $n_1 = 1400\ \text{min}^{-1} = 23{,}33\ \text{s}^{-1}$ bestimmt. Er hat den Achsabstand $a = 315$ mm, Teilkreisdurchmesser des Schneckenrades $d_2 = 480$ mm, Tangentialkraft am Schneckenrad $F_{t2} = 113$ kN, Mittensteigungswinkel $\gamma_m = 12{,}875°$, Mittenkreisdurchmesser $d_{m1} = 140$ mm. Die Flanken der Schnecke sind gehärtet und geschliffen. Zu ermitteln sind:

1. Die erforderliche Antriebsnennleistung P_{N1} an der Schneckenwelle,
2. Die erforderliche kinematische Viskosität ν des Schmieröls und eine geeignete ISO-Viskositätsklasse,
3. Die mindestens erforderliche Schmier- und Kühlölmenge Q_k in l/min.

24.15 Ein Schneckengetriebe in normaler Ausführung nach Bild 24.15 ist für eine Antriebsdrehzahl der Schneckenwelle $n_1 = 950\ \text{min}^{-1} = 15{,}83\ \text{s}^{-1}$ und eine Abtriebsdrehzahl $n_2 \approx 33\ \text{min}^{-1} = 0{,}55\ \text{s}^{-1}$ mit einem genormten Achsabstand $a = 125$ mm zu entwerfen. Die Antriebsnennleistung soll $P_{N1} = 2{,}6$ kW betragen, Anwendungsfaktor $K_A = 1$. Es sind die wichtigsten Rad- und Schneckenabmessungen für eine zylindrische Spiralschnecke mit der Flankenform N, dem Erzeugungswinkel $\alpha_0 = 20°$, der Zähnezahl $z_1 = 1$ und einem genormten Modul nach DIN 3976 zu ermitteln, und zwar:

1. Die Übersetzung i, das Zähnezahlverhältnis u, die Radzähnezahl z_2 und die sie damit ergebende Raddrehzahl n_2,
2. Der Schneckenschaftdurchmesser d_S (auf volle 5 mm gerundet), die vorläufigen Durchmesser $d_{m1} \approx 2d_S$ des Mittenkreises und d_2 des Rad-Teilkreises ohne Profilverschiebung,
3. Ein passender Norm-Modul m und die genormte Formzahl q der Schnecke, die sich daraus ergebenden Mittenkreisdurchmesser d_{m1} und Teilkreisdurchmesser d_2 sowie der erforderliche Profilverschiebungsfaktor x,

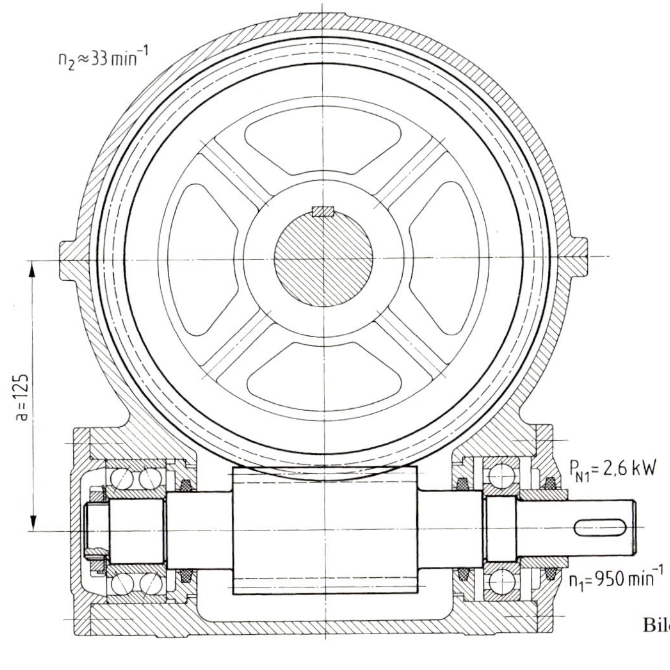

Bild 24.15 Normal-Schneckengetriebe

4. Die Kopf- und Fußkreisdurchmesser d_{a1} und d_{f1} der Schnecke sowie d_{a2} und d_{f2} des Rades, die Schneckenbreite b_1 und die Radbreite b_2,
5. Der Mittensteigungswinkel γ_m, die Axialteilung p, die Normalteilung p_n und der Axial-Eingriffswinkel α,
6. Die Profilüberdeckung ε_α.

24.16

Das in Bild 25.15 dargestellte normale Schneckengetriebe nach Aufgabe 24.15 soll bei der Antriebsdrehzahl $n_1 = 950\ \text{min}^{-1} = 15{,}83\ \text{s}^{-1}$ eine Antriebsnennleistung $P_{N1} = 2{,}6$ kW übertragen, Anwendungsfaktor $K_A = 1$. Die Schnecke aus C45 ist gefräst oder gedreht und vergütet, die Flanken sind nicht geschliffen; Werkstoff des Radkranzes: GZ-CuSn12Ni2-C. Gegeben sind: Mittensteigungswinkel $\gamma_m \approx 5{,}71°$, Normaleingriffswinkel $\alpha_n = 20°$, Mittenkreisdurchmesser $d_{m1} = 63$ mm, Achsteilung $p = 19{,}8$ mm, Teilkreisdurchmesser $d_2 = 182{,}7$ mm, Achsabstand $a = 125$ mm. Für diesen Schneckenradsatz sind zu ermitteln:
1. Die Abtriebsnennleistung und eine Kontrolle auf Selbsthemmung,
2. Die Tangential-, Axial- und Radialkräfte an Rad und Schnecke,
3. Eine geeignete ISO-Viskositätsklasse für das Schmieröl bei Öl-Tauchschmierung mit eintauchender Schnecke und einer Kontrolle, ob Tauchschmierung in Getriebefett ebenfalls genügen würde,
4. Ist der Schneckenradsatz für Dauerbetrieb ausreichend bemessen?

24.17

In Bild 24.17 ist ein Hochleistungs-Schneckengetriebe dargestellt mit einem Schneckenradsatz der Vorzugsreihe nach DIN 3976. Es enthält eine Schnecke DIN 3976 – ZN 6,3 × 63 R1 (zylindrische Spiralschnecke mit der Flankenform N und Rechtssteigung). Nach dem Normblatt sind gegeben: Modul $m = 6{,}3$ mm, Mittenkreisdurchmesser $d_{m1} = 63$ mm, Mittensteigungswinkel $\gamma_m = 5{,}7106°$ Zähnezahl $z_1 = 1$, Formzahl $q = 10$, Axialteilung $p = 19{,}792$ mm, Kopfkreisdurchmesser $d_{a1} = 75{,}6$ mm, Fußkreisdurchmesser $d_{f1} = 47{,}9$ mm, Erzeugungswinkel $\alpha_0 = 20°$, Achsabstand $a = 160$ mm, Übersetzung i = Zähnezahlverhältnis $u = 40$, Radzähnezahl $z_2 = 40$, Profilverschiebungsfaktor $x = +0{,}3968$. Die Schnecke ist aus 16MnCr5 hergestellt und hat einsatzgehärtete, geschliffene und geläppte Flanken, Werkstoff des Radkranzes: GZ-CuAl10Fe5Ni5-C. Ist dieser Schneckenradsatz als Dauergetriebe für die Übertragung einer Abtriebs-Nennleistung $P_{N2} = 30$ kW am Schneckenrad bei einem Anwendungsfaktor $K_A = 1{,}5$ und einer Antriebsdrehzahl $n_1 = 3500\ \text{min}^{-1} = 58{,}33\ \text{s}^{-1}$ der Schnecke geeignet, und welche ISO-Viskositätsklasse kommt für das Schmieröl in Frage? Falls $S_H < 1{,}6$, welche Lebensdauer L_h besitzt dann das Getriebe?

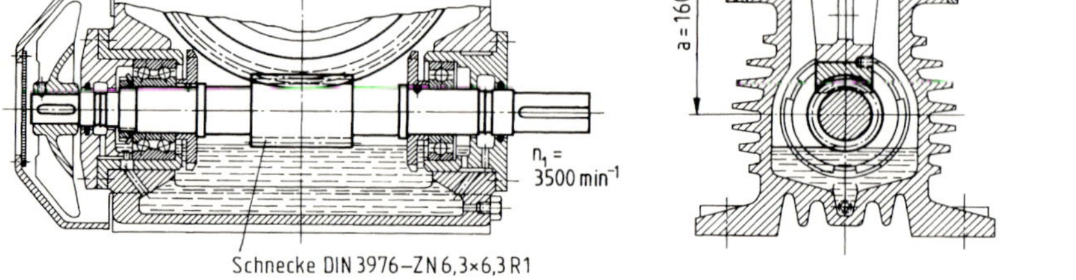

Bild 24.17 Hochleistungs-Schneckengetriebe

24.18 In Bild 24.18 ist ein Schneckengetriebe mit einem vorgeschalteten einstufigen Stirnradgetriebe zum Anheben und Absenken eines klappbaren Förderbandes dargestellt. Damit die Eigengewichtskraft des Förderbandes das Schneckengetriebe nicht am Schneckenrad rückwärts antreibt (Gefahr des selbsttätigen Herunterklappens), muss der Schneckenradsatz selbsthemmend ausgeführt werden. Die Drehzahl des Antriebsmotors beträgt $n = 1450\,\text{min}^{-1} = 24{,}17\,\text{s}^{-1}$, die Übersetzung des Stirnradpaares $i_\text{I} = 4{,}1$. Das Schneckenrad soll sich mit $n_2 \approx 7\,\text{min}^{-1} = 0{,}117\,\text{s}^{-1}$ drehen und muss dabei zum Anheben des Bandes mittels Seiltrommel und Zugseil ein maximales Drehmoment $M_2 = 100$ Nm aufbringen, sodass mit $K_\text{A} = 1$ zu rechnen ist. Die Schnecke aus E360 ist als zylindrische Evolventenschnecke (ZI-Schnecke) auszuführen, das Schneckenrad aus EN-GJL-250. Geeignet ist eine Schnecke DIN 3976 – ZI 3,15 × 53 R1, für die gegeben sind: Modul $m = 3{,}15$ mm, Mittenkreisdurchmesser $d_{\text{m}1} = 53$ mm, Zähnezahl $z_1 = 1$, Formfaktor $q = 16{,}825$, Mittensteigungswinkel $\gamma_\text{m} = 3{,}4011°$, Axialteilung $p = 9{,}896$ mm, Kopfkreisdurchmesser $d_{\text{a}1} = 59{,}3$ mm, Fußkreisdurchmesser $d_{\text{f}1} = 45{,}4$ mm. Für den Schneckenradsatz sind zu ermitteln:

1. Der Nachweis der Selbsthemmung und der Gesamtwirkungsgrad η_ges,
2. Die Radzähnezahl z_2, die Radabmessungen d_2, $d_{\text{a}2}$, $d_{\text{f}2}$ und b_2, die Schneckenbreite b_1, der Achsabstand a und die Profilüberdeckung ε_α,
3. Welche Antriebsleistung P_1 ist an der Schnecke erforderlich?
4. Würde Tauchschmierung in Getriebefett bei eintauchendem Schneckenrad genügen?
5. Ist die Sicherheit für eine nominelle Lebensdauer von $L_\text{h} = 10000$ h ausreichend?

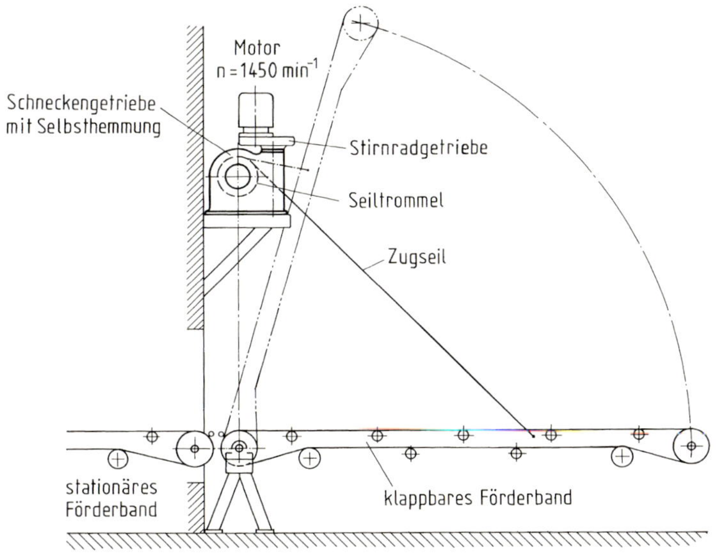

Bild 24.18 Selbsthemmendes Schneckengetriebe zum Heben und Senken eines Förderbandes

25 Kettentriebe

25.1 Eine Holzbearbeitungsmaschine soll von einem Elektromotor mittels eines Kettentriebes angetrieben werden. Es ist eine Nennleistung $P = 6$ kW bei einer Motordrehzahl $n_1 = 1450\ \text{min}^{-1} = 24{,}17\ \text{s}^{-1}$ und einer Übersetzung $i \approx 1{,}6$ zu übertragen. Vorgesehen sind eine Dreifach-Rollenkette nach DIN 8187, eine Zähnezahl $z_1 = 19$ für das kleine antreibende Kettenrad auf der Motorwelle und ein Achsabstand $a_0 \approx 400$ mm. Der Kettentrieb ist wie folgt zu berechnen:

1. Wahl einer geeigneten Kettengröße, Kettengeschwindigkeit v, Zähnezahl z_2 des getriebenen großen Kettenrades,
2. Gliederzahl X der Kette (geradzahlig), endgültiger Achsabstand a und Normbezeichnung der gewählten Kette,
3. Kontrolle der Buchsicherheiten S_B und S_D sowie der Lebensdauer L_h,
4. Teilkreisdurchmesser d_1 und d_2, Fußkreisdurchmesser d_{f1} und d_{f2}, Kopfkreisdurchmesser d_{a1} und d_{a2}, Freidrehungsdurchmesser d_{s1} und d_{s_2} der Räder,
5. Achskraft F_w,
6. Welche Schmierungsart kommt in Frage?

25.2 Der Antrieb eines Gurtförderers für Stückgut mit ungleichmäßiger Beschickung ist als Kettentrieb mit einem Achsabstand $a_0 \approx 530$ mm geplant (Bild 25.2). Die erforderliche Antriebs-Nennleistung $P = 0{,}15$ kW wird von einem Getriebemotor aufgebracht, Antriebszahl $n_1 = 36\ \text{min}^{-1} = 0{,}6\ \text{s}^{-1}$, Zähnezahl des treibenden kleinen Kettenrades $z_1 = 17$. Der Fördergurt läuft mit der Geschwindigkeit $v_G \approx 0{,}12$ m/s bei einem Antriebstrommeldurchmesser $D = 200$ mm. Zu ermitteln sind:

1. Vorwahl einer Kettengröße (Einfach-Rollenkette nach DIN 8187),
2. Die erforderliche Zähnezahl z_2, die Gliederzahl X als gerade Zahl, der endgültige Achsabstand a und dessen horizontale Komponente a_x bei $a_y = 400$ mm,
3. Eine Kontrolle der Bruchsicherheiten S_B und S_D und der Lebensdauer, die mindestens $L_h = 15000$ h betragen soll,
4. Die Schmierungsart und die Achskraft F_w,
5. Die Teilkreisdurchmesser d_1 und d_2 der Kettenräder.

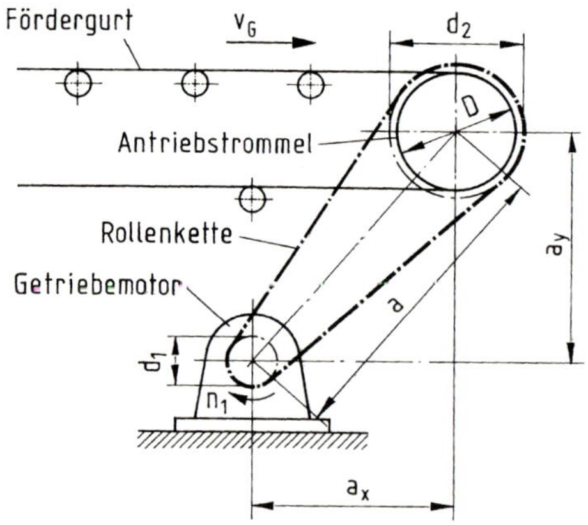

Bild 25.2 Kettentrieb zum Antrieb eines Gurtförderers

25.3 Für den Antrieb eines Stückgutförderers wurde nach Aufgabe 25.2 eine Rollenkette DIN 8187 – 08 B – 1 × 120 gewählt, die bei einer Zähnezahl $z_1 = 17$ eine zu geringe Lebensdauer ergab. Der Antrieb soll deshalb mit einer Rollenkette DIN 8187 – 08 B – 1 × 124 und der Zähnezahl $z_1 = 19$ ausgeführt werden. Geben sind: Nennleistung $P = 0{,}15$ kW, Betriebsfaktor $f_1 = 1{,}5$, Antriebsdrehzahl $n_1 = 36\ \text{min}^{-1} = 0{,}6\ \text{s}^{-1}$, Übersetzung $i = 3{,}14$.

1. Ist für die neu gewählte Kette eine Lebensdauer von mindestens 15000 h zu erwarten?
2. Welche Zähnezahl z_2 und welcher Achsabstand a sind erforderlich?
3. Welche Einfach-Rollenkette mit Kunststoffgleitlagern in den Gelenken käme für diesen Antrieb in Frage?

25.4 In Bild 25.4 ist ein Elektromagnet-Bandscheidegerät zur Entfernung von Eisenteilen aus einem Förderstrom dargestellt. Das mit einer Geschwindigkeit von ca. 0,45 m/s umlaufende Gummiband, auf dem zum Austragen der Eisenteile Querleisten aufvulkanisiert sind, wird von einem Getriebemotor über einen Kettentrieb angetrieben. Da die Eisenstücke vom Magneten schlagartig angezogen werden, liegt stoßweiser Betrieb vor. Eine Einfach-Rollenkette nach DIN 8187 soll die vom Getriebemotor abgegebene Nennleistung $P = 1$ kW bei $n_1 = 50\ \text{min}^{-1} = 0{,}833\ \text{s}^{-1}$ auf die Antriebstrommel übertragen, die einen Durchmesser von 250 mm hat. Wegen der geringen Kettengeschwindigkeit wird für das kleine Kettenrad eine Zähnezahl $z_1 = 13$ gewählt, vorgesehener Achsabstand $a_0 \approx 500$ mm. Für diesen Kettentrieb sind zu ermitteln:

1. Wahl der Kettengröße,
2. Die Zähnezahl z_2, die Kettengeschwindigkeit v und die Schmierungsart,
3. Die Gliederzahl X, der Achsabstand a und die Normbezeichnung der gewählten Kette,
4. Die Achskraft F_W und eine Überprüfung der Bruchsicherheiten S_B und S_D sowie der Lebensdauer, die mindestens 15000 h betragen soll,
5. Falls die verlangte Lebensdauer nicht erreicht wird, würde die gewählte Kettengröße als Zweifach-Rollenkette genügen?
6. Die Teilkreis- und Fußkreisdurchmesser der Kettenräder.

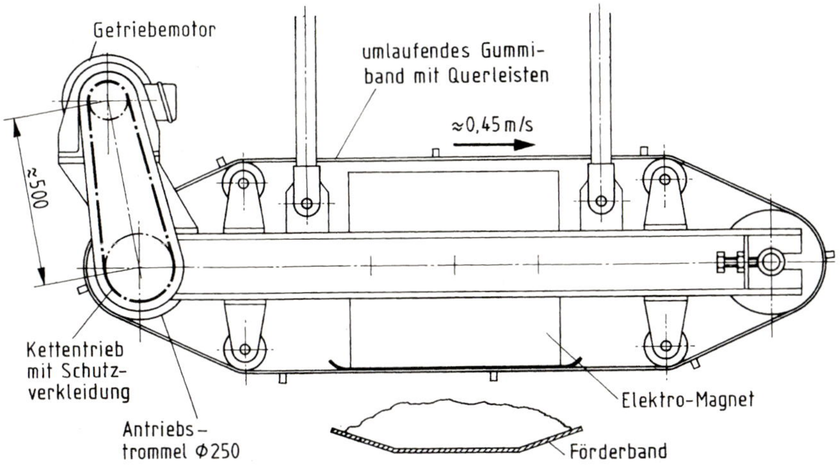

Bild 25.4 Kettentrieb an einem Elektromagnet-Bandscheidegerät

25.5 Bild 25.5 zeigt eine Traverse mit drehbar angeordneten Elektro-Lasthebemagneten zum Wenden von Stahlprofil-Trägern. Die Übertragung der Drehbewegung vom Getriebemotor auf die Magnete soll mittels einer Dreifach-Rollenkette nach DIN 8187 erfolgen. Das treibende Kettenrad hat $z_1 = 19$ Zähne, die Übersetzung beträgt $i \approx 1{,}9$, der vorgesehene Achsabstand $a_0 \approx 1200$ mm. An der Antriebswelle der Magnete ist ein Nenn-Drehmoment $M_2 = 1300$ Nm aufzuwenden, Betriebsfaktor $f_1 = 1{,}5$. Wegen der sehr geringen Kettengeschwindigkeit ist die Fliehzugkraft zu vernachlässigen. Für den Kettenantrieb sind zu ermitteln:

1. Die in Frage kommende Kettengröße und deren Teilung p,

2. Die Zähnezahl z_2 des großen Kettenrades, die Gliederzahl X, der Achsabstand a, die Teilkreisdurchmesser d_1 und d_2,

3. Die Achskraft F_W, die Kontrolle der Bruchsicherheiten S_B und S_D und der Lebensdauer L_h der Kette, die nicht unter 15000 h liegen soll,

4. Falls die Lebensdauer weit über 15000 h liegt, würde auch eine Kette gleicher Teilung als Zweifach-Rollenkette genügen?

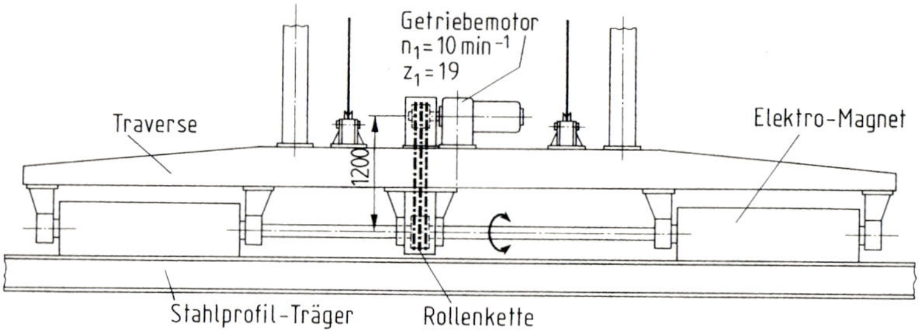

Bild 25.5 Rollenkette zum Drehen von Elektro-Lasthebemagneten für das Wenden von Stahlprofil-Trägern

25.6 Im Antrieb eines Autobaggers soll von einem Kettentrieb eine Nennleistung $P = 10$ kW bei einer Antriebsdrehzahl $n_1 = 1800\ \text{min}^{-1} = 30\ \text{s}^{-1}$ übertragen werden, Übersetzung $i \approx 1{,}8$. Gewählt wurde eine Rollenkette DIN 8188 — 10 A — 2×120 und die Zähnezahl $z_1 = 23$ für das kleine treibende Kettenrad.

1. Wurde die Kettengröße entsprechend den Empfehlungen nach DIN 8188 richtig gewählt?

2. Welche Zähnezahl muß das große Kettenrad erhalten, welcher Achsabstand und welche Schmierungsart sind erforderlich?

3. Sind die Bruchsicherheiten ausreichend, und welche Lebensdauer ist zu erwarten?

25.7 Für den Hauptantrieb einer Waagerecht-Fräsmaschine nach Bild 25.7 ist ein Kettentrieb vorgesehen, der eine Nennleistung $P = 7{,}5$ kW bei einer Antriebsdrehzahl $n_1 = 1450\ \text{min}^{-1} = 24{,}17\ \text{s}^{-1}$ zu übertragen hat, Drehzahl des großen Kettenrades $n_2 = 500\ \text{min}^{-1} = 8{,}33\ \text{s}^{-1}$, Betriebsfaktor $f_1 = 1{,}5$. Es wurde eine Rollenkette DIN 8187 — 08 B — 3×116 gewählt und eine Zähnezahl $z_1 = 19$ für das kleine treibende Kettenrad auf

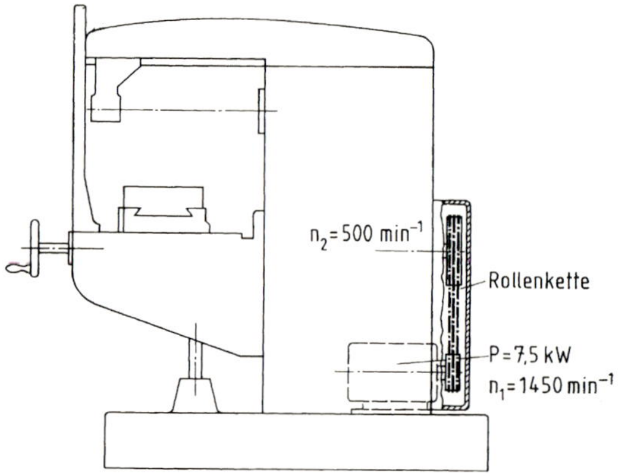

Bild 25.7 Rollenkette im Hauptantrieb einer Waagerecht-Fräsmaschine

der Motorwelle. Entspricht die gewählte Kette den Empfehlungen nach DIN 8187? Ferner sind die Zähnezahl des großen Rades, die Teilkreisdurchmesser beider Räder, der Achsabstand, die Schmierungsart, die Bruchsicherheiten und die zu erwartende Lebensdauer zu ermitteln.

25.8 Der in Bild 25.8 gezeigte Kettentrieb für den Nockenwellen- und Ölpumpenantrieb in einem Viertakt-Ottomotor enthält eine Rollenkette DIN 8187 — 05 B — 2 × 124. Sie wird durch ein Spannrad mit $z_4 = 19$ Zähnen gespannt. Das Kurbelwellenrad hat ebenfalls $z_1 = 19$ Zähne und die Drehzahl $n_1 = 6000\ \text{min}^{-1} = 100\ \text{s}^{-1}$, Drehzahl des Zwischenrades für den Ölpumpenantrieb $n_2 = 3931\ \text{min}^{-1} = 65{,}5\ \text{s}^{-1}$, des Nockenwellenrades $n_3 = 3000\ \text{min}^{-1} = 50\ \text{s}^{-1}$. Die Kette hat eine Nennleistung $P = 3$ kW zu übertragen, Betriebsfaktor $f_1 = 1{,}5$. Es sind die Teilkreisdurchmesser der Kettenräder zu errechnen und anhand der im Bild angegebenen Abmessungen die Kettenlänge zeichnerisch zu bestimmen und danach zu prüfen, ob die Gliederzahl richtig gewählt wurde. Außerdem sind die Bruchsicherheiten zu kontrollieren und die zu erwartende Lebensdauer bei Drucköl-Umlaufschmierung zu ermitteln.

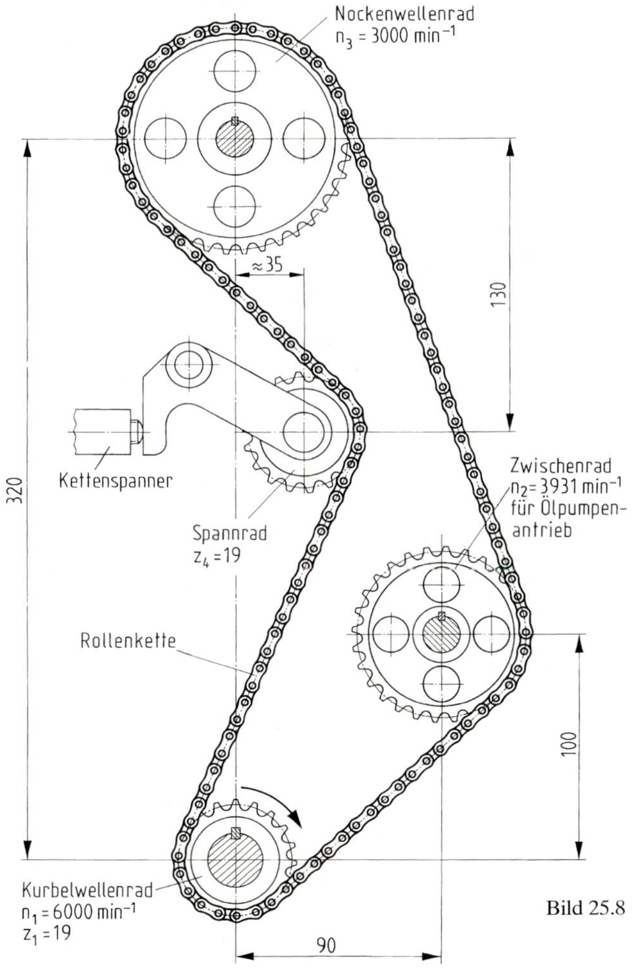

Bild 25.8 Zweifach-Rollenkette für den Nockenwellen- und Ölpumpenantrieb in einem Viertakt-Ottomotor

26 Flachriementriebe

Riemenscheiben

26.1 Für einen Spannrollentrieb (siehe Bild 26.16) sind die Abmessungen der großen geteilten Riemenscheibe aus EN-GJL-200 mit einem Durchmesser $d = 2500$ mm zu berechnen (entspr. ME Bild 26.9). Die Scheibe soll eine Breite $B = 450$ mm erhalten und gewölbt ausgeführt werden mit einer Wölbhöhe $h = 6$ mm, Bohrungsdurchmesser $d_B = 150$ mm. Es ist eine Umfangskraft $F = 3820$ N zu übertragen. Zu ermitteln sind:

1. Die Armzahl z und Kontrolle, ob ein Armstern genügt,
2. Die Kranzdicke k, auf volle mm aufgerundet,
3. Die Nabenlänge L_N (mittlerer Erfahrungswert auf volle 10 mm abgerundet), die Nabendicke w und der Nabendurchmesser d_N,
4. Die Querschnittsmaße a_1 und a_2 der vollen elliptischen Arme mit dem Verhältnis $a_1/a_2 = 2$ sowie das Maß a_3 der geteilten Arme, jeweils auf volle mm gerundet,
5. Der Durchmesser d_S der Verbindungsschrauben.

26.2 Die kleine Riemenscheibe eines Spannrollentriebes (siehe Bild 26.16) hat einen Durchmesser $d = 500$ mm und eine Breite $B = 450$ mm, Bohrungsdurchmesser $d_B = 100$ mm. Sie ist ungeteilt und zylindrisch ausgeführt aus EN-GJL-200 und hat eine Umfangskraft $F = 3820$ N zu übertragen. Folgende Abmessungen sind zu ermitteln:

1. Die Armzahl z und der Mittenabstand l_A der beiden Armsterne, falls zwei erforderlich sind (mittlerer Erfahrungswert auf volle 10 mm gerundet),
2. Die Kranzdicke k (auf volle mm gerundet), die Nabendicke w und der Nabendurchmesser d_N,
3. Sind die Querschnittsmaße $a_1 = 50$ mm und $a_2 = 25$ mm der elliptischen Arme ausreichend?
4. Die Nabenlänge L_N (auf volle 10 mm gerundet, bei zwei Armsternen nach $L_N \approx l_A + 4\,a_2$ mit den Teilnabenlängen $l = 0{,}6\,d_B$, siehe ME Bild 23.10d).

26.3 Für den Entwurf der großen Riemenscheibe mit Elektromagnetkupplung nach Bild 26.3 zum Antrieb eines Sägegatters mittels gekreuzten Flachriementrieb (siehe

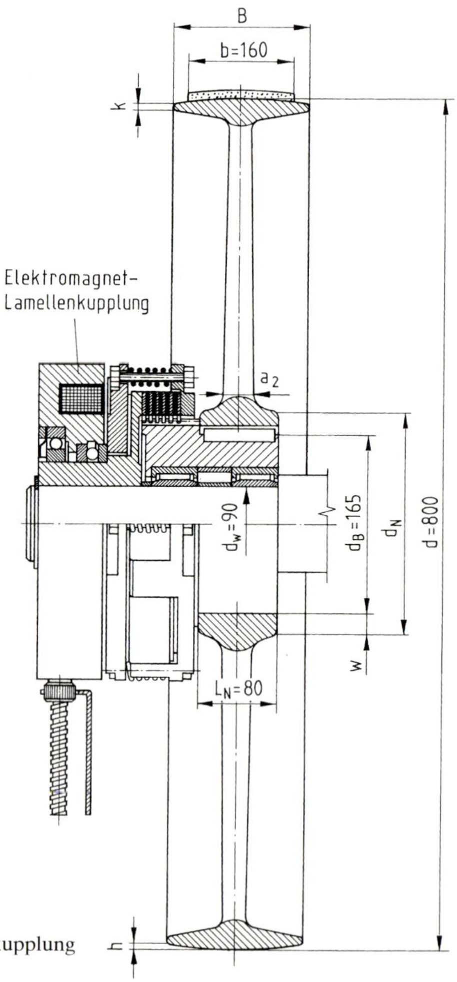

Bild 26.3 Riemenscheibe mit Elektromagnet-Lamellenkupplung für einen Sägegatterantrieb

Bild 26.7) sind die wichtigsten Abmessungen zu errechnen. Es betragen der Durchmesser der gewölbten Riemenscheibe $d = 800$ mm, die Riemenbreite $b = 160$ mm, der Bohrungsdurchmesser $d_B = 165$ mm, der Wellendurchmesser $d_w = 90$ mm, Werkstoff: EN-GJL-200. Es ist eine Umfangskraft $F = 1270$ N zu übertragen. Folgende Kranz-, Naben- und Armabmessungen sind zu ermitteln (auf volle mm gerundet):

1. Die Kranzbreite B, die Kranzdicke k, die Nabenwanddicke w (nach dem Wellendurchmesser d_W bestimmt) und der Nabendurchmesser d_N,

2. Die Armzahl z und Kontrolle, ob ein Armstern genügt,

3. Die Querschnittsmaße a_1 und a_2 der elliptischen Arme mit dem Verhältnis $a_1/a_2 = 2{,}5$.

Geometrie der Flachriementriebe

26.4 Ein offener Flachriementrieb für den Antrieb eines Generators hat die Riemenscheibendurchmesser $d_g = 2$ m, $d_k = 0{,}56$ m und den Achsabstand $e = 5$ m. Welche Innenlänge L_i muss der Riemen nach dem Vorspannen haben?

26.5 Der offene Flachriementrieb nach Aufgabe 26.4 soll im Spannwellenbetrieb mit einem endlosen Riemen von der Innenlänge $L_i = 14$ m betrieben werden. Welcher Achsabstand e ist vorzusehen, und in welchen Grenzen e_{max} und e_{min} muß er verstellbar sein? Gegeben sind die Riemenscheibendurchmesser $d_g = 2$ m und $d_k = 0{,}56$ m.

26.6 Der offene Flachriementrieb zum Antrieb eines Kolbenverdichters (siehe Bild 26.8) soll mit den Riemenscheibendurchmessern $d_k = 315$ mm und $d_g = 900$ mm ausgeführt werden, Achsabstand $e \approx 1500$ mm. Es sind der Umschlingungswinkel β an der kleinen Scheibe, eine Standard-Innenlänge L_i für den Riemen und die Grenzen e_{max} und e_{min} für die Verstellbarkeit des Achsabstandes zu ermitteln, falls Spannwellenbetrieb vorgesehen wird, ggf. ist nach der gewählten Innenlänge ein neuer Achsabstand festzulegen.

26.7 Ein gekreuzter Flachriementrieb nach Bild 26.7 zum Antrieb eines Sägegatters (siehe Aufgabe 26.11) hat den Achsabstand $e = 3000$ mm und die Riemenscheibendurchmesser $d_k = 250$ mm, $d_g = 800$ mm. Wie groß sind der Umschlingungswinkel β an der kleinen Scheibe und die Innenlänge L_i des Riemens?

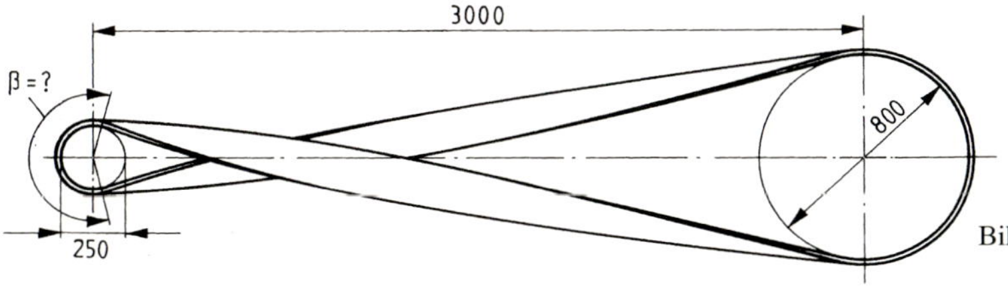

Bild 26.7 Gekreuzter Flachriementrieb

Berechnung von Antrieben mit Leder- und Geweberiemen

26.8 Ein zweistufiger Kolbenverdichter mit einem Leistungsbedarf von 36 kW soll unter normalen Umweltbedingungen von einem Elektromotor mit der Drehzahl $n_a = n_k = 1450\ \text{min}^{-1} = 24{,}17\ \text{s}^{-1}$ mittels Flachriemen angetrieben werden (Bild 26.8). Vorgesehen ist ein hochgeschmeidiger Chromleder-Riemen HGC mit der Dicke $s = 8$ mm, Durchmesser der kleinen Antriebsscheibe $d_k = 315$ mm, der großen getriebenen Scheibe $d_g = 900$ mm. Letztere ist aus EN-GJL-200 hergestellt mit einem Nabendurchmesser $d_N = 250$ mm und $z = 6$ elliptischen Armen mit den Querschnittsmaßen $a_1 = 60$ mm, $a_2 = 30$ mm. Der Umschlingungswinkel an der kleinen Scheibe beträgt $\beta = 157{,}8° = 2{,}754$ rad, der Achsabstand $e = 1517$ mm, die Riemenlänge $L_i = 5000$ mm (siehe Aufgabe 26.6). Anlauf mit Direkteinschaltung im 8 h-Betrieb. Für diesen Riementrieb sind zu ermitteln:

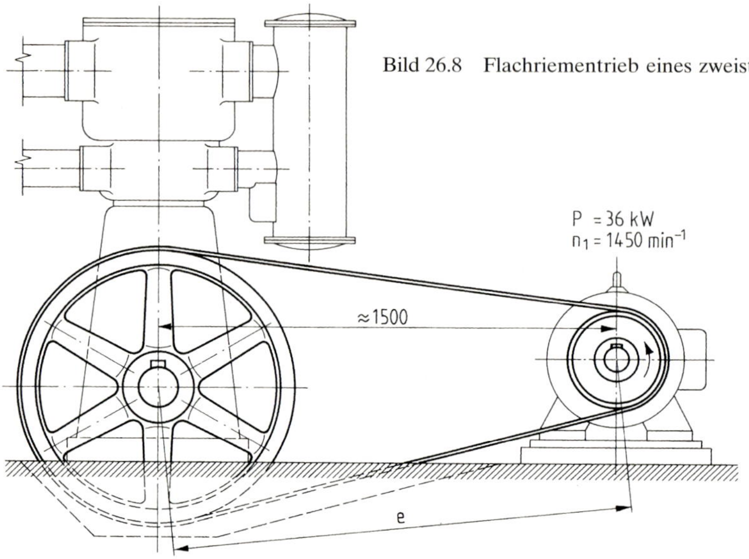

Bild 26.8 Flachriementrieb eines zweistufigen Kolbenverdichters

1. Die Übersetzung i und die Drehzahl $n_b = n_g$ der großen getriebenen Scheibe,
2. Sind die Riemengeschwindigkeit v, die Biegefrequenz f_B und das Verhältnis s/d_k zulässig?
3. Wie groß sind die spezifische Nennleistung P_n und die optimale Riemengeschwindigkeit v_{opt}?
4. Welche genormte Riemenbreite b und Kranzbreite B sind zu wählen, und welche Wölbhöhe h erhält die große Scheibe?
5. Welche Auflegestreckung ΔL ist erforderlich, und wie groß wird die Achskraft F_W bei Dehnungsbetrieb?
6. Ist die Biegespannung σ_b in den gefährdeten Armquerschnitten zulässig?

26.9 Die Schleifspindel einer Flächenschleifmaschine im 16 h-Tagesbetrieb (Bild 26.9) soll mit einem 140 mm breiten und 3 mm dicken, endlosen Naturseide-Riemen angetrieben werden. Es herrschen normale Umweltbedingungen, geringe Überlastungen sind möglich. Vorgesehen ist Direkteinschaltung, Leistungsbedarf $P = 19$ kW bei der Antriebsdrehzahl $n_a = n_k = 1450\ \text{min}^{-1} = 24{,}17\ \text{s}^{-1}$, Durchmesser der kleinen treibenden Riemenscheibe auf der Motorwelle $d_k = 160$ mm, der großen getriebenen Scheibe auf der Schleifspindelwelle $d_g = 300$ mm, Achsabstand $e = 1400$ mm. Zu ermitteln sind:

1. Der Umschlingungswinkel β an der kleinen Scheibe und die erforderliche Innenlänge L_i des Riemens als Standardlänge,
2. Die Riemengeschwindigkeit v, die Biegefrequenz f_B und das Verhältnis s/d_k, jeweils verglichen mit dem zulässigen Wert,
3. Die zulässige Lasttrumspannung $\sigma_{1\,zul}$ und die spezifische Nennleistung P_n,
4. Ist die Riemenbreite b richtig gewählt?

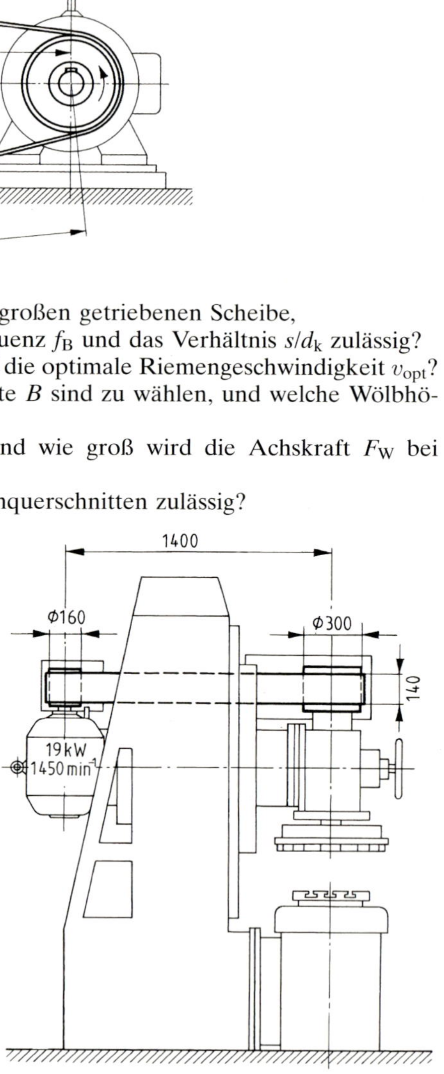

Bild 26.9 Flachriementrieb zum Antrieb der Schleifspindel einer Flächenschleifmaschine

26.10 In einem Sägewerk wird ein Generator mit der Drehzahl $n_b = n_k = 1000\ \text{min}^{-1} = 16{,}67\ \text{s}^{-1}$ mittels eines 5 mm dicken Gummi-Geweberiemens aus Baumwollfasern (zweilagig) von einer Einzylinder-Dampfmaschine nach Bild 26.10 angetrieben. Die Dampfmaschine leistet 140 kW bei der Drehzahl $n_a = n_g = 280\ \text{min}^{-1} = 4{,}67\ \text{s}^{-1}$. Das Schwungrad der Maschine ist zugleich Riemenscheibe mit dem Durchmesser $d_g = 2000$ mm und der Kranzbreite $B = 600$ mm, Achsabstand $e = 4500$ mm. Wegen der Einzylinder-Dampfmaschine ist der Betriebsfaktor C_B wie für Kolbenpumpen bei schwerem Antrieb der Gruppe A anzunehmen. Es liegen normale Umweltbedingungen vor. Für diesen Antrieb sind für einen 8 h-Tagesbetrieb zu ermitteln:

1. Der Durchmesser d_k der kleinen Scheibe auf der Generatorwelle,
2. Die erforderliche Innenlänge L_i,
3. Die Riemengeschwindigkeit v, die Biegefrequenz f_B und das Verhältnis s/d_k, jeweils mit dem zulässigen Wert verglichen,
4. Die optimale Riemengeschwindigkeit v_{opt},
5. Die erforderliche Riemenbreite b,
6. Die erforderliche Auflegestreckung ΔL und die Achskraft F_W bei Dehnungsbetrieb.

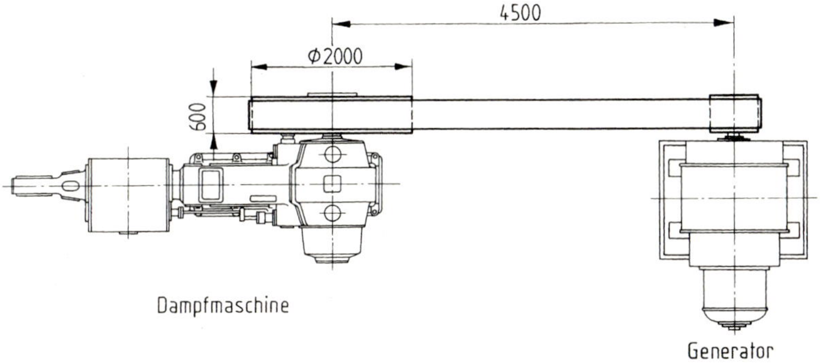

Bild 26.10 Einzylinder-Dampfmaschine mit Flachriementrieb zum Antrieb eines Generators

26.11 Für den Antrieb eines Sägegatters im 18 h-Tagesbetrieb ist der gekreuzte Flachriementrieb mit einem 160 mm breiten Kernleder-Riemen der Sorte G zu berechnen. Die Umweltbedingungen sind normal. Die Einschaltung erfolgt mit Anlasser. Es ist eine Leistung $P = 16$ kW bei der Antriebsdrehzahl $n_a = n_k = 960\ \text{min}^{-1} = 16\ \text{s}^{-1}$ zu übertragen. Gegeben sind (siehe auch die Aufgaben 26.3 und 26.7): Durchmesser der kleinen Antriebsscheibe $d_k = 250$ mm, der großen Scheibe $d_g = 800$ mm, Umschlingungswinkel an der kleinen Scheibe $\beta = 200{,}16° \approx 3{,}5$ rad, Innenlänge des Riemens $L_i = 7740$ mm, Zugkraft $F = 1{,}27$ kN. Zu ermitteln sind die Drehzahl n_g der großen Riemenscheibe, die Riemengeschwindigkeit v und die Biegefrequenz f_B (beide mit den zulässigen Werten verglichen), die Riemendicke s, wenn für das Verhältnis s/d_k die Hälfte des zulässigen Wertes gewählt wird, die erforderliche Riemenbreite b (verglichen mit dem vorgesehenen Wert), die erforderliche Auflegestreckung ΔL und die Achskraft F_W bei Dehnungsbetrieb.

Berechnung von Antrieben mit Mehrschichtriemen

26.12 Im Antrieb einer Kolbenpumpe mit einem Ungleichförmigkeitsgrad $> 0{,}0125$ soll der 160 mm breite und 5 mm dicke Kernlederriemen der Sorte G durch einen Extremultus-Mehrschichtriemen Bauart 80 (Fa. Siegling, Hannover) in der Ausführung LT ersetzt werden. Die erforderliche Riemengröße und die Riemenbreite sind zu bestimmen. Es ist eine Leistung $P = 14$ kW zu übertragen. Der antreibende Elektromotor mit der kleinen Scheibe von $d_k = 250$ mm Durchmesser hat eine Drehzahl $n_a = n_k = 1450\ \text{min}^{-1} = 24{,}17\ \text{s}^{-1}$,

Durchmesser der großen Scheibe auf der Pumpenwelle $d_g = 1250$ mm, Achsabstand $e = 2$ mm. Für diesen offenen Riementrieb sind zu ermitteln:

1. Die Drehzahl $n_b = n_g$ der Pumpenwelle mit der großen Scheibe,
2. Die Innenlänge L_i des Riemens,
3. Die Riemengeschwindigkeit v, eine dafür geeignete Riemengröße und die Biegefrequenz f_B, verglichen mit $f_{B\,zul}$,
4. Die erforderliche Riemenbreite b als Standardbreite,
5. Die erforderliche Auflegestreckung ΔL und die Achskraft F_W.

26.13 Für den Antrieb einer Textilmaschine soll ein Extremultus-Mehrschichtriemen Bauart 80 (Fa. Siegling, Hannover) in der Ausführung LL eingesetzt werden und in einem Mehrscheibentrieb nach Bild 26.13 laufen. Es handelt sich um einen ungleichmäßigen Antrieb mit Stößen und mittlerer Massenbeschleunigung, der eine Leistung $P = 22$ kW zu übertragen hat bei einer Antriebsdrehzahl $n_a = n_k = 940\ \text{min}^{-1} = 15{,}67\ \text{s}^{-1}$. Der Umschlingungswinkel an der Antriebsscheibe mit dem Durchmesser $d_k = 315$ mm beträgt $\beta = 145°$, die Innenlänge des gespannten Riemens $L_i = 6$ m. Welche Riemengröße und Standard-Riemenbreite sind zu wählen?

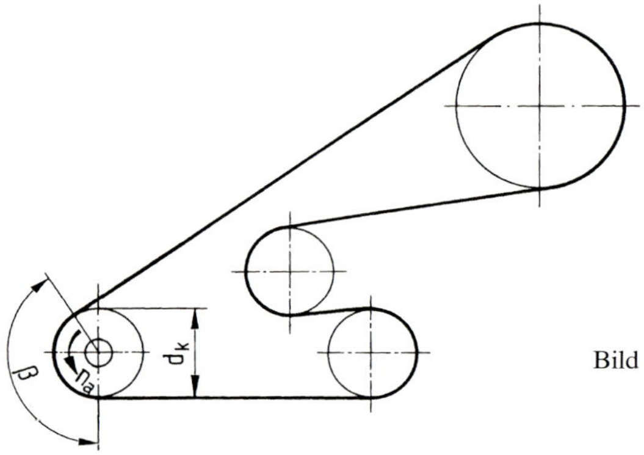

Bild 26.13 Flachriementrieb im Antrieb einer Textilmaschine

26.14 Ein Kollergang soll über einen Habasit-Mehrschichtriemen (Fa. Habasit GmbH, Urberach) von einem Getriebemotor angetrieben werden. Es ist unter erschwerten Betriebsbedingungen eine Leistung von 4,2 kW zu übertragen. Die Drehzahl der kleinen Scheibe am Getriebemotor beträgt $60\ \text{min}^{-1} = 1\ \text{s}^{-1}$. Die große Scheibe am Kollergang soll mit ca. $12\ \text{min}^{-1} = 0{,}2\ \text{s}^{-1}$ umlaufen. Für diesen Antrieb, der als offener Riementrieb mit dem kleinstmöglichen Achsabstand ausgeführt werden soll, sind zu ermitteln:

1. Die Scheibendurchmesser d_k und d_g (Normmaße nach Tab. 26.1) und die Riemenausführung,
2. Der Achsabstand e (e_{min} auf volle 10 mm gerundet),
3. Die Innenlänge L_i des gespannten Riemens,
4. Die erforderliche Riemenbreite b (auf volle 10 mm gerundet),
5. Die erforderliche Auflegestreckung ΔL,
6. Die Achskraft F_W.

26.15 In Bild 26.15 ist der Antrieb einer Drehmaschine schematisch dargestellt. Die kleine Riemenscheibe ist schwenkbar und spannt den Riemen (Selbstspanntrieb). Sie erhält über das Schieberädergetriebe eine niedrigste Drehzahl $n_a = n_k = 450\ \text{min}^{-1} = 7{,}5\ \text{s}^{-1}$. Der Flachriementrieb mit der Übersetzung $i = 1{,}6$ hat eine Leistung $P = 2{,}5$ kW zu übertragen. Verwendet werden soll ein Habasit-Mehrschichtriemen Typ F-2 (Fa. Habasit GmbH, Urberach) mit der Breite $b = 70$ mm und der Innenlänge

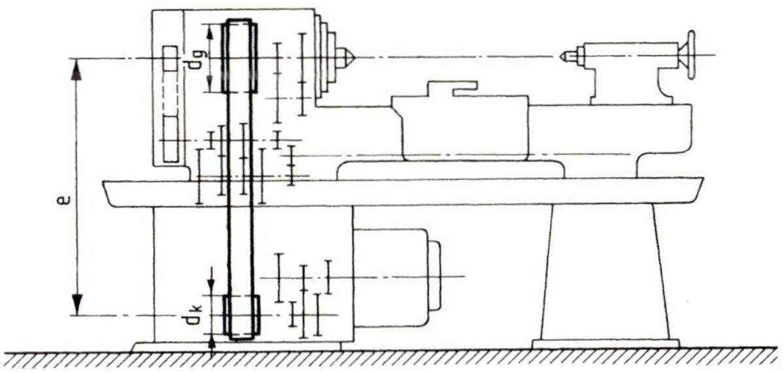

Bild 26.15 Hauptantrieb einer Drehmaschine mit Flachriemen

$L_i = 2500$ mm. Es ist zu prüfen, ob der gewählte Riemen für diesen Antriebsfall geeignet ist, und zu ermitteln, welche Scheibendurchmesser d_k, d_g und Kranzbreite B in Frage kommen. Ferner sind der Achsabstand e (verglichen mit e_{min}), die Auflegestreckung ΔL und die Achskraft F_W zu errechnen.

Berechnung von Spannrollentrieben

26.16 Für den Antrieb einer Fördermaschine, der mittels eines $b = 400$ mm breiten und $s = 7$ mm dicken Gummi-Gewebe-Riemens (Baumwolle, zweilagig) erfolgen soll, wird eine Leistung $P = 75$ kW benötigt. Es wird ein Spannrollentrieb nach Bild 26.16 gewählt, um aus Platzgründen einen möglichst geringen Achsabstand zu erhalten, u. z. $e = 4$ m. Der antreibende Drehstrommotor läuft mit der Drehzahl $n_a = n_k = 750\ \text{min}^{-1} = 12{,}5\ \text{s}^{-1}$. Motorscheiben- und Spannrollendurchmesser sind gleich, nämlich $d_k = d_R = 500$ mm, Durchmesser der großen, geteilt ausgeführten Scheibe $d_g = 2500$ mm (siehe auch die Aufgaben 26.1 und 26.2). Die Spannrolle hat von der kleinen Scheibe einen Mittenabstand $a_2 = 900$ mm und die Masse $m_R = 45$ kg. Der Riemenantrieb, die Riemenlänge und der erforderliche Abstand des Gegengewichts mit der Masse $m_G = 50$ kg sind zu berechnen. Im Einzelnen sind zu ermitteln:

1. Die Drehzahl $n_g = n_b$ der großen Scheibe,
2. Sind die Riemengeschwindigkeit v und die Riemendicke s zulässig?
3. Der Umschlingungswinkel β an der kleinen Scheibe, der Leertrumbeugungswinkel φ an der Spannrolle und die Innenlänge L_i des Riemens, ermittelt nach einer anzufertigenden maßstäblichen Zeichnung des Riementriebs,
4. Entsprechen die Abstände a_1 zwischen der Spannrolle und der kleinen Scheibe und a_3 zur großen Scheibe den üblichen Werten?

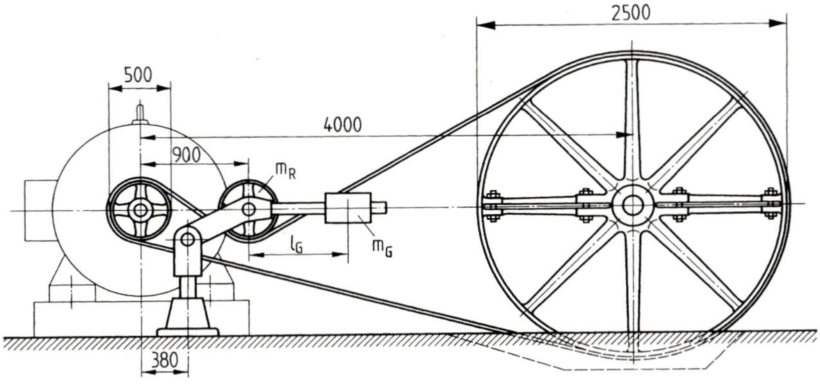

Bild 26.16 Flachriementrieb mit Gewichtsspannrolle

5. Genügt die gewählte Riemenbreite b, wenn ein mittelschwerer Betrieb (Betriebsfaktor $C_B = 1{,}5$) und normale Umweltbedingungen angenommen werden?
6. Ist die Biegefrequenz f_B zulässig?
7. Welche Rollendruckkraft F_3 ist erforderlich, und in welchem Abstand l_G von der Spannrolle ist das Gegengewicht anzuordnen?
8. Wie groß wird die Achskraft F_W?

26.17 In Bild 26.17 ist der Spannrollentrieb für den Antrieb einer Presse schematisch dargestellt. Er soll mit einem Chromleder-Riemen der Sorte HGC eine Leistung von 12 kW übertragen werden. Der Treibriemen ist 112 mm breit und 4 mm dick, er hat eine Innenlänge von 5,6 m. Die große Riemenscheibe mit 1000 mm Durchmesser läuft mit der Drehzahl von $350\,\text{min}^{-1} = 5{,}83\,\text{s}^{-1}$. Die Durchmesser der kleinen Antriebsscheibe und der Spannrolle sind gleich, und zwar 125 mm. Die Spannrolle wiegt 6 kg. Der Umschlingungswinkel an der kleinen Scheibe beträgt 188°, der Trumbeugungswinkel an der Spannrolle $\varphi = 69°$.

1. Sind die Riemengeschwindigkeit und die Biegefrequenz zulässig?
2. Ist der Riemen richtig bemessen, wenn normale Umweltbedingungen vorliegen und es sich um einen sehr schweren Antrieb handelt ($C_B = 1{,}7$)?
3. Mit welcher Masse muss das Gegengewicht ausgeführt werden?

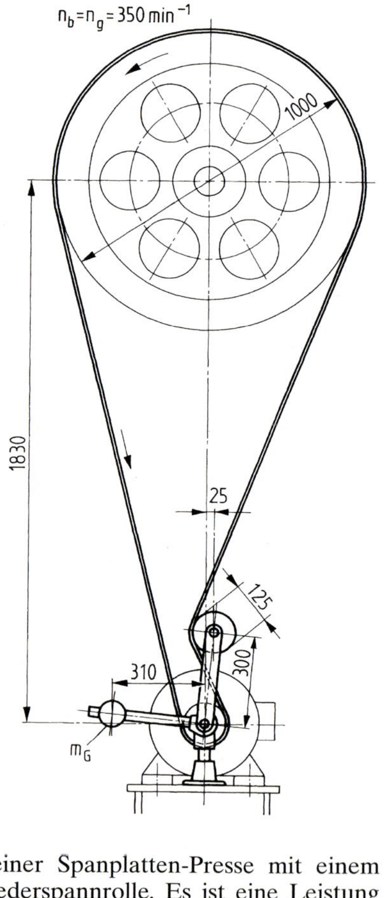

Bild 26.17 Schematische Darstellung des Spannrollentriebes an einer Presse

26.18 Bild 26.18 zeigt schematisch den Antrieb einer Spanplatten-Presse mit einem Flachriementrieb als Spannrollentrieb mit Federspannrolle. Es ist eine Leistung $P = 8{,}2$ kW bei einer Antriebsdrehzahl $n_a = n_k = 450\,\text{min}^{-1} = 7{,}5\,\text{s}^{-1}$ und einer Übersetzung $i = 6{,}25$ zu übertragen. Es handelt sich um einen ungleichförmigen Betrieb mit geringen Stößen bei trockener Luft unter großer Staubeinwirkung. Vorgesehen ist ein Habasit-Mehrschichtriemen der Ausführung C (Fa. Habasit GmbH, Urberach). Für den Entwurf dieses Riementriebs sind zu ermitteln:

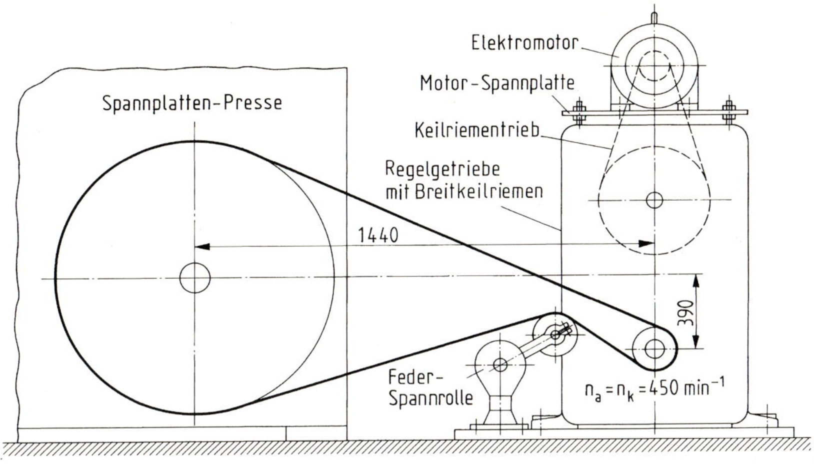

Bild 26.18 Flachriementrieb mit Federspannrolle an einer Spanplatten-Presse

1. Die Durchmesser d_k und d_g der kleinen und der großen Riemenscheibe und die Riemengröße (C-2 oder C-3),

2. Die erforderliche Riemenbreite b auf volle 10 mm gerundet, wenn von dem Umschlingungswinkel an der kleinen Scheibe $\beta = 180°$ und dem Betriebsfaktor $C_B = 1{,}3$ ausgegangen wird, und die Kranzbreite B,

3. Die erforderliche Rollendruckkraft F_3 bei Annahme des üblichen Leertrumwinkels $2\varphi = 120°$,

4. Die Innenlänge L_i des Riemens bei einem Spannrollendurchmesser $d_R = d_k$ (zeichnerisch).

27 Keilriementriebe

27.1 Eine Presse soll von einem Drehstrommotor mit normalem Anlaufmoment über einen offenen Keilriementrieb ohne Spannrolle angetrieben werden. Bei einer täglichen Betriebsdauer bis 10 h ist eine Leistung $P = 2{,}5$ kW zu übertragen mit den Drehzahlen $n_a = n_k = 960\ \text{min}^{-1} = 16\ \text{s}^{-1}$ und $n_b = n_g = 192\ \text{min}^{-1} = 3{,}2\ \text{s}^{-1}$. Vorgesehen sind endlose Normalkeilriemen DIN 2215. Für den Entwurf dieses Antriebs sind zu ermitteln:

1. Das Riemenprofil, die Wirkdurchmesser d_{wk} und d_{wg} der Riemenscheiben als Normwerte (für d_{wk} ist im Interesse einer möglichst hohen Lebensdauer der Riemen der Oberwert aus der Richtlinie nach DIN 2218 zu wählen) und der vorläufige Achsabstand e (Mittelwert der Normempfehlung auf volle 100 mm abrunden),
2. Die Riemengeschwindigkeit v, eine genormte Riemenlänge L_w und der endgültige Achsabstand e,
3. Die erforderliche Anzahl z der Keilriemen und die Kranzbreite B der Riemenscheiben,
4. Die Überprüfung der Biegefrequenz f_B,
5. Die Achskraft F_W.

27.2 Der offene Keilriementrieb für den Antrieb einer Presse nach Aufgabe 27.1 soll mit Schmalkeilriemen DIN 7753 ausgeführt werden, wobei ein möglichst geringer Raumbedarf anzustreben ist. Gegeben sind: Leistung $P = 2{,}5$ kW, Belastungsfaktor $C_B = 1{,}1$, $P \cdot C_B = 2{,}75$ kW, Drehzahlen $n_k = 960\ \text{min}^{-1} = 16\ \text{s}^{-1}$ und $n_g = 192\ \text{min}^{-1} = 3{,}2\ \text{s}^{-1}$, Übersetzung $i = 5$. Zu ermitteln sind:

1. Das Riemenprofil, die Scheibendurchmesser d_{wk} (Unterwert der Richtlinie nach DIN 7753) und d_{wg} sowie der vorläufige Achsabstand e (Unterwert der Normempfehlung auf volle 10 mm aufgerundet),
2. Die Riemengeschwindigkeit v, die Wirklänge L_w als Normwert und der endgültige Achsabstand e,
3. Die erforderliche Anzahl z der Keilriemen und die Kranzbreite B der Riemenscheiben,
4. Die Achskraft F_W,
5. Die Grenzwerte e_{min} und e_{max} des Achsabstandes für die Verstellbarkeit.

27.3 Zwei Hammermühlen werden von einem Elektromotor mit hohem Anlaufmoment (über zweifachem Nennmoment) über Keilriemen nach Bild 27.3 angetrieben. Die Keilriemen sollen durch einen

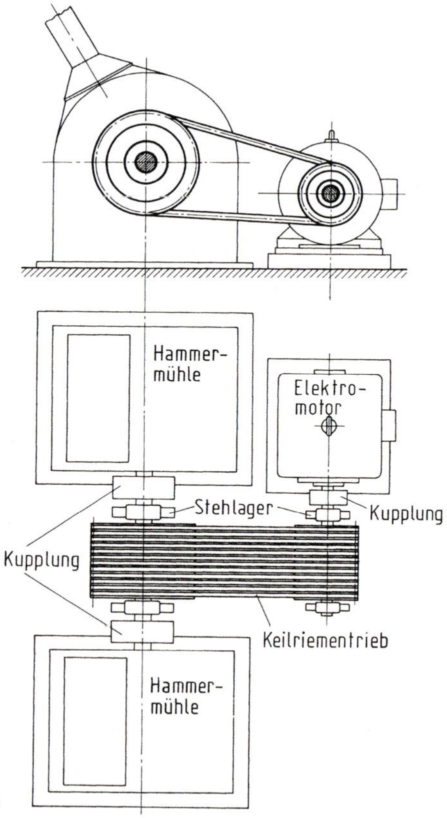

Bild 27.3 Antrieb zweier Hammermühlen

Keilrippenriemen DIN 7867 ersetzt werden. Es ist eine Leistung $P = 60$ kW bei der Motordrehzahl $n_a = n_k = 950\ \text{min}^{-1} = 15{,}83\ \text{s}^{-1}$ zu übertragen. Die Mühlen arbeiten mit einer Drehzahl $n_b = n_g = 600\ \text{min}^{-1} = 10\ \text{s}^{-1}$ und sind täglich über 16 h im Einsatz. Vorgesehen sind der Achsabstand $e \approx 1200$ mm und der Bezugsdurchmesser der kleinen Scheibe $d_{bk} = 315$ mm. Der Antrieb mit Keilrippenriemen ist wie folgt zu berechnen:

1. Das Riemenprofil, die Übersetzung i, der Bezugsdurchmesser d_{bg} der großen Scheibe und die Riemengeschwindigkeit v, verglichen mit der zulässigen Geschwindigkeit,

2. Der Achsabstand e und die Bezugslänge L_b,

3. Die erforderliche Anzahl z der Rippen und die Normbezeichnung des gewählten Riemens sowie dessen Breite b und die Mindest-Kranzbreite b_K der Riemenscheiben,

4. Eine Überprüfung der Biegefrequenz f_B.

27.4 Der Achsabstand des Flachriementriebes nach Bild 26.8 für einen zweistufigen Kolbenverdichter muss aus Platzgründen auf $e \leq 1000$ m verringert werden. Anstelle des in diesem Falle erforderlichen Spannrollentriebes soll ein Keilriementrieb mit endlosen Normalkeilriemen DIN 2215 vorgesehen werden, der für die zu übertragende Leistung $P = 36$ kW und die Drehzahlen $n_a = n_k = 1450\ \text{min}^{-1} = 24{,}17\ \text{s}^{-1}$ und $n_b = n_g = 500\ \text{min}^{-1} = 8{,}33\ \text{s}^{-1}$ bei einem 16 h-Tagesbetrieb geeignet ist. Der antreibende Elektromotor hat ein normales Anlaufmoment (bis 2faches Nennmoment). Für die Auslegung des Antriebes sind zu ermitteln:

1. Das Riemenprofil, die Scheibendurchmesser d_{wk} (als Kleinstwert) und d_{wg} (als Normwert) und die daraus folgende Drehzahl n_g,

2. Die Wirklänge L_w und die Normbezeichnung des gewählten Keilriemens,

3. Liegt der auszuführende Achsabstand e in den empfohlenen Grenzen, und welche Abstände x und y sind für den Verstellbereich vorzusehen?

4. Welche Riemenanzahl z ist erforderlich und welche Kranzbreite B und Außendurchmesser d_{ak} und d_{ag} müssen die Riemenscheiben erhalten?

5. Wie groß ist die Riemengeschwindigkeit v, ist die Biegefrequenz f_B zulässig, und welche Achskraft F_W ist zu erwarten?

27.5 Anstelle der endlosen Normalkeilriemen DIN 2215 sollen für den Antrieb nach Aufgabe 27.4 endlose Schmalkeilriemen DIN 7753 mit der Wirklänge $L_w = 3150$ mm verwendet werden unter Beibehaltung der ermittelten Scheibendurchmesser $d_{wk} = 200$ mm und $d_{wg} = 560$ mm. Gegeben sind: Leistung $P = 36$ kW, Drehzahl der kleinen Scheibe $n_k = 1450\ \text{min}^{-1}$, Betriebsfaktor $C_B = 1{,}3$, $P \cdot C_B = 46{,}8$ kW. Es sind die Normbezeichnung der Keilriemen, der Achsabstand e und dessen Verstellwerte x und y, die erforderliche Riemenanzahl z, die Kranzbreite B und die Außendurchmesser d_{ak} und d_{ag} der Riemenscheiben zu ermitteln.

27.6 Der Keilriementrieb zum Antrieb eines Resonanz-Schwingsiebes (Bild 27.6) ist zu berechnen. Das Sieb arbeitet im Dauerbetrieb täglich 24 h. Der antreibende Elektromotor läuft mit der Drehzahl $n_a = n_k = 1420\ \text{min}^{-1} = 23{,}67\ \text{s}^{-1}$ und hat ein normales Anlaufmoment (bis zweifaches Nennmoment). Die Drehzahl der großen Scheibe soll $n_g = n_b = 355\ \text{min}^{-1} = 5{,}92\ \text{s}^{-1}$, der Achsabstand $e \leq 600$ mm betragen. Vorgesehen sind

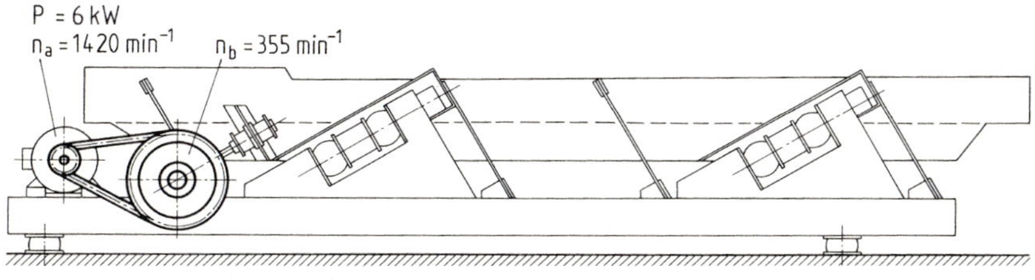

Bild 27.6 Antrieb eines Resonanz-Schwingsiebes mit Keilriemen

endlose Schmalkeilriemen DIN 7753, die eine Leistung von 6 kW zu übertragen haben. Es sind zu ermitteln:

1. Die Riemengröße, die Wirkdurchmesser d_{wk} (Unterwert der Richtlinie nach DIN 7753) und d_{wg} (als Normwert) der Riemenscheiben und die Drehzahl n_g der großen Scheibe,
2. Die Wirklänge L_w, die Normbezeichnung der gewählten Riemen, der Achsabstand e (verglichen mit der Normempfehlung) und die Abstände x und y des Verstellbereichs,
3. Die erforderliche Riemenanzahl z,
4. Die Riemengeschwindigkeit v, die Biegefrequenz f_B und deren zulässigen Wert,
5. Die Achskraft F_W.

27.7 Der Antrieb eines Schlagbrechers für Steine soll als offener Keilriementrieb mit 10 Schmalkeilriemen DIN 7753 — SPB 6300 ausgeführt werden. Der Brecher ist bis 12 h pro Tag in Betrieb und benötigt eine Antriebsleistung von 70 kW. Er wird von einem Elektromotor mit ca. 3-fachem Anlaufmoment angetrieben. Die Drehzahl der Motorwelle, auf der die kleine Scheibe mit einem Wirkdurchmesser von 250 mm sitzt, beträgt $960\,\text{min}^{-1} = 15{,}85\,\text{s}^{-1}$. Am Brecher befindet sich die große Scheibe mit 1120 mm Wirkdurchmesser.

1. Entspricht die Riemengröße der Richtlinie nach DIN 7753?
2. Welcher Achsabstand ist vorzusehen, und in welchen Grenzen muss er verstellbar sein?
3. Ist die Riemenanzahl ausreichend?
4. Wie groß ist die Riemengeschwindigkeit, und ist die Biegefrequenz zulässig?
5. Mit welcher durchschnittlichen Achskraft werden die Wellen und Lager belastet?

27.8 In Bild 27.8 ist eine luftgekühlte Kolbenkompressor-Anlage mit Keilriemenantrieb dargestellt. Die große Riemenscheibe mit dem Wirkdurchmesser $d_{wg} = 630$ mm ist als Lüfter ausgebildet und läuft mit der Drehzahl $n_g = n_b = 710\,\text{min}^{-1} = 11{,}83\,\text{s}^{-1}$. Der Achsabstand soll 760 mm nicht überschreiten. Die Anlage ist täglich bis zu 8 h in Betrieb. Der vorgesehene Elektromotor läuft mit der Drehzahl $n_a = n_k = 2800\,\text{min}^{-1} = 46{,}67\,\text{s}^{-1}$ und hat ein normales Anlaufmoment. Die erforderliche Leistung $P = 3$ kW soll von einem endlosen Schmalkeilriemen nach DIN 7753 übertragen werden. Für die Auslegung dieses Antriebs sind zu ermitteln:

1. Der Wirkdurchmesser d_{wk} der kleinen Scheibe, die Übersetzung i, das Profil und die Wirklänge L_w eines geeigneten Riemens,
2. Der Achsabstand e (verglichen mit der Normempfehlung) und die Abstände x und y für seinen Verstellbereich,
3. Ist ein Riemen des gewählten Profils ausreichend, und ist die Biegefrequenz zulässig?
4. Welche durchschnittliche Achskraft ist von den Wellen und Lagern aufzunehmen?

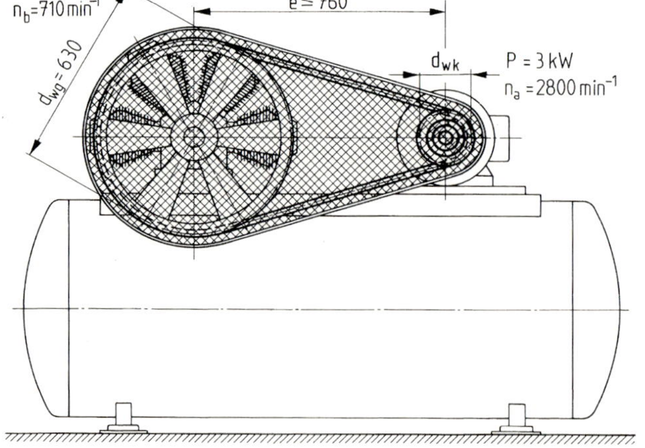

Bild 27.8 Keilriementrieb in einer luftgekühlten Kompressoranlage

27.9 Bild 27.9 zeigt den Antrieb eines Bandförderers für Pakete (leichtes Gut), der täglich bis 16 h im Einsatz ist. Die Leistung des Antriebsmotors, der ein normales Anlaufmoment hat, wird über ein Schneckengetriebe mit der Übersetzung $i_s = 14$ und einen Kreilriementrieb in die Antriebstrommel des mit der Geschwindigkeit $v_B = 1{,}29$ m/s laufenden Förderbandes eingeleitet. Die Antriebstrommel hat den Durchmesser $D = 440$ mm, die auf ihrer Welle angeordnete große Riemenscheibe den Wirkungsdurchmesser $d_{wg} = 400$ mm. Die vertikale Komponente des Achsabstandes der Keilriemenscheiben beträgt $e_y = 750$ mm. Der Antrieb ist zu berechnen, wobei zu prüfen ist, ob 2 Schmalkeilriemen DIN 7753 – SPB 2800 für die Übertragung der Leistung $P = 2$ kW ausreichen. Es sind zu ermitteln:

1. Die Drehzahlen n_k und n_g der Riemenscheiben, der Wirkdurchmesser d_{wk} der kleinen Scheibe, die Übersetzung i des Keilriementriebes und die Gesamtübersetzung i_{ges} des Antriebs,
2. Der Achsabstand e (verglichen mit der Normempfehlung) und seine horizontale Komponente e_x sowie die waagerechten Spannwege X und Y, um die der Spannschlitten mit dem Motor und dem Schneckengetriebe verstellbar sein muss,
3. Ist die Biegefrequenz zulässig, und genügen die zwei vorgesehenen Keilriemen?

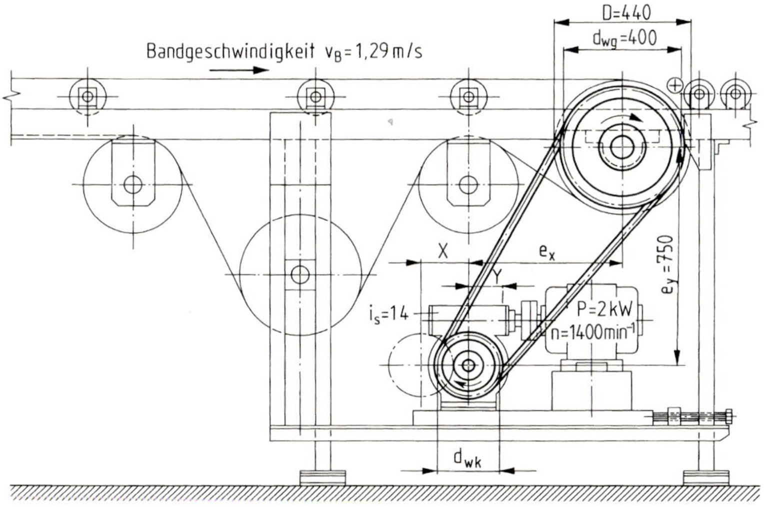

Bild 27.9 Keilriementrieb an einem Bandförderer für Pakete

27.10 In Bild 27.10 ist der zweistufige Keilriementrieb zum Antrieb der Waschtrommel einer Haushaltswaschmaschine schematisch dargestellt. Die Maschine ist weniger als 10 h pro Tag im Einsatz. Für jede Stufe ist ein Schmalkeilriemen DIN 7753 – SPZ 1000 vorgesehen. Der antreibende Elektromotor mit einer Leistung von 55 W und einer Drehzahl von 1450 min^{-1} = 24,17 s^{-1} hat ein normales Anlaufmoment. Er ist an einer Wippe befestigt und spannt den Riemen der ersten Stufe. Die Riemenscheibendurchmesser $d_{wk} = 50$ mm und $d_{wg} = 280$ mm sind für beide Stufen gleich, sodass auch die Achsabstände gleich groß werden. Es sind die Achsabstände e als Kleinstwert und die Achskräfte F_{W1} und F_{W2} für beide Stufen zu ermitteln. Ferner ist zu prüfen, ob je Stufe ein Keilriemen der vorgesehenen Größe zur Übertragung der Motorleistung ausreicht (da der Wirkdurchmesser d_{wk} kleiner ist als der übliche Mindestwirkdurchmesser $d_{wk\,min}$, muß der Tabellenwert für P_N mit dem Verhältnis $d_{wk}/d_{wk\,min}$ multipliziert werden.

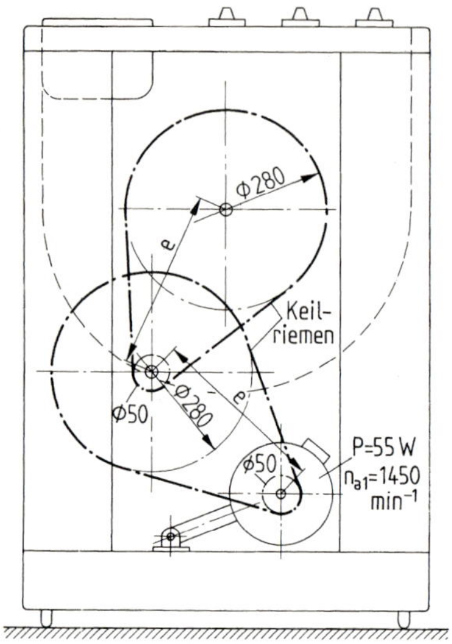

Bild 27.10 Waschtrommelantrieb mit Keilriemen in einer Haushaltswaschmaschine

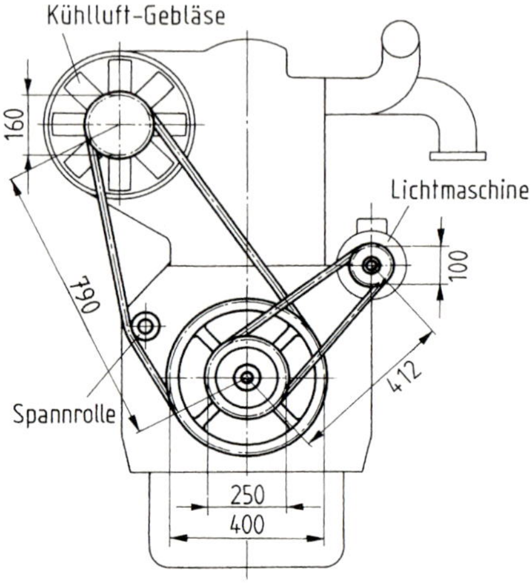

Bild 27.11 Keilriementriebe für Gebläse und Lichtmaschine an einem luftgekühlten Verbrennungsmotor

27.11 Zum Antrieb der Lichtmaschine des in Bild 27.11 dargestellten Verbrennungsmotors wird ein endloser Schmalkeilriemen DIN 7753 — 9,5 × 1400 La verwendet. Er hat bei einer Motordrehzahl von 2500 $\text{min}^{-1} = 41{,}67\ \text{s}^{-1}$ eine Leistung von 220 W zu übertragen. Die große Riemenscheibe auf der antreibenden Kurbelwelle hat einen Wirkdurchmesser $d_{\text{wg}} = 250$ mm, die kleine Scheibe auf der Lichtmaschinenwelle $d_{\text{wk}} = 100$ mm, Achsabstand $e = 412$ mm.

1. Genügt der Riemen den Anforderungen einer täglichen Betriebsdauer von mehr als 16 h (Leichter Antrieb)?

2. Ist die Biegefrequenz zulässig?

3. Ist der Achsabstand für die Riemenlänge richtig bemessen?

27.12 Zum Antrieb des Kühlluftgebläses eines luftgekühlten Verbrennungsmotors (Bild 27.11) soll ein endloser Schmalkeilriemen DIN 7753 — 12,5 × 2500 La verwendet werden. Bei einer Motordrehzahl von 2500 $\text{min}^{-1} = 41{,}67\ \text{s}^{-1}$ ist eine Leistung von 4,4 kW zu übertragen. Es betragen die Wirkdurchmesser der treibenden Kurbelwellenscheibe $d_{\text{wg}} = 400$ mm, der getriebenen Gebläsescheibe $d_{\text{wk}} = 160$ mm, der Achsabstand $e = 790$ mm. Die Riemenspannung wird durch eine Spannrolle erzeugt, deren Einfluß auf die Biegefrequenz zu berücksichtigen ist, während die geringe Ablenkung des Riemens bei der Berechnung des Umschlingungswinkels vernachlässigt werden kann.

1. Genügt ein Riemen bei einer Betriebsdauer von täglich mehr als 16 h?

2. Ist die Biegefrequenz zulässig?

3. Ist der Achsabstand für die Riemenlänge richtig bemessen?

27.13 Für den Zweischeibenantrieb einer Presse ist ein geeigneter Keilrippenriemen DIN 7867 zu bestimmen. Die Leistung des antreibenden Elektromotors mit hohem Anlaufmoment beträgt 6,8 kW bei $n_{\text{a}} = n_{\text{k}} = 700\ \text{min}^{-1} = 11{,}67\ \text{s}^{-1}$, tägliche Betriebsdauer bis 16 h. Die große Scheibe mit dem Bezugsdurchmesser $d_{\text{bg}} = 630$ mm soll mit $n_{\text{b}} = n_{\text{g}} \approx 135\ \text{min}^{-1}$ laufen. Es sind ein genormter Bezugsdurchmesser d_{bk} für die kleine Scheibe und ein geeigneter Keilrippenriemen mit Normbezeichnung zu ermitteln, wobei als Achsabstand etwa die Summe der Scheibenbezugsdurchmesser zu wählen ist.

28 Synchron- oder Zahnriementriebe

Antriebe mit Synchroflex-Zahnriemen

28.1 Eine Nähmaschine soll mittels eines Synchroflex-Zahnriemens von einem Elektromotor mit der Drehzahl $n_a = n_k = 4500\ \text{min}^{-1} = 75\ \text{s}^{-1}$ angetrieben werden. Es ist eine Leistung $P = 75$ W bei einer Übersetzung $i = 3$ zu übertragen, vorgesehener Achsabstand $e \leq 90$ mm, Betriebsdauer bis 8 h täglich. Für diesen offenen Riementrieb sind die erforderlichen Berechnungen wie folgt vorzunehmen:

1. Riemengröße, Zähnezahlen z_k (als zweifacher Betrag der Mindestzähnezahl z_{min}) und z_g sowie Teilkreisdurchmesser d_k, d_g und Kopfkreisdurchmesser d_{ek}, d_{eg} der Riemenscheiben,
2. Anzahl X der Riemenzähne einer geeigneten Standard-Riemenlänge,
3. Endgültiger Achsabstand e,
4. Eingriffszähnezahl z_e,
5. Erforderliche Riemenbreite b als Standardmaß (Belastungsfaktor $C_B = 1{,}7$),
6. Kontrolle der Zugkraft F auf Zulässigkeit und die Normbezeichnung des Riemens,
7. Durchschnittliche Achskraft F_W.

28.2 Zum Antrieb einer Knetmaschine ist ein offener Synchronriementrieb nach Bild 28.2 vorgesehen. Die erforderliche Antriebsleistung $P = 6$ kW soll von einem Synchroflex-Zahnriemen Type T20 übertragen werden bei einer Antriebsdrehzahl $n_a = n_k = 960\ \text{min}^{-1} = 16\ \text{s}^{-1}$ und der Übersetzung $i = 6{,}5$, Achsabstand $e = 1000$ mm. Die Maschine arbeitet im 8 h-Tagesbetrieb. Für die Auslegung des Antriebs sind zu ermitteln:

1. Eine Überprüfung der Zähnezahl z_k auf Zulässigkeit, die erforderliche Zähnezahl z_g der großen Scheibe und die Teilkreisdurchmesser d_k, d_g sowie die Kopfkreisdurchmesser d_{ek}, d_{eg} der Scheiben,
2. Die Anzahl X der Riemenzähne einer Standardlänge und der endgültige Achsabstand e,
3. Die erforderliche Riemenbreite b als Standardmaß ($C_B = 2{,}3$) und die Normbezeichnung des gewählten Riemens,
4. Die Überprüfung der Zugkraft F auf Zulässigkeit und die Achskraft F_W,
5. Könnte die große Scheibe auch zylindrisch ohne Verzahnung ausgeführt werden? Welchen Außendurchmesser d_{eg} müßte sie dann erhalten?

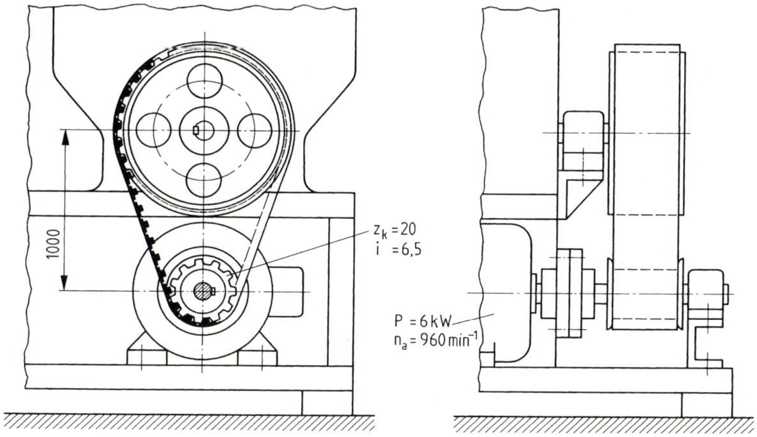

Bild 28.2 Zahnriementrieb an einer Knetmaschine

28.3 In einer Haushalts-Küchenmaschine werden die Zusatzgeräte, wie Rühr-, Schlag- und Knetwerk sowie Schneid- und Schnitzelgerät, von der Motorwelle, die gleichzeitig Mixer-Antriebswelle ist, über einen zweistufigen Zahnriementrieb nach der schematischen Darstellung in Bild 28.3 angetrieben. Die erste Stufe ist mit einem Synchroflex-Zahnriemen Type T5 von der Länge $L = 250$ mm und der Breite $b = 10$ mm ausgerüstet. Die Übersetzung beträgt $i = 4{,}4$, der Achsabstand $e \approx 50$ mm, die zu übertragende Leistung $P = 320$ W bei einer Motordrehzahl $n_{a1} = n_{k1} = 15000\ \text{min}^{-1} = 250\ \text{s}^{-1}$. Die antreibende kleine Scheibe ist mit der Mindestzähnezahl ausgeführt. Es ist der genaue Achsabstand für die angegebene Riemenlänge zu ermitteln. Da die tägliche Betriebsdauer weit weniger als 8 h beträgt, ist mit einem Belastungsfaktor $C_B = 0{,}7$ zu rechnen. Ist die Riemenbreite b ausreichend? Wie lautet die Normbezeichnung des Synchronriemens?

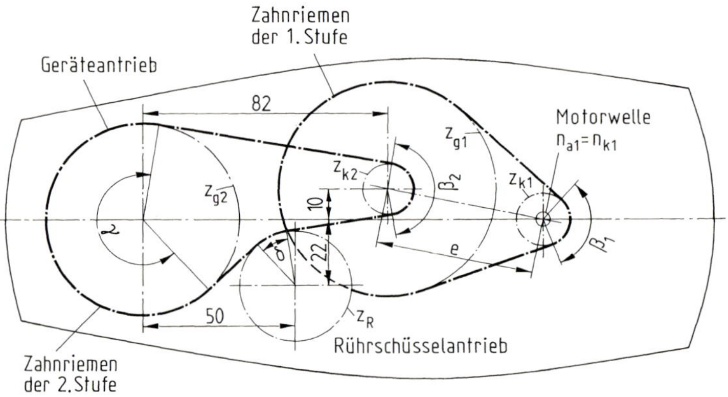

Bild 28.3 Zweistufiger Zahnriementrieb in einer Haushalts-Küchenmaschine

28.4 Die zweite Stufe des Zusatzgeräte-Antriebs in einer Haushalts-Küchenmaschine nach Aufgabe 28.3 (Bild 28.3) enthält als Antriebsorgan einen doppelseitig verzahnten Synchroflex-Zahnriemen Type T5 mit der Breite $b = 16$ mm und der Länge $L = 300$ mm. Dieser Riemen treibt in einem Dreiwellentrieb mit seiner Außenverzahnung die Ritzelwelle für die Drehbewegung der Rührschüssel. Gegeben sind: Zähnezahl der kleinen Scheibe $z_{k2} = z_{k1} = z_{min} = 10$, der großen Scheibe $z_{g2} = 39$, der mittleren Scheibe $z_R = 23$, Modul $m = 1{,}592$ mm, Teilkreisdurchmesser $d_{k2} = d_{k1} = 15{,}9$ mm, Übersetzung der ersten Stufe $i = 4{,}4$, Antriebsdrehzahl der ersten Stufe $n_{a1} = n_{k1} = 15000\ \text{min}^{-1} = 250\ \text{s}^{-1}$, Leistung $P = 320$ W, Belastungsfaktor $C_B = 0{,}7$ (wie in Aufgabe 28.3). Zu ermitteln sind:

1. Die Drehzahlen n_{k2}, n_{g2} und n_R der drei Scheiben,
2. Der Umschlingungswinkel β_2 an der kleinen Scheibe und eine Kontrolle der Riemenlänge L (durch maßstäbliches Aufzeichnen des Riementriebs entsprechend Bild 28.3),
3. Ist der Riemen ausreichend bemessen (spezifische Nennleistung P_N und zulässige Zugkraft F_N wie bei einseitig verzahnten Riemen) und wie lautet seine Normbezeichnung?

Antriebe mit Power Grip HTD-Zahnriemen

28.5 Die Messerwelle einer Hobelmaschine für Holzbearbeitung soll mit einer Drehzahl $n_b = n_k \approx 4500\ \text{min}^{-1} = 75\ \text{s}^{-1}$ laufen und über einen offenen Power Grip HTD-Zahnriementrieb von einem Drehstrommotor mit normalem Anlaufmoment angetrieben werden, der eine Drehzahl $n_a = n_g = 2800\ \text{min}^{-1} = 46{,}67\ \text{s}^{-1}$ hat, Betriebsdauer bis 10 h täglich, vorgesehener Achsabstand $e \approx 500$ mm. Es ist ein Riemen in Standardausführung für eine Leistung $P = 6$ kW wie folgt zu ermitteln:

1. Wahl der Riemengröße (Type),
2. Zähnezahlen z_k (als doppelter Wert der Mindestzähnezahl z_{min}) und z_g, Scheibendurchmesser d_k und d_g sowie d_{ek} und d_{eg},
3. Riemenlänge L und endgültiger Achsabstand e,
4. Erforderliche Riemenbreite b,
5. Achskraft F_W.

28.6 Für den Antrieb einer Fräsmaschine ist ein offener Zahnriementrieb mit einem Power Grip HTD-Zahnriemen Type 14M vorgesehen, der eine Breite $b = 55$ mm und eine Länge $L = 1890$ mm hat. Es ist eine Leistung $P = 12$ kW zu übertragen. Der antreibende Drehstrommotor hat ein normales Anlaufmoment und die Drehzahl $n_a = n_k = 1450\ \text{min}^{-1} = 24{,}17\ \text{s}^{-1}$, Zähnezahlen der kleinen Scheibe auf der Motorwelle $z_k = 30$, Übersetzung $i = 3{,}2$. Zu ermitteln sind:

1. Die Zähnezahl z_g der großen Scheibe, die Scheibendurchmesser d_k, d_g, d_{ek}, d_{eg} und der Achsabstand e,
2. Genügt die Riemenbreite für eine tägliche Betriebsdauer von mehr als 16 h (Belastungsfaktor wie für Bohrmaschinen)?
3. Wäre ein Power Grip HDT-Zahnriemen Type 8M mit der größten Standardbreite $b = 85$ mm und einer Länge $L = 1800$ mm ebenfalls ausreichend?

28.7 Eine Drehmaschine soll von einem Elektromotor mit der Leistung $P = 5$ kW (normales Anlaufmoment) und der Drehzahl $n_a = n_k = 1450\ \text{min}^{-1} = 24{,}17\ \text{s}^{-1}$ über einen HTD-Zahnriemen angetrieben werden, Abtriebsdrehzahl $n_b = n_g \approx 1000\ \text{min}^{-1}$, tägliche Betriebsdauer bis 16 h. Der Teilkreisdurchmesser d_g der großen Scheibe darf 150 mm nicht überschreiten, Achsabstand $e \approx 300$ mm. Es sind eine geeignete Riemengröße, die Zähnezahlen und Durchmesser der Zahnscheiben, die Riemenlänge und die Riemenbreite sowie der endgültige Achsabstand und die Achskraft zu ermitteln.

29 Rohrleitungen

29.1 Für eine 4 m lange Leitung aus Kupferrohr DIN 1754 — 54 × 2, das im Betriebszustand eine Temperatur von 80 °C erreicht, sind die Verlängerung Δl und die von den Festpunkten aufzunehmende axiale Rohrkraft F_a zu errechnen. Bei Betriebsbeginn ist die Rohrtemperatur gleich der zwischen 20 °C und 25 °C schwankenden Raumtemperatur.

29.2 Wie groß ist die Vorspannlänge l_V für die 4 m lange Rohrleitung aus Kupfer nach Aufgabe 29.1, wenn bei der Montage eine Vorspannung von 50 % aufgebracht werden soll und bei 20 °C montiert wird? Es betragen die Raumtemperatur 20 ... 25 °C und die Betriebstemperatur 80 °C.

29.3 Eine 60 m lange Leitung aus Rohr DIN 2458 — 114,3 × 2 DIN 1626 — St 37.0 soll in einer Werkhalle bei 22 °C montiert werden. Die Betriebstemperatur beträgt 50 °C, die Umgebungstemperatur schwankt zwischen 18 °C und 28 °C. Zu ermitteln sind:

1. Die Verlängerung Δl,
2. Die axiale Rohrkraft F_a,
3. Die Vorspannlänge l_V bei einer Montagevorspannung von 55 %.

29.4 Durch eine Leitung aus Rohr DIN 2458 — 406,4 × 6,3 DIN 1626 — St 52.0 wird Öl mit der Dichte $\varrho = 900\ \text{kg/m}^3$ gepumpt. Wie groß ist der Massenstrom in t/h, wenn mit dem Mittelwert der üblichen Strömungsgeschwindigkeit für Fernleitungen gerechnet wird?

29.5 Die Nennweite einer Druckluftleitung soll für einen Volumenstrom von 400 m^3/h und eine mittlere Strömungsgeschwindigkeit $w = 10$ m/s bestimmt werden.

29.6 Für eine 120 m lange Wasserleitung aus geschweißtem Stahlrohr mit der Normbezeichnung Rohr DIN 2458 — 88,9 × 3,2 DIN 1626 — St 37.0 (Nennweite: DN 80) soll die Verlustleistung ermittelt werden. Es sind 50000 l/h Frischwasser in einen offenen Behälter zu fördern. In der Leitung befinden sich folgende Einbauteile: 1 scharfkantiger Eintritt, 2 glatte Rohrbogen 90° ($R/d = 5$), 1 glatter Rohrbogen 60° ($R/d = 5$), 1 glattes Knie 30° und 2 Geradsitz-Durchgangsventile. Mit den mittleren Erfahrungswerten für die absolute Rauhigkeit k und die Verlustzahl ζ sind zu errechnen:

1. Die mittlere Strömungsgeschwindigkeit w,
2. Der Druckverlust Δp_R in der neuen Rohrleitung,
3. Der Druckverlust Δp_E durch die Einbauteile,
4. Die Verlustleistung P_V bei einer Förderhöhe von 20 m.

29.7 Für eine Kaltwasserleitung soll ein geschweißtes Stahlrohr mit Abnahmeprüfzeugnis und der Normbezeichnung Rohr DIN 2458 — 219,1 × 3,6 DIN 1626 — St 44.0 (Bruchdehnung $A_5 = 21$ %) eingesetzt werden. Ist die Wanddicke dieses Rohres mit DN 200 für PN 16 ausreichend bemessen?

29.8 Eine Siedewasserleitung DN 250 soll aus nahtlosem Stahlrohr nach DIN 2448 ohne Abnahmeprüfzeugnis hergestellt werden, Werkstoff: DIN 1629 — St 52.0 (Bruchdehnung $A_5 = 21$ %). Für einen Berechnungsdruck von 40 bar und eine Temperatur von 240 °C ist ein geeignetes Rohr auszuwählen. Es sind zu ermitteln:

1. Ein passender Rohraußendurchmesser d_a der Reihe 1 nach DIN 2448,
2. Die erforderliche Mindestwanddicke s,
3. Die Normbezeichnung des gewählten Rohres.

29.9 In einer Druckluftleitung DN 100 treten Druckschwankungen zwischen 10 und 50 bar bei Temperaturen bis 50 °C auf. Für diese Leitung ist ein geeignetes Stahlrohr nach DIN 2448 aus St37.0 (Mindestzugfestigkeit $R_m = 350\ \mathrm{N/mm^2}$ (Bruchdehnung $A_5 = 25\ \%$) mit Abnahmeprüfzeugnis wie folgt zu bestimmen:

1. Rechnerische Wanddicke s_V gegen Verformung nach Wahl eines passenden Außendurchmessers d_a der Reihe 1 in DIN 2448,
2. Rechnerische Wanddicke s_V gegen Dauerbruch,
3. Erforderliche Mindestwanddicke s,
4. Normbezeichnung eines geeigneten Rohres.

29.10 Eine Brauchwasserleitung soll für einen Volumenstrom von $600\ \mathrm{m^3/h}$ bei 20 °C und PN 16 ausgelegt werden. Vorgesehen sind geschweißte Stahlrohre aus St 44.0 (Bruchdehnung $A_5 = 21\ \%$) ohne Abnahmeprüfzeugnis, die mit Korrosionsschutz versehen werden. Welche Nennweite ist bei Zugrundelegung von 70 % des oberen Erfahrungswertes für die Strömungsgeschwindigkeit erforderlich, und wie lautet die Normbezeichnung eines geeigneten Rohres der Reihe 1 nach DIN 2458?

29.11 Für eine Fernheizung soll eine 700 m lange Rohrleitung aus nahtlosem Stahlrohr nach DIN 2448 (reihe 1) projektiert werden, Werkstoff: DIN 1629 — St 37.0 (Bruchdehnung $A_5 = 25\ \%$) ohne Abnahmeprüfzeugnis. In der ohne Höhenunterschied zu verlegenden Leitung sind 20 Rohrkrümmungen 90° ($R/d = 2$, rau) und 2 Schieber vorgesehen. Es betragen der Volumenstrom $150\ \mathrm{m^3/h}$ bei einer Strömungsgeschwindigkeit von 1,4 m/s, der Betriebsdruck 20 bar bei 150 °C (Dichte $\varrho = 917{,}7\ \mathrm{kg/m^3}$, kinematische Viskosität $\nu = 0{,}2 \cdot 10^{-6}\ \mathrm{m^2/s}$), Die Umgebungstemperatur 10 °C. Der Druckverlust darf im gebrauchten Zustand der Rohrleitung 10 % des Betriebsdruckes nicht überschreiten.
Die erforderliche Nennweite und die Normbezeichnung eines geeigneten Rohres sind zu ermitteln und außerdem die Verlängerung Δl und die axiale Rohrkraft F_a zu errechnen.

29.12 In einer Hochdruckanlage ist eine 60 m lange Leitung DN 80 aus Rohr DIN 2448 — 88,9 × 7 DIN 1629 — St 52.0 (Bruchdehnung $A_5 = 21\ \%$) eingebaut. durch das stündlich $40\ \mathrm{m^3}$ Wasser mit einer Temperatur von 10 °C und einem Druck von 200 bar gefördert werden. Betriebsbedingt treten Drucksteigerungen von 50 bar auf. Die Förderhöhe beträgt 20 m, die Mindestzugfestigkeit des Rohrwerkstoffs $500\ \mathrm{N/mm^2}$. An Einbauteilen enthält die Rohrleitung 6 Bogen 90°, 2 Bogen 45°, 2 Bogen 30° (alle Bogen hydraulisch glatt und $R/d = 4$) und 2 Schieber.

1. Wie groß sind die Strömungsgeschwindigkeit w und der Druckverlust Δp (Dichteänderung des Wassers vernachlässigen, niedrigsten Wert der Rauigkeit für neue Rohre wählen)?
2. Ist die Wanddicke s_e des gewählten Rohres mit Abnahmeprüfzeugnis ausreichend bemessen, wenn der Schwingbereich der Druckschwankungen als gleichbleibend angenommen wird?

Ergebnisse

1 Konstruktionstechnik

Festigkeitsberechnung

1.1 **1.** $\sigma_o = 50\,\text{N/mm}^2 = \sigma_a$, da $R = 0\,(A = 160\,\text{mm}^2)$.
2. $\beta_k = 2{,}045\ (\varrho/b = 0{,}167,\ \alpha_k \approx 2{,}25,\ \chi = 0{,}4\,\text{mm}^{-1},\ R_e = 235\,\text{N/mm}^2)$,
$\sigma_{AG} = \sigma_{WG} = 68{,}85\,\text{N/mm}^2\ (\sigma_W = 160\,\text{N/mm}^2,\ b_g = 1,\ R_m = 360\,\text{N/mm}^2,\ b_o \approx 0{,}88)$.
3. Ja, $S_D = 1{,}377 > S_{Derf} = 1{,}3$.

1.2 **1.** $\sigma_o = 197{,}8\,\text{N/mm}^2,\ \sigma_u = 113\,\text{N/mm}^2,\ \sigma_a = 42{,}4\,\text{N/mm}^2,\ \sigma_m = 155{,}4\,\text{N/mm}^2,\ R = 0{,}786 > 0{,}5$ $(A = 2123{,}7\,\text{mm}^2)$.
2. $\beta_k = 2{,}3\ (t/d = 0{,}067,\ \varrho/t = 1,\ \alpha_k \approx 2{,}55,\ \chi = 0{,}5\,\text{mm}^{-1},\ R_e = 295\,\text{N/mm}^2)$,
$\sigma_{AG} \approx \sigma_{WG} = 68{,}1\,\text{N/mm}^2,\ (\sigma_W = 220\,\text{N/mm}^2,\ b_g \approx 0{,}8,\ R_m = 490\,\text{N/mm}^2,\ b_o \approx 0{,}89)$.
3. Ja, $S_D = 1{,}61 > 1{,}5$ und $S_F = 1{,}49 > 1{,}4$.

1.3 $S_D = 1{,}784 \approx 1{,}8$ und $S_F = 2{,}417 > 1{,}8$ $(A = 7{,}5\,\text{mm}^2,\ \sigma_o = 240\,\text{N/mm}^2,\ \sigma_a = 86{,}67\,\text{N/mm}^2,$ $\alpha_k \approx 2{,}15,\ \chi = 1\,\text{mm}^{-1},\ \beta_k = 2{,}067,\ \sigma_W = 385\,\text{N/mm}^2,\ b_g = 1,\ b_o \approx 0{,}83)$.

1.4 **1.** $M_{bo} = 270\,\text{Nm},\ \sigma_{bo} = 130\,\text{N/mm}^2\ (W_b = 2075{,}7\,\text{mm}^3)$.
2. $\beta_{kb} = 1\ (\alpha_{kb} = 1,\ \chi_b = 0{,}05\,\text{mm}^{-1}\ n_\chi \approx 1),\ \sigma_{bAG} \approx \sigma_{bWG} = 162\,\text{N/mm}^2\ (\sigma_{bW} = 180\,\text{N/mm}^2,$ $b_g = 1,\ b_o \approx 0{,}9)$.
3. $S_D = 2{,}49 > S_{Derf} = 1{,}8\ (\sigma_{ba} = \sigma_{bo}/2$, da $R = 0{,}5)$.

1.5 **1.** $\tau_{to} = 75{,}96\,\text{N/mm}^2\ (W_t = 92\,148\,\text{mm}^3),\ \tau_{ta} = 29{,}3\,\text{N/mm}^2\ (\tau_{tu} = 17{,}36\,\text{N/mm}^2)$, $R = 0{,}614 > 0{,}5$.
2. $\beta_{kt} \approx 1{,}5\ (d/D = 0{,}8,\ \varrho/t = 0{,}4,\ \alpha_{kt} \approx 1{,}6,\ \chi_t = 0{,}275\,\text{mm}^{-1},\ \tau_{tAG} \approx \tau_{tWG} = 58{,}5\,\text{N/mm}^2$ $(\tau_{tW} = 125\,\text{N/mm}^2,\ b_g \approx 0{,}78,\ b_o \approx 0{,}9)$.
3. Ja, $S_D = 1{,}997 > 1{,}8$ und $S_F = 2{,}172 > 1{,}8\ (\tau_{tF} \approx 0{,}6R_e = 165\,\text{N/mm}^2)$.

1.6 **1.** $\sigma_b = 60{,}31\,\text{N/mm}^2\ (F = 6514\,\text{N},\ W_b = 21\,600\,\text{mm}^3)$.
2. $\tau_t = 22{,}1\,\text{N/mm}^2\ (T = 955\,\text{Nm})$.
3. $\beta_{kb} = 1{,}67\ (d/D = 0{,}857,\ \varrho/t = 1,\ \alpha_{kb} \approx 1{,}8,\ \chi_b = 0{,}433\,\text{mm}^{-1}),\ \sigma_{bAG} = \sigma_{bWG} = 97{,}27\,\text{N/mm}^2$ $(\sigma_{bW} = 245\,\text{N/mm}^2,\ b_g \approx 0{,}78,\ b_o \approx 0{,}85)$.
4. $\sigma_{va} = \sigma_v = 65{,}99\,\text{N/mm}^2\ (R = 0),\ S_D = 1{,}47$.

2 Maße, Toleranzen und Passungen

2.1 $q = 1{,}78\ (= 10^{5/20}),\ h = 50 \quad 90 \quad 160 \quad 280 \quad 500\,\text{mm}$.

2.2 **1.** R 20/3, $q = 1{,}4\ (= 1{,}12^3,\ p = 3)$.
2. R 10/3(…1,25…), $q = 2\ (= 1{,}25^3)$.
3. R′40/7(…120…), $q \approx 1{,}5\ (\approx 1{,}06^7,\ p = 7)$.

2.3

1.	$D =$	50	63	80	100	125	160	200	250	320	400 mm.
2.	$T_b =$	1	2	4	8	16	32	63	125	250	500 Nm, R 10/3.
3.	$\dfrac{D}{T_b} =$	50	31,5	20	12,5	8	5	3,15	2	1,25	0,8 $\dfrac{\text{mm}}{\text{Nm}}$, R 10/2(…0,8)

2.4

1.	$M =$	100	200	400	800	1600	3200 Nm
2.	$n =$	500	400	315	250	200	160 min^{-1}

2.5

Baugröße Nr.	$\frac{V}{m^3}$	$\frac{D_a}{mm}$	$\frac{L_a}{mm}$	$\frac{s}{mm}$	$\frac{\Delta V}{\%}$
1	0,1	400	800	4	−4,4
2	0,2	500	1000	5	−6,7
3	0,4	630	1250	6,5*)	−7,5
4	0,8	800	1600	8	−4,4
5	1,6	1000	2000	10	−6,7
NZ	R 10/3	R 10	R 10	R 10	

*) aufgerundet, der Normzahlwert ist 6,3

2.6 $T_{10} = 250\,\mu m$ entspr. Tab. 2.2 (errechnet: $64i = 248{,}8\,\mu m$).

2.7 $T_8 = 140\,\mu m$ (errechnet: $25I = 137{,}4\,\mu m$).

2.8 $16\text{ m6} = 16^{+0{,}018}_{+0{,}007}$ mm, $30 \times 8 = 30^{+0{,}097}_{+0{,}064}$ mm, $80\text{ h9} = 80^{\;0}_{-0{,}074}$ mm,
$200\text{ c11} = 200^{-0{,}240}_{-0{,}530}$ mm, $24\text{ G7} = 24^{+0{,}028}_{+0{,}007}$ mm, $120\text{ F8} = 120^{+0.090}_{+0{,}036}$ mm,
$210\text{ E9} = 210^{+0{,}215}_{+0{,}100}$ mm, $320\text{ R6} = 320^{-0.097}_{-0{,}133}$ mm, $12\text{ ZA7} = 12^{-0{,}057}_{-0{,}075}$ mm.

2.9 **1.** $S_g = 400\,\mu m$, $S_k = 50\,\mu m$, $T_p = 350\,\mu m$.
2. $S_g = 370\,\mu m$, $S_k = 100\,\mu m$, $T_p = 270\,\mu m$.

2.10 60 H8/f7: **1.** EB, **2.** $S_g = 106\,\mu m$, $S_k = 30\,\mu m$, $T_p = 76\,\mu m$, **3.** Spielpassung
20 H7/k6: **1.** EB, **2.** $S_g = 19\,\mu m$, $U_g = 15\,\mu m$, $T_p = 34\,\mu m$, **3.** Übergangspassung
180 S7/h6: **1.** EW, **2.** $U_g = 133\,\mu m$, $U_k = 68\,\mu m$, $T_p = 65\,\mu m$, **3.** Übermaßpassung.

2.11 40 E9 (damit $S_g = 174\,\mu m < S_{g\,zul} = 180\,\mu m$, $A_{uB} = 50\,\mu m < A_{uB\,zul} = 56\,\mu m$, $A_{oB} = 112\,\mu m < A_{oB\,zul} = 118\,\mu m$).

2.12 **1.** $250\text{ s6} = 250^{+0{,}169}_{+0{,}140}$ mm ($A_{uW} = 140\,\mu m > A_{uW\,erf} = 136\,\mu m$).
2. $U_k = 94\,\mu m > 90\,\mu m$, $U_g = 169\,\mu m$.

2.13 100 H7/u6 mit $U_g = 146\,\mu m < U_{g\,zul} = 150\,\mu m$ und $U_k = 89\,\mu m > U_{k\,erf} = 85\,\mu m$ ($A_{uW} = 124\,\mu m > A_{uW\,min} = 120\,\mu m$).

2.14 **1.** $S_g = 380\,\mu m$, $S_k = 0$.
2. $S_g = 2{,}8$ mm, $S_k = 0{,}7$ mm (mit $\pm 0{,}8$ mm für $N = 120$ mm)
3. $17^{+0{,}5}_{\;0}$ mm (mit $\pm 0{,}5$ mm für $N_w = 16$ mm, $G_B = 17{,}5$ mm).

2.15 **1.** 20 E9, $S_g = 144\,\mu m$, $S_k = 40\,\mu m$.
2. 20 K7, $S_g = 58\,\mu m$, $U_g = 15\,\mu m$.
3. 26 H7/r6, $U_g = 41\,\mu m$, $U_k = 7\,\mu m$ (oder 26 H7/s6, $U_g = 48\,\mu m$, $U_k = 14\,\mu m$).
4. $L = 36^{\;0}_{-0{,}2}$ mm ($L_k = 35{,}8$ mm).

4 Schmelzschweißverbindungen

4.1 Nein, $\sigma_w = 46\,N/mm^2 < \sigma_{w\,zul} = 55\,N/mm^2$ ($A_w = 1000\,mm^2$).

4.2 **1.** $F_1 = 30{,}72$ kN,
2. $l = 24{,}4\,mm \approx 25\,mm$ ($\sigma_{w\,zul} = 105\,N/mm^2$).

4.3 **1.** Ja, $\sigma_w = 30{,}6\,N/mm^2 < \sigma_{w\,zul} = 70\,N/mm^2$ ($A_w = 392{,}7\,mm^2$),
2. Ja, $\sigma = 38{,}2\,N/mm^2 < \sigma_{zul} = 95\,N/mm^2$ ($A \approx 314{,}2\,mm^2$),
3. Ja, $\sigma_w = 55{,}4\,N/mm^2 < \sigma_{w\,zul}$.

4.4 **1.** $F = 8496$ N,
2. $d = 12$ mm ($d_{erf} = 11{,}3$ mm, $\sigma_{zul} = 85\,N/mm^2$),
3. $a = 3$ mm ($\sigma_{w\,zul} = 60\,N/mm^2$).

4.5 Ja, $\sigma_w = 33{,}9\,N/mm^2 < \sigma_{w\,zul} = 70\,N/mm^2$ ($F = 19{,}13\,kN$), $\sigma_d = 38{,}3\,N/mm^2 < \sigma_{zul} = 95\,N/mm^2$.

4.6
1. $F = 210\,kN$ ($\sigma_{w\,zul} = 105\,N/mm^2$),
2. $F = 323\,kN$ ($\sigma_{w\,zul} = 95\,N/mm^2$),
3. Nein, $\sigma = 161{,}5\,N/mm^2 > \sigma_{zul} = 110\,N/mm^2$.

4.7
1. Ja, $\tau_w = 16{,}7\,N/mm^2 < \tau_{w\,zul} = 35\,N/mm^2$,
2. $E = 16$ mm.

4.8 Ja, $\tau_w = 31{,}3\,N/mm^2 < \tau_{w\,zul} = 50\,N/mm^2$ und $\sigma = 41{,}7\,N/mm^2 < \sigma_{zul} = 95\,N/mm^2$.

4.9 $M \approx 211$ kNm ($A_w = 30\,159\,mm^2$, $\tau_{w\,zul} = 35\,N/mm^2$).

4.10
1. $\tau_{w1} = 13\,N/mm^2$ ($F_1 = 12\,267$ N), $\tau_{w2} = 14{,}7\,N/mm^2$ ($F_2 = 11\,500$ N),
2. $\tau = 6{,}6\,N/mm^2$ ($F = 21\,395$ N, $S = 3242\,mm^2$), $\tau_t = 9{,}2\,N/mm^2$ ($W_t \approx 99\,800\,mm^3$),
3. Nein, $\tau_{w1\,zul} = 50\,N/mm^2 > \tau_{w1}$, $\tau_{w2\,zul} = 70\,N/mm^2 > \tau_{w2}$ und $\tau_{zul} = 80\,N/mm^2 > \tau$, $\tau_{t\,zul} = 70\,N/mm^2 > \tau_t$.

4.11
1. $F = 3$ kN ($\sigma_{w\,zul} = 75\,N/mm^2$),
2. $a = 7{,}5$ mm ($\sigma_{w\,zul} = 60\,N/mm^2$), Bauteil ausreichend: $\sigma_b = 68\,N/mm^2 < \sigma_{b\,zul} = 110\,N/mm^2$.

4.12
1. $F_2 = 747$ N, $M_{wb1} = 57$ Nm $> M_{wb2} = 53{,}8$ Nm,
2. $\sigma_{wv} = 39{,}1\,N/mm^2$ ($\sigma_{wb} = 38{,}9\,N/mm^2$, $I_w = 1{,}467\,cm^4$, $\tau_w = 3\,N/mm^2$, $F_q = 600$ N, $A_w = 200\,mm^2$), $\sigma_b \approx 101\,N/mm^2$ ($M_b = 5400$ Ncm, $W_b = 0{,}533\,cm^3$).
3. Schweißnähte ja, $\sigma_{wv\,zul} = 40\,N/mm^2 > \sigma_{wv}$, Bauteil nein, da $\sigma_{w\,zul} = 60\,N/mm^2 < \sigma_b$, $b_{erf} = 26$ mm, gewählt Flachstahl 30 × 8. Damit Nahtdickenverringerung möglich. Bei $a = 4$ mm wird $\sigma_{wv} = 26{,}6\,N/mm^2$ ($\sigma_{wb} = 26{,}4\,N/mm^2$, $\tau_w = 2{,}5\,N/mm^2$).

4.13 Nein, $\sigma_{w\,zul} = 40\,N/mm^2 > \sigma_{wv} = 13{,}1\,N/mm^2$ ($F = 8485$ N, $I_w = 83{,}2\,mm^2$, $A_w = 1178\,mm^2$, $\sigma_{wb} = 8{,}9\,N/mm^2$, $\tau_w = 7{,}2\,N/mm^2$) und $\sigma_{b\,zul} = 60\,N/mm^2 > \sigma_b = 8\,N/mm^2$ ($W_b = 21{,}23\,cm^3$).

4.14 $\sigma_{wv} = 10{,}4\,N/mm^2 < \sigma_{w\,zul} = 70\,N/mm^2$ ($I_w \approx 140\,750\,cm^4$, $A_w = 22\,305\,cm^4$, $\sigma_{wb} \approx 6{,}1\,N/mm^2$, $\tau_w = 6{,}3\,N/mm^2$) und $\sigma_b = 5{,}8\,N/mm^2 < \sigma_{b\,zul} = 125\,N/mm^2$ ($W_b = 3978\,cm^3$); Verringerung ratsam, da $\sigma_{wv} \ll \sigma_{b\,zul}$ und $\sigma_b \ll \sigma_{b\,zul}$.

4.15
1. $F_H = F_V = 51{,}5$ kN, $M_{wb} = 1545$ Nm,
2. $A_w = 1568\,mm^2$, $I_w = 158{,}7\,cm^4$,
3. $\sigma_{wr} = 81{,}5\,N/mm^2$ ($\sigma_{wbz} = 48{,}7\,N/mm^2$), $\tau_w = 36{,}8\,N/mm^2$, $\sigma_{wv} = 95{,}3\,N/mm^2$,
4. $\sigma = 102{,}1\,N/mm^2$ ($\sigma_z = 42{,}9\,N/mm^2$, $\sigma_{bz} = 59{,}2\,N/mm^2$),
5. Schweißnaht: Nein, $\sigma_{w\,zul} = 70\,N/mm^2 < \sigma_{wv}$, Bauteil: Ja, $\sigma_{b\,zul} = 125\,N/mm^2 > \sigma$ (Biegung vorherrschend),
6. Nein, $\sigma_{wv} = 83{,}4\,N/mm^2 > \sigma_{w\,zul}$ ($\sigma_{wz} = 28{,}7\,N/mm^2$, $\sigma_{wb} = 42{,}6\,N/mm^2$, $\tau_w = 32{,}2\,N/mm^2$), breiterer Flachstahl erforderlich, z. B. Fl 120 × 12 bei $a = 8$ mm ($\sigma_{wv} = 66\,N/mm^2 < \sigma_{w\,zul}$).

4.16 Ja, $S_{w\,zul} = 40\,N/mm^2 > \sigma_{wv} = 26{,}8\,N/mm^2$ ($F_x = 4{,}25$ kN, $F_y = 7{,}36$ kN, $A_w = 660\,mm^2$, $I_w = 204\,167\,mm^4$, $\sigma_{wz} = 11{,}2\,N/mm^2$, $\sigma_{wbz} = 13\,N/mm^2$, $\tau_w = 8{,}5\,N/mm^2$) und $\sigma_{b\,zul} = 110\,N/mm^2 > \sigma = 21{,}9\,N/mm^2$ ($W_b = 6667\,mm^3$, $\sigma_{bz} = 12{,}7\,N/mm^2$, $\sigma_z = 9{,}2\,N/mm^2$).

4.17 Ja, für Doppelflachkehlnaht $\sigma_{w\,zul} = 95\,N/mm^2 > \sigma_{wv} = 71{,}6\,N/mm^2$ ($\alpha \approx 26{,}4°$, $F_y = 245{,}25$ kN, $F_x = 121{,}74$ kN, $M_{wb} \approx 24\,260$ Nm, $A_w = 108\,cm^2$, $I_w = 6458{,}3\,cm^2$, $\sigma_{wd} = 22{,}7\,N/mm^2$, $\sigma_{wbd} = 47\,N/mm^2$, $\tau_w = 12{,}2\,N/mm^2$) und $\sigma_{b\,zul} = 145\,N/mm^2 > \sigma = 79{,}8\,N/mm^2$ ($W_b = 416{,}7\,cm^3$, $\sigma_b = 55{,}3\,N/mm^2$).

4.18
1. $\sigma_w = \sigma_b = 27{,}8\,N/mm^2$
2. $\tau_{w\,zul} = 32{,}8\,N/mm^2$ ($\sigma_{w\,zul} \approx 52\,N/mm^2$ interpoliert)
3. $a = 2$ mm ($a_{erf} = 1{,}32$ mm, $A_{w\,erf} = 508\,mm^2$)

4.19 Ausreichend bemessen, $\tau_{w\,zul} = 25\,N/mm^2 > \tau_w = 22{,}9\,N/mm^2$ ($A_w = 1440\,mm^2$, $I_{wp} = 375{,}3\,cm^4$, $r \approx 70{,}8$ mm, $R = 125$ mm), $\sigma_{b\,zul} = 60\,N/mm^2 > \sigma_b = 52\,N/mm^2$ ($W_b = 18{,}75\,cm^3$).

4.20 **1.** $F_x = F_y = 1768$ N, $M_w = 141{,}44$ Nm ($R = 80$ mm),
2. $\tau_{wt} = 12{,}1$ N/mm² ($I_{wp} = 42$ cm⁴), $\tau_{wq} = \tau_{wl} = 2{,}9$ N/mm² ($A_w = 600$ mm²), $\tau_w = 16{,}2$ N/mm² ($\alpha = 33{,}7°$, $\tau_{wtx} = 6{,}7$ N/mm², $\tau_{wty} = 10{,}1$ N/mm²),
3. $\sigma_z = 5{,}5$ N/mm², $\sigma_b = 41{,}4$ N/mm² ($W_b = 2113{,}3$ mm³), $\sigma = 46{,}9$ N/mm²,
4. Ja, $\tau_{w\,zul} = 25$ N/mm² $> \tau_w$ und $\sigma_{b\,zul} = 60$ N/mm² $> \sigma$.

4.21 **1.** $\tau_w = 6{,}7$ N/mm² ($A_w = 240$ mm²), $\sigma_z = 20$ N/mm² ($S = 80$ mm²),
2. $\tau_w = 21{,}5$ N/mm² ($c \approx 11{,}2$ mm, $r = 21{,}3$ mm, $R = 43{,}8$ mm, $I_{wp} \approx 43\,900$ mm⁴, $\alpha = 28°$, $\tau_{wtx} = 15$ N/mm², $\tau_{wty} = 8$ N/mm², $\tau_{wq} = \tau_{wl} = 3{,}3$ N/mm²),
3. $\sigma = 85$ N/mm² ($\sigma_b \approx 75$ N/mm², $M_b = 200\,000$ Nm, $W_b = 267$ mm³, $\sigma_z = 10$ N/mm², $S = 80$ mm²)
4. Nein, da
$\tau_{w\,zul} = 50$ N/mm² $> \tau_w = 21{,}5$ N/mm²,
$\sigma_{z\,zul} = 95$ N/mm² $> \sigma_z = 20$ N/mm²,
$\sigma_{b\,zul} = 125$ N/mm² $> \sigma = 85$ N/mm².

4.22 **1.** $A_w = 4718$ mm² ($A_{w1} = 1700$ mm², $A_{w2} = A_{w3} = 1400$ mm², $A_{w4} = 168$ mm², $A_{w5} = 50$ mm²), $e_{wd} \approx 154$ mm, $I_w = 1860{,}5$ cm⁴ ($I_{wu1} = 1637{,}7$ cm⁴, $I_{wu2} = 5054$ cm⁴, $I_{wu3} = 5712{,}6$ cm⁴, $I_{wu4} = 645{,}4$ cm⁴),
2. $\sigma_{wdb} = 127{,}5$ N/mm² ($M_{wb} = 15{,}4$ kNm), $\tau_w = 41{,}2$ N/mm², $\sigma_{wv} = 139$ N/mm²,
3. $\tau_w = 44{,}4$ N/mm² ($I \approx 1702$ cm⁴, $e_d \approx 151$ mm, $H = 108$ cm³),
4. $\sigma_{bd} = 135{,}3$ N/mm² ($e_d = 150$ mm, $I = 1668{,}5$ cm⁴),
5. Ja, $\sigma_{wv\,zul} = \tau_{w\,zul} = 150$ N/mm² $> \sigma_{wv} > \tau_w$ und $\sigma_{b\,zul} = 220$ N/mm² $> \sigma_{bd}$.

4.23 Nein, Naht 1: $\tau_{w\,zul} = 95$ N/mm² $> \tau_{w1} = 38{,}8$ N/mm² ($A_{w1} = 263{,}9$ mm²), Querschnitt 1: $\tau_{t\,zul} = 80$ N/mm² $> \tau_t = 41$ N/mm², Naht 2: $\sigma_{w\,zul} = 95$ N/mm² $> \sigma_{wb2} = 64$ N/mm²), Querschnitt 2: $\sigma_{b\,zul} = 145$ N/mm² $> \sigma_b = 58{,}7$ N/mm²

4.24 Ja, Naht und Querschnitt 1: $\sigma_{wv\,zul} = 45$ N/mm² $> \sigma_{wv} = 43{,}9$ N/mm², und $\sigma_{v\,zul} = 75$ N/mm² $> \sigma_v = 69{,}9$ N/mm² ($F_1 = 40$ kN, $\tau_{w1} = 31{,}9$ N/mm², $\sigma_{wb} = \sigma_b = 9{,}6$ N/mm², $\tau_t = 40$ N/mm²), Naht und Querschnitt 2: $\tau_{w\,zul} = 40$ N/mm² $> \tau_{w2} = 10{,}4$ N/mm² und $\sigma_{z\,zul} = 50$ N/mm² $> \sigma_z = 10$ N/mm² ($F_2 = 5$ kN).

4.25 Ja, Anschlussnähte: $\sigma_{w\,zul} = 70$ N/mm² $> \sigma_w = 48{,}4$ N/mm² $\approx \sigma_{wv}$, da $\tau_w = 0{,}5$ N/mm² sehr klein ($A_w = 46{,}88$ cm²), $e_{wd} = 73{,}9$ mm, $I_w = 1090{,}6$ cm⁴, $F_y = 90$ kN, $L_y = 43{,}9$ mm, $F_x = 1{,}8$ kN, $M_{wb} = 4311$ Nm, $\sigma_{wd} = 19{,}2$ N/mm², $\sigma_{wbd} = 29{,}2$ N/mm²), Bauteilquerschnitte: $\sigma_{b\,zul} = 125$ N/mm² $> \sigma = 63{,}7$ N/mm² ($\sigma_{bd} = 39{,}6$ N/mm², $\sigma_d = 24{,}1$ N/mm², $S = 3728$ mm², $e_d = 73{,}3$ mm, $I = 785{,}2$ cm⁴, $L_x = 194$ mm, $L_y = 43{,}3$ mm, $M_b = 4246{,}2$ Nm).

4.26 **1.** $a = 5$ mm,
2. $l_2 = l_{min} = 50$ mm, $l_1 = 102$ mm,
3. $\tau_w = 97{,}6$ N/mm² $< \tau_{w\,zul} = 150$ N/mm² ($A_w = 1660$ mm²), $\sigma = 142{,}1$ N/mm² $< 0{,}8\sigma_{zul} = 144$ N/mm².

4.27 **1.** Ja, $l_1 < l_{max} = 300$ mm, $l_2 > l_{min} = 30$ mm, $l_1 \cdot e_1 = 4225$ mm² $\approx l_2 \cdot e_2 = 4310$ mm²,
2. Nein, $\tau_{w\,zul} = 113$ N/mm² $> \tau_w = 49{,}2$ N/mm² ($A_w = 2460$ mm²),
3. Nein, $\sigma_{zul}/\omega = (140/1{,}5)$ N/mm² $= 93{,}3$ N/mm² $> \sigma = 87{,}6$ N/mm².

4.28 Stäbe und Schweißnähte ausreichend bemessen,
U_1: $\sigma = \sigma_w = 129{,}2$ N/mm² $< \sigma_{w\,zul} = 190$ N/mm² $< \sigma_{zul} = 270$ N/mm² ($S = A_w = 720$ mm²),
U_2: $\sigma = \sigma_w = 187{,}5$ N/mm² $< \sigma_{w\,zul} < \sigma_{zul}$ ($S = A_w = 1200$ mm²),
D_1: $\sigma = \sigma_w = 154{,}7$ N/mm² $< \sigma_{w\,zul} < \sigma_{zul}$ ($S = A_w = 640$ mm²),
D_2: $\sigma = 84{,}7$ N/mm² $< \sigma_{zul}/\omega = (240/1{,}8)$ N/mm² $= 133{,}3$ N/mm² ($S = 1500$ mm²),
$\sigma_w = 158{,}8$ N/mm² $< \sigma_{w\,zul} = 270$ N/mm² ($A_w = A_{wS} = 800$ mm²) bzw.
$\sigma_w = 27{,}4$ N/mm² $< \sigma_{w\,zul} = 190$ N/mm² ($A_w = A_{wS} + A_{wK} = 4640$ mm²),
$l_{max} = 100a = 600$ mm $> l = 160$ mm $> l_{min} = 10a = 60$ mm.

4.29 **1.** Ohne Kehlnähte ($A_w = 640$ mm²): $F_H = 153{,}6$ kN ($\sigma_{w\,zul} = 240$ N/mm²), $F_{HZ} = 172{,}8$ kN ($\sigma_{w\,zul} = 270$ N/mm²); mit Kehlnähten ($A_w = 3040$ mm²): $F_H = 516{,}8$ kN ($\tau_{w\,zul} = 170$ N/mm²), $F_{HZ} = 577{,}6$ kN ($\tau_{w\,zul} = 190$ N/mm²), $l_{max} = 500$ mm $> l = 60$ mm $> l_{min} = 50$ mm,
2. $F_H = 393{,}6$ kN, $F_{HZ} = 442{,}8$ kN ($S = 1640$ mm²),
3. Die unter 2. für den Stabquerschnitt errechneten Kräfte.

4.30 $F_D = 74$ kN, $l_{max} = 400$ mm $> l = 90$ mm $> l_{min} = 40$ mm,
D: $\sigma = 130{,}7$ N/mm² $< \sigma_{zul} = 160$ N/mm², $\tau_w = 43{,}7$ N/mm² $< \tau_{w\,zul} = 135$ N/mm² ($A_w = 1692$ mm²),
V: $\sigma = 80{,}4$ N/mm² $< \sigma_{zul} = 140$ N/mm², $\tau_w = 26{,}9$ N/mm² $< \tau_{w\,zul} = 135$ N/mm²,
U_1/U_2: $\sigma = 157{,}4$ N/mm² $< \sigma_{zul} = 160$ N/mm² (errechnet mit $F_{U2} > F_{U1}$), $\tau_w = 53{,}2$ N/mm² $< \tau_{w\,zul} = 135$ N/mm² ($A_w = 1155$ mm²),
Stäbe und Schweißnähte sind ausreichend bemessen.

4.31 **1.** $A_w = 9784$ mm² ($A_{w1} = 5400$ mm², $A_{w2} = A_{w3} = 2000$ mm², $A_{w4} = 240$ mm², $A_{w5} = 144$ mm²), $e_{wd} = 173{,}7$ mm, $I_w = 7729$ cm⁴ ($I_{wu1} = 9112{,}5$ cm⁴, $I_{wu2} = 12\,500$ cm⁴, $I_{wu3} = 14\,045$ cm⁴, $I_{wu4} = 1591{,}35$ cm⁴),
2. Nein, $\sigma_{wv\,zul} = 170$ N/mm² $> \sigma_{wv} = 131{,}2$ N/mm² ($M_{wb} = 56$ kNm, $\sigma_{wbd} = 125{,}9$ N/mm², $\tau_w = 37$ N/mm²),
3. Nein, $\tau_{w\,zul} = 170$ N/mm² $> \tau_w = 35{,}6$ N/mm² ($I = 7163{,}4$ cm⁴, $e_d = 176$ mm, $H = 305{,}625$ cm³).

4.32 **1.** $\sigma_{wz} = 31{,}6$ N/mm² ($F_x = 100$ kN, $A_w = 3160$ mm²), $\sigma_{wb} = 99{,}5$ N/mm² ($F_y = 173{,}2$ kN, $I_w = 2610$ cm⁴, $e_w = 15$ cm), $\sigma_{wr} = 131{,}1$ N/mm²,
2. $\tau_w = 57{,}7$ N/mm²,
3. Nein, $\sigma_{wv\,zul} = 150$ N/mm² $> \sigma_{wv} = 143{,}2$ N/mm².

4.33 **1.** $\sigma_{wb} = 180{,}2$ N/mm² $> \sigma_{wb\,zul} = 170$ N/mm² ($I_{wF} = 6577$ cm⁴),
2. $\tau_w = 39{,}9$ N/mm² $< \tau_{w\,zul} = 170$ N/mm² ($A_{w1} = 2760$ mm²),
3. $\sigma_{wz} = 14{,}5$ N/mm² $< \sigma_{w\,zul} = 170$ N/mm² ($A_w = 5920$ mm²),
4. Äußere Flanschnähte: $\sigma_{wr} = 156{,}8$ N/mm² $< \sigma_{w\,zul}$ ($I_w = 8329$ cm⁴, $\sigma_{wb} = 142{,}3$ N/mm²), Stegnahtenden: $\sigma_{wr} = 145{,}4$ N/mm² ($\sigma_{wb} = 130{,}9$ N/mm²), $\sigma_{wv} = 150{,}8$ N/mm² $< \sigma_{wv\,zul} = 170$ N/mm²,
5. $\tau_w = 40{,}2$ N/mm² $< \tau_{w\,zul} = 170$ N/mm² ($H = 259{,}2$ cm³, $I = 8866{,}6$ cm⁴).

4.34 **1.** Nein, $\sigma_{wb\,zul} = \sigma_{wz\,zul} = 113$ N/mm² $> \sigma_{wb\,max} \approx 36$ N/mm² ($I_w = 7009$ cm⁴),
2. Nein, $\sigma_{wv\,zul} = 160$ N/mm² $> \sigma_{wv} = 42{,}8$ N/mm² bei $M_{b\,max}$ und F_q ($\sigma_{wb\,max} = 28{,}3$ N/mm², $\tau_w = 10{,}7$ N/mm²) bzw. $\sigma_{wv} = 38{,}7$ N/mm² bei $F_{q\,max}$ und M_b ($\tau_{w\,max} = 26{,}6$ N/mm², $\sigma_{wb} = 6{,}3$ N/mm²),
3. Nein, $\tau_{w\,zul} = 113$ N/mm² $> \tau_w = 15{,}1$ N/mm²,
4. Ja, $\sigma_{bz\,zul} = 160$ N/mm² $> \sigma_r = 61{,}3$ N/mm² ($W_b = 448{,}57$ cm³, $\sigma_b = 47{,}4$ N/mm², $\sigma_z = 13{,}9$ N/mm²),
5. Ja, $\sigma_{b\,zul} = 160$ N/mm² $> \sigma_b = 92{,}5$ N/mm².

4.35 $l_{max} = 600$ mm $> l_2 = 260$ mm $> l_3 = 220$ mm $> l_1 = 180$ mm $> l_{min} = 90$ mm,
Nahtlängen sind zulässig,
D_1: $\tau_w = 40{,}7$ N/mm² $< \tau_{w\,zul} = 113$ N/mm², $\sigma = 31{,}4$ N/mm² $< \sigma_{zul}/\omega = 126{,}1$ N/mm² ($\sigma_{zul} = 140$ N/mm², $\omega = 1{,}11$),
D_2: $\tau_w = 41{,}8$ N/mm² $< \tau_{w\,zul}$, $\sigma = 34{,}9$ N/mm² $< \sigma_{zul}/\omega = 62{,}8$ N/mm² ($\omega = 2{,}23$),
D_3: $\tau_w = 48{,}5$ N/mm² $< \tau_{w\,zul}$, $\sigma = 39{,}8$ N/mm² $< \sigma_{zul}/\omega = 107{,}7$ N/mm² ($\omega = 1{,}3$).
Schweißnähte und Stäbe sind ausreichend bemessen, Verringerung der Abmessungen möglich.

4.36 **U_1:** $\sigma_w/\sigma_{wR,d} = 0{,}49 < 1$ ($\sigma_w = 129{,}2$ N/mm² wie in Aufg. 4.28, $f_{y,k} = 360$ N/mm², $\alpha_w = 0{,}8$, $\gamma_M = 1{,}1$),
U_2: $\sigma_w/\sigma_{wR,d} \approx 0{,}72 < 1$ ($\sigma_w = 187{,}5$ N/mm² wie in Aufg. 4.28).
Die Schweißnähte sind somit ausreichend bemessen.

4.37 Schweißnähte ausreichend bemessen, da $\sigma_{wv}/\sigma_{wR,d} = 0{,}69 < 1$ ($\sigma_{wv} = 143{,}2$ N/mm² wie in Aufg. 4.32, $f_{y,k} = 240$ N/mm², $\alpha_w = 0{,}95$, $\gamma_M = 1{,}1$).

4.38 $F_{R,d} = 1668$ kN ($A_w = 139$ cm², $\alpha_w = 0{,}55$, $\sigma_{wR,d} = 120$ N/mm²).

4.39 **1.** $\tau_{w\,min} = 23{,}48$ N/mm² ($A_w = 6240$ mm²), $\tau_{w\,max} = 41{,}83$ N/mm², $\kappa = 0{,}56$.
2. $\tau_{wD(0,56)\,zul} \approx 200$ N/mm² $> \tau_{wHZ\,zul} = 127$ N/mm² ($\sigma_{Dz(0)\,zul} = 300{,}6$ N/mm², $\sigma_{Dz(0,56)\,zul} = 282{,}7$ N/mm², $R_m = 360$ N/mm²).
3. Ja, $\tau_{w\,max} < 127$ N/mm².

4.40 Betriebsfestigkeit gewährleistet, da $\sigma_o = \sigma_{w\,max} = 126{,}7$ N/mm² < 160 N/mm² ($\sigma_{w\,min} = 14{,}17$ N/mm², $\sigma_m = 70{,}4$ N/mm², $\kappa = 0{,}112$, $\sigma_o \approx 76$ N/mm², $(\check{\sigma}_o - \sigma_m)/(\hat{\sigma}_o - \sigma_m) \approx 0{,}1 \approx 0{,}3/3$, $\lg N/\lg \hat{N} \approx 5{,}8/6$, gew. Spannungskollektiv S_0, Beanspruchungsgruppe B 2, Kerbfall K 1, $\sigma_{DZ(0)\,zul} = 300{,}6$ N/mm², $\sigma_{Dz(0,325)\,zul} \approx 290$ N/mm² $> \sigma_{wzHZ\,zul} = 160$ N/mm²).

4.41 **1.** $\sigma \approx 198\,\text{N/mm}^2 < \sigma_{zul} = 270\,\text{N/mm}^2$ ($S = 707{,}5\,\text{mm}^2$),
2. $\sigma \approx 114\,\text{N/mm}^2 < \sigma_{zul}/\omega = 190/1{,}26 = 150{,}8\,\text{N/mm}^2$ ($S = 438{,}8\,\text{mm}^2$, $I = 83\,287{,}6\,\text{mm}^4$, $i = 13{,}8\,\text{mm}$, $\lambda = 58$, $\omega = 1{,}26$), $a = 3\,\text{mm}$ ausreichend ($t_{red} = 2{,}65\,\text{mm}$, $S_{red} = 331{,}6\,\text{mm}^2$),
3. $\sigma \approx 161\,\text{N/mm}^2 < \sigma_{zul} = 190\,\text{N/mm}^2$, $a = 3\,\text{mm}$ ausreichend ($t_{red} = 3\,\text{mm}$, $S_{red} = 372{,}1\,\text{mm}^2$).

4.42 **1.** $F_S \approx 27{,}6\,\text{kN}$ ($l_S \approx 400\,\text{mm}$, $\alpha = 29{,}9°$, s. hierzu Bild L 4.37 bei den Lösungshinweisen)
2. Rohr $21{,}3 \times 3{,}2$ ($S_{erf} = 162{,}4\,\text{mm}^2$, $S = 182\,\text{mm}^2$, $\sigma_{zul} = 170\,\text{N/mm}^2$).
3. $a = 3\,\text{mm} > t_{red} = 2{,}8\,\text{mm}$ ($S_{red} = S_{erf} = 162{,}4\,\text{mm}^2$).

4.43 **Rohrstab 2:** $\sigma = 79{,}1\,\text{N/mm}^2 < \sigma_{zul}/\omega = (140/1{,}02)\,\text{N/mm}^2 = 137{,}3\,\text{N/mm}^2$ ($S = 505{,}5\,\text{mm}^2$, $I_{min} = 127\,084{,}6\,\text{mm}^4$, $i = 15{,}9\,\text{mm}$, $\lambda = 28{,}2$), $a = 3\,\text{mm} > t_{red} = 2\,\text{mm}$ ($S_{red} = 291{,}3\,\text{mm}^2$).
Rohrstab 3: $\sigma = 95{,}1\,\text{N/mm}^2 < \sigma_{zul} = 135\,\text{N/mm}^2$ ($S = 389\,\text{mm}^2$), $a = 3\,\text{mm} > t_{red} = 2{,}45\,\text{mm}$ ($S_{red} = 274\,\text{mm}^2$).
Rohrstab 4: $\sigma = 55{,}1\,\text{N/mm}^2 < \sigma_{zul}/\omega = (140/1{,}07)\,\text{N/mm}^2 = 130{,}8\,\text{N/mm}^2$ ($S = 453{,}4\,\text{mm}^2$, ($I_{min} = 115\,856{,}5\,\text{mm}^4$, $i = 16\,\text{mm}$, $\lambda = 39{,}7$), $a = 3\,\text{mm} > t_{red} = 1{,}3\,\text{mm}$ ($S_{red} = 191{,}1\,\text{mm}^2$).
Rohrstab 5: $\sigma = 57{,}2\,\text{N/mm}^2 < \sigma_{zul}/\omega = (140/1{,}07)\,\text{N/mm}^2 = 130{,}8\,\text{N/mm}^2$ ($S = 349{,}8\,\text{mm}^2$, $I_{min} = 53\,407{,}8\,\text{mm}^4$, $i = 12{,}4\,\text{mm}$, $\lambda = 41{,}3$), $a = 3\,\text{mm} > t_{red} = 1{,}3\,\text{mm}$ ($S_{red} = 152{,}9\,\text{mm}^2$),
Rohrstab 7: $\sigma = 37{,}2\,\text{N/mm}^2 < \sigma_{zul}/\omega = (140/1{,}35)\,\text{N/mm}^2 = 103{,}7\,\text{N/mm}^2$ ($S = 349{,}8\,\text{mm}^2$, $i = 12{,}4\,\text{mm}$, $\lambda = 77{,}4$), $a = 3\,\text{mm} > t_{red} = 1{,}05\,\text{mm}$ ($S_{red} = 125{,}4\,\text{mm}^2$).

4.44 $F_{H\,zul} = 255\,\text{kN}$ ($S = 1500\,\text{mm}^2$, $\sigma_{zul} = 170\,\text{N/mm}^2$), $F_{HZ\,zul} = 285\,\text{kN}$ ($\sigma_{zul} = 190\,\text{N/mm}^2$).

4.45 Ja, und zwar:
Untergurt U: $\sigma = 125{,}4\,\text{N/mm}^2 < \sigma_{zul} = 160\,\text{N/mm}^2$.
Füllstab A1: $\sigma = 117{,}6\,\text{N/mm}^2 < \sigma_{zul}/\omega = (140/1{,}1)\,\text{N/mm}^2 = 127{,}3\,\text{N/mm}^2$ ($\lambda \approx 47$, $\omega = 1{,}1$).
Füllstab A2: $\sigma = 117{,}6\,\text{N/mm}^2 < \sigma_{zul} = 135\,\text{N/mm}^2$.
Nahtdicke $a = 3\,\text{mm} > t_A = 2{,}6\,\text{mm} > t_{red}$ ($S = 476\,\text{mm}^2$, $S_{red} = 434{,}1\,\text{mm}^2$).

4.46 **1.** $s_e = 10\,\text{mm}$, $D_a/D_i = 1{,}013 < 1{,}7$, Blech aus P265GH bis $t = 40\,°\text{C}$ zugelassen, $s = 9{,}23\,\text{mm}$ ($K = 195\,\text{N/mm}^2$, $S = 1{,}5$, $v = 0{,}8$, $c = 1{,}5\,\text{mm}$, $c_1 = 0{,}5\,\text{mm}$, $c_2 = 1\,\text{mm}$).
2. Ja, $S' = 1{,}72 > 1{,}1$ ($K = 265\,\text{N/mm}^2$),
3. Ja, bis $t = 300\,°\text{C}$ (Tab. 4.25).

4.47 **1.** Blech EN 10029 – 8A – Stahl EN 10025 – S235JRG1 mit $K = 187\,\text{N/mm}^2 > K_{erf} = 144\,\text{N/mm}^2$ $c = 1{,}5\,\text{mm}$, $\beta = 1$, $v = 0{,}8$, $S = 1{,}5$), $D_a/D_i = 1{,}003 < 1{,}2$, zugelassen, da $s_e < 12\,\text{mm}$ und $t < 300\,°\text{C}$.
2. Ja, $S' = 1{,}3 > 1{,}1$.

4.48 **1.** $s = 17{,}7\,\text{mm}$ ($K = 155\,\text{N/mm}^2$, $S = 1{,}5$, $v = 0{,}8$, $c_1 = 0{,}6\,\text{mm}$, $c_2 = 1\,\text{mm}$), $s_e = 18\,\text{mm}$, $D_a/D_i \approx 1{,}06 < 1{,}7$, $S' = 2{,}2 > 1{,}1$ ($K = 290\,\text{N/mm}^2$).
2. $s = 12{,}7\,\text{mm}$, $s_e = 13\,\text{mm}$, $D_a/D_i = 1{,}06 < 1{,}7$, $S' = 2{,}23 > 1{,}1$.
3. Krempe: $s = 18{,}4\,\text{mm}$, ($K = 155\,\text{N/mm}^2$, $v = 1$, $\beta = 2{,}55$, Klöpperboden), $s_e = 19\,\text{mm}$, $(s_e - c)/D_a = 0{,}0254$, $S' \approx 2{,}67 > 1{,}1$ ($K = 345\,\text{N/mm}^2$), Kalotte: $s = 15\,\text{mm}$ ($D_i = 1372\,\text{mm}$), $s_e = 15\,\text{mm}$, $S' = 2{,}57 > 1{,}1$.
4. $s_4 = 5{,}9\,\text{mm}$, $s_{e4} = 6\,\text{mm}$, ($K = 155\,\text{N/mm}^2$, $c_1 = 0{,}4\,\text{mm}$), $S'_4 = 2{,}22 > 1{,}1$ ($K = 290\,\text{N/mm}^2$), $s_5 = 13{,}9\,\text{mm}$, $s_{e5} = 14\,\text{mm}$, $S'_5 = 2{,}18$, $s_6 = s_7 = 10{,}2\,\text{mm}$, $s_{e6} = s_{e7} = 11\,\text{mm}$, $S'_{6/7} = 2{,}36$, $s_8 = 5{,}4\,\text{mm}$, $s_{e8} = 6\,\text{mm}$, $S'_8 = 2{,}49$, $s_9 = 9{,}4\,\text{mm}$, $s_{e9} = 10\,\text{mm}$, $S'_9 = 2{,}3$. Blech aus Stahl DIN 17155 für alle Bauteile bei $t = 400\,°\text{C}$ zugelassen.

4.49 **1.** $s_e = 15\,\text{mm}$, ($s = 14{,}8\,\text{mm}$, $K = 110\,\text{N/mm}^2$, $S = 1{,}5$, $c = 1{,}6\,\text{mm}$), $D_a/D_i = 1{,}028 < 1{,}7$, $S' = 2{,}51 > 1{,}1$ ($K = 235\,\text{N/mm}^2$).
2. $s_e = 8{,}8\,\text{mm}$ ($s = 7{,}6\,\text{mm}$, $K = 110\,\text{N/mm}^2$, $c_1 = 1{,}3\,\text{mm}$), $D_a/D_i = 1{,}045 < 1{,}7$, $S' = 3{,}1 > 1{,}1$ ($K = 235\,\text{N/mm}^2$), Rohr DIN 2448 – St 35.8-III – $406{,}4 \times 8{,}8$.
3. $s_e = 8\,\text{mm}$ ($s = 7\,\text{mm}$, $c_1 = 1{,}2\,\text{mm}$), $D_a/D_i = 1{,}047 < 1{,}7$, $S' = 3{,}09 > 1{,}1$, Rohr DIN 2448 – St 35.8-III – $355{,}6 \times 8$.
4. $s_e = 13\,\text{mm}$, Korbbogenboden, $(s_e - c)/D_a = 0{,}01$ ($\beta = 1{,}9$, $v = 1$, $s = 13\,\text{mm}$), $S' = 2{,}5 > 1{,}1$.
5. $s_e = 22\,\text{mm}$, $(s_e - c)/D_a \approx 0{,}0185$ ($d_i/D_a \approx 0{,}353$, $\beta \approx 3{,}9$, $K = 130\,\text{N/mm}^2$, $v = 1$, $c = 1{,}6\,\text{mm}$ $s = 21{,}3\,\text{mm}$), $D_a/D_i = 1{,}04 < 1{,}7$, $S' = 2{,}34 > 1{,}1$ ($K = 255\,\text{N/mm}^2$).
Die Bleche und der Rohrstahl St 35.8-III sind bis $t = 400\,°\text{C}$ zugelassen

4.50 S235JRG1 mit $K \approx 187\,\text{N/mm}^2 > K_{\text{erf}}$, zugelassen: $t = 95\,°\text{C} < 300\,°\text{C}$, $s_e = 5\,\text{mm} < 12\,\text{mm}$
$D_a/D_i = 1{,}023 < 1{,}2$,
Mantel 1: $K_{\text{erf}} \approx 116\,\text{N/mm}^2$ ($S = 1{,}5$, $v = 0{,}8$, $c = 1{,}4\,\text{mm}$),
Böden 2: $K_{\text{erf}} \approx 137\,\text{N/mm}^2$ (Klöpperboden mit $R = D_a$, $(s_e - c)/D_a = 0{,}008$, $\beta = 2{,}94$ für Krempe, $v = 1$).

4.51 Ja, **Mantel:** $s_e = 3\,\text{mm} > s = 1{,}55\,\text{mm}$ ($c = c_1 = 0{,}4\,\text{mm}$, $c_2 = 0$, $S = 1{,}5$, $v = 0{,}8$), $D_a/D_i = 1{,}014 < 1{,}2$, **Böden:** $s_e = 3\,\text{mm} > s = 1{,}87\,\text{mm}$ für Krempe (Klöpperboden mit $R = D_a$, $(s_e - c)/D_a = 0{,}0058$, $\beta = 3{,}2$, $v = 1$).

4.52
1. Ja, $s_e = 50\,\text{mm} > s = 44{,}9\,\text{mm}$ ($R/D_a = 0{,}8$ für Korbbogenboden, $(s_e - c)/D_a \approx 0{,}025$, $d_i/D_a = 0{,}168$, $\beta \approx 2{,}56$, $c = c_1 = 1\,\text{mm}$, $c_2 = 0$, $K = 255\,\text{N/mm}^2$, $S = 1{,}5$, $0{,}6\,D_a = 1200\,\text{mm} < 1250\,\text{mm}$, $v = 0{,}85$), $D_a/D_i = 1{,}053 < 1{,}2$, $S' = 1{,}69 > 1{,}1$ ($K = 355\,\text{N/mm}^2$), Blech aus P355GH zugelassen.
2. $h_2 = 478\,\text{mm}$, $r = 308\,\text{mm}$.
3. Ja, $x \approx 180\,\text{mm} > 3s \approx 135\,\text{mm}$.
4. Ja, $s_e = 10\,\text{mm} > s = 7{,}9\,\text{mm}$ ($K = 205\,\text{N/mm}^2$, $S = 1{,}5$, $v = 1$, $c = c_1 = 1{,}5\,\text{mm}$, $c_2 = 0$), $d_a/d_i = 1{,}06 < 1{,}7$, $S' = 1{,}92 > 1{,}1$ ($K = 255\,\text{N/mm}^2$), St 45.8-II zugelassen.
5. Ja, $d_i \cdot p = 1678\,\text{N/mm} < 2000\,\text{N/mm}$, $a_1 + a_2 = 22\,\text{mm} > 2s_1 = 20\,\text{mm}$, $a_1/a_2 = 1{,}2 \mathrel{\hat{=}} \Delta a = 20\% < 25\%$.

4.53 **Schüsse:** $s_e = 11\,\text{mm}$ ($s = 10{,}87\,\text{mm}$, $K = 150\,\text{N/mm}^2$, $S = 1{,}5$, $c = 1{,}5\,\text{mm}$), $D_i/D_a = 1{,}008 < 1{,}7$, $S' = 1{,}83 > 1{,}1$ ($K = 235\,\text{N/mm}^2$), Blech P235GH zugelassen.
Boden 2: $s_3 \approx 35\,\text{mm}$ $s = 69{,}1\,\text{mm}$, $D_1 = 2334\,\text{mm}$, $d_1 = 0$, $C = 0{,}35$).
Rauchrohre 3: $s_e = 4\,\text{mm}$ ($s = 3{,}86\,\text{mm}$, $K = 140\,\text{N/mm}^2$, $S = 1{,}8$, $v = 1$, $c_1 = 0{,}6\,\text{mm}$), Rohr DIN 2448 – St 35.8-I – 57×4, $d_a/d_i = 1{,}16 < 1{,}7$, $S' = 3{,}65 > 1{,}4$ ($K = 235\,\text{N/mm}^2$), St 35.8-I zugelassen.

5 Pressschweißverbindungen

5.1
1. Lastfall H: $F \approx 17{,}81\,\text{kN}$ ($n = 3$, $m = 2$, $A_w = 28{,}27\,\text{mm}^2$, $\tau_{\text{wa zul}} = 105\,\text{N/mm}^2$, $\sigma_{\text{wl}} \approx 396\,\text{N/mm}^2 < \sigma_{\text{wl zul}} = 400\,\text{N/mm}^2$), Lastfall HZ: $F \approx 19{,}5\,\text{kN}$ ($\tau_{\text{wa zul}} = 115\,\text{N/mm}^2$, $\sigma_{\text{wl}} = 433\,\text{N/mm}^2 < \sigma_{\text{wl zul}} = 450\,\text{N/mm}^2$).
2. $e = 18 \ldots 36\,\text{mm}$, $v = 12 \ldots 24\,\text{mm}$, gewählt: $e = 27\,\text{mm}$, $v = 18\,\text{mm}$.

5.2 Ja, $e = 50\,\text{mm}$ und $v = 25\,\text{mm}$ entspr. den übl. Abmessungen für $d = 10\,\text{mm}$ bei $s = 4\,\text{mm}$, $\tau_{\text{wa max}} = 76{,}4\,\text{N/mm}^2 < \tau_{\text{wa zul}} = 90\,\text{N/mm}^2$ ($n = 3$, $m = 1$, $A_w = 58{,}9\,\text{mm}^2$), $\sigma_{\text{wl max}} = 173{,}2\,\text{N/mm}^2 < \sigma_{\text{wl zul}} = 255\,\text{N/mm}^2$.

5.3 Ja, $\tau_{\text{wa}} = 99{,}4\,\text{N/mm}^2 < \tau_{\text{wa zul}} = 100\,\text{N/mm}^2$ ($n = 4$, $m = 1$, $A_w = 50{,}3\,\text{mm}^2$), $\sigma_{\text{wl}} = 208{,}3\,\text{N/mm}^2 < \sigma_{\text{wl zul}} = 290\,\text{N/mm}^2$.

5.4 Ja, $\tau_{\text{wa}} = 19{,}1\,\text{N/mm}^2 < \tau_{\text{wa zul}} = 39\,\text{N/mm}^2$ ($n = 8$, $m = 1$, $A_w = 19{,}6\,\text{mm}^2$, $F = 3\,\text{kN}$), $\sigma_{\text{wl}} = 50\,\text{N/mm}^2 < \sigma_{\text{wl zul}} = 108\,\text{N/mm}^2$.

5.5
1. Ja, $\tau_{\text{wa}} = 9{,}9\,\text{N/mm}^2 < \tau_{\text{wa zul}} \approx 54\,\text{N/mm}^2$ ($n = 2$, $m = 1$, $A_w = 28{,}3\,\text{mm}^2$), $\sigma_{\text{wl}} = 15{,}6\,\text{N/mm}^2 < \sigma_{\text{wl zul}} \approx 146\,\text{N/mm}^2$.
2. $F_{\text{wB}} = 12\,508\,\text{N}$ ist etwas größer als $F_B = 10\,200\,\text{N}$ ($R_m = 340\,\text{N/mm}^2$).

5.6
1. $F_n = 5500\,\text{N}$ ($F_a = 1500\,\text{N}$, $F_b = 4000\,\text{N}$).
2. Nein, $\tau_{\text{wa}} = 70{,}1\,\text{N/mm}^2 < \tau_{\text{wa zul}} \approx 78\,\text{N/mm}^2$ ($A_w = 78{,}5\,\text{mm}^2$), $\sigma_{\text{wl}} = 137{,}5\,\text{N/mm}^2 < \sigma_{\text{wl zul}} \approx 211\,\text{N/mm}^2$.
3. $F_B = 20\,400\,\text{N}$ ($S = 60\,\text{mm}^2$), $F_{\text{Bn}} = 18\,700\,\text{N}$ ($F_{\text{Ba}} = 5100\,\text{N}$, $F_{\text{Bb}} = 13\,600\,\text{N}$).
4. Nein, $F_{\text{Bn}} < F_{\text{wB}} \approx 25\,000\,\text{N}$ ($\tau_{\text{wB}} \approx 318\,\text{N/mm}^2$).

5.7 Nein, $\tau_{\text{wa}} = 40{,}8\,\text{N/mm}^2 < \tau_{\text{wa zul}} \approx 54\,\text{N/mm}^2$ ($F_n \approx 1155\,\text{N}$, $F_a = 280\,\text{N}$, $F_b = 1120\,\text{N}$, $A_w = 28{,}3\,\text{mm}^2$), $\sigma_{\text{wl}} = 64{,}2\,\text{N/mm}^2 < \sigma_{\text{wl zul}} \approx 146\,\text{N/mm}^2$.

5.8 **1.** $F_1 = 16\,322$ N ($F_r = 7250$ N, $F_x = 6571$ N, $F_y = 3064$ N).
2. $\tau_{ws} = 92{,}8\ \text{N/mm}^2$ ($d = 11{,}2$ mm, $s = 5$ mm),
3. $\tau_{wa} = 15{,}6\ \text{N/mm}^2$ ($n = 2$, $m = 1$, $A_w = 98{,}5\ \text{mm}^2$), $\sigma_{wl} = 27{,}4\ \text{N/mm}^2$.
4. Nein, $\tau_{ws\,zul} \approx 102\ \text{N/mm}^2 > \tau_{ws}$, $\tau_{wa\,zul} \approx 87\ \text{N/mm}^2 > \tau_{wa}$, $\sigma_{wl\,zul} \approx 228\ \text{N/mm}^2 > \sigma_{wl}$.

5.9 Ja, $\tau_{wa} = 21{,}3\ \text{N/mm}^2 < \tau_{wa\,zul} = 22\ \text{N/mm}^2$ ($F = 333$ N, $A_w = 19{,}6\ \text{mm}^2$), $\sigma_{wl} = 33{,}3\ \text{N/mm}^2 < \sigma_{wl\,zul} \approx 60\ \text{N/mm}^2$.

5.10 **1.** $F_{Ax} = F_B = 392$ N, $F_{Ay} = F_G = 981$ N.
2. $F_n \approx 868$ N ($F_b = 438$ N, $F_x \approx 98$ N, $F_y = 245$ N).
3. Ja, $S_D = 6{,}8 > 3$ ($\tau_{wa} = 44{,}3\ \text{N/mm}^2$, $A_w = 19{,}6\ \text{mm}^2$).

5.11 $F = 3072$ N ($A_w = 32\ \text{mm}^2$, $n = 2$, $m = 1$, $\tau_{wa\,zul} = 48\ \text{N/mm}^2$).

5.12 $S_B \approx 3{,}36$ ($F = 3924$ N, $A_w = 12{,}76\ \text{mm}^2$, $n = 6$, $m = 1$, $\tau_{wa} = 51{,}3\ \text{N/mm}^2$, $\tau_{wB} \approx 0{,}65 R_m \approx 172\ \text{N/mm}^2$, $n_{erf} = 6$.

6 Lötverbindungen

6.1 **1.** $l \approx 5$ mm ($\tau_{l\,zul} = 30\ \text{N/mm}^2$),
2. $l = 4{,}7$ mm ($F_B \approx 13\,290$ N, $\tau_{lB} = 150\ \text{N/mm}^2$)

6.2 **1.** $S_B = 312$ ($F = 40$ N, $A_l = 50{,}3\ \text{mm}^2$, $\tau_l \approx 0{,}8\ \text{N/mm}^2$, $\tau_{lB} = 250\ \text{N/mm}^2$).
2. $l = 0{,}49$ mm ($M_B \approx 3046$ Nmm, $W_t \approx 12{,}8\ \text{mm}^3$).

6.3 $b = 9$ mm ($\tau_{l\,zul} = 15\ \text{N/mm}^2$).

6.4 Ja, $\sigma_l = 25\ \text{N/mm}^2 < \sigma_{l\,zul} = 36\ \text{N/mm}^2$ ($F = 3$ kN, $A_l = 120\ \text{mm}^2$, $\sigma_{lB} = 200\ \text{N/mm}^2$).

6.5 Ja, $\tau_l = 1{,}86\ \text{N/mm}^2 < \tau_{l\,zul} = 2\ \text{N/mm}^2$ ($l = 7$ mm, $A_l = 2800\ \text{mm}^2$).

6.6 **1.** Nein, $\tau_l = 1{,}05\ \text{N/mm}^2 < \tau_{l\,zul} = 50\ \text{N/mm}^2$ ($F = 2309$ N, $A_l = 2199\ \text{mm}^2$).
2. $l = 7{,}13$ mm ($F_B = 235\,041$ N, $\tau_{lB} = 150\ \text{N/mm}^2$).

6.7 **1.** $l = 1{,}2$ mm ($F = 135{,}7$ N).
2. $l \approx 10$ mm ($F_B = 7603$ N).
3. $l = 10$ mm ($s = 1$ mm < 6 mm, $D_i \cdot p = 12$ N/mm < 250 N/mm).

6.8 **1.** $S_B = 16{,}3$ ($F = 28\,953$ N, $A_l = 31\,416\ \text{mm}^2$, $\tau_l = 0{,}92\ \text{N/mm}^2$).
2. Ja, $l = 50$ mm $> 10s = 40$ mm, $s = 4$ mm < 6 mm, $D_i \cdot p = 192$ N/mm < 250 N/mm.

7 Klebverbindungen

7.1 **1.** $l = 63$ mm ($S = 113{,}1\ \text{mm}^2$, $F_B = 39\,584$ N).
2. $l = 20 \ldots 40$ mm.
3. $l = 31{,}8$ mm ≈ 32 mm ($\tau_{k\,zul} = 3\ \text{N/mm}^2$).

7.2 **1.** $l = 19{,}6$ mm ≈ 20 mm ($F_B = 8640$ N, $\tau_{kB} = 20\ \text{N/mm}^2$).
2. Ja, $\tau_k = 1{,}3\ \text{N/mm}^2 < \tau_{k\,zul} = 2\ \text{N/mm}^2$ ($F = 3906$ N, $\tau_{kB} = 10\ \text{N/mm}^2$).

7.3 Ja, $\tau_k = 3{,}75\ \text{N/mm}^2 < \tau_{k\,zul} = 4{,}2\ \text{N/mm}^2$ bzw. $\tau_{kB} = 21\ \text{N/mm}^2 > \tau_{kB\,erf} = 18{,}75\ \text{N/mm}^2$ ($A_k = 720\ \text{mm}^2$).

7.4 Ja, $\tau_{k\,zul} = 1{,}6\ \text{N/mm}^2 > \tau_k = 0{,}65\ \text{N/mm}^2$ ($l = 20$ mm, $A_k = 8000\ \text{mm}^2$).

7.5 **1.** $M = 1155$ Nm ($A_k = 10\,996\ \text{mm}^2$, $F_{zul} \approx 33\,000$ N, $\tau_{k\,zul} = 3\ \text{N/mm}^2$).
2. $l = 99$ mm nicht sinnvoll ($W_t = 50\,743\ \text{mm}^3$, $M_B \approx 7610$ Nm).

7.6 $S_B \approx 4 > S_{B\,erf} = 2$ ($\tau_N = 24\,N/mm^2$, $f_1 = 0{,}6$, $f_2 = 0{,}9$, $f_3 = 1{,}2$, $f_4 = 0{,}7$, $f_5 = 0{,}7$, $f_6 = 0{,}7$, $f_7 = 1$, $f_8 = 1$, $\tau_{kB} = 5{,}3\,N/mm^2$, $\tau_k = 1{,}3\,N/mm^2$, $A_k = 110\,cm^2$, $F = 14\,286\,N$).

7.7 $S_{B1} = 16\,667$, $S_{B2} = 7143$ ($F = 0{,}8\,N$, $A_{k1} = 4398\,mm^2$, $A_{k2} = 1885\,mm^2$, $\tau_{kB} = 3\,N/mm^2$); ein stellenweises Ankleben würde genügen.

7.8 $\tau_{kB} = 4{,}3\,N/mm^2$ ($F_B = 25\,596\,N$, $F_{nB} = 15\,721\,N$, $A_k = 2317\,mm^2$).

7.9 $F \approx 876\,N$ ($A_w \approx 19{,}6\,mm^2$, $F_{wB} \approx 12{,}99\,kN$, $A_k \approx 2062\,mm^2$, $F_{kB} = 10{,}3\,kN$, $\tau_{k\,zul} = 1{,}5\,N/mm^2$, $\tau_{kk\,zul} \approx 3{,}4\,N/mm^2$).

8 Nietverbindungen

8.1
1. $F = 35{,}81\,kN$ ($M = 859{,}4\,Nm$).
2. $\tau_a = 107{,}7\,N/mm^2$, $\sigma_l = 59{,}2\,N/mm^2$.
3. Nein $\tau_{a\,zul} = 100\,N/mm^2 > \tau_a$, jedoch $\sigma_{l\,zul} = 170\,N/mm^2 > \sigma_l$.

8.2
1. $T_b = 300{,}3\,Nm$.
2. $d_1 = 4\,mm$, $d_7 = 4{,}2\,mm$, $A = 13{,}9\,mm^2 > A_{erf} = 12{,}6\,mm^2$ ($F = 8580\,N$, $\tau_{a\,zul} = 85\,N/mm^2$).
3. Scheibe: $\sigma_l = 85{,}1\,N/mm^2 < \sigma_{l\,zul} = 170\,N/mm^2$, Nabe: $\sigma_l = 42{,}6\,N/mm^2 < \sigma_{l\,zul} = 140\,N/mm^2$.

8.3 $d_1 = 6\,mm$, $d_7 = 6{,}3\,mm$, $A = 31{,}2\,mm^2 > A_{erf} = 24\,mm^2$ ($\tau_{a\,zul} = 100\,N/mm^2$), $\sigma_l = 190{,}5\,N/mm^2 < \sigma_{l\,zul} = 200\,N/mm^2$; $b = 42{,}6\,mm$ ($S_{n\,erf} = 60\,mm^2$).

8.4 Ja, genügt: $\tau_{a\,zul} = 50\,N/mm^2 > \tau_a = 41{,}6\,N/mm^2$ ($F = 9212\,N$, $A = 55{,}4\,mm^2$), $\sigma_{l\,zul} = 116{,}5\,N/mm^2 > \sigma_l = 91{,}4\,N/mm^2$; $b_1 \approx 44\,mm$ ($S_{n1\,erf} = 131{,}6\,mm^2$), $b_2 \approx 39\,mm$, ($S_{n2\,erf} = 65{,}8\,mm^2$).

8.5 Ja, $\sigma_{z\,zul} = 50\,N/mm^2 > \sigma_z = 34{,}7\,N/mm^2$ ($F_1 = 996\,N$, $A = 13{,}9\,mm^2$).

8.6 Ja, Querschnitt 1: $\sigma_{z\,zul} = 70\,N/mm^2 > \sigma_z = 30{,}7\,N/mm^2$ ($A = 35{,}8\,mm^2$),
Querschnitt 2: $\tau_{a\,zul} = 42\,N/mm^2 > \tau_a = 27{,}8\,N/mm^2$.

8.7
1. $F_n = 4922\,N$ ($F_x = 2500\,N$, $F_y = 4330\,N$, $F_a = 1946\,N$, $F_b = 3114\,N$, $F_l = 625\,N$, $F_q = 1083\,N$),
2. Ja, $\tau_{a\,zul} = 100\,N/mm^2 > \tau_a = 78{,}9\,N/mm^2$ ($m = 2$, $A = 31{,}2\,mm^2$), und $\sigma_{l\,zul} = 200\,N/mm^2 > \sigma_l = 78{,}1\,N/mm^2$ ($d_L = 6{,}3\,mm$, $t = 10\,mm$).
3. Ja, $\sigma_{b\,zul} = 175\,N/mm^2 > \sigma_r = 165{,}2\,N/mm^2$ ($S_n = 137\,mm^2$, $I = 16\,642\,mm^4$, $W_b = 832{,}1\,mm^3$, $\sigma_b = 156{,}1\,N/mm^2$, $\sigma_z = 9{,}1\,N/mm^2$).

8.8
1. $d_1 = 4\,mm$ mit $d_7 = 4{,}2\,mm$ und $A = 13{,}9\,mm^2 > A_{erf} = 13{,}6\,mm^2$ ($F_x = 684\,N$, $F_y = 1879\,N$, $F_l = 114\,N$, $F_q = 313\,N$, $F_b = 1044\,N$, $F_n = 1362\,N$, $\tau_{a\,zul} = 100\,N/mm^2$), $\sigma_l = 64{,}9\,N/mm^2 < \sigma_{l\,zul} = 170\,N/mm^2$.
2. Ja, $\tau_a = 96{,}4\,N/mm^2 < \tau_{a\,zul}$ und $\sigma_l = 78{,}6\,N/mm^2 < \sigma_{l\,zul}$ ($F_l = 171\,N$, $F_q = 469{,}8\,N$, $F_b = 1566\,N$, $F_n = 2043\,N$, $d_1 = 5\,mm$, $d_7 = 5{,}2\,mm$, $A = 21{,}2\,mm^2$).
3. Nein, bei $n = 6$ ist $A_{erf} = 10{,}44\,mm^2$ und $d_1 = 4\,mm$ wie unter 1. mit $A = 13{,}9\,mm^2$, bei $n = 4$ ist $A_{erf} = 15{,}67\,mm^2$ und $d_1 = 5\,mm$ wie unter 2. mit $A = 21{,}2\,mm^2$.

8.9 Ja, $\tau_{a\,zul} = 128\,N/mm^2 > \tau_a = 124\,N/mm^2$ ($A = 133\,mm^2$), $\sigma_{l\,zul} = 320\,N/mm^2 > \sigma_l = 221{,}5\,N/mm^2$ ($d_L = 13\,mm$), $\sigma_{zul} = 180\,N/mm^2 > \sigma \approx 149\,N/mm^2$ ($S_n = 888\,mm^2$).

8.10 Ja, $d_L = 25\,mm = d_{L\,max}$,
Stab D_1: $\tau_a = 113{,}8\,N/mm^2 < \tau_{a\,zul} = 160\,N/mm^2$ ($n = 4$, $m = 2$, $A = 491\,mm^2$), $\sigma_l = 319{,}3\,N/mm^2 < \sigma_{l\,zul} = 360\,N/mm^2$ ($d_L = 25\,mm$, $t = 14\,mm$), $\sigma = 134{,}6\,N/mm^2 < \sigma_{zul} = 180\,N/mm^2$ ($S_n = 3320\,mm^2$),
Stab V_1: $\tau_a = 103{,}5\,N/mm^2 < \tau_{a\,zul}$ ($n = 5$), $\sigma_l = 290{,}3\,N/mm^2 < \sigma_{l\,zul}$, $\sigma = 121{,}8\,N/mm^2 < \sigma_{zul}$ ($S_n = 4170\,mm^2$),
Stab D_2: $\tau_a = 63{,}5\,N/mm^2 < \tau_{a\,zul}$ ($n = 3$), $\sigma_l = 178{,}1\,N/mm^2 < \sigma_{l\,zul}$, $\sigma = 82\,N/mm^2 < \sigma_{zul}/\omega = 123\,N/mm^2$ ($S = 22{,}8\,cm^2$, $I_{min} = 185\,cm^4$, $i = 2{,}85\,cm$, $\lambda = 60$, $\omega = 1{,}3$).

8.11 **1.** $e_1 = 38 \ldots 57$ mm zulässig,
$e_2 = 57 \ldots 190$ mm zulässig,
$w = 45$ mm, $\Sigma t \leq 72{,}2$ mm.
2. $F = 396{,}2$ kN (H) bzw. 452,8 kN (HZ).
3. $F = 364{,}8$ kN (H) bzw. 410,4 kN (HZ).
4. $F = 517{,}44$ kN (H) bzw. 582,12 kN (HZ).

8.12 Ja, da $\tau_a = 93\,\text{N/mm}^2 < \tau_{a\,zul} = 140\,\text{N/mm}^2$ und $\sigma_l = 167{,}8\,\text{N/mm}^2 < \sigma_{l\,zul} = 320\,\text{N/mm}^2$ ($F_b = 34\,152$ N, $F_a = 13\,481$ N, $F_q = 2000$ N, $F_n = 38\,584$ N).

8.13 **1.** $\tau_a = 162\,\text{N/mm}^2 \approx \tau_{a\,zul} = 160\,\text{N/mm}^2$ und $\sigma_l = 293\,\text{N/mm}^2 < \sigma_{l\,zul} = 360\,\text{N/mm}^2$ ($F_g = 85\,333$ N, $F_a = F_3 = 64\,000$ N, $F_b = 3393$ N, $F_n = 67\,393$ N).
2. $\tau_a = 138\,\text{N/mm}^2 < \tau_{a\,zul}$ und $\sigma_l = 249\,\text{N/mm}^2 < \sigma_{l\,zul}$ ($F_g = 114\,286$ N, $F_a = 57\,143$ N, $F_b = 4000$ N, $F_n = 57\,283$ N).

8.14 **1.** $F = 62\,785$ N (H) bzw. 71 445 N (HZ) ($\sigma_{zul} = 145\,\text{N/mm}^2$ bzw. $165\,\text{N/mm}^2$).
2. $F \approx 19\,000$ N (H) bzw. 21 630 N (HZ) ($\omega = 3{,}93$).
3. $F \approx 11\,080$ N (H) bzw. 12 188 N (HZ) (mit $\tau_{a\,zul} = 50\,\text{N/mm}^2$ bzw. $55\,\text{N/mm}^2$; mit $\sigma_{l\,zul} = 210\,\text{N/mm}^2$ bzw. $240\,\text{N/mm}^2$ ergeben sich größere Kräfte).

8.15 Ja, Nietverbindung **Anschluss 1:** $\tau_a \approx 68\,\text{N/mm}^2 < \tau_{a\,zul} = 70\,\text{N/mm}^2$ und $\sigma_l = 112{,}4\,\text{N/mm}^2 < \sigma_{l\,zul} = 240\,\text{N/mm}^2$ ($M_1 = 352{,}5$ Nm, $F_g = 7050$ N, $F_a = 3525$ N, $F_b = 250$ N, $F_n = 3775$ N), **Profil:** $\sigma = 123{,}2\,\text{N/mm}^2 < \sigma_{zul} = 165\,\text{N/mm}^2$ ($M_{b1} = 315$ Nm, $c = 3$ mm, $I = 58\,800\,\text{mm}^4$, $e_d = 23$ mm), Nietverbindung **Anschluss 2:** Spannungsnachweis nicht erforderlich, da $F_n = 3380\,\text{N} < 3775$ N und somit τ_a und σ_l kleiner als im Anschluss 1 ($M_2 = 450$ Nm, $F_g = 6750$ N), **Knotenblech:** $\sigma = 46{,}3\,\text{N/mm}^2 < \sigma_{z\,zul} = 135\,\text{N/mm}^2$ ($M_{b2} = M_2$, $I \approx 218\,760\,\text{mm}^4$, $e_z = 45$ mm).

9 Pressverbände

9.1 **1.** $p_F = 51{,}8\,\text{N/mm}^2$ ($F_u = 22\,222$ N, $S_H = 1{,}5$, $\nu = 0{,}07$).
2. $Z_w = 0{,}757 \cdot 10^{-3}$ ($Q_A = 0{,}59$, $Q_I = 0$, $E = 210\,000\,\text{N/mm}^2$).
3. $U_{min} = 42{,}07\,\mu$m ($U_w = 34{,}07\,\mu$m, $U_V = 8\,\mu$m),
4. $Z_{w\,zul} = Z_{wA\,zul} = 2{,}75 \cdot 10^{-3} < Z_{wI\,zul} = 4{,}2 \cdot 10^{-3}$ ($R_{el} = 300\,\text{N/mm}^2$).
5. $U_{max} = 131{,}75\,\mu$m ($U_{w\,zul} = 123{,}75\,\mu$m), gew. H7/u6 mit $U_k = 45\,\mu\text{m} > U_{min}$ und $U_g = 86\,\mu\text{m} < U_{max}$.

9.2 $M \approx 639$ Nm ($U_k = 72\,\mu$m, $U_{wk} = 64\,\mu$m, $Z_{wk} = 1{,}42 \cdot 10^{-3}$, $p_{Fk} = 97{,}2\,\text{N/mm}^2$, $F_{Fk} = 62\,523$ N, $S_H = 2{,}2$), $p_{I\,zul} = 288{,}7\,\text{N/mm}^2 > p_{A\,zul} = 188{,}2\,\text{N/mm}^2 > p_{Fg} = 159{,}5\,\text{N/mm}^2$ ($U_g = 113\,\mu$m, $U_{wg} = 105\,\mu$m, $Z_{wg} = 2{,}33 \cdot 10^{-3}$).

9.3 **1.** $U_{min} = 356\,\mu$m, ($Q_A = 0{,}8$, $Q_I = 0{,}72$, $\nu = 0{,}14$, $S_H = 1{,}8$, $p_F = 36{,}4\,\text{N/mm}^2$, $K = 7{,}71$, $Z_w = 1{,}34 \cdot 10^{-3}$, $U_w \approx 335\,\mu$m, $U_V = 21\,\mu$m).
2. H7/x6 mit $U_k = 379\,\mu\text{m} > U_{min}$ und $U_g = 454\,\mu\text{m} < U_{max} = 546\,\mu$m ($Z_{wI\,zul} = 2{,}21 \cdot 10^{-3} > Z_{wA\,zul} = 2{,}1 \cdot 10^{-3} = Z_{w\,zul}$).
3. $t_A = 276\,°$C ($S = 0{,}25$ mm, $\alpha_A = 11 \cdot 10^{-6}$/K).

9.4 T7 mit $U_k = 45\,\mu\text{m} > U_{min} = 41{,}7\,\mu$m, $U_g = 94\,\mu$m, ($F_l = 2{,}2$ kN, $S_H = 1{,}8$, $p_F = 15\,\text{N/mm}^2$, $Q_A = 0{,}78$, $Q_I = 0{,}71$, $K = 7{,}14$, $Z_{wk} = 0{,}51 \cdot 10^{-3}$, $U_{wk} = 35{,}7\,\mu$m, $U_V = 6\,\mu$m), elastische Beanspruchung: $p_{A\,zul} = 55{,}6\,\text{N/mm}^2 > p_{Fg} = 37\,\text{N/mm}^2$ ($U_{wg} = 88\,\mu$m, $Z_{wg} = 1{,}257 \cdot 10^{-3}$, $R_{eA} = 295\,\text{N/mm}^2$), $p_{I\,zul} = 83{,}5\,\text{N/mm}^2 > p_{Fg}$, $t_A = 233\,°$C ($S_e = 0{,}07$ mm, $\alpha_A = 11 \cdot 10^{-6}$/K).

9.5 Ja, $p_{Fg} = 41{,}6\,\text{N/mm}^2 < p_{A\,zul} < p_{I\,zul}$ ($p_{A\,zul}$, $p_{I\,zul}$ und K wie Aufg. 9.4, $U_g = A_{oW} = 105\,\mu$m, $A_{uB} = 0$, $A_{uW} = 75\,\mu$m, $T_W = 30\,\mu$m, $Z_{wg} = 1{,}414 \cdot 10^{-3}$).

9.6 **1.** Mit $U_k = 45\,\mu m$, $U_V = 16\,\mu m$ und $U_{wk} = 29\,\mu m$:
$p_{Fk1} = 24{,}7\,N/mm^2$ ($Q_I = 0$, $Q_{A1} = 0{,}32$, $K_1 = 1{,}91$), $p_{Fk2} = 16{,}25\,N/mm^2$ ($Q_{A2} = 0{,}615$, $K_2 = 2{,}9$).
2. $F_F \approx 53{,}26$ kN, $M \approx 968$ Nm ($F_{F1} = 12\,416$ N, $F_{F2} = 40\,841$ N).
3. Nein, festerer Werkstoff (z. B. EN-GJL-300) erforderlich, da $p_{A1\,zul} \approx 54\,N/mm^2 < p_{Fg1} = 66{,}5\,N/mm^2$ ($U_g = 94\,\mu m$, $U_{wg} = 78\,\mu m$, $R_{eA} = R_m/2 = 125\,N/mm^2$), $p_{A2\,zul} = 37{,}4\,N/mm^2 < p_{Fg2} = 43{,}7\,N/mm^2$.
4. Nein, $t_I = -236\,°C < -196\,°C$ ($S_e = 0{,}08$ mm, $\alpha_I = -8{,}5 \cdot 10^{-6}/K$).

9.7 **1.** $U_{min} = 37\,\mu m$ ($p_F = 24{,}6\,N/mm^2$, $Q_A = 0{,}565$, $K = 2{,}75$, $E_A = 169\,000\,N/mm^2$, $\mu_A = 0{,}25$, $Z_w = 0{,}4 \cdot 10^{-3}$, $U_V \approx 11\,\mu m$).
2. $U_{max} \approx 54\,\mu m$, ($S_e = 0{,}065$ mm, $t_I = -196\,°C$, $\alpha_I = -8{,}5 \cdot 10^{-6}/K$), keine Überbeanspruchung: $p_{A\,zul} = 40{,}9\,N/mm^2 < p_{Fg} = 40{,}6\,N/mm^2$ ($R_{eA} = R_m/2 = 125\,N/mm^2$, $U_{wg} = 43\,\mu m$, $Z_{wg} = 0{,}66 \cdot 10^{-3}$).
3. Keine, das Istübermaß U_i muss zwischen U_{min} und U_{max} liegen.

9.8 **1.** $U_{min} = 203{,}5\,\mu m$ ($F_r = 33\,424$ N, $F_u = 32\,917$ N, $F_F = 50\,917$ N, $p_F = 5\,N/mm^2$, $Q_A = 0{,}85$, $Q_I = 0{,}833$, $K = 14{,}64$, $E_A = 210\,000\,N/mm^2$, $E_I = 1{,}3 \cdot 105\,000\,N/mm^2$, $U_V = 36\,\mu m$, $Z_w = 0{,}349 \cdot 10^{-3}$, $U_w = 167{,}5\,\mu m$).
2. H7/t6 mit $U_k = 297\,\mu m > U_{min}$ und $U_g = 400\,\mu m < U_{max} = 1020\,\mu m$ ($Z_{wA\,zul} = 4{,}19 \cdot 10^{-3} > Z_{wI\,zul} = 2{,}05 \cdot 10^{-3}\,\mu m = Z_{w\,zul}$, $R_{eI} = R_m = 200\,N/mm^2$, $U_{w\,zul} = 984\,\mu m$).
3. $t_A = 186{,}7\,°C$ ($S_e = 0{,}48$ mm, $\alpha_A = 11 \cdot 10^{-6}/K$).

9.9 Elastische Beanspruchung, da $p_{A\,zul} = 60{,}1\,N/mm^2 > p_{I\,zul} = 29{,}5\,N/mm^2 > p_{Fg} = 18\,N/mm^2$ ($U_g = A_{oW} = 637\,\mu m$, $A_{uB} = 0$, $U_{wg} = 601\,\mu m$, $Z_{wg} = 1{,}252 \cdot 10^{-3}$, $R_{eI} = R_m = 200\,N/mm^2$).

9.10 **1.** Nein, $p_F = 22{,}5\,N/mm^2 > p_{Fk} = 20{,}63\,N/mm^2$ ($M = 5820$ Nmm, $S_H = 1{,}8$, $F_F = 1398$ N, $Q_A = 0{,}4$, $Q_I = 0$, $K = 1{,}944$, $U_V = 6{,}4\,\mu m$, $U_k = 15\,\mu m$, $Z_{wk} = 0{,}573 \cdot 10^{-3}$).
2. Keine rein elastische Beanspruchung des Außenteils:
$p_{I\,zul} = 216{,}5\,N/mm^2 > p_{Fg} = 90\,N/mm^2 > p_{A\,zul} = 76{,}8\,N/mm^2$ ($U_g = 44\,\mu m$, $Z_{wg} = 2{,}5 \cdot 10^{-3}$), $U_{max} = 38{,}4\,\mu m$ ($Z_{wg\,zul} = 2{,}13 \cdot 10^{-3}$, $U_{wg\,zul} = 32\,\mu m$).
3. $F_e \approx 6$ kN ($\nu = 0{,}075$).

9.11 H7/u6 mit $U_k = 89\,\mu m > U_{min} = 86{,}4\,\mu m$ ($F_F = 196\,560$ N, $S_H = 1{,}8$, $p_F = 55{,}9\,N/mm^2$, $\nu = 0{,}14$, $Q_A = 0{,}526$, $Q_I = 0$, $Z_w = 0{,}736 \cdot 10^{-3}$, $U_V = 12{,}8\,\mu m$, $U_w = 73{,}6\,\mu m$), $U_g = 146\,\mu m$, $p_{I\,zul} = 226{,}1\,N/mm^2 > p_{A\,zul} = 81{,}8\,N/mm^2 < p_{Fg} = 101{,}2\,N/mm^2$ ($U_{wg} = 133{,}2\,\mu m$, $Z_{wg} = 1{,}332 \cdot 10^{-3}$),
somit elastisch-plastische Beanspruchung des Außenteils: $p_{A\,zul} = 139{,}5\,N/mm^2 > p_{Fg} = 101{,}2\,N/mm^2$ ($p_{A\,zul} = 0{,}593$, $\zeta_{zul} \approx 1{,}23$, $Z_{w\,zul} = 1{,}955 \cdot 10^{-3} > Z_{wg}$, $\zeta_g = 1{,}016$), $q_g = 0{,}012 < 0{,}3$; $t_A \approx 244\,°C$ ($S_e = 0{,}1$ mm, $\alpha_A = 11 \cdot 10^{-6}/K$).

9.12 H7/za6 mit $U_k = 196\,\mu m > U_{min} \approx 174\,\mu m$, $U_g = 245\,\mu m$, ($F_u = 72$ kN, $F_r = 172{,}72$ kN, $F_F = 380$ kN, $p_F = 205{,}7\,N/mm^2$, $Q_a = 0{,}5$, $Q_I = 0$, $p_{A\,zul} = 262{,}5\,N/mm^2 > p_F$, $p_{I\,zul} = 682{,}3\,N/mm^2 > p_F$, $\zeta \approx 1{,}08$, $q = 0{,}055 < 0{,}3$, $Z_{wk} = 2{,}63 \cdot 10^{-3}$, $U_V = 16\,\mu m$, $U_{wk} \approx 158\,\mu m$, $U_{wg} = 229\,\mu m$, $Z_{wg} = 3{,}82 \cdot 10^{-3} < Z_{w\,zul} = 3{,}87 \cdot 10^{-3}$, $\zeta_{zul} \approx 1{,}31$, $\zeta_g \approx 1{,}3 < 2$, $p_{Fg} = 260{,}9\,N/mm^2 < p_{A\,zul}$, $q_g = 0{,}23 < 0{,}3$).

10 Befestigungsschrauben

10.1 **1.** $F_{M\,max} \approx 85$ kN ($\sigma_v = 576\,N/mm^2$, $d_2 = 15{,}03$ mm, $d_S = 14{,}59$ mm, $\mu_G = 0{,}1$, $A_S = 167\,mm^2$, $\sigma_M = 509{,}4\,N/mm^2$).
2. $M_{A\,zul} \approx 236$ Nm ($\mu_K = 0{,}16$, $r_m = 10{,}38$ mm).
3. $F_{M\,min} \approx 40{,}5$ kN ($\alpha_A = 2{,}1$).

10.2 $F_{M\,max} = 199{,}6$ kN ($d_2 = 33{,}402$ mm, $d_3 = 31{,}093$ mm, $d_S = 32{,}248$ mm, $A_S = 817\,mm^2$, $\sigma_v = 270\,N/mm^2$, $\sigma_M = 244{,}3\,N/mm^2$, $\mu_G = 0{,}08$). $M_A = M_{A\,max} = 796{,}5$ Nm ($\mu_K = 0{,}08$, $r_m = 22{,}5$ mm).

10.3 **1.** $F_M \approx 123{,}1$ kN ($\sigma_v = 880\,N/mm^2$, $\mu_G = 0{,}12$, $d_2 = 18{,}376$ mm, $d_T = 15$ mm, $A_T = 177\,mm^2$).
2. $M_A \approx 330$ Nm ($P = 2{,}5$ mm, $\mu_K = 0{,}08$, $r_m = 12{,}5$ mm).
3. $f_{SM} \approx 0{,}63$ mm ($l_1 = 58$ mm, $l_2 = 130$ mm, $l_3 = 30$ mm, $l_M = 8$ mm, $A_1 = A = 314\,mm^2$, $A_2 = A_T$, $A_3 = A_K = 225\,mm^2$, $\delta_S = 0{,}00513$ mm/kN).

10.4 1. $F_M \approx 656{,}1$ kN ($\sigma_M = 594$ N/mm^2, $A_T = 1104{,}5$ mm^2), $M_A = 5759$ Nm ($r_m = 31{,}4$ mm, $D_I = 52$ mm).
2. $\delta_S \approx 1{,}083 \cdot 10^{-3}$ mm/kN ($l_1 = 88$ mm, $A_1 = A_K = 1319{,}7$ mm^2, $l_2 = 154$ mm, $l_M = 38{,}4$ mm, $A_2 = A_T$, $A = 1809{,}6$ mm^2).
3. $\delta_B \approx 0{,}017 \cdot 10^{-3}$ mm/kN ($A_B = 55091$ mm^2).
4. $\Phi_K = 0{,}0155$.
5. $F_V \approx 661$ kN ($f_Z = 5{,}3$ µm, $L_K/d = 4$, $F_Z = 4{,}83$ kN).

10.5 1. $f_{SM} \approx 0{,}521$ mm ($l_1 = 247$ mm, $A_1 = A = 5026$ mm, $l_2 = 145$ mm, $l_M = 32$ mm, $d_3 = d_K = 72{,}64$ mm, $A_K = 4144$ mm^2, $\delta_S = 0{,}431 \cdot 10^{-3}$ mm/kN, $\delta_B = 0{,}129 \cdot 10^{-3}$ mm/kN, $\Phi_K \approx 0{,}23$, $F_Z \approx 9{,}45$ kN, $f_L = 5{,}3$ µm, $L_K/d = 4$, $F_M \approx 1210$ kN).
2. $t_S \approx 130$ °C ($\alpha_A = 11 \cdot 10^{-6}$/K, $l = 424$ mm).

10.6 1. $\delta_S = 3{,}0 \cdot 10^{-3}$ mm/kN ($l_1 \approx 35$ mm, $l_2 = 21$ mm, $l_M \approx 5$ mm, $A_1 = A = 113$ mm^2, $A_2 = A_K = 76{,}3$ mm^2), $\delta_B \approx 1{,}075 \cdot 10^{-3}$ mm/kN ($A_B = 440{,}8$ mm^2, $L_1 = L_K = 45$ mm), $\Phi_K \approx 0{,}264$.
2. $F_{V\,max} \approx 40{,}3$ kN ($F_{M\,max} = 41{,}5$ kN, $\mu_G = 0{,}1$, $F_Z \approx 1{,}23$ kN, $f_Z \approx 5$ µm, $L_K/d = 3{,}75$), $F_{V\,min} \approx 24{,}7$ kN ($F_{M\,min} \approx 26$ kN, $\alpha = 1{,}6$), $M_A = 87$ Nm ($\mu_K = 0{,}14$).
3. $\sigma_{sa} = 39{,}1$ N/mm^2 < 64 N/mm^2 ($F_{SA} = 3{,}3$ kN, $n = 0{,}5$).
4. $F_S = F_{S\,max} = 43{,}6$ kN, $F_K = 3$ kN ($F_{S\,min} = 28$ kN).
5. $p_B = 488{,}2$ N/mm^2 $< p_{B\,zul} = 516$ N/mm^2 ($A_P = 89{,}3$ mm^2, $R_{p0,2} = 430$ N/mm^2).

10.7 1. $\delta_S \approx 3{,}78 \cdot 10^{-3}$ mm/kN ($l_1 \approx 15$ mm, $l_2 = 30$ mm, $l_3 = 11$ mm), $\Phi_K = 0{,}221$, $F_{V\,max} \approx 28$ kN ($F_Z = 1{,}03$ kN, $F_{M\,max} = 29$ kN), $M_A = 60$ Nm, $\sigma_{sa} = 43{,}4$ N/mm^2 ($F_{SA} = 2{,}76$ kN), $F_S \approx 30{,}8$ kN, $F_K = -5{,}1$ kN unzulässig, Bauteil würde abheben, Kontrolle von p_B entfällt somit $F_{S\,min} \approx 19{,}9$ kN).
2. $F_{V\,max} \approx 41{,}5$ kN ($F_{M\,max} = 42{,}5$ kN), $M_A = 88$ Nm, $\sigma_{sa\,zul} = 94$ N/mm^2, $F_{S\,max} \approx 44{,}3$ kN, $F_K = 3{,}3$ kN ($F_{S\,min} \approx 28{,}3$ kN), $p_B = 863{,}5$ N/mm^2 > 516 N/mm^2 ($A_P = 51{,}3$ mm^2).

10.8 1. $F_A = 60$ kN, M 24 ($F_{M\,max} = F_{M\,zul} = 188$ kN bei $\mu_G = 0{,}08$).
2. $\alpha_A = 1{,}5$, $F_{M\,min} = 125{,}3$ kN.
3. $\Phi_K \approx 0{,}41$ ($l = 145$ mm, $b = 36$ mm, $l_1 = 73$ mm, $l_2 = 36$ mm, $l_M \approx 19$ mm), $\delta_S \approx 1{,}5 \cdot 10^{-3}$ mm/kN, $\delta_B = 1{,}05 \cdot 10^{-3}$ mm/kN.
4. $F_Z = 1{,}95$ kN ($f_Z \approx 5$ µm, $L_K/d \approx 3{,}5$).
5. $F_{SA} = 17{,}22$ kN.
6. $F_K = 80{,}6$ kN ($F_{V\,min} = 123{,}4$ kN, $F_{S\,min} \approx 140{,}6$ kN).
7. $\sigma_{sa} = 48{,}9$ N/mm^2, $p_B = 513{,}6$ N/mm^2 ($F_{S\,max} = 203{,}3$ kN, $A_p = 395{,}8$ mm^2).
8. Ja, $F_K \gg 0$, d. h. Abheben der Bauteile ist ausgeschlossen, $\sigma_{sa} < 0{,}1 R_{p0,2} = 64$ N/mm^2, $p_B < p_{B\,zul} = 600$ N/mm^2, $M_A = M_{A\,zul} = 600$ Nm.

10.9 1. $F_A \approx 12{,}57$ kN, M 12 ($F_{M\,zul} = 36{,}5$ kN $< 37{,}7$ kN, $\mu_G = 0{,}16$).
2. $\alpha_A = 1{,}6$.
3. $F_K \approx 2{,}16$ kN ($A_D = 8620$ mm^2).
4. $\Phi_K = 0{,}133$ ($l_1 \approx 10$ mm, $l_2 = 13$ mm, $l_M \approx 5$ mm, $\delta_S = 1{,}44 \cdot 10^{-3}$ mm/kN, $A_B = 260$ mm^2, $\delta_B = 0{,}22 \cdot 10^{-3}$ mm/kN).
5. $F_Z \approx 2{,}0$ kN ($f_Z = 3{,}3$ µm, $L_K/d = 1$).
6. $F_{M\,max} = 25{,}68$ kN $< F_{M\,zul}$ ($F_{BA} = 11{,}73$ kN).
7. $M_A \approx 58$ Nm (bei $\mu_G = 0{,}16$) $< M_{A\,zul} = 79$ Nm (bei $\mu_G = 0{,}12$ und $\mu_K = 0{,}12$).
8. $\sigma_{sa} = 9{,}9$ N/mm^2 $< \sigma_{sa\,zul} = 64$ N/mm^2 ($F_{SA} = 836$ N), $\sigma_a = 5{,}78$ N/mm^2 $< \sigma_{a\,zul} = 45$ N/mm^2 ($F_a = 418$ N, $\sigma_A \approx 50$ N/mm^2), $p_B = 244$ N/mm^2 $< p_{B\,zul} = 500$ N/mm^2 ($F_{S\,max} \approx 24{,}5$ kN, $A_p = 100{,}5$ mm^2).
9. Nein.
10. Ja, $m = 13$ mm $> 0{,}9d = 10{,}8$ mm ($d/P = 6{,}86 < 9$).

10.10 1. $F_{M\,max} \approx 33{,}13$ kN ($\sigma_M = 627{,}4$ N/mm^2), $M_A \approx 65{,}7$ Nm.
2. Ja, $F_K = 9{,}78$ kN > 0 ($l_1 = 14$ mm, $l_2 = 62$ mm, $l_G = 5$ mm, $l_K = l_M = 4$ mm, $\delta_S = 7{,}3 \cdot 10^{-3}$ mm/kN, $\delta_B = 1{,}9 \cdot 10^{-3}$ mm/kN, $\Phi_K \approx 0{,}21$, $F_Z = 0{,}74$ kN, $f_Z = 6{,}7$ µm, $L_K/d = 8$, $F_A = 14$ kN, $F_{SA} = 0{,}88$ kN, $F_{M\,min} = 23{,}66$ kN, $F_{V\,min} \approx 22{,}9$ kN, $F_{S\,min} = 23{,}78$ kN).
3. Ja, $\sigma_{sa} \approx 16{,}7$ N/mm^2 $< \sigma_{sa\,zul} = 94$ N/mm^2 ($R_{p0,2} = 940$ N/mm^2), $\sigma_a = 6{,}8$ N/mm^2 $< \sigma_{a\,zul} = 45$ N/mm^2 ($F_a = 0{,}44$ kN), $p_B = 222$ N/mm^2 $< p_{B\,zul} = 600$ N/mm^2 ($F_{S\,max} \approx 33{,}3$ kN, $F_{V\,max} = 32{,}39$ kN).

10.11 Ja, $F_K = 0{,}58\,\text{kN} > 0$ ($F_{M\,max} = 6{,}36\,\text{kN}$, $F_{M\,min} \approx 1{,}6\,\text{kN}$, $F_{V\,min} = 1\,\text{kN}$, $F_A = 0{,}7\,\text{kN}$, $F_{SA} = 0{,}28\,\text{kN}$), $\sigma_{sa} = 19{,}7\,\text{N/mm}^2 < \sigma_{sa\,zul} = 64\,\text{N/mm}^2 = 0{,}1 R_{p0,2}$, $p_B \approx 256\,\text{N/mm}^2 < p_{B\,zul} = 850\,\text{N/mm}^2$ ($F_{S\,max} = 6{,}04\,\text{kN} < 0{,}8 R_{p0,2} \cdot A_S = 7{,}27\,\text{kN}$, $F_{V\,max} = 5{,}76\,\text{kN}$, $A_p = 23{,}56\,\text{mm}^2$).

10.12 Nein, $\sigma_{a\,zul} \approx 21\,\text{N/mm}^2 > \sigma_a \approx 18\,\text{N/mm}^2$ ($F_A = F_{SA} \approx 98{,}1\,\text{kN}$, $F_a = 49{,}05\,\text{kN}$, $d_3 = 59{,}1\,\text{mm}$, $A_K = 2743\,\text{mm}^2$).

10.13 **1.** M 20 mit $F_{M(8.8)} = 121\,\text{kN}$ ($F_K = F_{V\,min} = 30\,\text{kN}$, $F_{M\,min} = 33\,\text{kN}$, $F_{M\,max} = 56{,}1\,\text{kN}$, $\alpha_A = 1{,}7$).
2. $M_A \approx 179\,\text{NM}$ ($r_m = 12{,}6\,\text{mm}$).

10.14 M 8 mit $A_S = 36{,}6\,\text{mm}^2 > A_{S\,erf} \approx 33{,}3\,\text{mm}^2$, erforderlich 5.8 mit $R_e = 420\,\text{N/mm}^2$ ($\sigma_V = 280\,\text{N/mm}^2$).

10.15 Ausreichend, $\sigma = 56\,\text{N/mm}^2 < \sigma_{zul} = 74{,}8\,\text{N/mm}^2$, $R_e = 340\,\text{N/mm}^2 > 270\,\text{N/mm}^2$ ($\sigma_V = 180\,\text{N/mm}^2$).

10.16 **1.** $F_A = 21\,\text{kN}$, gewählt M 20 mit $A_S = 245\,\text{mm}^2 > A_{S\,erf} \approx 168\,\text{mm}^2$.
2. $F_V \approx 44{,}1\,\text{kN}$ ($\sigma_V = 180\,\text{N/mm}^2$).
3. $F_S \approx 52{,}5\,\text{kN}$ ($F_{SA} \approx 8{,}4\,\text{kN}$), $F_K \approx 31{,}5\,\text{kN}$.
4. Ja, $R_e = 480\,\text{N/mm}^2 > 270\,\text{N/mm}^2$.

10.17 **1.** $F_A \approx 3{,}2\,\text{kN}$ ($d_m = 125\,\text{mm}$).
2. Ja, $F_K = 25{,}9\,\text{kN}$ ($F_V = 28{,}3\,\text{kN}$, $F_{BA} = 2{,}4\,\text{kN}$), $p_D \approx 21{,}1\,\text{N/mm}^2 > 10\,\text{N/mm}^2$ ($A_D = 9817\,\text{mm}^2$).
3. 5.8 mit $R_e = 420\,\text{N/mm}^2 > R_{e\,erf} = 371\,\text{N/mm}^2$ ($F_{SA} = 0{,}8\,\text{kN}$, $F_S = 29{,}1\,\text{kN}$).

10.18 **1.** Ja, $F_{V\,erf} = 11{,}5\,\text{kN} < F_V = 23{,}6\,\text{kN}$.
2. Ja, $\sigma_V = 280\,\text{N/mm}^2 > \sigma_{V\,zul} = 180\,\text{N/mm}^2$.
3. 6.8 mit $R_e = 480\,\text{N/mm}^2 > R_{e\,erf} = 467\,\text{N/mm}^2$.
4. $M_A = 25{,}5\,\text{Nm}$ ($r_m = 7{,}525\,\text{mm}$).
5. Nein, $\sigma_V \approx 173\,\text{N/mm}^2 < \sigma_{v\,zul} = 210\,\text{N/mm}^2$ ($\sigma_M = 136{,}4\,\text{N/mm}^2$).

10.19 **1.** $F_Q \approx 8{,}93\,\text{kN}$.
2. $\tau_a = 39{,}3\,\text{N/mm}^2$ ($A = 227\,\text{mm}^2$, $m = 1$), $\sigma_l = 23{,}9\,\text{N/mm}^2$.
3. Ja, $\tau_{a\,zul} = 120\,\text{N/mm}^2 > \tau_a$ und $\sigma_{l\,zul} = 2 \cdot 0{,}6 \cdot 200\,\text{N/mm}^2 = 240\,\text{N/mm}^2 > \sigma_l$.

10.20 Ja, $\tau_{a\,zul} = 150\,\text{N/mm}^2 > \tau_a = 27{,}9\,\text{N/mm}^2$ ($F_Q \approx 3{,}7\,\text{kN}$, $A = 132{,}7\,\text{mm}^2$) und für St 37 mit $R_m = 370\,\text{N/mm}^2$ ist $\sigma_{l\,zul} \approx 222\,\text{N/mm}^2 > \sigma_l = 23{,}7\,\text{N/mm}^2$ ($s = 12\,\text{mm}$).

10.21 **1.** Ja, $\tau_{a\,zul} = 300\,\text{N/mm}^2 > \tau_a = 103{,}1\,\text{N/mm}^2$ ($F_Q = 4753\,\text{N}$, $A = 46{,}1\,\text{mm}^2$) und für G-CuSn14Ni mit $R_e = 160\,\text{N/mm}^2$ ist $\sigma_{l\,zul} = 144\,\text{N/mm}^2 > \sigma_l = 16{,}6\,\text{N/mm}^2$.
2. Ja, $\tau_{a\,zul} = 150\,\text{N/mm}^2 > \tau_a = 74{,}7\,\text{N/mm}^2$ ($A = 63{,}6\,\text{mm}^2$) und $\sigma_{l\,zul} = 144\,\text{N/mm}^2 > \sigma_l = 27{,}8\,\text{N/mm}^2$.

10.22 Ja, $\tau_{a\,zul} = 0{,}4 \cdot 275\,\text{N/mm}^2 = 110\,\text{N/mm}^2 > \tau_a = 7{,}4\,\text{N/mm}^2$ ($F_Q = 2504\,\text{N}$, $A \approx 337\,\text{mm}^2$) und $\sigma_{l\,zul} = 0{,}9 \cdot 200\,\text{N/mm}^2 = 180\,\text{N/mm}^2 > \sigma_l = 8{,}4\,\text{N/mm}^2$.

10.23 **1.** $F_Q = 6944\,\text{N}$.
2. $F_{V\,min} = 57\,870\,\text{N}$ ($S_H = 1{,}5$, $m = 1$).
3. DIN 912 – M 20 × 100-8.8 mit $F_{M\,zul} = 126\,\text{kN} > F_{M\,max} = 112\,\text{kN}$, ($F_{M\,min} \approx 70\,\text{kN}$, $\mu_G = 0{,}1$).
4. $M_A = 312{,}6\,\text{Nm}$ ($\mu_k = 0{,}1$, $r_m = 13{,}25\,\text{mm}$).
5. Ja, $p_B \approx 343\,\text{N/mm}^2 < p_{B\,zul} \approx 400\,\text{N/mm}^2$ geschätzt für S275 ($A_P = 291{,}4\,\text{mm}^2$, $D_K = 30\,\text{mm}$, $D_l = 23\,\text{mm}$, $F_S = 100\,\text{kN}$).

10.24 $i = 8 > i_{erf} \approx 7{,}7$ ($F_M = 8{,}06\,\text{kN}$ bei 5.6 und $\mu_G = 0{,}12$, $F_{V\,max} = 6{,}06\,\text{kN}$, $F_{V\,min} = 3{,}04\,\text{kN}$, $F_Q = 389\,\text{N}$), $M_A \approx 9{,}13\,\text{Nm}$ ($\mu_K = 0{,}08$, $r_m = 5{,}4\,\text{mm}$).

10.25 **1.** Ja, $S_H \approx 4{,}83 > 1{,}8$ ($\sigma_V = 280\,\text{N/mm}^2$, $F_V \approx 23{,}6\,\text{kN}$, $F_Q \approx 391\,\text{N}$).
2. 6.8 mit $R_e = 480\,\text{N/mm}^2 > R_{e\,erf} = 420\,\text{N/mm}^2$.

10.26 **1.** $\Phi_K = 0{,}133$ ($l_1 = 45{,}6$ mm, $l_2 = 40$ mm, $l_M = 9{,}6$ mm, $\delta_S = 1{,}17 \cdot 10^{-3}$ mm/kN, $A_B \approx 1697$ mm^2, $\delta_B = 0{,}18 \cdot 10^{-3}$ mm/kN).
2. $F_Z \approx 3{,}41$ kN ($f_Z \approx 4{,}6$ µm).
3. $F_{V\,min} \approx 97{,}2$ kN ($F_{M\,min} = 100{,}63$ kN, $\mu_G = 0{,}16$).
4. $F \approx 67{,}3$ kN ($S_H = 1{,}3$, $F_Q \approx 22{,}43$ kN).
5. $M_A \approx 650{,}6$ Nm ($r_m = 15{,}15$ mm).

10.27 **1.** M 12 mit $F_{M\,zul} = 59$ kN $> F_{M\,max} = 48{,}9$ kN.
2. $\Phi_K \approx 0{,}157$ ($l_1 = l_M = 5$ mm, $l_2 = 17$ mm, $A_1 = 113$ mm^2, $A_2 = A_K = 76{,}3$ mm^2, $\delta_S = 1{,}48 \cdot 10^{-3}$ mm/kN, $\delta_B = 0{,}276 \cdot 10^{-3}$ mm/kN, $A_B = 190$ mm^2), $F_Z = 1{,}88$ kN ($L_K/d \approx 1$).
3. Ja, $F_K \approx 13{,}7$ kN $> F_{K\,erf} = 13{,}3$ kN ($F_{M\,min} = 30{,}6$ kN, $F_{AB} = 15{,}02$ kN, $S_H = 1{,}3$, $m = 1$).
4. Ja, $\sigma_{sa} = 15{,}2$ N/mm^2 $< 0{,}1 R_{p0,2} = 94$ N/mm^2 ($F_{SA} = 1{,}28$ kN).
5. Ja, $p_{B\,zul} = 300$ N/mm^2 $< p_B = 844$ N/mm^2 ($F_{S\,max} \approx 48{,}73$ kN, $F_{V\,max} = 46{,}7$ kN, $A_p = 89{,}34$ mm^2, $D_{IK} = 14{,}5$ mm), Scheiben unterlegen.
6. $M_A \approx 96{,}4$ Nm ($r_m = 7{,}8$ mm).

10.28 Verbindung ausreichend, da erforderlich $F_{M\,max} \approx 147{,}2$ kN $< F_{M\,zul} = 186$ kN ($\mu_G = \mu_K = 0{,}08$, $F_Q = 5{,}5$ kN, $S_H = 1{,}5$, $F_{k\,erf} = 45{,}83$ kN, $F_L = 9{,}53$ kN, $F_2 = 4{,}1$ kN, $F_A = 13{,}6$ kN, $F_{SA} = 3{,}26$ kN, $F_{BA} = 10{,}34$ kN, $F_Z \approx 2{,}7$ kN), $\sigma_{sa} = 13{,}3$ N/mm^2 $< 0{,}1 R_{p0,2} = 94$ N/mm^2, $\sigma_a = 7{,}3$ N/mm^2 $< \sigma_{a\,zul} = 36$ N/mm^2 ($F_a \approx 1{,}632$ kN, $F_{V\,max} = 144{,}5$ kN, $F_{S\,max} = 147{,}8$ kN), $p_B = 706{,}8$ N/mm^2 $< p_{B\,zul}$ ($A_p = 209{,}1$ mm^2), $M_A \approx 335$ Nm ($r_m = 12{,}8$ mm).

10.29 **1.** Ja, $\tau_a = 124$ N/mm^2 $< \tau_{a\,zul} = 160$ N/mm^2 und $\sigma_l = 211{,}5$ N/mm^2 $< \sigma_{l\,zul} = 360$ N/mm^2.
2. 10 Schrauben (je Hälfte $i_{erf} \approx 4{,}6$, $F_{Q\,zul} = 28{,}5$ kN), $\sigma_l \approx 183$ N/mm^2 $< \sigma_{l\,zul} = 320$ N/mm^2.

10.30 **1.** Ja, $\sigma_z = 161{,}8$ N/mm^2 $> \sigma_{z\,zul} = 110$ N/mm^2 ($F_A \approx 25{,}4$ kN).
2. $a \approx 226$ mm ($F_{A\,zul} = 17{,}27$ kN $= F_1$).
3. Nein, da $d_{1\,max} = 17$ mm für U 120.

10.31 M 16 mit $A = 227$ mm^2 $> A_{erf} = 137{,}9$ mm^2 ($\tau_{a\,zul} = 280$ N/mm^2), $\sigma_l = 227$ N/mm^2 $< \sigma_{l\,zul} = 420$ N/mm^2 ($d = 17$ mm, $s = 10$ mm).

10.32 Verbindung ausreichend bemessen: $\tau_a = 207{,}5$ N/mm^2 $< \tau_{a\,zul} = 240$ N/mm^2 ($F_x = F_y = 88{,}4$ kN, $F_l = F_q = 44{,}2$ kN, $F_b = 138{,}1$ kN, $F_Q = 187{,}6$ kN), $\sigma_l = 390{,}8$ N/mm^2 $< \sigma_{l\,zul} = 570$ N/mm^2 ($d = 24$ mm, $M_A = 550$ Nm).

10.33 Verbindung ausreichend bemessen: $F_{A2} = 30{,}2$ kN $< F_{A1} = 60{,}8$ kN $< F_{A\,zul} = 133$ kN, $F_{GVZ1\,zul} + F_{GVZ2\,zul} = 48{,}2$ kN $+ 62{,}2$ kN $= 110{,}4$ kN $> F_x = 69{,}3$ kN ($F_y = 40$ kN, $F_1 \approx 40{,}8$ kN, $F_2 \approx 10{,}2$ kN, $F_L = 20$ kN, $\mu = 0{,}5$, $S_H = 1{,}25$, $F_{GV\,zul} = 76$ kN), $M_A = 650$ Nm.

10.34 Verbindung ausreichend bemessen: $F_{A2} = 10$ kN $< F_{A1} = 86$ kN $< F_{A\,zul} = 0{,}8 \cdot 160$ kN $= 128$ kN ($a_1 = 430$ mm, $a_2 = 50$ mm, $F_Q = F/i = 62{,}5$ kN $< F_{GVPZ\,zul} = 92{,}4$ kN ($F_{SLP\,zul} = 110{,}85$ kN, $F_{GV\,zul} = 80$ kN, $F_V = 160$ kN, $\mu = 0{,}55$, $S_H = 1{,}1$).

11 Bewegungsschrauben

11.1 **1.** $\eta_A = 0{,}368$, $\eta_R = 0{,}693$, $\eta = 0{,}241$ ($P_h = P = 7$ mm, $d_2 = 36{,}5$ mm, $\alpha = 3{,}49°$, $\beta_N = 14{,}97°$, $\varrho_G = 5{,}91°$).
2. Ja, da $\varrho_G > \alpha$, deshalb η_R negativ.
3. $F_{hA} \approx 170$ N, $F_{hR} = 87{,}2$ N ($F_A = 29{,}43$ kN, $M_A = 136$ Nm, $M_R = 69{,}8$ Nm).
4. Nein, $\sigma_{v\,zul} = 68$ N/mm^2 $< \sigma_v = 43{,}5$ N/mm^2 ($d_3 = 32$ mm, $A_K = 804$ mm^2, $\sigma = 36{,}6$ N/mm^2, $T = M_{GA} = 88{,}92$ Nm, $\tau_t = 13{,}6$ N/mm^2).
5. Ja, $S_K = 3{,}62 > 3$ ($\lambda = 125 > 90$).
6. Ja, $p = 14{,}3$ N/mm^2 $< p_{zul} \approx 20$ N/mm^2.

11.2 **1.** $F_A \approx 20{,}96$ kN ($M_A = 75$ Nm, $d_2 = 26{,}5$ mm, $\alpha = 2{,}06°$, $\beta_N = 14{,}99°$, $\varrho_G = 4{,}73°$).
2. Ja, da $\varrho_G > \alpha$ und $\sigma_v = 48{,}5$ N/mm^2 $< \sigma_{v\,zul} = 104$ N/mm^2 ($d_3 = 24{,}5$ mm, $A_K = 471$ mm^2, $\sigma = 44{,}4$ N/mm^2, $M_{GA} = T = 33\,067$ Nmm, $\tau_t = 11{,}2$ N/mm^2) sowie $S_K \approx 7 > 1{,}7$ ($\lambda = 62 < 90$).
3. $m \approx 33{,}5$ mm ($d_2 = 26{,}5$ mm, $p_{zul} = 20$ N/mm^2).
4. $F_{hR} \approx 366$ N ($M_R = 54{,}88$ Nm).

11.3 **1.** Tr 40 × 10 ($d = 40$ mm $> d_{erf} = 37{,}7$ mm, $P_h = P = 10$ mm).
2. $\sigma_v = 57{,}3\,N/mm^2 < \sigma_{v\,zul} = 74{,}1\,N/mm^2$ ($d_3 = 29$ mm, $\sigma = 48{,}4\,N/mm^2$, $d_2 = 35$ mm, $\alpha = 5{,}2°$, $\beta_N = 14{,}94°$, $\varrho_G = 3{,}55°$, $T = M_{GA} = 86{,}2$ Nm, $\tau_t = 17{,}7\,N/mm^2$), $S_K = 3{,}5 > 2{,}6$ ($\lambda = 110{,}3 > 90$, Euler), Spindel ausreichend bemessen.
3. $m \approx 52$ mm ($p_{zul} = 15\,N/mm^2$).
4. $\eta \approx 0{,}48$ ($\mu_L \approx 0{,}03$, $D_L = 42$ mm).
5. $P_{Mot} = 936$ W ≈ 1 kW ($M_A = 106{,}4$ Nm).

11.4 Ja, $\sigma_v \approx 107\,N/mm^2 < \sigma_{v\,zul} = 117{,}5\,N/mm^2$, $p \approx 8\,N/mm^2 < p_{zul} = 15\,N/mm^2$ ($d_2 = 17$ mm, $d_3 = 13{,}06$ mm, $\alpha = 16{,}68°$, $\beta_N = 2{,}87°$, $\varrho_G = 4{,}58°$, $M_A = 25$ Nm, $F_A \approx 6{,}05$ kN, $\sigma \approx 45{,}1\,N/mm^2$, $\tau_t = 56{,}1\,N/mm^2$), $\lambda \approx 49 < 50$, d. h. Kontrolle von S_K nicht erforderlich.

11.5 **1.** $F_A = 14{,}8$ kN ($M_{GA} = 24$ Nm, $d_2 \approx 18{,}7$ mm, $P_h = P = 2$ mm, $\alpha_1 = 1{,}95°$, $\beta_N \approx 30°$, $\varrho_G \approx 7{,}9°$).
2. Nein, $\sigma_v = 88{,}6\,N/mm^2 < \sigma_{v\,zul} = 100\,N/mm^2$ ($\sigma = 61{,}2\,N/mm^2$, $\tau_t = 37\,N/mm^2$).
3. $l_{max} \approx 250$ mm, $\lambda \approx 114 > 90$ (d. h. nach Euler).
4. $m \approx 42$ mm.

12 Welle-Nabe-Verbindungen

12.1 **1.** $M = 32{,}5$ Nm, $F_u = 2{,}6$ kN.
2. $p = 45{,}1\,N/mm^2$ ($t_2 = 2{,}4$ mm, $l_t = 24$ mm).
3. Nein, $p_{zul} = 66\,N/mm^2 > p$.

12.2 $b \times h = 25$ mm × 14 mm, $l_t = 44{,}7$ mm ≈ 45 mm ($M = 597$ Nm, $F_u = 13\,267$ N, $t_2 = 4{,}4$ mm, $p_{zul} = 67{,}5\,N/mm^2$).

12.3 Ja, $p = 13{,}8\,N/mm^2 < p_{zul} = 15\,N/mm^2$ ($F_u = 968$ N).

12.4 **1.** $M = 110{,}8$ Nm ($p_{zul} = 90\,N/mm^2$, $F_u = 7385$ N)
2. Ja, $M = 25{,}2$ Nm $< 110{,}8$ Nm.

12.5 Ja, $p = 80\,N/mm^2 < p_{zul} = 105\,N/mm^2$ ($F_u = 80$ kN).

12.6 $l_1 = l_2 = 21$ mm ($F_u = 30$ kN, $p_{zul} = 90\,N/mm^2$).

12.7 **1.** $b \times h = 25$ mm × 14 mm, $l_t = 45$ mm.
2. Ja, $p_{zul} = 105\,N/mm^2 < p = 133{,}3\,N/mm^2$ ($F_u = 30$ kN, $t_1 = 9$ mm).
3. $l = 85$ mm ($l_{erf} = 82$ mm, $l_{t\,erf} \approx 57$ mm).

12.8 Nein, $p_{zul} = 63\,N/mm^2 > p = 59{,}5\,N/mm^2$ ($b \times h = 12$ mm × 6 mm, $t_1 = 3{,}9$ mm, $l_t = 40$ mm, $F_u = 5$ kN).

12.9 Ja, $p_{zul} = 54\,N/mm^2 > p = 48{,}5\,N/mm^2$ ($b \times h = 14$ mm × 9 mm, $t_1 = 6{,}5$ mm, $l_t = 66$ mm, $F_u = 8$ kN).

12.10 **1.** $l = 28$ mm ($p_{zul} = 63\,N/mm^2$, $F_u = 3429$ N, $b \times h = 10$ mm × 8 mm, $t_1 = 5$ mm, $l_{l\,erf} = 18$ mm).
2. Ja, $p = 39{,}2\,N/mm^2 < p_{zul}$ ($h = 11$ mm, $t_1 = 7{,}8$ mm, $l_t = 27{,}35$ mm).

12.11 Ja, $p \approx 25\,N/mm^2 < p_{zul} = 37{,}5\,N/mm^2$ ($r_m = 13$ mm, $h = 3$ mm, $k = 0{,}9$, $F_u = 13\,462$ N).

12.12 Ja, $p = 12{,}1\,N/mm^2 < p_{zul} = 90\,N/mm^2$ ($r_m = 24{,}5$ mm, $h = 3$ mm, $F_u = 6531$ N).

12.13 $l_{t1} = 85{,}1$ mm ($F_{u1} = 68\,923$ N, $r_m = 32{,}5$ mm, $i = 8$, $h = 3$ mm, $k = 0{,}75$, $p_{zul} = 45\,N/mm^2$), $l_{t2} = 34{,}2$ mm ($F_{u2} = 27\,692$ N), $l_{t3} = 16$ mm ($F_{u3} = 12\,923$ N).

12.14 Nein, $p_{zul} = 37{,}5\,N/mm^2 > p = 16\,N/mm^2$ ($z = 32$, $d_2 = 94$ mm, $d_3 = 99{,}4$ mm, $r_m = 48{,}35$ mm, $h = 2{,}7$ mm, $F_u \approx 4137$ N).

12.15 Ja, $p = 12{,}6\,N/mm^2 < p_{zul} = 37{,}5\,N/mm^2$ ($z = 65$, $d_2 = 95$ mm, $d_3 = 100$ mm, $r_m = 48{,}75$ mm, $h = 2{,}5$ mm, $F_u \approx 4103$ N).

12.16 $l_t = 8{,}6$ mm ($z = 16$, $d_2 = 19{,}5$ mm, $d_3 = 21{,}75$ mm, $r_m \approx 10{,}3$ mm, $h = 1{,}125$ mm, $k = 0{,}75$, $F_u = 4854$ N, $p_{zul} = 42$ N/mm^2).

12.17 **1.** $l_t = 31$ mm ($z = 35$, $d_2 = 26{,}5$ mm, $d_3 = 30$ mm, $r_m = 14{,}125$ mm, $h = 1{,}75$ mm, $F_u \approx 21\,240$ N, $k = 0{,}5$, $p_{zul} = 22{,}5$ N/mm^2).
2. Nein, $p = 36{,}5$ N/mm$^2 > p_{zul}$ ($z = 22$, $d_2 = 27{,}5$ mm, $d_3 = 29{,}75$ mm, $r_m \approx 14{,}3$ mm, $h = 1{,}125$ mm, $F_u = 20\,980$ N).

12.18 $F = 892$ N ($z = 32$, $d_2 = 14{,}9$ mm, $d_3 = 17{,}2$ mm, $r_m \approx 8$ mm, $h = 1{,}15$ mm, $k = 0{,}5$, $p_{zul} = 31{,}5$ N/mm^2, $F_u = 5796$ N, $M \approx 46{,}4$ Nm).

12.19 Ja, $p = 19$ N/mm$^2 < p_{zul} = 112{,}5$ N/mm^2 ($d_1 = 50$ mm, $e_1 = 1{,}8$ mm).

12.20 **1.** Ja, $p = 77{,}8$ N/mm$^2 < p_{zul} = 90$ N/mm^2 ($d_r = 34$ mm, $e = 5$ mm, $e_r = 1$ mm, $l_t = 25$ mm).
2. $l_t \approx 29$ mm ($p_{zul} = 67{,}5$ N/mm^2).

12.21 Ausreichend $l_t = 40$ mm $> l_{t\,erf} = 11{,}1$ mm ($d_1 = 40$ mm, $e_1 = 1{,}4$ mm, $p_{zul} = 67{,}5$ N/mm^2, $M \approx 159{,}2$ Nm).

12.22 **1.** $p_F \approx 127$ N/mm^2 ($F_V \approx 30{,}06$ kN, $D_F = 23{,}8$ mm, $\varrho \approx 4{,}6°$).
2. $M = 120{,}5$ Nm ($F_F \approx 18{,}23$ kN, $F_u = 10{,}13$ kN).
3. Innenteil ja: $p_{I\,zul} = 264{,}6$ N/mm$^2 > p_F$ ($R_{eI} = 275$ N/mm^2), Außenteil nein: elastisch-plastische Beanspruchung, jedoch zulässig, da $p_{A\,zul} = 181{,}7$ N/mm$^2 > p_F$ ($Q_A = 0{,}433$, $R_{eA} = 235$ N/mm^2) und $q \approx 0{,}02 < 0{,}3$ ($p_F/R_{eA} = 0{,}54$, $\zeta = 1{,}04$ geschätzt nach Tab. 9.4).

12.23 **1.** $p_F = 66{,}7$ N/mm^2 ($d_2 = 69{,}4$ mm, $F_{M\,max} \approx 610$ kN, $F_{M\,min} \approx 381$ kN, $F_{V\,min} \approx 370$ kN, $F_Z \approx 11{,}4$ kN, $D_F = 94$ mm).
2. Ja, $S_H = 1{,}95 > 1{,}5$ ($F_F \approx 248{,}4$ kN, $F_u = 127{,}7$ kN).
3. Ja, $p_{A\,zul} = 80{,}7$ N/mm$^2 > p_F$ ($Q_A = 0{,}52$, $R_{eA} = 230$ N/mm^2), $p_{I\,zul} = 235{,}8$ N/mm$^2 > p_F$ ($Q_I = 0$, $R_{eI} = 245$ N/mm^2).
4. Nein, Außenteil jedoch zulässige elastisch-plastische Beanspruchung: $p_{A\,zul} = 138{,}9$ N/mm$^2 > p_{F\,max} = 107{,}8$ N/mm^2 ($F_{V\,max} \approx 599$ kN) und $q = 0{,}06 < 0{,}3$ ($p_{F\,max}/R_{eA} \approx 0{,}47$, $\zeta \approx 1{,}08$ geschätzt nach Tab. 9.4).

12.24 $M_A \approx 397$ Nm ($D_F = 56{,}5$ mm, $F_u = 14\,160$ N, $F_F = 25\,488$ N, $p_F \approx 20{,}5$ N/mm^2, $F_V \approx 39{,}9$ kN. $F_{M\,min} = 44{,}3$ kN, $F_{M\,max} = 70{,}9$ kN, $d_2 = 40{,}05$ mm, elastische Beanspruchung: $p_{A\,zul} = 137{,}3$ N/mm$^2 > p_{F\,max} \approx 34{,}2$ N/mm^2 ($F_{V\,max} = 66{,}5$ kN, $Q_A \approx 0{,}43$), $R_{eI} = 265$ N/mm^2, $p_{I\,zul} = 255$ N/mm$^2 > p_{F\,max}$.

12.25 Bei $F_V = 7{,}1$ kN ist $S_H \approx 2{,}7 > 1{,}8$ ($0{,}3\sigma_V \approx 84$ N/mm^2, $D_F \approx 36{,}3$ mm, $\alpha/2 + \varrho \approx 10°$, $p_F = 11{,}8$ N/mm^2, $F_F = 2019$ N, $M = 13{,}64$ Nm, $F_u = 752$ N), elastische Beanspruchung: $p_{A\,zul} = 26{,}4$ N/mm$^2 > p_{F\,max} \approx 17{,}7$ N/mm^2 ($Q_A \approx 0{,}56$).

12.26 **1.** M 12 mit $F_{M\,zul} = 40$ kN > 38 kN ($M_F = 1120$ Nm, $k = 1{,}55$, $p_1 = 103$ N/mm^2, $F_0 = 27{,}4$ kN, $c = 1060$ mm^2, $F_V = 34\,145$ N, $i = 4$).
2. $M_A = 79$ Nm.
3. Ja, $p_{I\,zul} = 264{,}6$ N/mm$^2 > p_I = 110$ N/mm^2 ($F_V = 36$ kN, $R_{eI} = 275$ N/mm^2), $p_{A\,zul} = 116$ N/mm$^2 > p_A = 97$ N/mm^2 ($R_{eA} = 400$ N/mm^2, $Q_A \approx 0{,}63$).

12.27 **1.** $M_A \approx 70$ Nm ($\sigma_v = 301{,}5$ N/mm^2, $\sigma_M = 238{,}3$ N/mm^2).
2. $M \approx 26{,}2$ Nm ($M_F \approx 52{,}3$ Nm, $F_V \approx 24{,}2$ kN, $p_I \approx 67$ N/mm^2).
3. elastisch, da $p_{I\,zul} \approx 322$ N/mm$^2 > p_I$.
4. $R_{eA} = 219{,}4$ N/mm^2 ($Q_A = 0{,}667$, $p_A \approx 58{,}6$ N/mm^2).

12.28 $D = 84$ mm, $L = 14$ mm, Verbindung ausreichend bei $M_A = 46$ Nm, da $M_F = 1470$ Nm $> 2M = 1432{,}4$ Nm ($i = 6$, $F_V = 24{,}75$ kN, $p_I = 73{,}5$ N/mm^2, $k = 1{,}55$), Beanspruchung des Innenteils zulässig, da $p_{I\,zul} \approx 236$ N/mm$^2 > p_I$ ($R_{eI} = 235$ N/mm^2) des Außenteils unzuläsig, da $p_{A\,zul} = 51{,}8$ N/mm$^2 < p_A = 65,$ N/mm^2 ($Q_A = 0{,}62$, $R_{eA} = R_m/2 = 175$ N/mm^2), $D_{A\,erf} \approx 180$ mm.

12.29 **1.** $a = 2$ mit $k = 1{,}55 > k_{\text{erf}} = 1{,}5$ ($F_V = 100$ kN, $p_I = 183$ N/mm^2, $F_F = 90$ kN).
2. $M_A = 280$ Nm, $p_{I\,\text{zul}} \approx 284$ N/mm$^2 > p_I$, d. h. elastische Beanspruchung ($R_{eI} = 295$ N/mm^2).
3. $d = 71$ mm, $l_e = 28$ mm.
4. Ja, aber zulässig, da $p_{A\,\text{zul}} = 200{,}9$ N/mm$^2 > p_A = 162{,}4$ N/mm^2 ($Q_A = 0{,}44$), $q = 0{,}09 < 0{,}3$ ($p_A/R_{eA} \approx 0{,}6$, $\zeta \approx 1{,}17 < 1/Q_A = 2{,}27$).

12.30 **1.** $d = 80$ mm, $D = 100$ mm, $F_1 = 9{,}3$ kN, $M_1 = 205$ Nm.
2. $a = 10 > 9{,}76$ ($M_F = 2000$ Nm).
3. $M_A = 51$ Nm ($F_{M\,\text{zul}} = 40$ kN), $M_{A\,\text{zul}} = 79$ Nm, $F_V = 23{,}25$ kN).

12.31 $a = 4 > 3{,}33$ ($M_F = 250$ Nm, $M_1 = 75$ Nm), M 10 mit $F_{M\,\text{zul}} = 27{,}5$ kN $> F_V/0{,}9 = 24{,}4$ kN ($F_1 = 5{,}5$ kN, $F_V = 22$ kN, $M_A \approx 40{,}8$ Nm ($M_{A\,\text{zul}} = 46$ Nm).

12.32 **1.** $F_{H\,\text{erf}} \approx 1065$ N ($M_F = 100$ Nm, $F_V = 11{,}6$ kN, $F_M \approx 12{,}9$ kN, $P = 1{,}75$ mm, $d_2 = 10{,}863$ mm, $M_A = 31{,}94$ Nm).
2. Nein, $F_H \gg F_{H\,\text{zul}}$.

12.33 **1.** $p_F = 34{,}9$ N/mm^2 ($F_u = 6{,}4$ kN, $F_F = 9{,}6$ kN).
2. M 8 mit $F_V \approx 10{,}25$ kN $> 9{,}09$ kN ($A_{S\,\text{erf}} \approx 32{,}5$ mm^2, $K_F = 1{,}2$).
3. Ja, $\sigma_b \approx 70{,}9$ N/mm$^2 < \sigma_{b\,\text{zul}} = 150$ N/mm^2 ($a = 12{,}5$ mm, $W_b = 651$ mm^3).

12.34 **1.** Ja, $S_H = 2{,}85 > 1{,}8$ ($F_V \approx 23{,}6$ kN, $p_F \approx 23{,}6$ N/mm^2, $F_F \approx 42{,}7$ kN, $F_u = 15$ kN, $r = 30$ mm).
2. Ja, $\sigma_b = 35{,}4$ N/mm$^2 < \sigma_{b\,\text{zul}} \approx 125$ N/mm^2 ($m = 2$, $a = 30$ mm, $W_b = 12$ cm^3).
3. Ja, $S_H \approx 3 > 1{,}8$ ($F_V \approx 24{,}8$ kN $> 23{,}6$ kN, $F_{M\,\text{zul}} = 27{,}5$ kN), $\sigma_b = 37{,}2$ N/mm$^2 < \sigma_{b\,\text{zul}}$, $M_A = 46$ Nm.

12.35 Ja, $S_H \approx 3{,}35 > 1{,}8$ ($F_u = 3{,}8$ kN, $F_V = 8{,}46$ kN, $p_F \approx 19{,}3$ N/mm^2, $F_F \approx 12{,}73$ kN), $M_A = 9{,}5$ Nm.

12.36 M 6 mit $F_V \approx 7$ kN $> 6{,}54$ kN ($F_u = 2{,}4$ kN, $F_F = 4{,}32$ kN, $p_F = 15{,}7$ N/mm^2, $\sigma_V = 350$ N/mm^2, $A_{S\,\text{erf}} \approx 18{,}7$ mm^2), $\sigma_b \approx 101$ N/mm$^2 < \sigma_{b\,\text{zul}} = 150$ N/mm ($a = 10$ mm, $W_b = 416{,}7$ mm^3, $R_e = 215$ N/mm^2).

12.37 Ausreichend, da $S_H \approx 2{,}95 > 1{,}8$ ($F_V \approx 10{,}25$ kN, $p_F \approx 11{,}8$ N/mm^2, $F_F \approx 13{,}5$ kN, $F_u \approx 4{,}57$ kN), $\sigma_b = 170{,}4$ N/mm$^2 < \sigma_{b\,\text{zul}} = 182$ N/mm^2 ($W_b = 1083$ mm^3, $R_e = 260$ N/mm^2).

12.38 **1.** $F_A = 1692$ N $\approx 1{,}7$ kN ($r_m = 57{,}5$ mm, $F_u \approx 3{,}48$ kN).
2. Ja, $p \approx 8{,}7$ N/mm$^2 < p_{\text{zul}} = 37{,}5$ N/mm^2 ($b = 5$ mm, $H = 4{,}54$ mm, $S = 0{,}6$ mm).

12.39 **1.** $M \approx 270$ Nm ($F_u \approx 15{,}5$ kN, $r_m = 17{,}5$ mm), $p \approx 78$ N/mm$^2 < p_{\text{zul}} = 120$ N/mm^2 ($b = 5$ mm, $H \approx 4{,}53$ mm, $S = 0{,}4$ mm).
2. $M \approx 235$ Nm ($p_{\text{zul}} = 67{,}5$ N/mm^2).
3. $M_A \approx 23$ Nm.

12.40 F_A ausreichend, da $F_V \approx 44$ kN $> F_u = 10{,}15$ kN ($A_S = 245$ mm^2, $\sigma_V = 180$ N/mm^2, $r_m = 16{,}75$ mm), $p_{\text{zul}} = 90$ N/mm$^2 > p = 21{,}2$ N/mm^2 ($b = 11{,}5$ mm, $H \approx 5{,}1$ mm, $S = 0{,}4$ mm).

13 Stift- und Bolzenverbindungen

13.1 Ja, $p_a = 5$ N/mm$^2 < p_{a\,\text{zul}} = 24$ N/mm^2, $p_i = 5{,}7$ N/mm$^2 < p_{i\,\text{zul}} = 52$ N/mm^2, $\tau_a = 10{,}2$ N/mm$^2 < \tau_{a\,\text{zul}} = 50$ N/mm^2, $\sigma_b = 120$ N/mm$^2 = \sigma_{b\,\text{zul}} = 120$ N/mm^2 ($W_b = 12{,}5$ mm^3).

13.2 **1.** $d = 22$ mm $> d_{\text{erf}} = 21{,}5$ mm ($p_{\text{zul}} = 24$ N/mm^2).
2. Nein, $\tau_{a\,\text{zul}} = 60$ N/mm$^2 > \tau_a = 20{,}4$ N/mm^2, $\sigma_{b\,\text{zul}} = 140$ N/mm$^2 > \sigma_b = 109{,}2$ N/mm^2 ($W_b = 1065$ mm^3).

13.3 **1.** $F = 508$ N ($F_N = 667$ N, $F_x = 200$ N, $F_y = 467$ N).
2. Ja, $p = p_i \approx 4{,}2$ N/mm$^2 < p_{\text{zul}} = 24$ N/mm^2 ($d = 10$ mm, $p_a < p_i$, da $2a = 2 \cdot 8$ mm $> b = 12$ mm), $T_a \approx 3{,}2$ N/mm$^2 < \tau_{a\,\text{zul}} = 60$ N/mm^2, $\sigma_b \approx 17{,}8$ N/mm$^2 < \sigma_{b\,\text{zul}} = 140$ N/mm^2.
3. Ja, $d = 5$ mm $= d_{\text{erf}} \approx 5$ mm, $p \approx 8{,}5$ N/mm$^2 < p_{\text{zul}}$, $\tau_a \approx 13$ N/mm$^2 < \tau_{a\,\text{zul}}$.

13.4 $d = 10$ mm $> d_{erf} = 8{,}3$ mm ($F_{Cx} = 250$ N, $F_{Cy} = 433$ N, $F = F_B = 1896$ N $\approx 1{,}9$ kN $> F_A = 1484$ N, $\sigma_{b\,zul} = 140$ N/mm^2), $\tau_a \approx 12{,}1$ N/mm$^2 < \tau_{a\,zul} = 60$ N/mm^2, $p_a \approx 11{,}9$ N/mm$^2 < p_{a\,zul} = p_{i\,zul}$ $= 24$ N/mm$^2 > p_i \approx 10{,}5$ N/mm^2.

13.5 $F_V = F_{(\sigma_b)} \approx 2640$ N ($F_{(\tau_a)} \approx 6535$ N, $F_{(p_i)} \approx 9150$ N, $F_{(p_a)} = 9280$ N, $\sigma_{b\,zul} = 200$ N/mm^2, $\tau_{a\,zul} = 65$ N/mm^2, $p_{i\,zul} = 104$ N/mm^2, $p_{a\,zul} = 58$ N/mm^2).

13.6 Nicht ausreichend bemessen: $\sigma_b \approx 162{,}3$ N/mm$^2 > \sigma_{b\,zul} = 145$ N/mm^2 ($F \approx 5{,}1$ kN, $W_b = 172{,}8$ mm^3), $p_a \approx 17{,}7$ N/mm$^2 < p_{a\,zul} = 32$ N/mm^2, $p_i \approx 21{,}3$ N/mm$^2 < p_{i\,zul} = 76$ N/mm^2, $\tau_a \approx 22{,}5$ N/mm$^2 < \tau_{a\,zul} = 60$ N/mm^2, Lageraugen: H 9, Hebelbohrung: R 7.

13.7 Ja, $p \approx 19{,}6$ N/mm$^2 < p_{zul} = 36$ N/mm^2 ($s = 50$ mm, $L = 46$ mm), $\sigma_b \approx 78{,}8$ N/mm$^2 < \sigma_{b\,zul}$ $= 0{,}7 \cdot 120$ N/mm$^2 \approx 85$ N/mm^2 ($l = 21$ mm)

13.8
1. Nein, $p \approx 26{,}2$ N/mm$^2 < p_{zul} \approx 53$ N/mm^2 ($L = 27$ mm), $\sigma_b = 152{,}7$ N/mm$^2 > \sigma_{b\,zul}$ $= 0{,}7 \cdot 120$ N/mm$^2 \approx 85$ N/mm^2.
2. Ja, $\sigma_b = 78{,}2$ N/mm$^2 < \sigma_{b\,zul}$.

13.9
1. $F \approx 938$ N.
2. $p \approx 13$ N/mm^2 ($L \approx 28{,}3$ mm), $\sigma_b \approx 30{,}5$ N/mm^2.
3. Ja, $p_{zul} = 18$ N/mm$^2 > p$, $\sigma_{b\,zul} = 0{,}7 \cdot 60$ N/mm$^2 = 42$ N/mm$^2 > \sigma_b$.

13.10 Ja, $p \approx 38{,}5$ N/mm$^2 < p_{zul} = 43$ N/mm^2 ($F = 1347$ N, $s = 18$ mm, $L = 15{,}5$ mm), $\sigma_b = 50{,}7$ N/mm$^2 < \sigma_{b\,zul} = 0{,}7 \cdot 120$ N/mm$^2 \approx 85$ N/mm^2 ($l = 6{,}5$ mm).

13.11 $i = 12 > i_{erf} \approx 11{,}9$ ($F_u = 4651$ N, $F = F_{(p)} = 487{,}5$ N, $F_{(\sigma_b)} = 520$ N, $\sigma_{b\,zul} = 0{,}7 \cdot 75$ N/mm^2 ≈ 52 N/mm^2, $p_{zul} = 26$ N/mm^2, $d = 10$ mm, $L = 17{,}5$ mm)

13.12 Ja, $p_a = 23{,}7$ N/mm$^2 < p_{a\,zul} = 43$ N/mm^2 ($d = 8$ mm), $p_i = 51{,}3$ N/mm$^2 < p_{i\,zul} = 55$ N/mm^2, $\tau_a = 43{,}5$ N/mm$^2 < \tau_{a\,zul} = 50$ N/mm^2.

13.13 Ja, $p_a = 31{,}6$ N/mm$^2 < p_{a\,zul} = 62$ N/mm^2 ($d = 6$ mm), $p_i = 68{,}4$ N/mm$^2 < p_{i\,zul} = 76$ N/mm^2, $\tau_a = 120{,}85$ N/mm$^2 \approx \tau_{a\,zul} = 120$ N/mm^2 ($S \approx 18{,}1$ mm^2).

13.14 $d = 8$ mm $> d_{erf} = 7{,}3$ mm ($\tau_{a\,zul} = 30$ N/mm^2), $p_a = 6{,}2$ N/mm$^2 < p_{a\,zul} \approx 38$ N/mm^2, $p_i \approx 23{,}4$ N/mm$^2 < p_{i\,zul} \approx 36$ N/mm^2, Zylinderstift ISO 2338 – 8 h8 × 80 – St.

13.15
1. Ja, $p_a \approx 6{,}1$ N/mm$^2 < p_{a\,zul} = 98$ N/mm^2 ($M = 50$ Nm), $p_i \approx 18{,}8$ N/mm$^2 < p_{i\,zul} = 73$ N/mm^2, $\tau_a \approx 15{,}9$ N/mm$^2 < \tau_{a\,zul} = 80$ N/mm^2.
2. $d = 5$ mm $> d_{erf} \approx 4{,}5$ mm, $p_a \approx 12{,}2$ N/mm$^2 < p_{a\,zul}$, $p_i \approx 37{,}6$ N/mm$^2 < p_{i\,zul}$.

13.16 Ja, $p_a \approx 22{,}6$ N/mm$^2 < p_{a\,zul} = 104$ N/mm^2 ($d = 6$ mm, $D_a = 35$ mm, $D_i = 20$ mm), $p_i = 70$ N/mm$^2 \approx p_{i\,zul} = 69$ N/mm^2 ($\tau_a = 49{,}5$ N/mm$^2 < \tau_{a\,zul} = 80$ N/mm^2.

13.17 Ja, $p_a \approx 22{,}8$ N/mm$^2 < p_{a\,zul} = 104$ N/mm^2 ($p_{aM} = 22{,}6$ N/mm^2, $p_{al} = 3{,}3$ N/mm^2), $p_i \approx 70$ N/mm$^2 < p_{i\,zul} = 98$ N/mm^2 ($p_{iM} = 70$ N/mm^2, $p_{il} = 2{,}5$ N/mm^2), $\tau_a \approx 89{,}7$ N/mm$^2 < \tau_{a\,zul} = 160$ N/mm^2 ($S \approx 15{,}7$ mm^2, $\tau_{aM} = 89{,}2$ N/mm^2, $\tau_{al} = 9{,}6$ N/mm^2).

13.18 Ja, $p \approx 25{,}9$ N/mm$^2 < p_{zul} = 34$ N/mm^2, $\tau_a \approx 13$ N/mm$^2 < \tau_{a\,zul} = 40$ N/mm^2,

13.19 Ja, $p \approx 17{,}8$ N/mm$^2 < p_{zul} = 18$ N/mm^2, $\tau_a \approx 8{,}9$ N/mm$^2 < p_{a\,zul} = 25$ N/mm^2.

13.20 $F \approx 130$ N ($M = M_{(p)} = 7{,}2$ Nm $< M_{(a)} = 12$ Nm, $p_{zul} = 18$ N/mm^2, $\tau_{a\,zul} = 15$ N/mm^2, $L = 55$ mm).

14 Federn

14.1
1. $L_c = 75{,}4$ mm, $L_n = 88{,}3$ mm ($d_{max} = 6{,}035$ mm, $n = 10{,}5$, $S_a \approx 12{,}9$ mm).
2. $\Delta D_e = 0{,}49$ mm ($m = 18{,}5$ mm).
3. $R = 10{,}06$ N/mm ($G = 81\,500$ N/mm^2), $R/D = 0{,}2$ N/mm$^2 > 0{,}03$ N/mm^2, d. h. Planschleifen der Enden möglich.

4. $F_n \approx 1124$ N ($s_n = 111{,}7$ mm), $A_{Fn} = \pm 56{,}2$ N ($a_F = 41$ N, $k_i = 0{,}96$, $Q = 1$).
5. Ja, $\tau_c \approx 739$ N/mm^2 $< \tau_{c\,zul} = 890$ N/mm^2 ($F_c = 1253{,}5$ N, $R_m = 1590$ N/mm^2).
6. Nein, $s_n/L_0 = 0{,}559$ und $\nu \cdot L_0/D = 2$ liegen im Knicksicherungsbereich ($\nu = 0{,}5$).
7. $R_{ges} = 3{,}35$ N/mm.

14.2 1. $n = 5{,}5$ ($R_{erf} = 27{,}9$ N/mm, $G = 79\,500$ N/mm^2, $n_{erf} = 5{,}4$), $n_t = 7{,}5$, $R = 27{,}4$ N/mm, $F_1 \approx 316$ N.
2. $L_c = 34{,}1$ mm, ($k_n = n_t$, $d_{max} = 4{,}545$ mm), $L_2 = L_n = 40{,}3$ mm ($S_a = 1{,}5 \cdot 4{,}1$ mm $= 6{,}2$ mm), $L_1 = 52{,}3$ mm, $L_0 = 63{,}8$ mm ($s_n = 23{,}5$), $R/D = 0{,}91$ N/mm^2 $> 0{,}03$ N/mm^2, d. h. Planschleifen zulässig.
3. $\tau_c = 682$ N/mm^2 $< \tau_{c\,zul} = 851$ N/mm^2 ($F_c \approx 814$ N), $\tau_{k2} = 652$ N/mm^2 $< \tau_{k2\,zul} \approx 760$ N/mm^2 ($k = 1{,}21$), $\tau_{kh} = 334$ N/mm^2 $< \tau_{kH} = 426$ N/mm^2 ($\tau_{kU} = \tau_{k1} \approx 320$ N/mm^2, $\tau_{kF} \approx 522$ N/mm^2).
4. Nein.
5. $A_{F1} = \pm 27{,}7$ N ($a_F = 36$ N, $k_f = 1{,}09$, $Q = 0{,}63$), $A_{F2} = \pm 30{,}8$ N.

14.3 Druckfeder DIN 2098 – 6,3 × 40 × 195 ($d \times D \times L_0$) mit $F_n = 1854$ N $> F$, $D_h = 47{,}5$ mm < 50 mm, $R = 20{,}1$ N/mm, $L = 104{,}5$ mm ($s = 90{,}5$ mm), keine Knickgefahr: $s/L_0 = 0{,}464$ bei $\nu \cdot L_0/D \approx 2{,}44$.

14.4 1. Ja, $\tau_{k2} \approx 592$ N/mm^2 $< \tau_{k2\,zul} \approx 745$ N/mm^2 ($w = 7{,}88$, $k \approx 1{,}18$), $\tau_{kh} = 370$ N/mm^2 $< \tau_{kH} \approx 463$ N/mm^2 ($\tau_{kF} = 530$ N/mm^2, $\tau_{kU} = \tau_{k1} = 222$ N/mm^2).
2. $A_{F1} = \pm 89$ N ($a_F \approx 81$ N, $k_f = 0{,}99$, $Q = 1$), $A_{F2} = \pm 104$ N.

14.5 1. $n = 14{,}5$ ($R_{erf} = 0{,}0833$ N/mm, $n_{erf} = 14{,}9$), $n_t = 16{,}5$, $R = 0{,}0858$ N/mm.
2. $L_0 = 34$ mm ($s_1 = 14$ mm), $F_2 = 1{,}72$ N ($s_2 = 20$ mm).
3. Ja, $\tau_{c\,zul} = 1389$ N/mm^2 $> \tau_c = 347$ N/mm^2, $L_c = 9{,}2$ mm, $F_c = 2{,}13$ N ($R_m = 2480$ N/mm^2, $k_n = n_t + 1{,}5$, $s_c = 24{,}8$ mm), da $R/D \approx 0{,}011$ N/mm^2 $< 0{,}03$ N/mm^2, ist Planschleifen der Enden nicht möglich.
4. Ja, $L_t = 12{,}7$ mm $< L_2 = 14$ mm ($S_a = 3{,}5$ mm).
5. Ja, $\tau_{k2\,zul} = 1240$ N/mm^2 $> \tau_{k2} = 303$ N/mm^2 ($k = 1{,}08$), $\tau_{kh} = 92$ N/mm^2 $< \tau_{kH} = 437$ N/mm^2 ($\tau_{kU} = \tau_{k1} = 211$ N/mm^2, $\tau_{kF} = 500$ N/mm^2, jedoch $L_{2\,zul} = 14{,}45$ mm $> L_2$ ($S_{a\,erf} = 1{,}5 S_a = 5{,}25$ mm).
6. Nein, $s_2/L_0 \approx 0{,}59$ und $\nu \cdot L_0/D = 2{,}13$ ($\nu = 0{,}5$).
7. $A_{F1} = \pm 0{,}4$ N ($a_F = 0{,}42$ N, $k_f = 0{,}93$, $Q = 1$), $A_{F2} = \pm 0{,}42$ N.

14.6 1. $n = 6{,}5$, $n_t = 8{,}5$ ($n_{erf} = 5{,}9$, $\tau_{n\,zul} = 705$ N/mm^2, $F_{n\,zul} = 5537$ N, $R_{erf} = 138{,}4$ N/mm, $R = 125{,}4$ N/mm), $\tau_c = 712$ N/mm^2 $< \tau_{c\,zul} = 0{,}56$, $R_m = 790$ N/mm^2 ($L_c = 85{,}4$ mm, $S_a = 8{,}9$ mm, $L_n = 94{,}3$ mm, $F_c = 5593$ N), $\tau_n = 570$ N/mm^2 $< \tau_{n\,zul}$ ($s_n = 35{,}7$ mm, $F_n = 4477$ N).
2. $M_1 \approx 1505$ Nm ($F_1 = 1254$ N, $s_1 = 10$ mm), $M_{max} \approx 5372$ Nm.
3. $M_W \approx 3462$ Nm ($\tau_1 = 159{,}7$ N/mm^2, $\tau_{k1} = 206$ N/mm^2, $k \approx 1{,}29$, $\tau_{kH} = \tau_{kh} = 268$ N/mm^2, $\tau_{kF} = 330$ N/mm^2, $F_{kh} = 1631$ N, $F_W = 2885$ N).

14.7 1. $M_{max} = 3390$ Nm ($F_n = 2825$ N, $L_c = 84{,}4$ mm, $S_a = 10{,}8$ mm, $s_n = 64{,}8$ mm).
2. $M_W = 2924$ Nm ($F_1 = 1570$ N, $R = 39{,}24$ N/mm, $s_1 = 40$ mm, $\tau_1 = 390{,}4$ N/mm^2, $w = 6{,}25$, $k = 1{,}23$, $\tau_{k1} = \tau_{kU} = 480$ N/mm^2, $\tau_{k2\,zul} = 745$ N/mm^2, $\tau_{kh} = 265$ N/mm^2, $\tau_{kH} = 286$ N/mm^2 $> \tau_{kh}$, $\tau_{kF} = 430$ N/mm^2, $F_n = 867$ N, $F_W = F_1 + F_h = 2437$ N).

14.8 1. $n_{erf} = 12{,}25$, gewählt $n = 12{,}5$, $n_t = 12{,}5$, $n = 14{,}5$, $R \approx 9{,}8$ N/mm.
2. $L_c = 29{,}3$ mm ($k_n = n_t$, $d_{max} = 2{,}02$ mm), $L_3 = L_n = 32{,}9$ mm < 33 mm ($w = 5{,}5$, $S_a = 3{,}6$ mm), $L_2 = 33{,}9$ mm, $L_1 = 34{,}9$ mm, $L_0 = 47{,}7$ mm ($F_1 = 125$ N, $s_1 = 12{,}8$ mm).
3. $F_c = 180{,}3$ N ($s_c = 18{,}4$ mm), $\tau_c = 631{,}3$ N/mm^2 $< \tau_{c\,zul} = 1109$ N/mm^2 ($R_m = 1980$ N/mm^2), $F_3 = 145$ N, $\tau_{k3} = 641{,}2$ N/mm^2 $< \tau_{k\,zul} = 693$ N/mm^2 ($k = 1{,}263$), die Spannungen sind zulässig.
4. Nein, $L_3 = 32{,}9$ mm < 33 mm, $\tau_{k3} < \tau_{k\,zul}$.
5. $\Delta F_2 = 10$ N $\mathrel{\widehat{=}} 7{,}4\%$ ($F_2 \approx 135$ N).
6. $A_{F2} = \pm 9{,}8$ N ($a_F = 14{,}3$ N, $k_f = 0{,}95$, $Q = 0{,}63$).
7. Ja, $A_{F1\,ges} = \pm 115{,}4$ N $A_{F1} = \pm 9{,}7$ N).

14.9 $R = 3{,}8$ N/mm, $L_c = 22{,}6$ mm ($k_n = n_t$, $d_{max} = 5{,}025$ mm, $G = 42\,000$ N/mm^2), $F_c = 111{,}7$ N ($s_c = 29{,}4$ mm), $\tau_c = 159{,}3$ N/mm^2 $< \tau_{c\,zul} = 261$ N/mm^2, $\tau_{k2} = 105{,}7$ N/mm^2 $< \tau_{k\,zul} = 116$ N/mm^2 ($w = 14$, $k = 1{,}09$), $\tau_{k1} = 59$ N/mm^2 ($s_1 = 10$ mm, $F_1 = 38$ N), $\tau_{kh} = 46{,}7$ N/mm^2 $< \tau_{kh\,zul} = 58$ N/mm^2, die Spannungen sind zulässig; $L_2 = 34{,}1$ mm ($s_2 = 17{,}9$ mm), $s_h = 7{,}9$ mm, $L_n = 30$ mm $< L_2$ ($S_a = 1{,}5 \cdot 4{,}9$ mm $\approx 7{,}4$ mm), $F_n = 83{,}6$ N ($s_n = 22$ mm), $A_{Fn} = \pm 20$ N ($a_F = 21{,}8$ N, $k_f \approx 1{,}4$, $Q = 0{,}63$).

14.10 **1.** $d = 24$ mm ($d_{erf} = 23{,}9$ mm).
2. $n_{erf} = 6{,}7$, gewählt $n = 7$, $n_t = 8{,}5$ ($G = 78\,500$ N/mm^2), $R = 238{,}1$ N/mm, $s_n = 105$ mm.
3. $L_c = 199$ mm, $L_n = 220$ mm ($d_{max} = 24{,}25$ mm, $S_a \approx 21$ mm), $L_0 \approx 325$ mm.
4. $F_c \approx 30\,000$ N ($s_c \approx 126$ mm), $\tau_c = 691$ N/mm^2 $< \tau_{c\,zul} = 820$ N/mm^2, somit zulässig.
5. $A_{Fn} = \pm 1974$ N ($f = 0{,}015$, $s_p = 105$ mm).
6. Ja, $s_n/L_0 = 0{,}323$ und $\nu \cdot L_0/D = 2{,}6$ im Knicksicherheitsbereich ($\nu = 1$).

14.11 **1.** Nein, $\tau_k \approx 581$ N/mm^2 $= \tau_{k\,zul} = 581$ N/mm^2 ($\tau = 459{,}2$ N/mm^2, $w = 5{,}455$, $k = 1{,}266$, $\tau_{c\,zul} = 0{,}7 \cdot 830$ N/mm^2 $= 581$ N/mm^2).
2. $L_c = 159{,}1$ mm ($k_n = 7{,}2$, $d_{max} = 22{,}1$ mm), $L_0 = 289{,}6$ mm ≈ 290 mm ($F_c = 28\,922$ N, $s_c = 130{,}5$ mm, $G = 78\,500$ N/mm^2).
3. $S_{aF} = 58{,}7$ mm $> 2S_a = 2 \cdot 17$ mm $= 34$ mm ($R = 221{,}7$ N/mm, $s = 72{,}2$ mm, $L = 217{,}8$ mm).
4. $L_n = 193{,}1$ mm, $F_n = 21\,483$ N ($s_n = 96{,}9$ mm), $A_{Fn} = \pm 1372$ N ($f = 0{,}012$).

14.12 $n = 8$, $n_t = 9{,}5$, $R = 201$ N/mm, $L_c = 369{,}1$ mm, $L_n = L_2 = 461{,}9$ mm ($S_{an} = 2 \cdot S_a = 92{,}8$ mm), $L_0 \approx 720$ mm ($s_n = 258{,}7$ mm), $\tau_c = 702$ N/mm^2 $< \tau_{c\,zul} = 760$ N/mm^2 ($s_c = 350{,}9$ mm, $F_c = 70\,531$ N), $\tau_{k2} = 635$ N/mm^2 $< \tau_{k2\,zul} = 723$ N/mm^2 ($k = 1{,}227$), $\tau_{kh} = 244$ N/mm^2 $< \tau_{kH} = 266$ N/mm^2 ($\tau_{k1} = 391$ N/mm^2, $\tau_{kF} \approx 383$ N/mm^2), $A_{F1} = \pm 2650$ N, $A_{F2} = \pm 2952$ N, bei $s_n/L_0 = 0{,}36$ und $\nu \cdot L_0/D = 2$ ist die Feder knicksicher ($\nu = 0{,}7$).

14.13 **1.** $n = n_t = 28{,}25$ ($R_{erf} = 0{,}75$ N/mm, $n_{erf} = 28{,}17$), $R = 0{,}748$ N/mm.
2. $L_0 \approx 54$ mm ($L_K = 35{,}54$ mm, $d_{max} = 1{,}215$ mm, $L_H = 8{,}8$ mm), $L_1 \approx 87{,}4$ mm ($s_1 = 33{,}4$ mm), $L_2 \approx 99{,}4$ mm ($s_2 \approx 45{,}4$ mm).
3. $\tau_{k1} = 429{,}2$ N/mm^2 ($\tau_1 = 368{,}4$ N/mm^2, $k = 1{,}165$), $\tau_{k2} = 583{,}7$ N/mm^2 $< \tau_{k2\,zul} = 976$ N/mm^2 ($\tau_2 = 501$ N/mm^2), $\tau_{kh} = 154{,}5$ N/mm^2 $< \tau_{kh\,zul} \approx 218$ N/mm^2 ($\tau_{kH} = 363$ N/mm^2, $\tau_{kF} = 492$ N/mm^2).
4. $F_n \approx 66$ N ($\tau_{n\,zul} = \tau_{k2\,zul} = 976$ N/mm^2, $R_m = 2170$ N/mm^2), $A_{Fn} \approx \pm 3{,}7$ N. ($a_F \approx 3$ N, $k_f \approx 0{,}91$ $Q = 1$), $L_n = 142{,}2$ mm ($s_n = 88{,}2$) mm.

14.14 Ja, $n = 19{,}75$, $R = 0{,}755$ N/mm, $L_0 \approx 41$ mm ($L_K = 23{,}1$ mm, $L_H = 8{,}9$ mm), $L_1 = 74{,}1$ mm, $L_2 = 86{,}1$ mm, ($s_1 = 33{,}1$ mm, $s_2 = 45{,}1$ mm), $\tau_{k1} = 550$ N/mm^2, $\tau_{k2} = 748$ N/mm^2 ($\tau_1 = 478{,}3$ N/mm^2, $\tau_2 = 650{,}5$ N/mm^2, $k = 1{,}15$), $\tau_{k2} < \tau_{k2\,zul} = 990$ N/mm^2 ($R_m = 2200$ N/mm^2), $\tau_{kh} = 198$ N/mm^2 $< \tau_{kh\,zul} \approx 199$ N/mm^2 ($\tau_{kH} = 331$ N/mm^2, $\tau_{kF} = 496$ N/mm^2).

14.15 **1.** $d = 5$ mm ($d_{erf} = 4{,}99$ mm), $D_e = 47$ mm < 50 mm, $D_i < 37$ mm.
2. $R = 8{,}185$ N/mm, $n_t = 10{,}5$ ($R_{erf} = 8{,}75$ N/mm, $n_{t\,erf} = 9{,}82$).
3. $L_K \approx 58$ mm, $L_0 = 139{,}4$ mm ($L_H = 40{,}7$ mm).
4. $F_0 = 140$ N ($\tau_{0\,lim} \approx 120$ N/mm^2, $w = 8{,}4$, $k_0 = 0{,}082$, $R_m = 1460$ N/mm^2), $L_1 \approx 165$ mm, $L_2 \approx 205$ mm.
5. $F_2 \approx 677$ N, $A_{F1} \approx \pm 71$ N, $A_{F2} \approx \pm 79$ N ($a_F = 30{,}4$ N, $k_f = 1{,}28$, $Q = 1{,}6$).

14.16 **1.** $F_1 = 93{,}7$ N ($F_{f1} = 133{,}1$ N), $F_2 = 146{,}4$ N ($F_{f2} = 208{,}1$ N), $R_{erf} \approx 17{,}6$ N/mm.
2. $n = 5{,}5$ ($n_{erf} = 5{,}36$)
3. $L_{0\,erf} = 33{,}1$ mm, gewählt $L_0 = 35$ mm ($L_k = 13{,}1$ mm, $D_i = 10$ mm), $R = 17{,}1$ N/mm.
4. $F_0 = 27$ N ($\tau_{0\,lim} = 103$ N/mm^2, $k_0 = 0{,}052$), $L_1 = 38{,}9$ mm ($s_1 = 3{,}9$ mm), $L_2 = 41{,}9$ mm ($L_2 = L_1 + 3$ mm).
5. $F_n \approx 233$ N ($\tau_{zul} = 0{,}45 R_m = 891$ N/mm^2), $A_{Fn} = \pm 24{,}8$ N ($a_F = 12{,}6$ N, $k_f = 1{,}69$, $Q = 1$), $L_n = 47$ mm ($s_n = 12$ mm).

14.17 **1.** $s = 0{,}19$ mm ($\delta \approx 2$, $F_c \approx 648$ N, $K_4 = 1$, $F/F_c = 0{,}463$, $s/h_0 = 0{,}21$), $F = 277{,}5$ N ... 375 N ($A_F = +75$ N und $-22{,}5$ N).
2. $s_n = 0{,}68$ mm, $R_n = 232$ N/mm, $W_n = 273$ Nmm $\approx 0{,}27$ J, $\sigma_{nI} = 2355$ N/mm^2, $\sigma_{nII} = 404$ N/mm^2, $\sigma_{nIII} = 1305$ N/mm^2.

14.18 **1.** $L_0 = 31{,}8$ mm ($l_0 = 2{,}65$ mm), $L = 25{,}8$ mm.
2. $F_s = F = 1744$ N ($t = 1{,}5$ mm, $h_0 = 1{,}15$ mm, $\delta \approx 2$, $K_1 = 0{,}69$, $K_4 = 1$, $s = 0{,}5$ mm), $R_S \approx 228$ N/mm ($R = 2734$ N/mm).
3. Ja, $F < F_n = 2{,}62$ kN.

14.19 **1.** $F_u = 12$ kN ($r_m = 50$ mm), $F_N = 202$ kN, $F = 10$ kN.
2. $L_0 = l_P = 9{,}8$ mm ($t = 3{,}5$ mm, $h_0 = 2{,}8$ mm), $S = 1{,}484$ mm $\approx 1{,}48$ mm ($F_c = 15\,754$ N, $K_4 = 1$, $F/F_c = 0{,}635$, $s/h_0 = 0{,}53$), $L = 8{,}32$ mm.
3. $F_{SB} = 20{,}2$ kN ($F_R = 200$ N, $\nu = 0{,}02$).
4. Nein, $F < F_n = 13{,}1$ kN.

14.20 **1.** $F_S = 19{,}82$ kN ($F_n = F_1 = F_2 = F_3 = 6{,}61$ kN).
2. $F_{SB} \approx 20{,}49$ kN, ($F_{R1} = F_{R2} = F_{R3} = 661$ N), $F_{SE} \approx 19{,}17$ kN.
3. $L_0 = 44$ mm $< 3D_e = 240$ mm ($l_{P1} = 9{,}7$ mm, $l_{P2} = l_{P3} = 11{,}3$ mm, $l_{P4} = 11{,}7$ mm).
4. $S = 4{,}524$ mm $\approx 4{,}52$ mm ($s_1 = 2{,}21$ mm, $F_{c2} = F_{c3} = 12734$ N, $K_4 = 1$, $s_2 = s_3 \approx 0{,}97$ mm, $F_{c4} = 43573$ N, $s_4 \approx 0{,}374$ mm), $L = 39{,}48$ mm.

14.21 **1.** Schichtung GP, $n = 2$, $F = 98{,}1$ kN ($F_S = 196{,}2$ kN, $F_n = 139$ kN).
2. $i = 4$, $S = 7{,}56$ mm < 8 mm ($h'_0 = 4{,}1$ mm, $t' = 9{,}4$ mm, $D_e = 160$ mm, $F_c = 203616$ N, $K_4 = 1{,}08$, $s/h'_0 = 0{,}46$, $s \approx 1{,}89$ mm).
3. $z = 8$, $L_0 = 91{,}6$ mm $< 3D_e = 480$ mm ($l_P = 22{,}9$ mm), $L \approx 84$ mm.
4. $L = 84{,}2$ mm ($F = 97129$ N, $s/h'_0 = 0{,}45$, $s = 1{,}85$ mm).

14.22 **1.** $F_1 = 13{,}68$ kN ($s_1 = 0{,}44$ mm, $K_4 = 1$, $h_0 = 2{,}2$ mm, $t = 6$ mm), $F_2 = 31{,}08$ kN ($s_2 = 1{,}04$ mm),
2. Ja, $\sigma_2 = 850{,}3\ \text{N/mm}^2 < \sigma_{O\,max} = 1250\ \text{N/mm}^2$ ($h_0/t \approx 0{,}37 < 0{,}5$, $K_2 = 1{,}22$, $K_3 = 1{,}38$), $\sigma_h = 511{,}7\ \text{N/mm}^2 < \sigma_H \approx 541\ \text{N/mm}^2$ ($\sigma_1 = 338{,}6\ \text{N/mm}^2 = \sigma_U$, $\sigma_F = 710\ \text{N/mm}^2$).

14.23 **1.** Tellerfeder DIN 2093 – A 25, $D_e = 25$ mm, $D_i = 12{,}2$ mm, $t = 1{,}5$ mm, $h_0 = 0{,}55$ mm, $l_0 = 2{,}05$ mm, $F_n = 2{,}91$ kN $> F_2 = 1{,}6$ kN.
2. $s_1 = 0{,}107$ mm, ($F_c = 3898$ N, $K_4 = 1$, $F_1/F_c = 0{,}205$), $s_1/s_0 = 0{,}195 > 0{,}15$, $s_2 = 0{,}214$ mm ($F_2/F_c = 0{,}41$, $s_2/h = 0{,}39$).
3. $i = 38$ ($h = 0{,}107$ mm), $H = 4{,}07$ mm.
4. Nein, $\sigma_{O\,max} = 1250\ \text{N/mm}^2 > \sigma_2 = 687\ \text{N/mm}^2$ ($h_0/t = 0{,}367 < 0{,}5$), $\sigma_H \approx 545\ \text{N/mm}^2 > \sigma_h = 358\ \text{N/mm}^2$ ($\sigma_1 \approx 329\ \text{N/mm}^2$, $\sigma_F = 710\ \text{N/mm}^2$).
5. $L_0 = 77{,}9$ mm, $L_1 = 73{,}83$ mm ($S_1 = 4{,}07$ mm), $L_2 = 69{,}77$ mm.

14.24 **1.** Nein, $\sigma_{2\,zul} = 1000\ \text{N/mm}^2 > \sigma_2 = 818\ \text{N/mm}^2$ ($F_c = 4{,}53$ kN, $s_2/h_0 \approx 0{,}39$, $s_2 = 0{,}917$ mm, $h_0/t = 1{,}3 > 0{,}67$, $\delta \approx 2$), $\sigma_{h\,zul} = 305\ \text{N/mm}^2 > \sigma_h \approx 269\ \text{N/mm}^2$ ($\sigma_H = 435\ \text{N/mm}^2$, $s_1/h_0 = 0{,}25$, $s_1 = 0{,}588$ mm, $\sigma_1 = 549{,}3\ \text{N/mm}^2$).
2. $L_0 = 49{,}8$ mm $< 3D_e = 189$ mm, $L_1 = 42{,}74$ ($S_1 = 7{,}056$ mm), $L_2 = 38{,}8$ mm ($S_2 = 11$ mm).

14.25 DIN 2093 – A 31,5 ($F_n = 3{,}9$ kN $> F_2 = F_{s2} = 2{,}4$ kN), $i = 12$, $H = 2{,}28$ mm, $S_1 = 1{,}68$ mm ($F_c \approx 4{,}96$ kN, $s_1 = 0{,}14$ mm, $F_1 = F_{S1} \approx 1{,}11$ kN, $s_2/h_0 = 0{,}47$, $s_2 \approx 0{,}33$ mm, $h = 0{,}19$ mm), $L_0 = 29{,}4$ mm, $L_1 = 27{,}7$ mm, $L_2 = 25{,}4$ mm, Spannungen sind zulässig: $\sigma_2 = 769\ \text{N/mm}^2 < \sigma_{2\,zul} = 1125\ \text{N/mm}^2$, $\sigma_h = 464\ \text{N/mm}^2 < \sigma_{h\,zul} \approx 502\ \text{N/mm}^2$ ($h_0/t = 0{,}4 < 0{,}5$, $\sigma_1 \approx 305\ \text{N/mm}^2$, $\sigma_{O\,max} = 1250\ \text{N/mm}^2$, $\sigma_H \approx 557\ \text{N/mm}^2$).

14.26 $f_e = 13{,}42$ Hz < 20 Hz ($i = 2$, $n = 3$, $F = 5{,}15$ kN, $F_c = 12734$ N, $s/h_0 = 0{,}3$, $s = 0{,}69$ mm, $S = 1{,}38$ mm).

14.27 **1.** $n = 8{,}75$ ($n_{erf} = 9{,}14$, $R/d = 9{,}16 < 10$, $\alpha = 2{,}0944$ rad), $L_K \leq 26$ mm ($d_{max} = 2{,}535$ mm).
2. $F = 41{,}8$ N ($l = 824{,}7$ mm).
3. $D_{i\alpha} \approx 26{,}4$ mm, $D_d = 24$ mm (üblich $D_d = 22 \ldots 24{,}75$ mm).
4. $\sigma = 654\ \text{N/mm}^2 < \sigma_{zul} = 1022\ \text{N/mm}^2$ ($R_m = 1460\ \text{N/mm}^2$).

14.28 **1.** $d = 4$ mm ($M_2 = 6377$ Nmm, $M_G = 4905$ Nmm), $D_i = 20$ mm, $D = 24$ mm, $D_e = 28$ mm.
2. $\sigma_q \approx 1177\ \text{N/mm}^2 < \sigma_{zul} \approx 1218\ \text{N/mm}^2$ ($r/d = 2{,}5$, $q = 1{,}16$, $R_m = 1740\ \text{N/mm}^2$), Beanspruchung ist zulässig.
3. $n = 9{,}47$ ($n_{erf} = 9{,}4$, $\alpha_2 = 100° = 1{,}745$ rad), $L_K \leq 44{,}2$ mm ($d_{max} = 4{,}025$ mm).
4. $D_{i\alpha} \approx 19{,}3$ mm $> D_d$.
5. $M_2 \approx 6328$ Nmm ($R_t \approx 3626$ Nmm/rad, $l = 714$ mm), $M_2/M_G = 1{,}29 \mathrel{\widehat{=}} 29\%$.

14.29 **1.** Ja, $\sigma_{q2} = 1104\ \text{N/mm}^2 < \sigma_{q2\,zul} = 1311\ \text{N/mm}^2$ ($l = 294{,}5$ mm, $R/d = 24 > 10$, $F_2 = 25{,}9$ N), $\sigma_{qh} = 810\ \text{N/mm}^2 < \sigma_{qh\,zul} \approx 835\ \text{N/mm}^2$ ($F_1 \approx 6{,}9$ N, $w = 10$, $q = 1{,}09$, $\sigma_{q1} \approx 294\ \text{N/mm}^2$, $\sigma_{q0} = 900\ \text{N/mm}^2$).
2. $L_{K0} \leq 27$ mm ($d_{max} = 2{,}52$ mm).
3. $D_i = 22{,}5$ mm, $D_{i\alpha} = 21{,}33$ mm ($\alpha_2 \approx 1{,}159$ rad).

14.30 **1.** $\alpha_1 = 1{,}2584$ rad $= 72{,}1°$ ($l = 254{,}5$ mm).
2. Nein, $\sigma_{q2} \approx 1204\ \text{N/mm}^2 < \sigma_{q2\,zul} \approx 1406\ \text{N/mm}^2$ ($\Delta\alpha = 5°$, $\alpha_2 = 77{,}1° = 1{,}34565$ rad, $F_2 \approx 21{,}4$ N, $w = 9$, $q = 1{,}105$), $\sigma_{qh} = 78\ \text{N/mm}^2 < \sigma_{qh\,zul} \approx 422\ \text{N/mm}^2$ ($\sigma_{q1} \approx 1126\ \text{N/mm}^2$, $\sigma_{q0} = 670\ \text{N/mm}^2$).
3. $L_{K0} \approx 13{,}4$ mm ($d_{max} = 2{,}02$ mm).
4. Nein, $D_{i\alpha} \approx 15{,}2$ mm $> D_d = 14$ mm.

14.31 **1.** $d = 2{,}6$ mm, $\sigma_{q2} = 1252\,\text{N/mm}^2 < \sigma_{q2\,zul} = 1304\,\mu\text{m}$ ($R_m = 1890\,\text{N/mm}^2$), $\sigma_{qh} = 501\,\text{N/mm}^2 < \sigma_{qh\,zul} \approx 505\,\text{N/mm}^2$ ($\sigma_{q1} = 751\,\text{N/mm}^2$).
2. $R_t = 1018{,}6$ Nmm/rad, $\alpha_1 = 1{,}178$ rad $= 67{,}5°$, $\alpha_2 = 112{,}5° = 1{,}9635$ rad.
3. $l = 453{,}7$ mm, $n = 5$ ($n_{erf} = 5{,}16$, $a = 0{,}65$ mm), $L_{K0} \leq 19$ mm.
4. $D_{i\alpha} \approx 23{,}8$ mm, $d_w = D_d = 22$ mm $< 22{,}8$ mm.

14.32 $\alpha = 1{,}753$ rad $\approx 100{,}4°$ ($l = 510{,}5$ mm, $w = 10$, $q = 1{,}09$, $\sigma_{q\,zul} = 1022\,\text{N/mm}^2$, $\sigma_{zul} = 937{,}6\,\text{N/mm}^2$, $M \approx 1438$ Nmm), $D_{e\alpha} = 28{,}7$ mm.

14.33 **1.** $R_t \approx 4932$ Nm/rad ($G = 78\,500\,\text{N/mm}^2$).
2. $T \approx 1194$ Nm ($\tau_{zul} = 760\,\text{N/mm}^2$).
3. $\alpha = 0{,}242$ rad $\approx 13{,}9°$.

14.34 **1.** $R_t \approx 3611$ Nm/rad.
2. $\alpha_1 = 11{,}1°$ ($\Delta\alpha = \Delta s/R = 50/350 \approx 0{,}143$ rad $\approx 8{,}2°$, $T_1 \approx 700$ Nm), $\alpha_2 = 19{,}3°$, $s_1 = 67{,}9$ mm, $s_2 = 118$ mm ($\Delta s = 50$ mm).
3. $F_2 \approx 2477$ N ($T_2 = 1217$ Nm).
4. $W = 137$ J.
5. Ja, $\tau_2 \approx 582\,\text{N/mm}^2 < \tau_{2\,zul} = 1020\,\text{N/mm}^2$, $\tau_h = 247\,\text{N/mm}^2 < \tau_H = 647\,\text{N/mm}^2$ ($\tau_1 = 335\,\text{N/mm}^2$, $\tau_F = 748\,\text{N/mm}^2$)

14.35 $d = 9$ mm, $l_f = 265$ mm ($\alpha = 0{,}5236$ rad).

14.36 **1.** $M = 38{,}62$ Nmm ($l = 7540$ mm, $\alpha = 62{,}8272$ rad, $E = 206\,000\,\text{N/mm}^2$, $I = 0{,}0225\,\text{mm}^4$).
2. $\sigma = 257{,}5\,\text{N/mm}^2 < \sigma_{zul} = 980\,\text{N/mm}^2$ ($R_m = 1400\,\text{N/mm}^2$).
3. $a = 0{,}5$ mm.

14.37 Ja, $\sigma_2 = 637\,\text{N/mm}^2 < \sigma_{2\,zul} = 1386\,\text{N/mm}^2$, $\sigma_h = 382\,\text{N/mm}^2 < \sigma_{h\,zul} \approx 614\,\text{N/mm}^2$ ($M_1 = 200$ Nmm, $M_2 = 500$ Nmm, $\sigma_1 \approx 225\,\text{N/mm}^2$, $\sigma_0 = 700\,\text{N/mm}^2$, $W_b = 0{,}7854\,\text{mm}^3$), $\alpha_1 = 4{,}247$ rad $= 243{,}34°$, $\alpha_2 = 10{,}618$ rad $\approx 608{,}4°$ ($r_e = 62{,}5$ mm, $l = 3436$ mm, $I = 0{,}7854\,\text{mm}^4$, $E = 206\,000\,\text{N/mm}^2$).

14.38 **1.** $s = 24{,}3$ mm, $\sigma_b = 187{,}5\,\text{N/mm}^2 < \sigma_{b\,zul} \approx 354\,\text{N/mm}^2$, wird nicht überschritten ($R_m = 1180\,\text{N/mm}^2$).
2. $s = 28{,}4$ mm ($b/B = 0{,}5$, $k_1 = 1{,}17$).

14.39 **1.** $F_1 \approx 2{,}24$ N ($I_b = 0{,}0373\,\text{mm}^4$), $F_2 = 5{,}97$ N.
2. Nein, $\sigma_b \approx 671\,\text{N/mm}^2 < \sigma_{b\,zul} = 750\,\text{N/mm}^2$ ($W_b = 0{,}1867\,\text{mm}^3$, $R_m = 1500\,\text{N/mm}^2$).
3. $F_{kl} \approx 5{,}7$ N.
4. $W = 6{,}16$ Nmm $\approx 0{,}062$ J.

14.40 **1.** $F_1 \approx 30{,}7$ N ($I_b = 6{,}827\,\text{mm}^4$), $F_2 = 76{,}8$ N.
2. $\sigma_b = 585\,\text{N/mm}^2 < \sigma_{b\,zul} \approx 590\,\text{N/mm}^2$ ($W_b = 8{,}533\,\text{mm}^3$, $R_m = 1180\,\text{N/mm}^2$), Beanspruchung ist zulässig.
3. $F_N = 52{,}8$ N, $F_b = 15{,}8$ N.
4. $W = 161{,}3$ Nmm $\approx 0{,}16$ J.
5. $W_{B\,ges} \approx 1{,}42$ J ($W_B = 1106$ Nmm $\approx 1{,}1$ J).
6. $v_2 \approx 6{,}3$ m/s ($E_{k1} = 7{,}35$ J, $E_{k2} = 5{,}93$ J).

14.41 **1.** $L_1 = L_2 = 780$ mm, $L_3 = 675$ mm, $L_4 = 570$ mm, $L_5 = 465$ mm, $L_6 = 360$ mm, $L_7 = 255$ mm, $L_8 = 150$ mm ($\Delta L = 105$ mm).
2. Ja, $\sigma_b = 401{,}2\,\text{N/mm}^2 < \sigma_{b\,zul} = 685\,\text{N/mm}^2$ ($B = 400$ mm, $W_b \approx 3267\,\text{mm}^3$, $F = 3495$ N, $R_m = 1370\,\text{N/mm}^2$).
3. $s = 27$ mm ($b/B = 0{,}125$, $k_1 = 1{,}38$, $k_2 = 0{,}75$, $I_b = 11\,433\,\text{mm}^4$), $s/h_0 \approx 0{,}34$.
4. $R = 129{,}4\,\text{N/mm}^2$.
5. $f_e \approx 3$ Hz ($m = 356{,}3$ kg).

14.42 $\sigma_b \approx 494\,\text{N/mm}^2 < \sigma_{b\,zul} \approx 685\,\text{N/mm}^2$ ($B = 350$ mm, $W_b = 2858\,\text{mm}^3$, $F \approx 2354$ N, $R_m = 1370\,\text{N/mm}^2$), Beanspruchung zulässig. $s_1 \approx 56{,}2$ mm, $s_2 \approx 84{,}4$ mm ($b/B = 0{,}143$, $k_1 = 1{,}366$, $I_b \approx 10\,000\,\text{mm}^4$, $R = 27{,}9$ N/mm, $F_1 = 1570$ N). $F_{e1} \approx 2{,}1$ Hz, $f_{e2} \approx 1{,}7$ Hz.

14.43 **1.** $m \approx 5{,}68$ t ($R_m = 1320\,\text{N/mm}^2$, $\sigma_{b\,zul} = 726\,\text{N/mm}^2$, $W_b = 19\,200\,\text{mm}^3$, $F_G = 55\,757$ N).
2. $s = 55$ mm ($I_b = 115\,200\,\text{mm}^4$, $k_1 = 1{,}5$, $k_2 = 0{,}75$).
3. $f_e \approx 2{,}1$ Hz.

14.44 $R \approx 424\ \mathrm{N/mm}$, $s = 7{,}55\ \mathrm{mm} < 0{,}2h = 8\ \mathrm{mm}$, $\sigma = 1{,}13\ \mathrm{N/mm^2} < \sigma_{zul} = 4\ \mathrm{N/mm^2}$ ($k = 0{,}375$, $E \approx 6\ \mathrm{N/mm^2}$), s und σ sind zulässig.

14.45 **1.** $W \approx 0{,}78\ \mathrm{J}$ ($E_k = 0{,}312\ \mathrm{J}$).
2. $s \approx 1{,}94\ \mathrm{mm}$ ($k = 0{,}25$, $E \approx 8\ \mathrm{N/mm^2}$, $R = 188{,}5\ \mathrm{N/mm}$, $R_{dyn} \approx 415\ \mathrm{N/mm}$).
3. $W = 788\ \mathrm{Nmm} \approx 0{,}79\ \mathrm{J}$ etwa wie angenommen ($E_p = 0{,}476\ \mathrm{J}$).
4. $\sigma = 1{,}14\ \mathrm{N/mm^2} < \sigma_{zul} = 1{,}5\ \mathrm{N/mm^2}$ ($F \approx 805\ \mathrm{N}$).

14.46 **1.** $F \approx 292\ \mathrm{N}$ ($G \approx 0{,}43\ \mathrm{N/mm^2}$).
2. $\tau \approx 0{,}074\ \mathrm{N/mm^2}$.
3. $F \approx 336\ \mathrm{N}$ ($R_{dyn} \approx 112\ \mathrm{N/mm}$), $\tau \approx 0{,}084\ \mathrm{N/mm^2}$.

14.47 Ja, $\tau = 0{,}16\ \mathrm{N/mm^2} < \tau_{zul} = 0{,}5\ \mathrm{N/mm^2}$, $s = 9{,}68\ \mathrm{mm} < 0{,}2h = 12\ \mathrm{mm}$ ($\gamma = 0{,}242\ \mathrm{rad}$, $G \approx 0{,}66\ \mathrm{N/mm^2}$), $R_{dyn} = 32{,}2\ \mathrm{N/mm}$.

14.48 **1.** $M \approx 94{,}25\ \mathrm{Nm}$ ($\tau_{zul} = 1\ \mathrm{N/mm^2}$).
2. Nein, $\alpha = 0{,}638\ \mathrm{rad} \approx 36{,}6° > 20°$ ($G \approx 0{,}98\ \mathrm{N/mm^2}$).
3. $R_{dyn} \approx 237\ \mathrm{Nm/rad}$ ($R \approx 148\ \mathrm{Nm/rad}$).

14.49 Typ DR-S 18 × 50 mit $L_1 = 55\ \mathrm{mm} < 60\ \mathrm{mm}$ und $M = 15\ \mathrm{Nm}$ bei $\alpha = 20°$ ($\alpha = 20{,}5° \approx 20°$, $M \approx 15\ \mathrm{Nm}$).

15 Achsen und Wellen

15.1 **1.** $F_A = 35\ \mathrm{kN}$, $F_B = 15\ \mathrm{kN}$.
2. $M_{b1} = 1750\ \mathrm{Nm}$, $M_{b2} = 6300\ \mathrm{Nm}$, $M_{b3} = 4350\ \mathrm{Nm}$, $M_{b4} = 750\ \mathrm{Nm}$, M_b-Verlauf s. Bild E 15.1.
3. $\delta_{b1} \approx 51\ \mathrm{N/mm^2}$, $\sigma_{b2} \approx 32\ \mathrm{N/mm^2}$, $\sigma_{b3} = 43{,}5\ \mathrm{N/mm^2}$, $\sigma_{b4} \approx 22\ \mathrm{N/mm^2}$.
4. Nein, $\sigma_{b1} < \sigma_{b\,zul} = 52\ \mathrm{N/mm^2}$, d_4 kann kleiner sein, z. B. $d_4 = 60\ \mathrm{mm}$ ($\sigma_{b4} \approx 35\ \mathrm{N/mm^2}$).

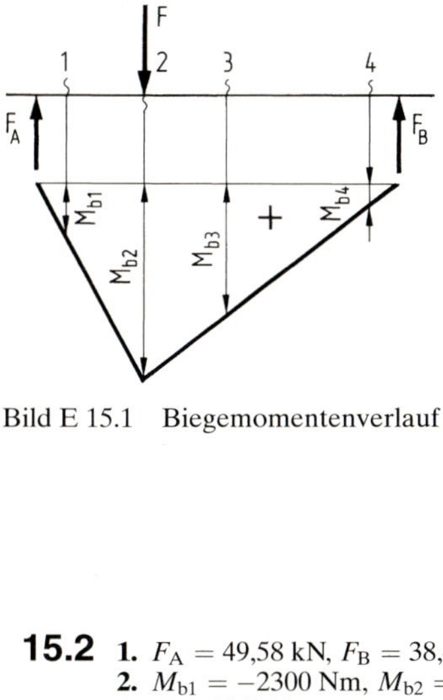

Bild E 15.1 Biegemomentenverlauf

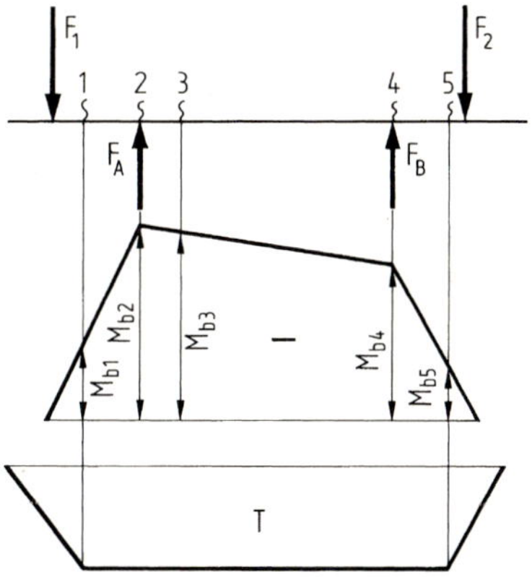

Bild E 15.2 Biegemomenten- und Drehmomentenverlauf

15.2 **1.** $F_A = 49{,}58\ \mathrm{kN}$, $F_B = 38{,}42\ \mathrm{kN}$.
2. $M_{b1} = -2300\ \mathrm{Nm}$, $M_{b2} = -5980\ \mathrm{Nm}$, $M_{b3} \approx -5765\ \mathrm{Nm}$, $M_{b4} = -4620\ \mathrm{Nm}$, $M_{b5} = -1260\ \mathrm{Nm}$.
3. $T \approx 2865\ \mathrm{Nm}$.
4. Bild E 15.2.
5. Ja, $\tau_t \approx 28\ \mathrm{N/mm^2} < \tau_{t\,zul} = 32\ \mathrm{N/mm^2}$.
6. Ja, $\sigma_{b\,zul} = 63\ \mathrm{N/mm^2} > \sigma_{b1} \approx 45\ \mathrm{N/mm^2}$, $\sigma_{b2} = 59{,}8\ \mathrm{N/mm^2}$, $\sigma_{b3} \approx 57{,}7\ \mathrm{N/mm^2}$ $\sigma_{b4} = 46{,}2\ \mathrm{N/mm^2}$, $\sigma_{b5} = 24{,}6\ \mathrm{N/mm^2}$.

15.3 $M_{b1} = 6685\ \mathrm{Nmm}$, $M_{b2} = 203\,310\ \mathrm{Nmm}$, $M_{b3} = 230\,838\ \mathrm{Nmm}$ ($F_A = 786{,}5\ \mathrm{N}$), $M_{b4} = 220\,115\ \mathrm{Nmm}$, $M_{b5} = 6065\ \mathrm{Nmm}$ ($F_B = 713{,}5\ \mathrm{N}$), $\sigma_{b1} = 4{,}3\ \mathrm{N/mm^2} < \sigma_{b\,zul} = 45\ \mathrm{N/mm^2}$, $\sigma_{b2} = 47{,}4\ \mathrm{N/mm^2} > \sigma_{b\,zul}$, $\sigma_{b3} = 36\ \mathrm{N/mm^2} < \sigma_{b\,zul}$, $\sigma_{b4} = 51{,}3\ \mathrm{N/mm^2} > \sigma_{b\,zul}$, $\sigma_{b5} = 3{,}9\ \mathrm{N/mm^2} < \sigma_{b\,zul}$, d_2 und d_4 müssten vergrößert werden, z. B. $d_2 = d_4 = 38\ \mathrm{mm}$, damit $\sigma_{b2} = 37\ \mathrm{N/mm^2}$ und $\sigma_{b4} = 40\ \mathrm{N/mm^2}$.

15.4 1. $T \approx 637$ Nm ($n_b = 12{,}5\ s^{-1}$).
2. $d_{min} = 46{,}3$ mm ($\tau_{t\,zul} = 32\ N/mm^2$)
3. Profil DIN 31712 – AP4C55 mit $d_2 = 48$ mm $> d_{min}$.

15.5 Profil DIN 31711 – AP3G75 mit $d_3 = 68{,}7$ mm $> d_{min} = 66$ mm ($\tau_{t\,zul} = 26\ N/mm^2$).

15.6 $d_1 = 50$ mm $> d_{1\,min} = 44{,}4$ mm ($F_G = 49{,}05$ kN, $M_{b1} = 490{,}5$ Nm, $\sigma_{b\,zul} \approx 56\ N/mm^2$), $d_2 = 60$ mm $> d_{2\,min} = 56$ mm ($M_{b2} = 981$ Nm).

15.7 1. $F_{t2} \approx 7780$ N, $F_{r2} \approx 2830$ N, $F_{t3} \approx 18\,670$ N, $F_{r3} \approx 6800$ N, $F_{Ax} \approx 7130$ N, $F_{Bx} = 7450$ N, $F_{Ay} \approx 13\,300$ N, $F_{By} = 8200$ N.
2. $M_{x1} = 221$ Nm, $M_{x2} \approx 677{,}4$ Nm, $M_{x3} \approx 696$ Nm, $M_{x4} \approx 707{,}8$ Nm, $M_{x5} \approx 231$ Nm, $M_{y1} = 412{,}3$ Nm, $M_{y2} = 1263{,}5$ Nm, $M_{y3} \approx 967$ Nm, $M_{y4} = 779$ Nm, $M_{y5} = 254{,}2$ Nm, $M_{b1} = 467{,}8$ Nm, $M_{b2} = 1434$ Nm, $M_{b3} = 1192$ Nm, $M_{b4} = 1053$ Nm, $M_{b5} = 343{,}5$ Nm, grafische Darstellung des Momentenverlaufs s. Bild E 15.7
3. $\sigma_{b1} = 73{,}1\ N/mm^2$, $\sigma_{b2} = 41{,}8\ N/mm^2$, $\sigma_{b3} = 55{,}2\ N/mm^2$, $\sigma_{b4} \approx 48{,}8\ N/mm^2$,
4. Nein, $\sigma_{b\,zul} = 77\ N/mm^2$.
5. Ja, $d_3 = 60$ mm $> d_{3\,min} \approx 56{,}4$ mm ($\tau_{t\,zul} = 39\ N/mm^2 > \tau_t = 32{,}4\ N/mm^2$).

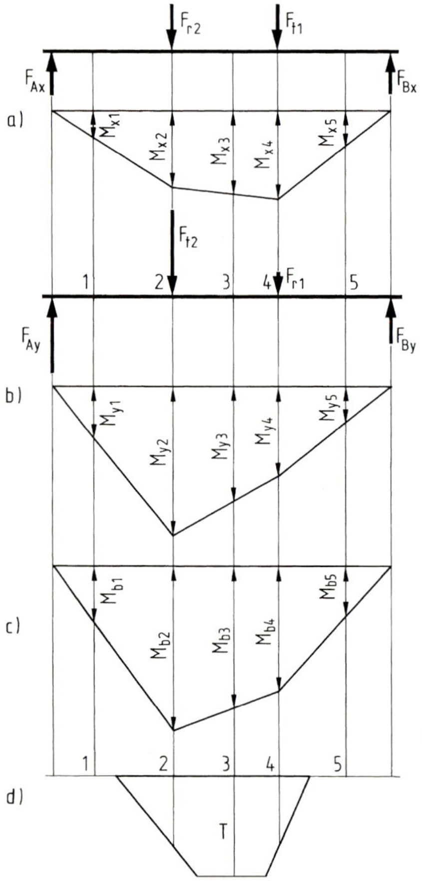

Bild E 15.7 Momentenverlauf
a) horizontale (in der x-Ebene)
b) vertikale (in der y-Ebene)
c) resultierende Biegemomente, unmaßstäblich angenähert dargestellt,
d) Torsionsmomente

15.8 1. $F_t = 7{,}988$ kN ≈ 8 kN, $F_r = 2{,}91$ kN ($F_u = 4{,}5$ kN).
2. $F_{Ay} = -0.39$ kN, $F_{By} = 9{,}39$ kN, $F_{Ax} = 4{,}68$ kN, $F_{Bx} = 8{,}23$ kN.
3. $M_{y1} = -58{,}5$ Nm, $M_{y2} = -592{,}5$ Nm, $M_{y3} = -800$ Nm, $M_{x1} = 702$ Nm, $M_{x2} = 510$ Nm, $M_{x3} = -291$ Nm, Darstellung des Momentenverlaufs s. Bild E 15.8.

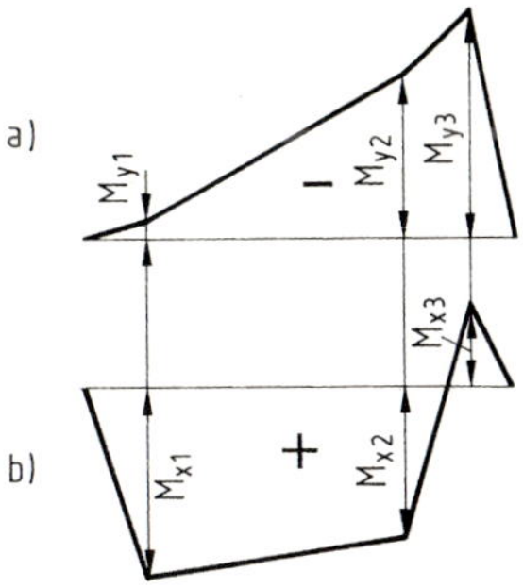

Bild E 15.8 Biegemomentenverlauf
a) in der y-Ebene
b) in der x-Ebene

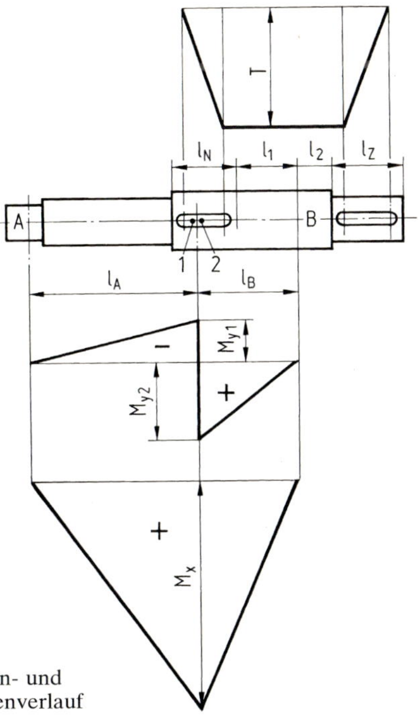

Bild E 15.10 Drehmomenten- und Biegemomentenverlauf

4. $M_{b1} = 704{,}4$ Nm, $M_{b2} = 781{,}8$ Nm, $M_{b3} = 851{,}3$ Nm.
5. $d_{min} = 90$ mm ($T \approx 3200$ N, $\tau_{t\,zul} = 22$ N/mm^2).
6. Ja, $\sigma_b \approx 12$ N/mm$^2 < \sigma_{b\,zul} = 45$ N/mm^2.

15.9
1. $F_t = 16$ kN ($M = 6$ kNm), $F_N \approx 17{,}03$ kN, $F_x \approx 7{,}2$ kN, $F_y \approx 15{,}43$ kN.
2. $F_{CI} = 28{,}73$ kN, $F_{DI} = 1{,}27$ kN, $F_{CII} = 3{,}3$ kN, $F_{DII} = 26{,}7$ kN.
3. $F_{AyI} = 28{,}23$ kN, $F_{ByI} = 17{,}2$ kN, $F_{AyII} = 6{,}95$ kN, $F_{ByII} = 38{,}48$ kN, $F_{Ax} \approx 0{,}66$ kN, $F_{Bx} = 6{,}54$ kN.
4. $M_{bCI} \approx 1412$ Nm, $M_{bDI} \approx 1196$ Nm ($M_{xC} = 33{,}2$ Nm, $M_{xD} \approx 425$ Nm, $M_{yCI} \approx 1412$ Nm, $M_{yDI} \approx 1118$ Nm), $M_{bCII} \approx 349$ Nm, $M_{bDII} \approx 2537$ Nm ($M_{yCII} = 347{,}5$ Nm, $M_{yDII} \approx 2501$ Nm).
5. Ja, $\sigma_b = 74$ N/mm$^2 < \sigma_{b\,zul} = 78$ N/mm^2 ($M_b = M_{bDII}$).

15.10
1. $T = 145{,}6$ Nm, $d_{min} = 32{,}1$ mm, ($\tau_{t\,zul} = 22$ N/mm^2), $d = 35$ mm.
2. $F_{Ay} \approx -124{,}2$ N, $F_{By} \approx 374{,}2$ N, $F_{Ax} \approx 687{,}6$ N, $F_{Bx} \approx 1132{,}4$ N.
3. $M_{y1} \approx -17\,390$ Nmm, $M_{y2} \approx 31\,810$ Nmm, $M_x \approx 96\,260$ Nmm, Darstellung des Momentenverlaufs s. Bild E 15.10.
4. Ja, $\sigma_b = 23{,}6$ N/mm$^2 < \sigma_{b\,zul} = 45$ N/mm^2 ($M_b = 101\,380$ Nmm).

15.11
1. $F_{t2} = 2985$ N, $F_{t3} \approx 8696$ N, $F_{r2} \approx 1158$ N, $F_{r3} \approx 3269$ N, $F_{a2} \approx 1086$ N, $F_{a3} = 2330$ N.
2. $F_{Ay} \approx 2670$ N, $F_{By} = 1757$ N, $F_{Ax} \approx -5568$ N, $F_{Bx} = -143$ N, $F_{lB} = -1244$ N.
3. $M_{y3.1} \approx 534$ Nm, $M_{y3.2} \approx 802$ Nm, $M_{y2.1} = 228{,}4$ Nm, $M_{y2.2} \approx 592{,}2$ Nm, $M_{x3} = -1113{,}6$ Nm, $M_{x2} = -18{,}6$ Nm, Darstellung des Momenten- und Längskraftverlaufs s. Bild E 15.11
4. An der linken Seite von Rad 2 (Punkt C in Bild E 15.11), $d_{min} = 57{,}7$ mm, $d_C = 60$ mm ($\tau_{t\,zul} = 26$ N/mm^2).
5. An der rechten Seite von Rad 3 (Punkt D in Bild E 15.11), $d_D = 70$ mm, $\sigma_b = 35$ N/mm$^2 < \sigma_{b\,zul} = 52$ N/mm^2, somit ausreichend bemessen ($M_{yD} \approx 766$ Nm, $M_{xD} \approx -926$ Nm, $M_b = M_{bD} \approx 1202$ Nm).

15.12 $d_{min} = 19{,}3$ mm ≈ 20 mm ($T = 79{,}6$ Nm, $\tau_{t\,zul} = 55$ N/mm^2), $\sigma_b = 156{,}8$ N/mm$^2 > \sigma_{b\,zul} = 110$ N/mm^2, somit $d_{erf} = 22{,}5$ mm ($F_{t2} = 1305$ N, $F_{r2} \approx 526$ N, $F_{a2} \approx 609$ N, $F_{t3} = 6368$ N, $F_{r3} = 2470$ N, $F_{a3} \approx 2318$ N, Rechtslauf: $F_{Ay} \approx 718$ N, $F_{By} = 2278$ N, $F_{Ax} \approx -3088$ N, $F_{BX} = -1975$ N, $F_{lA} = -1709$ N, $M_{y3.1} = 25{,}13$ Nm, $M_{y3.2} \approx -3{,}85$ Nm, $M_{yB} = -47{,}65$ Nm, $M_{y2} = -37{,}15$ Nm,

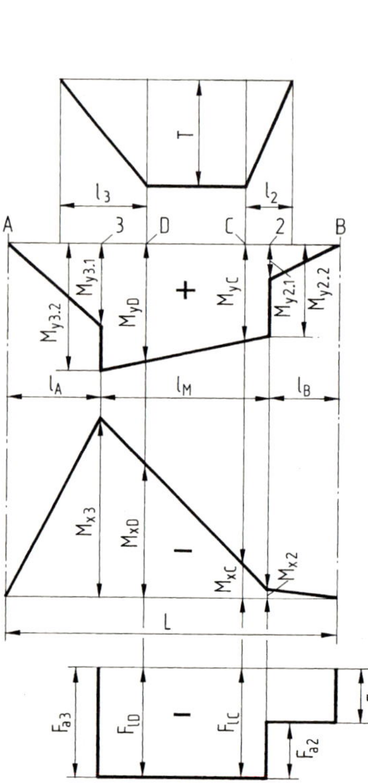

Bild E 15.11 Drehmomenten-, Biegemomenten- und Längskraftverlauf

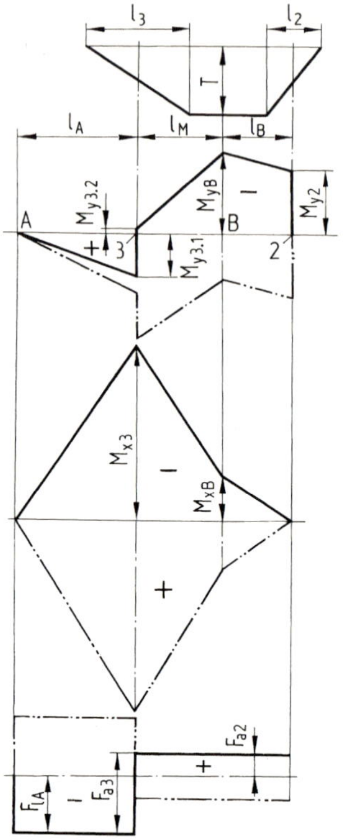

Bild E 15.12 Drehmomenten-, Biegemomenten- und Längskraftverlauf für beide Drehrichtungen

$M_{x3} = -108{,}05$ Nm, $M_{xB} = -26{,}1$ Nm, Linkslauf: $F_{Ay} = 990$ N, $F_{By} = 2006$ N, $F_{Ax} \approx 3088$ N, $F_{Bx} = 1975$ N, $F_{lA} = 1709$ N, $M_{y3.1} = 34{,}65$ Nm, $M_{y3.2} \approx 63{,}63$ Nm, $M_{yB} = 26{,}63$ Nm, $M_{y2} = 37{,}15$ Nm, $M_{x3} = 108{,}08$ Nm, $M_{xB} = 26{,}1$ Nm, $M_b = M_{b3} = 125{,}8$ Nm bei Linkslauf), Momenten- und Längslaufkraftverlauf s. Bild E 15.12 (für Linkslauf mit Strichpunktlinie dargestellt). Nicht ausführbar, da d_{min} und d_{erf} zu groß für $d_{w3} = 25$ mm.

15.13 **1.** $F = 96$ kN zeichnerisch ermittelt nach Bild E 15.13.

2. $F_A \approx 58{,}7$ kN, $F_B = 37{,}3$ kN, $M_{b1} = 3522$ Nm, $M_{b2} = 11\,740$ Nm, $M_{b3} = 16\,436$ Nm, $M_{b4} = 13\,428$ Nm, $M_{b5} = 2238$ Nm.

3. $d_1 = 90$ mm $> d_{1\,min} \approx 88$ mm, $d_2 = 140$ mm $> d_{2\,min} \approx 131$ mm, $d_3 = 150$ mm $> d_{3\,min} \approx 147$ mm, $d_4 = 140$ mm $> d_{4\,min} \approx 137$ mm, $d_5 = 80$ mm $> d_{5\,min} \approx 76$ mm ($\sigma_{b\,zul} = 52$ N/mm^2).

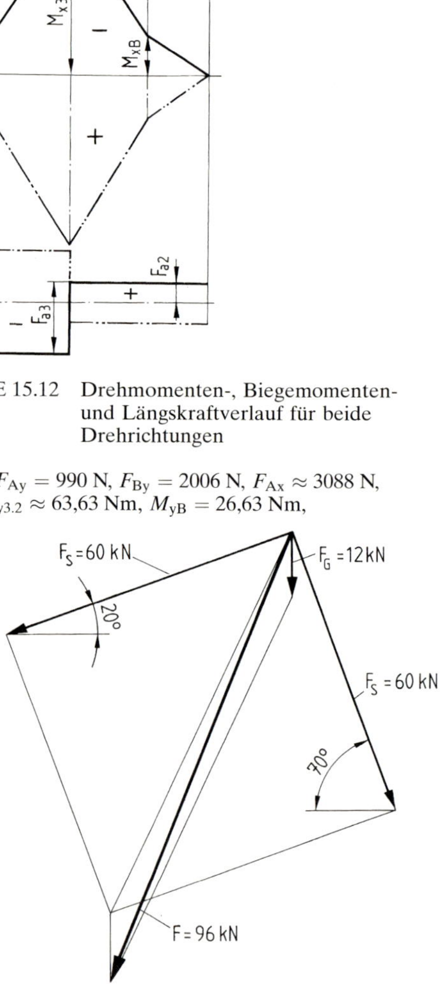

Bild E 15.13 Zeichnerische Ermittlung der Kraft *F*

15.14 $d_1 = 80$ mm ($d_{1\,min} \approx 75$ mm, $F_A = 45{,}1$ kN, $F_B = 32{,}4$ kN, $M_{b1} = 2706$ Nm, $\sigma_{b\,zul} = 63$ N/mm^2), $d_2 = 110$ mm, ($d_{2\,min} \approx 103$ mm bzw. ≈ 104 mm mit $\tau_{t\,zul} = 32$ N/mm^2, $M_{b2} = 6918$ Nm, $T \approx 7188$ Nm), $d_3 = 130$ mm, ($d_{3\,min} \approx 122$ mm, $M_{b3} = 11\,436$ Nm), $d_4 = 70$ mm ($d_{4\,min} \approx 64$ mm, $M_{b4} = 1620$ Nm).

15.15
1. $\sigma_b = 41{,}7$ N/mm^2 ($W_b = 6$ cm^3), $\sigma_z = 12{,}7$ N/mm^2 ($S \approx 943$ mm^3), $\tau_t = 13{,}3$ N/mm^2 ($W_t = 12$ cm^3).
2. $\sigma_o = 54{,}4$ N/mm^2, $R = 0{,}23$.
3. $\sigma_{vo} = 55{,}8$ N/mm^2 ($\alpha_0 \approx 0{,}54$), $\sigma_{va} = 43$ N/mm^2.
4. $\beta_{kb} \approx 1{,}55$ ($\varrho/t = 0{,}8$, $d/D = 0{,}8$, $\alpha_{kb} \approx 1{,}75$, $R_e = 275$ N/mm^2, $\chi = 0{,}55$ mm^{-1}, $n_\chi \approx 1{,}13$), $b_o \approx 0{,}84$, $b_d \approx 0{,}97$ ($R_m = 470$ N/mm^2).
5. Ja, $S_D \approx 2{,}56 > 1{,}7$ ($\sigma_{AG} \approx 110$ N/mm^2).
6. Berechnung nicht erforderlich, da $R < 0{,}5$.

15.16
1. $\sigma_{vo} = 34$ N/mm^2 $= \sigma_{va}$ ($W_b \approx 4480$ mm^3, $\sigma_b = 27{,}9$ N/mm^2, $W_t = 8960$ mm^3, $\tau_t \approx 11{,}2$ N/mm^2).
2. Ja, $S_D \approx 2 > 1{,}7$, S_F ausreichend, da $R = 0$ ($R_m = 480$ N/mm^2, $R_e = 270$ N/mm^2, $\sigma_W = 215$ N/mm^2, $\chi = 8{,}06$ mm^{-1}, $\alpha_{kb} = 4{,}2$, $\beta_{kb} \approx 2{,}75$, $n_\chi \approx 1{,}53$, $b_o = 0{,}9$, $b_d \approx 1$ $\sigma_{AG} \approx 70$ N/mm^2).

15.17 Ja, $S_D \approx 4{,}1 > 1{,}7$ und $S_F \approx 4{,}9 > 1{,}3$ ($W_t = 1850$ mm^3, $\tau_{to} = 43{,}2$ N/mm^2, $\tau_{tu} = 16{,}2$ N/mm^2, $\tau_{tm} = 29{,}7$ N/mm^2, $\tau_{ta} = 13{,}5$ N/mm^2, $R \approx 0{,}69$, $d/D = 0{,}24$, $\alpha_{kt} \approx 2{,}9$, $\chi \approx 0{,}75$ mm^{-1}, $R_e = 255$ N/mm^2, $n_\chi \approx 1{,}2$, $\beta_{kt} \approx 2{,}4$, $b_o \approx 0{,}92$, $b_d \approx 1{,}12$, $\tau_W = 130$ N/mm^2, $\tau_{AG} \approx 55{,}8$ N/mm^2, $\tau_{tF} \approx 213$ N/mm^2).

15.18 $S_D \approx 4{,}8 > 1{,}7$ ($\chi \approx 0{,}03$ mm^{-1}, $R_e = 275$ N/mm^2, $n_\chi \approx 1$, $\beta_{kb} = 1$, $R_m = 470$ N/mm^2, $b_o \approx 0{,}89$, $b_d \approx 0{,}96$, $\sigma_W = 210$ N/mm^2, $\sigma_{AG} \approx 179$ N/mm^2, $\sigma_{va} = 37$ N/mm^2), die Achse könnte dünner ausgeführt werden, $d_{erf} = 49{,}4 \approx 50$ mm ($\sigma_{va\,zul} = 105$ N/mm^2).

15.19
1. $\sigma_{va1} = 49$ N/mm^2 ($\tau_{t1} \approx 28$ N/mm^2, $\alpha_0 = 0{,}4$), $\sigma_{va2} = 60{,}8$ N/mm^2 ($\tau_{t2} = \tau_{t3} = 14{,}3$ N/mm^2), $\sigma_{va3} = 58{,}8$ N/mm^2.
2. $\sigma_{AG1} \approx 87$ N/mm^2 ($R_m = 570$ N/mm^2, $R_e = 315$ N/mm^2, $\sigma_W = 225$ N/mm^2, $d_1/d_2 = 0{,}8$, $\varrho_1/t_1 = 0{,}25$, $\alpha_{kb1} \approx 2{,}6$, $\chi_1 = 0{,}825$ mm^{-1}, $n_{\chi 1} \approx 1{,}2$, $\beta_{kb1} = 2{,}17$, $b_{o1} \approx 0{,}87$, $b_d = 0{,}85$), $\sigma_{AG2} \approx 202$ N/mm^2 ($\chi_2 = 0{,}02$ mm^{-1}, $n_{\chi 2} \approx 1$, $\beta_{kb2} \approx 1$, $b_{o2} = b_{o3} \approx 0{,}93$), $\sigma_{AG3} \approx 99$ N/mm^2 ($d_3/D = 0{,}8$, $\varrho_3/t_3 = 0{,}4$, $\alpha_{kb3} \approx 2{,}2$, $\chi_3 = 0{,}42$ mm^{-1}, $n_{\chi 3} \approx 1{,}08$, $\beta_{kb3} \approx 2{,}04$).
3. Ja, $S_{D1} \approx 1{,}8 > 1{,}7$, $S_{D2} \approx 3{,}3 > 1{,}7$, $S_{D3} \approx 1{,}7$.

15.20 Durchmesseränderungen nicht angebracht, $S_{D1} = 2{,}15 > 1{,}7$ ($R_m = 700$ N/mm^2, $R_e = 450$ N/mm^2, $\sigma_W = 315$ N/mm^2, $b_{o1} = b_{o5} \approx 0{,}94$, $b_d = 0{,}92$, $d_1/d_2 = 0{,}57$, $\varrho_1/t_1 \approx 0{,}27$, $\alpha_{kb1} \approx 1{,}9$, $\chi_1 = 0{,}55$ mm^{-1}, $n_{\chi 1} \approx 1{,}09$, $\beta_{kb1} = 1{,}74$, $\sigma_{AG1} \approx 157$ N/mm^2), $S_{D3} = 1{,}9 > 1{,}7$ ($\sigma_{va3} = 78{,}7$ N/mm^2, $b_{o3} \approx 0{,}84$, $d_3/d_2 = 0{,}86$, $\varrho_3/t_3 = 1$, $\alpha_{kb3} \approx 1{,}75$, $\chi_3 \approx 0{,}43$ mm^{-1}, $n_{\chi 3} \approx 1{,}07$, $\beta_{kb3} \approx 1{,}64$, $\sigma_{AG3} = 148$ N/mm^2), $S_{D5} > S_{D1}$, da $\sigma_{va5} < \sigma_{va1}$ und $\sigma_{AG5} > \sigma_{AG1}$, weil $D < d_2$ und $d_1 = d_5$ sind.

15.21 $S_D \approx 2{,}3 > 1{,}7$, somit ausreichend ($W_b \approx 82{,}3$ cm^3, $W_t = 145{,}8$ cm^3, $\sigma_b = 9{,}5$ N/mm^2, $\tau = 21{,}9$ N/mm^2, $\sigma_{va} = \sigma_{vo} \approx 28{,}2$ N/mm^2, $R_m = 410$ N/mm^2, $R_e = 255$ N/mm^2, $\sigma_W = 185$ N/mm^2, $\alpha_{kb} = 3{,}8$, $\chi = 8{,}02$ mm^{-1}, $n_\chi \approx 1{,}55$, $\beta_{kb} = 2{,}45$, $b_o \approx 0{,}92$, $b_d \approx 0{,}92$ $\sigma_{AG} = 64$ N/mm^2).

15.22
1. $F_A \approx 5{,}31$ kN, $F_B \approx 4{,}69$ kN, $M_{b1} = 544{,}3$ Nm, $M_{b2} = 637{,}2$ Nm, $M_{b3} \approx 551$ Nm.
2. $\sigma_{va1} \approx 37{,}8$ N/mm^2 ($\sigma_{b1} = 31$ N/mm^2, $\tau_{t1} = 17{,}8$ N/mm^2, $\alpha_0 = 0{,}7$), $\sigma_{va2} = 37{,}1$ N/mm^2 ($\sigma_{b2} = 29{,}5$ N/mm^2, $\tau_{t2} = 18{,}6$ N/mm^2), $\sigma_{va3} = \sigma_{b3} = 33{,}1$ N/mm^2.
3. Ja, $S_{D1} \approx 2{,}9 > 1{,}7$ ($R_m = 570$ N/mm^2, $R_e = 315$ N/mm^2, $\sigma_W = 255$ N/mm^2, $\varrho_1 = \varrho_3 = 2{,}5$ mm, $\varrho_1/t = 0{,}36$, $d_1/D = 0{,}8$, $\alpha_{kb1} \approx 2{,}25$, $\chi_1 = 0{,}836$ mm^{-1}, $n_{\chi 1} \approx 1{,}2$, $\beta_{kb1} \approx 1{,}88$, $b_o \approx 0{,}87$, $b_d \approx 0{,}94$, $\sigma_{AG1} \approx 111$ N/mm^2), $S_{D2} \approx 2{,}1 > 1{,}7$ ($\alpha_{kb2} \approx 4$, $\chi_2 = 8{,}03$ mm^{-1}, $n_{\chi 2} \approx 1{,}49$, $\beta_{kb2} = 2{,}68$, $\sigma_{AG2} \approx 77{,}8$ N/mm^2), $S_{D3} \approx 4{,}1 > 1{,}7$ ($\varrho_3/t = 1$, $d/D = d_2/d_3 = 0{,}92$, $\alpha_{kb3} \approx 1{,}85$, $n_{\chi 3} = n_{\chi 1} \approx 1{,}2$, $\beta_{kb3} = 1{,}54$, $\sigma_{AG3} \approx 135$ N/mm^2).

15.23
1. $S_D \approx 3{,}15 > 1{,}7$ ($\tau_{to} = 45{,}3$ N/mm^2, $\tau_{ta} = 22{,}7$ N/mm^2, $R_m = 570$ N/mm^2, $R_e = 315$ N/mm^2, $\tau_W = 180$ N/mm^2, $\chi = 4{,}04$ mm^{-1}, $n_\chi \approx 1{,}36$, $\alpha_{kt} \approx 2{,}8$, $\beta_{kt} \approx 2{,}06$, $b_o \approx 0{,}87$, $b_d \approx 0{,}94$, $\tau_{AG} \approx 71{,}5$ N/mm^2.
2. $S_D \approx 3{,}6 > 1{,}7$ ($M_b = 61{,}07$ Nm, $\sigma_b = 4{,}9$ N/mm^2, $\tau_t = 25$ N/mm^2, $\sigma_{va} = \sigma_{vo} = 30{,}7$ N/mm^2, $\varrho/t = 0{,}2$, $d/D = 0{,}714$, $\alpha_{kb} \approx 2{,}4$, $\chi = 1{,}04$ mm^{-1}, $n_\chi \approx 1{,}25$, $\beta_{kb} = 1{,}92$, $\sigma_{AG} \approx 109$ N/mm^2).
3. $S_D \gg 1{,}7$, da σ_{AG} etwa wie unter 2. und $\sigma_{va} = \sigma_{vo} = \sigma_b = 5{,}4$ N/mm^2 ($M_b = 49{,}25$ Nm).
4. Ja.

15.24 Ja, $S_D \approx 3{,}8 > 1{,}7$ ($W_t = 11\,923\ \text{mm}^3$, $\tau_t = 52{,}4\ \text{N/mm}^2$, $\tau_{ta} = 26{,}2\ \text{N/mm}^2$, $\alpha_{kt} \approx 2$, $\chi = 4{,}05\ \text{mm}^{-1}$, $n_\chi \approx 1{,}36$, $\beta_{kt} \approx 1{,}47$, $b_o = 0{,}87$, $b_d \approx 0{,}94$, $\tau_{AG} \approx 100\ \text{N/mm}^2$).

15.25
1. $\sigma_{b1} = \sigma_{va1} = 48{,}3\ \text{N/mm}^2$, $\sigma_{b2} = \sigma_{va2} = 42{,}8\ \text{N/mm}^2$, $\sigma_{b4} = \sigma_{va4} = 49\ \text{N/mm}^2$, $\sigma_{b5} = \sigma_{va5} = 43{,}7\ \text{N/mm}^2$.
2. $\sigma_{AG1} \approx 98{,}5\ \text{N/mm}^2$, ($R_m = 470\ \text{N/mm}^2$, $R_e = 275\ \text{N/mm}^2$, $\sigma_W = 210\ \text{N/mm}^2$, $d_1/D_1 \approx 0{,}82$, $\varrho_1/t_1 = 0{,}6$, $\alpha_{kb1} \approx 1{,}9$, $\chi_1 = 0{,}36\ \text{mm}^{-1}$, $n_{\chi 1} \approx 1{,}09$, $\beta_{kb1} \approx 1{,}74$, $b_d = 0{,}85$, $b_{o1} \approx 0{,}96$), $\sigma_{AG2} = \sigma_{AG4} = 88{,}7\ \text{N/mm}^2$ ($d_2/D_2 \approx 0{,}88$, $\varrho_2/t_2 = 1$, $\alpha_{kb2} \approx 1{,}8$, $\chi_2 = 0{,}21\ \text{mm}^{-1}$, $n_{\chi 2} \approx 1{,}05$, $\beta_{kb2} = 1{,}71$, $b_{o2} = b_{o4} \approx 0{,}84$), $\sigma_{AG5} = \sigma_{AG1}$ ($b_{o5} = b_{o1}$).
3. Ja, $S_{D1} \approx 2 > 1{,}7$, $S_{D2} \approx 2 > 1{,}7$, $S_{D4} \approx 1{,}8 > 1{,}7$, $S_{D5} \approx 2{,}25 > 1{,}7$. Ohne Dickenbeiwert: $S_{D1} \approx 2{,}4 > 2$ ($\sigma_{AG1} \approx 116\ \text{N/mm}^2$), $S_{D2} \approx 2{,}44 > 2$ ($\sigma_{AG2} \approx 104{,}4\ \text{N/mm}^2$), $S_{D4} \approx 2{,}1 > 2$ ($\sigma_{AG4} \approx 104{,}4\ \text{N/mm}^2$), $S_{D5} \approx 2{,}65 > 2$ ($\sigma_{AG5} \approx 116\ \text{N/mm}^2$).

15.26
1. $\sigma_{b1} = 47{,}5\ \text{N/mm}^2$ ($d_1 = 120$ mm, $l_1 = 100$ mm), $\sigma_{b2} = 30\ \text{N/mm}^2$ ($d_2 = 160$ mm, $l_2 = 150$ mm).
2. Nein, $\sigma_{b\,zul} = 52\ \text{N/mm}^2 > \sigma_{b1} > \sigma_{b2}$.
3. $\sigma_{AG1} = 95{,}2\ \text{N/mm}^2$ ($R_m = 470\ \text{N/mm}^2$, $R_e = 275\ \text{N/mm}^2$, $\sigma_W = 210\ \text{N/mm}^2$, $\varrho/t = 0{,}5$, $d/D = d_1/d_2 = 0{,}75$, $\alpha_{kb1} \approx 1{,}9$, $\chi_1 = 0{,}217\ \text{mm}^{-1}$, $n_{\chi 1} \approx 1{,}05$, $\beta_{kb1} \approx 1{,}8$, $b_{o1} \approx 0{,}96$, $b_d \approx 0{,}85$), $\sigma_{AG2} = 72{,}7\ \text{N/mm}^2$, ($\chi_2 \approx 8{,}01\ \text{mm}^{-1}$, $n_{\chi 2} \approx 1{,}53$, $\alpha_{kb2} = 3{,}3$, $\beta_{kb2} = 2{,}16$, $b_{o2} \approx 0{,}88$).
4. Ja, $S_{D1} \approx 2 > 1{,}7$, $S_{D2} \approx 2{,}4 > 1{,}7$. Ohne Dickenbeiwert b_d: $S_{D1} = 2{,}36 > 2$ ($\sigma_{AG1} = 112\ \text{N/mm}^2$), $S_{D2} = 2{,}85 > 2$ ($\sigma_{AG2} = 85{,}5\ \text{N/mm}^2$).

15.27 Die Querschnitte sind ausreichend bemessen: $S_{D1} \approx 10 > 1{,}7$ ($F_A = 682$ N, $F_B = 2168$ N, $M_{b1} = -31{,}5$ Nm, $\sigma_{b1} = 20{,}2\ \text{N/mm}^2$, $\tau_{t1} = 6{,}7\ \text{N/mm}^2$, $\sigma_{va1} = \sigma_{vo1} = 21{,}8\ \text{N/mm}^2$, $\alpha_{kb1} = 1$, $\chi_1 = 0{,}08\ \text{mm}^{-1}$, $n_{\chi 1} \approx 1$, $\beta_{kb1} \approx 1$, $b_{o1} \approx 0{,}96$, $b_d \approx 1{,}09$, $\sigma_{AG1} \approx 220\ \text{N/mm}^2$, $R_m = 470\ \text{N/mm}^2$, $R_e = 275\ \text{N/mm}^2$, $\sigma_W = 210\ \text{N/mm}^2$), $S_{D2} = 2{,}34 > 1{,}7$ ($M_{b2} \approx -34{,}4$ Nm, $W_{b2} \approx 925\ \text{mm}^3$, $\sigma_{b2} = 37{,}2\ \text{N/mm}^2$, $\tau_{t2} = 37{,}8\ \text{N/mm}^2$, $\sigma_{va2} = \sigma_{vo2} = 59\ \text{N/mm}^2$, $d/D = 0{,}24$, $\alpha_{kb2} \approx 1{,}9$, $\chi_2 \approx 1{,}4\ \text{mm}^{-1}$, $n_{\chi 2} \approx 1{,}3$, $\beta_{kb2} \approx 1{,}46$, $b_{o2} = 0{,}88$, $\sigma_{AG2} \approx 138\ \text{N/mm}^2$), $S_{D3} \approx 4{,}4 > 1{,}7$, ($M_{b3} = -65$ Nm, $\sigma_{b3} = 41{,}6\ \text{N/mm}^2$, $\tau_{t3} = 22{,}4\ \text{N/mm}^2$, $\sigma_{va3} = \sigma_{vo3} = 49{,}7\ \text{N/mm}^2$, $\sigma_{AG3} = \sigma_{AG1}$), Momentenverlauf siehe Bild E 15.27.

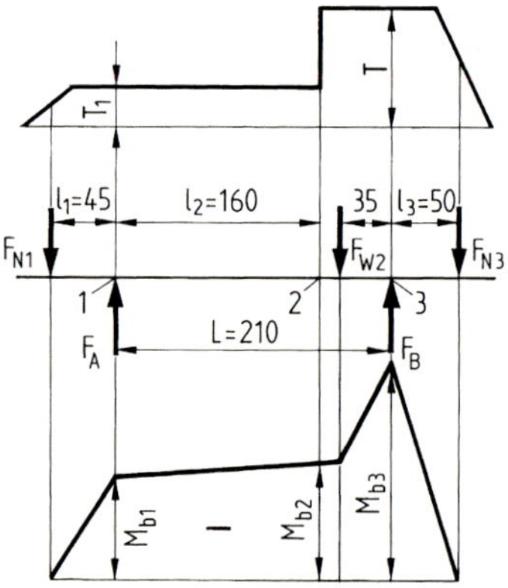

Bild E 15.27 Drehmomenten- und Biegemomentenverlauf

15.28 $S_{D1} \approx 1{,}9 > 1{,}7$ ($W_{b1} = 1782\ \text{mm}^3$, $\sigma_{b1} = 66{,}2\ \text{N/mm}^2$, $W_{t1} = 3564\ \text{mm}^3$, $\tau_{t1} = 17{,}1\ \text{N/mm}^2$, $R_1 = 0$, $\alpha_{01} = 0{,}4$, $\sigma_{va1} = \sigma_{vo1} = 67{,}3\ \text{N/mm}^2$, $b_o \approx 0{,}89$, $b_d \approx 1{,}03$, $d/D = 0{,}2$, $\alpha_{kb1} \approx 2$, $R_m = 480\ \text{N/mm}^2$, $R_e = 270\ \text{N/mm}^2$, $\sigma_W = 215\ \text{N/mm}^2$, $\chi_1 = 1{,}4\ \text{mm}^{-1}$, $n_{\chi 1} \approx 1{,}29$, $\beta_{kb1} = 1{,}55$, $\sigma_{AG1} \approx 127\ \text{N/mm}^2$), $S_{D2} \approx 4 > 1{,}7$ ($W_{b2} = 2700\ \text{mm}^3$, $\sigma_{b2} = 31{,}5\ \text{N/mm}^2$, $W_{t2} = 5400\ \text{mm}^3$, $\tau_{t2} = 11{,}3\ \text{N/mm}^2$, $A_2 = 707\ \text{mm}^2$, $\sigma_{z2} \approx 1{,}1\ \text{N/mm}^2$, $\sigma_{o2} = 32{,}6\ \text{N/mm}^2$, $\sigma_{va2} \approx 32{,}5\ \text{N/mm}^2$, $R_2 = 0{,}034$, $\alpha_{02} = 0{,}42$, $d/D = 0{,}83$, $\varrho/t = 0{,}67$, $\alpha_{kb2} \approx 1{,}9$, $\chi_2 = 1{,}07\ \text{mm}^{-1}$, $n_{\chi 2} \approx 1{,}27$, $\beta_{kb2} \approx 1{,}5$, $\sigma_{AG2} \approx 131\ \text{N/mm}^2$). Beide Querschnitte sind ausreichend bemessen.

15.29
1. $M_{b1} = 1043$ Nm ($F_{Ax} = 6925\ \text{N} = F_{Bx}$, $F_{Ay} = 3425$ N, $F_{By} = 18\,425$ N, $M_{1x} = 934{,}9$ Nm, $M_{1y} = 462{,}4$ Nm), $M_{b2} = 2657{,}3$ Nm ($M_{2x} = M_{1x}$, $M_{2y} = 2487{,}4$ Nm).
2. $\sigma_{va1} = 20{,}4\ \text{N/mm}^2$ ($\sigma_{b1} = 20{,}4\ \text{N/mm}^2$, $\sigma_{vo1} = \sigma_{o1} = 32{,}3\ \text{N/mm}^2$, $R_1 \approx 0{,}37$), $\sigma_{va2} = \sigma_{vo2} \approx 52{,}3\ \text{N/mm}^2$ ($\sigma_{b2} = 51{,}9\ \text{N/mm}^2$, $\tau_{t2} = 8{,}8\ \text{N/mm}^2$, $R_2 = 0$, $\alpha_0 = 0{,}4$).
3. Ja, $S_{D1} \approx 4{,}56 > 1{,}7$, $S_{D2} \approx 1{,}8 > 1{,}7$ ($\varrho/t = 0{,}2$, $d/D = 0{,}615$, $\alpha_{kb} \approx 2{,}2$ $\chi = 0{,}425\ \text{mm}^{-1}$, $n_\chi \approx 1{,}09$, $\beta_{kb} \approx 2{,}02$, $b_o = 0{,}0{,}85$, $b_d \approx 0{,}85$, $\sigma_{Ag} \approx 93\ \text{N/mm}^2$).

15.30 **1.** $\beta_A = 1{,}955 \cdot 10^{-3}$ rad ($I_{b1} = 1{,}95\,cm^4$, $I_{b2} = 7{,}5\,cm^4$, $I_{b3} = 12{,}8\,cm^4$), $f_A = 0{,}0365$ cm.
2. $\beta_B = 2{,}288 \cdot 10^{-3}$ rad, $f_B = 0{,}0483$ cm.
3. $\beta_{LA} = 2{,}146 \cdot 10^{-3}$ rad ($\alpha = -0{,}1912 \cdot 10^{-3}$ rad), $\beta_{LB} = 2{,}097 \cdot 10^{-3}$ rad, $f = 0{,}42$ mm.
4. Ja, $\beta_{LA\,zul} = \beta_{LB\,zul} = 2 \cdot 10^{-3}$ rad $< \beta_{LB} < \beta_{LA}$, $f_{zul} \approx 0{,}3$ mm $< f$.
5. Ja, Durchmesser müssen vergrößert werden.

15.31 Ja, $\beta_{LA} = 1{,}27 \cdot 10^{-3}$rad $< \beta_{LA\,zul} = 2 \cdot 10^{-3}$ rad ($I_{b1} = 4{,}05\,cm^4$, $I_{b2} = 12{,}8\,cm^4$, $I_{b3} = 20{,}5\,cm^4$, $\beta_A = 1{,}156 \cdot 10^{-3}$ rad, $f_A = 0{,}0217$ cm, $\beta_B = 1{,}345 \cdot 10^{-3}$ rad, $f_B = 0{,}0285$ cm, $\alpha = -0{,}11 \cdot 10^{-3}$ rad), $\beta_{LB} = 1{,}235 \cdot 10^{-3}$ rad $< \beta_{LB\,zul} = \beta_{LA\,zul}$, $f = 0{,}025$ cm $= 0{,}25$ mm $< f_{zul} \approx 0{,}3$ mm.

15.32 **1.** $\beta_A = 0{,}1108 \cdot 10^{-3}$ rad, $f_A = 0{,}707 \cdot 10^{-3}$ cm,
2. $\beta_B = 0{,}8502 \cdot 10^{-3}$ rad ($\beta_{BB} = 0{,}9421 \cdot 10^{-3}$ rad, $\beta_{BN} = -0{,}0919 \cdot 10^{-3}$ rad), $f_B = 11{,}195 \cdot 10^{-3}$ cm ($f_{BB} = 13{,}63 \cdot 10^{-3}$ cm, $f_{BN} = -1{,}868 \cdot 10^{-3}$ cm).
3. Nein, $\beta_{LA} = 0{,}5486 \cdot 10^{-3}$ rad $< \beta_{LA\,zul} = 2 \cdot 10^{-3}$ rad ($\alpha = -0{,}3278 \cdot 10^{-3}$ rad), $\beta_{LB} = 0{,}5224 \cdot 10^{-3}$ rad $< \beta_{LB\,zul} = \beta_{LA\,zul}$.
4. Nein, $f = 3{,}985 \cdot 10^{-3}$ cm $\approx 0{,}004$ cm $< f_{zul} = 0{,}16$ mm.

15.33 **1.** $\beta_{Ay} = -0{,}0397 \cdot 10^{-3}$ rad, $f_{Ay} = -0{,}159 \cdot 10^{-3}$ cm ($\beta_{AAy} = -0{,}0904 \cdot 10^{-3}$ rad, $\beta_{A1y} = -0{,}0042 \cdot 10^{-3}$ rad, $\beta_{A2y} = 0{,}0549 \cdot 10^{-3}$ rad, $f_{AAy} = -0{,}943 \cdot 10^{-3}$ cm, $f_{A1y} = -0{,}067 \cdot 10^{-3}$ cm, $f_{A2y} = 0{,}851 \cdot 10^{-3}$ cm).
2. $\beta_{By} = 0{,}021 \cdot 10^{-3}$ rad, $f_{By} = 0{,}077 \cdot 10^{-3}$ cm.
3. $\beta_{LAy} = -0{,}0292 \cdot 10^{-3}$ rad, $\beta_{LBy} = 0{,}0105 \cdot 10^{-3}$ rad, $f_y = 0{,}0195 \cdot 10^{-3}$ cm ($\alpha_y = -0{,}0105 \cdot 10^{-3}$ rad),
4. $\beta_{Ax} = 0{,}471 \cdot 10^{-3}$ rad, $f_{Ax} = 4{,}744 \cdot 10^{-3}$ cm ($\beta_{AAx} = 0{,}5016 \cdot 10^{-3}$ rad, $f_{AAx} = 5{,}232 \cdot 10^{-3}$ cm, $\beta_{A3x} = -0{,}0306 \cdot 10^{-3}$ rad, $f_{A3x} = -0{,}488 \cdot 10^{-3}$ cm).
5. $\beta_{Bx} = 0{,}0636 \cdot 10^{-3}$ rad, $f_{Bx} = 0{,}233 \cdot 10^{-3}$ cm.
6. $\beta_{LAx} = 0{,}271 \cdot 10^{-3}$ rad, $\beta_{LBx} = 0{,}264 \cdot 10^{-3}$ rad, $f_x = 1{,}344 \cdot 10^{-3}$ cm ($\alpha_x = 0{,}2 \cdot 10^{-3}$ rad).
7. Ja, $\beta_{LA} = 0{,}273 \cdot 10^{-3}$ rad $< \beta_{LA\,zul} = 1 \cdot 10^{-3}$ rad, $\beta_{LB} = 0{,}264 \cdot 10^{-3}$ rad $< \beta_{LB\,zul} = \beta_{LA\,zul}$.
8. Ja, $f \approx 1{,}344 \cdot 10^{-3}$ cm $\approx 0{,}0134$ mm $< f_{zul} \approx 0{,}068$ mm.

15.34 Gesamtneigungswinkel und Gesamtdurchbiegung sind zulässig: $\beta_{LA} = 0{,}713 \cdot 10^{-3}$ rad $< \beta_{LA\,zul} = 1{,}5 \cdot 10^{-3}$ rad $= 0{,}0015$ rad, $\beta_{LB} = 0{,}7605 \cdot 10^{-3}$ rad $< \beta_{LB\,zul} = \beta_{LA\,zul}$, $f = 12{,}93 \cdot 10^{-3}$ cm $\approx 0{,}129$ mm $< f_{zul} = 0{,}272$ mm ($\beta_{AAy} = 0{,}1436 \cdot 10^{-3}$ rad, $f_{AAy} = 1{,}139 \cdot 10^{-3}$ cm, $\beta_{A1y} = -0{,}0002 \cdot 10^{-3}$ rad, $f_{A1y} = -0{,}0048 \cdot 10^{-3}$ cm, $\beta_{A2y} = 0{,}00055 \cdot 10^{-3}$ rad, $f_{A2y} = 0{,}0126 \cdot 10^{-3}$ cm, $\beta_{Ay} = 0{,}1440 \cdot 10^{-3}$ rad, $f_{Ay} = 1{,}1468 \cdot 10^{-3}$ cm, $\beta_{BBy} = 0{,}7601 \cdot 10^{-3}$ rad, $f_{BBy} = 18{,}4848 \cdot 10^{-3}$ cm, $\beta_{B3y} = -0{,}1949 \cdot 10^{-3}$ rad, $f_{B3y} = -6{,}2714 \cdot 10^{-3}$ cm, $\beta_{B4y} = 0{,}4554 \cdot 10^{-3}$ rad, $f_{B4y} = 12{,}0438 \cdot 10^{-3}$ cm, $\beta_{By} = 1{,}0206 \cdot 10^{-3}$ rad, $f_{By} = 24{,}2572 \cdot 10^{-3}$ cm, $\alpha_y = -0{,}3399 \cdot 10^{-3}$ rad, $\beta_{LAy} = 0{,}4839 \cdot 10^{-3}$ rad, $\beta_{LBy} = 0{,}6807 \cdot 10^{-3}$ rad, $f_y = 9{,}9842 \cdot 10^{-3}$ cm, $\beta_{AAx} = -0{,}2995 \cdot 10^{-3}$ rad, $f_{AAx} = -2{,}3753 \cdot 10^{-3}$ cm, $\beta_{A5x} = 0{,}00053 \cdot 10^{-3}$ rad, $f_{A5x} = 0{,}0128 \cdot 10^{-3}$ cm, $\beta_{Ax} = -0{,}2990 \cdot 10^{-3}$ rad, $f_{Ax} = -2{,}3625 \cdot 10^{-3}$ cm, $\beta_{BBx} = -0{,}0619 \cdot 10^{-3}$ rad, $f_{BBx} = -1{,}5045 \cdot 10^{-3}$ cm, $\beta_{B6x} = -0{,}5024 \cdot 10^{-3}$ rad, $f_{B6x} = -16{,}1659 \cdot 10^{-3}$ cm, $\beta_{Bx} = -0{,}5643 \cdot 10^{-3}$ rad, $f_{Bx} = -17{,}6704 \cdot 10^{-3}$ cm, $\alpha_x = 0{,}2251 \cdot 10^{-3}$ rad, $\beta_{LAx} = -0{,}5241 \cdot 10^{-3}$ rad, $\beta_{LBx} = -0{,}3392 \cdot 10^{-3}$ rad, $f_x = -8{,}2151 \cdot 10^{-3}$ cm).

15.35 **1.** $d = 60$ mm, ($T = 817{,}4$ Nm, $\tau_{t\,zul} = 22\,N/mm^2$, $d_{min} = 57$ mm).
2. Ja, $\alpha \approx 5{,}0 \cdot 10^{-3}$ rad $< \alpha_{zul} = 7{,}2 \cdot 10^{-3}$ rad ($I_t \approx 129{,}6\,cm^4$).

15.36 $\alpha_{zul} = 6{,}3 \cdot 10^{-3}$ rad $> \alpha = 5{,}26 \cdot 10^{-3}$ rad, somit zulässig ($I_t \approx 62{,}5\,cm^4$).

15.37 Ja, $\alpha = 1{,}3 \cdot 10^{-3}$ rad $< \alpha_{zul} = 3{,}15 \cdot 10^{-3}$ rad ($I_t \approx 240{,}1\,cm^4$).

15.38 Nein, $\alpha \approx 0{,}6 \cdot 10^{-3}$ rad $< \alpha_{zul} \approx 1{,}9 \cdot 10^{-3}$ rad ($I_{t1} \approx 62{,}5\,cm^4$, $I_{t2} \approx 240{,}1\,cm^4$).

15.39 Ja, $\alpha \approx 1{,}2 \cdot 10^{-3}$ rad $< \alpha_{zul} = 3{,}72 \cdot 10^{-3}$ rad ($I_{t1} = I_{t3} \approx 1000\,cm^4$, $I_{t2} \approx 2441{,}4\,cm^4$).

15.40 **1.** $f_{G1} = 36{,}65 \cdot 10^{-3}$ cm ($F_{G1} = 1{,}57$ kN, $F_{G2} = 0{,}785$ kN, $F_{A1} = 1{,}215$ kN, $F_{B1} = 0{,}355$ kN, $I_b \approx 64{,}8\,cm^4$, $f_{A1} = 10{,}7 \cdot 10^{-3}$ cm, $f_{B1} = 125{,}5 \cdot 10^{-3}$ cm, $\alpha_1 = -0{,}7863 \cdot 10^{-3}$ rad).
2. $f_{G2} = 18{,}341 \cdot 10^{-3}$ cm ($F_{A2} = F_{B1}/2$, $F_{B2} = F_{A1}/2$, $f_{A2} = 62{,}75 \cdot 10^{-3}$ cm, $f_{B2} = 5{,}35 \cdot 10^{-3}$ cm, $\alpha_2 = 0{,}393 \cdot 10^{-3}$ rad).
3. $n_{K1} \approx 26\,s^{-1}$, $n_{K2} \approx 36{,}81\,s^{-1}$ ($K = 1$).
4. Nein, $n_K = 21{,}24\,s^{-1} \approx 1274\,min^{-1} \gg n = 125\,min^{-1}$.

15.41 **1.** $F_A \approx 120$ N, $F_B = 80$ N ($F_G \approx 200$ N).
2. $f_A = 0{,}32 \cdot 10^{-3}$ cm ($I_{b1} \approx 12{,}8$ cm^4, $I_{b2} \approx 31{,}25$ cm^4), $f_B \approx 0{,}62 \cdot 10^{-3}$ cm ($I_{b3} \approx 45{,}75$ cm^4, $I_{b4} = I_{b2}$).
3. $f_G = 0{,}4406 \cdot 10^{-3}$ cm ($\alpha = -0{,}00693 \cdot 10^{-3}$ rad).
4. Ja, $n_K \approx 237{,}5$ s^{-1} = 14250 min^{-1} $\gg n = 1450$ min^{-1}.

15.42 $n_K = 116{,}7$ s^{-1} ≈ 700 min^{-1} ($F_A = F_B = 1{,}6$ kN, $I_{b1} \approx 500$ cm^4, $I_{b2} \approx 1220{,}7$ cm^4 bzw. $\approx 874{,}5$ cm^4, $I_{b3} \approx 1036{,}8$ cm^4, $f_A = 1{,}743 \cdot 10^{-3}$ cm, $f_B = 1{,}905 \cdot 10^{-3}$ cm, $\alpha = -0{,}00193 \cdot 10^{-3}$ rad, $f_G = 1{,}824 \cdot 10^{-3}$ cm), es muss sein $n \neq 4900 \ldots 9100$ min^{-1}.

17 Gleitlager

17.1 **1.** Nein, $\bar{p} = 0{,}33$ N/mm^2 < $\bar{p}_{zul} = 0{,}4$ N/mm^2, $u = 0{,}94$ m/s < $u_{zul} = 1$ m/s.
2. H8/f7 ($100^{+0{,}054}_{0}$ und $100^{-0{,}036}_{-0{,}071}$ mm, somit $S_k = 36$ µm, $S_g = 125$ µm, $S_m \approx 80$ µm), $\psi_m = 0{,}8 \cdot 10^{-3}$.
3. $P_f \approx 301$ W.
4. Ja, $t_B \approx 68$ °C < $t_{B\,zul} = 70 \ldots 100$ °C.
5. Schmierfett KPG oder KPH bis 100 °C.

17.2 **1.** $\bar{p} = 3{,}26$ N/mm^2, $u = 0{,}207$ m/s.
2. E9/h9.
3. $P_f = 712$ W.
4. $t_B \approx 37{,}7$ °C ($A \approx 0{,}53$ m^2).

17.3 **1.** $\bar{p}_C = 5{,}86$ N/mm^2, $\bar{p}_D = 6{,}1$ N/mm^2, $u = 0{,}184$ m/s.
2. $\psi_m = 1{,}9 \cdot 10^{-3}$ ($S_k = 60$ µm, $S_g = 208$ µm, $S_m = 134$ µm = 0,134 mm).
3. $P_{fC} = 423$ W, $P_{fD} = 629$ W.
4. $t_{BC} = 78$ °C, $t_{BD} = 79{,}7$ °C.

17.4 **1.** $F = 15{,}1$ kN ($F_A = 15{,}1$ kN, $F_B = 11{,}1$ kN).
2. $\bar{p} = 5{,}4$ N/mm^2, $u = 0{,}136$ m/s.
3. $P_f = 143{,}8$ W.
4. H8/f7, $\psi_m = 1{,}4 \cdot 10^{-3}$ ($S_k = 25$ µm, $S_g = 89$ µm, $S_m = 57$ µm).
5. $t_B = 84{,}2$ °C < $t_{B\,zul} = 100$ °C ($A = 0{,}112$ m^2).

17.5 $\bar{p} = 0{,}24$ N/mm^2 < $\bar{p}_{zul} = 0{,}3$ N/mm^2, $u = 2{,}5$ m/s < $u_{zul} = 3$ m/s, $t_B \approx 45$ °C = $t_{B\,zul} = 70 \ldots 100$ °C ($P_f = 12$ W, $A \approx 0{,}07$ m^2), 50 H7/f7 mit $\psi_m = 1 \cdot 10^{-3}$ ($S_k = 25$ µm, $S_g = 75$ µm, $S_m = 50$ µm).

17.6 $\bar{p}_A = 0{,}98$ N/mm^2, $\bar{p}_B = 1$ N/mm^2 = $\bar{p}_{zul} = 1$ N/mm^2, $u_A = 0{,}94$ m/s < $u_{zul} = 1$ m/s > u_B = 0,63 m/s, $t_{BA} = 55$ °C < $t_{B\,zul} = 60$ °C > $t_{BB} = 46$ °C ($P_{fA} = 2{,}1$ W, $P_{fB} = 0{,}63$ W, $A_A = 0{,}004$ m^2, $A_B = 0{,}00175$ m^2).

17.7 **1.** $Q = 4{,}5 \cdot 10^{-3}$ dm^3/s = 0,27 l/min, ($u = 3{,}15$ m/s, $P_Q = P_f = 378$ W, $t_2 - t_1 = 20$ K).
2. $Q \approx 3 \cdot 10^{-3}$ dm^3/s = 0,181 l/min ($P_Q = 254$ W, $P_A = 124$ W, $A = 0{,}15$ m^2).

17.8 $w_a \approx 10{,}5$ m/s ($k = 45{,}8$ W/(m^2· K)).

17.9 Ja, $Q_{erf} = 41{,}89 \cdot 10^{-3}$ dm^3/s = 2,5 l/min < $Q_{vorh} = 2{,}8$ l/min ($u = 18{,}85$ m/s, $P_Q = P_f = 1508$ W).

17.10 **1.** $u = 20{,}9$ m/s, $\omega = 209{,}2$ rad/s.
2. $\psi_m = 1{,}7 \cdot 10^{-3}$, gewählt $\psi_m = 1{,}9 \cdot 10^{-3}$, $\psi_{eff} = 1{,}85 \cdot 10^{-3}$ ($\Delta\psi = -0{,}05 \cdot 10^{-3}$, $t_{B.0} = 45$ °C), $S = 370$ µm.
3. $\bar{p} = 4{,}3$ N/mm^2 < $\bar{p}_{zul} = 5$ N/mm^2.
4. $Re = 49{,}7 < 960{,}2$, d. h. laminar ($\eta = 70$ mPa · s bei 45 °C).
5. 1. Rechenschritt:
$So \approx 1$, $\varepsilon = 0{,}6345$ (interpoliert), $h_0 \approx 68$ µm > $h_{0\,lim} = 11$ µm, $\mu/\psi_{eff} = 5{,}4766$ (interpoliert), $\mu \approx 0{,}0101$, $P_A = P_f = 25331$ W, $t_{B.1} = 1608$ °C.
2. Rechenschritt:
$t_{B.0} = 0{,}5\ (45 + 1608)$ °C = 826,5 °C > 160 °C, Kühlung durch Konvektion nicht möglich.

6. 1. Rechenschritt:
$t_{2.0} = 70\,°C$, $t_{B.0} = 60\,°C$ ($t_1 = 50\,°C$), $\eta = 35\,mPa \cdot s$, $\psi_{eff} = 1{,}82 \cdot 10^{-3}$ ($\Delta\psi = -0{,}08 \cdot 10^{-3}$), $So \approx 2$, $\varepsilon = 0{,}759$ (interpoliert), $h_0 \approx 44\,\mu m > h_{0\,lim} = 11\,\mu m$, $\mu/\psi_{eff} = 3{,}256$ (interpoliert), $\mu \approx 0{,}0059$, $P_Q = P_f = 14797\,W$, $Q_1 = 0{,}36 \cdot 10^{-3}\,m^3/s$ ($q_1 = 0{,}118$), $Q_2 = 0{,}0265 \cdot 10^{-3}\,m^3/s$ ($q_2 = 0{,}0374$, $q_H = 1{,}222$), $Q = 0{,}3865 \cdot 10^{-3}\,m^3/s \approx 23{,}2\,l/min$, $t_{2.1} = 71\,°C$.
2. Rechenschritt:
$t_{2.0} = 0{,}5\ (70 + 71)\,°C = 70{,}5\,°C$, so dass ein 2. Rechenschritt mit $t_{B.0} = 60{,}5\,°$ gegenüber $60\,°C$ des 1. Rechenschrittes nicht erforderlich ist.

17.11 1. Rechenschritt:
$t_{B.0} = 60\,°C$, $\eta = 26\,mPa \cdot s$, $\psi_{eff} = 1{,}82 \cdot 10^{-3}$ ($\Delta\psi = -0{,}08 \cdot 10^{-3}$), $So = 2{,}6$, $\varepsilon = 0{,}8034$, $h_0 \approx 36\,\mu m > h_{0\,lim} = 11\,\mu m$, $\mu = 0{,}0047$ ($\mu/\psi_{eff} = 2{,}587$), $P_Q = 11788\ W$, $Q \approx 0{,}4147 \cdot 10^{-3}\,m^3/s \approx 24{,}9\,l/min$ ($Q_1 = 0{,}3794 \cdot 10^{-3}\,m^3/s$, $q_1 = 0{,}1252$, $q_H = 1{,}222$, $Q_2 = 0{,}0347 \cdot 10^{-3}\,m^3/s$, $q_2 = 0{,}0374$), $t_{2.1} = 65{,}8\,°C$.
2. Rechenschritt:
$t_{2.0} = 0{,}5\ (70 + 65{,}8)\,°C \approx 68\,°C$, $t_{B.0} = 0{,}5\ (48 + 68)\,°C = 58\,°C$. $\eta = 28\,mPa \cdot s$, $\psi_{eff} = 1{,}824 \cdot 10^{-3}$ ($\Delta\psi = -0{,}076 \cdot 10^{-3}$), $So = 2{,}44$, $\varepsilon = 0{,}7976$, $h_0 \approx 40\,\mu m > h_{0\,lim} = 11\,\mu m$, $\mu = 0{,}00485$ ($\mu/\psi_{eff} = 2{,}66$), $P_Q = 12164\,W$, $Q = 0{,}4147 \cdot 10^{-3}\,m^3/s = 24{,}91\,l/min$ ($Q_1 \approx 0{,}38 \cdot 10^{-3}\,m^3/s$, $q_1 = 0{,}1252$, $q_H = 1{,}222$, $Q_2 = 0{,}0347 \cdot 10^{-3}\,m^3/s$, $q_2 = 0{,}0374$), $t_{2.1} \approx 65{,}8\,°C$.
Schlussbemerkung:
Es wurde ausgegangen von $t_2 = 70\,°C$ ($t_B = 60\,°C$), beim 1. Rechenschritt ergab sich $t_2 \approx 66\,°C$ ($t_B \approx 56\,°C$). Beim 2. Rechenschritt wurde ausgegangen von $t_2 \approx 68\,°C$ ($t_B = 58\,°C$), es ergab sich $t_2 = 65{,}8\,°C$ ($t_B = 55{,}8\,°C$). Es lohnt sich nicht, die Berechnung fortzusetzen. Das Lager kann ohne weiteres mit dem Schmieröl ISO VG 68 geschmiert werden.

17.12 **1.** $n_ü \approx 66\,mm^{-1}$ ($\varepsilon_ü = 0{,}942$, $\psi_{eff} = 1{,}89 \cdot 10^{-3}$, $\eta = 160\,mPa \cdot s$, $So = 13{,}9$, $\omega_ü = 6{,}9\,s^{-1}$).
2. $n_ü \approx 357\,mm^{-1}$ ($\varepsilon_ü = 0{,}9396$, $\psi_{eff} = 1{,}82 \cdot 10^{-3}$, $\eta = 28\,mPa \cdot s$, $So = 13{,}61$, $\omega_ü = 37{,}38\,s^{-1}$).

17.13 **1.** $\bar{p} = 2{,}4\,N/mm^2 < \bar{p}_{zul} = 5\,N/mm^2$, $u = 3{,}77\,m/s$, $\omega = 150{,}8\,rad/s$.
2. $Re = 2{,}07 < 1234$ ($\eta = 46\,mPa \cdot s$, $S = 56\,\mu m$), laminar, d. h. zulässig.
3. $h_0 \approx 19\,\mu m > h_{0\,lim} = 5\,\mu m$ ($So = 0{,}434$, $\varepsilon = 0{,}312$).
4. 1. Rechenschritt: $t_{B.1} = 86{,}7\,°C$ ($t_{B.0} = 40\,°C$, $\mu/\psi_{eff} = 7{,}9$, $P_A = 200\,W$).
2. Rechenschritt: $t_{B.1} = 51{,}7\,°C$ ($t_{B.0} = 63\,°C$, $So = 1{,}11$, $\eta = 18\,mPa \cdot s$, $\varepsilon = 0{,}552$, $h_0 = 12{,}5\,\mu m$, $\mu = 0{,}0042$, $P_A = 95\,W$).
3. Rechenschritt: $t_{B.0} = 57{,}4\,°C \approx 57\,°C$, $t_{B.1} \approx 62\,°C$ ($So = 0{,}768$, $\eta = 26\,mPa \cdot s$, $\varepsilon = 0{,}456$ (interpoliert), $h_0 \approx 15\,\mu m$, $\mu = 0{,}00554$, $P_A \approx 125\,W$).
4. Rechenschritt: $t_{B.0} \approx 60\,°C$ (Berechnung abgebrochen).

17.14 **1.** $\bar{p} = 6\,N/mm^2 < \bar{p}_{zul} = 7\,N/mm^2$.
2. $u = 2{,}5\,m/s$, $\omega = 62{,}8\,s^{-1}$.
3. $So = 3{,}54$ ($\eta = 27\,mPa \cdot s$).
4. $h_0 = 5{,}84\,\mu m > h_{0\,lim} = 5\,\mu m$ ($\varepsilon = 0{,}854$).
5. $P_f = 226\,W$ ($\mu = 0{,}00235$).
6. $P_A = 180\,W$.
7. $P_Q = 546\,W$.
8. $Q = 13 \cdot 10^{-6}\,m^3/s = 0{,}78\,l/min$.

17.15 **1.** $\bar{p} = 7\,N/mm^2$, $u = 8{,}38\,m/s$, $\omega = 209{,}4\,rad/s$.
2. $\psi_m = 1{,}6 \cdot 10^{-3}$ ($\psi_{m\,erf} = 1{,}36 \cdot 10^{-3}$).
3. $Re = 17{,}9 < 1033$, zulässig, da laminar ($S = 128\,\mu m$, $\eta = 27\,mPa \cdot s$).
4. $Q = 0{,}02066 \cdot 10^{-3}\,m^3/s = 1{,}24\,l/min$ ($Q_1 = 0{,}01706 \cdot 10^{-3}\,m^3/s$, $q_1 = 0{,}0995$, $So = 3{,}169$, $\varepsilon = 0{,}8428$, $Q_2 = 0{,}0036 \cdot 10^{-3}\,m^3/s$, $q_2 = 0{,}093$, $q_P = 2{,}03$).
5. $h_0 \approx 10\,\mu m > h_{0\,lim} = 7\,\mu m$.
6. Ja, noch möglich, da $t_2 - t_1 = 20{,}6\,K \approx 20\,K$ ($\mu/\psi_{eff} = 2{,}535$, $\mu = 0{,}00406$, $P_Q = P_f \approx 766\,W$).

17.16 **1.** Ja, $\bar{p} \cdot u = 0{,}011\,W/mm^2 < (\bar{p} \cdot u)_{zul} = 0{,}03\,W/mm^2$ ($\bar{p} = 0{,}175\,N/mm^2$, $u \approx 0{,}063\,m/s$).
2. Ja, $t_B \approx 59\,°C < 60\,°C$ ($\mu = 0{,}35$, $P_f \approx 9{,}3\,W$, $A_B = 0{,}00754\,m^2$, $A_S = 0{,}00126\,m^2$, $\lambda_B = 0{,}29\,W \cdot m^{-1} \cdot K^{-1}$).
3. $L_h \approx 1960\,h$ ($s_{v\,zul} = 200\,\mu m$, $\Delta s \approx 0{,}45\,\mu m/km$).

17.17 **1.** $G_{uB} = 40{,}358\,mm$, $G_{oB} = 40{,}397\,mm$ ($\gamma_L = 0{,}009$, $\gamma_F = 0{,}0045$, $\alpha_B = 110 \cdot 10^{-6}/K$, $\gamma_T = 0{,}00033/K$, $Z \approx 0{,}0174$, $U = 175\,\mu m$, $S \approx 215\,\mu m$, $S_F \approx 390\,\mu m$, $T_B = 39\,\mu m$, $T_W = 25\,\mu m$).
2. $G_{oW} = 39{,}631\,mm$, $G_{uW} = 39{,}615\,mm$ ($T_B = 25\,\mu m$, $T_W = 16\,\mu m$).

17.18 **1.** Ja, $\bar{p} \cdot u = 0{,}0624\,\text{W/mm}^2 < (\bar{p} \cdot u)_{\text{zul}} \approx 0{,}062\,\text{W/mm}^2$ ($\bar{p} = 0{,}078\,\text{N/mm}^2$, $u = 0{,}8\,\text{m/s}$).
2. Ja, $t_\text{B} \approx 47\,°\text{C} < 260\,°\text{C}$ ($P_\text{f} = 3{,}2\,\text{W}$, $\mu = 0{,}16$, $A_\text{B} = 0{,}001\,\text{m}^2$, $A_\text{S} = 0{,}0002\,\text{m}^2$, $\lambda_\text{B} = 0{,}35\,\text{W} \cdot \text{m}^{-1} \cdot \text{K}^{-1}$).
3. $G_\text{uB} = 18{,}104\,\text{mm}$, $G_\text{oB} = 18{,}122\,\text{mm}$, ($\gamma_\text{F} = \gamma_\text{L} = 0$, $\alpha_\text{B} = 130 \cdot 10^{-6}/\text{K}$, $\gamma_\text{T} = 0{,}00039/\text{K}$, $Z = 0{,}00663$, $S \approx 115\,\mu\text{m}$, $S_\text{F} \approx 122\,\mu\text{m}$, $T = 18\,\mu\text{m}$).

17.19 Belastung und Temperatur sind zulässig: $\bar{p} = 0{,}213\,\text{N/mm}^2 < 15\,\text{N/mm}^2$, $u = 1{,}445\,\text{m/s} < 1{,}5\,\text{m/s}$, $\bar{p} \cdot u = 0{,}308\,\text{W/mm}^2 < (\bar{p} \cdot u)_{\text{zul}} = 0{,}35\,\text{W/mm}^2$, $t_\text{B} \approx 70\,°\text{C} < 100\,°\text{C}$ ($\mu = 0{,}09$, $P_\text{f} \approx 11\,\text{W}$, $A_\text{B} = 0{,}00126\,\text{m}^2$, $A_\text{S} = 0{,}000314\,\text{m}^2$, $\lambda_\text{B} = 0{,}29\,\text{W} \cdot \text{m}^{-1} \cdot \text{K}^{-1}$), $G_\text{oB} = 21{,}73\,\text{mm}$, $G_\text{uB} = 21{,}709\,\text{mm}$, somit auch 21,7 H7 möglich ($\gamma_\text{L} = 0{,}022$, $\gamma_\text{F} = 0{,}011$, $\gamma_\text{T} = 0{,}000255/\text{K}$, $Z = 0{,}0225$, $U = 0$, $S = 80\,\mu\text{m}$, $S_\text{F} \approx 100\,\mu\text{m}$, $T = 21\,\mu\text{m}$).

17.20 **1.** Ja, $(\bar{p} \cdot u)_{\text{zul}} = 0{,}25\,\text{W/mm}^2 > \bar{p} \cdot u = 0{,}235\,\text{W/mm}^2$ ($\bar{p} = 2{,}5\,\text{N/mm}^2 < 150\,\text{N/mm}^2$, $u \approx 0{,}094\,\text{m/s}$).
2. Ja, $t_\text{B} \approx 48\,°\text{C} < 100\,°\text{C}$ ($\mu = 0{,}12$, $P_\text{f} \approx 17\,\text{W}$, nach Gl. 17.22 ist $t_\text{B} \approx 37\,°\text{C}$, $t_\text{a} = 20\,°\text{C}$).
3. $L_\text{h} \approx 2070\,\text{h}$.

17.21 Ja, $\bar{p} \cdot u = 0{,}75\,\text{W/mm}^2 < 2{,}5\,\text{W/mm}^2$ ($F = 22{,}5\,\text{kN}$, $\bar{p} = 7{,}5\,\text{N/mm}^2 < 250\,\text{N/mm}^2$, $u = 0{,}1\,\text{m/s}$) $t_\text{B} = 170\,°\text{C} < 180\,°\text{C}$ ($P_\text{f} = 180\,\text{W}$, $\mu = 0{,}16$, nach Gl. 17.22 ist $t_\text{B} \approx 86\,°\text{C}$, $t_\text{a} = 20\,°\text{C}$), $L_\text{h} \approx 2780\,\text{h}$ ($s_{\text{v zul}} = 0{,}3\,\text{mm}$, $\Delta s = 0{,}3\,\mu\text{m/km}$).

17.22 **1.** Ja, $\bar{p} \cdot u = 0{,}385\,\text{W/mm}^2 < (\bar{p} \cdot u)_{\text{zul}} = 0{,}4\,\text{W/mm}^2$ ($D = 160\,\text{mm}$, $B = 65\,\text{mm}$, $\bar{p} = 38{,}5\,\text{N/mm}^2$, $u = 0{,}01\,\text{m/s}$).
2. Nein, $t_\text{B} = 160\,°\text{C} < t_{\text{B zul}} = 200\,°\text{C}$ ($P_\text{f} = 400\,\text{W}$).
3. $L_\text{h} \approx 16\,670\,\text{h}$.

17.23 Ja, $\bar{p} = 80{,}1\,\text{N/mm}^2 < 150\,\text{N/mm}^2$ ($B = 26\,\text{mm}$), $\bar{p} \cdot u = 0{,}505\,\text{W/mm}^2 < 2{,}5\,\text{W/mm}^2$ ($u = 0{,}0063\,\text{m/s}$), $t_\text{B} \approx 58\,°\text{C} < 120\,°\text{C}$ ($P_\text{f} \approx 79\,\text{W}$).

17.24 **1.** Ja, $\bar{p} \cdot u = 0{,}56\,\text{W/mm}^2 < (\bar{p} \cdot u)_{\text{zul}} = 0{,}8\,\text{W/mm}^2$ ($B = 260\,\text{mm}$, $\bar{p} \approx 11{,}9\,\text{N/mm}^2$, $u = 0{,}047\,\text{m/s}$), $t_\text{B} \approx 210\,°\text{C} < t_{\text{B zul}} = 400\,°\text{C}$ ($P_\text{f} = 7285\,\text{W}$).
2. Nach ca. 6 Jahren ($L_\text{h} = 5910\,\text{h}$, 960 Betriebsstunden im Jahr).

17.25 **1.** Ja, $\bar{p} \approx 0{,}49\,\text{N/mm}^2 < 0{,}8\,\text{N/mm}^2$ ($A_\text{L} \approx 17\,280\,\text{mm}^2$), $u = 1{,}15\,\text{m/s} < 3\,\text{m/s}$ ($d_\text{m} = 0{,}11\,\text{m}$).
2. Nein, $t_\text{B} = 49{,}3\,°\text{C} < 70\,°\text{C}$ ($P_\text{f} \approx 293\,\text{W}$).

17.26 Ja, $\bar{p} \approx 0{,}47\,\text{N/mm}^2 < 0{,}6\,\text{N/mm}^2$ ($A_\text{L} \approx 5890\,\text{mm}^2$), $u \approx 0{,}12\,\text{m/s} < 2\,\text{m/s}$ ($d_\text{m} = 0{,}075\,\text{m}$), $\bar{p} \cdot u = 0{,}056\,\text{W/mm}^2 < 3\,\text{W/mm}^2$, $t_\text{B} \approx 42\,°\text{C} < 70\,°\text{C}$ ($P_\text{f} \approx 33\,\text{W}$).

17.27 **1.** $\bar{p} \approx 39{,}2\,\text{N/mm}^2 < \bar{p}_{\text{zul}} = 40\,\text{N/mm}^2$ ($A_\text{L} \approx 2450\,\text{mm}^2$).
2. $\bar{p} \cdot u \approx 0{,}47\,\text{W/mm}^2 < (\bar{p} \cdot u)_{\text{zul}} = 1{,}2\,\text{W/mm}^2$ ($u = 0{,}012\,\text{m/s}$).
3. $t_\text{B} \approx 184\,°\text{C} < t_{\text{B zul}} = 200\,°\text{C}$ ($P_\text{f} \approx 173\,\text{W}$), das Lager ist somit geeignet.

17.28 **1.** $\bar{p} \approx 2{,}08\,\text{N/mm}^2$ ($A_\text{L} = 24\,000\,\text{mm}^2$), $u \approx 5\,\text{m/s}$.
2. ISO VG 320 mit $\eta_{60} = 0{,}1\,\text{Pa} \cdot \text{s}$ (erf. $\eta = 0{,}097\,\text{Pa} \cdot \text{s}$, $h_{0\,\text{erf}} = 28\,\mu\text{m}$, $l/b = 1{,}2$, $So_\text{ax} = 0{,}067$, $h_0 = 27\,\mu\text{m}$).
3. $n_\text{ü} = 0{,}297\,\text{s}^{-1} \approx 18\,\text{min}^{-1}$ ($h_\text{ü} = 5{,}2\,\mu\text{m}$), $n_{\text{min}} = 2{,}15\,\text{s}^{-1} = 129\,\text{min}^{-1}$ ($h_{0\,\text{lim}} = 14\,\mu\text{m}$).
4. $Q_1 \approx 0{,}0378\,\text{dm}^3/\text{s} = 2{,}3\,\text{l/min}$.
5. $P_\text{f} = 1450\,\text{W}$ ($\mu \approx 0{,}0058$, $K \approx 2{,}78$).
6. $Q = 0{,}0347 \cdot 10^{-3}\,\text{m}^3/\text{s} = 2\,\text{l/min}$, sodass Q_1 auch zur Kühlung ausreicht.

17.29 **1.** Ja, $\bar{p} \approx 16{,}8\,\text{N/mm}^2 < \bar{p}_{\text{zul}} = 18{,}6\,\text{N/mm}^2$ ($d_\text{m} = 130\,\text{mm}$, $b = 30\,\text{mm}$, $z = 6$, $A_\text{L} = 6300\,\text{mm}^2$), $u = 19{,}4\,\text{m/s} < u_{\text{zul}} = 20\,\text{m/s}$, $\bar{p} \cdot u = 326\,\text{W/mm}^2 < (\bar{p} \cdot u)_{\text{zul}} = 372\,\text{N/mm}^2$.
2. $R = 8\,\text{mm}$, $H = 18{,}1\,\mu\text{m} \approx 0{,}019\,\text{mm}$ ($l/b = 1{,}17$, $So_\text{ax} = 0{,}0673$, $\eta_{70} = 0{,}09\,\text{Pa} \cdot \text{s}$, $h_0 = 14{,}5\,\mu\text{m}$).
3. $P_\text{f} = 10\,652\,\text{W}$ ($\mu \approx 0{,}00518$, $K \approx 2{,}78$).
4. $Q \approx 0{,}3945\,\text{dm}^3/\text{s} = 23{,}7\,\text{l/min}$.
5. Ja, $Q_1 \approx 0{,}03544\,\text{m}^3/\text{s} = 2{,}13\,\text{l/min} < Q$.
6. $n_\text{ü} = 5{,}65\,\text{s}^{-1} = 339\,\text{min}^{-1}$ ($h_\text{ü} \approx 5\,\mu\text{m}$), $n_{\text{min}} = 38{,}2\,\text{s}^{-1} = 2291\,\text{min}^{-1}$ ($h_{0\,\text{lim}} \approx 13\,\mu\text{m}$).

17.30 **1.** $\bar{p} = 2{,}65\,\text{N/mm}^2$ ($A_\text{L} = 756\,000\,\text{mm}^2$), $u = 16{,}74\,\text{m/s}$.
2. $P_\text{f} = 71\,312\,\text{W}$ ($\eta_{60} = 0{,}026\,\text{Pa} \cdot \text{s}$, $\delta = 0{,}8$, $l/b = 0{,}7$, $So_\text{ax} = 0{,}063$, $h_0 \approx 55{,}7\,\mu\text{m}$, $\mu \approx 0{,}00213$, $K = 2{,}88$).

3. $Q_1 = 2{,}3497 \cdot 10^{-3}\,\text{m}^3/\text{s} \approx 141\,\text{l/min}$, $Q = 2{,}528\,\text{dm}^3/\text{s} = 151{,}7\,\text{l/min} > Q_1$.
4. $x = 92$ mm, ($d_a = 1300$ mm, $d_i = 700$ mm, $d_s = 1044$ mm).
5. $n_ü = 0{,}062\,\text{s}^{-1} \approx 3{,}7\,\text{min}^{-1}$ ($h_ü = 6\,\mu\text{m}$), $n_{min} = 0{,}44\,\text{s}^{-1} \approx 26{,}4\,\text{min}^{-1}$ ($h_{0\,lim} = 16\,\mu\text{m}$).

17.31 ISO VG 10 mit $\eta_{60} = 0{,}005$ Pa · s (erf. $\eta = 0{,}00482$ Pa · s = 4,82 mPa · s), $h_0 = 24{,}4\,\mu\text{m}$, $n_ü = 0{,}322\,\text{s}^{-1} \approx 19{,}3\,\text{min}^{-1}$, $n_{min} = 2{,}29\,\text{s}^{-1} \approx 137\,\text{min}^{-1}$, $Q_1 = 61{,}6\,\text{l/min} < Q = 69\,\text{l/min}$ ($\mu \approx 0{,}00093$, $P_f = 31\,062$ W), somit Drehzahlen $n_ü$ und n_{min} günstiger und Ölmenge geringer als nach Aufg. 17.30.

18 Wälzlager

18.1 **1.** Ja, sie liegt weit darüber: $L_h = 71\,378\,\text{h} > 20\,000\,\text{h}$ ($C = 22{,}4$ kN, $L = 1927{,}2 \cdot 10^6$).
2. Ja, $f_s = 8{,}77 > 2{,}5$ ($C_0 = 11{,}4$ kN).

18.2 **1.** $n = 3{,}82\,\text{s}^{-1} = 229{,}2\,\text{min}^{-1} = 13\,752\,\text{h}^{-1}$.
2. Ja, $L_h = 113\,511\,\text{h} > 50\,000\,\text{h}$ ($P = F_r = 2{,}5$ kN, $C = 29$ kN, $L = 1561 \cdot 10^6$),
3. Ja, $f_s = 7{,}2 > 1{,}5$ ($C_0 = 18$ kN).

18.3 **1.** $P = F_r = 1{,}6$ kN, ($F_a = 0{,}32$ kN, $C_0 = 8$, $f_0 \approx 13{,}19$, $f_0 \cdot F_a/C_0 = 0{,}528$, $e \approx 0{,}243 > F_a/F_r = 0{,}2$, $X = 1$, $Y = 0$).
2. $L_h \approx 39\,450$ h ($C = 14{,}3$ kN, $L \approx 713{,}9 \cdot 10^6$, $n = 5{,}03\,\text{s}^{-1} \approx 302\,\text{min}^{-1}$).
3. Ja, $f_s = 5, > 1{,}5$.

18.4 **1.** A: 6310, $D = 110$ mm, $B = 27$ mm, $C = 62$ kN, B: 6309, $D = 100$ mm, $B = 25$ mm, $C = 53$ kN.
2. A: $L_h = 9600$ h ($L = 576{,}38 \cdot 10^6$), B: $L_h = 8830$ h ($L = 529{,}79 \cdot 10^6$).
3. Ja, $L_{h\,erf} \approx 8000\,\text{h} < L_h$.

18.5 Rillenkugellager DIN 625-6311 mit $C = 76{,}5\,\text{kN} > C_{erf} = 46{,}93$ kN ($L_{h\,erf} = 5000$ h, $F_r = 13{,}5$ kN, $F_a = 1{,}35$ kN, $C_0 = 47{,}5$ kN, $f_0 \approx 13$, $f_0 \cdot F_a/C_0 = 0{,}369$, $F_a/F_r = 0{,}1 < e = 0{,}227$, $X = 1$, $Y = 0$, $P = F_r$), $f_s = 3{,}52 > 1{,}5$, somit ausreichend.

18.6 Rillenkugellager DIN 625-6408 S1 mit $D = 110$ mm, $B = 27$ mm, $C = 63\,\text{kN} > C_{erf} = 48{,}73$ kN ($P = 2{,}5$ kN, $f_T = 0{,}9$). Da $n > n_g = 6250\,\text{min}^{-1}$ ($F_r = 2{,}5\,\text{kN} < 0{,}1C = 4{,}9$ kN, $Z_S = 1{,}25$, $Z_K = 1$, $K = 500\,000\,\text{min}^{-1}$), sind ein Lager mit erhöhter Laufgenauigkeit und weitere Maßnahmen zur Verminderung der Reibung sowie gute Wärmeabführung erforderlich.

18.7 **1.** $P = 4{,}118$ kN ($L = 1440 \cdot 10^6$, $f_T = 0{,}75$, $C = 62$ kN).
2. $F_r = 3{,}25$ kN, ($C_0 = 44$ kN), $f_0 \approx 14{,}1$, $f_0 \cdot F_a/C_0 = 0{,}385$, $e = 0{,}229$, $X = 0{,}56$, $Y = 1{,}915$, $F_a/F_r = 0{,}369 > e$, wie angenommen).
3. Ja, $n = 2400\,\text{min}^{-1} < n_g = 5163\,\text{min}^{-1}$ ($F_r < 0{,}1C = 6{,}2$ kN, $Z_S = 1{,}25$, $K_K = 0{,}95$, $K = 500\,000\,\text{min}^{-1}$, $D = 125$ mm).

18.8 **1.** $C_0 = 28 \ldots 42$ kN ($f_s = 1{,}0 \ldots 1{,}5$, $P_0 = 28$ kN).
2.

Kurzzeichen	d mm	D mm	B mm	C_0 kN
6407-2 RS	35	100	25	31,0
6408-2 RS	40	110	27	36,5

18.9 Rillenkugellager DIN 625-6012-2Z, $f_s = 1{,}254 > 0{,}7$, genügt geringen Ansprüchen ($C_0 = 23{,}2$ kN, $P_0 = F_{r0} = 18{,}5$ kN, da $F_{a0}/F_{r0} = 0{,}227 < 0{,}8$).

18.10 Loslager A: 6006 mit $D = 55$ mm, $B = 13$ mm, $C = 12{,}7\,\text{kN} > C_{erf} = 11{,}29$ kN ($P = F_{rA} = 698{,}7\,\text{N} \approx 0{,}7$ kN), Festlager B: 6208 mit $D = 80$ mm, $B = 18$ mm, $C = 29$ kN, $C_0 = 18$ kN, $L_h \approx 70\,870\,\text{h} > 70\,000$ h ($F_{rB} = 1192{,}6\,\text{N} \approx 1{,}2$ kN, $F_{aB} \approx 0{,}615$ kN, $f_0 \approx 14$, $f_0 \cdot F_a/C_0 = 0{,}48$, $F_{aB}/F_{rB} = 0{,}51 > e = 0{,}238$, $X = 0{,}56$, $Y = 1{,}82$, $P \approx 1{,}79$ kN).

18.11 **1.** $L_h \approx 64\,473$ h ($C = 24{,}5$ kN, $L \approx 8510 \cdot 10^6$).
2. Ja, $f_s = 50 > 2{,}5$ ($C_0 = 60$ kN).
3. Ja, $n < n_g = 2333\,\text{min}^{-1}$ ($F_a = 1{,}2\,\text{kN} < 0{,}1C = 2{,}45$ kN, $Z_S = Z_K = 1$, $K = 1\,400\,000\,\text{min}^{-1}$, $D_g = 70$ mm, $K_D = 60$).

18.12 Axial-Rillenkugellager DIN 711-51214 mit $C = 65{,}5$ kN $> C_{erf} \approx 53$ kN ($L_{h\,erf} \approx 13\,700$ h, $L_{erf} = 1191 \cdot 10^6$), $n < n_g = 1474\ \text{min}^{-1}$ ($F_a < 0{,}1C$, $Z_S = Z_K = 1$, $K = 140\,000\ \text{min}^{-1}$, $D_g = 105$ mm, $K_D = 95$).

18.13 Ja, $f_s = 1{,}0 = f_{s\,erf} = 1{,}0$ ($C_0 = 50$ kN).

18.14 Axial-Rillenkugellager DIN 711-53416 U mit $C_0 = 620$ kN $> C_{0\,erf} = 594$ kN ($V \approx 1{,}54\ \text{dm}^3$ für 51416).

18.15 Axial-Rillenkugellager DIN 715-52315 (nach FAG-Katalog) mit $C = 163$ kN (wie 51315) $> C_{erf} = 146{,}1$ kN ($L = 720 \cdot 10^6$), $n < n_g = 1120\ \text{min}^{-1}$ ($F_a < 0{,}1C = 16{,}3$ kN, $Z_S = Z_K = 1$, $K = 140\,000\ \text{min}^{-1}$, $D_g = 135$ mm, $K_D = 125$).

18.16
1. $F_{rA} = 6{,}05$ kN, $F_{rB} = 2{,}32$ kN ($F_{Ax} = 5{,}62$ kN, $F_{Bx} = 0{,}58$ kN, $F_{Ay} = F_{By} = 2{,}25$ kN), $P = F_{rA}$.
2. Zylinderrollenlager DIN 5412-NU 1012 mit $C = 44$ kN $> C_{erf} = 43{,}55$ kN.
3. $L_h \approx 25\,250$ h ($L \approx 1515 \cdot 10^6$, $P = 4{,}89$ kN).
4. Ja, $n < n_g = 5882\ \text{min}^{-1}$ ($Z_S = Z_K = 1$, $K = 500\,000\ \text{min}^{-1}$, $D = 110$ mm, $K_D = 100$), da aber $F_r = 6{,}05$ kN $> 0{,}1C = 4{,}4$ kN, Katalogeinsicht oder Rückfrage beim Hersteller erforderlich.

18.17 $L_h \approx 146\,212$ h ($P = 12$ kN, $C = 204$ kN, $L = 12\,632{,}7 \cdot 10^6$), $n = 1440\ \text{min}^{-1} < n_g = 4464\ \text{min}^{-1}$ ($F_r < 0{,}1C$, $Z_S = 1{,}25$, $Z_K = 1$, $D = 150$ mm, $K = 500\,000\ \text{min}^{-1}$, $K_D = 140$), somit zulässig.

18.18
1. $L_h \approx 140\,915$ h ($P = 7{,}45$ kN, $L = 20\,292 \cdot 10^6$, $n = 2400\ \text{min}^{-1}$).
2. Ja, $n_g = 4464\ \text{min}^{-1} > 3000\ \text{min}^{-1}$ ($F_r < 0{,}1C = 14{,}6$ kN, $Z_S = 1{,}25$, $Z_K = 1$, $K = 500\,000\ \text{min}^{-1}$, $K_D = 140$).

18.19 Zylinderrollenlager DIN 5412-NU 1010 mit $C_0 = 36$ kN $> C_{0\,erf} = 30$ kN ($P_0 = 30$ kN), $D = 80$ mm, $B = 16$ mm.

18.20
1. $F_{rA} = 8{,}97$ kN ($F_{Ax} = 8{,}54$ kN, $F_{Ay} = 2{,}74$ kN), $F_{rB} = 2{,}52$ kN ($F_{Bx} = 2{,}44$ kN, $F_{By} = 0{,}64$ kN).
2. Zylinderrollenlager DIN 5412-N 308 E mit $C = 81{,}5$ kN $> C_{erf} \approx 53{,}5$ kN ($L_h \approx 32\,600$ h).

18.21
1. $L_h \approx 13\,160$ h ($P = 0{,}5$ kN, $C = 8{,}5$ kN, $L \approx 12\,633 \cdot 10^6$).
2. Ja, $n = 16\,000\ \text{min}^{-1} < n_g = 17\,300\ \text{min}^{-1}$ ($F_r = 0{,}5$ kN $< 0{,}1C$, $Z_S = 3$, $Z_K = 1$, $K = 300\,000\ \text{min}^{-1}$, $D = 22$ mm, $K_D = 52$).

18.22 Nadellager DIN 617-NA 4909 mit $C = 45$ kN $> C_{erf} = 20{,}8$ kN ($P = 10$ kN, $n = 19{,}1\ \text{min}^{-1}$, $L_{erf} = 11{,}46 \cdot 10^6$), $F_s = 7{,}3 > 1{,}0$ ($C_0 = 73$ kN).

18.23
1. $L_h = 57\,448$ h ($F_a/F_r = 1{,}33 > 1{,}14$, $X = 0{,}57$, $Y = 0{,}93$, $P = 10{,}86$ kN, $C = 1{,}625 \cdot 114$ kN $= 185{,}25$ kN, $L = 4963{,}5 \cdot 10^6$).
2. Nein, $n < n_g = 3536\ \text{min}^{-1}$ ($F_r < 0{,}1 \cdot 1{,}625C \approx 18{,}5$ kN, $Z_S = 1{,}25$, $Z_K \approx 0{,}99$, $K = 400\,000\ \text{min}^{-1}$, $D = 150$ mm, $K_D = 140$).

18.24 Schrägkugellager DIN 628-3208 B mit $C = 48$ kN $> C_{erf} = 23{,}3$ kN ($F_a/F_r = 0{,}3 < e = 0{,}68$, $X = 1$, $Y = 0{,}92$, $P = 3{,}21$ kN, $L_h \approx 69\,658$ h).

18.25 Ja, A: $L_h \approx 3649$ h > 1500 h ($F_a/F_r = 1{,}89 > e = 1{,}14$, $X = 0{,}35$, $Y = 0{,}57$, $P = 12{,}84$ kN, $C = 97{,}5$ kN, $L \approx 437{,}84 \cdot 10^6$), B: $L \approx 3176$ h > 1500 h ($P = F_{rB}$, $C = 29$ kN, $L \approx 381{,}08 \cdot 10^6$).

18.26
1. $F_{aA} = 0$ ($F_{aW} + F_{rA}/2Y_A = 10{,}14$ kN $> F_{rB}/2Y_B = 5{,}26$ kN, $Y_A = Y_B = 0{,}57$), $F_{aB} = 10{,}14$ kN.
2. $L_h \approx 3184$ h ($C = 32$ kN, $L \approx 95{,}53 \cdot 10^6$).
3. $L_h \approx 6797$ h ($F_{aB}/F_{rB} = 1{,}69 > e = 1{,}14$, $X = 0{,}35$, $Y = 0{,}57$, $P = 7{,}9$ kN, $C = 46{,}5$ kN, $L \approx 203{,}9 \cdot 10^6$).

18.27
1. $F_t \approx 60{,}6$ kN, $F_r \approx 23{,}5$ kN, $F_a \approx 22$ kN.
2. Rechtslauf: $F_{Ax} \approx 25{,}4$ kN, $F_{Ay} \approx 22{,}3$ kN, $F_{Bx} \approx 35{,}2$ kN, $F_{By} \approx -1{,}2$ kN ($L = 186$ mm, $l_A = 108$ mm, $l_B = 78$ mm, $a = 52$ mm, $r_w = 105$ mm), Linkslauf: F_{Ax} und F_{Bx} wie beim Rechtslauf, jedoch in entgegengesetzter Richtung, $F_{Ay} = -2{,}6$ kN, $F_{By} \approx 26{,}1$ kN.
3. $F_{aW} \approx 22$ kN, Rechtslauf: $F_{rA} \approx 33{,}8$ kN, $F_{rB} \approx 35{,}2$ kN, Linkslauf: $F_{rA} \approx 25{,}5$ kN, $F_{rB} \approx 43{,}8$ kN.
4. $L_{hA} \approx 10\,140$ h ($F_{aA} = F_{aW} + F_{rB}/2Y_B \approx 34{,}7$ kN $> F_{rA}/2Y_A \approx 12{,}1$ kN, $Y_A = Y_B = 1{,}4$, $F_{aA}/F_{rA} = 1{,}3 > e = 0{,}44$, $X = 0{,}4$, $C = 480$ kN, $L = 913 \cdot 10^6$), $L_{hB} \approx 67\,310$ h ($F_{aB} = 0$, $P = F_{rB}$, $L = 6058 \cdot 10^6$).

5. $L_{hA} \approx 197\,130$ h ($F_{aA} = 0$, $P = F_{rA}$, $L = 17\,742 \cdot 10^6$, $L_{hB} \approx 10\,650$ h ($F_{aB} = F_{aW} + F_{rA}/2Y_A$ $= 31{,}2$ kN $> F_{rB}/2Y_B = 15{,}6$ kN, $F_{aB}/F_{rB} = 0{,}71 > e$, $P \approx 61{,}2$ kN, $L = 958{,}6 \cdot 10^6$).

18.28 1. Festlager A: Kein zweireihiges Schrägkugellager DIN 628 geeignet, da für $d = 60$ mm alle $C < C_{erf} = 242$ kN ($F_a/F_r \approx 2{,}7 > e = 0{,}68$, $X = 1{,}67$, $Y = 1{,}41$, $P \approx 27$ kN, $L = 720 \cdot 10^6$), Loslager B: Rillenkugellager DIN 625-6312 mit $C = 81{,}5$ kN $> C_{erf} \approx 54{,}2$ kN.
2. Ja, $L_h \approx 15\,870$ h $> 12\,000$ h ($F_{aA} = F_{aW} + F_{rB}/2Y_B = 16{,}98$ kN $> F_{rA}/2Y_A = 1{,}78$ kN, $F_{aB} = 0$, $Y_A = Y_B = 1{,}7$, $F_{aA}/F_{rA} = 2{,}8 > e = 0{,}35$, $P = 31{,}3$ kN, $C = 245$ kN, $L = 952{,}2 \cdot 10^6$).

18.29 Pendelkugellager DIN 630-2213 mit $C = 51$ kN $> C_{erf} \approx 41{,}3$ kN ($L_h = 9600$ h, $L = 115 \cdot 10^6$), $f_s = 2{,}57 > 2{,}5$, somit ausreichend ($C_0 = 19{,}3$ kN).

18.30 1. Ja, $L_h \approx 220\,540$ h ($P = 14{,}1$ kN, $C = 285$ kN, $F_a/F_r = 0{,}5 > e = 0{,}23$, somit $X = 0{,}67$, $Y = 4{,}3$, $L = 22\,495 \cdot 10^6$).
2. Nein, $n_g = 1984$ min^{-1} $> n$ ($Z_S = 1$, $Z_K = 0{,}93$, $K = 320\,000$ min^{-1}, $D = 160$ mm, $K_D = 150$).

18.31 1. Pendelrollenlager DIN 635-23024 EK mit Spannhülse DIN 5415-H 3024, $C = 360$ kN $> C_{erf} \approx 208$ kN ($P = 45$ kN, $n \approx 91$ min^{-1}).
2. $P = 72$ kN ($X = 1$, $Y = 3$ für $F_a/F_r = 0{,}2 < e = 0{,}22$).
3. Ja, $L_h \approx 39\,140$ h $> 30\,000$ h ($L \approx 213{,}7 \cdot 10^6$).

18.32 Ja, $f_s = 3{,}7 > 1{,}5$ ($F_{r0}/F_{a0} = 0{,}5 < 0{,}55$, $P_0 = 2585$ kN).

20 Wellenkupplungen und -bremsen

20.1 Größe C mit $T_{K\,max} = 220$ Nm $> 210{,}3$ Nm ($\omega = 20{,}92$ rad/s, $T_{LN} = 191{,}2$ Nm).

20.2 Ja, $T_{K\,max} = 1000$ Nm $> 982{,}3$ Nm ($\omega = 73{,}3$ rad/s, $T_{LN} = 818{,}6$ Nm).

20.3 Größe C mit $T_{KN} = 145$ kNm $> T_{LN} = 100$ kNm und $T_{K\,max} = 225$ kNm $> T_{LN} \cdot K = 220$ kNm ($K_1 = 1{,}8$, $K_2 = 1$, $K_3 = 1{,}05$, $K_4 = 1{,}16$).

20.4 Größe D mit $T_{KN} = 400$ Nm $> T_{LN} = 238{,}8$ Nm und $T_{K\,max} = 700$ Nm $> T_{LN} \cdot K = 609$ Nm ($\omega = 209{,}4$ rad/s, $K_1 = 2{,}2$, $K_2 = 1$, $K_3 = 1$, $K_4 = 1{,}16$).

20.5 1. Ja, $T_{KN} = 210$ Nm $> T_{LN} = 179$ Nm und $T_{K\,max} = 540$ Nm $> T_{LN} \cdot K = 543$ Nm ($\omega = 167{,}6$ rad/s, $K_1 = 2{,}1$, $K_2 = 1{,}1$, $K_3 = 1{,}05$, $K_4 = 1{,}25$).
2. $n_{max} = 1656$ min^{-1}, $n_{min} = 1545$ min^{-1}.

20.6 $n_{max} = 1123$ min^{-1}, $n_{min} = 804$ min^{-1} ($\alpha = 32{,}2°$), Gelenk mit $d = 35$ mm ($P_K = 6{,}6$ kW $> 5{,}88$ kW, $b = 2{,}35$).

20.7 Größe D mit $T_{K\,max} = 1790$ Nm > 1434 Nm ($\omega = 157$ rad/s, $T_{LN} = 478$ Nm, $S_Z = 1$, $S_t = 1$).

20.8 Größe D mit $T_{K\,max} = 375$ Nm $> 367{,}2$ Nm ($\omega = 81$ rad/s, $T_{LN} = 122{,}4$ Nm, $S_Z = 1$, $S_t = 1$).

20.9 Größe D mit $T_{KN} = 300$ Nm > 229 Nm und $T_{K\,max} = 900$ Nm $> 435{,}5$ Nm ($\omega = 78{,}5$ rad/s, $S_t = 1{,}2$, $T_{LN} = 191$ Nm, $S_S = 1{,}9$, $S_Z = 1$).

20.10 1. $i_{ges} = 37{,}5$.
2. $T_{LN} = 340$ Nm ($T_{Tr} = 10\,200$ Nm).
3. $T_{KN} = 340$ Nm < 400 Nm ($S_t = 1$).
4. $T_{K\,max} = 612$ Nm < 1100 Nm ($S_S = 1{,}8$, $S_Z = 1$), Kupplung reicht aus.

20.11 Größe mit $T_{KN} = 1670$ Nm > 1551 Nm und $T_{K\,max} = 5000$ Nm > 4033 Nm ($\omega = 50{,}3$ rad/s, $T_{LN} = 1551$ Nm, $S_t = 1$, $S_S = 2$, $S_Z = 1{,}3$).

20.12 1. Ja, $T_{KN} = 539$ Nm $> 318{,}3$ Nm ($\omega = 314{,}2$ rad/s, $S_t = 1$).
2. Ja, $n_R = 5{,}07$ s^{-1} ≈ 304 min^{-1} ($R_{t\,dyn} \approx 3200$ Nm/rad, $J = 3{,}5$ kgm^2, $f_e = 10{,}14$ s^{-1}), $T_{K\,max} = 1324$ Nm > 862 Nm ($V_R = 6{,}283$, $M = 0{,}343$, $S_z = 1$, $S_t = 1$).
3. Ja, $T_{KW} = 216$ Nm $> 4{,}5$ Nm ($V = 0{,}0104$, $S_f = 3{,}162$).

20.13 Ja, $T_{KN} = 11\,500$ Nm > 9551 Nm, $T_{K\,max} = 34\,400$ Nm > 25 788 Nm und $T_{K\,max} = 34\,400$ Nm > 6304 Nm, $T_{KW} = 4600$ Nm > 33,8 Nm ($\omega = 104{,}7$ rad/s, $S_t = 1$, $S_S = 2{,}7$, $S_Z = 1$), $R_{t\,dyn} = 147\,830$ Nm/rad, $J = 203$ kgm², $f_e = 11\ s^{-1}$, $n_R = 1{,}57\ s^{-1} = 94{,}2\ min^{-1}$, $V_R = 5{,}71$, $M = 0{,}23$, $V = 0{,}00895$, $S_f = 3{,}43$).

20.14 **1.** $T_{LN} = 1911$ Nm ($\omega = 157$ rad/s).
2. Größe D mit $T_{K\,max} = 4700$ Nm > 4013 Nm ($S_S = 2{,}1$).
3. Zulässig, da $f_e/n = 948/1500 = 0{,}63 < 0{,}7$ ($R_{t\,dyn} \approx 9{,}6 \cdot 10^4$ Nm/rad, $J_A = 57{,}91$ kgm², $J_L = 11{,}7$ kgm², $J = 69{,}61$ kgm², $f_e = 15{,}8\ s^{-1}$).

20.15 Größe D mit $T_s = 16\,000$ Nm > $T_L = 15\,400$ Nm, $t_b = 0{,}2\ s < 0{,}5\ s$ ($J_L = 84{,}5$ kgm², $\Delta T = 15\,680$ Nm, $\Delta n = 5{,}83\ s^{-1}$), $P_R = 8792$ kJ/h < $P_{R\,zul} = 10\,000$ kJ/h ($W_R = 58{,}61$ kJ, $Z = 150\ h^{-1}$).

20.16 **1.** Größe 27 mit $T_s = 400$ Nm > $T_{LN} \cdot S_S = 356{,}4$ Nm ($\omega = 78{,}54$ rad/s, $T_{LN} = 127{,}3$ Nm).
2. $t_b = 0{,}014$ s ($T_R \approx 25{,}5$ Nm, $\Delta T = 374{,}5$ Nm, $\Delta n = 12{,}5\ s^{-1}$, $J_L = 0{,}06682$ kgm²).
3. $Z_{zul} = 1591\ h^{-1}$ ($W_R \approx 0{,}22$ kJ, $P_{R\,zul} = 350$ kJ/h).

20.17 Erste Wahl Größe 27 mit $T_s = 400$ Nm > $T_L = 369$ Nm ($n_A = 14{,}29\ s^{-1}$, $\omega = 89{,}8$ rad/s, $S_S = 2{,}4$), $t_b \approx 3{,}48$ s ($\Delta n = n_A$, $\Delta T = 31$ Nm, $J_L = 1{,}205$ kgm²). Da $t_b > 0{,}3$ s ist, wird nun Größe 39 mit $T_s = 800$ Nm gewählt, damit $t_b = 0{,}254\ s < 0{,}3\ s$ ($J_L = 1{,}217$ kgm², $\Delta T = 431$ Nm), $P_R \approx 365$ kJ/h < $P_{R\,zul} = 475$ kJ/h ($W_R \approx 9{,}12$ kJ).

20.18 **1.** Gew. Größe 14 mit $T_s = 130$ Nm > $T_L = 119{,}4$ Nm ($\omega = 150{,}8$ rad).
2. $t = 0{,}65\ s < 1\ s$ ($J_L = 0{,}2546$ kgm², $\Delta T = 110$ Nm, $t_b = 0{,}35$ s).
3. $W_R \approx 3{,}43$ kJ < $W_{R\,zul} = 11$ kJ und $P_R = 308{,}7$ kJ/h < $P_{R\,zul} = 310$ kJ/h.

20.19 Größe 33 mit $T_s = 3200$ Nm > $T_L = 2473$ Nm ($\omega = 2{,}07$ rad/s, $S_S = 1{,}6$), $t = 1{,}37\ s < 1{,}5\ s$ ($t_s = 1{,}3$ s, $J_L = 98{,}128$ kgm², $\Delta n = 0{,}33\ s^{-1}$, $\Delta T = 3050$ Nm), $W_R = 0{,}232$ kJ < $W_{R\,zul} = 280$ kJ, $P_R = 6{,}96$ kJ/h < $P_{R\,zul} = 2730$ kJ/h.

20.20 Ja, $T_s = 20$ Nm > $T_L = 15$ Nm ($\omega = 99{,}5$ rad/s, $S_S = 2$), $t = 0{,}162\ s < 0{,}2\ s$, ($J_L = 0{,}00802$ kgm², $\Delta T = 19{,}3$ Nm, $\Delta n = 15{,}83\ s^{-1}$), $W_R = 0{,}041$ kJ < $W_{R\,zul} = 5$ kJ, $P_R = 0{,}82$ kJ/h < $P_{R\,zul}$ = 240 kJ/h.

20.21 Ja, $T_s = 630$ Nm > $T_L = 387$ Nm ($n_A = 13{,}57\ s^{-1}$, $\omega = 85{,}26$ rad/s), $W_R = 9{,}4$ kJ < $W_{R\,zul} = 70$ kJ ($t = 0{,}85$ s, $t_s = 0{,}5$ s, $J_L = 0{,}985$ kgm², $\Delta T = 243$ Nm, $n_L = 0$), $P_R = 1034$ kJ/h < $P_{R\,zul} = 1100$ kJ/h.

20.22 **1.** Ja, $T_{s\,erf} = 69{,}6$ Nm < $T_s = 100$ Nm ($\Delta n = 18{,}33\ s^{-1}$).
2. $t_b = 0{,}13$ s ($\Delta T = 88$ Nm).
3. $P_R = 1500$ kJ/h < $P_{R\,zul} = 2300$ kJ/h ($W_R \approx 0{,}75$ kJ).

20.23 Größe D mit $T_s = 4000$ Nm > $T_L = 3101$ Nm ($\omega = 50{,}27$ rad/s), $W_R = 47{,}25$ kJ < $W_{R\,zul} = 450$ kJ ($\Delta T = 3970$ Nm, $\Delta n = 8\ s^{-1}$, $t_b = 0{,}47\ s < 1\ s$), $P_R = 9450$ kJ/h < $P_{R\,zul} = 14\,000$ kJ/h.

20.24 Größe D mit $T_s = 400$ Nm > $T_L = 250{,}6$ Nm ($\omega_A = 41{,}9$ rad/s), $t_b = 0{,}175\ s < 0{,}2\ s$ ($J_L = 0{,}645$ kgm², $\Delta n = 16{,}67\ s^{-1}$, $\Delta T = 387$ Nm), $W_R \approx 3{,}67$ kJ < 40 kJ, $P_R = 1468$ kJ/h < 1600 kJ/h.

20.25 **1.** $t_u = 0{,}39$ s ($\Delta n = 6{,}25\ s^{-1}$, $\Delta T = 2465$ Nm, $t_b = 0{,}3$ s).
2. $Z_{zul} \approx 815\ h^{-1}$ ($W_R = 14{,}73$ kJ).

20.26 **1.** Größe D mit $T_s = 2500$ Nm > $T_L = 2245$ Nm ($\omega = 6{,}28$ rad/s).
2. $t_u = 0{,}082\ s < 0{,}1\ s$ ($J_L = 2{,}9$ kgm², $\Delta T = 2395$ Nm, $\Delta n = 8{,}33\ s^{-1}$, $t_b = 0{,}0634$ s).
3. $P_R = 3735$ kJ/h < 4500 kJ/h ($W_R \approx 4{,}15$ kJ).

20.27 Ja, $t = 0{,}635\ s < 0{,}65\ s$ ($\Delta T = 2605$ Nm, $\Delta n = 5\ s^{-1}$), $W_R \approx 1{,}37$ kJ < 100 kJ, $P_R \approx 21$ kJ/h < $P_{R\,zul} = 4500$ kJ/h.

20.28 $t \approx 0{,}16$ s ($\Delta T = 20{,}7$ Nm, $\Delta n = 15{,}9\ s^{-1}$).

20.29 $t = 0{,}142$ s ($J_L = 0{,}0301$ kgm², $\Delta T = 62$ Nm, $t = 0{,}032$ s).

20.30 Größe B mit $T_K = 350$ Nm > 296 Nm ($\omega = 59{,}7$ rad/s, $T_n = 160{,}8$ Nm, $S_Z = 0{,}8$).

21 Grundlagen für Zahnräder und Getriebe

21.1 **1.** $s_y = s_{an} = 3{,}61$ mm ($\alpha_y = 22{,}7853°$, $\text{inv}\,\alpha = 0{,}014904$, $\text{inv}\,\alpha_y = 0{,}02238$).
2. $s_y = 6{,}61$ mm.

21.2 $s_y = 12{,}83$ mm ($\alpha = 25° = 0{,}4363$ rad, $\text{inv}\,\alpha = 0{,}03$, $\alpha_y = 32{,}597° = 0{,}5689$ rad, $\text{inv}\,\alpha_y = 0{,}07053$).

21.3 $\zeta_1 = -2{,}18$, $\zeta_2 = +0{,}685$ ($u = 5{,}722$, $r_{w2} = r_2 = 77{,}25$ mm, $\varrho_2 = 29{,}42$ mm, $\varrho_1 = 1{,}617$ mm).

21.4 $\zeta_1 = +0{,}089$, $\zeta_2 = -0{,}098$ ($r_{w2} = r_2 = 198$ mm, $\varrho_1 = 29{,}89$ mm, $\varrho_2 = 81{,}68$ mm).

22 Abmessungen und Geometrie der Stirn- und Kegelräder

22.1 **1.** $d_1 = 190$ mm, $d_2 = 770$ mm.
2. $d_{a1} = 210$ mm ($h_a = 10$ mm), $d_{a2} = 790$ mm, $d_{f1} = 165$ mm ($c = 2{,}5$ mm, $h_f = 12{,}5$ mm), $d_{f2} = 745$ mm.
3. $d_{b1} = 178{,}54$ mm, $d_{b2} = 723{,}56$ mm.
4. $p = 31{,}416$ mm, $p_e = 29{,}52$ mm.
5. $a_d = 480$ mm.
6. $u = 4{,}053$.
7. $\varepsilon_\alpha = 1{,}68$.

22.2 **1.** $z_2 = 76$.
2. $d_1 = 180$ mm, $d_2 = 912$ mm.
3. $d_{a1} = 204$ mm ($h_a = 12$ mm), $d_{a2} = 936$ mm, $d_{f1} = 150$ mm ($h_f = 15$ mm), $d_{f2} = 882$ mm.
4. $d_{b1} = 169{,}14$ mm, $d_{b2} = 857$ mm.
5. $a = a_d = 546$ mm.
6. $\varepsilon_\alpha = 1{,}65$ ($p_e = 35{,}4$ mm).

22.3 **1.** $z_2 = 36$.
2. $d_1 = 132$ mm, $d_2 = 396$ mm.
3. $d_{a1} = 154$ mm, ($h_a = 11$ mm), $d_{a2} = 418$ mm, $d_{f1} = 103{,}4$ mm ($c = 3{,}3$ mm, $h_f = 14{,}3$ mm), $d_{f2} = 367{,}4$ mm.
4. $a_d = 264$ mm.
5. Ja, $\varepsilon_\alpha \approx 1{,}41 > 1{,}1$ ($d_{b1} = 119{,}6$ mm, $d_{b2} = 358{,}9$ mm, $p_e = 31{,}3$ mm).

22.4 **1.** $d_4 = 792$ mm, $d_{a4} = 814$ mm, $d_{f4} = 763{,}4$ mm.
2. $a_d = 462$ mm.
3. Ja, $\varepsilon_\alpha = 1{,}44 > 1{,}1$ ($d_{b4} = 717{,}8$ mm).

22.5 $z_2 = 104$, $d_1 = 27$ mm, $d_2 = 156$ mm, $d_{a1} = 30$ mm ($h_a = 1{,}5$ mm), $d_{a2} = 159$ mm, $d_{f1} = 23{,}25$ mm, ($h_f = 1{,}875$ mm), $d_{f2} = 152{,}25$ mm, $a_d = 91{,}5$ mm, $\varepsilon_\alpha = 1{,}69 > 1{,}1$ ($d_{b1} = 25{,}37$ mm, $d_{b2} = 146{,}59$ mm, $p_e = 4{,}43$ mm), somit ausreichend.

22.6 **1.** $u_{II} = -4{,}21$.
2. $d_3 = 57$ mm, $d_4 = -240$ mm.
3. $d_{a3} = 63$ mm ($h_a = 3$ mm), $d_{a4} = -234$ mm, $d_{f3} = 49{,}5$ mm ($h_f = 3{,}75$ mm), $d_{f4} = -247{,}5$ mm.
4. Ja, $a_d = -91{,}5$ mm.
5. Ja, da $k \cdot m = +0{,}025$ mm, obwohl Bedingung $|d_{b4}| = 225{,}53$ mm $< |d_{a4}| = 234$ mm erfüllt, somit $d_{a4} = d_{k4} = -234{,}05$ mm.
6. Ja, $\varepsilon_\alpha = 1{,}883 > 1{,}1$ ($d_{b3} = 53{,}56$ mm, $d_{b4} = -225{,}53$ mm, $p_e \approx 8{,}86$ mm).

22.7 $d_1 = 212$ mm, $z_1 = 53$, $d_{a1} = 220$ mm ($h_a = 4$ mm), $d_{f1} = 202$ mm ($h_f = 5$ mm mit $c = 1$ mm), $\varepsilon_\alpha \approx 1{,}87$ ($d_{b1} = 199{,}2$ mm, $p_e = 11{,}8$ mm).

22.8 **1.** $u_I = 4{,}813$, $i_I = -4{,}813$.
2. $d_1 = 24$ mm, $d_2 = 115{,}5$ mm.
3. $d_{v1} = 26$ mm, $d_{v2} = d_2 = 115{,}5$ mm.

4. $d_{a1} = 29$ mm ($h_a = 1{,}5$ mm), $d_{a2} = 118{,}5$ mm, $d_{f1} = 22{,}25$ mm ($h_f = 1{,}875$ mm), $d_{f2} = 111{,}75$ mm.
5. $a = a_v = 70{,}75$ mm ($a_d = 69{,}75$ mm).
6. $\alpha_w = 22{,}12°$.
7. $d_{w1} = 24{,}34$ mm, $d_{w2} = 117{,}16$ mm.
8. Ja, $\varepsilon_\alpha \approx 1{,}4 > 1{,}1$ ($d_{b1} = 22{,}55$ mm, $d_{b2} = 108{,}53$ mm, $p_e = 4{,}43$ mm).

22.9 $u_{II} = 4{,}611$, $i_{II} = -4{,}611$, $d_3 = 45$ mm, $d_4 = 207{,}5$ mm, $d_{v3} = 47{,}5$ mm, $d_{v4} = d_4$, $d_{a3} = 52{,}5$ mm ($h_a = 2{,}5$ mm), $d_{a4} = 212{,}5$ mm, $d_{f3} = 41{,}25$ mm ($h_f = 3{,}125$ mm), $d_{f4} = 201{,}25$ mm, $a = a_v = 127{,}5$ mm ($a_d = 126{,}25$ mm), $\alpha_w = 21{,}49°$, $d_{w3} = 45{,}45$ mm, $d_{w4} = 209{,}55$ mm; $\varepsilon_\alpha = 1{,}5 > 1{,}1$ ($d_{b3} = 42{,}29$ mm, $d_{b4} = 194{,}99$ mm, $p_e = 7{,}38$ mm), somit ausreichend.

22.10
1. $u_{III} = -4{,}533$, $i_{III} = 4{,}533$.
2. $d_5 = 60$ mm, $d_6 = -272$ mm, $d_{v5} = 64$ mm, $d_{v6} = -276$ mm.
3. $d_{a5} = 72$ mm ($h_a = 4$ mm), $d_{a6} = -268$ mm, $d_{f5} = 54$ mm ($h_f = 5$ mm), $d_{f6} = -286$ mm.
4. $d_{b5} = 56{,}38$ mm, $d_{b6} = -255{,}6$ mm.
5. $\alpha_w = \alpha = 20°$, $a = a_w = a_d = a_v = -106$ mm, $d_{w5} = d_5 = 60$ mm, $d_{w6} = d_6 = -272$ mm.
6. Ja, $s_a > 0{,}3m$.
7. Ja, $e_f > 0{,}3m$, $|d_{b6}| = 255{,}6 \text{ mm} < |d_{a6}| = 268$ mm, $k \cdot m = -1{,}159$ mm, d. h. keine Kopfkürzung erforderlich.
8. Ja, $\varepsilon_\alpha = 1{,}55 > 1{,}1$ ($p_e = 11{,}81$ mm).

22.11
1. $z_2 = 95$ (err. $z_2 \approx 96$), $u_I = 5{,}938$, $i_I = -5{,}938$.
2. $m_n = 3{,}5$ mm ($m_{n\,erf} \approx 4{,}4$ mm).
3. $\alpha_t = 21{,}17°$.
4. $d_1 = 76{,}62$ mm, $d_2 = 454{,}94$ mm.
5. $d_{a1} = 85{,}62$ mm ($h_a = 4{,}5$ mm), $d_{a2} = 463{,}94$ mm, $d_{f1} = 65{,}37$ mm ($h_f = 5{,}625$ mm), $d_{f2} = 443{,}69$ mm.
6. $d_{b1} = 71{,}45$ mm, $d_{b2} = 424{,}24$ mm.
7. $p_n = 14{,}14$ mm, $p_{en} = 13{,}28$ mm.
8. $p_t = 15{,}044$ mm, $p_{et} = 14{,}03$ mm.
9. $z_{n1} = 18{,}99$ ($\beta_b = 18{,}75°$), $z_{n2} = 112{,}75$.
10. $a_d = 265{,}78$ mm.

22.12
1. Ja, $\varepsilon_\alpha = 1{,}53 > 1{,}1$.
2. $\varepsilon_\beta = 1{,}09$, $b = 45$ mm.
3. $\varepsilon_\gamma = 2{,}62$.

22.13
1. $z_4 = 59$ (err. $z_4 \approx 58{,}8$), $u_{II} = 4{,}214$, $i_{II} = -4{,}214$.
2. $d_{w3} = 101{,}95$ mm, $d_{w4} = 429{,}61$ mm.
3. $m_n = 7$ mm (err. $m_n \approx 7{,}04$ mm).
4. $d_3 = 101{,}46$ mm, $d_4 = 427{,}57$ mm, $a_d = 264{,}51$ mm.
5. $\alpha_t = 20{,}65°$, $\alpha_{wt} = 21{,}36°$.
6. $x_3 = +0{,}183$, $x_4 = 0$.
7. $d_{a3} = 118{,}02$ mm ($h_a = 7$ mm, $d_{v3} = 104{,}022$ mm), $d_{a4} = 441{,}57$ mm ($d_{v4} = d_4$), $d_{f3} = 86{,}52$ mm ($h_f = 8{,}75$ mm), $d_{f4} = 410{,}07$ mm.
8. $z_{n3} = 15{,}4$ ($\beta_b = 14{,}08°$), $z_{n4} = 64{,}9$.

22.14
1. $d_{b3} = 94{,}94$ mm, $d_{b4} = 400{,}1$ mm.
2. $p_n = 21{,}99$ mm, $p_{en} = 20{,}66$ mm, $p_t = 22{,}77$ mm, $p_{et} = 21{,}31$ mm.
3. $\varepsilon_\alpha \approx 1{,}48$, $\varepsilon_\beta = 1{,}24$ ($b = 105$ mm), $\varepsilon_\gamma = 2{,}72$.

22.15
1. $u = 2{,}391$, $i = -2{,}391$.
2. $\delta_1 = 22{,}69°$, $\delta_2 = 67{,}31°$.
3. $d_{e1} = 230$ mm, $d_{e2} = 550$ mm.
4. $d_{ae1} = 248{,}45$ mm ($h_{ae} = 10$ mm), $d_{ae2} = 557{,}71$ mm, $d_{fe1} = 206{,}93$ mm ($h_{fe} = 12{,}5$ mm), $d_{fe2} = 540{,}36$ mm.
5. $p_e = 31{,}416$ mm, $R_e = 298{,}12$ mm.
6. $m_m = 8{,}658$ mm, $m_i = 7{,}317$ mm.
7. $d_{m1} = 199{,}13$ mm, $d_{m2} = 476{,}19$ mm, $d_{i1} = 168{,}29$ mm, $d_{i2} = 402{,}44$ mm.
8. $\vartheta_a = 1{,}92°$, $\vartheta_f = 2{,}4°$.
9. $\vartheta_{a1} = 24{,}61°$, $\vartheta_{a2} = 69{,}23°$, $\delta_{f1} = 20{,}29°$, $\delta_{f2} = 64{,}91°$.
10. Ja, $b = 80 \text{ mm} < R_e/3 = 99{,}4 \text{ mm} < 10m_e = 100$ mm.

22.16 $z_{v1} = 24{,}93 \approx 25$, $z_{v2} = 142{,}58 \approx 143$, $\varepsilon_\alpha = 1{,}75$ ($d_{a1} = 27$, $d_{a2} = 145$, $d_{b1} = 23{,}49$, $d_{b2} = 134{,}38$, $a = 84$, $p_e = 2{,}95$).

22.17
1. $\delta_1 = 28{,}33°$, $\delta_2 = 71{,}67°$.
2. $z_1 = 13$ ($z_{1\,min} = 12{,}3$), $z_2 = 26$.
3. $m_e = 8$ mm ($m_{e\,erf} = 7{,}7 \ldots 8{,}46$ mm).

22.18
1. $d_{e1} = 104$ mm, $d_{e2} = 208$ mm.
2. $d_{ae1} = 118{,}08$ mm, $d_{ae2} = 213{,}03$ mm, $d_{fe1} = 86{,}4$ mm, $d_{fe2} = 201{,}71$ mm.
3. $p_e = 25{,}133$ mm, $R_e = 109{,}58$ mm.
4. $b = 35$ mm ($b_{zul} = 80$ mm bzw. $\approx 36{,}5$ mm).
5. $m_i = 5{,}445$ mm, $d_{i1} = 70{,}79$ mm, $d_{i2} = 141{,}57$ mm, $d_{ai1} = 80{,}37$ mm, $d_{ai2} = 144{,}99$ mm.
6. $\vartheta_a = 4{,}18°$, $\vartheta_f = 5{,}21°$.
7. $\delta_{a1} = 32{,}51°$, $\delta_{a2} = 75{,}85°$, $\delta_{f1} = 23{,}12°$, $\delta_{f2} = 66{,}46°$.
8. $t_{I1} = 46{,}95$ mm ($t_{i1} = 63{,}05$ mm), $t_{I2} = 81{,}74$ mm ($t_{i2} = 18{,}26$ mm), $t_{E1} = 17{,}36$ mm ($t_{a1} = 92{,}64$ mm), $t_{E2} = 73{,}15$ mm ($t_{a2} = 26{,}85$ mm).

22.19
1. $m_m = 6{,}722$ mm, $d_{m1} = 87{,}39$ mm, $d_{m2} = 174{,}77$ mm.
2. $z_{v1} = 14{,}77 \approx 15$, $z_{v2} = 82{,}67 \approx 83$.
3. $\varepsilon_\alpha \approx 1{,}65$ ($d_{a1} = 17$, $d_{a2} = 85$, $d_{b1} = 14{,}1$, $d_{b2} = 78$, $a = 49$, $p_e = 2{,}95$).

22.20
1. $u = 1{,}409$, $\delta_1 = 35{,}36°$, $\delta = 54{,}64°$.
2. $m_{tm} = 3{,}464$ mm, $p_{tm} = 10{,}883$ mm.
3. $d_{m1} = 76{,}21$ mm, $d_{m2} = 107{,}39$ mm, $d_{am1} = 81{,}1$ mm ($h_{am} = 3$ mm), $d_{am2} = 110{,}86$ mm, $d_{fm1} = 70{,}09$ mm ($h_{fm} = 3{,}75$ mm), $d_{fm2} = 103{,}05$ mm.
4. $R_m = 65{,}84$ mm, $R_e = 75{,}84$ mm, $R_i = 55{,}84$ mm.
5. $d_{e1} = 87{,}785$ mm, $d_{e2} = 123{,}7$ mm, $m_{te} = 3{,}99$ mm.
6. $d_{ae1} = 93{,}42$ mm, $d_{ae2} = 127{,}7$ mm, $d_{fe1} = 80{,}74$ mm, $d_{fe2} = 118{,}7$ mm.
7. $d_{i1} = 64{,}63$ mm, $d_{i2} = 91{,}08$ mm, $d_{ai1} = 68{,}78$ mm, $d_{ai2} = 94{,}02$ mm.
8. $\vartheta_a = 2{,}61°$, $\vartheta_f = 3{,}26°$, $\delta_{a1} = 37{,}97°$, $\delta_{a2} = 57{,}25°$, $\delta_{f1} = 32{,}1°$, $\delta_{f2} = 51{,}38°$.
9. $\varphi_e = 4{,}27°$ ($f_m = 1{,}333$), $\beta_e = 25{,}73°$.
10. Ja, $b = 20$ mm $< R_e/3{,}5 = 21{,}7$ mm $< 10m_{nm} = 30$ mm, $t_{I1} = 30{,}94$ mm ($t_{i1} = 44{,}06$ mm), $t_{I2} = 29{,}76$ mm ($t_{i2} = 30{,}24$ mm), $t_{E1} = 15{,}15$ mm ($t_{a1} = 59{,}85$ mm), $t_{E2} = 18{,}93$ mm ($t_{a2} = 41{,}07$ mm).

22.21
1. $z_{v1} = 27$, $z_{v2} = 53{,}6$.
2. $\varepsilon_\alpha \approx 1{,}39$ ($\alpha_t \approx 22{,}8°$, $d_1 = 31{,}2$, $d_2 = 61{,}9$, $d_{a1} = 33{,}2$, $d_{a2} = 63{,}9$, $d_{b1} = 28{,}76$, $d_{b2} = 57{,}06$, $a = 46{,}5$, $p_{et} = 3{,}344$).
3. $\varepsilon_\beta = 1{,}06$, $\varepsilon_\gamma = 2{,}45$.

23 Gestaltung und Tragfähigkeit der Stirn- und Kegelräder

23.1
1. $P_b \approx 6{,}22$ kW ($\omega_2 = 0{,}778$ rad/s, $P_{Nb} \approx 4785$ W).
2. $F_{t1} = F_{t2} \approx 17\,520$ N ($v_w = 0{,}355$ m/s), $F_{r1} - F_{r2} = 6377$ N.
3. $P_a \approx 6{,}62$ kW, $M_{N1} = 1291$ Nm.

23.2
1. $\eta_{ges} = 0{,}8$, $|i_{ges}| = 18$.
2. $M_b = 3000$ Nm, $M_a = 208{,}3$ Nm.
3. $F = 563$ N.
4. $M_2 \approx 575$ Nm.
5. $F_{t1} = F_{t2} = 2904$ N, $F_{r1} = F_{r2} = 1354$ N.

23.3 $F_{t3} = F_{t4} = 8015$ N ($M_4 = 3174$ Nm), $F_{r3} = F_{r4} = 3737$ N.

23.4
1. $n_2 = n_3 = 246{,}7\ \text{min}^{-1} = 4{,}11\ \text{s}^{-1}$, $n_4 = n_b = 58{,}6\ \text{min}^{-1} = 0{,}98\ \text{s}^{-1}$ ($|i_{ges}| = 24{,}321$).
2. $|v_{wI}| = 2{,}02$ m/s, $|v_{wII}| = 0{,}736$ m/s.
3. $P_2 = P_3 \approx 2{,}3$ kW ($\eta_I = \eta_{II} = 0{,}96$), $P_b \approx 2{,}21$ kW ($\eta_{ges} \approx 0{,}92$).
4. $F_{t1} = F_{t2} = 1139$ N, $F_{r1} = F_{r2} \approx 415$ N, $F_{t3} = F_{t4} = 3003$ N, $F_{r3} = F_{r4} = 1093$ N.
5. $M_1 = 15{,}38$ Nm, $M_2 = M_3 = 85{,}59$ Nm, $M_4 = 360{,}36$ Nm.

23.5 $P_b = 3604$ W ($P_{Nb} = 2883{,}3$ W), $P_a = 3754$ W, $F_{t1} \approx 21\,600$ N ($v_w = 0{,}167$ m/s, $F_{r1} \approx 7860$ N, $M_1 \approx 2290$ Nm.

23.6 $F_{t1} = F_{t2} \approx 2700$ N ($P_a = 5{,}2$ kW, $P_2 = 4{,}89$ kW, $v_{wI} = 1{,}81$ m/s), $F_{r1} = F_{r2} = 1097$ N, $M_1 = 32{,}86$ Nm, $n_2 = n_3 = 295\ \text{min}^{-1} = 4{,}92\ \text{s}^{-1}$, $F_{t3} = F_{t4} \approx 6570$ N ($P_4 \approx 4{,}6$ kW, $v_{wII} = 0{,}7$ m/s), $F_{r3} = F_{r4} = 2587$ N, $M_2 = M_3 = 140{,}3$ Nm, $n_4 = n_5 \approx 64\ \text{min}^{-1} = 1{,}07\ \text{s}^{-1}$, $F_{t5} = F_{t6} = 21\,600$ N ($P_6 = P_b \approx 4{,}32$ kW, $v_{wIII} \approx 0{,}2$ m/s), $F_{r5} = F_{r6} = 7862$ N, $M_4 = M_5 = 648$ Nm, $M_6 \approx 2760$ Nm, $n_6 = 14{,}1\ \text{min}^{-1} = 0{,}235\ \text{s}^{-1}$, $i_{ges} = 100{,}6$, $\eta_{ges} = 0{,}83$, $P_{Nb} = 3{,}32$ kW.

23.7
1. $P_a \approx 34$ kW ($P_b = P_4 = 30$ kW, $\eta_{ges} \approx 0{,}884$), $n_2 = n_3 = 252{,}6\ \text{min}^{-1} = 4{,}21\ \text{s}^{-1}$, $n_4 = n_b \approx 59{,}9\ \text{min}^{-1} \approx 1\ \text{s}^{-1}$ ($|i_{ges}| = 25{,}023$).
2. $F_{t1} = F_{t2} \approx 5320$ N ($P_2 \approx 31{,}9$ kW, $v_{wI} \approx 6$ m/s), $F_{r1} = F_{r2} \approx 2060$ N, $F_{a1} = F_{a2} \approx 1940$ N.
3. $F_{t3} = F_{t4} \approx 22\,220$ N ($v_{wII} \approx 1{,}35$ m/s), $F_{r3} = F_{r4} = 8690$ N, $F_{a3} = F_{a4} \approx 5950$ N.
4. $M_1 = M_a \approx 217$ Nm ($\omega_a = 157$ rad/s), $M_2 = M_3 \approx 1210$ Nm, $M_4 = M_6 \approx 4780$ Nm.
5. Darstellung der Axialkräfte in Bild E 23.7. Die Schrägungsrichtungen sind ungünstig, da die Lager der Zwischenwelle 2 eine Axialkraft $F_{a2} + F_{a3} = 7{,}89$ kN aufnehmen müssen. Zweckmäßiger ist es, bei einem Radpaar die Schrägungsrichtungen umzukehren, sodass von den Lagern der Welle 2 nur $F_{a3} - F_{a2} = 4{,}01$ kN axial zu übertragen sind.

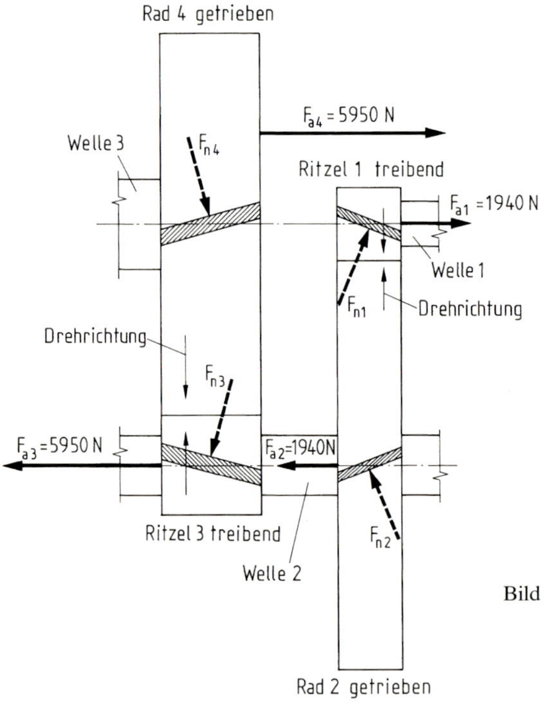

Bild E 23.7 Darstellung der Axialkräfte und Steigungsrichtungen

23.8
1. $P_a \approx 7{,}1$ kW, ($\omega_2 = 3{,}94$ rad/s, $P_{Nb} \approx 5{,}1$ kW, $P_b = 6{,}63$ kW), $n_a = n_1 = 89{,}9\ \text{min}^{-1} \approx 1{,}5\ \text{s}^{-1}$.
2. $F_{t1} = F_{t2} \approx 7070$ N ($v_m = 0{,}938$ m/s).
3. $F_{a1} = 993$ N, $F_{a2} = 2374$ N.
4. $F_{r1} = 2374\ \text{N} = F_{a2}$, $F_{r2} = 993\ \text{N} = F_{a1}$.

23.9
1. $F_{t1} = F_{t2} \approx 9900$ N ($\eta = 0{,}96$).
2. $F_{a1} \approx 1710$ N, $F_{a2} \approx 3420$ N.
3. $F_{r1} \approx 3170$ N, $F_{r2} \approx 1130$ N.

23.10
1. $F_{t1} = F_{t2} = 3935$ N ($K_A = 1{,}25$, $P_b = 14\,125$ W, $v_m = 3{,}59$ m/s).
2. $F_{a1} \approx 2810$ N, $F_{a2} = 34$ N.
3. $F_{r1} = 34\ \text{N} = F_{a2}$, $F_{r2} \approx 2810\ \text{N} = F_{a1}$.
4. $P_a \approx 15$ kW ($\eta = 0{,}94$), $M_a = 159{,}5$ Nm ($\omega_a = 94{,}25$ rad/s), $M_b \approx 211$ Nm, $n_b \approx 639\ \text{min}^{-1} = 10{,}65\ \text{s}^{-1}$.

23.11 **1.** $Z = 6$ ($Z_{erf} \approx 5{,}94$).
2. $H = 128$ mm, $S = 24$ mm, $h = 96$ mm, $s = 16{,}8$ mm ≈ 17 mm.
3. $l = 90$ mm, $L = 220$ mm $> 1{,}2d_B = 216$ mm (err. $L = 202$ mm), $w = 82$ mm ≈ 80 mm.
4. $K = 64$ mm ≈ 65 mm, $d_a = 1712$ mm.
5. Ja, $\sigma_b \approx 81{,}8\,\mathrm{N/mm^2} < \sigma_{b\,zul} \approx 100\,\mathrm{N/mm^2}$ ($y = 670$ mm, $W_b = 65{,}54\,\mathrm{cm^3}$).

23.12 **1.** $Z = 6$ ($Z_{erf} \approx 6{,}48$).
2. $H = 180$ mm, $h = 140$ mm, $S = 35$ mm, $s = 25$ mm.
3. $L = 250$ mm $> 1{,}2d_B = 240$ mm, $w = 90$ mm.
4. $K = 85$ mm ($K_{erf} \approx 88{,}5$ mm), $k = 45$ mm ($k_{erf} \approx 47{,}3$ mm), $d_a = 2040$ mm.
5. $\sigma_b = 44{,}6\,\mathrm{N/mm^2} < \sigma_{b\,zul} = 78\,\mathrm{N/mm^2}$ ($K_A = 1{,}25$, $y = 810$ mm, $W_b = 189\,\mathrm{cm^3}$, $F_t = 15\,625$ N).
6. Bild E 23.12.

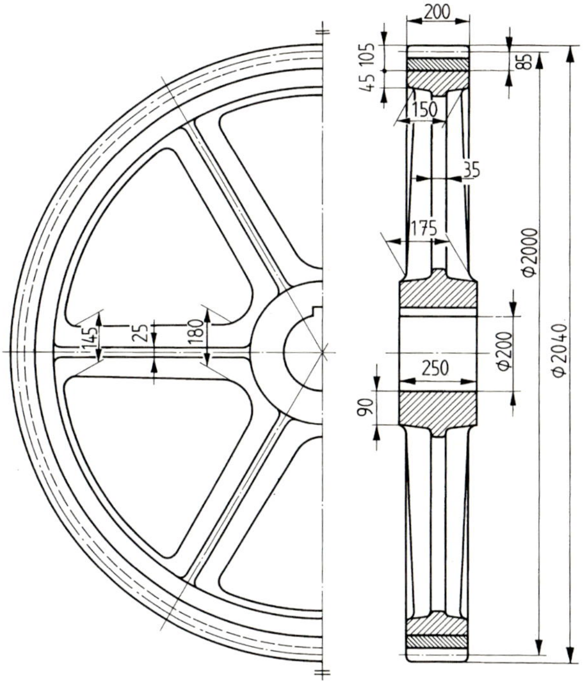

Bild E 23.12 Grauguss-Zahnrad mit aufgepresstem Zahnkranz

23.13 **1.** $Z = 8$ ($Z_{erf} \approx 8{,}4$).
2. $F_t = 150$ kN.
3. Ja, $\sigma_b = 100{,}4\,\mathrm{N/mm^2} < \sigma_{b\,zul} = 180\,\mathrm{N/mm^2}$ ($W_b = 1306{,}7\,\mathrm{cm^3}$, $R_e = 300\,\mathrm{N/mm^2}$).

23.14 **1.** $S = 14$ mm, ($S_{erf} = 13{,}5$ mm), $s = 10$ mm.
2. $L = 140$ mm, $w = 36$ mm.
3. $K = 50$ mm ($K_{erf} = 48{,}75$ mm), $b = 120$ mm.

23.15 $S = 10$ mm, $s = 7$ mm, $L = 120$ mm, $w = 32$ mm, $K = 35$ mm, $b = 100$ mm, $d_N = 184$ mm, $d_K = 720$ mm.

23.16 Öl-Spritzschmierung, da $v = 15{,}45$ m/s > 15 m/s, $\nu \approx 200\,\mathrm{mm^2/s}$ ($u = 3{,}947$, $k_S = 11{,}95$ MPa, $k_S/v = 0{,}77$ MPa · s/m, $\nu \approx 173\,\mathrm{mm^2/s}$ ohne Zuschlag), Viskositätsklasse ISO VG 220, verschleißverringernde Wirkstoffe zweckmäßig, da $v_g/v = 0{,}364 > 0{,}3$ und $k_S > 7{,}5$ MPa ($g_f = 7{,}65$ mm, $g_a = 14{,}36$ mm $= g_i$, $\omega_1 = 314{,}15$ rad/s, $v_g \approx 5{,}65$ m/s).

23.17 **1.** $\nu \approx 412\,\mathrm{mm^2/s}$ ($k_S = 2{,}19$ MPa, $k_S/v \approx 2{,}98$ MPa · s/m).
2. Viskositätsklasse ISO VG 460.
3. Nein, da Zahnflanken ungehärtet.

23.18 **Stufe I:** $b = 35$ mm $< b_{zul} = 37{,}5$ mm,
Stufe II: $\nu \approx 830\ \text{mm}^2/\text{s}$ ($k_S = 8{,}88$ MPa, $v \approx 0{,}7$ m/s, $k_S/v \approx 12{,}7$ MPa · s/m, $\nu \approx 616\ \text{mm}^2/\text{s}$ ohne Zuschlag), $b = 60$ mm $< b_{zul} = 62{,}5$ mm,
Stufe III: $\nu \approx 1000\ \text{mm}^2/\text{s}$ ($k_S = 9{,}35$ MPa, $v \approx 0{,}2$ m/s, $k_S/v \approx 47$ MPa · s/m, $\nu \approx 740\ \text{mm}^2/\text{s}$ ohne Zuschlag), $b = 90$ mm $< b_{zul} = 100$ mm,
gewählt: Viskositätsklasse ISO VG 1000, $V_{öl} = 2{,}1 \ldots 4{,}2\,l$ ($P_f \approx 0{,}7$ kW).

23.19 **Stufe II:** $\nu \approx 460\ \text{mm}^2/\text{s}$, ($k_S = 7{,}74$ MPa, $v \approx 1{,}34$ m/s, $k_S/v \approx 5{,}8$ MPa · s/m $< 7{,}5$ MPa · s/m), $v_g/v \approx 0{,}59 > 0{,}3$ ($g_f = 15{,}18$ mm $< g_a = 24{,}38$ mm $= g_i$, $\omega_3 = 26{,}45$ rad/s, $v_g = 0{,}798$ m/s), gewählt: Schmieröl mit verschleißverringernden Wirkstoffen, da $v_g/v > 0{,}3$, z. B. Schmieröl CLP der Viskositätsklasse ISO VG 460, Öl-Tauchschmierung, da in Stufe I $v > 4$ m/s, aber < 15 m/s, $V_{öl} \approx 12 \ldots 24\,l$ ($P_f \approx 4$ kW).

23.20
1. $u_v = 5{,}533$.
2. $\nu \approx 227\ \text{mm}^2/\text{s}$ ($k_S = 11{,}46$ MPa, $k_S/v_m = 1{,}43$ MPa · s/m), ISO VG 220.
3. $d_{v\,ma1} = 114{,}27$ mm ($d_{v\,m1} = 100{,}83$ mm), $d_{v\,ma2} = 571{,}37$ mm ($d_{vm2} = 557{,}92$ mm), $d_{v\,mb1} = 94{,}75$ mm, $d_{v\,mb2} = 0524{,}28$ mm.
4. $v_g \approx 3{,}93$ m/s ($\omega_1 \approx 183{,}1$ rad/s, $g_i = g_f = 18{,}16$ mm $> g_a = 14{,}69$ mm).
5. Ja, da $v_g/v_m = 0{,}49 > 0{,}3$, oder Schmieröl der Viskositätsklasse ISO VG 320 ohne verschleißverringernde Wirkstoffe ($\nu_{erf} \approx 306\ \text{mm}^2/\text{s}$).
6. Öl-Tauchschmierung, da $v_m = 8$ m/s > 4 m/s, aber < 15 m/s.

23.21 Viskositätsklasse ISO VG 320 ($u_v = 1{,}985$, $k_S = 11{,}66$ MPa, $k_S/v_m \approx 3{,}24$ MPa · s/m, $\nu \approx 342\ \text{mm}^2/\text{s}$).

23.22
1. $w \approx 195$ N/mm ($F_{Nt} = 12\,479$ N).
2. $K_v \approx 1{,}02$ ($f_F = 1{,}77$ interpoliert, $K = 233$ s/m, $u = 5{,}067$), $w_t \approx 200$ N/mm.
3. $K_{F\beta} = 1{,}58$ ($K_\beta = 1{,}4$, $f_w = 1{,}45$, $f_p = 1$).
4. $K_{F\alpha} \approx 1{,}42 < 1{,}83$ ($Y_\varepsilon = 0{,}705$).
5. $\sigma_{F1} = 131\ \text{N/mm}^2$, $\sigma_{F2} = 112\ \text{N/mm}^2$ ($\sigma_{F01} = 44\ \text{N/mm}^2$, $\sigma_{F02} = 37{,}6\ \text{N/mm}^2$, $Y_{FS2} = 4{,}27$, $Y_\beta = 1$).
6. Ja, $S_{F1} = 1{,}55 > S_{F\,erf} = 1{,}1$ ($\sigma_{FE1} = 0{,}7 \cdot 320\ \text{N/mm}^2$, $Y_R \approx 0{,}944$, $Y_X \approx 0{,}96$), $S_{F2} = 1{,}59 > 1{,}1$ ($\sigma_{FE2} = 0{,}7 \cdot 280\ \text{N/mm}^2$).

23.23
1. $K_{H\beta} = 1{,}89$, $K_{H\alpha} \approx 1{,}28$ ($Z_\varepsilon^2 = 0{,}783$).
2. $\sigma_H = 744{,}2\ \text{N/mm}^2$ ($\sigma_{H0} = 415{,}5\ \text{N/mm}^2$, $Z_H = 2{,}49$, $Z_E = 188{,}9\ \sqrt{\text{N/mm}^2}$, $Z_\varepsilon = 0{,}885$, $Z_\beta = 1$.
3. Nein, $S_{H1} = 0{,}515 < 1$, $S_{H2} = 0{,}445 < 1$ ($\sigma_{H\,lim1} = 370\ \text{N/mm}^2$, $\sigma_{H\,lim2} = 320\ \text{N/mm}^2$, $Z_L = 1{,}15$, $Z_v = 0{,}9$, $Z_W = Z_X = 1$).
4. $N_{L1} \approx 5 \cdot 10^6$ ($Z_{NT1} \approx 1{,}36$), $N_{L2} \approx 0{,}8 \cdot 10^6$ ($Z_{NT2} \approx 1{,}57$).

23.24
1. $S_{F1} = 28{,}8\ \text{N/mm}^2$, $\sigma_{F2} = 19{,}5\ \text{N/mm}^2$ ($\sigma_{F01} = 15\ \text{N/mm}^2$, $\sigma_{F02} = 10{,}1\ \text{N/mm}^2$, $Y_\varepsilon = 0{,}782$, $K_{F\alpha} = 1{,}28$).
2. EN-GJL-200 mit $\sigma_{FE} = 80\ \text{N/mm}^2 > \sigma_{FE\,erf} = 42\ \text{N/mm}^2$ ($Y_R = 0{,}98$, $Y_X = 0{,}91$).
3. Ja, $b < 10m = 10 \cdot 11$ mm $= 110$ mm. $b_{min} = 40$ mm möglich.

23.25 Nicht ausreichend, da $S_{F3} = 0{,}9 < S_{F\,erf} = 1{,}3$: Zahnbreite vergrößern und/oder höherwertigen Werkstoff ($\sigma_{F3} = 79{,}4\ \text{N/mm}^2$, $\sigma_{FE} = 80\ \text{N/mm}^2$, $\sigma_{F03} = 40{,}7\ \text{N/mm}^2$, $Y_\varepsilon = 0{,}771$, $K_{F\alpha} = 1{,}3$, $Y_R = 0{,}98$, $Y_X = 0{,}91$).

23.26
1. Verzahnungsqualität 9, $K_v = 1{,}125$ ($w = 32{,}6$ N/mm, $f_F = 3{,}09$, $K = 114$ s/m, $u = 5{,}778$).
2. $K_{F\beta} = 1{,}3$ ($K_\beta = 1{,}19$, $f_w = 1{,}6$, $f_p = 1$).
3. $K_{F\alpha} = 1{,}44 < 7{,}14$ ($Y_\varepsilon = 0{,}694$, $w_t = 36{,}6$ N/mm, $f_{pe} - y_p = 45\ \mu$m).
4. $S_{F1} - 3{,}5 > S_{F\,erf} = 1{,}3$, $S_{F2} = 2{,}9 > 1{,}3$ ($\sigma_{FE1} = 570\ \text{N/mm}^2$, $\sigma_{FE2} = 410\ \text{N/mm}^2$, $\sigma_{F1} = 151{,}4\ \text{N/mm}^2$, $\sigma_{F2} = 136{,}3\ \text{N/mm}^2$, $\sigma_{F01} = 71{,}9\ \text{N/mm}^2$, $Y_{FS1} = 4{,}77$, $\sigma_{F02} = 64{,}7\ \text{N/mm}^2$, $Y_{FS2} \approx 4{,}29$, $Y_{NT} = 1$, $Y_\delta = 1$, $Y_{R1} = 0{,}93$, $Y_{R2} = 0{,}96$, $Y_X = 1$).

23.27
1. $\sigma_H = 718\ \text{N/mm}^2$ ($\sigma_{H0} = 495\ \text{N/mm}^2$, $Z_H = 2{,}49$, $Z_\varepsilon = 0{,}88$, $K_{H\alpha} = 1{,}3$, $K_{H\beta} = 1{,}44$, $Z_E = 189{,}8\ \sqrt{\text{N/mm}^2}$).
2. $S_{H1} = 0{,}71$, $S_{H2} = 0{,}54$ (Zeitgetriebe) ($\sigma_{H\,lim1} = 600\ \text{N/mm}^2$, $Z_L = 1{,}15$, $Z_v = 0{,}92$, $Z_W = 1$, $Z_R = 0{,}8$, $Z_X = 1$, $\sigma_{H\,lim2} = 460\ \text{N/mm}^2$).
3. Bei $N_L = 0{,}5 \cdot 10^6$ für Rad 1 ja: $S_{H1} = 1{,}13$ ($Z_{NT} = 1{,}6$), für Rad 2 nein: $S_{H2} = 0{,}87$.

23.28 $S_{F3} = 3{,}3 > S_{F\,erf} = 1{,}3$ ($w = 54{,}5\,N/mm$, $K_v \approx 1{,}05$, $w_t = 57{,}2\,N/mm$, $K_{F\beta} = 1{,}32$, $K_{F\alpha} = 1{,}54 < 5{,}32$, $Y_\varepsilon = 0{,}649$, $\sigma_{F03} = 55{,}6\,N/mm^2$, $\sigma_{F3} = 118{,}7\,N/mm^2$, $Y_{NT} = 1$, $Y_R = 0{,}96$).

23.29 Dauergetriebe nein, $S_{H3} = 0{,}76$, $S_{H4} = 0{,}53$. Zeitgetriebe mit $N_L = 0{,}5 \cdot 10^6$: $S_{H3} = 1{,}22 > S_{H\,erf} = 1$ (ja), $S_{H4} = 0{,}85 < 1$ (nein) ($\sigma_{H2} = 500\,N/mm^2$, $\sigma_{H0} = 337{,}5\,N/mm^2$, $K_{H\beta} = 1{,}47$, $Z_\varepsilon = 0{,}84$, $K_{H\alpha} = 1{,}41$, $Z_H = 2{,}49$, $Z_{NT} = 1{,}6$, $Z_L = 1{,}15$, $Z_v = 0{,}9$, $Z_R = 0{,}8$).

23.30
1. Ja, $S_{H1} = S_{H2} = 1{,}73 > 1$ ($\sigma_{H\,lim} = 1470\,N/mm^2$).
2. Ja, $S_{H3} = S_{H4} = 1{,}18 > 1$ ($\sigma_{H\,lim} = 710\,N/mm^2$).

23.31
1. $K_{F\beta} = 1{,}19$ ($K_\beta = 1{,}13$, $f_w = 1{,}45$, $f_p = 1$, $w_t = w = 188\,N/mm$).
2. $K_{F\alpha} = K_{H\alpha} \approx 1{,}26 < K_{F\alpha\,grenz} = 1{,}54$ bzw. $K_{H\alpha\,grenz} = 1{,}41$ ($Y_\varepsilon = 0{,}651$, $Z_\varepsilon = 0{,}843$).
3. $\sigma_{F1} = 195{,}9\,N/mm^2$, $\sigma_{F2} = 212{,}5\,N/mm^2$ ($\sigma_{F01} = 104{,}5\,N/mm^2$, $\sigma_{F02} = 113{,}4\,N/mm^2$, $Y_{FS1} = 4{,}27$, $Y_{FS2} = 4{,}63$).
4. Zahnstange 2 aus E 335 mit $\sigma_{FE2} = 350\,N/mm^2 > \sigma_{FE2\,erf} \approx 344\,N/mm^2$ ($Y_R = 0{,}97$, $S_F = 1{,}1$), Rad 1 aus E 360 mit $\sigma_{FE1} = 410\,N/mm^2 > \sigma_{FE1\,erf} = (350 + 50)\,N/mm^2 = 400\,N/mm^2$.
5. $\sigma_H = 474{,}6\,N/mm^2$ ($\sigma_{H0} = 335{,}6\,N/mm^2$, $Z_H = 2{,}49$, $Z_E = 189{,}8\,\sqrt{N/mm^2}$).
6. Rad 1 ja: $S_{H1} \approx 1$ ($Z_L = 1{,}15$, $Z_v = 0{,}9$, $Z_R = Z_W = Z_X = 1$), Zahnstange 2 nein: $S_{H2} \approx 0{,}94 < 1$.

23.32
1. $b_{min} = 21$ mm, zunächst gewählt $b = 25$ mm ($\sigma_{H\,lim} = 1070\,N/mm^2$).
2. Nein, $S_{F2} = 0{,}75 < 1{,}3$ ($\sigma_{F2} = 710{,}4\,N/mm^2$, $\sigma_{F02} = 521{,}4\,N/mm^2$, $\sigma_{FE2} = 0{,}7 \cdot 770 = 540\,N/mm^2$, $K_{F\beta} = 1{,}09$, $K_{F\alpha} = 1 > 0{,}94$, $Y_R = 0{,}99$). $b = 50$ mm wählen, damit $S_{F2} = 1{,}4 > 1{,}3$ ($\sigma_{F2} \approx 384\,N/mm^2$, $\sigma_{F02} \approx 261\,N/mm^2$, $K_{F\alpha} = 1{,}09$, $K_{F\beta} = 1{,}09$, $Y_R = 0{,}99$).

23.33
1. Verzahnungsqualität 9.
2. $F_{Nt} \approx 2090$ N, $K_v = 1{,}1$ ($w = 77{,}6\,N/mm$, $f_F = 3{,}09$, $K = 114\,s/m$, $u = 4{,}81$).
3. $\sigma_{F1} = 312{,}6\,N/mm^2$, $\sigma_{F2} = 315{,}4\,N/mm^2$ ($\sigma_{F01} = 132{,}4\,N/mm^2$, $S_{F02} = 133{,}6\,N/mm^2$, $Y_{FS1} = 4{,}23$, $Y_{FS2} = 4{,}27$, $Y_\varepsilon = 0{,}786$, $K_{F\beta} = 1{,}3$, $K_{F\alpha} = 1{,}27 < 2{,}9$), $S_{F1} = 2{,}97 > S_{F\,erf} = 1{,}1$, $S_{F2} = 2{,}18 > 1{,}1$ ($\sigma_{FE1} = 570\,N/mm^2$, $\sigma_{FE2} = 410\,N/mm^2$, $Y_{NT} = 1{,}75$, $Y_\delta = 1$, $Y_{R1} = 0{,}93$, $Y_{R2} = 0{,}96$, $Y_X = 1$).

23.34 Nein, $S_{H1} = 0{,}73 < S_{H\,erf} = 1$, $S_{H2} = 0{,}56 < 1$ ($K_{H\beta} = 1{,}44$, $K_{H\alpha} = 1{,}15$, $\sigma_{H0} = 722{,}2\,N/mm^2$, $Z_H = 2{,}36$, $Z_E = 189{,}8\,\sqrt{N/mm^2}$, $Z_\varepsilon = 0{,}931$, $\sigma_H = 1113\,N/mm^2$, $\sigma_{H\,lim\,1} = 600\,N/mm^2$, $\sigma_{H\,lim\,2} = 460\,N/mm^2$, $Z_{NT} = 1{,}6$, $Z_{NT} = 1{,}15$, $Z_v = 0{,}92$, $Z_R = 0{,}8$, $Z_W = 1$, $Z_X = 1$).

23.35 $S_{F3} = 2{,}65 > S_{F\,erf} = 1{,}1$, $S_{F4} = 2{,}28 > 1{,}1$ ($F_{Nt} = 5057$ N, $w = 109{,}6\,N/mm$, $K_v = 1{,}041$, $f_F = 2{,}94$, $K = 114\,s/m$, $u = 4{,}61$, $w_t = 114{,}1\,N/mm$, $K_{F\beta} = 1{,}32$, $K_\beta = 1{,}2$, $f_w = 1{,}6$, $f_p = 1$, $K_{F\alpha} = 1{,}333 < 2{,}47$, $Y_\varepsilon = 0{,}75$, $\sigma_{F03} = 108{,}7\,N/mm^2$, $Y_{FS3} = 4{,}3$, $\sigma_{F04} = 108\,N/mm^2$, $Y_{FS4} = 4{,}27$, $\sigma_{F3} = 258{,}8\,N/mm^2$, $\sigma_{F4} = 257{,}2\,N/mm^2$, $Y_R = 0{,}956$).

23.36 Nicht ausreichend: $S_{H3} = 0{,}63 < S_{H\,erf} = 1$, $S_{H4} = 0{,}59 < 1$ ($\sigma_{H0} = 627{,}9\,N/mm^2$, $Z_H = 2{,}4$, $Z_E = 189{,}8\,\sqrt{N/mm^2}$, $Z_\varepsilon = 0{,}913$, $\sigma_H = 970{,}1\,N/mm^2$, $K_{H\beta} = 1{,}47$, $K_{H\alpha} = 1{,}2$, $Z_{NT} = 1{,}6$, $Z_L = 1{,}15$, $Z_v = 0{,}9$, $Z_R = 0{,}8$).

23.37
1. $K_{F\beta} = 1{,}26$, $K_{H\beta} = 1{,}38$ ($F_{Nt} = 16600$ N, $w_t \approx 240\,N/mm$, $K_\beta = 1{,}2$, $f_w = 1{,}3$, $f_p = 1$), $K_{F\alpha} = 1{,}36 < 1{,}62$, $K_{H\alpha} = 1{,}22$.
2. $\sigma_{F5} = 326{,}6\,N/mm^2$ ($\sigma_{F05} = 146{,}6\,N/mm^2$, $Y_{FS5} = 4{,}33$), $S_{F5} = 2{,}1 > S_{F\,erf} = 1{,}3$ ($\sigma_{FE5} = 410\,N/mm^2$, $Y_{NT} = 1{,}75$, $X_\delta = 1$, $Y_R = 0{,}96$, $Y_X = 1$).
3. $\sigma_H = 974\,N/mm^2$, ($\sigma_{H0} = 658{,}4\,N/mm^2$, $Z_H = 2{,}49$, $Z_E = 189{,}8\,\sqrt{N/mm^2}$, $Z_\varepsilon = 0{,}9$), $S_{H5} = 0{,}63 < S_{H\,erf} = 1$, $S_{H6} = 0{,}58 < 1$ ($\sigma_{H\,lim5} = 460\,N/mm^2$, $\sigma_{H\,lim6} = 430\,N/mm^2$, $Z_{NT} = 1{,}6$, $Z_L = 1{,}15$, $Z_v = 0{,}9$, $Z_R = 0{,}8$, $Z_W = Z_X = 1$).

23.38
1. Verzahnungsqualität 7, $K_v = 1{,}12$ ($w = 118{,}2\,N/mm$, $f_F = 2{,}77$, $K = 46\,s/m$).
2. $K_{F\beta} = 1{,}21$ ($K_\beta = 1{,}13$, $f_w = 1{,}6$, $f_p = 1$), $K_{H\beta} = 1{,}3$, $K_{F\alpha} = 1{,}35 < 2{,}08$, $K_{H\alpha} = 1{,}53$ ($\varepsilon_\gamma = 2{,}62$, $Y_\varepsilon = 0{,}74$, $Z_\varepsilon = 0{,}81$, $w_t = 132{,}4\,N/mm$).
3. Rad 1: 42CrMo4 (nitrocarburiert) mit $\sigma_{H\,lim1} = 830\,N/mm^2$ und $\sigma_{FE1} = 680\,N/mm^2$, Rad 2: C45 (nitrocarburiert) mit $\sigma_{H\,lim2} = 710\,N/mm^2$ und $\sigma_{FE2} = 620\,N/mm^2$ ($\sigma_{H\,lim2\,erf} = 641\,N/mm^2$, $\sigma_{H0} = 474{,}6\,N/mm^2$, $\sigma_H = 708{,}4\,N/mm^2$, $Z_H = 2{,}37$, $Z_\beta = 0{,}97$, $Z_L = 1{,}14$, $Z_v = 0{,}97$, $Z_R = Z_W = Z_X = 1$).
4. Ja, $S_{F1} = 4{,}8 > S_{F\,erf} = 1{,}3$, $S_{F2} = 4{,}8 > 1{,}3$ ($\sigma_{F01} = 76{,}3\,N/mm^2$, $\sigma_{F02} = 69{,}8\,N/mm^2$, $\sigma_{F1} = 139{,}6\,N/mm^2$, $\sigma_{F2} = 127{,}7\,N/mm^2$, $Y_{FS1} = 4{,}71$, $Y_{FS2} = 4{,}31$, $Y_\beta = 0{,}833$, $Y_{NT} = 1$, $Y_\delta = 1$, $Y_R = 0{,}99$, $Y_X = 1$).

23.39 **1.** $S_{F3} = 4{,}3 > S_{F\,erf} = 1{,}3$, $S_{F4} = 4{,}28 > 1{,}3$ ($w = 211{,}6$ N/mm, $K_v = 1{,}014$, $f_F = 1{,}55$, $K = 46$ s/m, $w_t = 215$ N/mm, $K_{F\beta} = 1{,}23$, $K_{F\alpha} = 1{,}32 < 1{,}61$, $Y_\varepsilon = 0{,}757$, $\sigma_{F3} = 153{,}2$ N/mm^2, $\sigma_{F4} = 140{,}4$ N/mm^2, $\sigma_{F03} = 93{,}1$ N/mm^2, $Y_{FS3} = 4{,}65$, $Y_{FS4} = 4{,}26$, $\sigma_{F04} = 85{,}3$ N/mm^2, $Y_\beta = 0{,}875$, $Y_R = 0{,}99$, $Y_X = 0{,}99$).
2. $S_{H3} \approx 1 = S_{H\,erf} = 1$, $S_{H4} = 0{,}851 < 1$ ($\sigma_{H0} = 584{,}8$ N/mm^2, $Z_H = 2{,}38$, $Z_E = 189{,}8\ \sqrt{\text{N/mm}^2}$, $Z_\varepsilon = 0{,}82$, $Z_\beta = 0{,}983$, $\sigma_H = 826{,}2$ N/mm^2, $K_{H\beta} = 1{,}33$, $K_{H\alpha} = 1{,}48$, $Z_X = 0{,}99$, $\sigma_{H\,lim3} = 830$ N/mm^2, $\sigma_{H\,lim4} = 710$ N/mm^2).
3. $b = 145$ mm.

23.40 **1.** $w = 88{,}4$ N/mm.
2. $K_v = 1{,}07$ ($f_F = 3{,}09$, $K = 114$ s/m, $u = 2{,}39$).
3. $K_{\alpha\beta} = 2{,}2$, (Ritzel fliegend gelagert).
4. $\sigma_{F1} = 61{,}5$ N/mm^2, $\sigma_{F2} = 59{,}4$ N/mm^2 ($\sigma_{F01} = 20{,}1$ N/mm^2, $Y_\varepsilon = 0{,}57$, $Y_{FS1} = 4{,}49$, $\sigma_{F02} = 19{,}4$ N/mm^2, $Y_{FS2} = 4{,}34$).
5. $S_{F1} = 9{,}76 > S_{F\,erf} = 1{,}3$, $S_{F2} = 9{,}24 > 1{,}3$ ($Y_{NT} = 1{,}75$, $Y_X = 0{,}98$).

23.41 **1.** $\sigma_H = 472{,}7$ N/mm^2 ($Z_H = 2{,}495$, $Z_E = 189{,}8\ \sqrt{\text{N/mm}^2}$, $Z_\varepsilon = 0{,}866$, $d_{vm1} = 216{,}5$ mm, $b_H = 68$ mm, $\sigma_{H0} = 270{,}2$ N/mm^2).
2. $S_{H1} = 1{,}46 > S_{H\,erf} = 1$, $S_{H2} = 1{,}25 > 1$ ($\sigma_{H\,lim1} = 430$ N/mm^2, $\sigma_{H\,lim2} = 370$ N/mm^2, $Z_{NT} = 1{,}6$, $Z_X = 1$).

23.42 **1.** Verzahnungsqualität 7.
2. $w = 282{,}9$ N/mm.
3. $K_v = 1{,}071$ ($f_F = 1{,}23$ interpoliert, $K = 62$ s/m, $u = 2$).
4. $\sigma_{F1} = 297{,}4$ N/mm^2, $\sigma_{F2} = 256{,}6$ N/mm^2 ($\sigma_{F01} = 126{,}2$ N/mm^2, $\sigma_{F02} = 108{,}9$ N/mm^2, $Y_{FS1} = 4{,}95$ extrapoliert, $Y_{FS2} = 4{,}27$, $Y_\varepsilon = 0{,}606$).
5. $S_{F1} = 2{,}8 > S_{F\,erf} = 1{,}3$, $S_{F2} \approx 3{,}3 > 1{,}3$ ($\sigma_{FE1} = \sigma_{FE2} = 860$ N/mm^2, $Y_{NT} = 1$, $Y_X = 0{,}98$).

23.43 **1.** $\sigma_H = 1269$ N/mm^2 ($\sigma_{H0} = 826{,}7$ N/mm^2, $Z_H = 2{,}495$, $Z_E = 189{,}8\ \sqrt{\text{N/mm}^2}$, $Z_\varepsilon = 0{,}885$, $b_H = 29{,}8$ mm, $d_{vm1} = 100{,}8$ mm).
2. $S_H = 1{,}16 > S_{H\,erf} = 1$ ($\sigma_{H\,lim} = 1470$ N/mm^2, $Z_{NT} = 1$, $Z_X = 1$).

23.44 **1.** Verzahnungsqualität 8.
2. $F_{Nt} = 3148$ N, $K_v = 1{,}072$ ($w \approx 200$ N/mm, $f_F = 1{,}65$, $K = 68$ s/m, $u = 1{,}4$).
3. $\sigma_H = 985{,}9$ N/mm^2 ($\sigma_{H0} = 574{,}2$ N/mm^2, $Z_H = 2{,}223$, $\beta_b = 281°$, $Z_\varepsilon = 0{,}848$, $d_{vm1} = 93{,}5$ mm, $b_H = 17$ mm, $Z_\beta = 0{,}93$).
4. $S_H = 1{,}09 > S_{H\,erf} = 1$ ($\sigma_{H\,lim} = 1070$ N/mm^2, $Z_{NT} = 1$, $Z_X = 1$).

23.45 **1.** $\sigma_{F1} = 371{,}2$ N/mm^2, $\sigma_{F2} = 356{,}1$ N/mm^2 ($\sigma_{F01} = 125{,}9$ N/mm^2, $\sigma_{F02} = 120{,}8$ N/mm^2, $Y_{FS1} = 4{,}45$, $Y_{FS2} = 4{,}27$, $Y_\varepsilon = 0{,}719$, $Y_\beta = 0{,}75$).
2. $S_{F1} = 2{,}07 > S_{F\,erf} = 1{,}3$, $S_{F2} = 2{,}16 > 1{,}3$ ($\sigma_{FE1} = \sigma_{FE2} = 770$ N/mm^2, $Y_{NT} = 1$, $Y_X = 1$).

23.46 **1.** $z_1 = 19 > z_{min} = 17$ ($t_2 = 2$ mm, $d_{1\,erf} = 47$ mm, $z_{1\,erf} = 18{,}8$), $z_2 = 80$ ($|i| \approx 4{,}222$, $z_{2\,erf} = 80{,}2$), $u = 4{,}21$, $a_d = 123{,}75$ mm.
2. $d_1 = 47{,}5$ mm, $d_2 = 200$ mm, $d_{a1} = 52{,}5$ ($h_a = m$), $d_{a2} = 205$ mm, $d_{f1} = 41{,}25$ mm ($h_f = 1{,}25m$), $d_{f2} = 193{,}75$ mm.
3. $\varepsilon_\alpha = 1{,}684$ ($d_{b1} = 44{,}64$ mm, $d_{b2} = 187{,}94$ mm, $p_e = 7{,}38$ mm).
4. $P_{Na} = 22{,}9$ kW, $F_{t1} = F_{t2} = 5{,}43$ kN ($P_b = 38{,}5$ kW, $v_w = v = 7{,}09$ m/s), $F_{r1} = F_{r2} \approx 1{,}98$ kN, $M_a = 134{,}3$ Nm ($\omega_a = 298{,}5$ rad/s), $M_b = 543$ Nm.
5. Öl-Tauchschmierung, Viskositätsklasse ISO VG 320 ($k_S \approx 8{,}5$ MPa, $k_S/v \approx 1{,}2$ MPa · s/m, $\nu_{erf} \approx 283$ mm^2/s).
6. Verzahnungsqualität 7, $b = 50$ mm $< b_{zul} = 62{,}5$ mm.
7. $S_{F1} = 2{,}7 > S_{F\,erf} = 1{,}3$, $S_{F2} = 2{,}83 > 1{,}3$ ($F_{Nt} = 3103$ N, $w = 108{,}6$ N/mm, $f_F = 2{,}63$, $K = 62$ s/m, $K_v = 1{,}21$, $K_{F\beta} = 1{,}2$, $K_{F\alpha} = 1{,}44 < 1{,}655$, $Y_\varepsilon = 0{,}695$, $\sigma_{F01} = 81{,}3$ N/mm^2, $\sigma_{F02} = 73{,}7$ N/mm^2, $\sigma_{F1} = 297{,}5$ N/mm^2, $\sigma_{F2} = 269{,}7$ N/mm^2, $Y_{NT} = 1$, $Y_\delta = 1$, $Y_R = 0{,}99$, $Y_X = 1$).
8. $S_{H1} = 1{,}16 > S_{H\,erf} = 1$, $S_{H2} = 1{,}13 > 1$ ($\sigma_{H0} = 528{,}2$ N/mm^2, $\sigma_H = 993$ N/mm^2, $Z_H = 2{,}49$, $Z_E = 189{,}8\ \sqrt{\text{N/mm}^2}$, $Z_\varepsilon = 0{,}879$, $K_{H\beta} = 1{,}29$, $K_{H\alpha} = 1{,}294$, $\sigma_{H\,lim1} = 1100$ N/mm^2, $\sigma_{H\,lim2} = 1070$ N/mm^2, $Z_L = 1{,}07$, $Z_v = 0{,}98$, $Z_R = 1$, $Z_W = 1$, $Z_X = 1$).

23.47 **1.** $z_1 = 21$, $z_2 = 90$, $d_{a1} = 230$ mm, $d_{a2} = 920$ mm ($h_a = 10$ mm), $d_{f1} = 185$ mm, $d_{f2} = 875$ mm ($h_f = 12{,}5$ mm), $b = 300$ mm, $|i| = u = 4{,}286$, $a_d = 555$ mm, $\varepsilon_\alpha = 1{,}7$ ($d_{b1} = 197{,}3$ mm, $d_{b2} = 845{,}7$ mm, $p_e = 29{,}5$ mm).

2. $F_{t1} = F_{t2} = 213{,}9$ kN ($K_A = 1{,}25$), $F_{Nt} = 171$ kN, $F_{r1} = F_{r2} \approx 77{,}8$ kN, $n_2 = 222\ \text{min}^{-1} \approx 3{,}7\ \text{s}^{-1}$, $M_b = 96{,}25$ kNm, $M_a \approx 23{,}4$ kNm ($\eta = 0{,}96$), $P_{Nb} \approx 1786$ kW, $P_{Na} \approx 1860$ kW.

3. Verzahnungsqualität 6 ($v = 10{,}44$ m/s), Öl-Tauchschmierung, Schmieröl mit verschleißverringernden Wirkstoffen, Viskositätsklasse ISO VG 220 ($k_S \approx 12{,}56$ MPa $> 7{,}5$ MPa, $k_S/v \approx 1{,}2$ MPa · s/m, $\nu_{erf} \approx 210\ \text{mm}^2/\text{s}$, $g_i = g_f = 27{,}2$ mm $> g_a = 23{,}2$ mm, $v_g = 3{,}34$ m/s, $v_g/v \approx 0{,}32 > 0{,}3$), oder ISO VG 320 ohne Wirkstoffe ($\nu_{erf} \approx 284\ \text{mm}^2/\text{s}$), $V_{öl} \approx 335$ l ($P_f \approx 74$ kW, i. M. erf. ca. 4,5 l/kW).

4. Rad 2: 42CrMo4 gasnitriert mit $\sigma_{H\,lim2} = 1070\ \text{N/mm}^2$ ($\sigma_{H\,lim\,erf} \approx 924\ \text{N/mm}^2$) und $\sigma_{FE2} = 770\ \text{N/mm}^2$ ($S_{H2} = 1{,}16 > 1$), Rad 1: 31CrMoV9 gasnitriert mit $\sigma_{H\,lim1} = 1230\ \text{N/mm}^2$ und $\sigma_{FE1} = 840\ \text{N/mm}^2$ ($S_{H1} = 1{,}33 > 1$). $\sigma_{H0} = 757{,}5\ \text{N/mm}^2$, $\sigma_H = 960{,}6\ \text{N/mm}^2$, $Z_H = 2{,}49$, $Z_E = 189{,}8\ \sqrt{\text{N/mm}^2}$, $Z_\varepsilon = 0{,}876$, $K_v = 1{,}072$ ($f_F = 0{,}72$, $K = 47$ s/m, $w = 712{,}5$ N/mm), $K_{H\beta} = 1{,}2$, $K_{F\beta} = 1{,}15$, $K_{H\alpha} = K_{F\alpha} = 1$, $Z_{NT} = 1$, $Z_L = 1{,}03$ ($\nu_{40} = 220\ \text{mm}^2/\text{s}$), $Z_v = 1$, $Z_R = 1{,}03$ ($R_z = 2\ \mu$m), $Z_W = 1$, $Z_X = 0{,}98$. $S_{F1} = 2{,}85 > S_{F\,erf} = 1{,}3$, $S_{F2} = 2{,}8 > 11{,}3$ ($\sigma_{F01} \approx 182\ \text{N/mm}^2$, $\sigma_{F02} \approx 169\ \text{N/mm}^2$, $Y_{FS1} = 4{,}62$, $Y_{FS2} = 4{,}28$, $Y_\varepsilon = 0{,}691$, $\sigma_{F1} \approx 280\ \text{N/mm}^2$, $\sigma_{F2} \approx 260\ \text{N/mm}^2$, $Y_X = 0{,}95$, $Y_R = 1$).

23.48 **1.** $z_1 = 14$, $d_1 = 70$ mm, $d_{a1} = 80$ mm, $d_{f1} = 57{,}5$ mm, $\varepsilon_\alpha = 1{,}72$ ($d_{b1} = 65{,}78$ mm, $p_e = 14{,}76$ mm).

2. $F_t = 10$ kN, $F_r \approx 3{,}64$ Nm, $M_1 = 372{,}3$ Nm, $M_K \approx 88{,}7$ Nm, $F_K \approx 296$ N, $H = 22$ mm.

3. Ja, $S_{F1} = 2 > S_{F\,erf} = 1{,}3$, $S_{F2} = 2 > 1{,}3$ ($K_{F\alpha} = 1{,}46$, $Y_\varepsilon = 0{,}686$, $w = 200$ N/mm, $K_{F\beta} = 1{,}41$, $\sigma_{F01} = 137{,}2\ \text{N/mm}^2$, $\sigma_{F02} = 127\ \text{N/mm}^2$, $Y_{FS2} = 4{,}63$, $\sigma_{F1} = 282{,}4\ \text{N/mm}^2$, $\sigma_{F2} = 261{,}4\ \text{N/mm}^2$, $Y_{NT} = 1{,}75$, $Y_X = 1$).

23.49 **1.** $z_2 = 105$ ($z_{2\,erf} \approx 105{,}3$), $d_1 = 104$ mm, $d_2 = 840$ mm, $d_{a1} = 128$ mm ($d_{v1} = 112$ mm), $d_{a2} = 864$ mm, ($d_{v2} = 848$ mm), $d_{f1} = 92$ mm, $d_{f2} = 828$ mm, $a = a_v = 480$ mm ($a_d = 472$ mm), $d_{w1} = 105{,}76$ mm, $d_{w2} = 854{,}24$ mm, $u = 8{,}077$, $\alpha_w = 22{,}48°$, $\varepsilon_\alpha \approx 1{,}42$ ($d_{b1} = 97{,}73$ mm, $d_{b2} = 789{,}34$ mm, $p_e = 23{,}62$ mm).

2. $M_{Nb} = 12$ kNm, $M_{Na} = 1712$ Nm, $n_2 = 20{,}37\ \text{mm}^{-1} = 0{,}34\ \text{s}^{-1}$, $n_1 = 164{,}5\ \text{min}^{-1} = 2{,}74\ \text{s}^{-1}$, $F_{t1} = F_{t2} \approx 48{,}7$ kN, $F_{r1} = F_{r2} \approx 20{,}15$ kN.

3. $H = 80$ mm, $S = 16$ mm, $h = 64$ mm, $s \approx 11$ mm, $L = 150$ mm, $w = 60$ mm, $k = 32$ mm, $\sigma_b = 283\ \text{N/mm}^2 > \sigma_{b\,zul} \approx 230\ \text{N/mm}^2$, somit nicht zulässig ($y \approx 298$ mm, $i_H = 2$, $W_b = 34\,133\ \text{mm}^3$, $R_e = 380\ \text{N/mm}^2$), d. h. Rippen vergrößern auf $W_b \approx 42\,000\ \text{mm}^3$, z. B. auf $H = 90$ mm, Verzahnungsqualität 9 ($v \approx 0{,}9$ m/s).

4. Ja, $S_{F1} = 3{,}17 > S_{F\,erf} = 1{,}1$, $S_{F2} = 2{,}06 > 1{,}1$ ($F_{Nt} = 30\,950$ N, $w = 495{,}2$ N/mm, $K_v = 1{,}01$, $f_F = 0{,}75$, $K = 114$ s/m, $K_{F\beta} = 1{,}17$, $K_\beta = 1{,}2$, $f_w = 1$, $f_p = 0{,}85$, $K_{F\alpha} = K_{H\alpha} = 1{,}054$, $c_\gamma \approx 19$ N/mm · µm), $f_{pe} - y_p = 45\ \mu$m, $w_t = 500$ N/mm, $Y_\varepsilon = 0{,}778$, $\sigma_{F01} = 131{,}2\ \text{N/mm}^2$, $\sigma_{F02} = 133{,}9\ \text{N/mm}^2$, $\sigma_{F1} = 261{,}5\ \text{N/mm}^2$, $\sigma_{F2} = 266{,}8\ \text{N/mm}^2$, $Y_{NT} = 1$, $Y_{NT2} = 1{,}3$, $Y_{R1} = 0{,}93$, $Y_{R2} = 0{,}98$, $Y_{X1} = 0{,}97$, $Y_{X2} = 0{,}96$).

5. Rad 1 ja: $S_{H1} = 1{,}83 > S_{H\,erf} = 0{,}7$, Rad 2 nein: $S_{H2} = 0{,}6 < 0{,}7$ ($\sigma_{H0} = 721{,}9\ \text{N/mm}^2$, $Z_E = 181{,}4\ \sqrt{\text{N/mm}^2}$, $Z_\varepsilon = 0{,}93$, $Z_H = 2{,}34$, $\sigma_H = 1049\ \text{N/mm}^2$, $K_{H\alpha} = 1{,}054$, $K_{H\beta} = 1{,}24$, $Z_{NT1} = 1{,}37$, $Z_{v1} = 0{,}95$, $R_z = 14\ \mu$m, $Z_{R1} = 0{,}89$, $Z_W = 1{,}11$, $Z_{X1} = 1$, $Z_{NT2} = 1{,}6$, $Z_{v2} = 0{,}9$, $Z_{R2} = 0{,}8$, $Z_{X2} = 1$).

23.50 **1.** $\alpha_t = 20{,}94°$, $d_1 = 88{,}32$ mm, $d_2 = 252{,}35$ mm, $d_{a1} = 96{,}32$ mm, $d_{a2} = 260{,}35$ mm, $d_{f1} = 78{,}32$ mm, $d_{f2} = 242{,}35$ mm, $d_{b1} = 82{,}49$ mm, $d_{b2} = 235{,}68$ mm, $p_n = 12{,}57$ mm, $p_{en} = 11{,}81$ mm, $p_t = 13{,}21$ mm, $p_{et} = 12{,}34$ mm, $z_{n1} = 24{,}1$, $z_{n2} = 68{,}9$ ($\beta_b = 16{,}88°$), $a_d = 170{,}34$ mm, $\varepsilon_\alpha \approx 1{,}56$, $\varepsilon_\beta = 1{,}48$, $\varepsilon_\gamma = 3{,}04$.

2. $n_2 = 1050\ \text{min}^{-1} = 17{,}5\ \text{s}^{-1}$ ($u = 2{,}857$, $F_{t1} = F_{t2} \approx 10{,}8$ kN ($P_b = 150$ kW, $v_w = v \approx 13{,}9$ m/s), $F_{r1} = F_{r2} \approx 4{,}13$ kN, $F_{a1} = F_{a2} \approx 3{,}51$ kN, $M_b \approx 1363$ Nm, $M_a \approx 497$ Nm ($\eta = 0{,}96$), $P_a = 156{,}3$ kW.

3. Verzahnungsqualität 5, Öl-Tauchschmierung, Viskositätsklasse ISO VG 150 ($k_S \approx 8{,}25$ MPa $>$ 7,5 MPa, $k_S/v \approx 0{,}6$ MPa · s/m, $\nu_{erf} = 160\ \text{mm}^2/\text{s}$), Öl mit verschleißverringernden Wirkstoffen zweckmäßig, da $v_g/v = 0{,}312 > 0{,}3$ ($g_i = g_f = 10{,}22 > g_a = 9{,}08$ mm, $\omega_1 = 314{,}2$ rad/s). $V_{öl} \approx 19 \ldots 38$ l ($P_f = 6{,}25$ kW).

4. $w = 180$ N/mm ($F_{Nt} = 10\,800$ N, $K_v = 1{,}107$ ($F_F = 1{,}69$, $K = 23$ s/m), $w_t \approx 200\ \text{N/mm}^2$, $K_{F\beta} = 1{,}13$ ($K_\beta = 1{,}09$, $f_w = 1{,}45$, $f_p = 1$, $K_{H\beta} = 1{,}19$, $K_{F\alpha} = K_{H\alpha} = 1{,}2$, $Y_\varepsilon = 0{,}731$, $Z_\varepsilon = 0{,}8$).

5. $\sigma_{F01} = 126{,}4\ \text{N/mm}^2$, $\sigma_{F02} = 119{,}1\ \text{N/mm}^2$ ($Y_{FS1} = 4{,}52$, $Y_{FS2} = 4{,}26$, $Y_\beta = 0{,}85$), $\sigma_{F1} = 189{,}7\ \text{N/mm}^2$, $\sigma_{F2} = 178{,}8\ \text{N/mm}^2$, $S_{F1} = 4{,}74 > S_{F\,erf} = 1{,}3$, $S_{F2} = 4{,}53 > 1{,}3$ ($\sigma_{FE1} = 900\ \text{N/mm}^2$, $\sigma_{FE2} = 810\ \text{N/mm}^2$, $Y_{NT} = 1$, $Y_R = 1$, $Y_X = 1$).

6. $\sigma_{H0} = 587\ \text{N/mm}^2$ ($Z_H = 2{,}39$, $Z_E = 189{,}8\ \sqrt{\text{N/mm}^2}$, $Z_\beta = 0{,}975$), $\sigma_H = 738\ \text{N/mm}^2$, $S_{H1} = 2 > S_{H\,erf} = 1$, $S_{H2} = 1{,}66 > 1$ ($Z_{NT} = 1$, $Z_L = 1$, $Z_v \approx 1{,}01$, $Z_{R1} = 1{,}08$, $Z_{R2} = 1{,}1$, $Z_W = 1$, $Z_X = 1$).

23.51 **1.** $x_1 = +0{,}665$, $d_{a1} = 101{,}64$ mm ($d_{v1} = 93{,}64$ mm), $d_{a2} = 264{,}35$ mm, ($d_{v2} = 256{,}35$ mm), $d_{f1} = 83{,}64$ mm, $d_{f2} = 246{,}35$ mm, $d_{w1} = 90{,}74$ mm, $d_{w2} = 259{,}26$ mm, $\varepsilon_\alpha \approx 1{,}35$ ($\alpha_{wt} = 24{,}62°$), $\varepsilon_\gamma = 2{,}83$.

2. $F_{t1} = F_{t2} \approx 18{,}4$ kN ($v_w \approx 14{,}3$ m/s, $P_b = 262{,}5$ kW), $F_{r1} = F_{r2} \approx 8{,}43$ kN, $F_{a1} = F_{a2} \approx 6$ kN, $M_b \approx 2385$ Nm, $M_a \approx 870$ Nm, $P_{Na} \approx 156$ kW, ISO VG 220 ($k_S = 14{,}06$ MPa $> 7{,}5$ MPa, $k_S/v \approx 1$ MPa · s/m, $\nu_{erf} \approx 224$ mm²/s einschl. Zuschlag). Schmieröl mit verschleißverringernden Wirkstoffen zweckmäßig, da $v_g/v \approx 0{,}33 > 0{,}3$ ($g_i = g_a \approx 10{,}8$ mm $> g_f \approx 5{,}9$ mm, $v_g = 4{,}85$ m/s). $V_{öl} \approx 18 \ldots 36$ l ($P_f \approx 6$ kW).

3. Ja, $S_{F1} = 3 > S_{F\,erf} = 1{,}3$, $S_{F2} = 2{,}7 > 1{,}3$, $S_{H1} = 1{,}73 > S_{H\,erf} = 1$, $S_{h2} = 1{,}43 > 1$ ($w = 315$ N/mm, $K_v = 1{,}07$, $f_F = 1{,}11$, $K = 23$ s/m, $K_{F\beta} = 1{,}09$, $w_t = 337$ N/mm, $K_\beta = 1{,}09$, $f_w = 1$, $f_p = 1$, $K_{H\beta} = 1{,}13$, $K_{F\alpha} = K_{H\alpha} = 1{,}09$, $Y_\varepsilon = 0{,}806$, $Z_\varepsilon = 0{,}86$, $\sigma_{F01} = 132$ N/mm², $\sigma_{F02} = 135{,}6$ N/mm², $Y_{FS1} = 4{,}28$, $Y_{FS2} = 4{,}4$, $Y_\beta = 0{,}85$, $Y_R = 1$, $\sigma_{F1} = 293{,}7$ N/mm², $\sigma_{F2} = 301{,}7$ N/mm², $\sigma_{FE1} = 900$ N/mm², $\sigma_{FE2} = 810$ N/mm², $\sigma_{H0} = 578{,}1$ N/mm², $Z_H = 2{,}19$, $Z_E = 189{,}8\sqrt{\text{N/mm}^2}$, $Z_\varepsilon = 0{,}86$, $Z_\beta = 0{,}975$, $\sigma_H = 878$ N/mm², $\sigma_{H\,lim1} = 1350$ N/mm², $\sigma_{H\,lim2} = 1100$ N/mm², $Z_{NT} = 1$, $Z_v = 1{,}01$, $Z_L = 1{,}03$, $Z_{R1} = 1{,}08$, $Z_{R2} = 1{,}1$, $Z_W = 1$, $Z_X = 1$).

23.52 **1.** $x_1 = +0{,}76$ ($\text{inv}\,\alpha_{wt} = 0{,}028588$, $\text{inv}\,\alpha_t = 0{,}017191$), Spitzenbildung ausgeschlossen, $s_{an} > 0{,}3m_n = 1{,}2$ mm, $d_{a1} = 102{,}4$ mm ($d_{v1} = 94{,}4$ mm), $d_{f1} = 84{,}4$ mm, $\varepsilon_\alpha = 1{,}4$.

2. Ja, $S_{F1} = 2{,}1 > 1{,}3$, $S_{F2} = 1{,}9 > 1{,}3$, S_H wie in Aufg. 23.51.

23.53 **1.** $\alpha_t = 20{,}65°$, $d_1 = 27{,}95$ mm, $d_2 = 113{,}36$ mm, $d_{v1} = 29{,}45$ mm, $d_{v2} = 114{,}11$ mm, $d_{a1} = 32{,}45$ mm, $d_{a2} = 117{,}11$ mm, $d_{f1} = 25{,}7$ mm, $d_{f2} = 110{,}0$ mm, $d_{b1} = 26{,}15$ mm, $d_{b2} = 106{,}08$ mm, $p_n = 4{,}71$ mm, $p_{en} = 4{,}43$ mm, $p_t = 4{,}88$ mm, $p_{et} = 4{,}565$ mm, $z_{n1} = 19{,}8$ ($\beta_b = 14{,}08°$), $z_{n2} = 80{,}3$, $\alpha_{wt} = 22{,}81°$ ($\text{inv}\,\alpha_{wt} = 0{,}0224605$), $a = a_w = 71{,}725$ mm ($a_d = 70{,}655$ mm), $d_{w1} = 28{,}37$ mm ($u = 4{,}056$), $d_{w2} = 115{,}08$ mm, $\varepsilon_\alpha \approx 1{,}45$, $\varepsilon_\beta \approx 1{,}65$, $\varepsilon_\gamma = 3{,}1$.

2. $n_b = n_6 = 16{,}25$ min^{-1} $= 0{,}27$ s^{-1} ($|i_{ges}| \approx 87{,}4$), $n_2 = 350$ min^{-1} $= 5{,}83$ s^{-1}, $M_b = 3250$ Nm, $M_a \approx 44{,}8$ Nm ($\eta_{ges} = 0{,}83$), $P_{Na} \approx 5{,}1$ kW, $M_2 \approx 171$ Nm, $F_{t1} = F_{t2} \approx 3$ kN, $F_{r1} = F_{r2} \approx 1{,}26$ kN, $F_{a1} = F_{a2} \approx 0{,}8$ kN.

3. Ja, $S_{F1} = 2 > S_{F\,erf} = 1{,}1$, $S_{F2} = 2{,}3 > 1{,}1$, $S_{H1} = 0{,}76 > S_{H\,erf} = 0{,}7$, $S_{H2} = 0{,}74 > 0{,}7$ ($F_{Nt} = 2320$ N, $v = 2$ m/s, $w = 100$ N/mm, $K_v = 1{,}11$, $f_F = 3{,}27$, $K = 95$ s/m, $w_t = 111$ N/mm, $K_{F\beta} = 1{,}3$, $K_\beta = 1{,}19$, $f_w = 1{,}6$, $f_p = 1$, $K_{F\alpha} = 1{,}3 < 3{,}8$, $\sigma_{F01} = 148{,}8$ N/mm², $\sigma_{F02} = 150{,}5$ N/mm², $Y_{FS1} = 4{,}3$, $Y_{FS2} = 4{,}35$, $Y_\varepsilon = 0{,}767$, $Y_\beta = 0{,}875$, $\sigma_{F1} = 362{,}9$ N/mm², $\sigma_{F2} \approx 367$ N/mm², $N_{L1} = 0{,}85 \cdot 10^6$, $N_{L2} = 0{,}21 \cdot 10^6$, $Y_{NT1} = 1{,}24$, $Y_{NT2} = 1{,}54$, $Y_R = 0{,}96$, $\sigma_{H0} = 661{,}5$ N/mm², $Z_H = 2{,}3$, $Z_\varepsilon = 0{,}83$, $Z_\beta = 0{,}983$, $\sigma_H = 1148$ N/mm², $K_{H\alpha} = 1{,}45$, $K_{H\beta} = 1{,}44$, $\sigma_{H\,lim1} = 630$ N/mm², $\sigma_{H\,lim2} = 600$ N/mm², $Z_{NT1} = 1{,}55$, $Z_{NT2} = 1{,}6$, $Z_L = 1{,}15$, $Z_v = 0{,}92$, $Z_R = 0{,}84$, $Z_W = 1$, $Z_X = 1$).

23.54 **1.** $\alpha_t = \alpha_{wt} = 20{,}65°$, $d_3 = 36{,}23$ mm, $d_4 = 183{,}76$ mm, $d_{a3} = 41{,}23$ mm, $d_{a4} = 188{,}76$ mm, $d_{f3} = 29{,}98$ mm, $d_{f4} = 177{,}51$ mm, $d_{b3} = 33{,}9$ mm, $d_{b4} = 171{,}95$ mm, $p_n = 7{,}85$ mm, $p_{en} = 7{,}38$ mm, $p_t = 8{,}13$ mm, $p_{et} = 7{,}61$ mm, $a = a_d = 110$ mm, $z_{n3} = 15{,}4$, $z_{n4} = 78{,}1$, $\varepsilon_\gamma = 3{,}21$ ($\varepsilon_\alpha = 1{,}56$, $\varepsilon_\beta = 1{,}65$).

2. $n_4 = 69$ min^{-1} $= 1{,}15$ s^{-1} ($u = 5{,}071$), $M_4 \approx 815$ Nm, $F_{t3} = F_{t4} = 8{,}87$ kN, $F_{r3} = F_{r4} \approx 3{,}34$ kN, $F_{a3} = F_{a4} \approx 2{,}38$ kN.

3. Bezgl. Zahndauerbruch ja: $S_{F3} = 2 > S_{F\,erf} = 1{,}1$, $S_{F4} = 2 > 1{,}1$ ($F_{Nt} = 6823$ N, $w = 177{,}4$ N/mm, $K_v = 1{,}018$, $f_F = 2{,}04$, $K = 95$ s/m, $v = 0{,}664$ m/s, $w_t = 180{,}6$ N/mm, $K_{F\beta} = 1{,}29$, $K_\beta = 1{,}2$, $f_w = 1{,}45$, $f_p = 1$, $K_{F\alpha} = 1{,}368 < 2{,}7$, $Y_\varepsilon = 0{,}731$, $\sigma_{F03} = 171{,}8$ N/mm², $Y_{FS3} = 4{,}92$ (extrapoliert), $\sigma_{F04} = 149{,}1$ N/mm², $\sigma_{F3} = 443{,}2$ N/mm², $\sigma_{F4} = 384{,}7$ N/mm², $N_{L3} = 0{,}21 \cdot 10^6$, $N_{L4} = 0{,}41 \cdot 10^5$, $Y_{NT3} = 1{,}55$, $Y_{NT4} = 2$, $Y_R \approx 0{,}96$, $Y_X = 1$). Bzgl. Volllast-Lebensdauer (Grübchentragfähigkeit) nein: $S_{H3} = 0{,}66 < S_{H\,erf} = 0{,}7$, $S_{H4} = 0{,}56 < 0{,}7$ ($\sigma_{H0} = 767$ N/mm², $Z_H = 2{,}42$, $Z_\varepsilon = 0{,}8$, $Z_\beta = 0{,}983$, $\sigma_H = 1316$ N/mm², $K_{H\alpha} = 1{,}56$, $K_{H\beta} = 1{,}425$, $\sigma_{H\,lim3} = 630$ N/mm², $\sigma_{H\,lim4} = 530$ N/mm², $Z_{NT3} = 1{,}6$, $Z_{NT4} = 1{,}6$, $Z_L = 1{,}15$, $Z_v = 0{,}9$, $Z_R = 0{,}84$, $Z_W = 1$, $Z_X = 1$).

23.55 **1.** $u = -4{,}25$, $d_5 = 64$ mm, $d_6 = -272$ mm, $\alpha_w = 16{,}64°$, ($a_d = -104$ mm), $x_5 = +0{,}46$ ($\text{inv}\,\alpha_w = 0{,}008405$), $d_{w5} = 62{,}77$ mm, $d_{w6} = -266{,}77$ mm, $d_{a5} = 75{,}712$ mm ($h_a = 4$ mm), $d_{a6} = -264$ mm, $d_{f5} = 57{,}71$ mm ($h_f = 5$ mm), $d_{f6} = -282$ mm ($d_{v5} = 67{,}712$ mm, $d_{v6} = d_6$), $d_{b5} = 60{,}14$ mm, $d_{b6} = -255{,}6$ mm, keine Kopfkürzung erforderlich, da $|d_{b6}| < |d_{a6}|$ und $k \cdot m = -0{,}9$ mm, $p = 12{,}566$ mm, $p_e = 11{,}81$ mm, $\varepsilon_\alpha = 1{,}62$, $F_{t5} = F_{t6} \approx 24{,}36$ kN, $F_{r5} = F_{r6} \approx 7{,}28$ kN.

2. Viskositätsklasse ISO VG 1000 (**Stufe II:** $k_S \approx 17{,}7$ MPa, $k_S/v \approx 26{,}7$ MPa · s/m, $\nu_{erf} \approx 1000$ mm²/s, **Stufe III:** $k_S \approx 11{,}6$ MPa, $v \approx 0{,}23$ m/s, $k_S/v \approx 50$ MPa · s/m, $\nu_{erf} \approx 1000$ mm²/s, **gesamt:** $\nu_{erf} \approx 1000$ mm²/s), $V_{öl} \approx 2{,}6 \ldots 5{,}21$ ($P_f \approx 0{,}87$ kW).

3. Bzgl. Zahndauerbruch ja: $S_{F5} = 2{,}76 > S_{F\,erf} = 1{,}1$, S_{F6} entfällt, da Hohlrad ($F_{Nt} = 18380$ N, $w_t = 319$ N/mm, $K_{F\beta} = 1{,}23$ ($K_\beta = 1{,}2$, $f_p = 1$, $f_w = 1{,}15$), $K_{F\alpha} = 1{,}4 < 1{,}467$, $Y_\varepsilon = 0{,}713$, $\sigma_{F05} = 189{,}6\,\text{N/mm}^2$, $\sigma_{F5} = 424{,}4\,\text{N/mm}^2$, $Y_{NT5} = 2$, $\sigma_{FE5} = 610\,\text{N/mm}^2$, $N_{L5} = 0{,}414 \cdot 10^5$, $Y_R = 0{,}96$, $Y_X = 1$). Grübchentragfähigkeit Ritzel 5 ja: $S_{H5} = 0{,}75 > S_{H\,erf} = 0{,}7$, Rad 6 nein: $S_{H6} = 0{,}63 < 0{,}7$ ($K_{H\beta} = 1{,}33$, $K_{H\alpha} = 1{,}26$, $Z_\varepsilon = 0{,}89$, $N_{L6} \approx 0{,}1 \cdot 10^5$, $\sigma_{H0} = 795\,\text{N/mm}^2$, $Z_H = 2{,}75$, $Z_E = 189{,}8\,\sqrt{\text{N/mm}^2}$, $\sigma_H = 1173\,\text{N/mm}^2$, $\sigma_{H\,lim5} = 630\,\text{N/mm}^2$, $\sigma_{H\,lim6} = 530\,\text{N/mm}^2$, $Z_{NT} = 1{,}6$, $Z_L = 1{,}15$, $Z_v = 0{,}9$, $Z_R = 0{,}84$, $Z_W = 1$, $Z_X = 1$).

23.56 **1.** $\delta_1 = 21{,}8°$ ($u = 2{,}5$), $\delta_2 = 68{,}2°$ $m_e = 3$ mm (erf. $m_e \approx 2{,}8 \ldots 3{,}13$ mm), $d_{e1} = 48$ mm, $d_{e2} = 120$ mm, $d_{ae1} = 53{,}57$ mm ($h_{ae} = 3$ mm), $d_{ae2} = 122{,}23$ mm, $d_{fe1} = 41{,}04$ mm ($h_{fe} = 3{,}75$ mm), $d_{fe2} = 117{,}21$ mm, $p_e = 9{,}425$ mm, $R_e = R_p = 64{,}63$ mm, $b = 18$ mm ($b_{zul} \approx 21{,}5$ mm), $m_m = 2{,}582$ mm, $d_{m1} = 41{,}31$ mm, $d_{m2} = 103{,}28$ mm, $m_i = 2{,}164$ mm $= h_{ai}$, $d_{i1} = 34{,}62$ mm, $d_{i2} = 86{,}56$ mm, $d_{ai1} = 38{,}64$ mm, $d_{ai2} = 88{,}17$ mm, $\vartheta_a = 2{,}66°$, $\vartheta_f = 3{,}32°$, $\delta_{a1} = 24{,}46°$, $\delta_{a2} = 70{,}86°$, $\delta_{f1} = 18{,}48°$, $\delta_{f2} = 64{,}88°$, $z_{v1} = 17{,}23 > z_{min} = 17$, $z_{v2} = 107{,}7$, $u_v = 6{,}25$, $\varepsilon_\alpha = 1{,}69$ ($d_{a1} = 19{,}23$, $d_{a2} = 109{,}7$, $d_{b1} = 16{,}19$, $d_{b2} = 101{,}2$, $p_e = 2{,}95$, $a = 62{,}47$).
2. $n_2 = 600\,\text{min}^{-1} = 10\,\text{s}^{-1}$, $P_a = 3{,}75$ kW ($K_A = 1{,}5$), $P_b = P_2 = 3525$ W ($P_{Nb} = 2{,}35$ kW), $M_a \approx 23{,}9$ Nm, $M_b = M_2 \approx 56{,}2$ Nm, $F_{t1} = F_{t2} = 1088$ N ($v_m \approx 3{,}24$ m/s), $F_{a1} = F_{r2} = 147$ N, $F_{r1} = F_{a2} \approx 368$ N, Verzahnungsqualität 8, Viskositätsklasse ISO VG 320 ($k_S \approx 5{,}1$ MPa, $k_S/v_m \approx 1{,}57\,\text{MPa} \cdot \text{s/m}$, $\nu_{erf} \approx 321\,\text{mm}^2/\text{s}$ einschl. Zuschlag).
3. Ja, $S_{F1} = 5{,}4 > S_{F\,erf} = 1{,}3$, $F_{F2} = 5{,}5 > 1{,}3$ ($F_{Nt} = 725$ N, $w = 60{,}4$ N/mm, $K_v = 1{,}13$, $f_F = 2{,}95$, $K = 90$ s/m, $\sigma_{F01} = 44{,}6\,\text{N/mm}^2$, $Y_{FS1} = 4{,}83$, $Y_\varepsilon = 0{,}592$, $\sigma_{F02} = 39{,}7\,\text{N/mm}^2$, $Y_{FS2} = 4{,}3$, $\sigma_{F1} = 166{,}3\,\text{N/mm}^2$, $\sigma_{F2} = 148\,\text{N/mm}^2$, $\sigma_{FE1} = 900\,\text{N/mm}^2$, $\sigma_{FE2} = 810\,\text{N/mm}^2$, $Y_{NT} = 1$, $Y_X = 1$). $S_{H1} = 1{,}51 > S_{H\,erf} = 1$, $S_{H2} = 1{,}23 > 1$ ($\sigma_{H0} = 461{,}6\,\text{N/mm}^2$, $Z_H = 2{,}495$, $Z_E = 189{,}8\,\sqrt{\text{N/mm}^2}$, $Z_\varepsilon = 0{,}877$, $d_{vm1} = 44{,}49$ mm, $b_H = 15{,}3$ mm, $\sigma_H = 891{,}4\,\text{N/mm}^2$, $\sigma_{H\,lim1} = 1350\,\text{N/mm}^2$, $\sigma_{H\,lim2} = 1100\,\text{N/mm}^2$, $Z_{NT} = 1$, $Z_X = 1$).

23.57 **1.** $z_2 = 42$ ($u = 2{,}1$), $\delta_1 = 25{,}463°$, $\delta_2 = 64{,}537°$, $m_{tm} = 8{,}513$ mm, $p_{tm} = 26{,}746$ mm, $d_{m1} = 170{,}27$ mm, $d_{m2} = 357{,}56$ mm, $d_{am1} = 184{,}72$ mm ($h_{am} = 8$ mm), $d_{am2} = 364{,}44$ mm, $d_{fm1} = 152{,}21$ mm, ($H_{fm} = 10$ mm), $d_{fm2} = 348{,}96$ mm, $R_m = 198{,}02$ mm, $R_e = 228{,}02$ mm, $R_i = 168{,}02$ mm, $d_{e1} = 196{,}07$ mm, $d_{e2} = 411{,}74$ mm, $m_{te} = 9{,}804$ mm, $d_{ae1} = 212{,}71$ mm, $d_{ae2} = 419{,}66$ mm, $d_{fe1} = 175{,}27$ mm, $d_{fe2} = 401{,}83$ mm, $d_{i1} = 144{,}47$ mm, $d_{i2} = 303{,}38$ mm, $d_{ai1} = 156{,}73$ mm, $d_{ai2} = 309{,}22$ mm, $\vartheta_a = 2{,}313°$, $\vartheta_f = 2{,}891°$, $\delta_{a1} = 27{,}78°$, $\delta_{a2} = 66{,}85°$, $\delta_{f1} = 22{,}57°$, $\delta_{f2} = 61{,}65°$, $t_{I1} = 71{,}24$ mm, ($t_{i1} = 148{,}76$ mm), $t_{E1} = 18{,}11$ mm ($t_{a1} = 201{,}92$ mm), $t_{I2} = 53{,}89$ mm ($t_{i2} = 66{,}11$ mm), $t_{E2} = 30{,}29$ mm ($t_{a2} = 89{,}71$ mm), $b_{zul} = 80$ mm bzw. 65 mm $> b = 60$ mm, $\beta_e = 17{,}28°$, ($f_m = 1{,}1325$, $\varphi_e = 2{,}72°$), $\varepsilon_\gamma = 2{,}39$ ($z_{v1} = 22{,}2$, $z_{v2} = 97{,}7$ $\alpha_t = 21{,}17°$, $\varepsilon_\beta = 0{,}82$, $\varepsilon_\alpha = 1{,}57$ errechnet mit $m_n = h_a = 1$: $d_1 = 23{,}57$, $d_2 = 103{,}97$, $d_{a1} = 25{,}57$, $d_{a2} = 105{,}97$, $d_{b1} = 21{,}98$, $d_{b2} = 96{,}95$, $a = 63{,}77$, $p_{et} = 3{,}12$).
2. $F_{t1} = F_{t2} = 11374$ N ($P_b = P_{Nb} = 144$ kW, $\eta \approx 0{,}96$, $v_m = 12{,}66$ m/s), $F_{a1} = F_{r2} \approx 5632$ N, $F_{r1} = F_{a2} \approx 2198$ N, $M_a \approx 1009$ Nm ($\omega_a = 148{,}7$ rad/s), $M_b \approx 2034$ Nm.
3. Rad 1: 42CrMo4 nitrocarburiert mit $\sigma_{H\,lim1} = 830\,\text{N/mm}^2$ und $\sigma_{FE1} = 680\,\text{N/mm}^2$, Rad 2: C45 nitrocarburiert mit $\sigma_{H\,lim2} = 710\,\text{N/mm}^2$ und $\sigma_{FE2} = 620\,\text{N/mm}^2$ ($\sigma_{H\,lim\,erf} = 672\,\text{N/mm}^2$, $F_{Nt} = 11374$ N, $w = 189{,}6$ N/mm, $K_v = 1{,}094$, Verzahnungsqualität 5, $f_F = 1{,}55$, $K = 25{,}3$ s/m, $\sigma_{H0} = 428{,}6\,\text{N/mm}^2$, $Z_H = 2{,}37$, $Z_E = 189{,}8\,\sqrt{\text{N/mm}^2}$, $Z_\varepsilon = 0{,}817$, $Z_\beta = 0{,}969$, $d_{vm1} = 189$ mm, $b_H = 51$ mm, $u_v = 4{,}4$, $\beta_b = 18{,}74°$, $\sigma_H = 665\,\text{N/mm}^2$, $Z_{NT} = 1$, $Z_X = 0{,}99$), $S_{F1} \approx 4{,}7 > 1{,}3$ ($Y_X = 0{,}96$, $\sigma_{F1} = 139{,}6\,\text{N/mm}^2$, $Y_{FS1} = 4{,}45$, $z_{vn1} = 26{,}8$, $Y_\varepsilon = 0{,}637$, $Y_\beta = 0{,}863$), $S_{F2} \approx 4{,}4 > 1{,}3$ ($\sigma_{F2} = 134{,}8\,\text{N/mm}^2$, $Y_{FS2} = 4{,}31$, $z_{vn2} = 117{,}7$).
4. Öl-Tauchschmierung, Viskositätsklasse ISO VG 150 ($k_S \approx 4{,}1$ MPa $< 7{,}5$ MPa, $k_S/v_m = 0{,}324\,\text{MPa} \cdot \text{s/m}$, $\nu_{erf} \approx 138\,\text{mm}^2/\text{s}$ einschl. Zuschlag), verschleißverringernde Wirkstoffe nicht erforderlich, da $v_g/v_m = 0{,}3$ ($d_{vm1} \approx 189$ mm, $d_{vm2} = 831{,}7$ mm, $d_{vma1} = 205$ mm, $d_{vma2} = 847{,}7$ mm, $d_{vmb1} = 176{,}2$ mm, $d_{vmb2} = 775{,}6$ mm, $g_i = g_f = 20{,}85$ mm $> g_a = 18{,}27$ mm, $v_g = 3{,}8$ m/s).

23.58 **1.** $F_{Nt} = 4167$ N ($d_2 = 480$ mm, $v = 6$ m/s).
2. $c = 2{,}76\,\text{N/mm}^2$ ($p = p_t = 18{,}85$ mm).
3. PA 12 (Guss) mit $c_{zul} = 2{,}8\,\text{N/mm}^2 > c$.

23.59 **1.** $u = 3{,}2$, $d_1 = 150$ mm, $\varepsilon_\alpha \approx 1{,}7$ ($h_a = m = 6$ mm, $d_{a1} = 162$ mm, $d_{a2} = 492$ mm, $d_{b1} = 141$ mm, $d_{b2} = 451$ mm, $p_e = 117{,}7$ mm, $a = 315$ mm).
2. $t_F \approx 42$ °C ($\mu = 0{,}07$, $K_{F1} = 1$, $K_{F2} = 0{,}17$, $\kappa = 0{,}75$).
3. Nicht ganz, $S_F \approx 1{,}93 < 2$ ($Y_{Fa} \approx 2{,}28$, $Y_\varepsilon \approx 0{,}588$, $\sigma_F = 14{,}5\,\text{N/mm}^2$, $w = 65{,}1$ N/mm, $\sigma_{FN} \approx 28\,\text{N/mm}^2$).

23.60 **1.** $t_H \approx 61\,°C$ ($K_{H1} = 10$, $K_{H2} = 0{,}17$, $\kappa = 0{,}75$).
1. Ja, $S_H \approx 1{,}86 > 1{,}5$ ($Z_H = 2{,}49$, $Z_E \approx 15{,}7\,\sqrt{N/mm^2}$, $Z_\varepsilon = 0{,}876$, $\sigma_H = 25{,}8\,N/mm^2$, $\sigma_{HN} \approx 48\,N/mm^2$).

23.61 Ja, $\lambda_{zul} = 0{,}6\,mm < \lambda \approx 0{,}77\,mm$ ($w_N = 52\,N/mm$, $\varphi \approx 7$, $\psi_1 = 0$, $\psi_2 = 1$, $E_2 \approx 335\,N/mm^2$).

23.62 Nein, $c_{zul} = 5{,}4\,N/mm^2 > c = 2{,}12\,N/mm^2$ ($\eta = 0{,}88$, $P_{N2} = P_N = 1{,}5\,kW$, $d_2 = 234\,mm$, $u = 4{,}588$, $n_2 \approx 204{,}9\,min^{-1} \approx 3{,}4\,s^{-1}$, $v \approx 2{,}5\,m/s$, $F_{Nt} = 600\,N$, $p \approx 9{,}42\,mm$, $N_L = 983\,500 \approx 10^6$).

23.63 Ja, $S_F = 3{,}5 > 1{,}25$ ($Y_{Fa} \approx 2{,}09$, $Y_\varepsilon = 0{,}685$, $Y_\beta = 1$, $\sigma_F = 14{,}3\,N/mm^2$, $w = 30\,N/mm$, $\sigma_{FN} = 50\,N/mm^2$).

23.64 Ja, $S_H \approx 1{,}43$ ($d_1 = 51\,mm$, $Z_E = 37\,\sqrt{N/mm^2}$, $Z_H \approx 2{,}3$, $Z_\varepsilon = 0{,}92$, $\sigma_H \approx 66{,}3\,N/mm^2$, $\sigma_{HN} \approx 95\,N/mm^2$).

23.65 Ja. $\lambda_{zul} = 0{,}3\,mm > \lambda = 0{,}05\,mm$ ($w_N = 20\,N/mm$, $\varphi \approx 7{,}2$, $\psi_1 = 0$, $\psi_2 \approx 0{,}9$, $E_2 \approx 1860\,N/mm^2$).

23.66 **1.** $F_{t2} \approx 880\,N$ ($P_b \approx 2{,}25\,kW$, $d_{w1} = 52\,mm$, $v_w = 2{,}56\,m/s$), $F_{r2} \approx 374\,N$.
2. $K = 15\,mm$ ($\approx 12{,}6 \ldots 14{,}1\,mm$), $w = 15\,mm$ ($\approx 12 \ldots 16\,mm$), $S = 10\,mm$ ($\approx 9\,mm < w$).
3. $d_a = 246\,mm$ ($d_v = 240\,mm$), $d_K = 216\,mm$, $d_N = 70\,mm$.
4. Nein, $p \approx 53\,N/mm^2 > p_{zul} = 20\,N/mm^2$ ($b \times h = 12\,mm \times 8\,mm$, $t_1 = 5\,mm$, $l_t = 33\,mm$, $F_u \approx 5260\,N$).

23.67 **1.** Ja, $c \approx 2{,}9\,N/mm^2$ ($d_1 = 28\,mm$, $d_2 = 59\,mm$, $v = 2{,}05\,m/s$, $F_{Nt} = 91{,}5\,N$, $p = 3{,}14\,mm$), $c_{1\,zul} \approx 4{,}5\,N/mm^2 > c$ ($N_1 = 8{,}4 \cdot 10^6$).
2. Ja, $S_{F1} \approx 1{,}64 > 1{,}25$ ($d_{a1} = 30\,mm$, $d_{a2} = 61\,mm$, $d_{b1} = 26{,}31\,mm$, $d_{b2} = 55{,}44\,mm$, $a = 43{,}5\,mm$, $p_e = 2{,}95\,mm$, $\varepsilon_\alpha = 1{,}73$, $Y_\varepsilon = 0{,}578$, $Y_\beta = 1$, $Y_{Fa1} \approx 2{,}65$, $\sigma_{F1} \approx 14\,N/mm^2$, $w = 9{,}15\,N/mm$, $\sigma_{FN1} \approx 23\,N/mm^2$).
3. Ja, $S_{H1} \approx 1{,}5 > 1{,}1$ ($Z_H = 2{,}49$, $Z_E = 22{,}4\,\sqrt{N/mm^2}$, $Z_\varepsilon = 0{,}87$, $\sigma_H \approx 33{,}7\,N/mm^2$, $\sigma_{HN1} \approx 50\,N/mm^2$).
4. Nein, $\lambda = 0{,}065\,mm < \lambda_{zul} = 0{,}1\,mm$ ($\varphi \approx 7$, $\psi_1 = \psi_2 = 1$, $E_1 = E_2 \approx 1400\,N/mm^2$).

23.68 $c \approx 0{,}75\,N/mm^2 < c_{zul} \approx 5{,}6\,N/mm^2$ für Dauergetriebe ($z_1 = 23$, $\alpha_t = 20{,}65°$, $d_1 = 59{,}53\,mm$, $d_2 = 119{,}06\,mm$, $n_2 = 2000\,min^{-1} = 33{,}3\,s^{-1}$, $v = 12{,}5\,m/s$, $F_{Nt} \approx 152\,N$, $p_t = 8{,}13\,mm$), $S_F \approx 10{,}4 > 2$ für Dauergetriebe ausreichend ($\mu = 0{,}04$, $t_F \approx 81\,°C$, $\varepsilon_\alpha = 1{,}59$, $\beta_b = 14{,}08°$ $\varepsilon_\beta = 0{,}82$, $z_{n2} = 50{,}6$, $Y_{Fa} \approx 2{,}35$, $Y_\varepsilon \approx 0{,}63$, $Y_\beta \approx 0{,}98$, $\sigma_F \approx 5{,}3\,N/mm^2$, $w \approx 9{,}12\,N/mm$, $\sigma_{FN} \approx 55\,N/mm^2$), $S_H \approx 2{,}26 > 1{,}5$ für Dauergetriebe ausreichend ($t_H \approx 87\,°C$, $Z_H = 1{,}42$, $Z_E \approx 18{,}8\,\sqrt{N/mm^2}$, $Z_\varepsilon = 0{,}81$, $S_H \approx 17{,}7\,N/mm^2$, $\sigma_{HN} \approx 40\,N/mm^2$), $\lambda \approx 0{,}07\,mm < \lambda_{zul} = 0{,}25\,mm$ ($\varphi \approx 7{,}2$, $\psi_1 = 0$, $\psi_2 = 1$, $E_2 \approx 440\,N/mm^2$), somit zulässig.

23.69 $P_{N2} = 6{,}69\,kW$ ($d_1 = 57\,mm$, $v \approx 4{,}3\,m/s$, $u = -3{,}263$, $n_2 = 441{,}3\,min^{-1} = 7{,}355\,s^{-1}$ $N = 1{,}059 \cdot 10^6 \approx 10^6$, $\sigma_{FN} = 50\,N/mm^2$, $\sigma_{F\,zul} = 40\,N/mm^2$, $\varepsilon_\alpha = 1{,}94$, $Y_\varepsilon \approx 0{,}52$, $Y_\beta = 0$, $w_{F\,zul} = 115{,}4\,N/mm$, $\sigma_{HN} \approx 95\,N/mm^2$, $\sigma_{H\,zul} = 67{,}9\,N/mm^2$, $Z_\varepsilon = 0{,}83$, $Z_E = 37\,\sqrt{N/mm^2}$, $Z_H = 2{,}49$, $w_{H\,zul} = 64{,}8\,N/mm = w_{zul}$, $F_{Nt\,zul} = 1555{,}2\,N$).

23.70 **1.** $\delta_1 = 18{,}435°$ ($u = 3$), $\delta_2 = 71{,}565°$, $m_m = 1{,}12\,mm$ ($d_{e1} = 21{,}25\,mm$, $R_e = 33{,}6\,mm$).
2. Nein, $c \approx 0{,}75\,N/mm^2 < c_{zul} \approx 2\,N/mm^2$ ($p_m \approx 3{,}52\,mm$, $d_{m2} = 57{,}12\,mm$, $v_m \approx 0{,}81\,m/s$, $F_{Nt} = 18{,}5\,N$).

23.71 Ja, $S_{F1} \approx 4{,}35 > 2$ ($z_{v1} \approx 18$, $Y_{Fa1} \approx 3{,}02$, $Y_\varepsilon = Y_\beta = 1$, $\sigma_{F1} = 7{,}12\,N/mm^2$, $w = 2{,}64\,N/mm$, $\sigma_{FN} = 31\,N/mm^2$).

23.72 Ja, $S_H \approx 1{,}7 > 1{,}5$ ($u_v \approx 8{,}94$, $d_{vm1} \approx 20\,mm$, $Z_H = 2{,}49$, $Z_E = 24{,}5\,N/mm^2$, $\sigma_H = 23{,}4\,N/mm^2$).

23.73 Ja, $\lambda \approx 0{,}017\,mm < \lambda_{zul} = 0{,}112\,mm$ ($\varphi \approx 7{,}4$, $\psi_1 = \psi_2 = 1$, $E_1 = E_2 \approx 1{,}36 \cdot 35^2\,N/mm^2$ $\approx 1670\,N/mm^2$).

24 Zahnradpaare mit sich kreuzenden Achsen

24.1 **1.** $\beta_1 = 20°$, $\beta_2 = 15°$.
2. $d_1 = 20{,}22\,mm$, $d_2 = 39{,}34\,mm$.
3. $\varepsilon_\alpha = 1{,}66$ ($\beta_{b1} = 18{,}75$, $\beta_{b2} = 14{,}08°$, $z_{n1} = 22{,}55$, $z_{n2} = 41{,}8$, $d_{na1} = 24{,}55\,mm$, $d_{na2} = 43{,}8\,mm$, $d_{nb1} = 21{,}19\,mm$, $d_{nb2} = 39{,}28\,mm$, $a_n = 32{,}18\,mm$, $p_e = 2{,}95\,mm$).

4. $b_1 = 10$ mm $> b_{e1} = 1{,}78$ mm, $b_2 = 10$ mm $> b_{e2} = 1{,}35$ mm.
5. $P_{N1} \approx 240$ W ($\eta_S = 0{,}946$, $\eta_{ges} \approx 0{,}92$).
6. $F_{t2} \approx 149$ N ($v_2 = 1{,}48$ m/s), $F_{a2} = 54{,}2$ N, $F_{r2} = 57{,}5$ N $= F_{r1}$, $F_{r1} \approx 153$ N, $F_{a1} = 41$ N.

24.2 **1.** Ja, $C = 4{,}87$ N/mm^2 $< C_{zul} \approx 5$ N/mm^2 ($p_n = 3{,}14$ mm, $v_1 \approx 1{,}52$ m/s, $v_g = 0{,}9$ m/s).
2. Ja, $S = 3{,}74 > 1{,}2$ ($q = 2{,}7$ mm^2/W).
3. Öl-Tauchschmierung, da $v_g < 2$ m/s und $v_1 < 4$ m/s, Viskositätsklasse ISO VG 320 ($k_S = 3{,}4$ MPa, $k_S/v_1 = 2{,}24$ MPa · m/s, $\nu_{erf} \approx 285$ mm^2/s), verschleißverringernde Wirkstoffe sind zweckmäßig, da $v_g/v_1 = 0{,}59 > 0{,}3$.

24.3 $\eta_{ges} = 0{,}737$ ($\eta_S \approx 0{,}76$), $\Delta\eta \approx 20$ %.

24.4 **1.** $\beta_1 = 41°$, $\beta_2 = 35°$.
2. $z_2 = 60$, $d_1 = 84{,}8$ mm, $d_2 = 293$ mm, $b_1 = 40$ mm $> b_{e1} = 14{,}6$ mm, $b_2 = 40$ mm $> b_{e2} = 12{,}8$ mm ($\beta_{b1} = 38°$, $\beta_{b2} = 32{,}6°$, $z_{n1} = 34{,}1$, $z_{n2} = 103{,}2$, mit $m_n = 1$: $d_{na1} = 36{,}1$, $d_{na2} = 105{,}2$, $d_{nb1} = 32$, $d_{nb2} = 97$, $a_n = 68{,}7$, $p_e = 2{,}95$, $\varepsilon_\alpha = 1{,}77$).
3. $P_{N1} \approx 823$ W ($\eta_S = 0{,}85$, $\eta_{ges} \approx 0{,}82$).
4. $F_{t2} = 551{,}5$ N ($\eta_2 = 100$ min^{-1} $= 1{,}67$ s^{-1}, $v_2 = 1{,}53$ m/s), $F_{a2} = 479{,}4$ N, $F_{r2} = 264{,}5$ N $= F_{r1}$, $F_{zt1} \approx 600$ N, $F_{a1} \approx 420$ N .

24.5 $C \approx 1{,}2$ N/mm^2 $< C_{zul} = 1{,}4$ N/mm^2 ($p_n = 12{,}57$ mm, $v_1 = 1{,}67$ m/s, $v_g \approx 2$ m/s), $S = 2{,}4 > 1{,}2$ ($q = 9{,}5$ mm^2/W, $P_f = 148$ W), somit zulässig, Tauchschmierung mit Öl der Viskositätsklasse ISO VG 100.

24.6 $\beta_1 = 48°$, $\beta_2 = 42°$, $d_1 = 71{,}73$ mm, $d_2 = 45{,}75$ mm, $P_{N1} \approx 433$ W ($\eta_S = 0{,}81$, $\eta_{ges} = 0{,}786$), $u = 1{,}412$, $n_1 \approx 340$ min^{-1} $= 5{,}66$ s^{-1}, $b_{e1} = 8{,}2$ mm $< b_1 = 20$ mm, $b_{e2} = 7{,}4$ mm $< b_2 = 20$ mm, Zahnbreiten sind zulässig, $C = 2{,}62$ N/mm^2 $< C_{zul} \approx 2{,}8$ N/mm^2 ($v_2 \approx 1{,}15$ m/s, $F_{t2} = 296$ N, $F_{t1} = 329$ N, $p_n = 6{,}28$ mm, $v_g \approx 1{,}7$ m/s), somit zulässig, $S = 2{,}86 > 1{,}2$ ($P_f = 93$ W, $q = 5{,}4$ mm^2/W), also ausreichend.

24.7 $p = 39{,}27$ mm, $q = 11{,}2$, $z_2 = 45$, $d_2 = 562{,}5$ mm, $a = 351{,}25$ mm, $d_{a1} = 165$ mm, $d_{a2} = 587{,}5$ mm ($h_{a1} = h_{a2} = 12{,}5$ mm), $d_{f1} = 110$ mm, $d_{f2} = 532{,}5$ mm ($h_{f1} = h_{f2} = 15$ mm), $\gamma_m = 5{,}102°$, $p_n = 39{,}114$ mm, $\alpha = 20{,}073°$, $\gamma_b = 20{,}615°$, $d_{b1} = 33{,}23$ mm.

24.8 $\varepsilon_\alpha = 1{,}85$ ($d_{b2} = 528{,}33$ mm, $p_e = 36{,}88$ mm), $v_g \approx 7$ m/s.

24.9 **1.** $P_{N1} \approx 7{,}33$ kW ($\varrho = 3{,}2°$, $\eta_S = 0{,}612$, $\eta_{ges} \approx 0{,}6$), im Stillstand $\varrho \approx 6° > \gamma_m \approx 5{,}1°$, d. h. Selbsthemmung.
2. $F_{t2} = 9{,}23$ kN $= F_{a1}$ ($n_2 = 21$ min^{-1} $= 0{,}35$ s^{-1}, $v_2 \approx 0{,}62$ m/s), $F_{a2} = 1{,}35$ kN $= F_{t1}$, $F_{r2} = 3{,}39$ kN $= F_{r1}$.
3. $M_1 = 94{,}5$ Nm, $M_2 \approx 2600$ Nm.

24.10 $b_1 \approx 170$ mm, $b_2 \approx 112$ mm ($b = 87{,}3$ mm).

24.11 **1.** Öl-Tauchschmierung, da $v_1 = 6{,}93$ m/s < 10 m/s, Viskositätsklasse ISO VG 320 ($K_S \approx 3{,}8 \cdot 10^3$ Pa · s, $\nu \approx 260$ mm^2/s).
2. Verzahnungsqualität 7.
3. Ja, $S_H = 2 > 1{,}6$, somit Dauergetriebe ($\sigma_H \approx 100$ N/mm^2, $Z_E = 147\sqrt{\text{N/mm}^2}$, $Z_\varrho = 2.75$, $d_{m1}/a \approx 0{,}4$, $\sigma_{H\,lim} = 0{,}75 \cdot 265$ N/mm^2 ≈ 200 N/mm^2).

24.12 $d_2 = 480$ mm, $d_{a2} = 522$ mm ($h_{a2} = 21$ mm), $d_{f2} = 451{,}6$ mm ($h_{f2} = 14{,}2$ mm), $p_n = 49$ mm, $\alpha_n = 19{,}536°$, $b_1 \approx 205$ mm, $b_2 \approx 132$ mm ($b = 99{,}9$ mm), $\varepsilon_\alpha = 1{,}725$ ($d_{b2} = 451{,}05$ mm, $p_e = 47{,}23$ mm).

24.13 $P_{N2\,zul} \approx 200$ kW ($F_{t2\,zul} \approx 113$ kN, $v_2 = 2{,}345$ m/s, $\sigma_{H\,zul} = 412{,}5$ N/mm^2, $\sigma_{H\,lim} = 660$ N/mm^2, $Z_E = 164\sqrt{\text{N/mm}^2}$, $Z_\varrho = 2{,}7$).

24.14 **1.** $P_1 = 225{,}5$ kW ($v_g = 10{,}53$ m/s, $\varrho = 1{,}3°$, $\eta_S = 0{,}905$, $\eta_{ges} = 0{,}887$).
2. $\nu \approx 380$ mm^2/s ($M_2 \approx 27\,120$ Nm, $K_S \approx 37{,}2 \cdot 10^3$ Pa · s), Viskositätsklasse ISO VG 460.
3. $Q_{öl} = 76{,}5$ l/min, ($P_f = 25{,}5$ kW).

24.15 **1.** $i = u = 29$, $z_2 = 29$ ($z_{2\,erf} \approx 28{,}79$), $n_2 = 32{,}76$ min^{-1} $= 0{,}546$ s^{-1}.
2. $d_S = 25$ mm ($d_{S\,erf} = 22{,}2$ mm, $M_1 = 26{,}14$ Nm), $d_{m1} = 50$ mm, $d_2 = 200$ mm.

3. $m = 6{,}3$ mm, $q = 10$ ($m_{\text{erf}} \approx 6{,}9$ mm), $d_{\text{m1}} = 63$ mm, $d_2 = 182{,}7$ mm, $x = +0{,}3413$.
4. $d_{\text{a1}} = 75{,}6$ mm, $d_{\text{f1}} = 47{,}9$ mm, $d_{\text{a2}} = 199{,}6$ mm ($h_{\text{a2}} = 8{,}45$ mm), $d_{\text{f2}} = 171{,}9$ mm ($h_{\text{f2}} = 5{,}4$ mm), $b_1 \approx 80$ mm, $b_2 \approx 55$ mm ($b = 41{,}8$ mm).
5. $\gamma_{\text{m}} \approx 5{,}71°$, $p = 19{,}792$ mm, $p_{\text{n}} = 19{,}694$ mm, $\alpha = 20{,}092°$.
6. $\varepsilon_\alpha = 1{,}7$ ($d_{\text{b2}} = 171{,}58$ mm, $p_{\text{e}} = 18{,}59$ mm).

24.16 **1.** $P_{\text{N2}} \approx 1{,}5$ kW ($v_{\text{g}} \approx 3{,}15$ m/s < 8 m/s, $\varrho \approx 4°$, $\eta_{\text{S}} = 0{,}584$, $\eta_{\text{ges}} \approx 0{,}57$), im Stillstand $\varrho \approx 6° > \gamma_{\text{m}} \approx 5{,}71°$, d. h. Selbsthemmung.
2. $F_{\text{t2}} = 4792$ N $= F_{\text{a1}}$ ($v_2 = 0{,}313$ m/s), $F_{\text{a2}} = 820$ N $= F_{\text{t1}}$, $F_{\text{r2}} = 1765$ N $= F_{\text{r1}}$.
3. Viskositätsklasse ISO VG 320 ($M_2 = 437{,}7$ Nm, $K_{\text{S}} = 14{,}16 \cdot 10^3$ Pa · s, $\nu \approx 310$ mm^2/s), Fett-Tauchschmierung würde ebenfalls genügen, da $v_1 = 3{,}13$ m/s < 4 m/s.
4. Ja, $S_{\text{H}} = 2{,}04 > 1{,}6$ ($\sigma_{\text{H}} = 191$ N/mm^2, $Z_{\text{E}} = 152{,}2\sqrt{\text{N/mm}^2}$, $Z_\varrho = 2{,}65$, $\sigma_{\text{H lim}} = 0{,}75 \cdot 520$ N/mm$^2 = 390$ N/mm^2).

24.17 Nein, $S_{\text{H}} \approx 1{,}34 < 1{,}6$, $L_{\text{h}} \approx 142\,000$ h ($\sigma_{\text{H}} = 494$ N/mm^2, $\sigma_{\text{H lim}} = 660$ N/mm^2, $F_{\text{t2}} = 39$ kN, $v_1 = 1{,}154$ m/s, $Z_{\text{E}} = 164\sqrt{\text{N/mm}^2}$, $Z_\varrho = 2{,}75$). Viskositätsklasse ISO VG 460, evtl. noch ISO VG 320 ($M_2 \approx 4914$ Nm, $K_{\text{S}} \approx 20{,}6 \cdot 10^3$ Pa · s, $\nu \approx 335$ mm^2/s).

24.18 **1.** Im Stillstand $\varrho \approx 6° > \gamma_{\text{m}} \approx 3{,}4°$, d. h. Selbsthemmung ($n_1 \approx 354$ min$^{-1} = 5{,}9$ s^{-1}, $v_1 \approx 0{,}98$ m/s, $v_{\text{g}} = 0{,}983$ m/s < 8 m/s), $\eta_{\text{ges}} \approx 0{,}37$ ($\varrho \approx 5{,}5°$, $\eta_{\text{S}} \approx 0{,}38$).
2. $z_2 = 51$ ($u = z_{2\,\text{erf}} \approx 50{,}57$), $d_2 = 160{,}65$ mm, $d_{\text{a2}} = 167$ mm, $d_{\text{f2}} = 153{,}1$ mm, $b_2 \approx 33$ mm, $b_1 \approx 46$ mm, $a = 106{,}83$ mm, $\varepsilon_\alpha \approx 1{,}9$ ($\alpha \approx 20{,}032°$, $d_{\text{b2}} = 150{,}65$ mm, $p_{\text{e}} = 9{,}3$ mm).
3. $P_1 = P_{\text{N1}} \cdot K_{\text{A}} = 197$ W ($n_2 = 0{,}116$ s^{-1}, $P_{\text{N2}} = 73$ W).
4. Ja, da $v_1 < 1$ m/s.
5. Ja, $S_{\text{H}} = 1{,}8 > S_{\text{H erf}} = 0{,}86$ ($\sigma_{\text{H}} \approx 116$ N/mm^2, $F_{\text{t2}} = 1245$ N, $Z_{\text{E}} = 152{,}3\sqrt{\text{N/mm}^2}$, $Z_\varrho = 2{,}65$, $\sigma_{\text{H lim}} = 0{,}6 \cdot 350$ N/mm$^2 = 210$ N/mm^2).

25 Kettentriebe

25.1 **1.** Nr. 06 B mit $p = 9{,}525$ mm ($f_1 = 1$, $f_2 = 1$, $P_{\text{D}} = 6$ kW), $v = 4{,}37$ m/s, $z_2 = 30$ ($z_{2\,\text{erf}} = 30{,}4$).
2. $X = 108$ ($X_0 = 108{,}56$, $f_3 = 3{,}065$), $a = 397{,}3$ mm ($f_4 = 83{,}5$), Rollenkette DIN 8187 – 06 B – 3 × 108.
3. $S_{\text{B}} = 18{,}1 > 7$ und $S_{\text{D}} = 17{,}8 > 5$, beide ausreichend ($F = 1373$ N $= F_{\text{d}}$, $F_{\text{f}} = 22{,}5$ N, $q = 1{,}18$ kg/cm, $F_{\text{g}} = 1396$ N, $F_{\text{B}} = 24{,}9$ kN), $L_{\text{h}} \approx 11\,000$ h, da $p_{\text{zul}}/p_{\text{g}} = 0{,}96 < 1$ ($A = 0{,}84$ cm^2, $p_{\text{g}} = 1662$ N/cm^2, $p_0 \approx 2130$ N/cm^2, $c = 0{,}85$, $\lambda = 0{,}88$, $p_{\text{zul}} \approx 1593$ N/cm^2.
4. $d_1 = 57{,}87$ mm ($\tau_1/2 = 9{,}474°$), $d_2 = 91{,}12$ mm ($\tau_2/2 = 6°$), $d_{\text{f1}} = 51{,}52$ mm ($d_{\text{R}} = 6{,}35$ mm), $d_{\text{f2}} = 84{,}77$ mm, $d_{\text{a1}} = 61{,}85 \ldots 63{,}43$ mm, $d_{\text{a2}} = 94{,}80 \ldots 96{,}68$ mm, $d_{\text{s1}} = 45{,}4 \ldots 47$ mm ($g = 8{,}26$ mm, $r_4 = 0{,}2 \ldots 1$ mm), $d_{\text{s2}} = 78{,}95 \ldots 80{,}55$ mm.
5. $F_{\text{W}} \approx 1{,}4$ kN.
6. Tropfschmierung.

25.2 **1.** Nr. 08 B mit $p = 12{,}7$ mm ($f_1 = 1{,}5$, $f_2 = 1{,}1$, $P_{\text{D}} \approx 0{,}25$ kW).
2. $z_2 = 53$ ($z_{2\,\text{erf}} = 53{,}4$, $n_2 = 0{,}191$ s$^{-2} \approx 11{,}46$ min^{-1}, $i = 3{,}14$), $X = 120$ ($f_3 = 32{,}828$, $X_0 = 119{,}25$), $a = 534{,}8$ mm ($f_4 = 85$), $a_{\text{x}} = 355$ mm.
3. $S_{\text{B}} \approx 15{,}6 > 7$ und $S_{\text{D}} = 10{,}4 > 5$, beide ausreichend ($v = 0{,}13$ m/s, $F = 1154$ N, $F_{\text{d}} = 1731$ N, $F_{\text{f}} = 0{,}012$ N ≈ 0, $q = 0{,}7$ kg/m, $F_{\text{g}} \approx F_{\text{d}}$, $F_{\text{B}} = 18$ kN), $L_{\text{h}} \approx 13\,000$ h $< 15\,000$ h, da $p_{\text{zul}}/p_{\text{g}} \approx 0{,}98 < 1$ ($A = 0{,}5$ cm^2, $p_{\text{g}} = 3462$ N/cm^2, $p_0 \approx 3220$ N/cm^2, $c = 1$, $\lambda \approx 1{,}05$, $p_{\text{zul}} \approx 3380$ N/cm^2.
4. Handschmierung, $F_{\text{W}} \approx 1{,}73$ kN.
5. $d_1 = 69{,}12$ mm ($\tau_1/2 = 10{,}588°$), $d_2 = 214{,}4$ mm ($\tau_2/2 = 3{,}396°$).

25.3 **1.** Ja, $L_{\text{h}} > 15\,000$ h, da $p_{\text{zul}}/p_{\text{g}} \approx 1{,}12 > 1$ ($v = 0{,}145$ m/s, $F = 1034$ N, $F_{\text{g}} \approx F_{\text{d}} = 1551$ N, $p_0 \approx 3265$ N/cm^2, $\lambda \approx 1{,}06$, $p_{\text{zul}} = 3461$ N/cm^2, $p_{\text{g}} = 3102$ N/cm^2.
2. $z_2 = 60$ ($z_{2\,\text{erf}} = 59{,}66$), $a = 530{,}1$ mm ($f_3 = 42{,}58$, $F_4 = 84{,}5$).
3. Nr. 12 BK mit $p = 19{,}05$ mm ($f_2 = 1$, $P_{\text{D}} = 0{,}225$ kW).

25.4 **1.** Nr. 16 B mit $p = 25{,}4$ mm ($f_1 = 2$, $f_2 = 1{,}45$, $P_{\text{D}} = 2{,}9$ kW).
2. $z_2 = 19$ ($n_2 = 0{,}573$ s$^{-1} \approx 34{,}4$ min^{-1}, $i = 1{,}453$, $z_{2\,\text{erf}} = 18{,}9$), $v = 0{,}275$ m/s, Handschmierung.
3. $X = 56$ ($f_3 = 0{,}912$, $X_0 = 55{,}4$), $a = 507{,}4$ mm ($f_4 = 40$), Rollenkette DIN 8187 – 16 B – 1 × 56.

4. $F_W \approx 7{,}3$ kN ($F \approx 3{,}636$ kN), $S_B \approx 16{,}5 > 7$ und $S_D \approx 8{,}3 > 5$, beide ausreichend ($F_d = 7{,}27$ kN, $q = 2{,}7$ kg/m, $F_t = 0{,}2$ N, $F_g \approx F_d$, $F_B = 60$ kN), $L_h < 2000$ h, da $p_{zul}/p_g \approx 0{,}62 < 0{,}8$ ($A = 2{,}1\ \text{cm}^2$, $p_g = 3463\ \text{N/cm}^2$, $p_0 \approx 2840\ \text{N/cm}^2$, $c = 1$, $\lambda \approx 0{,}75$, $p_{zul} = 2130\ \text{N/cm}^2$).
5. Ja, $L_h > 15\,000$ h, da $p_{zul}/p_g \approx 1{,}11 > 1$ ($A = 4{,}21\ \text{cm}^2$, $p_g = 1727\ \text{N/cm}^2$, $c = 0{,}9$, $p_{zul} \approx 1917\ \text{N/cm}^2$).
6. $d_1 = 106{,}14$ mm ($\tau_1/2 = 13{,}847°$), $d_2 = 154{,}31$ mm, ($\tau_2/2 = 9{,}474°$), $d_{f1} = 90{,}26$ mm ($d_R = 15{,}88$ mm), $d_{f2} = 138{,}43$ mm.

25.5
1. Nr. 16 B mit $p = 25{,}4$ mm ($n_2 = 5{,}26\ \text{min}^{-1} = 0{,}088\ \text{s}^{-1}$, $P \approx 719$ W, $f_2 = 1$, $P_D \approx 1{,}08$ kW).
2. $z_2 = 36$ ($z_{2\,erf} = 36{,}1$), $X = 122$ ($f_3 = 7{,}32$, $X_0 = 122{,}1$), $a = 1198{,}2$ mm ($f_4 = 94{,}5$), $d_1 = 154{,}3$ mm ($\tau_1/2 = 9{,}474°$), $d_2 = 291{,}4$ mm ($\tau_2/2 = 5°$).
3. $F_W \approx 13{,}5$ kN ($v = 0{,}08$ m/s, $F \approx 9000$ N), $S_B = 17{,}8 > 7$ und $S_D = 11{,}9 > 5$, beide ausreichend ($F_g \approx F_d = 13{,}5$ kN, $F_B = 160$ kN), $L_h > 50\,000$ h, da $p_{zul}/p_g \approx 1{,}3 > 1{,}2$ ($A = 6{,}31\ \text{cm}^2$, $p_g = 2139\ \text{N/cm}^2$, $p_0 \approx 3400\ \text{N/cm}^2$, $c = 0{,}85$, $\lambda \approx 0{,}97$, $p_{zul} \approx 2800\ \text{N/cm}^2$).
4. Nein, $L_h < 15\,000$ h, da $p_{zul}/p_g \approx 0{,}92 < 1$ ($A = 4{,}21\ \text{cm}^2$, $p_g = 3207\ \text{N/cm}^2$, $p_{zul} = 2936\ \text{N/cm}^2$, $c = 0{,}9$, $F_B = 106$ kN, $S_B = 11{,}8 > 7$, $S_D \approx 7{,}85 > 5$, d. h. die Bruchsicherheiten wären ausreichend.

25.6
1. Ja, $P_D = 16{,}4$ kW ($f_1 = 2$, $f_2 \approx 0{,}82$).
2. $z_2 = 41$ ($z_{2\,erf} = 41{,}4$), $a = 697$ mm ($X = 120$, $p = 15{,}876$ mm, $f_3 = 8{,}207$, $f_4 = 88$), Druckumlaufschmierung ($v = 10{,}95$ m/s).
3. Ja, $S_B = 48{,}6 > 7$, $S_D = 21{,}6 > 5$ ($F = 913$ N, $F_d = 1826$ N, $q = 1{,}9$ kg/m, $F_f = 230$ N, $F_g = 2056$ N, $F_B = 44{,}4$ kN), $L_h \approx 5000$ h, da $p_{zul}/p_g \approx 0{,}9$ ($A = 1{,}4\ \text{cm}^2$, $p_g = 1469\ \text{N/cm}^2$, $p_0 \approx 1560\ \text{N/cm}^2$, $c = 0{,}9$, $\lambda \approx 0{,}94$, $p_{zul} \approx\ \text{N/cm}^2$).

25.7 Ja, Kette richtig gewählt, $P_D = 11{,}25$ kW ($f_2 = 1$), $z_2 = 55$ ($i = 2{,}9$, $z_{2\,erf} = 55{,}1$), $d_1 = 77{,}16$ mm ($\tau_1/2 = 9{,}474°$), $d_2 = 222{,}44$ mm ($\tau_2/2 = 3{,}273°$), $a = 496{,}3$ mm ($X = 116$, $p = 12{,}7$ mm, $f_3 = 32{,}828$, $f_4 = 79$), Tauchschmierung ($v = 5{,}83$ m/s), $S_B \approx 36{,}8 > 7$, $S_D = 23{,}8 > 5$ ($F = 1{,}29$ kN, $F_d = 1{,}93$ kN, $q = 2$ kg/m, $F_f = 68$ N, $F_g \approx 2$ kN, $F_B = 47{,}5$ kN), $L_h > 50\,000$ h, da $p_{zul}/p_g = 1{,}29 > 1{,}2$ ($A \approx 1{,}51\ \text{cm}^2$, $p_g = 1325\ \text{N/cm}^2$, $p_0 \approx 1970\ \text{N/cm}^2$, $c = 0{,}85$, $\lambda \approx 1{,}02$, $p_{zul} \approx 1708\ \text{N/cm}^2$).

25.8 $d_1 = d_4 = 48{,}6$ mm ($\tau_1/2 = \tau_4/2 = 9{,}474°$, $p = 8$ mm), $d_2 = 73{,}99$ mm ($i_{1/2} = 1{,}526$, $z_2 = 29$, $\tau_2/2 = 6{,}207°$), $d_3 = 96{,}87$ mm, ($i_{1/3} = 2$, $z_3 = 38$, $\tau_3/2 = 4{,}737°$), $X = 124$ richtig gewählt (Kettenlänge $L_K \approx 992$ mm zeichn. ermittelt, Bogenlängen nach gemessenen Winkeln errechnet), $S_B \approx 39{,}6 > 7$ und $S_D \approx 20{,}6 > 5$, beide ausreichend ($v = 15{,}2$ m/s, $F \approx 197$ N, $F_d \approx 296$ N, $q = 0{,}36$ kg/m, $F_f \approx 83$ N, $F_g = 379$ N, $F_B = 7{,}8$ kN, $L_h < 2000$ h, da $p_{zul}/p_g \approx 0{,}5 < 0{,}8$ ($A = 0{,}122\ \text{cm}^2$, $p_g = 1723\ \text{N/cm}^2$, $p_0 \approx 1040\ \text{N/cm}^2$, $c = 0{,}9$, $\lambda \approx 0{,}92$, $p_{zul} \approx 861\ \text{N/cm}^2$).

26 Flachriementriebe

26.1
1. $z = 8$ ($z_{erf} \approx 7{,}58$), ein Armstern genügt noch, da $B = 0{,}1d + 200$ mm $= 450$ mm.
2. $k = 12$ mm ($k_{erf} \approx 11{,}25$ mm).
3. $L_N = 200$ mm ($L_{N\,erf} \approx 180 \ldots 225$ mm), $w = 70$ mm, $d_N = 290$ mm.
4. $a_1 = 86$ mm, $a_2 = 43$ mm, $a_3 = 52$ mm ($\sigma_{b\,zul} = 50\ \text{N/mm}^2$, $y = 1105$ mm, $W_{b\,erf} = 31\,658\ \text{mm}^3$).
5. Gewählt $d_S = 30$ mm (errechnet $d_S \approx 30{,}66$ mm).

26.2
1. $z = 4$ ($z_{erf} \approx 3{,}4$), zwei Armsterne erforderlich, da $B > 250$ mm, $l_A = 250$ mm ($\approx 225 \ldots 270$ mm).
2. $k = 5$ mm ($k_{erf} \approx 4{,}5$ mm), $w = 50$ mm, $d_N = 200$ mm.
3. Ja, $\sigma_b \approx 34{,}4\ \text{N/mm}^2 < \sigma_{b\,zul} = 50\ \text{N/mm}^2$ ($y = 150$ mm, $W_b = 6250\ \text{mm}^3$).
4. $L_N = 350$ mm mit $l = 60$ mm.

26.3
1. $B = 180$ mm, $k = 6$ mm, $w = 46$ mm, $d_N = 257$ mm.
2. $z = 5$ ($z_{erf} \approx 4{,}29$), ein Amstern genügt, da $B < 280$ mm.
3. $a_1 = 47$ mm, $a_2 = 19$ mm ($\sigma_{b\,zul} = 50\ \text{N/mm}^2$, $y = 272$ mm, $W_{b\,erf} = 4145\ \text{mm}^3$).

26.4 $L_i = 14\,125$ mm ($\alpha = 8{,}28° = 0{,}1445$ rad).

26.5 $e = 4937$ mm ($f_1 = 2494{,}7$ mm, $f_2 = 259\,000\ \text{mm}^2$, Probe: $\alpha = 8{,}386° = 0{,}14636$ rad, $L_i = 14\,000$ mm), $e_{max} = 5357$ mm ($x = 420$ mm), $e_{min} = 4727$ mm ($y = 210$ mm).

26.6 $\beta = 157{,}5°$ ($\alpha = 11{,}245° = 0{,}19626$ rad), $L_i = 5000$ mm ($L_{i\,erf} = 4965{,}7$ mm), Achsabstandsänderung erforderlich auf $e = 1517$ mm ($e_{erf} \approx 1517{,}6$ mm, $f_1 = 772{,}87$ mm, $f_2 = 42\,778{,}1$ mm^2, Probe: $L_i = 5001{,}84$ mm), $e_{max} = 1667$ mm ($x = 150$ mm), $e_{min} = 1442$ mm ($y = 75$ mm).

26.7 $\beta = 200{,}16°$ ($\alpha = 10{,}08° = 0{,}1759$ rad), $L_i \approx 7741$ mm.

26.8
1. $i = 2{,}86$, $n_b = n_g \approx 507$ min$^{-1} = 8{,}45$ s^{-1}.
2. Ja, $v = 23{,}9$ m/s < 50 m/s, $f_B = 9{,}56$ s$^{-1} < 25$ s^{-1}, $s/d_k = 0{,}0254 < 0{,}05$.
3. $P_n = 5343$ W/cm ($\sigma_{zul} = 550$ N/cm^2, $E_b = 5000$ N/cm^2, $\varrho = 900$ kg/m^3, $\mu = 0{,}507$, $m = 4{,}03$, $k = 0{,}752$, $\sigma_b = 127$ N/cm^2, $\sigma_f = 51{,}4$ N/cm^2), $\sigma_{1\,zul} = 371{,}6$ N/cm^2), $v_{opt} \approx 39{,}6$ m/s.
4. $b = 90$ mm ($C_B = 1{,}2$, $C_\mu = 1$, $b_{erf} = 8{,}1$ cm), $B = 100$ mm, $h = 1$ mm.
5. $\Delta L = 65$ mm, $F_W \approx 6$ kN ($F = 1506$ N).
6. Ja, $\sigma_b = 22{,}7$ N/cm$^2 < \sigma_{b\,zul} = 50$ N/mm^2 ($y = 325$ mm, $W_b = 10\,800$ mm^3, $R_m = 200$ N/cm^2).

26.9
1. $\beta = 174{,}27° = 3{,}042$ rad ($\alpha = 2{,}866° = 0{,}05$ rad), $L_i = 3550$ mm ($L_{i\,erf} = 3526$ mm).
2. $v = 12{,}15$ m/s < 60 m/s, $f_B = 6{,}85$ s$^{-1} < 80$ s^{-1}, $s/d_k = 0{,}0188 < 0{,}06$, alle Werte sind zulässig.
3. $\sigma_{1\,zul} \approx 811$ N/cm^2 ($\sigma_{zul} = 900$ N/cm^2, $E_b = 4000$ N/cm^2, $\varrho = 950$ kg/m^3, $\sigma_b \approx 75$ N/cm^2, $\sigma_f \approx 14$ N/cm^2), $P_n = 1768$ W/cm ($\mu = 0{,}3$, $m = 2{,}49$, $k = 0{,}598$).
4. Ja, $b_{erf} = 129$ mm < 140 mm ($C_B = 1{,}2$, $C_\mu = 1$).

26.10
1. $d_k = 560$ mm ($i = 0{,}28$).
2. $L_i = 13\,137$ mm ($\alpha = 9{,}2° = 0{,}1606$ rad, $\beta = 161{,}6° = 2{,}82$ rad).
3. $v \approx 29{,}33$ m/s < 50 m/s, $f_B = 4{,}47$ s$^{-1} < 20$ s^{-1}, $s/d_k \approx 0{,}009 < 0{,}035$, alle Werte sind zulässig.
4. $v_{opt} = 33{,}1$ m/s ($\sigma_{zul} = 440$ N/cm^2, $E_b = 5000$ N/cm^2, $\varrho = 1200$ kg/m^3, $\sigma_b \approx 45$ N/cm^2).
5. $b = 519$ mm ≈ 520 mm ($\mu = 0{,}5$, $m = 4{,}1$, $k = 0{,}756$, $C_B = 1{,}2$, $\sigma_f = 103{,}2$ N/cm^2, $\sigma_{1\,zul} = 292$ N/cm^2, $P_n = 3237$ W/cm).
6. $\Delta L = 788$ mm, $F_W \approx 19$ kN ($F = 4{,}77$ kN).

26.11 $n_g = n_b = 300$ min$^{-1} = 5$ s^{-1} ($i = 3{,}2$), $v = 12{,}57$ m/s < 40 m/s und $f_B = 3{,}25$ s$^{-1} < 10$ s^{-1} (beide Werte zulässig), $s = 5$ mm (zul. $s/d_k = 0{,}04$), $b = 156$ mm < 160 mm ($\sigma_{zul} = 450$ N/cm^2, $E_b = 6000$ N/cm^2, $\varrho = 950$ kg/m^3, $\sigma_b = 120$ N/cm^2, $\sigma_f \approx 15$ N/cm^2, $\sigma_{1\,zul} = 315$ N/cm^2. $\mu \approx 0{,}37$, $m = 3{,}651$, $k = 0{,}726$, $C_B = 1{,}4$, $P_n = 1437$ W/cm), $\Delta L \approx 101$ mm, $F_W \approx 5{,}1$ kN.

26.12
1. $n_b = n_g = 290$ min$^{-1} = 4{,}83$ s^{-1} ($i = 5$).
2. $L_i \approx 6480$ mm ($\alpha = 14{,}48° = 0{,}2527$ rad, $\beta = 151{,}04°$).
3. $v \approx 19$ m/s, Riemengröße 20 ($C_1 \approx 0{,}88$, $d_k \cdot C_1 = 220$ mm), $f_B = 5{,}86\,s^{-1} < f_{B\,zul} = 30$ s^{-1}.
4. $b = 60$ mm ($F_N = 200$ N/cm, $P_N = 3{,}8$ kW/cm, $C_B = 1{,}5$, $C_\beta \approx 1{,}09$, $b_{erf} = 6$ cm).
5. $\Delta L = 162$ mm ($C_2 = 2{,}1$, $C_3 = 0{,}3$, $C_4 = 0{,}1$), $F_W = 2318{,}4$ N $\approx 2{,}32$ kN.

26.13 Riemengröße 28 ($v = 15{,}5$ m/s, $C_1 \approx 0{,}95$, $d_k \cdot C_1 \approx 300$ mm, $Z = 4$, $f_B = 10{,}3$ s$^{-1} < 15$ s^{-1}), $b = 75$ mm ($P_N = 434$ kW/cm, $C_B = 1{,}3$, $C_\beta \approx 1{,}105$, $b_{erf} \approx 7{,}3$ cm).

26.14
1. $d_k = 315$ mm, $d_g = 1600$ mm, Riemenausführung A-3 wegen erschwerter Betriebsbedingungen ($P/n_k = 0{,}07$ kW $\cdot$ min, $d_{g\,erf} = 1575$ mm).
2. $e = 1410$ mm ($i = 5{,}08$, $e_{min} \approx 0{,}88 d_g = 1408$ mm).
3. $L_i = 6126$ mm ($\alpha = 27{,}1° = 0{,}473$ rad, $\beta = 125{,}8°$).
4. $b = 240$ mm ($v \approx 1$ m/s, $P_N \approx 0{,}3$ kW/cm, $C_B = 1{,}4$, $C_\beta \approx 1{,}19$).
5. $\Delta L \approx 141$ mm ($C_1 \approx 2{,}29$, $C_2 = 0$).
6. $F_W \approx 11{,}7$ kN ($C_3 = 1$, $F_e = 212$ N/cm).

26.15 Riemen F-2 geeignet mit $d_k = 125$ mm ($P/n_k = 0{,}00556$ kW $\cdot$ min), $d_g = 200$ mm, $B = 80$ mm, $e = 994$ mm $> e_{min} = 232$ mm ($f_1 = 497{,}37$ mm, $f_2 = 703{,}13$ mm^2), $b = 70$ mm $> b_{erf} = 6{,}6$ mm ($\alpha = 2{,}16°$, $\beta \approx 175{,}7°$, $v = 2{,}95$ m/s, $P_N \approx 0{,}42$ kW/cm, $C_B = 1{,}1$, $C_\beta \approx 1{,}01$), $\Delta L = 52{,}5$ mm ($C_1 = 2{,}1$, $C_2 = 0$) $F_W = 1882$ N ($C_3 = 1$, $F_e = 128$ N/cm).

26.16
1. $n_g = n_b = 150$ min$^{-1} = 2{,}5$ s^{-1} ($i = 5$).
2. Ja, $v = 19{,}63$ m/s < 40 m/s, $s = s_{max} = 7$ mm, $s/d_k = 0{,}014 < 0{,}033$.
3. $\beta = 200° = 3{,}49$ rad, $\varphi = 59°$, $L_i = 13\,376$ mm, Entwurfszeichnung mit Teillängen und Winkeln s. Bild E 26.16. ($\gamma = 3{,}892$ rad, $\delta = 1{,}082$ rad, $L_k = 873$ mm, $L_g = 4865$ mm, $L_R = 278$ mm).
4. Ja, $a_1 = 400$ mm > 300 mm (bei $d_k = 500$ mm), $a_3 = 1600$ mm $> a_1$,
5. Ja, $b = 206$ mm < 400 mm ($\sigma_{zul} = 440$ N/cm^2, $E_b =$ N/cm^2, $\varrho = 1200$ kg/m^3, $\mu = 0{,}5$, $\sigma_b = 70$ N/cm^2, $\sigma_f \approx 46{,}2$ N/cm^2, $\sigma_{1\,zul} \approx 324$ N/cm^2, $m = 5{,}726$, $k = 0{,}825$, $P_n \approx 3673$ W/cm).
6. Ja, $f_B = 4{,}4$ s$^{-1} < 20$ s^{-1} ($z = 3$).

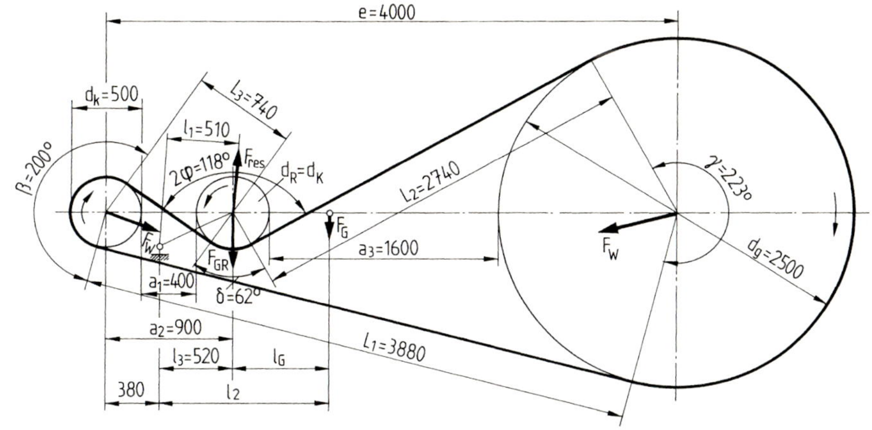

Bild E 26.16 Entwurfszeichnung des Spannrollentriebes nach Bild 26.16

7. $F_3 = 1632$ N ($F_2 = 1584$ N), $l_G = 709$ mm ($l_1 = 510$ mm nach Zeihnung, $l_2 = 1229$ mm, $l_3 = 520$ mm).
8. $F_W = 7{,}64$ kN ($F = 3{,}82$ kN).

26.17 **1.** Ja, $v = 18{,}3$ m/s < 50 m/s, $f_B = 9{,}8\,s^{-1} < 25\,s^{-1}$ ($z = 3$).
2. Ja, $s/d_k = 0{,}032 < 0{,}05$, $b = 102$ mm < 112 mm ($\sigma_{zul} = 550$ N/cm², $E_b = 5000$ N/cm², $\varrho = 900$ kg/m³, $\mu \approx 0{,}44$, $\sigma_b = 160$ N/cm², $\sigma_f \approx 30$ N/cm², $\sigma_{1\,zul} \approx 360$ N/cm², $m = 4{,}236$, $k = 0{,}764$, $P_n \approx 2$ kW/cm).
3. $m_G = 27{,}2$ kg ($F_2 = 378$ N, $F_3 = 271$ N).

26.18 **1.** $d_k = 200$ mm $= d_R$ ($P/n_k = 0{,}018$ kW · min), $d_g = 1250$ mm, Riemengröße C-3.
2. $b = 90$ mm ($v = 4{,}7$ m/s, $P_N \approx 1{,}25$ kW/cm, $C_\beta = 1$, $b_{erf} = 8{,}53$ cm), $B = 100$ mm.
3. $F_3 = 300$ N ($\mu = 0{,}7$, $m = 9$, $F_2 \approx 300$ N).
4. $L_i = 5600$ mm.

27 Keilriementriebe

27.1 **1.** Profil A ($C_B = 1{,}1$, $P \cdot C_B = 2{,}75$ kW, $d_{wk} = 80 \ldots 100$ mm), $d_{wk} = 100$ mm, $d_{wg} = 500$ mm, $e \approx 800$ mm ($e = 420 \ldots 1200$ mm).
2. $v \approx 5$ m/s, $L_{w\,erf} = 2593$ mm ($\alpha \approx 14{,}5° = 0{,}253$ rad), gew. $L_w = 2530$ mm, $e \approx 768$ mm ($f_1 = 396{,}88$ mm, $f_2 = 20\,000$ mm²).
3. $z = 3$ ($P_N \approx 1{,}04$ kW, $\beta = 149{,}8°$, $c_\beta = 0{,}92$, $c_L = 1{,}09$), $B = 50$ mm ($f = 10$ mm, $a = 15$ mm).
4. $f_B = 3{,}95\,s^{-1} < 60\,s^{-1}$ ($Z = 2$), somit zulässig.
5. $F_W \approx 825 \ldots 1100$ N.

27.2 **1.** Profil SPZ ($d_{wk} = 63 \ldots 100$ mm), $d_{wk} = 63$ mm, $d_{wg} = 315$ mm, $e = 300$ mm ($e = 265 \ldots 756$ mm).
2. $v = 3{,}17$ m/s, $L_w = 1250$ mm, ($\alpha = 24{,}83° = 0{,}4334$ rad, $L_{w\,erf} = 1247{,}5$ mm), $e \approx 302$ mm ($f_1 = 164{,}06$ mm, $f_2 = 7928$ mm²).
3. $z = 4$ ($P_N \approx 0{,}88$ kW, $\beta \approx 130{,}7°$, $c_\beta \approx 0{,}86$, $c_L = 0{,}94$, $z_{erf} = 3{,}86$), $B = 52$ mm ($f = 8$ mm, $a = 12$ mm).
4. $F_W \approx 1300 \ldots 1740$ N.
5. $e_{min} = 283$ mm, $e_{max} = 340$ mm ($x \approx 38$ mm, $y \approx 19$ mm).

27.3 **1.** Profil PM ($C_B = 1{,}6$), $i = 1{,}569$, $d_{bg} = 500$ mm ($h_b = 5$ mm), $v \approx 16{,}2$ m/s < 35 m/s.
2. $L_b = 3530$ mm ($L_{b\,erf} = 3687$ mm mit $\alpha = 4{,}42° = 0{,}07714$ rad), $e = 1121$ mm ($f_1 = 562{,}45$ mm, $f_2 = 4278{,}1$ mm²).
3. $z = 18$ ($z_{erf} = 17{,}53$, $P_N \approx 5{,}82$ kW, $c_L = 0{,}97$, $c_\beta = 0{,}97$), Keilrippenriemen DIN 7867 – 18 PM 3530, $b = 169{,}2$ mm, ($s = 9{,}4$ mm), $b_K = 172{,}6$ mm ($f = 6{,}4$ mm).
4. $f_B \approx 9{,}1\,s^{-1} < 120\,s^{-1}$ ($Z = 2$).

27.4 **1.** Profil C ($C_B = 1{,}3$, $P \cdot C_B = 46{,}8$ kW, $d_{wk} = 200 \ldots 315$ mm), $d_{wk} = 200$ mm, $d_{wg} = 560$ mm ($d_{wg\,erf} = 580$ mm), $n_g \approx 518\,\text{min}^{-1} = 8{,}63\,\text{s}^{-1}$ ($i = 2{,}8$).
2. $L_w = 3202$ mm ($\alpha = 10{,}37° = 0{,}181$ rad, $L_{w\,erf} = 3226$ mm), Keilriemen DIN 2215 – C 3202.
3. Ja, $e \approx 988$ mm $\hat{=}\ e = 532 \ldots 1520$ mm ($f_1 = 502$ mm, $f_2 = 16\,200\,\text{mm}^2$), $x \approx 96$ mm, $y = 48$ mm.
4. $z = 8$ ($\alpha = 10{,}5°$, $\beta = 159°$, $c_\beta \approx 0{,}95$, $c_L = 0{,}97$, $P_N \approx 6{,}43$ kW), $B = 216$ mm ($f = 17$ mm, $a = 26$ mm), $d_{ak} = 210$ mm ($c \geq 4{,}8$ mm), $d_{ag} = 570$ mm.
5. $v \approx 15{,}2$ m/s; ja, $f_B \approx 9{,}5\,\text{s}^{-1} < 60\,\text{s}^{-1}$ ($Z = 2$), $F_W \approx 4{,}6 \ldots 6{,}2$ kN.

27.5 Schmalkeilriemen DIN 7753 – SPA 3150 ($d_{wk} = 200 \ldots 250$ mm), $e = 961$ mm ($f_1 = 489$ mm, $f_2 = 16\,200\,\text{mm}^2$), $x \approx 94$ mm, $y \approx 47$ mm, $z = 6$ ($c_L = 1{,}04$, $P_N \approx 8{,}62$ kW, $\alpha \approx 10{,}8°$, $\beta = 158{,}4°$, $c_\beta \approx 0{,}95$, $z_{erf} = 5{,}48$), $B = 95$ mm ($f = 10$ mm, $a = 15$ mm), $d_{ak} = 206$ mm ($c \geq 2{,}8$ mm), $d_{ag} = 566$ mm.

27.6 **1.** Profil SPZ ($C_B = 1{,}3$, $P \cdot C_B = 7{,}8$ kW, $d_{wk} = 112 \ldots 180$ mm), $d_{wk} = 112$ mm, $d_{wg} = 450$ mm ($d_{wg\,erf} = 448$ mm), $n_g = 353{,}4\,\text{min}^{-1} \approx 5{,}9\,\text{s}^{-1}$ ($i = 4{,}018$).
2. $L_w = 2000$ mm ($\alpha = 16{,}36° = 0{,}2855$ rad, $L_{w\,erf} = 2130{,}7$ mm), Schmalkeilriemen DIN 7753 – SPZ 2000, $e \approx 532$ mm $\hat{=}$ e $= 393 \ldots 1124$ mm ($f_1 = 279{,}3$ mm, $f_2 = 14\,280{,}5\,\text{mm}^2$), $x = 60$ mm, $y = 30$ mm.
3. $z = 3$ ($\alpha \approx 18{,}5°$, $\beta \approx 142°$, $c_\beta \approx 0{,}9$, $c_L = 1{,}02$, $P_N \approx 3$ kW, $z_{erf} = 2{,}8$).
4. $v = 8{,}33$ m/s, $f_B = 8{,}33\,\text{s}^{-1} < 100\,\text{s}^{-1}$ ($Z = 2$), zulässig.
5. $F_W = 1{,}4 \ldots 1{,}87$ kN.

27.7 **1.** Ja, $d_{wk} = 250$ mm entspr. Richtlinie ($C_B = 1{,}6$, $P \cdot C_B = 112$ kW).
2. $e \approx 2027$ mm ($f_1 = 1037$ mm, $f_2 = 94\,612{,}5\,\text{mm}^2$), $e_{min} \approx 1932$ mm ($y \approx 94$ mm), $e_{max} \approx 2216$ mm ($x = 189$ mm).
3. Ja, $z = 9{,}93 < 10$ ($\alpha \approx 12{,}4°$, $\beta \approx 155{,}2°$, $c_\beta \approx 0{,}935$, $c_L = 1{,}1$, $i = 4{,}48 > 3$, $P_N = 10{,}97$ kW).
4. Ja, $v = 12{,}45$ m/s, $f_B = 3{,}95\,\text{s}^{-1} < 100\,\text{s}^{-1}$ ($Z = 2$), somit zulässig.
5. $F_W \approx 15{,}7$ kN (ca. $13{,}5 \ldots 18$ kN).

27.8 **1.** $d_{wk} = 160$ mm, $i = 3{,}94$, Profil SPZ ($C_B = 1{,}2$, $P \cdot C_B = 3{,}6$ kW), $L_w = 2800$ mm ($\alpha = 18° = 0{,}3142$ rad, $L_{w\,erf} = 2834$ mm).
2. $e \approx 742$ mm $\hat{=}\ e = 553 \ldots 1580$ mm ($f_1 = 389{,}8$ mm, $f_2 = 27\,612{,}5\,\text{mm}^2$), $x = 84$ mm, $y = 42$ mm.
3. Ja, $z \approx 0{,}5 < 1$ ($\alpha = 18{,}46°$, $\beta \approx 143°$, $c_\beta \approx 0{,}9$, $c_L = 1{,}09$, $P_N \approx 7{,}7$ kW), $v \approx 23{,}5$ m/s, $f_B \approx 16{,}8\,\text{s}^{-1} < 100\,\text{s}^{-1}$ ($Z = 2$).
4. $F_W \approx 268$ N (ca. $230 \ldots 306$ N).

27.9 **1.** $n_k = 100\,\text{min}^{-1} = 1{,}67\,\text{s}^{-1}$, $n_g = 56\,\text{min}^{-1} = 0{,}933\,\text{s}^{-1}$, $d_{wk} = 224$ mm, $i = 1{,}786$, $i_{ges} = 25$.
2. $e = 906$ mm $\hat{=}\ e \approx 437 \ldots 1248$ mm ($f_1 = 455$ mm, $f_2 = 3872\,\text{mm}^2$), $e_x = 508$ mm, $X = 138$ mm, $Y = 79$ mm ($x = 84$ mm, $y = 42$ mm, $e_{max} \approx 990$ mm, $e_{min} \approx 864$ mm).
3. Ja, $f_B = 0{,}84\,\text{s}^{-1} < 100\,\text{s}^{-1}$ ($v = 1{,}17$ m/s, $Z = 2$), $z = 1{,}86 < 2$, ($\alpha \approx 5{,}6°$, $\beta = 169°$, $c_\beta \approx 0{,}97$, $C_B = 1{,}1$, $c_L = 0{,}96$, $P_N \approx 1{,}27$ kW).

27.10 $e \approx 209$ mm ($f_1 = 120{,}41$ mm, $f_2 = 6612{,}5\,\text{mm}^2$), $F_{W1} \approx 24 \ldots 32$ N ($v_1 \approx 3{,}8$ m/s), $F_{W2} \approx 133 \ldots 178$ N ($n_{k2} = n_{g1} \approx 259\,\text{min}^{-1} = 4{,}32\,\text{s}^{-1}$, $v_2 \approx 0{,}68$ m/s), $z_1 \approx 0{,}09 < 1$ ($\alpha = 33{,}35°$, $\beta = 113{,}3°$, $c_\beta \approx 0{,}79$, $C_B = 1{,}1$, $c_L = 0{,}9$, $i = 5{,}6$, $d_{wk\,min}/d_{wk} = 63/50 = 1{,}26$, $P_{N1} \approx 0{,}98$ kW), $z_2 \approx 0{,}37 < 1$, ($P_{N2} \approx 0{,}23$ kW), somit je Stufe ein Keilriemen ausreichend.

27.11 **1.** Ja, $z \approx 0{,}044 < 1$ ($\alpha = 10{,}49° = 0{,}183$ rad, $\beta \approx 159°$, $c_\beta \approx 0{,}95$, $C_B = 1{,}2$, $c_L = 0{,}96$, $1/i = 2{,}5$, $n_k = 6250\,\text{min}^{-1} = 104{,}2\,\text{s}^{-1}$ $P_N \approx 6{,}5$ kW).
2. Ja, $v = 32{,}7$ m/s, $f_B = 47{,}1\,\text{s}^{-1} < 100\,\text{s}^{-1}$ ($Z = 2$).
3. Ja, $L_W = 1387$ mm (errechnet $L_W = 1387{,}5$ mm).

27.12 **1.** Ja, $z = 0{,}917 < 1$ ($\alpha = 8{,}73° = 0{,}1524$ rad, $\beta = 162{,}74°$, $c_\beta \approx 0{,}96$, $C_B = 1{,}2$, $c_L = 1$, $1/i = 2{,}5$, $n_k = 6250\,\text{min}^{-1} = 104{,}2\,\text{s}^{-1}$, $P_N \approx 6$ kW).
2. Ja, $f_B = 63{,}2\,\text{s}^{-1} < 100\,\text{s}^{-1}$ ($v = 52{,}36$ m/s, $Z = 3$).
3. Ja, bei Spannrollentrieb, da ohne Spannrolle $L_{w\,erf} = 2478$ mm etwas kleiner als $L_w = 2482$ mm.

27.13 Profil PL ($C_B = 1{,}3$), $d_{bk} = 118$ mm ($d_{bk\,erf} = 115{,}5$ mm, $i \approx 5{,}2$, $h_b = 3{,}5$ mm), $L_b = 2745$ mm ($L_{b\,erf} = 2763$ mm, $e_{erf} \approx 750$ mm, $\beta \approx 140°$), $e = 741$ mm ($f_1 = 392{,}5$ mm, $f_2 = 32\,768\,\text{mm}^2$), $z = 9 > z_{erf} = 8{,}92$ ($P_N \approx 1{,}05$ kW, $c_L = 1{,}06$, $c_\beta = 0{,}89$), $v = 4{,}58$ m/s $<$ 40m/s, $f_B = 3{,}3\,\text{s}^{-1} < 120\,\text{s}^{-1}$ ($Z = 2$), Keilrippenriemen DIN 7867 – 9 PL 2745.

28 Synchron- oder Zahnriementriebe

28.1 **1.** Type T 2,5 ($P_{max} = 0{,}5$ kW $> P = 0{,}075$ kW), $z_k = 24$ ($z_{min} = 12$), $z_g = 72$, $d_k = 19{,}1$ mm ($m = 0{,}796$ mm), $d_g = 57{,}3$ mm, $d_{ek} \approx 18{,}6$ mm ($u = 0{,}27$ mm), $d_{eg} \approx 56{,}8$ mm.
2. $X = 114$ ($\alpha = 12{,}25° = 0{,}2138$ rad, $L = 304$ mm, $X_{erf} = 121{,}6$).
3. $e = 80{,}2$ mm ($f_1 = 41{,}248$ mm, $f_2 = 182{,}4$ mm^2).
4. $z_e = 10{,}16 \approx 10 < 15$ ($\beta = 152{,}4° = 2{,}661$ rad).
5. $b = 6$ mm ($P_N \approx 23{,}5$ W/cm, $b_{erf} = 0{,}54$ cm).
6. $F = 16{,}7$ N $< F_{zul} = 35{,}3$ N ($v = 4{,}5$ m/s, $F_N = 100$ N/cm), somit zulässig. Normbezeichnung: Riemen DIN 7721 – 6 T2,5 × 285.
7. $F_W \approx 28{,}4$ N.

28.2 **1.** $z_k = 20 > z_{min} = 15$, somit zulässig, $z_g = 130$, $d_k = 127{,}3$ mm ($m = 6{,}366$ mm), $d_g = 827{,}6$ mm, $d_{ek} \approx 124{,}5$ mm ($u = 1{,}42$ mm), $d_{eg} \approx 824{,}8$ mm.
2. $X = 181$ ($\alpha = 20{,}5° = 0{,}3578$ rad, $L = 3623{,}9$ mm, $X_{erf} = 181{,}2$), $e = 998{,}6$ mm mit $L = 3620$ mm.
3. $b = 75$ mm ($\beta = 139° = 2{,}426$ rad, $z_e = 7{,}7 \approx 7 < 15$, $P_N \approx 306$ W/cm, $b_{erf} = 6{,}44$ cm). Normbezeichnung: Riemen DIN 7721 – 75 T20 × 3620.
4. $F \approx 0{,}94$ kN $< F_{zul} \approx 5{,}2$ kN ($v \approx 6{,}4$ m/s, $F_N = 1{,}6$ kN/cm), somit zulässig, $F_W \approx 2{,}2$ kN.
5. Ja, da $i = 6{,}5 > 3{,}5$, $d_{eg} = 814{,}8$ mm ($h = 5$ mm).

28.3 $e = 50{,}3$ mm ($z_{k1} = 10$, $z_{g1} = 44$, $m = 1{,}592$ mm, $d_{k1} = 15{,}9$ mm, $d_{g1} = 70$ mm, $d_1 = 28{,}77$ mm, $f_2 = 365{,}85$ mm^2), der Riemen ist ausreichend, da $b = 0{,}79$ cm < 10 mm ($\alpha = 32{,}5°$, $\beta_1 \approx 115° \approx 2$ rad, $z_e = 3{,}18 \approx 3 < 15$, $P_N = 94$ W/cm) und $F = 25{,}6$ N $< F_{zul} \approx 514$ N ($v = 12{,}5$ m/s, $F_N = 360$ N/cm). Normbezeichnung: Riemen DIN 7721 – 10 T5 × 250.

28.4 **1.** $n_{k2} = 3409$ min$^{-1} = 56{,}8$ s^{-1}, $n_{g2} = 874$ min$^{-1} = 14{,}6$ s^{-1}, $n_R = 1482{,}2$ min$^{-1} = 24{,}7$ s^{-1}.
2. $\beta_2 = 160° = 2{,}7925$ rad ($d_{g2} = 62{,}1$ mm, $d_R = 36{,}6$ mm), $L = 300$ mm wie vorgesehen ($L_k = 22{,}2$ mm, $\gamma = 227° = 3{,}9619$ rad, $L_g = 123$ mm, $\delta = 26° = 0{,}4538$ rad, $L_R = 8{,}3$ mm, $L_1 = 81$ mm, $L_2 = 40$ mm, $L_3 = 25{,}5$ mm).
3. Ja, $b \approx 16$ mm ($z_e = 4{,}44 \approx 4 < 15$, $P_N \approx 34$ W/cm), $F \approx 113$ N $< F_{zul} \approx 823$ N ($v = 2{,}84$ m/s, $F_N = 360$ N/cm). Normbezeichnung: Riemen DIN 7721 – 16 T5 × 300 D.

28.5 **1.** Type 8 M mit $p = 8$ mm, $m = 2{,}5465$ mm, $u = 0{,}7$ mm, $z_{min} = 18$ ($P/n_a = 0{,}00214$ kW · min $< 2{,}02$ kW · min).
2. $z_k = 36$, $z_g = 58$ ($i = 1/1{,}607$, $z_{g\,erf} = 57{,}86$), $d_k = 91{,}67$ mm, $d_g = 147{,}7$ mm, $d_{ek} = 90{,}3$ mm, $d_{eg} = 146{,}3$ mm.
3. $L = 1440$ mm mit $X = 180$ ($\alpha = 3{,}21° = 0{,}05606$ rad, $L_{erf} = 1377{,}6$ mm, $X_{erf} = 172{,}2$), $e = 531{,}3$ mm, ($f_1 = 266$ mm, $f_2 = 392$ mm^2).
4. $b = 20$ mm ($C_L = 1{,}1$, $C_B = 1{,}4$, $C_i = 0{,}1$, $P_N = 5048$ W/cm, $b \cdot k = 1{,}96$ cm, $k = 1$, $b_{erf} = 19{,}6$ mm).
5. $F_W \approx 390$ N ($v = 21{,}6$ m/s, $F \approx 278$ N).

28.6 **1.** $z_g = 96$, $d_k = 133{,}7$ mm ($m = 4{,}4563$ mm), $d_g = 427{,}8$ mm, $d_{ek} = 130{,}9$ mm ($u = 1{,}4$ mm), $d_g = 425$ mm, $e = 481{,}5$ mm ($f_1 = 252$ mm, $f_2 = 10\,811{,}85$ mm^2).
2. Ja, $b = 55$ mm $> b_{erf} \approx 48{,}3$ mm ($C_L = 0{,}95$, $C_B = 1{,}9$, $C_i = 0$, $P_N \approx 4346$ W/cm, $b \cdot k = 4{,}98$ cm, $k = 1{,}03$).
3. Nein, obwohl $P/n_a = 0{,}008$ kW · min $< 0{,}02$ kW · min wird $b > 85$ mm ($C_L = 1{,}2$, $P_N = 1604$ W/cm, $b \cdot k = 17{,}06$ cm).

28.7 Type 8 M mit $p = 8$ mm, $m = 2{,}5465$ mm, $u = 0{,}7$ mm ($P/n_a = 0{,}00345$ kW · min $< 0{,}02$ kW · min), $z_g = 58$, $z_k = 40 > z_{min} = 18$ ($i = 1{,}45$), $d_g = 147{,}7$ mm < 150 mm, $d_{eg} = 146{,}3$ mm, $d_k = 101{,}9$ mm, $d_{ek} = 100{,}5$ mm, $L = 960$ mm mit $X = 120$ ($\alpha \approx 4{,}38° = 0{,}0764$ rad, $L_{erf} = 993{,}8$ mm, $X_{erf} = 124{,}2$), $e = 283$ mm ($f_1 = 141{,}98$ mm, $f_2 = 262{,}2$ mm^2), $b = 30$ mm ($C_L = 1$, $C_B = 1{,}6$, $C_i = 0$, $P_N \approx 2676$ W/cm, $b \cdot k = 29{,}9$ mm, $k = 1{,}05$, $b_{erf} = 28{,}5$ mm), $F_W \approx 1034$ N ($v \approx 7{,}74$ m/s, $F \approx 646$ N).

29 Rohrleitungen

29.1 $l = 3{,}84$ mm ($\Delta\vartheta = 60$ K, $\alpha = 16 \cdot 10^{-6}$ K^{-1}), $F_a \approx 39{,}2$ kN ($E = 125\,000$ N/mm^2, $A = 326{,}7$ mm^2).

29.2 $l_V = 1{,}92$ mm ≈ 2 mm ($f_V = 0{,}5$, $\Delta\vartheta_V = 0$ K).

29.3 **1.** $\Delta l = 12{,}12$ mm ($\alpha = 11 \cdot 10^{-6}\,\mathrm{K}^{-1}$, $\Delta\vartheta = 32$ K).
2. $F_a \approx 52{,}16$ kN ($A = 705{,}6\,\mathrm{mm}^2$).
3. $l_V = 8{,}98$ mm ≈ 9 mm ($\Delta\vartheta_V = 4$ K).

29.4 $\dot{m} = 191{,}83$ kg/s $= 690{,}6$ t/h ($d_i = 398{,}8$ mm, $w = 1{,}75$ m/s).

29.5 DN 125 ($\dot{V} = 0{,}111\,\mathrm{m}^3/\mathrm{s}$, $d_i = 119$ mm).

29.6 **1.** $w = 2{,}6$ m/s, ($\dot{V} = 0{,}0139\,\mathrm{m}^3/\mathrm{s}$, $d_i = 82{,}5$ mm).
2. $\Delta p_R \approx 147\,430$ Pa ($Re = 1{,}65 \cdot 10^5 > 2300$, $k = 0{,}07$ mm, $\lambda \approx 0{,}03$, $\varrho = 999{,}6\,\mathrm{kg/m}^3$, $\nu = 1{,}297 \cdot 10^{-6}\,\mathrm{m}^2/\mathrm{s}$).
3. $\Delta p_E \approx 33\,270$ Pa ($\zeta_1 \approx 0{,}45$, $\zeta_2 = 2 \cdot 0{,}1$, $\zeta_3 = 0{,}067$, $\zeta_4 = 0{,}13$, $\zeta_5 = 2 \cdot 4{,}5$, $\sum \zeta = 9{,}874$).
4. $P_v = 5238$ W $\approx 5{,}24$ kW ($\Delta p \approx 376\,820$ Pa).

29.7 Ja, $s = 2{,}47$ mm $< s_e = 3{,}6$ mm ($d_a/d_i = 1{,}034 < 2$, $p = 1{,}6\,\mathrm{N/mm}^2$, $K = 275\,\mathrm{N/mm}^2$, $S = 1{,}58$ interpoliert für $A_5 = 21\,\%$, $\sigma_{zul} = 174\,\mathrm{N/mm}^2$, $v_N = 0{,}9$, $s_v = 1{,}12$ mm, $c_1 = 0{,}35$ mm, $c_2 = 1$ mm).

29.8 **1.** $d_a = 273$ mm.
2. $s = 5{,}82$ mm ($K = 229\,\mathrm{N/mm}^2$ interpoliert für 240 °C, $S = 1{,}74$, $\sigma_{zul} = 131{,}6\,\mathrm{N/mm}^2$, $v_N = 1$, $p = 4\,\mathrm{N/mm}^2$, $s_v = 4{,}09$ mm, $c_1' = 12{,}5$, $c_2 = 1$ mm).
3. Rohr DIN 2448 – 273 × 6,3 DIN 1629 – St 50.0 mit $s_e = 6{,}3$ mm $> s$ und $d_a/d_i \approx 1{,}05 < 1{,}67$.

29.9 **1.** $d_a = 114{,}3$ mm, $s_v = 1{,}82$ mm ($p = 5$ mm, $K = 235\,\mathrm{N/mm}^2$, $S = 1{,}5$, $\sigma_{zul} = 156{,}7\,\mathrm{N/mm}^2$, $v_N = 1$).
2. $s_v = 2{,}05$ mm ($\sigma_{Sch/D} = 170\,\mathrm{N/mm}^2$, $\sigma_{zul} = 113{,}4\,\mathrm{N/mm}^2$, $\Delta p_S = 40$ bar $= 4\,\mathrm{N/mm}^2$).
3. $s = 3{,}99$ mm ($s_v = 2{,}05$ mm, $c_2 = 1$ mm, $c_1' = 10$ für $s < 4s_n = 14{,}4$ mm).
4. Rohr DIN 2448 – 114,3 × 3,6 DIN 1629 – St 37.0 mit $s_e = 3{,}6$ mm $> s$ und $d_a/d_i = 1{,}067 < 2$

29.10 DN 400, $d_a = 406{,}4$ mm ($w = 1{,}4$ m/s, $\dot{V} = 0{,}167\,\mathrm{m}^3/\mathrm{s}$, $d_{i\,erf} = 390$ mm), Rohr DIN 2458 – 406,4 × 3,6 DIN 1626 – St 44.0 mit $s_e = 3{,}6$ mm $> s = 2{,}64$ mm und $d_i = 399{,}2$ mm ($p = 1{,}6\,\mathrm{N/mm}^2$, $K = 175\,\mathrm{N/mm}^2$, $S = 1{,}74$ interpoliert für $A_5 = 21\,\%$, $\sigma_{zul} = 158\,\mathrm{N/mm}^2$, $v_N = 0{,}9$, $s_v = 2{,}29$ mm, $c_1 = 0{,}35$ mm, $c_2 = 0$, $d_a/d_i = 1{,}018 < 2$).

29.11 DN 200 ($d_{i\,erf} = 195$ mm), gew. Rohr DIN 2448 – 219,1 × 6,3 DIN 1629 – St 37.0 mit $d_a/d_i = 1{,}061 < 1{,}67$ und $s_e = 6{,}3$ mm $> s = 3{,}23$ mm ($K = 202\,\mathrm{N/mm}^2$, $S = 1{,}7$, $\sigma_{zul} = 118{,}8\,\mathrm{N/mm}^2$, $v_N = 1$, $s_v = 1{,}83$ mm, $c_1' = 12{,}5$, $c_2 = 1$ mm), $\Delta p \approx 76\,000$ Pa $= 0{,}076$ MPa $< 0{,}1p = 0{,}2$ MPa ($Re = 1{,}45 \cdot 10^3 > 2300$, $k = 0{,}3$ mm, $k/d_i = 1{,}45 \cdot 10^{-3}$, $\lambda \approx 0{,}023$, $\zeta_1 = 20 \cdot 0{,}3$, $\zeta_2 = 2 \cdot 0{,}25$, $\sum \zeta = 6{,}5$), $\Delta l \approx 1{,}08$ m ($\Delta\vartheta = 140$ K, $\alpha = 11 \cdot 10^{-6}/\mathrm{K}$), $F_a \approx 1{,}36$ Mn ($E = 210\,000\,\mathrm{N/mm}^2$, $A = 4212\,\mathrm{mm}^2$).

29.12 **1.** $w = 2{,}51$ m/s ($\dot{V} = 0{,}011\,\mathrm{m}^3/\mathrm{s}$, $d_i = 74{,}7$ mm), $\Delta p = 276\,543$ Pa $\approx 0{,}277$ MPa $= 2{,}77$ bar ($\varrho = 999{,}6\,\mathrm{kg/m}^3$, $\nu = 1{,}297 \cdot 10^{-6}\,\mathrm{m}^2/\mathrm{s}$, $Re = 1{,}45 \cdot 10^5 > 2300$, $k = 0{,}03$ mm, $k/d_i = 4 \cdot 10^{-4}$, $\lambda \approx 0{,}03$, $\zeta_1 = 6 \cdot 0{,}11$, $\zeta_2 = 2 \cdot 0{,}055$, $\zeta_3 = 2 \cdot 0{,}037$, $\zeta_4 = 2 \cdot 0{,}3$, $\sum \zeta = 1{,}444$).
2. Ja, $s_e = 7{,}1$ mm $> s = 6{,}61$ mm mit $s_v = 4{,}95$ mm gegen Verformung, $c_1' = 10$ und $c_2 = 1$ mm ($p = p_{max} = 25\,\mathrm{N/mm}^2$, $K = 355\,\mathrm{N/mm}^2$, $S = 1{,}58$ interpoliert für $A_5 = 21\,\%$, $\sigma_{zul} = 224{,}7\,\mathrm{N/mm}^2$, $v_N = 1$; gegen Dauerbruch: $s_v = 1{,}47$ mm, $\sigma_{Sch/D} = 230\,\mathrm{N/mm}^2$, $\sigma_{zul} = 153{,}3\,\mathrm{N/mm}^2$, $\Delta p_S = 5\,\mathrm{N/mm}^2$).

Erläuterungen und Hinweise zu den Lösungen

1 Konstruktionstechnik
Festigkeitsberechnung

1.1 **1.** Mit $F_o = K_A \cdot F_N$ ist $\sigma_o = F_o/A = \sigma_a$, da Ruhegrad $R = 0$. **2.** Sinngemäß wie 2. im ME Beisp. 1.2, jedoch ist hier $\sigma_{AG} = \sigma_{WG}$ wegen $R = 0$. **3.** Nach Gl. (1.8) mit $K = \sigma_{AG}$ und $\sigma = \sigma_a$.

1.2 **1.** σ_o wie Aufg. 1.1, σ_u mit F_u, σ_a, σ_m und R siehe Abschn. 1.4 unter 1. **2.** Sinngemäß wie 2. und 3. im ME Beisp. 1.1, jedoch α_k aus Bild e) der Tab. 1.13. **3.** Nach Gl. (1.8) wie unter 4. im ME Beisp. 1.1.

1.3 Sinngemäß wie ME Beisp. 1.2 mit $F_o = K_A \cdot F_{oN}$ und n_χ aus Bild a) der Tab. 1.14.

1.4 **1.** $M_{bo} = K_A \cdot F \cdot l$ mit $K_A = 1{,}25$ und $\sigma_{bo} = M_{bo}/W_b$ mit $W_b = b(h^3 - d^3)/6h$ entspr. Tab. 1.12. **2.** Da am Querschnittsrand, wo die Spannungsspitze auftritt, keine Kerbe vorhanden ist, sind $\alpha_{kb} = 1$ und $2/\varrho = 0$, somit $\chi_b \approx 2/h$ entspr. Gl. (1.2), σ_{bAG} wie 4. im ME Beisp. 1.3.
3. Wie 5. im ME Beisp. 1.3 mit $\sigma_{ba} = \sigma_{bo}/2$, da $R = 0{,}5$.

1.5 **1.** $\tau_t = T/W_t$ mit W_t nach Tab. 15.2, τ_{ta} nach Gl. (15.13) und R nach Gl. (15.14). **2.** Sinngemäß wie 2. und 3. im ME Beisp. 1.1, jedoch mit α_{kt} nach Tab. 15.4 (Bild b) und χ_t nach Gl. (1.3). **3.** Sinngemäß wie 4. im ME Beisp. 1.1 mit τ_{tAG} und τ_{ta} sowie $\tau_{tF} \approx 0{,}6R_e$ (Tab. 1.9) und τ_{to}.

1.6 **1.** $F = \sqrt{F_1^2 + F_2^2 + 2 \cdot F_1 \cdot F_2 \cdot \cos 20°}$ (Resultierende von F_1 und F_2 nach Cosinussatz), $\sigma_b = F \cdot l/W_b$ mit W_b nach Tab. 15.2 oder 1.12. **2.** Nach Gl. (15.7) mit W_t nach Tab. 15.2. **3.** Sinngemäß wie 2. und 3. im ME Beisp. 1.1, jedoch mit α_{kb} nach Tab. 15.4 (Bild a) und χ_b nach Gl. (1.2). **4.** Nach Gl. (1.8) mit σ_{bAG} als K und $\sigma = \sigma_{vo}$ nach Gl. (15.10), worin $\sigma_o = \sigma_b$ ist ($R = 0$, da Wechselbiegung infolge Wellenumlauf).

2 Maße, Toleranzen und Passungen

2.1 Für R 20/5 ist $q = q_{20}^5$.

2.2 Bestimmen des Kurzzeichens durch Aufsuchen der Zahlen in Tab. 2.1 und Feststellen der Steigerung p, d. h. der Anzahl der Stufen in der Grundreihe zwischen zwei Zahlen der gegebenen Reihe. Bei Reihen, die nicht mit der Zahl 1 beginnen, wird eine Zahl der Reihe in Klammern angegeben.

2.3 **1.** Nach Tab. 2.1, Werte der Reihe R′10 mit 10 bzw. 100 malnehmen. **2.** Sinngemäß wie ME Beisp. 2.1, jedoch Ermittlung der Reihe für T_b ausgehend von $q = T_{b2}/T_{b1} = (D_2/D_1)^3 = q_{10}^3$ und mit $T_{b1} = D_1/(D/T_b)$. **3.** Nach Aufstellen der mit 50 mm/Nm beginnenden Reihe Ermittlung des Reihenkurzzeichen (Tab. 2.1) mit Angabe der Reihenanfangs- oder -endgliedes in Klammern, da die Reihe nicht bei 1 beginnt (vgl. Aufg. 2.2).

2.4 **1.** und **2.** Werte der Tab. 2.1 entspr. multiplizieren.

2.5 Es ist 1 bar = 0,1 N/mm^2, aus der angegebenen Gleichung folgt damit $s \approx 0{,}01D_a$. Volumenabweichung $\Delta V = V - V_i$ mit $V_i = L_i \cdot D_i^2 \cdot \pi/4$, damit ΔV in % = $(\Delta V/V)$ 100%.

2.6 Wie ME Beisp. 2.3.

2.7 Wie Aufg. 2.6, jedoch mit Gl. (2.2) für $N > 500$ mm.

2.8 Sinngemäß wie ME Beisp. 2.3.

2.9 Sinngemäß wie ME Beisp. 2.4.

2.10 **1.** Nach ME Abschn. 2.4. **2.** Wie die ME Beisp. 2.5, 2.6 und 2.7. **3.** Nach ME Abschn. 2.4.

2.11 Nach Gl. (2.3) und den Tabn. 2.2 u. 2.4 wie folgt: $T_B = T_W$ für IT 9 nach Tab. 2.2, $A_{uW} = -T_W$ und $A_{oW} = 0$ bei h, $A_{oB\,zul} = S_{g\,zul} + A_{uW}$, $A_{uB\,zul} = A_{oB\,zul} - T_B$, danach Passung aus Tab. 2.4, S_g nach Gl. (2.3).

2.12 **1.** Sinngemäß wie Aufg. 2.11 nach Gl. (2.6) und den Tabn. 2.2 u. 2.5. Es ist $A_{uB} = 0$ und $A_{oB} = T_B$ bei H, ferner $A_{uW\,erf} = U_{k\,erf} + A_{oB}$ (nach Gl. (2.6)). **2.** Nach den Gl. (2.6) u. (2.5).

2.13 Nach den Gln. (2.5) u. (2.6) und den Tabn. 2.2 u. 2.5 (teilweise sinngemäß wie Aufg. 2.12). Es müssen gewählt werden: Buchstabe für Toleranzfeldlage nach Tab. 2.5 bei $A_{uW} \geq A_{uW\,min} = U_{k\,erf} + A_{oB}$ und IT nach Tab. 2.2 mit $T_W \leq T_{W\,max} = A_{oW\,max} - A_{uW}$, worin $A_{oW\,max} = U_{g\,zul} + A_{uB}$.

2.14 **1.** u. **2.** sinngemäß wie ME Beisp. 2.8. **3.** Aus Bild L 2.14 folgen: $G_{oB} = S_g + G_{uW}$, $G_{uB} = S_k + G_{oW} = N_B$, $A_{oB} = G_{oB} - G_{uB}$.

2.15 **1.**, **2.** u. **3.** nach Tab. 2.9 und sinngemäß wie ME Beisp. 2.8. **4.** Es ist $L_k = S_k + B_g + b_g$, $L_g = S_g + B_k + b_k = N_L$, $A_u = L_k - L_g$ und $A_o = 0$.

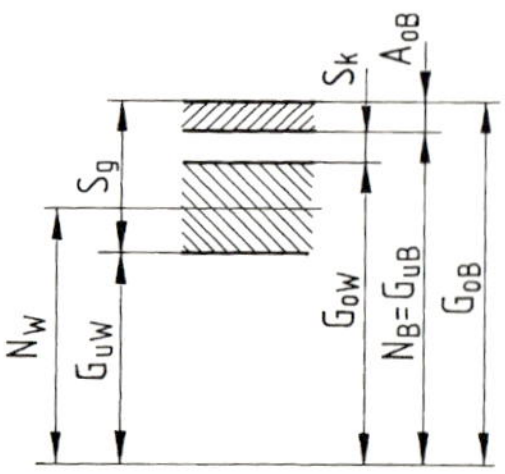

Bild L 2.14 Darstellung des Höchst- und Mindestspiels

4 Schmelzschweißverbindungen

4.1 Berechnung der DHV-Naht mit Doppelkehlnaht als Stumpfnaht mit Gegenlage.

4.2 Die ungleichschenklige DV-Naht (X-Naht) wird als zugbeanspruchte Stumpfnaht mit Gegenlage berechnet. Beide Ösen stellen die Auflager eines Trägers auf zwei Stützen dar (Bild L 4.2), der durch die Eigengewichtskraft $F_{Ge} = m_e \cdot g$ und die Gewichtskraft $F_G = m \cdot g$ der Last beansprucht wird. Da der Lastschwerpunkt näher an der Öse 1 liegt, wird diese stärker beansprucht als die Öse 2. Deshalb erfolgt die Berechnung nur für die Öse 1. Die Öse 2 wird wie die Öse 1 ausgeführt.

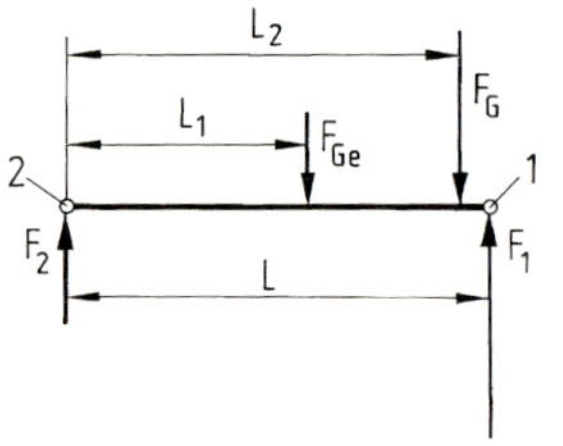

Bild L 4.2 Skizze zur Berechnung der Ösenkräfte

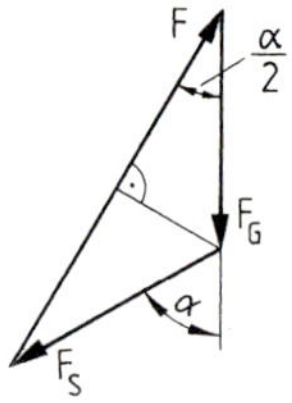

Bild L 4.4 Krafteck zur Berechnung der Stangenkraft

4.3 Schweißnahtfläche $A_w = a(d + a)\pi$ wie in ME Bild 4.29a.

4.4 **1.** Die Stangenkraft F ist Resultierende oder Gleichgewichtskraft der Seilkräfte $F_S = F_G = m \cdot g$ (Bild L 4.4). **2.** Stangendurchmesser aus $S_{erf} = F/\sigma_{zul} = d^2 \cdot \pi/4$. **3.** Nahtdicke aus $A_{w\,erf} = F/\sigma_{w\,zul} = (d + 2a)^2 \cdot \pi/4 - d^2 \cdot \pi/4$.

4.5 Die Berechnungsmethode stellt eine für die Praxis notwendige Vereinfachung dar. Tatsächlich sind die Verhältnisse äußerst verwickelt, denn alle anderen Speichen nehmen an der Kraftübertragung ebenfalls teil, weil sie mit dem Kranz verbunden sind. Die tatsächliche Druckspannung ist daher geringer als die errechnete, jedoch tritt zusätzlich Biegebeanspruchung auf. Bei der Festlegung von $\sigma_{\mathrm{w\,zul}}$ ist zu beachten, dass es sich um Doppelflachkehlnähte handelt.

4.6 **1.** Nahtfläche der DHV-Naht (K-Naht als Stumpfnaht mit Gegenlage): $A_{\mathrm{wS}} = a_{\mathrm{S}} \cdot l = s \cdot b = S$. **2.** $A_{\mathrm{w}} = A_{\mathrm{wS}} + A_{\mathrm{wK}} = (a_{\mathrm{S}} + 2a_{\mathrm{K}})l$, $\sigma_{\mathrm{w\,zul}}$ für Doppelflachkehlnaht. **3.** Die für das Bauteil zulässige Kraft hängt hier nicht vorzugsweise von der Spannung im Querschnitt an der Kehlnaht ab, sondern vom gefährdeten Querschnitt an der Bohrung, dessen zulässige Belastungskraft mit den entsprechenden Gleichungen der Festigkeitslehre zu berechnen ist.

4.7 **1.** Wie im Stahlbau ist auch hier für die Länge der schräg zur Kraftrichtung laufenden Kehlnaht nur die Flachstahlbreite b einzusetzen; somit $A_{\mathrm{w}} = \sum(a \cdot l) = a(l_1 + l_2 + 2b)$. **2.** Entspricht der Empfehlung für den Stahlbau (s. ME Abschn. 4.7, unter 7.), die hier ebenfalls angebracht ist. Das Maß e folgt aus: $l_1 \cdot e = l_2(b - e)$.

4.8 Schweißnahtfläche $A_{\mathrm{w}} = \sum(a \cdot l) = 4 \cdot a \cdot l$, Bauteil-Anschlussquerschnitt $S = 2 \cdot b \cdot s$.

4.9 Es handelt sich um schubbeanspruchte, beidseitig geschweißte Stumpfnähte (DV-Nähte als Stumpfnähte mit Gegenlage). Zulässiges Drehmoment $M = F_{\mathrm{zul}} \cdot d/2 = A_{\mathrm{w}} \cdot \tau_{\mathrm{w\,zul}} \cdot d/2$ mit $A_{\mathrm{w}} = \sum(a \cdot l) = 2 \cdot a \cdot l = 2 \cdot a \cdot d \cdot \pi$.

4.10 **1.** Daß jede Naht das halbe Drehmoment überträgt, ist eine vereinfachende Annahme. Tatsächlich handelt es sich um einen statisch unbestimmten Fall. Es werden beide Nähte getrennt auf Schub berechnet mit $A_{\mathrm{w1}} = a_1 \cdot d_1 \cdot \pi$ (Naht 1 aufgefasst als Stumpfnaht ohne Gegenlage) und $A_{\mathrm{w2}} = a_2(d_2 + a_2)\pi$. Hierbei $d_1 = 75$ mm, $d_2 = 80$ mm. **2.** Schubbeanspruchung in der Rundschnittfläche $S = (d_2 + 2a_2)\,\pi \cdot s$ des Kettenrades und Torsionsbeanspruchung im Querschnitt der Nabe mit $W_{\mathrm{t}} \approx 0{,}2(d_2^4 - d^4)/d_2$. Hierbei ist $d = 32$ mm. **3.** Auf die Berechnungen zu 2. kann normalerweise verzichtet werden, da diese Spannungen meistens sehr gering sind, wie sich auch hier zeigt.

4.11 **1.** Aus Gl. (4.3) folgt für $F = \sigma_{\mathrm{w\,zul}} \cdot a \cdot l^2/(6 \cdot L)$, $a = s$, $l = b$, $\sigma_{\mathrm{w\,zul}}$ nach Tab. 4.4 für Stumpfnaht mit Gegenlage, **2.** $a = \dfrac{F \cdot L \cdot 6}{\sigma_{\mathrm{w\,zul}} \cdot 2 \cdot l^2}$, $\sigma_{\mathrm{b}} = \dfrac{M_{\mathrm{b}}}{W_{\mathrm{b}}} = \dfrac{F(L-a)}{s \cdot b^2/6}$.

4.12 **1.** F_2 aus $\sum M = F_1 \cdot 115\ \mathrm{mm} - F_2 \cdot 80\ \mathrm{mm}/\cos 30^\circ = 0$, **2.** σ_{wb} nach Gl. (4.3) mit $M_{\mathrm{wb1}} > M_{\mathrm{wb2}}$ und I_{w} wie für ME Bild 4.31b. Die durch die Querkraft hervorgerufenen Schubspannungen sind nur mit den Stegnahtflächen $2a \cdot l$ zu errechnen. Danach ist die Vergleichsspannung nach Gl. (4.5) zu bilden. σ_{b} wie unter 2. in Aufg. 4.11 mit F_1 und L_1, **3.** $\sigma_{\mathrm{w\,zul}}$ nach Tab. 4.4 für Doppelflachkehlnaht; erforderliche Flachstahlbreite aus: $W_{\mathrm{b\,erf}} = M_{\mathrm{b1}}/\sigma_{\mathrm{b\,zul}} = F_1(L_1 - a)/\sigma_{\mathrm{b\,zul}} = s \cdot b_{\mathrm{erf}}^2/6$.

4.13 Die aus dem Stoßdrehmoment $T_{\mathrm{K}} = S_{\mathrm{S}} \cdot T_{\mathrm{KN}}$ zu errechnende Umfangskraft $F_{\mathrm{u}} = T_{\mathrm{K}}/r_0$ beansprucht die am Teilkreis $d_0 = 220$ mm angeordneten Ringschweißnähte auf Biegung und Schub, so daß die Vergleichsspannung nach Gl. (4.5) zu bilden ist. Die Biegespannung auf der kreisringförmigen Schweißnahtfläche wird nach Gl. (4.3) mit I_{w} wie für ME Bild 4.31c und $e_{\mathrm{w}} = d/2$, die Schubspannung nach Gl. (4.2) mit $A_{\mathrm{w}} = a(d + a)\,\pi$ errechnet.

4.14 Beanspruchung auf Biegung und Schub, Berechnung wie in Aufg. 4.13, jedoch besteht die Schweißnahtfläche aus zwei konzentrischen Kreisringflächen, deren Flächenmomente 2. Grades zusammen das Flächenmoment I_{w} der Nahtfläche ergeben. Als Randabstand e_{w} ist der Wurzelabstand y_{w} (s. Bild L 4.14) gleich Innenradius der äußeren Ringfläche einzusetzen.

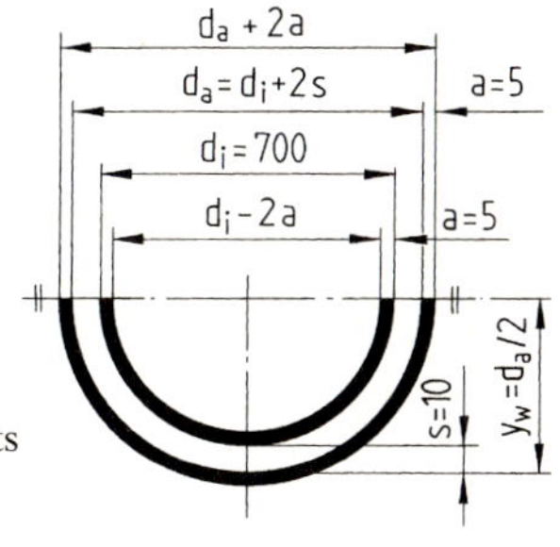

Bild L 4.14 Skizze zur Berechnung des Flächenmoments 2. Grades

4.15 **1.** Beim Winkel 45° ist $F_H = F_V = F_G/2 = m \cdot g/2$, **2.** A_w und I_w wie bei ME Bild 4.31b und ME Bild 4.32, **3.** Durch F_V entstehen Zugspannungen σ_{wz} (Gl. (4.1)), durch F_H Biegespannungen $\sigma_{wbz} = \sigma_{wbd}$ (Gl. (4.3) mit $e_w = l/2 = 50$ mm), σ_{wz} und σ_{wbz} sind zur resultierenden Spannung σ_{wr} zu addieren (Gl. (4.4)), für die Schubspannung τ_w (Gl. (4.2)) sind nur die Nähte an der Breitseite des Flachstahls einzusetzen mit $A_w = 2a \cdot l$, Vergleichsspannung σ_{wv} mit Gl. (4.5), **4.** Die Schubspannung im Bauteil ist bei Biegung in der Randfaser Null und wird nicht berechnet, **5.** $\sigma_{w\,zul}$ für Doppelflachkehlnaht, da die Nähte an der Längsseite des Flachstahls Doppelkehlnähte sind, **6.** Mit $a = 8$ mm Berechnung wie zu 2. und 3., danach ggf. Annahme eines breiteren Flachstahls und erneut mit $a = 8$ mm wie zu 2. und 3. bis $\sigma_{wv} \leq \sigma_{w\,zul}$.

4.16 Die Stangenkraft F wird in die Komponenten F_x und F_y zerlegt (s. Bild L 4.16), durch F_x entstehen Biege-, durch F_y Zugspannungen, Lösung sinngemäß wie zu Aufg. 4.15.

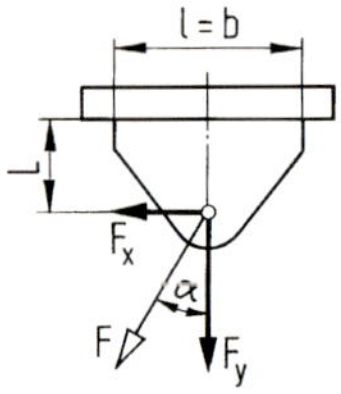

Bild L 4.16 Berechnungsskizze

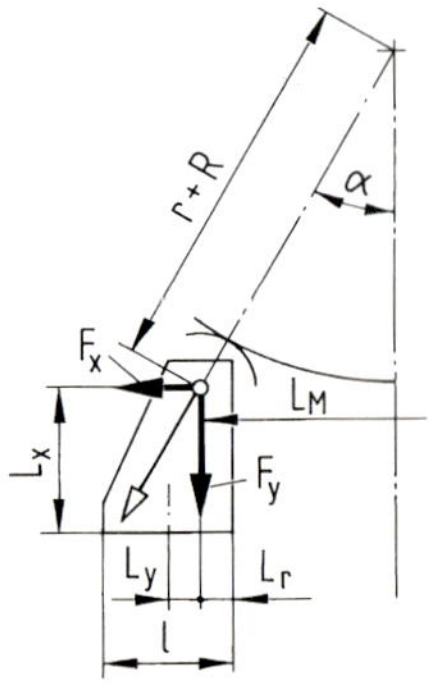

Bild L 4.17 Berechnungsskizze

4.17 Die Komponente $F_y = K_A \cdot m \cdot g/4$ erzeugt Druckspannungen, das Moment $M_{wb} = F_x \cdot L_x - F_y \cdot L_y$ Biegespannungen in der Schweißnaht (s. Bild L 4.17, vgl. auch ME Bilder 4.32b und c, hier Druck bei verringerter Biegung, $L_y = l/2 - L_r$), Lösung sinngemäß wie Aufgn. 4.15 und 4.16.

4.18 **1.** Die Spannung σ_w an der Nahtwurzel ist gleich der Biegespannung σ_b in der Welle, **2.** $\tau_{w\,zul}$ aus Gl. (4.5) mit $\sigma_{wv} = \sigma_{w\,zul}$ nach Tab. 4.4 für Wechselbeanspruchung, da Biegung wechselnd (Wert für S275 interpolieren), **3.** a freistellen aus $A_{w\,erf} = F/\tau_{w\,zul} = 2a(d + a)\,\pi$ (Gleichung 2. Grades, negatives Ergebnis ohne praktische Bedeutung) oder aus $A_w = 2[(d + 2a)^2 - d^2]\,\pi/4$.

4.19 Es handelt sich um zwei durch ein Drehmoment schubbeanspruchte Anschlüsse mit Flankenkehlnähten entsprechend ME Bild 4.34a, wobei $R = L - l/2$ und $r = \sqrt{b^2 + l^2}/2$ mit $L = 65$ mm; I_{wp} nach Gl. (4.6) und τ_w nach Gl. (4.8). Biegebeanspruchung durch das Biegemoment $M_b = F/2 \cdot L$ im Bauteil-Anschlußquerschnitt.

4.20 **1.** Wegen $\beta = 45°$ ist $F_x = F_y$, sinngemäß zu ME Bild 4.34a ist $M_w = F_y \cdot R$, **2.** Schweißanschluß wie ME Bild 4.34a (vgl. Aufg. 4.19), jedoch treten durch F_x zusätzlich Schubspannungen τ_{wl} auf, τ_{wt} ist in die Komponenten τ_{wtx} und τ_{wty} zu zerlegen (s. Bild L 4.20), für den höchstbeanspruchten

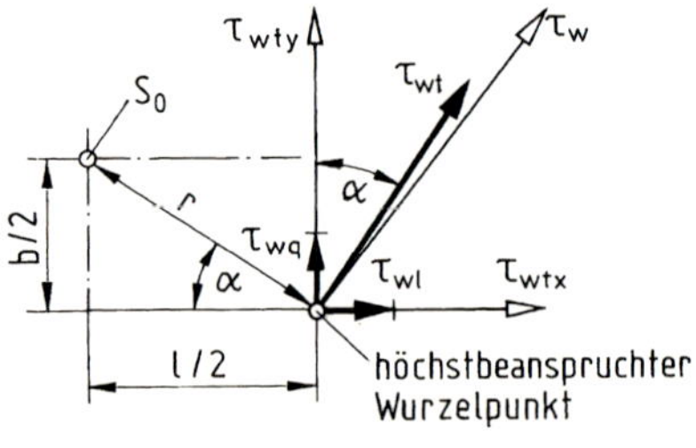

Bild L 4.20 Schubspannungen am höchstbeanspruchten Wurzelpunkt

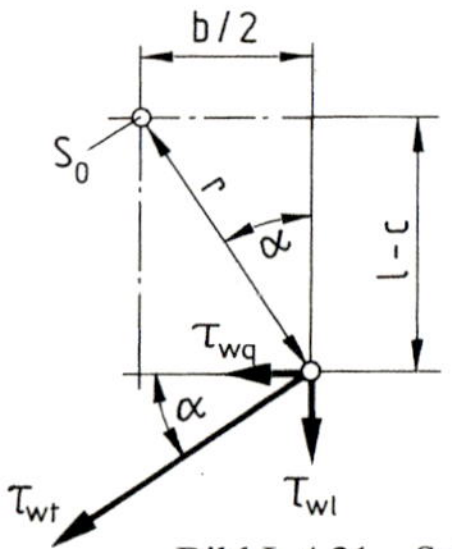

Bild L 4.21 Schubspannungen am höchstbeanspruchten Wurzelpunkt

Wurzelpunkt ist $\tau_w = \sqrt{(\tau_{wty} + \tau_{wq})^2 + (\tau_{wtx} + \tau_{wl})^2}$, **3.** Im Bauteilquerschnitt S Zugspannung durch F_x und Biegespannung durch $M_b = F_y \cdot L$, **4.** $\tau_{w\,zul}$ und $\sigma_{b\,zul}$ (Biegung vorherrschend) nach Tab. 4.4.

4.21 Lösung für Stellung II sinngemäß wie Aufg. 4.19 mit $c = a \cdot l^2/A_w$, $R = L + (l - c)$, $r = \sqrt{(b/2)^2 + (l - c)^2}$ und I_{wp} nach Gl. (4.7), da Schweißanschluss entsprechend ME Bild 4.34b, Schubspannungen am höchstbeanspruchten Wurzelpunkt s. Bild L 4.21.

4.22 Es handelt sich um einen biegesteifen Kehlnahtanschluss entspr. ME Bild 4.35, e_{wd} nach Gl. (4.9) und I_w nach Gl. (4.10) (s. a. ME Beisp. 4.3), τ_w zu 2. nach Gl. (4.2) mit A_{w1}, τ_w zu 3. nach Gl. (4.11), $\sigma_{wv\,zul}$ zu 2. und $\tau_{w\,zul}$ zu 3. für Doppelflachkehlnaht. Es ist $\sigma_{wv\,zul} = \tau_{w\,zul}$. σ_{bd} wie unter 2. in ME Beisp. 4.3 mit $L_s = L - a_1 = 215$ mm.

4.23 Schubbeanspruchung durch $M = F \cdot R$ mit $R = 80$ mm in Naht 1, Torsionsbeanspruchung im Querschnitt S_1, Biegung durch $M_{wb} = F \cdot L$ in Naht 2 (Vergleichsspannung entfällt, s. ME Abschn. 4.5 unter 5.), Biegung im Querschnitt S_2.

4.24 Schub- und Biegebeanspruchung in Naht 1, Biegespannung $\sigma_{wb} = \sigma_b$ (s. 5. in ME Abschn. 4.5), Vergleichsspannung nach Gl. (4.5) bilden ($\sigma_{wv\,zul}$ für umlaufende Kehlnaht), Torsions- und Biegespannung im Querschnitt S_1 zur Vergleichsspannung σ_v zusammenfassen (s. auch ME Abschn. 15.5 Gl. (15.10)), durch $F_2 = M/R$ mit $R = 200$ mm Schub in den Nähten 2 und Zug im Querschnitt S_2, $\tau_{w\,zul}$ für Doppel-Flachkehlnaht ($s = 12$ mm $< 5a = 15$ mm, s. ME Abschn. 4.6).

4.25 Berechnung sinngemäß wie ME Beisp. 4.3, jedoch Druckbeanspruchung durch $F_y = K_A \cdot F_r$ und Biegebeanspruchung durch $F_y \cdot L_y$ und $F_x \cdot L_x$ ähnlich ME Bild 4.32c mit $F_x = K_A \cdot F_f = K_A \cdot \mu_F \cdot F_r$, $L_x = 200$ mm und $L_y = e_{wd} - 30$ mm; da τ_w aus $F_q = F_x$ und $A_{w1} = 4 \cdot a_1 \cdot l_1$ sehr gering, kann auf Bildung der Vergleichsspannung nach Gl. (4.5) verzichtet werden; für Bauteilquerschnitte ist $\sigma_{b\,zul}$ maßgebend, da Biegung vorherrschend.

4.26 **1.** Siehe ME Abschn. 4.7 unter 9., wonach $a_{max} = 0{,}7\, t_{min}$ und t_{min} = Schenkeldicke, **2.** Annahme der kleineren Nahtlänge $l_2 = l_{min} = 10a$, $e_1 = e_x$ aus Tab. 4.11, **3.** Nahtfläche A_w wie bei ME Bild 4.50c (s. ME Abschn. 4.7 unter 10.), Profilquerschnittsfläche S aus Tab. 4.11. Da der Stab nur aus einem Winkelstahl besteht, greift die Zugkraft außermittig an, und es entsteht ein Biegemoment; die Berechnung der Biegespannung darf unterbleiben, wenn die Spannung aus der mittig gedachten Kraft $0{,}8\sigma_{zul}$ nicht überschreitet.

4.27 **1.** Nach den Angaben in ME Abschn. 4.7 unter 9. und 7., hier $l_{max} = 100a$ und $l_{min} = 10a$, $e_1 = e$ in Tab. 4.10, **2.** Die Schweißnähte sind schubbeansprucht, Nahtfläche $A_w = \sum (a \cdot l) = 2a(l_1 + l_2 + b)$, **3.** Nach Gl. (4.17), Profilquerschnittsfläche S aus Tab. 4.10.

4.28 In den mit Stumpfnähten angeschlossenen Stäben U_1, U_2 und D_1 ist jeweils $\sigma = \sigma_w$. Kontrolle des Druckstabes D_2 mit Gl. (4.17), der Schweißanschluss dieses Stabes darf nach ME Abschn. 4.5 unter 9. mit $A_w = A_{wS} + A_{wK}$ oder nur mit $A_w = A_{wS}$ berechnet werden.

4.29 **1.** Siehe Hinweis zum Anschluss von D_2 in Aufg. 4.28, **2.** Stabquerschnitt $S = h \cdot s + 2 \cdot b \cdot t$ mit Steghöhe h und Flanschbreite b, **3.** Weder im Stab noch im Anschluss dürfen die zulässigen Spannungen überschritten werden.

4.30 Zeichnerische Ermittlung für F_D genügt, s. Bild L 4.30 (Stabkräfte am Knoten befinden sich im Gleichgewicht), Stabquerschnittsflächen aus Tab. 4.12. Nahtflächen der Stabanschlüsse für V und D mit $A_w = A_{wS} + A_{wK}$ einsetzen, da A_{wS} allein nicht ausreicht, Kehlnahtlängen auf Zulässigkeit überprüfen; für die Verbindung des Knotenblechs mit dem Untergurt ist nur mit der Stumpfnaht zu rechnen, die durch die Resultierende der Untergurtkräfte auf Schub beansprucht wird.

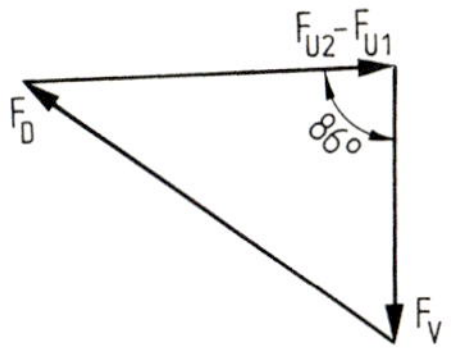

Bild L 4.30 Krafteck der Stabkräfte am Knoten

4.31 Es handelt sich um einen biegesteifen Kehlnahtanschluss entspr. ME Bild 4.35, jedoch mit zwei Stegen, sodass $A_{w1} = 4 \cdot a_1 \cdot l_1$ und $A_{w5} = 2 \cdot a_5 \cdot s$; Lösung sinngemäß wie Aufg. 4.22, 1. bis 3., zulässige Spannungen nach Tab. 4.8.

4.32 Der Schweißanschluss entspricht ME Bild 4.32a. Der Randabstand ist $e_w = l/2$, und es kann I_w wie für ME Bild 4.31b mit $s = 2 \cdot 8$ mm errechnet werden.

4.33 Der Anschluss entspricht ME Bild 4.36 und ist ähnlich ME Bild 4.51, Berechnung der Spannungen wie in ME Abschn. 4.5 unter 7. und in ME Abschn. 4.7 angegeben bzw. sinngemäß wie ME Beisp. 4.5; Darstellung der Schweißnahtflächen und der Trägerquerschnittsfläche s. Bild L 4.33.

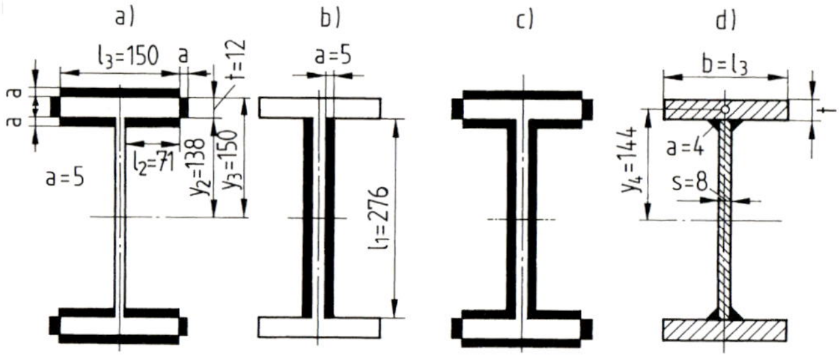

Bild L 4.33 Schweißnahtflächen und Trägerquerschnitt
a) Flanschnähte, b) Stegnähte, c) gesamte Nahtfläche, d) Trägerquerschnittsfläche

4.34 **1.** Da anzunehmen ist, dass die Stabzugkraft F_{H1} von den Flankenkehlnähten am Knotenblech aufgenommen wird (Berechnung erfolgt unter 3.), handelt es sich um einen biegefesten Trägeranschluss ohne Längskraft. Für die Berechnung von I_w ist die Nahtfläche 2 vereinfacht parallel zur Nahtfläche 3 anzusetzen. Die in der Wurzel der Nahtfläche 3 auftretende Biegespannung ist mit $M_{b\,max}$ zu errechnen, als zulässige Biegespannung gilt die zulässige Zugspannung quer zur Nahtrichtung nach Tab. 4.8 für geschweißte Krantragwerke DIN 15018. **2.** Wegen der verschiedenen Stellungen der Verkehrslast ist die Zulässigkeit des Vergleichswertes in den Stegnähten nachzuweisen sowohl beim Auftreten von $M_{b\,max}$ und F_q als auch von $F_{q\,max}$ und M_b. Mit den Werten aus den Tabn. 4.7 und 4.8 beträgt das Verhältnis $\sigma_{z\,zul}/\sigma_{wz\,zul} = 160/113 = 1{,}416$ (zur Berechnung von σ_{wv}). **3.** Berechnung der Schubspannung mit $A_w = 4a \cdot l$. **4.** Der Horizontalträger wird im Abschnitt H_1 auf Biegung und Zug beansprucht. Das Widerstandsmoment W_b einer Trägerhälfte (eines U-Profils 280) kann mit I_x und $e = h/2$ erfolgen, I_x und h sowie S für die Berechnung der Zugspannung aus Tab. 4.13. Die größte resultierende Normalspannung σ_r ist mit $\sigma_{z\,zul}$ nach Tab. 4.7 zu vergleichen. **5.** Im Abschnitt H_2 tritt nur Biegebeanspruchung auf.

4.35 Die Schweißnähte sind schubbeansprucht. Für die Flankenkehlnähte an den Stäben D_2 und D_3 ist beidseitig nur die jeweils angegebene Länge einzusetzen, die dazwischen liegenden Nahtteile am Knick bleiben unberücksichtigt. Die Nahtlängen sind auf Zulässigkeit zu überprüfen (s. ME unter 10. im Abschn. 4.7). Wegen der Druckbeanspruchung sind die Stäbe auf Knickung mit dem Omega-Verfahren nach DIN 4114 zu berechnen (Gl. (4.17)), Knickzahlen ω aus Tab. 4.19 und Profilquerschnitte S aus Tab. 4.13. Da es sich um zweiteilige Stäbe handelt, ist $\sigma = F/2S$. Der Schlankheitsgrad des Stabes D_2 ist trotz seiner geringen Länge relativ groß, weil er nicht vergittert werden kann, um die Durchfahrt der Last zwischen seinen beiden Profilstählen zu ermöglichen (s. Bild 4.35).

4.36 Berechnung sinngemäß wie ME Beisp. 4.7.

4.37 Sinngemäß wie ME Beisp. 4.7 mit $\sigma_{w\,R,d}$ für S235 und σ_{wv} wie in Aufg. 4.32.

4.38 Aus Gl. (4.1) folgt sinngemäß $F_{R,d} = A_w \cdot \sigma_{w\,R,d}$ mit $A_w = S - \Delta S$ und $\sigma_{w\,R,d}$ nach Gl. (4.19), wobei $\alpha_w = 0{,}55$ ist (Tab. 4.17, Flanschdicke >16 mm).

4.39 Sinngemäß wie ME Beisp. 4.9, jedoch Beanspruchungsgruppe B 2 und $A_w = 4 \cdot a \cdot i$.

4.40 Sinngemäß wie ME Beisp. 4.8, jedoch Beanspruchungsgruppe B 3 (für N 2 und S_1 nach Tab. 4.20) und zulässige Oberspannung nach Gl. (4.24) (Zugbeanspruchung im Schwellbereich). Obergrenze der zulässigen Oberspannung beachten ($\sigma_{w\,zul}$ für Lastfall HZ nach Tab. 4.8).

4.41 **1.** Spannungskontrolle mit F_{U1} und der zul. Spannung nach Tab. 4.7. **2.** Berechnung auf Knickung mit Gl. (4.17), der zul. Spannung aus Tab. 4.7 und der Knickzahl ω aus Tab. 4.24. Wie in ME Beisp. 4.10 ist die reduzierte Wanddicke t_{red} zu errechnen. Die Kehlnahtdicke muss dann $a \geq t_{red}$, jedoch mindestens $a = 3$ mm sein, da $t > 3$ mm ist. Die Berechnung der Druckstäbe auf Knicken ist nach ME Abschn. 4.7 vorzunehmen. Für Rohre ist

$$I = I_{min} = \frac{\pi}{64}(d_a^4 - d_i^4) \quad \text{und} \quad S = \frac{\pi}{4}(d_a^2 - d_i^2).$$

Damit ergibt sich $i = \sqrt{I_{min}/S} = 0{,}25\sqrt{d_a^2 + d_i^2}$ oder wie in ME Beisp. 4.10. **3.** Berechnung des Rohrquerschnitts auf Zug mit σ_{zul} nach Tab. 4.7, da Anschluss mit Knotenblechen verstärkt (ohne diese nach Tab. 4.8).

4.42 **1.** Stabkraft F_S aus der Gleichgewichtsbedingung $\sum M = 0$ mit Wirkabstand $l_s = b \cdot \sin\alpha$ und $\tan\alpha = a/b$ (s. Bild L 4.42). **2.** Da die Rohre unmittelbar miteinander verschweißt sind, ist die erforderliche Rohrquerschnittsfläche S_{erf} mit σ_{zul} aus Tab. 4.8 für Kehlnähte zu errechnen. Rohrabmessungen nach Tab. 4.22. **3.** Erforderliche Nahtdicke $a_{erf} = t_{red}$, jedoch $a \geq 3$ mm, $t_{red} < t$. Ermittlung von t_{red} siehe ME Beisp. 4.10.

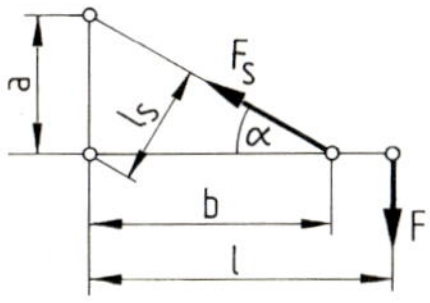

Bild L 4.42 Skizze zur Stabkraftermittlung

4.43 Stäbe 2, 4, 5 und 7 mit σ_{zul} nach Tab. 4.7 auf Knickung (ω nach Tab. 4.24), Stab 3 auf Zug mit σ_{zul} nach Tab. 4.8 für Kehlnähte. Siehe hierzu ME Beisp. 4.10. Sämtliche Kehlnähte müssen $a \geq t_{red}$, mindestens $a = 3$ mm sein.

4.44 Zulässige Kraft $F_{zul} = S \cdot \sigma_{zul}$ mit S nach Tab. 4.23 und σ_{zul} für Kehlnähte nach Tab. 4.8. Ein Nachweis für die Schweißnaht ist nicht erforderlich, da nach DIN 18808 die Nahtdicke $a \geq t$ sein muss.

4.45 Berechnung des Untergurtes U mit σ_{zul} nach Tab. 4.7 auf Zug, des Füllstabes A1 auf Druck und Knickung mit σ_{zul} nach Tab. 4.7, des Füllstabes A2 auf Zug mit σ_{zul} für Kehlnähte nach Tab. 4.8. Die Nahtdicke a braucht nicht ermittelt zu werden, da sie größer ist als die Wanddicken $t = 2{,}6$ mm der Stäbe A, somit auch größer als t_{red}, da $t_{red} < t$.

4.46 **1.** s nach Gl. (4.27) mit v für den Regelfall, Bestimmung von c_1 nach Ausrechnung des Bruches, d. h. der theoretischen Wanddicke ohne Zuschläge, Zulässigkeit des Werkstoffs (Tab. 4.25) und von D_a/D_i ist stets nachzuweisen. **2.** S' aus der umgeformten Gl. (4.27) mit dem Prüfdruck $1{,}3p$ und K bei 20 °C, Vergleich mit dem erforderlichen Wert (Tab. 4.27). **3.** Antwort nach Tab. 4.25.

4.47 Erforderlichen Werkstoffkennwert K_{erf} nach der umgeformten Gl. (4.28) errechnen und Werkstoff mit $K \geq K_{erf}$ nach Tab. 4.28 auswählen, Zulässigkeit nachweisen (Tab. 4.25) und Sicherheit S' bei Wasserdruckprüfung überprüfen.

4.48 **1.** Wie 1. und 2. in Aufg. 4.46. **2.** Obwohl der Reduzierstutzen als kegeliger Schuss aufzufassen ist, kann die Berechnung der Wanddicke an der engsten Stelle, dem zylindrischen Bereich am Übergang zum Flansch, mit Gl. (4.27) erfolgen wie unter 1. **3.** Berechnung nach Gl. (4.28) getrennt für Krempe und Kalotte, und zwar für die Krempe mit D_a und β nach Tab. 4.26 (da β von s_e abhängt, ist die Wanddicke vorerst anzunehmen, z. B. wie Mantel 1, und durch wiederholte Berechnung endgültig nach der auszuführenden Blechdicke festzulegen, erforderlichenfalls zu interpolieren) und für die Kalotte mit $D_i = 2R$ und $\beta = 1$. **4.** Wanddicke der Anschlussstutzen ebenfalls nach Gl. (4.27), für den gebogenen Stutzen 6 ist in der Praxis zusätzlich TRD 301, Anlage 2, zu beachten.

4.49 **1.** Wie 1. in Aufg. 4.48. **2.** Nach Gl. (4.27) mit Rohraußendurchmesser aus Tab. 4.21, c_1 vorerst annehmen, z. B. für Mindestwanddicke des gewählten Rohraußendurchmessers. **3.** Wie 2. **4.** Sinngemäß wie 3. in Aufg. 4.48, jedoch Berechnung nur für Krempe, da Kalottenteil gleich dick. **5** Wie 4., jedoch ist d_i/D_a für β zu ermitteln, da Boden mit Ausschnitt.

4.50 Sinngemäß wie Aufg. 4.47 mit Gl. (4.27) für Mantel 1 und Gl. (4.28) für Böden 2 sowie β nach Tab. 4.26 (nur für Krempe, da Kalottenteil von gleicher Dicke).

4.51 Sinngemäß wie 2. und 3. in ME Beisp. 4.12, jedoch mit $c_2 = 0$, da nichtrostender Stahl (s. a. Tab. 4.27). S' erübrigt sich, da $t = 20\,°C$ und Prüfdruck $>1{,}3p$ nicht vorgesehen.

4.52 **1.** Überprüfung von s_e nach Gl. (4.28) mit β aus Tab. 4.26 für Krempen- und Kalottenteil, v nach ME Bild 4.72c und $c_2 = 0$, da $s_e > 30$ mm (s. Tab. 4.27), S' wie ME Beisp. 4.12 unter 6. **2.** Nach den Angaben zu ME Bild 4.71b. **3.** Zeichnerische Ermittlung von x und Vergleich mit den Angaben zu ME Bild 4.71d. **4.** Nach Gl. (4.27) mit $v = 1$ (nahtloses Rohr) und $c_2 = 0$ (s. Tab. 4.27), S' wie Aufg. 4.46 unter 2. **5.** Nach ME Bild 4.74, Form C.

4.53 Wanddicke des Mantels 1 wie in Aufg. 4.46 unter 1. und 2., des Bodens 2 nach Gl. (4.29) mit C für Form U2 nach ME Bild 4.73 aus Tab. 4.30 und $d_1 = 0$ (die Hälfte des so errechneten Wertes ist als Grundlage für den konstruktiven Entwurf des Bodens gedacht, eine genaue Berechnung der Wanddicke des durch die Rohre versteiften Bodens hat nach Vorliegen aller Abmessungen gemäß TRD 305 zu erfolgen), der Rauchrohre sinngemäß wie für den Mantel 1 mit $v = 1$ (nahtlose Rohre und äußerer Überdruck), auszuführende Wanddicke nach Tab. 4.21.

5 Pressschweißverbindungen

5.1 **1.** F aus der umgeformten Gl. (5.2) mit $\tau_{wa\,zul}$ aus Tab. 5.2, Kontrolle von σ_{wl} nach Gl. (5.3) mit $\sigma_{wl\,zul}$ aus Tab. 5.2. **2.** Nach Tab. 5.1.

5.2 Überprüfung der Abmessungen nach Tab. 5.1 für $d = 10$ mm, der Spannungen mit den Gln. (5.2) und (5.3) und den zulässigen in Tab. 5.2 (obere Reihe wegen Knickgefährdung der druckbeanspruchten Stäbe); da der ausgeführte Punktdurchmesser größer ist als d nach Gl. (5.1), ist mit letzterem zu rechnen. Die Spannungskontrolle ist nur für den höher beanspruchten Stabanschluss erforderlich, da beide Anschlüsse gleich ausgeführt sind.

5.3 Vergleich der Spannungen nach den Gln. (5.2) und (5.3) mit den zulässigen in Tab. 5.2, obere Reihe des oberen Tabellenteils. Das durch F erzeugte Moment kann deshalb vernachlässigt werden.

5.4 Die Scherkraft F ist gleich der aus dem Drehmoment zu errechnenden Umfangskraft am Teilkreisdurchmesser der Punkte; sonst wie Aufg. 5.3, jedoch mit den zulässigen Spannungen des unteren Teils der Tab. 5.2 (für $R_m = 490$ N/mm^2 nach Tab. 1.2).

5.5 **1.** Für die Spannungskontrolle sind die zulässigen Werte der Tab. 5.2 näherungsweise zu interpolieren. **2.** F_{wB} und F_B nach Gl. (5.4) errechnen und vergleichen, Scherfestigkeit τ_{wB} nach Gl. (5.4).

5.6 **1.** Es handelt sich um einen Momentenanschluss. Der linke Schweißpunkt wird höher beansprucht als der rechte, und zwar mit $F_n = F_a + F_b$, F_a aus $\sum F_y = 0$ und F_b aus $\sum M = 0$, wobei zu beachten ist, dass nur $F_S/2$ auf das angeschweißte Flachstahlstück wirkt. **2.** Da F_n sich auf einen Schweißpunkt bezieht, ist in die Gln. (5.2) und (5.3) die Punktanzahl $n = 1$ zu setzen! Zulässige Spannungen des unteren Teils der Tab. 5.2 näherungsweise interpolieren für $R_m = 490$ N/mm^2 (Tab. 1.2). **3.** F_B nach Gl. (5.4) mit $R_m = 340$ N/mm^2 und F_{Bn} sinngemäß wie F_n unter 1. **4.** F_{wB} nach Gl. (5.4) vergleichen mit F_{Bn}.

5.7 Es handelt sich um einen Momentenanschluss ähnlich Aufg. 5.6, jedoch mit $F_n = \sqrt{F_a^2 + F_b^2}$, F_a aus $\sum F_x = 0$ und F_b aus $\sum M = 0$.

5.8 **1.** Die 4 Seilkräfte F_S zur Resultierenden F_r zusammensetzen, diese in Komponenten F_x und F_y zerlegen (s. Bild L 5.8). Es ist davon auszugehen, daß sich das U-Profil um die Kante K drehen will. Dadurch werden die Schweißpunkte mit den verschieden großen Kräften F_1 und F_2 auf

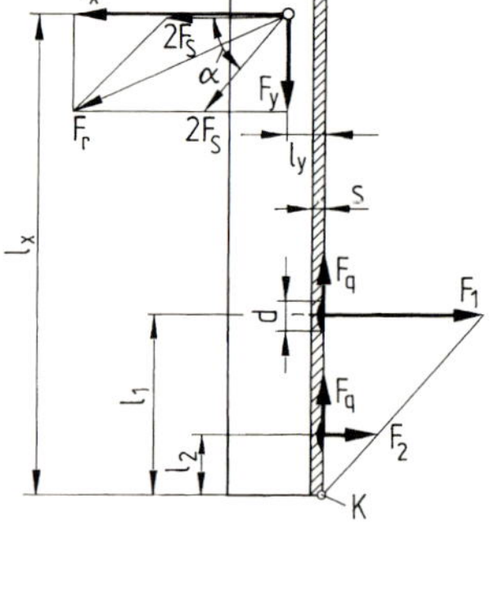

Bild L 5.8 Skizze zur Kräfteberechnung

Zug beansprucht. Wegen des Gleichgewichtszustandes folgt F_1 aus $\sum M_{(K)} = 0$ mit $F_2/F_1 = l_2/l_1$. **2.** Nach Gl. (5.5) mit $n = 1$ und d aus Gl. (5.1), s aus Tab. 4.13. **3.** Nach Gln. (5.2) und (5.3) mit $F = F_y$. **4.** Vergleich mit den zul. Spannungen in Tab. 5.2 (interpoliert).

5.9 Sinngemäß wie Aufg. 5.4 (s. a. ME Beisp. 5.4).

5.10 **1.** Aus den statischen Gleichgewichtsbedingungen: $\sum M_{(A)} = F_B \cdot 1\,\text{m} - F_G \cdot 0{,}4\,\text{m} = 0$, $\sum F_x = F_B - F_{Ax} = 0$ und $\sum F_y = F_{Ay} - F_G = 0$. **2.** Die Schweißbuckel beider Bänder sind gleich ausgeführt. Das untere Scharnierband A hat die Horizontalkraft F_{Ax} und die Vertikalkraft F_{Ay} aufzunehmen, ist also höher beansprucht. Die Berechnung wird somit nur für die Schweißverbindung des Bandes A durchgeführt. Jeder Schweißbuckel dieser Verbindung hat infolge des Moments $M = F_{Ay} \cdot l$ die Kraftkomponenten F_b, wegen der Horizontalkraft den Kraftanteil F_x und von der Vertikalkraft den Anteil F_y zu übertragen (s. Bild 5.10b). Die einzelnen Kräfte ergeben sich aus den auf den Mittelpunkt des Schweißanschlusses bezogenen statischen Gleichgewichtsbedingungen: $\sum M = 8F_b \cdot b - F_{Ay} \cdot l = 0$, $\sum F_x = 4F_x - F_{Ax} = 0$ und $\sum F_y = 4F_y - F_{Ay} = 0$. Die größte Kraft F_n hat der obere rechte Buckel aufzunehmen, wo sich die Komponenten F_b mit F_x und F_y addieren. **3.** Scherspannung τ_{wa} nach Gl. (5.2) mit $F = F_n$ und $n = 1$, Bruchsicherheit $S_B = \tau_{wB}/\tau_{wa} = F_{wB}/F_n$.

5.11 F folgt aus Gl. (5.2) mit A_w für Langbuckel nach ME Abschn. 5.3 und $\tau_{wa\,zul} = 0{,}2\tau_{wB}$. Eine Berechnung auf Biegung ist nicht erforderlich, da der Hebelarm klein ist.

5.12 Bruchsicherheit $S_B = \tau_{wB}/\tau_{wa}$ mit $\tau_{wB} \approx 0{,}65 R_m$ und τ_{wa} nach Gl. (5.2), $F = m \cdot g/4$, A_w nach ME Abschn. 5.3. Berechnung auf Leibung und Biegung wie in Aufg. 5.11 nicht erforderlich. Ringbuckel-Anzahl n_{erf} aus Gl. (5.4) mit $S = s \cdot b$ ($s = 1$ mm, $b = 50$ mm).

6 Lötverbindungen

6.1 **1.** Aus Gl. (6.2) mit $A_l = d \cdot \pi \cdot l$ und $\tau_{l\,zul}$ nach Tab. 6.2. **2.** Aus Gl. (6.1) mit A_l und τ_{lB} nach Tab. 6.2 sowie $S = d^2 \cdot \pi/4$ und $R_m = 470\,\text{N/mm}^2$ nach Tab. 1.2.

6.2 **1.** τ_l nach Gl. (6.2), worin $F = M/r = M \cdot 2/d$ und $A_l = d \cdot \pi \cdot l$. **2.** Sinngemäß zu Gl. (6.1) gilt hier: Bruchdrehmoment der Lötfuge $M_{lB} = A_l \cdot \tau_{lB} \cdot d/2 = W_t \cdot \tau_{tB} \cdot M_B$ Bruchdrehmoment der Welle ($W_t \approx 0{,}2d^3$, s. Tab. 15.2).

6.3 Aus Gl. (6.2) mit $\tau_{l\,zul}$ nach Tab. 6.2 und $A_l = 2 \cdot l \cdot b$.

6.4 Nach Gl. (6.3) mit F aus $\sum M = F \cdot l_2 - F_1(l_1 + l_2) = 0$ und $A_l = b \cdot l$, worin $b = (15 - 2 \cdot 2{,}5)\,\text{mm} = 10\,\text{mm}$.

6.5 Nach Gl. (6.2) mit $A_l = 2 \cdot b \cdot l$, zweckmäßige Werte für l s. unter 1. Bleche im ME Abschn. 6.2, $\tau_{l\,zul}$ s. nach Gl. (6.3) unter Weichlötverbindungen. Die Stoßfläche der Bleche wird vernachlässigt.

6.6 **1.** Nach Gl. (6.2) mit $F = p \cdot d_a^2 \cdot \pi/4$. **2.** Aus Gl. (6.1) mit $S = (d_a - s)\,\pi \cdot s$.

6.7 **1.** Aus Gl. (6.2) mit F wie in Aufg. 6.6. **2.** Aus Gl. (6.1) mit $S = (d_a^2 - d_i^2) \cdot \pi/4$. **3.** Nach ME Abschn. 6.3 letzter Absatz.

6.8 **1.** Wie unter 1. in Aufg. 6.2 mit $F = p \cdot D_i^2 \cdot \pi/4$ und $D_i = 192$ mm. **2.** Wie unter 3. in Aufg. 6.7.

7 Klebverbindungen

7.1 **1.** Aus Gl. (7.1) mit $A_k = d \cdot \pi \cdot l$ und $S = (d - s)\,\pi \cdot s$, worin $d = 20$ mm und $s = 2$ mm. Die Vorbehandlung der Klebflächen durch Schmiergeln ergibt eine mittlere Bindefestigkeit (s. ME Abschn. 7.1 u. Tab. 7.3), sodass bei einer Zugscherfestigkeit des Klebers von ca. $34\,\text{N/mm}^2$ (nach Tab. 7.2 bei 60 °C) mit $\tau_{kB} \approx 10\,\text{N/mm}^2$ gerechnet werden kann. **2.** Günstige Kleblängen l s. ME Abschn. 7.2. **3.** Aus Gl. (7.2) mit $\tau_{k\,zul} \approx 0{,}3\tau_{kb}$.

7.2 **1.** Aus Gl. (7.1) mit $A_k = b \cdot l$ und τ_{kb} bei 55 °C nach Tab. 7.2, da Vorbehandlung für hohe Bindefestigkeit (s. ME Abschn. 7.1 u. Tab. 7.3). **2.** Nach Gl. (7.2) mit $A_k = B \cdot L$ und $F = F_u/4$, da die Klebflächen aller 4 Backen die Umfangskraft F_u am Innenradius $R = 160$ mm der Kupplung aus dem Drehmoment $T_K = F_u \cdot R$ übertragen müssen; $\tau_{k\,zul}$ nach ME Abschn. 7.3 mit τ_{kB} bei 80 °C aus Tab. 7.2.

7.3 τ_k nach Gl. (7.2), $\tau_{k\,zul} = 0{,}2\tau_{kB}$, τ_{kB} nach Tab. 7.2.

7.4 Nach Gl. (7.2) mit $A_k = 2b \cdot l$ (günstige Klebelänge s. ME Abschn. 7.2) und $\tau_{k\,zul} = 0{,}4\tau_{kB}$ (s. ME Abschn. 7.3). Aus Tab. 7.3 folgt $\tau_{kB} = 7$ N/mm² bei 20 °C, da nur niedrige Bindefestigkeit (ME Abschn. 7.1 und Tab. 7.3), kann $\tau_{kB} \approx 4$ N/mm² angenommen werden.

7.5 **1.** $M = F_{zul} \cdot D/2$ mit $F_{zul} = A_k \cdot \tau_{k\,zul}$ aus Gl. (7.2) und $A_k = D \cdot \pi \cdot l$. Das Ergebnis veranschaulicht, dass mit einer Klebverbindung ein relativ hohes Drehmoment übertragen werden kann; es ist von einer Passfederverbindung nicht zu übertreffen, außerdem spart man das teure Fräsen und Stoßen der Nuten. **2.** Nach Gl. (7.1) und entspr. Aufg. 6.2 gilt sinngemäß: $M_{kB} = A_k \cdot \tau_{kB} \cdot D/2 = W_t \cdot \tau_{tB} = M_B$ mit $W_t \approx 0{,}2(D^4 - d^4)/D$ (s. Tab. 15.2).

7.6 τ_N aus Tab. 7.4, Faktoren $f_1 \ldots f_8$ aus Tab. 7.5, τ_{kB} nach Gl. (7.3), τ_k nach Gl. (7.2) mit $F = 2M/D$ und $A_k = D \cdot \pi \cdot l$, S_B nach Gl. (7.4).

7.7 Bruchsicherheit nach Gl. (7.4) mit τ_{kB} aus Tab. 7.2 und τ_k nach Gl. (7.2). Die von der Klebschicht aufzunehmende Kraft F ist gleich der Reibkraft $F_R = \mu \cdot F_N$ an der Kontaktfläche; da die Klebflächen verhältnismäßig schmal sind, braucht nicht mit dem polaren Widerstandsmoment gerechnet zu werden, sondern nur mit $A_k = d \cdot \pi \cdot b$. Eigentlich würde die Kontrolle der Sicherheit für den inneren Ring mit der kleineren Klebfläche genügen. Bei sehr hoher Bruchsicherheit würde stellenweises Kleben ausreichen.

7.8 Aus $F_B = S \cdot R_m = F_{gB} = F_{nB} + F_{kB}$ folgt mit F_{nB} nach Gl. (7.5) (hier wegen der zweischnittigen Niete $2A_n$ anstelle A_n einsetzen) für $\tau_{kB} = F_{kB}/A_k$; es ist $S = (b - n \cdot d_1)s$ und $A_k = 2(b \cdot l - n \cdot A_n)$, da die Verringerung des Bandquerschnitts und der Klebfläche durch die Nietlöcher zu berücksichtigen ist ($A_n = A$ nach Tab. 8.1).

7.9 Mit $\tau_{kk\,zul}$ nach Gl. (7.7) folgt für die am mittleren Klebflächendurchmesser $d_m = 45$ mm zulässige Umfangskraft $F_u = A_k \cdot \tau_{kk\,zul}$ und damit F aus $\sum M = 0 = F \cdot L - F_u \cdot d_m/2$; es ist A_k wie in ME Beisp. 7.3 unter 2. zu ermitteln, F_{wB} nach Gl. (7.6), τ_{kB} aus Tab. 7.2, $F_{gB} = F_{kB} + F_{wB}$ (s. Legenden zu den Gln. (7.6) und (7.7)).

8 Nietverbindungen

8.1 **1.** Die Kraft F ist gleich der aus dem Drehmoment $M = P/(2\pi \cdot n)$ errechneten Umfangskraft am Teilkreis der Niete, multipliziert mit dem Stoßfaktor f_1. **2.** Nach den Gln. (8.1) und (8.2) mit A aus Tab. 8.1, $n = 6$ und $m = 1$. **3.** Vergleich mit den zulässigen Spannungen der Tab. 8.2; für den Leibungsdruck ist der Wert des Bauteils (der Nabe) aus S235JR maßgebend.

8.2 **1.** Da zwei Reibflächen vorhanden sind, ergibt sich eine Reibkraft $F_R = 2 \cdot \mu \cdot F_N$, die in Umfangsrichtung am angegebenen mittleren Reibflächendurchmesser $d_m = 130$ mm wirkt, sodass $T_b = F_R \cdot d_m/2$. **2.** Erforderlicher Nietquerschnitt A_{erf} aus Gl. (8.1) mit F als Umfangskraft am Teilkreisdurchmesser d_0 und $\tau_{a\,zul}$ nach Tab. 8.2, Wahl von d_1 und d_7 nach Tab. 8.1, sodass $A \geq A_{erf}$. **3.** Mit Gl. (8.2) für Scheibe und Nabe getrennt, Vergleich mit $\sigma_{l\,zul}$ der Tab. 8.2.

8.3 Bestimmung der Nietdurchmesser sinngemäß wie in Aufg. 8.2 unter 2. und 3., der Breite b aus Gl. (8.4) mit $S_n = b \cdot t - 2d_L \cdot t$.

8.4 Fliehkraft $F = m \cdot r(2\pi \cdot n)^2$ mit $m = 0{,}3$ kg, $r = 0{,}175$ m und $n = (4000/60)\ \mathrm{s}^{-1}$. Festigkeitskontrolle der Nietverbindung mit den Gln. (8.1) und (8.2) sowie 50% der zulässigen Spannungen aus Tab. 8.2, σ_l nur für Flügel mit $t = 3$ mm. Da die Bauteilquerschnitte auf Zug durch die Fliehkraft

F beansprucht werden, gilt Gl. (8.4) mit $S_n = b \cdot t - 2d_L \cdot t$. Die Querschnitte in der jeweils ersten Nietreihe haben die volle Kraft F aufzunehmen, die in den folgenden Nietreihen jeweils nur den der verbleibenden Nietanzahl entsprechenden Anteil (s. ME Bild 8.8). Hierbei ist zu beachten, dass die erste Nietreihe im Lappen der Nabe die letzte Nietreihe im Flügel ist und umgekehrt! Im vorliegenden Fall ist somit b_1 mit F und b_2 mit $F/2$ zu errechnen, und zwar mit 60% der zulässigen Spannungen aus Tab. 8.2.

8.5 Die Niete werden auf Zug beansprucht. Das von der Kante K weiter entfernte Nietpaar ist höher belastet (s. Bild L 8.5). Die Kraft F_1 folgt aus $\sum M_{(K)} = 0 = F_1 \cdot l_1 + F_2 \cdot l_2 - F \cdot l$ mit $F_2/F_1 = l_2/l_1$. Kontrolle der Zugspannung nach Gl. (8.3) mit $F_z = F_1/2$ und A aus Tab. 8.1 sowie $\sigma_{z\,zul}$ aus Tab. 8.2.

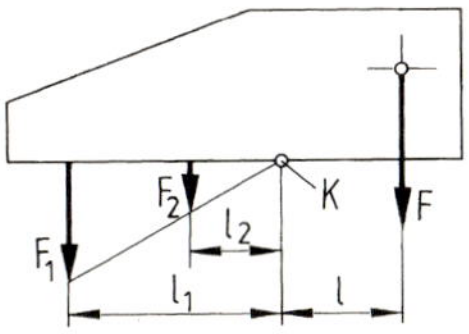

Bild L 8.5 Skizze zur Kräfteberechnung

8.6 Der Nietschaft wird durch die Kraft F im Querschnitt 1 auf Zug, der Kopf im Ringquerschnitt 2 auf Abscheren beansprucht. Es ist $\sigma_z = F/A$ mit $A = (d_L^2 - d_i^2)\,\pi/4$ und $\tau_a = F/(d_L \cdot \pi \cdot k)$, wobei $d_L = 8{,}4$ mm und $k = 1{,}5$ mm. Zulässige Spannungen nach Tab. 8.2; da im Ringquerschnitt 2 zusätzlich Biegebeanspruchung auftritt, ist wie in der Aufgabe angegeben eine Verringerung des Wertes für $\tau_{a\,zul}$ vorzunehmen.

8.7 **1.** Da die Wirkungslinie der Kraft F nicht durch den Schwerpunkt S_0 der Verbindung geht, sind die Niete unterschiedlich belastet. Siehe hierzu auch ME Bild 8.14. Die Kräfteverteilung an den Nieten ist in Bild L 8.7 für den Gleichgewichtszustand dargestellt. Rechnungsgang für F_n: Komponenten F_x und F_y von F, Komponenten F_a und F_b (sie verhalten sich zueinander wie die Abstände a und b) aus $\sum M = 0 = 4F_a \cdot a/2 + 4F_b \cdot b/2 - F_y \cdot L$, Längskraftkomponenten F_l aus $\sum F_x = 0 = 4F_l - F_x$, Querkraftkomponenten F_q aus $\sum F_y = 0 = 4F_q - F_y$, Zusammensetzen der Komponenten zur Resultierenden F_n am höchstbeanspruchten Niet (rechts unten). **2.** Mit den Gln. (8.1) und (8.2) sowie den zulässigen Spannungen der Tab. 8.2. **3.** Der gefährdete Querschnitt an der Nietverbindung wird beansprucht auf Biegung durch das Moment $M_b = F_y \cdot l$ und auf Zug durch F_x. Unter Berücksichtigung der Schwächung durch die Nietlöcher ist für einen Flachstahl $S_n = (B - 2d_L)t$ und $W_b = I/e$ mit $e = B/2 = 20$ mm und $I = t \cdot B^3/12 - 2(t \cdot d_L^3/12 + c^2 \cdot t \cdot d_L)$, worin $c = a/2$, damit wird $\sigma_r = \sigma_b + \sigma = M_b/2W_b + F_x/2S_n$.

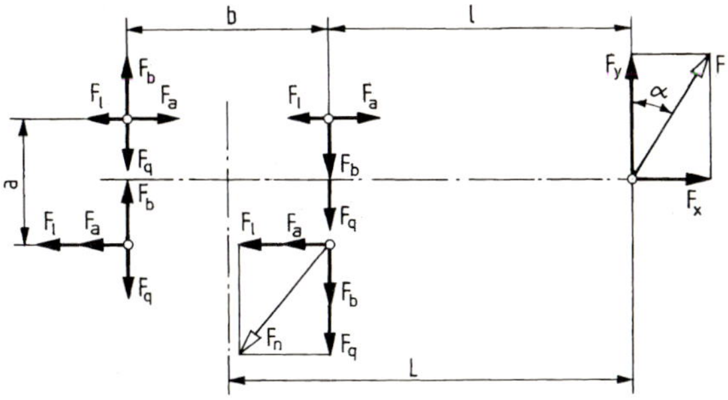

Bild L 8.7 Kräfte an den Nieten

8.8 **1.** Beanspruchung der Niete und Berechnung der Kraft F_n sinngemäß wie in Aufg. 8.7 unter 1. (F_a entfällt. F_b aus $\sum M = 0 = 6F_b \cdot 30\text{ mm} - F_y \cdot 100\text{ mm}$, $F_q = F_y/n$ und $F_l = F_x/n$. Höchstbeansprucht ist der rechts auf der Hebelmittellinie liegende Niet, siehe Bild L 8.8), damit A_{erf} aus Gl. (8.1) mit $\tau_{a\,zul}$ nach Tab. 8.2 und Wahl der Nietgröße nach Tab. 8.1 sowie Kontrolle von σ_l mit Gl. (8.2) (die Senkköpfe bleiben unberücksichtigt, s. auch Aufg. 8.2 unter 3.). **2.** Ermittlung von F_n sinngemäß wie unter 1., damit Überprüfung von τ_a und σ_l. **3.** Als Belastungskraft wird nur die Umfangskraft $F_u = F_y \cdot 100\text{ mm}/30\text{ mm} = F \cdot 100\text{ mm} \cdot \cos 20°/30\text{ mm}$ am Teilkreis der Niete einge-

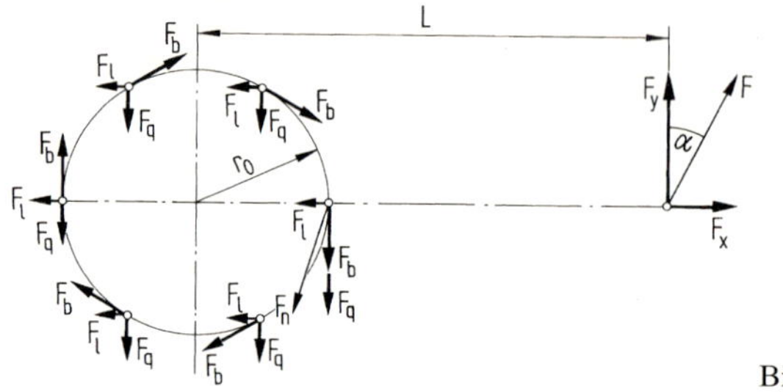

Bild L 8.8 Kräfte an den Nieten

setzt. Durch die vergleichenden Berechnungen soll gezeigt werden, dass für ein Problem oftmals mehrere Lösungen geeignet sein können und dass sinnvolle Berechnungsvereinfachungen keine Änderung der praktischen Ausführung bewirken.

8.9 Der Anschluss ist wie zwei Nietverbindungen mit je $n = 4$ und $m = 2$ aufzufassen, Berechnung nach den Gln. (8.1), (8.2) und (8.4) mit A und d_7 aus Tab. 8.3, $t = 2 \cdot 6$ mm und den zulässigen Spannungen der Tabn. 4.7 und 8.6.

8.10 Kontrolle der Nietdurchmesser mit Tab. 8.5, Spannungsnachweis für die Stabanschlüsse mit den Gln. (8.1) und (8.2) und den zulässigen Spannungen der Tab. 8.6, für die Zugstäbe D_1 und V_1 mit Gl. (8.4), für den Druckstab D_2 mit Gl. (8.5), Profilquerschnittsflächen sowie I_x für Profile des Stabes D_2 nach Tab. 4.11, zulässige Spannungen nach Tab. 4.7, Schlankheitsgrad λ und Knickzahl ω für D_2 sinngemäß wie in ME Beisp. 8.3 unter 5.

8.11 **1.** Rand- und Lochabstände nach den Tab. 8.4 und 8.5, zulässige Klemmlänge nach ME Abschn. 8.4 (12. Richtlinie). **2.** Aus Gl. (8.1) mit $n = 5$, $m = 2$, A nach Tab. 8.3 und $\tau_{a\,zul}$ nach Tab. 8.6. **3.** Aus Gl. (8.2) mit d_7 nach Tab. 8.3, $t = 12$ mm und $\sigma_{l\,zul}$ nach Tab. 8.6. **4.** Aus Gl. (8.4) mit S_n sinngemäß wie in ME Beisp. 8.3 unter 3. und σ_{zul} nach Tab. 4.7.

8.12 Beanspruchung der Niete und Berechnung der größten Kraft F_n für einen Niet sinngemäß wie in Aufg. 8.7 unter 1., Kräfteverteilung an den Nieten eines Profilanschlusses s. Bild L 8.12, Spannungsnachweis für die Nietverbindung mit den Gln. (8.1) und (8.2) sowie den zulässigen Spannungen der Tab. 8.6.

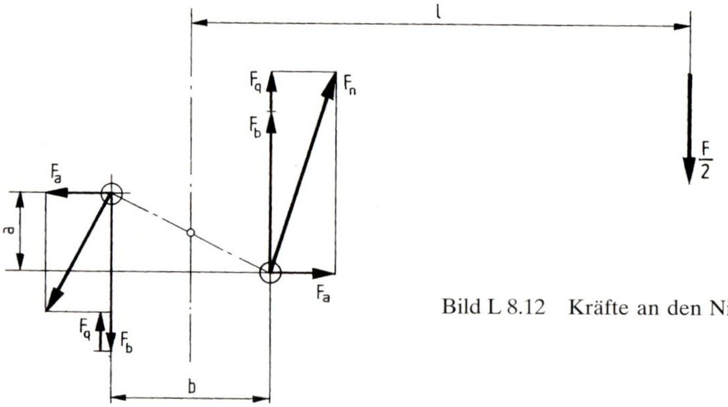

Bild L 8.12 Kräfte an den Nieten

8.13 **1.** Die Nietgruppe am Steganschluss entspricht der Nietgruppe 1 in ME Bild 8.15. Berechnung der einen Niet beanspruchenden größten Kraft F_n mit Gl. (8.8), dazu Ermittlung von F_g mit Gl. (8.7) sowie von F_a und F_b wie in ME Abschn. 8.2 angegeben. Spannungsnachweis für die Niete mit den Gln. (8.1) und (8.2) und den zulässigen Spannungen der Tab. 8.6. Der Stegträger müßte noch auf Biegung im gefährdeten Querschnitt an der äußeren Nietreihe nachgerechnet werden, was jedoch in dieser Aufgabe nicht verlangt ist. **2.** Die Nietgruppe am Gurtanschluß entspricht der Nietgruppe 2 in ME Bild 8.15. Berechnung von F_n mit Gl. (8.9), sonst sinngemäß wie unter 1. Die für das Knotenblech noch erforderliche Kontrolle der Biegespannung im durch die Nietlöcher geschwächten Querschnitt ist in dieser Aufgabe nicht verlangt.

8.14 **1.** Nach Gl. (8.4) mit $S_n = (5{,}15 - 0{,}4 - 2 \cdot 0{,}84 \cdot 0{,}25)\,\text{cm}^2$ und σ_{zul} aus Tab. 8.9. **2.** Nach Gl. (8.5) mit $S = 5{,}15\,\text{cm}^2$ (Abzug des Schlitzes nicht erforderlich, da der Stab in der Mitte ausknicken würde, in der die volle Querschnittsfläche vorhanden ist) und mit Gl. (4.17), hierfür σ_{zul} aus Tab. 8.9 und ω aus Tab. 8.10. **3.** Nach den Gln. (8.1) und (8.2) mit $n = 2$, $m = 2$, A und $d_7 = d_L$ aus Tab. 8.1, $t = 4$ mm und $\tau_{a\,zul}$ aus Tab. 8.7 sowie $\sigma_{l\,zul}$ aus Tab. 8.9, zulässig ist jeweils die kleinere Kraft.

8.15 Sinngemäß wie ME Beisp. 8.4.

9 Pressverbände

9.1 **1.**, **2.** und **3.** nach ME Bild 9.9a sinngemäß wie 1. und 2. in ME Beisp. 9.1. **4.** und **5.** nach ME Bild 9.9b sinngemäß wie 3. in ME Beisp. 9.1.

9.2 Sinngemäß wie ME Beisp. 9.2, jedoch p_{Fk} aus Gl. (9.12), da $E_A = E_I$ und $Q_I = 0$, F_{Fk} aus Gl. (9.2), $F_u = F$ aus Gl. (9.1), Überprüfung der Beanspruchung nach ME Bild 9.12b.

9.3 **1.** und **2.** nach ME Bild 9.9 sinngemäß wie Aufg. 9.1, da $Q_I > 0$, jedoch K nach Gl. (9.10), Z_w nach Gl. (9.11), $Z_{wA\,zul}$ und $Z_{wI\,zul}$ nach den Gln. (9.14) und (9.15), Wahl eines festeren Außenteilwerkstoffs, falls für U_{max} keine geeignete Passung in Tab. 9.3 zu finden ist. **3.** Nach Gl. (9.35).

9.4 Zweckmäßiger Rechnungsgang nach ME Bild 9.9a mit $F_l = 0{,}1F$ und F_F nach Gl. (9.1), Wahl einer Passung nach Tab. 9.3 mit $U_k > U_{min}$, weiter mit U_g nach ME Bild 9.12b, t_A nach Gl. (9.35).

9.5 A_{uW} aus Tab. 2.5, T_w aus Tab. 2.2, $U_g = A_{oW} - A_{uB} = A_{uW} + T_w$, damit weiter nach ME Bild 9.12b wie in Aufg. 9.4 ohne t_A.

9.6 **1.** Da das Außenteil einen Flansch und eine Nabe mit unterschiedlichen Außendurchmessern besitzt, wird es in zwei Teile (1 und 2, s. Bild 9.6) zerlegt gedacht und jedes für sich berechnet (s. a. ME Beisp. 9.3). Wegen der verschiedenen Durchmesser ergeben sich unterschiedliche Fugenpressungen. **2.** Die sich mit p_{Fk1} und p_{Fk2} ergebenden Haftkräfte F_{F1} und F_{F2} zur Gesamthaftkraft F_{Fk} addieren. **3.** Überprüfung der Beanspruchung für die gedachten Außenteile mit Gl. (9.25) wie unter 3. in ME Beisp. 9.3, Kontrolle des Innenteils nicht erforderlich. **4.** Unterkühlen ist technisch nur bis $t_I = -196\,°\text{C}$ möglich (s. ME Abschn. 9.1 unter 2.2).

9.7 **1.** Die Arme zwischen Kranz und Nabe des Schwungrades behindern die Nabe an der Dehnung beim Pressvorgang. Zur Berücksichtigung dieser Behinderung ist der Elastizitätsmodul des Außenteilwerkstoffs (Tab. 9.2) um 30% zu erhöhen (s. ME Abschn. 9.3). Rechnungsgang sinngemäß nach ME Bild 9.12a. **2.** U_{max} aus Gl. (9.36) mit der technisch möglichen Tiefsttemperatur $t_I = -196\,°\text{C}$ (s. ME Abschn. 9.1 unter 2.2) und α_I aus Tab. 9.2, Überprüfung der Beanspruchung für das Außenteil mit den Gl. (9.22) und (9.25). **3.** Passung aus Tab. 9.3; erforderlichenfalls sind der Fertigung ein kleinstzulässiges und/oder größtzulässiges Übermaß nach den unter 1. und 2. errechneten Ergebnissen vorzuschreiben.

9.8 **1.** Es ist eine resultierende Kraft zu übertragen. Der Graugusskörper ist als hohles Innenteil aufzufassen, das durch die Rippen in seiner Verformungsfähigkeit nach innen behindert wird, weshalb der Elastizitätsmodul (Tab. 9.2) um 30% zu erhöhen ist (s. Aufg. 9.7). Mit $F = F_r = \sqrt{F_u^2 + F_l^2}$ ist F_F und damit p_F zu errechnen, weiter nach ME Bild 9.9a. **2.** U_{max} nach ME Bild 9.9b mit $R_{eI} = R_m$ nach Tab. 1.5, Passung nach Tab. 9.3 festlegen mit $U_k \geq U_{min}$ und $U_g \leq U_{max}$. **3.** Nach Gl. (9.35) mit α_A aus Tab. 9.2.

9.9 U_g nach Gl. (2.5) mit $A_{oW} = A_{uW} + T_W$ (Tabn. 2.5 und 2.2), U_{wg} nach Gl. (9.6), Z_{wg} nach Gl. (9.7) und p_{Fg} nach Gl. (9.22).

9.10 **1.** Das Außenteil wird als Hohlzylinder angenommen, da der Hebelarm nur unwesentlich an der Erzeugung der Fugenpressung beteiligt ist. Es ist ein Drehmoment $M = F \cdot l \cdot \cos 30°$ zu übertragen.

Daraus $F = M/r_F$ und F_F nach Gl. (9.1) mit $S_H = 1{,}8$. Weiter mit den Gln. (9.2) bis (9.7), U_k aus Tab. 9.3, K nach Gl. (9.9), E_A und μ_A aus Tab. 9.2, p_{Fk} nach Gl. (9.20). Es muss $p_{Fk} > p_F$ sein. **2.** $p_{A\,zul}$ nach Gl. (9.25) und $p_{I\,zul}$ nach Gl. (9.27) mit p_{Fg} nach Gl. (9.22) vergleichen, falls $p_{Fg} > p_{A\,zul}$ ist, U_{max} aus Gl. (9.6) mit $U_{wg\,zul}$ aus Gl. (9.7) und $Z_{wg\,zul}$ aus Gl. (9.22), worin $p_{Fg} = p_{A\,zul}$. **3.** Nach Gl. (9.34) mit $p_{A\,zul}$ und $\nu_e = 1{,}25\nu$.

9.11 Das Außenteil wird als zylindrisch mit dem Außendurchmesser D_A angenommen, da der Kurbelarm nur unwesentlich an der Erzeugung der Fugenpressung beteiligt ist. Das am Wellenbund anliegende Auge des Kurbelarms wird ebenfalls vernachlässigt, da es wegen seiner geringen axialen Länge die Haftkraft kaum erhöht. Zweckmäßiger Rechnungsgang nach ME Bild 9.9a, Passungswahl nach Tab. 9.3, weiter mit U_g nach ME Bild 9.12b. Falls $p_{Fg} > p_{A\,zul}$ und $Z_{wg} > 2/\sqrt{3} \cdot R_{eA}/E$ (s. ME Abschn. 9.4), liegt elastisch-plastische Beanspruchung des Außenteils vor. Weiterrechnung mit Gl. (9.29) und ζ_{zul} aus Tab. 9.4 für $p_{A\,zul}/R_{eA}$, danach mit den Gln. (9.31) bis (9.33) und Gl. (9.30) sinngemäß wie unter 3. in ME Beisp. 9.4. t_A nach Gl. (9.35).

9.12 Mit $F = F_r = \sqrt{F_u^2 + F_l^2}$ Rechnungsgang wie in ME Beisp. 9.4.

10 Befestigungsschrauben

10.1 Wie ME Beisp. 10.1.

10.2 Gewindeabmessungen d_2, d_3, d_S und A_S nach Unterschrift zu ME Bild 10.1, μ_G und μ_K nach Tab. 10.7, sonst sinngemäß wie in ME Beisp. 10.1.

10.3 **1.** F_M nach Gl. (10.2), μ_G aus Tab. 10.7. **2.** Mit Gl. (10.3), $D_K = 30$ mm, $D_I = 20$ mm (s. Bild 10.3), μ_K aus Tab. 10.7. **3.** δ_S mit Gl. (10.5), Längen gleichen Durchmessers werden zweckmäßig zusammengefaßt: $l_1 = (20 + 30 + 0{,}4 \cdot 20)$ mm, $l_2 = (2 \cdot 60 + 10)$ mm, $l_3 = (20 + 0{,}5 \cdot 20)$ mm, $A_1 = A$, $A_2 = A_T$, $A_3 = A_K$; $f_{SM} = F_M \cdot \delta_S$ (s. ME Abschn. 10.11).

10.4 **1.** $\sigma_M = 0{,}9R_{p0,2}$ nach Tab. 10.2, $A_i = A_T$ in Gl. (10.2). **2.** Mit Gl. (10.5), worin $l_1 = l_3 \approx 20\text{ mm} + 0{,}5d$ und $A_1 = A_3 = A_K = d_K^2 \cdot \pi/4$, $l_2 = L_K - 2 \cdot 20$ mm und $A_2 = A_T$. **3.** Mit Gl. (10.9), worin A_B nach Gl. (10.7), da $D_A < D_K + L_K$, $E_B = 210$ kN/mm^2 (Tab. 9.4), $L_1 = L_K$. **4.** Mit Gl. (10.10). **5.** Mit Gl. (10.12) und F_Z nach Gl. (10.11), f_Z aus Tab. 10.10.

10.5 **1.** Zweckmäßiger Rechnungsgang: $l_1 = l - b + 0{,}4d$, $A_1 = A = d^2 \cdot \pi/4$, $l_2 = L_K - (l - b) + 0{,}5d$, $d_3 = d_K$ nach Bildunterschrift zu ME Bild 10.1 und $A_2 = A_K$, δ_S mit Gl. (10.5), $\delta_B \approx 0{,}3\delta_S$ (s. Aufg.), Φ_K mit Gl. (10.10), F_z mit Gl. (10.11), F_M nach Gl. (10.12), $f_{SM} = F_M \cdot \delta_S$. **2.** Sinngemäß nach Gl. (9.12): $t_S = t + f_{SM}/(\alpha_A \cdot l)$ mit α_A als Wärmedehnungsbeiwert nach Tab. 9.2 und $l = L_K + (2 \cdot 0{,}4 + 0{,}5)\,d$. Die Bezeichnung der Mutter erfolgte entspr. der zurückgezogenen DIN 934, da 6kt.-Muttern > M 60 in DIN EN 24032 nicht vorgesehen sind. Für 6kt.-Schrbn. M 42 bis M 100 × 6 ist DIN 931-2 weiterhin gültig.

10.6 **1.** Mit den Gln. (10.5), (10.9) und (10.10), A_B mit Gl. (10.7), D_K aus Tab. 10.4, $A_1 = A$ und $A_2 = A_K$ aus Tab. 10.1, $E_B = 95$ kN/mm^2 (Tab. 9.2). **2.** Mit Gl. (10.12), u. z. $F_{V\,max}$ mit F_M aus Tab. 10.8 für $\mu_K = 0{,}1$ (s. Tab. 10.7) und $F_{V\,min}$ mit $F_{M\,min}$ nach Gl. (10.4), worin $\alpha_A = 1{,}6$ (Tab. 10.6), F_Z mit Gl. (10.11), f_Z aus Tab. 10.10, M_A nach Tab. 10.8. **3.** Nach den Gln. (10.21) und (10.14) mit $R_{p0,2}$ aus Tab. 10.2 und $n = 0{,}5$ (Regelfall). **4.** $F_S = F_{S\,max}$ mit Gl. (10.16) und $F_V = F_{V\,max}$, $F_K = F_{K\,min}$ mit Gl. (10.17) und $F_{S\,min} = F_{V\,min} + F_{SA}$. **5.** Mit Gl. (10.23) und $F_S = F_{S\,max}$, $A_P = (D_K^2 - D_{IK}^2)\,\pi/4$ mit $D_{IK} = 14{,}5$ mm ($D_I + 1$ mm für Fase), $p_{B\,zul} \approx 1{,}2R_e$ mit R_e aus Tab. 1.5.

10.7 **1.** Sinngemäß wie Aufg. 10.6 unter 1. bis 5., jedoch $A_2 = A_T$ und $A_3 = A_K$ bei δ_S, Gl. (10.5), $A_i = A_T$ bei Gl. (10.21), F_M und M_A aus Tab. 10.9 für Taillenschrauben. **2.** Wie unter 1. mit den Werten für die Festigkeitsklasse 10.9 aus den Tabn. 10.2 und 10.9 (δ_S, δ_B, Φ_K, F_Z und σ_{sa} ändern sich nicht). Die Ergebnisse zeigen, dass Taillenschrauben bei gleichem Gewinde und gleicher Festigkeitsklasse wegen des dünneren Schaftes weniger hoch belastbar sind als Schaftschrauben. Ihr Vorteil der größeren Nachgiebigkeit kommt nur bei schwingender Belastung zur Geltung, indem die geringere Differenzkraft F_{SA} eine größere Sicherheit gegen Dauerbruch bewirkt. Die große Streuung der

Vorspannkraft zwischen $F_{V\,max}$ und $F_{V\,min}$ kann durch ein genaues Anziehverfahren verringert und damit ein mögliches Absinken der Mindestklemmkraft F_K auf den Wert Null verhindert werden. Das in der Berechnung auftretende negative Ergebnis für F_K bedeutet praktisch $F_K = 0$, d. h. ein Abheben des Bauteils!

10.8 **1.** Es ist eine gleichmäßige Verteilung der Fliehkraft auf alle 4 Schrauben anzunehmen, sodass $F_A = F/4$. Gewindewahl nach Tab. 10.8 mit $F_{M\,max} = F_{M\,zul} \geq 2{,}5 F_A$ oder etwas kleiner für $\mu_G = 0{,}08$ (Tab. 10.6) entspr. ME Abschn. 10.15, 1. Schritt. **2.** α_A aus Tab. 10.6 und $F_{M\,min}$ aus Gl. (10.4) mit $F_{M\,max} = F_{M\,zul}$. **3.** Φ_K mit Gl. (10.10), dafür: $l_1 = l - 2b$, $A_1 = A$, $l_2 = L_K - l_1 + 2 \cdot 0{,}5d$, $A_2 = A_K$, δ_S mit Gl. (10.5) und $\delta_B \approx 0{,}7\delta_S$ (nach Aufg.). **4.** Mit Gl. (10.11). **5.** Mit Gl. (10.14). **6.** Mit Gl. (10.17), worin $F_S = F_{S\,min}$ nach Gl. (10.16) sowie $F_{V\,min}$ nach Gl. (10.12) mit $F_{M\,min}$. **7.** Mit den Gln. (10.21) und (10.23), $A_i = A_S$, $F_S = F_{S\,max}$ (sinngemäß wie unter 6.), $A_P = (D_K^2 - D_i^2)\,\pi/4$ mit D_i aus Tab. 10.4. σ_a wird nicht errechnet, da wegen gleichbleibender Drehzahl F_A ruhend wirkt. **8.** Vergleich von σ_{sa} mit $0{,}1R_{p0,2}$ und p_B mit $p_{B\,zul}$ nach Tab. 10.12 für S355; M_A nach Tab. 10.8.

10.9 Es handelt sich um eine Verbindung mit schwellend wirkender Betriebslängskraft und vorgeschriebener Mindestklemmkraft. Der Rechnungsgang zu 1. bis 8. kann sinngemäß nach den in ME Abschn. 10.15 angegebenen Schritten durchgeführt werden, Deckel-Auflagefläche $A_D = (140^2 - 84^2 - 8 \cdot 14^2)\,\text{mm}^2 \cdot \pi/4$, Mindesteinschraubtiefe zu 10. nach Tab. 10.5 für E295 (auch für Stahlguss GS-52 geeignet). A_B nach Gl. (10.7) mit $D_A = 30$ mm und $D_I = 13$ mm, M_A mit $F_{M\,max}$ nach Gl. (10.3) und $\mu_K = 0{,}12$.

10.10 **1.** Mit den Gln. (10.1) bis (10.3), $d_0 = d_T$ und $A_0 = A_T$ nach Tab. 10.1, $\sigma_v = 0{,}8R_{p0,2}$. **2.** Mit Gln. (10.5), in deren Klammer die Quotienten: $l_1/A + l_2/A_T + l_K/A + l_G/A_K + l_M/A$, ferner mit den Gln. (10.9) bis (10.11), (10.4), (10.12) ($F_M = F_{M\,min}$), (10.14), (10.16) ($F_V = F_{V\,min}$) und (10.17) ($F_S = F_{S\,min}$). **3.** Mit den Gln. (10.19) bis (10.23), $F_{Au} = 0$ (schwellende Betriebskraft), $F_S = F_{S\,max}$ mit $F_{M\,max}$, Wert für σ_A aus Tab. 10.11 mit 1,15 (Zugmutter) und 0,85 (Feingewinde) multiplizieren (s. ME Abschn. 10.14). Eine ausführliche Berücksichtigung der exzentrischen Belastung bedingt einen wesentlich umfangreicheren Berechnungsaufwand (s. Richtlinie VDI 2230).

10.11 Die von Hand festgezogenen Schrauben werden durch eine ruhende Längskraft $F_A = F_{as}/6$ belastet. Sie sind ausreichend bemessen, wenn $F_K > 0$, $\sigma_{sa} \leq 0{,}1R_{p0,2}$ und $p_{B\,zul}$ nicht überschritten werden, Gln. (10.17), (10.21) u. (10.23), $F_{M\,max}$ nach Gl. (10.2) mit $\sigma_M = 0{,}7R_{p0,2}$, $F_{M\,min}$ aus Gl. (10.4) mit $\alpha_A = 4$ (Tab. 10.7). Außerdem muß $\sigma_S = F_{S\,max}/A_S \leq 0{,}8R_{p0,2}$ sein.

10.12 Es handelt sich um eine nicht vorgespannte, schwellend belastete Verbindung, bei der die Betriebslängskraft F_A = Differenzkraft F_{SA} = Gewichtskraft der Last $F_G = m \cdot g$ und der Kraftausschlag $F_a = F_A/2$; Kernquerschnitt A_K nach Unterschrift zu ME Bild 10.1, Ausschlagsfestigkeit σ_A für M 30 nach Tab. 10.11 Festigkeitsklasse 4.6.

10.13 **1.** Eine Betriebslängskraft, die die Spannung in den Schrauben über die Vorspannung hinaus erhöht, ist nicht vorhanden. Je Wellenende ist F_N von 4 Schrauben aufzubringen, somit die Mindestklemmkraft $F_K = F_{V\,min} = F_N/4$. $F_{M\,max}$ nach Gl. (10.4) und $F_{M\,min} = F_K + F_Z$ nach Gl. (10.12), mit dem Streckgrenzenverhältnis $R_{p0,2(8.8)}/R_{e(5.6)}$ ist Gewindewahl nach Tab. 10.8 möglich, u. z. bei 8.8 erforderliche Montagevorspannkraft $F_{M(8.8)} = F_{M\,max} \cdot 640/300$ für $\mu_G = \mu_K = 0{,}12$. **2.** Nach Gl. (10.3) mit $F_{M\,max}$.

10.14 Mit Gl. (10.24) und den Erfahrungswerten für σ_{zul} nach Tab. 10.13, Festigkeitsklasse nach $R_e = 1{,}5\sigma_V$ (s. ME Abschn. 10.16, σ_V nach Tab. 10.13).

10.15 Sinngemäß wie Aufg. 10.14.

10.16 **1.** Die gefühlsmäßig vorgespannten Schrauben werden durch $F_A = p(D^2 \cdot \pi/4)/6$ schwellend längsbeansprucht. Gewindewahl nach Tab. 10.1 mit $A_{S\,erf}$ nach Gl. 10.24 (σ_{zul} nach Tab. 10.13). **2.** F_V nach ME Abschn. 10.16 mit σ_V nach Tab. 10.13 und A_S nach Tab. 10.1. **3.** Nach den Gln. (10.16) und (10.17), F_{SA} s. Aufg. **4.** Vergleich $R_e \geq 1{,}5\sigma_V$.
Bei der Festlegung der Vorspannkraft derartiger Schraubenverbindungen ist auch die zulässige Pressung und die für die Dichtwirkung erforderliche Mindestpressung des Dichtungswerkstoffs zu berücksichtigen (vgl. Aufg. 10.17), worauf in dieser Ausgabe verzichtet wird.

10.17 **1.** Sinngemäß zur Aufg. 10.16 unter 1. ist $F_A = 1{,}3p(d_m^2 \cdot \pi/4)/8$. **2.** Mit F_V (s. ME Abschn. 10.16) wird $F_K = F_V - F_{BA}$ und damit die vorhandene Pressung der Dichtung $p_D = 8 \cdot F_K/A_D$. **3.** Mit F_S

nach Gl. (10.16) folgt aus $\sigma = F_S/A_S \leq 0{,}5R_e$ für die erforderliche Streckgrenze $R_{e\,erf} = F_S/0{,}5A_S$. Bei derartigen Schraubenverbindungen sind hohe Vorspannkräfte erforderlich, um eine sichere Dichtwirkung zu erzielen. Wegen der großen Streuung ist das gefühlsmäßige Anziehen von Hand hierbei ungünstig, und es sollte ein Drehmomentenschlüssel vorgeschrieben werden. Eine genaue Berechnung von Flanschverbindungen ist mit DIN 2505 genormt, in der alle wichtigen Einflüsse wie Dichtungswerkstoff, Verformung der Flansche und hohe Betriebstemperaturen berücksichtigt sind. Außerdem ist das AD-Merkblatt B 7 zu beachten.

10.18 **1.** Für die nur durch die Vorspannkraft belasteten Schrauben ist F_V (s. ME Abschn. 10.16, σ_V nach Tab. 10.13) mit $F_{V\,erf} = F/2$ zu vergleichen. **2.** Vergleich von σ_V mit $\sigma_{V\,zul} = 0{,}6R_e$. **3.** Wahl einer Festigkeitsklasse nach Tab. 10.2 mit $R_e \geq R_{e\,erf} = \sigma/0{,}6$. **4.** Nach Gl. (10.3) mit $F_M = F_{V\,erf}$ (D_K und D_1 nach Tabn. 10.4 u. 10.3). **5.** σ_v nach Gl. 10.1 mit $\sigma_M = F_M/A_S$ entspr. Gl. (10.2), $\sigma_{V\,zul} = 0{,}7R_e$.

10.19 **1.** Jede der $i = 10$ Passschrauben hat eine Querkraft $F_Q = F_u/i$ zu übertragen, die Umfangskraft am Teilkreisradius $r_0 = d_0/2$ ist $F_u = M/r_0$. **2.** Mit den Gln. (10.25) und (10.26). **3.** Vergleich mit den Erfahrungswerten für $\tau_{a\,zul}$ und $\sigma_{l\,zul}$ (s. Tab. 10.14).

10.20 Wie Aufg. 10.19 mit $F_u = K_A \cdot F_z \cdot D/d_0$.

10.21 **1.** Die Querkraft wird nur von den Spannstiften (Spannhülsen) übertragen, Querschnittsfläche $A = (d - w)\,\pi \cdot w$; die Schraubenverbindung dient lediglich dem Zusammenhalt der Teile. Berechnung sinngemäß wie Aufg. 10.19. **2.** Wie Aufg. 10.19 unter 2. und 3.

10.22 Wie Aufg. 10.21 unter 1. mit $F_u = K_A \cdot F \cdot D/d_0$ und Scherbuchsen-Querschnittsfläche $A = (d^2 - d_i^2)\,\pi/4$.

10.23 Wie ME Beisp. 10.11, $F_{M\,zul} \geq F_{M\,max}$ nach Tab. 10.8, M_A nach Gl. (10.3) mit $F_{M\,max}$.

10.24 Zweckmäßiger Rechnungsgang: Zulässige Montagevorspannkraft F_M der 5.6-Schrauben mit Streckgrenzenverhältnis aus Werten für 8.8-Schrauben nach Tab. 10.8, $F_{V\,max} = F_M - F_Z$ nach Gl. (10.12), F_{min} nach Gl. (10.4), $F_{V\,min}$ nach Gl. (10.12), übertragbare Querkraft F_Q nach Gl. (10.27), erforderliche Schraubenanzahl $i_{erf} = F_u/F_Q$, M_A nach Gl. (10.3), μ_K nach Tab. 10.7.

10.25 **1.** Gl. (10.27) mit $F_V \approx A_S \cdot \sigma_V$ (s. ME Abschn. 10.16, σ_V nach Tab. 10.13) und $F_Q = M/(i \cdot r_0)$. **2.** Aus Tab. 10.2 nach der erforderlichen Streckgrenze $R_{e\,erf} = 1{,}5\sigma_V$.

10.26 **1.** Mit Gl. (10.10), für A_B zur Berechnung von δ_B gilt Gl. (10.8), da $D_A = 120\text{ mm} > D_K + L_K = (33{,}6 + 64)\text{ mm} = 97{,}6\text{ mm}$, D_I nach DIN EN 20273 mittel (Regelfall). **2.** Mit Gl. (10.11). **3.** Nach Gl. (10.12) mit $F_{M\,min}$ nach Gl. (10.4), F_M nach Tab. 10.8. **4.** $F = i \cdot F_Q$ mit F_Q nach Gl. (10.27). **5.** Nach Gl. (10.3).

10.27 **1.** Jede Schraube hat eine Querkraft F_Q und eine Längskraft F_A zu übertragen. Für die höher belastete Schraube sind aus Aufg. 5.8 gegeben: $F_Q = F_q = F_y/2$ und $F_A = F_1$ (vgl. Bild L 10.28). Gewinde entspr. Festigkeitsklasse nach Tab. 10.8 bei $\mu_G = \mu_K = 0{,}12$. **2.** Mit den Gln. (10.15), (10.10) und (10.11), $L_K = 11$ mm und $D_A = 50$ mm aus Bild 10.27, ISO 4017 wie ISO 4014 mit Gewinde bis Kopf. **3.** Da die obere Schraube axial wesentlich höher belastet wird, ist für diese sicherheitshalber $F_K \geq F_{K\,erf}$ anzunehmen, wobei $F_{K\,erf} = F_Q \cdot S_H/\mu$ zu setzen ist. **4.** Spannungskontrolle mit Gl. (10.21), da F_A ruhend wirkt, entfällt zusätzliche Überprüfung von σ_a mit Gl. (10.22). **5.** Mit Gl. (10.23) und Tab. 10.12, F_S mit Gl. (10.16) und $F_V = F_{V\,max}$ nach Gl. (10.12). **6.** Nach Gl. (10.3).

10.28 Die Schrauben haben eine Querkraft F_Q durch Reibhemmung und eine Längskraft F_A zu übertragen (s. Bild L 10.28), die beide schwellend wirken. F ist in die Komponenten F_x und F_y zu zerlegen, aus den statischen Gleichgewichtsbedingungen $\sum F_x = 0$, $\sum F_y = 0$ und

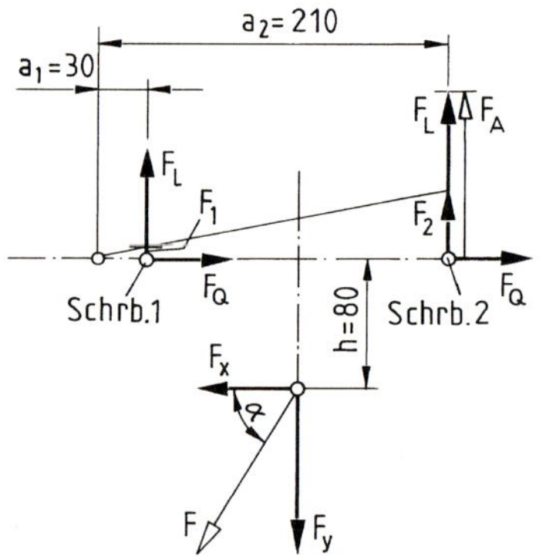

Bild L 10.28 Lagerkraftkomponenten und Schraubenkräfte

$\sum M_{(K)} = 0$ folgen: $F_Q = F_x/2$, $F_L = F_y/2$ und für die höher belastete Schraube 2 die Kraft $F_2 = F_x \cdot h/(a_1^2/a_2 + a_2)$ sowie $F_A = F_2 + F_L$. Die Übertragungsfähigkeit ist gewährleistet, wenn $F_{M\,max}$ nach Gl. (10.18) $< F_{M\,zul}$ (Tab. 10.8), die Haltbarkeit, wenn σ_{sa} nach Gl. (10.21), σ_a nach Gl. (10.22) und p_B nach Gl. (10.23) die zulässigen Werte nicht überschreiten (erforderlichenfalls Unterlegscheiben vorsehen). M_A nach Gl. (10.3) mit $F_{M\,max}$.

10.29 **1.** Es handelt sich um eine unvorgespannte Passschraubenverbindung, die wie eine Nietverbindung auf Scheren und Leibung berechnet wird (s. ME Abschn. 10.18 unter 1.) mit $F_Q = F/i$ ($i = 4$, $m = 2$). **2.** Mit $F_{Q\,zul}$ nach Gl. (10.25) wird $i_{erf} = F/F_{Q\,zul}$, Kontrolle von σ_l mit Gl. (10.26), $\tau_{a\,zul}$ und $\sigma_{l\,zul}$ nach Tab. 10.16 (Rohe Schrauben ohne Vorspannung).

10.30 **1.** Die Schrauben sind nur zugbeansprucht, Spannungsnachweis nach Gl. (10.24) und $\sigma_{z\,zul}$ nach Tab. 10.19. Sie sind verschieden hoch belastet (s. Bild L 10.30). Der Träger U 120 ist als zweiarmiger Hebel aufzufassen, der sich um die Kante K drehen will. Die Schrauben stellen das Gleichgewicht her und müssen daher die Gegenkräfte F_1 und F_2 aufbringen. Da die Schraube 1 höher belastet ist als die Schraube 2, ist die Berechnung auf Schraube 1 mit $F_A = F_1$ zu beschränken. Aus $\sum M_{(K)} = 0$ folgt $F_1 = F \cdot l/(a_1 + a_2^2/a_1)$. **2.** Mit $F_{A\,zul}$ nach ME Abschn. 10.18 und $a = a_1 - a_2$ aus $\sum M_{(K)} = 0$, F_2 kann hierbei vernachlässigt werden, da unbedeutend. **3.** Nur möglich, wenn für U 120 nach Tab. 8.5 der zulässige Lochdurchmesser $d_{L\,max} > 17$ mm ist.

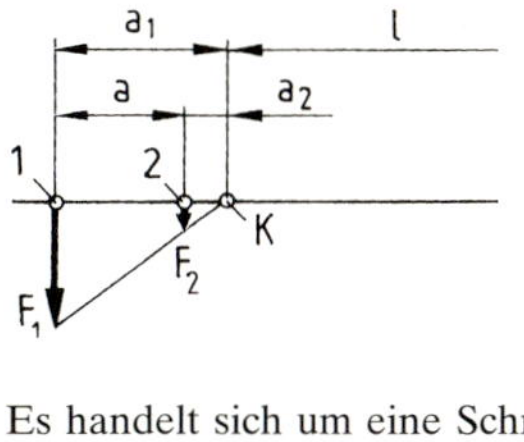

Bild L 10.30 Berechnungsskizze

10.31 Es handelt sich um eine Schraubenverbindung als SLP-Verbindung (s. ME Abschn. 10.18 unter 1.) ohne planmäßige Vorspannkraft und ohne zusätzliche Zugbelastung. Querkraft $F_Q = F_n$ wie in Aufgabe 8.12, Gewindewahl nach erforderlichem Schaftdurchmesser A aus Gl. (10.25) mit $\tau_{a\,zul}$ der Tab. 10.16, Kontrolle von σ_l mit Gl. (10.26) und $\sigma_{l\,zul}$ nach Tab. 10.16.

10.32 Es handelt sich um eine $m = 2$-schnittige Schraubenverbindung als SL-Verbindung ohne zusätzliche Zugbelastung, die auf mindestens $0{,}5F_V$ vorgespannt wird (Tab. 10.17). Mit den statischen Gleichgewichtsbedingungen folgt aus Bild L 10.32 für die von einer Schraube aufzunehmende größte Querkraft $F_Q = \sqrt{(F_l + F_b)^2 + F_q^2}$. Spannungsnachweis mit den Gln. (10.25) und (10.26) sowie Tab. 10.16, Schaftquerschnitt A nach Tab. 10.1.

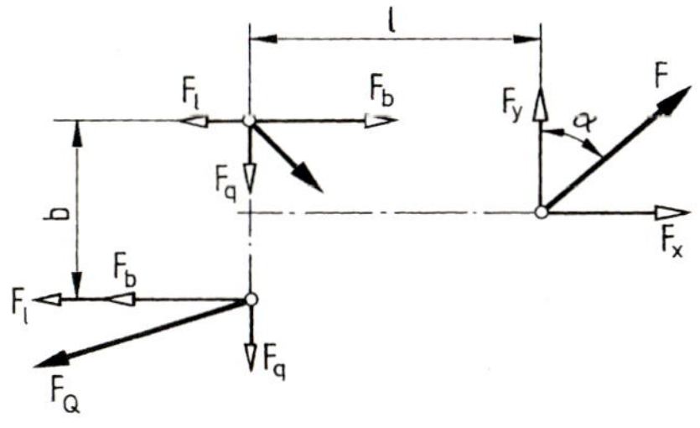

Bild L 10.32 Kräftedarstellung

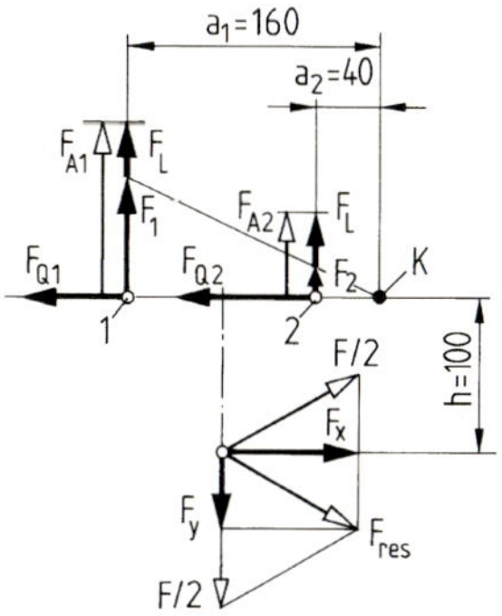

Bild L 10.33 Seil- und Schraubenkräfte

10.33 Hier handelt es sich um eine HV-Schraubenverbindung als GV-Verbindung (s. ME Abschn. 10.18 unter 2.). Durch die Komponente F_y und das Moment $F_x \cdot h$ (s. Bild L 10.33) werden die Schrauben zusätzlich unterschiedlich auf Zug beansprucht, und zwar mit $F_{A1} = F_1 + F_L$ und $F_{A2} = F_2 + F_L$. Dadurch ergeben sich verschieden große zulässige Querkräfte F_{Q1} und F_{Q2}. Es ist davon auszugehen, dass der Lagerbock sich um die Kante K drehen will. Ermittlung von F_L aus

$\sum F_y = 0$ und F_1 sowie F_2 aus $\sum M_{(K)} = 0$. Die Verbindung ist ausreichend bemessen, wenn $F_{A1} \leq F_{A\,zul}$ (s. ME Abschn. 10.18, $\sigma_{z\,zul}$ nach Tab. 10.19) und $F_{GVZ1\,zul} + F_{GVZ2\,zul} \geq F_x$ ($F_{GVZ1\,zul}$ und $F_{GVZ2\,zul}$ nach Gl. (10.29), μ nach Tab. 10.18, S_H s. ME Abschn. 10.18), Anziehmoment M_A nach Tab. 10.17.

10.34 Mit der angegebenen Vorbehandlung der Klemmfläche liegt eine GVP-Verbindung vor (s. ME Abschn. 10.18). Die Schrauben haben eine Querkraft zu übertragen und werden zusätzlich auf Zug beansprucht. Kräfteberechnung sinngemäß wie in Aufg. 10.33, jedoch ist $F_{A1} = F_1$ und $F_{A2} = F_2$. Für die zulässige Querkraft je Schraube gilt Gl. (10.30). Beim Spannungsnachweis zu erfüllende Bedingungen wie in ME Beisp. 10.13, jedoch Lastfall HZ.

11 Bewegungsschrauben

11.1 **1.** Die Spindel hat eingängiges Trapezgewinde, sodass $n = 1$ und $P_h = P$ in Gl. (11.1). Lösung mit den Gln. (11.5), (11.6) und (11.9), die dafür benötigten Winkel α, β_N und ϱ_G mit den Gln. (11.2), (11.3) und (11.4), Flankenwinkel $\beta = 15°$. **2.** Selbsthemmung ist vorhanden, wenn $\varrho_G \geq \alpha$ (s. ME Abschn. 11.3). **3.** Aus $M_A = F_{hA} \cdot r_h$ und $M_R = F_{hR} \cdot r_h$, M_A und M_R mit den Gln. (11.7) und (11.8); Belastungskraft F_A der Spindel ist die Gewichtskraft $F_G = m \cdot g$ der Last. **4.** Mit den Gln. (11.10), (11.11) und (11.12), in Gl. (11.11) ist $T = M_{GA}$ einzusetzen, da das Reibmoment M_L nicht vom Spindelkern übertragen wird; wegen der Be- und Entlastungen gilt $\sigma_{v\,zul}$ für schwellende Beanspruchung (s. Tab. 11.2). **5.** Es liegt Knickfall 1 vor (vgl. ME Bild 11.5). Da sich $\lambda > 90$ ergibt, ist nach Euler mit Gl. (11.13) zu rechnen. **6.** Vergleich von p (Gl. (11.15)) mit $p_{zul} \approx 20$ N/mm^2 (Bronzemutter bei seltener Betätigung nach Tab. 11.2).

11.2 **1.** Aus Gl. (11.7) mit $M_A = F_{hA} \cdot r_h$, Handkraft $F_{hA} = 500$ N, Winkel am Gewinde sinngemäß wie in Aufg. 11.1 unter 1. **2.** Sinngemäß wie Aufg. 11.1 unter 2., 4. und 5., jedoch Knickfall 2 und S_K nach Tetmajer entspr. Gl. (11.14), da $\lambda < 90$. **3.** Nach Gl. (11.15). **4.** Aus $M_R = F_{hR} \cdot r_h$ mit M_R nach Gl. (11.8), s. auch Aufg. 11.1 (unter 3.).

11.3 **1.** Erforderlicher Kerndurchmesser d_3 aus $A_{K\,erf} \geq F_A/\sigma_{zul}$. Mit der Vorschubgeschwindigkeit v und der Spindeldrehzahl n ergibt sich die Steigung $P_h = P = v/n$. Aus $d_3 = d - 2h_3$ (Tab. 11.1) folgt der erforderliche Gewindedurchmesser d_{erf}. Danach Wahl eines Gewindes mit $d \geq d_{erf}$. **2.** Sinngemäß wie Aufg. 11.1 unter 4. und 5., Knickfall 2. **3.** Nach Gl. (11.15). **4.** Mit Gl. (11.9), μ_L für Wälzlagerung (s. Tab. 11.2). **5.** Es ist $P_{Mot} = M_A \cdot \omega/\eta_V = (M_{GA} + M_L) \cdot 2\pi \cdot n/\eta_V$.

11.4 Es ist $M_A = F_h \cdot r_h$, $M_L = 0{,}2 M_A$; zweckmäßiger Rechnungsgang: d_2 und d_3 nach Tab. 11.1, α, β_N und ϱ_G mit den Gln. (11.2) bis (11.4) ($\beta = 3°$), F_A nach Gl. (11.7), σ, τ_t und σ_v mit den Gln. (11.10) bis (11.12) ($T = M_A$), Kontrolle von S_K mit Gl. (11.14) überflüssig, wenn $\lambda < 50$ (s. ME Abschn. 11.4), p mit Gl. (11.15).

11.5 **1.** Nach Gl. (11.7) mit $M_{GA} = 0{,}6 M_A$, da $M_L = 0{,}4 M_A$; d_2 aus Tab. 10.1 ($\beta = 30°$). **2.** Mit den Gln. (11.10) bis (11.12), d_3 und A_K aus Tab. 10.1, $T = M_A$, $\sigma_{v\,zul}$ wie Trapezgewinde. **3.** In Gl. (11.13) ist $\lambda = 8 \cdot l_{max}/d_3$ einzusetzen (Knickfall 1) und nach l_{max} aufzulösen ($S_K = 2{,}6$), danach Überprüfung, ob $\lambda > 90$. **4.** Nach Gl. (11.15), Gewindetragtiefe $H_1 \approx 0{,}5413P$ nach DIN 13 (s. ME Bild 10.1).

12 Welle-Nabe-Verbindungen

12.1 **1.** $M = F_h \cdot L$ mit Hebellänge $L = 250$ mm, $F_u = M/r$ mit Wellenradius $r = d/2$, $d = 25$ mm. **2.** Mit Gl. (12.1), t_2 aus Tab. 12.2 für $b \times h = 8$ mm $\times$ 7 mm, $l_t = l - b$, $l = 32$ mm, $i = 1$. **3.** p_{zul} aus Tab. 12.1, Beanspruchung: wechselnd, leichte Stöße.

12.2 Abmessungen $b \times h$ aus Tab. 12.2 für $d = 90$ mm, l_t nach Gl. (12.1) mit p_{zul} aus Tab. 12.1, Beanspruchung: einseitig, starke Stöße, Drehmoment $M = P/(2\pi \cdot n)$.

12.3 Mit Gl. (12.1); Drehmoment $M = F_N \cdot R$ mit $R = 22$ mm, Reibung vernachlässigen.

12.4 **1.** $M = F_u \cdot d/2$ mit F_u nach Gl. (12.1) und p_{zul} aus Tab. 12.1. **2.** $M = P/(2\pi \cdot n)$ vergleichen mit dem unter 1. errechneten Wert.

12.5 Mit Gl. (12.1) und p_{zul} aus Tab. 12.1; $t_2 = t$, $l_t = 2 \cdot 50$ mm und $i = 1$.

12.6 l_t nach Gl. (12.1), $l_1 = l_2 = l_t/2$.

12.7 **1.** $b \times h$ aus Tab. 12.4 für hohe Form und $d = 90$ mm, $l_t = l - b$ mit $l = 70$ mm. **2.** p mit Gl. (12.2), t_1 aus Tab. 12.4, $i = 1$, $k = 1$, p_{zul} aus Tab. 12.1, Beanspruchung: einseitig, leichte Stöße. **3.** Wenn $p > p_{zul}$, ist $l_{t\,erf}$ zu ermitteln und $l \geq l_{erf} = l_{t\,erf} + b$ zu wählen.

12.8 Sinngemäß wie Aufg. 12.7 unter 1. und 2., Passfeder jedoch nach Tab. 12.3.

12.9 Sinngemäß wie Aufg. 12.8.

12.10 **1.** Mit l_t nach Gl. (12.2) und p_{zul} aus Tab. 12.1 wird $l = l_t + b$, Normlängen in mm: 20, 25, 28, 32, 36, 40. **2.** Vergleich von p mit p_{zul}, t_2 und $l_t = l$ aus Tab. 12.5

12.11 Vergleich von p, Gl. (12.3), mit p_{zul} (Tab. 12.1, Spalte Keilwellen), aus dem Kurzzeichen folgen $i = 10$, $d_1 = 23$ mm und $d_2 = 29$ mm.

12.12 Sinngemäß wie Aufg. 12.11 mit $i = 6$ (s. Tab. 12.6), $d_1 = 46$ mm, $d_2 = 52$ mm, $k = 0{,}75$ (Innenzentrierung).

12.13 Nach Gl. (12.3) mit dem halben Wert für p_{zul} aus Tab. 12.1; die Umfangskraft braucht für jedes Radpaar nur mit dem jeweils angegebenen größeren Drehmoment berechnet zu werden. Zum einwandfreien Verschieben der Naben müssen diese so lang sein, daß sie nicht durch Selbsthemmung festklemmen können. Die mit der zulässigen Flankenpressung errechneten Mindestlängen berücksichtigen diese Verhältnisse natürlich nicht. Wie im vorliegenden Fall ist es oftmals praktisch nicht möglich, eine Konstruktion so auszuführen, dass die zulässigen Beanspruchungen erreicht werden.

12.14 Mit Gl. (12.4) sinngemäß wie ME Beisp. 12.4.

12.15 Wie Aufg. 12.14, jedoch mit z, d_2 und d_3 nach Tab. 12.8 sowie $k = 0{,}5$.

12.16 Nach Gl. (12.4) mit p_{zul} aus Tab. 12.1 (Spalte Zahnwellen, p_0 für AlSiMg-Gussleg.); z, d_2 und d_3 nach Tab. 12.9.

12.17 **1.** Nach Gl. (12.4) und den Tabn. 12.1 (p_0 für ausgehärtet) und Tab. 12.7, $k = 0{,}5$. **2.** Mit $k = 0{,}75$ und Tab. 12.8.

12.18 Zulässige Umfangskraft F_u nach Gl. (12.4). Damit $M = F_u \cdot r_m$ und $F = M/(L \cdot \sin 60°)$, worin Hebellänge $L = 60$ mm.

12.19 Vergleich von p nach Gl. (12.5) mit p_{zul} nach Tab. 12.1, Abmessungen nach Tab. 12.10.

12.20 **1.** Sinngemäß wie Aufg. 12.19, jedoch mit Abmessungen (Tab. 12.10) und Gl. (12.6) für Profil P4C 28. **2.** Nach Gl. (12.6) mit p_{zul} für wechselnd starke Stöße (Tab. 12.1).

12.21 Nach Gl. (12.5) mit p_{zul} nach Tab. 12.1 und $M = P/(2\pi \cdot n)$.

12.22 **1.** Mit Gl. (12.7), darin Vorspannkraft $F_V \approx A_S \cdot \sigma_V$ (mittlere Vorspannung $\sigma_V \approx 180$ N/mm^2 bei gefühlsmäßigem Anziehen nach Tab. 10.13), Reibungswinkel ϱ aus $\tan \varrho = \nu$. **2.** $M = F_u \cdot r_F = F_u \cdot D_F/2$ mit $F_u = F_F/S_H$, Haftkraft F_F nach Gl. (9.2). Das Ergebnis zeigt, dass mit Kegelverbindungen beachtliche Drehmomente übertragen werden können, die u. U. größer sind als das vom Wellenquerschnitt übertragbare Drehmoment. **3.** Überprüfung mit den Gln. (9.27) (Innenteil) und (9.25) (Außenteil), falls $p_{A\,zul} < p_F$ und $R_{eA}(1 - Q_A^2)/\sqrt{3} < p_F$ (s. ME Abschn. 9.4), liegt elastisch-plastische Beanspruchung des Außenteils vor, sodass $p_{A\,zul}$ mit Gl. (9.28) oder Gl. (9.29) zu errechnen und q nach Gl. (9.30) zu überprüfen ist. Ferner muß $R_{eA}(1 - Q_A^2)/2 \leq R_{eI}$ sein, damit keine plastische Beanspruchung des Innenteils auftritt (s. ME Abschn. 9.4).

12.23 **1.** Mit Gl. (12.7) und $F_V = F_{V\,min} = F_{M\,min} - F_Z$ nach Gl. (10.12) und $F_Z = 0{,}03 F_{M\,min}$ angenommen, $F_{M\,min}$ nach Gl. (10.4) mit $F_{M\,max}$ nach Gl. (10.3), $d_2 = d - 0{,}64953\,P$ (s. Unterschrift zu ME Bild 10.1). **2.** Nach Gl. (9.1) mit $F = F_u = M/r_F$ und F_F nach Gl. (9.2). **3.** Sinngemäß wie unter 3. in Aufg. 12.22. **4.** Wie unter 3., jedoch mit $p_{F\,max} = p_F \cdot F_{V\,max}/F_{V\,min}$ und $F_{V\,max} = F_{M\,max} - F_Z$ (s. auch unter 3. in ME Beisp. 12.8).

12.24 Zweckmäßiger Rechnungsausgang: $F_u = M/r_F$, F_F nach Gl. (9.1), p_F nach Gl. (9.2), F_V nach Gl. (12.7), $F_{M\,max}$ nach Gl. (10.4) mit $F_{M\,min} = F_V/0{,}9$, M_A nach Gl. (10.3), d_2 s. ME Bild 10.1, Kontrolle der Bauteil-Beanspruchungen mit $p_{F\,max}$ wie unter 3. in Aufg. 12.22 und Aufg. 12.23.

12.25 Nach ME Abschn. 10.16 kann bei gefühlsmäßigem Anziehen mittels Stiftschlüssel angenommen werden $F_V \approx 0{,}3 \cdot A_S \cdot \sigma_V$ mit σ_V nach Tab. 10.13, damit p_F nach Gl. (12.7), weiter mit $p_{F\,max} \approx 1{,}5 p_F$ nach den Gln. (9.2) und (9.1) sowie Gl. (9.25) entspr. Aufg. 12.23 unter 3.

12.26 **1.** Mit $M_F \approx 2M$ (s. ME Abschn. 12.7) folgen p_I aus Gl. (12.9) und F_V nach Gl. (12.8) (F_0 und c aus Tab. 12.11), Gewindewahl nach Tab. 10.8 für Festigkeitskl. 8.8 und $\mu_G \approx \mu_K \approx 0{,}12$, es muß sein $F_{M\,zul} \geq F_V/0{,}9$. **2.** Nach Tab. 10.8. **3.** Sinngemäß wie ME Beisp. 12.8 unter 3. (vgl. Hinweis zu 3. der Aufg. 12.22), Pressung an der Nabenbohrung des Außenteils $p_A = p_I \cdot d/D$ (s. ME Abschn. 12.7), p_I nach Gl. (12.8) mit $F_V = 0{,}9\,F_{M\,zul}$.

12.27 **1.** F_M nach Gl. (10.2) mit σ_M nach Gl. (10.1) ($\sigma_V = 0{,}9 R_{eI}$). M_A nach Gl. (10.3). **2.** p_I aus Gl. (12.8) mit $F_V = 0{,}9 F_M$, M_F nach Gl. (12.9), $M = M_F/2$. **3.** Elast. Beanspr. wenn $p_{I\,zul} \geq p_I$ ($p_{I\,zul}$ nach Gl. (9.27)). **4.** Mit $p_A = p_I \cdot d/D$ und Q_A nach Gl. (9.3) ist R_{eA} aus Gl. (9.25) zu errechnen.

12.28 D und L sowie F_0, c und m aus Tab. 12.12, Verbindung ausreichend, wenn $M_F \geq 2M = 2 \cdot P/(2\pi \cdot n)$ bei $M_A = M_{A\,zul}$, $F_M = F_{M\,zul}$ aus Tab. 10.8, p_I und M_F nach den Gln. (12.8) und (12.9); Überprüfung der Beanspruchungen mit den Gln. (9.27) und (9.25) (sinngemäß wie Aufg. 12.26 unter 3. mit $R_{eA} \approx R_m/2$). Falls $p_A > p_{A\,zul}$, aus den Gln. (9.25) und (9.3) mit p_A den Außendurchmesser $D_{A\,erf}$ errechnen.

12.29 **1.** Bestimmung von a nach k aus Gl. (12.10) mit $F_F = 2F_I$ und p_I nach Gl. (12.8). **2.** M_A nach Tab. 10.8, Kontrolle der Beanspruchung mit Gl. (9.27). **3.** d und L aus Tab. 12.12, $l_e = a \cdot L$. **4.** Mit $p_A = p_I \cdot d/D$ Beanspruchungskontrolle nach den Gln. (9.29) und (9.30), wenn $R_{eA}(1 - Q_A^2)/2 < R_{eI}$ und $R_{eA}(1 - Q_A^2)/\sqrt{3} < p_A$ (s. ME Abschn. 9.4).

12.30 **1.** Aus Tab. 12.13. **2.** Nach Gl. (12.12) mit $M_F \approx 2M$. **3.** Da die zulässige Spannkraft der Schrauben nicht voll benötigt wird, ist $M_A = M_{A\,zul} \cdot F_V/0{,}9 F_{M\,zul}$ mit F_V nach Gl. (12.11) und $M_{A\,zul}$ sowie $F_{M\,zul}$ aus Tab. 10.8.

12.31 Anzahl a nach Gl. (12.12) mit $M_F = 2M$, F_V mit Gl. (12.11), Gewinde nach Tab. 10.8 mit $F_{M\,zul} \geq F_V/0{,}9$ und M_A wie unter 3. in Aufg. 12.30.

12.32 Es ist $F_H = M_A/r_H$ mit $r_H = 30$ mm und M_A nach Gl. (10.3), darin $F_M = F_V/0{,}9$ mit F_V, Gl. (12.11), für M_F, Gl. (12.12), P und d_2 aus Tab. 10.1.

12.33 **1.** Nach den Gln. (9.1) und (9.2) mit $F_u = F \cdot L/r$. **2.** Nach Gl. (12.13) sinngemäß wie in ME Beisp. 12.10 mit $i = 2$, $K_F \approx 1{,}2$ und σ_V nach Tab. 10.13. **3.** Mit Gl. (12.14), worin $K_N \approx 0{,}2$, $m = 1$, $l_S = (45/2)$ mm, Nabendicke $a = 0{,}5(h - d)$, $\sigma_{b\,zul}$ s. ME am Ende von Abschn. 12.8.

12.34 **1.** Mit den Gln. (12.13), (9.2) und (9.1), F_V mit σ_V nach Tab. 10.13, $F_u = M/r$ mit $r = r_F = d/2$. **2.** Spannungskontrolle mit Gl. (12.14), $K_N \approx 0{,}2$, $l_S = (90/2)$ mm, $a = 0{,}5(D - d)$ mit $D = 120$ mm, $\sigma_{b\,zul}$ nach ME am Ende von Abschn. 12.8. Wegen der Nabenversteifung durch die Speichen wird die tatsächliche Spannung weit niedriger sein als die errechnete. **3.** $F_M = F_{M\,zul}$ und $M_A = M_{A\,zul}$ aus Tab. 10.8 für $\mu_G = \mu_K = 0{,}12$.

12.35 Mit den Gln. (12.13), (9.2) und (9.1), M_A und F_M nach Tab. 10.8 für $\mu_G = \mu_K = 0{,}12$, $F_u = (F_1 - F_2)L/r$ mit $L = 150$ mm und $r = r_F = 15$ mm.

12.36 Sinngemäß wie ME Beisp. 12.10, $a = (h - d)/2$.

12.37 Zweckmäßiger Rechnungsgang: $F_V \approx A_S \cdot \sigma_V$ (s. ME Abschn. 10.16, σ_V nach Tab. 10.13), p_F (Gl. (12.13), $K_F \approx 1{,}5$, $i = 2$), F_F nach Gl. (9.2), $F_u = F \cdot L/r$ ($L = 110$ mm), S_H nach Gl. (9.1), σ_b (Gl. (12.14), $K_N \approx 0{,}3$, $a = 0{,}5\,(60 - 40)$ mm $= 10$ mm), $\sigma_{b\,zul}$ s. ME am Ende von Abschn. 12.8 mit R_e nach Tab. 1.5.

12.38 **1.** $F_A \geq 0{,}4F_u + F$ mit $F_u = M/r_m$ (s. ME Abschn. 12.9 und Legende zur Gl. (12.15)). **2.** Mit Gl. (12.15) und p_{zul} nach Tab. 12.1 (Spalte Zahnwellen).

12.39 **1.** $M = F_u \cdot r_m$ mit $F_u = F_A = F_V = 0{,}9F_{M\ zul}$ ($F_{M\ zul}$ nach Tab. 10.8 für $\mu_G = \mu_K = 0{,}12$), Kontrolle von p mit Gl. (12.15) und p_{zul} nach Tab. 12.1 (Spalte Zahnwellen, Zeile: einseitig, ruhend). **2.** Ermittlung von M aus Proportion mit p_{zul} (Zeile: wechselnd, leichte Stöße) und p nach 1. **3.** M_A nach Tab. 10.8.

12.40 Ausreichend, wenn $F_A = F_V = A_S \cdot \sigma_V \geq F_u = M/r_m$ (σ_V nach Tab. 10.13), p nach Gl. (12.15), p_{zul} nach Tab. 12.1.

13 Stift- und Bolzenverbindungen

13.1 Sinngemäß wie ME Beisp. 13.1.

13.2 **1.** Erforderlicher Bolzendurchmesser d_{erf} nach Gl. 13.2 mit p_{zul} aus Tab. 13.1 (S235, schwellend, Gleitsitz glatter Bolzen), Wahl eines genormten Durchmessers $d \geq d_{erf}$ nach Tab. 13.3; da $b = 30$ mm $= 2a$ ist, wird $p_i = p_a$. **2.** Mit den Gln. (13.3) und (13.4) sowie Tab. 13.1.

13.3 **1.** Normalkraft $F_N = F_H(l_1 + l_2)/l_1$ folgt aus $\sum M = 0$ (s. Bild L 13.3), $F_x = \mu \cdot F_N$ aus $\sum F_x = 0$ und $F_y = F_N - F_H$ aus $\sum F_y = 0$, damit wird $F = \sqrt{F_x^2 + F_y^2}$. **2.** Mit den Gln. (13.1) bis (13.4) und Tab. 13.1 (S235, schwellend, Gleitsitz glatter Bolzen); da $b = 12$ mm $< 2a = 2 \cdot 8$ mm ist, braucht p_a nicht kontrolliert werden, weil $p_a < p_i$ und $p_{a\,zul} = p_{i\,zul}$. **3.** Falls die Beanspruchungen unter 2. weit unter den zulässigen liegen, Ermittlung von d_{erf} nach Gl. (13.4) mit $\sigma_{b\ zul}$ und Wahl von d nach Tab. 13.3 sowie Kontrolle von p_i mit Gl. (13.2) und τ_a mit Gl. (13.3).

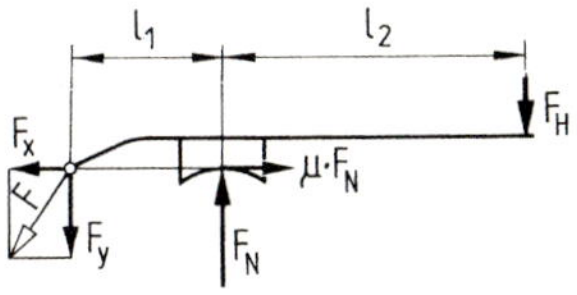

Bild L 13.3 Berechnungsskizze für Bolzenkraft

13.4 Kraft F_C in Komponenten F_{Cx} und F_{Cy} zerlegen, Berechnung von F_B und F_A mit den Gleichgewichtsbedingungen $\sum M_{(A)} = 0$, $\sum F_x = 0$ und $\sum F_y = 0$; d_{erf} nach Gl. (13.4) mit $F = F_B > F_A$ und $\sigma_{b\ zul}$ (Tab. 13.1), Kontrolle von d (Tab. 13.3) mit den Gln. (13.1) bis (13.3).

13.5 Ermittlung der zulässigen Kräfte nach den Gln. (13.1) bis (13.4) und mit den zulässigen Beanspruchungen aus Tab. 13.1, u. z. $p_{a\ zul}$ und $\tau_{a\ zul}$ für Sitz mit gekerbtem Teil und $\sigma_{b\ zul}$ für Gleitsitz glatter Bolzen, $p_{i\ zul}$ für Presssitz glatter Stifte, da F_V nicht während der Bewegung der Schraube auftritt. Bei seltener Betätigung gilt Lastfall ruhend. Die kleinste zulässige Kraft ist F_V.

13.6 Kontrolle der Beanspruchungen mit den Gln. (13.1) bis (13.4) und Tab. 13.1 ($p_{a\ zul}$ für Grauguss und Gleitsitz glatter Bolzen, $p_{i\ zul}$ für E295 und Presssitz glatter Stifte, $\tau_{a\,zul}$ und $\sigma_{b\,zul}$ für Preßsitz glatter Stifte), Gelenkkraft $F = F_{Sp} \cdot \sqrt{2}$ (wegen gleicher Wirksabstände ist $F_x = F_y = F_{Sp}$), Bohrungspassungen mit Hilfe der Tabn. 2.8 und 2.9 auswählen.

13.7 Sinngemäß wie ME Beisp. 13.2. Auf eine Kontrolle der Scherspannung $\tau_a = F/S$ im Stift darf verzichtet werden, da sie unerheblich ist.

13.8 **1.** Mit den Gln. (13.5) und (13.6) sowie Tab. 13.1 (schwellend, Sitz mit gekerbtem Teil, $p_{zul} \approx 53$ N/mm² für S275) und $F = F_l/2$, $s = 20$ mm, $l = 17$ mm. **2.** Mit Gl. (13.6).

13.9 **1.** $F = F_u/i$ mit der Umfangskraft F_u aus dem Drehmoment M am Teilkreisradius $r_0 = d_0/2$ und $i = 8$ Stiften. **2.** Mit den Gln. (13.5) und (13.6), wegen der großen Elastizität der Gummiringe ist mit $l = (2 + 22{,}5/2)$ mm $\approx 13{,}3$ mm zu rechnen. Auf eine Kontrolle der Scherspannung darf verzichtet werden. **3.** Vergleich mit p_{zul} und $\sigma_{b\,zul}$ (Tab. 13.1, wechselnd, Sitz mit gekerbtem Teil, 0,7-facher Tabellenwert für $\sigma_{b\,zul}$).

13.10 Mit den Gln. (13.5) und (13.6) sowie Tab. 13.1 (Sitz mit gekerbtem Teil), die Scherspannung im Stift ist unerheblich, Belastungskraft $F = M/(R \cdot \cos 30°)$.

13.11 Erforderliche Stiftanzahl $i = F_u/0{,}8F$ mit $F_u = M/r_0$ und der zulässigen Belastungskraft F je Stift als der kleineren Kraft nach den Gln. (13.5) und (13.6) ($\sigma_{b\,zul}$ als 0,7-facher Tabellenwert und p_{zul} aus Tab. 13.1, Presssitz glatter Stifte).

13.12 Sinngemäß wie ME Beisp. 13.3 mit den Gln. (13.7) bis (13.9) und Tab. 13.1 (schwellend, Sitz mit gekerbtem Teil).

13.13 Wie Aufg. 13.12, jedoch Presssitz glatter Stifte und für $\tau_{a\,zul}$ die zweifachen Tabellenwerte (s. ME am Ende von Abschn. 13.3, Stiftquerschnitt = Kreisringfläche).

13.14 Auf die Berücksichtigung der Schräglage des Stiftes und der damit verbundenen Vergrößerung der beanspruchten Flächen kann bei der Festigkeitsberechnung verzichtet werden. Der Einfachheit halber ist wie bei einem senkrechten Stift zu rechnen, u. z.: Erforderlicher Stiftdurchmesser d_{erf} mit $\tau_{a\,zul}$ (Tab. 13.1) nach Gl. (13.9), Durchmesserwahl nach Tab. 13.3 so, dass $d \geq d_{erf}$, Kontrolle von p_a und p_i mit dem gewählten d und den Gln. (13.7) und (13.8) sowie Tab. 13.1 (Presssitz glatter Stifte, Wert für C45E wie E295, für S275 ungefähr wie S235), Stiftlänge $l = D_a/\sin 70°$, Normbezeichnung sinngemäß wie im Text der Aufg. 13.6.

13.15 **1.** Mit den Gln. (13.7) bis (13.9) und $M = F_H \cdot r_H$ sowie Tab. 13.1, $p_{a\,zul}$ für Presssitz glatter Stifte, $p_{i\,zul}$ für Sitz mit gekerbtem Teil, $\tau_{a\,zul}$ ebenfalls für Presssitz (da die Kerbe nur $l/3 \approx 23{,}3$ mm lang ist, hat sie auf die scherbeanspruchten Flächen keinen Einfluß). **2.** Sinngemäß wie Aufg. 13.14, wenn unter 1. die vorhandenen Beanspruchungen weit unter den zulässigen liegen.

13.16 Sinngemäß wie unter 1. in Aufg. 13.15.

13.17 Beanspruchungen p_{aM}, p_{iM} und τ_{aM} durch das Drehmoment M nach den Gln. (13.7) bis (13.9) wie in Aufg. 13.16, p_{al}, p_{il} und τ_{al} durch die Längskraft F_l nach den Gln. (13.1) bis (13.3) sinngemäß wie bei Gelenkstift mit $2a = D_a - D_i$ und $b = D_i$, resultierende Beanspruchungen $p_a = \sqrt{p_{aM}^2 + p_{al}^2}$, $p_i = \sqrt{p_{iM}^2 + p_{il}^2}$ und $\tau_a = \sqrt{\tau_{aM}^2 + \tau_{al}^2}$ vergleichen mit zulässigen Beanspruchungen nach Tab. 13.1 für Preßsitz (zweifacher Tabellenwert für $\tau_{a\,zul}$, s. ME am Ende von Abschn. 13.3).

13.18 Sinngemäß wie ME Beisp. 13.4 mit den Gln. (13.10) und (13.11) sowie Tab. 13.1 (ruhend, Presssitz glatter Stifte).

13.19 Sinngemäß wie Aufg. 13.18 mit $M = (60/3)$ Nm $= 20$ Nm je Stift (schwellend, Sitz mit gekerbtem Teil).

13.20 Mit $p_{a\,zul}$ und $\tau_{a\,zul}$ aus Tab. 13.1 (halbe Werte, s. ME Abschn. 13.3 unter 4.) Berechnung der zulässigen Drehmomente nach den Gln. (13.10) und (13.11); das kleinere von beiden ist übertragbar, damit wird $F = M/L$ mit L = Abstand der Kraft F von der Wellenmitte.

14 Federn

14.1 **1.** Mit den Gln. (14.12) ($k_n = n_t$) und (14.13) sowie (14.10). **2.** Nach Gl. (14.14). **3.** Mit Gl. (14.22), G nach Tab. 14.9; mit R/D ist zu prüfen, ob plangeschliffene Federenden möglich sind (s. ME Abschn. 14.5). **4.** F_n aus Gl. (14.23) mit $s_n = L_0 - L_n$, A_{Fn} mit Gl. (14.18), dazu a_F und k_f nach Tab. 14.12 (interpoliert), $Q = 1$ (Gütegrad 2 gilt auch stets, wenn kein Gütegrad angegeben ist). **5.** σ_c mit F_c nach Gl. (14.20), zulässige Spannung nach Tab. 14.10. **6.** Es besteht Knickgefahr, wenn bei $\nu \cdot L_0/D$ die Federung s_n/L_0 den Grenzwert nach Tab. 14.14 überschreitet, d. h. im Bereich der Knickgefahr liegt. **7.** Nach Gl. (14.8) mit $R_1 = R_2 = R_3 = R$.

14.2 **1.** Mit der erforderlichen Federrate aus Gl. (14.25) die erforderliche Anzahl n der federnden Windungen aus Gl. (14.22) bestimmen und auf 0,5 endend runden, $n_t = n + 2$, vorhandene Federrate R mit Gl. (14.22) (bzw. aus $R/R_{erf} = n/n_{erf}$) und damit aus Gl. (14.25) $F_1 = F_2 - s_h \cdot R$. **2.** L_c mit Gl. (14.12), L_n mit Gl. (14.13), hierzu S_a nach Gl. (14.10), $L_1 = L_2 + s_h$, $L_0 = L_n + s_n$ (siehe ME Bild 14.7d) mit $s_n = F_n/R$, Gl. (14.23), prüfen mit R/D, ob Planschleifen der Federenden möglich (ME Abschn. 14.5). **3.** Mit den Gln. (14.20) ($F_c = s_c \cdot R = (L_0 - L_c)R$), (14.21), (14.26) und (14.27) sowie den Angaben für $\sigma_{c\,zul}$ (Tab. 14.10) und $\sigma_{k2\,zul}$ (Tab. 14.13). Ermittlung von Spannungen auch aus Proportionen möglich, z. B. aus $\sigma_{k1}/\sigma_{k2} = F_1/F_2$. **4.** Abmessungsänderungen sind erforderlich, wenn eine der zulässigen Spannungen oder die Hubfestigkeit überschritten werden oder die vorhandenen Spannungen weit unter den zulässigen liegen. **5.** Mit Gl. (14.18).

14.3 Auswählen der Feder nach Tab. 14.11 und den Kriterien $F_n \geq F$ sowie $D_h \leq 50$ mm. Mit R und L_0 der gewählten Feder ergibt sich $L = L_0 - s = L_0 - F/R$. Kontrolle auf Knicken mit $\nu \cdot L_0/D$ und s/L_0 nach Tab. 14.14.

14.4 **1.** Die für überwiegend ruhende Belastung vorgesehenen genormten Druckfedern sind in kugelgestrahlter Ausführung auch für schwingende Belastung geeignet. Es sind τ_{k1} und τ_{k2} zu errechnen mit den Gln. (14.20) und (14.21), τ_{k2} auf Zulässigkeit zu überprüfen (s. Tab. 14.13) und eine Hubspannungskontrolle durchzuführen mit den Gln. (14.26) und (14.27). **2.** Nach Gl. (14.18).

14.5 **1.** Sinngemäß wie Aufg. 14.2 unter 1. **2.** Es ist $L_0 = L_1 + s_1$, ferner $s_2 = s_1 + s_h$. s_1 und F_2 aus Gl. (14.23). **3.** Nach Prüfung, ob Planschleifen der Enden möglich (s. ME Abschn. 14.5), L_c mit Gl. (14.12), F_c aus Gl. (14.23) mit $s_c = L_0 - L_c$, Vergleich von τ_c nach Gl. (14.20) mit $\tau_{c\,zul}$ (s. Tab. 14.10). **4.** Nach den Gln. (14.10) und (14.13). **5.** Überprüfung der Spannungen τ_{k2} und τ_{kh} mit den Gln. (14.20), (14.21) und (14.26) auf Zulässigkeit, Tab. 14.13 und Gl. (14.27), Kontrolle von L_2 auf Zulässigkeit wegen Vergrößerung von S_a bei dynamischer Belastung. **6.** Nach Tab. 14.14. **7.** Mit Gl. (14.18).

14.6 **1.** τ_{nzul} mit R_m aus Tab. 14.4, $F_{n\,zul}$ aus Gl. (14.20), $R_{erf} = F_{n\,zul}/s_n$, Gl. (14.32) mit $s_n = 40$ mm, n_{erf} aus Gl. (14.22), nach Wahl von $n \geq n_{erf}$ Federrate R nach Gl. (14.22), L_c nach Gl. (14.12), S_a nach Gl. (14.10), L_n nach Gl. (14.13), $s_n = L_0 = L_n$, $F_n = R \cdot s_n$, σ_n nach Gl. (14.20) und Kontrolle, ob $\sigma_n \leq 0{,}5 R_m$. $s_c = L_0 - L_c$, $F_c = R \cdot s_c$, σ_c nach Gl. (14.20) und Kontrolle mit $\tau_{c\,zul}$. **2.** $s_1 = L_0 - L_1$, $F_1 = R \cdot s_1$, $M_1 = i \cdot F_1 \cdot r_0$. **3.** τ_1 nach Gl. (14.20), τ_{k1} aus Gl. (14.21), τ_{kH} nach Gl. (14.27), dann mit $\tau_{kh} = \tau_{kH}$ die Hubkraft F_{kh} aus der Proportion $F_{kh}/\tau_{kh} = F_1/\tau_{k1}$. $M_W = i \cdot F_W \cdot r_0$ mit $F_W = F_1 + F_{kh}$.

14.7 **1.** F_n aus Tab. 14.11, $M_{max} = i \cdot F_n \cdot r_0$. **2.** $F_1 = R \cdot s_1$ (R aus Tab. 14.11), $s_1 = L_0 - L_1$, τ_1 nach Gl. (14.20), τ_{k1} nach Gl. (14.21), $\tau_{kh} = \tau_{k2\,zul} - \tau_{k1}$, τ_{kH} nach Gl. (14.27); es muß $\tau_{kh} \leq \tau_{kH}$ sein, dann M_W wie unter 3. in Aufg. 14.6.

14.8 **1.** Um eine Federberechnung beginnen zu können, müssen einige Daten der Feder bekannt sein oder angenommen werden, z. B. wie in der Aufgabe D, d und R; damit n aus Gl. (14.22) und mit dem auf 0,5 gerundeten Wert die vorhandene Federrate R nach derselben Gl. **2.** Der besseren Übersicht wegen empfiehlt es sich, ein Federdiagramm mit den Federwegen, -kräften und -längen zu skizzieren (Bild L 14.8). Daraus folgen $L_3 = L_n = L_c + S_a \leq 33$ mm, L_c mit Gl. (14.12), S_a mit Gl. (14.10), $L_2 = L_3 + a$, $L_1 = L_2 + \Delta a$ und $L_0 = L_1 + s_1$ mit $s_1 = F_1/R$, wobei $F_1 = 1500$ N/12. **3.** Mit den Gln. (14.20) und (14.21), F_c und F_3 aus Gl. (14.23), $\tau_{c\,zul}$ nach Tab. 14.10. **4.** Abmessungsänderungen sind erforderlich, wenn eine der zulässigen Spannungen überschritten wird. Eine kleinere Federrate (weichere Feder) ist durch einen kleinen Drahtdurchmesser d, einen größeren Windungsdurchmesser D und eine größere Windungszahl n erreichbar. **5.** Prozentsatz für $\Delta F = F_2 - F_1$ ermitteln ($F_2 \mathrel{\widehat{=}} 100\%$). **6.** Mit Gl. (14.18).

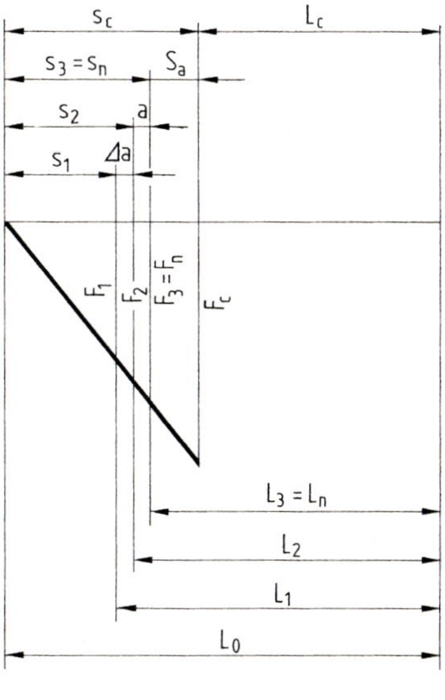

Bild L 14.8 Federdiagramm

14.9 Zweckmäßiger Rechnungsgang: R mit Gl. (14.22), L_c mit Gl. (14.12), F_c aus Gl. (14.23), τ_c mit Gl. (14.20), τ_{k2} mit Gl. (14.21) und $\tau_2 = \tau_c \cdot F_2/F_c$, τ_{k1} sinngemäß mit F_1 aus Gl. (14.23), τ_{kh} mit Gl. (14.26), Vergleich mit der jeweiligen zulässigen Spannung, s_2 aus Gl. (14.23), $L_2 = L_0 - s_2$, $s_h = L_1 - L_2 = s_2 - s_1$, S_a mit Gl. (14.10) (auf eine Stelle nach dem Komma gerundet), L_n mit Gl. (14.13) (prüfen, ob $L_n = L_2$), $s_n = L_0 - L_n$, F_n aus Gl. (14.23), A_{Fn} mit Gl. (14.18).

14.10 **1.** Aus Gl. (14.20) mit den angenommenen Werten für $\tau_{c\,zul}$ und F_c errechnen und aufrunden. **2.** n aus Gl. (14.22) mit $F_n = 25$ kN und $s_n = 100$ mm (G aus Tab. 14.9 für warmgewalzte Stähle), Ergebnis auf ganze Zahl runden, $n_t = n + 1{,}5$, vorhandene Federrate R mit Gl. (14.22), damit s_n aus Gl. (14.23). **3.** L_c mit Gl. (14.12) ($k_n = n_t - 0{,}3$), L_n mit Gl. (14.13), worin S_a nach Gl. (14.11), $L_0 = L_n + s_n$. **4.** F_c aus Gl. (14.23) mit $s_c = L_0 - L_c$, τ_c mit Gl. (14.20), $\tau_{c\,zul}$ nach Tab. 14.10. **5.** Mit Gl. (14.9). **6.** Nach Tab. 14.14.

14.11 **1.** Vergleich von τ_k (Gln. (14.20) und (14.21)) mit $\tau_{k\,zul} = 0{,}7\tau_{c\,zul}$ (s. Tab. 14.10). **2.** L_c mit Gl. (14.12) ($k_n = n_t - 0{,}3$), $L_0 = L_c + s_c$ (aus Gl. (14.22) s_c freistellen mit F_c aus Gl. (14.20) und $\tau_{c\,zul}$ nach Tab. 14.10). **3.** S_a mit Gl. (14.11), $S_{aF} = L - L_c \geq 2S_a$ ($L = L_0 - s$, s aus Gl. (14.23), R mit Gl. (14.22)). **4.** $L_n = L_c + 2S_a$, F_n aus Gl. (14.23), A_F mit Gl. (14.19).

14.12 Zweckmäßiger Rechnungsgang: n aus Gl. (14.22) mit $R = \Delta F/s_h \approx 200$ N/mm, genauer Wert für R mit gerundetem (gewähltem) Wert für n, $n_t = n + 1{,}5$, s_h mit Gl. (14.25), L_c mit Gl. (14.12), S_a mit Gl. (14.11), $L_2 = L_n$ mit Gl. (14.13), $L_1 = L_2 + s_h$, $L_0 = L_n + s_n$, τ_c mit Gl. (14.20), τ_{k2} mit Gl. (14.21), τ_{kh} mit Gl. (14.26), zul. Spannungen nach Tab. 14.13, A_{F1} und A_{F2} mit Gl. (14.19), Knicksicherheit nach Tab. 14.14.

14.13 **1.** n_{erf} aus Gl. (14.22) mit R_{erf} aus Gl. (14.25), Ergebnis für $n = n_t$ auf 0,25 endend runden (wegen Stellung der Ösen, s. Bild 14.13) und genauen Wert von R aus Verhältnis $R/R_{erf} = n_{erf}/n$ bestimmen. **2.** L_K mit Gl. (14.16), L_H mit Gl. (14.15) ($k_H = 1$ für Hakenöse nach ME Bild 14.10), L_0 mit Gl. (14.17), s_1 mit Gl. (14.23), $L_1 = L_0 + s_1$, $s_2 = s_1 + s_h$, $L_2 = L_0 + s_2$. **3.** τ_{k1} mit den Gln. (14.20) und (14.21), $\tau_{k2} = \tau_{k1} \cdot s_2/s_1$, $\tau_{k2\,zul} = \tau_{zul} = 0{,}45R_m$ (s. Tab. 14.10), τ_{kh} und τ_{kH} mit den Gln. (14.26) und (14.27). **4.** F_n aus Gl. (14.20) mit $\tau_{n\,zul} = \tau_{k2\,zul}$, A_{Fn} mit Gl. (14.18), s_n mit Gl. (14.23), $L_n = L_0 + s_n$.

14.14 Wie Aufg. 14.13 unter 1. bis 3.

14.15 **1.** d aus Gl. (14.20) auf volle mm gerundet, $D_e \leq D + d = 50$ mm, $D_i = D - d$. **2.** R_{erf} aus Gl. (14.25), daraus $n_{t\,erf}$ aus Gl. (14.22), nach Aufrundung auf 0,5 endend endgültige Federsteife R aus Proportion $R/n_{t\,erf} = R_{erf}/n_t$. **3.** L_K nach Gl. (14.16), L_0 nach Gl. (14.17). **4.** $\tau_{0\,lim}$ nach Gl. (14.28), F_0 mit $\tau_{0\,lim}$ nach Gl. (14.20), s_1 nach Gl. (14.24), $L_1 = L_0 + s_1$ und $L_2 = L_1 + s_h$. **5.** $F_2 = F_1 + s_h \cdot R$, A_{F1} und A_{F2} nach Gl. (14.18).

14.16 **1.** Fliehkraft der Backen $F_f = m \cdot r(2\pi \cdot n)^2$, Federkraft $F = F_f \cdot l/l_F$ aus $\sum M = 0$ (jeweils für n_1 und n_2), R aus Gl. (14.25). **2.** n aus Gl. (14.22) auf 0,5 gerundet. **3.** L_K mit Gl. (14.16), L_0 mit Gl. (14.17), genauen Wert von R nach Gl. (14.22). **4.** $\tau_{0\,lim}$ mit Gl. (14.28), damit F_0 aus Gl (14.20), s_1 mit Gl. (14.24), $L_1 = L_0 + s_1$, $L_2 = L_1 + s_h$. **5.** $F_n = F_0 \cdot \tau_{zul}/\tau_{0\,lim}$ mit τ_{zul} nach Tab. 14.10 oder F_n mit τ_{zul} nach Gl. (14.20), A_{Fn} mit Gl. (14.18), $L_n = L_0 + s_n$ mit s_n nach Gl. (14.24).

14.17 **1.** Sinngemäß wie ME Beisp. 14.10. **2.** Sinngemäß wie ME Beisp. 14.11.

14.18 **1.** L_0 nach Tab. 14.21, Schichtung T, $L = L_0 - S$. **2.** $F_S = F$ nach Gl. (14.30) mit $s = S/i$ (s. Tab. 14.21), Tellerabmessungen nach Tab. 14.16, R_S ebenfalls nach Tab. 14.21. **3.** Beanspruchung zulässig, wenn $F \leq F_n$ (Tab. 14.16), Spannungsberechnung dann bei statischer Belastung nicht erforderlich (s. ME Abschn. 14.6 unter 1.).

14.19 **1.** F_u aus $M = F_u \cdot r_m$, wegen der zwei Reibflächen ist $F_u = 2F_R = 2F_N \cdot \mu$ (Reibungsgesetz), F nach Tab. 14.21 (Schichtung P) mit $n = 2$ Tellern im Paket und $F_S = F_N$. **2.** L_0 nach Tab. 14.21 mit Tellerabmessungen aus Tab. 14.16, für F/F_c mit F_c nach Gl. (14.29) folgt aus Diagr. 14.1 das Verhältnis s/h_0, woraus $s = S$ bestimmt werden kann (s kann auch angenommen und mit Gl. (14.30) überprüft werden, ggf. mehrere Annahmen erforderlich), $L = L_0 - S$. **3.** $F_{SB} = F_S + F_{SR}$ mit $F_{SR} = F_R$, diese nach Gl. (14.37). **4.** Da statische Belastung vorliegt, wie unter 3. im Hinweis zu Aufg. 14.18.

14.20 **1.** Säulenschichtung VP entspr. Tab. 14.21 mit $n_1 = n_2 = n_3 = 3$, $n_4 = 2$, $i_1 = i_2 = i_3 = i_4 = 1$ Abschn. 14.6 unter 1., somit $F_S = n_1 \cdot F_1$ mit $F_1 = F_n$ aus Tab. 14.16 für Reihe C. **2.** Mit F_R nach Gl. (14.37), worin $F = F_1$. Maßgebend ist die Reibkraft im Federpaket der Reihe C, d. h. $F_{SB} = F_S + F_{R1}$ und $F_{SE} = F_S - F_{R1}$ (da $n_1 = n_2 = n_3$, ist $F_{R1} = F_{R2} = F_{R3}$). **3.** Sinngemäß nach Tab. 14.21; L_0 sollte mit der Empfehlung für die Beschränkung der Telleranzahl verglichen werden. **4.** S nach Tab. 14.21 mit $s_1 = 0{,}75h_{01}$ und s_2, s_3, s_4 aus Verhältnis s/h_0 nach Diagr. 14.1, wofür jeweils F/F_c zu bilden ist, F_c mit Gl. (14.29), $L = L_0 - S$. Für das Paket 4 der Reihe A ist $F_4 = (n_1 \cdot F_1 + F_{R1} - F_{R4})/n_4$, u. z. wegen der geringeren Reibung in diesem Paket ($n_4 = 2$), so daß es durch eine Kraft $F_4 > F_1$ belastet wird.

14.21 **1.** Da $F_S = m \cdot g > F_n$ (aus Tab. 14.16), kommt Schichtung GP (Tab. 14.21) infrage, es ist $n \geq n_{erf} = F_S/F_n$ ganzzahlig zu wählen. **2.** Mit F_c nach Gl. (14.29) wird F/F_c gebildet und s/h_0' nach Diagr. 14.1 bestimmt, daraus s und mit $S_{zul} = 8$ mm ganzzahliger Wert für $i \leq S_{zul}/s$, damit S nach Tab. 14.21. **3.** $z = n \cdot i$, L_0 nach Tab. 14.21, $L = L_0 - S$. **4.** Die Belastungskraft F eines Tellers ergibt sich durch Abzug von F_R nach Gl. (14.37), d. h. $F = (F_S - F_R)/n$, mit F/F_c folgt s wie unter 2.

14.22 **1.** Mit Gl. (14.31), für F_2 ist $s_2 = s_1 + s_h$. **2.** Mit δ und h_0/t nach ME Abschn. 14.6 unter 2. prüfen, ob die größte Zugspannung am Punkt II oder III auftritt, hier am Pkt. II, somit sind σ_1 und σ_2 mit Gl. (14.35) zu errechnen, σ_2 ist mit $\sigma_{O\,max}$ (s. Tab. 14.20) zu vergleichen, außerdem ist σ_h nach Gl. (14.38) mit σ_H nach Gl. (14.39) zu vergleichen.

14.23 **1.** Nach Tab. 14.16, D_i muß dem Führungsbolzendurchmesser entsprechen, ferner $F_n \geq F_2 = F_{S2}$ (Schichtung T nach Tab. 14.21). **2.** Mit F_c nach Gl. (14.29) die Verhältnisse F_1/F_c ($F_1 = F_{S1}$) und F_2/F_c bilden, dafür aus Diagr. 14.1 s_1/h_0 und s_2/h_0 ermitteln und s_1 sowie s_2 errechnen; üblicher Vorspannfederweg s. ME Abschn. 14.6 unter 2. **3.** i mit Tellerhub $s_h = s_2 - s_1$ bestimmen, damit wird $H = i \cdot s_h$. **4.** Wie unter 2. in Aufg. 14.22. **5.** L_0 nach Tab. 14.22, ebenfalls S_1, damit $L_1 = L_0 - S_1$ und $L_2 = L_1 - H$.

14.24 **1.** Wechselsinnig einandergereihte Einzeltellerfedern ergeben die Schichtung T nach Tab. 14.21. Bei $i > 6$ müssen die Dauerfestigkeitswerte herabgesetzt werden (s. ME Abschn. 14.6 unter 2.), was in den angegebenen zulässigen Spannungen berücksichtigt ist. Berechnung der auftretenden Spannungen wie in ME Beisp. 14.14. **2.** Nach Tab. 14.21.

14.25 Federauswahl, Ermittlung der Federwege bzw. -kräfte, der Federanzahl i, des Säulenhubes H, der Säulenlängen L_0, L_1 und L_2 sowie der Spannungen sinngemäß wie in Aufg. 14.23, hier ist jedoch σ_2 mit $\sigma_{2\,zul} = 0{,}9\sigma_{O\,max}$ und σ_h mit $\sigma_{h\,zul} = 0{,}9\sigma_H$ zu vergleichen.

14.26 Es liegt Schichtung GP nach Tab. 14.21 vor, sodass $F = F_S/n$, mit F_c nach Gl. (14.29) folgt für F/F_c aus Diagr. 14.1 s/h_0; f_e mit Gl. (14.5), worin $s_G = S$.

14.27 **1.** Prüfen, ob Winkel β berücksichtigt werden muss; da hier $R/d < 10$, kann β vernachlässigt werden. n aus Gl. (14.44) mit l aus Gl. (14.42) oder Gl. (14.43) in Gl. (14.42) eingesetzt und nach n aufgelöst, L_K mit Gl. (14.45). **2.** Nach Gl. (14.42) mit l nach Gl. (14.42) mit l nach Gl. (14.44) und gewählter Windungszahl n. **3.** $D_{i\alpha}$ mit Gl. (14.49), übliche Werte für D_d s. ME Abschn. 14.7. **4.** σ mit Gl. (14.40), σ_{zul} nach Tab. 14.22 für ruhende Belastung mit R_m aus Tab. 14.4.

14.28 **1.** d nach Gl. (14.40) mit $\sigma = \sigma_{zul}$ und $M = M_2 = 1{,}3M_G$, wobei $M_G = 0{,}5 \cdot m \cdot g \cdot l_2$, Normwert aus Tab. 14.4. **2.** Beiwert q muß hier berücksichtigt werden wegen der Biegezugspannungen am Innenradius r an der Abbiegung der radialen Schenkel, σ_q nach Gl. (14.41) vergleichen mit σ_{zul} nach Tab. 14.22 für ruhende Belastung (R_m aus Tab. 14.4). **3.** Gl. (14.44) in Gl. (14.43) einsetzen und nach n auflösen mit $M = M_2$ und $\alpha = \alpha_2 = \alpha_1 + \Delta\alpha$ (nach Bild 14.28 ist $\Delta\alpha = 90°$), wegen der vorgegebenen Schenkelstellung bei $\alpha_1 = 10° \mathrel{\hat{=}} 10/360 = 0{,}0278 \approx 0{,}03$ Windungen muss n auf 0,47 endend festgelegt werden; L_K mit Gl. (14.45). **4.** Nach Gl. (14.49). **5.** $M_2 = R_t \cdot \alpha_2$ mit R_t nach Gl. (14.43).

14.29 **1.** Wie unter 1. in ME Beisp. 14.15, jedoch mit $\alpha_{2\,ges} = \alpha_2 + 2\beta$, l nach Gl. (14.44) und σ_{q0} für kugelgestahlte Federn. **2.** Mit Gl. (14.46). **3.** Nach Gl. (14.49) mit α_2 nach Gl. (14.42).

14.30 **1.** Nach Gl. (14.42) mit l nach Gl. (14.44); da die Schenkel relativ kurz sind, kann der Winkel β vernachlässigt werden. **2.** Vergleich von σ_{q2} (Gln. (14.40) u. (14.41) mit $F = F_2 = F_1 \cdot \alpha_2/\alpha_1$, $\alpha_2 = \alpha_1 + \Delta\alpha$) mit $\sigma_{q2\,zul}$ (s. Tab. 14.22) und σ_{qh} (Gl. (14.51) mit $\sigma_{q1} = \sigma_{q2} \cdot F_1/F_2$) mit $\sigma_{qh\,zul}$ nach Gl. (14.52). **3.** Nach Gl. (14.46). **4.** Nach Gl. (14.49).

14.31 **1.** Es ist d nach Tab. 14.4 anzunehmen oder mit einem geschätzten Wert für $\sigma_{2\,\text{zul}}$ (z. B. wie angegeben $\sigma_{2\,\text{zul}} \approx 1200\,\text{N/mm}^2$) nach Gl. (14.40) zu ermitteln; wird $\sigma_{q2} > \sigma_{q2\,\text{zul}}$ und/oder $\sigma_{qh} > \sigma_{qh\,\text{zul}}$, erneute Annahme bis mit dem gewählten d die Spannungen $\sigma_{q2} \leq \sigma_{q2\,\text{zul}}$ und $\sigma_{qh} \leq \sigma_{qh\,\text{zul}}$ (s. a. unter 2. in Aufg. 14.30). **2.** R_t nach Gl. (14.43) mit $M = \Delta M = M_2 - M_1$ und $\alpha = \Delta\alpha = 45° = \pi/4$ rad, damit $\alpha_1 = M_1/R_t$ und $\alpha_2 = \alpha_1 + \Delta\alpha$. **3.** l nach Gl. (14.42), n nach Gl. (14.44) und L_{K0} nach Gl. (14.46). **4.** $D_{i\alpha}$ nach Gl. (14.49) mit $\alpha = \alpha_2$, $D_d \leq D_{i\alpha} - 1$ mm.

14.32 Drehwinkel α nach Gl. (14.42) mit l nach Gl. (14.44) und $M = \sigma_{\text{zul}} \cdot \pi \cdot d^3/32q$ (nach den Gln. (14.40) und (14.41), σ_{zul} s. Tab. 14.22 für ruhende Belastung), $D_{e\alpha}$ nach Gl. (14.50).

14.33 Wie ME Beisp. 14.16 mit $\tau_{\text{zul}} = \tau_{\text{h zul}} = \tau_F$ nach Tab. 14.24.

14.34 **1.** Nach Gl. (14.55). **2.** Nach Bild 14.34 ist $\Delta\alpha \approx \Delta s'/R$, α_1 aus Gl. (14.55) mit $T_1 = F_1 \cdot R_1$, $\alpha_2 = \alpha_1 + \Delta\alpha$, Federweg $s = \alpha \cdot R$. **3.** $F_2 = T_2/R$ mit T_2 nach Gl. (14.51). **4.** Es ist $W = W_2 - W_1 = \Delta\alpha \cdot (T_1 + T_2)/2$ (≙ Inhalt der Trapezfläche im Federdiagramm). **5.** Vergleich von τ_2 (Gl. (14.53) mit $T = T_2$) mit $\tau_{2\,\text{zul}}$ nach Tab. 14.23 und $\tau_{\text{h zul}} = \tau_H$ nach Gl. (14.57) (s. ME Beisp. 14.17).

14.35 d nach Gl. (14.52) mit τ_{zul} und l_f nach Gl. (14.53) mit α in rad.

14.36 **1.** l mit Gl. (14.61), M aus Gl. (14.60) mit E nach Tab. 14.9. **2.** Nach Gl. (14.59), σ_{zul} nach ME Abschn. 14.9 (R_m aus Tab. 14.9). **3.** $n + \Delta n = 40 + 10$, a aus Gl. (14.62), wobei für n zu setzen ist $n + \Delta n$. **4.** r_e aus Gl. (14.62) mit $n = 50$ und $a = 0$. l nach Gl. (14.61), M nach Gl. (14.60), σ nach Gl. (14.59) vergleichen mit σ_{zul}.

14.37 M_1 und M_2 mit Gl. (14.58), σ_1 und σ_2 nach Gl. (14.59), $\sigma_{2\,\text{zul}}$ nach ME Abschn. 14.9 (R_m nach Tab. 14.4), σ_h und $\sigma_{\text{h zul}}$ nach den Gln. (14.51) und (14.52) ohne Index q, r_e nach Gl. (14.62), l nach Gl. (14.61), α_1 und α_2 nach Gl. (14.60).

14.38 **1.** s nach Gl. (14.66) mit $k_1 = 1$ (Rechteckfeder mit $b/B = 1$, da $b = B$, s. Tab. 14.24) und $k_2 = 1$ (einfache Blattfeder), σ_b nach Gl. (14.65), $\sigma_{\text{b zul}}$ nach Tab. 14.24 mit R_m nach Tab. 14.2. **2.** Wie unter 1., jedoch mit k_1 nach Tab. 14.24 (Trapezfeder); die Biegespannung hat denselben Betrag wie bei der Rechteckfeder, da die Einspannquerschnitte gleich sind!

14.39 **1.** F_1 nach Gl. (14.67) mit $s = s_1$ und $k_1 = k_2 = 1$ (s. unter 1. in Aufg. 14.38), $F_2 = F_1 \cdot s_2/s_1$. **2.** Vergleich von σ_b (Gl. (14.65), $F = F_2$) mit $\sigma_{\text{b zul}}$ (s. Tab. 14.24 für schwellende Belastung, R_m nach Tab. 14.2). **3.** Bei angezogenem Anker wirkt am Hebelarm l_r die Magnetkraft F_m, am Radius l_{kl} die Klinkenkraft F_{kl} und am Radius l_F die Federkraft F_2. Somit gilt $F_2 \cdot l_F + F_{kl} \cdot l_{kl} - F_m \cdot l_m = 0$. **4.** Sinngemäß wie unter 4. in Aufg. 14.34. Hier nimmt die Federkraft bei der Rückstellung auf dem Weg $\Delta s = s_2 - s_1$ von F_2 auf F_1 ab. Der Flächeninhalt unter der Federkennlinie entspricht der Federarbeit $W = W_2 - W_1$; da diese Fläche ein Trapez ist, gilt auch $W = (F_1 + F_2) \cdot \Delta s/2$.

14.40 **1.** Wie unter 1. in Aufg. 14.39. **2.** Wie unter 2. in Aufg. 14.39. **3.** F_N aus der Momentengleichung $F_N \cdot 80\,\text{mm} = F_2 \cdot 55\,\text{mm}$; da F_N am Hebel und am Fahrrohr auftritt, gilt nach dem Reibungsgesetz für $F_B = 2 \cdot \mu \cdot F_N$. **4.** Wie unter 5. in Aufg. 14.39. **5.** Die Bremskraft F_B wirkt beim Durchlauf der Büchse auf einer Länge $l_B = 70$ mm (40 mm am Kopf und 30 mm am Ende), somit $W_B = F_B \cdot l_B$; zu dieser Bremsarbeit muss die jeweilige Federarbeit W hinzugerechnet werden, sodass $W_{\text{B ges}} = 2W + W_B$. **6.** Aus der kinetischen Energie $E_{k2} = m \cdot v_2^2/2 = E_{k1} - W_{\text{B ges}}$.

14.41 Sinngemäß wie ME Beisp. 14.20.

14.42 Zweckmäßiger Rechnungsgang: $F_2 = F_{G2}/2 = m_2 \cdot g/2$ mit $m_2 = 480$ kg, W_b mit $B = i \cdot b$, s. Leg. zur Gl. (14.65), σ_b nach Gl. (14.65) (mit $F = F_2$) vergleichen mit $\sigma_{\text{b zul}}$ (s. Tab. 14.24, R_m nach Tab. 14.1); R sowie s_1 und s_2 nach Gl. (14.67) k_1 interpoliert nach Tab. 14.24, $k_2 = 0{,}75$ nach der Leg. zu den Gln. (14.66) u. (14.67); f_{e1} und f_{e2} nach Gl. (14.5) mit $m = m_2/2$ bzw. $m_2/2$, da jedes Federende nur mit der jeweils halben Masse belastet ist.

14.43 **1.** $m = F_G/g$ mit $F_G = 2F = 2 \cdot \sigma_{\text{b zul}} \cdot W_b/l$ (Gl. (14.65) mit $\sigma_{\text{b zul}}$ für Schienenfahrzeuge, s. am Ende von ME Abschn. 14.10, R_m nach Tab. 14.1). **2.** s nach Gl. (14.66) mit $F = F_G/2$ (k_1 nach Tab. 14.24 für $b = 0$, da es sich um eine Dreieckfeder handelt, denn das zweite Blatt ist kürzer als das Hauptblatt). **3.** Nach Gl. (14.5) mit $s_G = s$.

14.44 Mit den Gln. nach Tab. 14.25, E nach Diagr. 14.2 und σ_{zul} nach Tab. 14.26.

14.45 **1.** Nach Aufgabenstellung mit $E_k = m \cdot v_2^2/2$. **2.** Nach Tab. 14.25 ist $R = F/s = d^2 \cdot \pi \cdot 8/(4h)$, mit R_{dyn} nach Gl. (14.68) folgt s aus der umgeformten Gl. (14.3). **3.** Es ist $W = E_k + E_p$ mit $E_p = F_G \cdot s = m \cdot g \cdot s$. Ist W größer als angenommen, so muss ein neuer Wert angenommen und nochmals gerechnet werden. **4.** σ nach Tab. 14.25 und σ_{zul} nach Tab. 14.26.

14.46 **1.** Gl. für s (Tab. 14.25) nach F auflösen, G nach Diagr. 14.2. **2.** Nach Tab. 14.25. **3.** Mit R_{dyn} nach Gl. (14.66) ergeben sich die φfachen Werte gegenüber 1. und 2.

14.47 Nach den Gln. der Tab. 14.25, τ_{zul} nach Tab. 14.26, G nach Diagr. 14.2, wegen schwingender Belastung R_{dyn} nach Gl. (14.66).

14.48 **1.** M mit τ_{zul} (Tab. 14.26) nach Gl. für τ (Tab. 14.25). **2.** Nach Tab. 14.25 mit G nach Diagr. 14.2. **3.** Nach Gl. (14.68) mit R_t nach Tab. 14.25.

14.49 Nach α aus $\sin \alpha = s/H$ und $M = F \cdot H \cdot \cos \alpha$ Element aus Tab. 14.27 auswählen mit $L_1 \leq 60$ mm.

15 Achsen und Wellen

15.1 **1.** Nach den statischen Gleichgewichtsbedingungen ist $F_A = F \cdot L_F/L$, $F_B = F - F_A$. **2.** $M_{bi} = F_A \cdot l_i$ bzw. Biegemomentenlinie. **3.** Nach Gl. (15.2) mit $W_b \approx 0{,}1d^3$ (Tab. 15.2). **4.** $\sigma_{b\,zul}$ nach Tab. 15.1, Durchmesservergrößerung notwendig, wenn $\sigma_b > \sigma_{b\,zul}$, -verkleinerung zweckmäßig, wenn $\sigma_b \ll \sigma_{b\,zul}$.

15.2 **1.** Nach den statischen Gleichgewichtsbedingungen ist $F_A = (F_1 \cdot L_1 - F_2 \cdot L_2)/L$, $F_B = F_1 + F_2 - F_A$. **2.** $M_{b1} = -F_1 \cdot l_1$, $M_{b2} = -F_1 \cdot l_2$, $M_{b3} = -F_1 \cdot l_3 + F_A \cdot l_A$, $M_{b4} = -F_2 \cdot l_4$, $M_{b5} = -F_2 \cdot l_5$. **3.** T folgt aus $P = T \cdot \omega = P \cdot 2\pi \cdot n$. **4.** Darstellung des M_b- und T-Verlaufs über dem Abstand $L_1 + L_2$ der Belastungskräfte F_1 und F_2 voneinander. **5.** Nach der Bedingung für Gl. (15.1) mit $\tau_{t\,zul}$ aus Tab. 15.1. **6.** Gl. (15.2) mit W_b nach Tab. 15.2, Vergleich mit $\sigma_{b\,zul}$ nach Tab. 15.1.

15.3 Sinngemäß wie Aufg. 15.1, jedoch ohne Darstellung des M_b-Verlaufs.

15.4 **1.** T aus $P = T \cdot 2\pi \cdot n_b$ mit $n_b = n_a/i$. **2.** Nach Gl. (15.1) mit $\tau_{t\,zul}$ aus Tab. 15.1. **3.** Nach Tab. 12.10, es muss sein $d_2 \geq d_{min}$ (s. W_t für P4C in Tab. 15.2).

15.5 Nach Gl. (15.1) und Tab. 12.10, es muß sein $d_3 \geq d_{min}$.

15.6 Wegen der Symmetrie wird jeder Zapfen mit $F_G/2 = m \cdot g/2$ belastet (s. Bild L 15.6); d_{min} folgt aus Gl. (15.2) mit W_b nach Tab. 15.2 und $\sigma_{b\,zul}$ nach Tab. 15.1 (Tabellenwert für S235JRG2 mit 1,5 multiplizieren, s. Aufgabentext), sinngemäß wie Gl. (15.1) gilt bei biegebeanspruchten Kreisquerschnitten für den erforderlichen Mindestdurchmesser $d_{min} \approx \sqrt[3]{M_b/(0{,}1\sigma_{b\,zul})}$.

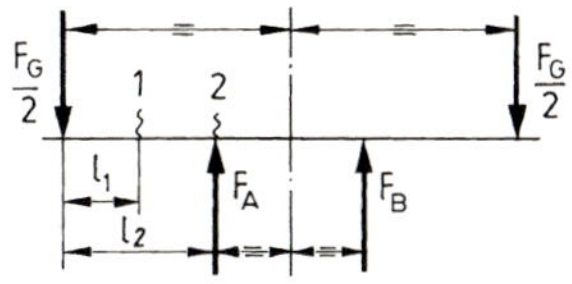

Bild L 15.6 Berechnungsskizze

15.7 **1.** Mit dem Drehmoment = Torsionsmoment T folgt für $F_t = T/r_W = T/0{,}5d_W$ und damit wird $F_r = F_t \cdot \tan \alpha$; da die Kräfte nicht in einer Ebene wirken, sind die Lagerkraftkomponenten mit den statischen Gleichgewichtsbedingungen für die Horizontal- und die Vertikalebene zu errechnen (Kraftangriff und Abstände s. Bild L 15.7a). **2.** Vereinfachte Perspektivdarstellung der Momente in den Querschnitten 1 bis 5 s. Bild L 15.7b (in den Abständen zu den Querschnitten 1, 3 u. 5 sind die Übergangsradien berücksichtigt), grafische Darstellung des Verlaufs der Momente über dem Lagerabstand L sinngemäß wie in den Aufgn. 15.1 u. 15.2, resultierende Biegemomente wie in ME Beisp. 15.2. **3.** Nach Gl. (15.2) mit W_b nach Tab. 15.2. **4.** Vergleich von σ_b mit $\sigma_{b\,zul}$ nach Tab. 15.1. **5.** Vergleich von $d_{3\,min}$ nach Gl. (15.1) mit d_3.

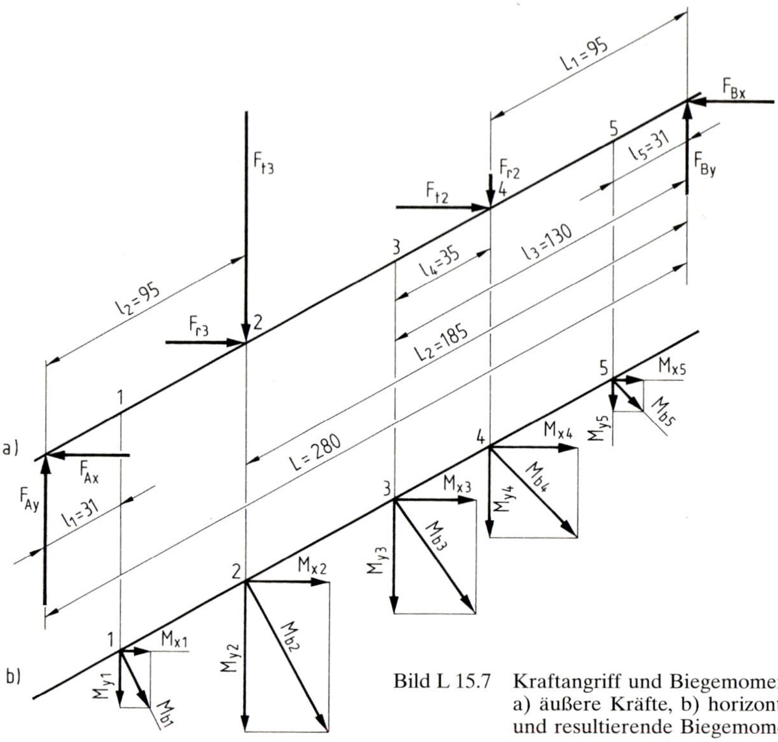

Bild L 15.7 Kraftangriff und Biegemomente
a) äußere Kräfte, b) horizontale, vertikale und resultierende Biegemomente

15.8 **1.** Am Teilkreis jedes Kettenrades wirkt eine Umfangskraft $F_u = F_H - F_V$, damit $F_t = 2F_u \cdot r_K/r_w$ und $F_r = F_t \cdot \tan\alpha$. **2.** Kraftangriff in beiden Ebenen s. Bild L 15.8. **3.** Sinngemäß wie unter 2. in Aufg. 15.7. **4.** Wie ME Beisp. 15.2. **5.** Nach Gl. (15.1) mit $T = F_t \cdot d_w/2$. **6.** Vergleich von σ_b nach Gl. (15.2) mit $\sigma_{b\ zul}$ nach Tab. 15.1.

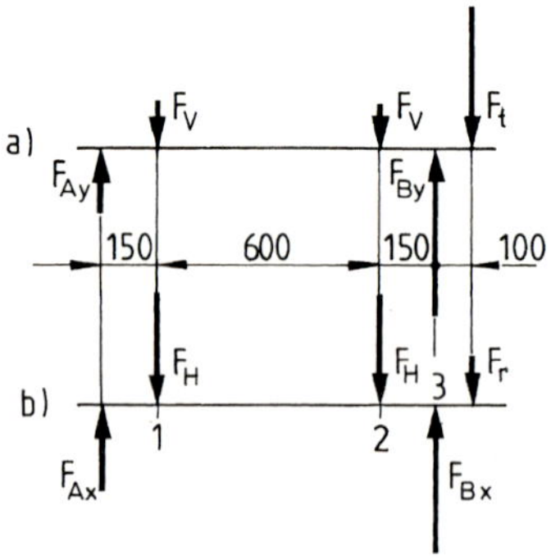

Bild 15.8 Auf die Antriebswelle wirkende Kräfte
a) in der y-Ebene, b) in der x-Ebene

15.9 **1.** Da weder die Zahnkraft F_N noch eine ihrer Komponenten F_t oder F_r in einer Ebene mit der Seilkraft F_S wirken, ist F_N in die zu F_S parallele Vertikalkomponente $F_y = F_N \cdot \cos(45 - 20)°$ und in die dazu senkrechte Horizontalkomponente $F_x = F_N \cdot \sin 25°$ zu zerlegen; aus $M = F_S \cdot D/2$ folgt $F_t = M/r_w$, damit wird $F_N = F_t/\cos\alpha$. **2.** Beim Heben und Senken der Last können die Seilstellungen I und II erreicht werden; sie rufen in den Seiltrommellagern C und D verschieden große Lagerkräfte hervor, u. z. F_{CI} und F_{DI} bzw. F_{CII} (s. Bild L 15.9a). **3.** Außer F_S wirkt auf das Lager D die Zahnkraft F_N mit ihren Komponenten F_y und F_x; Darstellung der Kräfte an der

Seiltrommelachse und deren Abstände s. Bild L 15.9b für die Vertikalebene und Bild L 15.9c für die Horizontalebene. **4.** Wegen der möglichen Seilstellungen I und II sind folgende Momente in der Vertikalebene zu errechnen: M_{yCI}, M_{yDI}, M_{yCII}, M_{yDII}; in der Horizontalebene wirken: M_{xC} und M_{xD}. Diese Momente sind zu den resultierenden Biegemomenten zusammenzusetzen: $M_{bCI} = \sqrt{M_{xC}^2 + M_{yCI}^2}$, $M_{bDI} = \sqrt{M_{xD}^2 + M_{yDI}^2}$, sinngemäß M_{bCII} und M_{bDII}. **5.** Nach Gl. (15.2) mit dem größten unter 4. errechneten Biegemoment.

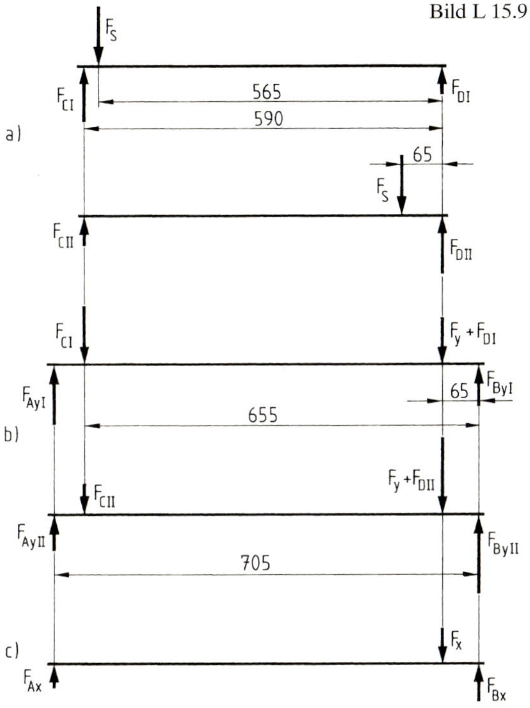

Bild L 15.9 Kräfte an der Seiltrommelachse
a) Lagerkräfte durch die Seilzugkraft,
b) Vertikalkomponenten der Auflagerkräfte,
c) Horizontalkomponenten der Auflagerkräfte

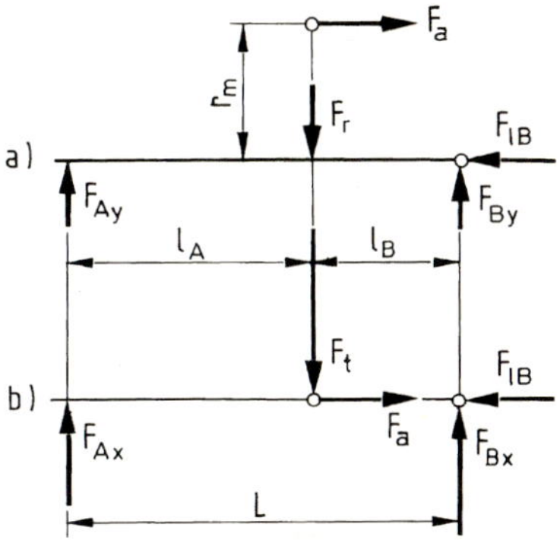

Bild L 15.10 Kräfteangriff an der Kegelradwelle
a) y-Ebene, b) x-Ebene

15.10 **1.** Nach Gl. (15.1) mit $T = F_t \cdot r_m = F_t \cdot d_m/2$. **2.** Kräfteangriff an der Welle in beiden Ebenen s. Bild L 15.10. Die Berechnung der Lagerkräfte in zwei Ebenen ist notwendig, da die Kräfte am Kegelrad nicht in einer Ebene wirken. Durch die Kupplung am Abtriebszapfen wird keine Biegekraft hervorgerufen. Die Längskraft F_{lB} ist für diese Aufgabe ohne Bedeutung. **3.** Berechnung und Darstellung der Momente sinngemäß wie in ME Beisp. 15.1. Am Angriffspunkt der Radialkraft F_r an der Welle ist das Moment M_y unmittelbar links neben diesem Punkt (M_{y1}) und unmittelbar rechts daneben (M_{y2}) unter Einbeziehung des Momentes $F_a \cdot r_m$ zu errechnen. **4.** Nach Gl. (15.2) mit $M_b = \sqrt{M_x^2 + M_y^2}$ (für M_y ist einzusetzen M_{y1} oder M_{y2}, u. z. der größere Wert von beiden).

15.11 **1.** Sinngemäß wie in ME Beisp. 15.1 unter 1. bis 3. **2.** Mit den Gleichgewichtsbedingungen $\sum M_y = 0$, $\sum F_y = 0$, $\sum M_x = 0$, $\sum F_x = 0$ sinngemäß wie in ME Beisp. 15.1 unter 4. und 5., die Längskraft F_{lB} im Festlager folgt aus $\sum F_l = 0 = F_{a3} - F_{a2} + F_{lB}$; Kräfteangriff an der Welle einschließlich der Lagerkraftkomponenten s. Bild L 15.11, Abstand $l_M = L - l_A - l_B$. **3.** Sinngemäß wie ME Beisp. 15.1 unter 6. und 7. (ausgenommen Punkt C), in der y-Ebene sind die Biegemomente jeweils unmittelbar rechts und links neben der Radmitte zu errechnen, d. h. für die Punkte 3.1, 3.2 und 2.2, 2.1 in Bild L 15.11. Grafische Darstellung des Momenten- und Längskraftverlaufs sinngemäß wie in ME Bild 15.7. **4.** Auf Torsion höchst beanspruchte Stelle ist aus T-Verlauf erkennbar, d_{min} nach Gl. (15.1). **5.** Auf Biegung höchst beanspruchte Stelle folgt aus dem M_y- und M_x-Verlauf, für diese Stelle sind M_x und M_y zu errechnen und nach Gl. (15.2) mit dem resultierenden Biegemoment M_b eine Spannungsüberprüfung durchzuführen (Vergleich mit $\sigma_{b\,zul}$ nach Tab. 15.1).

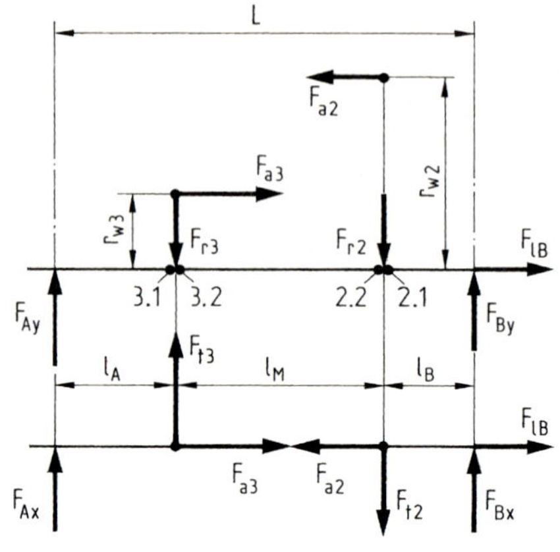

Bild L 15.11 Kraftangriff an der Getriebewelle in y- und x-Ebene

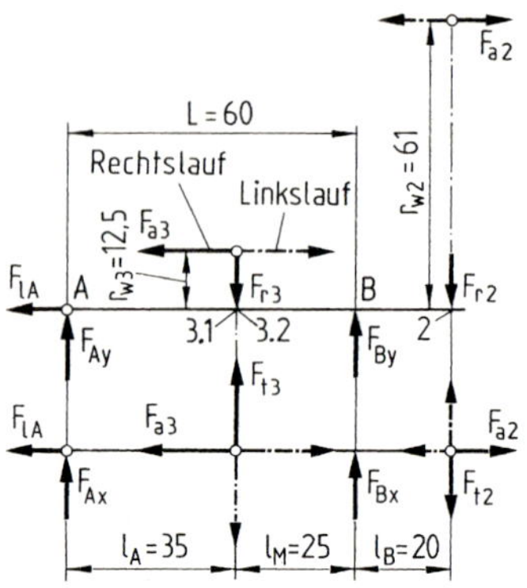

Bild L 15.12 Kräfte an der Getriebewelle in y- und x-Ebene

15.12 Durchführung der Berechnung sinngemäß wie die ME Beisp. 15.1 und 15.2 sowie Aufg. 15.11. Da die Zahnkräfte nicht in einer Ebene wirken, sind auch hier die senkrecht aufeinander stehenden Komponenten F_t, F_r und F_a und damit die Lagerkraftkomponenten in der y- und der x-Ebene zu ermitteln. Richtungen der Zahnkraftkomponenten entspr. Bild 15.11 und ME Bild 15.6 bestimmen, s. Bild L 15.12. Bei Drehrichtungswechsel ändern sich die Richtungen von F_t und F_a (Kräfte bei Linkslauf mit Strichpunktlinie dargestellt), die Richtungen von F_r bleiben unverändert. Die Lagerkraftkomponenten- und die Biegemomentenberechnung ist für beide Ebenen sowohl für Rechts- als auch für Linkslauf durchzuführen. Aus den maximalen Momenten bei einer Drehrichtung ist das größte resultierende Biegemoment zu bestimmen.

15.13 **1.** Rechnerische Ermittlung von F mittels Komponentenzerlegung, es genügt auch eine zeichnerische Lösung. **2.** und **3.** Wie in ME Beisp. 15.3.

15.14 Zweckmäßiger Rechnungsgang: Stützkräfte F_A und F_B, Biegemomente $M_{b1} = +F_A \cdot 60$ mm, $M_{b2} = +F_A \cdot 180$ mm $- F_1 \cdot 60$ mm, $M_{b3} = +F_A \cdot 360$ mm $- F_1 \cdot 240$ mm, $M_{b4} = +F_B \cdot 50$ mm, Torsionsmoment $T = F_2 \cdot r_0$, $d_{1\,min}$ bis $d_{4\,min}$ wie in ME Beisp. 15.3 mit $\sigma_{b\,zul}$, für den kleinsten auf Torsion beanspruchten Querschnitt 2 ist $d_{2\,min}$ auch nach Gl. (15.1) mit $\tau_{t\,zul}$ zu errechnen.

15.15 **1.** Mit den Gln. (15.5) bis (15.7), W_b und W_t nach Tab. 15.2 mit $D = d_a$ und $d = d_i$, $S = (d_a^2 - d_i^2)\pi/4$. **2.** Mit den Gln. (15.8) und (15.9), worin $\sigma_m = \sigma_z$ (s. ME Abschn. 15.5). **3.** Mit den Gln. (15.10) und (15.11), α_0 nach ME Bild 15.12. **4.** β_{kb} nach Gl. (15.17), α_{kb} nach Tab. 15.4a) mit $d = d_a$ und $t = (D - d_a)/2$, n_χ nach Tab. 15.6 für χ nach Gl. (15.15) und R_e nach Tab. 15.1, b_o nach Tab. 15.8 für R_m nach Tab. 15.1. **5.** Nach Gl. (15.21) mit σ_{AG} nach Gl. (15.19), σ_W nach Tab. 15.1, b_d nach Tab. 15.7, üblich $S_D \geq 1{,}7$ (s. Tab. 15.9). **6.** Nur erforderlich, wenn $R > 0{,}5$ (s. Tab. 15.9).

15.16 **1.** Mit den Gln. (15.5), (15.7) und (15.10), W_b und W_t nach Tab. 15.2 mit $D = 40$ mm und $d = 32$ mm (s. Tab. 12.6), $\sigma_o = \sigma_b$ (keine Längskraft), $\sigma_{va} = \sigma_{vo}$ ($R = 0$, da Wechselbiegung), $\alpha_0 = 1$ (σ_b und τ_t wechselnd). **2.** R_m, R_e und σ_W nach Tab. 15.1, n_χ nach Tab. 15.6 für nach Gl. (15.15), α_{kb} und ϱ nach Tab. 15.3, β_{kb} nach Gl. (15.17), b_o nach Tab. 15.8, S_D nach Gl. (15.21) mit σ_{AG} nach Gl. (15.19), S_F nicht erforderlich, da $R = 0$.

15.17 τ_{to} und τ_{tu} nach Gl. (15.7), τ_{tm} nach Gl. (15.12), τ_{ta} nach Gl. (15.13), R nach Gl. (15.14), α_{kt} aus Tab. 15.4c), nach Gl. (15.16) mit $\varrho = d/4$ nach Tab. 15.4c), β_{kt} nach Gl. (15.18), n_χ aus Tab. 15.6, b_d nach Tab. 15.7, b_o nach Tab. 15.8, τ_{tAG} nach Gl. (15.20), S_D nach Gl. (15.22), S_F nach Gl. (15.24), wenn $R > 0{,}5$. Bei Querstiftverbindungen sind die Wellen meistens überdimensioniert, so daß sich für den Wellenquerschnitt an der Bohrung relativ hohe Sicherheiten ergeben.

15.18 Da nur Biegung auftritt, ist $\sigma_{vo} = \sigma_b$, ferner $\sigma_{va} = 0{,}5\sigma_b$ ($R = 0{,}5$), $\alpha_{kb} = 1$ und $\chi = 2/d$ (glatte Achse, $\varrho = \infty$); S_D nach Gl. (15.21) mit σ_{AG} nach Gl. (15.19), Berechnung von S_F bei $R = 0{,}5$ überflüssig. Falls $S_D \gg 1{,}7$, kann d_{erf} mit $\sigma_{va\,zul} = \sigma_{AG}/S_{D\,erf}$ (Gl. (15.21), $S_{D\;erf} = 1{,}7$) aus $(d_{erf}/d)^3 = \sigma_{va}/\sigma_{va\,zul}$ errechnet werden (Änderungen von χ, n_χ und β_{kb} sind unbedeutend).

15.19 **1.** Da Wechselbiegung mit $R = 0$ vorliegt, ist $\sigma_{va} = \sigma_{vo}$, Gln. (15.10) und (15.11), τ_t nach Gl. (15.7), α_0 nach ME Bild 15.12 (gleicher Wert für alle Querschnitte). **2.** R_m, R_e und σ_W nach Tab. 15.1, α_{kb1} und α_{kb3} nach Tab. 15.4a), $\alpha_{kb2} = 1$ (glatter, ungekerbter Wellenstrang), n_χ nach Tab. 15.6, χ nach Gl. (15.15) (bei χ_2 ist $2/\varrho_2 = 0$), β_{kb} nach Gl. (15.17), b_o nach Tab. 15.8, b_d nach Tab. 15.7, σ_{AG} nach Gl. (15.19). **3.** Nach Gl. (15.19), üblich ist $S_D \geq 1{,}7$ (s. Tab. 15.9).

15.20 Da T nur im Querschnitt 3 wirkt und $R = 0$ ist (Wechselbiegung), gilt für $\sigma_{va1} = \sigma_{vo1} = \sigma_{b1}$, $\sigma_{va5} = \sigma_{b5}$ und $\sigma_{va3} = \sigma_{vo3}$ nach Gl. (15.10) mit τ_{t3} nach Gl. (15.7) und $\alpha_0 = 1$ (Wechseltorsion, gleicher Lastfall wie $\sigma_o = \sigma_{b3}$); im Übrigen sinngemäß wie Aufg. 15.19. Berechnung von S_{D5} nicht erforderlich, da Querschnitt 5 nahezu gleich mit Querschnitt 1, jedoch geringer belastet; für α_{kb1} ist das Durchmesserverhältnis $d/D = d_1/d_2$ zu setzen.

15.21 Aus Bild 15.21 folgen $D = 100$ mm und $d = D - t_1 = 90$ mm, damit W_b und W_t nach Tab. 15.2 errechnen für genutete Welle, σ_b nach Gl. (15.5), τ_t nach Gl. (15.7), $\sigma_{va} = \sigma_{vo}$ (Wechselbiegung, $R = 0$) nach Gl. (15.10) mit $\sigma_o = \sigma_b$ und α_0 nach ME Bild 15.12, σ_{AG} und S_D sinngemäß wie in ME Beisp. 15.5.

15.22 **1.** Sinngemäß wie Aufg. 15.1 unter 1. und 2. Bei der Biegemomentenberechnung sind die Abstände der Lagerkräfte zu den Querschnitten 1 und 3 unter Berücksichtigung der Übergangsradien zu bestimmen, d. h. $l_1 = 102{,}5$ mm und $l_3 = 117{,}5$ mm. **2.** W_b und W_t nach Tab. 15.2 für glatte Welle oder genutete mit Passfeder (W_{t2}), σ_b nach Gl. (15.5), τ_t nach Gl. (15.7) ($\tau_{t3} = 0$), wegen $R = 0$ (Wechselbiegung) ist $\sigma_{va} = \sigma_{vo}$ nach Gl. (15.10) mit $\sigma_o = \sigma_b$ ($F_1 = 0$). **3.** σ_{AG} nach Gl. (15.19) und S_D nach Gl. (15.21) sinngemäß wie in den Aufgn. 15.19 bis 15.21 sowie ME Beisp. 15.4 u. 15.5; Berechnung von S_F nicht erforderlich, da $R = 0$.

15.23 **1.** Sinngemäß wie ME Beisp. 15.5 mit $d = D - t_1 = 41$ mm, $\alpha_{kb} \approx 4$ (s. Tab. 15.3 Nr. 5). **2.** Der Querschnitt wird auf Wechselbiegung ($R = 0$) und Schwelltorsion ($\alpha_0 = 0{,}7$, s. ME Bild 15.12) beansprucht, Rechnungsgang sinngemäß wie in Aufg. 15.19 für Querschnitt 1 mit $M_b = F_A \cdot 11{,}5$ mm und σ_b nach Gl. (15.5). **3.** Der Querschnitt wird nur auf Biegung beansprucht, somit $\sigma_{va} = \sigma_{vo} = \sigma_b$ nach Gl. (15.5) mit $M_b = F_B \cdot 10{,}5$ mm, σ_{AG} ist etwa so groß wie beim Lagerzapfen A. **4.** Üblich $S_D \geq 1{,}7$ nach Tab. 15.9.

15.24 Sinngemäß wie in Aufg. 15.23 unter 1., jedoch mit W_t nach Tab. 15.2 für verzahnte Welle, üblich $S_D \geq 1{,}7$.

15.25 **1.** Die Achse wird nur auf Biegung beansprucht; da sie nicht feststehend ist, liegt Wechselbiegung vor ($R = 0$), somit $\sigma_{va} = \sigma_{vo} = \sigma_b$ nach Gl. (15.5). **2.** Sinngemäß wie in Aufg. 15.20 für Querschnitt 1; da $d_2 = d_4$ und $\varrho_2 = \varrho_4$, wird $\sigma_{AG2} = \sigma_{AG4}$, ferner ist $\sigma_{AG5} \approx \sigma_{AG1}$. Für den Querschnitt 3 mit $d_3 = 160$ mm erübrigt sich eine Nachrechnung auf Gestaltfestigkeit, da er durch die aufgepreßte Nabe äußerst biegesteif ist. **3.** Nach Gl. (15.21).

15.26 **1.** Wegen der symmetrischen Anordnung und gleichen Belastung der Räder ist $F_A = F_B = F$ (s. Bild L 15.26), σ_b nach Gl. (15.5) mit $M_b = F \cdot l$. **2.** $\sigma_{b\,zul}$ nach Tab. 15.1. **3.** σ_{AG1} sinngemäß wie in Aufg. 15.25 unter 2. für Querschnitt 1, σ_{AG2} entsprechend, jedoch mit $\alpha_{kb} \approx 3{,}3$ nach Tab. 15.3 Nr. 1 und $\varrho = 0{,}25$ mm, b_o nach Tab. 15.8. **4.** Da die Achse umläuft, ist $R = 0$ (Wechselbiegung) und $\sigma_{va} = \sigma_{vo} = \sigma_b$, S_D nach Gl. (15.21), Berechnung von S_F nicht erforderlich.

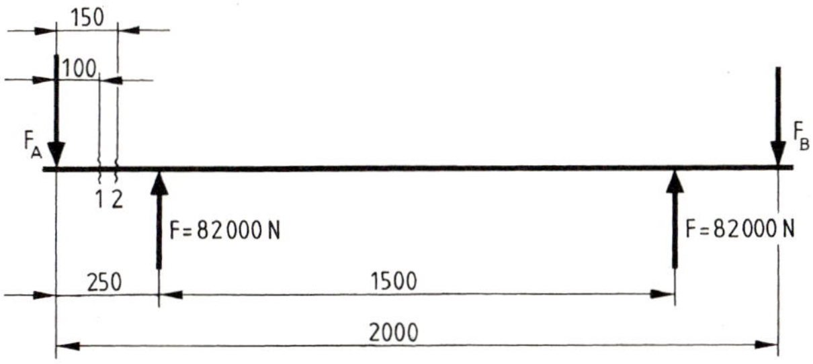

Bild L 15.26 Berechnungsskizze zur Laufradachse

15.27 Zweckmäßiger Rechnungsgang: F_A und F_B mit $\sum M = 0$ und $\sum F_y = 0$, $M_{b1} = -F_1 \cdot l_1$, $M_{b2} = -F_1(l_1 + l_2) + F_A \cdot l_2$, $M_{b3} = +F_3 \cdot l_3$ (Abstände s. Bild E 15.27), σ_b nach Gl. (15.5), τ_t nach Gl. (15.7) ($T_1 = 0{,}3T$), $\sigma_{va} = \sigma_{vo}$ nach Gl. (15.10) (Wechselbiegung: $R = 0$, Schwelltorsion: $\alpha_0 = 0{,}7$), $\sigma_{AG1} = \alpha_{AG3}$ sinngemäß wie in Aufg. 15.18, σ_{AG2} wie in Aufg. 15.17, S_D nach Gl. (15.21), S_F nicht erforderlich.

15.28 Querschnitt 1 (durchbohrte Welle, rechnerischer Bohrungsdurchmesser $d = 6$ mm durch Kegelstiftmaße gegeben) wird auf Biegung und Torsion beansprucht, Berechnung sinngemäß wie Querschnitt 2 in Aufg. 15.27; im Querschnitt 2 wirkt F_a als Längskraft und erzeugt zusätzlich Druckbeanspruchung, Berechnung sinngemäß wie Aufg. 15.15.

15.29 **1.** Da ein räumliches Kräftesystem vorliegt, sind Stützkraftkomponenten und Biegemomente in zwei Ebenen zu errechnen (s. Bild L 15.29) und zu den resultierenden Biegemomenten zusammenzusetzen, sinngemäß wie in Aufg. 15.10. **2.** Querschnitt 1 wird auf Biegung und Zug beansprucht, σ_{va1} nach Gl. (15.11) mit R nach Gl. (15.9) und $\sigma_{vo1} = \sigma_{b1} + \sigma_{z1}$, Gln. (15.5) u. (15.6), Querschnitt 2 auf Biegung und Torsion, $\sigma_{va2} = \sigma_{vo2}$ nach Gl. (15.10) mit $\sigma_o = \sigma_{b2}$ ($R_2 = 0$). **3.** $\sigma_{AG1} = \sigma_{AG2} = \sigma_{AG}$ (beide Querschnitte sind gleich ausgeführt, aber verschieden beansprucht), Berechnung sinngemäß wie in Aufg. 15.19 (zur Ermittlung von α_{kb} nach Tab. 15.4a) ist $D = d_m$ zu setzen), S_D nach Gl. (15.21).

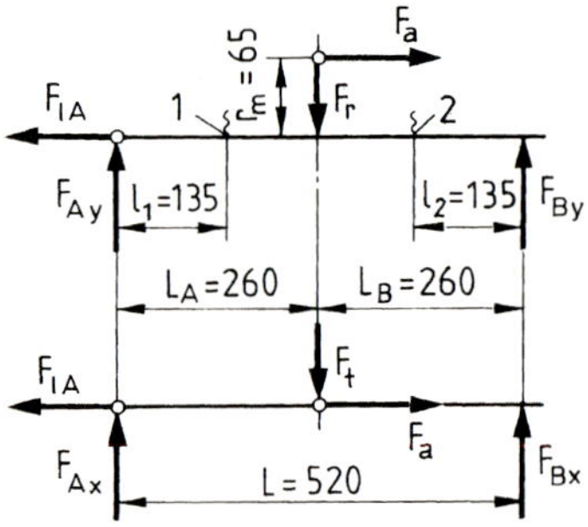

Bild L 15.29 Berechnungsskizze zur Schneckenwelle

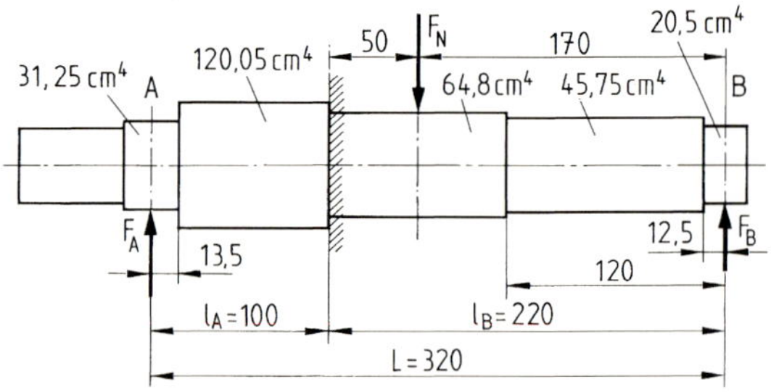

Bild L 15.32 Berechnungsskizze der Getriebewelle

15.30 **1.** Nach den Gln. (15.25) und (15.26) im ME Bild 15.19, $I_{bi} \approx 0{,}05 d_i^4$ nach Tab. 15.2 (Index i = 1, 2 und 3); da außer F_A keine weitere Kraft biegt, ist $\beta_A = \beta_{AA}$ und $f_A = f_{AA}$. **2.** Sinngemäß wie unter 1. **3.** Nach den Gln. (15.36), (15.37) und (15.38) mit α nach Gl. (15.35). **4.** Erfahrungswerte für zulässige Beträge s. Tab. 15.9. **5.** Bei Überschreitung der zulässigen Werte ist Durchmesservergrößerung erforderlich.

15.31 Mit den vergrößerten Durchmessern Rechnungsgang wie in Aufg. 15.30.

15.32 **1.** Bild L 15.32 zeigt eine Skizze der Welle mit den für die Berechnung benötigten Längenmaßen und den axialen Flächenmomenten $I_b \approx 0{,}05 d^4$; es ist $\beta_A = \beta_{AA}$ (Gl. (15.25) im ME Bild 15.19) und $f_A = f_{AA}$ nach Gl. (15.26). **2.** Da rechts von der in Bild L 15.32 schraffierten Stelle (zum Lager B hin) die Kräfte F_B und F_N wirken, sind zu errechnen: β_{BB} und f_{BB} mit F_B nach den Gln. (15.25) und (15.26), β_{BN} und f_{BN} mit F_N (mit negativem Vorzeichen einsetzen!) nach den Gln. (15.27) und (15.28), damit $\beta_B = \beta_{BB} + \beta_{BN}$ und $f_B = f_{BB} + f_{BN}$ (s. ME Abschn. 15.6). **3.** β_{LA} und β_{LB} nach den Gln. (15.36) und (15.37) mit α nach Gl. (15.35), zul. Werte s. Tab. 15.9. **4.** f nach Gl. (15.38) vergleichen mit f_{zul} (s. Tab. 15.9).

15.33 Rechnungsgang in allen Punkten sinngemäß wie ME Beisp. 15.6, F_{Ay}, F_1 und F_3 sind mit negativem Vorzeichen in die Gln. einzusetzen. Da rechts von der schraffierten Stelle nur die Stützkraft F_B wirkt, ist $\beta_{By} = \beta_{Bby}$ und $f_{By} = f_{Bby}$. Da $n > 1500\ \text{min}^{-1}$, ist mit den zulässigen Kleinstwerten zu rechnen.

15.34 Sinngemäß wie ME Beisp. 15.6 und Aufg. 15.33. Die in der Aufgabenstellung angegebenen zulässigen Beträge sind die mittleren Erfahrungswerte nach Tab. 15.9.

15.35 **1.** Nach Gl. (15.1) mit $T = P/(2\pi \cdot n)$ und $\tau_{t\,zul}$ nach Tab. 15.1. **2.** Nach Gl. (15.42) (wie in ME Beisp. 15.7), α_{zul} wie für Getriebewellen (s. Tab. 15.9).

15.36 Wie unter 2. in Aufg. 15.35.

15.37 Sinngemäß wie ME Beisp. 15.7.

15.38 Sinngemäß wie ME Beisp. 15.8.

15.39 Nach Gl. (15.42).

15.40 Sinngemäß wie ME Beisp. 15.9. Da hier $F_{G2} = F_{G1}/2$ und $l_{B2} = l_{A1}$ sowie $l_{B1} = l_{A2}$, gilt zu 2.: $F_{A2} = F_{B1}/2$, $F_{B2} = F_{A1}/2$ und $f_{A2} = f_{B1}/2$, $f_{B2} = f_{A1}/2$.

15.41 **1.** Nach den statischen Gleichgewichtsbedingungen mit $F_G = m \cdot g$. **2.** $f_A = f_{AA}$ nach Gl. (15.26) (s. ME Bild 15.19), sinngemäß $f_B = f_{BB}$. **3.** Nach Gl. (15.38) mit α nach Gl. (15.35). **4.** Nach Gl. (15.43) mit $K = 1$.

15.42 Sinngemäß wie Aufg. 15.41 mit $F_A = F_B = F_G/2$. Es muß sein n (0,7 ... 1,3)n_K.

17 Gleitlager

17.1 **1.** $\bar{p}$ nach Gl. (17.1), u nach Gl. (17.2), $\bar{p}_{zul}$ und u_{zul} nach Tab. 17.11. **2.** Nach Tab. 2.9 in Verbindung mit den Tabn. 2.3 und 2.4, S_k und S_g nach den Gln. (2.3) und (2.4), $S_m = (S_k + S_g)/2$ und $\psi_m = S_m/D$. **3.** Nach Gl. (17.4). **4.** Aus Gl. (17.5) mit $P_A = P_f$. **5.** Nach ME Abschn. 16.4 unter Schmierfette K.

17.2 **1.** $\bar{p}$ nach Gl. (17.1) mit $F = F_r/2$, da sich die Radkraft auf zwei Lagerbuchsen verteilt. Die sich ergebende spezifische Lagerbelastung liegt weit über dem in Tab. 17.11 für Kupferlegierungen (Bronze) angegebenen Anhaltswert, was bei geringer Gleitgeschwindigkeit durchaus üblich ist, wenn die Lagertemperatur in den normalen Grenzen bleibt. Die Gleitgeschwindigkeit $u = v_F \cdot D/D_r$ ist wesentlich kleiner als die Fahrgeschwindigkeit = Umfangsgeschwindigkeit der Räder. **2.** Nach Tab. 2.9. **3.** Nach Gl. (17.4). **4.** Aus Gl. (17.5) mit $A \approx 40D \cdot B$ gemäß Gl. (17.9).

17.3 Sinngemäß wie die Aufgaben 17.1 und 17.2.

17.4 **1.** F ist die größere der beiden resultierenden Lagerkräfte F_A und F_B. **2.** Nach den Gln. (17.1) und (17.2). **3.** Nach Gl. (17.4). **4.** Wie 2. in Aufg. 17.1. **5.** Aus Gl. (17.5) mit $P_A = P_f$.

17.5 $\bar{p}$ nach Gl. (17.1), u nach Gl. (17.2), zul. Werte nach Tab. 17.11 bei Tropfölschmierung. t_B aus Gl. (17.5) mit k als Mittelwert, A nach Gl. (17.7). Passung siehe unter 2. in Aufg. 17.1.

17.6 $\bar{p}_A$, $\bar{p}_B$ nach Gl. (17.1), u_A, u_B nach Gl. (17.2), beide vergleichen mit den zul. Werten der Tab. 17.11. P_{fA}, P_{fB} nach Gl. (17.4), t_{BA}, t_{BB} aus Gl. (17.5) mit $k = 17{,}5\ \mathrm{W/(m^2 \cdot K)}$ und jeweils $A = 17{,}5D \cdot B$ entspr. Gl. (17.9).

17.7 u mit Gl. (17.2), P_f mit Gl. (17.4). **1.** Q aus Gl. (17.10) mit $P_Q = P_f$. **2.** P_A nach Gl. (17.5), worin A nach Gl. (17.8). Q aus Gl. (17.10) mit $P_Q = P_f - P_A$.

17.8 k aus Gl. (17.5), w_a aus Gl. (17.6).

17.9 u mit Gl. (17.2), P_f mit Gl. (17.4), Q_{erf} aus Gl. (17.10) mit $P_Q = P_f$ und $t_2 - t_1 = 20\ \mathrm{K}$.

17.10 Wie ME Beispiel 17.2.

17.11 Wie unter 6. in Aufg. 17.10.

17.12 Wie in ME Beispiel 17.3.

17.13 **1.** $\bar{p}$ nach Gl. (17.1), u nach Gl. (17.2), ω nach Gl. (17.3). **2.** Nach Gl. (17.15). **3.** *So* nach Gl. (17.17), ε aus Tab. 17.15 (interpolieren), h_0 nach Gl. (17.19). **4.** 1. Rechenschritt: $\lambda/\psi_{\text{eff}}$ aus Tab. 17.17 (interpolieren), daraus λ, $P_A = P_f$ nach Gl. (17.4), $t_{B.1}$ nach Gl. (17.5), 2. Rechenschritt $t_{\text{eff}} = 0{,}5(t_{B.0} + t_{B.1})$ und weiter wie im 1. Rechenschritt usw. bis t_B beim Wärmegleichgewicht nahezu errechnet.

17.14 **1.** $\bar{p}$ nach Gl. (17.1), $\bar{p}_{\text{zul}}$ nach Tab. 17.12. **2.** u nach Gl. (17.2), ω nach Gl. (17.3). **3.** *So* nach Gl. (17.17) mit η bei 80 °C. **4.** h_0 nach Gl. (17.19), wofür ε aus Tab. 17.15 zu ermitteln (interpolieren) ist, $h_{0\ \text{lim}}$ nach Tab. 17.20. **5.** P_f nach Gl. (17.4), hierin μ aus μ/ψ_{eff} nach Tab. 17.17 (interpoliert). **6.** P_A nach Gl. (17.5). **7.** $P_Q = P_f + P_W - P_A$. **8.** Q aus Gl. (17.10).

17.15 **1.** $\bar{p}$ nach Gl. (17.1), u nach Gl. (17.2), ω nach Gl. (17.3). **2.** ψ_m nach Gl. (17.11), Wahl des nächstgrößeren nach Tab. 17.10. **3.** *Re* nach Gl. (17.15). **4.** $Q = Q_1 + Q_2$, Q_1 nach Gl. (17.13), *So* nach Gl. (17.17), ε nach Tab. 17.15 (interpoliert). **5.** h_0 nach Gl. (17.19), $h_{0\ \text{lim}}$ nach Tab. 17.20. **6.** μ/ψ_{eff} nach Tab. 17.17 (interpoliert), daraus μ. $P_Q = P_f$ nach Gl. (17.4), dann $t_2 - t_1$ aus Gl. (17.10). Es muss $t_2 - t_1 \leq 20$ K sein.
Zu der Berechnung sei bemerkt, dass die Ergebnisse nur als Anhaltswerte aufgefasst werden dürfen. Eine genaue Berechnung der Kurbelwellenlager von Verbrennungsmotoren ist sehr schwierig. Durch die sich ständig ändernden Kräfte im Kurbeltrieb und die bei vielen Motorarten häufige Drehzahländerung ergeben sich laufend andere Verhältnisse in den Lagern, die die wichtigsten Berechnungsgrößen stark beeinflussen. Eine endgültige Festlegung derartiger Lager ist nur auf Grund von Dauerversuchen möglich.

17.16 **1.** Sinngemäß wie unter 1. in ME Beisp. 17.4. **2.** Sinngemäß wie unter 2. in ME Beisp. 17.4. **3.** Sinngemäß wie unter 5. in ME Beisp. 17.4. Mit dem angegebenen zulässigen Verschleiss $s_{\text{v zul}}$ in µm (Tab. 17.26), der Verschleißrate Δs in µm/km (nach ME Bild 17.45) und der Gleitgeschwindigkeit u in km/h ergibt sich die Lebensdauer $L_h = s_{\text{v zul}}/(\Delta s \cdot v)$ in h.
Eine Berechnung des Fertigungsspiels S_F mit Gl. (17.24) ist bei den genormten Einpreßbuchsen aus Thermoplasten nur dann erforderlich, wenn von den in DIN 1850 angegebenen Einbauempfehlungen und den daraus folgenden Lagerspielen abgewichen werden muss.

17.17 **1.** Z und S_F wie unter 3. in ME Beisp. 17.4. Mit dem Nennmaß $N = 40$ mm sind dann $G_{uB} = N + S_F - T_B/2 - T_W/2$ und $G_{oB} = G_{uB} + T_B$ (T_B und T_W nach Tab. 2.2). **2.** Es sind $G_{oW} = N - S_F + T_B/2 + T_W/2$ und $G_{uW} = G_{oW} - T_W$.

17.18 **1.** Mit $\bar{p}$ nach Gl. (17.1) und u nach Gl. (17.2), $(p \cdot u)_{\text{zul}}$ nach Tab. 17.22 interpolieren. **2.** Nach Gl. (17.22) und sinngemäß wie unter 2. in ME Beisp. 17.4, zulässige Temperatur nach Tab. 17.25. **3.** Gehäuse-Bohrungsdurchmesser $D = d + 2s + S_F$ mit S_F nach Gl. (17.24), in die $U = 0$ (geschlitzte Buchse) und S nach Tab. 17.26 (interpoliert) einzusetzen sind, damit $G_{uB} = D - T_B/2 - T_W/2 = d + 2s + S_F - T$ (da $T_W = T_B = T$ nach Tab. 2.2) und $G_{oB} = G_{uB} + T_B$.

17.19 Lösungsgang sinngemäß wie Aufg. 17.18, jedoch Grundlagerspiel $S = 0{,}004d$ (s. Legende zur Gl. (17.24)) und Toleranz der Buchsenwanddicke s (Tab. 17.28) berücksichtigen.

17.20 **1.** Nach den Gln. (17.1), (17.2) und $(\bar{p} \cdot u)_{\text{zul}}$ nach Tab. 17.29. **2.** Nach Gl. (17.22) bzw. aus Gl. (17.5) mit P_f nach Gl. (17.4) (einmalige Fettschmierung). **3.** Sinngemäß wie unter 3. in Aufg. 17.16 mit $\Delta s = 1$ µm/km (Tab. 17.29) und $s_{\text{v zul}} = 0{,}07$ mm.

17.21 Rechnungsgang sinngemäß wie bei Aufg. 17.20. Je Buchse ist $F = 0{,}5F_1(l_1 + l_2)/l_2$ aus $\sum M_{(2)} = 0$; da keine Drehbewegung, ist u nicht nach Gl. (17.2) zu berechnen, sondern als mittlere Gleitgeschwindigkeit $u = s/t = z \cdot 2\alpha \cdot r/t$ mit $r = D/2$, $t = 60$ s und α in rad; μ für Trockenlauf von PTFE mit Glasfasern (GF-PTFE), zulässige Lagertemperatur nach Tab. 17.27.

17.22 Sinngemäß wie ME Beisp. 17.5.

17.23 Sinngemäß wie unter 1. und 2. in ME Beisp. 17.5, jedoch $u = \alpha \cdot r/t$ mit $\alpha = 120 \cdot \pi/180$ rad, $r = d_1/2$ und $t = 10$ s.

17.24 **1.** Sinngemäß wie unter 1. und 2. in ME Beisp. 17.5; $(\bar{p} \cdot u)_{\text{zul}}$ ist nach Tab. 17.31 für die errechnete Gleitgeschwindigkeit zu interpolieren. **2.** Lebensdauer L_h in h durch die Jahresbetriebsstundenzahl (ausgehend von $52 - 4 = 48$ Arbeitswochen pro Jahr) dividieren.

17.25 **1.** $\bar{p}$ nach Gl. (17.25) und u nach Gl. (17.2) mit $d = d_m$. **2.** Nach Gl. (17.5) mit P_f nach Gl. (17.4), μ entspr. Tab. 17.13 für Ringspurlager bei Ölschmierung und Mischreibung, $k = 20$ W/(K · m²) und $t_a = 20$ °C (Normalfall).

17.26 Sinngemäß wie Aufg. 17.25, zul. Werte nach Tab. 17.11.

17.27 **1.** Nach Gl. (17.25) (Lagerfläche bei Festschmierstoff s. ME Abschn. 17.10), $\bar{p}_{zul}$ nach Tab. 17.31. **2.** Mit $u = \omega \cdot d_m/2$ die zulässige Pressungsgeschwindigkeit $(\bar{p} \cdot u)_{zul}$ nach Tab. 17.31. **3.** Nach Gl. (17.5) mit P_f nach Gl. (17.4).

17.28 **1.** Nach den Gln. (17.25) und (17.2) mit $d = d_m$ (zu den Lagerabmessungen s. die ME-Bilder 17.57, 17.58a und 17.64b). **2.** η nach Gl. (17.26) mit $h_0 = \delta \cdot H$ und So_{ax} nach Tab. 17.32, daraus Viskositätsklasse nach Diagr. 16.1 für $t = 60\,°C$. Mit gewähltem η aus Gl. (17.26) endgültiges h_0. **3.** Nach den Gln. (17.28) und (17.29) ($h_ü$ und $h_{0\ lim}$ nach Tab. 17.33). **4.** Nach Gl. (17.30). **5.** Nach Gl. (17.4) mit μ nach Gl. (17.27). **6.** Nach Gl. (17.31) mit $t_a = 20\,°C$ und $t_2 - t_1 = 15\,K$.

17.29 **1.** Nach den Gln. (17.25) und (17.2) mit $d = d_m$ sowie den zulässigen Werten nach Aufgabe (wegen der Gleitflächenmaße s. die ME-Bilder 17.57, 17.58b und 17.64c); es ist $z = d_m \cdot \pi/(l + K + N)$. **2.** $R = l - K$ (s. die ME-Bilder 17.58b und 17.64c), $H = h_0/\delta$ mit h_0 nach Gl. (17.26) (So_{ax} nach Tab. 17.32, η_{70} nach Diagr. 16.1). **3.** Nach Gl. (17.4) mit μ nach Gl. (17.27). **4.** Nach Gl. (17.31) mit $k \cdot A(t_B - t_a) = 0$ und $t_2 - t_1 = 15\,K$. **5.** Nach Gl. (17.30). **6.** Wie Aufg. 17.28 unter 3. mit $h_ü$ und $h_{0\,lim}$ nach Tab. 17.33 interpoliert.

17.30 Sinngemäß wie ME Beisp. 17.6, jedoch mit $t_2 - t_1 = 15\,K$.

17.31 $\gamma_{60\,erf}$ aus Gl. (17.26), Wahl der Viskositätsklasse nach Diagr. 16.1, danach endgültiges h_0 aus Gl. (17.26) mit gewähltem η_{60}; $n_ü$ und n_{min} nach den Gln. (17.28) und (17.29), Q_1 nach Gl. (17.30), μ nach Gl. (17.27), P_f nach Gl. (17.4) und Q nach Gl. (17.31).

18 Wälzlager

18.1 **1.** L nach Gl. (18.4) mit N nach Gl. (18.2); da $F_a = 0$, wird $P = F_r$ (Gl. (18.1) mit $X = 1$), C nach Tab. 18.3. Ergebnis mit Wert nach Tab. 18.12 vergleichen. **2.** Nach Gl. (18.6) mit $P_0 = F_{r0}$ und C_0 nach Tab. 18.3, übliche Werte s. ME Abschn. 18.4.

18.2 **1.** Aus $v = D_R \cdot \pi \cdot n$ (Fahrgeschwindigkeit = Umfangsgeschwindigkeit der Rolle). **2.** Sinngemäß wie unter 1. in Aufg. 18.1 mit $F_r = F_R/2$. **3.** Sinngemäß wie unter 2. in Aufg. 18.1 mit $P_0 = P = F_r$.

18.3 **1.** Nach Gl. (18.1) mit $F_r = F/2$ und $F_a = 0{,}1F$. Für X und Y nach Tab. 18.3 die Verhältnisse $f_0 \cdot F_a/C_0$ und F_a/F_r bilden und e interpolieren. **2.** Nach Gl. (18.4) mit L nach Gl. (18.2) und $n = v/(D_R \cdot \pi)$. **3.** Sinngemäß wie unter 2. in Aufg. 18.1 mit $P_0 = F_{r0} = F_r$, da $F_{a0} = 0$.

18.4 **1.** Nach ME Abschn. 18.1, ME Bild 18.6a und Tab. 18.3. **2.** Nach Gl. (18.4) mit L nach Gl. (18.2), da $F_a = 0$ (keine Axialkraft), ist $P = F_{rA}$ bzw. F_{rB}. **3.** Übliche Volllastlebensdauer s. Tab. 18.12.

18.5 Da zwei gleiche Lager vorgesehen sind, beschränkt sich die Berechnung auf das Festlager mit $F_r = F/2$ und $F_a = 0{,}1F_r$. Zur Ermittlung von X und Y zwecks Berechnung von P nach Gl. (18.1) muss vorerst eine Lagergröße nach Tab. 18.3 angenommen werden. Die Auswahl wird erleichtert mit C_{erf} nach Gl. (18.2), worin $P = F_r$ zu setzen ist ($F_a = 0$ angenommen), L nach Gl. (18.4) mit L_h nach Tab. 18.12. Es ist dann $C_{erf} = F_r \cdot \sqrt[3]{L_h \cdot n/10^6}$. f_s nach Gl. (18.6) mit $P_0 = F_{r0} = F_r$, da im Stillstand keine Axialkraft.

18.6 Da bei Loslagern $F_a = 0$ ist, wird $P = F_r$ (Gl. (18.1) mit $X = 1$ und $Y = 0$). Wegen erhöhter Temperatur muß C mit f_T multipliziert werden (s. Tab. 18.11), Lagerauswahl nach Tab. 18.3 sinngemäß wie in Aufg. 18.5 für $C_{erf} = (P/f_T) \cdot \sqrt[3]{L \cdot n/10^6}$ nach den Gln. (18.2) und (18.4). n_g nach Gl. (18.10); falls $n > n_g$, s. ME Abschn. 18.7, $F_r \leq 0{,}1C$ überprüfen.

18.7 **1.** Wegen der hohen Temperatur muß C wie in Aufg. 18.6 mit f_T multipliziert werden (Tab. 18.11, Nachsetzzeichen S2 im Lagerkurzzeichen s. ME Abschn. 18.1). Nach Gl. (18.2) ist somit

$P = f_T \cdot C/\sqrt[3]{L/10^6}$ mit L nach Gl. (18.4). **2.** Aus Gl. (18.1) folgt $F_r = (P - Y \cdot F_a)/X$ mit X und Y nach Tab. 18.3 für $f_0 \cdot F_a/F_r > e$ (vorerst angenommen, e und Y interpoliert für $f_0 \cdot F_a/C_0$). **3.** Nach Gl. (18.10), $F_r \leq 0{,}1C$ überprüfen.

18.8 **1.** Nach Gl. (18.6) mit f_s nach ME Abschn. 18.4 und $P_0 = F_{r0}$ (Gl. (18.5) mit $X_0 = 1$, da $F_{a0} = 0$, keine Axialbelastung). **2.** Nach Tab. 18.3, Nachsetzzeichen für Dichtscheiben s. ME Abschn. 18.1 und ME Bild 18.7.

18.9 Nachsetzzeichen für Deckscheiben s. ME Abschn. 18.1 und ME Bild 18.7, Berechnung bei Schwenkbewegung wie in Aufg. 18.8 auf statische Belastung mit f_s nach Gl. (18.6), darin C_0 nach Tab. 18.3 und P_0 nach Gl. (18.5) mit X_0 und Y_0 nach Tab. 18.3, falls $F_{a0}/F_{r0} \leq 0{,}8$, ist $P_0 = F_{r0}$ zu setzen.

18.10 Berechnung der radialen Lagerkräfte aus den Komponenten, z. B. $F_{rA} = \sqrt{F_{Ax}^2 + F_{Ay}^2}$. Auswahl der Lager nach Tab. 18.3 mit C_{erf} sinngemäß wie in Aufg. 18.6 für Loslager A ($F_{aA} = 0$) und wie in Aufg. 18.5 für Festlager B ($F_{aB} = F_a$).

18.11 **1.** Nach Gl. (18.4) mit L nach Gl. (18.2), C nach Tab. 18.10, $P = F_a = F$ (s. ME Abschn. 18.4). **2.** Nach Gl. (18.6) mit C_0 nach Tab. 18.9 und $P_0 = P$. **3.** Nach Gl. (18.10), $F_a \leq 0{,}1C$ überprüfen.

18.12 L_h in h ist gleich dem Produkt der angegebenen Zahlenwerte für Stunden, Tage und Jahre; damit L nach Gl. (18.4) und $C_{erf} = P \cdot \sqrt[3]{L/10^6}$ nach Gl. (18.2), Lagerwahl nach Tab. 18.10 so, dass $C \geq C_{erf}$, ($P = F_a$), n_g wie unter 3. in Aufg. 18.11.

18.13 Nach Gl. (18.6) mit C_0 nach Tab. 18.10 und $P_0 = F_{a0} = 50$ kN.

18.14 Die Zeichen für die Lagerreihen der einseitig wirkenden Axial-Rillenkugellager mit balliger Gehäusescheibe nach DIN 711 lauten: 532, 533, 534. Sie haben bei gleichem Durchmesser d_W dieselben Tragzahlen wie die Lager der Reihen 512, 513 und 514 (Tab. 18.10). Die Lager mit Unterlegscheibe werden durch das Nachsetzzeichen U angegeben. Lagerwahl so, dass $C_0 \geq C_{0\,erf}$ nach Gl. (18.6) mit $f_s = 1{,}25$ (Mittelwert aus 1,0 ... 1,5, s. ME Abschn. 18.4) und $P_0 = F_{a0}$.

18.15 Lagerwahl nach Tab. 18.10 (unter Beachtung des Textes am Tabellenende, s. auch ME Beisp. 18.2) so, dass $C \geq C_{erf}$ nach Gl. (18.2) mit L nach Gl. (18.4) und $P = F_a$; n_g nach Gl. (18.10) ($F_a \leq 0{,}1C$ überprüfen).

18.16 **1.** Wie unter 1. in ME Beisp. 18.2, P ist gleich der größeren radialen Lagerkraft, da sie je nach Drehrichtung abwechselnd bei A oder B auftritt. **2.** Lagerwahl nach Tab. 18.6 bzw. 18.7, so dass $C \geq C_{erf}$ nach Gl. (18.3) mit L wie in Aufg. 18.15. **3.** P nach Gl. (18.8), damit L_h nach Gl. (18.4). **4.** Nach Gl. (18.10) ($F_r \leq 0{,}1C$ überprüfen).

18.17 L_h nach Gl. (18.4) mit L nach Gl. (18.3) ($P = F_r$, C nach Tab. 18.10), n_g nach Gl. (18.10) ($F_r \leq 0{,}1C$ überprüfen, Z_S für Ölschmierung).

18.18 **1.** L nach Gl. (18.3) mit P nach Gl. 18.9. **2.** Sinngemäß wie in Aufg. 18.17.

18.19 Mit $C_{0\,erf}$ aus Gl. (18.6) Lagerwahl nach Tab. 18.6 ($P_0 = F_{r0} = F_R/2$, $f_s = 1{,}0$).

18.20 **1.** x- und y-Komponenten der Lagerkräfte mit den statischen Gleichgewichtsbedingungen $\sum M = 0$, $\sum F_x = 0$ und $\sum F_y = 0$ (aus $\sum F = 0$ folgt die Axialkraft $F_{aB} = F_a$ des Festlagers B), radiale Lagerkräfte nach Lehrsatz des Pythagoras (wie unter 1. in Aufg. 18.16), Kräfteangriff und Berechnungsskizze s. Bild L 18.20, Anordnung der Lager s. Bild 18.24. **2.** Sinngemäß wie unter 2. in Aufg. 18.16 mit $P = F_{rA}$.

18.21 **1.** L_h nach Gl. (18.4) mit L nach Gl. (18.3) ($P = F_r$, C nach Tab. 18.5). **2.** Nach Gl. (18.10) ($F_r \leq 0{,}1C$ überprüfen).

18.22 Lagerwahl nach Tab. 18.5 so, dass $C \geq C_{erf}$ aus Gl. (18.3) mit L nach Gl. (18.4), $n = v/(D_R \cdot \pi)$ und $P = F_r = F_A/2 = P_0$, Kontrolle von f_s nach Gl. (18.6).

18.23 **1.** Mit den im Aufgabentext gemachten Angaben Durchführung der üblichen Lebensdauerberechnung nach den Gln. (18.1), (18.2) und (18.4). **2.** Nach Gl. (18.10).

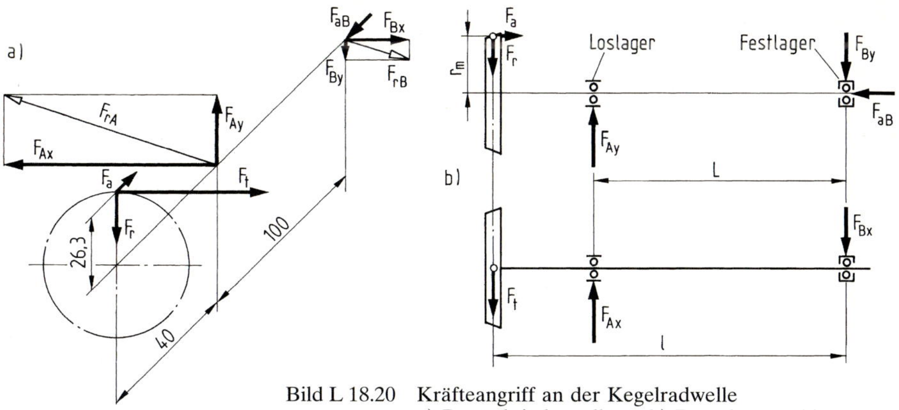

Bild L 18.20 Kräfteangriff an der Kegelradwelle
a) Perspektivdarstellung, b) Berechnungsskizze

18.24 Lagerwahl nach Tab. 18.4 für C_{erf} nach Gl. (18.2) mit P nach Gl. (18.1) (X und Y ebenfalls nach Tab. 18.4) und L nach Gl. (18.4) wie Aufg. 18.20.
Zweireihige Schrägkugellager haben sich als Festlager für Kegelradwellen gut bewährt. Sie können relativ hohe radiale und axiale Kräfte aufnehmen und geben der Welle eine starre axiale Führung, wie sie für Kegelräder erforderlich ist.

18.25 Festlager A: Bei Tandem-Anordnung von Schrägkugellagern Lebensdauerberechnung wie für Einzellager (s. ME Abschn. 18.5) nach den Gln. (18.1), (18.2) und (18.4) mit C, e, X und Y nach Tab. 18.4. Loslager B: Sinngemäß wie unter 1. in Aufg. 18.1.

18.26 **1.** Es handelt sich um einen Fall nach ME Bild 18.31c, F_{aA} und F_{aB} nach Tab. 18.13, hierbei $Y_A = Y_B = Y = 0{,}57$ nach Tab. 18.4. **2.** Nach Gl. (18.4) mit L nach Gl. (18.2), $P = F_{rA}$, da $F_{aA} = 0$ (unter 1. ermittelt). **3.** Wie unter 2., jedoch P nach Gl. (18.1), C, e, X und Y nach Tab. 18.4.

18.27 **1.** Sinngemäß wie in ME Beisp. 15.1 unter 1. bis 3., u. z. $F_t = P/v = P/(d_w \cdot \pi \cdot n)$, $F_r = F_t \cdot \tan \alpha_w$, $F_a = F_t \cdot \tan \beta$, s. a. Berechnungsskizze Bild L 18.27. **2.** Sinngemäß wie in ME Beisp. 15.1 unter 4. u. 5., in Aufg. 15.11 unter 2. und in Aufg. 15.12 mit den statischen Gleichgewichtsbedingungen $\sum M = 0$ und $\sum F_y = 0$, s. a. Bild L 18.27, $l_A = L_A - a$ und $l_B = L_B - a$ (Abstand a nach Tab. 18.8, s. a. ME Bild 18.31). **3.** Sinngemäß wie unter 1. in Aufg. 18.20, Axialkraft in der Welle $F_{aW} = F_a$. **4.** Ermittlung von F_{aA} und F_{aB} nach Tab. 18.13 für Fall nach ME Bild 18.31d mit F_{rA} und F_{rB} für Rechtslauf, $Y_A = Y_B = Y$ nach Tab. 18.8, danach L_h nach Gl. (18.4) mit L nach Gl. (18.3) (C, X und e nach Tab. 18.8). **5.** Sinngemäß wie unter 4. für Fall nach ME Bild 18.31c mit F_{rA} und F_{rB} für Linkslauf.

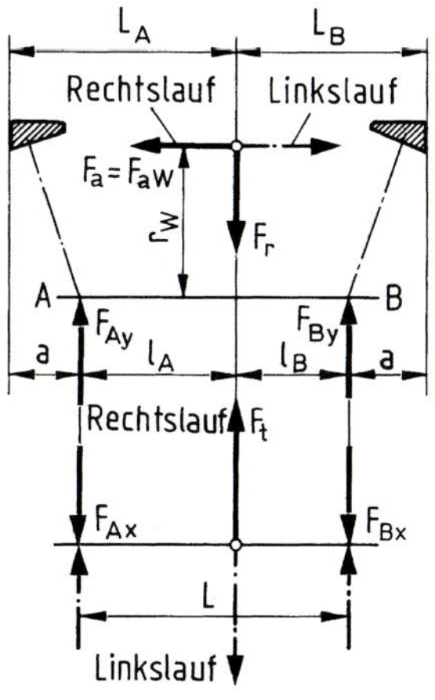

Bild L 18.27 Skizze zur Berechnung der Lagerkräfte

18.28 **1.** Je nach Drehrichtung hat das Festlager A im ungünstigsten Fall die größere Radialkraft F_{rA} und die Axialkraft F_a aufzunehmen. Lagerwahl nach Tab. 18.4 für C_{erf} nach Gl. (18.2) mit L nach Gl. (18.4) (wie in Aufg. 18.15) und P nach Gl. (18.1) (e, X u. Y nach Tab. 18.4 für Lagerreihe 32 und 33). Im ungünstigsten Fall hat das Loslager B ebenfalls die größere Radialkraft zu übertragen; es ist dann $P = F_r = F_{rA}$ und $F_{aB} = 0$, Lagerwahl nach Tab. 18.3 sinngemäß wie für Lager A. **2.** Je nach Drehrichtung hat eines der beiden Lager die größere Radialkraft, das andere die kleinere Radialkraft aufzunehmen. Eines der beiden Lager wird dabei auch noch durch die Axialkraft F_{aW} belastet. Da beide Lager gleich sind, ist nur eines zu berechnen, u. z. sinngemäß wie unter 4. in Aufg. 18.27.

18.29 L_h und C_{erf} sinngemäß wie in Aufg. 18.12, da $F_a = 0$, ist $P = F_r$; f_s nach Gl. (18.6) mit $P_0 = F_{r0}$.

18.30 **1.** Bei Lagern mit Spannhülse hat der Innenring eine keglige Bohrung (Nachsetzzeichen K, s. ME Abschn. 18.1). Die Bohrungskennziffern im Basiszeichen beziehen sich auf den kleinsten Durchmesser der Lagerbohrung, der Hülseninnendurchmesser ist entsprechend kleiner. Nach FAG-Katalog werden diese Lager in verstärkter Konstruktion ohne Mittelbund am Innenring mit dem Nachsetzzeichen E geliefert. Mit C, e, X und Y nach Katalog folgt L_h nach Gl. (18.4) mit L nach Gl. (18.3) und P nach Gl. (18.1). **2.** Nach Gl. (18.10).

18.31 **1.** Lagerwahl nach Wälzlagerkatalog so, dass $C \geq C_{erf} \approx F_r(L_h \cdot n/10^6)^{0,3}$ nach den Gln. (18.3) u. (18.4) mit $n = v/(D \cdot \pi)$. Beim Wellendurchmesser $d_1 = 110$ mm ist der kleinste Durchmesser der kegligen Lagerbohrung $d = 120$ mm (Bohrungskennziffer 24, s. auch Hinweis zur Aufg. 18.30). **2.** Nach Gl. (18.1) mit X und Y für die gewählte Lagergröße nach Katalog. **3.** L_h nach Gl. (18.4) mit L nach Gl. (18.3); falls der errechnete Wert für $L_h < 30000$ h, andere Lagerreihe mit größerem C wählen und Berechnung von P und L_h wiederholen.

18.32 Es ist $P_0 = F_{a0} + 2{,}7F_{r0}$ mit der Bedienung: $F_{r0}/F_{a0} \leq 0{,}55$ (s. ME Abschn. 18.4), f_s nach Gl. (18.6).

20 Wellenkupplungen und -bremsen

20.1 Nenndrehmoment T_{LN} mit Gl. (20.1), erforderliches Maximaldrehmoment $T_{K\,max}$ mit Gl. (20.2), danach Wahl der Kupplungsgröße mit den in der Aufgabe angegebenen Daten.

20.2 Sinngemäß wie Aufg. 20.1.

20.3 Erforderliches Maximaldrehmoment $T_{LN} \cdot K$ der Kupplung nach Gl. (20.2) mit den Kupplungsbeiwerten nach Tab. 20.1, danach mit $T_{KN} > T_{LN}$ und $T_{K\,max} \geq T_{LN} \cdot K$ Kupplungsgröße mit den in der Aufgabe angegebenen Daten wählen.

20.4 Wie Aufg. 20.3.

20.5 **1.** Sinngemäß wie Aufg. 20.3, jedoch mit dem Kupplungsbeiwert $K_4 = b$ nach Tab. 20.4 ($\alpha = \beta/2$). **2.** Drehzahlen n_{max} und n_{min} mit den Gln. (20.3) und (20.4).

20.6 Beugungswinkel aus $\sin \alpha = 80/150$, n_{max} und n_{min} mit den Gln. (20.3) und (20.4), Gelenkleistung nach Gl. (20.5) mit b aus Tab. 20.4, danach Wahl von d aus Tab. 20.4 nach der errechneten Leistung P_K.

20.7 T_{LN} mit Gl. (20.6), wobei $S_t = 1$ zu setzen ist, da es sich um metallische Bindeglieder handelt, $T_{K\,max}$ mit Gl. (20.7), hierbei S_S und S_Z aus Tab. 20.3.

20.8 Wie Aufg. 20.7.

20.9 $T_{LN} \cdot S_t$ mit Gl. (20.6) und Wahl der Kupplungsgröße nach $T_{KN} \geq T_{LN} \cdot S_t$ gemäß den in der Aufgabe angegebenen Daten, $T_{K\,max}$ mit Gl. (20.7) und Vergleich, ob die gewählte Kupplungsgröße ausreicht.

20.10 **1.** Nach Gl. (23.19). **2.** Das Trommeldrehmoment beträgt $T_{Tr} = F_t \cdot R_T$ mit $F_t = 2 \cdot 25{,}5$ kN und $R_T = D_T/2 = 0{,}2$ m, T_{LN} aus Gl. (23.21) mit $M_a = T_{LN}$ und $M_b = T_{Tr}$. **3.** T_{KN} mit Gl. (20.6) und Vergleich mit dem in der Aufgabe genannten Wert. **4.** Nach Gl. (20.7), der errechnete Betrag muss dann gleich oder kleiner sein als $T_{K\,max}$ der Kupplung.

20.11 Sinngemäß wie Aufg. 20.9.

20.12 **1.** Kontrolle mit Gl. (20.6), ob T_{KN} und mit Gl. (20.7) ob $T_{K\,max}$ der Kupplung ausreichen (S_S, S_Z und S_t nach Tab. 20.3). **2.** $R_{t\,dyn}$ nach Tab. 20.5 (interpoliert) und n_e mit Gl. (20.8) errechnen, dann n_R mit Gl. (20.9), Massenfaktor $M = J_L/J$, da die Stöße von der Antriebsseite ausgehen, V_R nach Gl. (20.10), hierzu ψ aus Tab. 20.5, mit Gl. (20.11) Kontrolle, ob $T_{K\,max}$ gemäß Tab. 20.5 ausreicht. **3.** V nach Gl. (20.12), S_f nach Tab. 20.3 errechnen, dann mit Gl. (20.13) Kontrolle, ob T_{KW} ausreicht (T_{KW} aus Tab. 20.5).

20.13 Wie Aufg. 20.12.

20.14 **1.** Mit Gl. (20.6). **2.** $T_{K\,max}$ mit Gl. (20.7) und Wahl der Kupplungsgröße nach den in der Aufgabe angegebenen Daten. **3.** $R_{t\,dyn}$ (interpoliert mit dem Verhältnis $T_{LN}/T_{K\,max}$) sowie J_{KA} und J_{KL} aus den in der Aufgabe angegebenen Daten, $J = J_A + J_L$, f_e mit Gl. (20.8) und Kontrolle, ob $n_e \leq 0{,}7n$ oder $f_e \geq 1{,}3n$ ist.

20.15 Lösungsgang: T_L mit Gl. (20.17), damit Wahl der Kupplungsgröße nach den in der Aufgabe angegebenen Daten, t_b nach Gl. (20.18) mit $J_L = J_{WL} + J_{KL}$ (J_{KL} nach der Tab. in der Aufgabe), $\Delta n = n_A$ und $\Delta T = T_s - T_R$, da $T_L = T_R$ wegen des Anfahrens im Leerlauf. Falls $t_b > 0{,}5$ s ist, muss eine größere Kupplung gewählt werden. W_R mit Gl. (20.20), wobei $n_L = 0$ und $t - t_s = t_b$ zu setzen sind, P_R mit Gl. (20.21) und Vergleich mit $P_{R\,zul}$.

20.16 **1.** T_{LN} und T_L nach Gl. (20.17) und Wahl der Kupplungsgröße mit $T_s > T_L$ nach Tab. 20.6. **2.** $\Delta T = T_s - T_R$ mit $T_R \approx 0{,}2T_{LN}$ und $J_L = J_{WL} + J_{KL}$ mit J_{KL} nach Tab. 20.6, t_b nach Gl. (20.18) mit $\Delta n = n_A$. **3.** W_R nach Gl. (20.20) mit $t - t_s = t_b$, Z aus Gl. (20.21) mit $0{,}5P_{R\,zul}$ (gekapselter Einbau).

20.17 Lösungsgang: T_L nach Gl. (20.17) mit $P_{LN} = 1{,}15P_{Tr}$ und $\omega = 2\pi \cdot n/i$, Kupplungsgröße nach Tab. 20.6 wählen, t_b nach Gl. (20.18) mit $\Delta n = n_A$, $J_L = J_{WL} + J_{KL}$ (J_{KL} aus Tab. 20.6) und $\Delta T = T_s - T_L$ (hierbei T_L nach vorangegangener Berechnung; falls $t_b > 0{,}3$ s, Wahl einer größeren Kupplung); W_R mit Gl. (20.20) und P_R mit Gl. (20.21), danach Kontrolle, ob $P_R \leq 0{,}5P_{R\,zul}$ mit $P_{R\,zul}$ aus Tab. 20.6.

20.18 Mit den Gln. (20.17), (20.18), (20.20) und (20.21) sinngemäß wie Aufg. 20.16.

20.19 Lösungsgang: T_L mit Gl. (20.17) und Wahl der Kupplungsgröße nach Tab. 20.7, t nach Gl. (20.18), mit t_s und J_{KL} aus Tab. 20.7, $\Delta n = n_A$ und $\Delta T = T_s - T_R$, danach Kontrolle, ob $t \leq 1{,}5$ s, W_R mit Gl. (20.20) und P_R mit Gl. (20.21), Vergleich, ob $W_R \leq 0{,}7\, W_{R\,zul}$ und $P_R \leq 0{,}7\, P_{R\,zul}$ mit $W_{R\,zul}$ und $P_{R\,zul}$ aus Tab. 20.7.

20.20 Sinngemäß wie Aufg. 20.19 mit Kontrolle, ob $T_s > T_L$ und ob $W_R \leq W_{R\,zul}$ und $P_R \leq P_{R\,zul}$ (zulässige Werte aus Tab. 20.7).

20.21 Sinngemäß wie Aufg. 20.20.

20.22 **1.** Erforderliches schaltbares Drehmoment T_s mit Gl. (20.19) und Vergleich mit T_s der Kupplung. **2.** t_b mit $\Delta T = T_s - T_R$ nach Gl. (20.18). **3.** W_R und P_R mit den Gln. (20.20) und (20.21) und Kontrolle, ob $P_R \leq 0{,}5\, P_{R\,zul}$.

20.23 Lösungsgang: T_L mit Gl. (20.17) und Wahl der Kupplung nach den in der Aufgabe angegebenen Daten mit $T_s > T_L$, t_b mit Gl. (20.18) (hierbei $n_L = 0$ und $t - t_s = t_b$) und Kontrolle, ob $t_b \leq 1$ s, W_R und P_R mit den Gln. (20.20) und (20.21) und Kontrolle, ob beide gleich oder kleiner als die zulässigen Werte sind ($W_{R\,zul}$ und $P_{R\,zul}$ nach der Tabelle in der Aufgabe; falls nicht zulässig, Wahl einer größeren Kupplung).

20.24 Wie Aufg. 20.23, jedoch ist in Gl. (20.18) für $\Delta n = n_A + n_L$ zu setzen (Reversierbetrieb).

20.25 **1.** $t_u = 1{,}3t_b$ mit t_b nach Gl. (20.18), wobei $\Delta n = n_I + n_{II}$ (entspr. $n_A + n_L$) und $\Delta T = T_s - T_R$ zu setzen sind. **2.** W_R nach Gl. (20.20) mit $n_A + n_L = n_I + n_{II}$ und $t - t_s = t_b$, Z aus Gl. (20.21) mit $P_R = P_{R\,zul}$.

20.26 **1.** T_L nach Gl. (20.17) mit $\omega = 2\pi \cdot n$ und Wahl der Kupplungsgröße nach den in der Aufgabe angegebenen Daten mit $T_s > T_L$. **2.** t_b nach Gl. (20.18) mit $J_L = J_{WL} + J_{KL} + J_{BL}$ und $\Delta n = n_I + n_{II}$, Kontrolle, ob $t_u = 1{,}3t_b \leq 0{,}18$ s ist. **3.** W_R und P_R mit den Gln. (20.20) und (20.21) sowie Kontrolle, ob $P_R \leq 0{,}5\, P_{R\,zul}$ ist.

20.27 Lösungsgang: t nach Gl. (20.18) mit $t_s = 0{,}6$ s, $\Delta n = 5\,s^{-1}$ und $\Delta T = T_s + T_R$, da das Reibmoment den Bremsvorgang unterstützt, Kontrolle, ob $t \leq 0{,}65$ s, W_R nach Gl. (20.20) mit $n_A + n_L = n = 5\,s^{-1}$, P_R nach Gl. (20.21) und Kontrolle, ob $W_R \leq 0{,}5\, W_{R\,zul}$ und $P_R \leq 0{,}5\, P_{R\,zul}$ sind.

20.28 Nach Gl. (20.18) mit $\Delta T = T_s + T_R$ wie in Aufg. 20.27.

20.29 Wie ME Beisp. 20.5.

20.30 Erforderliches Drehmoment der Kupplung T_K nach Gl. (20.22) mit $T_N = P/\omega$, wobei $\omega = 2\pi \cdot n$, und Wahl der Kupplungsgröße nach den in der Aufgabe angegebenen Daten.

21 Grundlagen für Zahnräder und Getriebe

21.1 Wie ME Beisp. 21.1 mit Gl. (21.5).

21.2 Wie Aufg. 21.1.

21.3 Wie ME Beisp. 21.2 mit den Gln. (21.4), (21.6) u. (21.7).

21.4 Wie Aufg. 21.3.

22 Abmessungen und Geometrie der Stirn- und Kegelräder

22.1 Wie ME Beisp. 22.1 mit den Gln. (22.1) bis (22.7) u. Gl. (21.2), Profilüberdeckung zu 7. nach Gl. (22.34) mit $\alpha_{wt} = \alpha$ und $p_{et} = p_e$.

22.2 Nach den Gln. (21.4), (22.1) bis (22.7) und (22.34) (wie Aufg. 22.1).

22.3 Wie Aufg. 22.2, jedoch mit $\alpha = 25°$ und $c = 0{,}3m$; Profilüberdeckung genügt, wenn $\varepsilon_\alpha \geq 1{,}1$.

22.4 **1.** Nach den Gln. (22.1) bis (22.3). **2.** Nach Gl. (22.7). **3.** Nach Gl. (22.34) mit d_{b4} nach Gl. (22.3).

22.5 Wie Aufg. 22.2 bzw. 22.3.

22.6 **1.** Nach Gl. (21.2) (u negativ, da Innenradpaar, s. ME Beisp. 22.2). **2.** Nach Gl. (22.1) (d_4 negativ). **3.** Nach den Gln. (22.2) u. (22.3) mit $h_a = m$ und $h_f = 1{,}25m$ (d_{a4} und d_{f4} negativ). **4.** Nach Gl. (22.7) (a_d negativ, Zahlenwert wie in Aufg. 22.5). **5.** Kopfkürzung nicht erforderlich, wenn $|d_{b4}| \leq |d_{a4}|$ oder $k \cdot m$ nach Gl. (22.33) negativ, ggf. $d_{a4} = d_{k4}$ ($d_{k4} = d_{k2}$). **6.** Nach Gl. (22.36) (Index 3 für 1 und 4 für 2) mit d_{b3} u. d_{b4} (negativ) nach Gl. (22.4), $a = a_d$ (mit negativem Betrag einsetzen), $\alpha_{wt} = \alpha$ und $p_{et} = p_e$ nach Gl. (22.6), $\varepsilon_\alpha \geq 1{,}1$ ist ausreichend.

22.7 Da $v = v_w$ ist, folgt $d_1 = d_{w1}$ aus Gl. (21.3); ferner sind zu errechnen: z_1 nach Gl. (22.1), d_{a1} nach Gl. (22.2), d_{f1} nach Gl. (22.3) (ISO-Standardwert für c s. ME Abschn. 22.1) und ε_α nach Gl. (22.35) mit d_{b1} nach Gl. (22.4), $x_1 = 0$ (keine Profilverschiebung), $\alpha_t = \alpha$ und $p_{et} = p_e$ nach Gl. (22.6).

22.8 **1.** u_I nach Gl. (21.2), es ist $|i_\mathrm{I}| = u_\mathrm{I}$ nach Gl. (21.4), i_I jedoch negativ. **2.** Nach Gl. (22.6). **3.** Nach Gl. (22.21) ($d_{v2} = d_2$, da $x_2 = 0$). **4.** Nach den Gln. (22.22) u. (22.23). **5.** a_v nach Gl. (22.24) mit a_d nach Gl. (22.7), a_w nach Gl. (22.27) mit $\alpha_{wt} = \alpha_w$ nach Gl. (22.26). **6.** Nach Gl. (22.25). **7.** Nach den Gln. (22.30) u. (22.31). **8.** Nach Gl. (22.34) mit d_{b1} u. d_{b2} nach Gl. (22.4) und $p_{et} = p_e$ nach Gl. (22.6).

22.9 Wie Aufg. 22.8, jedoch mit Index II bzw. 3 und 4.

22.10 **1.** Nach den Gln. (21.2) u. (21.4) (s. a. unter 1. bei den Aufg. 22.6 u. 22.8). **2.** Nach den Gln. (22.1) u. (22.21) (Durchmesser des Hohlrades negativ!). **3.** Nach den Gln. (22.22) u. (22.23). **4.** Nach Gl. (22.4). **5.** Nach den Gln. (22.7), (22.26) u. (22.27) sowie (22.30) u. (22.31) (jeweils mit den Indizes 5 u. 6 anstelle 1 u. 2). Da $x_5 = -x_6$ ist, wird $\alpha_{wt} = \alpha_t = \alpha = 20°$, somit $a_w = a_d$, auch $a_v = a_d$, Gl. (22.24) und $d_{w5} = d_5$, $d_{w6} = d_6$. **6.** Überprüfung nach Diagr. 22.1 mit $z_n = z_5$. **7.** Nach Diagr. 22.1 und Gl. (22.33) sowie den Angaben im ME Abschn. 22.6 (s. a. ME Beisp. 22.8). **8.** Nach Gl. (22.36) mit $p_{et} = p_e$ nach Gl. (22.6).

22.11 Lösung zu 1. nach Gl. (21.4), zu 2. mit $d_1 \approx 75$ mm nach Gl. (22.9), $m_{n\,erf}$ errechnen und Normwert nach Tab. 22.1 wählen, zu 3. bis 10. wie ME Beisp. 22.3 nach den Gln. (22.8) bis (22.18).

22.12 Nach den Gln. (22.34), (22.37) u. (22.38) wie ME Beisp. 22.9.

22.13 **1.** Nach Gl. (21.4). **2.** Nach den Gln. (22.30) u. (22.31). **3.** Wie unter 2. in Aufg. 22.11. **4.** Nach den Gln. (22.9) u. (22.18). **5.** Nach den Gln. (22.8) u. (22.28). **6.** Nach Gl. (22.29) mit $x_4 = 0$. **7.** Nach den Gln. (22.22) u. (22.23) mit d_v nach Gl. (22.21). **8.** Nach Gl. (22.17) (auch möglich: $z_{n4} = z_{n3} \cdot z_4/z_3$).

22.14 **1.** Nach Gl. (22.12). **2.** Nach den Gln. (22.13) bis (22.16). **3.** Nach den Gln. (22.34), (22.37) u. (22.38).

22.15 Wie ME Beisp. 22.11.

22.16 Wie ME Beisp. 22.12.

22.17 **1.** Nach den Gln. (22.39) u. (22.40). **2.** $z_{1\,min}$ nach Gl. (22.53) mit $z_{v\,min}$ (s. ME Abschn. 20.6), z_2 nach Gl. (21.2). **3.** Nach Gl. (22.42) und Tab. 22.1.

22.18 **1.** Nach Gl. (22.42). **2.** Nach den Gln. (22.43) u. (22.44). **3.** Nach den Gln. (22.45) u. (22.46). **4.** Nach den Angaben im ME Abschn. 20.8 kleinsten Wert für b_{zul} ermitteln und entspr. Aufgabenstellung abrunden. **5.** Nach Gl. (22.48) und entspr. den Gln. (22.42) u. (22.43) (d_i und d_{ai} s. Bild L 22.18). **6.** Nach den Gln. (22.49) u. (22.50). **7.** Nach den Gln. (22.51) u. (22.52). **8.** Aus Bild L 22.18 folgen: $t_\mathrm{I} = t_\mathrm{B} - t_i$ und $t_\mathrm{E} = t_\mathrm{B} - t_a$ mit der Innenkegelhöhe $t_i = d_{ai}/(2 \tan \delta_a)$ und der Außenkegelhöhe $t_a = d_{ae}/(2 \tan \delta_a)$, die sich beide aus den geometrischen Beziehungen nach Bild L 22.18 ergeben.

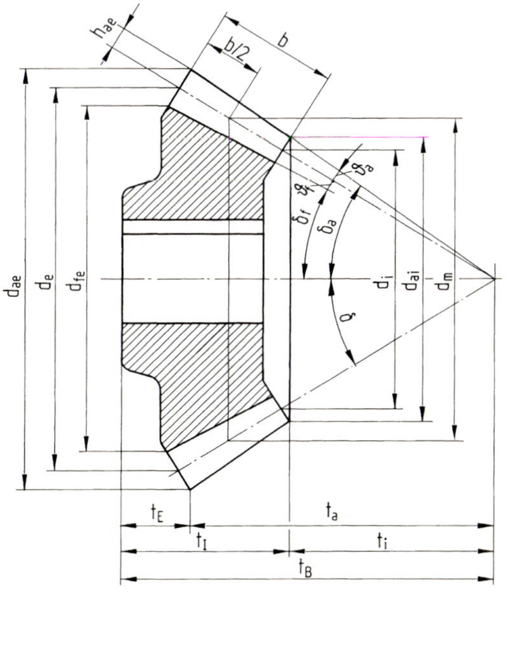

Bild L 22.18 Maßskizze eines Kegelrades

22.19 **1.** Nach den Gln. (22.47) u. (22.42). **2.** u. **3.** Nach den Gln. (22.53) u. (22.34) wie ME Beisp. 22.12 und Aufg. 22.16.

22.20 Wie ME Beisp. 22.13, wegen $\sum = 90°$ mit Gl. (22.41) für $\tan\delta_1$ (zu 1.), $d_{ai} = d_{am} \cdot R_i/R_m$ entspr. Gl. (22.69) (zu 7., Maß d_{ai} s. Bild L 22.18), den Gln. (22.71) u. (22.72), t_I und t_E wie unter 8. in Aufg. 22.18 (zu 10.).

22.21 **1.** Nach Gl. (22.53). **2.** Nach Gl. (22.34), dazu werden zweckmäßigerweise die einzusetzenden Größen der Ersatz-Stirnräder mit $m_n = h_a = 1$ errechnet nach den Gln. (22.8), (22.9), (22.10), (22.12), (22.16) u. (22.18). **3.** Nach den Gln. (22.37) u. (22.38).

23 Gestaltung und Tragfähigkeit der Stirn- und Kegelräder

23.1 **1.** Nach Gl. (23.1) mit $P_{Nb} = M_{N2} \cdot \omega_2$, worin $\omega_2 = v_F/r = v_F \cdot 2/d$. **2.** Nach den Gln. (23.2) u. (23.3) mit $v_w = v_F \cdot d_2/d = \omega_2 \cdot r_2$ und $\alpha_{wt} = \alpha$ sowie nach den Angaben im ME Abschn. 23.1. **3.** Nach den Gln. (23.18) u. (23.21) mit $M_a = M_1$ und $M_b = M_2$.

23.2 **1.** Entspr. Gl. (23.17) (unter Berücksichtigung von η_{Tr} ist $\eta_{ges} = \eta_{Tr} \cdot \eta_I \cdot \eta_{II}$) und nach Gl. (23.20). **2.** Da $K_A = 1$, wird $M_b = M_{Nb} = M_{Tr} = F_N \cdot R$, M_a nach Gl. (23.21). **3.** Aus $M_a = F \cdot r$. **4.** Aus Gl. (23.21) folgt $M_2 = M_1 \cdot |i_I| \cdot \eta_I$. **5.** Entspr. den Angaben im ME Abschn. 23.1 ist $F_{t1} = F_{t2} = M_2/r_2$, $F_{r1} = F_{r2}$ nach Gl. (23.3) mit $\alpha_{wt} = \alpha$.

23.3 Wie unter 4. u. 5. in Aufg. 23.2 mit $M_2 = M_3$.

23.4 **1.** Nach den Gln. (21.4) u. (23.19). **2.** Nach Gl. (21.3). **3.** Nach den Gln. (23.18) u. (23.1) mit η_{ges} nach Gl. (23.17), $\eta_I = \eta_{II}$ nach ME Abschn. 23.3. **4.** Nach den Gln. (23.2) u. (23.3) und ME Abschn. 23.1 ($F_{t1} = F_{t2} = P_2/v_{wI}$, $F_{t3} = F_{t4} = P_b/v_{wII}$). **5.** Nach ME Abschn. 23.1 mit $r_w = r = d/2$, bei M_4 mit $|r_4|$.

23.5 Nach den Gln. (23.1) mit $P_{Nb} = F \cdot v$, (23.3) mit $v_w = v$, (23.2) mit $\alpha_{wt} = \alpha$ und nach ME Abschn. 23.1.

23.6 Wie Aufg. 23.4 und ME Beisp. 23.4. Es sind zu errechnen für die **Stufe I:** $P_a = P_1$, P_2, $v_{wI} = v_{w1} = v_{w2}$, $F_{t1} = F_{t2}$, $F_{r1} = F_{r2}$, M_1, $n_2 = n_3$, **Stufe II:** P_4, $v_{wII} = v_{w3} = v_{w4}$, $F_{t3} = F_{t4}$, $F_{r3} = F_{r4}$, $M_2 = M_3$, $n_4 = n_5$, **Stufe III:** $P_6 = P_b$, $v_{wIII} = v_{w5} = v_{w6}$, $F_{t5} = F_{t6}$, $F_{r5} = F_{r6}$, $M_4 = M_5$, M_6, n_6, außerdem i_{ges}, η_{ges} und P_{Nb}.

23.7 **1.** Nach Gl. (23.18) mit P_b nach Gl. (23.1) und η_{ges} nach Gl. (23.17) sowie nach Gl. (21.4) mit i_{ges} nach Gl. (23.20). **2.** Nach den Gln. (23.2) bis (23.4) mit $P_2 = P_a \cdot \eta_I$ und v_{w2} nach Gl. (21.3), Kräftedarstellung s. Bild L 23.7a. **3.** Sinngemäß wie unter 2., s. Bild L 23.7b. **4.** Nach Gl. (23.21) mit $M_2 = M_3 = M_1 \cdot |i_I| \cdot \eta_I$. **5.** Darstellung der Axialkräfte s. Bild E 23.7. Das treibende Ritzel 1 wirkt mit F_{n2} in Drehrichtung auf einen Zahn des getriebenen Rades 2, sodass dieser mit der Axialkraft F_{a2} nach links gedrückt wird (s. hierzu auch ME Bild 23.2). Das Rad 2 wirkt aber entgegen der Drehrichtung mit F_{n1} auf einen Zahn des Ritzels 1, sodass dieses mit der Axialkraft F_{a1} nach rechts gedrückt wird. Sinngemäß ist die Wirkung der Axialkräfte am Rad 4 und am Ritzel 3. Bei Drehrichtungswechsel kehren sich die Kraftrichtungen um. Aus der Darstellung geht hervor, dass die Lager der Welle 1 die Axialkraft F_{a1} und die der Welle 3 die Axialkraft F_{a4}, die Lager der Welle 2 aber $F_{a3} + F_{a2}$ aufnehmen müssen. Würde man die Schrägungsrichtungen in einer Stufe umkehren (z. B. Ritzel 3 links- statt rechtssteigend u. Rad 4 rechts- statt linkssteigend), hätten die Lager der Welle 2 nur $F_{a3} - F_{a2}$ axial aufzunehmen, was günstiger wäre.

23.8 **1.** P_a nach Gl. (23.18) mit $\eta_{ges} = \eta$ und P_b nach Gl. (23.1) ($P_{Nb} = M_{N2} \cdot \omega_2$), $n_a = n_1$ nach Gl. (21.4). **2.** Nach den Gln. (23.5) u. (23.8). **3.** Nach den Gln. (23.6) u. (23.9). **4.** Nach den Gln. (23.7) u. (23.10).

23.9 Nach den Gln. (23.6) bis (23.10) mit $F_{t1} = M_1 \cdot \eta/r_{m1} = M_1 \cdot \eta \cdot 2/d_{m1}$.

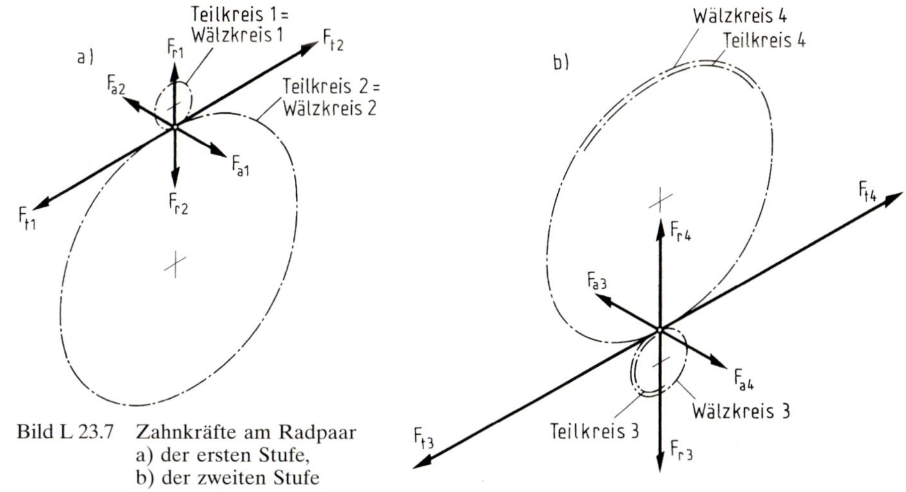

Bild L 23.7 Zahnkräfte am Radpaar
a) der ersten Stufe,
b) der zweiten Stufe

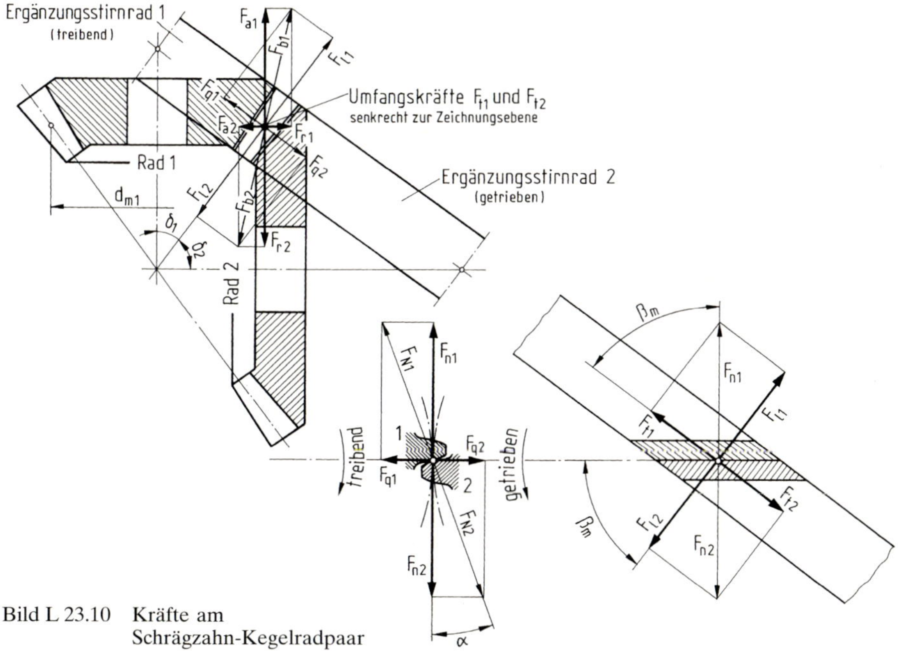

Bild L 23.10 Kräfte am Schrägzahn-Kegelradpaar

23.10 Wie ME Beisp. 23.3 nach den Gln. (23.1), (23.11) bis (23.16) (jeweils mit den oberen Vorzeichen, erläuternde Darstellung der Zahnkräfte s. Bild L 23.10, vgl. auch ME Bild 23.5) sowie Gl. (23.18) (mit $\eta_{\text{ges}} = \eta$), Gl. (23.21) und (21.4).

23.11 Wie ME Beisp. 23.5, jedoch mit $i_{\text{H}} = 1$, w für Grauguss und zusätzlich unter 4. Berechnung des Außendurchmessers d_{a} = Kopfdurchmesser nach Gl. (22.2) mit $h_{\text{a}} = m$.

23.12 **1.** Nach Gl. (23.22) mit f für ungeteilte Räder. **2.** Nach den Angaben im ME Abschn. 23.4. **3.** Nach ME Abschn. 23.4 mit w für Grauguss. **4.** Nach ME Abschn. 23.4 und Gl. (22.2) mit $h_{\text{a}} = m$.

5. Nach Gl. (23.23) mit $F_t = M_N \cdot K_A/r = M_N \cdot K_A \cdot 2/d$, $y = (d - d_B - 2w)/2$ und **6.** Höhe der Hauptrippen am Kranz nach ME Bild 23.10d ca. 0,8H, für die Nebenrippen folgt das Maß an der Nabe aus $h + S$, am Kranz etwa 70 % davon (entspr. den Hauptrippen).

23.13 **1.** Nach Gl. (23.22) mit f für geteilte Räder. **2.** Wie unter 5. in Aufg. 23.12. **3.** Nach Gl. (23.22), $\sigma_{b\,zul}$ mit R_e nach Tab. 1.5.

23.14 Nach den Angaben im ME Abschn. 23.4.

23.15 Wie Aufg. 23.14, jedoch zusätzlich $d_N = d_B + 2w$ und $d_K = d_a - 2K$.

23.16 Wie ME Beisp. 23.6.

23.17 **1.** Mit k_S nach Gl. (23.24) k_S/v der Endstufe errechnen und damit ν nach Tab. 23.8 ermitteln (ggf. interpolieren), Wert um 25 % erhöhen. **2.** Wie unter 1. **3.** Nach Diagr. 16.1 für $t = 40\,°C$.

23.18 Lösungsgang wie Aufg. 23.17, jedoch als Mittelwert für die zweite und dritte Stufe (s. ME Abschn. 23.7), ohne Zuschlag für höhere Umgebungstemperatur als 25 °C. Da die Zähne der Räder in den Stufen II und III aus gleichartigen Werkstoffen bestehen (Baustahl), ist der ermittelte Wert um 35% zu erhöhen entsprechend den Angaben im ME Abschn. 23.7. Errechnung der minimal und maximal erforderlichen Ölmenge $V_{öl} = P_f(3 \ldots 6)$l/kW.

23.19 Rechnungsgang für die maßgebende zweite Stufe wie Aufg. 23.16 bzw. ME Beisp. 23.6. Errechnung von $V_{öl}$ wie in Aufg. 23.18.

23.20 **1.** Nach Gl. (22.56). **2.** Nach Tab. 23.8 mit k_S/v_m und nach Diagr. 16.1, k_S nach Gl. (23.24) mit u_v und d_{m1}. **3.** Nach den Gln. (22.2) u. (22.4) mit $d_{vm} = d_m/\cos\delta = z_v \cdot m_m$ gemäß Gl. (22.1) anstelle d und $h_a = m_m$. **4.** Nach Gl. (23.27) mit $\omega_1 = v_m/r_{m1} = v_m \cdot 2/d_{m1}$, $u = u_v$ und $g_i = g_f$ oder g_a nach den Gl. (23.25/26). **5.** Erforderlich, wenn $v_g/v_m < 0{,}3$, oder den unter 2. ermittelten Wert für ν um 35% erhöhen und neue Viskositätsklasse nach Diagr. 16.1 wählen. **6.** Nach ME Abschn. 23.7 abhängig von $v = v_m$.

23.21 Wie unter 1. und 2. in Aufg. 23.20.

23.22 **1.** w nach Gl. (23.30) mit $F_{Nt} = P_{Nb}/v$. **2.** K_v nach Gl. (23.29), w_t nach Gl. (23.30). **2.** $K_{F\beta}$ nach Gl. (23.32). **3.** $K_{F\alpha}$ nach Gl. (23.33), ggf. Grenzbedingung nach Gl. (23.35) mit Y_ε nach Gl. (23.37). **5.** σ_{F1} und σ_{F2} nach Gl. (23.42). **6.** S_{F1} und S_{F2} nach Gl. (23.43), dazu 0,7-facher Wert für σ_{FE} aus Tab. 23.15, $Y_{NT} = 1$, $Y_\delta = 1$, Y_R nach der Legende zur Gl. (23.43), Y_X nach Tab. 23.16. $S_{F\,erf} = 1{,}1$.

23.23 **1.** $K_{H\beta}$ nach Gl. (23.32), $K_{H\alpha}$ nach Gl. (23.36) mit Z_ε^2 nach Gl. (23.38). **2.** σ_H nach Gl. (23.47), dazu σ_{H0} nach Gl. (23.44) mit Z_H nach Gl. (23.45). **3.** S_{H1} und S_{H2} nach Gl. (23.48) mit $Z_{NT} = 1$ für Dauergetriebe. **4.** Z_{NT} aus Gl. (23.48) mit $S_H = 0{,}7$, N_L nach Tab. 23.17.

23.24 **1.** σ_{F1} und σ_{F2} nach Gl. (23.42) mit σ_{F01} und σ_{F02} nach Gl. (23.40), darin Y_ε nach Gl. (23.37) und $K_{F\alpha}$ nach Gl. (23.35). **2.** $\sigma_{FE\,erf}$ aus Gl. (23.43), $Y_{NT} = 1$, $Y_\delta = 1$, Y_R nach der Legende zur Gl. (23.43) für $R_z = 40\,\mu m$, Y_X aus Tab. 23.16. **3.** Nach Tab. 23.2, $b_{min} = b \cdot \sigma_{FE\,erf}/\sigma_{FE}$.

23.25 σ_{F03} nach Gl. (23.40), σ_{F3} nach Gl. (23.42), S_{F3} mit Gl. (23.43), Y_{NT} und $Y_\delta = 1$, Y_R nach der Legende zur Gl. (23.43), Y_X aus Tab. 23.16.

23.26 **1.** Verzahnungsqualität nach Tab. 23.3, w nach Gl. (23.30), K_v nach Gl. (23.29). **2.** $K_{F\beta}$ nach Gl. (23.31) mit f_W nach w_t nach Gl. (23.30). **3.** $K_{F\alpha}$ nach Gl. (23.33), ggf. nach Gl. (23.35) mit Y_ε nach Gl. (23.37). **4.** σ_{F01} und σ_{F02} nach Gl. (23.40), σ_{F1} und σ_{F2} nach Gl. (23.42), S_{F1} und S_{F2} nach Gl. (23.43).

23.27 **1.** σ_{H0} nach Gl. (23.43) mit Z_H nach Gl. (23.45), Z_ε nach Gl. (23.38), $Z_\beta = 1$, σ_H nach Gl. (23.47) mit $K_{H\beta}$ nach Gl. (23.32) und $K_{H\alpha}$ nach Gl. (23.36). **2.** S_{H1} und S_{H2} nach Gl. (23.48) mit $Z_{NT} = 1$, $\sigma_{H\,lim}$ aus Tab. 23.15. **3.** Wie 2., jedoch mit Z_{NT} aus Tab. 23.17.

23.28 w nach Gl. (23.30), K_v nach Gl. (23.29), w_t nach Gl. (23.30), $K_{F\beta}$ nach Gl. (23.31), $K_{F\alpha}$ nach Gl. (23.33), ggf. nach Gl. (23.35) mit Y_ε nach Gl. (23.27), σ_{F03} nach Gl. (23.40), σ_{F3} nach Gl. (23.43), S_{F3} nach Gl. (23.43).

23.29 Wie Aufgabe 23.27.

23.30 **1.** und **2.** S_H nach Gl. (23.48).

23.31 **1.** $K_{F\beta}$ nach Gl. (23.31), w_t nach Gl. (23.30), $K_{H\beta}$ nach Gl. (23.32). **2.** $K_{F\alpha}$ nach Gl. (23.33), Grenzbedingung nach Gl. (23.35) beachten mit Y_ε nach Gl. (23.37). **3.** σ_{F01} und σ_{F02} nach Gl. (23.40), σ_{F1} und σ_{F2} nach Gl. (23.42). **4.** $\sigma_{FE2\,erf}$ aus Gl. (23.43). Beachten, daß die Wechselfestigkeit nur 0,7-facher Tabellenwert ist (Tab. 23.15). Wahl so, dass $\sigma_{FE2} \geq \sigma_{FE2\,erf}/0{,}7$, $\sigma_{FE1} \geq \sigma_{FE2} + 50\ \text{N/mm}^2$. **5.** σ_{H0} aus Gl. (23.44), σ_H aus Gl. (23.47). **6.** S_{H1} und S_{H2} nach Gl. (23.48).

23.32 **1.** Es genügt die Proportion $b_{\min} = b\left(\frac{\sigma_{H\,lim\,E\,335}}{\sigma_{H\,lim\,42CrMo4}} \cdot \frac{S_{H\,erf}}{S_{H2}}\right)^2$. **2.** σ_{F02} nach Gl. (23.40), σ_{F2} nach Gl. (23.42), S_{F2} nach Gl. (23.43).

23.33 **1.** Verzahnungsqualität aus Tab. 23.3. **2.** F_{Nt} nach Gl. (23.2), w nach Gl. (23.30), K_v nach Gl. (23.29). **3.** $K_{F\beta}$ nach Gl. (23.31), $K_{F\alpha}$ nach Gl. (23.33), ggf. nach Gl. (23.35) mit Y_ε nach Gl. (23.37), σ_{F01} und σ_{F02} nach Gl. (23.40), σ_{F1} und σ_{F2} nach Gl. (23.42), S_{F1} und S_{F2} nach Gl. (23.43).

23.34 $K_{H\beta}$ nach Gl. (23.32), σ_{H0} nach Gl. (23.44) mit Z_H nach Gl. (23.45), Z_ε nach Gl. (23.38), $K_{H\alpha}$ nach Gl. (23.36), σ_H nach Gl. (23.47), S_{H1} und S_{H2} nach Gl. (23.48).

23.35 Wie Aufgabe 23.33.

23.36 Wie Aufgabe 23.34.

23.37 Wie Aufgaben 23.33 und 23.34.

23.38 **1.** Verzahnungsqualität aus Tab. 23.3, K_v nach Gl. (23.29). **2.** $K_{F\beta}$ nach Gl. (23.31), $K_{H\beta}$ nach Gl. (23.32), $K_{F\alpha}$ oder $K_{H\alpha}$ nach Gl. (23.34), ggf. nach Gl. (23.35) mit Y_ε nach Gl. (23.37) bzw. $K_{H\alpha}$ nach Gl. (23.36) mit Z_ε nach Gl. (23.38). **3.** σ_{H0} nach Gl. (23.43) mit Z_H nach Gl. (23.45), σ_H nach Gl. (23.47), $\sigma_{H\,lim2\,erf}$ aus Gl. (23.48), zur Bestimmung der Beiwerte ist $\sigma_{H\,lim} \approx \sigma_H$ anzunehmen. Wahl der Werkstoffe mit nächstliegenden Dauerfestigkeiten der Flankenpressungen $\sigma_{H\,lim}$ nach Tab. 23.15. **4.** σ_{F01} und σ_{F02} nach Gl. (23.40) mit Y_β nach Gl. (23.41), σ_{F1} und σ_{F2} nach Gl. (23.42), S_{F1} und S_{F2} nach Gl. (23.43). Es soll $S_F \geq 1{,}3$ sein.

23.39 **1.** Wie Aufg. 23.33. **2.** Wie Aufg. 23.34. **3.** $b = b_{vorh}\,(S_{H\,erf}/S_{H4})^2$.

23.40 **1.** w nach Gl. (23.49) mit F_{Nt} gemäß der Legende zu dieser Gl. **2.** K_v nach Gl. (23.50). **3.** $K_{\alpha\beta}$ nach Tab. 23.20. **4.** σ_{F01} und σ_{F02} nach Gl. (23.51), σ_{F1} und σ_{F2} nach Gl. (23.52). **5.** S_{F1} und S_{F2} nach Gl. (23.53) mit Y_{NT} nach Tab. 23.17 für $N_L = 10^5$.

23.41 **1.** σ_{H0} nach Gl. (23.54) mit Z_H nach Gl. (23.55), σ_H nach Gl. (23.56). **2.** S_{H1} und S_{H2} nach Gl. (23.57) mit Z_{NT} aus Tab. 23.17. $S_{H\,erf} = 1$.

23.42 Wie Aufgabe 23.40, jedoch Y_{FS1} nach Tab. 23.14 extrapoliert.

23.43 Wie Aufgabe 23.41.

23.44 Wie ME Beisp. 23.11 mit $F_{Nt} = P_{Nb}/v_m$ und w nach Gl. (23.49).

23.45 Wie ME Beisp. 23.10.

23.46 **1.** Bei Ermittlung von z_1 ist zu beachten, daß der Abstand vom Nutgrund bis zum Kopfkreis mindestens $4m$ betragen soll. Nach Bild L 23.46 gilt die Beziehung $d_{a1}/2 - (d_B/2 + t_2) \geq 4m$, Nuttiefe t_2 nach Tab. 12.3. Mit $d_{a1} = d_1 + 2h_a$ (Gl. (22.2), $h_a = m$) ergibt sich daraus eine Gl. für d_1, damit z_1 nach Gl. (22.1), z_2 und u nach Gl. (21.4) und a_d nach Gl. (22.7). **2.** Nach den Gln. (22.1) bis (22.3) mit $h_f = h_a + c = 1{,}25m$. **3.** Nach Gl. (22.34) mit d_b nach Gl. (22.4), $p_{et} = p_e$ nach Gl. (22.6) und $\alpha_{wt} = \alpha = 20°$. **4.** Nach den Gln. (23.18) (P_b nach Gl. (23.1), $P_{Nb} = P_2$), (23.2), (23.3) und (23.21), $\omega_a = 2\pi \cdot n_1$. Da Getriebemotoren für vielseitige Antriebszwecke eingesetzt werden, wurde der größte Wert für K_A bei Elektromotoren (Tab. 23.1) angenommen. **5.** Nach den Angaben im ME Abschn. 23.7, Gl. (23.24), Tab. 23.8 (Tabellenwert für ν um 35 % erhöhen, da beide Räder aus gleichartigen Stählen) und Diagr. 16.1. **6.** Verzahnungsqualität nach Tab. 23.3, b_{zul} nach Tab. 23.2. **7.** Wie Aufg. 23.26. **8.** Wie Aufg. 23.27 ohne 3.

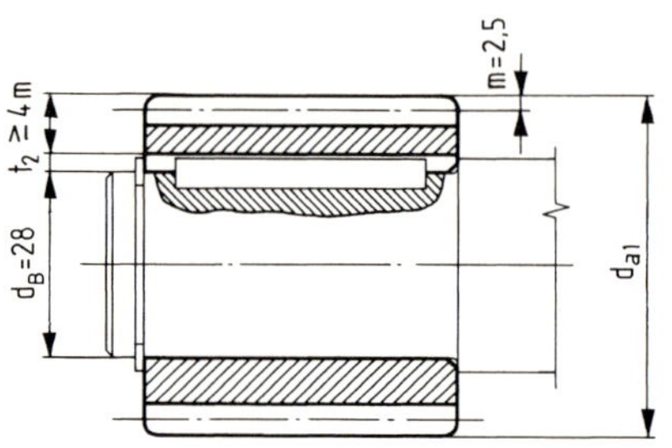

Bild L 23.46 Ritzel für Getriebemotor

23.47 **1.** Nach den Gln. (21.4), (22.1) bis (22.7) und (22.34) wie unter 1. bis 3. in Aufg. 23.46; Angabe für Zahnbreite entspricht Tab. 23.2. **2.** Wie unter 4. in Aufg. 23.46 mit K_A nach Tab. 23.1 und η nach ME Abschn. 23.3, n_2 nach Gl. (21.4). **3.** Nach den Tabn. 23.3 u. 23.8, Diagr. 16.1 sowie die Angaben im ME Abschn. 23.3 und den Gln. (23.24) bis (23.27). Für die Reibleistung ist die Antriebs-Nennleistung maßgebend. **4.** Vergütungsstähle nach Tab. 23.15 (gasnitriert) so auszuwählen, dass $\sigma_{H\,lim} \geq \sigma_{H\,lim\,erf}$ nach Gl. (23.48) mit $S_{H\,erf} = 1$ u. σ_H nach Gl. (23.47) sowie S_{F1} u. S_{F2} nach Gl. (23.43), $S_{F\,erf} = 1{,}3$ für Dauergetriebe, σ_{F1} u. σ_{F2} nach Gl. (23.42). σ_{FE} des Ritzelwerkstoffs soll höher sein als des Radwerkstoffs.

23.48 **1.** Nach den Gln. (22.1) bis (22.6) und (22.35) ($z_1 = z_{min}$ nach ME Abschn. 22.6, $h_a = m$, $h_f = 1{,}25m$). **2.** Da $K_A = 1$ ist, wird $F_t = F$, F_r nach Gl. (23.3), $M_1 = F_t \cdot r_1/\eta$, $M_K = M_1/(i_S \cdot \eta_S)$, $F_K = M_K/R$, $H = d_1 \cdot \pi/i_S$. **3.** Nach den Gln. (23.30), (23.31), (23.35), (23.40) bis (23.43), $S_{F\,erf} = 1{,}3$. Auf eine Berechnung der Flankentragfähigkeit kann bei Handbetrieb verzichtet werden.

23.49 **1.** Nach den Gln. (21.4), (22.1), (22.7), (22.21) bis (22.25), (22.30), (22.31), (22.4), (22.6) und (22.34). In der Praxis können die Verzahnungsabmessungen, Achsabstände, Prüfmaße usw. für die 0,5-Verzahnung den Normen DIN 3964 und 3965 entnommen werden. **2.** $M_{Nb} = F_S \cdot 0{,}5D/\eta_{Tr}$, M_{Na} nach Gl. (23.21), $n_2 = v_S/(D \cdot \pi)$, n_1 nach Gl. (21.4), $F_{t1} = F_{t2} = M_{Nb} \cdot K_A/r_{w2}$ und $F_{r1} = F_{r2}$ nach Gl. (23.3). Im Hebezeugbau übliche Einzelübersetzungen s. ME Abschn. 23.3. **3.** Nach den Angaben im ME Abschn. 23.4 und Gl. (23.23), Ausführung des Rades entspr. ME Bild 23.10c, Abstand y wie in ME Beisp. 23.5, vorgegebene Zahnbreite entspr. Tab. 23.2 (Zahnräder mit geschnittenen Zähnen auf Stahlkonstruktionen), R_e nach Tab. 1.5, Verzahnungsqualität nach Tab. 23.3 für $v = d_1 \cdot \pi \cdot n_1$, Zahnflanken schlichtgefräst. **4.** Wie 7. der Aufg. 23.46. **5.** Wie 8. der Aufg. 23.46.

23.50 **1.** Nach den Gln. (22.8) bis (22.18) (wie ME Beisp. 22.3), (22.34) (mit $\alpha_{wt} = \alpha_t$), (22.37), (22.38). **2.** Nach den Gln. (21.4), (23.2) ($P_b = P_{N2}$, da $K_A = 1$, $v_w = v$ nach Gl. (21.3)), (23.3), (23.4), (23.21) ($M_b = F_{t2} \cdot d_2/2$) und (23.18). **3.** Verzahnungsqualität nach Tab. 23.3, Schmierungsart und Ölviskosität nach ME Abschn. 23.7, Gl. (23.24), Tab. 23.8 und Diagr. 16.1, Überprüfung der Notwendigkeit verschleissverringernder Wirkstoffe, Gln. (23.25) bis (23.27), und Schmierölmenge wie ME Beisp. 23.6 und Aufg. 23.16, $V_{öl}$ wie Aufg. 23.18 und 3. in Aufg. 23.47. **4.** w nach Gl. (23.30), K_y nach Gl. (23.29), $K_{H\beta}$ nach Gl. (23.31), $K_{F\beta}$ nach Gl. (23.32), w_t nach Gl. (23.30), $K_{F\alpha}$ und $K_{H\alpha}$ nach Gl. (23.34), ggf. nach Gl. (23.35) bzw. (23.36), Y_ε nach Gl. (23.37), Z_ε nach Gl. (23.38). **5.** σ_{F0} nach Gl. (23.40), σ_F nach Gl. (23.42), S_F nach Gl. (23.43). **6.** σ_{H0} nach Gl. (23.44), σ_H nach Gl (23.47), S_H nach Gl. (23.48). **7.** Ggf. $b_{erf} = b_{vorh}\,(S_{H\,erf}/S_{H\,vorh})^2$.

23.51 **1.** x_1 nach Gl. (22.24), weiter nach den Gln. (22.21) bis (22.23), (22.25), (22.30) u. (22.31), (22.34), (22.37) u. (22.38). **2.** Wie unter 2. und 3. in Aufg. 23.50, jedoch mit $v_w = d_{w1} \cdot \pi \cdot n_1$ nach Gl. (21.3), $K_A = 1{,}75$ und Zuschlag von 15% zum Wert nach Tab. 23.8 für ν wegen Umgebungstemperatur 40 °C (15 K über 25 °C), $V_{öl}$ mit $P_f = P_{Na} - P_{Nb}$. **3.** Wie unter 5. und 6. in Aufg. 23.50.

23.52 **1.** x_1 nach Gl. (22.29) mit Evolventenfunktion $\mathrm{inv}\,\alpha = \tan\alpha - \alpha$ (s. ME Abschn. 21.4, α in rad), sonst wie unter 1. in Aufg. 23.51, jedoch ohne Abmessungen des Rades 2, da diese unverändert bleiben. Überprüfung auf Spitzenbildung nach ME Abschn. 22.6 und Diagr. 22.1. **2.** Wie unter 3. in Aufg. 21.77. Die Änderungen der Einflussfaktoren sind unwesentlich und können vernachlässigt werden, sodass sich die Berechnung auf die Überprüfung von S_{F1} und S_{F2} beschränkt mit den 0,7-fachen Tabellenwerten für σ_{FE} wegen des Drehrichtungswechsel, s. Legende zur Gl. (23.43). Somit $S_{F\,wechselnd} = 0{,}7 S_{F\,schwellend}$.

23.53 **1.** Wie ME Beispiele 22.4 (jedoch ohne a_v, α_{wt}, d_{w1} und d_{w2}), 22.5 und 22.9. **2.** Nach den Gln. (21.4), (23.17) bis (23.21), (23.2) bis (23.4), $M_b = M_{Nb} \cdot K_A$, $F_{t1} = F_{t2} = M_2/r_{w2}$. **3.** Wie ME Beispiele 23.7 (mit $F_{Nt} = M_{N2}/r_2 = M_2/K_A \cdot 2/d_2$), 23.8 und 23.9. Da Hebezeuge nicht ständig unter Volllast arbeiten, genügt eine relativ geringe rechnerische Volllastlebensdauer. Die tatsächliche Lebensdauer ist wesentlich höher.

23.54 **1.** Wie ME Beisp. 22.3 u. unter 1. in Aufg. 23.50. **2.** Nach den Gln. (21.4), (23.3) u. (23.4), $M_4 = M_3 \cdot |i| \cdot \eta$, $F_{t3} = F_{t4} = M_4/r_4$. **3.** Wie unter 3. in Aufg. 23.53.

23.55 **1.** Verzahnungsabmessungen nach den Gln. (21.2), (22.1), (22.7), (22.28) bis (22.31), (22.21) bis (22.23), (22.4) bis (22.6) (das Zähnezahlverhältnis, der Achsabstand und alle Durchmesser des Hohlrades haben negative Vorzeichen!), ε_α nach Gl. (22.36), Kontrolle nach Gl. (22.33), ob Kopfkürzung erforderlich, $F_{t5} = F_{t6} = M_6/|r_{w6}|$, $F_{r5} = F_{r6}$ nach Gl. (23.3). **2.** Wie Aufg. 23.18, Zuschlag von 35 % zu ν nach Tab. 23.8 für beide Stufen erforderlich, da jeweils Werkstoffe aus ähnlich zusammengesetzten Stählen, ν_{erf} als Mittelwert aus den zwei letzten Stufen. **3.** Wie unter 3. in den Aufgaben 23.53 und 23.54.

23.56 **1.** Wie die ME Beisp. 22.11 u. 22.12 und wie die Aufgn. 22.15 (ohne 10.) bis 22.17 sowie unter 4. in 22.18. **2.** Wie die Aufg. 23.8 und unter 2. in Aufg. 23.20, jedoch Zuschlag von 35 %, da Schmieröl ohne verschleißverringernde Wirkstoffe bei gehärteten Zahnflanken. **3.** Mit den Gln. (23.49) bis (23.57) wie Aufg. 23.40 und 23.41, erforderliche Sicherheiten: $S_F = 1{,}3$, $S_H = 1$.

23.57 **1.** Wie Aufgn. 22.20 u. 22.21. **2.** Wie Aufg. 23.10. **3.** Berechnung von σ_{F1}, σ_{F2} und σ_H wie unter 1. bis 4. in Aufg. 23.44 und 1. bis 2. in Aufg. 23.45, damit $\sigma_{H\,lim\,erf}$ nach Gl. (23.57) mit $S_{H\ erf} = 1$, Werkstoffwahl nach Tab. 23.15 und Kontrolle von S_{F1} und S_{F2} mit Gl. (23.53). **4.** Wie Aufg. 23.20 (Zuschlag von 10 % zum Tabellenwert für ν wegen Umgebungstemperatur von 35 °C).

23.58 Wie ME Beisp. 23.12 mit d_2 nach Gl. (22.1) und $p_t = p$ nach Gl. (22.5). Zulässiger Wert c_{zul} nach Tab. 23.21 für Ölschmierung, $v = 10$ m/s, $N = 10^8$. Da $v < 10$ m/s ist, wird $N_L > 10^8$.

23.59 **1.** Nach den Gln. (21.2), (22.1), (22.2), (22.4), (22.6) u. (22.34). **2.** Wie unter 1. in ME Beisp. 23.13. **3.** Wie unter 2. und 3. in ME Beisp. 23.13.

23.60 Wie ME Beisp. 23.14, Z_E nach Tab. 23.24 interpoliert und σ_{HN} nach Tab. 23.25 für Ölschmierung bei $N_L = 10^8$.

23.61 Wie ME Beisp. 23.15.

23.62 Berechnung von F_{Nt} und c sinngemäß wie unter 1. u. 2. in Aufg. 23.58 mit $P_N = P_{N1} \cdot \eta$ (η nach ME Abschn. 23.3), c_{zul} nach Tab. 23.21 für $N_L = L_h \cdot n_2$.

23.63 Nach den Gln. (23.61) u. (23.62). Da $v < 5$ m/s ist, entfällt eine Berechnung von t_F und es wird $t_0 = t_F = t_H$ gesetzt (s. ME Abschn. 23.14).

23.64 Nach den Gln. (23.63) u. (23.64) mit d_1 nach Gl. (22.1). Da $v < 5$ m/s, ist $t_0 = t_H$.

23.65 Wie ME Beisp. 23.15 und Aufg. 23.61.

23.66 **1.** Nach den Gln. (23.2) u. (23.3), d_{w1} nach Gl. (22.30). **2.** Nach den Angaben im ME Abschn. 23.5 zu ME Bild 23.14b. **3.** d_a nach Gl. (22.22) mit d_v nach Gl. (22.21), $d_K = d_a - 2K$, $d_N = d_B + 2w$ (s. Bild 23.66). **4.** Nach Gl. (12.2) mit $l_t = l - b$, Passfedermaße $b \times h$ und Nuttiefe t_1 nach Tab. 12.4, p_{zul} nach ME Abschn. 23.5.

23.67 **1.** Zweckmäßiger Rechnungsgang: d_1 und d_2 nach Gl. (22.1), v nach Gl. (21.3) mit $d_{w1} = d_1$ (da $v < 5$ m/s, ist Berechnung von t_F und t_H nach den Gln. (23.59) u. (23.60) nicht erforderlich), $F_{Nt} = M_{N2}/r_2$, c nach Gl. (23.58), N_1 nach L_h und n_1, $c_{1\,zul}$ interpolieren nach Tab. 23.21 (PA 66 Ölschmierung). **2.** Nach den Gln. (23.61) u. (23.62) (ε_α nach Gl. (22.34)), σ_{FN1} interpolieren nach Tab. 23.23 für N_1 bei $t_F = t_0 = 60$ °C. **3.** Nach den Gln. (23.63) u. (23.64) (für Z_E den 0,7-fachen Wert der Tab. 23.24 einsetzen, da beide Räder aus gleichem Kunststoff), σ_{HN1} nach Tab. 23.25 für Fettschmierung bei $t_H = t_0$. **4.** Nach Gl. (23.65); falls $\lambda > \lambda_{zul} = 0{,}1m$, größere Zahnbreite wählen.

23.68 Wie die Aufgn. 23.58 bis 23.61, jedoch statt Werkstoffwahl (Aufg. 23.58) Überprüfung von c mit c_{zul} nach Tab. 23.21 (bei Ölschmierung und $v = 10$ m/s). Eine Angabe von A zur Errechnung von t_F und t_H nach den Gln. (23.59) u. (23.60) ist nicht erforderlich, da bei Ölumlaufschmierung $K_{F2} = K_{H2} = 0$ nach Tab. 23.22. σ_{HN} ist ersatzweise aus Tab. 23.25 zu entnehmen.

23.69 Es ist $P_{N2} = F_{Nt\,zul} \cdot v$ mit $F_{Nt\,zul} = w_{zul} \cdot b/K_A$ und v nach Gl. (21.3) mit $d_{w1} = d_1$, zulässige Linienbelastung w_{zul} als der kleinere Wert von $w_{F\,zul}$ nach Gl. (23.61) mit $\sigma_{F\,zul} = \sigma_{FN}/S_F$ ($Y_{Fa} \approx 2$ bei Hohlrädern) und $w_{H\,zul}$ nach Gl. (23.63) mit $\sigma_{H\,zul} = \sigma_{HN}/S_H$ (u bei Hohlrädern negativ), $t_F = t_H = t_0$ (da $v < 5$ m/s), ε_α nach Gl. (22.36) (wie ME Beisp. 22.10).

23.70 **1.** Nach den Gln. (22.41) u. (22.40) mit u nach Gl. (21.2) sowie Gl. (22.47) mit R_e nach Gl. (22.46) und d_{e1} nach Gl. (22.42). **2.** Wie in ME Beisp. 23.12, jedoch F_{Nt} mit v_m wie bei Kegelrädern üblich, d_{m2} mit m_m nach Gl. (22.42), c nach Gl. (23.58) mit $p_t = p_m$.

23.71 Nach den Gln. (23.61) u. (23.62) mit $m_n = m_m$, Y_{Fa1} für z_{v1} nach Gl. (22.53), $Y_\varepsilon = 1$ (bei Kegelrädern) und σ_{FN} für $t_F = t_H = t_0 = 40$ °C. Da $v_m < 5$ m/s ist, entfällt eine Berechnung von t_F.

23.72 Nach den Gln. (23.63) u. (23.64) mit $d_{vm1} = d_{m1}/\cos\delta_1$, u_v nach Gl. (22.56), Z_H nach Gl. (23.55) ($\beta_b = 0$, $\alpha_t = \alpha_{wt} = \alpha = 20°$) und Z_E als 0,7-fachen Wert (Paarung gleicher Kunststoffe) nach Tab. 23.24 bei $t_H = t_0 = 40$ °C ($v_m < 5$ m/s). Der für σ_{HN} angegebene Wert wurde geschätzt nach Tab. 23.25 (etwa dreifacher Betrag bei $N = 10^8$). In der Richtlinie VDI 2545 sind genauere und durch Versuche abgesicherte Werte besonders für Kegelradpaare noch nicht angegeben, obwohl derartige Getriebe in vielfacher Form aus Kunststoffen hergestellt werden. Die Berechnungen (Aufgn. 23.68 bis 23.71) können somit nur als Näherungsrechnungen aufgefaßt werden.

23.73 Nach Gl. (23.65) mit $\alpha_t = \alpha = 20$ °C, $\varkappa_{zul} = 0{,}1 m_m$ (entspr. ME Abschn. 23.14 unter 3.).

24 Zahnradpaare mit sich kreuzenden Achsen

24.1 **1.** Wie unter 1. in ME Beisp. 24.1. **2.** Nach Gl. (22.9). **3.** Nach Gl. (22.34) wie für ein Geradstirnradpaar mit den Zähnezahlen z_{n1} und z_{n2} nach Gl. (22.17). **4.** Wie unter 4. in ME Beisp. 24.1. **5.** Wie unter 2. in ME Beisp. 24.1. **6.** Nach den Gln. (24.6) bis (24.11) wie unter 3. in ME Beisp. 24.1.

24.2 **1.** Wie unter 1. in ME Beisp. 24.2 mit C_{zul} nach Tab. 24.1 für Werkstoffpaarung Stahl gehärtet/Stahl gehärtet. bei $v_g = 1$ m/s. **2.** Nach Gl. (24.13). **3.** Nach den Angaben im ME Abschn. 24.3. Die Ölviskosität ist ggf. nach Tab. 23.8 und Diagr. 16.1 festzulegen für k_S/v_1 (k_S nach Gl. (24.24) mit F_{t1}). Ferner ist nach dem Verhältnis v_g/v_1 zu prüfen, ob verschleißverringernde Wirkstoffe erforderlich sind (s. ME Abschn. 23.7).

24.3 Nach ME Abschn. 24.2 mit η_S nach Gl. (24.4), $\Delta\eta = 100\% \cdot (0{,}918 - \eta_{ges})/0{,}918$.

24.4 Wie ME Beisp. 24.1, jedoch zusätzlich Berechnung der Profilüberdeckung ε_α für die Ersatz-Geradstirnräder mit den Ersatz-Zähnezahlen z_{n1} und z_{n2} (wie unter 3. in Aufg. 24.1, zweckmäßig mit dem Normalmodul $m_n = 1$).

24.5 Wie ME Beisp. 24.2.

24.6 Zweckmäßiger Rechnungsgang: β_1 u. β_2 wie unter 1. in ME Beisp. 24.1, d_1 u. d_2 nach Gl. (22.9), η_S nach Gl. (24.4), P_1 nach Gl. (24.5), u nach Gl. (21.2), n_1 nach Gl. (21.4), b_{e1} u. b_{e2} nach Gl. (24.3) vergleichen mit b_1 u. b_2, F_{t2} u. F_{t1} nach den Gln. (24.6) u. (24.9), C nach Gl. (24.12) vergleichen mit C_{zul} nach Tab. 24.1 für v_g nach Gl. (24.2) (Tabellenwert interpolieren und mit 1,5 malnehmen, da Radpaar nur zeitweise im Einsatz), S nach Gl. (24.13).

24.7 Wie ME Beisp. 24.3, jedoch ohne Profilverschiebung und zusätzlich γ_b und d_{b1} nach ME Abschn. 24.5 bei Flankenform I, $\alpha_n = \alpha_0$ wie bei ZN-Schnecke (die im Bild 24.7 enthaltene Triebstockverzahnung ist im ME Abschn. 21.3 erläutert, sie ist für die Berechnung des Schneckenradsatzes ohne Bedeutung).

24.8 Nach den Gln. (24.26) u. (24.27).

24.9 Wie ME Beisp. 24.4, jedoch Kontrolle auf Selbsthemmung mit ϱ für Stillstand (ϱ im Stillstand etwa wie bei $v_g \leq 0{,}5$ m/s).

24.10 Wie ME Beisp. 24.5.

24.11 Wie ME Beisp. 24.6, jedoch mit eintauchender Schnecke.

24.12 Nach den Gln. (24.21) u. (24.22), (24.24) u. (24.25) ($\alpha = \alpha_0$ bei Flankenform A), (24.36) u. (24.37) sowie (24.26).

24.13 $\sigma_{\mathrm{H\,zul}}$ aus Gl. (24.40) mit $\sigma_{\mathrm{H\,lim}}$ aus Tab. 24.6 und $S_H = 1{,}6$, $F_{\mathrm{t2\,zul}}$ aus Gl. (24.39) mit Z_E aus Tab. 24.6 und Z_ϱ aus Tab. 24.5, $P_{N2} = P_{Nb}$ aus Gl. (24.30).

24.14 **1.** Wie unter 1. in ME Beisp. 24.4 mit ϱ nach Tab. 24.3 für Ausf. B, v_g nach Gl. (24.27). **2.** Wie ME Beisp. 24.6. **3.** Mit 3 l/min je kW Reibleistung (s. ME Abschn. 23.7).

24.15 **1.** Nach Gl. (24.14) und $u = i = n_1/n_2$. **2.** $d_{\mathrm{S\,erf}} = d_{\min}$ nach Gl. (15.1) mit $T = M_1 = P_{N1}/(2\pi \cdot n_1)$, d_2 aus Gl. (24.18) mit $x = 0$. **3.** m_{erf} nach Gl. (24.17), Normwert für m und q nach Tab. 24.2, danach d_{m1}, d_2 und x nach den Gln. (24.16) bis (24.18) (x wie in ME Beisp. 24.3). **4.** Nach den Gln. (24.19) bis (24.22) (mit $c = 0{,}2m$), (24.36) u. (24.37). **5.** Nach den Gln. (24.15), (24.23) bis (24.25) ($\alpha_n = \alpha_0$ bei ZN-Schnecken, s. ME Abschn. 24.5). **6.** Nach Gl. (24.26).

24.16 **1.** Nach den Gln. (24.27) bis (24.29) und Tab. 24.3, Kontrolle auf Selbsthemmung mit ϱ für Stillstand etwa wie bei $v_g \leq 0{,}5$ m/s. **2.** Nach den Gln. (24.30) bis (24.35) (v_2 s. ME Abschn. 24.6). **3.** und **4.** Wie ME Beisp. 24.6, 24.7 und Aufg. 24.11 (M_2 s. ME Abschn. 24.6).

24.17 Zweckmäßiger Rechnungsgang: d_2 nach Gl. (24.17), F_{t2} nach Gl. (24.30), v_2 (ME Abschn. 24.6), σ_H nach Gl. (24.39), S_H nach Gl. (24.40), ggf. L_h nach Gl. (24.41), M_2 (ME Abschn. 24.6), K_S nach Gl. (24.38), ν u. ISO VG (Tab. 22.4 u. Diagr. 16.1).

24.18 **1.** ϱ nach Tab. 24.3 (Ausf. A, bei $v_g \leq 0{,}5$ m/s gilt ϱ auch für Stillstand) vergleichen mit γ_m (s. ME Abschn. 24.6), v_g nach Gl. (24.27), $n_1 = n/i_1$ nach Gl. (24.28), η_{ges} nach ME Abschn. 24.6. **2.** Nach den Gln. (24.14), (24.17), (24.21), (24.22), (24.37), (24.36), (24.18) ($x = 0$), (24.6) mit α nach Gl. (24.25). **3.** Nach Gl. (24.29) mit $P_{N2} = M_{N2} \cdot 2 \cdot \pi \cdot n_2$ oder $P_{N2} = F_{Nt2} \cdot v_2$ mit $v_2 = d_2 \cdot \pi \cdot n_2$ (s. ME Abschn. 24.6), worin $n_2 = n_1/i$. **4.** Nach ME Abschn. 24.8. **5.** Nach den Gln. (24.39) bis (24.41).

25 Kettentriebe

25.1 Sinngemäß wie ME Beisp. 25.2 u. 25.3, Normbezeichnung der Kette s. Fußnote zur Tab. 25.2. Die Raddurchmesser unter 4. nach ME Beisp. 25.1.

25.2 **1.** Nach Diagr. 25.1 mit P_D nach Gl. (25.14). **2.** $z_2 = z_b$ nach Gl. (25.13) mit $n_b = n_2$ aus $v_G = D \cdot \pi \cdot n_2$, X_0 nach Gl. (25.17) mit f_3 nach Gl. (25.16), a nach Gl. (25.19) mit f_4 nach Gl. (25.18), $a_x = \sqrt{a^2 - a_y^2}$. **3.** Nach den Gln. (25.20) bis (25.26) mit v nach Gl. (25.15) (da v sehr gering ist, wird F_f unbedeutend, somit $F_g \approx F_d$), p_{zul} nach Tab. 25.6. **4.** Nach Diagr. 25.4 und ME Abschn. 25.6. **5.** Nach Gl. (25.1).

25.3 **1.** Sinngemäß wie unter 3. in Aufg. 25.2 ohne Kontrolle von S_B und S_D, da F und F_g kleiner sind. **2.** Nach den Gln. (25.13) und (25.19) mit f_3 und f_4 nach den Gln. (25.16) u. (25.18). **3.** Nach Diagr. 25.3.

25.4 Sinngemäß wie Aufg. 25.2, Normbezeichnung der Kette und Durchmesser der Räder wie Aufg. 25.1.

25.5 Sinngemäß wie Aufg. 25.2 mit $P = M_2 \cdot 2\pi \cdot n_2$ und $n_2 = n_b$ nach Gl. (25.13).

25.6 **1.** Nach Diagr. 25.2 mit P_D nach Gl. (25.14), Bedeutung der Kettenbezeichnung s. Fußnote zur Tab. 25.2. **2.** $z_2 = z_b$ nach Gl. (25.13), a nach Gl. (25.19) mit f_3 und f_4 nach den Gln. (25.16) u. (25.18), Schmierungsart nach Diagr. 25.4 mit v nach Gl. (25.15). **3.** Nach den Gln. (25.20) bis (25.26) und Tab. 25.6.

25.7 Sinngemäß wie Aufg. 25.6, d_1 und d_2 nach Gl. (25.1).

25.8 z_2 und z_3 nach Gl. (25.13), d_1 bis d_4 nach Gl. (25.1), Kettenlänge L_K nach maßstäblicher Zeichnung des Kettentriebes, $X = L_K/p$, S_B, S_D und L_h sinngemäß wie unter 3. in Aufg. 25.6.

26 Flachriementriebe

26.1 Wie ME Beisp. 26.1, jedoch zu 4. Errechnung von $W_{b\,erf}$ nach Gl. (26.6), damit $a_1 \approx \sqrt[3]{20\ W_{b\,erf}}$ (da $W_b \approx 0{,}1a_1^2 \cdot a_2 = 0{,}1a_1^2 \cdot a_1/2$), $a_3 = 0{,}6a_1$ (s. ME Abschn. 26.4).

26.2 Wie ME Beisp. 26.1, jedoch zu 3. Kontrolle von σ_b nach Gl. (26.6) mit $2z$, da zwei Armsterne. Die Angaben für L_N sind Erfahrungswerte bei Ausführungen mit zwei Armsternen.

26.3 Wie Aufg. 26.1 mit B nach Tab. 26.1.

26.4 Wie ME Beisp. 26.2.

26.5 Wie ME Beisp. 26.3, zusätzlich $e_{max} = e + x$, $e_{min} = e - y$.

26.6 Wie die Aufgn. 26.4 u. 26.5, der geringe Versatz der Riemenscheibenmitten (s. Bild 26.8) kann vernachlässigt werden.

26.7 Nach den Gln. (26.12) bis (26.14).

26.8 Wie ME Beisp. 26.4 und zusätzlich Berechnung von σ_b nach Gl. (26.6) und Vergleich mit $\sigma_{b\ zul}$ (s. ME Abschn. 26.4).

26.9 **1.** Nach den Gln. (26.8) bis (26.10) und Tab. 26.2. **2.** Nach den Gln. (26.16) u. (26.17) und Tab. 26.3. **3.** Nach den Gln. (26.20) u. (26.21) mit σ_b nach Gl. (26.18) u. σ_f nach Gl. (26.19) sowie Tab. 26.3. **4.** Nach Gl. (26.23) und den Tabn. 26.4 u. 26.5.

26.10 **1.** Nach Gl. (26.15) mit $d_b = d_k$ u. $d_a = d_g$ (Übersetzung ins Schnelle). **2.** u. **3.** Wie unter 1. u. 2. in Aufg. 26.9, jedoch ohne Tab. 26.2. **4.** Nach Gl. (26.22). **5.** Nach Gl. (26.23) mit m, k, σ_f, $\sigma_{1\ zul}$ u. P_n nach den Gln. (26.2), (26.4), (26.19) bis (26.21) und den Tabn. 26.4 u. 26.5. **6.** Nach Gl. (26.24) und Tab. 26.6.

26.11 Wie Aufg. 26.10, jedoch Übersetzung ins Langsame, $n_g = n_b$ nach Gl. (26.15) und $s = 0{,}5(s/d_k) \cdot d_k$ mit dem zulässigen Verhältnis s/d_k nach Tab. 26.3.

26.12 Wie ME Beisp. 26.5. Aus dem Ergebnis geht hervor, dass Mehrschichtriemen wesentlich schmaler ausgeführt werden können als Lederriemen bei gleicher Übertragungsfähigkeit.

26.13 Wie unter 3. u. 4. in ME Beisp. 26.5 und Aufg. 26.12.

26.14 Wie ME Beisp. 26.6.

26.15 Mit P/n_k Ermittlung von d_k und Prüfen der Eignung des Riemens nach Tab. 26.13, $d_g = d_b$ nach Gl. (26.15), B nach Tab. 26.1, e nach Gl. (26.11), Überprüfung von b nach Gl. (26.28) mit P_N nach Diagr. 26.1, dafür errechnen: α nach Gl. (26.8), β nach Gl. (26.9), v nach Gl. (26.16), ΔL nach Gl. (26.29) und F_W nach Gl. (26.30) wie unter 5. u. 6. in ME Beisp. 26.6 und Aufg. 26.14.

26.16 **1.** Nach Gl. (26.15). **2.** Nach Gl. (26.16) und Tab. 26.3. **3.** Ausmessen der Winkel β, γ und δ sowie der geraden Riementeillängen L_1, L_2 und L_3 nach der maßstäblichen Entwurfszeichnung des Riementriebs (s. Bild E 26.16), damit werden $2\varphi = 180° - \delta$ und $L_i = L_1 + L_2 + L_3 + L_k + L_g + L_R$ mit $L_k = \beta \cdot d_k/2$, $L_g = \gamma \cdot d_g/2$ und $L_R = \delta(d_R/2 + s)$, Winkel in rad einsetzen. **4.** Abstände nach Zeichnung ausmessen und mit Angaben nach ME Abschn. 26.9 vergleichen. **5.** Sinngemäß wie unter 3. u. 4. in Aufg. 26.9 (s. ME Abschn. 26.7). **6.** Nach Gl. (26.17) mit $Z = 3$ und Tab. 26.3. **7.** Nach Gl. (26.32) mit F_2 nach Gl. (26.31). Für die Berechnung von l_G ist die Resultierende F_{res} aus den Leertrumkräften F_2 als Gegenkraft der Rollendruckkraft F_3 einzusetzen (d. h. $F_{res} = F_3$, s. Bild E 26.16), damit kann $l_G = l_2 - l_3$ errechnet werden mit l_2 aus der Momentengleichung $F_G \cdot l_2 + F_{GR} \cdot l_3 - F_{res} \cdot l_1 = 0$ (Gewichtskräfte $F_G = m_G \cdot g$, $F_{GR} = m_R \cdot g$). **8.** Nach Tab. 26.6.

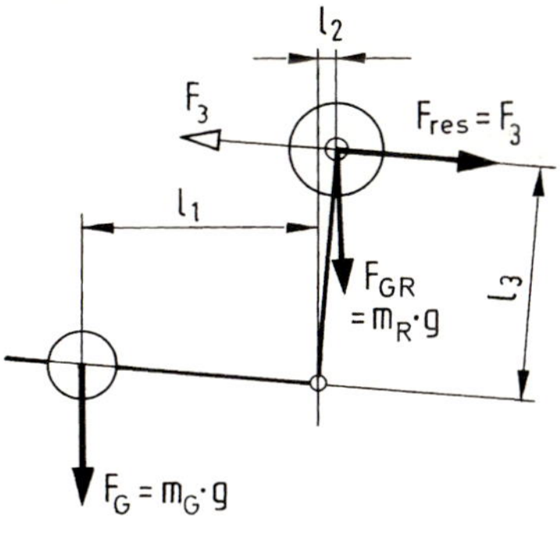

Bild L 26.17 Berechnungsskizze

26.17 Wie unter 2. und 5. bis 7. in Aufg. 26.16, zum Ansatz der Momentengleichung für die Ermittlung von m_G s. Bild L 26.17 (zu 3.).

26.18 **1.** Wie unter 1. in ME Beisp. 26.6. **2.** Wie unter 4. in ME Beisp. 26.6, B nach Tab. 26.1. **3.** Wie ME Beisp. 26.7 mit $P_n = P_N/C_\beta$ und m nach Gl. (26.2) (μ nach Tab. 26.13). **4.** Durch Aufzeichnen des Riementriebs entspr. Bild E 26.16 und Abmessen der geraden Teillängen und des Umschlingungswinkels an der großen Scheibe (wie unter 3. in Aufg. 26.16).

27 Keilriementriebe

27.1 Wie ME Beisp. 27.1, zusätzlich zu 3.: Kranzbreite $B = 2f + (z - 1)a$ mit f und a nach Tab. 27.2.

27.2 Wie ME Beisp. 27.2, zusätzlich Kranzbreite B wie unter 3. in Aufg. 27.1, $e_{min} = e - y$ und $e_{max} = e + x$.

27.3 Sinngemäß wie ME Beisp. 27.3, jedoch d_{bg} nach Tab. 27.2 festlegen und zusätzlich b und b_K nach Tab. 27.3 errechnen.

27.4 **1.** Nach Diagr. 27.1 mit C_B nach Tab. 26.4 und nach Gl. (27.1), Normwert für d_{wg} nach Tab. 27.2. **2.** Nach Gl. (27.6), Tab. 27.8 und ME Abschn. 27.1. **3.** Nach Gl. (27.8) sowie Angaben nach ME Abschn. 27.3. **4.** Nach Gl. (27.9) mit P_N nach Tab. 27.4 umgerechnet von $d_{wk} = 180$ mm auf $d_{wk} = 200$ mm (interpoliert), B s. Hinweis zur Aufg. 27.1, $d_a = d_w + 2c$ mit c nach Tab. 27.2. **5.** Nach den Gln. (27.2) u. (27.10) sowie Gl. (27.12).

27.5 Wie Aufg. 27.4, jedoch nach Diagr. 27.2 und Tab. 27.6.

27.6 Wie die Aufg. 27.4 u. 27.5, jedoch ohne B und d_a.

27.7 Wie Aufg. 27.6 ohne Berechnung von L_w, Grenzwerte für Verstellbereich von e s. Hinweis zur Aufg. 27.2.

27.8 **1.** Nach den Gln. (27.1) u. (27.6) sowie Diagr. 27.2 und den Tabn. 26.4 u. 27.9. **2.** Nach Gl. (27.8) und ME Abschn. 27.3. **3.** u. **4.** Wie unter 4. u. 5. in Aufg. 27.4 sowie Aufg. 27.5.

27.9 **1.** $n_k = n/i_s$, $n_g = v_B/(D \cdot \pi)$, d_{wk} und i nach Gl. (27.1), $i_{ges} = i_s \cdot i$. **2.** e nach Gl. (27.8); $e_x = \sqrt{e^2 - e_y^2}$, $X = \sqrt{e_{max}^2 - e_y^2} - e_x$ und $Y = e_x - \sqrt{e_{min}^2 - e_y^2}$ nach Bild L 27.9 (x u. y nach ME Abschn. 27.3). **3.** Nach den Gln. (27.2), (27.10), (27.3), (27.5) u. (27.9) sowie den Tabn. 27.11, 26.4, 27.9 u. 27.6 (P_N umrechnen für $d_{wk} = 224$ mm und extrapolieren für $n_k = 100\ \text{min}^{-1}$).

27.10 Nach den Gln. (27.8), (27.1) bis (27.5) u. (27.9) sowie den Tabn. 27.11, 26.4, 27.6 u. 27.9.

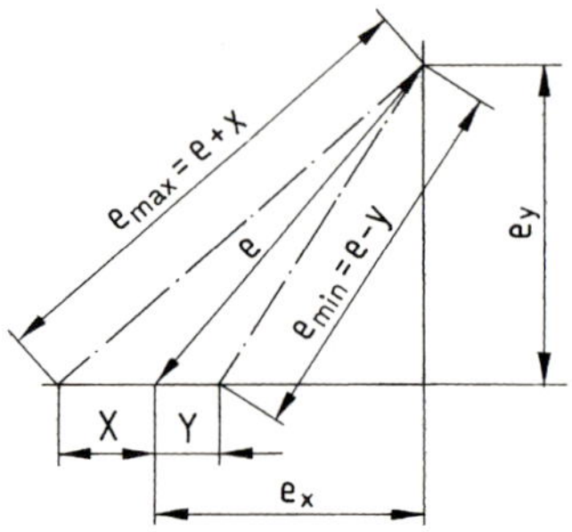

Bild L 27.9 Berechnungsskizze für Achsabstände

27.11 **1.** Nach den Gln. (27.1), (27.3), (27.5) u. (27.9) sowie den Tabn. 27.11, 26.4, 27.6 u. 27.9. **2.** Nach den Gln. (27.2) u. (27.10) sowie Tab. 27.12. **3.** Nach Gl. (27.6).

27.12 **1.** u. **2.** Wie in Aufg. 27.11. **3.** Nach Gl. (27.6).

27.13 Sinngemäß wie ME Beisp. 27.3, jedoch mit $d_{bk} = d_{bg}/i + 2h_b(1/i - 1)$.

28 Synchron- oder Zahnriementriebe

28.1 Wie ME Beisp. 28.1. Normbezeichnung s. Fußnote zur Tab. 28.1.

28.2 Wie ME Beisp. 28.1 u. Aufg. 28.1. Bei $i > 3{,}5$ genügt eine zylindrische große Scheibe mit d_{eg} nach ME Abschn. 28.2.

28.3 Zweckmäßiger Rechnungsgang: $z_{k1} = z_{min}$ (Tab. 28.1), $z_{g1} = z_{k1} \cdot i$ entspr. Gl. (28.1), d_{k1} u. d_{g1} nach Gl. (28.3) mit m nach Tab. 28.1, e nach Gl. (28.8), α, β u. z_e nach den Gln. (28.5), (28.6) u. (28.9), P_N nach Tab. 28.5, b nach Gl. (28.10), v nach Gl. (28.2), F u. F_{zul} nach Gl. (28.11). Normbezeichnung s. Fußnote zur Tab. 28.1.

28.4 **1.** Nach Gl. (28.1): $n_{k2} = n_{g1} = n_{k1}/i$, $n_{g2} = n_{k2} \cdot z_{k2}/z_{g2}$, $n_R = n_{k2} \cdot z_{k2}/z_R$. **2.** d_{g2} u. d_R nach Gl. (28.3), zeichnerische Ermittlung von β_2 und L sinngemäß wie unter 3. in Aufg. 26.16 (s. Bild E 26.16). **3.** Nach den Gln. (28.9), (28.10), (28.2) u. (28.11), P_N nach Tab. 28.5 interpolieren. Normbezeichnung s. Fußnote zur Tab. 28.1.

28.5 Wie ME Beisp. 28.2.

28.6 **1.** Nach den Gln. (28.1), (28.3), (28.4), (28.8) und Tab. 28.2. **2.** Nach Gl. (28.12) und den Tabn. 28.3 bis 28.7 ($C_i = 0$, da Übersetzung ins Langsame, P_N für $n_k = 1450\,\text{min}^{-1}$ nach Tab. 28.6 interpolieren). **3.** Wie 2., zusätzlich Kontrolle des Verhältnisses P/n_a nach Tab. 28.2.

28.7 Sinngemäß wie ME Beisp. 28.2 und Aufg. 28.5, jedoch Übersetzung ins Langsame. Die mit $d_g = 150$ mm errechnete Zähnezahl z_g auf ganzzahligen Wert abrunden.

29 Rohrleitungen

29.1 Nach den Gln. (29.1) und (29.3) mit α und E aus Tab. 9.2 und $\Delta\vartheta = \vartheta_B - \vartheta_U$ (Tab. 29.8, Temperaturbereich $\vartheta_B \geq \check{\vartheta}_U$).

29.2 Nach Gl. (29.2) mit $\Delta\vartheta_V = \vartheta_M - \check{\vartheta}_U$ wie unter 2. in ME Beisp. 29.1.

29.3 Sinngemäß wie ME Beisp. 29.1.

29.4 Aus Gl. (29.4) mit $d_i = d_a - 2s$ und w aus Tab. 29.9.

29.5 Erforderlicher Innendurchmesser d_i nach Gl. (29.5), nächstgelegenen Wert für DN nach Tab. 29.1 wählen.

29.6 Sinngemäß wie ME Beisp. 29.5.

29.7 Sinngemäß wie ME Beisp. 29.6 mit $p = 16$ bar und s nach Gl. (29.11).

29.8 **1.** Nächstliegender Wert in Tab. 4.21. **2.** Nach Gl. (29.12) mit s_v nach Gl. (29.14), K nach Tab. 4.29, weitere Größen entsprechend Legende zu den Gln. (29.13) bis (29.16). **3.** Nach Tab. 4.21 mit $s_e \geq s$.

29.9 **1.** Nach Gl. (29.13) mit d_a aus Tab. 4.21 und $p = p_{max}$, K und S nach Tab. 4.29 und Tab. 29.14 (Bereich I), $v_N = 1$ (nahtloses Rohr). **2.** Nach Gl. (29.16) und Tab. 29.14 (Bereich III). **3.** Nach Gl. (29.12) mit größerem s_V-Wert und c_1' nach Tab. 29.12. **4.** Nach Tab. 4.21 mit $s_e \geq s$.

29.10 Zweckmäßiger Rechnungsgang: w nach Tab. 29.9 ($= 0{,}7 \cdot 2$ m/s für Brauchwasserleitungen), $d_{i\,erf}$ mit Gl. (29.5), nächstliegenden Wert für DN nach Tab. 29.1 und für d_a nach Tab. 4.22 wählen, K nach Tab. 4.29, S nach Tab. 29.14 für Bereich I, s_v mit Gl. (29.13), c_1 nach Tab. 29.12, c_2 entfällt wegen Korrosionsschutz, s mit Gl. (29.11), Rohrwanddicke nach Tab. 4.22, sodass $s_e \geq s$ ist, Kontrolle von d_a/d_i, Normbezeichnung entspr. Tabellenüberschrift.

29.11 Zweckmäßiger Rechnungsgang: $d_{i\,erf}$ mit Gl. (29.5), nächstliegenden Wert für DN nach Tab. 29.1 und für d_a nach Tab. 4.21 sowie Rohr mit kleinster Wanddicke wählen, K nach Tab. 4.29, S nach Tab. 29.14 für Bereich II, s_v mit Gl. (29.14), s nach Gl. (29.12) mit c_1' aus Tab. 29.12 und $c_2 = 1$ mm, Re mit Gl. (29.7), k nach Tab. 29.11 (Mittelwert für gebrauchte Heißwasserleitung), λ aus Diagr. 23.1 für k/d_i, ζ_1 und ζ_2 nach Tab. 29.13 (Mittelwert für Schieber), Δp mit Gl. (29.9), worin $\Delta H = 0$, da kein Höhenunterschied, Rohr ist richtig gewählt, wenn $s_e \geq s$ und $\Delta p \leq 0{,}1p$, Δl mit Gl. (29.1) und F_a mit Gl. (29.3).

29.12 **1.** w aus Gl. (29.4) und Δp nach Gl. (29.9) mit den in der Legende angegebenen Größen sinngemäß wie ME Beisp. 29.5. **2.** Mit den Gln. (29.13), (29.16) und (29.12) sinngemäß wie ME Beisp. 29.7.